Chemie, Physik und Technologie der Kunststoffe
in Einzeldarstellungen
Herausgegeben von K. A. Wolf

10

Die Stabilisierung der Kunststoffe gegen Licht und Wärme

Von

Joachim Voigt

Mit 36 Abbildungen

Springer-Verlag Berlin · Heidelberg · New York 1966

Dr. rer. nat. Joachim Voigt
Farbwerke Hoechst AG. vormals Meister Lucius & Brüning
Frankfurt a. M.-Höchst

ISBN 978-3-642-52098-3 ISBN 978-3-642-52097-6 (eBook)
DOI 10.1007/978-3-642-52097-6

Softcover reprint of the hardcover 1st edition 1966

Titel Nr. 4310

Vorwort

In dem vorliegenden Buch sollen die mit der Stabilisierung von Kunststoffen zusammenhängenden Fragen als ein geschlossenes, selbständiges Gebiet dargestellt werden, zu dem sie sich aus der zweckbedingten technischen Empirie einerseits und dem Studium der Alterungsreaktionen an synthetischen Hochpolymeren andererseits entwickelt haben. Dementsprechend wurde von der vielfach üblichen Betrachtungsweise abgegangen, die die Stabilisierungsphänomene nur als Teilgebiet der Kunststoffalterung auffaßt. Die Grundlagen von Alterungsprozessen, d. h. insbesondere von chemischen Abbaureaktionen unter dem Einfluß von Wärme, Sauerstoff und Licht, wurden nur insofern in die Darstellung einbezogen, als sie tatsächlich dem Verständnis und der Charakterisierung von Stabilisierungseffekten dienen können. Eine monographische Zusammenfassung der vielen verstreuten Einzelergebnisse des Gebietes erschien trotz des anhaltenden, überaus raschen Flusses der Entwicklung zu diesem Zeitpunkt günstig, da nunmehr eine Anzahl brauchbarer Theorien und Gesichtspunkte vorliegt, welche die Interpretierung zahlreicher bekannter Stabilisierungseffekte erlauben und eine Basis für weitere Arbeiten liefern können. Das Buch behandelt die Stabilisierung von vollsynthetischen Kunststoffen (einschließlich Kunstkautschuken) und künstlich abgewandelten Naturstoffen, soweit diese Produkte einer Stabilisierung bedürfen. Hinweise auf Stabilisierungsprobleme an reinen Naturstoffen sind allerdings wegen ihrer Ähnlichkeit in einigen Fällen unumgänglich; das gilt besonders für Naturkautschuk, ohne daß jedoch das sehr umfangreiche Gebiet des Alterungsschutzes von Naturkautschuk systematisch in den Rahmen des Buches einbezogen wäre. Ferner beschränkt sich die Darstellung auf solche Kunststoffe, die als feste oder elastische Formkörper, Folien, Fasern oder Schaumstoffe Verwendung finden; nicht berücksichtigt ist im allgemeinen die Stabilisierung von Lackbindemitteln und Klebstoffen sowie anderen Kunststoffen in Form von Dispersionen oder Lösungen. Auch hier ist jedoch eine scharfe Abgrenzung des Stoffes nicht immer möglich, so daß sich gelegentlich Hinweise auf solche Substanzen finden. Auswahl und Anordnung des Stoffes sind so getroffen, daß sowohl der an den Grundlagen wie der an der Praxis der Stabilisierung wie schließlich auch der an der Entwicklung von Stabilisatorsubstanzen interessierte Benutzer des Buches sich rasch orientieren können. Besonders im Hinblick auf die Entwicklung neuer Stabilisatorprodukte war eine möglichst vollständige Darstellung des Standes der Technik, d. h. Erfassung der Patentliteratur, wünschenswert. Bei dem erheblichen Umfang der letzteren kann der Verfasser diese Vollständigkeit keinesfalls beanspruchen; es ist jedoch anzunehmen, daß alle wichtigeren Entwicklungsrichtungen und Produktklassen, soweit sie bis etwa Ende 1964 bekanntgeworden sind, aus der Darstellung erhellen. Mit Rücksicht auf das Neuheitserfordernis bei Patententwicklungen erschien es geboten, auch auf weniger wichtige und technisch nicht bzw. nicht mehr genutzte Ergebnisse aus der Patentliteratur hinzuweisen. Somit wurde das Kernstück der Darstellung, das III. Kapitel, als eine systematisch nach dem chemischen Aufbau gegliederte „Chemie der Stabilisatorsubstanzen" gestaltet. Eine gewisse Problematik bot die Nomenklatur der vielfältigen hier beschriebenen Verbindungen. Es galt, die aus verschiedensten Quellen entnommenen, mehr oder minder exakten Bezeichnungen von Substanzen, die vielfach noch gar nicht in die wissenschaftliche Literatur eingegangen sind, möglichst nach den Prinzipien der rationellen Nomenklatur einheitlich auszudrücken. Der Verfasser ist sich bewußt, daß trotz aller Bemühungen hier ein Ansatzpunkt für mancherlei kritische Einwände bleiben mußte; andererseits ließ es die Begrenzung des Umfanges dieses Buches auf ein vernünftiges Maß nicht zu, Nomenklaturfragen durch einen übermäßigen Gebrauch von Strukturformeln aus dem Weg zu gehen.

Der Dank des Verfassers gebührt allen, die am Zustandekommen des Buches Anteil hatten. Fachkollegen der Farbwerke Hoechst haben durch Ratschläge und Diskussionen bei der Klärung einiger Fragen geholfen. Herr K. Gabbert hat ganz wesentlich zu der Sichtung und Auswertung des umfangreichen Patent- und Literaturmaterials beigetragen und insbesondere bei der Erschließung russischer Literaturquellen wertvolle Hilfe geleistet. Besonders sei Herrn Dr. O. Fuchs für die kritische Durchsicht des Manuskripts, für wichtige fachliche und formelle Hinweise und für das sorgfältige Lesen der Korrektur gedankt. Den Farbwerken Hoechst AG. dankt der Verfasser für die Voraussetzungen zur Bearbeitung des Werkes und für die Genehmigung zur Veröffentlichung, dem Springer-Verlag für die entgegenkommende Berücksichtigung der besonderen Wünsche bei der Herstellung des Buches.

Frankfurt M.-Höchst, im Juni 1966 J. Voigt

Inhaltsverzeichnis

Substanzklassen:

IV. Besondere Stabilisierungsverfahren

V. Spezielle Praxis der Stabilisierung bei einzelnen Kunststoffsorten

VI. Alterungsverfahren für die Stabilitätsprüfung von Kunststoffen

VII. Stabilisierte Kunststoffe im Lebensmittelgebiet

Hinweis

Die in der Liste der Stabilisatorsubstanzen auf Seite 592 aufgeführten Handelsnamen sind registrierte Warenzeichen. Die Verwendung dieser Namen im Text des vorliegenden Buches erfolgt ohne ausdrückliche Kennzeichnung durch das Symbol ®.

Geläufige Handelsnamen sowie in der einschlägigen Literatur übliche Abkürzungen werden im Text häufig anstelle der chemischen Bezeichnungen benutzt, so z. B.

Antioxidant 2246 für 2,2′-Methylenbis-(4-methyl-6-tert.-butylphenol)
Bisphenol A für 2,2-Bis-(4′-hydroxyphenyl)-propan
DBPC für 2,6-Di-tert.-butyl-4-methylphenol (Ionol)
DLTDP für β,β′-Thiodipropionsäuredilaurylester
DOP für Di-(2-äthylhexyl)-phthalat (Dioctylphthalat)
DPPD für N,N′-Diphenyl-p-phenylendiamin
PAN für Phenyl-1-naphthylamin (Phenyl-α-naphthylamin)
PBN für Phenyl-2-naphthylamin (Phenyl-β-naphthylamin)
Santonox für 4,4′-Thiobis-(3-methyl-6-tert.-butylphenol)
Butyl-Kautschuk für Isobutylen/Isopren-Kautschuk
Neoprene für Polychloropren-Kautschuk
SBR für Butadien/Styrol-Kautschuk
Siliconkautschuk für elastomere Polysiloxane.

Die Verwendung solcher Kurzbezeichnungen deutet nur die chemische Natur der betreffenden Substanz an, nicht unbedingt aber deren Hersteller.

Die Wiedergabe von Stabilisierungsrezepturen, Stabilisierungs- sowie Prüfverfahren erfolgt unverbindlich, insbesondere hinsichtlich etwa bestehender Schutzrechte Dritter und hinsichtlich des erzielbaren Ergebnisses.

Die Stabilisierung der Kunststoffe gegen Licht und Wärme

Einleitung

Alterung hochpolymerer Stoffe

Seitdem vor mehr als 50 Jahren künstliche organische Hochpolymere als Werkstoffe technisches Interesse zu finden begannen, haben sich stetig zunehmende Bemühungen als notwendig erwiesen, die Gebrauchs- und Verarbeitungseigenschaften der neuen Produkte zu verbessern, um ihnen neben den althergebrachten Materialien wie Metallen oder organischen Naturstoffen zum wirtschaftlichen Durchbruch zu verhelfen. Dabei hat das Gebiet der Stabilisierung seit rund 25 Jahren erheblich an Umfang und Bedeutung gewonnen. Dies hängt nicht zuletzt mit der Vielzahl der in diesem Zeitraum technologisch vervollkommneten bzw. neu entwickelten Kunststofftypen zusammen. Über den chemischen Aufbau und die Eigenschaften der zur Zeit wichtigen Arten von Kunststoffen unterrichten zahlreiche Standardwerke; eine allgemeine Darstellung findet sich z. B. in (*520*) oder in (*617a*).

Wie sämtliche anderen Werkstoffe unterliegen die organischen Kunststoffe gewissen Veränderungen ihrer Eigenschaften, die je nach den Einflüssen, von welchen diese Veränderungen hervorgerufen werden, mehr oder weniger rasch ablaufen. Die Ursachen können in der Beschaffenheit des Kunststoffes selbst liegen, indem dieser bei der Verarbeitung in einen chemisch oder physikalisch metastabilen Zustand gelangt, der eine anschließende, meist allmähliche Einstellung eines stabileren Zustandes zur Folge hat („innere Ursachen"); weiterhin können die Ursachen durch Verarbeitungseinflüsse, insbesondere die bei der thermoplastischen Verformung erforderlichen hohen Temperaturen bedingt sein, und schließlich bewirken mannigfaltige äußere Einflüsse je nach den Einsatzbedingungen des Materials eine fortschreitende Eigenschaftsänderung während des Gebrauchs. Alle hierdurch hervorgerufenen Veränderungen physikalischer oder chemischer Natur werden unter dem Begriff „Alterung" zusammengefaßt. Die Herleitung dieses Begriffes aus dem Bereich der Biologie schließt die Voraussetzung ein, daß die auftretenden Vorgänge irreversibler Natur sind (*562*). In Tabelle 1 sind die wichtigsten Alterungseinflüsse sowie die Art der Veränderung, die sie am Kunststoff hervorrufen, zusammengestellt. Sie alle bewirken, einzeln oder zusammen, im allgemeinen eine Verschlechterung der Gebrauchseigenschaften und damit eine Verringerung der Lebensdauer von Kunststoffartikeln. Meist findet ein

Tabelle 1. *Alterungseinflüsse und ihre Wirkung auf Kunststoffe*

		Ursache physikalisch	Ursache chemisch	Alterungsvorgang	Wirkung
A. Innere Ursachen	(1)		unvollständige chemische Reaktion der Ausgangskomponenten	Weiterreaktion	Nachschwindung
	(2)	Verarbeitungs-anisotropie		Molekulare Umorientierung	Verzug
	(3)	Innere Spannungen		Spannungsabbau	Rißbildung
	(4)	Instabile Kristallisationszustände		Gefügeänderungen	Versprödung, Maßänderung
	(5)	Flüchtige Bestandteile (besonders Weichmacher)		Verdampfung der flüchtigen Anteile	Versprödung, Maß- und Gewichtsänderung
B. Verarbeitungs-einflüsse	(6)	Scherkräfte		Kettenabbau	Änderung mechanischer Eigenschaften
	(7)	Wärme		Chemische Strukturänderung (Abbau, Vernetzung); Aktivierung anderer Vorgänge, besonders der Oxydation	verschiedenartig (vgl. Abschn. I.1.)
C. Gewöhnliche Umgebungseinflüsse	(8)	Wärme		desgl.	desgl.
	(9)	Licht		desgl.	desgl.
	(10)		Luftsauerstoff, Ozon	Oxydation	desgl.

Tabelle 1 (Fortsetzung)

	(11)	Feuchtigkeit	Wasseraufnahme	Maß- und Gewichts-änderung
			Hydrolyse	verschiedenartig
D. Besondere Umgebungseinflüsse	(12)	Chemikalien (einschl. Wasser)	Quellungs- und Lösungsprozesse	Maß- und Gewichts-änderung
			Extraktion von Weichmachern	Versprödung
			Chemische Umsetzungen	verschiedenartig
	(13)	Energiereiche Strahlen	wie (7)	desgl.
	(14)	Ultraschall	Chemischer Abbau	desgl.
	(15)	Schnellwechselnde mechanische Belastung	Gefügeänderungen	Änderung mechanischer Eigenschaften, Rißbildg.
	(16)	Biologische Einflüsse	Chemischer Abbau	verschiedenartig
			Befall durch Organismen	Zerstörung der äußeren Struktur

Zusammenwirken verschiedener Alterungseinflüsse statt; das bekannteste Beispiel hierfür ist die Bewitterung, bei der sich alle in Tabelle 1 in der Spalte „Gewöhnliche Umgebungseinflüsse" genannten Ursachen überlagern.

Die inneren Ursachen der Alterung sind hauptsächlich durch den Verarbeitungszustand des Materials bedingt. Ihre Einbeziehung in den Kreis der Alterungsphänomene ergibt sich nicht nur zwangsläufig auf Grund ihrer Irreversibilität, sondern auch durch ihr Zusammenwirken mit anderen Einflüssen. So werden bei Vorliegen innerer Ursachen, z. B. einer Verarbeitungsorientierung, andere Alterungseinflüsse wie Wärme vielfach zuerst wirksam, in diesem Falle etwa in Form von Verzugserscheinungen, die schon bei verhältnismäßig geringer Erwärmung auftreten können. Weitere Beispiele für das Zusammenwirken von inneren Ursachen und Umgebungseinflüssen sind die Spannungsrißkorrosion, zu der besonders Polymethylmethacrylat oder Polyäthylen neigen, die Abhängigkeit der Oxydierbarkeit von Orientierungszuständen und Kristallinität, die z. B. bei Polyolefinen beobachtet wird, oder thermische Nachschwindung, die charakteristisch für gehärtete Polykondensationsprodukte, besonders Polyester- und Epoxydharze ist (über thermische Schwund- und Gewichtsverlust-Effekte, die auf innere Ursachen zurückzuführen sind, an verschiedenen Kunststofftypen vgl. (*161*)).

Die Alterung unter dem Einfluß der Verarbeitungstemperaturen und unter den gewöhnlichen Umweltseinflüssen bei der Benutzung ruft vor allem chemische Veränderungen am Polymeren hervor und kann durch den Zusatz von Chemikalien, sogenannten Stabilisatoren, oder durch gewisse, meist chemische Behandlungsverfahren am Polymeren mehr oder weniger zurückgedrängt werden. Diese Methoden zur Stabilisierung der hochpolymeren Stoffe gegen die Einwirkung von Wärme und Licht bilden den Hauptgegenstand dieses Buches, wobei die Stabilisierung gegen die in starkem Maße durch Wärme oder Licht aktivierten Prozesse der Luftoxydation und der Feuchtigkeitseinwirkung einzuschließen ist. Die Luftoxydation ist ein bei der Erwärmung von Kunststoffen unter Luftzutritt praktisch allgemein auftretendes Phänomen, während die Zersetzung durch Feuchtigkeit im Rahmen der hier betrachteten Kunststoffe demgegenüber eine recht untergeordnete Rolle spielt. Die Folgen der Einwirkung von Wärme, Licht oder Sauerstoff oder von mehreren dieser Faktoren gemeinsam werden häufig als Alterung im engeren Sinne betrachtet. Wie wir gesehen haben, ist jedoch der Begriff der Alterung bei konsequenter Anwendung desselben wesentlich weiter zu fassen. Den Wirkungen von Wärme, Licht oder Sauerstoff ist lediglich die chemische Veränderung der Hochpolymeren gemeinsam, worin diese sich ähnlich zu niedermolekularen organischen Verbindungen verhalten, die auch eine ausgesprochene chemische Instabilität gegenüber solchen Einflüssen zeigen. Die makroskopischen Auswirkungen dieser chemischen Strukturänderungen auf die Beschaffenheit und technologischen Eigenschaften der Kunststoffe sind vielfältiger Natur und hängen von der Art des Kunststoffes und den Bedingungen der genannten Einwirkungen ab. Sie werden gesondert in Abschnitt I.1. dieses Buches behandelt werden.

Bei der Beurteilung der Wärmeeinwirkung ist die Frage von Wichtigkeit, ob hohe Temperatur allein wirksam ist oder ob sie lediglich bzw. gleichzeitig einen wärmeaktivierten Prozeß, vor allem eine Oxydation, auslöst. Rein thermische Reaktionen bedürfen einer verhältnismäßig hohen Temperatur, bei den meisten Kunststoffen über 150 °C, um wirksam werden zu können. Die relativen Zersetzungstemperaturen sind bei der Betrachtung der thermischen Stabilität verschiedener Kunststofftypen in Abschnitt I.2. zusammengestellt. Die rein thermische Alterung spielt bei der thermoplastischen Verarbeitung eine erhebliche Rolle, bei welcher zahlreiche Materialien oberhalb 200 °C verformt werden müssen. Unter gewöhnlichen Anwendungsbedingungen hingegen werden Kunststoffe nur selten auf Temperaturen erhitzt, die thermische Zersetzungen an ihnen hervorrufen, ganz abgesehen davon, daß die Zersetzungstemperaturen meist erheblich oberhalb der durch die mechanische Wärmestandfestigkeit gegebenen Gebrauchstemperaturen liegen. Deshalb beschränkt sich beim Einsatz der Kunststoffe die Rolle der Wärmezufuhr und Temperaturerhöhung im wesentlichen auf eine Aktivierung anderer Alterungsprozesse, vor allem der Oxydation. Anwendungsgebiete, bei denen Kunststoffe bis in das Temperaturgebiet ihrer thermischen Zersetzung hinein Verwendung finden, sind Sonderfälle (neuerdings sind solche Anwendungen im Zusammenhang mit der Raumfahrt bekannt geworden).

Auch bei Einwirkung des Lichtes hängt der am Kunststoff stattfindende Prozeß von der eventuellen Anwesenheit von Sauerstoff ab, da das Licht ebenso wie die Wärme Oxydationsprozesse aktiviert. Wie rein thermische Zersetzungen eines gewissen Temperaturniveaus bedürfen, um einsetzen zu können, erfordern photochemische Reaktionen eine bestimmte Mindestenergie der Lichtquanten. Diese Energieschwelle liegt, grob betrachtet, im ultravioletten Bereich, etwa zwischen Lichtwellenlängen von 300 und 350 mμ. Bei niederen Energien, d. h. oberhalb dieser Wellenlängen, ist das Licht nur zur Einleitung andersartiger Reaktionen, vor allem der Oxydation, befähigt. Die Einwirkung von Licht auf Kunststoffe und die Beseitigung ihrer Folgen ist ein wichtiges anwendungstechnisches Problem und spielt mit zunehmendem Einsatz von Kunststoffen in Bauelementen, Fahrzeugaußenteilen, transparenten Platten und Folien, Textilmaterialien usw. eine steigende Rolle.

Die Alterung durch Luftsauerstoff erfolgt bei normalen Temperaturen und bei Abwesenheit von Lichtstrahlung sehr langsam. Sie macht sich bei den meisten Kunststoffen unter diesen Bedingungen erst nach Jahren bemerkbar. Eine Ausnahme hiervon bilden die kautschukartigen Dien-Polymeren, die (ebenso wie der Naturkautschuk) in Abwesenheit von Stabilisatoren schon bei Raumtemperatur innerhalb kürzerer Zeit durch Veränderung ihrer Oberflächenbeschaffenheit oder ihrer mechanischen Eigenschaften die Wirkung oxydativer Prozesse erkennen lassen. Allgemein werden durch Einwirkung von Wärme oder Licht die Oxydationsreaktionen stark beschleunigt, indem die Aktivierungsenergie zur Einleitung der Reaktion geliefert wird. Was die Wärmewirkung anbelangt, so sei auf die auch aus anderen Gebieten der Reaktionskinetik bekannte Näherungsregel hingewiesen, wonach eine Temperaturerhöhung um 10 °C etwa eine Verdoppelung der Reaktionsgeschwindigkeit bewirkt. Die praktische Aussage einer solchen Regel ist allerdings gering, da die tatsächlich meßbaren Oxydationswirkungen (z. B. mechanische Eigenschaften, Farbe) meist in keinem einfachen Zusammenhang zum Reaktionsumsatz des zugrunde liegenden chemischen Prozesses stehen. Für die Frage der Stabilisierung ist es von Wichtigkeit, daß Oxydationsreaktionen beim Einsatz von Kunststoffen fast stets vorausgesetzt werden müssen. Ihr Einfluß hängt allerdings weitgehend von der Art des Kunststoffes ab.

Die in Tabelle 1 unter der Spalte „Besondere Umgebungseinflüsse" zusammengefaßten Alterungsfaktoren schließlich kommen nur bei sehr speziellen Anwendungen in Betracht. Um ihre Wirkungen auszuschließen, ist, ebenso wie bei den inneren Ursachen, die Wahl eines von vornherein stabilen Grundmaterials zu empfehlen. Die Verhütung dieser Wirkungen ist nicht Gegenstand unserer Darstellung; insbesondere ist das Verhalten und der Schutz von Kunststoffen gegenüber energiereichen (radioaktiven) Strahlen nicht in den Rahmen des Buches einbezogen. Wenn hierauf auch gelegentlich verwiesen wird, so beschränken sich doch die Ausführungen über Stabilität und Stabilisierung gegen elektromagnetische Strahlung auf die für die Praxis wichtigsten Einflüsse, nämlich die des sichtbaren und ultravioletten Lichtes.

Es sei noch darauf hingewiesen, daß die Alterungsphänomene nicht nur als unerwünschte Begleiterscheinung der Anwendung und Verarbeitung von Kunststoffen eine Rolle spielen. Bei gewissen Verfahren unterwirft man nämlich die Materialien eigens einer kontrollierten Wärme- oder UV-Lichteinwirkung, um die typischen Alterungsreaktionen des Molekülabbaues bzw. der Molekülvernetzung zum Zwecke der Erzielung besonderer Eigenschaften künstlich zu erzeugen. Diese Methoden werden in Kapitel I. noch gestreift werden.

Künstlich erzeugte Alterungen, insbesondere die durch Verstärkung der Alterungseinflüsse (erhöhte Temperaturen, starke Lichtintensität, hohe Sauerstoffkonzentration und Luftfeuchtigkeit) beschleunigte Alterung, haben bei der Prüfung der Stabilität von Kunststoffen und bei der Auswertung von Stabilisierungssystemen eine wesentliche Bedeutung. Die gebräuchlichsten derartigen Prüfverfahren sind in Kapitel VI. beschrieben.

In der Literatur finden sich zahlreiche zusammenfassende Darstellungen über Alterungsprozesse an Kunststoffen. Die Systematik der Alterungsvorgänge, ihre Prüfung und die Methoden der künstlichen Alterung sind der Gegenstand einer Artikelserie von Dubois und Hennicker (*149—152*); eine detaillierte Darstellung aller die Kunststoffalterung beeinflussenden Faktoren gibt Staeger (*562*). In einer die chemischen Grundlagen der Wärme- und Lichtalterung behandelnden Arbeit von Kuzminskii (*323*) stellt der

Autor die Frage nach den charakteristischen Unterschieden zwischen dem Altern hochpolymerer und niedermolekularer Substanzen. Diese Unterschiede, die in der Kettenstruktur und in der uneinheitlichen Kettenlänge der Polymermoleküle in erster Linie begründet sind, lassen sich danach u. a. durch folgende Besonderheiten im Verhalten Hochpolymerer kennzeichnen:

1. den beträchtlichen Einfluß geringer chemischer Umwandlungen der Polymeren auf ihre mechanischen und sonstigen Eigenschaften;
2. die durch die Molekulargewichtsverteilung bedingte verschiedene Reaktionsgeschwindigkeit hoch- und niedermolekularer Fraktionen;
3. die Möglichkeit der Deformation und des Reißens von Molekülketten unter der Einwirkung verhältnismäßig kleiner äußerer Kräfte und damit im Zusammenhang stehend die Aktivierung oxydativer Prozesse sowie die Beeinflussung von Alterungsreaktionen durch mechanische Spannungen.

Als weiterer Gesichtspunkt wäre dem hinzuzufügen, daß eine geringe Anzahl struktureller Unregelmäßigkeiten in den langkettigen Molekülen zum Ausgangszentrum eines großen Reaktionsumsatzes beim Abbau werden kann.

Stabilisierung gegen Wärme- und Lichtabbau

Die durch Wärme, Licht sowie die damit in Zusammenhang stehenden Oxydationseinflüsse an Hochpolymeren hervorgerufenen chemischen Veränderungen lassen sich durch geeignete Stabilisierungsverfahren mehr oder weniger verhindern. Die überwiegend praktizierte Methode besteht im Zusatz von *Stabilisatoren*; charakteristisch für diese ist der geringe Mengenanteil, mit dem sie dem Polymeren zugemischt werden. Der Gehalt an Stabilisatoren übersteigt praktisch nie 10 Gewichtsprozent und liegt meist unterhalb 5, häufig sogar unterhalb 1 Gewichtsprozent der Mischung. Der Gebrauch von geringen Mengen stabilisierender Zusätze hat sich lange vor Aufkommen der Kunststofftechnik in der Kautschukverarbeitung in Form der sog. Alterungsschutzmittel eingebürgert und hat, chronologisch gesehen, über die synthetischen Kautschuke Eingang in das Gebiet der Kunstharze gefunden. Die Auswahl geeigneter Stabilisatoren für einen bestimmten Kunststoff und ein bestimmtes Anwendungsgebiet ist bis heute ein rein empirisches Problem geblieben. obgleich sich auf Grund des erheblichen Erfahrungsmaterials schon recht zutreffende Voraussagen über bestimmte Eignungen von Stabilisatorsubstanzen machen lassen und auch in gewissen Fällen plausible Vorstellungen über deren Wirkungsmechanismus bestehen. In der Praxis werden die Produkte häufig nur nach ihrer beobachteten Wirkung in Wärmestabilisatoren, Lichtstabilisatoren und Antioxydantien zum Schutz gegen langdauernde Sauerstoffeinwirkung bei mäßig hohen oder gewöhnlichen Temperaturen eingeteilt, wobei die Wirkung vielfach auf eine bestimmte Klasse von Kunststoffen beschränkt ist. Für eine große Anzahl bisher bekannter Produkte läßt sich jedoch auf Grund ihres mehr oder weniger wissenschaftlich gesicherten Wirkungsmechanismus eine genauere Einteilung treffen, in der die folgenden großen Gruppen hervortreten:

1. Akzeptoren für (evtl. katalytisch wirkende) Zersetzungsprodukte, insbesondere alle typischen Polyvinylchlorid-Stabilisatoren
2. Substanzen, die aktive Zentren blockieren
3. Kettenabbrechende Agenzien
4. Peroxydzersetzende Agenzien
5. Komplexbildner (besonders Metalldesaktivatoren)
6. Lichtfiltersubstanzen.

Allgemein ist für die Stabilisierungseffekte die Erscheinung des *Synergismus* von großer Bedeutung. Man versteht darunter das Zusammenwirken zweier oder mehrerer Stabilisatoren aus (meist, aber nicht grundsätzlich) verschiedenen Stoffklassen, wobei die Wirkung dieser Kombination größer ist als eine bloße Summe der Einzelwirkungen der Komponenten.

Die Zumischung stabilisierender Komponenten ist zwar das überwiegend, aber nicht ausschließlich gebräuchliche Verfahren zur Stabilisierung. In zahlreichen Patenten wird die Copolymerisation bzw. Copolykondensation der den Kunststoff bildenden Monomeren mit geringen Mengen polymerisations- oder polykondensationsfähiger Monomerer, die stabilisierende Gruppen tragen, beschrieben. Solche Comonomere sind z. B. als UV-Absorber wirksam. Ihre Anwendung schließt das Auswandern der Stabilisatoren aus. Nicht unter die Stabilisierung durch Copolymerisation ist die Modifizierung des Kunststoffes durch Komponenten zu rechnen, die in größeren Anteilen als den typischen niedrigen Stabilisatormengen in den Kunststoff eingehen und ihm eine verbesserte Eigenstabilität verleihen. Wir wollen diese auf dem Weg über den strukturellen Aufbau des Polymeren herbeigeführte Stabilitätserhöhung hier als „strukturelle Stabilisierung" bezeichnen. Die Stabilisierung durch chemische oder physikalische Nachbehandlung des Polymeren ist für gewisse Kunststoffklassen von Wichtigkeit. So werden bei Polyoxymethylenen die depolymerisationsfreudigen Endgruppen durch chemische Nachbehandlung zu reaktionsträgen Gruppen umgesetzt. Durch physikalische Nachbehandlung wie Erhitzen oder Auswaschen werden niedermolekulare Anteile, Katalysatorreste oder instabile Molekülbestandteile entfernt, die das Alterungsverhalten mancher Kunststoffe ungünstig beeinflussen.

Die Prüfung der Wirksamkeit von Stabilisierungsverfahren ist mit zahlreichen prinzipiellen Schwierigkeiten behaftet. Beschleunigte Alterungsverfahren, wie sie häufig zur Beurteilung des Dauergebrauchsverhaltens stabilisierter Kunststoffe dienen, zeigen im allgemeinen keine eindeutige Relation zu den praktischen Alterungsbedingungen, und die ermittelten Stabilitäten hängen meist weitgehend von individuellen Versuchsvariablen, besonders der Temperatur, ab. Für die Verfolgung der Alterungsreaktionen stehen zahlreiche Meßverfahren zur Verfügung: 1. Bestimmung des Molekulargewichtes sowie der damit in Zusammenhang stehenden Eigenschaften

(z. B. Lösungs- und Schmelzviskosität), 2. spektrophotometrische Bestimmung der Abbauprodukte (z. B. von sauerstoffhaltigen Gruppen aus IR- und UV-Spektren), 3. quantitative Ermittlung des chemischen Umsatzes (z. B. Messung der Sauerstoffabsorption bei Oxydationsreaktionen oder der Salzsäureabspaltung beim PVC-Abbau), 4. Messung charakteristischer mechanischer Eigenschaften (z. B. der Versprödung durch Zug-, Biege- oder Schlagversuche), 5. Beobachtung der Oberflächenbeschaffenheit (wie etwa der Rißbildung bei der Kautschukalterung), 6. Messung des Gewichtsverlustes beim thermischen Abbau (Thermogravimetrie), 7. Ermittlung von Zersetzungstemperaturen durch Differentialthermoanalyse, 8. Messung des dielektrischen Verhaltens (beispielsweise des dielektrischen Verlustfaktors bei der Oxydation von Polyolefinen), 9. Beobachtung von Verfärbungen (z. B. beim PVC-Abbau) und weitere Verfahren. Aus der folgenden Darstellung werden sich die bevorzugten Anwendungsgebiete der einzelnen Methoden noch näher ergeben, ohne daß jedoch im Rahmen dieses Buches auf die Praxis der Alterungsmessungen speziell eingegangen wird. Allgemein sei aber in diesem Zusammenhang festgestellt, daß verschiedene Untersuchungsmethoden leider vielfach zu unterschiedlichen Ergebnissen über die Stabilität führen.

Somit ergibt das Gebiet der Stabilisierung ein recht vielseitiges Bild; für seine Darstellung in dem vorliegenden Buch wurde die folgende Einteilung gewählt: Kapitel I. dient der Erörterung der phänomenologischen und physikalisch-chemischen Grundlagen des Abbaues von Kunststoffen. Kapitel II. schließt in Weiterführung der Betrachtungsweise mit der Behandlung des Wirkungsmechanismus der verschiedenen Stabilisatortypen und einem Überblick über die Eigenschaften der einzelnen Gruppen von Stabilisatorsubstanzen an. Kapitel III. bringt als Kernstück der Darstellung eine Beschreibung der Stabilisator-Zusatzstoffe an Hand der Patentliteratur, welche die umfassendste und vielfach einzige Quelle darstellt, die über die Entwicklung dieses Gebietes exakt unterrichtet. Die erhebliche Fülle der Substanzen ist dabei nach einem übersichtlichen Klassifizierungssystem auf der Basis ihrer chemischen Struktur geordnet, innerhalb der einzelnen strukturellen Klassen weiterhin nach den zu schützenden Kunststoff-Substraten. In Kapitel IV. folgt die Darstellung der Stabilisierungsverfahren durch Copolymerisation und durch Nachbehandlung des Polymeren. Die technische Praxis der Stabilisierung der wichtigsten Kunststofftypen mit Hinweisen auf die durch verschiedene Stabilisierungsverfahren erzielten Ergebnisse ist Gegenstand von Kapitel V. Das Gebiet der Stabilitätsprüfung von Kunststoffen kann im folgenden nur kurz gestreift werden: Kapitel VI. behandelt die wichtigsten Methoden zur Alterung (insbesondere Bewitterung) von Kunststoffen für die Bewertung von Stabilisierungssystemen. Kapitel VII. ist schließlich der Frage der physiologischen Nebenwirkungen von Stabilisatorsubstanzen bei Verwendung stabilisierter Kunststoffe im Lebensmittelsektor gewidmet. Im Anhang findet sich eine Liste von Handelsprodukten mit Handelsnamen.

I. Erscheinungsformen und physikalisch-chemische Grundlagen des Wärme- und Lichtabbaues von Kunststoffen

I.1. Alterungseinflüsse bei Verarbeitung und Anwendung von Kunststoffen und deren Auswirkungen

Die wichtigsten unmittelbar wahrnehmbaren und technologisch bedeutsamen Veränderungen können sein: die der Farbe (Vergilbung oder andere Verfärbungen), der Oberflächenstruktur (Rißbildung), der Konsistenz der Oberfläche (Klebrigwerden, Belagbildung, Abbröckeln), der mechanischen Konsistenz des gesamten Materials (Versprödung, Erhärtung, Erweichung), der mechanischen Eigenschaftswerte (Zugfestigkeit, Bruchdehnung, Schlagzähigkeit und ähnliche; Elastizitätsmodul), der elektrischen Eigenschaftswerte (Oberflächen- und Innenwiderstand, dielektrische Eigenschaften), der Transparenz (Trübung), der Löslichkeit und der chemischen Eigenschaften, des Geruchs, der Verarbeitungseigenschaften (Schmelzviskosität) und andere. Diese Erscheinungen sind teils den verschiedensten Kunststofftypen gemeinsam, teils sind sie weitgehend auf bestimmte Typen beschränkt. Mitunter tritt das eine oder das andere dieser Symptome isoliert auf, in fortgeschrittenen Stadien der Alterung ist jedoch meist eine Vielzahl von Wirkungen nebeneinander zu beobachten. Abgesehen von der verschiedenen Eigenstabilität der einzelnen Kunststoffe gegenüber Alterungseinflüssen hängt das Ausmaß und die Art der Wirkungen noch von Zusätzen (abgesehen von Stabilisatoren) wie Weichmachern oder Füllstoffen, der Verarbeitungsform und der meist durch die Verarbeitung gegebenen Vorgeschichte des Materials ab. Von überwiegendem Interesse für die Praxis ist die Veränderung der mechanischen Eigenschaften der Kunststoffe. Diese werden durch die beiden charakteristischen Reaktionstypen des Abbaues und der Vernetzung am meisten beeinflußt. Der Abbau, der durch thermische, oxydative oder photochemische Kettenspaltung hervorgerufen wird, bewirkt im Material infolge der zunehmenden Verringerung des Molekulargewichts einen Verlust an Reißfestigkeit, Reißdehnung und Schlagzähigkeit, bei fortgeschrittener Verkürzung der Ketten und Bildung von Abbauprodukten niederen Molekulargewichts ferner auch eine Herabsetzung der Erweichungstemperatur und Verschlechterung des Kriechverhaltens. Die Vernetzung hingegen, die durch die gleichen Einflüsse hervorgerufen werden kann, erzeugt zunächst durch die Bildung von Valenzbrücken zwischen den einzelnen Molekülen eine Erhöhung des

Molekulargewichts. Im Verlaufe dieses Prozesses wird die Löslichkeit zunehmend geringer, bis schließlich bei vollständiger Vernetzung ein unschmelzbares und unlösliches, aber begrenzt quellbares und vollständig gummielastisches Produkt entstanden ist. Im weiteren Verlauf der Bildung von Valenzbrücken zwischen benachbarten Molekülteilen tritt schließlich Erhöhung und Verbreiterung des Erweichungstemperaturbereiches und Versprödung des Materials ein. In zahlreichen Fällen verlaufen beide Prozesse gleichzeitig nebeneinander, so daß sich ihre Wirkungen eine Zeitlang kompensieren können und der Anschein einer gewissen Stabilität entsteht. Sobald jedoch die eine der beiden Reaktionen überwiegt, wird die Erweichung bzw. Versprödung des Materials mehr oder weniger drastisch zutage treten.

Im folgenden sind die speziellen Alterungseffekte bei einzelnen Kunststofftypen zusammengestellt:

Polyäthylen

Gegenüber rein thermischen Einflüssen ist Polyäthylen relativ beständig, und erst oberhalb 290 °C erfolgt ein Abbau der Kettenmoleküle. Bei etwa 360 ° C tritt eine teilweise Verflüchtigung des Materials infolge Bildung niedermolekularer Abbauprodukte ein und bei noch höheren Temperaturen ein vollständiger Zerfall in flüchtige Substanzen (*227*). Dagegen zeigt es, besonders bei erhöhten Temperaturen, eine bemerkenswerte Oxydationsempfindlichkeit, die sich bereits während der Verarbeitung auswirken kann. Werden z. B. bei der Extrusion nicht hinreichende Vorkehrungen getroffen, um Vermischung der geschmolzenen Masse mit Luftsauerstoff oder lokale Überhitzungen zu vermeiden, so kann es zu einer Veränderung technisch wichtiger Eigenschaften kommen (*455*): Erweichungstemperatur, Zugfestigkeit, Dichte und dielektrischer Verlustfaktor nehmen mit steigender Oxydation zu, die Reißdehnung nimmt dagegen ab. Das Verhalten des Schmelzindex ist verschieden; im allgemeinen wird er durch den Oxydationseinfluß nach anfänglichem Anstieg herabgesetzt, da Vernetzungen auftreten, die bis zur Gelbildung führen können. Bei oxydativ geschädigten Materialien lassen sich in manchen Fällen (besonders bei dünnen Folien) Gelpartikel, die infolge ihres niedrigeren Schmelzindex nicht mit der übrigen Masse homogen verschmelzen, als kleine punktförmige Anhäufungen erkennen. Diese mitunter als „Stippen" bezeichneten Gelpartikel beeinträchtigen nicht nur das Aussehen und die Eigenschaften der Folie, sondern können auch zu Störungen im Extrusionsprozeß führen. Beim Walzen des Polyäthylens macht sich die Oxydation schon bei Walzentemperaturen von 160 °C deutlich bemerkbar, indem der dielektrische Verlustfaktor, der für reines Polyäthylen nahe bei Null liegt, stark zunimmt (*62*). Der dielektrische Verlustfaktor ist ein empfindliches Kriterium für polare sauerstoffhaltige Gruppen, die im Verlaufe der Reaktion gebildet werden. Erhöhte Temperatur ist eine notwendige Voraussetzung, damit die Oxydationswirkungen überhaupt in Erscheinung treten. Bei Zimmertemperatur und Ausschluß von Licht kann Polyäthylen lange Zeit an der Luft aufbewahrt werden, ohne daß Veränderungen seiner Eigenschaften bemerkbar werden. Die charakteristischste Wirkung besteht in einer auffälligen Versprödung, die sich bei etwa 100 °C an linearem Polyäthylen, also solchem, das nach dem Niederdruckverfahren hergestellt ist und Dichten > 0.93 g/cm^3 aufweist, feststellen läßt. Diese Versprödung besteht in einem völligen Verlust der mechanischen Festigkeit des unstabilisierten Materials, wenn dieses bei der angegebenen Temperatur unter Luftzutritt länger als etwa 48 Stunden aufbewahrt wird. Der Effekt, der auf Grund der guten mechanischen Wärmestandfestigkeit von linearem Polyäthylen nicht zu erwarten ist (die Schmelztemperatur liegt erheblich oberhalb dieser Versprödungstemperatur), ist zuerst von KAVAFIAN (*298*) und später von IMIG (*285*, *286*) untersucht worden. Ersterer fand, daß ein Ziegler-Polyäthylen von normalen mechanischen Eigenschaften nach 48stündiger Wärmelagerung bei 100 °C unter Luftzutritt eine Abnahme der Schlagzugzähigkeit (vgl. dazu (*83a*)) auf 7 % des ursprünglichen Wertes erlitt, nach Umschmelzen aber wieder 72 % der früheren Schlagzugzähigkeit zurückgewann. Dieser Befund legte das Vorliegen eines ausgesprochenen Oberflächeneffektes nahe; anderweitige Beobachtungen zwangen jedoch zu dem Schluß, daß der Abbau offenbar durch das ganze Material fortschreitet. Zur Deutung dieser Diskrepanz wurde auf die Vorstellung zurückgegriffen, daß in linearem Polyäthylen die langkettigen Moleküle in kristallisierten Bereichen höherer Dichte angeordnet sind, die voneinander durch amorphe, lockere Grenzbezirke getrennt sind („Sphärolith-Struktur"). Der Sauerstoff diffundiert praktisch nur in diese amorphen Bereiche und oxydiert das Material daher ausschließlich in den Grenzschichten, während die kristallinen Bereiche intakt bleiben (*298*). Daneben findet während des Oxydationsvorganges eine Zunahme der Kristallinität statt, was aus der beobachteten Erhöhung der Dichte zu schließen ist (*285*, *286*). Der besondere Kristallhabitus von thermisch oxydiertem linearen Polyäthylen, der sich deutlich von dem des längerkettigen nichtoxydierten Polymeren unterscheidet, ist elektronenmikroskopisch von FUJIWARA u. a. (*204*) festgestellt worden. Neuere Untersuchungen über anomale Versprödungstemperaturen stammen von RUDIN u. a. (*497*). Die Luftoxydation des Polyäthylens führt zu einer Vergilbung von ungefärbtem oder hellfarbigen Material; diese Erscheinung ist an pulverförmigem Material infolge seiner großen Oberfläche bereits nach 15tägiger Luftlagerung bei Raumtemperatur photochemisch nachweisbar, nach Erreichen einer gewissen Verfärbung verändert sich jedoch die Farbe selbst nach langer Zeit nicht mehr merklich (*209*). Die Veränderung der mechanischen Eigenschaften des Polyäthylens unter oxydativen Einflüssen läßt sich besonders an Hand des Zugversuches deutlich demonstrieren. Messungen von BOBALEK u. a. (*66*) ergeben die in Fig. 1 dargestellte Veränderung der Reißdehnung für zwei verschiedene Sorten Hochdruck-Polyäthylen, ferner eine weitgehende Unabhängigkeit von Dehnung und Spannung an der Streckgrenze (dem „yield point“) vom Oxydationszustand, solange diese beiden Größen unterhalb der Reißdehnung bzw. Reißfestigkeit liegen. Auch hier kann die amorph-kristalline Struktur des Polyäthylens eine befriedigende Deutung liefern. Nimmt man an, daß anfangs ausschließlich die amorphen Bereiche oxydiert werden, so ist, solange deren mechanische Festigkeit noch genügend hoch ist, eine Veränderung von Dehnung und Spannung an der Streckgrenze kaum zu erwarten, da diese letzteren Eigenschaften nur von den inneren Kräften der bei der Oxydation unversehrten kristallinen Bereiche abhängen.

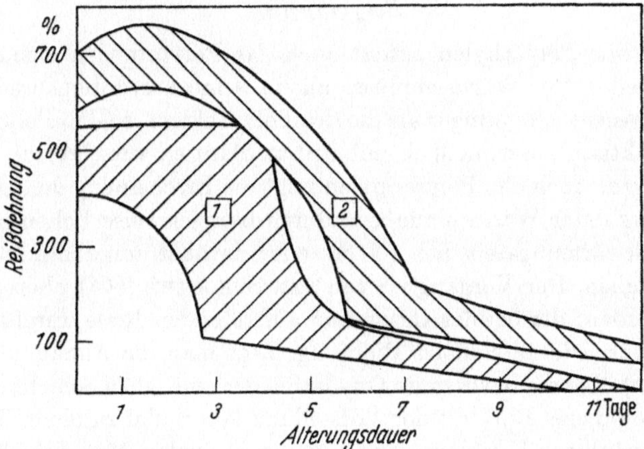

Fig. 1. Bereich der Veränderung der Reißdehnung von Polyäthylen mittlerer Verzweigung (1) und hoher Verzweigung (2) im Verlaufe der Alterung an Luft bei 100 °C (gemessen an Folien von 0.127 mm Dicke). Nach BOBALEK u. a. (*66*).

Die Reißdehnung und die Reißfestigkeit werden allerdings von der fortschreitenden Oxydation der amorphen Schichten bestimmt. Diese amorphen Bereiche wirken also gewissermaßen wie eine Schutzschicht, die den oxydativen Angriff abfängt, woraus folgt, daß mit zunehmender Kristallinität (gleichbedeutend mit zunehmender Linearität des Molekülaufbaues) die Oxydationsanfälligkeit der mechanischen Eigenschaften zunimmt, obwohl die Geschwindigkeit der meßbaren Sauerstoffabsorption bei höherkristallinen Produkten geringer ist. Für lineare Produkte ist also die Anwesenheit von Antioxydantien und der Ausschluß bzw. die Inhibierung oxydationsfördernder Agenzien (hierzu gehört besonders Kupfer) noch kritischer als für verzweigtes (Hochdruck-)Polyäthylen.

Lichteinwirkung verändert Polyäthylen nur verhältnismäßig langsam. Nach 100 Fade-Ometer-Stunden (vgl. dazu Abschnitt VI.3., S. 481) zeigt es wohl eine Zunahme des dielektrischen Verlustfaktors und die infrarotspektroskopisch nachweisbare Anwesenheit von sauerstoffhaltigen Gruppen, dagegen keine merkliche Veränderung der mechanischen Zähigkeits- und Festigkeitswerte. Ein Maximum der Lichtempfindlichkeit existiert für eine Wellenlänge von 325 mμ (*571*).

Durch Bestrahlung mit ultraviolettem Licht in Gegenwart von Sensibilisatoren läßt sich eine Vernetzung herbeiführen, die die mechanischen Eigenschaften etwa durch Erhöhung der Reißfestigkeit wesentlich verbessern kann. Dieses Verfahren wurde von der Firma Du Pont zuerst untersucht (*489*) und technisch ausgewertet. Neuere Arbeiten mit ausführlichen Literaturangaben über die Vernetzung von Polyolefinen durch ultraviolettes Licht sind von SOUMELIS u. a. (*560*) und von WILSKI (*633*) veröffentlicht worden.

Polypropylen

Ähnlich wie Polyäthylen besitzt auch das Polypropylen eine recht gute Beständigkeit gegen Wärmeeinflüsse allein. Seine Oxydationsbeständigkeit ist jedoch wesentlich geringer als die des Polyäthylens, so daß Polypropylenmassen praktisch ausschließlich mit Antioxydantien versetzt zur Verarbeitung gelangen. Auch das Polypropylen zeigt die Erscheinung der oxydativen Versprödung unter Wärmeeinfluß, wodurch beispielsweise Folien nach einer gewissen Erwärmungszeit bei 100 °C oder darüber innerhalb kurzem zu Pulver zerfallen. Der Vorgang ist von VAN SCHOOTEN (*608*) photographisch verfolgt worden; die bei der Oxydation auftretenden Risse durchziehen die runden Sphärolithe in radialer Richtung. Legt man die Annahme von KAVAFIAN (*298*) über die bevorzugte Oxydation der amorphen Schicht zugrunde, so deckt sich dieses Bild mit der Vorstellung von radial zu einer Kugel vereinigten kristallinen Lamellen, zwischen die amorphes Material als weiterer Bestandteil dieser Sphärolithe eingelagert ist.

Die Versprödungstendenz wird hier auch bei Lichteinwirkung in Gegenwart von Sauerstoff sehr rasch wirksam. Bereits nach 100 Fade-Ometer-Stunden wird die Oberfläche von Polypropylen-Proben rauh und entwickelt Risse. Allgemein kann Polypropylen als sehr lichtempfindlich angesehen werden; Maxima der Lichtempfindlichkeit liegen bei etwa 370 und 300 mμ (*571, 392*). Temperaturerhöhung beschleunigt die photooxydative Versprödung sehr stark. Bei Bestrahlung eines Polypropylen-Filmes mit dem Licht einer Quecksilberlampe wurde z. B. eine Verkürzung der Zeitdauer bis zum spröden Bruch von 34 auf 8 Stunden festgestellt, wenn die Temperatur von 38 auf 58 °C erhöht wurde. Dies entspricht der in der Einleitung angeführten Näherungsregel (*392*).

Polyvinylchlorid

Das Polyvinylchlorid (PVC) ist durch eine ausgesprochene Instabilität gekennzeichnet, welche Heißverarbeitung oder Einsatz dieses Materials ohne besondere Stabilisierung praktisch ausschließt. Die Auffindung geeigneter Stabilisierungssysteme gehört deshalb zu den wichtigsten technologischen Problemen auf dem PVC-Gebiet, ohne daß jedoch die typischen Abbau- und Alterungseffekte dieses Kunststoffes bisher durchweg mit Sicherheit ausgeschlossen werden konnten.

Die auffälligste Veränderung des Materials in der Wärme besteht in zunehmender Dunkelfärbung, die bei anfangs farblosen Massen über Gelb, Orange und Braun zu einem tiefdunklen Schwarzbraun führt. Die Verfärbung ist mit einer Dehydrochlorierung des Materials verbunden, indem gasförmige Salzsäure abgespalten wird. Beide Effekte verlaufen parallel, da die Salzsäureabspaltung in gewissem Maße die Braunfärbung bedingt. Die Geschwindigkeit der Reaktion wird oberhalb 100 °C merklich und führt bei unstabilisiertem Material unter den Verarbeitungstemperaturen von 160 bis 190 °C zu einer sehr raschen Verfärbung; bei fortschreitender Reaktion nimmt der unlösliche Anteil des Polymeren infolge Vernetzung zu. Das Ausmaß des Abbaues bei verschiedenen Temperaturen läßt sich am besten durch Bestimmung der freigesetzten Salzsäure ermitteln; dabei ergibt sich, daß die Salzsäureabspaltung in Gegenwart von Sauerstoff wesentlich rascher verläuft als in einem inerten Gas wie Stickstoff (*148*). Für die Prüfung unter Verarbeitungsbedingungen und bei Alterungstests wird im allgemeinen die Farbänderung als Kriterium des Abbaues benutzt.

Bei der Verarbeitung von Hart-PVC ist das Spritzgußverfahren gegenüber Störungen durch thermischen Abbau besonders anfällig, da der Temperaturbereich des niederviskosen Schmelzzustandes schon in den Bereich der beginnenden Zersetzung fällt, die mit Dunkelfärbung durch „Verbrennen" der Kunststoffmasse, Abscheidung von Gasblasen und Vernetzung unter Erhöhung der Schmelzviskosität verbunden ist. Der Zusatz von Stabilisatoren

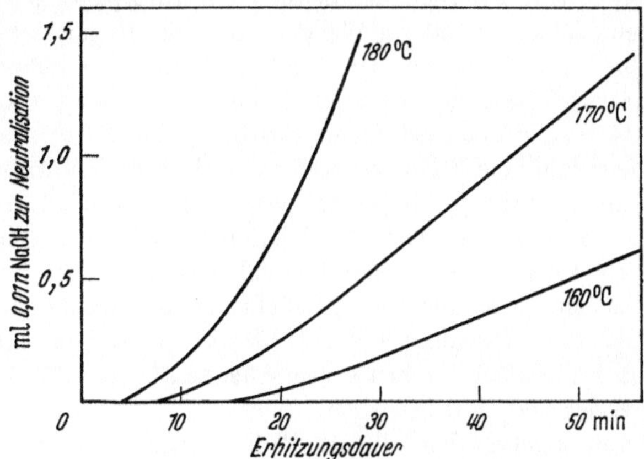

Fig. 2. Verlauf der thermischen HCl-Abspaltung aus stabilisiertem PVC mit temperaturabhängiger Länge der Induktionsperiode (die abgespaltene Menge HCl ist durch das Titrationsäquivalent wiedergegeben). Nach BRIGHTON (*86*).

bewirkt eine Verzögerung des Eintritts der Zersetzung; während der Dauer dieser Verzögerung, der sogenannten Induktionsperiode, erfolgt keine merkliche HCl-Abspaltung. Ihre Länge hängt von der Temperatur ab. Nach Beendigung der Induktionsperiode folgt dann ein rasches Einsetzen der Dehydrochlorierung. Die Verhältnisse sind in Fig. 2 für eine stabilisierte PVC-Sorte dargestellt (nach (*86*)). Bei der Verarbeitung kommt es darauf an, die Zeitdauer des geschmolzenen Zustandes so kurz zu halten, daß sie noch in den Bereich der Induktionsperiode fällt. Daher ist ein schnelles Plastizieren der Masse erforderlich, was durch geeignete Maschinen erreicht werden kann (*313*). Mit Hilfe von bestimmten Stabilisierungssystemen gelingt indessen von Fall zu Fall eine erhebliche Ausdehnung der Periode vor der Zersetzung; für PCV-Kabelmassen haben sich beispielsweise Induktionsperioden von über 5 Stunden bei 175°C erzielen lassen (*514*).

Auch beim Einsatz von PVC unter erhöhten Temperaturen tritt je nach der Stabilisierung mehr oder weniger rasch Dunkelfärbung ein, die jedoch nicht unbedingt mit einer merklichen Verschlechterung der mechanischen Eigenschaften verbunden ist (*142*).

Der Lichtabbau des Polyvinylchlorids bei Gegenwart von Sauerstoff äußert sich in etwas anderer Weise als der rein thermische Abbau, was wohl auf die Mitwirkung des Sauerstoffes zurückzuführen ist. Während der thermische Abbau sofort mit einer merklichen Farbvertiefung einsetzt, dabei aber die mechanischen Eigenschaften nur sehr wenig beeinflußt, macht sich bei der Lichtalterung die Verfärbung erst nach einiger Zeit, häufig in Form von einzelnen dunklen Flecken, bemerkbar, wobei die mechanischen Eigenschaften deutlich verändert werden. So führt die Lichteinwirkung zur Versprödung und Verminderung der Reißdehnung; Unlöslichwerden von Filmen, die längere Zeit bestrahlt wurden, deutet auf Vernetzung (*369*). Ein Maximum der Lichtempfindlichkeit dürfte für Wellenlängen um 310 mμ bestehen (*571*). Der Unterschied im Charakter der Lichteinwirkung gegenüber dem des Wärmeabbaues wird besonders dadurch demonstriert, daß verfärbte, thermisch gealterte PVC-Proben bei Lichteinwirkung eine Farbaufhellung zeigen (*253*). Längerdauernde Freibewitterung von Hart-PVC führt in manchen Fällen zur Bildung eines hellfarbigen Belages, bei dem es sich wahrscheinlich um abgebautes, niedermolekulares PVC handelt (*274*). Allgemein gilt für reines PVC, daß es ebenso außerordentlich lichtempfindlich ist, wie es gegen Wärmeeinflüsse instabil ist. Bereits bei Belichtung von weniger als 100 Fade-Ometer-Stunden (vgl. Abschnitt VI.3., S. 481) ist der Abbau ohne weiteres sichtbar. Auch hier jedoch können entsprechende Zusatzstoffe eine wesentliche Erhöhung der Stabilität bewirken.

Im Falle von weichmacherhaltigem PVC kann sich das Verhalten des Weichmachers entscheidend auf das Alterungsverhalten auswirken, da bei flexiblem Material eine Versprödung in besonderem Maße den Gebrauchswert mindert. Die Verflüchtigung von nicht abgebautem Weichmacher dürfte dabei keine große Rolle spielen; vielmehr steht hierbei wohl die Oxydation des Weichmachers unter Bildung niedrigermolekularer Produkte, die keinen plastifizierenden Charakter mehr haben, sich leicht verflüchtigen oder ausgewaschen werden, im Vordergrund. Die Stabilität verschiedener Weichmachertypen untersuchten HENDRICKS u.a. (*271*), wobei sich sehr bemerkenswerte Unterschiede einmal in der absoluten Beständigkeit, zum anderen Mal in dem Zeitraum zwischen Versteifung der untersuchten Folien und ihrem Brüchigwerden ergeben. Besonders gute Beständigkeit besitzen dabei Dioctylphthalat und -sebacinat sowie insbesondere gewisse Polyester-Weichmacher, bei Trikresylphosphat ist die Versteifungszeit niedrig, aber die Zeit bis zum Brüchigwerden recht lang; Äther-Weichmacher sowie ungesättigte Verbindungen (Ricinoleate) zeigen rasche Versteifung und Versprödung. Die Art des beigemischten Pigmentes übt einen großen Einfluß auf das Bewitterungsverhalten von Weich-PVC aus. So fand THINIUS (*591*) an Diäthylphthalat-haltigen Folien mit grünem Pigment eine wesentlich raschere Abnahme von Reißfestigkeit und Reißdehnung bei der Freibewitterung als an Folien mit braunem Pigment. Ein vielfach wichtiges Moment bei der Autoxydation von Weichmachern ist ferner die Geruchsbildung. Auch hier findet sich eine katalytische Wirkung von verschiedenen Pigmenten (*525*).

Polyvinylidenchlorid

Für dieses Produkt, ebenso wie für seine Mischpolymerisate mit Vinylchlorid, gelten ähnliche Verhältnisse wie beim Polyvinylchlorid. Beim Erhitzen auf 130°C wird es rund viermal so schnell dehydrochloriert wie das Polyvinylchlorid, verfärbt sich aber weniger als halb so schnell (Verfärbung gemessen an der Lichtdurchlässigkeit); ebenso wie das Polyvinylchlorid erleidet es eine schnellere Zersetzung, wenn es vor Beginn der Wärmebehandlung bereits einen gewissen Abbau aufweist. Bei der Lichtalterung verfärbt es sich sowohl in Gegenwart von Luft wie auch in inerter Atmosphäre merklich langsamer als reines Polyvinylchlorid; dies gilt auch für seine Vinylchlorid-Mischpolymerisate (*253*). Unter milden Alterungsbedingungen macht sich eine Vernetzung durch Erhöhung der Lösungsviskosität bemerkbar. Längerdauernde und intensive Lichteinwirkung führt auch hier zu völlig unlöslichen Produkten von kohleartiger Natur (*385*).

Polystyrol

Bei Erwärmung ohne Luftzutritt zeigt das Polystyrol einen thermischen Abbau, der sich in der Abnahme der Lösungsviskosität und in der Bildung flüchtiger Produkte, vorwiegend aus monomerem Styrol bestehend, bemerkbar macht. Der Prozeß verläuft aber erst oberhalb 200 °C mit solcher Geschwindigkeit, daß er praktische Bedeutung hat. Dieser Abbau bildet den bevorzugten Gegenstand kinetischer Untersuchungen über die Depolymerisation von Hochpolymeren. Die Wärmealterung in Gegenwart von Sauerstoff erfolgt nur mäßig schnell. Nach 200stündiger Lagerung bei 100 °C unter Luftzutritt konnten ACHHAMMER u. a. (*2*) an Polystyrol-Filmen eine gewisse Versprödung feststellen, dagegen keine Farbänderung oder Beeinträchtigung der Löslichkeit. Leichte Vergilbung war erst nach mehr als 200stündiger Alterung bei 125° nachzuweisen.

Wesentlich empfindlicher ist das Material gegenüber photooxydativen Einflüssen. 200stündige Belichtung bei 60° C mit einer S-1 Sunlamp als Lichtquelle führt zu Vergilbung, sehr starker Versprödung und, je nach der Dicke des bestrahlten Films, mehr oder weniger zu Unlöslichkeit in guten Lösungsmitteln (*2*). Die Vergilbung wird durch einen Gehalt an monomerem Styrol beschleunigt (*385*). Über Bewitterungsversuche an Polystyrol berichten TAYLOR u. a. (*586*) und SCHREIBER u. a. (*518*). Letztere finden bei der Freibewitterung von Platten aus verschiedenen Polystyrol-Sorten allgemein eine starke Abnahme der Zugfestigkeit, Schlagzähigkeit und Biegefestigkeit; der Abfall dieser Eigenschaften flacht jedoch im Laufe der Zeit ab, und nach Ablauf von etwa 2 Jahren unter gemäßigtem Klima bzw. weniger als einem Jahr unter feucht-heißem Klima ändern sich die mechanischen Eigenschaftswerte nur mehr geringfügig, z. T. sogar gegenläufig. Hier wird der überlagernde Einfluß von Kettenabbau und Vernetzung auf die mechanischen Eigenschaften recht gut deutlich. Wie TAYLOR u. a. (*586*) bei Bewitterung unter verschiedenen Klimaformen feststellen, hängt die Geschwindigkeit des Abbaues eng mit der Intensität des einfallenden Sonnenlichtes zusammen. Pigmentierung des Polystyrols vermag die Wetterbeständigkeit wesentlich zu erhöhen.

Fluorhaltige Polymere

Diese Gruppe von Hochpolymeren besitzt unter allen Kunststoffprodukten die weitaus größte Unempfindlichkeit gegenüber Wärme und chemischen Einflüssen, andererseits erfordert ihre Verarbeitung sehr hohe Temperaturen.

Der wichtigste Vertreter dieser Klasse, das Polytetrafluoräthylen, das nicht wie die übrigen Thermoplaste (z. B. im Spritzgußverfahren) verformt werden kann, erfordert Verarbeitungstemperaturen von 350—400 °C. In der Hitze unterliegt dieses Material einem Depolymerisationsprozeß unter Verflüchtigung von monomeren Spaltstücken der Makromoleküle. Der dadurch hervorgerufene Gewichtsverlust beträgt jedoch bei 360 °C nur 0.001 % pro Stunde, bei 420 °C 0.09 % pro Stunde (*498*). Das Material ist im Gebrauch bis zu Temperaturen von 250—300 °C thermisch belastbar und eignet sich für Dauergebrauchstemperaturen um 260° C. In diesem Temperaturbereich beträgt der Gewichtsverlust lediglich 0.0002 % pro Stunde. Gegenüber Sauerstoff ist das Polytetrafluoräthylen vollkommen inert. Auch Lichteinflüsse wirken sich unter normalen Einsatzbedingungen auf das Material nicht aus.

Dementsprechend ist seine Wetterbeständigkeit vorzüglich; so hat z. B. siebenjährige Freibewitterung in Florida keine Veränderung hervorgerufen (*498*). Eine Stabilisierung kommt im allgemeinen nicht in Betracht.

Beim Polytrifluorchloräthylen ist die thermische Beständigkeit unter den Verarbeitungsbedingungen ganz wesentlich herabgesetzt, so daß, um eine Verschlechterung seiner Gebrauchseigenschaften zu verhindern, temperaturbeständige Stabilisatoren zugesetzt werden. Unter normalen Einsatzbedingungen ist das Polytrifluorchloräthylen jedoch ein Kunststoff von ausgezeichneter Alterungs- und Wärmebeständigkeit, der bis zu Temperaturen von 200 °C unter Beibehaltung befriedigender Eigenschaften verwendet werden kann.

Das Polyvinylidenfluorid sowie Mischpolymere aus Tetrafluoräthylen und Hexafluorpropylen, die sämtlich ebenso wie das Polytrifluorchloräthylen thermoplastisch verarbeitbar sind, besitzen zwar nicht die hohe absolute Wärmestabilität des Polytetrafluoräthylens (dies beschränkt die Einsatztemperatur des Polyvinylidenfluorids auf 225 °C, die des Mischpolymerisats auf Dauergebrauchstemperaturen von 150 °C und kurzzeitige Erwärmungsperioden bis zu 260 °C (*25*)), verfügen aber auch über eine vorzügliche Alterungs- und Wärmebeständigkeit. Polyvinylidenfluorid unterliegt oberhalb 250° einem durch Quarz, eigenartigerweise aber nicht durch Metalle katalysierten thermischen Abbau. Es ist besonders beständig gegen starke UV-Strahlung und extreme Witterungsbedingungen (*25*).

Polymethacrylate

Das typische Produkt dieser Reihe ist das Polymethylmethacrylat; andere Ester werden nur in geringfügigem Maße meist als Mischpolymerisate mit diesem verwendet. Polymethylmethacrylat spaltet beim Erhitzen unter Depolymerisation Monomeres ab. Diese Reaktion ist, ebenso wie die Depolymerisation des Polystyrols, vielfach kinetisch untersucht worden. Die thermische Zersetzung spielt jedoch weder bei den zur Polymerisation oder Temperung von Gießplatten (Maximaltemperatur bei der Polymerisation etwa 100 °C, Temperung bei etwa 140 °C) noch bei den für die Spritzgußverarbeitung erforderlichen Temperaturen (170–240 °C) eine Rolle. Die Zersetzungsneigung der Methacrylate beim Spritzguß ist nur gering, und die Arbeitstemperatur ist nicht kritisch nach obenhin begrenzt. Für die Extrusion hingegen wird die sorgfältige Kontrolle der Massetemperaturen empfohlen, da bei Überhitzung Verfärbungen durch oxydative Prozesse auftreten können (*279*).

Das Polymethylmethacrylat samt seinen verschiedenen chemischen Modifikationen hat als der wichtigste Kunststoff für glasklare, transparente Gebilde ein ausgezeichnetes Alterungsverhalten gegenüber Licht, Wärme und Freibewitterung. Im Fade-Ometer z. B. übersteht es 300 Stunden und mehr ohne sichtbare Veränderung (*571*). Dennoch werden die Dauergebrauchseigenschaften des Materials häufig durch eine sehr spezifische Erscheinung beeinträchtigt, nämlich die Bildung kleiner Oberflächenrisse (in der angelsächsischen Literatur als „crazing" bezeichnet). Diese Risse treten entweder unorientiert auf oder bei Vorliegen von Spannungen parallel orientiert senkrecht zur Zugspannung. Die orientierten Risse wachsen bis zum Bruch des Materials. Voraussetzung für das Auftreten von Spannungsrissen ist das Überschreiten eines gewissen Mindestwertes der mechanischen Spannung, entweder in Form einer äußeren Belastung oder einer inneren Spannung im Material. Da Polymethacrylate zum Aufbau innerer Spannungen neigen, tritt die Spannungsrißbildung in der Praxis häufig auf, besonders bei Spritzgußartikeln. Es handelt sich hier wohl vorwiegend um einen physikalischen Alterungseffekt, der jedoch unter Bewitterungsbedingungen, bei denen chemische Veränderungen beobachtet werden, als konkurrierendes Phänomen eine Rolle spielt. Vergleichende Messungen über die Rißbildung, den Bruch und das Kriechen von verschiedenen Polymethacrylat-Typen unter Biegespannungen bei Freibewitterung haben GOUZA u. a. (*225*) beschrieben.

Polyacrylnitril

Dieses nicht-thermoplastische Material wird praktisch ausschließlich zur Herstellung von Kunstfasern mit sehr guter Wetter- und Alterungsbeständigkeit verwendet, die auch bei längerer Erwärmung auf Temperaturen bis zu 150 °C ihre Festigkeit und Elastizität kaum ändern (*279*). Das Material neigt jedoch in der Hitze zur Vergilbung, bei langer intensiver Erhitzung, besonders in Gegenwart von Sauerstoff, färbt es sich zunehmend tiefer rot (*281*). Die Verfärbung wird durch das bei der Faserherstellung verwendete Lösungsmittel, Dimethylformamid, katalysiert (*229*). Bereits bei der Herstellung der Lösungen von Polyacrylnitril in Dimethylformamid kann infolge der dabei erforderlichen längerdauernden Erwärmung eine Verfärbung der Lösung auftreten. Auch Copolymerisate des Acrylnitrils, die thermoplastisch verarbeitbar sind, zeigen Vergilbung. Zur Verhinderung des Effektes sind verschiedene Stabilisatoren beschrieben worden.

Was die Lichtbeständigkeit anlangt, so dürfte das Polyacrylnitril als der stabilste unter den gegenwärtig bekannten Faserstoffen anzusehen sein.

Polyvinylacetale

Im Rahmen der hier interessierenden Kunststoffe kommt aus dieser Gruppe vor allem das Polyvinylbutyral in Betracht, dessen Hauptanwendungsgebiet die Zwischenschichtfolien für Verbundgläser sind. Das Material ist von vorzüglicher Lichtbeständigkeit und zeigt während seines Einsatzes keine Veränderungen durch Lichtalterung. Die Extrusionstemperaturen für die Folien liegen zwischen 120 und 160 °C; das Verpressen der Folie mit dem Glas wird bei etwa 120 °C vorgenommen. In diesem Temperaturbereich kann ein oxydativer Abbau des Materials stattfinden, der vor allem die mechanischen Eigenschaften der Folie wie Reißfestigkeit und Reißdehnung verschlechtert. Aus diesem Grunde werden der Masse verschiedentlich Antioxydantien zugesetzt, die allerdings häufig den Nachteil einer gewissen Vergilbung mit sich bringen. Ihre Verwendung ist kein kritisches Erfordernis, zumal beim Verpressen der Luftsauerstoff durch die aufgelegten Platten ferngehalten wird.

Polyoxymethylene

Polyformaldehyd und seine Mischpolymerisate, von denen das Copolymere mit Äthylenoxyd das wichtigste ist, unterliegen bei erhöhter Temperatur einer thermischen Depolymerisation unter Bildung von Formaldehyd, die im Falle der Mischpolymerisate gegenüber dem reinen Polyformaldehyd wesentlich eingeschränkt ist. Oxymethylen-Homopolymerisate müssen wegen ihrer hohen Instabilität durch chemische Modifizierung der Polymermoleküle gegen thermischen Abbau geschützt werden (vgl. IV.2.2., S. 406). Die Spritzguß- und Extrusionstemperaturen liegen um 200 °C. Da der thermische Abbau bereits von etwa 210° ab mit merklicher Geschwindigkeit einsetzen kann, ist eine sorgfältige Beachtung der oberen Grenze der Verarbeitungstemperatur erforderlich. Die Abscheidung des gasförmigen Formaldehyds kann zur Bildung von Blasen und Fehlern im Formkörper sowie zu einem anhaftenden Geruch führen. Diese Verhältnisse machen es in besonderem Maße erforderlich, daß die Beschaffenheit der Verarbeitungsmaschinen eine Stagnation des Materials im geschmolzenen Zustand ausschließt. Die Zersetzungstemperatur wird außer durch Copolymerisation und chemische Umsetzung der Endgruppen des Polymeren zusätzlich durch Verwendung von Wärmestabilisatoren heraufgesetzt.

Beim Einsatz des Materials kann, besonders unter dem Einfluß erhöhter Temperaturen und unter Lichteinwirkung, eine Autoxydation stattfinden, die zur Vergilbung führt, aber erst in fortgeschrittenem Stadium zu einer Verschlechterung der mechanischen Eigenschaften. Charakteristisch für die Wirkung des Lichtes auf Polyacetal ist eine Auskreidung der Oberfläche. Da sich die sonstigen Eigenschaften des Kunststoffes aber hierbei nur wenig ändern, können Polyoxymethylene als befriedigend licht- und witterungsbeständig angesehen werden, wobei jedoch weitere stabilisierende Zusätze in Form von Antioxydantien stets erforderlich sind, evtl. ergänzt durch UV-Absorber (vgl. (*545*)).

Lineare Polyester

Die größte Bedeutung unter diesen Produkten hat das Polyäthylenterephthalat, das in überwiegendem Maße zu Kunstfasern, daneben aber auch zu dünnen Folien mit bemerkenswerten Festigkeits- und Beständigkeitseigenschaften verarbeitet wird. Es besitzt eine relativ hohe Beständigkeit gegenüber thermischer Zersetzung, so daß es bei seiner Herstellung und beim Schmelzspinnprozeß der Fasern längere Zeit Temperaturen von 250 bis 300 °C ausgesetzt werden kann, ohne daß der dabei auftretende geringfügige Abbau merklich ins Gewicht fällt. Auch hier ist der Abbau von einer Vergilbung mit nachfolgender weiterer Dunkelfärbung begleitet (*222*).

Unter Gebrauchsbedingungen macht sich die hohe Temperaturresistenz ebenfalls vorteilhaft bemerkbar, z. B. beim Bügeln von Textilien aus Polyäthylenterephthalat-Fasern.

Die Langzeit-Alterungsbeständigkeit sowie die Wetterbeständigkeit sind sehr gut. Dem hydrolytischen Einfluß der Luftfeuchtigkeit kommt bei kombinierten Alterungsversuchen größere Bedeutung zu als den Einflüssen der Wärme oder der Oxydation. Entsprechende Daten über die Veränderung der mechanischen und elektrischen Eigenschaften von Folien und Platten sind von McMahon u. a. (*374*) zusammengestellt worden. Dennoch ist das Material, im Vergleich zu anderen Estern, von ungewöhnlicher Hydrolysenbeständigkeit. Auch die Lichtbeständigkeit ist recht gut, es empfiehlt sich jedoch der Einsatz von UV-Absorbern.

Polycarbonate

Die Wärmebeständigkeit des wichtigsten dieser Produkte (bei denen es sich auf Grund ihrer chemischen Struktur ebenfalls um lineare Polyester handelt), des Bisphenol A-Polycarbonats, liegt noch um rund 75 °C höher als die des Polyäthylenterephthalats. So erfährt das Material selbst unter den wegen der hohen Schmelzviskosität erforderlichen extremen Verarbeitungstemperaturen keinen merklichen thermischen Abbau. Gut getrocknetes Polycarbonat läßt sich bis zu Temperaturen um 340 °C ohne Veränderung handhaben; gelegentlich beobachtete Gelbildung dürfte durch Verunreinigungen im Monomeren verursacht werden. Ein bei der Verarbeitung eventuell verlaufender Abbauprozeß führt zunächst lediglich zu einem geringfügigen Gewichtsverlust, der erst oberhalb 425—430 °C (unter Stickstoff) bzw. 410° C (in feuchter Luft) in eine rasch fortschreitende Zersetzung übergeht. Deshalb bewirkt die Überhitzung der Masse eine Dunkelfärbung (*181*). Bei der Verarbeitung des Materials ist Ausschluß von Feuchtigkeit und Verunreinigungen wichtig, da durch diese die Zersetzungstemperaturen stark herabgesetzt werden. Die Anwesenheit von Wasser führt außerdem bei der Verarbeitung zu Blasenbildung. Gegen Einwirkung von Sauerstoff in der Hitze sind Polycarbonate empfindlich; hierdurch wird Vernetzung unter Bildung unlöslicher Gelmassen bewirkt.

Die Wärmealterung bei mäßigen Temperaturen führt zu Dunkelfärbung, Zunahme von Oberflächenhärte, Zugfestigkeit und Elastizitätsmodul sowie Abnahme der Reißdehnung und der Schlagzähigkeitswerte. Die Veränderungen verlaufen jedoch ziemlich langsam: bei 125 °C wird das Nachdunkeln z. B. erst nach 1—2 Monaten beobachtet. Die Änderung der mechanischen Eigenschaftswerte beim Altern von Polycarbonat-Folien wird von CHRISTOPHER (*107*) beschrieben.

Die Witterungsbeständigkeit ist beschränkt. Unter den Bedingungen der Freibewitterung sowie durch UV-Strahlen wird die glänzende Oberfläche des Kunststoffes durch mikroskopisch feine Risse getrübt. Diese Risse sind nicht orientiert und verschlechtern z. B. die Biegefestigkeit nicht.

Die Veränderung des Materials durch Licht schreitet auch bei längerdauernder Einwirkung nur bis zu einer Tiefe von 0.7 bis 1.2 mm unter die Oberfläche fort, da das Polycarbonat und seine Abbauprodukte selbst als Lichtabsorber wirken. Für dünne Folien hat natürlich die Bremsung der Alterung durch die Eigenabsorption keine Bedeutung. Ein Film von 0.15 mm Dicke zerfällt nach einjähriger Bewitterung in gemäßigtem Klima zu Krümeln. UV-Absorber sind im allgemeinen in dem Material nicht löslich und müssen auf die Oberfläche aufgetragen werden (vgl. (*108*)).

Polyamide

In der Verarbeitungs- und Anwendungspraxis der Polyamide steht das Stabilitätsproblem sehr im Vordergrund. Bei der Spritzgußverarbeitung, der bevorzugten Formgebungsart für diese Produkte, ist besondere Sorgfalt hinsichtlich Einhaltung der Temperatur und des Arbeitstaktes erforderlich, um das Auftreten sprödbrüchiger Formkörper zu verhindern. In einer eingehenden Untersuchung über die Versprödungserscheinungen beim Spritzguß von Polyamid kommt PROSEN (*467*) zu dem Ergebnis, daß Unregelmäßigkeiten in der zeitlichen Folge der Spritzgußzyklen die wichtigste Ursache für den Effekt bilden. Daneben können Überhitzungen zu einem „Verbrennen“ des Materials führen. So verwandelt sich Nylon-6,6 bei längerem Erhitzen auf Temperaturen über 300 °C in ein gelbes, unlösliches und unschmelzbares Produkt.

Beim Erwärmen an der Luft sind die meisten z. Zt. handelsüblichen Polyamidsorten bis etwa 80 °C dauerbeständig, längerdauernde Erhitzung über 90—100 °C führt dagegen im Laufe der Zeit zu Braunfärbung und zu einem Abbau der Festigkeitseigenschaften, charakterisiert durch Versprödung und gleichzeitige Verringerung von Reißfestigkeit und Reißdehnung. Eine für Polyamide typische Rolle spielt die Feuchtigkeit bei dem Alterungsprozeß. Da das Material Wasser aufnimmt und sich mit dem Wasserdampf in der umgebenden Atmosphäre ins Gleichgewicht setzt, bestimmt die Luftfeuchtigkeit den Wassergehalt des Kunststoffes. Da andererseits die mechanischen Eigenschaften der Polyamide vom Wassergehalt abhängen, ergeben Alterungsuntersuchungen somit nicht nur den Einfluß des oxydativen Abbaues, sondern auch Veränderungen des Materials infolge der Einstellung des

Wasserdampfgleichgewichtes, wobei sich die beiden Effekte je nach der untersuchten Eigenschaft in verschiedener Weise überlagern können. So ergeben Alterungsversuche an Nylon bei 66 °C und 95—100 % relativer Luftfeuchtigkeit, daß die Zugfestigkeitsabnahme etwa proportional zur Feuchtigkeitsaufnahme verläuft und von einer irreversiblen chemischen Alterung offenbar nicht beeinflußt wird, während die Verringerung der Reißdehnung eine Wirkung des oxydativen Abbaues ist, weil man bei Wasseraufnahme normalerweise eine Erhöhung der Reißdehnung im Sinne einer Weichmachung erwarten sollte (*467*). Der Wassergehalt wirkt sich auf die chemische Alterung beschleunigend aus. So wurde für trockenes Nylon bei 70 °C eine Versprödungszeit von 2 Jahren festgestellt, für naßgealtertes eine solche von etwa 8 Wochen. Bei 150 °C beträgt die Versprödungszeit des trockenen Materials weniger als 24 Stunden. Die Versprödung ist eine Folge von sowohl oxydativen wie hydrolytischen Abbaureaktionen (*246*). Durch Zusatz von Stabilisatoren, die meist einen oxydationsinhibierenden Charakter haben, läßt sich die Wärmebeständigkeit der Polyamide verbessern.

Das Verhalten bei Lichteinwirkung wird ebenfalls durch eine ausgeprägte Instabilität bestimmt. Sonneneinstrahlung führt zu Vergilbung und Versprödung, wobei dünne Formteile wie Folien oder Bänder besonders rasch ihre gewünschten Gebrauchseigenschaften einbüßen. Die einzelnen Polyamid-Typen zeigen eine etwas unterschiedliche Lichtstabilität; so ist Polycaprolactam anfälliger als Polyhexamethylenadipamid. Durch spezifische Stabilisatorsubstanzen ist eine Verbesserung der Lichtbeständigkeit möglich. Auch in der Freibewitterung zeigt sich eine starke Zunahme der Sprödigkeit und Abnahme der Reißfestigkeit. Unstabilisierte Polycaprolactam-Proben sind bei natürlicher Bewitterung nach 6 bis 9 Monaten unbrauchbar, während durch Stabilisierung sich die Lebensdauer etwa verdoppeln läßt (*278*). Die Wirkung verschiedener atmosphärischer Einflüsse auf die mechanischen Eigenschaften beschreiben Čermáková u. a. (*101*).

Polyamidfasern stehen in ihrer Lichtbeständigkeit den anderen Kunstfasern wie nachchloriertem PVC, Polyacrylnitril und Celluloseacetat erheblich nach (*544*). Dabei ist allerdings zu unterscheiden zwischen nicht-mattierten Fäden und solchen, die mit Titandioxyd mattiert sind. Erstere zeigen eine wesentlich höhere Beständigkeit hinsichtlich Reißfestigkeit und -dehnung als das mattierte Material. Bei natürlicher Sonneneinstrahlung ist der Festigkeitsverlust der unmattierten Nylon-Faser etwa halb so groß wie der der mattierten Faser, wobei erstere etwa die Beständigkeit von Leinen oder Reyon aufweist (*511*). Zur Erhöhung der Lichtbeständigkeit von Faserrohstoffen werden Stabilisatoren ähnlicher Art wie für Folien und Formteile vorgeschlagen.

Für die linearen Polyurethane gelten ähnliche Verhältnisse. Das Handelsmaterial ist bei der Verarbeitung thermisch empfindlicher als Polycaprolactam und neigt z. B. bei falscher Handhabung im Spritzguß besonders leicht zur Bildung von Gasblasen (*174*). Andererseits zeigt es eine geringere Oxydationsempfindlichkeit als die Polyamide (*278*).

Ungesättigte Polyesterharze

Bei härtbaren Kunststoffen ist infolge der unterschiedlichen Verarbeitungsverfahren die Frage der thermischen Zersetzung bei der Formgebung nicht in gleicher Weise wichtig wie bei den Thermoplasten. Eine Wärmestabilisierung kommt daher nicht in Betracht. Dagegen tritt hier ein völlig andersartiges Stabilitätsproblem auf, nämlich die Lagerungsbeständigkeit vor der Verarbeitung. Insbesondere bei den ungesättigten Polyesterharzen beobachtet man unter dem Einfluß von Luftsauerstoff, Wärme oder Licht oder mehreren dieser aktivierenden Faktoren zugleich eine unerwünschte frühzeitige Umsetzung der reaktiven Zentren des Harzes, indem sich die Viskosität erhöht und gelartige Massen entstehen, welche die Verarbeitung stören bzw. unmöglich machen können. Dieser wegen seiner Bedeutung bei trocknenden Filmen schon frühzeitig untersuchte Effekt (*616*) tritt sowohl bei Lagerung von linearen ungesättigten Polyestern wie auch bei Mischungen derselben mit reaktionsfähigen Monomeren wie Styrol auf. Bei dieser Art von härtbaren Systemen setzt man deshalb bestimmte Polymerisationsinhibitoren als Lagerungsstabilisator zu.

Ungesättigte Polyesterharze werden, besonders mit Glasfaserverstärkung, in großem Maße im Freien eingesetzt, so daß ihr Verhalten unter Bewitterungsbedingungen von jeher Interesse beansprucht hat. Am eingehendsten hat man sich dabei wohl mit der Vergilbung des Materials unter Lichteinwirkung befaßt, da die Anwendung als lichtdurchlässige Platten erhebliche Bedeutung besitzt. Die Wirkung der Belichtung auf die Gelbfärbung von Polyesterharzen unter Einfluß von Zusätzen (UV-Absorbern, Katalysatoren und Aktivatoren, Metallspuren) sowie verschiedenen Lichtwellenlängen ist von Dean u. a. (*128*) eingehend untersucht worden. Die Harze haben danach bei der Fade-Ometer-Alterung im unstabilisierten Zustand eine wesentlich größere Tendenz zur Vergilbung als Polystyrol, durch Stabilisatorzusätze kann jedoch erreicht werden, daß ihre Farbstabilität wesentlich besser wird als die von Polystyrol und der des Polymethylmethacrylats nur wenig nachsteht. Es ist deshalb üblich, die ungesättigten Polyesterharze durch Zusatz von UV-Absorbern zu stabilisieren. Die Vergilbung verläuft auch in der Wärme und hängt bei Glasfaser-Schichtstoffen vom Mengenverhältnis Glas : Polyesterharz ab, indem ein höherer Glasfasergehalt die Vergilbung fördert. Es wird angenommen, daß der UV-Anteil des Sonnenlichtes bei der Vergilbung eine geringere Rolle spielt als die Erhitzung durch Strahlungswärme (*443*). Wie Voigt (*617*) zeigen konnte, ist die photochemische Vergilbung nicht an die Anwesenheit von Luftsauerstoff gebunden. Nach Untersuchungen von Alt (*8*) werden die Vergilbungsneigung und der Verlust des Oberflächenglanzes bei Bewitterung durch unvollständige Aushärtung sehr verstärkt. Obwohl dieser Befund an Styrol-Polyesterharzen erhalten wurde, ist die größere Vergilbungstendenz unvollkommen gehärteter Harze nicht allein auf die Anwesenheit von monomerem Styrol zurückzuführen. Nach PARKYN (*443*) zeigen auch solche Harze Vergilbung, die nur acyclische Komponenten enthalten. Neben der Vergilbung treten auch Veränderungen mechanischer und elektrischer Eigenschaften bei der Alterung auf. So führt längerdauernde Freibewitterung unter verschiedensten Klimabedingungen zu einer Abnahme der Zug- und Biegefestigkeiten sowie der Oberflächenhärte und zu einem Ansteigen der Dielektrizitätskonstante und des Verlustfaktors. Diese Alterungseigenschaften werden aber mit zunehmender Entwicklung des Gebietes und der Einführung neuer Harzkomponenten (strukturelle Stabilisierung) mehr und mehr zurückgedrängt. Das Verhalten des ausgehärteten Materials unter milden Alterungseinflüssen (Raumlagerung) kann dem Verhalten bei der Freibewitterung infolge eines fortschreitenden Härtungsprozesses entgegengerichtet sein, indem die genannten mechanischen Eigenschaftswerte erhöht, die elektrischen erniedrigt werden (vgl. (*646*)).

Epoxydharze

Geformte Körper aus Epoxydharzen werden nur selten unter den Bedingungen der Freibewitterung eingesetzt. Dagegen unterliegen sie als Bauteile elektrischer Maschinen häufig dem Einfluß höherer Temperaturen. Die Temperaturbeständigkeit dieser Produkte ist weitgehend eine Frage ihres strukturellen Aufbaues, während die bei anderen Kunststoffen üblichen Stabilisierungsverfahren hierbei kaum eine Rolle spielen. Die Wärmealterung führt bei den Epoxydharzen im allgemeinen zu einer Nachschwindung infolge fortlaufender Härtung. Umfangreiche Daten dazu sind von EICHENBERGER (*161*) gesammelt worden. Eine Charakterisierung des mechanischen Alterungsverhaltens von Phthalsäureanhydrid-gehärteten Epoxydharzen durch Torsionsschwingungsmessungen, über die NOWAK u. a. (*433*) berichten, ergibt bei Alterungstemperaturen von 150 und 180 °C eine mit der Alterungszeit zunehmende Verschiebung des Schubmodul-Abfalls und des Dämpfungsmaximums, die für den Übergangsbereich weichelastisch-hartelastisch kennzeichnend sind, zu fortlaufend höheren Temperaturen. Bei den untersuchten Produkten lag der Erweichungsbereich nach 8wöchiger Alterung bei 180 °C bereits oberhalb der Zersetzungstemperatur.

Weitere Kondensationsharze

Die in großem Umfange verwendeten Kondensationsharze des Formaldehyds mit Phenol, Harnstoff oder Melamin werden meist mit Füllstoffen eingesetzt. Ihre Temperaturbeständigkeit hängt ganz außerordentlich vom jeweiligen Füllstoff ab, der allgemein die mechanischen und sonstigen Eigenschaften weitgehend bestimmt. Eine Wärme- oder Oxydationsstabilisierung kommt hier kaum in Betracht. Die Lichtbeständigkeit ist bei den Phenolharzen schlecht; unter dem Einfluß von Bestrahlung tritt Vergilbung und Braunfärbung ein. Da gefüllte Phenolharze meist dunkel eingefärbt werden, spielt diese Erscheinung nur bei transparenten Phenol-Gießharzen eine Rolle. Harnstoff- oder Melaminharze sind dagegen ausgesprochen lichtbeständig und erlauben eine hellere Einfärbung.

Bei der Freibewitterung tritt, ebenfalls in Abhängigkeit vom verwendeten Füllstoff, mehr oder weniger rasch ein Abbau der mechanischen Eigenschaften ein. TAYLOR u. a. (*586*) finden bei holzmehlgefülltem Phenolharz einen überwiegenden Einfluß der Feuchtigkeit auf den Grad der Verringerung von Zug- und Biegefestigkeit und elektrischer Durchschlagsspannung. Darin unterscheiden sich diese Produkte beispielsweise von Polystyrol, wo die Sonnenstrahlung unter allen klimatischen Komponenten bestimmend für den Abbau ist. Dementsprechend ändern die Phenolharze in heißem, trockenen Klima ihre Eigenschaften wesentlich weniger als in nassem, gemäßigten oder gar tropischen Klima; allerdings beruhen die Änderungen nur zu einem Teil auf irreversiblen chemischen Abbaureaktionen; ein hoher Anteil jeder Eigenschaftsänderung ist reversibel und folgt den klimatisch bedingten periodischen Feuchtigkeitsschwankungen.

Celluloseabkömmlinge

Veresterte und verätherte Cellulosen werden thermoplastisch verarbeitet. Die Produkte, von denen Celluloseacetat und Celluloseacetobutyrat die wichtigsten sind, erfordern im Spritzguß eine besonders sorgfältige Temperaturkontrolle, da einerseits die mechanischen Eigenschaften, die Transparenz und der Oberflächenglanz mit zunehmender Verarbeitungstemperatur verbessert werden, andererseits Überhitzungen der Masse Anlaß zu Säureabspaltung und anderen thermischen Zersetzungen geben, wobei die Spritzgußteile durch Bläschenbildung in der Oberfläche und durch Verfärbungen in ihrer Qualität beeinträchtigt werden.

Cellulose selbst zeigt gegenüber UV-Licht eine ausgesprochene Instabilität, die sich vor allem in Vergilbung und einer Abnahme der mechanischen Festigkeitswerte manifestiert. Der Lichtabbau der Cellulose ist nicht an die Anwesenheit von Luftsauerstoff gebunden, wird aber durch dessen Gegenwart beschleunigt (*567*). Auch die Veresterungs- und Verätherungsprodukte zeigen diese Erscheinung. Hier wirkt sich die Anwesenheit von Sauerstoff sehr stark auf die Verringerung des Molekulargewichts aus, wie LAWTON u. a. (*330*) für das Acetat und das Nitrat gezeigt haben, so daß die Lichtwirkung vorwiegend als Oxydationssensibilisierung anzusehen ist, was EVANS u. a. (*172*) auch für die Äthylcellulose gefunden haben. Der Grad der Beständigkeit der verschiedenen Abkömmlinge hängt von der Art der Modifizierungskomponente ab. So zeigt unstabilisiertes Cellulosenitrat bereits nach weniger als 100 Fade-Ometer-Stunden einen sichtbaren Abbau in Form von Vergilbung und Rißbildung, während Celluloseacetat auch nach 300stündiger Belichtung keine sichtbare Wirkung zeigt (*571*). Auch beim Erwärmen von Cellulosederivaten treten Oxydationserscheinungen auf (*363*, *173*). Zugesetzte Weichmacher, wie sie bei Celluloseestern verwendet werden, können dabei den oxydativen Abbau sehr beeinflussen, während der Feuchtigkeitsgehalt sich nicht sehr auszuwirken scheint (*635*).

Bei der Freibewitterung tritt allgemein eine Erniedrigung der Zug- und Biegefestigkeit ein, bei transparenten Produkten Vergilbung und Trübung und ferner Bildung von Oberflächenrissen. Über Bewitterungsversuche mit Cellulosederivaten liegen verschiedene Berichte in der Literatur vor (vgl. z. B. (*350*, *646*)); ein Vergleich oder eine Verallgemeinerung der Ergebnisse wird aber wegen der gerade für diese Substanzklasse charakteristischen Vielfalt in der chemischen Beschaffenheit des Materials erschwert. Die relativ beste Witterungsstabilität unter den verschiedenen Produkten besitzt das Celluloseacetobutyrat. Eine Verbesserung der Dauergebrauchseigenschaften durch UV-Absorber und Antioxydantien wird sowohl bei der Cellulose selbst wie auch bei ihren Abkömmlingen angestrebt.

Hinsichtlich des Verhaltens von Faserstoffen gilt, daß die Lichtbeständigkeit von Celluloseacetatfasern gut ist und z. B. die von Kunstseide oder Polyamidfasern übertrifft.

Kautschukelastische Materialien und vernetzte Polyurethane

Zu den Kunstkautschuken zählen vulkanisierbare oder anderweitig vernetzbare Hochpolymere, die nach der Vulkanisation oder Vernetzung dem vulkanisierten Naturkautschuk ähnliche mechanische Eigenschaften (Gummielastizität) besitzen. Die praktisch wichtigsten Kunstkautschuke sind: Butadien/Styrol-Mischpolymerisate (SBR), Butadien/Acrylnitril-Mischpolymerisate, Polychloropren, Isopren/Isobutylen-Mischpolymerisat (Butyl-Kautschuk), sulfochloriertes Polyäthylen (Hypalon), Siliconkautschuk und Hexafluorpropylen/Vinylidenfluorid-Mischpolymerisat (Viton A). Weitere Typen von Kunstkautschuken sind das Polybutadien sowie Mischpolymerisate von Äthylen und Propylen (die gegebenenfalls noch weitere Komponenten wie Dicyclopentadien enthalten können).

Nicht-oxydationsstabilisierte Dien-Kautschuke erleiden bereits bei Raumtemperaturen unter dem Einfluß des Luftsauerstoffs eine Alterung, die sich äußerlich bei allen Kunstkautschuksorten durch Verhärtung und Versprödung der Oberfläche zu erkennen gibt; eine Ausnahme bildet Butyl-Kautschuk, der bei Alterung erweicht. Naturkautschuk wird im Verlaufe der oxydativen Alterung ebenfalls zuerst an der Oberfläche weich und klebrig, bei fortschreitender Oxydation tritt jedoch Erhärtung und Rißbildung ein. Roher Naturkautschuk enthält ein natürliches Antioxydans, das ihm bei normaler Temperatur eine über Jahre hinweg anhaltende Lagerungsbeständigkeit verleiht. Erst bei höheren Temperaturen, z. B. bei der Vulkanisation, wird es zersetzt und verliert seine Wirksamkeit. Im Gegensatz dazu zeigen unvulkanisierte Kunstkautschuke bereits bei niedrigen Temperaturen eine starke Oxydationsneigung und müssen daher mit Stabilisatoren versetzt werden, deren Wirksamkeit anders als beim Naturkautschuk auch bei höheren Temperaturen und nach Hitzebehandlung erhalten bleibt. Im vulkanisierten Zustand sind synthetische Kautschuke alterungsbeständiger als Naturkautschuk-Vulkanisate. Der thermische Abbau während des Vulkanisationsprozesses ist als Einzelphänomen von den anderen bei der Vulkanisation ablaufenden Prozessen experimentell nicht zu trennen. Von erheblicher Bedeutung ist die thermische Alterung bei Einsatz unter erhöhter Temperatur, die vorwiegend auf oxydativen Prozessen beruht, bei Annäherung an den Bereich der Vulkanisationstemperatur jedoch auch von einer Weitervulkanisation begleitet sein kann. Sie begrenzt die Gebrauchstemperatur der verschiedenen Kautschuksorten, die bei den Butadien(misch)polymerisaten ebenso wie beim Naturkautschuk nicht über 100 °C liegt. Etwas erhöhte Temperaturbeanspruchung (bis etwa 120 °C) vertragen Polychloropren, Butyl-Kautschuk und Hypalon. Alle die genannten Produkte erleiden aber bei Dauergebrauch unter erhöhter Temperatur eine mehr oder weniger rasche Veränderung ihrer Eigenschaften. Sie besteht in einer Herabsetzung der Reißfestigkeit und Reißdehnung und Erhöhung der Shore-Härte (letzteres nicht bei Butyl-Kautschuk, der stets erweicht, und nicht immer bei Naturkautschuk, der in vielen Fällen im Anfangsstadium ebenfalls Erweichung zeigt). Besonders im Falle des Polychloroprens läßt sich bereits nach 2—3wöchiger Lagerung in Luft bei 125 °C ein Absinken der Reißfestigkeit und -dehnung auf Werte in der Umgebung von 0 beobachten (*344*). Mit dem chemischen Abbau geht eine Verringerung der durch Röntgeninterferenzen erkennbaren Kristallinität im unverstreckten Zustand Hand in Hand (*316*). Das parallele Auftreten einer Erniedrigung der Reißeigenschaften mit einer Erhöhung der Härte ist eine typische Wirkung von gleichzeitig verlaufenden Kettenspaltungs- und Vernetzungsreaktionen (sog. Cyclisierungen) (*92*). Ausgesprochen temperaturbeständige Kautschuke, die Dauergebrauchstemperaturen bis 200 °C ohne merkliche Veränderung ihrer Eigenschaften ertragen, sind die auf der Basis von vulkanisierten Polysiloxanen aufgebauten Siliconkautschuke und die Fluor-Elastomeren, besonders Viton A. Eine sehr breite Anwendung finden die Siliconkautschuke. Obwohl die mechanischen Eigenschaften dieser Produkte unter normalen Bedingungen denen von Naturkautschuk und den Dien-Polymerisaten im allgemeinen unterlegen sind, bewahren sie diese auch unter solchen Alterungsbedingungen, welche bei den anderen Produkten einen raschen Zusammenbruch der Eigenschaften bewirken. So verändert

Siliconkautschuk selbst durch mehrmonatige Lagerung bei 204 °C seine Reißeigenschaften und Härte nicht merklich (*344*). Mit Ausnahme der letztgenannten hochtemperaturbeständigen Sorten erfordern alle Kautschukarten den Einsatz von Antioxydantien. Auch Siliconkautschuk kann (in Abhängigkeit von seiner chemischen Zusammensetzung) durch oxydative Einflüsse geschädigt werden, allerdings erst bei höheren Temperaturen. Eine Oxydationsstabilisierung ist aber nicht allgemein üblich (*344*).

Bei Freibewitterung und Einwirkung von UV-Strahlen erfolgen ähnliche Veränderungen der mechanischen Eigenschaften wie bei der thermischen Oxydation. Verfärbungserscheinungen an hellgefärbten Kautschukteilen hängen vielfach von der Art der Zusätze ab, jedoch auch in gewissem Maße von der Kautschuksorte. Produkte aus Hypalon und Butyl-Kautschuk zeigen besonders gute Farbbeständigkeit. Ein charakteristisches Bild der Alterung unter Freibewitterung oder durch UV-Licht sind die Ozonrisse. Sie treten unter dem Einfluß des in der atmosphärischen Luft vorhandenen oder durch die Strahlung gebildeten Ozons an solchen Kautschukoberflächen auf, die unter einer statischen Zugspannung stehen, und können durch fortlaufende Vergrößerung zu einem völligen Bruch des Stückes führen. Die Bedingungen für das Auftreten und die Beeinflussung dieser Erscheinung sind in neuerer Zeit von BRADEN u. a. (*80—82*) untersucht worden. Eine vergleichende Beurteilung der Neigung zur Ozonrißbildung in verschiedenen Kautschuksorten ist durch die Messung der Rißwachstumsgeschwindigkeit unter Standardbedingungen möglich. Das Ergebnis solcher Vergleichsmessungen ist zusammen mit den kritischen Zugspannungen, welche den zum Rißwachstum erforderlichen Mindestwert der Spannung darstellen, in Tabelle I.1. aufgeführt. Ruß, ebenso wie andere Pigmente, üben einen nur geringen Einfluß auf die Rißwachstumsgeschwindigkeit aus. Man ersieht aus Tabelle I.1. die hohe Ozonrißbeständigkeit von Acrylnitril-Kautschuk, Butyl-Kautschuk und Polychloropren-Kautschuk und die völlige Resistenz des sulfochlorierten Polyäthylens. Unbegrenzte Ozonbeständigkeit besitzen auch Siliconkautschuk und die Fluor-Elastomeren. Zur Unterdrückung der Ozonrißbildung hat sich der Zusatz von Antiozonantien zur Kautschukmischung als wichtiger Bestandteil des Alterungsschutzes ergeben.

Vernetzte Polyurethane (Polyester- und Polyätherurethane) finden vor allem als Schaumstoffe Anwendung. Ihre Stabilität gegenüber erhöhten Gebrauchstemperaturen, Licht und Sauerstoff ist befriedigend, wenn man von ihrer starken Neigung zur Vergilbung absieht. Polyesterurethan-Schäume vom Raumgewicht 35 kg/m^3 erleiden z. B. durch dreimonatige Lagerung bei 100 °C Verringerungen der Zugfestigkeit und Reißdehnung um 12 bzw. 7 %. Wesentlich ist dagegen der Abfall der Gebrauchseigenschaften bei erhöhten Temperaturen in Kombination mit hoher Luftfeuchtigkeit. Diese hydrolytisch bedingte Alterung ist in den Polyätherurethanen erheblich eingeschränkt. Das starke Ausmaß der Hydrolyse ist aber an höhere Temperaturen gebunden, denn das Alterungsverhalten von Polyesterurethan-Schäumen bei Freibewitterung ist selbst in tropischem Klima verhältnismäßig gut (*174*). Nicht-geschäumtes Polyesterurethan, dessen Einsatz im Maschinensektor häufig ist, kann bis zu Temperaturen um 80 °C ohne Alterungsschäden verwendet werden. Bei 160 °C erfolgt rasche thermische Zersetzung (*174*). Für vernetzte Polyurethane, insbesondere Schaumstoffe, sind vielfach Oxydations- und Hydrolysenstabilisatoren beschrieben worden.

Tabelle I.1. *Rißwachstumsgeschwindigkeit und kritische Zugspannung für verschiedene Kautschuksorten bei 20 °C* (nach (*80*, *81*))

Kautschuk	Rißwachstums-geschwindigkeit mm/min. bei 1.15 mg Ozon/l	Kritische Zugspannung kg/cm^2
Naturkautschuk	0.22	1.23
Butadien/Styrol-Kautschuk 75/25 (Polysar S)	0.37	1.06
Butadien/Acrylnitril-Kautschuk 60/40 (Polysar Krynac 801)	0.04	0.97
Butyl-Kautschuk (Polysar Butyl 400)	0.02	0.91
Polychloropren-Kautschuk (Neoprene GN)	ca. 0.01	2.30
Hypalon	0	—

I.2. Abbau- und Vernetzungsreaktionen

Die Wärme- und Lichtalterung (einschließlich der durch Wärme oder Licht aktivierbaren Oxydation) verursachen in erster Linie einen *Abbau* der Hochpolymeren im Sinne einer Verkleinerung der Molekülketten oder völligen Auflösung derselben zu niedermolekularen Reaktionsprodukten. In vielen Fällen bewirken sie außerdem einen gegenteiligen Effekt, nämlich eine *Vernetzung* der Makromoleküle durch Hauptvalenzbindungen. In der Literatur hat es sich eingebürgert, den Gesamtkomplex der durch Wärme und Licht an Makromolekülen hervorgerufenen Veränderungen als „Abbau" im weiteren Sinne zu bezeichnen. Zusammenfassende monographische Darstellungen darüber sind z. B. von GRASSIE (*227*) und JELLINEK (*294*) gegeben worden; der oxydative Abbau wird speziell von SCOTT (*521a*) und in dem Sammelwerk (*359*, *360*) behandelt. Im folgenden wird auf die Grundlagen von Abbau- und Vernetzungsreaktionen nur so weit eingegangen werden, wie für das Verständnis der Stabilisierungswirkung notwendig ist.

I.2.1. Thermischer Abbau der Hauptkette ohne Oxydationseinflüsse

Diese Form des Abbaues, wie er bei der Pyrolyse unter hohen Temperaturen und in Vakuum bzw. inerter Atmosphäre stattfindet und sich durch Gewichtsverlust des festen Polymeren und das Auftreten flüchtiger Abbauprodukte manifestiert, ist unter allen chemischen Abbauphänomenen der Möglichkeit einer Stabilisierung am wenigsten zugänglich. Seine Untersuchung führt zudem in Temperaturbereiche, die meist höher sind als die für die Technologie der Kunststoffe praktisch wichtigen Temperaturen. Eingehende experimentelle Untersuchungen zur Pyrolyse organischer Hochpolymerer sind in den letzten Jahren im National Bureau of Standards durchgeführt worden; vgl. dazu die Darstellung von MADORSKY (*375*).

Für die Zerstörung der Hauptkette kommen prinzipiell zwei Reaktionsweisen in Betracht:

1. Eine Folge von Einzelreaktionen an verschiedenen Stellen der Kette, die entweder statistisch verteilt oder chemisch bzw. konfigurativ besonders bevorzugt sind, wobei niedermolekulare Bruchstücke verschiedenen Molekulargewichts oder Monomere gebildet werden. Der wichtigste Reaktionstyp ist der „statistische Kettenzerfall" (vgl. *322*)).

2. Eine Kettenreaktion unter Rückbildung des Monomeren („Depolymerisation").

Nach einem von SIMHA, WALL und BLATZ (*542, 543*) postulierten allgemeinen Schema für die Depolymerisation von Vinylpolymerisaten auf dem Wege einer Radikalkettenreaktion ergibt sich eine umfassende Darstellungsmöglichkeit von Kettenspaltungsreaktionen, die auch den statistischen Kettenzerfall als Grenzfall mit einschließt. Die Reaktion verläuft über die folgenden einzelnen Schritte (*541*):

Startreaktion:

$$\begin{array}{ccccccccc} & \mathrm{H} & & \mathrm{H} & & \mathrm{H} & & \mathrm{H} & \\ \sim & \mathrm{C} & - & \mathrm{C} & - & \mathrm{C} & - & \mathrm{C} & \sim \\ & \mathrm{H} & & \mathrm{X} & & \mathrm{H} & & \mathrm{X} & \end{array} \xrightarrow{k_1} \begin{array}{cccc} & \mathrm{H} & & \mathrm{H} \\ \sim & \mathrm{C} & - & \mathrm{C}\cdot \\ & \mathrm{H} & & \mathrm{X} \end{array} + \begin{array}{cccc} \mathrm{H} & & \mathrm{H} & \\ \cdot\mathrm{C} & - & \mathrm{C} & \sim \\ \mathrm{H} & & \mathrm{X} & \end{array} \tag{1a}$$

Fortpflanzung:

$$\begin{array}{cccccccc} & \mathrm{H} & & \mathrm{H} & & \mathrm{H} & & \mathrm{H} \\ \sim & \mathrm{C} & - & \mathrm{C} & - & \mathrm{C} & - & \mathrm{C}\cdot \\ & \mathrm{H} & & \mathrm{X} & & \mathrm{H} & & \mathrm{X} \end{array} \xrightarrow{k_2} \begin{array}{cccc} & \mathrm{H} & & \mathrm{H} \\ \sim & \mathrm{C} & - & \mathrm{C}\cdot \\ & \mathrm{H} & & \mathrm{X} \end{array} + \begin{array}{ccc} \mathrm{H} & & \mathrm{H} \\ \mathrm{C} & = & \mathrm{C} \\ \mathrm{H} & & \mathrm{X} \end{array} \longrightarrow \cdots\cdot \tag{1b}$$

Kettenübertragung (zwischenmolekular):

$$\begin{array}{cccc} & \mathrm{H} & & \mathrm{H} \\ \sim & \mathrm{C} & - & \mathrm{C}\cdot \\ & \mathrm{H} & & \mathrm{X} \end{array} + \begin{array}{ccccccccc} & \boxed{\mathrm{H}} & & \mathrm{H} & & \mathrm{H} & & \mathrm{H} & \\ \sim & \mathrm{C} & - & \mathrm{C} & - & \mathrm{C} & - & \mathrm{C} & \sim \\ & \mathrm{X} & & \mathrm{H} & & \mathrm{X} & & \mathrm{H} & \end{array} \xrightarrow{k_3} \begin{array}{cccccc} & \mathrm{H} & & \mathrm{H} & & \\ \sim & \mathrm{C} & - & \mathrm{C} & - & \mathrm{H} \\ & \mathrm{H} & & \mathrm{X} & & \end{array} + \begin{array}{cccc} & & & \mathrm{H} \\ \sim & \mathrm{C} & = & \mathrm{C} \\ & \mathrm{X} & & \mathrm{H} \end{array} + \begin{array}{cccc} \mathrm{H} & & \mathrm{H} & \\ \cdot\mathrm{C} & - & \mathrm{C} & \sim \\ \mathrm{X} & & \mathrm{H} & \end{array} \tag{1c}$$

Kettenübertragung (innermolekular):

$$\begin{array}{cccccccccc} & \mathrm{H} & & \mathrm{H} & & \boxed{\mathrm{H}} & & \mathrm{H} & & \mathrm{H} \\ \sim & \mathrm{C} & - & \mathrm{C} & - & \mathrm{C} & - & \mathrm{C} & - & \mathrm{C}\cdot \\ & \mathrm{X} & & \mathrm{H} & & \mathrm{X} & & \mathrm{H} & & \mathrm{X} \end{array} \xrightarrow{k_3'} \begin{array}{cc} & \mathrm{H} \\ \sim & \mathrm{C}\cdot \\ & \mathrm{X} \end{array} + \begin{array}{ccccccccc} \mathrm{H} & & & & \mathrm{H} & & \mathrm{H} & & \\ \mathrm{C} & = & \mathrm{C} & - & \mathrm{C} & - & \mathrm{C} & - & \mathrm{H} \\ \mathrm{H} & & \mathrm{X} & & \mathrm{H} & & \mathrm{X} & & \end{array} \tag{1d}$$

Kettenabbruch: $\quad 2\ \text{Radikale} \xrightarrow{k_4} \text{inaktives Produkt} \qquad (1\text{e})$

z. B. Disproportionierung:

$$\begin{matrix} \mathrm{H}\ \mathrm{H}\ \mathrm{H} & & \mathrm{H}\ \mathrm{H}\ \mathrm{H} & & \mathrm{H}\ \mathrm{H}\ \mathrm{H} & & \mathrm{H}\quad\ \mathrm{H} \\ \sim\mathrm{C{-}C{-}C}\cdot & + & \cdot\mathrm{C{-}C{-}C}\sim & \longrightarrow & \sim\mathrm{C{-}C{-}C{-}H} & + & \mathrm{C{=}C{-}C}\sim \\ \mathrm{X}\ \mathrm{H}\ \mathrm{X} & & \mathrm{H}\ \mathrm{X}\ \mathrm{H} & & \mathrm{X}\ \mathrm{H}\ \mathrm{X} & & \mathrm{H}\ \mathrm{X}\ \mathrm{H} \end{matrix} \qquad (1\text{e}')$$

Rekombination:

$$\begin{matrix} \mathrm{H}\ \mathrm{H}\ \mathrm{H} & & \mathrm{H}\ \mathrm{H}\ \mathrm{H} & & \mathrm{H}\ \mathrm{H}\ \mathrm{H}\ \mathrm{H}\ \mathrm{H}\ \mathrm{H} \\ \sim\mathrm{C{-}C{-}C}\cdot & + & \cdot\mathrm{C{-}C{-}C}\sim & \longrightarrow & \sim\mathrm{C{-}C{-}C{-}C{-}C{-}C}\sim. \\ \mathrm{X}\ \mathrm{H}\ \mathrm{X} & & \mathrm{H}\ \mathrm{X}\ \mathrm{H} & & \mathrm{X}\ \mathrm{H}\ \mathrm{X}\ \mathrm{H}\ \mathrm{X}\ \mathrm{H} \end{matrix} \qquad (1\text{e}'')$$

Der beobachtbare Bruttoverlauf der Reaktion wird bestimmt durch das Verhältnis der Geschwindigkeiten von Fortpflanzung einerseits und von Start- und Übertragungsreaktionen andererseits. Ist die Fortpflanzungsgeschwindigkeit k_2 gegenüber der Geschwindigkeit der Startreaktion k_1 hoch (große kinetische Kettenlänge) und der Einfluß von Übertragungsreaktionen vernachlässigbar, so besitzt der Prozeß den Charakter einer Kettenreaktion, d. h. einer Depolymerisation mit hoher Monomerenausbeute. Bei einer gegenüber der statistischen Startreaktion langsam verlaufenden Kettenfortpflanzung (kleine kinetische Kettenlänge) ändert sich der Reaktionscharakter in Richtung eines nicht-kettenartigen Zerfalls unter Bildung eines hohen Anteiles von Zerfallsprodukten intermediärer Kettenlänge. Verschwindende Fortpflanzung ergibt schließlich den Grenzfall des statistischen Kettenzerfalls mit sehr geringer Monomerenausbeute (bei Startreaktion am Kettenende entsteht auch in diesem Fall Monomeres, jedoch nicht in Kettenreaktion, sondern in konsekutiven Reaktionsschritten). Bei Auftreten von Übertragungsreaktionen wird in jedem Fall der statistische Charakter des Prozesses und die Tendenz zur Bildung intermediärer Bruchstücke erhöht. Verlauf und Ausmaß der thermischen Depolymerisation sind strukturell bedingt. Die Neigung zu großer kinetischer Kettenlänge und damit zu hoher Monomerenausbeute steigt mit der Stabilität des Polymerradikals, d. h. seiner Reaktionsträgheit, die durch sterische Abschirmung (bei Radikalbildung an quaternären C-Atomen, z. B. beim Polymethylmethacrylat) oder Resonanzstabilisierung (bei Konjugation mit aromatischen Systemen, z. B. beim Polystyrol) gefördert wird, und ferner beim Fehlen übertragungsfähiger H-Atome. Die Neigung zum statistischen Zerfall wächst andererseits bei Gegenwart tertiärer H-Atome, die durch Übertragungsreaktionen bevorzugt angegriffen werden. So erklärt sich die aus Tabelle I.2. ersichtliche hohe Monomerenausbeute von Polytetrafluoräthylen, Polymethylmethacrylat, Poly-α-methylstyrol und die niedrige Monomerenausbeute von Polyolefinen oder Polymethylacrylat. Beim Polypropylen ist die Monomerenausbeute infolge einer etwas größeren kinetischen Kettenlänge gegenüber dem Polyäthylen leicht erhöht (*620*, *401*). Aus Tabelle I.2. (deren Angaben Zusammenstellungen von ACHHAMMER u. a. (*4*) sowie von WALL u. a. (*619*) entnommen sind)

Tabelle I.2. *Thermischer Abbau von verschiedenen Hochpolymeren*

Polymeres	Verdampfungstemperatur von 50 % der Substanz nach 30 min Erhitzen (T_h) °C	Zersetzungsgeschwindigkeit bei 350 °C (K_{350}) Gew.-% pro min	Aktivierungsenergie der thermischen Zersetzung (E_{th}) kcal/Mol	Monomerenausbeute Gew.-%
Polytetrafluoräthylen	509	2×10^{-6}	80	>95
Lineares Polyäthylen	414	0.004	70	< 0.1
Polybutadien	407	0.022	62	~ 2
Verzweigtes Polyäthylen	404	0.008	70	< 0.025
Polypropylen	387	0.069	58, 65	2
Polyvinylidenfluorid		0.02	48	< 1
Polytrifluorchloräthylen	380	0.2	50	28
Polystyrol	364	0.235	55	42
Poly-m-methylstyrol ~CH₂-CH~ (m-CH₃-Phenyl)	358	0.90	56	45
Polyisobutylen	348	2.4	49	~20
Polyäthylenoxyd	345	2.1	46	4
Polymethylacrylat	328	10	34	2
Polymethylmethacrylat	327	5.2 – 200	52 – 30	>95
Poly-α-methylstyrol ~CH₂-C(CH₃)~ (Phenyl)	286	228	55, 65	>95
Polyvinylacetat	269		17	0
Polyvinylalkohol	268			0
Polyvinylchlorid	260*	170*	32	0

* Die Werte sind aus der HCl-Abspaltung berechnet.

ergibt sich ferner die relative thermische Stabilität verschiedener Polymerer an Hand der Temperatur T_h, bei der nach einer Anheizzeit von 5 Minuten und einer Pyrolysedauer von 30 Minuten 50 % des Polymeren verdampft sind, die Zersetzungsgeschwindigkeit K_{350} in Gew.-% pro Minute bei 350 °C und die Aktivierungsenergie E_{th} der thermischen Zersetzung. E_{th} wird vorwiegend durch die Dissoziationswärme der C—C-Kettenbindung, welche für die Startreaktion aufgebracht werden muß, bestimmt, in geringerem Maße durch die Aktivierungsenergien für Fortpflanzung und Kettenabbruch (vgl. dazu (*618*)). Bei niedermolekularen Verbindungen beträgt die zur Spaltung einer aliphatischen C—C-Bindung erforderliche Energie 80 kcal/

Mol; bei höhermolekularen Verbindungen übt jedoch die strukturelle Stellung der Bindung einen großen Einfluß auf ihre Stabilität aus. So fällt nach MADORSKY u. a. (*377*) die Festigkeit einer C—C-Bindung in der Kette beim Übergang von einem sekundären zu einem quaternären Kohlenstoffatom entsprechend dem Schema

$$\sim C-C-C\sim \;>\; \sim C-\underset{\displaystyle C}{\underset{|}{C}}-C\sim \;>\; \sim C-\overset{\displaystyle C}{\overset{|}{\underset{\displaystyle C}{\underset{|}{C}}}}-C\sim,$$

ferner ist eine C—C-Kettenbindung in β-Stellung zu einer Doppelbindung stets gelockert. Aber auch Substituenten beeinflussen die Bindungsenergie und ferner die unmittelbare Nähe eines freien Radikalendes (vgl. hierzu die Berechnung von Bindungsdissoziationsenergien nach ERREDE (*169*)). Konstitutionelle Einflüsse wirken sich jedoch beim Abbau nicht nur auf dem Wege über die primäre Spaltungsreaktion der Kette aus, sondern sie beeinflussen auch, wie oben erwähnt, Fortpflanzungs- und Übertragungsreaktionen. Die geringere thermische Stabilität des Polypropylens gegenüber Polyäthylen beruht auf der Anwesenheit tertiärer H-Atome, die besonders reaktionsfähig sind und Übertragungsreaktionen mit nachfolgender Kettenspaltung fördern. Nach einer Untersuchung von RICE und RICE (vgl. (*434*)) steht die Reaktionswahrscheinlichkeit von H-Atomen an primären, sekundären und tertiären C-Atomen im Crackprozeß von Paraffinen bei 300 °C

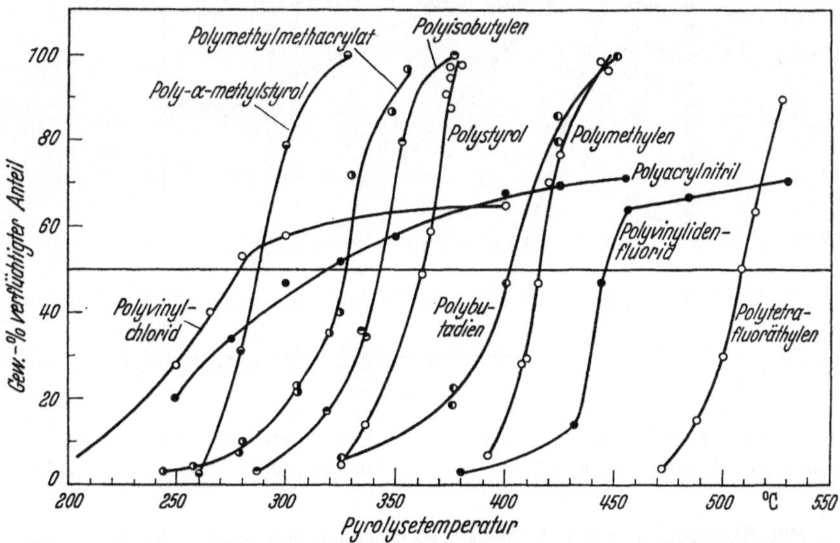

Fig. 3. Thermische Stabilität verschiedener Hochpolymerer bei 30min. Pyrolyse unter Vakuum. Nach MADORSKY (*376*).

im Verhältnis 1 : 3 : 33. — Fig. 3 zeigt für verschiedene Polymere die Abhängigkeit der Verdampfungsgeschwindigkeit bei der Vakuum-Pyrolyse von der Temperatur (*378*). Der abgeflachte Verlauf der Kurven für Polyvinylchlorid, Polyacrylnitril und Polyvinylidenfluorid gegen höhere Temperaturen wird dem Auftreten von Vernetzungen zugeschrieben (*376*), die offenbar eine thermische Stabilisierung des teilweise abgebauten Materials bewirken.

Eine Depolymerisation mit großer kinetischer Kettenlänge findet beim Polyformaldehyd statt, wenn dieser auf Temperaturen über 100 °C erhitzt wird:

$$\sim CH_2{-}O{-}CH_2{-}O{-}CH_2{-}OH \longrightarrow \sim CH_2{-}O{-}CH_2{-}OH + CH_2O \cdots \quad (2)$$

Die Reaktion geht von den halbacetalischen Endgruppen aus und erfordert nur eine sehr niedrige Aktivierungsenergie. Das unbehandelte Produkt besitzt deshalb infolge seiner geringen thermischen Stabilität kaum technisches Interesse. Nach Verschluß der endständigen OH-Gruppen durch Veresterung oder Verätherung (vgl. IV.2.2.) kann die thermische Depolymerisation nur durch voraufgegangene Kettenspaltung eingeleitet werden und wird deshalb erst oberhalb 170 °C merklich, ihre Geschwindigkeit steigt aber mit Erhöhung der Temperatur rasch an (vgl. Fig. 4) (*303*).

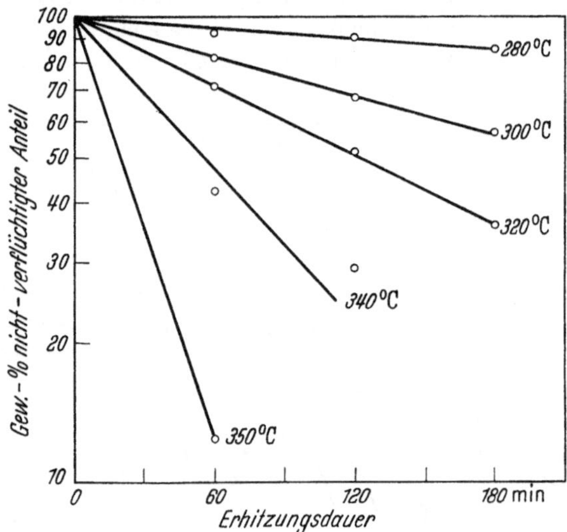

Fig. 4. Verlauf der thermischen Depolymerisation eines Polyoxymethylendimethyläthers im Hochvakuum bei verschiedenen Temperaturen. Nach Kern u. a. (*303*).

Bei Kondensationspolymeren ist eine Depolymerisation und die Rückbildung des Monomeren durch Erhitzung allein ausgeschlossen. Die thermische Zersetzung erfolgt hierbei stets unter statistischer Kettenspaltung.

I.2.2. Thermisch ausgelöste Oxydationsreaktionen

Oxydative Alterungsreaktionen an organischen Kunststoffen setzen im allgemeinen bei erheblich tieferen Temperaturen ein als rein thermische, homolytische Zerfallsreaktionen. Bei einigen Materialien können sie, falls nicht ein hinreichender Oxydationsschutz vorliegt, schon bei normalen Temperaturen innerhalb kürzerer Zeit merkliches Ausmaß annehmen. Oxydationsreaktionen haben deshalb als Alterungsphänomene eine wesentlich größere praktische Bedeutung als der thermische Abbau in chemisch inertem Milieu. Prinzipiell lassen sich drei Typen von Reaktionen Hochpolymerer erwarten:

A. Oxydation durch eine Folge von einzelnen molekularen Reaktionen mit Sauerstoff,

B. Oxydation durch Kettenreaktion,

C. Oxydation von thermischen Spaltprodukten des Polymeren, wobei die entstehenden Oxydationsprodukte den weiteren Zerfall des Polymeren katalysieren.

Sämtliche drei Arten von Reaktionen werden bei den verschiedenen Polymeren beobachtet. Der weitaus am häufigsten auftretende Prozeß, der meist schlechthin als die Reaktionsweise Hochpolymerer mit Sauerstoff angesehen wird, ist auch in diesem Falle die Kettenreaktion, die in Anlehnung an ähnlich verlaufende Prozesse niedermolekularer organischer Substanzen als „Autoxydation" bezeichnet wird. Die Annahme einer Kettenreaktion wurde zuerst von Bolland und Gee (*67*) an Hand des charakteristischen kinetischen Verhaltens von längerkettigen Olefinen bei der Sauerstoffaufnahme präzis ausgesprochen, nachdem schon vorher (vgl. dazu (*595*)) verschiedentlich auf gewisse Beziehungen zwischen den Mechanismen der Polymerisation und des oxydativen Abbaues hingewiesen worden war.

I.2.2.1. Mechanismus von Autoxydationen

Der Begriff „Autoxydation" geht zurück auf die lange bekannte Beobachtung an verschiedenen organischen Substanzen (z. B. Terpenen), daß bei Gegenwart von gasförmigem Sauerstoff diese Produkte nach einer mehr oder weniger langen Anfangsperiode kaum merklichen Reaktionsumsatzes (der sog. „Induktionsperiode") mit rasch zunehmender Geschwindigkeit oxydiert werden, wobei sich der Reaktionscharakter dann innerhalb kurzer Zeit bis zu einem energischen, gegebenenfalls explosionsartigen Verlauf steigert (*527*). Dies ist das typische Bild einer autokatalytischen Reaktion, bei der eines der Reaktionsprodukte als Katalysator wirkt und infolge seiner Kumulierung die Geschwindigkeit des Prozesses mit steigendem Umsatz erhöht. Ein ähnlicher Oxydationsverlauf wird, genügend hohe Temperaturen vorausgesetzt, auch bei zahlreichen Kunststoffen beobachtet. Fig. 5 zeigt den Zeitverlauf der Sauerstoffaufnahme und der Temperaturerhöhung durch die exotherme

Reaktionswärme bei der Autoxydation von feinverteiltem Hochdruck-Polyäthylen in reinem Sauerstoff bei einer Badtemperatur von 140 °C. Aus der Temperaturkurve ist zu ersehen, daß das Reaktionsgut nach 60 Minuten auf die Umgebungstemperatur von 140 °C erwärmt ist; die Induktionsperiode erstreckt sich dann bis zum Ablauf von 300 Minuten, wo ein plötzlicher heftiger Temperaturanstieg einsetzt. Diese Zeit stimmt überein mit dem Schnittpunkt des rückwärts extrapolierten steil ansteigenden Teiles der Sauerstoffaufnahmekurve mit der Zeitachse.

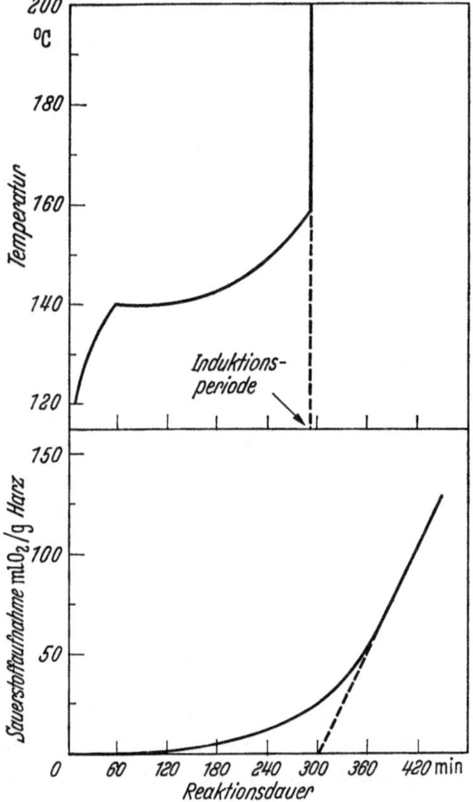

Fig. 5. Zeitlicher Verlauf der Temperaturerhöhung und der Sauerstoffaufnahme bei der Autoxydation von Hochdruck-Polyäthylen in O_2 bei 140 °C Badtemperatur. Nach BAUM (*34*).

Die Auswirkung der Autoxydation auf die Beschaffenheit der Polymeren (vgl. Abschnitt I.1.) ist verschiedenartig und zwingt zu dem Schluß, daß das Bruttoergebnis der Reaktion sowohl eine Verlängerung der Polymerketten unter Vernetzung, Verzweigung oder weiterer Polymerisation, wie auch eine Verkleinerung des Polymerisationsgrades unter Kettenzerreißung sein kann. TOBOLSKY (*395, 595*) unterteilt dementsprechend die möglichen Reaktionsschritte in „aggregative“ und „disaggregative“ Prozesse. Im allgemeinen dürften beide Arten von Reaktionen nebeneinander verlaufen und je nach

Art des Materials und der Bedingungen die eine oder andere überwiegen, wobei den Abbaureaktionen die größere Häufigkeit und Bedeutung zukommt.

Nach den grundlegenden Untersuchungen von FARMER (*176*, *177*) an Olefinen führt die Autoxydation im Anfangsstadium zur Bildung von Hydroperoxyden, die sodann in einer Folgereaktion unter Ausbildung andersartiger sauerstoffhaltiger Strukturen zerfallen können. Prinzipiell gleiche Verhältnisse gelten auch bei gesättigten Kohlenwasserstoffen (vgl. (*227*, *578*)) und bei Hochpolymeren mit gesättigten wie ungesättigten Kohlenwasserstoffstrukturen.

Nach den Untersuchungen von BOLLAND u. a. (*67*) an Modellsubstanzen hat man für die Bildung der Hydroperoxyde aus dem Kohlenwasserstoff RH folgenden Kettenmechanismus anzunehmen:

Startreaktion: Bildung von Radikalen R• oder RO_2• (k_1) (3a)

Fortpflanzung:

$$R\cdot + O_2 \xrightarrow{k_2} RO_2\cdot \quad (3b)$$

$$RO_2\cdot + RH \xrightarrow{k_3} ROOH + R\cdot \quad (3c)$$

Kettenabbruch:

$$2\,R\cdot \xrightarrow{k_4} R{-}R \quad (3d)$$

$$\text{oder}\quad R\cdot + RO_2\cdot \xrightarrow{k_5} R{-}O{-}O{-}R \quad (3e)$$

$$\text{oder}\quad 2\,RO_2\cdot \xrightarrow{k_6} R{-}O{-}O{-}R + O_2\,. \quad (3f)$$

Die Reaktion von molekularem Sauerstoff mit freien Radikalen erfolgt sehr schnell und praktisch ohne Aktivierungsenergie, so daß bei ungehinderter Sauerstoffzufuhr Reaktion (3c) allein geschwindigkeitsbestimmend für die Fortpflanzung ist; da die Konzentration der Peroxyradikale RO_2• die der Kohlenwasserstoffradikale R• unter diesen Bedingungen bei weitem überwiegt, findet der Kettenabbruch dann praktisch ausschließlich nach (3f) statt. Die Halbwertszeit der Radikale R• beträgt nur 10^{-8} sec gegenüber 10^{-2} sec für die Radikale RO_2• (*379*).

Die Art der Startreaktion ist noch nicht eindeutig geklärt und dürfte von Fall zu Fall verschieden sein. Es steht lediglich fest, daß im fortgeschrittenen Stadium der Reaktion die primär gebildeten Hydroperoxyde unter Radikalbildung zerfallen und diese Radikale erneut eine Fortpflanzungsreaktion (3b, c) eingehen. Bereits nach verhältnismäßig geringem Fortschreiten der Oxydation ist der Zerfall eines Teiles der Hydroperoxyde die einzige meßbare Ursache für die Auslösung der weiteren Reaktion (*154*). Die Radikalbildung aus Hydroperoxyden kann in einer monomolekularen (3a′) oder einer bimolekularen Reaktion (3a″) erfolgen, wobei die nachstehenden Mechanismen anzunehmen sind (*289*):

$$ROOH \xrightarrow{k_1'} RO\cdot + \cdot OH \quad (3a')$$

$$2\,ROOH \xrightarrow{k_1''} RO\cdot + RO_2\cdot + H_2O\,. \quad (3a'')$$

Die Radikale RO• und OH• sind natürlich ebenso zur Reaktion mit RH unter H-Übertragung befähigt wie RO_2• und können somit auch die Reaktionskette einleiten. Dies bedingt den autokatalytischen Charakter der Reaktion; da jedes ursprüngliche Radikal zur Bildung mehrerer neuer Radikale führt, von denen jedes wiederum eine Reaktionskette unter Vermehrung der Radikalkonzentration starten kann, vergrößert sich der Reaktionsumsatz exponentiell mit der Zeit. Die Neubildung mehrerer Kettenträger (d. h. zur Fortpflanzungsreaktion befähigter Zwischenprodukte) aus einem Kettenträger wird als „kinetische Kettenverzweigung" bezeichnet (vgl. (*527*)). Die bimolekulare Reaktion (3a″) entspricht dem zuerst entdeckten kinetischen Befund bei Modelluntersuchungen an Äthyllinoleat (*67*); ihr Einfluß wird mit zunehmender Temperatur und abnehmender Hydroperoxydkonzentration geringer. Sie wird wahrscheinlich durch die vorausgehende Bildung eines durch Wasserstoffbrücken gebundenen Hydroperoxyd-Dimeren ermöglicht (*33*). Der Übertragung einer Annahme bimolekularer Effekte auf kondensierte Systeme ist jedoch, wie stets, mit Vorsicht zu begegnen. Die Initiierung der Autoxydation durch Hydroperoxydzerfall in Radikale bringt es mit sich, daß die Reaktion durch verschiedene Substanzen (vor allem Metallverbindungen), die als Katalysatoren der Hydroperoxydzersetzung bekannt sind, beschleunigt wird. Ferner wird die Autoxydation durch Zusatz von Peroxyden katalytisch eingeleitet. Als primäre Startreaktion, solange noch keine katalytisch wirkenden Hydroperoxydgruppen vorhanden sind, wird ein direkter Angriff des molekularen Sauerstoffs auf den Kohlenwasserstoff angenommen (*68*):

$$RH + O_2 \xrightarrow{k_1^*} R\bullet + HO_2\bullet . \qquad (3a^*)$$

Während bei gesättigten Kohlenwasserstoffen der Angriff statistisch entlang der Kette verteilt erfolgt (*51*), ist bei Olefinen der Ort der bevorzugten Radikalbildung die Methylengruppe in α-Stellung zur Doppelbindung (*480*, *481*):

$$\sim CH{=}CH{-}CH_2\sim + O_2 \longrightarrow \sim CH{=}CH{-}\dot{C}H\sim + HO_2\bullet .$$

Daneben wird speziell für Olefine eine weitere primäre Startreaktion unter O_2-Anlagerung an eine Doppelbindung und Ausbildung eines Diradikals in Erwägung gezogen (*177*, *68*):

$$\sim CH{=}CH{-}CH_2\sim + O_2 \xrightarrow{k_1^{**}} \sim \underset{|}{\overset{\dot{O}_2}{}}\!CH{-}\dot{C}H{-}CH_2\sim . \qquad (3a^{**})$$

Während das bei (3a*) entstehende Radikal sofort in die Kettenfortpflanzungsreaktion (3b, c) eintritt, bildet das Diradikal aus (3a**) zunächst unter teilweiser bzw. völliger bimolekularer Desaktivierung α-Methylenradikale, die dann die Reaktionskette fortführen:

$$\sim\underset{\underset{\dot{O}_2}{|}}{C}H-\dot{C}H\sim + \sim CH=CH-CH_2\sim \xrightarrow{k_7} \sim\underset{\underset{OOH}{|}}{C}H-\dot{C}H\sim + \sim CH=CH-\dot{C}H\sim \quad (4a)$$

$$\sim\underset{\underset{OOH}{|}}{C}H-\dot{C}H\sim + \sim CH=CH-CH_2\sim \longrightarrow \sim\underset{\underset{OOH}{|}}{C}H-CH_2\sim + \sim CH=CH-\dot{C}H\sim, \quad (4b)$$

oder es bildet infolge seiner Bifunktionalität in der Art einer Polymerisationsreaktion höhermolekulare Strukturen aus. Der letztgenannte Reaktionsweg wird später noch ausführlicher zu besprechen sein.

Die Möglichkeit, daß Reaktion (3a*) in bedeutungsvollem Ausmaß stattfindet, ist aus energetischen Gründen angezweifelt worden. Während Bolland u. a. (*68*) die Wärmetönung dieser Reaktion, falls das Radikal an der α-Methylengruppe eines Olefins gebildet wird, zu nur 7 kcal/Mol berechnen, schätzt Uri (*602*) unter Zugrundelegung der Enthalpieänderung bei der Reaktion $H + O_2 \rightarrow HO_2\cdot$ eine endotherme Reaktionswärme von 30—45 kcal/Mol für den Prozeß (3a*). Dies bedeutete aber den Aufwand einer solch hohen Aktivierungsenergie, daß die Reaktion bei mäßigen Temperaturen weitgehend unwahrscheinlich ist. Als Alternativlösung für die Frage der ursprünglichen Startreaktion schlägt Uri (*602*) eine Metallkatalyse durch Elektronenübergänge zwischen Metallionen und den Reaktanten des Autoxydationsprozesses vor. Die aktivsten Metallkatalysatoren sind dabei Verbindungen jener Metalle, die in einem 1-Elektronenschritt oxydiert bzw. reduziert werden (Co, Fe, V, Cr, Cu, Ce, Mn). Metalle, die zu 2-Elektronen-Umladungsprozessen neigen (Sn, Tl), erweisen sich nicht als aktive Katalysatoren. Für den Mechanismus der ionischen Startreaktionen werden folgende Reaktionswege in Betracht gezogen (M^{n+} = Metallion):

Reaktionen mit Sauerstoff:

$$M^{n+} + O_2 \longrightarrow M^{(n+1)+} + O_2^{-}\cdot \text{ (Radikalion)} \quad (5a)$$

$$M^{n+} + O_2 \longrightarrow M^{n+}\cdot O_2$$
$$M^{n+}\cdot O_2 + M^{n+}\cdot XH \longrightarrow M^{(n+1)+}X^- + HO_2\cdot + M^{n+} \quad (5b)$$
$$\text{(XH = H-Donator)}$$

Primäre Bildung von R·-Radikalen:

$$M^{n+} + RH \longrightarrow M^{(n-1)+} + H^+ + R\cdot \quad (5c)$$

Katalytische Hydroperoxydzersetzung:

$$M^{n+} + ROOH \longrightarrow M^{(n+1)+} + OH^- + RO\cdot \quad (5d)$$

$$M^{n+} + ROOH \longrightarrow M^{(n-1)+} + H^+ + RO_2\cdot. \quad (5e)$$

Die in dem Schema (3a—f) zusammengefaßten Reaktionen führen in weit überwiegender Ausbeute zur Bildung von Hydroperoxydstrukturen; da die Fortpflanzungsreaktion (3b, c) in der Wärme und bei Gegenwart von genügend Sauerstoff wesentlich schneller verläuft als eine der Abbruchreaktionen

(3d—f) (*379*), ist die Bildung von Produkten des Kettenabbruchs geringfügig. In den meisten Fällen sind die entstehenden Hydroperoxyde in der Wärme instabil und zerfallen (neben der Neubildung von Radikalen) in stabile Endprodukte unter Ausbildung neuer sauerstoffhaltiger Strukturen, im allgemeinen unter Spaltung der Kohlenstoffkette. Die hier anzunehmenden Mechanismen sind sehr vielfältig und noch weitgehend ungeklärt; für ihren Verlauf dürften die An- oder Abwesenheit peroxydzersetzender Katalysatoren sowie die äußeren Reaktionsbedingungen sehr entscheidend sein. In olefinischen Systemen ist eine Sekundärreaktion unter Bildung von Oxiran-Ringen naheliegend (*177*):

$$\mathrm{ROOH} + \sim\!\mathrm{CH{=}CH}\!\sim \;\longrightarrow\; \mathrm{ROH} + \sim\!\underset{\diagdown\,\mathrm{O}\,\diagup}{\mathrm{CH{-}CH}}\!\sim, \tag{6}$$

die jedoch wegen der Stabilität der Epoxydstruktur nicht zu der beobachteten Kettenspaltung führen kann. Vielfach lassen sich Oxo-Gruppen in den Endprodukten des oxydativen Abbaues nachweisen. Für ihre Entstehung, im Verein mit der Kettenspaltung, dürfte die Feststellung von George u. a. (*215*) von Wichtigkeit sein, daß tertiäre Hydroperoxyde zunächst unter Spaltung der O—O-Bindung und sodann der benachbarten C—C-Bindung unter gleichzeitiger Bildung einer Carbonylgruppe zerfallen. Dieser Mechanismus, der durch zahlreiche ältere experimentelle Ergebnisse erhärtet wird (z. B. die Bildung von Benzophenon aus Triphenylmethylhydroperoxyd (*632*)), entspricht, auf ein Kettenmolekül übertragen, der folgenden Reaktion:

$$\sim\!\underset{\mathrm{X}}{\overset{\mathrm{OOH}}{\mathrm{C}}}\!-\mathrm{CH_2}\!\sim \;\xrightarrow{-\,\cdot\mathrm{OH}}\; \sim\!\underset{\mathrm{X}}{\overset{\mathrm{O}\cdot}{\mathrm{C}}}\!-\mathrm{CH_2}\!\sim \;\longrightarrow\; \sim\!\underset{\mathrm{X}}{\mathrm{C}}\!=\!\mathrm{O} + \cdot\mathrm{CH_2}\!\sim \begin{cases} \xrightarrow{+\,\mathrm{O_2}} & \text{(Hydroperoxydierung)} \\ \xrightarrow{+\,\mathrm{RH}} & \text{(Desaktivierung)} \end{cases} \tag{7}$$

Ein solcher Prozeß ist insbesondere für die Photooxydation des Polystyrols wahrscheinlich gemacht worden (*2*, *227*).

Gegebenenfalls kann sich auch das intermediär auftretende Oxyradikal durch H-Übertragung zu einer Hydroxylgruppe desaktivieren. Jellinek (*295*) hält eine direkte Kettenspaltung am hydroperoxydierten C-Atom unter Bildung endständiger Hydroxylgruppen neben der Ketogruppe für möglich:

$$\sim\!\underset{\mathrm{X}}{\overset{\mathrm{OOH}}{\mathrm{C}}}\!-\mathrm{CH_2}\!\sim \;\longrightarrow\; \sim\!\underset{\mathrm{X}}{\mathrm{C}}\!=\!\mathrm{O} + \mathrm{HO{-}CH_2}\!\sim. \tag{7a}$$

Die Bildung kettenständiger Carbonylgruppen kann durch Wasserabspaltung erfolgen (*61*):

$$\sim\!\mathrm{CH_2}-\overset{\mathrm{OOH}}{\mathrm{CH}}-\mathrm{CH_2}\!\sim \;\longrightarrow\; \sim\!\mathrm{CH_2}-\overset{\mathrm{O}}{\overset{\|}{\mathrm{C}}}-\mathrm{CH_2}\!\sim + \mathrm{H_2O}\,. \tag{8}$$

Weitergehende Oxydation der Oxogruppen gibt die Möglichkeit zur Bildung von endständigen Säureresten, bei kettenständigen Carbonylgruppen unter Kettenspaltung:

$$\sim\overset{O}{\overset{\|}{C}}-CH_2\sim + O_2 \longrightarrow \sim\overset{O}{\overset{\|}{C}}-OH + O{=}CH\sim, \tag{9}$$

und Weiterreaktion zu Persäuren. Bei ungenügender Zufuhr von Sauerstoff und höheren Temperaturen kann schließlich nach Bildung von makromolekularen Radikalen R• in einem oxydativen Primärschritt, z. B. (3a*), die Weiterreaktion in Form eines rein thermischen Abbaues unter Kettenzerfall stattfinden (*595*):

$$\sim CH_2-\underset{X}{\underset{|}{CH}}-CH_2-\underset{X}{\underset{|}{\dot{C}}}-CH_2-\underset{X}{\underset{|}{CH}}\sim \longrightarrow \sim CH_2-\underset{X}{\underset{|}{CH}}-CH_2-\underset{X}{\underset{|}{CH}}\cdot + CH_2{=}\underset{X}{\underset{|}{C}}\sim, \tag{10}$$

wobei das entstehende kettenendständige Radikal depolymerisieren oder einen statistischen Kettenzerfall durch Übertragung bewirken kann (vgl. I.2.1.). Weitere Möglichkeiten des Kettenzerfalls ergeben sich bei kettenendständigen Peroxyradikalen, die nach Art einer Depolymerisationsreaktion die Kette reißverschlußartig aufreißen (*390*):

$$\sim CH_2-\underset{X}{\underset{|}{CH}}-CH_2-\underset{X}{\underset{|}{CH}}-CH_2-\underset{X}{\underset{|}{CH}}-O-O\cdot \longrightarrow$$

$$\sim CH_2-\underset{X}{\underset{|}{CH}}-CH_2-\underset{X}{\underset{|}{CH}}\cdot + H_2CO + \underset{X}{\underset{|}{HCO}}, \tag{11}$$

oder bei Peroxyradikalen in der Mitte der Kette (*395*):

$$\sim CH_2-\underset{X}{\underset{|}{CH}}-CH_2-\underset{X}{\underset{|}{CH}}-\underset{\overset{|}{\underset{\bullet}{O}}}{\underset{|}{\overset{}{CH}}}\!\!\!\!\!\!\!_{O}-\underset{X}{\underset{|}{CH}}\sim \longrightarrow$$

$$\sim CH_2-\underset{X}{\underset{|}{CH}}-CH_2\cdot + \underset{X}{\underset{|}{HCO}} + OCH-\underset{X}{\underset{|}{CH}}\sim. \tag{12}$$

Dieser Reaktionstyp (Zerfall von Peroxyradikalen anstelle von Hydroperoxyden) liegt jedoch außerhalb des normalen Autoxydationsmechanismus nach Gl. (3) und stellt, ebenso wie der Zerfall von Peroxydstrukturen mit O—O-Kettengliedern, die nicht nach dem Mechanismus (3) entstehen können, einen Sonderfall dar.

Die Aufeinanderfolge von Hydroperoxydbildung nach dem Reaktionsschema (3) und Hydroperoxydzerfall unter Kettenspaltung nach einem der letztgenannten Mechanismen stellt die „disaggregative" Reaktionsfolge dar. Die bei der Autoxydation primär gebildeten Radikale können andererseits auch „aggregative" Reaktionen unter Molekülvergrößerung eingehen. Solche sind einmal die Kettenabbruchreaktionen (3d—f), ferner polymerisationsartige Reaktionsschritte unter Einbeziehung olefinischer Doppelbindungen:

$$\sim\dot{C}H-CH_2\sim + \sim CH{=}CH-CH_2\sim \longrightarrow \begin{array}{l}\sim CH-CH_2\sim \\ \;\;| \\ \sim CH-\underset{\bullet}{C}H-CH_2\sim\end{array} \quad (395) \tag{13}$$

oder

$$\begin{array}{l}\sim CH-\dot{C}H-CH_2\sim \\ \;\;| \\ \;\;O \\ \;\;| \\ \;\;\underset{\bullet}{O}\end{array} + \sim CH{=}CH-CH_2\sim \xrightarrow{k_8} \begin{array}{l}\sim CH-\dot{C}H-CH_2\sim \\ \;\;| \\ \;\;O \\ \;\;| \\ \;\;O \\ \;\;| \\ \sim CH-\underset{\bullet}{C}H-CH_2\sim\end{array} \quad (68). \tag{14}$$

Diese Aggregationsreaktionen sind die Ursache für die Bildung vernetzter oder verzweigter Strukturen, für Cyclisierungen, Sauerstoffvulkanisationen, Peroxyd-initiierte Radikalpolymerisationen und Mischpolymerisationen mit Sauerstoff zu Polyperoxyden. Von besonderer Bedeutung für die oxydative Verhärtung von Kautschukprodukten dürfte Reaktion (14) sein, die als Folge einer Radikalbildung nach (3a**) eintritt. Hierbei wächst das bifunktionelle Radikal unter zunehmender Kettenvernetzung, ganz in der Art der bekannten Härtungs- bzw. Vulkanisationsreaktionen, bis zum Kettenabbruch, zur H-Übertragung unter Hydroperoxydbildung oder zur Kettenübertragung nach Gl. (4a). Auch bei Autoxydationsprozessen, die normalerweise zu Hydroperoxyd führen, können nach dem Mechanismus (14) einzelne Ketten durch Peroxydbrücken vernetzt werden. Im allgemeinen verlaufen aggregative Reaktionen bei Polymeren mit ungesättigten Ketten (Dien-Polymerisaten) in bevorzugtem Maße, im Gegensatz dazu neigen gesättigte Kettenmoleküle, besonders bei Anwesenheit von Kohlenwasserstoff-Substituenten, zur Kettenzerreißung.

Ein Überblick über die zahlreichen Folgemechanismen der Hydroperoxydierung von Hochpolymeren wird in einer neueren zusammenfassenden Darstellung von Rieche (*482*) gegeben; allerdings sind dabei Kettenspaltungsprozesse, die für die Erklärung des vielfach beobachtbaren oxydativen Molekulargewichtsabbaues wichtig sind, kaum berücksichtigt.

Die bei den verschiedenen Hochpolymeren speziell anzunehmenden Autoxydationsmechanismen sind größtenteils noch wenig geklärt; von den zahlreichen Untersuchungen hierüber soll nur einiges kurz angedeutet werden:

Bei Polyolefinen ist das IR-spektroskopisch nachweisbare Auftreten sauerstoffhaltiger Gruppen charakteristisch für den Oxydationsprozeß. Insbesondere ist die Verfolgung der Carbonylabsorption im Bereich um 5.8 μ ein bequemes Mittel, um Aufschlüsse über den Verlauf der Autoxydation zu gewinnen. Die IR-Spektren von abgebautem Polyäthylen zeigen ferner OH-, O—OH-, C=C- und C—O—C-Banden (*123*, *499*, *94*, *42*, *34*, *362*, *44*). Auch beim isotaktischen Polypropylen wird mit fortschreitender Oxydation ein

Anwachsen der Bandengruppen im OH- (einschließlich O—OH-) sowie im C=O-Gebiet beobachtet (*361*). Für die Oxydierbarkeit der einzelnen Polyolefintypen spielt die Anwesenheit tertiärer H-Atome eine wesentliche Rolle, die infolge der besonders geringen Festigkeit der tertiären C—H-Bindung bevorzugt durch eine Startreaktion (3a) gelöst werden. So sinkt bei verschiedenen Hochdruck-Polyäthylensorten die Länge der Induktionsperiode der Carbonylbildung mit zunehmendem Verzweigungsgrad (*34*). Daneben wirkt sich beim Polyäthylen allerdings auch der Einfluß der Kristallinität aus; unterhalb des Kristallitschmelzpunktes (120—130 °C) ist unverzweigtes Polyäthylen infolge seiner höheren Kristallinität wesentlich oxydationsbeständiger als verzweigtes, wobei die Geschwindigkeit der Sauerstoffaufnahme umgekehrt proportional zur prozentualen Kristallinität ist (*259*). Besonders ausgeprägt ist die hohe Instabilität des Polypropylens, welches in jeder Monomereneinheit ein tertiäres H-Atom aufweist (vgl. Fig. 6). Bei diesem Material

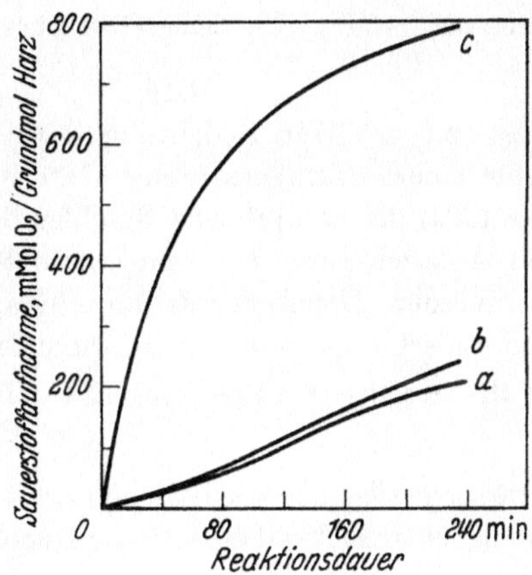

Fig. 6. Sauerstoffaufnahme verschiedener Polyolefine bei 150 °C. a: Niederdruck-Polyäthylen; b: Äthylen/Propylen-Copolymerisat; c: Polypropylen. Nach MATVEEVA u. a. (*386*).

überwiegt auch die Bildung niedermolekularer, flüchtiger Abbauprodukte (*386*) bei weitem die oxydative Vernetzung, während bei der Oxydation des Polyäthylens unlösliche Vernetzungsprodukte entstehen können. Der Zerfall der primär gebildeten Hydroperoxyde erfolgt, wie kinetische Messungen (*154*) zeigen, beim isotaktischen Polypropylen nach einem bimolekularen (3a''), beim ataktischen Polypropylen nach einem monomolekularen Mechanismus (3a'). Daher wird angenommen, daß infolge der stereoregulären Struktur des isotaktischen Polymeren die Ablösung eines tertiären H-Atoms unter Kettenfortpflanzung nach Gl. (3b, c) in einer sterisch besonders günstigen Weise zwischen benachbarten Einheiten erfolgt:

$$\begin{array}{c} \quad\quad CH_3 \quad\quad\quad CH_3 \\ \sim CH_2-\overset{|}{\underset{|}{C}}-CH_2-\overset{|}{\underset{|}{C}}\sim, \\ \quad\quad O-O\cdot \leftarrow H \end{array}$$

so daß sich in einer reißverschlußartigen Reaktion nachbarständige Hydroperoxydgruppen bilden. Diese neigen besonders leicht zu innermolekularer Assoziation als Vorstufe des bimolekularen Hydroperoxydzerfalls.

Beim Polystyrol ist der Bruch der tertiären C—H-Bindung der geschwindigkeitsbestimmende Schritt für die Sauerstoffaufnahme und die Zunahme der Carbonylbanden bei hohen Temperaturen (*43*). Durch Zerreißung der Ketten an statistisch verteilten Stellen (*295*) werden niedrigermolekulare carbonylgruppenhaltige Polystyrole gebildet. Während die thermische Oxydation bei diesem Polymeren verhältnismäßig langsam verläuft, führt die Photooxydation rasch zur Vergilbung und zum Unlöslichwerden (*3*). Die starke Farbbildung legt nahe, daß als Oxydationsprodukte nicht nur einfache Carbonylverbindungen, sondern chinoide Strukturen (*2*) oder hochkonjugierte Keton-Kondensationsprodukte (*476*) entstehen.

Polyoxymethylene können einmal der Autoxydation auf dem Weg über eine Hydroperoxydierung unterliegen; der Zerfall des intermediären Hydroperoxyds $\sim CH_2—O—\underset{\displaystyle OOH}{\underset{|}{CH}}—O\sim$ ist von RIECHE (*482*) diskutiert worden.

Von weit größerer Bedeutung erweist sich bei der Sauerstoffeinwirkung unter höheren Temperaturen ($>160\,°C$) nach den Untersuchungen von KERN u. a. (*303*) die katalytische Beschleunigung des Abbaues unter dem Einfluß von Ameisensäure. Letztere entsteht als Oxydationsprodukt des bei der thermischen Depolymerisation abgespaltenen Formaldehyds. Durch eine acidolytische Spaltung der Acetalkette (*153*):

$$\sim CH_2-O-CH_2-O-CH_2\sim + O{=}CH-OH \longrightarrow \sim CH_2-OH + O{=}CH-O-CH_2-O-CH_2\sim$$

verursacht sie einen statistischen Zerfall sowie Bildung von OH-Endgruppen, von denen ausgehend eine rasche Depolymerisation unter Bildung von Formaldehyd einsetzt, der wiederum oxydiert wird. Dies bedingt den autokatalytischen Charakter der Reaktion. Während die Oxydation beim nicht-endgruppenverschlossenen Polyoxymethylen ohne Induktionsperiode einsetzt, da sich nach Reaktion (2) sofort durch thermische Depolymerisation Formaldehyd bilden kann, zeigt endgruppenverschlossenes Material eine mit steigender Temperatur abnehmende Induktionsperiode (Fig. 7), während der sich durch geringfügige, thermisch ausgelöste statistische Spaltung Formaldehyd bzw. Ameisensäure anreichern muß. Diese Art der Oxydationskatalyse entspricht dem unter I.2.2. eingangs erwähnten Reaktionstyp C.

Die Kautschukoxydation kann nach den zahlreichen, oben beschriebenen Autoxydationsmechanismen für olefinische Verbindungen verlaufen, die sowohl Spaltungs- wie Vernetzungsreaktionen einschließen. Allgemein gilt, daß in Kautschukpolymeren auf Isopren-Basis (Naturkautschuk, synthetisches Polyisopren, Butyl-Kautschuk, Isopren/Styrol-Mischpolymerisat) die Kettenspaltung der vorherrschende Prozeß ist, dessen Geschwindigkeit die der Vernetzung überwiegt. Umgekehrt ist bei Polymeren auf Butadien-Basis (Polybutadien, SBR) die Vernetzung der ausschlaggebende Bruttoeffekt (*395, 111*).

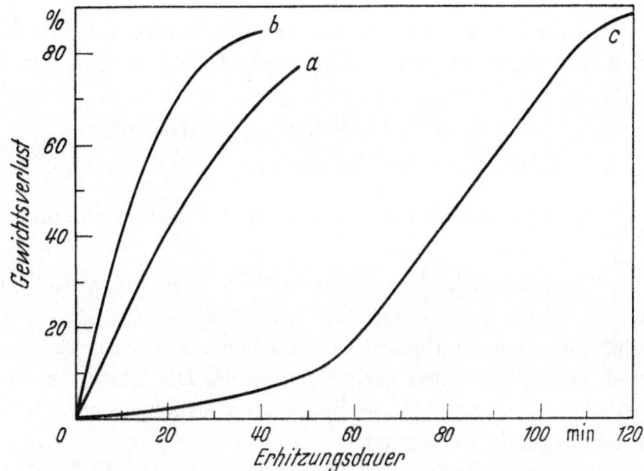

Fig. 7. Verlauf des thermischen und thermooxydativen Abbaues von Polyoxymethylenen bei 183 °C. a: Unstabilisierter Polyformaldehyd, thermischer Abbau in Argon-Atmosphäre; b: desgl., thermooxydativer Abbau in Sauerstoff-Atmosphäre; c: endgruppenacetylierter Polyformaldehyd, thermooxydativer Abbau in Sauerstoff-Atmosphäre. Nach DUDINA u. a. (*153a*).

I.2.2.2. Kinetik von Autoxydationen

Die experimentelle kinetische Verfolgung von Autoxydationsprozessen besteht meist in der Messung der Sauerstoffaufnahme gegen die Reaktionszeit. Häufig wird die Sauerstoffaufnahme als die „Bruttoreaktion" bei der Autoxydation bezeichnet. Zur Isolierung der einzelnen Reaktionsschritte ist eine analytische Bestimmung der einzelnen Zwischen- oder Endprodukte der Reaktion nötig, wozu verschiedenste chemische Methoden (vgl. (*578*)) oder in besonders bequemer Weise die IR-Spektroskopie dienen können. An Hochpolymeren ist die Identifizierung und Bestimmung von Reaktionsprodukten nach klassischen chemischen Methoden meist mit erheblichen Schwierigkeiten verbunden (weshalb auch die meisten grundlegenden Erkenntnisse auf diesem Gebiet aus Untersuchungen an Modellsubstanzen stammen), während die IR-spektroskopischen Bestimmungsverfahren eine bequeme laufende Bestimmung charakteristischer Produkte erlauben (vgl. z.B. (*123, 499, 362*)).

Nimmt man an, daß der gesamte Sauerstoff zur primären Bildung von Hydroperoxyden aufgenommen wird, so ist die Bruttoreaktionsgeschwindigkeit $-\frac{d[O_2]}{dt}$ gleich der Geschwindigkeit der Kettenfortpflanzung, für die

Reaktion (3c) geschwindigkeitsbestimmend ist:

$$-\frac{d[O_2]}{dt} = k_3[RO_2\cdot][RH]\,. \tag{15}$$

Unter der Voraussetzung eines stationären Zustandes für die freien Radikale, wobei die Bildungs- und Abbruchgeschwindigkeiten der Radikale gleich sind:

$$v_1 = k_4[R\cdot]^2 + 2k_5[R\cdot][RO_2\cdot] + k_6[RO_2\cdot]^2$$
$$k_2[R\cdot][O_2] = k_3[RO_2\cdot][RH]\,,$$

kann $[RO_2\cdot]$ in Gl. (15) substituiert werden, so daß sich ergibt (*32*):

$$\left(-\frac{d[O_2]}{dt}\right)^{-2} = v_1^{-1}(k_2^{-2}k_4[O_2]^{-2} + 2k_2^{-1}k_3^{-1}k_5[RH]^{-1}[O_2]^{-1} + k_3^{-2}k_6[RH]^{-2})\,. \tag{16}$$

v_1 bedeutet die Geschwindigkeit der Startreaktion (3a), über deren Art noch keinerlei Voraussetzungen getroffen werden. Die letzte Gleichung wird erheblich vereinfacht, wenn man für die Kettenabbruchgeschwindigkeiten die theoretisch naheliegende Beziehung

$$k_4k_6 = k_5^2$$

gelten läßt, mit der sich schließlich ergibt:

$$\left(-\frac{d[O_2]}{dt}\right)^{-1} = v_1^{-\frac{1}{2}}(k_2^{-1}k_4^{\frac{1}{2}}[O_2]^{-1} + k_3^{-1}k_6^{\frac{1}{2}}[RH]^{-1})\,. \tag{17}$$

Die Sauerstoffkonzentration $[O_2]$ im Reaktionssystem kann als eine Funktion des Sauerstoffdruckes dargestellt werden. Im Falle niedrigen Sauerstoffdruckes sind nun offenbar die Radikale R• in der Überzahl, bei Sauerstoffüberschuß dagegen die Radikale $RO_2\cdot$, so daß einmal der Kettenabbruch (3f), zum anderen Mal der Kettenabbruch (3d) vernachlässigt werden kann. Damit ergibt sich für die beiden Sonderfälle:

$$-\frac{d[O_2]}{dt} = v_1^{\frac{1}{2}}k_2k_4^{-\frac{1}{2}}[O_2] \quad \text{bei niedrigem } O_2\text{-Druck} \tag{18}$$

$$-\frac{d[O_2]}{dt} = v_1^{\frac{1}{2}}k_3k_6^{-\frac{1}{2}}[RH] \quad \text{bei hohem } O_2\text{-Druck}\,. \tag{19}$$

Sobald die Reaktion das Stadium des Kettenstarts durch zerfallende Hydroperoxyde erreicht hat, ist v_1 angebbar. Dann wird:

$$v_1^{\frac{1}{2}} = k_1'^{\frac{1}{2}}[ROOH]^{\frac{1}{2}} \quad \text{bei Hydroperoxydzerfall nach Gl. (3a')} \tag{20}$$

$$\text{oder } v_1^{\frac{1}{2}} = k_1''^{\frac{1}{2}}[ROOH] \quad \text{bei Hydroperoxydzerfall nach Gl. (3a'')}\,. \tag{21}$$

Im ersteren Falle ist also die Bruttoreaktionsgeschwindigkeit proportional zur Quadratwurzel der Hydroperoxydkonzentration, im letzteren Falle direkt proportional zur Hydroperoxydkonzentration. Eine Beziehung der Form (17) mit linearer Proportionalität der Bruttogeschwindigkeit zu [ROOH] hatten BOLLAND u. a. (*67*) experimentell für die Autoxydation von Äthyllinoleat gefunden. Gl. (20) und (21) bringen den aus Fig. 5 ersichtlichen autokatalytischen Charakter der Reaktion zum Ausdruck, d. h. die Erhöhung der Bruttogeschwindigkeit mit zunehmender Konzentration des Reaktionsproduktes ROOH.

Der Kettenstart bei Reaktionsbeginn sollte, falls er nach dem Mechanismus (3a*) verläuft, zu

$$v_1^{\frac{1}{2}} = k_1^{*\frac{1}{2}} [\mathrm{RH}]^{\frac{1}{2}} [\mathrm{O_2}]^{\frac{1}{2}} \tag{22}$$

führen. Die Gültigkeit dieser Beziehung für die unkatalysierte Anfangsphase der Autoxydation von Äthyllinoleat konnte ebenfalls nachgewiesen werden (*67*), indem eine Bruttogeschwindigkeit der kinetischen Form

$$-\frac{d[\mathrm{O_2}]}{dt} = \frac{\mathrm{K}[\mathrm{RH}]^{\frac{3}{2}}[\mathrm{O_2}]^{\frac{3}{2}}}{\mathrm{K'}[\mathrm{RH}] + [\mathrm{O_2}]} \tag{23}$$

experimentell gefunden wurde, welche man auch durch Einsetzen von Gl. (22) in Gl. (17) erhält.

Die bei Anwesenheit von Kohlenstoffdoppelbindungen mögliche Alternativreaktion zur Hydroperoxydbildung ist die auf eine Startreaktion unter O_2-Anlagerung, Gl. (3a**), folgende Vernetzungs- oder Polymerisationsreaktion nach Gl. (14), die zu Polyperoxyden führt. Die Reaktionsfolge besteht hier, Sauerstoffüberschuß und damit Kettenabbruch nach Gl. (3f) vorausgesetzt und fernerhin unter der Annahme, daß die Reaktionsfähigkeit der intermediären Radikale nicht von der Molekülgröße abhängt, aus den Teilschritten (3a**), (3b), (14) und, als Abbruchreaktionen des Wachstums der Vernetzungsketten, (3f) und (3c). Mit Hilfe der Bedingung des stationären Zustandes errechnet man hier in ähnlicher Weise wie oben die Bruttogeschwindigkeit zu

$$-\frac{d[\mathrm{O_2}]}{dt} = (k_3 + k_8)(2k_1^{**})^{\frac{1}{2}} k_6^{-\frac{1}{2}} [\mathrm{RH}]^{\frac{3}{2}} [\mathrm{O_2}]^{\frac{1}{2}} \quad \text{bei hohem } \mathrm{O_2}\text{-Druck } (68)\,. \tag{24}$$

In dieser Gleichung ist aber die Ordnung der Reaktanten RH und O_2 dieselbe wie in Gl. (23), wenn man Sauerstoffüberschuß voraussetzt und damit $k_4 = \mathrm{K'} = 0$ wird. Somit ist eine Unterscheidung zwischen den beiden Reaktionstypen der Hydroperoxydbildung und der Vernetzung durch kinetische Messungen der O_2-Aufnahme nicht möglich. Hier sind Messungen des aggregativen bzw. disaggregativen Verhaltens (z. B. an Hand der Lösungsviskositäten, des Sol/Gel-Verhältnisses usw.) erforderlich.

Die Ableitungen der Gleichungen (18) und (19) gehen von der Voraussetzung aus, daß der gesamte aufgenommene Sauerstoff zum Aufbau von

Hydroperoxydgruppen dient und daß der Zerfall dieser Gruppen vernachlässigbar klein ist, d. h. daß große kinetische Kettenlängen vorliegen. Dann gilt

$$-\frac{d[O_2]}{dt} = \frac{d[\mathrm{ROOH}]}{dt}. \tag{25}$$

Diese Verhältnisse sind nur im Anfangsstadium der Reaktion und bei niederen Temperaturen gegeben. Wenn die Reaktion fortschreitet, insbesondere bei höheren Temperaturen, nimmt der Hydroperoxydzerfall merkliches Ausmaß an. Die Kinetik der Oxydationsreaktion in diesem Stadium ist von Tobolsky u. a. (*596*) theoretisch untersucht worden. Nimmt man einen bimolekularen Zerfall der Hydroperoxyde an, so gilt dann anstelle von Gl. (25):

$$\frac{d[\mathrm{ROOH}]}{dt} = -\frac{d[O_2]}{dt} - k_1[\mathrm{ROOH}]^2, \tag{26}$$

wobei k_1 die Geschwindigkeitskonstante des bimolekularen Hydroperoxydzerfalls (d. h. also die Geschwindigkeitskonstante der Startreaktion (3a'')) ist. Bei hohem O_2-Druck ergibt sich damit aus Gl. (19) und (21) mit $k_1'' = k_1$:

$$\frac{d[\mathrm{ROOH}]}{dt} = k_3(k_1/k_6)^{\frac{1}{2}}[\mathrm{ROOH}][\mathrm{RH}] - k_1[\mathrm{ROOH}]^2. \tag{27}$$

Integration von Gl. (27) liefert unter der Annahme, daß [RH] konstant ist:

$$[\mathrm{ROOH}] = \frac{[\mathrm{ROOH}]_\infty}{1 - \left(1 - \frac{[\mathrm{ROOH}]_\infty}{[\mathrm{ROOH}]_0}\right) e^{-at}}. \tag{28}$$

$[\mathrm{ROOH}]_\infty$ ist dabei der asymptotische Grenzwert der Hydroperoxydkonzentration, der sich nach Erreichen des stationären Zustandes zwischen Bildung und Zerfall der Hydroperoxyde einstellt. Durch Nullsetzen von Gl. (27) ergibt er sich zu

$$[\mathrm{ROOH}]_\infty = k_3(k_1 k_6)^{-\frac{1}{2}}[\mathrm{RH}]. \tag{29}$$

$[\mathrm{ROOH}]_0$ ist die Anfangskonzentration an Hydroperoxyden, und für a gilt:

$$a = k_3(k_1/k_6)^{\frac{1}{2}}[\mathrm{RH}].$$

Konstanz von [RH] vorausgesetzt, gelangt die Reaktion also in einen stationären Zustand konstanter O_2-Aufnahmegeschwindigkeit. Eine Modifizierung von Gl. (28) für den praktisch wichtigen Fall, daß [RH] während der Reaktion in merklichem Ausmaß abnimmt, ist von Bauman u. a. (*39*) angegeben worden.

Alle kinetischen Untersuchungen über die Autoxydation von festen Kunststoffen setzen voraus, daß der Sauerstoff so schnell in die Masse eindiffundiert und sich auflöst, daß nicht die Sauerstoffzufuhr zum geschwindigkeitsbestimmenden Schritt wird. Die Erfüllung dieser Bedingung hängt vom Verteilungsgrad und der Temperatur ab, ist aber eine prinzipielle Schwierigkeit bei allen Autoxydationsmessungen in heterogenen Systemen. Diffusionskontrollierte Oxydationen sind dadurch kenntlich, daß die Sauerstoffaufnahme nicht proportional zur Masse des Kunststoffes, sondern zu dessen Oberfläche ist.

I.2.2.3. Metallkatalyse der Autoxydation

Autoxydationsreaktionen werden in ihrer Geschwindigkeit von zahlreichen Schwermetallverbindungen beeinflußt, meist im Sinne einer Beschleunigung. Diese Erfahrung besteht seit langem und wird besonders auf dem Gebiet der Kautschukoxydation gemacht, wo vor allem Kupfer als Oxydationskatalysator für verschiedenste Kautschuktypen wirkt (*615*, *471*, *389*). Auch auf Polypropylen sowie auf Celluloseprodukte hat Kupfer einen ausgeprägten Einfluß. Kupfer- und Manganverbindungen bewirken beim Kautschuk gemeinsam einen wesentlich stärkeren Abbaueffekt als jede der beiden Metallverbindungen allein (synergistische Verstärkung). Nach der Annahme einzelner Autoren (*471*) beschleunigt Kupfer nicht nur die O_2-Aufnahme, sondern lenkt den Mechanismus auch in Richtung auf eine vollständige Kettenzerreißung, während Kobalt demgegenüber zu einer vollständigen Vernetzung führt. Der Zustand, in dem das Kupfer vorliegt, spielt dabei eine wesentliche Rolle. Durch chelatbildende Agenzien wird seine katalytische Wirkung aufgehoben, gewisse Vulkanisationsbeschleuniger verzögern die Kupferkatalyse, während sie durch Fettsäuren verstärkt wird. Auch Eisensalze zeigen einen starken katalytischen Effekt in Kautschuken, besonders bei hohen Butadiengehalten, während Kautschuksorten mit einem geringeren Grad an Ungesättigtheit, wie z. B. Butyl-Kautschuk, eine erhöhte Beständigkeit gegen Metallspuren aufweisen (*124*).

Der Mechanismus der Spurenkatalyse durch Metalle dürfte verschiedene Ursachen haben. Die von Uri (*602*) angeführten Redoxreaktionen (5a—e) beinhalten alle bisher in Erwägung gezogenen Möglichkeiten: Aktivierung des molekularen Sauerstoffs, Aktivierung des Substrats, Katalyse des Hydroperoxydzerfalls. Die letztgenannte Reaktionsweise dürfte zur Zeit als die wahrscheinlichste und die in den meisten experimentell beobachteten Fällen vorliegende Art der Katalyse angesehen werden. Eine Darstellung der einschlägigen Arbeiten sowie den experimentellen Nachweis für die Katalyse des Hydroperoxydzerfalls durch Metallverbindungen bei der Oxydation des Linolsäuremethylesters bringen Kern u. a. (*305*). Danach wirkt der Metallkatalysator (in diesem Falle Cu-octanoat) auf dem Wege der Beschleunigung des Hydroperoxydzerfalls durch eine katalytische Reaktionsfolge (unter Rückbildung des Ausgangskatalysators):

$$\text{(a)}\quad ROOH + Cu^{2+} \longrightarrow RO_2\cdot + Cu^{+} + H^{+}$$

$$\text{(b)}\quad ROOH + Cu^{+} \longrightarrow RO\cdot + Cu^{2+} + OH^{-},$$

wodurch kettenstartende Radikale $RO_2\cdot$ und $RO\cdot$ entstehen, während H^+ und OH^- Wasser bilden. Der Primärschritt (a) der Reduktion des Metallions ist nur bei Vorliegen von Hydroperoxyden oder Persäuren, also Verbindungen mit der Gruppe —OOH möglich, während Dialkyl- bzw. Diacylperoxyde zu dieser Reaktion nicht befähigt sind. Letztere können nur mit Metallionen niederer Wertigkeitsstufe unter Oxydation derselben reagieren, z. B.:

$$R{-}O{-}O{-}R + Fe^{2+} \longrightarrow RO\cdot + RO^- + Fe^{3+}.$$

Während solche Peroxyde mit Metallverbindungen von höherer Wertigkeit, wie Cu^{2+} oder Fe^{3+} tatsächlich nicht katalytisch zersetzt werden, kann die Zersetzung durch Zugabe eines Reduktionsmittels, welches zunächst das Metallion in die niedere Wertigkeitstufe überführt, eingeleitet werden, was für die Richtigkeit der hier entwickelten Vorstellungen spricht. Diese von KERN u. a. (*305*) als „Metall-Autoredox-Katalyse" bezeichnete Reaktion erlaubt bei zahlreichen Verbindungen eine Beschleunigung der Oxydation durch Zugabe einer Metallverbindung und eines Reduktionsmittels. DOLGOPLOSK u. a. (*145*) erzielten mit Fe^{3+}-Verbindungen und Reduktionsmitteln wie Benzoin, SO_2, H_2S u. a. bereits bei Zimmertemperatur sowohl in festen Polymeren wie auch in Polymerlösungen oxydative Abbau- bzw. Vernetzungseffekte.

Die Kinetik der metallaktivierten Autoxydation ist von MESROBIAN u. a. behandelt worden (vgl. (*397*)).

I.2.3. Thermische Abspaltung von Substituenten der Hauptkette; Abbau von Polyvinylchlorid

Bei einer Anzahl von Polymeren, deren Hauptkette Substituenten von ausgeprägtem polaren Charakter trägt, erfolgt unter den Bedingungen der Wärme- und Lichtalterung bevorzugt eine Abspaltung dieser Substituenten. Diese Reaktion ist insofern bemerkenswert, als sie wesentlich schneller und bei tieferen Temperaturen verläuft als konkurrierende Kettenspaltungsreaktionen, und ihre Effekte (Abgabe der dabei entstehenden flüchtigen Produkte, Verfärbungserscheinungen, Vernetzung) bilden in zahlreichen Fällen die einzige beobachtbare und technisch wichtige Auswirkung des Alterungsvorganges. Solche Verhältnisse gelten insbesondere für das Polyvinylchlorid und seine Mischpolymerisate, aber auch für Polymerisate und Mischpolymerisate von Vinylidenchlorid und anderen Vinyl- und Vinylidenhalogeniden (außer gewissen Fluoriden) und von Chloropren sowie für halogenierte (meist chlorierte) Polyolefine und Kautschuke. Alle diese Polymeren spalten bei der Alterung Halogenwasserstoff ab. Andere Polymere, die ebenfalls leicht zur Abspaltung von Substituenten neigen, sind das Polyvinylacetat und der Polyvinylalkohol, welche Essigsäure bzw. Wasser abgeben. Die weitaus größte praktische Bedeutung besitzt jedoch die Dehydrochlorierung von Polyvinylchlorid, die durch Wärme oder Licht eingeleitet wird und in enger kinetischer Wechselwirkung mit Oxydationsreaktionen steht. Die zahlreichen, zum Teil widersprechenden Gesichtspunkte, die sich bei der Betrachtung dieses Prozesses ergeben, sind von erheblicher Bedeutung für die Interpretierung der fast ausschließlich empirisch gefundenen Stabilisierungseffekte.

I.2.3.1. Mechanismus des Abbaues von Polyvinylchlorid

Die Dehydrochlorierung des Polyvinylchlorids (PVC) verläuft oberhalb 100 °C, insbesondere bei den gebräuchlichen Verarbeitungstemperaturen um 170 °C, mit merklicher Geschwindigkeit und führt zu Abspaltung von HCl, zunehmender Verfärbung (vgl. I.1.) und einer im fortgeschrittenen Stadium der Reaktion sich bemerkbar machenden Vernetzung. Die allgemein verbreitete Vorstellung über den *Bruttoverlauf* der Reaktion ist die einer sukzessiven Ablösung von HCl-Molekülen aus der Polymerkette unter Aufbau einer Polyenstruktur mit konjugierten Doppelbindungen:

$$\sim\underset{\displaystyle Cl}{\underset{|}{CH}}-CH_2-\underset{\displaystyle Cl}{\underset{|}{CH}}-CH_2-\underset{\displaystyle Cl}{\underset{|}{CH}}-CH_2\sim \xrightarrow{-HCl} \sim CH{=}CH-\underset{\displaystyle Cl}{\underset{|}{CH}}-CH_2-\underset{\displaystyle Cl}{\underset{|}{CH}}-CH_2\sim$$

$$\xrightarrow{-HCl} \sim CH{=}CH-CH{=}CH-\underset{\displaystyle Cl}{\underset{|}{CH}}-CH_2\sim$$

$$\xrightarrow{-HCl} \sim CH{=}CH-CH{=}CH-CH{=}CH\sim\ldots \qquad (30)$$

Diesem Schema liegt die Annahme einer 1,3-Dihalogenid („Kopf-Schwanz")-Struktur des Polymeren zugrunde, die von MARVEL u. a. (*384*) auf chemischem Wege nachgewiesen wurde und in Übereinstimmung mit dem gleichen Ergebnis von STAUDINGER u. a. (*564*) an Polyvinylbromid steht. Nachdem die Reaktion an einer Stelle des Moleküls begonnen hat, schreitet sie von Struktureinheit zu Struktureinheit fort, da jede entstandene Doppelbindung das α-ständige Cl-Atom lockert („Allylaktivierung") und eine neue HCl-Abspaltung induziert. Diese Abspaltung, sowie die Bildung der konjugierten Polyenkette, erfolgt also reißverschlußartig in Folgereaktionen entlang dem Makromolekül, eine Auffassung, die zuerst von MARVEL und HORNING (*383*) ausgesprochen wurde. Es ist zu erwarten, daß die Polyenkette sichtbares Licht absorbiert und damit zu einer *Färbung* des abgebauten Materials führt, die um so tiefer ist, je länger das Konjugationssystem ist. Der Zusammenhang zwischen HCl-Abspaltung und Verfärbung ist bereits vor längerer Zeit von FUOSS (*205*) für das PVC, später von BOYER (*78*) für PVC und Polyvinylidenchlorid untersucht worden. Das gealterte PVC enthält weiterhin Carbonylgruppen, die für die Ausbildung gefärbter Strukturen ebenfalls in Betracht kommen. Bereits BOYER (*78*) hatte solche IR-spektroskopisch festgestellt;

sie wurden später von Fox u. a. (*188*) auch an Hand des UV-Spektrums nachgewiesen, wobei die spektrale Lage der charakteristischen Bande zwischen 250 und 300 mμ, unterstützt durch den IR-Befund, auf Keto-Gruppen in Konjugation zu ungesättigten Doppelbindungen deutet. Diese Konjugationssysteme bilden breite UV-Absorptionsbanden, die nach der langwelligen Seite flach bis in das sichtbare Gebiet auslaufen und mit fortschreitender Konjugationslänge bathochrom verschoben werden, wodurch die Farbvertiefung der abgebauten Probe über Gelb nach Rot und Braun verursacht wird. Indessen ist die Ursache der Verfärbung noch nicht als vollständig geklärt anzusehen, und es dürften je nach den Abbaubedingungen verschiedene Faktoren hierbei eine Rolle spielen. Konjugierte Polyene ohne weitere chromophore Gruppen können durchaus gefärbte Strukturen bilden, falls die Konjugationskette lang genug ist, wie aus den klassischen Arbeiten von R. Kuhn und Mitarbeitern bekannt (vgl. (*252*)). Damit eine soeben sichtbare Verfärbung auftritt, sind Strukturen mit 5—7 konjugierten Doppelbindungen erforderlich. Zur Erzielung tiefgefärbter Massen, wie sie bei der Alterung von unstabilisiertem PVC relativ rasch auftreten, wäre die Annahme recht großer Konjugationslängen erforderlich; bei Vorliegen von C=O-Gruppen in den Konjugationssystemen ist eine starke Farbvertiefung zu erwarten, so daß der beobachtete Verfärbungseffekt durch weit kleinere Konjugationslängen erklärbar ist.

Es sind jedoch noch weitere Möglichkeiten für die Verfärbung denkbar. Dyson u. a. (*157*) postulieren, daß bei statistischer Vernetzung zwischen benachbarten Molekülketten und gleichzeitiger Doppelbindungsbildung mit nachfolgender Umlagerung des dreidimensionalen Netzwerkes schließlich eine ebene Fulven-Struktur der folgenden Art entsteht:

```
                    ...                ...
                   /                  /
           C===C              CH=C
          /  |   \            /     |
...-CH2    |    C=C         |  ...
           |   /       \       | /
           C=CH          C===C
          /              /
...-CH2        ...=CH
```

Diese Struktur ist tiefgefärbt, ebenso wie andere Typen von hochkonjugierten Netzwerken, deren Entstehung ebenfalls denkbar ist. Solche Körper, die einen beträchtlichen Kohlenstoffgehalt aufweisen, leiten bereits über zu Graphitstrukturen, wie sie bei der Pyrolyse unter höheren Temperaturen entstehen. Novák (*431*) nimmt an, daß die Verfärbung von abgebautem PVC allgemein nicht auf Polyenstrukturen, sondern auf kolloidal verteiltem Kohlenstoff beruht, der sich beim Abbau bildet. Diese Annahme dient zur Erklärung eines raschen Anstieges der elektrischen Leitfähigkeit von PVC-Massen nach etwa 20-minütigem Erhitzen auf 180 °C, der durch die entstehende Salzsäure allein nicht ohne weiteres erklärbar ist. Für den Mechanismus der Kohlenstoffbildung wird das intermediäre Auftreten von Oxydationsprodukten mit Epoxydgruppen postuliert:

$$\sim CH_2-\underset{\underset{Cl}{|}}{CH}-CH_2-\overset{\overset{O}{\diagup\;\diagdown}}{CH\!-\!\!-\!CH}-H \xrightarrow{+{}^1/_2O_2} \sim CH_2-\underset{\underset{Cl}{|}}{CH}-CH_3 + H_2O + CO + C\,.$$

Neben der reißverschlußartigen HCl-Abspaltung unter Doppelbindungsbildung nach dem Schema (30) kann auch noch eine solche unter Ausbildung von vernetzten Strukturen erfolgen:

$$\begin{array}{l} \sim\underset{\underset{Cl}{|}}{CH}-CH_2-\underset{\underset{Cl}{|}}{CH}-CH_2\sim \\ +\sim CH_2-\overset{\overset{Cl}{|}}{CH}-CH_2-\overset{\overset{Cl}{|}}{CH}\sim \end{array} \xrightarrow{-HCl} \begin{array}{l} \sim\underset{\underset{Cl}{|}}{CH}-CH-\underset{\underset{Cl}{|}}{CH}-CH_2\sim \\ \qquad\quad\; | \qquad\qquad\quad Cl \\ \sim CH_2-CH-CH_2-\overset{|}{CH}\sim \end{array} \qquad (31)$$

Fuchsman (*202*) bezeichnet den Reaktionstyp (30) als para-Dehydrochlorierung, den Reaktionstyp (31) als dia-Dehydrochlorierung. Die Differenzierung zwischen diesen beiden Typen ist für die Erklärung des Wirkungsmechanismus gewisser Stabilisatoren von Wichtigkeit. Die dia-Dehydrochlorierung kann nicht nur zwischen verschiedenen Molekülen erfolgen, sondern auch zwischen nicht-benachbarten Kohlenstoffatomen desselben Moleküls, so daß ringförmige Strukturen entstehen. Aus sterischen Gründen erscheint eine dia-Dehydrochlorierung über eine Sequenzlänge von 6 C-Atomen besonders begünstigt, wobei Sechserrringe gebildet werden. Das Auftreten einer Dehydrochlorierungsbrücke im Sinne der Reaktion (31) unterbricht offensichtlich die Polyenkette und damit die allylaktivierte Fortpflanzung der Reaktion (30).

So einfach der Bruttoverlauf der Dehydrochlorierungsreaktion erscheinen mag, so hat die Untersuchung der *Einzelheiten des Reaktionsmechanismus* doch ein recht kompliziertes und nicht widerspruchsfreies Bild über den Verlauf des Prozesses ergeben. Die besondere Problematik des PVC-Abbaues liegt in den folgenden Fragen: 1. der Wirkung der entstandenen Salzsäure auf die Geschwindigkeit der weiteren Dehydrochlorierung, 2. der Natur der Startreaktion bei der HCl-Abspaltung und 3. der Entscheidung zwischen einem molekularen bzw. ionischen Mechanismus und einem Radikalkettenmechanismus. Die ersten umfangreicheren systematischen Untersuchungen über den Dehydrochlorierungsverlauf bei Einwirkung von Licht oder Wärme stammen von Druesedow u. a. (*148*), welche PVC in einem von Gas durchströmten Rohr erhitzten und die von dem Gas aus dem Reaktionsraum entfernte Salzsäure nach Auffangen in Wasser titrimetrisch bestimmten. Bei Verwendung von Stickstoff als Spülgas wurden die in Fig. 8 wiedergegebenen Geschwindigkeitskurven bei Temperaturen von 150—220 °C erhalten. Zwischen 150 und 170 °C tritt zu Beginn der Reaktion eine Induktionsperiode auf, sodann verläuft die HCl-Abspaltung mit konstanter Geschwindigkeit. Bei höheren Temperaturen verschwindet die Induktionsperiode und die Kurven zeigen einen abflachenden Verlauf. Die Existenz der Induktionsperiode könnte auf eine autokatalytische Reaktion deuten, jedoch finden die Autoren keine Beschleunigung der HCl-Abspaltung unter Stickstoff, wenn die entstehende Salzsäure im Reaktionsraum belassen wird. Das Auftreten einer Induktionsperiode wird auf die Anwesenheit *aktiver Zentren* im Molekül

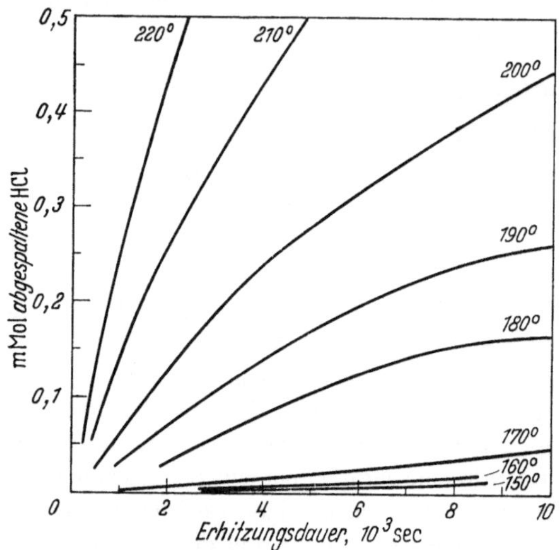

Fig. 8. Verlauf der thermischen HCl-Abspaltung aus PVC in Stickstoff-Atmosphäre bei verschiedenen Temperaturen. Nach DRUESEDOW u. a. (*148*).

zurückgeführt, an denen nach voraufgegangener Aktivierung die primäre HCl-Abspaltung stattfindet, worauf sich die Reaktion, ausgehend von diesen Zentren, entsprechend dem Schema (30) in der Molekülkkette fortpflanzt. Als mögliche Arten von aktiven Zentren werden von den Autoren genannt: Kettenverzweigungen mit tertiären Cl-Atomen, sauerstoffhaltige Gruppierungen, Katalysatorreste. Tatsächlich erscheint eine primäre Dehydrochlorierung an statistisch verteilten Grundmolekül-Einheiten mit sekundär gebundenem Chlor:

$$\sim CH_2-\underset{\displaystyle Cl}{\underset{|}{C}}H\sim,$$

wie sie früher (*78*, *188*) angenommen worden war, wegen der Stabilität dieser Gruppierung unwahrscheinlich. Wesentlich reaktionsfähiger sind tertiäre Chloratome und Chloratome an ungesättigten Endgruppen, die sämtlich leichter zur HCl-Abspaltung neigen. Solche finden sich in der Struktur des PVC vom Polymerisationsprozeß her. Tertiäre Chloride treten an Verzweigungsstellen auf:

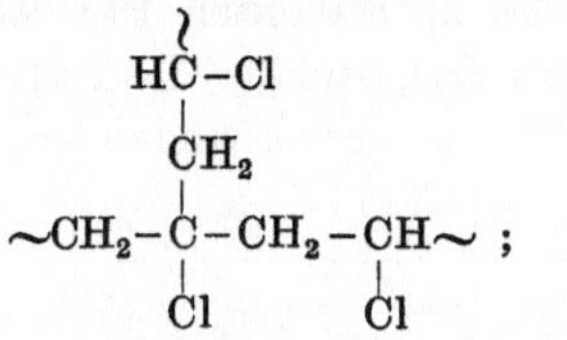

$$\begin{array}{c} \wr \\ \mathrm{HC-Cl} \\ | \\ \mathrm{CH_2} \\ | \\ \sim\mathrm{CH_2-C-CH_2-CH}\sim \; ; \\ \quad | \qquad\quad | \\ \quad \mathrm{Cl} \qquad \mathrm{Cl} \end{array}$$

sie bilden sich bei der Polymerisation durch Wasserstoffübertragung aus der Mitte der Polymerkette. Cotman (*116*) konnte an einer PVC-Probe 20 Verzweigungszentren pro Molekül nachweisen. Ungesättigte Endgruppen entstehen beim Abbruch der Polymerisationskette. Nach Bengough u. a. (*50*) ist die Kettenübertragung auf das Monomere der bevorzugte Abbruchprozeß bei der Vinylchloridpolymerisation. Sie führt zu einer ungesättigten β-Chlor-Endgruppe (I). Kettenabbruch durch Disproportionierung, der demgegenüber weniger häufig ist, führt zu einer ungesättigten α-Chlor-Endgruppe (II) (*38, 35*):

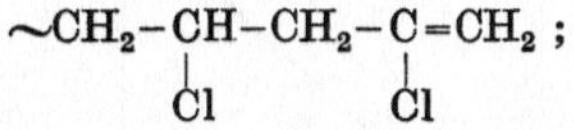

$$\underset{\text{(I)}}{\sim\mathrm{CH_2-\underset{|}{\underset{Cl}{C}}H-CH_2-\underset{|}{\underset{Cl}{C}}{=}CH_2}} \; ; \qquad \underset{\text{(II)}}{\sim\mathrm{CH_2-\underset{Cl}{C}H-CH{=}\underset{Cl}{C}H}} \, .$$

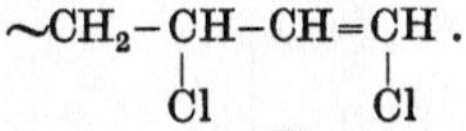

Ferner können Katalysatorreste als Endgruppen auftreten, z. B. Estergruppen aus Acylperoxyden:

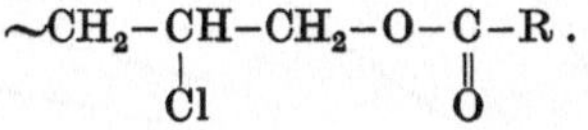

$$\sim\mathrm{CH_2-\underset{Cl}{C}H-CH_2-O-\underset{\underset{O}{\|}}{C}-R} \, .$$

Nach einer Untersuchung von Baum u. a. (*38*) sind am *Start der Dehydrochlorierung* in überwiegendem Maße ungesättigte Endgruppen beteiligt. Beim Erhitzen auf 150 °C spielt im Bereich niedrigen HCl-Verlustes die Initiierung durch tertiäre Chloride nur eine sehr untergeordnete Rolle. Erst bei höheren Temperaturen (190 °C) und gesteigerten Reaktionsumsätzen (offenbar nach Aufbrauch der reaktionsfähigeren ungesättigten Endgruppen) wird die Beteiligung tertiärer Verzweigungsstellen bemerkbar. Die Induzierung der HCl-Abspaltung durch einen benachbarten Katalysatorrest war durch Versuche mit einer Modellsubstanz nicht nachweisbar; dies deckt sich mit dem Befund, daß durch hydrolytische Abspaltung der Katalysatorreste die thermische Stabilität von PVC nicht erhöht werden konnte. Den ungesättigten Endgruppen kommt danach vorwiegend die Rolle des Reaktionsstarts zu. Bei Vorliegen der Struktur (II) (ungesättigte α-Chlor-Endgruppe) sollte eine direkte Aktivierung des α-Chloratoms durch die Endgruppe und damit ein Start des Reißverschlußmechanismus erfolgen. Bei der Struktur (I) (ungesättigte β-Chlor-Endgruppe) ist dagegen der Startmechanismus nicht ohne weiteres klar. Eine von Novák (*432*) angenommene primäre Dehydrochlorierung unter Bildung einer Dreifachbindung erscheint energetisch unwahrscheinlich. Für das Vorliegen eines Kettenendstarts spricht der Befund von Arlman (*18*), wonach die Abbaugeschwindigkeit umgekehrt proportional zum Molekulargewicht des untersuchten PVC ist; während allerdings bei der Zersetzung in Stickstoffatmosphäre die Extrapolation gegen unendlich großes Molekulargewicht zu verschwindender Reaktionsgeschwindigkeit

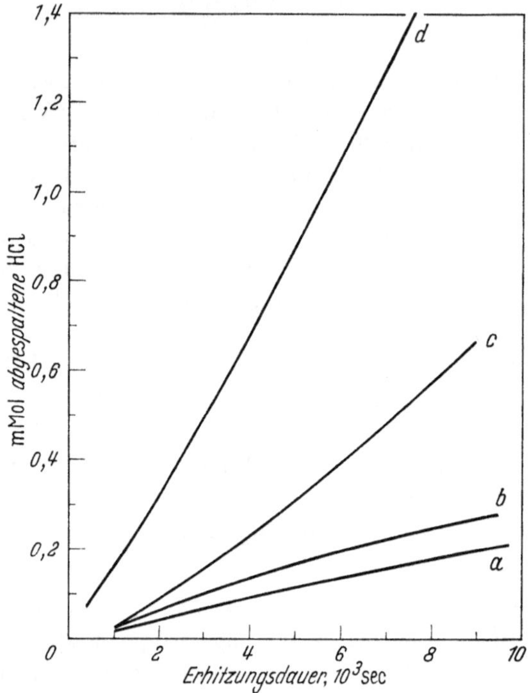

Fig. 9. Abhängigkeit der thermischen HCl-Abspaltung aus PVC von der Sauerstoffkonzentration in der Atmosphäre. Verlauf der Dehydrochlorierung a: in gereinigtem Stickstoff (4 p.p.m. O_2), b: in gewöhnlichem Stickstoff, c: in Luft, d: in Sauerstoff. Temp. 190 °C. Nach Druesedow u. a. (*148*).

führt, behält in Luft oder Sauerstoff auch bei sehr hohem Molekulargewicht die Zersetzungsgeschwindigkeit einen endlichen Wert. Dies deutet darauf, daß *in Gegenwart von Sauerstoff* auch andere Startmechanismen wirksam werden. Bereits in der grundlegenden Arbeit von Druesedow u. a. (*148*) war der stark beschleunigende Einfluß des Sauerstoffs auf die HCl-Abspaltung gezeigt worden. Wie Fig. 9 erkennen läßt, steigt die Umsatzgeschwindigkeit mit zunehmender O_2-Konzentration stark an und ist in reinem Sauerstoff um ein Mehrfaches größer als in reinem Stickstoff. Gleichzeitig macht sich bei der Zersetzung in Gegenwart von Sauerstoff ein autokatalytischer Einfluß der gebildeten Salzsäure bemerkbar. Wird nämlich die entstehende Salzsäure nicht aus dem Reaktionsgefäß entfernt, so verläuft die weitere Salzsäure-Abspaltung mit wesentlich höherer Geschwindigkeit, als wenn sie im Augenblick ihrer Entwicklung von einem Luftstrom weggespült wird. Die Beschleunigung der HCl-Abspaltung durch Sauerstoff ist später von Mücke (*410*) und Rieche u. a. (*483*) nach einer ähnlichen Methode erneut untersucht worden, wobei im Gegensatz zu den früheren Bearbeitern (*148*) ein (allerdings geringerer) autokatalytischer Effekt der Salzsäure auch in reinem Stickstoff-Milieu gefunden wurde. Es steht außer Zweifel, daß in Gegenwart von Sauerstoff das PVC einer Autoxydation unterliegt, die aller Erfahrung nach an den tertiären H-Atomen der unversehrten PVC-Kettensegmente oder an Gruppen, die C=C-Doppelbindungen in dehydrochlorierten Segmenten benachbart sind, angreift (vgl. I.2.2.1.). Dabei entstehen auf dem Weg über Hydroperoxyde stabile sauerstoffhaltige Strukturen nach verschiedenen Mechanismen, die entweder zu einer Kettenspaltung oder zur Ausbildung kettenständiger oxydierter Gruppen führen, wie z. B. Ketogruppen (*410*):

$$\sim\underset{}{\overset{\text{OOH}}{\overset{|}{\text{C}}}}\text{H}\sim \longrightarrow \sim\overset{\text{O}}{\overset{\|}{\text{C}}}\sim + H_2O\,,$$

die IR-spektroskopisch nachweisbar sind (*188*, *55*). Wie Bersch u. a. (*55*) gefunden haben, tritt selbst nach Erhitzen unter Vakuum im IR-Spektrum von technischem PVC eine Carbonylbande auf. Der Sauerstoff muß somit im Polymeren enthalten sein und liegt wahrscheinlich in Form sauerstoffhaltiger Gruppen vor, die sich bereits während der Polymerisation oder durch Reaktion eingeschlossener freier Radikale beim Lagern des Polymeren an der Luft bilden. Sönnerskog (*559*) weist darauf hin, daß bei der Emulsionspolymerisation von Vinylchlorid nach Aufbrauch des polymerisationsfähigen Monomeren eine Copolymerisation mit Spuren von Sauerstoff erfolgen kann:

$$R\cdot + O_2 \longrightarrow R{-}O{-}O\cdot\,.$$

Der gleiche Vorgang tritt unter Umständen durch Reaktion verbleibender Radikale mit Sauerstoff bei der Sprühtrocknung oder beim Mahlen auf. Die Peroxy-Radikale brechen dann unter Wasserstoffentzug aus dem umgebenden Medium ab und bilden Hydroperoxyde, deren Zerfall Anlaß zum Abbau des Polymeren geben kann. In welcher Weise die Gegenwart von Sauerstoff beim Abbau sowie die Anwesenheit vorgebildeter sauerstoffhaltiger Strukturen die Dehydrochlorierung zu beschleunigen vermag, ist noch nicht zur Gewißheit geklärt. Sicher bewirkt die Anwesenheit von Carbonylgruppen in der Kette eine Anregung von α-ständigen Cl-Atomen in Analogie zur Allylaktivierung, sodaß weitere reaktionsfähige Struktureinheiten zur HCl-Abspaltung verfügbar sind. Ob jedoch dieser aktivierende Einfluß allein die ausgeprägte Beschleunigung der Reaktion bei Gegenwart von Sauerstoff erklärt (vgl. Fig. 9), ist fraglich. Es drängt sich vielmehr die Schlußfolgerung auf, daß der an sich von der Dehydrochlorierung unabhängige Autoxydationsmechanismus in den Mechanismus der HCl-Abspaltung beschleunigend eingreift, was wiederum nur auf Grund der bei der Oxydation auftretenden freien Radikale erklärbar ist. Damit müßte aber die HCl-Abspaltung selbst eine radikalische Reaktion sein. Dies wird bestätigt durch den Befund von Mücke (*410*), wonach durch Beimischung von Hydrochinon, einem bekannten Inhibitor radikalischer Reaktionen, der Einfluß von Sauerstoff auf die HCl-Abspaltung stark verringert werden konnte, während Benzoylperoxyd, das als Radikalbildner allgemein Autoxydationsprozesse beschleunigt, sowohl bei Gegenwart wie auch in Abwesenheit von Sauerstoff die HCl-Abspaltung verstärkt, bei Abwesenheit von Sauerstoff aber nur zu Beginn der Reaktion, d. h. offenbar bis zum Aufbruch der aus Benzoylperoxyd entstehenden Radikale.

Während also die thermische HCl-Abspaltung durch Sauerstoff merklich beschleunigt wird, wird die Farbvertiefung im umgekehrten Sinne beeinflußt. Druesedow u. a. (*148*) fanden, daß die in Stickstoffatmosphäre gealterten Proben stärker gefärbt sind als die in Luft gealterten. Vielfach ist ein Ausbleichen der Farbe von wärmegealtertem PVC bei nachfolgender Einwirkung von Sauerstoff festgestellt worden (*35*). Bersch u. a. (*55*) konnten nach Licht- und Wärmealterung ihrer PVC-Proben im Vakuum eine deutliche Farbaufhellung durch Lagerung in Luft bei 100 °C nachweisen. Proben, die in Gegenwart von Sauerstoff mit UV-Licht gealtert wurden, zeigen demgegenüber keine Farbaufhellung. Offensichtlich ist also die Verfärbung des PVC auf zwei verschiedene strukturelle Ursachen zurückzuführen: Polyenketten und Carbonyl-Chromophore. Nur die ersteren werden durch Oxydation aufgehoben. Die Einschränkung der Verfärbung während der HCl-Abspaltung unter Sauerstoff bzw. die Ausbleichung bei nachfolgender Sauerstoffeinwirkung kann durch verschiedene Autoxydationsmechanismen stattfinden, welche das Licht absorbierende Konjugationssysteme verkürzen (vgl. I.2.2.1.). Einer der möglichen Mechanismen, welcher dem dienophilen Charakter des Sauerstoffs entspricht, wird von Druesedow u. a. (*148*) angegeben:

$$\sim\!C{=}C{-}C{=}C\!\sim \xrightarrow{+O_2} \sim\!\underset{\underbrace{\;O-O\;}}{C{-}C{=}C{-}C}\!\sim \longrightarrow \sim\!\underset{O\cdot}{C}{-}C{=}C{-}\underset{O\cdot}{C}\!\sim$$

$$\sim\!\underset{O\cdot}{C}{-}C{=}C{-}\underset{O\cdot}{C}\!\sim + \sim\!\underset{Cl}{CH}\!\sim \longrightarrow \sim\!\underset{OH}{C}{-}C{=}C{-}\underset{O\cdot}{C}\!\sim + \sim\!\underset{Cl}{\dot{C}}\!\sim \qquad (32)$$

$$\sim\!\underset{Cl}{\dot{C}}\!\sim \xrightarrow{+O_2} \sim\!\overset{O-O\cdot}{\underset{Cl}{C}}\!\sim .$$

Auch wenn angenommen wird, daß die Verfärbung nicht auf Dien-Strukturen, sondern auf kolloidal verteiltem Kohlenstoff beruht, ist der Ausbleichungseffekt erklärbar, und zwar durch die leichte Oxydierbarkeit des hochdispersen Kohlenstoffs (*432*).

Dehydrochlorierung und Autoxydation verändern die *Molekülgröße des Polymeren*, erstere nur durch Vernetzungsreaktionen, letztere durch Überlagerung von Kettenspaltung und Vernetzung. Vernetzungen können eintreten durch: (1) Zwischenmolekulare Dehydrochlorierung nach dem Schema (31), (2) Copolymerisation von Doppelbindungen, (3) Rekombination von Kettenradikalen oder Radikalübertragung zwischen einem Kettenradikal und einer Doppelbindung, (4) Diels-Alder-Reaktion zwischen Doppelbindungen und (5) oxydative Vernetzungen (vgl. I.2.2.1.). Weitaus am wahrscheinlichsten dürfte die zwischenmolekulare Dehydrochlorierung sein (*148*).

Es sei darauf hingewiesen, daß eine Vernetzung des Polymeren zwar allgemein als die Ursache für sein Unlöslichwerden bei fortschreitender Alterung angenommen wird, daß aber die Unlöslichkeit ebensogut auch durch die Entstehung langer Ketten von konjugierten Doppelbindungen gedeutet werden kann. Wie NATTA u. a. (*421*) gezeigt haben, ist das Polymere des Acetylens, welches eine gleiche Molekülstruktur besitzt, unlöslich (*238*).

Ein bislang noch nicht befriedigend geklärtes Problem ist die *autokatalytische Wirkung der abgespaltenen Salzsäure* auf die Dehydrochlorierungsreaktion. Die Beschleunigung der PVC-Zersetzung durch Salzsäure ist zum bevorzugten impliziten Gedankengut der Patentliteratur auf dem Stabilisatorgebiet geworden, weil sich damit die Wirkungsweise der meisten PVC-Stabilisatoren in einfacher Weise erklären läßt. Die experimentellen Belege für diese Annahme sind allerdings durchaus widerspruchsvoll. DRUESEDOW u. a. (*148*) konnten eine Beschleunigung der HCl-Abspaltung durch bereits abgespaltene Salzsäure nur in sauerstoffhaltiger Atmosphäre finden, nicht dagegen bei Zersetzung unter Stickstoff. Aus Messungen von SCARBROUGH u. a. (*510*) über das Anwachsen der UV-Absorptionsbande zwischen 250 und 300 mμ bei der Wärme- und Lichtalterung von PVC läßt sich (allerdings nicht mit überzeugender Sicherheit) entnehmen, daß die Anwesenheit von überschüssiger HCl die Bildung absorbierender Strukturen bei beiden Formen der Alterung sowohl in Luft wie auch in reinem Stickstoff beschleunigt. RIECHE, MÜCKE u. a. (*410*, *483*) stellten in sehr klaren und einleuchtenden Versuchen fest, daß die Dehydrochlorierung bei 170 °C tatsächlich sowohl in Stickstoff wie auch in sauerstoffhaltiger Atmosphäre unter dem Einfluß vorgebildeter und im Reaktionsgefäß stagnierender Salzsäure beschleunigt wird, wobei die Beschleunigung in Stickstoff geringfügig, in Sauerstoff aber recht erheblich ist. Demgegenüber wird jegliche katalytische Wirkung der freigesetzten Salzsäure von ARLMAN (*17*) in Abrede gestellt, nachdem dieser Autor keine Beschleunigung der HCl-Bildung durch Zumischung von HCl-Gas zu Stickstoff, Luft oder Sauerstoff als Spülgas finden konnte, wenn PVC bei 160 bzw. 182 °C zersetzt wurde. Der in der Verarbeitungspraxis beobachtete stabilisierende Effekt typischer HCl-Akzeptoren wird dadurch erklärt, daß bei der Zersetzung auftretende Salzsäure die Stahlteile der Verarbeitungsmaschinen (z. B. Walzen) angreift und dadurch Eisensalze gebildet werden, die eine weitere Zersetzung katalysieren. Tatsächlich konnte HARTMANN (*249*) eine solche Beschleunigung durch $FeCl_3$ und auch durch $ZnCl_2$ in eingehenden Versuchen nachweisen. Eine kritische Bewertung des vorliegenden experimentellen Materials führt zu dem Schluß, daß eine katalytische Wirkung der Salzsäure auf den Prozeß der Dehydrochlorierung in Gegenwart von Sauerstoff sehr wahrscheinlich existiert. Der katalytische Einfluß von Eisenverunreinigungen ist nicht ausreichend, um die beobachtete beschleunigende Wirkung von überschüssiger Salzsäure bei allen bisher beschriebenen Versuchen zu erklären. Der Mechanismus, nach dem die Salzsäure in den Abbau eingreift, ist nicht völlig klar. DRUESEDOW u. a. (*148*) weisen bereits auf eine Beschleunigung der Peroxydzersetzung durch HCl hin, welche von RALEY u. a. (*470*) an niedermolekularen Peroxyden in der Dampfphase beobachtet worden war. Hierdurch wird die Bildung freier Radikale und eine eventuelle radikalische Dehydrochlorierung beschleunigt. In einer inerten Atmosphäre hingegen, bei der oxydative Prozesse keine oder nur eine geringe Rolle spielen, ist kein bisher bekannter Wirkungsmechanismus zwanglos annehmbar. Ein farbvertiefender Effekt unter dem katalytischen Einfluß von Salzsäure könnte durch tautomere Doppelbindungsverschiebung unter Verlängerung des Konjugationssystems auftreten (*35*). Weiteres experimentelles Material über die Realität des katalytischen Effektes unter diesen Bedingungen dürfte erforderlich sein. Kinetische Befunde sprechen gegen das Vorliegen einer HCl-Katalyse bei Zersetzung im inerten Medium (*583*).

Es erhebt sich nun die Frage nach einem einheitlichen *Reaktionsmechanismus*, welcher die zahlreichen experimentell gefundenen Einzelheiten am besten zu erklären vermag. Es stehen sich hier zwei grundsätzlich verschiedene Deutungsmöglichkeiten gegenüber: 1. eine Folge von molekularen Reaktionen nach Art des Schemas (30) und 2. eine radikalische Kettenreaktion. Die molekularen Folgereaktionen entsprechen der ursprünglichen Auffassung einer von Struktureinheit zu Struktureinheit unter dem Einfluß der Allylaktivierung fortschreitenden HCl-Abspaltung, wobei das stark negativ polarisierte Chlor durch einen induktiven Effekt den Wasserstoff an der benachbarten Methylengruppe positiviert, so daß dieser Mechanismus auch als ein „Kryptoionenmechanismus" bezeichnet werden kann. Einen Beweis dafür sehen RIECHE u. a. (*483*) in der starken katalytischen Wirkung organischer Stickstoff-Basen, welche die Polarität des Cl in Analogie zur Bildung von Alkylammoniumchloriden:

$$RCl + NH_3 \longrightarrow Cl^- + [R{-}\overset{+}{N}H_3]$$

verstärken können. Da bei Alkylchloriden die Beweglichkeit des Cl von den primären zu den tertiären Chloriden ansteigt, wird die Startreaktion mit der niedrigsten Aktivierungsenergie an den Molekülverzweigungsstellen, wo sich tertiäres Cl befindet, stattfinden und danach durch Allylaktivierung fortschreiten. Eine andere Möglichkeit der Startreaktion bieten, wie bereits ausgeführt, ungesättigte Endgruppen. Gegen diese Annahme einer Allylaktivierung werden jedoch gewisse Einwände gebracht (*638*). Einmal wird auf die hohe thermische Stabilität des niedermolekularen Allylchlorids hingewiesen, zum anderen Mal darauf, daß eine zunehmende Konjugationslänge bei fortschreitender Reaktion infolge der Resonanzstabilisierung die weitere HCl-Abspaltung mehr und mehr erschweren sollte. Beide Einwände sind allerdings nicht unbedingt stichhaltig, da eine Resonanzstabilisierung des Übergangszustandes (a):

$$\sim CH{=}CH{-}\underset{\displaystyle Cl}{\underset{|}{CH}}{-}\underset{\displaystyle H}{\underset{|}{CH}}\sim \;\rightleftarrows\; \sim CH{=}CH{-}\underset{\displaystyle Cl}{\underset{\vdots}{CH}}{\cdots}\underset{\displaystyle H}{\underset{\vdots}{CH}}\sim \;\rightleftarrows\; \sim CH{=}CH{-}CH{=}CH\sim \quad Cl{-}H$$

(a)

zweifellos die HCl-Abspaltung begünstigt. Schwerwiegender erscheint der Nachteil der Allylaktivierungstheorie, daß sie das erhebliche Ausmaß der Vernetzung bei höheren Reaktionsumsätzen nicht zu erklären vermag (*238*). Die Alternative einer radikalischen Kettenreaktion wurde zuerst von Arlman (*18*) vorgeschlagen. Die bereits erwähnte umgekehrte Proportionalität zwischen Dehydrochlorierungsgeschwindigkeit und Molekulargewicht, die auch noch von anderen Autoren festgestellt wurde (*287*, *583*), führte zur Annahme einer primären Radikalbildung durch Abspaltung der Endgruppen R (wofür die gefundene Aktivierungsenergie von 34 kcal/Mol als ausreichend betrachtet wird):

$$R{-}CH_2{-}\underset{\displaystyle Cl}{\underset{|}{CH}}{-}CH_2{-}\underset{\displaystyle Cl}{\underset{|}{CH}}{-}CH_2\sim \;\longrightarrow\; R\cdot + \dot{C}H_2{-}\underset{\displaystyle Cl}{\underset{|}{CH}}{-}CH_2{-}\underset{\displaystyle Cl}{\underset{|}{CH}}{-}CH_2\sim,$$

worauf eine Kettenfortpflanzung unter Mesomerisierung bei jedem Einzelschritt erfolgt:

$$\dot{C}H_2{-}\underset{\displaystyle Cl}{\underset{|}{CH}}{-}CH_2{-}\underset{\displaystyle Cl}{\underset{|}{CH}}{-}CH_2\sim \;\xrightarrow{-HCl}\; \dot{C}H_2{-}CH{=}CH{-}\underset{\displaystyle Cl}{\underset{|}{CH}}{-}CH_2\sim \;\longleftrightarrow$$

$$CH_2{=}CH{-}\dot{C}H{-}\underset{\displaystyle Cl}{\underset{|}{CH}}{-}CH_2\sim$$

$$CH_2{=}CH{-}\dot{C}H{-}\underset{\displaystyle Cl}{\underset{|}{CH}}{-}CH_2\sim \;\xrightarrow{-HCl}\; CH_2{=}CH{-}\dot{C}H{-}CH{=}CH\sim \;\longleftrightarrow$$

$$CH_2{=}CH{-}CH{=}CH{-}\dot{C}H\sim \cdots$$

Die Abbruchswahrscheinlichkeit des Radikals wächst wegen der Zahl der mesomeren Zustände mit zunehmender Konjugationslänge. Der deutlichste Beweis für das Vorliegen eines Radikalmechanismus ist die Zunahme der

Reaktionsgeschwindigkeit bei Gegenwart von Radikalbildnern wie Benzoylperoxyd. Einen radikalischen Kettenmechanismus unter statistischem Angriff an einer Methylengruppe nimmt WINKLER (*638*) auf der Basis von Ergebnissen über die radikalische Dehydrochlorierung niedermolekularer Chlorkohlenwasserstoffe (*30*) und des bevorzugten Radikalangriffes an Methylengruppen bei der Chlorierung von PVC (*199*) an. Der Prozeß verläuft nach der thermisch, photochemisch oder oxydativ induzierten Radikalbildung in folgender Weise:

$$\mathrm{R\cdot} + \sim\underset{\mathrm{Cl}}{\mathrm{CH}}-\mathrm{CH_2}-\underset{\mathrm{Cl}}{\mathrm{CH}}-\mathrm{CH_2}-\underset{\mathrm{Cl}}{\mathrm{CH}}-\mathrm{CH_2}\sim \longrightarrow$$

$$\mathrm{RH} + \sim\underset{\mathrm{Cl}}{\mathrm{CH}}-\dot{\mathrm{C}}\mathrm{H}-\underset{\mathrm{Cl}}{\mathrm{CH}}-\mathrm{CH_2}-\underset{\mathrm{Cl}}{\mathrm{CH}}-\mathrm{CH_2}\sim \longrightarrow$$

$$\sim\underset{\mathrm{Cl}}{\mathrm{CH}}-\mathrm{CH}{=}\mathrm{CH}-\mathrm{CH_2}-\underset{\mathrm{Cl}}{\mathrm{CH}}-\mathrm{CH_2}\sim + \mathrm{Cl\cdot} \xrightarrow{-\mathrm{HCl}}$$

$$\sim\underset{\mathrm{Cl}}{\mathrm{CH}}-\mathrm{CH}{=}\mathrm{CH}-\dot{\mathrm{C}}\mathrm{H}-\underset{\mathrm{Cl}}{\mathrm{CH}}-\mathrm{CH_2}\sim \longrightarrow \sim\underset{\mathrm{Cl}}{\mathrm{CH}}-\mathrm{CH}{=}\mathrm{CH}-\mathrm{CH}{=}\mathrm{CH}-\mathrm{CH_2}\sim + \mathrm{Cl\cdot}$$

$$\xrightarrow{-\mathrm{HCl}} \sim\underset{\mathrm{Cl}}{\mathrm{CH}}-\mathrm{CH}{=}\mathrm{CH}-\mathrm{CH}{=}\mathrm{CH}-\dot{\mathrm{C}}\mathrm{H}\sim \cdots \qquad (33)$$

Übertragungsreaktionen können eintreten durch Reaktion des Cl-Radikals mit einem anderen Molekül oder einer anderen Gruppe als der α-Methylengruppe, sowie durch Reaktion des PVC-Radikals mit Sauerstoff; Kettenabbruch erfolgt durch Radikalrekombination, wobei Vereinigung zweier Polymerradikale zur Vernetzung führt. Vernetzung kann auch eintreten durch Anlagerung eines Radikals an eine bereits gebildete Doppelbindung oder durch oxydative Reaktionen. Bei Gegenwart von Sauerstoff können die bei dem Mechanismus (33) auftretenden freien Radikale nach dem Autoxydationsmechanismus (3) Hydroperoxyde bilden, die zum Kettenzerfall oder zur Bildung von Ketonen oder Alkoholen führen:

$$\sim\underset{\mathrm{Cl}}{\mathrm{CH}}-\mathrm{CH_2}-\underset{\mathrm{Cl}}{\mathrm{CH}}-\underset{\mathrm{OOH}}{\mathrm{CH}}-\underset{\mathrm{Cl}}{\mathrm{CH}}\sim$$

$$\downarrow -\dot{\mathrm{O}}\mathrm{H}$$

$$\sim\underset{\mathrm{Cl}}{\mathrm{CH}}-\mathrm{CH_2}-\underset{\mathrm{Cl}}{\mathrm{CH}}-\underset{\mathrm{O\cdot}}{\mathrm{CH}}-\underset{\mathrm{Cl}}{\mathrm{CH}}\sim \xrightarrow{+\mathrm{H}} \sim\underset{\mathrm{Cl}}{\mathrm{CH}}-\mathrm{CH_2}-\underset{\mathrm{Cl}}{\mathrm{CH}}-\underset{\mathrm{OH}}{\mathrm{CH}}-\underset{\mathrm{Cl}}{\mathrm{CH}}\sim$$

$$\downarrow \qquad\qquad \searrow^{-\mathrm{H}}$$

$$\sim\underset{\mathrm{Cl}}{\mathrm{CH}}-\mathrm{CH_2}-\underset{\mathrm{Cl}}{\dot{\mathrm{C}}\mathrm{H}} + \mathrm{O}{=}\mathrm{CH}-\underset{\mathrm{Cl}}{\mathrm{CH}}\sim \qquad \sim\underset{\mathrm{Cl}}{\mathrm{CH}}-\mathrm{CH_2}-\underset{\mathrm{Cl}}{\mathrm{CH}}-\underset{\mathrm{O}}{\overset{\|}{\mathrm{C}}}-\underset{\mathrm{Cl}}{\mathrm{CH}}\sim \;. \qquad (34)$$

(a)

Auf diese Weise entsteht u. a. α-Chlorketon (a), das leicht HCl abspaltet. Dabei wird ein konjugierter CO-Chromophor gebildet. Erfolgt die Hydroperoxydierung an einem tertiären H-Atom, so führt die Kettenspaltung statt zu einem Aldehyd-Kettenende zu einem Säurechlorid-Kettenende, und statt des α-Chlorketons wird unter Aufnahme von H und anschließender HCl-Abspaltung β-Chlorketon gebildet. Bei Lichteinwirkung kann die photochemische Ketonspaltung eine weitere Ursache für Kettenspaltungen sein. Der Oxydationsmechanismus (34) unter Bildung von α- bzw. β-Chlorketonen wurde gleichzeitig auch von FUCHSMAN (*202*) vorgeschlagen, der für die weitere Dehydrochlorierung von β-Chlorketon eine vorgelagerte Keto-Enol-Tautomerisierung annimmt:

$$\sim CH_2-\underset{\displaystyle Cl}{\underset{|}{CH}}-CH_2-\underset{\displaystyle O}{\underset{\|}{C}}-CH_2\sim \;\rightleftarrows\; \sim CH_2-\underset{\displaystyle Cl}{\underset{|}{CH}}-CH{=}\underset{\displaystyle OH}{\underset{|}{C}}-CH_2\sim \;\longrightarrow$$

$$\sim CH{=}CH-CH{=}\underset{\displaystyle OH}{\underset{|}{C}}-CH_2\sim .$$

Ein Radikalkettenmechanismus in der hier beschriebenen Art erklärt somit in gleicher Weise wie der kryptoionische Mechanismus die reißverschlußartige HCl-Abspaltung und Bildung einer konjugierten Polyen-Kette, darüber hinaus aber auch die Beschleunigung der Dehydrochlorierung durch Sauerstoff, und zwar als Folge der vermehrten Radikalabildung durch autoxydative Reaktionen wie etwa den Hydroperoxydzerfall (34). Es ist zu betonen, daß trotz des statistisch verteilten Angriffs der primären Radikale auf Methylengruppen die Bildung dieser primären Radikale durchaus am Kettenende stattfinden kann, was dem erwähnten experimentellen Befund entspricht. Ein ähnlicher Radikalkettenmechanismus, der von STROMBERG u. a. (*572*) vorgeschlagen worden ist, sieht als Primärschritt eine Spaltung von C—Cl-Bindungen an, worauf das entstehende Cl-Radikal durch Wasserstoffentzug HCl bildet und die Kettenreaktion sich ähnlich wie beim Schema (33) fortpflanzt. Infolge Doppelbindungsaktivierung sind Cl-Atome an ungesättigten Endgruppen leicht zur Primärreaktion befähigt. Der von WINKLER (*638*) angegebene Mechanismus wird durch kinetische Messungen von TALAMINI u. a. (*583*) bestätigt und wird in neuerer Zeit vielfach als Grundlage für die Interpretierung von Abbauuntersuchungen an PVC benutzt (vgl. (*238*)). Während bei der sauerstoffkatalysierten HCl-Abspaltung wohl keinerlei Zweifel mehr am Vorliegen eines Radikalkettenmechanismus bestehen dürften, nehmen einige Autoren an, daß die Dehydrochlorierung in inerter Atmosphäre und in Abwesenheit radikalbildender Substanzen nach einem kryptoionischen Mechanismus verläuft. HARTMANN (*249*) sieht in der HCl-Abspaltung im inerten Milieu, die durch $FeCl_3$ und $ZnCl_2$ katalysiert wird, ein Analogon zu der kryptoionischen Hydrobromierung von Olefinen. Auch RIECHE, MÜCKE u. a. (*410*, *483*) postulieren eine derartige Doppelnatur des PVC-Abbaues, indem bei Ausschluß von Sauerstoff ein kryptoionischer, bei Gegenwart von Sauerstoff ein Radikalkettenmechanismus ablaufen soll. An der Annahme des kryptoionischen Mechanismus wird z. T. deshalb festgehalten, weil die Wirkung gewisser Stabilisatoren nicht durch einen Radikalmechanismus erklärbar ist. Neuere Untersuchungen über den wahrscheinlichen Wirkungsmechanismus von PVC-Stabilisatoren, über die in Kapitel II. zu sprechen sein wird, zeigen jedoch, daß die Erklärung der Wirksamkeit von PVC-Stabilisatoren nicht unbedingt die Annahme zweier verschiedener Mechanismen erfordert. Für die Beschreibung der Dehydrochlorierung des PVC ist deshalb die Zugrundelegung eines Radikalkettenmechanismus in allen Fällen brauchbar.

Der Mechanismus des PVC-Abbaues ist Gegenstand zahlreicher zusammenfassender Darstellungen. Hiervon seien die Monographie von CHEVASSUS und DE BROUTELLES (*106*) sowie Arbeiten von ZILBERMAN (*647*), BAUM (*35*) und JASCHING (*293*) erwähnt.

I.2.3.2. Metallkatalyse des Abbaues von Polyvinylchlorid

Die HCl-Abspaltung aus Polyvinylchlorid wird (abgesehen von der Sauerstoff- und der noch etwa fragwürdigen HCl-Katalyse) durch verschiedene andere Fremdstoffe katalytisch beeinflußt. Die vom Standpunkt der Praxis wichtigsten derartigen Abbaukatalysatoren sind Eisen- und andere Metallsalze. Daneben zeigen auch organische Basen einen solchen Effekt (*410*, *484*). Die katalytische Wirkung von Fe-III-Verbindungen wurde zuerst von ARLMAN (*17*) zur Erklärung katalytischer Effekte in der PVC-Verarbeitungspraxis herangezogen, wobei er annahm, daß der Kunststoff auf Grund seiner HCl-Abspaltung in der Hitze bei Berührung mit Stahlteilen Fe-III-chlorid aufnimmt. Es konnte gezeigt werden, daß PVC-Pulver bei Zusatz von 0.0001 % Eisenverbindungen in Stickstoff nicht, aber in Luft merklich schneller zersetzt wird. Später wurde von HARTMANN (*249*) der Einfluß von $FeCl_3$ (das sich wohl auch aus anderen katalytisch wirksamen Fe-III-Verbindungen stets bildet) im Konzentrationsbereich von 0.05 bis 0.5 % auf bleistabilisiertes PVC untersucht und eine starke katalytische Beschleunigung im Sinne einer mit dem Fe-Gehalt zunehmenden Verkürzung der Induktionsperiode beobachtet. Der katalytische Effekt besteht offenbar nicht in einer Erniedrigung der Aktivierungsenergie; er wird als typische Katalyse eines kryptoionischen Prozesses betrachtet, wie sie auch bei der Halogenwasserstoff-Anlagerung an Olefine auftritt. Auch RIECHE, MÜCKE u. a. (*410*, *484*) fanden eine in reinem Stickstoff mäßige, in Gegenwart von Sauerstoff sehr starke Beschleunigung der HCl-Abspaltung bei 170 °C durch 0.1 % $FeCl_3$; aber auch Mengen von 0.001 % $FeCl_3$ bedingen eine gesteigerte HCl-Abspaltung in Luft oder Sauerstoff, während 1 % $FeCl_3$ in Luft oder Sauerstoff zu äußerst rascher Zersetzung und Verkohlung führt. Auch Eisenpulver, wie es durch Abrieb der Geräte in kleinen Mengen bei der Verarbeitung in das PVC gelangen kann, zeigt eine katalytische Wirkung, aber nur bei Gegenwart von Sauerstoff; wahrscheinlich ist eine vorhergehende Oxydation zu $FeCl_3$ Voraussetzung. Die Wirksamkeit dieser sowie anderer Metallsalz-Katalysatoren mag zum größten Teil auf einer Beschleunigung der Peroxydzersetzung beruhen (vgl. I.2.2.3.). Da der katalytische Effekt auch in inerter Atmosphäre in gewissem Umfang erhalten bleibt, ist eine daneben vorliegende andersartige Wirkungsweise anzunehmen. Auch auf dem Gebiete der Eisen-Katalyse treten widersprüchliche Befunde zutage. So berichtet WOLKÓBER (*644*) von einem stabilisierenden Effekt von $FeCl_3$. Er fand bei der Zersetzung von PVC zwischen 190 und 230 °C im Stickstoff- wie im Luftstrom eine Verringerung der Dehydrochlorierungsgeschwindigkeit durch Zusatz von $FeCl_3$ in Mengen bis zu 0.1 %. Bei höheren $FeCl_3$-Zusätzen (0.5 % $FeCl_3$ bei Zersetzung im Luftstrom) kehrt sich die Wirkung um, und es wird eine Beschleunigung der Zersetzung beobachtet. Daraus wird die Folgerung gezogen, daß die Anwesenheit von $FeCl_3$ im PVC in den in der Praxis auftretenden Mengen keinen nachteiligen Einfluß auf die Verarbeitung hat. Diese unerwartete Wirkung kleiner Zusätze von Eisensalz wird erklärt mit einer Unterbrechung der reißverschlußartigen HCl-Abspaltung durch Dirigierung der Reaktion in Richtung einer Cyclisierung oder Vernetzung. In der Patentliteratur ist $FeCl_3$ bereits als PVC-Stabilisator beschrieben worden.

Auch andere Metallverbindungen üben eine katalytische Wirkung auf die PVC-Zersetzung aus. Eine ebenso starke Wirkung wie die von $FeCl_3$ findet HARTMANN bei $ZnCl_2$, dagegen keine Wirkung bei $AlCl_3$ und $CrCl_3$ (*249*). $CuCl_2$, $CoCl_2$ und $Co(CH_3COO)_2$ wirken deutlich katalytisch, aber schwächer als $FeCl_3$, MnO_2 wirkt in Konzentrationen von mindestens 1 % bei Gegenwart von Sauerstoff sehr stark katalytisch. Die Sulfate aller genannten Metalle üben keine oder nur eine sehr schwache Beschleunigung aus. Während metallisches Eisenpulver nur in sauerstoffhaltiger Atmosphäre katalysiert, wirken Zink- und Kupferpulver auch in Stickstoffatmosphäre sehr stark katalytisch, und zwar stärker als Eisenpulver. Hier ist offensichtlich keine Oxydation des Metalles zum Salz erforderlich, d. h. die Wirkung dieser Metalle dürfte nach einem andersartigen Mechanismus verlaufen. Aluminiumpulver zeigt keinen Einfluß, Magnesiumpulver verzögert sowohl in Luft wie in Stickstoff die HCl-Abspaltung (*410, 484*).

I.2.4. Photochemische und photooxydative Reaktionen

Der ultraviolette Anteil der Lichtstrahlung vermag bei Einwirkung auf Hochpolymere ähnliche Reaktionen auszulösen wie die Wärme: Kettenspaltung, Vernetzung, Aktivierung der Oxydation. Die Mechanismen dieser Reaktionen sind meist denen der entsprechenden thermischen Alterungsprozesse weitgehend ähnlich, so daß die allgemeinen Darstellungen über

Mechanismus und Kinetik von Abbaureaktionen in den Abschnitten I.2.1., I.2.2.1., I.2.2.2. und I.2.3.1. auch für den photochemischen bzw. photooxydativen Abbau gelten. Ein grundsätzlicher Unterschied zu thermischen Reaktionen besteht in der Art der Energieaufnahme durch Lichtabsorption, die auf mehr oder weniger selektive Wellenlängenbereiche beschränkt ist und die bewirkt, daß auch nicht-oxydative Alterungsprozesse vorwiegend in der Oberflächenschicht des Materials stattfinden. Die praktische Bedeutung photoinduzierter Alterungsreaktionen erstreckt sich daher besonders auf dünne Filme von hochpolymeren Kunststoffen, wie Folien oder Überzugsschichten, und auf Fasern.

Nach dem Gesetz von GROTTHUS und DRAPER vermag nur derjenige Anteil einfallender Strahlung an einem Stoffe Veränderungen hervorzurufen, der von dem betreffenden Stoff absorbiert wird.

Die Absorption von sichtbarem Licht (Wellenlängenbereich 400—800 mμ) und von ultraviolettem Licht (Wellenlängenbereich $<$ 400 mμ) führt primär zu einer Änderung des Energieniveaus einzelner Elektronen im Molekül (vgl. z. B. (*76*)). Infolge der diskreten Energiezustände und der Auswahlprinzipien beim Übergang zwischen verschiedenen Energiezuständen erfolgt die Energieaufnahme selektiv, so daß lediglich bestimmte Wellenlängen des eingestrahlten Lichtes absorbiert werden. Die Lichtenergie ε steht zu der Frequenz ν bzw. der Wellenlänge λ nach der EINSTEINschen Theorie der Lichtquanten in der folgenden Beziehung:

$$\varepsilon = h\nu \quad (h = 6.62 \times 10^{-27}\ \text{erg sec}). \tag{35}$$

wobei $\nu = c/\lambda$ (Lichtgeschwindigkeit $c = 3 \times 10^{10}$ cm/sec).

Der Energiebetrag ε wird als ein „Lichtquant" oder „Photon" bezeichnet; das Energieäquivalent von einem Mol Lichtquanten beträgt

$$E = N_L h\nu \quad (N_L = 6.023 \times 10^{23}\ \text{Mol}^{-1}),$$

Das Absorptionsvermögen für Lichtstrahlung wird durch Bestimmung der Lichtdurchlässigkeit D erfaßt, die nach dem LAMBERT-BEERschen Gesetz in folgendem Zusammenhang zur Schichtdicke d (in cm) und der Konzentration c' (in Mol/l) der absorbierenden Moleküle bzw. Struktureinheiten steht:

$$D = \frac{I}{I_0} = 10^{-a c' d}. \tag{36}$$

Darin bedeuten a den molaren dekadischen Extinktionskoeffizienten, I und I_0 die Lichtintensitäten vor bzw. nach Durchgang durch die Probe (bei gelösten Proben ist I_0 die Lichtintensität nach Durchgang durch das reine Lösungsmittel). Bei Verwendung der Konzentration c in g/l tritt an Stelle von a der spezifische Extinktionskoeffizient K:

$$D = \frac{I}{I_0} = 10^{-K c d}. \tag{36a}$$

Meist wird D als Prozentzahl angegeben, d. h. als (I/I_0) 100%.

Die häufig nahe benachbarten selektiv absorbierten Wellenlängen verschmelzen bei flüssigen bzw. festen Stoffen zu mehr oder weniger ausgedehnten Absorptionsgebieten, sogenannten Absorptionsbanden, die durch die Wellenlänge ihres Absorptionsmaximums gekennzeichnet werden und deren Gesamtheit das Absorptionsspektrum bildet. Die Beschaffenheit des Absorptionsspektrums hängt von der Molekülstruktur ab. Im Zusammenhang mit der Frage der Auslösung photochemischer Reaktionen durch das absorbierte Licht ist besonders die Lage des langwelligen Endes des Absorptionsspektrums von Interesse. Je mehr sich dieses nach höheren Wellenlängen zu erstreckt, um so stärker ist der Einfluß natürlicher oder künstlicher Lichtquellen auf das Material. Die Energieverteilung des Sonnenspektrums bedingt z. B., daß unter natürlichen Belichtungsbedingungen nur solche Materialien photochemischen Reaktionen unterliegen, die noch oberhalb 290 mμ absorbieren. Für organische Moleküle gilt, daß gesättigte Kohlenwasserstoffstrukturen weit unterhalb 200 mμ absorbieren. Die Absorption rückt erst bei Anwesenheit von Doppelbindungen und von Heteroatomen (z.B. O, N) in längerwellige Bereiche, wobei der Einfluß bestimmter Strukturen und Substituenten von der Gesamtstruktur des Moleküls abhängt, so daß sich (im Gegensatz zur Absorption im Infrarotgebiet) keine allgemeingültige Zuordnung zwischen Struktureinheiten und Absorptionsfrequenzen angeben läßt. Im allgemeinen müssen organische Moleküle, die keine anderen Atome als C, H, O und N enthalten, doppelbindungshaltige Gruppen (sogenannte „Chromophore") tragen, um oberhalb 250 mμ Licht absorbieren zu können. Doppelbindungen besitzen π-Elektronen, deren Energieniveaus so nahe beieinander liegen, daß der Übergang in einen angeregten Zustand $\pi \rightarrow \pi^*$ durch die solchen Wellenlängen entsprechenden geringeren Energiebeträge herbeigeführt werden kann. Besonders niedrige Übergangsenergien sind erforderlich, wenn Doppelbindungen zwischen C- und Heteroatomen (O, N) vorliegen, und zwar infolge der Anwesenheit nicht-bindender Elektronen (n-Elektronen) in den letzteren, die niedriger Anregungsenergien für den Übergang $n \rightarrow \pi^*$ bedürfen. Deshalb absorbieren solche Moleküle auch bei Wellenlängen $\lambda > 300$ mμ. So besitzen z. B. Carbonylverbindungen eine Absorptionsbande zwischen etwa 280 und 320 mμ. Für eine Absorption im sichtbaren Gebiet ist die Anwesenheit von Systemen mit konjugierten Doppelbindungen erforderlich.

Die organischen hochpolymeren Kunststoffe (zumindest, soweit es sich um Produkte von unmittelbarem praktischen Interesse handelt) besitzen normalerweise keine so stark chromophoren Strukturen, daß sie sichtbares Licht absorbieren; ihrem molekularen Aufbau nach sollten viele von ihnen (außer solchen mit Phenyl- oder Estergruppen) überhaupt erst an der untersten Grenze des ultravioletten Wellenlängenbereiches, d. h. unterhalb 250 mμ, absorbieren. Eine photochemische Wirkung von sichtbarem Licht kommt daher für Kunststoffe prinzipiell nicht in Betracht, wenn man von der

Möglichkeit der Photosensibilisierung durch Pigmente und andere Farbstoffe absieht. Eine weitere Möglichkeit, wie durch Absorption längerwelligen Lichtes, das gegebenenfalls noch einen Anteil von Wärmestrahlen des infraroten Wellenlängenbereiches mit $\lambda > 1000$ mμ enthält, ein Abbau herbeigeführt werden kann, ist die Verwandlung von Lichtstrahlen in Wärme, wie sie von gefärbten Zusatzstoffen (Pigmente, Füllstoffe) bewirkt wird. Diese Umwandlung von Lichtstrahlen in Wärme bei der Bestrahlung thermoplastischer Kunststoffschichten ist von Haldenwanger u. a. (*240*) untersucht worden. Die hervorgerufenen Effekte sind eine durch die Temperaturerhöhung thermisch induzierte Alterung. Die photochemischen Alterungsreaktionen an Kunststoffen erfolgen dagegen ausschließlich unter dem Einfluß ultravioletten Lichtes. Obwohl für das ideale Strukturgerüst der meisten Kunststoffe das Lichtabsorptionsgebiet noch unterhalb 200 mμ liegt, bedeutet dies nicht, daß nicht auch längerwelliges UV-Licht eine Wirkung ausübt. Bei den technischen Polymeren sind häufig von der Herstellung oder durch beginnende Alterung anomale Strukturen von chromophorem Charakter (z. B. doppelbindungshaltige Endgruppen, C=O-Gruppen) anwesend, welche das Licht zu absorbieren vermögen und damit einen ersten Angriffspunkt für photochemische Umsetzungen bilden. Im allgemeinen gilt aber als grobe Näherungsregel, daß nur derjenige Teil des eingestrahlten Lichtes, der Wellenlängen $\lambda < 300$ mμ besitzt, direkt und ohne Mitwirkung von Sauerstoff die Hauptvalenzen angreift, während Licht mit Wellenlängen $\lambda > 300$ mμ in größerem Ausmaß nur zu photooxydativen Reaktionen befähigt ist. Die für die Praxis der Kunststoffanwendung wichtigen Lichtalterungsprozesse sind überwiegend photooxydativer Natur. Die experimentell ermittelten „Aktivierungsspektren“ (*276*, *524*), welche die relative Wirksamkeit des eingestrahlten Lichtes auf die Alterungsgeschwindigkeit als Funktion der Wellenlänge wiedergeben (wobei die Wirkungsmaxima meist zwischen 290 und 370 mμ liegen), beziehen sich im wesentlichen auf die lichtinduzierte Oxydation. Einzelne Polymere zeigen dabei die folgenden Wirkungsmaxima: Polyäthylen 300 mμ, Polypropylen 370 mμ, PVC 310 mμ, Polystyrol 318 mμ, Celluloseacetobutyrat 298 mμ.

Auf den Primärschritt der Lichtabsorption können photophysikalische wie photochemische Folgereaktionen eintreten. Von den ersteren spielt hier nur die Umwandlung der durch das Licht aufgenommenen Energie in Wärme eine Rolle. Hierbei überträgt das angeregte Molekül bzw. Kettensegment seine Energie durch „Stöße zweiter Art“ als Wärmebewegung auf seine Umgebung und kehrt dadurch in den energetischen Grundzustand zurück. Diese strahlungslose Desaktivierung ist der weitaus häufigste Folgeprozeß der Lichtabsorption. Die Energieabgabe unter Strahlung (Fluoreszenz, Phosphoreszenz) stellt eine weitere Möglichkeit photophysikalischer Folgereaktionen dar. Ein derartiger Prozeß ist im Bereich der hier betrachteten hochmolekularen Substanzen in Verbindung mit der Lichtstabilisierung durch

Scintillatoren von Bedeutung (*210*). Daneben können photochemische Folgereaktionen eintreten, die zur Alterung des Materials führen. Sie verlaufen praktisch immer nach dem gleichen grundsätzlichen Schema: Dissoziation der Hauptvalenzen unter Bildung freier Radikale und Weiterreaktion der intermediär gebildeten Radikale im Sinne der zahlreichen hier erörterten Möglichkeiten. Die Dissoziationsenergien für die Radikalbildung entsprechen in ihrer Größenordnung der Energie der Lichtquanten im UV-Gebiet. Fig. 10 zeigt den Zusammenhang zwischen der Wellenlänge λ und der Energie E von N_L Lichtquanten in kcal/Mol auf Grund der Beziehung (35).

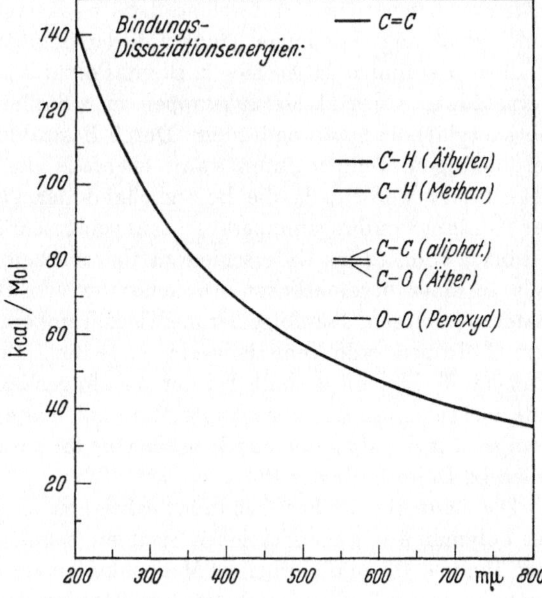

Fig. 10. Abhängigkeit der Photonenenergie $E = N_L \varepsilon$ in kcal/Mol von der Lichtwellenlänge.

Danach entspricht eine Lichtwellenlänge von 356.5 mμ einer Energiezufuhr von 80 kcal/Mol und sollte also ausreichen, um C—C-Hauptvalenzen zu spalten (vgl. (*4*)). Tatsächlich ist aber (nach Art der bei thermischen Reaktionen angebbaren Aktivierungsenergien) zur Einleitung der Dissoziationsreaktion eine höhere Energie, d. h. niedrigere Lichtwellenlänge, erforderlich, als der Dissoziationswärme entspricht. Wie von Voigt (*617*) dargelegt, wirkt der Radikaldissoziation, ähnlich dem von Franck und Rabinowitsch (*189*) für die Photolyse in Flüssigkeiten aufgestellten Prinzip, in kondensierten Phasen eine Rekombinationstendenz entgegen. Die endgültige Trennung der Radikale kann danach erst erfolgen, wenn ihr Energieinhalt eine Durchstoßung des umgebenden Molekülkäfigs erlaubt, wozu eine höhere Energiezufuhr erforderlich ist. Werden dagegen die primär gebildeten Radikale im Augenblick ihrer Entstehung stabilisiert, so ist eine Rekombination nicht mehr möglich. Bei Gegenwart von Sauerstoff sollte eine solche Stabilisierung durch die spontane Reaktion der Radikale mit O_2-Molekülen erfolgen. Dies dürfte einer der wesentlichen Gründe sein, warum die Photooxydation bei merklich längerwelligem Licht einsetzt als der rein photochemische Abbau.

Wie die thermischen Alterungsreaktionen können auch photochemische Reaktionen zu statistischer Kettenspaltung, Depolymerisation unter Monomerenbildung und Vernetzung als Sekundärreaktionen der Lichtabsorption führen. Depolymerisationen treten weniger häufig auf als im Bereich thermischer Reaktionen (eine photochemische Depolymerisation wird in ausgeprägtem Maße nur beim Polymethylmethacrylat beobachtet); Abbau der Molekülketten erfolgt vorwiegend durch statistische Kettenspaltung. Das Eintreten von Vernetzungsreaktionen hängt von der Struktur des Polymeren ab; so erhöhen α-ständige H-Atome (z. B. im Polyäthylacrylat) die Neigung zur Vernetzung, während Methylgruppen in α-Stellung (z. B. im Polymethylmethacrylat) die Spaltung fördern. Durch Bestrahlung von festen Polymeren bei niedrigen Temperaturen kann ebenfalls die Vernetzung weitgehend unterdrückt werden, da die Beweglichkeit der Polymerradikale unterhalb der Glasumwandlungstemperatur sehr eingeschränkt ist. Bei Photooxydationen kann es im Unterschied zu thermischen Oxydationen gegebenenfalls zu einer beträchtlichen Anreicherung von Hydroperoxydgruppen im Material kommen, da infolge der niedrigen Temperatur die Zerfallsreaktionen der Hydroperoxyde sehr langsam verlaufen. Bewitterte bzw. bestrahlte Kunststoffe können deshalb bei der nachfolgenden thermischen Oxydation evtl. viel schneller als unbewitterte Materialien altern, indem bei der höheren Temperatur die Hydroperoxyde unter Oxydationskatalyse nachträglich zerfallen (z. B. im Falle des Polypropylens (*22a*)).

Die photochemischen Sekundärreaktionen sind denen bei Bestrahlung der Polymeren mit energiereichen Strahlen (schnelle Elektronen, γ-Strahlen) sehr ähnlich. Obwohl hierbei die Möglichkeiten zur Bildung höher angeregter Zustände (einschließlich Ionisation) größer sind, herrscht auch hier das Auftreten radikalischer Zwischenprodukte vor.

Neben den direkten photochemischen Reaktionen, bei denen der lichtabsorbierende Stoff auch der Reaktant der Sekundärprozesse ist, gibt es die photosensibilisierten Reaktionen. Hierbei unterliegt die absorbierende Substanz, der Photosensibilisator, keiner bleibenden chemischen Veränderung, sondern induziert nur die Reaktion einer anderen Substanz, des Substrats. Solche Prozesse verlaufen bei der sensibilisierten Photooxydation. Ihr Mechanismus besteht entweder in einer Reaktion des angeregten Sensibilisatormoleküls mit O_2 oder dem Substrat, wobei Zwischenprodukte des Oxydationsprozesses (z. B. instabile Oxyde des Sensibilisators) oder reaktionsfähige, labile Komplexe gebildet werden. In beiden Fällen wird in einem Sekundärschritt das Sensibilisatormolekül zurückgebildet. Weiterhin hat man die durch absorbierende Fremdstoffe induzierten Photoreaktionen zu unterscheiden, bei denen die induzierenden Substanzen selbst verbraucht werden. Ein Beispiel hierfür sind die durch Photodissoziation radikalliefernder Substanzen (z. B. Benzoylperoxyd, Azodiisobuttersäurenitril) an Polymeren hervorgerufenen Radikalreaktionen, besonders Oxydationen (vgl. (*348*)). Über die photosensibilisierte Vernetzung von Hochpolymeren vgl. z. B. (*437*, *633*).

I.2.5. Reaktion mit Ozon

Ozon bildet sich aus Sauerstoff unter dem Einfluß von UV-Strahlen oder elektrischen Entladungen. In der atmosphärischen Luft ist es zu einem geringen Teil enthalten, der in Abhängigkeit von der geographischen Lage und den meteorologischen Bedingungen schwankt. Es ist ein sehr reaktionsfähiges Agens, das besonders olefinische Doppelbindungen energisch angreift und deshalb einen der wichtigsten Faktoren bei der Alterung von Kautschukprodukten unter natürlichen Bewitterungsbedingungen bildet. An Gummiteilen, deren Oberfläche unter einer Zugspannung steht, erzeugt es das typische Phänomen der Ozonrisse, das bereits in Abschnitt I. 1. ausführlich erwähnt worden ist. Die physikalischen Bedingungen für die Entstehung und das Wachstum der Ozonrisse sind insbesondere von Braden u. a. (*80*, *81*) beschrieben worden. Es ergibt sich, daß die Existenz einer kritischen Mindest-Zugspannung für das Wachstum der Ozonrisse gleichbedeutend mit einem Mindestwert der gespeicherten elastischen Energie an der Rißstelle ist, der etwa 4 Größenordnungen niedriger liegt als die zum rein mechanischen Zerreißen erforderliche Energie, und der für Vulkanisate von Naturkautschuk, Butadien/Styrol- sowie Butadien/Acrylnitril-Copolymerisat, Butyl-Kautschuk und Polychloropren ähnliche Größe besitzt. Er ist weitgehend unabhängig von der Plastifizierung, der Temperatur (im Meßbereich von 20 bis 50 °C) und dem Ozongehalt in der Umgebung. Beim Fehlen einer Spannung in der Oberfläche unterbleibt die Rißbildung, und die Einwirkung des Ozons ist nur durch Messung seiner Absorption an der Oberfläche des Materials und die von ihm hervorgerufenen chemischen Veränderungen feststellbar. Solche Messungen sind von Salomon u. a. (*506*) an Filmen von Kautschukhydrochlorid durchgeführt worden, welches noch 6—8 % restliche Doppelbindungen enthielt. Die Filme haben nach 5stündiger Behandlung mit einer 0.1 % Ozon enthaltenden Atmosphäre etwa 5×10^{-8} Mol/cm^2 Ozon aufgenommen; trotz des wesentlich höheren Gehaltes an Doppelbindungen findet Tucker (*600*), daß Naturkautschuk und Neoprene-Schwamm unter ähnlichen Bedingungen demgegenüber nur die 4—6fache Menge an Ozon pro Oberflächeneinheit aufnahmen. Die Ozonisierung führt im Falle des Kautschukhydrochlorids zur Bildung saurer Gruppen an der Oberfläche und zur Vernetzung, was aus der leichteren Anfärbbarkeit mit basischen Farbstoffen und dem Unlöslichwerden der Oberflächenschicht hervorgeht; ferner verspröden die Filme bei der Ozonbehandlung. Ozonisierung von Butadien/

Styrol-Kautschuk in Toluol-Lösung führt wegen der sterischen Erschwerung von Vernetzungsreaktionen vorwiegend zur Kettenspaltung, wie sich aus der Erniedrigung der Lösungsviskosität nach Untersuchungen von DELMAN u. a. (*134*) ergibt. In diesem Falle folgt aus dem Zeitverlauf der Reaktion recht deutlich, daß die (in der Praxis stets gegebene) Reaktion mit einem Sauerstoff-Ozon-Gemisch einen autokatalytischen Verlauf nimmt, der auf eine durch die Ozonreaktion induzierte Autoxydation zurückgeführt wird.

Der Primärprozeß der Ozonisierung von olefinischen Verbindungen (vgl. (*120*)) besteht in einer Anlagerung von Ozon an die Doppelbindung. Das entstehende Additionsprodukt (a), dessen valenzschemischer Charakter nicht ganz eindeutig ist, zerfällt sehr schnell unter Kettenspaltung in ein Zwitterion (b) und eine Carbonylverbindung. Das Zwitterion kann sich auf verschiedene Weise stabilisieren. Am wichtigsten dürfte die Rekombination mit Carbonylgruppen zu Ozoniden (c) sein, wobei aber nur Aldehyde diese Reaktion eingehen können. Weniger wahrscheinlich ist die Polymerisation zu Aldehyd- oder Keton-Peroxyden (d):

$$>C=C< + O_3 \longrightarrow \underset{(a)}{>C\overset{O_3}{—}C<} \longrightarrow \underset{(b)}{>\overset{+}{C}-O-\bar{O}} + O=C<$$

$$>\overset{+}{C}-O-\bar{O} + O=C< \longrightarrow \underset{(c)}{>C\overset{O-O}{\underset{O}{\diagdown\diagup}}C<};$$

$$x\,>\overset{+}{C}-O-\bar{O} \longrightarrow \underset{(d)}{-\left[-\overset{|}{\underset{|}{C}}-O-O-\right]_x-}.$$

Der elektrophile Angriff des Ozon-Sauerstoffs auf die nucleophile Doppelbindung wird beschleunigt durch elektronenlockernde Substituenten wie die Methylgruppe und wird gehemmt durch elektronenanziehende Substituenten wie Carboxyl an einem olefinisch gebundenen C-Atom oder eine Phenylgruppe an der benachbarten α-Methylengruppe (*577*). Das Ozonid (c) dissoziiert spontan unter Bildung freier Radikale, die sich durch Wasserstoffentzug aus einer α-Methylengruppe stabilisieren und damit eine oxydative Kettenreaktion nach dem Schema (3) (Seite 39) starten. Die dabei entstehenden Hydroperoxyde zerfallen unter Kettenspaltung entsprechend den zahlreichen in Abschnitt I.2.2.1. angegebenen Möglichkeiten, wobei Hydroxyl- und Carbonylgruppen gebildet werden, die in ozonisiertem Butadien/Styrol-Kautschuk experimentell nachgewiesen worden sind (*7*). Bei Entfernung des Sauerstoffs kommt die Reaktion zum Stillstand. Die Peroxydierung kann, falls die Reaktion nicht in Lösung, sondern im kondensierten System stattfindet, offensichtlich auch zur Vernetzung führen. Nach SCOTT (*521*) ist das entscheidende Stadium für die Bildung von Ozonrissen in gestreckten Kautschuken die Dissoziation des primären Ozonids in ein Zwitterion und eine Carbonylverbindung. Während bei Abwesenheit von Zugspannungen im Material die beiden intermediären Spaltprodukte sich leicht zu dem isomeren Ozonid vereinigen können, ist in gestrecktem Material eine solche Rekombination nicht möglich, so daß sich Risse bilden. Der gleiche Autor findet bei der Sauerstoff-Ozon-Behandlung von niederen Olefinen auch Hinweise auf eine Reaktion des Zwitterions mit Sauerstoff, wodurch das Ozon regeneriert wird und an der Bruchstelle praktisch quantitativ Ketogruppen gebildet werden:

$$>\overset{+}{C}-O-\overset{-}{O} + O_2 \longrightarrow >C=O + O_3\,.$$

II. Grundlagen der Stabilisierung

II.1. Allgemeines; Klassifizierung von Stabilisatoren

Aufgabe der Stabilisierungsverfahren ist es, die bei Alterungsprozessen auftretenden Eigenschaftsänderungen des Polymeren möglichst weitgehend auszuschalten. Dies erfolgt entweder durch Verhinderung bzw. Einschränkung der Alterungsreaktionen selbst oder durch Überführung der Reaktionsprodukte in eine Form, in der sie die Eigenschaften des Kunststoffes weniger beeinträchtigen, oder schließlich durch Beeinflussung des Reaktionsweges in der Weise, daß die Bildung unerwünschter Produkte vermieden wird. Das erstgenannte Verfahren, nämlich die Verhinderung von Alterungsreaktionen überhaupt, ist das Ziel des idealen Stabilisierungsverfahrens; es läßt sich natürlich wegen der allen organischen Materialien innewohnenden mehr oder weniger großen thermischen, photochemischen oder oxydativen Labilität meist nur sehr bedingt verwirklichen.

Die Verfahren zur Stabilisierung von Hochpolymeren teilen wir in zwei Gruppen ein:

1. Zumischung von Stabilisatoren
2. Modifizierung des Polymeren durch physikalische oder chemische Behandlung bzw. durch Copolymerisation mit stabilisierenden Comonomeren.

Daneben ist als weitere Möglichkeit die bereits in der Einleitung erwähnte „strukturelle Stabilisierung“ zu nennen. Sie besteht darin, daß ein Grundaufbau des Polymeren gewählt wird, welcher eine erhöhte Eigenstabilität besitzt, sei es durch Auswahl geeigneter Monomerer, sei es durch Copolymerisation bzw. Copolykondensation herkömmlicher Monomerer mit geeigneten Comonomeren. Dabei gehen die Comonomeren nicht wie bei der oben unter 2. genannten Stabilisierung durch Copolymerisation in geringen Mengen in das Polymere ein, sondern sie bilden einen wesentlichen Bestandteil in dessen Struktur. Die strukturelle Stabilisierung wird hier nicht systematisch besprochen; es werden lediglich in der Patentübersicht in Kapitel IV. einige einschlägige Entwicklungen aufgeführt. Über Polymerstrukturen mit besonderer thermischer Stabilität vgl. beispielsweise (*162, 77, 228, 251*).

Das verbreitetste Stabilisierungsverfahren ist das der Zumischung von Stabilisatorsubstanzen. Diese werden in verhältnismäßig geringer Menge zugesetzt, um einen meist stöchiometrisch weitaus größeren Reaktionsumsatz zu verhindern. Diese typische Wirkungsweise der „Inhibierung" wird verständlich, wenn man berücksichtigt, daß die Abbauprozesse fast durchweg Folgereaktionen sind, und zwar größtenteils Kettenreaktionen, die nach dem Start an einem aktiven oder labilen Zentrum in einer Fortpflanzungsreaktion weiterverlaufen. Ebenso wie ein elementarer Aktivierungsprozeß einen größeren Reaktionsumsatz bewirkt, vermag ein elementarer Inhibierungsschritt einen größeren Umsatz zu verhindern, hinreichende kinetische Kettenlänge vorausgesetzt. Dieser Inhibierungsprozeß kann an verschiedenen Stellen der Reaktionsfolge einsetzen: durch Blockierung aktiver Startzentren, durch Reaktion mit intermediär auftretenden Produkten, insbesondere Desaktivierung freier Radikale oder Zersetzung von Hydroperoxyden bei der Autoxydation, oder (speziell bei Photoreaktionen) durch Verhinderung der primären Energieaufnahme. Neben den Inhibierungsmechanismen gibt es weitere Möglichkeiten der Stabilisatorwirkung, von denen noch zwei besonders hervorzuheben sind. Dies ist einmal die Reaktion mit niedermolekularen Abbauprodukten, die entweder die Eigenschaften des Polymeren beeinträchtigen oder darüber hinaus den weiteren Abbau katalysieren. Auf Grund der erheblichen Rolle, die man katalytisch wirkenden Metallverbindungen zuzuschreiben hat, ist die komplexe Bindung von Metallen, die entweder als Verunreinigungen oder als Reaktionsprodukte metallischer Stabilisatoren vorliegen, eine weitere wichtige Stabilisierungsreaktion. Die Wirkungsweise der Stabilisatoren soll nun auf Grund dieser Betrachtung in 6 Reaktionstypen aufgegliedert werden:

1. Reaktion mit niedermolekularen Zersetzungsprodukten
2. Blockierung aktiver Zentren
3. Reaktion mit freien Radikalen, besonders Abbruch von Radikalketten
4. Zersetzung von Peroxyden und weitere Reaktionen mit Zwischenprodukten des oxydativen Abbaues
5. Bildung von Metallkomplexen
6. Ausfilterung von UV-Licht.

Diese Aufteilung vereinfacht die theoretische Behandlung der Stabilisierungsreaktionen, ist jedoch für eine systematische Ordnung der großen Fülle von bisher bekannten Stabilisatorsubstanzen noch unzulänglich. Die für die Stabilisatorforschung kennzeichnende Situation ist, daß die wissenschaftliche Interpretation der beobachteten Effekte gegenüber der praktischen Erfahrung fast stets erheblich im Rückstand ist. Neue Entwicklungen und nützliche Erkenntnisse auf diesem Gebiet kommen nahezu ausschließlich aus dem Bereich der Empirie, und nur in seltenen Fällen haben theoretische Voraussagen über die Wirkungsweise bestimmter Verbindungen zu einem technischen Fortschritt geführt. Dies steht in Zusammenhang mit den noch sehr unvollständigen und zweifelhaften Vorstellungen über die Beziehungen zwischen der chemischen Konstitution und der Wirksamkeit von Stabilisatoren. Für zahlreiche empirisch gefundene Stabilisatorsubstanzen läßt sich kein befriedigender Wirkungsmechanismus angeben, während anderen wiederum verschiedenste Wirkungsweisen nebeneinander zugeschrieben werden können. Das letztere gilt insbesondere für das sehr wichtige Gebiet der PVC-Stabilisatoren. Die relativ weitestgehende Einsicht in den Mechanismus und die Kinetik der Stabilisatorwirkung besteht bei den Antioxydantien. Es ist zu berücksichtigen, daß die Stabilisierungsreaktionen in kondensierter Phase ablaufen und daß zahlreiche chemische Voraussetzungen, die für Reaktionen in Lösungen gelten, hier nicht anwendbar sind. Allein aus dieser Tatsache ergibt sich die Möglichkeit für Reaktionen, die mit der konventionellen chemischen Betrachtungsweise nicht ohne weiteres vorauszusehen sind.

Bei der Auswahl praktisch geeigneter Stabilisatoren ist also ein möglichst großes Erfahrungsmaterial erforderlich, wobei außer der Stabilisierungswirkung noch zahlreiche weitere Gesichtspunkte eine Rolle spielen, z. B.:

a) Verträglichkeit mit dem Polymeren (mangelnde Verträglichkeit führt zur Phasentrennung unter „Ausschwitzen")
b) Flüchtigkeit und Extrahierbarkeit
c) Beeinträchtigung der Farbe des Polymeren
d) Geruch
e) Toxizität
f) Beeinträchtigung des Verarbeitungsprozesses
g) Beeinträchtigung der Gebrauchseigenschaften
h) Wirtschaftlichkeit.

In diesem Kapitel wird die Wirkungsweise der Stabilisatorsubstanzen und Stabilisierungsverfahren auf der Grundlage der obengenannten 6 Reaktionstypen besprochen. Dabei können, wie schon ausgeführt, nicht alle praktisch wichtigen Substanzklassen in eindeutiger Weise je einer dieser Reaktionstypen zugeordnet werden, so daß Überschneidungen oder willkürliche Zuordnungen nicht immer vermeidbar sind.

II.2. Wirkungsweise der verschiedenen Typen von Stabilisatoren

II.2.1. Reaktion mit niedermolekularen Zersetzungsprodukten; Wirkungsweise von typischen PVC-Stabilisatoren

II.2.1.1. Allgemeines über PVC-Stabilisatoren

Wegen der großen technischen Bedeutung der PVC-Stabilisierung und der vielfältigen Aspekte, die sich für das Gesamtgebiet der Kunststoff-Stabilisierung daraus ergeben, ist es zweckmäßig, deren Betrachtung an die Spitze zu stellen. In der technischen Praxis wurde anfangs das Haupterfordernis, welches an einen PVC-Stabilisator zu stellen ist, in der Bindung der beim Abbau auftretenden Salzsäure gesehen. Die katalytische Wirkung der Salzsäure auf die weitere Dehydrochlorierung, welche zumindest bei Gegenwart von Sauerstoff (was den Bedingungen beim Walzen entspricht) experimentell gesichert ist, wird auf diese Weise eingeschränkt und somit die katalytische Erhöhung des Abbauumsatzes begrenzt. Die Abspaltung von HCl verursacht in erster Linie die unerwünschte Verfärbung von PVC-Materialien, die in verschiedenen Stadien der Verarbeitung, entweder gleich bei Beginn der Wärmebehandlung (in der angelsächsischen Literatur wird diese Erscheinung häufig als „early color" bezeichnet) oder erst nach längerdauernder Erwärmung, oder gar erst beim Einsatz des Materials auftritt.

Die wichtigsten Typen von PVC-Stabilisatoren sind:

a) Metalloxyde, besonders Bleioxyd

b) Basische Schwermetallsalze, z. B. basisches Bleisulfat

c) Metallsalze von schwachen Säuren, z. B. Natriumcarbonat; besonders Salze mehrwertiger Metalle wie Ba, Cd, Zn, Ca, Pb von organischen Carbonsäuren wie Hexansäure, Octansäure, Laurinsäure, Stearinsäure, Ricinolsäure, Maleinsäure, Salicylsäure, Phthalsäure, Naphthensäuren

d) Organozinn-Verbindungen, besonders Dialkylzinn-Salze von Fettsäuren, α,β-ungesättigten Dicarbonsäuren oder ihren Halbestern, Dialkylzinn-Alkoholate, Dialkylzinn-Mercaptide. Wichtige Verbindungen sind z. B.:

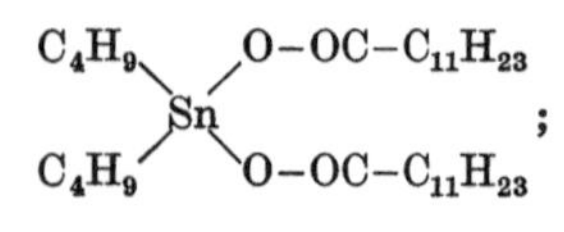

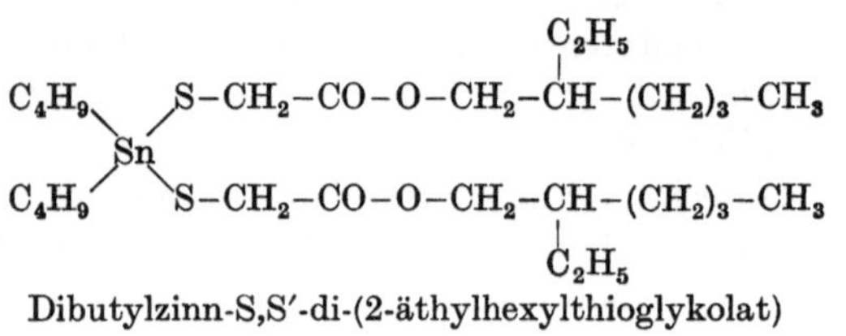

$$\begin{array}{l} C_4H_9\diagdown\quad\diagup O-OC-C_{11}H_{23} \\ \qquad\quad Sn \\ C_4H_9\diagup\quad\diagdown O-OC-C_{11}H_{23} \end{array} ; \quad \begin{array}{l} \qquad\qquad\qquad\qquad\qquad\qquad\quad C_2H_5 \\ \qquad\qquad\qquad\qquad\qquad\qquad\qquad | \\ C_4H_9\diagdown\quad\diagup S-CH_2-CO-O-CH_2-CH-(CH_2)_3-CH_3 \\ \qquad\quad Sn \\ C_4H_9\diagup\quad\diagdown S-CH_2-CO-O-CH_2-CH-(CH_2)_3-CH_3 \\ \qquad\qquad\qquad\qquad\qquad\qquad\qquad | \\ \qquad\qquad\qquad\qquad\qquad\qquad\quad C_2H_5 \end{array}$$

Dibutylzinndilaurat   Dibutylzinn-S,S'-di-(2-äthylhexylthioglykolat)

e) Epoxyverbindungen, z. B. epoxydiertes Sojaöl

f) Organische Basen, z. B. Diphenylthioharnstoff, 2-Phenylindol.

Weiterhin sind komplexbildende organische Substanzen, meist Phosphorigsäureester, für die PVC-Stabilisierung wichtig; diese Produkte werden jedoch nie allein, sondern ausschließlich in synergistischen Mischungen mit

Metallverbindungen als sog. „Hilfsstabilisatoren" angewandt. Gemeinsames Merkmal aller unter a) bis f) genannten Verbindungen ist, daß sie mit HCl reagieren. Wie sich aus dem Folgenden ergeben wird, ist jedoch das Bindungsvermögen für Salzsäure nicht die einzige Ursache für ihre Stabilisatorwirksamkeit, meist sogar nicht einmal die Hauptursache. Ein idealer PVC-Stabilisator sollte folgende 5 Funktionen ausüben (vgl. (*459*, *369*, *143*)):

1. Bindung von HCl zur Verhinderung der autokatalytischen Wirkung
2. Inhibierung der HCl-Abspaltung
3. Reaktion mit Doppelbindungen zur Aufhebung der chromophoren Polyen-Strukturen; evtl. katalytische Beschleunigung der (oxydativen) Spaltung oder Vernetzung von Doppelbindungen
4. Inhibierung des oxydativen Abbaues
5. UV-Absorption.

Alle diese Funktionen gemeinsam lassen sich nur durch ein Gemisch von mehreren Stabilisatoren erzielen. In manchen Fällen können jedoch auch einzelne Stabilisatoren mehrere Funktionen zugleich erfüllen.

II.2.1.2. Mechanismen und Wirkungsweise der PVC-Stabilisierung

Formell lassen sich für die Reaktion von PVC-Stabilisatoren mit HCl einfache stöchiometrische Beziehungen aufstellen, die sich aus Umsatzgleichungen der folgenden Art ergeben:

$$3\,PbO \cdot PbSO_4 \cdot H_2O + 6\,HCl \longrightarrow 3\,PbCl_2 + 3\,PbSO_4 + 6\,H_2O \qquad (1)$$

(dreibasisches Pb-sulfat)

$$(C_{11}H_{23}COO)_2Cd + 2\,HCl \longrightarrow CdCl_2 + 2\,C_{11}H_{23}COOH \qquad (2)$$

(Cd-laurat)

$$(C_4H_9)_2Sn(C_{11}H_{23}COO)_2 + 2\,HCl \longrightarrow (C_4H_9)_2SnCl_2 + 2\,C_{11}H_{23}COOH \qquad (3)$$

(Dibutylzinndilaurat)

$$-\underset{\diagdown}{CH}\!\!-\!\!\underset{O}{}\!\!-\!\!\underset{\diagup}{CH}- + HCl \longrightarrow -\underset{\displaystyle OH}{\overset{|}{CH}}-\underset{\displaystyle Cl}{\overset{|}{CH}}- \qquad (4)$$

(Epoxyverbindungen)

$$S{=}C\begin{matrix}\diagup NH-C_6H_5\\ \diagdown NH-C_6H_5\end{matrix} + 2\,HCl \longrightarrow \left[S{=}C\begin{matrix}\diagup NH_2-C_6H_5\\ \diagdown NH_2-C_6H_5\end{matrix}\right]^{++}(Cl^-)_2 \qquad (5)$$

(Diphenylthioharnstoff)

Es ist zu erwarten, daß der zugesetzte HCl-Akzeptor während des Abbaues die freigesetzte Salzsäure bindet, bis er vollständig verbraucht ist. Dies bedeutet, daß der Entwicklung freier Salzsäure eine „Induktionsperiode" vorausgeht, deren Länge durch die HCl-Bindungskapazität des Stabilisatorzusatzes bestimmt ist. Dieser Effekt ist mit Hilfe verschiedener Bestimmungsmethoden für die aus der Probe freiwerdende Salzsäure untersucht worden. Dabei ergibt sich, daß nur *bei Abwesenheit von Sauerstoff* die Induktionsperiode stets in der erwarteten Form auftritt. DRUESEDOW u. a. (*148*) unterwarfen reines PVC sowie ein Gemisch aus 100 Teilen PVC und 52 Teilen Dioctylphthalat (DOP) dem thermischen Abbau bei 170 °C unter Stickstoff, wobei die auftretende Salzsäure in eine Vorlage gespült und titrimetrisch bestimmt wurde. Die Salzsäureentwicklung beginnt beim reinen, nicht weichmacherhaltigen PVC nach einer längeren Induktionszeit und verläuft langsamer als beim weichgemachten Material. Die Stabilitätsverhältnisse sind also von vornherein von dem Zustand der PVC-Probe abhängig; weichgemachtes PVC liegt in gelöster, d. h. solvatisierter Form vor und ist bereits vor

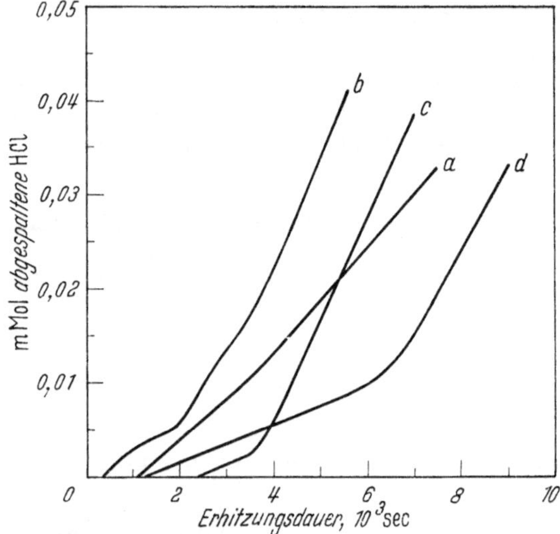

Fig. 11. Thermische HCl-Abspaltung unter Stickstoff aus a: weichmacherfreiem PVC, b: Weich-PVC (100 Tle. PVC, 52 Tle. DOP, 3 min. bei 171 °C gepreßt), c: wie b mit 1 Tl. Pb-stearat, d: wie b mit 1 Tl. Dibutyl-Sn-dilaurat. Temp. 170 °C. Nach DRUESEDOW u. a. (*148*).

dem Alterungstest durch den Walzprozeß dem Einfluß von Wärme und Sauerstoff ausgesetzt worden. Zusatz von Pb-stearat oder Dibutyl-Sn-dilaurat zu dem weichgemachten Gemisch verlängert die Induktionsperiode (Fig. 11). Während derselben unterbleibt zwar die Bildung freier Salzsäure nicht vollständig, sie ist aber stark eingeschränkt. Nach Beendigung der Induktionsperiode verläuft dann die weitere Bildung von freier HCl mit der gleichen Geschwindigkeit wie in der unstabilisierten Probe. Die Differenz in der Menge der freigesetzten Salzsäure zwischen der unstabilisierten Probe und den stabilisierten Proben läßt für das Pb-stearat eine stöchiometrisch unvollständige HCl-Absorption durch doppelte Umsetzung analog zu Gl. (2) erwarten, während die Organozinnverbindung mehr HCl absorbiert hat, als der Umsetzung Gl. (3) entspricht. Es wurde deshalb die Bildung von Stannichlorid angenommen, welches in dem Gemisch einen Solvat-Komplex mit Dioctylphthalat oder Laurinsäure bildet. Die übereinstimmenden HCl-Abspaltungsgeschwindigkeiten nach Beendigung der Induktionsperiode zeigen, daß weder HCl noch einer der Stabilisatoren oder ihre Reaktionsprodukte eine katalysierende oder inhibierende Wirkung auf die Dehydrochlorierung ausüben. Die durch den thermischen Abbau verursachte Verfärbung wurde dementsprechend kaum durch den Zusatz der Stabilisatoren beeinflußt. In Übereinstimmung damit ergibt sich aus Versuchen von Hartmann (*248*), der die Temperaturabhängigkeit der thermischen HCl-Abspaltung aus Proben von DOP-haltigem PVC durch Messung der elektrischen Leitfähigkeit bestimmt hat, daß der Anstieg der Arrhenius-Geraden für Gemische, die verschiedene Pb-Verbindungen und Dibutyl-Sn-dilaurat enthielten, übereinstimmend war und identisch mit dem Anstieg, der sich aus Messungen von Druesedow u. a. (*148*) an unstabilisiertem PVC-Pulver ergibt. In allen Fällen beträgt die berechnete Aktivierungsenergie der HCl-Abspaltung 29 kcal/Mol. Auch daraus ist zu schließen, daß die HCl-Abspaltung durch die Gegenwart der genannten HCl-Akzeptoren oder ihrer Reaktionsprodukte nicht beeinflußt wird. Weitere Untersuchungen von Hartmann (*249*) ergaben ferner, daß bei Gegenwart katalytisch wirkender Metallchloride, nämlich $FeCl_3$ oder $ZnCl_2$, ein Stabilisatorzusatz in Form von dreibasischem Pb-sulfat eine Unterdrückung der katalytischen Wirksamkeit dieser Substanzen bewirkt. Offensichtlich kann die basisch reagierende Stabilisatorsubstanz sich mit den Metallchloriden unter Bildung von katalytisch unwirksamen Metalloxyden umsetzen. In diesem Falle liegt eine echte Inhibierung der Dehydrochlorierungsreaktion vor. Insoweit aber die Dehydrochlorierung nicht durch derartige Substanzen katalysiert wird, besitzen Pb-Verbindungen keinen inhibierenden Einfluß auf die Dehydrochlorierung. Dies folgt auch aus älteren Messungen von Fuoss (*206*), welche auf Grund der elektrischen Leitfähigkeit der abgespaltenen Salzsäure ergeben, daß steigende Mengen von Pb-abietat in PVC-Gemischen mit Trikresylphosphat als Weichmacher wohl die Zeitdauer bis zum beginnenden Auftreten freier HCl bei 130 °C verlängern, aber die Geschwindigkeit der anschließenden Leitfähigkeitszunahme nicht verändern. Die Chloride zahlreicher Stabilisatormetalle (z. B. Cd) besitzen eine deutliche katalytische Wirkung auf die HCl-Abspaltung, ebenso wie die obengenannten Salze $FeCl_3$ und $ZnCl_2$. Diese Erscheinung ist von großer Bedeutung für die theoretische Interpretierung der Stabilisierungswirkung von Metallverbindungen, da die katalytische Beschleunigung des Abbaues durch die Reaktionsprodukte der Stabilisatoren, die Metallchloride, zu der beobachteten Farbstabilisierung in einem gewissen Widerspruch steht. Man muß deshalb annehmen, daß die Fähigkeit der Stabilisatoren, die Verfärbung des PVC zu verhindern, keine eindeutige Beziehung zu ihrer Akzeptoreigenschaft und ihrer Wirkung auf die HCl-Abspaltung besitzt.

Versuche über die Beeinflussung der Dehydrochlorierung durch PVC-Stabilisatoren führen allgemein zu sehr unterschiedlichen Resultaten. So ist auch $PbCl_2$ unter gewissen Bedingungen nicht, wie bisher beschrieben, ohne Einfluß auf die HCl-Abspaltungsgeschwindigkeit. Dies zeigen anschauliche Ergebnisse von WARTMAN (*626*), welcher gewalzte Mischungen aus 100 Teilen

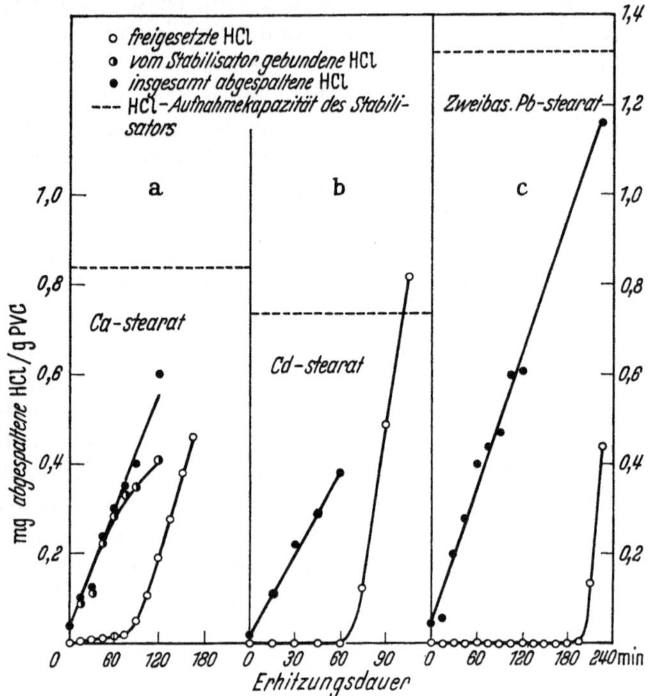

Fig. 12. Thermische HCl-Abspaltung aus Weich-PVC mit verschiedenen Stabilisatoren (100 Tle. PVC, 48 Tle. DOP, 1 Tl. Stabilisator). Temp. 170 °C, Stickstoffstrom. Nach WARTMAN (*626*).

PVC, 48 Teilen Dioctylphthalat und 1 Teil Stabilisator bei 170 °C im Stickstoffstrom alterte und außer der freigesetzten HCl auch das aus dem Stabilisator gebildete Metallchlorid durch potentiometrische Chlorid-Titration des wäßrigen Extraktes der abgebauten Probe bestimmt. Dadurch wird neben der freigesetzten auch die reagierende HCl und damit die Gesamtmenge an abgespaltener Säure erfaßbar. Die unter Verwendung von Ca-stearat, Cd-stearat und zweibasischem Pb-stearat erhaltenen Ergebnisse sind aus Fig. 12a—c ersichtlich. Die Geschwindigkeiten der HCl-Abspaltung während der Induktionsperiode sind bei allen drei Stabilisierungen nahezu gleich, was bedeutet, daß offenbar kein spezifischer Einfluß der Stabilisatoren oder ihrer

Reaktionsprodukte auf die Dehydrochlorierung stattfindet; nach Beendigung der Induktionsperiode hingegen ist die Dehydrochlorierungsgeschwindigkeit bei dem Cd- und dem Pb-stabilisierten System wesentlich höher als bei dem Ca-stabilisierten System, bei dem die HCl-Abspaltung nach Auftreten freier HCl mit etwa der gleichen Geschwindigkeit fortschreitet wie während der Induktionsperiode. Der Widerspruch im Verhalten des Pb-stearats zu dem früher genannten Ergebnis von DRUESEDOW u. a. mag vielleicht in einem verschiedenen Sauerstoffgehalt der durch Walzen vorbehandelten Proben liegen. Bei Gegenwart sauerstoffhaltiger, radikalliefernder Gruppierungen können durch Metallsalze beeinflußte autokatalytische Effekte der freien HCl auftreten. Fig. 12a—c zeigt zugleich die verschiedene HCl-Aufnahmekapazität der drei Stabilisatoren: während Cd-stearat und Pb-stearat in der Induktionsperiode die HCl-Entwicklung vollständig unterdrücken, entweichen bei Gegenwart von Ca-stearat geringe Mengen HCl; die Induktionsperiode endet ferner bei dem Pb-stabilisierten Gemisch erst bei fast vollständigem Aufbrauch des Stabilisators, bei dem Cd-stabilisierten Gemisch, nachdem etwa die Hälfte verbraucht ist und bei dem Ca-stabilisierten Gemisch noch früher. Das stöchiometrische Bindungsvermögen für HCl ist also nur ein sehr ungenügender Anhaltspunkt für die wirkliche HCl-Aufnahmekapazität eines Stabilisators in einer bestimmten PVC-Mischung. Das tatsächliche Bindungsvermögen kann, in Abhängigkeit von der Art des Gemisches, seinem Weichmachergehalt usw., mehr oder weniger unterhalb der stöchiometrisch berechenbaren Menge an aufzunehmender Salzsäure liegen.

Die bisher beschriebenen Untersuchungen sind sämtlich unter Ausschluß oder bei weitestgehend gehindertem Zutritt von Sauerstoff durchgeführt worden. Beim Abbau *in Gegenwart von Sauerstoff* kann die HCl-Abspaltung stabilisierter Proben schneller verlaufen als die unstabilisierter Proben. Dies ergibt sich aus analogen Messungen zu den in Fig. 11 dargestellten (*148*), wobei das DOP-plastifizierte PVC nicht in Stickstoff, sondern in Luft bei 170 °C abgebaut wurde. Fig. 13 zeigt das Ergebnis, das unter Verwendung gepreßter Proben gewonnen wurde. Auf Grund dieser Versuche ergibt sich, daß die zugesetzten Verbindungen, Dibutyl-Sn-dilaurat und Pb-stearat, offenbar gar keine HCl-Akzeptorwirkung besitzen, sondern im Gegenteil die Dehydrochlorierung beschleunigen. Werden allerdings nicht gepreßte, sondern gewalzte Probekörper verwendet, so ergibt sich wiederum ein anderes Bild (Fig. 14). Die Dehydrochlorierungsgeschwindigkeit der unstabilisierten Probe ist jetzt wesentlich höher als bei Verwendung eines gepreßten Probekörpers, und der Zusatz der genannten Stoffe bewirkt eine deutliche Verzögerung der HCl-Abspaltung. Die Anwesenheit des Weichmachers trägt ganz erheblich zu der Erhöhung der Dehydrochlorierungsgeschwindigkeit bei, wie der Vergleich mit einer weichmacherfreien Probe zeigt. Dieser Unterschied im Verhalten der gewalzten Proben ist wohl nur durch die Anwesenheit von Gruppen zu erklären, die während des Walzens entstanden sind und beim eigentlichen Abbauversuch die HCl-Abspaltung stark beschleunigen. Es kann sich dabei um sauerstoffhaltige Strukturen oder Doppelbindungen handeln. Ihre Wirksamkeit auf die HCl-Abspaltung wird, den Ergebnissen

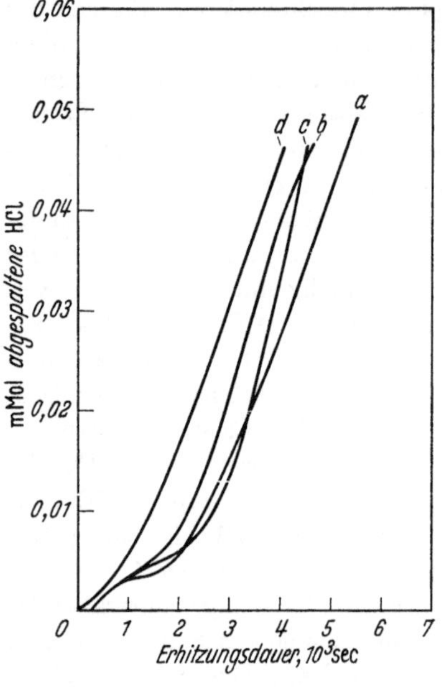

Fig. 13. Thermische HCl-Abspaltung in Luft aus a: unstabilisiertem, gepreßten Weich-PVC (wie in Fig. 11), b: wie a mit 0.1 Tl. Pb-stearat, c: wie a mit 1 Tl. Pb-stearat, d: wie a mit 1 Tl. Dibutyl-Sn-dilaurat. Temp. 170 °C. Nach DRUESEDOW u. a. (*148*).

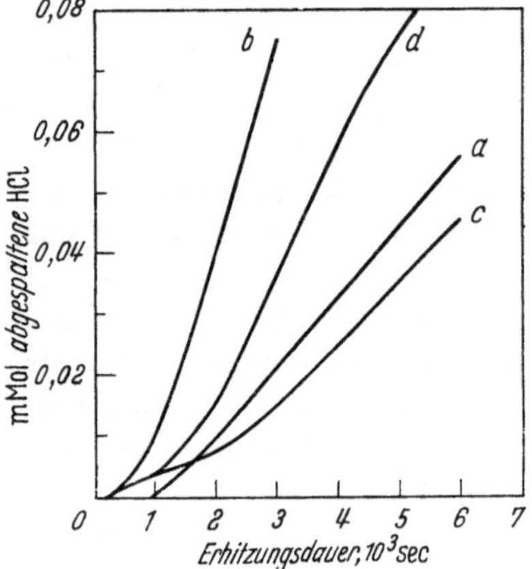

Fig. 14. Thermische HCl-Abspaltung in Luft aus a: weichmacherfreiem PVC, b: unstabilisiertem, gewalzten Weich-PVC (wie in Fig. 11), c: wie b mit 1Tl. Pb-stearat, d: wie b mit 1 Tl. Dibutyl-Sn-dilaurat. Temp. 170 °C. Nach DRUESEDOW u. a. (*148*).

nach zu schließen, durch die zugesetzten Stabilisatoren inhibiert. Aus diesen und anderen Versuchen, über die noch zu berichten sein wird, ergibt sich mit Deutlichkeit die bereits festgestellte Tatsache, daß Substanzen mit einer empirisch bekannten Stabilisatorwirkung gegen Verfärbung sich in unterschiedlicher Weise auf die Dehydrochlorierung auswirken. Aus der großen Anzahl von Beispielen, welche zum Beleg dessen dienen können, sind in Fig. 15 noch die Dehydrochlorierungskurven von gewalztem, DOP-weichgemachtem PVC, die für die Zersetzung bei 190 °C in Gegenwart von Luft gewonnen wurden, für das reine Polymere und zwei Pb-stabilisierte Polymere zusammengestellt. Die Messungen stammen von DYSON u. a. (*157*). Beide Stabilisatoren, Pb-stearat und weißes basisches Pb-carbonat, sind gleichermaßen gebräuchlich, und dennoch unterscheiden sie sich grundsätzlich in bezug auf die Art, wie sie die HCl-Abspaltung beeinflussen: während ersteres einen deutlich inhibierenden Effekt zeigt, ähnlich wie in Fig. 14, verlängert das letztere

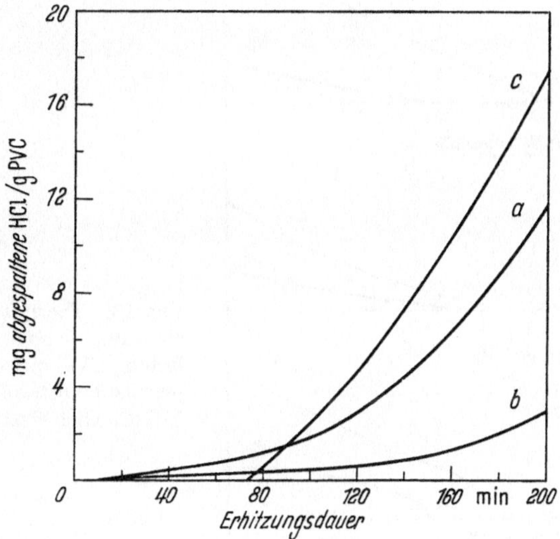

Fig. 15. Thermische HCl-Abspaltung in Luft aus a: unstabilisiertem, gewalzten Weich-PVC (100 Tle. PVC, 50 Tle. DOP), b: wie a mit 1 Tl. Pb-stearat, c: wie a mit 1 Tl. basischem weißen Pb-carbonat. Temp. 190 °C. Nach DYSON u. a. (*157*).

zwar zunächst die Induktionsperiode wesentlich, beschleunigt aber dann (vermutlich durch sein Reaktionsprodukt) die HCl-Abspaltung noch über den Umsatz für die unstabilisierte Probe hinaus. Nach Messungen der gleichen Autoren zeigen Ba-, Cd- und Ba/Cd-Seifen einen ähnlichen Effekt wie Pb-stearat. RIECHE u. a. (*484*) haben die HCl-Abspaltung aus weichmacherfreiem Suspensions-PVC bei 170 °C in Gegenwart verschiedener Stabilisatoren in Stickstoff, Luft und Sauerstoff untersucht. Danach verzögert Soda, ein verbreitetes Vorstabilisierungsmittel, in Mengen von 1% dem PVC zugesetzt, die HCl-Abspaltung geringfügig, in Mengen von 3% hingegen beschleunigt es die Dehydrochlorierung in Stickstoff, während es sie in Luft bzw. Sauerstoff nicht verändert. Produkte wie Pb-stearat, Glycidyl-phenyläther (ein Epoxy-Stabilisator), Dibutylzinnoxyd, Dibutylzinnsulfid und Dibutylzinndidodecylmercaptid zeigen das für HCl-Akzeptoren typische Verhalten der Erzeugung einer mehr oder weniger langen Induktionsperiode. Während jedoch bei Zusatz der drei erstgenannten Verbindungen die anschließende Dehydrochlorierung mit einer gegenüber dem unstabilisierten Material nur unwesentlich veränderten Geschwindigkeit einsetzt, zeigen die Dibutylzinn-Schwefelverbindungen ein besonderes Verhalten: beim Dibutylzinnsulfid-stabilisierten

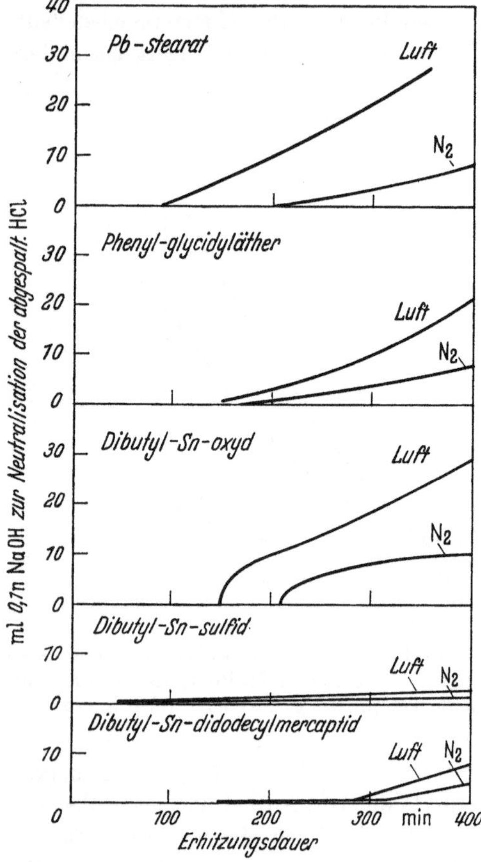

Fig. 16. Thermische HCl-Abspaltung aus weichmacherfreiem PVC mit Zusätzen von jeweils 3% Stabilisator. Temp. 170 °C. Nach RIECHE u. a. (*484*).

System wird die HCl-Abspaltung auch nach der Induktionsperiode noch sehr stark herabgedrückt, durch Dibutylzinndidodecylmercaptid schließlich wird die Induktionsperiode extrem verlängert (Fig. 16). Diese Verbindungstypen sind dementsprechend als besonders wirksame Stabilisatoren anzusehen, was nicht nur für die HCl-Abspaltung gilt, sondern auch durch Messung der Verfärbung gefunden wird. Solche Stabilisatoren vermögen neben ihrer HCl-Akzeptorwirkung auch noch in andere Phasen des vor allem in Gegenwart von Sauerstoff sehr komplexen Zerfallsmechanismus einzugreifen. Besonders wichtig dürfte dabei auf Grund neuerer experimenteller Ergebnisse von Frye u. a. (*196—198*) die Reaktion mit labilen Cl-Atomen am Polymeren sein, zu welcher die Organozinnsalze befähigt sind. Sie verläuft unter Austausch des labilen Cl gegen den Säurerest Y des Stabilisators, z. B. nach der Reaktion:

$$(C_4H_9)_2Sn(Y)_2 + \sim CH_2{-}CH(Cl)\sim \longrightarrow (C_4H_9)_2Sn(Y)(Cl) + \sim CH_2{-}CH(Y)\sim . \quad (6)$$

Gewisse Mechanismen, wie die von Kenyon (*302*) experimentell abgeleitete Reaktion der Kohlenwasserstoffreste mit radikalischen Zwischenprodukten X• des PVC-Zerfalls unter Sprengung der C—Sn-Bindung:

$$(C_4H_9)_2Sn(Y)_2 + X\bullet \longrightarrow C_4H_9{-}X + C_4H_9{-}\dot{Sn}(Y)_2 \quad (7a)$$

oder die von Rieche u. a. (*484*) speziell für Dialkylzinnmercaptide postulierte Abspaltung von Mercaptoverbindungen unter dem Einfluß von HCl:

$$(C_4H_9)_2Sn(SR)_2 + HCl \longrightarrow (C_4H_9)_2Sn(SR)(Cl) + HSR \quad (7b)$$

mit einer stabilisierenden Wirkung der Verbindung HSR als Antioxydans oder Radikalkettenabbrecher sollten nach den Feststellungen von Frye u. a. (*196*) gegenüber dem Mechanismus (6) keine entscheidende Rolle bei der Wärmestabilisierung spielen (über Radikalkettenabbruch bei der PVC-Stabilisierung vgl. II.2.3.1.). Aber auch andere Wirkungsmechanismen, wie Reaktion mit ungesättigten Systemen (vgl. Abschnitt II.2.2.), Peroxydzersetzung (vgl. Abschnitt II.2.4.1.) und Reaktion mit katalytisch wirkenden Schwermetallverbindungen (vgl. Abschnitt II.2.5.) kommen prinzipiell in Frage. All diese Reaktionsarten dürften bei hochwirksamen PVC-Stabilisatoren wie den Organozinnverbindungen wichtiger sein als die bloße HCl-Absorption; wie die in Fig. 13 dargestellten Ergebnisse zum Ausdruck bringen, brauchen Stabilisatoren sogar, um wirksam zu sein, nicht einmal unbedingt HCl zu absorbieren, denn ihr eigentlicher Zweck liegt ja in der Verhütung der Farbbildung, und diese wird in Gegenwart von Luft durchaus nicht nur durch die Dehydrochlorierung bestimmt. Diese wohl erstmals von Mack (*369*) nachdrücklich festgestellte Tatsache hat zur Konsequenz, daß auch einfache Metallverbindungen (Metallsalze und -seifen) nicht nur als HCl-Akzeptoren anzusehen sind. Entweder wirken sie, wie die als Sikkative in trocknenden Ölen verwendeten Metallverbindungen, als Oxydationskatalysatoren, welche die Reaktion der chromophoren Polyenstrukturen mit Sauerstoff zu farblosen Strukturen befördern (*148*), oder es tritt auch hierbei, analog zur Reaktion der Organozinnsalze nach Gl. (6), ein Austausch labiler Cl-Atome gegen den Säurerest ein, wodurch die Dehydrochlorierung blockiert wird. Diesen wichtigen Mechanismus haben Frye u. a. bereits geraume Zeit vor Ausdehnung ihrer Theorie auf Organozinnverbindungen zur Deutung der Stabilisierung durch Ba-, Cd- und Zn-Carboxylate vorgeschlagen und durch IR-spektroskopische Messungen (*193*) und Versuche mit markierten Stabilisatoren (*194*, *195*) experimentelle Belege erbracht, auf die in Abschnitt II.2.2. noch ausführlicher eingegangen wird. (Allerdings ist auch die Inhibierung der HCl-Abspaltung keine notwendige Funktion des Stabilisators.) Die besonders von Winkler (*638*) begründete Auffassung der Dehydrochlorierung als Radikalkettenreaktion lenkt die Vermutungen über die Rolle von Stabilisatoren bei der PVC-Alterung zwangsläufig auf den Radikalkettenabbruch. Gewisse experimentelle Hinweise (*638*), auf die in Abschnitt II.2.3. näher eingegangen wird, deuten auf die Möglichkeit hin, daß verschiedene Klassen von Stabilisatoren eine solche Wirkung ausüben.

Es müssen also zahlreiche unterschiedliche Wirkungsmechanismen für die PVC-Stabilisierung angenommen werden, wobei die HCl-Absorption nur einer derselben ist, zu dem wohl die meisten PVC-Stabilisatoren ihrer Struktur nach befähigt sind, dem sie aber ihre stabilisierenden Eigenschaften nur in speziellen Fällen, besonders unter Ausschluß von Luft, verdanken. Die anderen möglichen Stabilisierungseffekte wirken zum Teil über eine Inhibierung der HCl-Abspaltung, zum Teil aber stehen sie mit der HCl-Abspaltung sichtlich in keinem Zusammenhang. Um für den letztgenannten Befund eine Erklärung zu finden, müssen wir zu dem eigentlichen Phänomen zurückgehen, welches mit der PVC-Stabilisierung unterdrückt werden soll, der Verfärbung. Die Unterdrückung der Farbe durch Stabilisatoren prägt sich in einem Fortfall der UV-Banden der Abbauprodukte bei 270 mμ nach Alterung des stabilisierten Materials gegenüber dem unstabilisierten Material aus, wie Fox u. a. (*188*) an Hand von Dibutylzinndilaurat-stabilisierten Proben von Weich-PVC feststellten; dies rührt von der Abwesenheit der konjugierten ungesättigten Strukturen her, die sich sonst beim Abbau bilden. Wie bereits weiter oben erwähnt, wird metallischen Stabilisatoren die Eigenschaft zugeschrieben, die oxydative Zerstörung der chromophoren Gruppen zu katalysieren (*148*). Von Baum (*35*) ist die Vermutung geäußert worden, daß es generell der Einfluß der Oxydation ist, welcher einen direkten Zusammenhang zwischen HCl-Abspaltung und Farbbildung ausschließt. Die Verhältnisse sind hinsichtlich der Wirkung von Ba- und Cd-stearat von Nagatomi u. a. (*419*) experimentell einer Klärung nähergebracht worden. Ihre Ergebnisse, gewonnen bei der Zersetzung von Hart-PVC mit 2 % Stabilisator bei 150 °C, sind in Fig. 17 dargestellt. Danach wird in Gegenwart von Luft durch Zusatz von Cd- oder Ba-stearat die Farbe gegenüber dem unstabilisierten Material erheblich verbessert (Erhöhung der Remission). Nach Erreichen eines gewissen Abbaustadiums aber verfärbt sich die stabilisierte Probe stärker als die unstabilisierte. Dabei ist die Verfärbung bei Zusatz von Cd-stearat stärker als mit Ba-stearat. Da beide Stabilisatoren zwar HCl absorbieren, aber die Dehydrochlorierung nicht inhibieren, sondern im Gegenteil beschleunigen (*418*), ist die farbstabilisierende Wirkung nur durch eine katalytische Aufhebung der chromophoren Polyenstrukturen zu erklären. In Stickstoffatmosphäre zeigt Ba-stearat erwartungsgemäß praktisch keinen

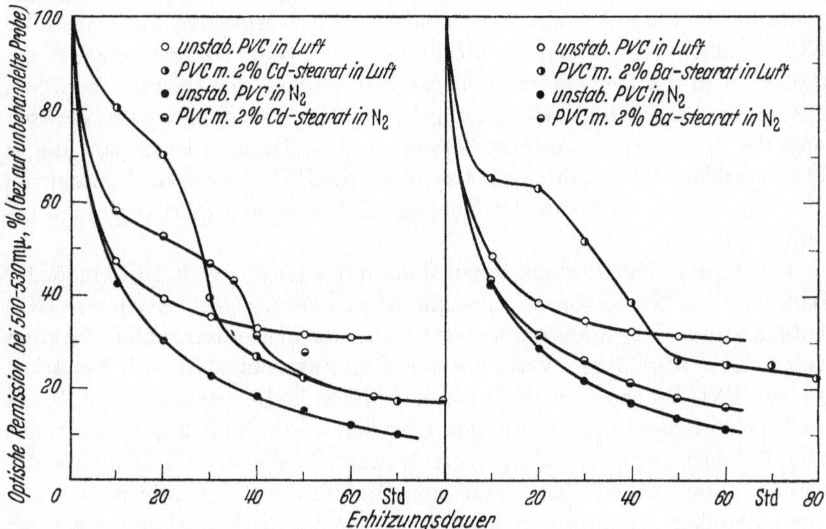

Fig. 17. Beeinflussung der thermischen Verfärbung von weichmacherfreiem PVC durch Zusätze von Cd- und Ba-stearat. Temp. 150 °C. Nach NAGATOMI u. a. (*419*).

farbinhibierenden Effekt, während Cd-stearat auch hier eine, allerdings schwächere stabilisierende Wirkung besitzt. Es muß deshalb angenommen werden, daß die katalytische Oxydation nicht die einzige Wirkungsweise des Cd-stearats ist, sondern daß daneben auch ein bei Abwesenheit von Sauerstoff wirksamer Mechanismus abläuft, und zwar entweder der bereits erwähnte Austausch labiler Cl-Atome gegen den Stearatrest, oder die noch zu besprechende dia-Dehydrochlorierung. Die entsprechenden Metallchloride sind, ebenso wie freie Stearinsäure, keine Entfärbungskatalysatoren. Die Rolle der Oxydationskatalyse bei der Stabilisatorwirkung wird auch deutlich durch einen Vergleich der Wirksamkeit verschiedener Bleistabilisatoren, den WARTMAN (*626*) angestellt hat. Zweibasisches Pb-phthalat, zweibasisches Pb-phosphit, dreibasisches Pb-sulfat, copräzipitiertes Pb-orthosilicat mit Kieselgel sowie Pb-salicylat bewirken in DOP-weichgemachten Proben nach

60 min. Erhitzen auf 170 °C unter Stickstoff sämtlich eine vollständige Unterdrückung der HCl-Abspaltung. Nach 20 min. Walzen bei der gleichen Temperatur hingegen ergeben nur die ersten vier Produkte eine gute Farbstabilität, während mit Pb-salicylat starke Verfärbung eintritt. Dies kann dadurch erklärt werden, daß der oxydationsinhibierend wirkende Salicylatrest die durch Pb katalysierte oxydative Ausbleichung der Polyengruppen hindert. In der Patentliteratur sind starke Oxydationsmittel, wie z. B. anorganische Peroxyde, als PVC-Stabilisatoren beschrieben. Ihre Rolle besteht zweifellos in der oxydativen Beseitigung der chromophoren Strukturen. Auch in der von Novák (*431*) vertretenen Annahme, daß die Verfärbung des gealterten PVC durch kolloidalen Kohlenstoff hervorgerufen wird, spielt die Wirksamkeit von Oxydationsmitteln als PVC-Stabilisatoren eine Rolle. Danach wird der elementare Kohlenstoff in Mono- oder Dioxyd überführt, was ein Verblassen der Farbe der abgebauten Kunststoffmasse bewirkt. Aber auch die Wirkung von Antioxydantien als Stabilisatoren kann nach dieser Theorie erklärt werden, da sie die Oxydation des PVC, welche zur Bildung von Epoxygruppen als Vorstufe der Kohlenstoffabscheidung führt (vgl. I.2.3.1.), verhindert.

Bei Zusatz einer Stabilisatorsubstanz mit ausschließlich HCl-bindender Wirkung, wie Na-carbonat, sollte (in Abwesenheit einer merklichen HCl-Autokatalyse) der Stabilisatorzusatz keine farbunterdrückende Wirkung haben. Dies wird durch Versuche von Reichherzer u. a. (*475*) bestätigt, wonach PVC-Proben beim Erhitzen auf 170 °C in Reagensgläsern, d. h. bei stark gehindertem Luftzutritt, mit Zusätzen von 0.2 bis 2 % Na-carbonat oder 1 % prim. oder sek.-Na-phosphat zwar eine verzögerte Dehydrochlorierung entsprechend der zugesetzten Stabilisatormenge zeigen, dagegen eine gegenüber der unstabilisierten Probe verstärkte Verfärbung, die nicht von der Menge des Stabilisators beeinflußt wird. Die Intensivierung der Verfärbung durch den Zusatz der Alkalisalze beruht auf einer Beschleunigung der ionischen Abspaltung von HCl durch den Akzeptor (vgl. (*484*)).

Das Ausmaß der HCl-Absorption und der Verfärbung bei verschiedenen Kationen in Metallstearaten sowie die Bedeutung des Stearations wird aus der Zusammenstellung in Tabelle II.1. deutlich. Obwohl freie Stearinsäure selbst nicht stabilisierend wirkt (Štěpek u. a. (*566*)) finden sogar eine geringfügige Beschleunigung des Abbaues von DOP-weichgemachtem PVC durch Zusatz von 2 % Stearinsäure), spielt der Stearatrest für die Wirksamkeit des Kations eine merkliche Rolle. Es wird vermutet, daß er den Dispersionsgrad des Stabilisators erhöht (*475*). Zn-stearat beschleunigt und intensiviert die Verfärbung, verzögert dagegen die HCl-Abspaltung etwas. Dies beruht auf einer Überlagerung der Bindungskapazität für HCl und einer anschließenden katalytischen Verstärkung der Dehydrochlorierung durch das gebildete $ZnCl_2$. Reichherzer (*474*) findet eine solche Katalyse der Dehydrochlorierung außer bei den bereits früher erwähnten Fe-, Zn- und Cu-Salzen auch beim $PbCl_2$, dem Reaktionsprodukt der Bleistabilisatoren. Dies steht in Übereinstimmung mit dem Befund in Fig. 12c. FRYE u. a. (*194*) haben eine beschleunigende Wirkung auf den Abbau von PVC beim Walzen im Falle von $ZnCl_2$, $BaCl_2$ und $CdCl_2$ festgestellt. Damit erweisen sich die Reaktionsprodukte der wichtigsten Metallstabilisatoren (außer Organozinnverbindungen (*484*)) als Katalysatoren für den weiteren Abbau. Bei der Untersuchung des Dehydrochlorierungsverlaufes von weichmacherfreiem PVC bei

Tabelle II.1. *HCl-Abspaltung und Verfärbung von Hart-PVC bei 170 °C* (*475*)

Zusatz	Induktionsperiode (min) HCl-Abspaltung	Induktionsperiode (min) Verfärbung	Verfärbung nach 30 min
ohne Zusatz	20	15	rot (stark)
1 % Stearinsäure	20	15	rot (stark)
1 % K-stearat	20	15	braun (stark)
1 % Zn-stearat	25	10	schwarz (sehr stark)
1 % Ba-stearat	60	30	rosa (sehr schwach)
1 % Pb-stearat	75	70	keine Verfärbung
1 % $Pb(OH)_2$	65	30	gelb (sehr schwach bis mittelstark)

150 °C in Gegenwart von Cd- und Ba-stearat stellten NAGATOMI u. a. (*418*) fest, daß das entstehende $CdCl_2$ die HCl-Abspaltung in Luft wie in Stickstoffatmosphäre beschleunigt, während $BaCl_2$ in Stickstoff keine beschleunigende Wirkung zeigt. In Gegenwart von Luft wird zwar auch bei Anwesenheit des Ba-Salzes die Reaktion beschleunigt, diese Wirkung wird jedoch dem katalytischen Einfluß des Luftsauerstoffs zugeschrieben, während $BaCl_2$ von diesen Autoren, ebenso wie $CaCl_2$, als unwirksam für die Katalyse der Dehydrochlorierung angesehen wird. Eine katalytische Wirkung wird nur bei den Chloriden der Übergangsmetalle, wie $CdCl_2$ oder $ZnCl_2$, angenommen. In diesem Zusammenhang muß auf eine interessante Feststellung von DANYUSHEVSKII (*125*) hingewiesen werden, wonach die beschleunigende oder hemmende Wirkung einzelner Metallchloride auf die HCl-Abspaltung eine Frage der Konzentration dieser Salze ist. Bereits in Abschnitt I.2.3.3. war erwähnt worden, daß selbst Fe-III-Salze in sehr geringen Konzentrationen die Dehydrochlorierung verzögern. Entsprechendes findet der genannte Autor bei den Chloriden anderer Metalle. Bei einer Konzentration von 2.5×10^{-4} Mol/100 g PVC wirken $ZnCl_2$, $BaCl_2$, $PbCl_2$ und $CaCl_2$ verzögernd auf die HCl-Abspaltung bei 170 °C in Gegenwart von Luft, und lediglich für $FeCl_3$ wird eine katalytische Verstärkung der Dehydrochlorierung festgestellt. Bei 1×10^{-3} Mol/100 g PVC inhibieren nur noch $PbCl_2$ und $CaCl_2$ schwach, während $ZnCl_2$ und $FeCl_3$ sehr stark katalytisch wirken. Bei der doppelten Konzentration schließlich, 2×10^{-3} Mol/100 g PVC, behält nur das $CaCl_2$ seine inhibierende Wirkung, während auch $PbCl_2$ den Abbau katalysiert.

Der Konzentrationsbereich, innerhalb dessen eine Inhibierung beobachtet wird, liegt so niedrig, daß unter den praktisch vorliegenden Bedingungen dieser Effekt gegenüber anderen Wirkungsmechanismen sicher keine große Rolle spielt.

Ba- und Cd-Seifen gehören zu den gebräuchlichsten Metallstabilisatoren für PVC. Seit langem ist aus der Praxis bekannt, daß beide einen charakteristischen Unterschied in der Beeinflussung der Farbe des Polymerisats zeigen: Cd-Seifen sind gute Kurzzeit-Stabilisatoren, d. h. sie ergeben bei kurzdauernder Wärmebeanspruchung eine vorzügliche Beibehaltung der hellen Farbe, bei längerer Alterung aber wird das Polymere plötzlich schwarz. Umgekehrt sind Ba-Seifen gute Langzeit-Stabilisatoren, indem die Anfangsfarbe bei kurzer Erwärmung nicht so gut ist, die nachfolgende Dunkelfärbung im Laufe der weiteren Alterung jedoch nur sehr allmählich verläuft. Werden beide Stabilisatortypen, z.B. Ba-laurat und Cd-laurat, gemischt, so ergibt sich bei gleicher Menge an zugesetztem Stabilisator eine bessere Farbbeständigkeit als mit nur einer der Verbindungen allein (vgl. (*157*)). Dieser Effekt, daß einzelne Stabilisatoren in Mischungen miteinander ihre Wirkung gegenseitig verstärken, wird als „Synergismus" bezeichnet. Er spielt praktisch auf allen Gebieten der Stabilisierung eine Rolle und wird uns noch sehr häufig begegnen. Der besondere Wirkungsmechanismus von Cd- und Zn-Seifen, die beide eine gute Kurzzeit-Beständigkeit ergeben, aber dann sehr rasch zum Umschlagen nach dunklen Farbtönen führen, ist von FUCHSMAN (*201*, *202*) theoretisch erklärt worden. Dieser Verfasser unterscheidet, wie bereits in Abschnitt I.2.3.1. erwähnt wurde, zwischen einer „para-Dehydrochlorierung" unter HCl-Abspaltung von benachbarten C-Atomen mit Bildung von ungesättigten Strukturen und einer „dia-Dehydrochlorierung" unter HCl-Abspaltung aus getrennten Struktureinheiten derselben Polymerkette oder verschiedener Ketten mit Cyclisierung oder Vernetzung. Beide Arten von Dehydrochlorierungen finden statt, wenn kein Stabilisator anwesend ist; die Gegenwart von Zn-, Cd- und einigen Sn-Verbindungen lenkt hingegen die Reaktion stärker in Richtung einer dia-Dehydrochlorierung als die anderer Stabilisatoren wie Ba-, Pb-, Na-, Sr-, Ca- und Epoxy-Verbindungen. Da die dia-Dehydrochlorierung nicht unmittelbar gefärbte Polyenstrukturen ergibt und außerdem durch die Bildung tertiärer Struktureinheiten die reißverschlußartige Polyenbildung unterbricht, führt sie zunächst zu weniger gefärbten Produkten. Dies bedingt die gute Beständigkeit von Cd- und Zn-stabilisierten Systemen gegen frühzeitige Verfärbung („early color"). Die durch dia-Dehydrochlorierung gebildeten Produkte unterliegen andererseits bei weiterem Erhitzen wesentlich leichter einem oxydativen oder durch Sauerstoff katalysierten Abbau als die paradehydrochlorierten Kettenmoleküle mit Doppelbindungen. Dies beruht auf der erhöhten Tendenz zur Bildung freier Radikale, welche nach der Ansicht von FUCHSMAN (s. o.) durch thermische Spaltung der dia-Dehydrochlorierungsbrücken, d. h. also (bei vernetzten Abbauprodukten) der Vernetzungsbindungen, auftreten. Darüber hinaus dürften aber auch die bei der dia-Dehydrochlorierung gebildeten tertiären H-Atome zur Abspaltung unter primärer Radikalbildung befähigt sein, wie bereits in Abschnitt I. 2. mehrfach besprochen wurde. Deshalb neigen die mit Cd- und Zn-Verbindungen stabilisierten Materialien in einem bestimmten Stadium zu einem raschen, autokatalytischen Abbau durch Reaktion der freien Radikale mit Sauerstoff, wobei sie sich intensiv verfärben.

Ob die Tendenz zur Bildung freier Radikale indessen die einzige Ursache für die Verfärbung von Zn- und Cd-stabilisiertem PVC ist, bleibt noch fraglich. Wenn man die dirigierende Wirkung dieser Metalle im Sinne einer Cyclisierung bzw. Vernetzung voraussetzt, ergibt sich die Möglichkeit, daß die Metallchloride sowie ihre Anlagerungskomplexe mit HCl, wie z. B. $ZnCl_2 \cdot HCl$, nach Art von Friedel-Crafts-Katalysatoren Cyclisierungen unter Bildung hochkonjugierter Ringsysteme bewirken. Diese Vermutung wurde von Lo Scalzo (*354*) vorgebracht. Unter den von ihm vorgeschlagenen Reaktionsmechanismen erklärt besonders der folgende die Bildung gefärbter Strukturen:

```
~CH=CH-C-CH2~                           CH2~
       ‖                               /
       O                      ~C=CH-C-OH
                     ——→       |     |              ——→
   O                       HO-C-CH=C~
   ‖                         /
~CH2-C-CH=CH~             ~CH2

          CH     CH~
        //  \   //
     ~C      C
      |      |            + 2 H2O .
      C      C~
    //  \   //
 ~CH     CH
```

Dieser Reaktion geht möglicherweise eine Komplexbildung zwischen den Cd- oder Zn-Verbindungen und den Ketogruppen bzw. den Doppelbindungen voraus, welche auch die gute Anfangsfarbe erklären könnte. Demgegenüber wird angenommen, daß Stabilisatoren vom Typ der Ba-, Ca- und Sr-Verbindungen eine gewisse Anfangsfärbung durch Bildung von Carbeniaten an den Verzweigungsstellen der Ketten hervorrufen:

```
                                       –           +
~CH-CH~ + MeX  ——→  ~C-CH~ + Me + HX .
 ≀   |                           ≀   |
     Cl                              Cl
```

Bedauerlicherweise ist eine experimentelle Sicherung der verschiedenen Annahmen über die Verfärbung des PVC bislang kaum möglich. Die Förderung der Vernetzungsreaktion bei der Wärmealterung konnte Fuchsman (*203*) nur bei Zusatz eines Zn-Stabilisators zu weichgemachtem PVC nachweisen, und zwar auf Grund eines verringerten Quellungsvermögens der gealterten Proben in Tetrahydrofuran. Beim Cd-stabilisierten System war kein wesentlicher Unterschied im Quellungsvermögen gegenüber den mit anderen Metallverbindungen stabilisierten Proben sowie dem unstabilisierten Material erkennbar. Bemerkenswerterweise ergab sich im Laufe dieser Untersuchungen eine starke Erniedrigung der Quellung durch Amine und Harnstoffderivate, wie z. B. Diphenylguanidin, N,N'-Diphenylphenylendiamin, Thiocarbanilid, N,N-Dimethylanilin u. a. Diese Verbindungen üben also, dem PVC-Gemisch zugesetzt, ebenfalls eine stark vernetzende Wirkung aus. NAGATOMI u. a. (*418*) konnten andererseits durch Messung der Lösungsviskosität gealterter Hart-PVC-Proben feststellen, daß ein Zusatz von Cd-stearat nach anfänglicher Erniedrigung der Viskosität im Verlaufe der Alterung zu einem starken Anstieg der Viskosität führt, und zwar in Stickstoffatmosphäre wie in Luft. Unstabilisierte Proben, sowie solche, die mit Ba-stearat stabilisiert waren, ergaben nur einen schwachen Viskositätsanstieg bei Alterung in Luft. Dieses Ergebnis kann als ein Beweis für die vernetzende Wirkung der Cd-Stabilisatoren angesehen werden, die wohl in weichmacherfreiem Polymeren stärker zur Auswirkung kommt.

Ebenso wie manche Stabilisatoren die Vernetzung offensichtlich fördern, üben andere eine spezifisch unterdrückende Wirkung auf die Vernetzung aus. POPOVA u. a. (*462a*) fanden an Hand von thermomechanischen Messungen (Änderung der Deformation fester Proben mit steigender Temperatur bei konstanter Last) eine Vernetzungsinhibierung durch Pb-stearat, nicht dagegen durch Ba-, Ca- und Cd-stearat bei der thermischen Alterung in Luft. Auch einige andere Verbindungen, die sonst keinen Einfluß auf den thermischen Abbau von PVC zeigen, wie Benzophenon und Hydroxyverbindungen des Benzophenons, üben einen inhibierenden Effekt auf die Vernetzung aus.

Das bei der Zusammenstellung der verschiedenen experimentellen Ergebnisse etwas kompliziert wirkende Bild über die Wirkungsweise der PVC-Stabilisatoren soll im folgenden noch einmal in seinen grundlegenden Zügen zusammengefaßt werden:

1. Sämtliche typischen PVC-Stabilisatoren sind potentielle HCl-Akzeptoren. Diese Fähigkeit ist jedoch, wenn überhaupt, nur zu einem geringen Teil die Ursache für ihre farbstabilisierende Wirkung. Unter gewissen Bedingungen (besonders bei weichmacherhaltigen Proben und in Gegenwart von Sauerstoff) kann sogar die zu erwartende Induktionsperiode der HCl-Abspaltung mehr oder weniger fehlen.

2. Einige PVC-Stabilisatoren, vornehmlich Organozinnverbindungen, besitzen eine inhibierende Wirkung auf die HCl-Entwicklung, die aber nicht durch das HCl-Bindungsvermögen bedingt ist, sondern durch Blockierung aktiver Zentren, Reaktion mit freien Radikalen oder Komplexbildung mit katalytisch wirkenden Verunreinigungen. Die Blockierung aktiver Cl-Atome

ist auch für gewisse Metallseifen nachgewiesen. Diese Inhibierung der Dehydrochlorierung ist eine der Ursachen der farbstabilisierenden Wirkung.

3. Die Inhibierung der HCl-Abspaltung ist aber nicht die einzige Ursache und keine notwendige Voraussetzung für die Farbstabilisierung. Einige Metallchloride, die als Reaktionsprodukte von Metallsalzen in der PVC-Masse gebildet werden, z. B. $ZnCl_2$, $CdCl_2$, $BaCl_2$, $PbCl_2$, bewirken unter gewissen Bedingungen sogar eine katalytische Verstärkung der Dehydrochlorierung.

4. Es müssen daher für einige Stabilisatoren, besonders Metallsalze, Mechanismen der Farbstabilisierung angenommen werden, die in keinem Zusammenhang zu einer Beeinflussung des Ausmaßes der HCl-Abspaltung stehen. Solche sind aller Wahrscheinlichkeit nach die katalytische Oxydation von chromophoren Strukturen, die durch Dehydrochlorierung entstehen und ferner die Dirigierung der HCl-Abspaltung in Richtung einer dia-Dehydrochlorierung. Die den Abbau fördernde Wirkung der entstehenden Metallchloride kann durch geeignete Synergisten („Chelatoren") unterdrückt werden (vgl. dazu den folgenden Abschnitt).

5. Die Verwendung oxydationsfördernder Stabilisatoren steht im offensichtlichen Gegensatz zu dem in der Kunststoff-Stabilisierung allgemein verbreiteten Einsatz von Antioxydantien. Im Falle des PVC ist jedoch zwischen Wärme- und Lichtstabilisierung ein gewisser Unterschied vorhanden. Der oxydative Abbau spielt vorwiegend bei der Lichteinwirkung eine Rolle (vgl. I.2.3.1.) und wird bei der Lichtstabilisierung durch geeignete Antioxydantien unterdrückt. Beim Wärmeabbau steht die Dehydrochlorierung im Vordergrund; der dadurch hervorgerufenen Verfärbung wirken oxydative Einflüsse entgegen.

II.2.1.3. Synergistische Effekte bei der PVC-Stabilisierung

Zu der Verwendung von Zinkstabilisatoren muß, da Zinkverbindungen im Laufe unserer Ausführungen wiederholt als Katalysatoren für den Abbau bezeichnet wurden, festgestellt werden, daß sie praktisch niemals allein, sondern stets in Verbindung mit anderen Stabilisatoren eingesetzt werden. Durch solche „synergistische Mischungen" können gewisse nachteilige Eigenschaften des einen Stabilisators mehr oder weniger unterdrückt werden, so daß die Mischung bessere Stabilisierungswirkung zeigt als einer bloßen additiven Überlagerung der Einzelwirkung der Komponenten entspricht. Die synergistische Wirkung von Ba- und Cd-Seifen, auf welche bereits weiter oben hingewiesen wurde, ist von NAGATOMI u. a. (*417*, *420*) hinsichtlich ihrer Ursachen untersucht worden. Es ergab sich dabei eine merklich raschere Reaktion der beim Erhitzen freigesetzten HCl mit Ba-stearat unter Bildung von $BaCl_2$, als mit Cd-stearat unter Bildung von $CdCl_2$. Die anwesende Ba-Verbindung fängt also eine Zeitlang die abgespaltene HCl auf und schützt die

Cd-Verbindung vor Zersetzung. In Anknüpfung an die weiter oben beschriebenen Feststellungen der gleichen Autoren folgt daraus, daß die Bildung des als kräftiger Dehydrochlorierungskatalysator wirkenden $CdCl_2$ zunächst unterdrückt wird, wobei sich $BaCl_2$ bildet, das die Dehydrochlorierung nicht beeinflußt. Die gute Stabilisatorwirkung des Cd-stearats wird auf diese Weise längere Zeit hindurch erhalten. Dieser Befund deckt sich mit der bereits vor längerer Zeit von LALLY u. a. (*329*) formulierten Hypothese, daß die beiden Komponenten verschiedenes Reaktionsvermögen gegenüber HCl besitzen und daß der reaktionsfähigere Partner die anfängliche Reaktionsspitze der Dehydrochlorierung abfängt und damit die weniger reaktionsfähige Komponente zur Stabilisierung über einen längeren Zeitraum bewahrt. Eine Anzahl synergistischer Mischungen von Metallverbindungen hat VENNELLS (*613*) vor mehreren Jahren beschrieben. Eine große Rolle als synergistischer Zusatz zu Metallseifen spielen die Epoxyverbindungen. Sie haben zwar auch für sich allein eine stabilisierende Wirkung, diese wird jedoch wesentlich erhöht, wenn sie im Gemisch mit Metallverbindungen vorliegen (*637*). Wahrscheinlich erfolgt ihr Zusammenwirken mit der Metallkomponente nach dem gleichen Mechanismus, wie er für Gemische von zwei Metallstabilisatoren angenommen wird (*417*, *420*). PERRY (*449*) hat jedoch auf die Tatsache hingewiesen, daß in einem PVC-Gemisch mit Epoxyweichmacher und Ba/Cd-Stabilisator nach der Wärmealterung und Extraktion der Epoxyverbindung kein Verbrauch an Epoxy-Sauerstoff festzustellen war. Es wird deshalb angenommen, daß das durch Reaktion der Epoxygruppe mit HCl nach Gl. (4) entstehende Chlorhydrin durch Reaktion mit dem Metallsalz unter Rückbildung der Epoxygruppe wieder zerstört wird. HOPF (*277*) vermutet wegen der Unbeständigkeit des Chlorhydrins überhaupt einen völlig anderen Mechanismus für die Stabilisierung durch Epoxyverbindungen, nämlich eine Anlagerung der Epoxygruppe an Doppelbindungen in der PVC-Kette. Die Wirkung der Epoxyverbindungen beruht hier offensichtlich auf einer Blokkierung aktiver Zentren (vgl. II.2.2.). Von besonderer Bedeutung ist der synergistische Effekt zwischen Metallseifen und Phosphorigsäureestern. Die letzteren haben für sich allein kaum eine farbstabilisierende Wirkung, dagegen verbessern sie die Wirkung von Metallseifen ganz merklich (*157*). Allein eingesetzt, verzögern sie allerdings die HCl-Abspaltung etwas, wahrscheinlich infolge ihres eigenen Bindungsvermögens für HCl (tertiäre Phosphorigsäureester reagieren mit HCl unter Bildung von sekundärem Ester und Alkylchlorid (*609*)). Ihr Wirkungsmechanismus beruht auf der komplexen Bindung der aus Metallseifen entstehenden Metallchloride, wodurch deren katalytische Wirkung auf die HCl-Abspaltung (*194*) sowie eine eventuelle Ausscheidung aus der Kunststoffmasse vermieden wird; letztere führt bei transparenten Produkten zur Trübung. Die Phosphorigsäureester werden wegen ihres Komplexbildungsvermögens für Metallchloride allgemein als „Chelatoren“ bezeichnet. Dieser Ausdruck ist nicht ganz zutreffend, denn die

Komplexe liegen nicht als Chelate vor, sondern wahrscheinlich als Anlagerungsverbindungen, die sich auf Grund der Anwesenheit des einsamen Elektronenpaares im Phosphitmolekül $|P \begin{smallmatrix} \diagup OR' \\ -OR'' \\ \diagdown OR''' \end{smallmatrix}$ bilden (vgl. II.2.5.). Neben ihrer Eigenschaft als Synergisten üben die Phosphorigsäureester auch eine selbständige stabilisierende Wirkung als Antioxydantien aus (vgl. II. 2.4.1.). Weitere Formen des Synergismus im Bereiche der PVC-Stabilisierung sind bei der Besprechung spezieller Substanzen in Kapitel III. aufgeführt.

II.2.1.4. Wärmestabilisierung von Polyacetalen

Beim thermischen Abbau von Polyacetal-Kunststoffen (Polyformaldehyd und Acetal-Mischpolymerisate) wird unter Depolymerisation Formaldehyd gebildet, der bei Anwesenheit von Sauerstoff zu Ameisensäure oxydiert wird. Diese erweist sich als wirksamer Katalysator für die weitere Depolymerisation (vgl. I.2.2.1.). Polyacetal-Kunststoffen werden daher zur Stabilisierung für die thermoplastische Verarbeitung organische Stickstoffverbindungen zugesetzt, welche die Säure abfangen, zum Teil auch bereits mit dem primär entstehenden Formaldehyd reagieren. Solche Verbindungen sind in erheblicher Anzahl in Patentveröffentlichungen vorgeschlagen worden, grundlegende Untersuchungen über ihren Wirkungsmechanismus sind aber noch nicht bekannt. Typische Polyacetal-Wärmestabilisatoren sind Stickstoffbasen, deren Konstitution eine gute Verträglichkeit mit dem Kunststoff gewährleistet, u. a. Polyamide, Dicyandiamid, Polyvinylpyrrolidon, Harnstoff- und Thioharnstoffderivate, Melamin. Bei den genannten Verbindungen wird außer ihrer basischen Funktion besonders die Tendenz deutlich, den Formaldehyd unter dem Einfluß erhöhter Temperatur durch Kondensation zu binden. Dies ist auch bei Polyamidharzen der Fall, die Formaldehyd unter Ausbildung von dreidimensionalen Strukturen oder Methylolderivaten binden (vgl. (*316a*)).

II.2.2. Blockierung aktiver Zentren

Unter „aktiven Zentren" sollen hier stabile (d. h. nicht-radikalische) Strukturelemente in Hochpolymeren verstanden werden, an welchen der Primärschritt der zum Abbau führenden Reaktionsfolge stattfindet. Diese Strukturen sind entweder durch den chemischen Grundaufbau des Polymeren gegeben, oder sie entstehen im Verlaufe der Herstellung oder Alterung des Kunststoffes als Strukturanomalien. Die wichtigsten Formen von aktiven Zentren sind (vgl. I.2.): Doppelbindungen, labile Cl-Atome (speziell beim PVC), Katalysatorreste, endständige OH-Gruppen (speziell bei Polyacetalen), Kettenverzweigungen mit tertiären H-Atomen, durch Oxydation entstandene Gruppen.

Von der Blockierung solcher reaktionsfähiger Zentren wird bei der Stabilisierung des PVC am häufigsten Gebrauch gemacht, indem zahlreiche Stabilisatorsubstanzen Verwendung finden, bei denen eine Reaktion entweder mit labilen Cl-Atomen oder Doppelbindungen angenommen wird. Nach den Ergebnissen von BAUM u. a. (*38*) sind labile Cl-Atome, welche eine primäre Dehydrochlorierung einleiten, an Kettenverzweigungsstellen und in α-Stellung zu endständigen Doppelbindungen zu finden (vgl. I.2.3.1.). Doppelbindungen entstehen bei der Dehydrochlorierung und können ebenfalls als aktive Zentren angesehen werden, sei es bei Annahme einer ionischen Dehydrochlorierung durch den Allylaktivierungseffekt, sei es unter Zugrundelegung eines Radikalkettenmechanismus als Aktivatoren für die primäre Radikalbildung. Ihre Aufhebung durch katalytische Oxydation unter dem Einfluß von Metallsalzen ist bereits in Abschnitt II.2.1.2. besprochen worden; sie wird nicht unter die Blockierung aktiver Zentren gerechnet, sondern als eine „symptomatische" Stabilisierung durch Reaktion gefärbter Zersetzungsprodukte zu farblosen Verbindungen angesehen. Eine Reaktion mit labilen Cl-Atomen wird nach den Arbeiten von FRYE u. a. (*193—195*) den Metallseifen, speziell Ba-, Cd- und Zn-2-äthylhexanoat, zugeschrieben. Die Verfasser beobachteten, daß bei der Wärmebehandlung von Hart-PVC, das jeweils einen der genannten Stabilisatoren enthielt, bei 180 bzw. 160 °C im IR-Spektrum eine Bande bei 5.75 μ auftritt, die weder vom unbehandelten PVC, noch vom reinen Stabilisator geliefert wird, die aber in einem Mischpolymerisat mit Vinylacetat ebenfalls auftritt. Die Intensität der Bande nimmt im Laufe der Erwärmung zu, und zwar mit einer in der Reihenfolge Ba-, Cd-, Zn-Salz wachsenden Geschwindigkeit. Sie wird auf die CO-Streckfrequenz eines aliphatischen Carbonsäureesters zurückgeführt und ihre Entstehung durch eine Esterbildung unter Austausch labiler Cl-Atome am PVC-Gerüst durch Carbonsäurereste erklärt:

$$(C_7H_{15}-\underset{\underset{O}{\|}}{C}-O)_2Me + \underset{\underset{|}{-C-}}{\overset{\overset{|}{-C-}}{CH-Cl}} \longrightarrow C_7H_{15}-\underset{\underset{O}{\|}}{C}-O-\underset{\underset{|}{-C-}}{\overset{\overset{|}{-C-}}{CH}} + C_7H_{15}-\underset{\underset{O}{\|}}{C}-O-MeCl\,.$$

(Me = Ba, Cd, Zn)

Die Entfernung von Carbonsäure aus der PVC-Kette bedarf wahrscheinlich einer höheren Aktivierungsenergie als die Dehydrochlorierung, weshalb durch diese Reaktion also (a) die Zahl der aktiven Zentren verringert und (b) die allylaktivierte Reaktionsfolge der Dehydrochlorierung unterbrochen wird. Beide Einflüsse bedingen eine Stabilisierung des Materials. Zwar wurde von den Autoren nur bei Zusatz von Cd-2-äthylhexanoat eine Stabilisierung gegen Verfärbung und Versprödung der Proben beobachtet, während die Zn- und Ba-Salze infolge der katalytischen Aktivität ihrer Chloride die Zersetzung beschleunigten. Wir wissen jedoch, daß die Stabilisierungswirkung zahlreicher Substanzen erst bei ihrer Anwendung in synergistischen Mischungen in Erscheinung tritt. Im vorliegenden Fall wird die katalytische Zersetzungswirkung der Metallchloride nur beim Cd-Salz durch die erwähnte Blockierungsreaktion überkompensiert. Bei ungereinigtem PVC ist die Zunahme der 5.75 μ-Bande im Verlaufe der Wärmebehandlung stärker als bei gereinigtem PVC, entsprechend der naheliegenden Annahme, daß ersteres eine größere Anzahl labiler Cl-Atome (z. B. an den ungesättigten Endgruppen niedermolekularer Fraktionen) enthält. Im Falle des Zn-Salz enthaltenden Materials wird beobachtet, daß die Intensität der Bande ein Maximum durchläuft, was bedeutet, daß im fortgeschrittenen Stadium der Reaktion auch eine Entfernung von 2-Äthylhexansäure unter Bildung von Doppelbindungen stattfindet:

$$\begin{array}{c} | \\ CH_2 \\ | \\ -C-O-\underset{\underset{O}{\|}}{C}-C_7H_{15} \\ | \end{array} \longrightarrow \begin{array}{c} | \\ CH \\ \| \\ -C \\ | \end{array} + HO-\underset{\underset{O}{\|}}{C}-C_7H_{15}\,.$$

Die Ergebnisse werden durch Versuche mit C^{14}-markierten 2-Äthylhexanoaten bestätigt, wobei ein Verbleiben der Radioaktivität in dem Polymeren nach dessen Wärmealterung in Mischung mit den markierten Salzen und anschließender Entfernung überschüssigen Salzes durch wiederholtes Umfällen beobachtet wird. Dieser Effekt tritt übrigens auch bei Verwendung von DOP-haltigem Weich-PVC auf. Mit Hilfe der gleichen Technik der radioaktiven Markierung konnten FRYE u. a. (*196—198*) später auch nachweisen, daß Organozinnverbindungen eine analoge Umsetzung bewirken, indem ihr Säurerest gegen aktives Cl am Polymeren ausgetauscht wird. Unter Verwendung von Dibutyl-Sn-S,O-β-mercaptopropionat, Dibutyl-Sn-S,S'-di-(octylthioglykolat), Dibutyl-Sn-di-(monomethylmaleat) und Dibutyl-Sn-di-(2-äthylhexanoat), in denen einmal die Butylreste mit C^{14}, zum anderen Mal das Zinnatom durch Einführung von Sn^{113}, und schließlich der Säurerest mit C^{14} markiert waren, wurde festgestellt, daß bei der Wärmebehandlung der stabilisierten PVC-Proben nur im letzteren Fall die Radioaktivität im Polymeren durch vielfach wiederholte Umfällung nicht zu verringern war. Dies steht in Übereinstimmung mit der in Gl. (6) angeführten Reaktion. Allerdings wird auch bei Markierung der Alkylreste und des Sn-Atomes die Radioaktivität nur durch eine größere Anzahl von Umfällprozessen allmählich verringert, so daß für das gesamte Stabilisatormolekül eine Art von Bindung an das PVC angenommen werden muß. FRYE u. Mitarb. vermuten, daß sich zwischen der Organozinnverbindung und Cl-Atomen im Polymeren ein oktaedrischer Anlagerungskomplex mit dem Sn-Atom als Koordinationszentrum bildet. Mit Hilfe dieses Komplexes erfolgt dann die Verschiebung zwischen Cl und dem Säurerest und schließlich, bei anhaltender Wärmebehandlung, eine

Spaltung der koordinativen Bindungen durch Salzsäure (bzw. bei den Umfällungsversuchen durch das Lösungsmittel):

$$\begin{array}{c}\sim CH_2-\underset{\displaystyle Cl}{CH}\sim \\ + \\ \begin{matrix}Bu & & Y\\ & Sn & \\ Bu & & Y\end{matrix} \\ + \\ \sim CH_2-\overset{\displaystyle Cl}{CH}\sim\end{array} \longrightarrow \begin{array}{c}\sim CH_2-\underset{\displaystyle Cl}{CH}\sim \\ \begin{matrix}Bu & & Y\\ & Sn & \\ Bu & & Y\end{matrix} \\ \sim CH_2-\overset{\displaystyle Cl}{CH}\sim\end{array} \longrightarrow \begin{array}{c}\sim CH_2-\underset{\displaystyle Y}{CH}\sim \\ \begin{matrix}Bu & & Cl\\ & Sn & \\ Bu & & Y\end{matrix} \\ \sim CH_2-\overset{\displaystyle Cl}{CH}\sim\end{array} \xrightarrow{+HCl} \begin{array}{c}\sim CH_2-\underset{\displaystyle Y}{CH}\sim \\ + \\ \begin{matrix}Bu & & Cl\\ & Sn & \\ Bu & & Cl\end{matrix} \\ + \\ CH_2-\overset{\displaystyle Cl}{CH}\sim\end{array} + HY$$

(Bu = Butylrest, Y = Säurerest)

Die Art des intermediären Komplexes hängt weitgehend vom Säurerest ab. Bei Zusatz von Dibutyl-Sn-di-(monomethylmaleat) ist die Radioaktivität auch mit Sn^{113}-Markierung nicht vollständig durch Umfällung zu entfernen. Dies wird auf die Bildung einer stabilen Diels-Alder-Anlagerungsverbindung zurückgeführt (s. u.). Eine ähnliche Blockierungswirkung wird von JASCHING (*293*) den organischen Stickstoffbasen zugeschrieben, wobei diese mit reaktionsfähigen Cl-Atomen im PVC in Analogie zu der bekannten ionogenen Umsetzung mit Alkylchloriden reagieren:

$$2\ \begin{matrix}R' \\ & NH \\ R''\end{matrix} + RCl \longrightarrow \begin{matrix}R' \\ & N-R \\ R''\end{matrix} + \left[\begin{matrix}R' \\ & NH_2 \\ R''\end{matrix}\right]^+ Cl^-.$$

(R = aktivierter Alkylrest, R′ = Alkyl, R″ = Alkyl, H).

Eine solche Wirkung wird besonders im Falle der Aminocrotonsäureester sowie von Phenylindol und Phenylthioharnstoff angenommen. Daneben wirken diese organischen Basen wohl noch als Radikalfänger und gegebenenfalls (bei Anwesenheit von Schwefel) als Antioxydantien. Experimentelle Hinweise auf das Vorliegen dieser Reaktion wie im Falle der Metallcarboxylate und Organozinnverbindungen scheinen jedoch bisher nicht vorzuliegen.

Im Gegensatz zu den Ergebnissen von FRYE u. a. über die Reaktionsweise von Organozinnverbindungen steht ein Befund von KENYON (*302*). Dieser konnte bei der Lichtalterung von PVC mit C^{14}-Carboxyl-markiertem Dibutyl-Sn-diacetat keine Veränderung der verbleibenden β-Aktivität im Polymeren mit der Bestrahlungszeit feststellen, sondern nur bei Zusatz von C^{14}-Butyl-markiertem Dibutyl-Sn-diacetat. Deshalb wird hierbei nicht eine Reaktion zwischen dem Polymermolekül und dem Stabilisator unter Esterbildung, sondern eine Desaktivierung freier Radikale durch Butylreste angenommen (vgl. II.2.3.1.). Der Reaktionsmechanismus kann bei Lichtalterung verschieden von dem bei Wärmealterung sein.

Eine wesentliche Rolle spielt in der PVC-Stabilisierung die Blockierung von Doppelbindungen. Sie kann durch verschiedene Verbindungstypen erfolgen, von denen dienophile Substanzen vom Typ der Maleinsäurederivate am wichtigsten sind. Die zugrundeliegende Reaktionsweise dieser Produkte ist die Diels-Alder-Reaktion, die z. B. bei der Addition von Maleinsäureanhydrid an konjugierte Diene wie Butadien stattfindet:

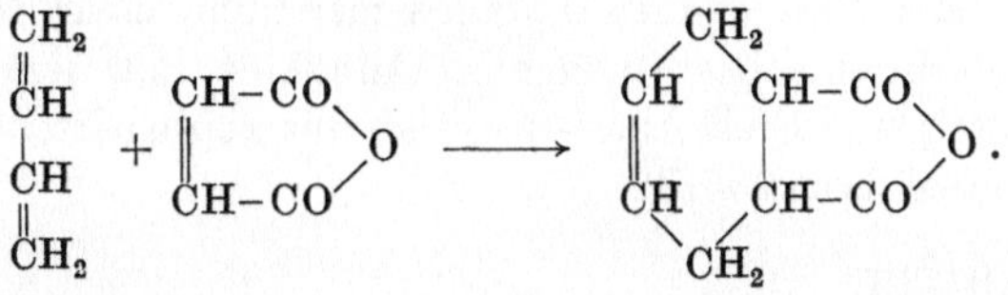

$$\begin{array}{l} CH_2 \\ \| \\ CH \\ | \\ CH \\ \| \\ CH_2 \end{array} + \begin{array}{l} CH-CO \\ \| \quad\quad \searrow O \\ CH-CO \nearrow \end{array} \longrightarrow \begin{array}{c} CH_2 \\ \swarrow \quad \searrow \\ CH \quad CH-CO \\ \| \quad\quad | \quad\quad O \\ CH \quad CH-CO \\ \searrow \quad \swarrow \\ CH_2 \end{array} .$$

Dienophile Reaktionskomponenten weisen allgemein eine Doppelbindung auf, die durch mindestens eine benachbarte Carbonyl-, Carboxyl- oder Nitrilgruppe aktiviert ist. Neben Maleinsäurederivaten gehören hierzu o-Chinone, Acrylsäure, Acrylnitril u. a. Sie addieren sich nicht nur an konjugierte Diene, sondern auch an isolierte Doppelbindungen, wie BACON u. a. (*20*) im Falle der Addition von Maleinsäureanhydrid an Naturkautschuk gezeigt haben. Über weitere Arbeiten zur Reaktion von Naturkautschuk mit dienophilen Verbindungen vgl. (*106*). Entsprechende Untersuchungen über die Umsetzung von doppelbindungshaltigem PVC mit dienophilen Komponenten liegen bisher noch nicht vor, obwohl in der Patentliteratur zahlreiche einschlägige Stabilisatoren beschrieben sind. Die Diels-Alder-Reaktion der Maleinsäure mit Polyenstrukturen im abgebauten PVC ist schon seit langem (vgl. (*440*)) angenommen worden; ihre Rolle besteht aller Wahrscheinlichkeit nach nicht nur in einer bloßen Beseitigung chromophorer Strukturen, sondern in einer echten Inhibierung der Dehydrochlorierungsreaktion. Zu den wichtigsten Stabilisatoren mit derartiger Wirkung gehört das Dibutyl-Sn-maleat, ein polymerer Körper von folgender Struktur:

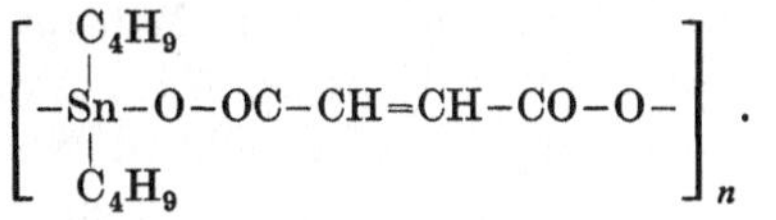

$$\left[\begin{array}{c} C_4H_9 \\ | \\ -Sn-O-OC-CH{=}CH-CO-O- \\ | \\ C_4H_9 \end{array} \right]_n .$$

Daß diese Substanz einen von den übrigen Organozinnverbindungen verschiedenen Wirkungsmechanismus hat, ergibt sich aus der Kürze der Induktionsperiode (*157*, *293*). Während z. B. DOP-weichgemachtes PVC im Verlaufe des Walzens bei 150 °C in Gegenwart von Dibutyl-Sn-dilaurat, -dimercaptid und -dithioglykolat eine Parallelität zwischen der farbstabilisierenden Wirkung und der Länge der Induktionsperiode erkennen läßt, zeigt Dibutyl-Sn-maleat eine ebenso kurze Induktionsperiode wie das unstabilisierte

Material, dagegen eine praktisch ebenso gute Farbstabilität wie die Organozinn-Schwefelverbindungen mit $3^1/_2$—7facher Länge der Induktionsperiode. Dies ergibt sich offenbar dadurch, daß eine gewisse Dehydrochlorierung stattfinden muß, bis der dienophile Reaktionsmechanismus einsetzen kann (*157*). Neuerdings ist durch die bereits weiter oben erwähnten Arbeiten von FRYE u. a. (*197*) gezeigt worden, daß Sn^{113}-markiertes Dibutyl-Sn-di-(monomethylmaleat) in wärmebehandeltem PVC eine durch mehrfaches Umfällen nicht mehr vollständig zu entfernende Radioaktivität verursacht. Dies steht im Gegensatz zu anderen Sn^{113}-markierten Organozinnverbindungen, wobei die Radioaktivität bei fortlaufendem Umfällen mehr und mehr abnimmt. Die Autoren sehen darin eine Bestätigung der Annahme, daß der verbleibende Anteil an Sn durch eine Diels-Alder-Reaktion mit konjugierten Dien-Strukturen im Polymeren fixiert wird:

```
       CH-CH
     //     \\
~CH          CH~                      CH=CH
       +                            /       \
                                ~CH           CH~
                                    \       /
       CH=CH         CH3             CH-CH        CH3
      /     \       /     ——→       /     \       /
 O=C          C-O               O=C         C-O
     \       //                     \       //
C4H9  O     O                   C4H9 O     O
    \ |    /                        \|    /
     Sn-Y                            Sn-Y
    /                               /
C4H9                            C4H9
```

(Y = Monomethylmaleat oder Cl)

Eine Reaktion mit Doppelbindungen ist auch für Organozinn-Schwefelverbindungen angenommen worden. Nach MACK (*369*, *370*) können die bei der HCl-Einwirkung daraus freiwerdenden Mercaptoverbindungen (vgl. Gl. (7b)) sich in einer der Vulkanisation von Kautschuken entsprechenden Reaktion an die Doppelbindungen anlagern und ferner mit Carbonylgruppen unter Aufhebung der C=O-Doppelbindung Mercaptole bilden. Alle Hinweise auf eine stabilisierende Wirkung solcher schwefelhaltiger Spaltprodukte, wie sie auch RIECHE u. a. (*484*) bringen, sind nach der Feststellung von FRYE u. a. (*197*), wonach reine Mercaptoverbindungen (β-Mercaptopropionsäure, Octylthioglykolat) beim Zusatz zu PVC keine Wärmestabilisierung bewirken, jedoch mit einer gewissen Skepsis zu betrachten. Wie bereits in Abschnitt II.2.1.2. erwähnt, nimmt LO SCALZO (*354*) auch eine Farbaufhebung durch Komplexbildung von Cd- oder Zn-Salzen mit Doppelbindungen bzw. Carbonylgruppen an. Eine Reaktion mit Doppelbindungen nimmt HOPF (*277*) bei Epoxystabilisatoren an, wobei vermutlich eine Umsetzung der Art

```
                                              ~CH-CH~
                                               |   |
~CH=CH~  +  R-CH——CH-R'    ——→                 O   |
              \  /                             |   |
               O                            R-CH-CH-R'
```

stattfinden soll. Bei Verwendung von Polyepoxyden werden auf diese Weise vernetzte Ketten erhalten. Auf die Möglichkeit einer solchen Reaktion ist bereits vor längerer Zeit hingewiesen worden (*329*).

Eine besondere Art der PVC-Stabilisierung besteht darin, die Entstehung aktiver Zentren des Abbaues bereits während der Herstellung des Polymeren zu verhindern. Wie in Abschnitt I.2.3.1. ausgeführt, treten aktive Cl-Atome an Kettenverzweigungsstellen und in α-Stellung zu ungesättigten Endgruppen durch Kettenübertragungs- bzw. Abbruchreaktionen auf, wobei die freien Radikalenden der polymerisierenden Ketten in folgender Weise reagieren:

(a) Kettenübertragung von einem Polymerradikal auf ein Polymermolekül:

$$\sim CH_2{-}\underset{Cl}{CH}\cdot + \sim CH_2{-}\underset{Cl}{CH}{-}CH_2{-}\underset{Cl}{CH}\sim \longrightarrow$$

$$\sim CH_2{-}\underset{Cl}{CH_2} + \sim CH_2{-}\underset{Cl}{\dot{C}}{-}CH_2{-}\underset{Cl}{CH}\sim$$

$$\sim CH_2{-}\underset{Cl}{\dot{C}}{-}CH_2{-}\underset{Cl}{CH}\sim + CH_2{=}\underset{Cl}{CH} \longrightarrow \sim CH_2{-}\underset{Cl}{\overset{\overset{\dot{C}H-Cl}{|}}{\overset{CH_2}{|}}{C}}{-}CH_2{-}\underset{Cl}{CH}\sim \cdots \text{(Fortpflanzung)}$$

(Kettenverzweigungen treten bevorzugt an CHCl-Gruppen auf (*306*))

(b) Kettenübertragung von einem Polymerradikal auf ein Monomermolekül:

$$\sim CH_2{-}\underset{Cl}{CH}\cdot + CH_2{=}\underset{Cl}{CH} \nearrow \sim CH_2{-}\underset{Cl}{CH_2} + CH_2{=}\underset{Cl}{C}\cdot \cdots \text{(Fortpflanzung)}$$

$$\searrow \sim \underset{Cl}{CH}{=}CH + CH_3{-}\underset{Cl}{CH}\cdot \cdots \text{(Fortpflanzung)}$$

(c) Kettenabbruch durch Disproportionierung:

$$\sim \underset{Cl}{CH}{-}CH_2{-}\underset{Cl}{CH}\cdot + \cdot\underset{Cl}{CH}{-}CH_2{-}\underset{Cl}{CH}\sim \longrightarrow \sim \underset{Cl}{CH}{-}CH_2{-}\underset{Cl}{CH_2} + \underset{Cl}{CH}{=}CH{-}\underset{Cl}{CH}\sim .$$

Eine Erhöhung der Eigenstabilität des Polymeren sollte dadurch zu erreichen sein, daß dem Polymerisationsgemisch Substanzen zugesetzt werden, welche mit den Polymerradikalen als aktive Kettenüberträger wirken und dadurch die angeführten Reaktionen (a) bis (c) unterdrücken. Als solche dienen Substanzen mit beweglichen H-Atomen (*21*). Fedoseev u. a. (*178*) beobachteten eine Verringerung der Dehydrochlorierungsgeschwindigkeit beim Erhitzen von PVC und seinem Methylacrylat-Mischpolymerisat bis hinab auf etwa 60 % gegenüber gewöhnlichem Polymeren, wenn zum Polymerisationsansatz geringe Mengen (0.5—1 Gew.-% vom Monomeren) geeigneter Überträger zugesetzt waren. Als solche dienten Isopropylbenzol, Diisopropylbenzol, Dicumylmethan, Tetrahydronaphthalin oder Acetessigester. Isopropylbenzol und Acetessigester üben aber auch bei Zusatz zum fertigen Polymeren eine verzögernde Wirkung auf die HCl-Abspaltung aus, d. h. sie können offensichtlich auf Grund ihrer beweglichen H-Atome auch die Abbaureaktion inhibieren. Über eine andere Methode zur Erhöhung der Eigenstabilität von PVC berichtet TAYLOR (*585*), wobei PVC im Gemisch mit Vinyl-n-octylphthalat mittels einer γ-Strahlenquelle bestrahlt wird. Es wird angenommen, daß hierdurch eine Pfropfpolymerisation des Phthalats an die aktiven Zentren des PVC stattfindet. Tatsächlich ergibt sich bei der Wärmealterung des gepfropften Materials eine im Vergleich zum ungepfropften Material verbesserte Farbbeständigkeit und Beibehaltung der Reißdehnung von Folien.

Eine Beseitigung von Doppelbindungen wird auch bei der Stabilisierung von anderen Kunststoffen, wie z. B. Polyolefinen, in Anwendung gebracht. Geeignete Methoden hierzu sind z. B. die Hydrierung oder die Anlagerung von niedermolekularen Verbindungen durch eine chemische Nachbehandlung des Polymeren (vgl. Kapitel IV.).

In jüngster Zeit hat sich mit dem Aufkommen von Polyacetalen (Polyoxymethylenen) ein besonderes Stabilisierungsverfahren als wichtig erwiesen, das der Beseitigung der endständigen OH-Gruppen in der Polyformaldehyd-Struktur dieser Polymeren dient. Es besteht im Verschluß der OH-Gruppen durch chemische Umsetzung im Anschluß an die Polymerisation. Die wichtigsten Methoden hierfür sind: Veresterung mit Säureanhydriden, Verätherung mit Orthosäureestern, Reaktion mit Isocyanaten zu Urethan-Derivaten (vgl. Abschnitt IV.2.2.).

II.2.3. Reaktion mit freien Radikalen

Unter Rückschau auf die Besprechung der Alterungsreaktionen an Hochpolymeren ergibt sich, daß freie Radikale als Zwischenprodukte solcher Reaktionen eine große Rolle spielen und daß die wichtigsten Alterungsreaktionen als Radikalkettenprozesse angesehen werden. Die Radikale wirken dabei als Kettenträger, indem bei dem Reaktionsschritt, welcher zu ihrer Desaktivierung führt, ein neues Radikal gebildet wird, das die Reaktion fortsetzt. Daraus ergibt sich aber, daß ein einzelner Abbruchsschritt, der nicht zur Neubildung eines als Kettenträger aktiven Radikals führt, die gesamte weitere Reaktionsfolge inhibiert. Der ideale Radikalinhibitor ist dabei ein solcher Stoff, der bereits in die Startreaktion eingreift und die primären Radikale abfängt, wobei er in einer Folgereaktion wieder regeneriert wird. Die

Regenerierung ist gegebenenfalls Aufgabe einer zweiten Substanz, die in diesem Falle mit dem eigentlichen Stabilisator ein synergistisches Gemisch bildet. Bei Inhibierung der Startreaktion oder Desaktivierung der intermediären Radikale nach einigen wenigen Fortpflanzungsschritten liegt das stöchiometrische Ausmaß der unterdrückten Alterungsreaktion in der Größenordnung des Produktes aus der Stabilisatormenge und der kinetischen Kettenlänge des Abbauprozesses. Durch Anwesenheit eines Synergisten wird der Wirkungsgrad des Stabilisators entsprechend erhöht. Es ist eine Erfahrungstatsache, daß radikalabbrechende Substanzen meist solche sind, die selbst leicht freie Radikale bilden. Der allgemeine Mechanismus der Inhibierung besteht dann darin, daß aus dem aktiven Radikal R• und dem Inhibitormolekül I eine inaktive Gruppe R und ein Inhibitorradikal I• gebildet werden, wobei letzteres jedoch die Abbaureaktion nicht fortsetzt, sondern sich durch Desaktivierung dem weiteren Reaktionsgeschehen entzieht, bzw. zu I regeneriert wird:

$$\mathrm{R}\bullet + \mathrm{I} \longrightarrow \mathrm{R} + \mathrm{I}\bullet\,; \quad \mathrm{I}\bullet \longrightarrow \begin{cases} \text{Desaktivierung} \\ \text{Regenerierung} \end{cases}.$$

Desaktivierung kann durch bimolekulare Rekombination, innere Umlagerung, Disproportionierung u. ä. erfolgen. Daneben gibt es weitere Mechanismen der Radikalinhibierung, z. B. durch Bildung eines Komplexes zwischen Radikal und Inhibitor oder durch Wandreaktionen an Phasengrenzflächen, wie sie bei Gegenwart von dispergierten Pigmenten oder Ruß stattfinden können.

Die beim Abbau von Polymeren intermediär auftretenden Radikale sowie fast alle Stabilisatorradikale gehören zur Klasse der „kinetisch stabilen Radikale" (*422*), d. h. sie verdanken ihre vorübergehende Existenz sterischen Hinderungen, während sie thermodynamisch instabil sind. Von stabilen Molekülen und Ionen unterscheiden sie sich dadurch, daß ihre Elektronenniveaus nicht aufgefüllt sind und unpaarige Elektronen enthalten. Die nichtkompensierten Elektronenspinmomente bewirken einen Paramagnetismus, so daß sich freie Radikale durch elektronenparamagnetische Resonanzmessungen nachweisen lassen. Damit konnten z. B. Neiman u. a. (*422*) die Bildung freier Radikale bei der Oxydation von phenolischen und aminischen Antioxydantien untersuchen.

Von der Inhibierung von Radikalprozessen wird sowohl bei der Unterdrückung von oxydativen wie auch von nicht-oxydativen Alterungsreaktionen Gebrauch gemacht. Allein auf dem Gebiete der Oxydationsinhibierung bestehen jedoch umfassendere Vorstellungen über den Mechanismus der Stabilisatorwirkung, während bei zahlreichen nicht-oxydativen Prozessen (z. B. dem PVC-Abbau) das Vorliegen einer Radikalinhibierung noch rein hypothetisch ist. In der folgenden Besprechung soll daher die Wirkung von Antioxydantien getrennt von der Stabilisierung bei nicht-oxydativen Prozessen aufgeführt werden.

II.2.3.1. Inhibierung nicht-oxydativer Radikalreaktionen

Bereits in Abschnitt II.2.1.2. war darauf verwiesen worden, daß die Reaktion mit freien Radikalen eine Alternative zur einfachen HCl-Akzeptorwirkung von PVC-Stabilisatoren, insbesondere Organozinnverbindungen, darstellt. Ein radikalischer Verlauf des PVC-Abbaues hatte sich auf Grund der Arbeiten zahlreicher Autoren ergeben, und insbesondere für den katalytischen Einfluß von Sauerstoff auf die Dehydrochlorierung war ein Radikalmechanismus angenommen worden (vgl. I.2.3.1.). Der erste, leider nur sehr mangelhaft belegte experimentelle Hinweis auf die Reaktion von Organozinnverbindungen mit Radikalen in der PVC-Kette stammt von KENYON (*302*), der pulverförmiges PVC, welches mit Dibutyl-Sn-diacetat stabilisiert war, mit UV-Licht von $\lambda > 270$ mμ bestrahlte. Der Stabilisator war teils in den Butylresten, zum anderen Mal in den Acetatgruppen mit C^{14} markiert. Nach Extraktion des Stabilisators aus dem bestrahlten Polymeren zeigte sich, daß nur bei Verwendung der in den Butylresten markierten Verbindung eine Zunahme der im Polymeren verbleibenden β-Aktivität mit der Bestrahlungszeit auftrat, während bei Verwendung des in den Acetatgruppen markierten Stabilisators keine Veränderung der Radioaktivität des Polymeren mit der Belichtungsdauer festzustellen war. KENYON nimmt daher eine Anlagerung der Butylreste an Radikalstellen im Molekül an:

$$R\cdot + (C_4H_9)_2Sn(CH_3COO)_2 \longrightarrow R{-}C_4H_9 + C_4H_9\dot{S}n(CH_3COO)_2\,.$$

Eine Stabilisierungswirkung wird dann dadurch verständlich, daß der Start von Dehydrochlorierungs-Kettenreaktionen (vgl. I.2.3.1., Gl. (33)) unterdrückt wird, daß intermediäre Radikale bei der Kettenfortpflanzung abgefangen werden, daß Vernetzung verhindert wird oder daß das Radikal der Reaktion mit Sauerstoff entzogen wird. Auf die Antioxydanswirkung von Organozinnstabilisatoren, die von verschiedenen Autoren als eine der Wirkungsweisen dieser Verbindungen angesehen wird (*369*, *370*, *484*), soll in Abschnitt II.2.4.1. noch näher eingegangen werden. Der Annahme von KENYON, daß die Kohlenwasserstoffreste der Organozinnverbindungen an das Polymere angelagert werden, stehen zahlreiche Beobachtungen bei der Wärmealterung von stabilisiertem PVC entgegen. So weist JASCHING (*293*) auf die Tatsache hin, daß durch Variation des Säurerestes der Organozinnverbindung erhebliche Unterschiede in der Induktionsperiode und der Geschwindigkeit der HCl-Abspaltung bei der Wärmealterung von PVC herbeigeführt werden können, während eine Variation des Kohlenwasserstoffrestes sich nicht in deutlicher Weise auswirkt. Dies gilt auch für die Zeitdauer bis zum Farbumschlag. Insbesondere wird bei Verwendung von Diphenylzinnverbindungen keine Erhöhung der Stabilität gegenüber anderen Organozinnverbindungen beobachtet, obwohl die Phenyl-Zinn-Bindung leichter gespalten wird als Alkyl-Zinn-Bindungen (*472*). Dieser Umstand allein dürfte jedoch nicht unbedingt gegen einen Radikalabbruch durch die Kohlenwasserstoffreste sprechen, wenn man annimmt, daß die Spaltung der C—Sn-Bindung im Stabilisatormolekül nicht der geschwindigkeitsbestimmende Schritt ist, sondern daß der Stabilisator stets einen gewissen Überschuß an freien Kohlenwasserstoffradikalen liefert. Die Ergebnisse von FRYE u. a. (*196*) mit C^{14}-Butyl-markierten Organozinnverbindungen haben allerdings gezeigt, daß die Anlagerung von Kohlenwasserstoffresten bei der thermischen Alterung von PVC zwar stattfindet, aber in einem so untergeordneten Maße, daß sie keinen wesentlichen Stabilisierungseffekt ergeben sollte. Möglicherweise spielt sie aber bei der Lichtalterung eine Rolle. Wahrscheinlich kann je nach den Alterungsbedingungen (Bestrahlung, Erwärmung) der eine oder der andere Mechanismus mehr in den Vordergrund treten. Der Säurerest besitzt auf alle Fälle eine weit größere Bedeutung für die Wirksamkeit von Organozinnverbindungen; man kann feststellen, daß der größte Teil der in der Patentliteratur niedergelegten Arbeiten über Organozinnstabilisatoren der Modifizierung des Säurerestes dient. Bemerkenswert ist auch, daß sich im wesentlichen nur Dialkylzinnverbindungen bewährt haben; RIECHE u. a. (*484*) fanden, daß Tetrabutylzinn als Inhibitor der Dehydrochlorierung wirkungslos ist, Tributylzinndodecylmercaptid inhibiert zwar die HCl-Abspaltung in gewissem Maße, ist jedoch dem Dibutylzinndidodecylmercaptid bei weitem unterlegen. Die Autoren verweisen auf die radikalabbrechende bzw. antioxydierende Wirkung des durch HCl abgespaltenen Mercaptans (vgl. Gl. (7b)). Die Notwendigkeit der Mercaptan-Abspaltung für eine solche Wirkung ist jedoch experimentell nicht bewiesen. Der in der Patentliteratur vorliegenden Erfahrung nach sind die Organozinnverbindungen auch zur Stabilisierung anderer Kunststoffe, z. B. von Polyolefinen, geeignet. Sie werden teils als Wärmestabilisatoren, teils als Antioxydantien vorgeschlagen (vgl. dazu Abschnitt II.2.4.1.).

WINKLER (*638*) nimmt an, daß neben Organozinnverbindungen auch andere Typen von PVC-Stabilisatoren, nämlich Metallseifen und Epoxyverbindungen, eine radikalkettenabbrechende Wirkung ausüben. Er folgert dies daraus, daß die Zersetzung von tert.-Butylhydroperoxyd in Toluol-Lösung bei 50 °C unter dem katalytischen Einfluß von Kobaltoctanoat durch den Zusatz der folgenden Substanzen in steigender Reihenfolge gehemmt wird: Epoxyverbindung (Kondensationsprodukt aus Biphenol A und Epichlorhydrin), Cadmiumseife, Epoxyverbindung + Cadmiumseife, Dibutyl-Sn-dilaurat. Die letztgenannten beiden Systeme zeigen sowohl bei der Inhibierung der Peroxydzersetzung wie als PVC-Stabilisator eine ähnlich starke Wirksamkeit. Die Inhibitorwirkung der hierbei verwendeten Epoxyverbindung dürfte allerdings nicht von der Epoxygruppe, sondern von den Hydroxylgruppen herrühren. Im übrigen ist der Einfluß von Verbindungen, die als Radikalinhibitoren bekannt sind, auf den Abbau des PVC durchaus nicht eindeutig. TAYLOR (*585*) untersuchte den Einfluß von Di-2-naphthyl-p-phenylendiamin und Resorcin, zwei Antioxydantien, auf die Dehydrochlorierung von PVC bei 180 °C. Dabei ergibt sich, daß das aminische Antioxydans die HCl-Abspaltung in Stickstoff wie in Sauerstoff stark beschleunigt, in Stickstoff mehr als in Sauerstoff, während Resorcin die Zersetzung in Stickstoff stark beschleunigt, in Sauerstoff schwach verlangsamt, jedoch nicht soweit, daß die niedrige Dehydrochlorierungsgeschwindigkeit des unstabilisierten PVC in Stickstoff erreicht wird. Die beschleunigende Wirkung ist offenbar auf das Radikalbildungsvermögen der beiden Antioxydantien zurückzuführen, denn Hexamethylentetramin, bei erhöhten Temperaturen ein starker Radikalbildner, beschleunigt in Stickstoff wie in Sauerstoff die HCl-Abspaltung sehr stark. Dem überlagert sich beim Resorcin in Gegenwart von Sauerstoff eine gewisse antioxydative Wirkung, die eine Verzögerung des Abbaues resultieren läßt. Bei dem aminischen Antioxydans kann diese Wirkung wegen der Hydrochloridbildung durch die auftretende Salzsäure nicht in Erscheinung treten.

Radikalkettenabbrechende Agenzien finden auch bei der Wärme- und Lichtstabilisierung anderer Polymerer Verwendung. Auf die weite Anwendbarkeit von Organozinnverbindungen war bereits oben hingewiesen worden. Cowley u. a. (*117*) fanden, daß Tetraphenylbernsteinsäuredinitril, ein typisches radikallieferndes Agens, das bei erhöhten Temperaturen in Diphenylcyanmethyl-Radikale zerfällt:

$$\mathrm{NC{-}\overset{\displaystyle C_6H_5}{\underset{\displaystyle C_6H_5}{\overset{|}{\underset{|}{C}}}}{-}\overset{\displaystyle C_6H_5}{\underset{\displaystyle C_6H_5}{\overset{|}{\underset{|}{C}}}}{-}CN} \longrightarrow 2\,\mathrm{NC{-}\overset{\displaystyle C_6H_5}{\underset{\displaystyle C_6H_5}{\overset{|}{\underset{|}{C}}}}\bullet}\;,$$

den photochemischen Radikalkettenzerfall von Polymethylmethacrylat inhibiert. Dies entspricht der oben erwähnten Reaktion von radikalbildenden Inhibitormolekülen mit den beim Abbau von Polymeren auftretenden intermediären Radikalen. Moiseev u. a. (*401*) haben den inhibierenden Einfluß von 2,2-Bis-(4′-hydroxyphenyl)-propan (Bisphenol A) auf den thermischen Abbau von Polypropylen untersucht und dabei eine umgekehrte Proportionalität zwischen der Anfangsgeschwindigkeit der Zersetzung (Druckzunahme der gasförmigen Produkte) und der Inhibitorkonzentration gefunden. Dies entspricht der kinetischen Beziehung, welche aus der Annahme eines Radikalkettenabbruches folgt.

Typische Radikalfänger sind die Antioxydantien, die eine solche Wirkung häufig auch bei nichtoxydativen Radikalreaktionen ausüben.

II.2.3.2. Allgemeines über Antioxydantien

Der oxydationshemmende Einfluß gewisser Verbindungen auf organische Stoffe wurde als ein besonderes chemisches Merkmal zuerst vor rund 50

Jahren von MOUREU und DUFRAISSE (*408*) erkannt. Unter den zahlreichen Substanzklassen, welche eine antioxydative Wirkung besitzen, sind die folgenden von besonderer Wichtigkeit für den Alterungsschutz von Kunststoff- und Kautschukmaterialien:

a) Substituierte Phenole, insbesondere solche mit Substituenten, welche die OH-Gruppe sterisch abschirmen („gehinderte Phenole") und mehrkernige Phenole, besonders Bisphenole. Beispiele hierfür sind 2,6-Di-tert.-butyl-4-methylphenol (DBPC; vgl. III.2., Substanzklasse *2.1.1.*) und 2,2'-Methylen-bis-(4-methyl-6-tert.-butylphenol) (Antioxidant 2246; vgl. III.2., Substanzklasse *2.2.2.*). Ferner abgeleitete Verbindungen, wie Metallkomplexe oder Kondensationsprodukte.

b) Aromatische Amine, z. B. Phenyl-2-naphthylamin oder N,N'-Diphenyl-p-phenylendiamin (PBN bzw. DPPD; vgl. III. 2., Substanzklasse *5.1.*). Ferner Aminophenole oder von aromatischen Aminen abgeleitete Verbindungen, wie Kondensationsprodukte.

c) Organische Schwefelverbindungen vom Typ der Thioäther (besonders Thiobisphenole), Disulfide, Mercaptane, Dithiocarbamate, heterocyclischen Thioverbindungen u. a. Beispiele: β,β'-Thiodipropionsäuredilaurylester (DLTDP; vgl. III.2., Substanzklasse *7.1.7.*), Distearyldisulfid (vgl. III.2., Substanzklasse *7.1.2.*), Zn-N,N'-dimethyldithiocarbamat (vgl. III.2., Substanzklasse *7.5.*), 2-Mercaptobenzimidazol (vgl. III.2., Substanzklasse *7.1.5.*).

d) Organische Phosphorverbindungen, besonders Phosphorigsäureester und Derivate von Thiophosphorsäuren. Beispiele: Triphenylphosphit (vgl. III.2., Substanzklasse *6.1.*), Zn-di-(4-methylpentyl-2)-dithiophosphat (vgl. III.2., Substanzklasse *7.6.2.*).

Daneben sind weitere Verbindungsklassen in großer Auswahl als Antioxydantien vorgeschlagen worden (vgl. Kapitel III.). Keine von ihnen erreicht jedoch die praktische Bedeutung der hier genannten (siehe dazu auch (*100*)). Die phenolischen und aminischen Antioxydantien sind davon wiederum die weitaus verbreitetsten, und der größte Teil der grundlegenden Untersuchungen über den Mechanismus der Oxydationsinhibierung hat das Verhalten dieser beiden Substanztypen zum Gegenstand. Nicht alle Antioxydantien wirken als Radikalkettenabbrecher; dieser Mechanismus ist jedoch für die phenolischen und aminischen Inhibitorsubstanzen durchweg kennzeichnend. Andere Wirkungsmechanismen, wie die Zersetzung von Hydroperoxyden oder die komplexe Bindung von Abbaukatalysatoren, sind weit weniger gut aufgeklärt. Substanzen, für die derartige Mechanismen angenommen werden (z. B. peroxydzersetzende Schwefel- oder Phosphorverbindungen) werden häufig als Synergisten zur Unterstützung der Wirkung radikalkettenabbrechender Agenzien eingesetzt. Ihre Wirkungsweise wird in den Abschnitten II.2.4. und II.2.5. gesondert behandelt.

II.2.3.3. Kinetik und Mechanismus der Inhibierung von oxydativen Radikalkettenprozessen

Wie fast alle Stabilisatoren, vermögen auch die Antioxydantien die Abbaureaktion nicht vollständig zu unterdrücken. Ihre Wirkung besteht vielmehr in einer Verzögerung des Abbaues durch eine mehr oder weniger ausgeprägte Verlängerung der Induktionsperiode, welche dem autokatalytischen Stadium der Oxydationsreaktion vorausgeht (vgl. I.2.2.1.). Die Verhältnisse sind in Fig. 18 an Hand schematischer Sauerstoffaufnahmekurven dargestellt; daraus ist zu ersehen, wie bei Oxydationsinhibierung die Induktionsperiode verlängert, bei Oxydationskatalyse hingegen verkürzt wird. Eine

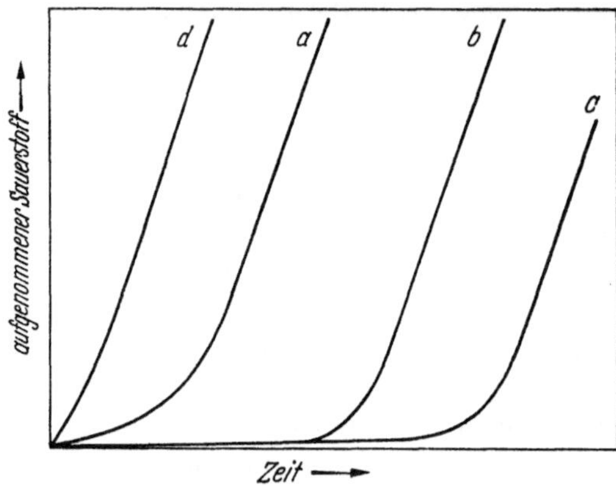

Fig. 18. Schematische Darstellung des Zeitverlaufes der Sauerstoffaufnahme bei a: Oxydation ohne Inhibierung oder Katalyse, b und c: inhibierter Oxydation mit Antioxydanszusätzen verschiedener Stärke, d: Oxydation in Gegenwart eines Oxydationskatalysators.

bemerkenswerte Eigenschaft mancher Antioxydantien ist es, daß sie unter gewissen Bedingungen (besonders, wenn sie in hohen Konzentrationen vorliegen) eine oxydationsbeschleunigende Wirkung ausüben, wobei die Induktionsperiode verkürzt wird. In zahlreichen Fällen ist gezeigt worden, daß ein Zusatz von Antioxydantien nur die Länge der Induktionsperiode beeinflußt, nicht dagegen die Oxydationsgeschwindigkeit im nachfolgenden linearen Teil der Kurve. Dies ergab sich u. a. bei der thermischen Oxydation von Polyäthylen bei Gegenwart von aminischen (*63*) und von phenolischen (*634*) Antioxydantien. Die mit einem Antioxydans von gegebener Konzentration erreichbare Vergrößerung der Induktionsperiode wird häufig zur Kennzeichnung seiner Wirksamkeit benutzt. Der Quotient aus der Zunahme der Induktionsperiode (in Stunden) und der Konzentration des Antioxydans (in Gewichtsprozent) dient beispielsweise hierzu und wird als „Stabilisierungskoeffizient“ bezeichnet (*404*). Infolge des komplizierten Zusammenhanges zwischen der Länge der Induktionsperiode und der Konzentration des Antioxydans (vgl. unten) haben solche Zahlen immer nur für eine bestimmte Konzentration eine Bedeutung. Für die Darstellung der Inhibitorwirkung gibt es außer dieser noch eine Anzahl weiterer empirischer Größen und Beziehungen zwischen der Länge der Induktionsperiode und der Inhibitorkonzentration (vgl. die Zusammenstellung von MALTESE (*379*)).

Die radikalkettenabbrechende Wirkung der Antioxydantien besteht, wie zuerst BÄCKSTRÖM (*19*) festgestellt hat, in einer mit der Oxydationskettenreaktion konkurrierenden, sehr wirksamen Alternativreaktion, welche zu einem vorzeitigen Kettenabbruch führt. Ein kinetisches Schema der Autoxydationsreaktion im Stadium des ausschließlichen Aufbaues von Hydroperoxyden als Oxydationsprodukt haben BOLLAND u. a. (*67*) angegeben, wie in Abschnitt I.2.2.1. ausführlich besprochen wurde. Der geschwindigkeitsbestimmende Schritt besteht dabei in der Reaktion eines Peroxyradikals mit einem Substratmolekül (Gl. (3c) in I.2.2.1.):

$$RO_2\cdot + RH \xrightarrow{k_3} ROOH + R\cdot . \tag{8}$$

BOLLAND u. a. (*69*) haben dieses Schema sodann für die inhibierte Autoxydation durch die Annahme erweitert, daß bei Gegenwart eines Antioxydans die Reaktionskette durch Konkurrenzreaktion des Inhibitormoleküls AH mit einem der Radikale $RO_2\cdot$ oder $R\cdot$ abgebrochen wird:

$$\left.\begin{array}{ll} RO_2\cdot + AH \xrightarrow{k_9} & (9) \\ R\cdot + AH \xrightarrow{k_{10}} & (10) \end{array}\right\} \text{stabile Produkte} .$$

Durch Überlagerung der Reaktionen (9, 10) mit der Reaktionsfolge (3a—f) in Abschnitt I.2.2.1. ergibt sich ein einfaches kinetisches Schema, welches BOLLAND u. a. (*69*) mit Hilfe der durch Benzoylperoxyd initiierten Autoxydation von Äthyllinoleat als niedermolekulare Modellsubstanz experimentell überprüft haben, wobei dem System Hydrochinon als Inhibitor zugesetzt war.

Unter Annahme eines stationären Zustandes für die freien Radikale sowie Vernachlässigung der Kettenabbruchreaktionen (3d—f) aus Abschnitt I.2.2.1., welche bei der nicht-inhibierten Autoxydation angenommen wurden, folgt für die Oxydationsgeschwindigkeit die Beziehung

$$-\frac{d[O_2]}{dt} = R_a = \frac{v_1 k_3 [RH]}{[AH]} \left(\frac{k_2 [O_2]}{k_2 k_9 [O_2] + k_3 k_{10} [RH] + k_9 k_{10} [AH]} \right) . \tag{11}$$

Darin ist v_1 die Geschwindigkeit der Startreaktion; die Konstanten k_2 und k_3 haben die gleiche Bedeutung wie in Abschnitt I.2.2. Die Beziehung ist für den Fall abgeleitet, daß die Radikale $RO_2\cdot$ als primäres Produkt der Startreaktion gebildet werden. Nimmt man nun an, daß $k_9 \gg k_{10}$, so ergibt sich die vereinfachte Gleichung

$$-\frac{d[O_2]}{dt} = R_a = v_1 k_3 [RH] / k_9 [AH] , \tag{12}$$

die nach den Untersuchungen von BOLLAND u. a. (*69*) in guter Übereinstimmung mit den experimentellen Ergebnissen ist. Aus diesen Versuchen folgt also, daß die Reaktion des Radikals $RO_2\cdot$ mit dem Inhibitormolekül nach Gl. (9) die gegenüber Reaktion (10) bei weitem überwiegende und somit ausschließlich in Betracht zu ziehende Inhibierungsreaktion darstellt. Falls die primär gebildeten Radikale nicht vom Typ $RO_2\cdot$, sondern vom Typ $R\cdot$ sind, gilt statt (12) die etwas abgewandelte Beziehung (*127*):

$$-\frac{d[O_2]}{dt} = R_a = v_1\left\{1 + (k_3[RH]/k_9[AH])\right\}. \tag{13}$$

Wenn jedes Inhibitormolekül n Oxydationsketten abbricht, ist die Geschwindigkeit des Verbrauches an Antioxydans:

$$-\frac{d[AH]}{dt} = \frac{v_1}{n}. \tag{14}$$

Aus diesen Beziehungen folgt, daß unter den getroffenen kinetischen Voraussetzungen die Anfangsgeschwindigkeit der Oxydation umgekehrt proportional zur Inhibitorkonzentration ist (Gl. (12) bzw. (13)) und daß ferner, da im unverzweigten Stadium der Kettenreaktion bei konstanter Startreaktionsgeschwindigkeit v_1 der Inhibitorverbrauch der nullten Ordnung folgt (Gl. (14)), die Zeitdauer bis zum Aufbrauch des Inhibitors linear proportional zu seiner Anfangskonzentration ist. Tatsächlich konnte WILSON (*634*) bei der inhibierten thermischen Oxydation von Polyäthylen eine lineare Beziehung zwischen der Verlängerung der Induktionsperiode und der Anfangskonzentration des Antioxydans feststellen. Dieser Befund legt die Deutung nahe, daß auch in hochmolekularen Systemen ähnliche kinetische Verhältnisse gelten und daß die Induktionsperiode durch die Zeitdauer bis zum vollständigen Aufbrauch des Inhibitors nach Gl. (9) bestimmt ist. Wie wir später (vgl. S. 120) sehen werden, ist diese lineare Abhängigkeit zwischen der Länge der Induktionsperiode und der Inhibitorkonzentration jedoch kein typischer Fall, und das einfache kinetische Schema bedarf wesentlicher Erweiterungen. Über die Anwendung der Beziehung (12) zur Charakterisierung der Wirksamkeit von Antioxydantien vgl. II.2.3.4. Irgendwelche Voraussetzungen über den Mechanismus der Reaktion zwischen $RO_2\cdot$ und dem Antioxydansmolekül sind in den beschriebenen Ableitungen von BOLLAND u. a. (*69*) noch nicht enthalten. Die gleichen Autoren (*70*) deuten aber die chemische Natur des Prozesses als die einer Wasserstoffübertragung vom Antioxydans zum Peroxyradikal:

$$RO_2\cdot + AH \longrightarrow ROOH + A\cdot. \tag{15}$$

Diese ursprünglich nur für phenolische Inhibitoren vorgeschlagene Reaktion wurde bald auch auf die Erklärung der Wirkungsweise aminischer Antioxydantien ausgedehnt (vgl. (*289*)), da sie in Einklang mit der Anwesenheit labiler H-Atome in beiden Arten von Verbindungen steht.

Phenolische Antioxydantien:

$$\text{R-C}_6\text{H}_4\text{-OH} + RO_2\cdot \longrightarrow \text{R-C}_6\text{H}_4\text{-O}\cdot + ROOH \tag{16}$$

Aminische Antioxydantien:

$$\text{R}'\text{-C}_6\text{H}_4\text{-NH-C}_6\text{H}_4\text{-R}'' + RO_2\cdot \longrightarrow \text{R}'\text{-C}_6\text{H}_4\text{-}\dot{\text{N}}\text{-C}_6\text{H}_4\text{-R}'' + ROOH. \tag{17}$$

Ein großer Teil der bisherigen Untersuchungen, besonders über phenolische Antioxydantien, basiert auf der Annahme der Reaktion (15). Es muß jedoch eingeräumt werden, daß die Wasserstoffübertragung nicht die einzige Reaktionsmöglichkeit darstellt; dies folgt schon daraus, daß auch gewisse tertiäre Amine wirksame Antioxydantien sind. Außer der Wasserstoffübertragung kommen die folgenden weiteren Mechanismen in Betracht (vgl. (*531*)):

Elektronenübertragung:

$$RO_2\cdot + :\!\underset{|}{\overset{|}{N}}H \longrightarrow RO_2:^- + \cdot\underset{|}{\overset{|}{N}}H^+ \tag{18}$$

Anlagerung des Peroxyradikals an den aromatischen Ring des Inhibitors:

$$RO_2\cdot + AH \longrightarrow RO_2\text{–}AH\cdot \tag{19}$$

Bildung eines π-Komplexes zwischen dem Peroxyradikal und dem Inhibitor:

$$RO_2\cdot + AH \rightleftarrows (RO_2\cdot \leftarrow AH) \tag{20a}$$

$$(RO_2\cdot \leftarrow AH) + RO_2\cdot \xrightarrow{k_{11}} \text{stabiles Produkt}. \tag{20b}$$

Das Vorliegen eines Wasserstoffübertragungsmechanismus nach Gl. (15) sollte sich im Auftreten eines Isotopeneffektes bei Verwendung von Antioxydantien, deren aktives Wasserstoffatom durch Deuterium ersetzt ist, zu erkennen geben. Den Nachweis eines solchen Effektes haben SHELTON u. a. (*534*, *530*, *531*) für die inhibierte Oxydation von Butadien/Styrol-Kautschuk und von 1,4-cis-Polyisopren erbracht. Bei Verwendung von deuterierten Inhibitoren wurde dabei eine erhöhte Oxydationsgeschwindigkeit R_D gegenüber der Oxydationsgeschwindigkeit R_H mit gewöhnlichen Inhibitoren beobachtet. Für Butadien/Styrol-Kautschuk ergeben sich z. B. Verhältnisse von $R_D/R_H = 1.3$ mit 2,6-Di-tert.-butyl-4-methylphenyol (DBPC) und $R_D/R_H = 1.8$ mit N-Phenyl-2-naphthylamin (PBN). Ähnliches gilt für die Oxydation von 1,4-cis-Polyisopren in Gegenwart von N,N'-Diphenyl-p-phenylendiamin, PBN und DBPC. Bei höheren Inhibitorkonzentrationen und Temperaturen kehrt sich hier der Isotopeneffekt um, indem die R_D/R_H-Werte <1 werden. Dies beruht darauf, daß unter derartigen Bedingungen die antioxydative Wirkung des Inhibitors in eine Oxydationskatalyse übergeht und die Initiierung der Oxydation durch den deuterierten Inhibitor langsamer verläuft. Andererseits konnten bei einigen inhibierten Autoxydationen keine Deuterium-Isotopeneffekte nachgewiesen werden. So führt PEDERSEN (*445*) das Fehlen eines Isotopeneffektes bei der Inhibitorwirkung von N,N'-Diphenyl-p-phenylendiamin darauf zurück, daß aromatische Amine im Sinne einer Elektronenübertragungsreaktion nach Gl. (18) reagieren. Aus ähnlichen Beobachtungen über die Identität der Inhibitorwirkung von deuteriertem und gewöhnlichem N-Methylanilin bzw. Diphenylamin schließen BOOZER u. a. (*72, 73, 243*) auf einen anderen Mechanismus, welcher ebenfalls keinen Isotopeneffekt erwarten läßt. Dieser besteht in der Bildung eines „Charge transfer"-Komplexes zwischen dem Peroxyradikal und dem π-Elektronensystem des Inhibitormoleküls entsprechend Gl. (20a) und der nachfolgenden Reaktion des Komplexes mit einem zweiten Peroxyradikal nach Gl. (20b). Da für die Bildung des Komplexes ein Gleichgewicht angenommen wird, kann Gl. (20a) nach den Grundvorstellungen der Reaktionskinetik nicht geschwindigkeitsbestimmend sein (vgl. (*546*)). Obgleich die Autoren (*243*) annehmen, daß Reaktion (20b) sehr schnell abläuft, muß diese deshalb gegenüber (20a) als geschwindigkeitsbestimmend angesehen werden. Die Natur dieser Komplexbildung sowie der Zusammenhang zwischen Elektronenstruktur und Antioxydanswirkung von Inhibitormolekülen ist vielfach untersucht worden; vgl. dazu die neuere Arbeit von MOROKUMA u. a. (*407*). Das Reaktionsschema (20a, b) ergibt gegenüber dem Wasserstoffübertragungsmechanismus Gl. (15) eine abweichende kinetische Beziehung für die Sauerstoffaufnahmegeschwindigkeit. Während bei einer Inhibierung durch Wasserstoffübertragung Gl. (12) bzw. (13) gelten, führt die Annahme einer derartigen Komplexbildung zu der Beziehung

$$-\frac{d[O_2]}{dt} = R_a = k_3[RH](v_1/k_{11}[AH])^{\frac{1}{2}}. \qquad (21)$$

Diese erklärt den Befund von HAMMOND u. a. (*243*), daß bei der Oxydation von Tetralin in Chlorbenzol-Lösung unter dem katalytischen Einfluß von Azodiisobuttersäurenitril bei Gegenwart von Phenol oder N-Methylanilin als Inhibitoren die Anfangsgeschwindigkeit der Reaktion umgekehrt proportional zum *Quadrat* der Inhibitorkonzentration ist. Die zur Annahme einer Komplexbildung führenden Schlüsse sind von mehreren Autoren als nicht stichhaltig bezeichnet worden, um die Auffassung eines einheitlichen Inhibierungsmechanismus gemäß Gl. (15) aufrechtzuerhalten. So wird entweder das beobachtete Fehlen eines Isotopeneffektes angezweifelt (*534*) oder auf einen schnellen Austausch des Deuteriums gegen Wasserstoff durch Spuren von Feuchtigkeit oder Hydroperoxyde zurückgeführt (*290*). BICKEL u. a. zeigten, daß in dem Falle einer verschwindenden Aktivierungsenergie des Prozesses (15) nur ein geringfügiger Isotopeneffekt zu erwarten ist (*60*) und daß Quadratwurzelabhängigkeiten zwischen der Oxydationsgeschwindigkeit und [AH] nach Art von Gl. (21) durch die später zu betrachtenden Nebenreaktionen (23 g) und (23 n) hervorgerufen sein können (*58*). Andererseits ist die Existenz eines Alternativmechanismus zur Wasserstoffübertragung schon deshalb außer Zweifel, weil Dimethylanilin und N,N,N',N'-Tetramethyl-p-phenylendiamin trotz Abwesenheit beweglicher H-Atome eine Inhibitorwirkung zeigen, letzteres sogar eine kräftige (*243*). Ingold (*289*) vermutet indessen im Rahmen einer umfassenden kritischen Sichtung der einzelnen vorgeschlagenen Inhibitormechanismen, daß die Wirkung des zuletztgenannten Amins nicht notwendig auf einer Komplexbildung beruhen muß, sondern daß H-Übertragung unter Bildung eines Radikals der Art p-$(CH_3)_2N—C_6H_4—N(CH_3)CH_2\cdot$ stattfinden kann. Kuzminskii u. a. (*324*) finden bei tertiären Aminen (Phenyl-methyl-2-naphthylamin) keine inhibierende Wirkung auf die Oxydation von Kautschuk (vgl. auch (*59*)). Zusammenfassend dürfen wir über die zwischen beiden Auffassungen bestehende Diskrepanz uns der von Uri (*603*) gezogenen Schlußfolgerung anschließen: Der Wasserstoffübertragungsmechanismus ist zweifellos von vorherrschender Bedeutung für die Antioxydanswirkung. Daneben kann jedoch in einigen Fällen ein andersartiger Mechanismus vorliegen, etwa eine Komplexbildung nach Art der Gl. (20a, b). Dieser Mechanismus konnte bisher nur für relativ schwache Antioxydantien wahrscheinlich gemacht werden, so daß er nur dann zur Geltung kommen dürfte, wenn die Reaktion (15) sehr langsam verläuft, wie dies bei schwachen Inhibitoren der Fall ist. — Die Anlagerung von Peroxyradikalen an ein Inhibitormolekül unter Hauptvalenzbindung nach Gl. (19) ist schließlich ebenfalls in Betracht zu ziehen. Die experimentell beobachtete Inhibitorwirkung von Chinonen ist auf diese Weise zu erklären. Rembaum u. a. (*478*) haben die Reaktion von Methylradikalen mit verschiedenen Chinonen untersucht und sind zur Annahme des folgenden allgemeinen Reaktionsverlaufs gekommen:

(22)

(R = Methyl)

Nachdem im Voranstehenden festgestellt wurde, daß die Inhibierungsreaktion (9) in den meisten Fällen auf eine Wasserstoffübertragung gemäß

Gl. (15) zurückgeführt werden kann, muß jedoch sogleich hinzugefügt werden, daß bei Anwesenheit eines Inhibitors im oxydierenden System außer der Kettenabbruchreaktion (15) noch eine Anzahl von Nebenreaktionen stattfinden können, die durch den Inhibitor bedingt werden. Diese sind: Kettenstart durch den Inhibitor, Kettenübertragung durch das Inhibitorradikal, Abbau von Hydroperoxyden durch den Inhibitor zu nicht-radikalliefernden Produkten, Kettenabbruch durch das Inhibitorradikal, direkte Oxydation des Inhibitors zu stabilen Produkten u. a. Solche Nebenreaktionen werden, zusätzlich zu dem von BOLLAND u. a. (*67, 69, 70*) angegebenen Schema der inhibierten Oxydation, postuliert, um eine Reihe von experimentellen Befunden zu deuten, die nicht in Einklang mit den einfachen kinetischen Konsequenzen dieses Schemas zu bringen sind. Diese Befunde sind insbesondere die folgenden: (a) Abhängigkeit der Oxydationsgeschwindigkeit vom Sauerstoff-Partialdruck auch bei höheren Drucken, (b) Beschleunigung der Oxydation durch Inhibitorsubstanzen, (c) komplizierte Abhängigkeit der Länge der Induktionsperiode von der Inhibitorkonzentration. Unter Einbeziehung aller möglichen Nebenreaktionen gelangt man zu einem vielstufigen Reaktionsschema für die inhibierte Autoxydation, dessen Teilreaktionen von einzelnen Autoren zur Interpretierung bestimmter kinetischer Versuchsergebnisse in verschiedener Weise kombiniert worden sind. Im folgenden sind die wichtigsten in Betracht zu ziehenden Reaktionen zusammengestellt:

Startreaktionen:

$$\mathrm{ROOH} \xrightarrow{k_1} \mathrm{RO\cdot} + \mathrm{HO\cdot} \quad (23\,\mathrm{a})$$

$$\mathrm{RH} + \mathrm{O_2} \xrightarrow{k_1^*} \mathrm{R\cdot} + \mathrm{HO_2\cdot} \quad (23\,\mathrm{b})$$

$$\mathrm{AH} + \mathrm{O_2} \xrightarrow{k_1^a} \mathrm{A\cdot} + \mathrm{HO_2\cdot} \quad (532, 530, 49, 346) \quad (23\,\mathrm{c})$$

Fortpflanzung:

$$\mathrm{R\cdot} + \mathrm{O_2} \xrightarrow{k_2} \mathrm{RO_2\cdot} \quad (23\,\mathrm{d})$$

$$\mathrm{RO_2\cdot} + \mathrm{RH} \xrightarrow{k_3} \mathrm{ROOH} + \mathrm{R\cdot} \quad (23\,\mathrm{e})$$

Kettenübertragung:

$$\mathrm{RO_2\cdot} + \mathrm{AH} \xrightarrow{k_9} \mathrm{ROOH} + \mathrm{A\cdot} \quad (23\,\mathrm{f})$$

$$\mathrm{A\cdot} + \mathrm{RH} \xrightarrow{k_9'} \mathrm{AH} + \mathrm{R\cdot} \quad (532, 530, 346) \quad (23\,\mathrm{g})$$

Reaktionen radikalischer Hydroperoxyd-Zerfallsprodukte:

$$\mathrm{RO\cdot} + \mathrm{RH} \xrightarrow{k_{12}} \mathrm{ROH} + \mathrm{R\cdot} \quad (49) \quad (23\,\mathrm{h})$$

$$\mathrm{RO\cdot} + \mathrm{AH} \xrightarrow{k_{13}} \mathrm{ROH} + \mathrm{A\cdot} \quad (301) \quad (23\,\mathrm{i})$$

$$\mathrm{HO\cdot} + \mathrm{RH} \xrightarrow{k_{14}} \mathrm{H_2O} + \mathrm{R\cdot} \quad (49) \quad (23\,\mathrm{j})$$

$$\mathrm{HO\cdot} + \mathrm{AH} \xrightarrow{k_{15}} \mathrm{H_2O} + \mathrm{A\cdot} \quad (301) \quad (23\,\mathrm{k})$$

Kettenabbruch:

$$2\,\mathrm{RO_2\cdot} \xrightarrow{k_6} \text{stabile Produkte} \quad (23\,\mathrm{l})$$

$$2\,\mathrm{A\cdot} \xrightarrow{k_{16}} \text{stabile Produkte} \quad (532, 530) \quad (23\,\mathrm{m})$$

$$\mathrm{RO_2\cdot} + \mathrm{A\cdot} \xrightarrow{k_{17}} \text{stabile Produkte} \quad (301, 532, 530) \quad (23\,\mathrm{n})$$

$$RO\cdot + A\cdot \xrightarrow{k_{18}} \text{stabile Produkte } (301) \qquad (23\text{o})$$

$$HO\cdot + A\cdot \xrightarrow{k_{19}} \text{stabile Produkte } (301) \qquad (23\text{p})$$

Direkte Oxydation des Inhibitors:

$$AH + O_2 \xrightarrow{k_{20}} \text{stabile Produkte } (349, 346) \qquad (23\text{q})$$

Hydroperoxyd-Zersetzung:

$$ROOH \xrightarrow{k_{21}} \text{stabile Produkte } (49) \qquad (23\text{r})$$

$$ROOH + AH \xrightarrow{k_{22}} \text{stabile Produkte } (532, 530, 49) \qquad (23\text{s})$$

Reaktion (23f) wird zur Kettenabbruchreaktion im Sinne der Gl. (9), wenn das entstehende Radikal A• nicht nach Gl. (23g) weiterhin am Ablauf des Kettenprozesses teilnimmt. Die wichtigsten Nebenreaktionen, welche den Verlauf inhibierter Autoxydationen merklich beeinflussen können, sind (23c, g, m, n, q, s). Die Art ihres Einflusses wird nachstehend kurz zu betrachten sein.

Während bei der nichtinhibierten Oxydation der Hydroperoxydzerfall (23a) die wichtigste Startreaktion ist (vgl. I.2.2.1.), werden in Gegenwart von Inhibitoren Startreaktionen durch direkten Angriff des Sauerstoffs am Substrat (Gl. (23b)) oder am Inhibitor (Gl. (23c)) wirksam. Dies ist aus der Abhängigkeit der Oxydationsgeschwindigkeit vom Sauerstoff-Partialdruck erkennbar, die ja bei der nichtinhibierten Oxydation (außer bei sehr kleinen O_2-Drucken) nicht auftritt, dagegen bei inhibierten Oxydationen (z. B. von Kautschuken (*532*) oder Polyglykolen (*349*)) beobachtet wird. Shelton (*530*) findet bei der inhibierten Oxydation von rußgefülltem Naturkautschuk bei 100 °C und O_2-Partialdrucken zwischen 0.056 und 1.0 at im geradlinigen Teil der Sauerstoffabsorptionskurve eine Abhängigkeit der Reaktionsgeschwindigkeit K von der Quadratwurzel des Sauerstoffdruckes P. Tatsächlich ergibt sich theoretisch aus der Reaktionsfolge (23a—g, l—n, s) eine Abhängigkeit zwischen K und P von der Form

$$K = b(P + cK)^{\frac{1}{2}} + a(P + dK)\,.$$

Die Größenordnung der zusammengesetzten Geschwindigkeitskonstanten a, b, c und d erlaubt eine Vernachlässigung des zweiten Gliedes sowie des Ausdruckes cK, welcher der sauerstoffunabhängigen Startreaktion entspricht, so daß die experimentell gefundene Quadratwurzelbeziehung folgt.

Damit die radikalkettenabbrechende Wirkung des Inhibitors gewährleistet ist, muß $k_9 > k_3$ sein, d. h. die Peroxyradikale müssen rascher mit dem Antioxydans nach Gl. (23f) reagieren als die Konkurrenzreaktion nach Gl. (23e) eingehen. Darüber hinaus muß jedoch das entstehende Radikal A• in ein stabiles Produkt verwandelt werden, da andernfalls durch ein Eingreifen desselben in die Kettenreaktion nach Gl. (23g) neue Radikale geliefert werden. Diese Reaktion bildet, ebenso wie die Startreaktion (23c), die Ursache für die bei hohen Inhibitorkonzentrationen häufig beobachtete oxydationsfördernde Wirkung von Antioxydantien. ANGERT u. a. (*13*) zeigten z. B., daß bei der thermischen Oxydation von Butadien/Styrol- und Butadien-Kautschuk zwischen 100 und 150 °C die Geschwindigkeit der Sauerstoffaufnahme mit zunehmendem Gehalt an sekundären Amin-Inhibitoren zunächst abfällt, nach Durchlaufen eines Minimums aber wieder ansteigt. Dies beruht darauf, daß das Antioxydans selbst durch Sauerstoff oxydiert werden kann, wobei Radikale vom Typ $R—\dot{N}—R'$ gebildet werden, die oberhalb einer gewissen Konzentration eine merkliche Wirkung als Oxydationsinitiatoren ausüben. Fig. 19 zeigt den Verlauf der Reaktionsgeschwindigkeit

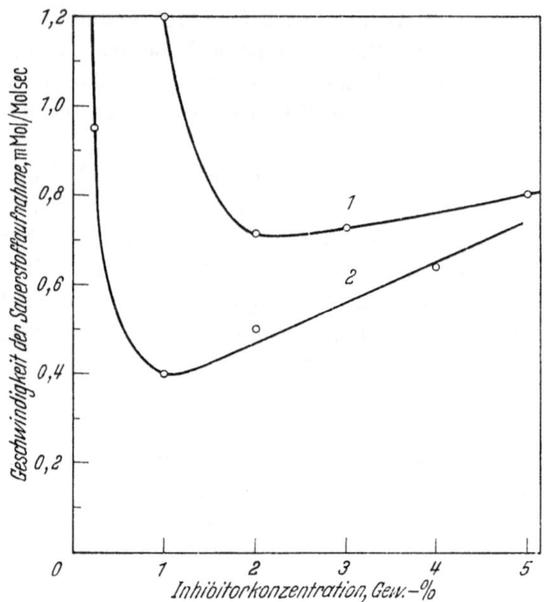

Fig. 19. Abhängigkeit der Oxydationsgeschwindigkeit bei Kautschuken von der Konzentration an PBN. 1: Butadien/Styrol-Kautschuk, Temp. 100 °C, 2: Butadien-Kautschuk, Temp. 120 °C. Nach ANGERT u. a. (*13*).

gegen die Konzentration von Phenyl-2-naphthylamin. Beim 2,2'-Dinaphthylamin wird das Fehlen einer solchen Oxydationskatalyse bei höheren Konzentrationen beobachtet. Dies ist auf die besonders starke Lockerung der N—H-Bindung durch das höhere Resonanzsystem zurückzuführen, welche ein leichtes Eingehen der Inhibierungsreaktion (23f), aber eine geringere Reaktionsfähigkeit des Radikals im Sinne einer Neubildung von Reaktionsketten nach (23g) zur Folge hat. Bei tieferen Temperaturen (70 °C) wird der ansteigende Verlauf der Kurve ebenfalls unterdrückt, da hier die Oxydationsgeschwindigkeit des Amins sehr niedrig ist. Bei thermischen Oxydationen muß im allgemeinen immer vorausgesetzt werden, daß die inhibierende Wirkung eines zugesetzten Antioxydans nur bis zu einer gewissen optimalen Konzentration gegeben ist, oberhalb deren die Wirkung des Zusatzstoffes in eine Oxydationskatalyse umschlägt. Besonders bedeutsam kann der katalytische Effekt von Antioxydantien bei Photooxydationen sein, wie BURGESS (*93*) bereits vor längerer Zeit eingehend diskutiert hat. Der Autor stellte bei der Lichtalterung von Polyäthylen einen sensibilisierenden Einfluß von herkömmlichen aminischen Antioxydantien, wie N-Phenyl-2-naphthylamin, fest, der erheblich eingeschränkt wird, wenn das labile H-Atom substituiert ist. Aminische wie auch phenolische Antioxydantien sind durchweg UV-Absorber, die bei Lichteinstrahlung in einen angeregten Zustand übergeführt werden. Dieser kann verschiedene Folgereaktionen auslösen, die zur Bildung freier Radikale führen:

Photochemische Primärreaktion: $AH + h\nu \longrightarrow AH^*$

Folgeprozesse:

$$AH^* + O_2 \longrightarrow A\cdot + HO_2\cdot$$

$$AH^* \longrightarrow \text{freie Radikale}$$

$$AH^* + RH \longrightarrow AH_2\cdot + R\cdot$$

$$AH^* + \sim\!\text{-CO-}\!\sim \longrightarrow AH + \sim\!\text{-CO}^*\text{-}\!\sim$$

$$\downarrow$$

$$\text{freie Radikale.}$$

Derartige Antioxydantien sind demnach als Lichtstabilisatoren nicht geeignet, zumindest nicht in Abwesenheit wirksamer Lichtfiltersubstanzen. Auch ohne diese schädliche Nebenwirkung ist die Wirksamkeit von Antioxydantien gegen photooxydativen Abbau begrenzt (*61*, *93*). Allgemein gilt, daß die Wirkung von radikalkettenabbrechenden Oxydationsinhibitoren am günstigsten ist, wenn die Geschwindigkeit der Startreaktion niedrig und die kinetische Kettenlänge groß ist. Niedrige Initiierungsgeschwindigkeiten liegen gewöhnlich bei thermischen Oxydationen vor. Bei Photooxydationen ist umgekehrt die Geschwindigkeit der Startreaktion hoch und die kinetische Kettenlänge klein. BURGESS (*93*) berechnete für letztere bei der Photooxydation des Polyäthylens beispielsweise einen Wert von nur 10. Dies bedingt, daß das Antioxydans infolge der rasch verlaufenden Neubildung aktiver Radikalzentren bald verbraucht wird, ohne einen wesentlichen Teil des Substrats schützen zu können. Hinzu kommen noch weitere Faktoren, wie die photochemische Zerstörung des Antioxydans und die geringe Beweglichkeit desselben in der festen Phase.

Ein wichtiges Kriterium für die Kinetik inhibierter Autoxydationen ist der Zusammenhang zwischen der Konzentration des Antioxydans und der Länge der Induktionsperiode. Bereits seit langem ist von dem Oxydationsverlauf niedermolekularer Kohlenwasserstoffe her bekannt, daß die lineare Proportionalität, die sich aus dem einfachen kinetischen Schema durch

Integration von Gl. (14) ergibt (siehe am Anfang dieses Abschnitts), experimentell nicht immer gefunden wird (*625, 494, 495*). Zwar wurde am Polyäthylen, wie bereits erwähnt, eine solche lineare Proportionalität beobachtet (*634*); eingehende Untersuchungen, insbesondere über die Autoxydation von Polypropylen und Kautschuk bei Gegenwart verschiedener Inhibitoren, haben jedoch gezeigt, daß ein abweichender Zusammenhang die Regel ist. Ein charakteristisches Schema der Abhängigkeit der Induktionsperiode τ von der Konzentration des Antioxydans [AH] hat RYŠAVÝ (*502, 503*) im Zusammenhang mit der Untersuchung der inhibierten Polypropylen-Oxydation aufgestellt; es ist in Fig. 20 wiedergegeben. Danach beeinflußt die

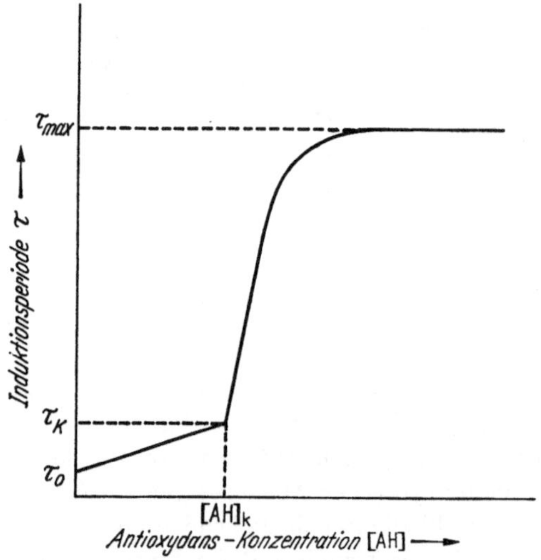

Fig. 20. Schematische Darstellung der Abhängigkeit der Induktionsperiode τ von der Antioxydans-Konzentration [AH] nach den Befunden von RYŠAVÝ (*502*) und NEIMAN u. a. (*425*) (vgl. Text).

Anwesenheit des Antioxydans unterhalb einer gewissen Mindestkonzentraion $[AH]_k$, welche als „kritische Konzentration" bezeichnet wird, die Induktionsperiode nur sehr wenig; oberhalb $[AH]_k$ nimmt τ dann rasch mit [AH] zu, der Anstieg flacht aber mit zunehmender Konzentration des Inhibitors ab, bis τ einen nicht mehr zu überschreitender Grenzwert τ_{max} erreicht. Oberhalb der τ_{max} entsprechenden optimalen Inhibitorkonzentration kann eine weitere Konzentrationserhöhnng ein Absinken von τ bewirken. Ein solcher Maximumverlauf ist von RYŠAVÝ (*502, 503*) bei der thermischen Oxydation von Polypropylen in Gegenwart von Phenyl-2-naphthylamin beobachtet worden. Die Lage der beiden Knicke in der $[AH]/\tau$-Kurve hängt von der Temperatur, dem Substrat, der Art des Inhibitors, aber auch von

Verunreinigungen wie Polymerisationskatalysatoren (*503*) ab. Der (ebenfalls bei der Kautschukoxydation (*533*, *535*)) beobachtete Verlauf nach höheren Inhibitorkonzentrationen zu wird dadurch gedeutet, daß die radikalabbrechende Wirkung des Inhibitors bei steigender Konzentration in zunehmendem Maße von dessen Oxydation unter Radikalbildung verdrängt wird. Auf die Existenz einer kritischen Mindestkonzentration des Inhibitors, die zur wirksamen Unterdrückung der Kettenverzweigung erforderlich ist, hat zuerst SEMENOV (*528*) hingewiesen. Der Verlauf der inhibierten Autoxydation im Bereich des kritischen Knickes ist von NEIMAN u. a. (*425*) untersucht worden. Im Falle der Oxydation von Polypropylen in Gegenwart des Inhibitors 2,2'-Methylenbis-(4-methyl-6-tert.-butylphenol) (im folgenden als „Antioxidant 2246" bezeichnet) bei Temperaturen zwischen 190 und 210 °C wurde das Auftreten des Knickes bei Antioxydans-Konzentrationen zwischen 1 und 2×10^{-3} Mol/kg beobachtet, wobei Temperaturerhöhung die kritische Konzentration nach größeren Werten verschiebt. Die kinetische Bedingung für die kritische Antioxydans-Konzentration ist, daß eine Kettenverzweigung durch Neubildung von aktiven Radikalen der Konzentration n verhindert wird. Für die Bildungsgeschwindigkeit der aktiven Zentren gilt aber:

$$\frac{dn}{dt} = v_1 + \varphi n - k[\mathrm{AH}]\,n$$

(v_1 = Startreaktionsgeschwindigkeit, φ = Kettenverzweigungsgrad, k = Geschwindigkeitskonstante der Reaktion des Inhibitors mit den aktiven Radikalen). Danach zeigt n (und entsprechend die Sauerstoffaufnahme) nur dann keine exponentielle Zunahme mit der Zeit, wenn $[\mathrm{AH}] \geqq \frac{\varphi}{k}$ ist. Nur unter dieser Bedingung ist ein stationärer Verlauf, d. h. eine Inhibierung unter Verlängerung der Induktionsperiode, möglich, während mit $[\mathrm{AH}] < \frac{\varphi}{k}$ lediglich eine Verzögerung des exponentiellen (autokatalytischen) Verlaufes der Reaktion unter geringfügiger Beeinflussung der Induktionsperiode des inhibitorfreien Systems, τ_0, erfolgt. Für diesen Bereich kleiner Inhibitorkonzentrationen haben NEIMAN u. a. (*425*) eine (auch experimentell beobachtete) lineare Abhängigkeit der Induktionsperiode von der Anfangskonzentration $[\mathrm{AH}]_0$ des Inhibitors abgeleitet:

$$\tau = \tau_0 + \frac{k\,\tau_0}{\varphi}[\mathrm{AH}]_0\,.$$

Wird die Inhibitorkonzentration um 1—2 Größenordnungen über die kritische Konzentration $[\mathrm{AH}]_k$ erhöht (im oben erwähnten System Polypropylen/Antioxidant 2246 auf $[\mathrm{AH}]_0 > 10^{-2}$ Mol/kg), so tritt der abgeflachte Verlauf der $[\mathrm{AH}]/\tau$-Kurve zutage. Nach den Untersuchungen von SHLYAPNIKOV

u. a. (*539*, *536*) über die inhibierte thermische Oxydation des Polypropylens ist dabei eine logarithmische, d. h. der 1. Reaktionsordnung folgende Abnahme der Inhibitorkonzentration während der Induktionsperiode typisch, was zu folgender Beziehung für die Länge der Induktionsperiode führt:

$$\tau = \tau_k + \frac{1}{k_i} \ln \frac{[AH]_0}{[AH]_k}. \tag{24}$$

(k_i = Geschwindigkeitskonstante)

Die Formel gilt selbstverständlich nur für $[AH]_0 > [AH]_k$. Dieser logarithmische Verlauf wurde sowohl bei Inhibierung durch Antioxidant 2246 wie auch durch N-Phenyl-N'-cyclohexyl- sowie N,N'-Dicyclohexyl-p-phenylendiamin gefunden, nicht aber bei Anwesenheit von 2,6-Di-tert.-octyl-4-methylphenol, wo der Zusammenhang eher linear ist. Die Autoren konnten die direkte Oxydation des Inhibitors im Verlaufe der Reaktion spektrophotometrisch nachweisen. Nebenreaktionen gemäß (23c) bzw. (23q) oder andere, die selbst wieder zur Quelle freier Radikale werden können, bedingen danach die logarithmische Abhängigkeit zwischen τ und $[AH]_0$. Darüber hinaus wird als weitere Nebenwirkung des Inhibitors eine Beeinflussung der Kettenverzweigung durch Hydroperoxydzerfall vermutet. Der abweichende Zusammenhang zwischen τ und $[AH]_0$ bei Gegenwart des letztgenannten Monophenols wird auf eine verschiedene Beeinflussung der Kettenverzweigung zurückgeführt. Die Anwesenheit gewisser Antioxydantien kann zur erhöhten Bildung aktiver Radikale und zu größerer kinetischer Kettenverzweigung φ bei der Oxydationsreaktion führen. So wurde z. B. beobachtet, daß die kritische Konzentration des stark inhibierend wirkenden Antioxidant 2246 in Polypropylen durch Zugabe des schwachen Inhibitors 2,4,6-Tri-tert.-butylphenol erhöht wird, offenbar, indem letzteres die Kettenverzweigung vergrößert und damit die Grenzbedingung für den stationären Zustand, $[AH]_k = \frac{\varphi}{k}$, verschiebt (*236a*). Die beiden Phänomene der Existenz einer kritischen Antioxydans-Konzentration und des Kettenstarts durch Inhibitormoleküle stehen also miteinander in Zusammenhang; sie sind in den letzten Jahren am Polypropylen von russischen Bearbeitern systematisch untersucht worden (vgl. die zusammenfassende Darstellung von Neiman (*421a*)). Die Art der auftretenden Nebenreaktionen hängt weitgehend von der Konstitution des Inhibitors ab. Beneš (*49*) fand, daß bei der thermischen Oxydation von Polypropylen in Anwesenheit von 4,4'-Alkylidenbis-(2,5-dialkylphenolen) ein weiterer Knick im linearen Verlauf von τ gegen $\log [AH]_0$ nach Gl. (24) im Sinne eines steileren Anstiegs von τ gegen $[AH]_0$ bei höheren $[AH]_0$-Werten zu beobachten war. Da k_i in Gl. (24) die Reaktionsgeschwindigkeitskonstante der Nebenreaktionen des Inhibitors darstellt, folgt daraus, daß bei niederen Konzentrationen, aber oberhalb $[AH]_k$, neben (23c) bzw. (23q) ein weiterer Prozeß unter Erhöhung von k_i auftritt. Als solchen sieht der Autor die Reaktion mit Hydroperoxyden (23s) an. Oberhalb der dem Knick entsprechenden Konzentration verschwindet diese Nebenreaktion infolge einer scharfen Verringerung der Hydroperoxydkonzentration durch eine Zersetzung nach Art von Gl. (23r). Da diese letztere Reaktion offensichtlich erst bei höherer Inhibitorkonzentration auftritt, wird eine Mitwirkung von Inhibitorradikalen bei der Reaktion (23r) angenommen, etwa eine oxydative Anlagerung von Hydroperoxyden an Radikale. Bei 2,2′-Alkylidenbis-(4,6-dialkylphenolen) sollte eine Reaktion zwischen dem unverbrauchten Inhibitor und Hydroperoxyden nach (23s) aus sterischen Gründen nicht stattfinden, weshalb der Verlauf von τ gegen $[AH]_0$ in diesem Falle keinen derartigen Knick aufweist.

Weitere, hier nicht näher zu besprechende Sekundärreaktionen von Inhibitorradikalen werden für die kinetische Ableitung der $\tau/[AH]_0$-Beziehung bei der Oxydation von Butadien-Kautschuk angenommen (*21a*).

Über den *Mechanismus* der inhibierenden Wirkung von oxydationskettenabbrechenden Stoffen liegen zahlreiche Untersuchungen vor, und der Stand der Aufklärung der zugrundeliegenden Mechanismen ist im Vergleich zu anderen Stabilisierungserscheinungen einigermaßen fortgeschritten. Das bei der Abbruchreaktion (15) entstehende Inhibitorradikal muß voraussetzungsgemäß relativ stabil sein bzw. in einer schnellen Folgereaktion inaktive Produkte bilden, um eine Kettenübertragung nach Gl. (23g) auszuschließen. Die gebräuchlichen phenolischen und aminischen Antioxydantien liefern beim H-Entzug solche stabile Radikale. Die Stabilität wird dabei wesentlich von den Substituenten am aromatischen Kern bestimmt; da die Reaktion des freien Radikals in einer Auffüllung der unvollständigen Elektronenhülle besteht, werden elektronenanziehende Gruppen (Nitro-, Carboxyl-, Halogen-Substituenten) die Reaktionsfähigkeit des Radikals erhöhen, elektronenabstoßende Gruppen (Alkyl-, Alkoxy-Substituenten) dagegen dieselbe erniedrigen. Besonders ausgeprägt ist die radikalstabilisierende Wirkung von α-verzweigten Alkylgruppen in der ortho-Stellung von Phenolen; derartige „gehinderte Phenole“ besitzen infolge der sterischen Abschirmung des Radikal-Sauerstoffs eine ausgeprägte Inhibitorwirkung. Die freien Radikale, die bei der Oxydation von Inhibitoren gebildet werden, sind mit Hilfe des elektronenparamagnetischen Resonanz-(EPR)-Spektrums nachweisbar. Solche Untersuchungen haben in letzter Zeit insbesondere NEIMAN u. a. (*422*) und BALABÁN u. a. (*23*) angestellt. Fig. 21 zeigt das EPR-Spektrum des durch Oxydation in Lösung erhaltenen Radikals von 2,6-Di-tert.-butyl-4-methylphenol (vgl. Formel (25), mittlere Struktur) nach einer Aufnahme von NEIMAN u. a. (*422*). Das Spektrum ist bereits früher von BECCONSALL u. a. (*45, 46*) erhalten worden. Es bildet ein Quadruplett vom Intensitätsverhältnis 1 : 3 : 3 : 1, das durch die Wechselwirkung des Spins vom unpaarigen Elektron mit den magnetischen Momenten der drei H-Atome der p-CH_3-Gruppe entsteht; infolge der (schwächeren) Wechselwirkung mit den beiden m-H-Atomen des Benzolkerns zerfällt jede Linie des Quadrupletts in drei Teile mit dem Intensitätsverhältnis 1 : 2 : 1. Auf diese Weise lassen sich Rückschlüsse auf die Struktur des freien Radikals ziehen. Das DBPC-Radikal

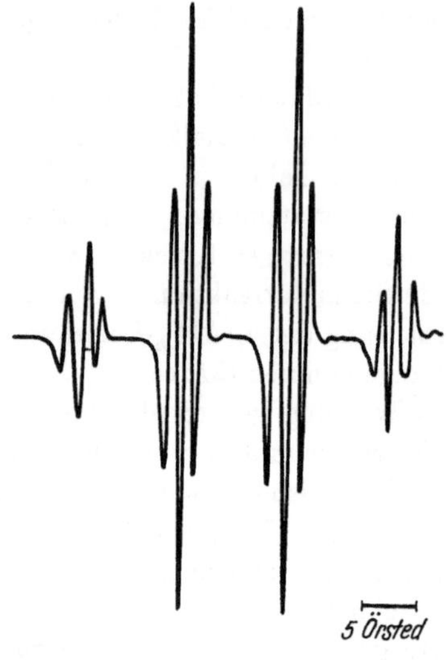

Fig. 21. EPR-Spektrum des bei der Oxydation von 2,6-Di-tert.-butyl-4-methylphenol (DBPC) entstehenden Radikals. Nach NEIMAN u. a. (*422*).

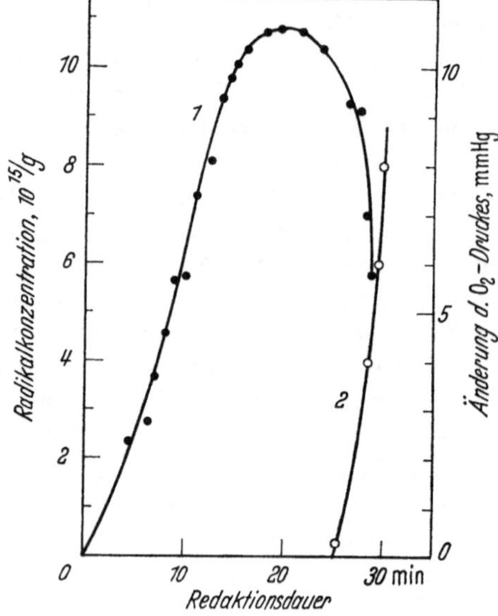

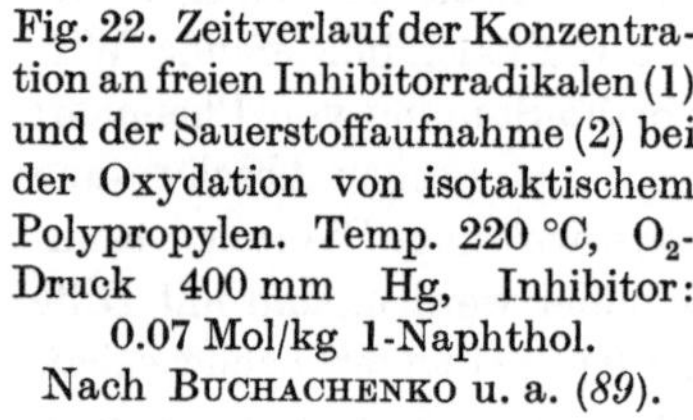
Fig. 22. Zeitverlauf der Konzentration an freien Inhibitorradikalen (1) und der Sauerstoffaufnahme (2) bei der Oxydation von isotaktischem Polypropylen. Temp. 220 °C, O_2-Druck 400 mm Hg, Inhibitor: 0.07 Mol/kg 1-Naphthol. Nach BUCHACHENKO u. a. (*89*).

ist in Lösung gelb gefärbt. Diese freien Radikale sind bei Abwesenheit von O_2 und bei Zimmertemperatur relativ beständig, so daß sich mit ihnen kinetische Messungen, z. B. beim Wasserstoffentzug aus dem Lösungsmittel, anstellen lassen (*422*). BUCHACHENKO u. a. (*89*) haben mit dieser Methode ihr Auftreten bei der Oxydation von Polypropylen verfolgt, wobei die Radikale der zugesetzten Inhibitoren identische EPR-Spektren ergeben wie in Lösung. Dabei wurden interessante Aufschlüsse über den Zusammenhang zwischen der Inhibitorradikal-Bildung und dem Oxydationsverlauf erhalten. Wie Fig. 22 zeigt, welche die Meßergebnisse bei der Oxydation einer Folie von isotaktischem Polypropylen bei 220 °C mit Sauerstoff von 400 mm Hg Druck in Gegenwart von 1-Naphthol als Inhibitor darstellt, erfolgt während der Induktionsperiode eine Zunahme der Radikalkonzentration infolge der oxydationshemmenden Kettenabbruchwirkung des Inhibitors. Wegen des Verbrauchs an Inhibitorsubstanz und der Desaktivierung der freien Radikale durchläuft die Konzentration ein Maximum und fällt wieder ab. In diesem Stadium kann dann die Oxydation des Polypropylens einsetzen. Für die Desaktivierung der intermediären Inhibitorradikale kommen verschiedene Möglichkeiten in Betracht, über die besonders im Falle der phenolischen Antioxydantien definierte Vorstellungen bestehen:

a) Dimerisierung: $A\cdot + A\cdot \longrightarrow A_2$ (23m)

b) Anlagerung von Peroxyradikalen: $A\cdot + RO_2\cdot \longrightarrow ROOA$ (23n)

c) Übertragung eines zweiten H-Atoms: $A\cdot + RO_2\cdot \longrightarrow ROOH + A'$ (23n)

d) Disproportionierung: $A\cdot + A\cdot \longrightarrow AH + A'$ (23m)

(A' = chinoides Molekül)

Ein entscheidender Faktor, welcher sowohl die Aktivierungsenergie der Reaktion (23f) herabsetzt (*104*), wie auch die Reaktionsfähigkeit des Inhibitorradikals A• einschränkt, ist die Resonanzstabilisierung des Radikals. Allgemein wird für diese Radikale die Existenz mehrerer mesomerer Grenzformen unter Delokalisierung des freien Elektrons angenommen. Über die Elektronenverteilung im Resonanzzustand gibt das EPR-Spektrum gewisse Aufschlüsse; für das DBPC-Radikal lassen sich folgende Grenzformen annehmen, wobei auch eine „Hyperkonjugation" mit den drei H-Atomen der p-Methylgruppe anzunehmen ist (*521*):

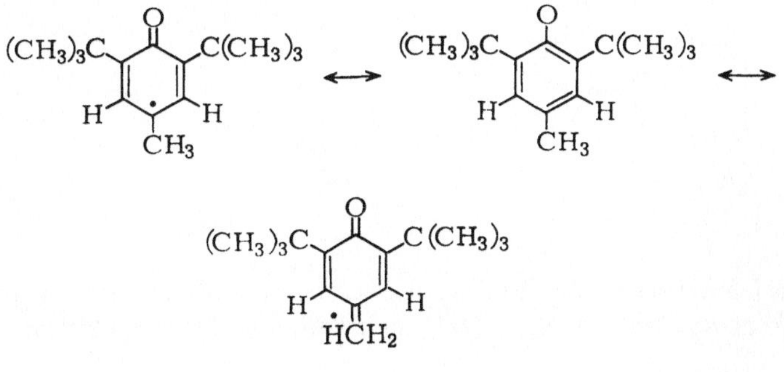

O; $(CH_3)_3C$; $C(CH_3)_3$; H; H; CH_3 ⟷ Ȯ; $(CH_3)_3C$; $C(CH_3)_3$; H; H; CH_3 ⟷ (25)

O; $(CH_3)_3C$; $C(CH_3)_3$; H; H; $\dot{H}CH_2$

Dementsprechend finden sich unter den Reaktionsprodukten der phenolischen Inhibitoren sowohl benzoide wie chinoide Körper. Bisherige Untersuchungen über solche Produkte sind fast ausschließlich an niedermolekularen Substraten durchgeführt worden, so daß die in hochpolymeren Systemen ablaufenden Reaktionen im wesentlichen nur aus Analogieschlüssen gefolgert werden können. Dimerisierung ist z. B. nachgewiesen worden für die Radikale von p-Kresol (*403*):

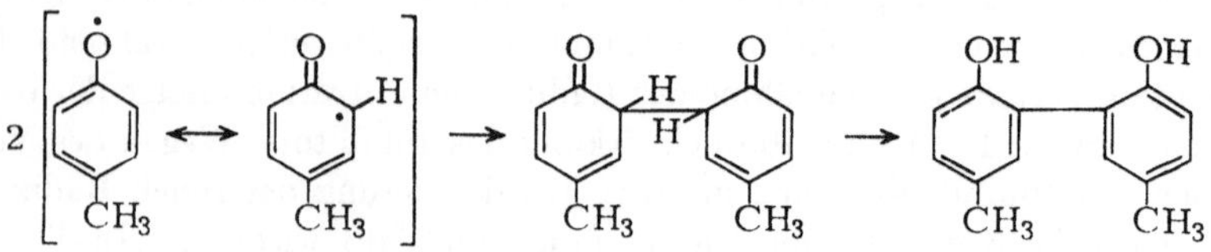

oder von 2,6-Dimethylphenol (*627*, *73*):

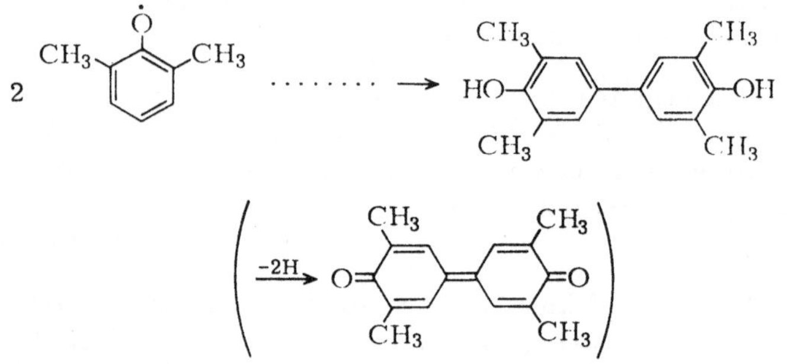

Die entstehenden zweikernigen Phenole können mit Peroxyradikalen weiterreagieren; in Übereinstimmung mit dieser Annahme wurde unter den Reaktionsprodukten von 2,6-Dimethylphenol ein Diphenochinonderivat gefunden. Aus DBPC soll unter gewissen Bedingungen das Dimere (I) entstehen (*403*), während Bickel u. a. (*57*) unter den Reaktionsprodukten von Alkylperoxyradikalen mit 4-Methyl-substituierten 2,4,6-Trialkylphenolen Stilbenchinone (II) finden:

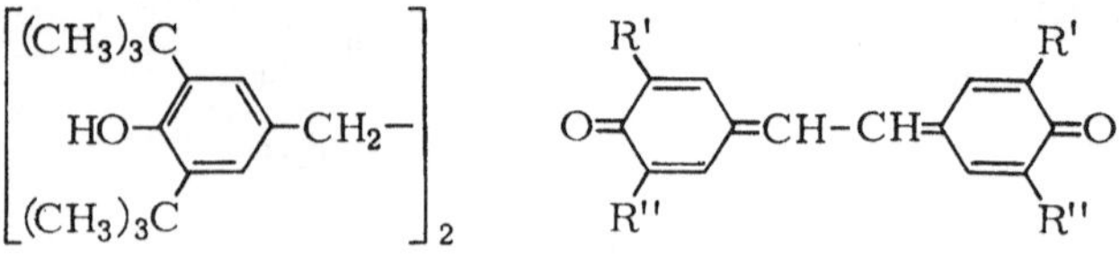

(I) (II)

Auch bei aminischen Antioxydantien wird die Bildung dimerer Produkte angenommen; Angert u. a. (*12*) schließen aus dem Spektrum des aus

Kautschuk extrahierten Reaktionsproduktes von N-Phenyl-2-naphthylamin (PBN), daß Produkte der folgenden Struktur

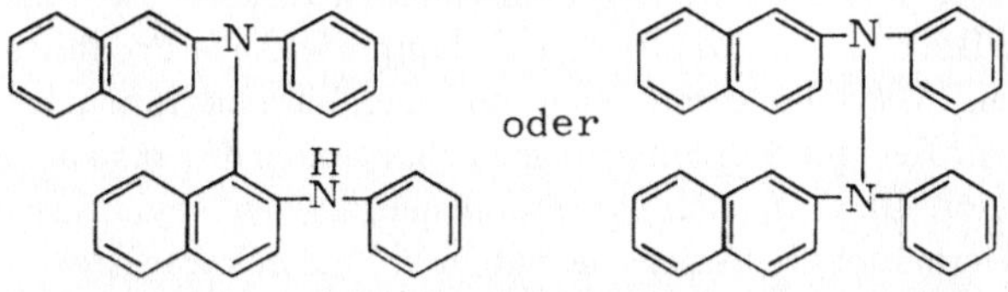

oder

entstehen, von denen das erstere Produkt auch bei der Permanganatoxydation von PBN auftritt (vgl. (*473*)). Andererseits haben zahlreiche Autoren gefunden, daß sich PBN bei der Kautschukoxydation mit dem Polymeren verbindet, da der nicht-extrahierbare Anteil des Stickstoffgehaltes mit der Alterung der Probe zunimmt. Darauf wiesen zuerst COLE u. a. (*111*), später auch KUZMINSKII u. a. (*325*) hin, während LORENZ u. a. (*351*) diese Erscheinung bei zahlreichen Diaryl-p-phenylendiamin-Inhibitoren fanden. ANGERT u. a. (*12*) nehmen an, daß die Bildung der dimeren Produkte neben der Anlagerung des Inhibitors an das Polymere stattfindet, wenn die Inhibitorkonzentration einen bestimmten Wert überschreitet. LORENZ u. a. (*351*) fanden, daß Diaryl-p-phenylendiamine, die als Inhibitoren in Naturkautschuk anwesend waren, bei der Oxydation bei 100 °C vom Beginn der Reaktion an mit konstanter Geschwindigkeit verbraucht wurden. Die Induktionsperiode der Oxydation erwies sich jedoch als etwa doppelt so lang wie der Zeitraum bis zum vollständigen Verbrauch des Inhibitors, so daß die Reaktionsprodukte der Inhibitoren ebenfalls eine antioxydative Wirkung zu besitzen scheinen. Bei Dialkyl- und Alkyl-aryl-p-phenylendiaminen, die einer raschen direkten Oxydation durch O_2 unterliegen, wurde angenommen, daß nicht der Inhibitor selbst, sondern eines seiner Oxydationsprodukte als Antioxydans wirkt. — Eine Anlagerung von Inhibitoren an das polymere Substrat ist dadurch möglich, daß sich das Inhibitorradikal mit Polymerradikalen vereinigt. Ein entsprechender Reaktionsmechanismus ist bei niedermolekularen autoxydierenden Systemen in Form einer Zusammenlagerung von Peroxyradikalen und phenolischen Inhibitorradikalen postuliert worden (vgl. (*289*)):

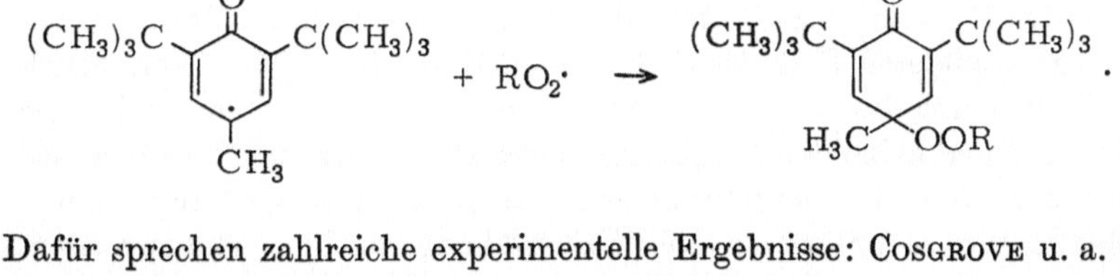

O (CH$_3$)$_3$C C(CH$_3$)$_3$ CH$_3$ + $RO_2\cdot$ → O (CH$_3$)$_3$C C(CH$_3$)$_3$ H$_3$C OOR . (26)

Dafür sprechen zahlreiche experimentelle Ergebnisse: COSGROVE u. a. (*115*) fanden, daß sich bei der Zersetzung von Benzoylperoxyd in Gegenwart von Mesitol (2,4,6-Trimethylphenol) das 4-Benzoyloxy-2,4,6-trimethylcyclohexadien-(2,5)-on bildet. CAMPBELL u. a. (*98*) schlossen auf eine Bildung von

2,6-Di-tert.-butyl-4-tert.-butylperoxy-4-methylcyclohexadien-(2,5)-on bei der Reaktion zwischen tert.-Butylhydroperoxyd und DBPC. Das genannte Produkt entspricht dem nach Gl. (26) entstehenden Endprodukt mit R = tert.-Butyl. Auch BICKEL u. a. (*57*) fanden als hauptsächliche Produkte der Reaktion zwischen Alkylperoxyradikalen und 2,4,6-Trialkylphenolen derartige Verbindungen. Bei einem Inhibierungsmechanismus, der aus einem primären H-Entzug nach Gl. (15), Resonanzstabilisierung des Aryloxyradikals nach Gl. (25) und erneuter Reaktion desselben mit Peroxyradikalen gemäß Gl. (26) besteht, wirkt also jedes Inhibitormolekül durch zwei Einelektronenschritte. Ergebnisse über die Autoxydation von Cumol in Chlorbenzol-Lösung mit Azodiisobuttersäurenitril als Initiator, erhalten von BOOZER u. a. (*73*), haben für eine große Anzahl von substituierten Phenolen und Aminen bestätigt, daß pro Molekül zwei Radikalabbruchsreaktionen stattfinden. Die chemische Analyse der Reaktionsprodukte steht im Einklang mit der Annahme der im folgenden für DBPC und N,N'-Diphenyl-p-phenylendiamin formulierten Bruttoreaktionen für die Inhibierung:

OH; $(CH_3)_3C$, $C(CH_3)_3$; CH_3 (Benzolring) $+ 2\ RO_2\cdot \rightarrow$

O; $(CH_3)_3C$, $C(CH_3)_3$; H_3C, OOR (Cyclohexadienon) $+$ ROOH (27)

$NH{-}C_6H_5$ / $NH{-}C_6H_5$ (Benzolring) $+ 2\ RO_2\cdot \rightarrow$ $N{-}C_6H_5$ / $N{-}C_6H_5$ (chinoider Ring) $+ 2$ ROOH. (28)

Im Falle der Reaktion (28) besteht der Folgereaktionsschritt des nach Gl. (17) primär gebildeten Radikals $C_6H_5{-}\dot{N}{-}C_6H_4{-}NH{-}C_6H_5$ offensichtlich in der Übertragung des zweiten labilen H-Atoms an ein Peroxyradikal unter Ausbildung einer chinoiden Struktur. Dieser Reaktionstyp ist jedoch nur dann möglich, wenn das Inhibitormolekül zwei reaktionsfähige Gruppen enthält. BOLLAND u. a. (*69*) wiesen auf die Entstehung von Benzochinon in dem Hydrochinon-inhibierten Oxydationssystem Äthyllinoleat/Benzoylperoxyd hin und schlugen für die Bildung des Chinons aus dem intermediär auftretenden Semichinon-Radikal:

$$\text{HO-C}_6\text{H}_4\text{-OH} + RO_2\cdot \longrightarrow \text{HO-C}_6\text{H}_4\text{-}\dot{O} + ROOH$$

die folgenden beiden kinetisch nicht unterscheidbaren Wege vor, von denen (29) in der Reaktion des Semichinons mit einem zweiten Peroxyradikal, (30) in der Disproportionierung zweier Semichinon-Radikale zu Hydrochinon und Chinon besteht (*70*):

$$\text{HO-C}_6\text{H}_4\text{-}\dot{O} + RO_2\cdot \longrightarrow \text{O=C}_6\text{H}_4\text{=O} + ROOH \quad (29)$$

$$2\ \text{HO-C}_6\text{H}_4\text{-}\dot{O} \longrightarrow \text{HO-C}_6\text{H}_4\text{-OH} + \text{O=C}_6\text{H}_4\text{=O}\,. \quad (30)$$

Neben diesen hier angeführten vier hauptsächlichen Reaktionstypen für primäre Inhibitorradikale sind noch zahlreiche weitere Reaktionen möglich, die im folgenden schematisch zusammengestellt sind (vgl. (*289*)):

$$A\cdot + RH \longrightarrow AH + R\cdot \quad \text{(entspricht der Kettenübertragung nach Gl. (23g))}$$

$$A\cdot + O_2 \longrightarrow AO_2\cdot \quad (31)$$

$$AO_2\cdot + RH \longrightarrow AOOH + R\cdot \quad (32)$$

$$A\cdot + HO_2\cdot \longrightarrow AOOH\,. \quad (33)$$

Derartige Reaktionen der freien Radikale werden durch die Anwesenheit von sterisch hindernden Substituenten unterdrückt. Bei Autoxydationen, die durch primäre oder sekundäre aromatische Amine inhibiert sind, wurden durch EPR-Messungen verhältnismäßig stabile Radikale mit der Struktur von Stickstoffoxyd-Derivaten nachgewiesen (*593*, *89*). Diese bilden sich durch Reaktion des primären Inhibitorradikals mit einem weiteren Peroxyradikal, z. B. beim Diphenylamin-Radikal in der folgenden Weise (*89*):

$$C_6H_5\text{-}\dot{N}\text{-}C_6H_5 + RO_2\cdot \longrightarrow C_6H_5\text{-}\dot{N}(\rightarrow O)\text{-}C_6H_5 + RO\cdot\,.$$

Das Diphenylstickstoffoxyd-Radikal ist selbst ein Inhibitor und vermag halb so viele Radikalketten abzubrechen wie das Diphenylamin. Ob und in welcher Weise dies im Zusammenhang mit den früher beschriebenen Ergebnissen von LORENZ u. a. (*351*) über den inhibierenden Effekt von Reaktionsprodukten aminischer Antioxydantien steht, ist noch offen. — Infolge des großen Reaktionsvermögens freier Radikale mit molekularem Sauerstoff ist eine Sekundärreaktion der Inhibitorradikale mit Sauerstoff sicher in vielen Fällen wirksam. Sie besteht in einer Addition von O_2 unter Bildung des entsprechenden Peroxyradikals.

Eine besondere Form des Radikalkettenabbruches, nämlich durch Schwermetallsalze, soll noch kurz erwähnt werden. Obwohl diese im allgemeinen als Oxydationskatalysatoren bekannt sind, gibt es Fälle, in denen sie Autoxydationen durch Inhibierung verzögern. Dies ist z. B. der Fall bei der von Kozmina u. a. (*317*, *318*) beobachteten Inhibierungswirkung von Cu-, Fe- und Pb-naphthenaten auf die Oxydation von Äthylcellulose. Der Effekt hängt mit dem Redoxpotential zusammen, da die Inhibitorwirkung mit zunehmend positivem Wert desselben abfällt: Cu ($Cu^{\cdot\cdot}/Cu^{\cdot}$ + 0.167 V) > Fe ($Fe^{\cdot\cdot\cdot}/Fe^{\cdot\cdot}$ + 0.77 V) > Pb ($Pb^{\cdot\cdot\cdot\cdot}/Pb^{\cdot\cdot}$ + 1.69 V), während Salze von Co ($Co^{\cdot\cdot\cdot}/Co^{\cdot\cdot}$ + 1.84 V) und Mn ($Mn^{\cdot\cdot\cdot\cdot}/Mn^{\cdot\cdot}$ + 1.84 V) die Oxydation beschleunigen. Die Ursache für diese Metallinhibierung kann einmal in der Bildung eines Komplexes zwischen Metallionen und Radikalen liegen, wobei letztere desaktiviert werden. Zum anderen Mal (diese Auffassung wird durch den Einfluß des Redoxpotentials unterstützt) in einer Reduktion der freien Radikale unter Kettenabbruch (vgl. (*289*)):

$$RO\cdot + Me^{n+} \longrightarrow RO^- + Me^{(n+1)+}$$

$$HO\cdot + Me^{n+} \longrightarrow HO^- + Me^{(n+1)+}$$

$$RO_2\cdot + Me^{n+} \longrightarrow RO_2^- + Me^{(n+1)+}.$$

Über den Mechanismus der Wirkung von Antioxydantien existieren zahlreiche zusammenfassende Arbeiten. Die ausführlichste Übersicht mit praktisch vollständiger Erfassung der Literatur bis einschließlich 1960 bietet die Arbeit von Ingold (*289*), die zwar Reaktionen in flüssiger Phase zum Gegenstand hat, aber eine umfassende systematische Übersicht über die auch für die Oxydationsinhibierung in Hochpolymeren geltenden Grundlagen gibt. Eine monographische Zusammenstellung des Gebietes bringen das Buch von Scott (*521a*) sowie der Beitrag von Uri (*603*) in dem Sammelwerk (*359*). Der Mechanismus der Antioxydanswirkung in Polyolefinen ist von Levin (*340*) und von Neiman (*421a*) eingehend dargestellt worden, die Kautschukoxydation und ihre Inhibierung von Shelton (*529*).

II.2.3.4. Relative Wirksamkeit verschiedener phenolischer und aminischer Antioxydantien

Für die experimentelle Ermittlung der Wirksamkeit von Oxydationsinhibitoren bestehen im Prinzip zwei Möglichkeiten: (1) kinetische Messungen, (2) Bestimmung der Länge der Induktionsperiode. Kinetische Messungen haben die Ermittlung der Geschwindigkeitskonstanten k_9 aus Gl. (23f) zum Ziel, für die sich ein relativer Wert aus der Sauerstoffaufnahmegeschwindigkeit während der Induktionsperiode, d. h. im unverzweigten Stadium der Kettenreaktion, gewinnen läßt, wobei das Reaktionsgemisch ausser dem Antioxydans einen radikalliefernden Initiator enthält. Die Anwendung dieser Methode haben zuerst BOLLAND u. a. (*70*) auf folgender Basis beschrieben: Aus Gl. (19) in Abschnitt I.2.2.2. für die Geschwindigkeit der nichtinhibierten Oxydation, R_u, und Gl. (12) in Abschnitt II.2.3.3. für die Geschwindigkeit des inhibierten Prozesses, R_a, erhält man einen Ausdruck

$$R_a = \frac{k_6}{k_3 k_9} \frac{R_u^2}{[RH][AH]}, \tag{34}$$

der es erlaubt, bei Kenntnis der Konzentrationen von Substrat und Inhibitor, [RH] und [AH], sowie der Geschwindigkeit der nichtinhibierten Reaktion, R_u, die Konstante

$$K = \frac{k_6}{k_3 k_9} \tag{35}$$

aus der Geschwindigkeit R_a der O_2-Absorption im Anfangsstadium der Reaktion zu bestimmen. K ist aber, keine weiteren Nebenreaktionen vorausgesetzt, ein direktes Maß für k_9, da k_3 und k_6 nur von der Art des Substrats abhängen. Solche Werte von K sind für einige Phenolverbindungen, deren Inhibitorwirkung auf die Autoxydation von Äthyllinoleat bei 45 °C in Gegenwart von Benzoylperoxyd bzw. Äthyllinoleat-Hydroperoxyd untersucht wurde (*70*), in Tabelle II.2. zusammengestellt, gemeinsam mit Zahlenwerten für k_9, die daraus unter Berücksichtigung entsprechender bekannter Werte für k_3 und k_6 berechnet wurden (*603*), sowie mit „relativen Wirksamkeiten", bezogen auf Hydrochinon mit einem Wert von 1.00. Die Reihenfolge der relativen Wirksamkeiten ist in vielen Fällen unabhängig vom autoxydierenden

Tabelle II.2. *Kinetisch ermittelte Inhibitorwirksamkeit und Redoxpotential von verschiedenen phenolischen Verbindungen*

Inhibitor	K*) (*70*)	k_9 $(\text{Mol/l})^{-1} \times \text{sec}^{-1}$ (*603*)	„Relative Wirksamkeit" (*70*)	E_0 Volt (*70*)
Resorcin	116	2.6×10^3	0.016	1.179
2-Naphthol	44.5	6.8×10^3	0.077	1.153
4-Methoxyphenol	19.4	1.6×10^4	0.170	0.984
1-Naphthol	6.1	5.0×10^4	0.56	0.933
Brenzkatechin	2.8	1.1×10^5	0.63	0.810
Hydrochinon	1.7	1.8×10^5	1.00	0.715
Pyrogallol	1.2	2.6×10^5	3.0	0.676
Toluhydrochinon	1.2	2.6×10^5	1.5	0.653
Trimethylhydrochinon	0.5	6.2×10^5	5.7	0.528
1,4-Naphthohydrochinon	0.07	4.2×10^6	40	0.482

*) Einzelwerte aus mehreren verschiedenen Messungen.

Substrat. Vergleiche der in Tabelle II.2. aufgeführten Werte für k_9 mit Messungen von DAVIES u. a. (*127*) über die Inhibierung mit Phenolderivaten im System Tetralin/Azodiisobuttersäurenitril bei 50 °C führen sogar zu der Annahme, daß die Geschwindigkeitskonstante k_9 selbst nicht wesentlich vom Substrat abhängt (*603*). Andererseits ist aber zu berücksichtigen, daß die Konstante k_9 oder eine andere mit ihr zusammenhängende kinetische Größe zwar von Wichtigkeit, aber nicht von ausschließlicher Bedeutung für die Wirksamkeit des Inhibitors ist. Wegen der zahlreichen Nebenreaktionen, die dieser eingehen kann, ist es zudem fraglich, ob die formell (etwa nach Gl. (34)) ermittelten relativen Geschwindigkeitskonstanten tatsächlich die angenommenen Größen darstellen, oder ob ihr Zahlenwert von den Geschwindigkeiten der Nebenreaktionen beeinflußt wird. Diese Nebenreaktionen sind: Verflüchtigung und direkte Oxydation des Antioxydans, Kettenübertragung, evtl. andersartige Inhibitorwirkungen des Antioxydans wie Komplexbildung mit Oxydationskatalysatoren. Die Folgereaktionen des Inhibitorradikals unter Kettenübertragung, (23g) und (32), welche einen „verbotenen" Reaktionsweg darstellen, sind neben der Abbruchreaktion (9) von entscheidender Bedeutung für die Inhibitorwirkung. Deshalb ist gelegentlich die Klassifizierung von Antioxydantien in „starke" und „schwache", entsprechend der Geschwindigkeit der Reaktion (23f) im Verhältnis zu der der Konkurrenzreaktion (23e), erweitert worden unter Einführung der Begriffe des „wirksamen" Antioxydans, bei dem die Geschwindigkeiten der Nebenreaktionen (23g) und (32) sehr klein sind und des „unwirksamen" Antioxydans, bei dem diese Reaktionen wesentliche Kettenfortpflanzungsschritte darstellen (*289*). Kinetische Messungen zur Bestimmung der Inhibitorwirksamkeit sind in solchen Fällen schwierig, wo starke Antioxydantien vorliegen, welche während der Induktionsperiode die O_2-Absorption auf schwer meßbare, niedrige Werte herabdrücken. In solchen Fällen wird zur Kennzeichnung des Inhibitors die Länge der Induktionsperiode entweder für die Sauerstoffaufnahme, für die Hydroperoxydbildung oder für eine andere Reaktionsvariable ermittelt und in Vergleich gesetzt. Dieses Verfahren ist wegen seiner bequemen Durchführbarkeit von größerer praktischer Bedeutung als kinetische Mesungen und bildet bei zahlreichen Untersuchungen die Grundlage für die Ermittlung der relativen Inhibitorwirksamkeit (vgl. z. B. (*495*)). Neben diesen beiden Methoden, welche die Wirkung des Inhibitors im autoxydierenden System direkt erfassen, sind neuerdings indirekte Verfahren zur Bestimmung des Reaktionsvermögens von phenolischen Antioxydantien bekannt geworden. So bestimmen CALDWELL (*97*) die Verlängerung der Induktionsperiode bei der Copolymerisation von Methylmethacrylat und Sauerstoff durch Zusatz von Phenolen, wobei die Desaktivierung der Polymethylmethacrylat-Peroxyradikale durch das Phenol erfaßt wird, McGOWAN u. a. (*366*) die Reaktionsgeschwindigkeit von Phenolen mit 1,1-Diphenyl-2-pikrylhydrazyl-Radikalen. Beide Methoden erlauben eine Untersuchung des Einflusses von Substituenten, jedoch verlaufen die Reaktionen der Phenole bei beiden Sorten von Radikalen offenbar nach verschiedenen Mechanismen (*366*).

Ein bemerkenswerter Zusammenhang besteht zwischen dem Oxydationspotential von Antioxydantien und ihrer Inhibitorwirkung. Das Oxydationspotential ist, qualitativ betrachtet, ein Maß für die zur Oxydation, d. h. zur Elektronenabgabe, erforderliche Energiezufuhr. Da die H-Übertragung vom Inhibitor zum elektrophilen Peroxyradikal gleichbedeutend mit einer Elektronenabgabe ist (vgl. die Annahme der Bildung eines Übergangszustandes (a) durch Elektronenübertragung (*521*):

$$RO_2\cdot + \text{OH-Aryl} \rightleftarrows ROO^- + \overset{+\,\cdot}{\text{OH}}\text{-Aryl} \rightleftarrows ROOH + \overset{\cdot}{\text{O}}\text{-Aryl}),$$

(a)

sollte ein niedrigeres Oxydationspotential eine leichtere Elektronenabgabe und damit eine erhöhte antioxydative Wirkung bedingen. Diese Erwägung gilt allerdings nur qualitativ und innerhalb von Verbindungen analoger Struktur; a priori ist keine direkte Beziehung zwischen einer kinetischen Eigenschaft, wie der Inhibitorwirksamkeit, und einer thermodynamischen Größe, wie dem elektrischen Potential, vorhanden. Das Oxydationspotential selbst ist als eine für ein gegebenes System charakteristische Größe nur bei reversiblen Redoxreaktionen definiert („Redoxpotential") und ist in diesen Fällen direkt proportional zur Änderung der freien Energie der Reaktion. Ein reversibles Redoxsystem ist z. B. Hydrochinon/Chinon; sein Redoxpotential entspricht elektrochemisch dem Potential einer Elektrode der Art

$$HO\text{-}C_6H_4\text{-}OH \rightleftarrows O{=}C_6H_4{=}O + 2H^{\cdot} + 2\ominus$$

gegen die Normalelektrode. Der Übergang vom Phenol zum Oxydationsprodukt wird (wenn man den Einfluß der Entropie vernachlässigt) um so weniger endotherm verlaufen, je kleiner das positive Potential der Redoxreaktion ist. Im Bereiche substituierter Chinone sind von Dimroth (*141*) Beziehungen zwischen der Geschwindigkeitskonstanten der Reduktion zu Hydrochinonen und dem Redoxpotential gefunden worden. Die meisten der als Antioxydantien verwendeten Verbindungen, wie einwertige Phenole oder Amine, bilden nun ihre Oxydationsprodukte nicht in einer reversiblen Reaktion, so daß von vornherein kein entsprechendes Redoxpotential angegeben werden kann. Bei derartigen irreversiblen Redoxsystemen ist es aber durch besondere Verfahren möglich, Oxydationspotentiale zu messen, die in unmittelbarer Beziehung zu dem Redoxverhalten des betreffenden Stoffes stehen. Ein solches ist das von FIESER eingeführte „kritische Oxydationspotential" (*182*). Seine Messung beruht auf der Reaktion der phenolischen Verbindung mit einem Oxydationsmittel, wobei sich in einer vorgelagerten Gleichgewichtsreaktion zunächst das Aroxylradikal bildet, das dann in einer langsamen, irreversiblen Folgereaktion in das stabile Endprodukt übergeht. Das Potential der reversiblen Primärreaktion ist meßbar; es ist dies das „kritische Oxydationspotential", aus dem sich ein hypothetisches Normal-Redoxpotential für das betreffende System errechnen läßt. In Tabelle II.2. sind die von BOLLAND u. a. (*70*) nach diesem Verfahren erhaltenen Normal-Redoxpotentiale verschiedener phenolischer Verbindungen zusammengestellt. Man sieht, daß mit zunehmender kinetischer Wirksamkeit des Stabilisators das Oxydationspotential abnimmt. Die Messungen befolgen etwa eine lineare, fallende Beziehung zwischen dem Logarithmus der „relativen Wirksamkeit" und dem Redoxpotential, eine mathematische Form, die bereits in den von DIMROTH (*141*) gefundenen Beziehungen zwischen kinetischen und thermodynamischen Größen auftritt. Die Antioxydanswirkung nimmt also mit abnehmendem Oxydationspotential zu, entsprechend der Abnahme der Dissoziationsenergie der A—H-Bindung. Mit abnehmender Dissoziationsenergie ist jedoch eine untere Grenze der Inhibitorwirksamkeit zu erwarten, dann nämlich, wenn die Reaktion $AH + O_2 \rightarrow A\cdot + HO_2\cdot$ merkliches Ausmaß annehmen kann.

Auf die Möglichkeit eines Zusammenhanges zwischen der Wirksamkeit von Inhibitoren und den „kritischen Oxydationspotentialen" haben zuerst LOWRY u. a. (*355*) hingewiesen; sie zeigten, daß phenolische und aminische Antioxydantien mit der besten Inhibitorwirkung Oxydationspotentiale zwischen 0.6 und 0.8 V besaßen, mäßige Inhibitoren solche zwischen 0.8 und 1.4 V und daß Verbindungen mit einem höheren Oxydationspotential keine Inhibitorwirkung aufwiesen. Ähnliche Untersuchungen stammen von ELLEY (*164*). DOEDE (*144*) bestimmte die „kritischen Oxydationspotentiale" von zahlreichen Kautschukantioxydantien und fand, daß alle Substanzen mit ausgeprägter Antioxydanswirkung Werte zwischen 0.65 und 0.90 V ergaben, daß zum Teil aber auch Produkte mit nur geringer Wirkung Potentiale in diesem Bereich besaßen. Zur Ermittlung relativer Oxydationspotentiale haben sich polarographische Methoden auf Grund ihrer einfachen Ausführbarkeit gut bewährt. Wegen der anodischen Polarisation der Indikatorelektrode muß diese aus oxydationsbeständigem Material, Graphit oder Platin, bestehen. Als relatives Oxydationspotential irreversibel oxydierter Depolarisatoren kann dann eine beliebige, reproduzierbare Stelle der Strom-Spannungskurve gewählt werden, z. B. der Beginn des stationären Diffusionsstromes. Auf diese Weise hat PENKETH (*446*) von einer großen Anzahl phenolischer und aminischer Antioxydantien unter Verwendung einer Platindraht-Elektrode relative Oxydationspotentiale gemessen und zum Teil mit der Inhibitorwirkung gegenüber gesättigtem Crackbenzin (mittels Bombentest nach

ASTM D 525—49 bestimmt) verglichen. Die gefundenen Zusammenhänge zwischen diesen Potentialen und der Inhibitorwirksamkeit zeigen zwar nicht in allen Fällen einen streng einsinnigen Verlauf, aber ähnlich zu den obengenannten Ergebnissen früherer Autoren wird auch hier in großen Zügen eine Orientierung der Wirksamkeit nach den Oxydationspotentialen festgestellt: alle guten Inhibitoren ergeben Oxydationspotentiale unter 0.70 V (z. B. 2-tert.-Butyl-4-methoxyphenol 0.65 V, Pyrogallol 0.28/0.51 V, Brenzkatechin 0.35/0.60 V, 1-Naphthol 0.68 V, 2,6-Di-tert.-butyl-4-methylphenol 0.57 V, N,N'-Diphenyl-p-phenylendiamin 0.44 V, p-Phenylendiamin 0.46 V, 4-Aminodiphenylamin 0.48 V), 0.70—0.80 V ist der Bereich der mäßigen Antioxydantien (z. B. 2,6-Dimethyl-4-tert.-butylphenol 0.71 V, 2-Methyl-6-tert.-butylphenol 0.75 V, 2,4-Dimethylphenol 0.76 V), während oberhalb 0.80 V nur noch eine geringfügige (z. B. 4-tert.-Butylphenol 0.84 V, o-Kresol 0.85 V) bzw. keine (z. B. m-Kresol 0.88 V, Phenol 0.92 V) Antioxydanswirkung mehr vorhanden ist.

Bei Antioxydantien analoger Grundstruktur sind deutliche Substitueneinflüsse auf die Wirksamkeit feststellbar, die mit der Beeinflussung der Elektronenaffinität des Inhibitorradikals zusammenhängen. Systematische Untersuchungen darüber sind besonders auf dem Gebiete der phenolischen Antioxydantien angestellt worden, worüber Scott (*521*) ausführlich berichtet. Dabei können die folgenden allgemeinen Schlüsse über die Auswirkung von Substituenten auf das Verhalten einwertiger Phenole bestätigt werden:

Elektronenlockernde Gruppen, wie die Methyl- oder Methoxygruppe, verringern den elektrophilen Charakter des Moleküls, erleichtern damit die Bildung des Inhibitorradikals und erniedrigen dessen Reaktionsfähigkeit. Damit wird die antioxydative Wirkung aber verstärkt. Dies gilt besonders bei o-Substitution. α-Verzweigte Alkylgruppen, wie tert.-Butyl, in o-Stellung erhöhen die Antioxydanswirkung beträchtlich. Dies rührt wahrscheinlich von der sterischen Hinderung durch die raumerfüllenden Gruppen her, welche das Reaktionsvermögen des Radikals einschränken. In p-Stellung hingegen verringern derartige Gruppen die Wirksamkeit.

Elektronenanziehende Gruppen, wie die Nitrogruppe, die Carboxylgruppe oder Halogen, verstärken den elektrophilen Charakter des Inhibitormoleküls, erschweren die Radikalbildung und erhöhen die Tendenz des gebildeten Radikals, unter Desaktivierung zu reagieren. Damit verringert sich die Antioxydanswirkung.

Diese Prinzipien werden z. T. durch Tabelle II.3. illustriert, welche nach einer Zusammenstellung von Scott (*521*) Angaben über die relative Inhibitorwirksamkeit (k_9 bei der Autoxydation von Tetralin und Verlängerung der Induktionsperiode bei der Benzinoxydation, alle Werte bezogen auf DBPC = 100) sowie die Oxydationspotentiale von verschieden substituierten Monophenolen enthält. Die Oxydationspotentiale entsprechen denen aus der obenerwähnten Arbeit von Penketh (*446*). Systematische Vergleiche

Tabelle II.3. *Einfluß von Substituenten auf die antioxydativen Eigenschaften von Monophenolen (521)*

R_1	R_2	R_3	k_9 (Autoxydation von Tetralin) DBPC = 100	Verlängerung der Induktionsperiode (Benzinoxydation) DBPC = 100	Oxydationspotential Volt
H	H	H	1	4	0.92
H	H	NO_2	—	2.6	—
CH_3	H	H	14	26	0.85
H	H	CH_3	10	15	0.84
CH_3	CH_3	H	32	56	0.76
CH_3	H	CH_3	47	55	0.76
CH_3	CH_3	CH_3	120	154	0.67
CH_3	CH_3	$C(CH_3)_3$	20	—	0.71
$C(CH_3)_3$	CH_3	CH_3	170	167	0.65
$C(CH_3)_3$	CH_3	$C(CH_3)_3$	48	163	0.73
$C(CH_3)_3$	$C(CH_3)_3$	CH_3	100	100	0.57
$C(CH_3)_3$	$C(CH_3)_3$	$C(CH_3)_3$	46	72	0.69
$C(CH_3)_3$	$C(CH_3)_3$	OCH_3	200	—	0.54

der Wirksamkeit von strukturell variierten Inhibitoren in hochpolymeren Systemen liegen gegenwärtig nur in geringer Anzahl vor. Die umfassendste Darstellung dürfte die von BAUM u. a. (*37*) über die Wirksamkeit von Antioxydantien in Polyäthylen sein, wobei eine größere Anzahl von Substanzen aus verschiedensten strukturellen Klassen verglichen wird. Darauf wird in Kapitel III. bei den jeweiligen Substanzklassen noch zurückzukommen sein. Bei allen diesen Vergleichsmessungen ist, ebenso wie auch aus den Daten der Tabelle II.3., die starke Erhöhung der Wirkung durch sperrige Substituenten in der o-Stellung und die Erniedrigung der Wirkung durch p-tert.-Butyl-Substitution erkennbar. Dieser Befund ist wohl ganz allgemein so zu deuten, daß eine Erhöhung der Reaktionsfähigkeit des Phenols gegenüber freien Radikalen zwar durch Methyl-Substitution, nicht aber durch tert.-Butyl-Substitution bewirkt wird. Tert.-Butylreste bewirken hingegen in o-Stellung eine Stabilisierung des Radikals, die in p-Stellung nicht wirksam wird. Methyl-Substitution führt also zu „starken" Antioxydantien im Sinne der oben erwähnten Definition, indem Reaktion (15) beschleunigt wird, während tert.-Butyl-Substitution eher das Gegenteil bewirkt. Falls aber tert.-Butyl-Substitution in o-Stellung vorliegt, werden „wirksame" Antioxydantien erhalten, indem die „verbotenen" Folgereaktionen des Radikals unterdrückt werden. Die stabilsten Radikale sind dabei die, welche zwei sperrige o-Substituenten enthalten. Man vergleiche aber auch Abschnitt III.2., Substanzklasse *2.1.1.*, wegen der „Über-Hinderung" durch o-Substituenten, die bereits bei 2,6-Di-tert.-butyl-substituierten Phenolen zu beobachten ist. In der Wirkung von

Methyl- und tert.-Butyl-Substituenten auf das Antioxydansverhalten ist also eine gewisse gegenläufige Tendenz vorhanden. Dies ergibt sich recht einleuchtend aus Versuchen von McGowan u. a. (*367*), wonach die Geschwindigkeitskonstante der Reaktion mit Diphenylpikrylhydrazyl-Radikalen vom p-Kresol über das 2,4-Dimethylphenol zum 2,4,6-Trimethylphenol stark ansteigt, weiterhin beim Übergang zum 2,4-Dimethyl-6-tert.-butylphenol und 2,6-Di-tert.-butyl-4-methylphenol (DBPC) aber wieder rasch abfällt. Für letzteres liegt sie sogar niedriger als beim p-Kresol, so daß tert.-Butyl-Substitution offenbar das Reaktionsvermögen des Phenols verringert. Demgegenüber wird aber beobachtet, daß die Antioxydanswirkung (vgl. Tabelle II.3.) in der genannten Reihenfolge bis zum 2,4-Dimethyl-6-tert.-butylphenol hin ansteigt und erst bei DBPC etwas abfällt. Die radikalstabilisierende Wirkung der o-tert.-Butylgruppen hält also der Erniedrigung der Beweglichkeit des H-Atoms in gewissem Maße die Waage. Auf die Sonderstellung der p-Methylgruppe als wirkungsverstärkender Substituent haben Baum u. a. (*37*) hingewiesen. Sie beruht wohl auf der Möglichkeit, daß das durch primäre H-Übertragung entstandene Aryloxy-Radikal nach Resonanzstabilisierung durch Hyperkonjugation, Gl. (25), leicht ein zweites H-Atom unter Bildung einer stabilen chinoiden Struktur abgibt:

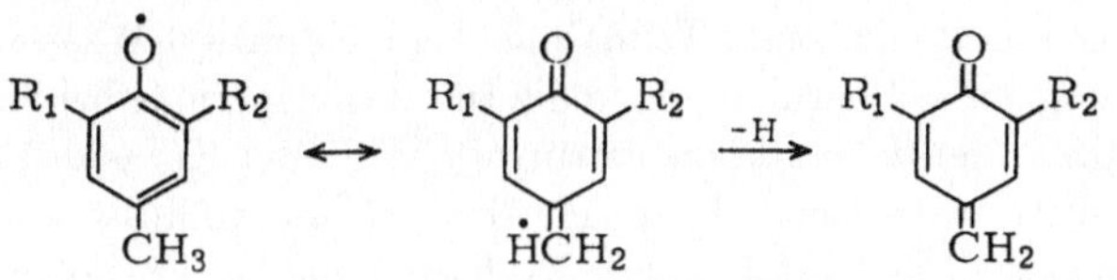

R_1, R_2; $\dot{O}$; CH_3 ⟷ R_1, R_2; O; $\dot{H}CH_2$ $\xrightarrow{-H}$ R_1, R_2; O; CH_2

An dieser Stelle sollen nur die hauptsächlichen Einflüsse der Kohlenwasserstoff-Substituenten auf die Reaktivität der phenolischen Antioxydantien dargestellt werden. Ein umfassenderer Vergleich der Wirksamkeiten, insbesondere von substituierten Bisphenolen, die als Polyolefin-Antioxydantien große Bedeutung besitzen, wird bei der speziellen Besprechung dieser Substanzklasse in Kapitel III. erfolgen.

Systematische Untersuchungen über die Substituentenbeeinflussung aromatischer Amine in ihrer Wirkung als Kautschuk-Antioxydantien haben Angert u. a. (*12*) angestellt. Dabei wirkt sich vor allem eine Substitution am Stickstoff und in p-Stellung am Kern aus. Die Inhibitorwirkung bei der Oxydation von Na-Butadien-Kautschuk bei 150 °C sinkt in der Reihenfolge der nachstehend aufgeführten Substanzen:

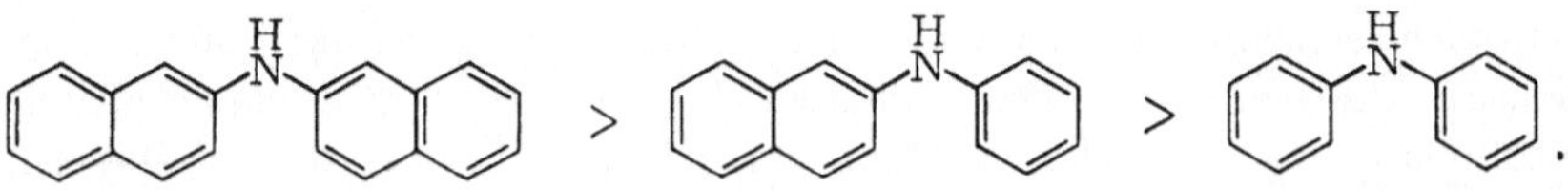

H N > H N > H N .

Di-2-naphthylamin Phenyl-2-naphthylamin Diphenylamin

In gleicher Reihenfolge sinkt die Reaktionsgeschwindigkeit der betrachteten Amine mit den Radikalen von Diphenylpikrylhydrazin. Mit einer Erhöhung des Konjugationsgrades des Substituenten wird also die Inhibitorwirksamkeit und das Reaktionsvermögen gegenüber freien Radikalen verstärkt, was den Vorstellungen einer Resonanzstabilisierung des Inhibitorradikals und einer Lockerung der A—H-Bindung entspricht. N-Methylphenyl-2-naphthylamin reagiert nicht mit den Diphenylpikrylhydrazyl-Radikalen, da es kein bewegliches H-Atom am Stickstoff besitzt. Möglicherweise kann aber die Wasserstoffübertragung nach Gl. (15) auch durch ein H-Atom am Kern stattfinden. Dies zeigt sich darin, daß ANGERT u. a. eine merkliche Abnahme der Induktionsperiode bei der Naturkautschukoxydation in der folgenden Reihenfolge der Inhibitoren feststellen:

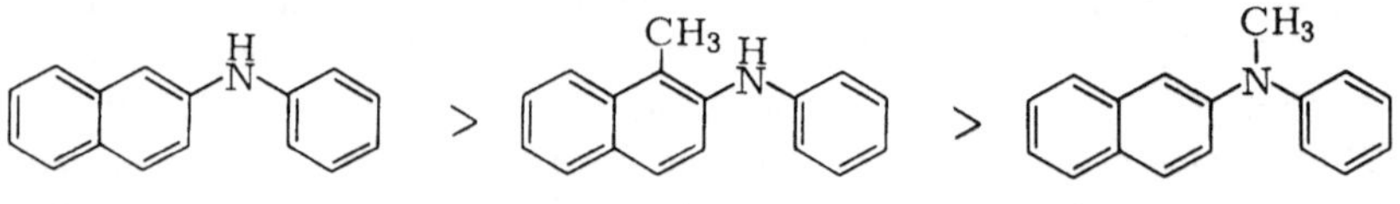

Phenyl-2-naphthylamin > Phenyl-2-(1-methylnaphthyl)-amin > N-Methyl-phenyl-2-naphthylamin

Beim tertiären Amin wird die Induktionsperiode noch nicht vollständig beseitigt; dies könnte auf einer Teilnahme des 1-Naphthyl-Wasserstoffatoms am Inhibierungsprozeß beruhen, da ja die Induktionsperiode bei Substitution desselben durch Methyl merklich verringert wird. Bei Kernsubstitution der aminischen Antioxydantien zeigen sich die gleichen Einflüsse der Substituenten auf das oxydationsinhibierende Verhalten wie bei Phenolen. Die Inhibierung der Oxydation von Na-Butadien-Kautschuk bei 150 °C nimmt bei Gegenwart von Phenyl-2-naphthylamin-Derivaten in folgender Reihe der Substituenten ab:

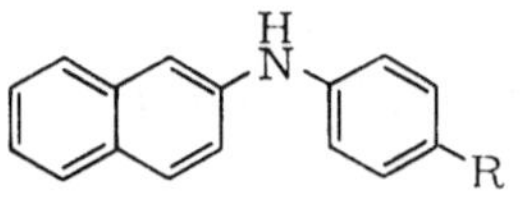

$$R = OH > OCH_3 > CH_3 > H > Cl > NO_2 \, .$$

Diese Reihenfolge stimmt auch mit der abnehmenden Reaktionsgeschwindigkeit gegenüber Diphenylpikrylhydrazyl-Radikalen überein und entspricht der Reihenfolge der Elektronendonator-Wirkung, welche die H-Übertragung an ein Peroxyradikal fördert.

Das Gesamtbild der Wirksamkeit eines Antioxydans in einem hochmolekularen Substrat ist mit der Diskussion seines chemischen Reaktionsvermögens nicht erschöpft. Damit ergibt sich auch die Unzulänglichkeit von Schlüssen, die aus dem chemischen Verhalten eines Antioxydans in einem niedermolekularen System oder in Modellversuchen (z. B. mit Radikalbildnern) gewonnen wurden, auf die Anwendbarkeit in Polymeren. Zwar werden sich

Aussagen über die relative Inhibitorwirksamkeit in vielen Fällen übertragen lassen, neben dieser spielen aber in polymeren Systemen noch eine ganze Anzahl weiterer Faktoren eine praktisch wichtige Rolle. Diese sind: die Verträglichkeit des Stabilisators mit dem Polymeren, seine Diffusionsgeschwindigkeit im Polymeren, seine Flüchtigkeit, die Beeinflussung seines Reaktionsvermögens durch weitere Bestandteile (z. B. Ruß), die Verfärbung der Kunststoffmasse durch seine Reaktionsprodukte und andere, von Fall zu Fall auftretende Gesichtspunkte.

Die Verträglichkeit des Stabilisators mit dem Kunststoff ist definierbar durch die thermodynamische Größe seiner Sättigungskonzentration. Liegt diese unterhalb der Konzentration seiner Zumischung zum Polymeren, so ist das Gemisch instabil, und es tritt eine mehr oder weniger schnelle Entmischung unter Auswanderung des Stabilisators an die Oberfläche ein. Obgleich der Effekt der Anreicherung an der Oberfläche des Kunststoffes in manchen Fällen erwünscht ist (z. B. Lichtschutzwachse in Gummimischungen), stellt er im allgemeinen ein nachteiliges Phänomen dar. Man ist daher bemüht, die Verträglichkeit zwischen Stabilisator und Kunststoff in ausreichendem Maße zu gewährleisten, gegebenenfalls durch strukturelle Modifizierung des ersteren. Dafür gibt es eine erhebliche Anzahl von Beispielen in der Patentliteratur; am bekanntesten ist die Einführung langer Kohlenwasserstoffreste in Polyolefin-Stabilisatoren durch Veresterung, Verätherung oder Alkylierung.

Die Diffusion des Stabilisators im Polymeren ist ein noch weitgehend ungeklärtes Problem. Bisher existieren noch kaum Arbeiten, die diese Erscheinung experimentell erfassen. Gromov u. a. (*236*) berichteten über die Messung des Diffusionskoeffizienten von DBPC in Polypropylen und Polyformaldehyd, Yushkevichute u. a. (*645a*) desgleichen in Hochdruck-Polyäthylen mit Hilfe radioaktiver Markierung des Stabilisators. Es ergibt sich, daß der Diffusionskoeffizient offenbar vom Zustand des Polymeren nach thermischer und mechanischer Vorbehandlung abhängt, wie im Falle des Polyäthylens gezeigt wurde. Die Beurteilung des Einflusses der Diffusion auf das Stabilisierungsvermögen ist nicht eindeutig. Erhöhte Diffusionsgeschwindigkeit des Stabilisators bedingt einmal eine bessere Gleichmäßigkeit in der Verteilung desselben in der Kunststoffmasse und eine raschere Nachlieferung an den Ort des Verbrauchs, z. B. die Oberfläche. Andererseits bewirkt sie, besonders bei höheren Temperaturen, einen schnelleren Verlust durch Verdampfen. Weiterhin kann, worauf neuerdings Hansen u. a. (*243a*) hingewiesen haben, bei Kontakt von stabilisierten Kunststoffen mit anderen Kunststoffmaterialien eine Auswanderung des Stabilisators und, damit verbunden, eine Stabilitätsverringerung eintreten. Dies wirkt sich in besonderem Maße auf die Stabilität von Polypropylen aus, wenn dies in Kontakt mit Weich-PVC ist. Systematische Untersuchungen über den Einfluß des Diffusionsvermögens von Stabilisatoren auf den Bruttoeffekt der Stabilisierung erscheinen dringend notwendig. Neuere Stabilisatorentwicklungen tendieren vielfach zu höheren Molekulargewichten, um Diffusionsprozesse (Verflüchtigung, Extraktion) einzuschränken.

Bei Autoxydationsprozessen kann auch die Diffusion des Sauerstoffs im Kunststoff den Ablauf des Vorganges beeinflussen. Über die Frage der Sauerstoff-Diffusion bei der inhibierten Oxydation von Kautschuken vgl. (*326*).

Die Flüchtigkeit von Stabilisatoren schränkt in allen den Fällen, wo sie zu einer Verdampfung aus der Oberfläche des Polymeren führen kann (besonders bei Ofenalterungsversuchen), die Stabilisierungswirkung ein. Sie ist ein grundlegend wichtiger Umstand, der bei Auswahl und Beurteilung von Stabilisatorsubstanzen mindestens die gleiche Beachtung verdient wie die chemische Wirksamkeit. Auf einige sich daraus ergebenden Konsequenzen bei der Oxydationsstabilisierung von Polypropylen haben Blumberg u. a. (*65a*) unlängst hingewiesen.

Im Zusammenhang mit Fragen der Oxydationsinhibierung kann die Rolle des Rußes nicht außer acht gelassen werden. Ruß (vgl. Kapitel III.) findet seit jeher in der Kautschukindustrie als Füllstoff ausgedehnte Anwendung, wobei seine hauptsächliche Aufgabe in der mechanischen Verstärkung der Kautschukerzeugnisse besteht. Mit dem Aufkommen von Kunststoffen hat er auch hier als Füllstoff Bedeutung erlangt. Infolge seiner Lichtabsorption wirkt er als Alterungsschutzmittel und wird deshalb, wo die schwarze Farbe nicht stört, besonders in Verbindung mit Polyolefinen, die zur Herstellung von Außenteilen verwendet werden, gern eingesetzt. Wallder u. a. (*622*) zeigten, daß ein Zusatz zu Polyäthylen bis zu 3 Gew.- % gegen Photooxydation schützt. Daneben können manche Rußsorten auch als milde thermische Antioxydantien wirken (*256*). Andererseits ist seit langem bekannt, daß Ruß die Oxydation von Butadien/Styrol-Kautschuk katalytisch beschleunigt. Dieser Effekt ist von Winn u. a. (*639*) an Hand der O_2-Absorption kinetisch untersucht worden, wobei die Erhöhung der Oxydationsgeschwindigkeit mit der Oberfläche der Rußsorte im Zusammenhang steht. Hawkins u. a. (*256—258*, *268*, *265*) fanden, daß Ruß in Polyäthylen die Wirkung der gebräuchlichen phenolischen und aminischen Antioxydantien auf einen Bruchteil der in ungefülltem Material ausgeübten Wirkung herabsetzt. Zum Beispiel wird die Wirksamkeit von 0.1 % N,N'-Diphenyl-p-phenylendiamin in Polyäthylen durch 3 % Rußzusatz so weit herabgesetzt, daß die Induktionsperiode der Oxydation bei 140 °C von etwa 450 auf 100 Stunden verkürzt wird. Diese Erscheinung wurde zunächst auf eine Adsorption des Antioxydans an der Oberfläche der Rußpartikel zurückgeführt, später ergab sich aber, daß der hauptsächliche Einfluß des Rußes in einer Katalyse der Oxydation der zugesetzten Antioxydantien besteht. Die Oxydation von 2,6-Di-tert.-butylphenol zu 3,3',5,5'-Tetra-tert.-butyl-4,4'-diphenochinon in Dimethylphthalat-Lösung wird beispielsweise durch Ruß ebenfalls katalytisch beschleunigt. Die Natur der katalytischen Wirkung ist noch nicht geklärt;

es kann sich sowohl um einen physikalischen Grenzflächeneffekt wie um die Wirkung aktiver sauerstoffhaltiger Gruppen an der Oberfläche der Kohlenstoffteilchen handeln, wobei u. a. phenolische Hydroxyl-, Carboxyl- und Carbonylgruppen in Betracht kommen. Wenn nämlich der durchschnittliche Sauerstoffgehalt typischer Channel Black-Sorten von etwa 3 % durch Erhitzen des Rußes in Sauerstoff auf 18 % erhöht wird, verstärkt sich die katalytische Aktivität. Weiterhin ist die bereits vor längerer Zeit nachgewiesene Anwesenheit von freien Radikalen in Ruß möglicherweise von Einfluß. Die freien Radikale lassen sich durch EPR-Signale erkennen; ihre Desaktivierung durch Sauerstoff ist in manchen Fällen nicht irreversibel (*291*). Hawkins u. a. (s. o.) stellten nun fest, daß gewisse schwefelhaltige Verbindungen ihre inhibierende Wirkung auf die Polyolefin-Oxydation durch Gegenwart von Ruß nicht einbüßen, sondern im Gegenteil mit diesem zusammen eine synergistische Verstärkung ihrer Antioxydanswirkung zeigen. Hierzu gehören vor allem die Thiobisphenole, wie das 2,2′-Thiobis-(4-methyl-6-tert.-butylphenol) (a), die auch in ungefüllten Polyolefinen eine ausgezeichnete Antioxydanswirkung besitzen, sowie einige eigens für die gemeinsame Verwendung mit Ruß patentierte Thioäther, Thiole, Disulfide und Polysulfide, deren Wirkung in ungefülltem Polyolefin nur gering ist bzw. überhaupt fehlt. Beispiele für die letztgenannte Substanzklasse sind Phenyl-benzylsulfid (b), 2-Thionaphthol (c), Di-(n-dodecyl)-disulfid (d) oder polymeres 1,10-Decandithiol (e):

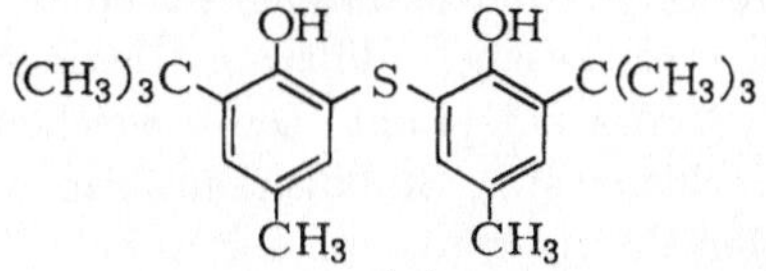

OH OH
$(CH_3)_3C$ S $C(CH_3)_3$
CH_3 CH_3

(a)

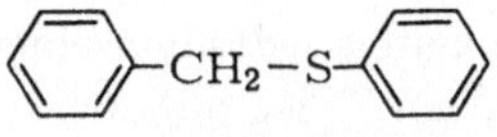

CH_2-S

(b)

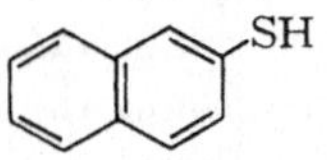

SH

(c)

$(C_{12}H_{25})-S-S-(C_{12}H_{25})$

(d)

$H-[-S-(CH_2)_{10}-]_n-SH$.

(e)

Diese Stabilisatoren unterdrücken, gemeinsam mit Ruß eingesetzt, den typischen autokatalytischen Verlauf der Oxydationskurve und halten auch nach langen Perioden der thermischen Alterung die Sauerstoffaufnahme niedrig. Ihr Wirkungsmechanismus wird der Rolle des RS•-Radikals als Kettenabbrecher zugeschrieben, obwohl ein Peroxydzersetzungsmechanismus (siehe II.2.4.1.) naheliegender erscheint.

Ein weiterer allgemeiner Gesichtspunkt, welcher bei der Bewertung von Antioxydantien wichtig sein kann, ist die Verfärbung, die diese im Kunststoff hervorrufen. Phenolische wie aminische Antioxydantien bilden im Verlaufe der Inhibierungsreaktion als Endprodukte meist chinoide Körper (vgl. II.2.3.3.), die eine gelbe bis braune Eigenfarbe aufweisen, welche bei hellfarbigen Erzeugnissen störend wirken kann. Die Gewinnung nicht-verfärbender Antioxydantien ist daher ein wichtiges Erfordernis für die Kunststoffindustrie geworden. Aminische Antioxydantien, welche sich auf Grund ihrer guten Wirksamkeit in den meist kräftig eingefärbten Kautschukvulkanisaten gut bewährt haben, sind als Stabilisatoren für Kunststoffe, wie Polyolefine, wegen ihrer starken Verfärbungsneigung nicht brauchbar. Hier sind gehinderte Phenole weit günstiger, und im besonderen Maße haben sich o-substituierte Bisphenole als nicht-verfärbende Antioxydantien bewährt. McGowan u. a. (*366*) haben die Farbbildung zahlreicher phenolischer und aminischer Antioxydantien durch eine Modellreaktion mit Diphenylpikrylhydrazyl-Radikalen in Lösung und Bestimmung der Lichtabsorption des gebildeten Produktes bei 520 mμ ermittelt. Dabei ergaben die primären aromatischen Amine die höchsten Extinktionskoeffizienten. Im Bereiche der Phenole wurde bei Verwendung von 2,6-substituierten Verbindungen die geringste Verfärbung beobachtet, während Alkylsubstitution in m-Stellung die Färbung etwas vertieft. Eine ausgezeichnete Farbbeständigkeit zeigten DBPC und 4,4′-Methylenbis-(2,6-di-tert.-butylphenol).

II.2.3.5. Synergistische Effekte bei Antioxydantien

Durch Anwendung einer Kombination von zwei oder mehr verschiedenen Antioxydantien kann häufig die Oxydationsbeständigkeit einer Substanz wesentlich mehr verstärkt werden, als es einer additiven Überlagerung der Wirksamkeiten jedes einzelnen Stoffes entspricht. Diese Erscheinung des „Synergismus“ ist auf den verschiedensten Stabilisierungsgebieten anzutreffen (vgl. II.2.1.3.), und in der Praxis wird von ihr weitestgehend Gebrauch gemacht. Ein umgekehrter Effekt, nämlich die gegenseitige Beeinträchtigung oder Aufhebung der Wirkung mehrerer Stabilisatoren, der „Antagonismus“, tritt wesentlich weniger häufig auf.

Die chemischen Grundlagen des Synergismus sind verschiedener Natur. Die wichtigste Ursache dürfte das Zusammenwirken eines radikalabbrechenden Stoffes mit einem peroxydzersetzenden Stoff sein. Über die Stabilisierung durch Zersetzung der Hydroperoxyde zu nicht-radikalartigen Produkten vgl. Abschnitt II.2.4.1. Hier sei nur darauf hingewiesen, daß die peroxydzersetzenden Antioxydantien, soweit sie für die Kunststoffstabilisierung in Frage kommen, fast ausschließlich Schwefel- oder Phosphorverbindungen sind, und zwar Thioäther, Disulfide, Mercaptane, Phosphorigsäureester u. a. In Kombination mit einem Radikalinhibitor verzögern sie den Verbrauch desselben, indem sie die Hydroperoxyde zu inaktiven Verbindungen abbauen und die Bildung ihrer radikalischen Zerfallsprodukte und damit den Start von Kettenverzweigungen verhindern. Dies entspricht dem Reaktionsschritt (23s) in dem in Abschnitt II.2.3.3. aufgeführten Reaktionsschema für die inhibierte Autoxydation. Umgekehrt verhindert der Radikalinhibitor die Ausbildung langer Reaktionsketten, die zur Entstehung von Hydroperoxyden führen und schützt auf diese Weise die peroxydzersetzende Komponente vor schnellem Verbrauch, obgleich natürlich die Hydroperoxydbildung nicht vollständig unterdrückt wird. Damit ergänzen sich die verschiedenen Typen von Antioxydantien gegenseitig und verstärken ihre Wirkung auf ein Vielfaches. Es ist gebräuchlich, bei solchen Stabilisatorkombinationen diejenige Komponente als „Synergist" zu bezeichnen, die für sich allein am wenigsten wirksam ist. Bei Stabilisatorsystemen aus einem Radikalinhibitor und einem Peroxydzersetzer ist dies meist der letztere. Derartige Kombinationen sind in der Patentliteratur in ausgiebiger Anzahl beschrieben. Bei niedermolekularen Oxydationssubstraten, besonders bei Erdölen, sind sie schon längere Zeit gebräuchlich. KENNERLY u. a. (*301*) erwähnen z. B. synergistische Gemische von 2,2'-Methylenbis-(4-methyl-6-tert.-butylphenol) mit Di-n-decylsulfid oder Zn-di-(4-methylpentyl-2)-dithiophosphat, oder von N,N'-Di-sek.-butyl-p-phenylendiamin mit Zn-di-(4-methylpentyl-2)-dithiophosphat als Antioxydans-Systeme bei der thermischen Oxydation von Mineralölen. Bei Kunststoffen spielen sie für den Oxydationsschutz von Polyolefinen eine große Rolle. LEVIN u. a. (*343*) haben die Wirkung eines synergistischen Gemisches aus 4-Hydroxyphenyl-2-naphthylamin bzw. einem Phenol/Styrol-Kondensationsprodukt als Radikalinhibitoren mit Mercaptobenzimidazol als peroxydzersetzendem Agens auf die Oxydation von Polypropylen bei 200 °C untersucht und eine erhebliche Abhängigkeit der Wirkung von dem Mengenverhältnis der Komponenten festgestellt, wobei das Maximum der Wirksamkeit bei einem Überschuß von Mercaptobenzimidazol auftrat. Diese Verhältnisse sind jedoch von System zu System verschieden; charakteristisch ist aber in allen Fällen von synergistischer Verstärkung ein Maximum im Verlauf der Antioxydanswirkung gegen die Zusammensetzung des Stabilisatorsystems. Dies zeigt Fig. 23 in typischer Weise für die durch ein synergistisches Gemisch von 2,6-Di-(α,α-dimethylhexyl)-4-methylphenol und Didecylsulfid inhibierte Polypropylen-Oxydation bei 200 °C. Bemerkenswert ist hier die wesentliche Verlängerung der Induktionsperiode im Bereich des optimalen Mengenverhältnisses gegenüber dem durch die Einzelkomponenten erzielten Inhibierungseffekt. Die Messungen stammen aus einer grundlegenden kinetischen Studie von SHLYAPNIKOV u. a. (*537*), welche zu dem Ergebnis kommen, daß die Verzögerung des Radikalinhibitorverbrauches und damit die Wirkungssteigerung durch den Synergisten um so ausgeprägter ist, je größer der Grad der Kettenverzweigung durch den Hydroperoxydzerfall ist, d. h. je mehr der Radikalinhibitor die durch Verzweigung neugebildeten Ketten abbrechen muß. Dieser experimentelle Befund deckt sich mit der Vorstellung von der peroxydzersetzenden Rolle des Synergisten. In neuerer Zeit hat der β,β'-Thiodipropionsäuredilaurylester (Dilauryl-β,β'-thiodipropionat, DLTDP) als synergistischer Costabilisator in Verbindung mit phenolischen Antioxydantien für Polypropylen weitgehende Verbreitung gefunden. Bell u. a. (*48*) erklären den Synergismus eines Gemisches von DBPC und DLTDP als Polypropylen-Stabilisatoren derart, daß das phenolische Antioxydans als Verarbeitungsstabilisator wirkt und in der Verarbeitungsphase auch das DLTDP vor der Zerstörung schützt, während bei der thermisch-oxydativen Alterung des Fertigproduktes (z. B. im Ofentest) vorwiegend das DLTDP wirksam ist. Beim Polyäthylen ist besonders der Synergismus zwischen Ruß als kettenabbrechendem Inhibitor (*264*) und schwefelhaltigen Verbindungen durch die Arbeiten von Hawkins u. a. (*257, 258, 268*)

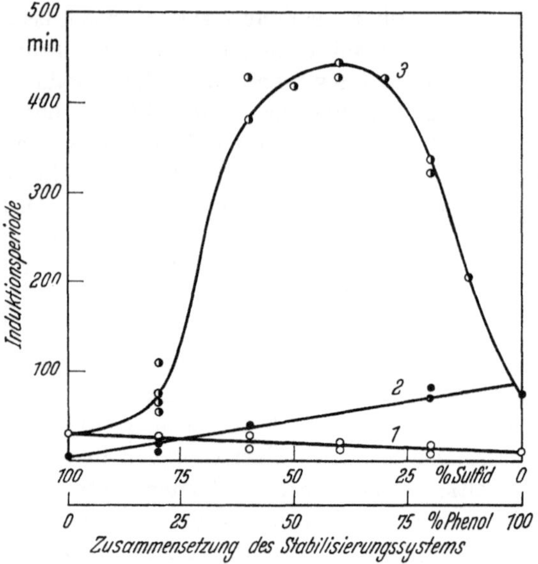

Fig. 23. Abhängigkeit der Induktionsperiode bei der Oxydation von isotaktischem Polypropylen von der Konzentration der einzelnen Inhibitorkomponenten Di-n-decylsulfid (1), 2,4-Di-(α,α-dimethylhexyl)-4-methylphenol (2), wobei 100% = 0.2 Mol/kg, und eines synergistischen Gemisches beider (3) in einer Gesamtkonz. von 0.2 Mol/kg. Temp. 200 °C, O_2-Druck 300 mm Hg. Nach Shlyapnikov u. a. (*537*).

in der Literatur bekannt geworden (vgl. II.2.3.4.). Als ein Beispiel für diese Wirkung sei hier angeführt, daß ein Zusatz von 3% Channel Black zu Polyäthylen die Oxydation bei 140 °C um 35—40 Stunden inhibiert, ein Zusatz von 0,1% Dinaphthyldisulfid um 5 Stunden; beide Zusätze gemeinsam ergeben jedoch über einen Zeitraum von mehr als 1000 Stunden einen niedrigen Oxydationsverlauf von etwa konstanter Geschwindigkeit ohne Anzeichen einer autokatalytischen Beschleunigung. Für das Dinaphthyldisulfid ist nicht nur in Verbindung mit Ruß, sondern auch mit N,N'-Diphenyl-p-phenylendiamin, 3,3'- und 4,4'-Dihydroxydiphenyl ein synergistischer Effekt auf die Inhibierung der Polyäthylen-Oxydation nachgewiesen worden (*255*), so daß die mit Ruß beobachteten Erscheinungen in den allgemeinen Rahmen fallen. Es ist die Vermutung geäußert worden (*255*), daß die Rolle der Schwefelverbindung möglicherweise in einer Regenerierung des Radikalinhibitors besteht, z. B. durch Reduktion der chinoiden Verbindungen, die sich aus phenolischen Antioxydantien durch H-Übertragung bilden. Tatsächlich konnte eine Reduktion des aus alkyliertem 4,4'-Dihydroxydiphenyl gebildeten Diphenochinons durch Thiole oder Disulfide in Polyäthylen-Mischungen beobachtet werden. Daß dies jedoch nicht die entscheidende Ursache sein kann, zeigt sich daraus, daß eine synergistische Wirkung in etwa gleichem Ausmaß auch mit phenolischen Verbindungen besteht, die keine reduzierbaren Chinone liefern (*261*). Neureiter u. a. (*426*) kommen im Rahmen einer Untersuchung der synergistischen Wirkung von DLTDP und alkyliertem Phenol in Polypropylen zu dem Ergebnis, daß der Thioäther nicht nur die Hydroperoxydgruppen reduziert, die sich am Substrat bilden, sondern auch die Hydroperoxyde des phenolischen Inhibitors, wie sie nach Reaktion (26) entstehen können. Dadurch wird das ursprüngliche Inhibitormolekül regeneriert. Der entsprechende Modellversuch mit 2,6-Di-tert.-butyl-4-tert.-butylperoxy-4-methylcyclohexadien-(2,5)-on ergab, daß dieses Produkt beim Behandeln mit DLTDP bei 150 °C unter Stickstoff in 41 %iger Ausbeute das entsprechende Phenol, zusammen mit Isobutylen, liefert:

$$\text{2,6-}[(CH_3)_3C]_2\text{-4-}CH_3\text{-4-}(OO\text{–}C(CH_3)_3)\text{-cyclohexadien-(2,5)-on} + \text{DLTDP} \longrightarrow$$

$$\text{2,6-}[(CH_3)_3C]_2\text{-4-}CH_3\text{-phenol (OH)} + (CH_3)_2C{=}CH_2 \quad (+\ \text{DLTDP-Sulfoxyd ?}) \qquad (36)$$

Das DLTDP-Sulfoxyd (β,β'-Sulfinyldipropionsäuredilaurylester) war allerdings als solches nicht isolierbar, da es thermisch instabil ist. Über den Mechanismus der peroxydzersetzenden Wirkung von Schwefelverbindungen besteht noch wenig Klarheit. Teilweise herrscht die Auffassung vor, daß nicht die als Synergisten zugesetzten Substanzen selbst, sondern ihre Oxydationsprodukte die wirksamen Stabilisatoren sind (vgl. dazu II.2.4.1.).

Neben dem Synergismus zwischen Radikalinhibitoren und Peroxydzersetzern existieren weitere Kombinationsmöglichkeiten, nämlich Radikalinhibitoren mit Metalldesaktivatoren (vgl. II.2.5.) oder Radikalinhibitoren mit UV-Absorbern (vgl. II.2.6.4.). Ein wichtiger Fall ist der synergistische

Effekt zwischen zwei Antioxydantien vom gleichen Wirkungstyp. Die einfachste Erklärung für das synergistische Zusammenwirken von zwei Radikalinhibitoren AH und A'H besteht in der Annahme, daß die Bindungsdissoziationsenergie bei beiden verschieden groß ist, so daß zunächst die leichter dissoziierende Substanz, z. B. A'H, als H-Überträger fungiert, worauf das Inhibitorradikal A'• mit dem Costabilisator AH unter Rückbildung des ursprünglichen Inhibitors reagiert (*289*):

$$A'\cdot + AH \longrightarrow A'H + A\cdot .$$

Diese Reaktionsweise ist allerdings energetisch nicht ganz einleuchtend, und außerdem kann die Verstärkung des Wirkungsgrades bei gleicher Konzentration der beiden Komponenten nicht größer sein als eine Verdoppelung der Wirksamkeit der stärker inhibierenden Komponente. Tatsächlich sind aber zwischen phenolischen Inhibitoren untereinander und im Gemisch mit aminischen Antioxydantien erheblich größere synergistische Effekte beobachtet worden (*289*). Unter diesen Umständen kann man annehmen, daß einer der Radikalinhibitoren als Peroxydzersetzer wirkt, was aber nicht einer gewissen Willkür entbehrt. Eine plausible Theorie über das Zusammenwirken zweier Radikalkettenabbrecher hat Uri (*603*) vorgeschlagen. Sie geht von der Voraussetzung aus, daß die Reaktionsgeschwindigkeitskonstante k einer Substanz in einem bestimmten System nach der Gleichung

$$k = P Z_0 e^{-E/RT}$$

außer von einer molekularkinetisch bedingten Größe, dem Frequenzfaktor Z_0, durch zwei strukturbedingte Größen: den sterischen Faktor P und die Aktivierungsenergie E bestimmt ist. Nur die letztere hängt von der Dissoziationsenergie der A—H-Bindung ab. Nimmt man nun an, daß die eine Komponente AH zwar eine höhere Dissoziationsenergie, aber auch einen wesentlich höheren sterischen Faktor gegenüber den Peroxyradikalen besitzt als die zweite Komponente A'H, letztere dagegen wohl einen niedrigen sterischen Faktor gegenüber den Peroxyradikalen, nicht aber gegenüber den A•-Radikalen, so kann die nachstehende Reaktionsfolge ablaufen:

Primärreaktion	$AH + RO_2\cdot \longrightarrow A\cdot + ROOH$
Folgereaktion	$A\cdot + A'H \longrightarrow AH + A'\cdot .$

Dies führt aber zu einer synergistischen Verstärkung, da die durch den niedrigen sterischen Faktor gehemmte Reaktion von A'H mit $RO_2\cdot$ über einen Umweg ermöglicht und das reaktionsfähige Radikal A• am Beschreiten eines „verbotenen“ Reaktionsweges gehindert wird.

Die Kinetik der inhibierten Oxydation mit zwei synergistischen Antioxydantien ist von Likhtenshtein u. a. (*346*) untersucht worden. Unter der Annahme, daß einer der Inhibitoren ein radikalkettenabbrechendes

Agens ist, das aber den Nebenreaktionen (23c, g, q) unterliegt, werden für verschiedene Fälle der synergistischen Wirkung (Hydroperoxydzersetzung; Bildung einer Verbindung aus Inhibitor und Synergist von größerer Aktivität; Regenerierung des Inhibitors aus seinem oxydierten Zustand; Reaktion mit dem Inhibitorradikal zur Aufhebung der Nebenreaktion (23g)) Beziehungen für die Beeinflussung der kritischen Inhibitorkonzentration durch den Synergisten und für den Zusammenhang zwischen Induktionsperiode und Konzentration der beiden Komponenten abgeleitet. Nur für den letztgenannten synergistischen Mechanismus sollte sich danach ein Anstieg von $[AH]_k$ mit der Zugabe des Synergisten ergeben. Diese Erscheinung wird von den Autoren bei der thermischen Oxydation von Polypropylen mit Diphenylamin und Polyphenylen als Inhibitorgemisch beobachtet.

Ein Antagonismus zwischen zwei Stabilisatoren unter gegenseitiger Verringerung ihrer Wirksamkeit kann durch verschiedene Arten der Wechselwirkung zwischen ihnen hervorgerufen werden (*289*). Zum Beispiel können die von den beiden Inhibitoren gebildeten Radikale sich miteinander verbinden und dadurch die weitere Reaktion mit einem zweiten $RO_2\cdot$-Radikal ausschließen. Ferner besteht bei gemeinsamer Anwesenheit von Inhibitoren mit basischem und saurem Charakter die Möglichkeit der Bildung einer salzartigen Verbindung, die keinerlei Wirksamkeit gegenüber freien Radikalen mehr besitzt. Gelegentlich können auch Stabilisatorkombinationen, die einem Substrat gegenüber eine synergistische Wirkung besitzen, in einem anderen Substrat Antagonismus zeigen (*531*).

II.2.4. Zersetzung von Peroxyden und weitere Reaktionen mit Zwischenprodukten des oxydativen Abbaues

Wie bereits in Abschnitt II.2.3.2. festgestellt, umfaßt die Wirkungsweise der dort aufgeführten Klassen von Antioxydantien noch weitere Mechanismen außer dem in Abschnitt II.2.3.3. besprochenen Radikalkettenabbruch. Die Reaktion mit intermediären nicht-radikalischen Produkten des oxydativen Abbaues, die entweder zu einer Unterbrechung der Reaktionsfolge oder zur Rekombination von entstandenen Bruchstücken führt, bildet einen weiteren wichtigen Reaktionstyp. Obwohl der Chemismus der Ozonschutzwirkung noch nicht vollständig aufgeklärt ist, fällt die Wirkung von Antiozonantien den bisherigen Kenntnissen nach unter diese Kategorie von Reaktionen.

II.2.4.1. Zersetzung von Peroxyden

Ein großer Teil der praktisch wichtigen Antioxydantien wirkt unter Reduktion der als primäre Autoxydationsprodukte auftretenden Hydroperoxyde, wodurch diese in Verbindungen übergeführt werden, die nicht zum radikalischen Zerfall und zur Neubildung von Radikalketten befähigt sind

(Gl. (23r, s)). Bei diesen Antioxydantien handelt es sich um Verbindungen, die Elemente der 5. und 6. Hauptgruppe des periodischen Systems, vor allem Schwefel oder Phosphor in einer anderen als der höchsten Wertigkeitsstufe enthalten. Charakteristische Substanzklassen sind u. a. die in der Zusammenstellung in Abschnitt II.2.3.2. unter (c) und (d) aufgeführten Verbindungen: Mercaptane, Thioäther, Disulfide, Dithiocarbamate, heterocyclische Thioverbindungen, Phosphorigsäureester, ferner Phosphor und Schwefel gemeinsam enthaltende Verbindungen, wie z. B. Dithiophosphate. Aber auch radikalkettenabbrechende Antioxydantien, besonders Amine, können gelegentlich eine peroxydzersetzende Wirkung ausüben. Ferner werden bei der oxydationsinhibierenden Wirkung von Organozinnverbindungen zum Teil Reaktionen mit Hydroperoxyden angenommen. Die allgemeine Vorstellung über den Ablauf der Umsetzungen ist die von molekularen bzw. ionischen Reaktionen; vielfach sind die Mechanismen jedoch noch ungeklärt, und es ist durchaus möglich, daß auch Radikalprozesse auftreten.

Die autoxydationshemmende Wirkung von Schwefelverbindungen wurde zuerst von Denison (*135*) systematisch untersucht, welcher fand, daß die in Schmierölen auftretenden natürlichen schwefelhaltigen Begleitsubstanzen die bei der Oxydation intermediär entstehenden Hydroperoxyde reduzieren. Nach Entfernung der Schwefelverbindungen wurde eine Erhöhung der Oxydierbarkeit des Öles festgestellt. Denison u. a. (*136*) zeigten dann, daß Thioäther, Mercaptane, Disulfide und Thiophen-Derivate die thermische Oxydation von entschwefeltem Schmieröl wieder verzögerten, wobei Thioäther R—S—R′ mit mindestens einem aliphatischen oder cycloaliphatischen Rest sich am wirksamsten erwiesen. Gleichzeitig wurde bei Zusatz der Schwefelverbindungen eine allmähliche Verringerung des Peroxydgehaltes im Öl gemessen. Von den möglichen Oxydationsprodukten des als Inhibitor hochwirksamen Dicetylsulfids erwies sich das Sulfoxyd ebenfalls als oxydationshemmend, allerdings in schwächerem Maße als der ursprüngliche Thioäther, während das Sulfon wirkungslos war. Es wurde eine Reduktion der Hydroperoxyde in einer Zweistufenreaktion zu Alkoholen angenommen, wobei (37a) rascher verläuft als (37b):

$$\mathrm{R{-}S{-}R'} + \mathrm{R''OOH} \longrightarrow \mathrm{R{-}\underset{\underset{\displaystyle O}{\downarrow}}{S}{-}R'} + \mathrm{R''OH} \tag{37a}$$

$$\mathrm{R{-}\underset{\underset{\displaystyle O}{\downarrow}}{S}{-}R'} + \mathrm{R''OOH} \longrightarrow \mathrm{R{-}\overset{\overset{\displaystyle O}{\uparrow}}{\underset{\underset{\displaystyle O}{\downarrow}}{S}}{-}R'} + \mathrm{R''OH}\,. \tag{37b}$$

Die Reaktionsprodukte des Inhibitors, Sulfoxyd und Sulfon, werden selbst sehr schnell autoxydiert, wobei eine stark saure Verbindung, die als Sulfonsäure angesehen wurde, auftrat. Spätere Versuche (*137*) ergaben dann, daß Selenoäther R—Se—R′ noch weit wirksamer sind als Thioäther.

Im Gegensatz zu der einfachen Auffassung einer stöchiometrischen Reduktion des Hydroperoxyds durch den Inhibitor oder eines seiner Folgeprodukte nach Gl. (37a, b) steht die Annahme einer katalytischen Zersetzung unter intermediärer Elektronenübertragung vom Hydroperoxyd auf ein vom Inhibitor gebildetes Radikal mit Umlagerung des Hydroperoxyds und nachfolgender Regenerierung des aktiven Inhibitorradikals (*301*):

$$R_2{-}\underset{R_3}{\overset{R_1}{\underset{|}{\overset{|}{C}}}}{-}O{-}O{-}H + \cdot S{-}R \longrightarrow R_2{-}O{-}\underset{R_3}{\overset{R_1}{\underset{|}{\overset{|}{C}}}}{-}\overset{+}{\underset{\bullet}{O}}{-}H + \overline{S}{-}R \longrightarrow$$

$$R_2{-}O\cdot + \underset{R_3}{\overset{R_1}{\underset{|}{\overset{|}{C}}}}{=}O + HS{-}R \qquad (38)$$

$$R_2{-}O\cdot + HS{-}R \longrightarrow R_2OH + \cdot S{-}R\,.$$

Dieser Mechanismus kann jedoch wohl im Hinblick auf die experimentell nachgewiesenen Reaktionsprodukte der sulfidischen Inhibitoren nicht ernsthaft in Erwägung gezogen werden, obgleich er bei gewissen Peroxydzersetzungsreaktionen auftretende Induktionsperioden und ihre Verlängerung durch Radikalinhibitoren erklärt. Er ist hergeleitet aus einem ähnlichen Peroxydzersetzungsmechanismus, welcher für die mit starken Säuren A beobachtete Autoxydationsinhibierung angenommen wurde (*307*):

$$R_1R_2R_3C{-}O{-}O{-}H + A \longrightarrow R_1R_3C{=}O + R_2{-}OH + A\,; \qquad (39)$$

u. a. wird die peroxydzersetzende Wirkung der bei Verwendung von Thioäthern als Antioxydantien auftretenden Sulfonsäure damit erklärt. Der Verlauf der Reduktion von Hydroperoxyden durch organische Schwefelverbindungen ist jedoch mit Sicherheit komplizierter, als es in den Gleichungen (37a, b) zum Ausdruck kommt. Barnard u. a. (*28, 27*) wiesen beim Studium der Autoxydation von Squalen bei 70 °C nach, daß offenbar gar nicht die als Inhibitoren verwendeten Sulfide und Disulfide selbst, sondern ihre Oxydationsprodukte, die Sulfoxyde (a) und Thiosulfinate (b):

$$R{-}S{-}R' + {}^1\!/_2\,O_2 \longrightarrow R{-}\underset{\displaystyle O}{\underset{\downarrow}{S}}{-}R' \quad (a)$$

$$R{-}S{-}S{-}R' + {}^1\!/_2\,O_2 \longrightarrow R{-}\underset{\displaystyle O}{\underset{\downarrow}{S}}{-}S{-}R' \quad (b)$$

die aktiven Stabilisatoren sind. Während nämlich die ursprünglichen Verbindungen, z. B. das Disulfid, erst dann ihre inhibierende Wirkung ausüben, wenn bereits eine beträchtliche Menge Sauerstoff mit dem Kohlenwasserstoff reagiert hat, beginnt die Inhibitorwirkung des Thiosulfinats sofort. Ein ähnliches Ergebnis wird bei der Oxydationsinhibierung des Polyäthylens durch

Diaryldisulfide erhalten (*255, 262*). Thiosulfinate, die sich von diesen Disulfiden ableiten, sind aber thermisch instabil und zersetzen sich innerhalb des Temperaturbereiches der Verarbeitung des Polymeren; wie HAWKINS u. a. (*261, 262*) zeigten, entsteht bei der thermischen Zersetzung von Phenylbenzolthiosulfinat neben anderen Produkten auch Schwefeldioxyd, das sich als wirksames peroxydzersetzendes Agens erweist. Es wird deshalb angenommen, daß Schwefeldioxyd und evtl. die anderen Zersetzungsprodukte des Thiosulfinats die eigentlichen wirksamen Stabilisatoren sind, die aus dem ursprünglichen Disulfid entstehen und das Polymere durch Zersetzung der Hydroperoxyde stabilisieren. Für die Disulfide selbst konnte keine Peroxydzersetzung nachgewiesen werden (*263*) (Zur Bildung wirksamer Sekundärprodukte bei peroxydzersetzenden Agenzien vgl. auch (*276a*)). Die Fähigkeit des sulfidischen Stabilisators, nach seiner Oxydation in wirksame Zersetzungsprodukte zu zerfallen, ist also für seine Eignung als Antioxydans sehr entscheidend. Daraus erklärt sich wohl auch die ausgeprägte Strukturabhängigkeit der Wirkung von schwefelhaltigen Stabilisatoren, die z. B. ihren deutlichen Ausdruck in dem ganz spezifischen Wirkungsoptimum einer Struktur wie der des DLTDP gegenüber ähnlich gebauten Thioäthern (*426*) findet. Die Sonderstellung der Struktur der β,β'-Thiodipropionsäure wird auch in Arbeiten von BATEMAN, CAIN u. a. (*96, 31*) über die Autoxydationsinhibierung von Squalen durch Ketosulfide und Sulfoxyde bestätigt. Ein wesentliches Merkmal ist offensichtlich die in γ-Ketosulfiden bzw. β,β'-Thiodipropionsäureestern sterisch gegebene Möglichkeit einer innermolekularen H-Übertragung an den Sauerstoff des primär gebildeten Sulfoxyds, das dann unter Bildung eines Thiosulfinats zu zerfallen vermag (vgl. auch (*531*)):

$$\underset{\text{Sulfoxyd}}{R{-}\overset{\overset{\displaystyle O}{\|}}{C}{-}\underset{\text{H}\cdots}{CH}{-}CH_2{-}\underset{\overset{\downarrow}{O}}{S}{-}R'} \xrightarrow{\text{Wärme}} R{-}\overset{\overset{\displaystyle O}{\|}}{C}{-}\overset{\overset{\displaystyle CH_2}{\|}}{CH} + HO{-}S{-}R' \; ; \; 2\, HO{-}S{-}R' \xrightarrow{-H_2O} \underset{\text{Thiosulfinat}}{R'{-}\underset{\overset{\downarrow}{O}}{S}{-}S{-}R'}$$

Die Fähigkeit zur Zersetzung von Peroxyden in nicht-radikalische Produkte ist jedoch nicht die einzige Wirkungsweise der schwefelhaltigen Inhibitoren. BARNARD u. a. (*28*) fanden, daß die Peroxydkonzentration in oxydiertem Squalen nicht verringert wird, wenn als Inhibitor Dialkylsulfoxyd zugesetzt wird. Auch Phenylbenzolthiosulfinat, das Cumolhydroperoxyd rasch zersetzt, bewirkt keine Zersetzung der Hydroperoxyde des Squalens. Die inhibierende Wirkung der schwefelhaltigen Antioxydantien kann in diesen Fällen also nicht auf einer Peroxydzersetzung beruhen. BARNARD u. a. schlugen deshalb die Annahme vor, daß sich ein Molekülkomplex zwischen dem Hydroperoxyd und der S→O-Bindung des Sulfoxyds bildet, der die homolytische Zersetzung der Hydroperoxydgruppe in freie Radikale unterdrückt. Es besteht also offensichtlich ein Unterschied in der Art, wie schwefelhaltige Verbindungen den Hydroperoxydzerfall unterdrücken, der von der Natur des Substrats abhängt. Während bei einem gesättigten Kohlenwasserstoff wie Cumol die Hydroperoxyde zu inaktiven Verbindungen reduziert werden, erfolgt bei einem ungesättigten Kohlenwasserstoff wie Squalen eine Stabilisierung durch komplexe Bindung (vgl. (*255*)).

Unter den peroxydzersetzenden Kunststoff-Stabilisatoren spielen die Thioäther die größte Rolle. Dabei haben sich als Polyolefin-Stabilisatoren Thiobisphenole besonders bewährt, die aller Wahrscheinlichkeit nach sowohl als Radikalkettenabbrecher wie als Peroxydzersetzer wirken und somit eine als „Autosynergismus“ bezeichnete mehrfache Funktion erfüllen. Ein solcher Körper ist z. B. das Di-(4-hydroxyphenyl)-sulfid, das in seiner Stabilisatorwirkung bei der thermischen Oxydation des Polypropylens dem strukturell entsprechenden, nicht schwefelhaltigen 2,2-Di-(4′-hydroxyphenyl)-propan weit überlegen ist (*85*). Aber auch aliphatische Thioäther besitzen eine vorzügliche Wirkung, unter ihnen vor allem das für die Polypropylen-Stabilisierung sowohl in synergistischen Gemischen wie auch als Einzelstabilisator bewährte DLTDP (vgl. II.2.3.5.). Die Wirksamkeit dieses Inhibitors im Gemisch mit einem Alkylphenol in Polypropylen ist von NEUREITER u. a. (*426*) untersucht und der Wirkungsmechanismus an Hand von Modellversuchen diskutiert worden. β,β′-Sulfinyldipropionsäuredilaurylester, das nach Reaktion (37a) zu erwartende Sulfoxyd des DLTDP, war weder in thermisch gealtertem Polypropylen noch als Umsetzungsprodukt bei der Modellreaktion nach Gl. (36) zu finden. Dies kann mit der bei der Alterung sowie beim Modellversuch vorliegenden hohen Temperatur von 150 °C zusammenhängen, bei der sich reines DLTDP-Sulfoxyd (I) unter Bildung von Laurylacrylat (III), einem Gemisch aus SO_2, H_2S und Wasser, sowie einem festen Rückstand, der in der Hauptsache aus einem Trisulfid (VII), daneben Thiosulfonat (V) und Disulfid (VI) bestand, zersetzt. Der angenommene Reaktionsmechanismus dieser Zersetzung ist weitgehend hypothetisch. Das primär gebildete Sulfoxyd zerfällt danach zunächst in (III) und eine Sulfensäure (II):

$$\underset{\text{(I)}}{R'OOC{-}CH_2{-}CH_2{-}\underset{\downarrow\atop O}{S}{-}CH_2{-}CH_2{-}COOR'} \longrightarrow \begin{matrix} R'OOC{-}CH_2{-}CH_2{-}S{-}OH \quad \text{(II)} \\ + \\ CH_2{=}CH{-}COOR' \quad \text{(III)} \end{matrix}$$

($R' = n\text{-}C_{12}H_{25}$). Die Sulfensäure (II) war nicht zu isolieren. Es wird angenommen, daß sie durch Kondensation in das ebenfalls nicht zu fassende Thiosulfinat (IV) übergeht, das dann durch weitere, ungeklärte Zerfallsreaktionen das Trisulfid (VII) liefert:

$$\underset{\text{(II)}}{2\,R'OOC{-}CH_2{-}CH_2{-}S{-}OH} \xrightarrow{-H_2O} \underset{\text{(IV)}}{R'OOC{-}CH_2{-}CH_2{-}\underset{\downarrow\atop O}{S}{-}S{-}CH_2{-}CH_2{-}COOR'}$$

$$\xrightarrow{?} \underset{\text{(VII)}}{R'OOC{-}CH_2{-}CH_2{-}S_3{-}CH_2{-}CH_2{-}COOR'}\,.$$

(I), (IV), (VI) und (VII) zeigten als Reinsubstanzen einen deutlichen, (V) einen geringfügigen inhibierenden Effekt auf die Polypropylen-Oxydation im Gemisch mit dem phenolischen Inhibitor, obwohl keine dieser Verbindungen eine annähernd so hohe Wirksamkeit wie das DLTDP besitzt. Diese Ergebnisse schließen keinesfalls aus, daß das DLTDP nach dem sehr naheliegenden Mechanismus (37a) reagiert, wenngleich auch Folgeprodukte der thermischen Zersetzung des Sulfoxyds an der ausgezeichneten Inhibitorwirkung dieses Stabilisators beteiligt sein können. Wir haben in eigenen Untersuchungen festgestellt, daß Sulfoxyd stets in DLTDP-stabilisierten Polyolefinen feststellbar war, selbst wenn diese nur schwach thermisch gealtert waren, wie z. B. bei der Granulierung. Es entsteht offenbar sehr leicht aus dem DLTDP. Daneben war Laurylacrylat nachweisbar, wenn das Polymere zusätzlich kein phenolisches Antioxydans enthielt. Bei Gegenwart eines solchen, z. B. DBPC, war Laurylacrylat nicht identifizierbar, wahrscheinlich weil die Weiterreaktion des Sulfoxyds zu Laurylacrylat zugunsten einer Reaktion des ersteren mit dem Phenol verdrängt wird.

Eine weitere Art von schwefelhaltigen Antioxydantien sind die heterocyclischen Mercaptoverbindungen und die Dithiocarbamate, Verbindungen, welche in erster Linie in der Kautschuktechnologie als Vukanisationsbeschleuniger gebräuchlich sind, nach Beendigung der Vulkanisationsreaktion jedoch als Oxydationsinhibitoren wirken. Die Reaktion von Zn-mercaptobenzothiazol und Dialkyldithiocarbamaten mit Hydroperoxyden ist kürzlich von Brooks (*88*) untersucht worden, und es wird angenommen, daß diese Reaktionen auch in hydroperoxydhaltigen Kautschuken und anderem autoxydierbaren Material stattfinden. Das Zn-mercaptobenzothiazol wird der Kautschukmischung entweder als solches zugesetzt, oder es entsteht während des Vulkanisationsprozesses aus Mercaptobenzothiazol und dem zumeist ebenfalls anwesenden ZnO, so daß das Zn-Salz die in Vulkanisaten praktisch am häufigsten auftretende Form des Mercaptobenzothiazols darstellt. Ähnliches gilt für die Dithiocarbamate. Sie werden entweder in Form verschiedener Salze als Vulkanisationsbeschleuniger zugesetzt, oder aus dem ebenfalls dafür verwendeten Tetramethylthiuramdisulfid entsteht in Gegenwart von ZnO das Zn-dimethyldithiocarbamat (vgl. (*530*)). Zn-mercaptobenzothiazol reduziert Hydroperoxyde unter Bildung eines Sulfinats (I), das unter dem Einfluß von Feuchtigkeit langsam in Benzothiazol (II), SO_2 und Zn-sulfit zerfällt:

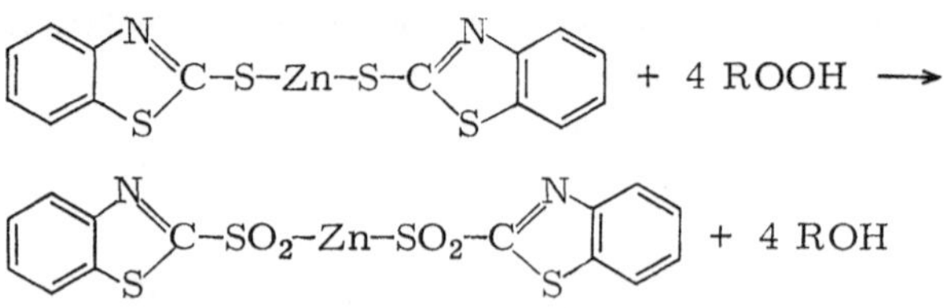

$$(C_6H_4NS)C{-}S{-}Zn{-}S{-}C(C_6H_4NS) + 4\ ROOH \longrightarrow$$

$$(C_6H_4NS)C{-}SO_2{-}Zn{-}SO_2{-}C(C_6H_4NS) + 4\ ROH$$

(I)

$$\text{(Benzothiazolyl)-C-SO}_2\text{-Zn-SO}_2\text{-C-(Benzothiazolyl)} + H_2O \longrightarrow$$

$$2\ \text{(Benzothiazol)CH} + ZnSO_3 + SO_2\ .$$

(II)

Zn-sulfit und SO_2 werden durch Hydroperoxyd in Zn-sulfat und SO_3 umgewandelt, wobei in Gegenwart von überschüssigem Metalloxyd ausschließlich Zn-sulfat entsteht. Die Salze von Dialkyldithiocarbamaten bilden demgegenüber ein verhältnismäßig stabiles Semi-Sulfinat (III), welches erst bei anhaltender Oxydation in ein Sulfinat der Struktur (IV) übergeht:

$$R'_2N\text{-}C(=S)\text{-}S\text{-}Me\text{-}S\text{-}C(=S)\text{-}NR'_2 + 2\,ROOH \longrightarrow$$

$$R'_2N\text{-}C(=S)\text{-}SO_2\text{-}Me\text{-}S\text{-}C(=S)\text{-}NR'_2 + 2\,ROH$$
(III)

$$R'_2N\text{-}C(=S)\text{-}SO_2\text{-}Me\text{-}S\text{-}C(=S)\text{-}NR'_2 + 2\,ROOH \longrightarrow$$

$$R'_2N\text{-}C(=S)\text{-}SO_3\text{-}Me\text{-}SO\text{-}C(=S)\text{-}NR'_2 + 2\,ROH\,.$$
(IV)

R′ bedeutet dabei eine Alkylgruppe, Me ein zweiwertiges Metall; die Art dieser Molekülbestandteile bestimmt die Stabilität von (III) und (IV). Gegebenenfalls zerfällt (IV) in ein Metallsulfat und Tetraalkylthiurammonosulfid (V), letzteres kann durch überschüssiges Hydroperoxyd zu einem Dialkylcarbamoyl-dialkylthiocarbamoyldisulfid (VI) weiteroxydiert werden:

$$R'_2N\text{-}C(=S)\text{-}SO_3\text{-}Me\text{-}SO\text{-}C(=S)\text{-}NR'_2 \longrightarrow MeSO_4 + R'_2N\text{-}C(=S)\text{-}S\text{-}C(=S)\text{-}NR'_2$$
(V)

$$R'_2N\text{-}C(=S)\text{-}S\text{-}C(=S)\text{-}NR'_2 + ROOH \longrightarrow R'_2N\text{-}C(=O)\text{-}S\text{-}S\text{-}C(=S)\text{-}NR'_2 + ROH\,.$$
(VI)

Besonders wirksame Dithiocarbamate werden direkt zu der Stufe $MeSO_4$ + (V) oxydiert. Daneben wird eine weitere Reaktion unter der Mitwirkung von ZnO vermutet, welche aus den entstehenden Produkten Dithiocarbamat zurückbildet. Untersuchungen von HOLDSWORTH u. a. (*276a*) über die Inhibierung der Oxydation von Tetralin durch Zn-diäthyldithiocarbamat lassen schließen, daß auch hierbei (vgl. S. 149) nicht die ursprüngliche Substanz als peroxydzersetzendes Agens wirkt, sondern ein durch Oxydation des Zn-diäthyldithiocarbamats entstehendes Folgeprodukt. Das Antioxydans zeigt nämlich bei Gegenwart von Azodiisobuttersäurenitril als Oxydationskatalysator nur eine sehr träge Antioxydanswirkung, während bei Gegenwart von Tetralinhydroperoxyd die Inhibierung stark wirksam wird. Deshalb wird angenommen, daß Peroxyde zunächst den ursprünglichen Stabilisator zu einer Verbindung oxydieren, die dann eine kräftige peroxydzersetzende Wirkung ausübt. Als solche wird auch hier SO_2 angesehen, dessen Auftreten bei der Reaktion beobachtet wird. Es ist nicht ausgeschlossen, daß eines der in vorstehendem Reaktionsschema enthaltenen Zwischenprodukte zur Bildung von SO_2 führt. — Über den von LE BRAS u. a. vorgeschlagenen Mechanismus der Inhibitorwirkung durch Desaktivierung siehe Abschnitt II.2.4.2.

Auch verschiedene Arten von Thiosäuren und ihre Salze haben sich als peroxydzersetzende Antioxydantien bewährt. Die Inhibitorwirkung von Dithiophosphaten (vgl. S. 360) ist hierbei besonders zu erwähnen. Nach Untersuchungen von KENNERLY u. a. (*301*) übersteigt die inhibierende Wirkung von Zn-di-(4-methylpentyl-2)-dithiophosphat die von anderen schwefelhaltigen Peroxydzersetzern bei der Autoxydation von Mineralölen ganz erheblich. Zum Oxydationsschutz von Hochpolymeren sind entsprechende Verbindungen vorgeschlagen worden.

In neuerer Zeit finden Phosphorigsäureester als Antioxydantien in Kunststoffen in zunehmendem Maße Eingang. Untersuchungen über den Inhibierungsmechanismus dieser Substanzklasse liegen noch nicht vor. Auf Grund der Ergebnisse von WALLING u. a. (*623*) über die Reaktion zwischen tert.-Butylhydroperoxyd und Triäthylphosphit ist jedoch eine Reduktion von Hydroperoxyden unter Bildung des entsprechenden Phosphorsäureesters als sicher anzunehmen:

$$ROOH + \begin{matrix} R'O \\ R''O \\ R'''O \end{matrix}\!\!>\!P \longrightarrow \left[\begin{matrix} R'O \\ R''O \\ R'''O \end{matrix}\!\!>\!P-OR\right]^+ OH^- \longrightarrow ROH + \begin{matrix} R'O \\ R''O \\ R'''O \end{matrix}\!\!>\!P\rightarrow O\,.$$

Das ionische Zwischenprodukt ist hypothetisch. Daneben werden Phosphite bei Gegenwart von Sauerstoff durch einen Radikalmechanismus autoxydiert, so daß eine Mitwirkung dieser Verbindungen in radikalischen Inhibierungsreaktionen nicht ausgeschlossen ist (vgl. auch (*95*)). Auf eine dem angegebenen Reaktionsmechanismus mit Hydroperoxyden sehr ähnliche Weise sollen Phosphorigsäureester über ein komplexes Zwischenprodukt auch die Radikale $RO_2\cdot$ und $RO\cdot$ in stabile Verbindungen ROOR bzw. ROR verwandeln (*341a*).

Über die peroxydzersetzende Wirkung von Aminen liegen zahlreiche Arbeiten aus dem Bereich niedermolekularer Substrate vor (vgl. (*289*)), so daß auch bei der Oxydationsinhibierung hochmolekularer Systeme durch aminische Antioxydantien unter gewissen Bedingungen an diese Peroxydzersetzung zu denken wäre. Der experimentelle Nachweis eines solchen, gegenüber dem Radikalkettenabbruch abzugrenzenden Effektes ist allerdings bisher nicht erbracht worden.

Zu den ausgesprochen spekulativen Annahmen über das Vorliegen einer Peroxydzersetzung gehört auch die von Frye u. a. (*198*) vorgeschlagene Reaktion von Organozinnverbindungen mit Hydroperoxyden. Diese soll bei Verbindungen vom Typ der Dialkylzinndimercaptide unter Bildung von (ebenfalls inhibierend wirkenden) Disulfiden verlaufen:

$$(C_4H_9)_2Sn(SR')_2 + ROOH \longrightarrow (C_4H_9)_2Sn(OR)(OH) + R'S\text{-}SR',$$

bei Dibutylzinnmaleaten durch Oxydation zu einem Weinsäurederivat:

$$(C_4H_9)_2Sn(O\text{-}OC\text{-}CH{=}CH\text{-}CO\text{-}O\text{-}CH_3)_2 + ROOH \longrightarrow$$

$$(C_4H_9)_2Sn\begin{cases}O\text{-}OC\text{-}CH{=}CH\text{-}CO\text{-}O\text{-}CH_3\\ O\text{-}OC\text{-}CH(OR)\text{-}CH(OH)\text{-}CO\text{-}O\text{-}CH_3\end{cases}.$$

Immerhin erscheint es nicht ausgeschlossen, einen Teil der beobachteten und theoretisch noch immer nicht zwingend interpretierten außerordentlichen Wirksamkeit von Organozinnstabilisatoren auf einen derartigen Hydroperoxyd-Zerfallsmechanismus zurückzuführen. Das Ausmaß dieser Reaktion dürfte jedoch wegen des nachgewiesenen Verbleibens einer nur geringfügigen Menge von Dialkylzinn-Gruppen im Molekülverband des Polymeren (*196*, *197*) nur sehr klein sein.

Eine Hydroperoxydzersetzung kann schließlich unter dem katalytischen Einfluß von Säuren und Basen stattfinden (vgl. (*289*)). Im makromolekularen Bereich gehört hierzu wohl die von Kozmina (*317*) beschriebene Inhibierung der Oxydation von Celluloseäthern durch Alkali- und Erdalkalihydroxyde.

II.2.4.2. Wirkungsweise von Desaktivatoren

Beim Alterungsschutz von Kautschuken wird ein besonderer Effekt beobachtet, der unter dem Einfluß bestimmter Zusätze wie Mercaptobenzimidazol auftritt und als „Desaktivierung" bezeichnet wird. Er besteht darin, daß diese Zusätze zwar den Abbau des Kautschuks unterdrücken, aber im

Gegensatz zu den klassischen Antioxydantien die Sauerstoffaufnahme kaum verlangsamen. Offensichtlich inhibieren sie die Oxydationsreaktion nicht, wirken aber dem oxydativen Abbau durch einen andersartigen Mechanismus entgegen. Diese Erscheinung wurde von Le Bras (*331*, *332*) entdeckt und zunächst damit gedeutet, daß der Zusatzstoff die primär gebildeten Peroxyde „desaktiviert" und ihre Weiterreaktion, die zur Zerreißung der Molekülketten führt, verhindert. Aus dieser Vorstellung ergab sich die Bezeichnung für den Effekt. Untersuchungen über die strukturellen Voraussetzungen für eine derartige Wirkung der Zusatzstoffe zeigten (*334—337*), daß diese sämtlich Mercaptogruppen an einem C-Atom tragen müssen, das von zwei N-Atomen oder je einem N- und O-Atom flankiert wird. Typische Desaktivatoren sind dementsprechend:

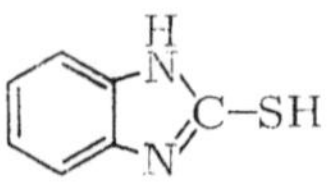

Mercaptobenzimidazol 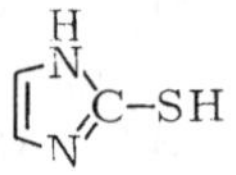 | Mercaptoimidazol 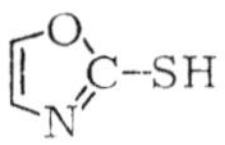 | Mercaptooxazol 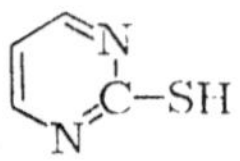 | Mercaptopyrimidin

Die cyclische Struktur fördert die Wirkung als Desaktivator, ist jedoch offenbar nicht notwendig, da auch Thioharnstoff $NH_2\text{—}\underset{\underset{S}{\|}}{C}\text{—}NH_2 \rightleftharpoons NH{=}\underset{\underset{SH}{|}}{C}\text{—}NH_2$ und dessen Derivate schwache Desaktivatoren sind. Es ist bemerkenswert, daß die genannten Verbindungen den Vulkanisationsbeschleunigern wie Mercaptobenzothiazol strukturell eng verwandt sind; tatsächlich zeigt auch Mercaptobenzimidazol (MBI) eine vulkanisationsbeschleunigende Wirkung. Bei der Untersuchung seines Verhaltens ergab sich, daß nicht das MBI selbst als Desaktivator wirkt, sondern sein Zinksalz (MBIZ), das sich im Laufe der Vulkanisation bei Gegenwart von ZnO bildet. Auch die Salze anderer Metalle, wie Fe oder Mg, sind wirksam. Das MBIZ findet als Desaktivator verbreitetste Anwendung (*219*). Die ursprüngliche Erklärung für die Erscheinung der Desaktivierung konnte indessen nicht befriedigen (vgl. (*333*)); man gelangte schließlich zu einer Deutung des Effektes (*335—337*), die auch im Einklang mit der strukturellen Verwandtschaft der Desaktivatoren zu typischen Vulkanisationsbeschleunigern steht. Sie beruht auf der Vorstellung, daß diese Zusätze im Verlaufe der Alterung neue zwischenmolekulare Bindungen erzeugen und damit der oxydativen Spaltung der Vulkanisatstruktur entgegenwirken, d. h., daß sie gewissermaßen Bruchstellen „reparieren", indem sie gespaltene Bindungen durch Vernetzung ersetzen. Dabei muß nicht unbedingt an der Stelle der oxydativen Kettenspaltung eine neue Bindung gebildet werden. Entscheidend ist vielmehr, daß das gesamte Bindungsgefüge des Vulkanisats im Verlaufe der Alterung durch eine Neubildung von statistisch verteilten Vernetzungen aufrechterhalten wird. Zusammen mit herkömmlichen

Kautschukantioxydantien, wie z. B. Phenyl-2-naphthylamin (PBN), bilden sie synergistisch wirkende Alterungsschutzmittel-Systeme. Die Auswirkung von Desaktivatoren einerseits und Antioxydantien andererseits sowie von Gemischen beider auf den Mechanismus der Kautschukalterung läßt sich besonders deutlich an Hand des Relaxationsverhaltens mittels der Methode von Tobolsky u. a. (*597*) demonstrieren. Entsprechende Versuche sind von Le Bras u. a. (*333*) durchgeführt worden, wovon Fig. 24 ein instruktives

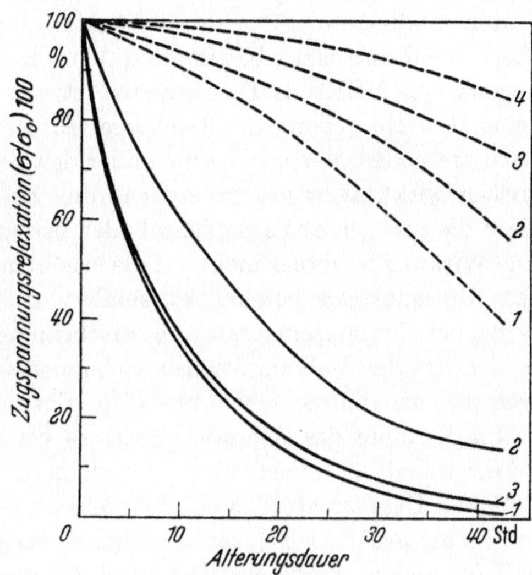

Fig. 24. Wirkung von Phenyl-2-naphthylamin (PBN) und Zn-mercaptobenzimidazolat (MBIZ) auf die Spannungsrelaxation von Naturkautschuk-Vulkanisaten (mit Diphenylguanidin vulkanisiert) während der Alterung bei 100 °C mit 50% Elongation. —— = kontinuierliche Elongation, – – – = Elongation nur während der Messung. 1: ohne Alterungsschutzmittel, 2: 1% PBN, 3: 1% MBIZ, 4: 0.5% PBN und 0.5% MBIZ. Nach Le Bras u. a. (*333*).

Beispiel darstellt: Naturkautschuk-Vulkanisate mit Diphenylguanidin als Beschleuniger ohne und mit Zusätzen von MBIZ bzw. PBN als Alterungsschutzmittel wurden bei 100 °C unter anhaltender und unter intermittierender Elongation um 50% (im letzteren Falle nur während des Meßvorganges gedehnt) gealtert und jeweils die verbleibende Spannung σ/σ_0 in % gemessen. Man erkennt, daß ein Zusatz von MBIZ die permanente Relaxation, welche allein durch die Kettenzerreißung bestimmt wird, nicht beeinflußt, d. h. der Desaktivator verhindert den oxydativen Kettenzerfall nicht. Demgegenüber verringert das Antioxydans die permanente Relaxation merklich, indem es die Oxydation inhibiert. Die Relaxation bei intermittierender Belastung, welche durch Kettenzerreißung verstärkt und durch Vernetzung verringert wird, zeigt demgegenüber bei Zusatz des Desaktivators eine weitgehende

Unterdrückung, d. h., dieser bewirkt eine starke Vernetzung im Laufe des Alterungsprozesses. Im Gegensatz dazu ist die Erniedrigung der intermittierend gemessenen Relaxation durch das Antioxydans nicht stärker als die der permanenten Relaxation, d. h. dessen hauptsächliche Wirkung beschränkt sich auf eine Verminderung der Kettenspaltung. Bemerkenswert ist jedoch, daß durch gemeinsamen Zusatz von Desaktivator und Antioxydans die resultierende Verzögerung der Spannungsrelaxation erheblich größer ist als die einer aliquoten Menge der Einzelkomponenten. Durch Inhibierung der Oxydation und des Kettenzerfalls unterstützt also das Antioxydans den Desaktivator in der Aufrechterhaltung eines bestimmten Vernetzungsgrades. Der Wirkungsmechanismus von MBIZ als Desaktivator ist von Le Bras u. a. (*333*) in verschiedener Hinsicht experimentell sichergestellt worden. Die wichtigsten dabei zutage tretenden Merkmale sind außer den bereits angeführten: Der Desaktivator wirkt nicht nur im entspannten Zustand der Kautschukprobe, sondern die zusätzliche Vernetzung bildet sich auch unter Zugspannung aus; seine Wirkung ist ferner nicht auf die erhöhten Temperaturen von beschleunigten Alterungstests beschränkt, sondern tritt auch bei der natürlichen Alterung bei Zimmertemperatur in Erscheinung (allerdings in Abhängigkeit von der Art des Vulkanisationsbeschleunigers). Die Desaktivatorwirkung durch den genannten Verbindungstyp tritt nur in Schwefelvulkanisaten auf. Im Verlaufe des Alterungsprozesses bei Gegenwart des Desaktivators wird der Gehalt an freiem Schwefel verringert, was darauf hindeutet, daß die Rolle des Desaktivators in einer Mobilisierung des Schwefels zur Bildung weiterer Vulkanisationsbrücken besteht. Es ist allerdings nicht ausgeschlossen, daß für andere Vulkanisationsmittel Zusatzstoffe von ähnlicher Wirkung gefunden werden. Die Art der durch den Desaktivator gebildeten Schwefelbrücken ist häufig verschieden von der der ursprünglichen Vulkanisationsbrücken; über den Chemismus scheinen aber noch keine genauen Vorstellungen zu bestehen. Auf alle Fälle ist anzunehmen, daß die durch MBIZ erzeugten nachträglichen Vernetzungsbindungen stärker sind als die durch Diphenylguanidin erzeugten Vulkanisationsbrücken und etwa ebenso stark wie die bei Verwendung von Mercaptobenzothiazol (MBT) als Vulkanisationsbeschleuniger gebildeten Bindungen. Auch MBT besitzt die Eigenschaft, während der Alterung die Vernetzung aufrechtzuerhalten. MBIZ zeigt dementsprechend in MBT-Vulkanisaten einen merklich schwächeren Stabilisierungseffekt.

II.2.4.3. Wirkungsweise von Antiozonantien

Zur Verhütung der Ozonrißbildung bei ungesättigten Kautschukpolymeren werden dem Vulkanisationsgemisch Antiozonantien zugesetzt, die in ihrer Struktur meist typischen Antioxydantien ähnlich sind. Weiteste Verbreitung haben sekundäre aromatische Amine gefunden, weiterhin besitzen

Aminophenole, Dithiocarbamate und Chinolinderivate eine Ozonschutzwirkung, ferner auch Verbindungen ohne die für Antioxydantien typischen Strukturmerkmale, wie gesättigte und ungesättigte Fettsäuren. Die Wirkung dieser letztgenannten Substanzen spricht (ebenso wie die Unwirksamkeit gewisser anderer typischer Antioxydantien, insbesondere Phenole) gegen die an sich naheliegende Annahme einer reinen Antioxydanswirkung der Ozonschutzmittel. Wenn man die Ozonreaktion des Polymeren als einen Zweistufenprozeß betrachtet, bei dem der erste Schritt in einer Kettenzerreißung durch die Ozoneinwirkung und der zweite Schritt in einem oxydativen Abbau der Bruchstücke besteht, würde die Annahme einer Oxydationsinhibierung nämlich eine plausible Erklärung für die Antiozonanswirkung liefern (*300*). Indessen ist es hier weit schwieriger als auf dem Gebiete der Antioxydantien, klare Vorstellungen über den chemischen Charakter der Inhibitorwirkung zu gewinnen.

Erickson u. a. (*168*) schlossen auf Grund experimenteller Ergebnisse, daß der größte Teil der Antiozonantien rasch mit dem Ozon reagiert, wodurch die Reaktion zwischen dem Polymeren und dem Ozon eingeschränkt und an der Oberfläche des Polymeren eine vor weiterem Ozonangriff schützende Schicht aus ozonisiertem Antiozonans gebildet wird. Auch andere Autoren vertreten die Annahme einer Konkurrenzreaktion des Antiozonans mit dem Ozon, wodurch letzteres der Reaktion mit dem Kautschuk entzogen wird (*118*). Dieser in der angelsächsischen Literatur als „scavenging" bezeichnete Prozeß setzt, da es sich um eine ausgesprochene Oberflächenreaktion handelt, eine hinreichend rasche Nachdiffusion des Antiozonans an die Oberfläche voraus. Braden (*79*) konnte jedoch zeigen, daß ein beträchtliches Mißverhältnis zwischen der Geschwindigkeit der Diffusion des Antiozonans an die Oberfläche und der Geschwindigkeit des Auftreffens von Ozon besteht; an einer Kautschukmischung mit N,N'-Dioctyl-p-phenylendiamin (DOPPD) als Antiozonans wurde unter Bedingungen, bei denen dieses hochwirksam ist, eine gegenüber dem Ozoneinfall um das mindestens 10^6fache langsamere Nachdiffusion festgestellt. Damit kann aber eine diffusionskontrollierte Konkurrenzreaktion des Antiozonans mit Ozon nicht mehr als entscheidender Mechanismus angesehen werden. Murray u. a. (*415*) postulierten hinsichtlich der Wirkung von Aminen, daß diese hochpolymere Peroxyde, welche sich bei der Ozoneinwirkung bilden, unter Radikalbildung zersetzen, worauf die freien Radikale eine Polymerisation der Doppelbindungen im hochpolymeren Substrat unter Ausbildung einer ozonbeständigeren Struktur einleiten. Braden u. a. (*82*) haben für verschiedene Verbindungstypen, nämlich langkettige Carbonsäuren (Ölsäure, Stearinsäure u. a.), Zn-dialkyldithiocarbamate (die sich während der Vulkanisation aus Tetraalkylthiuramdisulfid bilden), aromatische Amine (Phenyl-2-naphthylamin, N,N'-Dinaphthyl-p-phenylendiamin, DOPPD u. a.) sowie 6-Äthoxy-2,2,4-trimethyl-1,2-dihydrochinolin (ETDQ) die Antiozonanswirkung durch Messung der Rißwachstumsgeschwindigkeit und der zum Auftreten von Rissen erforderlichen kritischen Energie in gedehnten Kautschukvulkanisaten bestimmt. Dabei wurde für die einzelnen Substanzklassen eine Erniedrigung der Rißwachstumsgeschwindigkeit mit zunehmendem Gehalt im Vulkanisat festgestellt, wobei die wirksamsten Verbindungen bei einer Ozonkonzentration von 1 mg/l die ursprüngliche Rißwachstumsgeschwindigkeit im ungeschützten Material bis auf etwa 1/5 erniedrigten; der größte Abfall trat bis zu Antiozonans-Konzentrationen von maximal 5 % auf, während höhere Konzentrationen sich nurmehr geringfügig auswirkten. Darüber hinaus wurde lediglich im Falle der N,N'-Dialkyl-p-phenylendiamine eine Erhöhung der kritischen Energie gefunden; so bewirkte ein Zusatz von 2.5 % DOPPD unter den Bedingungen der Außenbewitterung eine Vergrößerung der kritischen Dehnung von 6—8 % im unstabilisierten Material auf über 200 %. Diese Erscheinung wird von den Autoren auf die Bildung einer stabilen Schutzschicht aus dem Antiozonans und ozonisiertem Kautschuk zurückgeführt, welche das Material vor weiterem Angriff schützt und deren erhöhte mechanische Festigkeit den größeren kritischen Energiebedarf für das Rißwachstum bedingt. Die Existenz einer solchen Schutzschicht ergibt sich besonders deutlich daraus, daß die kritische Zugspannung bei gegebener Ozonkonzentration dann sehr hoch ist, wenn die belastete Probe zunächst einer niedrigen, noch nicht zur Rißbildung ausreichenden Ozonkonzentration ausgesetzt wurde, die aber die Ausbildung der Schicht ermöglicht. Dagegen führt eine voraufgehende Ozoneinwirkung ohne Belastung nicht zu erhöhter kritischer Zugspannung, da bei nachfolgender Anlegung der Zugspannung die Schicht zerreißt und damit wirkungslos wird. Sie kann nicht lediglich aus einem Reaktionsprodukt des aminischen Antiozonans mit Ozon bestehen, da die Einbringung eines solchen Produktes in ein ungeschütztes Vulkanisat die kritische Zugspannung nicht merklich erhöhte. In weiteren Untersuchungen (*11*) ergab sich dann durch elektronenmikroskopische Beobachtung der Kautschukoberfläche nach Ozoneinwirkung, daß sowohl diejenigen Antiozonantien, welche nur die Rißwachstumsgeschwindigkeit erniedrigen (Ölsäure), wie auch die N,N'-Dialkyl-p-phenylendiamine, welche die kritische Zugspannung erhöhen (z. B. DOPPD), eine Schutzschicht unter Mitwirkung von Ozon und Kautschuk bilden. Im ersteren Falle aber ist die Schicht nur ein unbeständiges Zwischenprodukt und wird bei weiterer Ozoneinwirkung selbst abgebaut, allerdings mit geringerer Geschwindigkeit als der Kautschuk. Sie vermag also die Ozoneinwirkung nur zu verzögern. Im Gegensatz dazu bilden die genannten Amine eine ozonbeständige Schutzschicht, welche die kritische Zugspannung infolge ihrer erhöhten mechanischen Festigkeit heraufsetzt; unterhalb derselben ist ein Ozonangriff infolge des permanenten Charakters der Schicht nicht möglich. Bei hohen Ozonkonzentrationen wird die zur Schichtbildung führende Reaktion

$$\text{Kautschuk} + \text{DOPPD} + \text{Ozon} \longrightarrow \text{Oberflächenschicht}$$

mehr und mehr durch die schnelle Konkurrenzreaktion

$$\text{DOPPD} + \text{Ozon} \longrightarrow \text{inaktive Substanz}$$

verdrängt, so daß die Schicht eine geringere Festigkeit aufweist und der eigentliche Abbauprozeß

$$\text{Kautschuk} + \text{Ozon} \longrightarrow \text{flüssiges Abbauprodukt}$$

leichter erfolgen kann. Dies erklärt die experimentell beobachtete Verringerung der kritischen Zugspannung von N,N'-Dialkyl-p-phenylendiamin-stabilisiertem Kautschuk mit zunehmender Ozonkonzentration. Die Abhängigkeit der Antiozonanswirkung von der Art der Kautschukmaterials (einige synthetische Kautschuke werden von diesen Substanzen nicht geschützt) und das Ausbleiben einer Schichtbildung bei ozonbeständigem Kautschuk (statistisches Äthylen/Propylen-Copolymerisat) legen es nahe, daß die Schutzschicht in einer sehr spezifischen chemischen Reaktion unter Einbeziehung des Kautschukmaterials gebildet wird. Einen Hinweis auf die chemische Natur der bislang hypothetischen Schutzschicht können vielleicht Arbeiten von LORENZ u. a. (*352*, *353*) geben. Diese Bearbeiter fanden, daß N,N'-Di-(1-methylheptyl)-p-phenylendiamin (DMH) und N-Isopropyl-N'-phenyl-p-phenylendiamin (IPP) in cis-Polybutadien bei der Ozonalterung nicht nur infolge Reaktion zwischen dem Antiozonans und Ozon verbraucht, sondern darüber hinaus auch an das Polymere angelagert werden, wie sich aus der Zunahme an nicht-extrahierbarem Stickstoff im Polymeren ergab. Modellversuche über die Ozonisierung von 2,6-Dimethyloctadien-(2,6) und Buten-(2) mit Ni-dibutyldithiocarbamat (NiBC; BRADEN u. a. (*82*) hatten bei diesem Produkt allerdings keine ozonisierungshemmende Wirkung auf Naturkautschuk festgestellt) und DMH unter nachfolgender gaschromatographischer Bestimmung der Ozonisierungsprodukte ließen die folgenden drei Reaktionen des Antiozonans vermuten:

1. Reaktion mit Ozon
2. Reduktion der peroxydischen Ozonisierungsprodukte (Ozonide, Peroxyde und Zwitterionen, vgl. I.2.5.) zu den entsprechenden Carbonylverbindungen:

$$\text{>C}\overset{\text{O}-\text{O}}{\underset{\text{O}}{\diagdown\diagup}}\text{C<} \longrightarrow 2\,\text{>C=O} + {}^{1}/_{2}\,O_2$$

$$-\left[-\overset{|}{\underset{|}{C}}-O-O-\right]_x- \longrightarrow x\,\text{>C=O} + {}^{1}/_{2}\,x\,O_2$$

$$\text{>}\overset{+}{C}-O-\overline{O}^{-} \longrightarrow \text{>C=O} + {}^{1}/_{2}\,O_2$$

(der gebildete Sauerstoff dient zur Oxydation des Antiozonans)

3. Im Falle von aminischen Antiozonantien: Reaktion mit Aldehyden.

Die dritte der genannten Reaktionen hat ihr Analogon in der Reaktion zwischen sekundären Aminen und aliphatischen Aldehyden, die über α-Hydroxyamine und Di-tert.-Amine zu α,β-ungesättigten Aminen führt, falls der Aldehyd ein α-H-Atom enthält (*380*). Sieht man von dem letzten Reaktionsschritt ab, so müßte danach die Reaktion zwischen p-Phenylendiaminen und langkettigen Aldehyden, wie sie bei der Ozonolyse von Kautschuken entstehen (vgl. I.2.5.), wie folgt verlaufen:

$$2\sim R{-}CHO + R_1HN{-}C_6H_4{-}NHR_2 \longrightarrow \sim R{-}\underset{OH}{\overset{H}{C}}{-}\overset{R_1}{N}{-}C_6H_4{-}\overset{R_2}{N}{-}\underset{OH}{\overset{H}{C}}{-}R\sim$$

$$\sim R{-}\underset{OH}{\overset{H}{C}}{-}\overset{R_1}{N}{-}C_6H_4{-}\overset{R_2}{N}{-}\underset{OH}{\overset{H}{C}}{-}R\sim + 2R_1HN{-}C_6H_4{-}NHR_2 \xrightarrow{-2H_2O}$$

$$\sim R{-}\underset{\begin{array}{c}|\\ N{-}R_2\\ |\\ C_6H_4\\ |\\ H{-}N{-}R_1\end{array}}{\overset{H}{C}}{-}\overset{R_1}{N}{-}C_6H_4{-}\overset{R_2}{N}{-}\underset{\begin{array}{c}|\\ N{-}R_1\\ |\\ C_6H_4\\ |\\ H{-}N{-}R_2\end{array}}{\overset{H}{C}}{-}R\sim \xrightarrow{(+\sim R{-}CHO)} \cdots\cdots$$

Da jede ursprüngliche Aldehydgruppe mit zwei Aminogruppen zu reagieren vermag, wird schließlich ein Endprodukt entstehen, welches polymere Aldehyde und Diamine im Molverhältnis 1:1 enthält und folgende Grundstruktur besitzt:

$$\sim\overset{R_1}{N}{-}C_6H_4{-}\overset{R_2}{N}{-}\underset{\wr}{\overset{H}{C}}{-}R\sim\ .$$

Durch das Diamin wird also ein hochverzweigtes Produkt gebildet; seine Entstehung wirkt der Kettenspaltung durch Ozonolyse entgegen (vorausgesetzt, daß die Bruchstellen Aldehydgruppen tragen) und „repariert" die gespaltenen Ketten, wobei eine Vergrößerung der ursprünglichen Molekülkette und Vernetzung möglich sind. An den Bruchstellen der Ozonolyse entstehen nur im Falle der Butadien-Polymerisate ausschließlich Aldehydgruppen, während bei Polyisoprenen daneben auch Ketogruppen gebildet werden. Da letztere mit aliphatischen Aminen langsamer reagieren, ist damit vielleicht die geringere Schutzwirkung dieser Antiozonantien auf Polyisoprene zu erklären. Durch diesen Mechanismus kann die von Braden u. a. (*82*) postulierte Bildung eines durch Ozoneinwirkung nicht zerstörbaren Reaktionsproduktes aus dem ozonisierten Kautschuk und gewissen p-Phenylendiaminderivaten möglicherweise erklärt werden. Eine andere Rekombinationsreaktion aldehydischer Bruchstücke kann in der Dimerisierung zweier Aldehydgruppen zu Aldol oder Acroleinderivaten bestehen, die unter dem Einfluß von organischen Basen beschleunigt wird. Diese Reaktion kann zur Deutung der Antiozonanswirkung gewisser monofunktioneller Amine dienen (*353*). Damit würden allerdings keine verzweigten Ketten entstehen; ein solche Reaktion kann höchstens bei spontanem Ablauf die ursprüngliche Kettenlänge erhalten, während eine Verfestigung der Struktur durch Verzweigung und Vernetzung nicht stattfindet.

Die Wirkung von Antiozonantien wird durch die Anwesenheit von Wachs in der Kautschukmischung erhöht. Seit langem ist es üblich, Naturkautschuk- und Butadien/Styrol-Kautschuk-Mischungen Wachse zuzusetzen, die die Eigenschaft haben, an die Oberfläche zu diffundieren und durch Ausblühen eine Schutzschicht zu erzeugen (vgl. (*636*)). Diese verhindert in erster Linie den Zutritt von Ozon und Sauerstoff an die Kautschukoberfläche. Bei Gegenwart eines Ozonschutzmittels wird dieses durch die Schutzschicht an der Verflüchtigung und direkten Ozonisierung bzw. Oxydation gehindert; die Rolle des Wachses wurde aber auch darin gesehen, die Diffusion des Antiozonans an die Oberfläche zu beschleunigen (vgl. (*9*)).

II.2.5. Bildung von Metallkomplexen

Auf die katalytische Beschleunigung von Alterungsreaktionen durch Metallverbindungen und Metalle ist bereits mehrfach hingewiesen worden. Zweifellos ist jedoch der ganze Umfang, in dem solche katalytische Effekte die Alterung von Hochpolymeren beeinflussen, noch gar nicht vollständig bekannt, da die Metallkatalysatoren häufig nur als Spurenverunreinigungen auftreten und als solche unerkannt bleiben. Die bekanntermaßen wichtigste Rolle spielen sie als Katalysatoren der Autoxydation (vgl. I.2.2.3.) und der Dehydrochlorierung von PVC (vgl. I.2.3.2. und II.2.1.2.). Bei der Inhibierung dieser Reaktionen besitzen komplexbildende Substanzen („Metalldesaktivatoren“), die die anwesenden Metallkatalysatoren in eine unwirksame Form überführen, eine in der neueren Stabilisierungspraxis ständig zunehmende Bedeutung.

Komplexe Verbindungen entstehen durch Ausbildung von Nebenvalenz-Bindungen unter Auffüllung der Koordinationsstellen des metallischen Zentralatoms. Unter den Metallkomplexen besitzen die „Chelate“ vor allem auf Grund ihrer großen Stabilität eine besondere Bedeutung. Man versteht darunter allgemein solche Komplexverbindungen, bei denen mindestens zwei benachbarte Koordinationsstellen eines Zentralatoms von *einem* Molekül, dem „Chelatbildner“, besetzt werden. Das Zentralatom wird dadurch unter Ringschluß wie in eine Zange oder Krebsschere genommen, was diesen Verbindungen ihren Namen gegeben hat (grch. χηλή = Krebsschere (*405*)). Die Art der einzelnen Bindungen zwischen dem Chelatbildner und dem Zentralatom kann dabei die gleiche sein (z. B. zwei Nebenvalenzbindungen) oder sie kann verschieden sein (z. B. eine ionogene Bindung und eine Nebenvalenz). Der letztgenannte Fall ist bei der komplexen Bindung von Metallen besonders häufig, die entsprechenden Verbindungen werden als „innere Komplexsalze“ bezeichnet. Zahlreiche Chelatbildner besetzen nicht nur zwei benachbarte Koordinationsstellen („zweizahnige Liganden“), sondern mehr, z. B. vier Koordinationsstellen („vierzahnige Liganden“). Allgemeines strukturelles Merkmal der Chelatbildner ist also eine mehrfache Funktionalität, die entweder in der Anwesenheit mehrerer neutraler Heteroatome mit Elektronendonatoreigenschaften (N, O, S, P) oder sowohl neutraler wie ionisierbarer Heteroatome (als letztere z. B. Carboxyl- oder Hydroxyl-Sauerstoff) besteht. Ist die Koordinationszahl des Zentralatoms größer als die Zahl der von einem Chelatbildner-Molekül gelieferten Bindungen, so kann sich das Zentralatom mit mehr als einem dieser Moleküle zusammenlagern. Als Beispiel seien hier die Komplexe von Cu mit Salicylaldoxim (I) als zweizahnigem Liganden und mit N,N′-Disalicylidenäthylendiamin (II) als vierzahnigem Liganden angeführt:

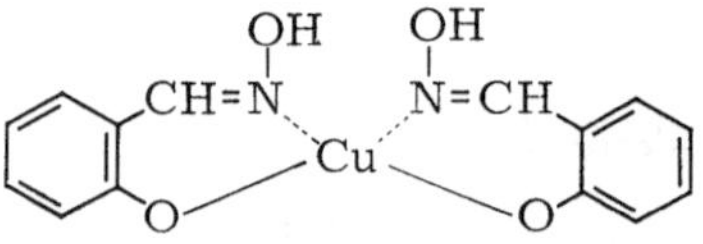

OH OH
CH=N N=CH
Cu
O O

(I)

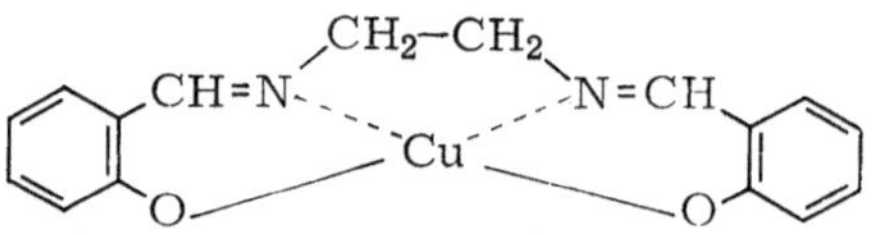

CH_2–CH_2
CH=N N=CH
Cu
O O

(II)

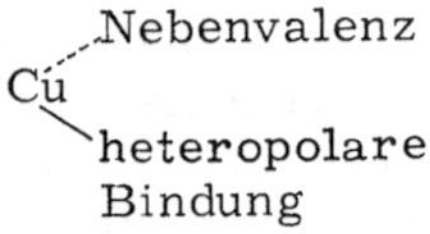

Nebenvalenz
Cu
heteropolare Bindung

Die beiden Chelatbildner sind als wirksame Kupfer-Desaktivatoren bei der Autoxydation von Benzinkohlenwasserstoffen bekannt (*628*, *444*). Ein weiteres Beispiel einer chelatbildenden Substanz ist die Äthylendiamin-N,N,N′,N′-tetraessigsäure mit ihren Salzen und Abkömmlingen, welche vierzahnige Metallkomplexe der folgenden Art bildet:

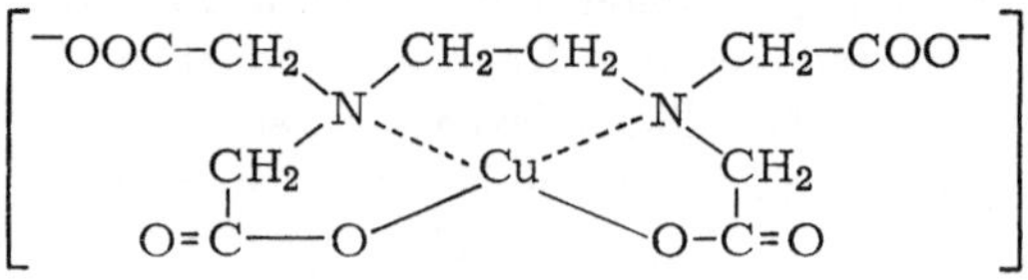

$^{-}$OOC–CH_2 CH_2–CH_2 CH_2–COO^{-}
N N
CH_2 Cu CH_2
O=C—O O–C=O

Eine allgemeine Darstellung der Zusammenhänge zwischen der Struktur und der Wirksamkeit solcher Verbindungen haben Watson u. a. (*628*) gegeben. Die Aktivität der Chelatbildner als Stabilisatoren steigt danach mit der Stabilität der gebildeten Metallkomplex-Verbindung. Diese wird nach der Baeyer’schen Ringspannungstheorie weitgehend von der Zahl der Atome im Chelatring beeinflußt, wobei 5- und 6-gliedrige Ringe besonders stabil sind. Die Stabilität der Nebenvalenzbindungen hängt von der Art des Heteroatoms ab und nimmt in der Reihenfolge N > S > O ab. Die Wirksamkeit ähnlich gebauter Liganden nimmt mit der Zahl ihrer funktionellen Gruppen zu. So ist das vierzahnige N,N'-Disalicylidenäthylendiamin ein weitaus besserer Cu-Desaktivator als das zweizahnige N-Salicylidenäthylamin. Bei dem sehr wirksamen Salicylaldoxim (s. o.) sind zwei zweizahnige Liganden durch eine Wasserstoffbrücke zwischen den OH-Gruppen miteinander verbunden, so daß sie in gewissem Sinne eine Doppelmolekül bilden.

Die Beeinflussung der katalytischen Aktivität von Metallverbindungen durch Chelatbildner erfolgt nach CHALK u. a. (*102*) einmal durch sterische Blockierung des Metallions, wodurch die dem induzierten Hydroperoxydzerfall vorangehende Komplexbildung zwischen Metallion und Hydroperoxyd verhindert wird, und ferner durch eine Veränderung des Redoxpotentials des Metallions (der letztgenannte Effekt kann allerdings in gewissen Fällen auch zu einer Erhöhung der katalytischen Aktivität führen). Diesen beiden, die Inhibitorwirkung von Chelatbildnern bestimmenden Einflüssen überlagern sich noch die eigene antioxydative Wirksamkeit der komplexbildenden Komponente und ihre oxydative Zerstörung. Sehr charakteristisch ist die spezifische Beeinflussung der Wirksamkeit des Chelatbildners von der Art des Metalles. So können gleiche Liganden die katalytische Wirkung von Cu erniedrigen, die von Fe oder Mn beispielsweise erhöhen (*444*).

Systematische Studien über den stabilisierenden Effekt von Komplexbildnern auf hochmolekulare Systeme liegen bisher nur in spärlichem Umfang vor, obwohl die Patentliteratur reich an einschlägigen Substanzen ist, die als Stabilisatoren vorgeschlagen werden. KUZMINSKII u. a. (*328*) haben die Komplexbildung von Fe^{+++}- und Cu^{++}-Verbindungen, die als Autoxydationskatalysatoren für hochmolekulare Kohlenwasserstoffe eine besondere Bedeutung besitzen, mit 4-Hydroxyphenyl-2-naphthylamin (A), Diäthyldithiocarbamidsäure (B) und Tetramethylthiuramdisulfid (C) untersucht. In allen Fällen entstehen Verbindungen, die nicht mehr die charakteristischen chemischen Reaktionen der Metallionen ergeben und deshalb als komplexartige Verbindungen anzusehen sind. Die Natur dieser Komplexe ist allerdings unklar, zumal einige von ihnen auf Grund der chemischen Analyse sowie der Fluoreszenzlöschung von Inhibitor-Lösungen durch die Metallsalze stöchiometrische Zusammensetzungen ergeben, die mit den gewohnten Vorstellungen über die Koordinationsverhältnisse nur schwer in Einklang zu bringen sind (Salze von A: IFe_2, ICu_3; Salze von B: I_2Fe, I_2Cu; Salze von C: IFe, ICu; I = Inhibitormolekül). Alle drei Verbindungen zeigen jedoch eine kräftige Stabilisatorwirkung bei der thermischen Autoxydation von Naturkautschuk, der Fe^{+++}- bzw. Cu^{++}-Salz enthält. Werden diese Verbindungen den metallsalzhaltigen Kautschuken zugesetzt, so geht der autokatalytische Verlauf der Sauerstoffaufnahme in eine langsame Reaktion von konstanter

Geschwindigkeit über. Die Autoren folgern daher, daß die entstandenen Metallverbindungen nicht nur die Metallionen desaktivieren, sondern darüber hinaus selbst noch eine inhibierende Wirkung auf die Autoxydation ausüben. Wenngleich auch dabei berücksichtigt werden muß, daß die als Metalldesaktivatoren zugesetzten Verbindungen außer ihren metallbindenden Eigenschaften ohnehin bereits eine starke oxydationsinhibierende Wirkung besitzen, so ist doch nicht von der Hand zu weisen, daß Metall/Chelator-Komplexe in verstärktem Maße als Inhibitoren wirken. Dies wird unterstützt durch die Tatsache, daß Metallkomplexe von organischen Verbindungen in jüngerer Zeit häufig als wirksame Polyolefin-Antioxydantien vorgeschlagen werden, worüber NEWLAND u. a. (*427*) berichtet haben. Zu den bekanntesten Verbindungen dieser Art gehören das Ni-Chelat des 2,2′-Thiobis-(p-α,α,γ,γ-tetramethylbutylphenols) (III), das als Inhibitor für die Wärme- und Lichtoxydation von Polyolefinen geeignet ist, im letzteren Falle aber vorzugsweise

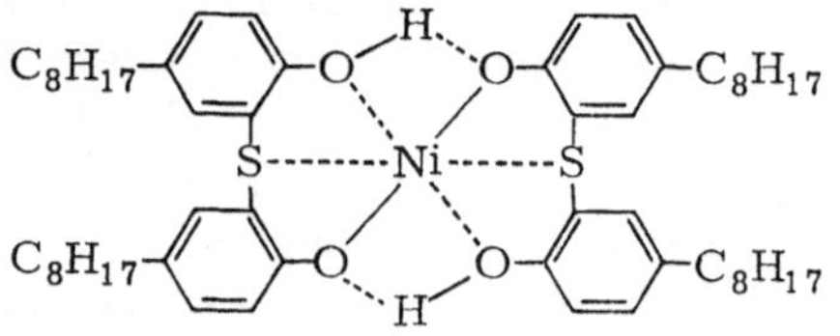

C_8H_{17} C_8H_{17} H O O S Ni S O O H C_8H_{17} C_8H_{17}

(III)

in Verbindung mit einem UV-Absorber, ferner die sowohl als Inhibitoren der Wärme- wie auch Lichtoxydation geeigneten Ni-II- und Cu-II-dibutyldithiocarbamate. Eine besondere technologische Bedeutung besitzt die Inhibierung der Kupfer-Katalyse beim oxydativen Abbau des Polypropylens. Metallisches Kupfer sowie Kupferoxyde und -salze verursachen eine ausgeprägte Beschleunigung dieses Prozesses. Es sind daher zur Stabilisierung des Polypropylens zahlreiche Kupfer-Desaktivatoren beschrieben worden. Auf Grund neuerer Untersuchungen (*592*) haben sich dafür u. a. Oxalsäuredihydrazid und Oxalsäuredi-(2-phenylhydrazid) als geeignet erwiesen (näheres vgl. unter V.1.2.).

Metalldesaktivierende Komponenten werden vielfach in synergistischen Antioxydans-Gemischen eingesetzt, über die in Kapitel III. zu berichten sein wird. Einige Verbindungen sind auf Grund ihrer Struktur sowohl als Antioxydantien wie als Metallchelatbildner wirksam. Diesen „Autosynergismus“ zeigen z. B. Hydroxyflavone, wie die Verbindung (IV) (*391*), oder (speziell in Kautschuken) Diaryl-p-phenylendiamine, z. B. (V) (*327*):

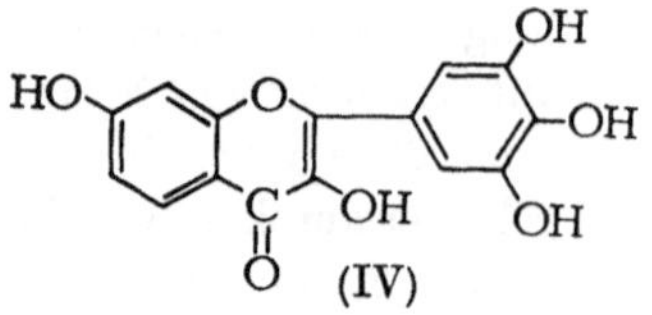

HO O OH OH OH C OH O (IV)

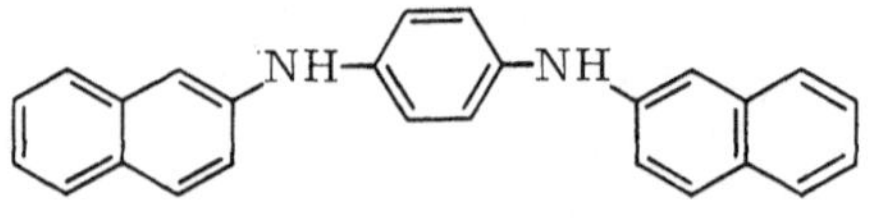

NH NH (V)

Unter den komplexbildenden Zusätzen in PVC-Stabilisatorgemischen spielen, wie bereits in Abschnitt II.2.1.3. ausführlich beschrieben, Phosphorigsäureester eine bedeutende Rolle. Diese Verbindungen dienen in erster Linie zur komplexen Bindung der aus Metallstabilisatoren entstehenden Metallchloride, die einen katalytischen Einfluß auf die Dehydrochlorierung ausüben. Allein eingesetzt, zeigen sie im PVC keine nennenswerte Stabilisatorwirkung. Wie schon erwähnt, ist die Art der Komplexe wohl nicht die von Chelaten, obgleich die Phosphorigsäureester häufig als „Chelatoren" bezeichnet werden. Es dürfte sich eher um Komplexe mit einfachen koordinativen Bindungen zwischen dem Zentralatom und dem P-Atom handeln. Anlagerungsverbindungen zwischen Metallchloriden und tertiären Phosphorigsäureestern sind bereits seit langer Zeit durch die Arbeiten von ARBUSOV (*15*) bekannt (vgl. auch (*187*, *16*)). Das chemische Verhalten der Phosphorigsäureester gegenüber den speziell beim Abbau von stabilisiertem PVC auftretenden Metallchloriden ist indessen noch nicht bekannt, obgleich die Verbesserung der Wirkungsweise von Metallstabilisatoren durch organische Phosphite schon eingehend studiert wurde (z. B. (*194*)). — Ein weiterer in der PVC-Stabilisierung häufig gebrauchter Costabilisator ist das Pentaerythrit:

$$\begin{array}{c} CH_2OH \\ | \\ HOCH_2-C-CH_2OH\,. \\ | \\ CH_2OH \end{array}$$

Diese Verbindung besitzt die typischen strukturellen Merkmale eines Chelatbildners.

II.2.6. Wirkung von Lichtfiltersubstanzen

II.2.6.1. Allgemeines über Lichtstabilisierung

Bei der Einwirkung von Lichtstrahlung auf Hochpolymere ist im Gegensatz zur Wärmeeinwirkung fast immer eine weitgehende Unterdrückung der primären Energieaufnahme des Substrates möglich, so daß bereits die Startreaktion des Alterungsprozesses vermieden wird. Dies erfolgt durch Zusatz geeigneter Lichtabsorber, welche die Lichtenergie in eine für das Polymere unschädliche Energieform umwandeln. Da die gebräuchlichen Hochpolymeren nur unter dem Einfluß des ultravioletten Anteiles im Sonnenlicht bzw. in künstlichen Strahlungen photochemische Veränderungen erleiden, haben „UV-Absorber", d. h. farblose oder nur sehr schwach gefärbte organische Verbindungen, die weder die sichtbare Transparenz noch die Farbe von Kunststoffen beeinflussen, aber eine starke Lichtabsorption im ultravioletten Bereich besitzen, eine große Bedeutung gewonnen. Naturgemäß liegt der Schwerpunkt des Einsatzes dieser Art von Stabilisatoren bei transparentem Folien- oder Plattenmaterial. Obwohl eine erhebliche Anzahl von

Strukturen denkbar ist, welche die genannten Absorptionseigenschaften besitzen, haben bisher nur einige charakteristische Klassen von UV-Absorbern in größerem Umfange Eingang in die Praxis gefunden. Diese sind, jeweils mit Beispielen für Einzelsubstanzen, in der folgenden Übersicht zusammengestellt:

(1) Phenylsalicylat und dessen Derivate, z. B.,

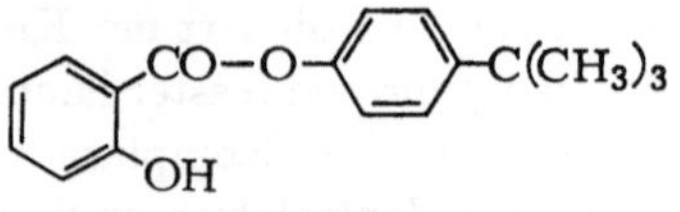

4-tert.-Butylphenylsalicylat

(2) Hydroxyphenylbenzoate, z. B.

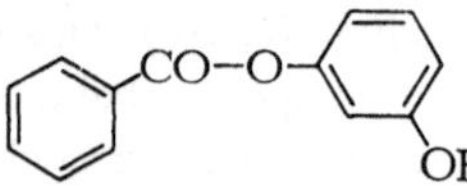

Resorcinmonobenzoat

(3) Hydroxybenzophenone, z. B.

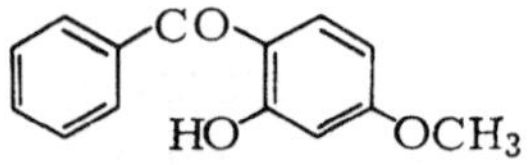

2-Hydroxy-4-methoxybenzophenon

(4) Aromatische Polyketone, z. B.

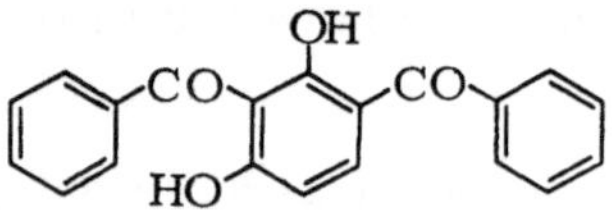

2,4-Dibenzoylresorcin

(5) Hydroxyphenylbenzotriazole, z. B.

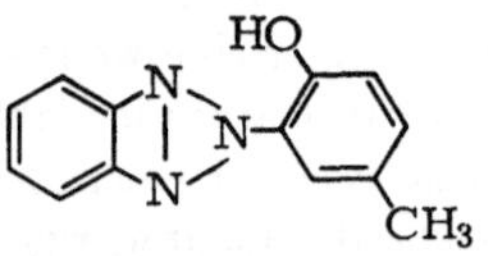

2-(2'-Hydroxy-5'-methylphenyl)-benzotriazol

(6) Derivate des Acrylnitrils (bzw. des Zimtsäurenitrils), z. B.

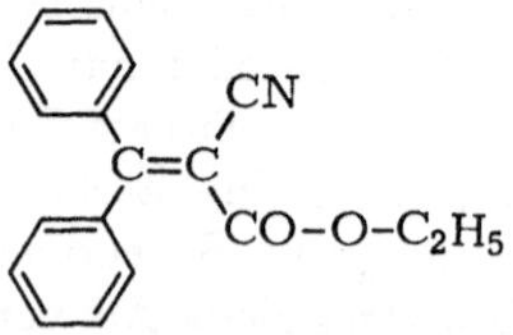

α-Cyan-β,β-diphenylacrylsäureäthylester

Einige im Handel als „UV-Absorber" bezeichnete Verbindungen unterscheiden sich von den bisher genannten Substanzklassen dadurch, daß sie nicht die typische Chromophorstruktur von kräftigen Nah-UV-Absorbern besitzen. Ihr Absorptionsvermögen im ultravioletten Bereich ist dementsprechend geringer, und es ist anzunehmen, daß ihr Wirkungsmechanismus nicht in erster Linie in einem Ausfiltern der aktiven UV-Strahlung besteht. Hierzu gehören schwach grün gefärbte Ni-Chelate von schwefelhaltigen Phenolen, wie sie bereits in Abschnitt II.2.5 erwähnt wurden, z. B. Ni-2,2'-thiobis-(4-octylphenolat) oder n-Butylamin-Ni-2,2'-thiobis-(4-tert.-octylphenolat) (vgl. III.2., Substanzklasse *7.1.4.*). Da aber auch einige der unter (1) bis (6) aufgeführten Verbindungstypen neben der reinen Lichtfilterwirkung noch an chemischen Stabilisierungsmechanismen teilnehmen können, ist die Abgrenzung des Gebietes der UV-Absorber sehr fließend. So sind Cyanacrylsäure-Derivate auch als Metallchelatoren mit antioxydativer Wirkung für Kautschuke vorgeschlagen worden, während die phenolischen Hydroxylgruppen der übrigen Verbindungen in mehr oder weniger starkem Maße am Abbruch von Radikalkettenprozessen teilnehmen können. Der Lichtfiltereffekt überwiegt aber bei all diesen Substanzen in so starkem Maße, daß wir die Verbindungstypen (1) bis (6) im folgenden ausschließlich im Hinblick auf ihre Wirkungsweise als UV-Absorber betrachten wollen. Neben diesen ist noch eine große Anzahl weiterer teils farbloser, teils farbiger Substanzen verschiedener Verbindungsklassen zur Verwendung als UV-Absorber vorgeschlagen worden. Ihr Einsatz ist aber meist geringfügig oder sehr speziell. Wir werden ihnen im Laufe der folgenden Besprechung oder im Rahmen der systematischen Übersicht in Kapitel III. begegnen.

Durch Einführung ungesättigter Substituenten (Vinyl-, Allylgruppen) können UV-Absorber zu copolymerisationsfähigen Komponenten gemacht werden, die sich in die Polymerkette mancher Kunststoffe einbauen lassen (vgl. Kapitel IV.). Das Verfahren hat den Vorteil, daß ein Auswandern des Stabilisators vermieden wird, kann aber zu unerwünschten Eigenschaftsänderungen des Polymeren führen.

Als Lichtfilter kommen schließlich alle Pigmente in Betracht, vor allem Ruß, welcher bis jetzt noch als das wirksamste Lichtschutzmittel anzusehen ist, ferner Titandioxyd, Zinkweiß und andere. Die hellen Pigmente verhindern zwar das Eindringen aktiver Lichtstrahlung in tiefere Schichten, jedoch nicht in allen Fällen eine Vergilbung oder Versprödung der Oberfläche.

Der Lichtschutz organischer Hochpolymerer ist nicht an die Verwendung von Lichtfiltersubstanzen gebunden. In vielen Fällen wird durch chemische Inhibierung der lichtinduzierten Alterungsprozesse eine ausreichende Lichtstabilisierung erzielt. Hierzu eignen sich häufig die auch zur Stabilisierung gegenüber thermischen Alterungsprozessen gebräuchlichen Inhibitoren, da die grundlegenden Mechanismen — Radikalkettenprozesse, Verzweigung durch Hydroperoxydzerfall, Metallkatalyse — bei Photoreaktionen ebenfalls auftreten. So ist der Einsatz von Antioxydantien als Lichtstabilisatoren gegenüber dem photooxydativen Abbau gebräuchlich, wobei allerdings der Wirksamkeit von aminischen oder phenolischen Radikalkettenabbrechern bei kurzen kinetischen Kettenlängen Grenzen gesetzt sind bzw. diese Art von Inhibitoren durch Photosensibilisierung sogar eine Abbaukatalyse ausüben kann (vgl. II.2.3.2.). Die Übertragung eines als Wärmestabilisator bewährten Inhibitors auf die Lichtstabilisierung bedarf daher in allen Fällen der empirischen Überprüfung. Die Parallelität von wärme- und lichtstabilisierenden Eigenschaften zeigt sich besonders bei den typischen PVC-Stabilisatoren, von denen der größte Teil für beide Arten der Stabilisierung brauchbar ist. Gewisse Verbindungen zeigen andererseits eine hohe Spezifität als Lichtstabilisatoren, obwohl ihr Absorptionsvermögen gering ist und in keinem Verhältnis zu der ausgeprägten Lichtschutzwirkung steht. Hierzu gehören einmal die Alkali/Erdalkalisalze von sauren Alkylpolyphosphaten, andererseits eine Klasse von Amiden der Phosphorsäure, deren wichtigstes das Hexamethylphosphorsäuretriamid ist. Während die erstgenannte Klasse von Verbindungen bereits seit langem als Lichtstabilisator für PVC gebräuchlich ist, wurde die lichtstabilisierende Wirkung der letzteren erst in jüngerer Zeit entdeckt. Befriedigende Erklärungen über den Wirkungsmechanismus stehen noch aus.

II.2.6.2. Lichtabsorption und Folgeprozesse bei UV-Absorbern

Das Absorptionsspektrum aller UV-Absorber ist durch eine starke Extinktion im ultravioletten Bereich mit einem steilen Abfall derselben in der Umgebung von 400 mμ nach dem sichtbaren Gebiet, d. h. nach höheren Wellenlängen zu, charakterisiert. Der ideale Absorber sollte einen praktisch vertikalen Abfall bei 400 mμ zeigen. Tatsächlich weichen alle bekannten Absorbersubstanzen mehr oder weniger von diesem idealen Verlauf ab. Fig. 25 zeigt die Absorptionsspektren für je eine charakteristische Substanz aus den in II.2.6.1. aufgeführten 6 strukturellen Klassen. Wegen der Bedeutung des spezifischen Extinktionskoeffizienten K vgl. I.2.4. Für die praktische Anwendung der Absorptionsspektren in der $\log K$-Darstellung sind in Fig. 26 auf der Basis des LAMBERT-BEER'schen Gesetzes (das in diesen Fällen als annähernd gültig vorausgesetzt werden kann) die Abhängigkeit der Lichtdurchlässigkeit in % von $\log K$ bei verschiedenen Werten des Produktes aus Konzentration und Schichtdicke, sowie der Zusammenhang zwischen dem genannten Produkt und der Lichtdurchlässigkeit bei verschiedenen $\log K$-Werten graphisch wiedergegeben.

Das Erfordernis eines möglichst scharfbegrenzten „Abschneidens" des ultravioletten Bereiches wird nach Fig. 25 am besten von dem Hydroxyphenylbenzotriazol-Derivat erfüllt. Die Einführung von Substituenten in das Grundgerüst des Absorbers verschiebt die langwellige Absorptionsgrenze wohl etwas, verändert dagegen die Schärfe ihres Verlaufes kaum. Bei den

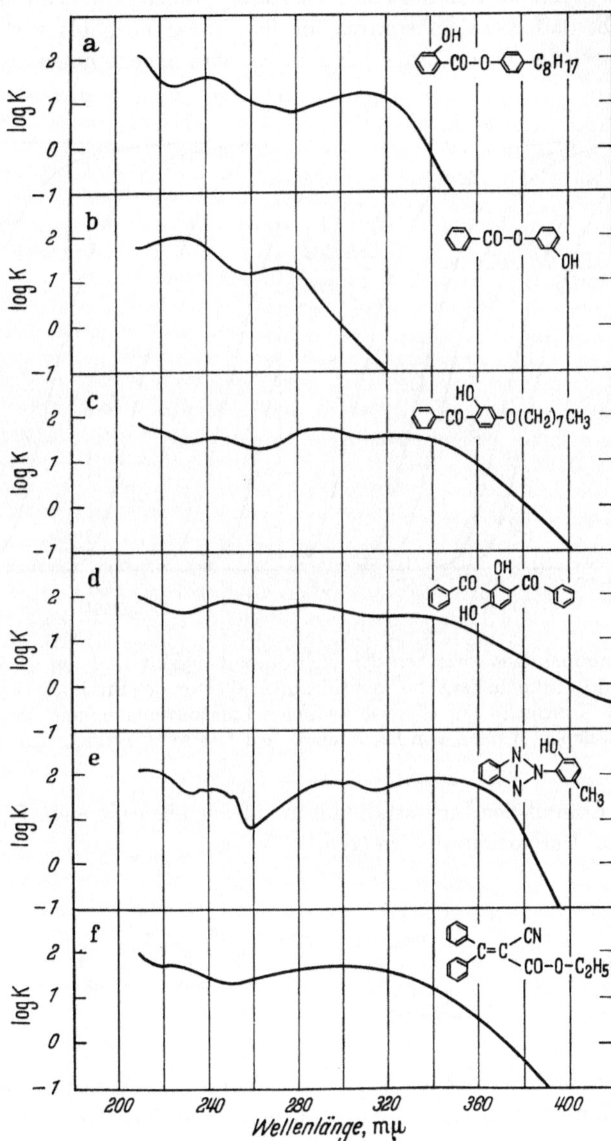

Fig. 25. UV-Absorptionsspektren von gebräuchlichen UV-Absorbern. (K = spezifischer Extinktionskoeffizient, S. 68). a: 4-Octylphenylsalicylat; b: Resorcinmonobenzoat; c: 2-Hydroxy-4-n-octyloxybenzophenon; d: Dibenzoylresorcin (vorwiegend 2,4-); e: 2-(2′-Hydroxy-5′-methylphenyl)-benzotriazol; f: α-Cyan-β,β-diphenylacrylsäureäthylester. Lösgm.: Methanol (bei e: Hexan).

Hydroxyphenylbenzoaten liegt die Absorptionsgrenze so weit im ultravioletten Bereich, daß diese Substanzen an sich kaum noch als wirkungsvolle UV-Absorber angesehen werden können. Es wird angenommen, daß sie sich

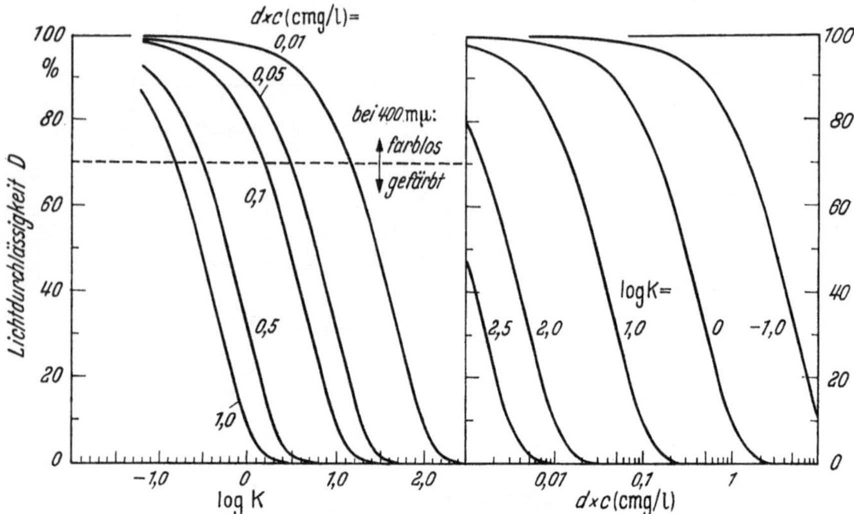

Fig. 26. Zusammenhang zwischen der Lichtdurchlässigkeit und $\log K$ (K = spezifischer Extinktionskoeffizient) bei verschiedenen Werten des Produktes aus Schichtdicke d und Konzentration c, sowie zwischen Lichtdurchlässigkeit und d × c bei verschiedenen Werten von log K nach dem LAMBERT-BEER'schen Gesetz.

unter dem Einfluß der Lichtstrahlung in stärker absorbierende Dihydroxybenzophenon-Derivate umlagern (*103*, *428*):

$$C_6H_5\text{-}CO\text{-}O\text{-}C_6H_4\text{-}OH \xrightarrow{h\nu} HO\text{-}C_6H_3(OH)\text{-}CO\text{-}C_6H_5 .$$

Dies wird dadurch wahrscheinlich gemacht, daß das Absorptionsspektrum von Resorcinmonobenzoat sich bei Bestrahlung in das von 2,4-Dihydroxybenzophenon umwandelt. Eine ähnliche Veränderung des Spektrums wird auch bei Phenylsalicylaten beobachtet (*399*) (vgl. S. 242 und 243).

Das wichtigste Merkmal der UV-Absorber ist somit ihre langwellige Absorptionsbande zwischen 300 und 400 mμ, welche auf einen n $\rightarrow \pi^*$-Übergang der nicht-bindenden Elektronen in den konjugiert gebundenen Heteroatomen der chromophoren Gruppen:

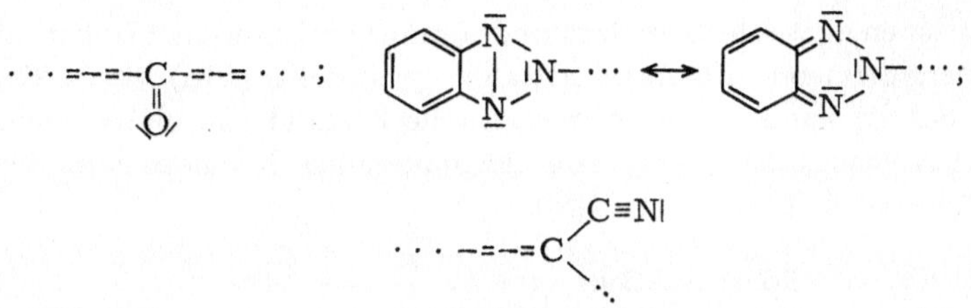

$\cdots =\!-\!=\!-\!\underset{\underset{\text{O}}{\|}}{\text{C}}\!-\!=\!-\!= \cdots$; (Benzotriazol-Gruppe) $\text{N}-\cdots \longleftrightarrow$ (chinoide Form) $\text{N}-\cdots$;

$\cdots -\!=\!-\!=\text{C}\langle^{\text{C}\equiv\text{N}|}$

zurückzuführen ist. Nach der kurzwelligen Seite schließen sich dann die Banden der $\pi \rightarrow \pi^*$-Übergänge an, welche auf der Anregung der bindenden π-Elektronen in den Doppelbindungen, z. B. der aromatischen Kerne, beruhen, und deren Maxima im allgemeinen zwischen 200 und 300 mµ liegen (vgl (*297*), ferner auch Abschnitt I.2.4.). Allgemein ist die Intensität der $n \rightarrow \pi^*$-Banden wegen der geringen Übergangswahrscheinlichkeit niedrig, wenn das Molekül nur die chromophore Gruppe enthält. Dies gilt z. B. für Benzophenon, das aus diesem Grunde noch kein eigentlicher UV-Absorber ist. Erst durch Einführung einer oder mehrerer auxochromer Gruppen (Hydroxyl, Alkoxyl, Amino) wird die Intensität der $n \rightarrow \pi^*$-Bande bis zu einem praktisch brauchbaren Absorptionsvermögen gesteigert. Bei einer Häufung von auxochromen Gruppen (z. B. Übergang von Monohydroxy- zu Polyhydroxybenzophenon) wird die langwellige Kante der $n \rightarrow \pi^*$-Bande mehr und mehr in das sichtbare Gebiet hineingezogen.

Die Frage, in welcher Weise der UV-Absorber die aufgenommene Lichtenergie (man bezeichnet den durch Lichtabsorption gewonnenen Energieinhalt eines Moleküls in Analogie zu dem freien Lichtquant, dem „Photon", als ein „Exciton" (*210*)) weiterleitet bzw. in eine andere Energieform verwandelt, ist von großer theoretischer wie praktischer Bedeutung. Die aufgenommene Energie muß entweder schnell in Form von Wärme und/oder Lichtstrahlung geringerer Energie abgegeben oder im Molekül verteilt und langsam in kleineren Beträgen aus den Rotations- und Schwingungsfreiheitsgraden an die Umgebung abgeführt werden oder schließlich zu einer energieverbrauchenden molekularen Umlagerung des Absorbermoleküls führen, die nach Möglichkeit im Dunkeln reversibel ist. Es muß jedoch eine Energieübertragung auf das Polymere bzw. eine photochemisch ausgelöste Startreaktion durch Radikalbildung am UV-Absorber ausgeschlossen sein, da in diesem Falle eine photosensibilisierte bzw. photoinduzierte Abbaureaktion des Polymeren ausgelöst werden kann (vgl. I.2.4., II.2.3.3.). Die einzelnen Folgereaktionen sollen nachstehend kurz betrachtet werden:

1. *Fluoreszenz.* Das durch Aufnahme eines Lichtquants (40a) angeregte Absorbermolekül gibt das Exciton durch Rückfall aus dem angeregten, chemisch aktiven Zustand A^* in den Grundzustand A in Form von Lichtstrahlung ab (40b). Gegebenenfalls kann dieser Übergang in zwei Stufen erfolgen, indem zunächst durch einen strahlungslosen Übergang ein metastabiler niedrigster Anregungszustand A' erreicht wird (40c), von dem ausgehend sich

sodann der energetische Grundzustand A unter Emission einer längerwelligen, d. h. energieärmeren Fluoreszenzstrahlung einstellt (40d) (*297*, *93*). Der zweite Schritt kann, wenn der metastabile Zustand ein relativ langlebiges Triplett-Niveau bildet, zu einem langdauernden Nachleuchten, der sog. Phosphoreszenz, führen (vgl (*348*)).

Photochemische Primärreaktion:	$A + h\nu$	$\longrightarrow$	A^*	(40a)
Fluoreszenz:	A^*	$\longrightarrow$	$A + h\nu$	(40b)
bzw.	$\{ A^*$	$\longrightarrow$	$A' + kT$	(40c)
	A'	$\longrightarrow$	$A + h\nu'$; $\nu > \nu'$	(40d)

Die Verwendung fluoreszierender UV-Absorber hat indessen kaum eine praktische Bedeutung. Einmal sind wirksame Fluoreszenz-Absorber nicht besonders stabil gegenüber UV-Strahlung, so daß ihre Schutzwirkung nur eine relativ kurze Zeit anhält, bis sie in nicht-fluoreszierende Verbindungen übergeführt werden. Nach CHAUDET u. a. (*103*) trifft dies für solche Substanzklassen wie Phenylpyrazoline, Benzoxazole und Fluoranthene zu; im wesentlichen hat sich nur eine lichtstabile fluoreszierende Verbindung, das 6,13-Dichlor-3,10-diphenyltriphenodioxazin, als ausgezeichneter UV-Stabilisator für Celluloseester erwiesen. Die Verbindung ist allerdings gefärbt und verleiht dem Kunststoff einen rotbraunen Farbton mit gelbrosa Fluoreszenz. Andererseits verläuft vielfach die Excitonenabgabe durch Fluoreszenz zu langsam, um eine Energieübertragung auf das Substrat auszuschließen. So erweisen sich nach den Feststellungen von BURGESS (*93*) die fluoreszierenden Absorber in Polyäthylen allgemein als Sensibilisatoren für den Abbau. Berücksichtigt man, daß Polyäthylen wahrscheinlich bereits von angeregten Molekülen mit einer Excitonenenergie $>$ 70 kcal/Mol sensibilisiert wird, so folgt, daß bei einem Zweistufenübergang unter rascher Erniedrigung der primären Anregungsenergie nach Gl. (40c) das niedrigste Anregungsniveau A' unterhalb 70 kcal/Mol liegen muß, damit die absorbierte Energie auf unschädliche Weise zerstreut wird. Substanzen mit so tiefen Werten für das niedrigste Niveau sind aber selbst gefärbt, so daß sich prinzipiell keine farblosen, nach diesem Mechanismus wirkenden UV-Stabilisatoren für Polyäthylen finden lassen.

Ein interessanter Sonderfall der Lichtstabilisierung besteht in einem gegenseitigen Austausch von Excitonenenergie zwischen Stabilisator und Substrat. Wie GARDNER u. a. (*210*) gezeigt haben, wird der Molekulargewichtsabbau von Polymethylmethacrylat unter dem Einfluß von UV-Licht und Elektronenbestrahlung durch Zusatz von Pyren oder p-Terphenyl stark eingeschränkt. Die Unterdrückung der photochemischen Kettenzerreißung ist dabei stärker, als sich aus der Lichtfilterwirkung der Zusätze berechnen läßt. Die genannten Substanzen, beides fluoreszierende „Scintillatoren", wirken, indem sie vom photochemisch angeregten Polymermolekül Excitonen aufnehmen und die Energie durch Emission zerstreuen. Allerdings ist, wie die Autoren ableiten, auch ein Energieübergang in umgekehrter Richtung vorhanden.

2. *Stöße zweiter Art.* Hierunter versteht man die strahlungslose Desaktivierung des angeregten Zustandes unter Erzeugung von Wärmeenergie:

$$A^* \longrightarrow A + kT\,. \tag{40e}$$

Die Excitonenenergie wird dabei auf die Rotations- und Schwingungsfreiheitsgrade der Absorbermolekel übertragen und schließlich durch thermische Stöße an die Umgebung abgegeben. Diese Art der Energiezerstreuung tritt am häufigsten auf. Entscheidend für ihren Wirkungsgrad ist eine schnelle Verteilung der Anregungsenergie über das Molekül. Bei den unter (1), (3), (4) und (5) aufgeführten Typen von UV-Absorbern scheint die Anwesenheit einer Hydroxylgruppe in o-Stellung zur chromophoren Gruppe dafür eine wesentliche Rolle zu spielen, offenbar weil sie eine Wasserstoffbrückenbindung unter Bildung eines sechsgliedrigen Chelatringes ermöglicht:

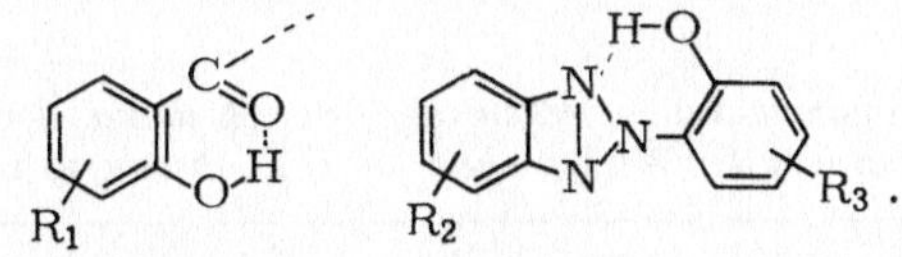

C=O ··· H–O (R$_1$)   H–O ··· N, N–N, N (R$_2$, R$_3$) .

Bereits BURGESS (*93*) hatte für die Wirkungsweise von 2-Hydroxybenzophenon einen Mechanismus der Art vorgeschlagen, daß durch die primäre Energieaufnahme unter Bindungsverschiebung im Chelatring ein chinoider Anregungszustand entsteht, der durch thermische Isomerisierung das Ausgangsmolekül zurückbildet:

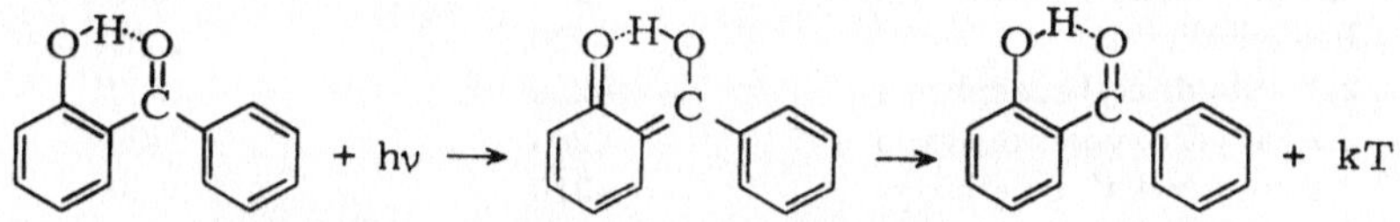

O–H··O, C + hν → O··H–O, C → O–H··O, C + kT

entsprechend: $A + h\nu \longrightarrow A^* \longrightarrow A + kT\,.$

Fehlt die Wasserstoffbrückenbindung, wie im Benzophenon, so kann die $\rangle$C=O-Gruppe dem Substrat ein H-Atom entreißen und auf diese Weise Makroradikale erzeugen, z. B. nach einem von LEVIN (*340*) angenommenen Schema:

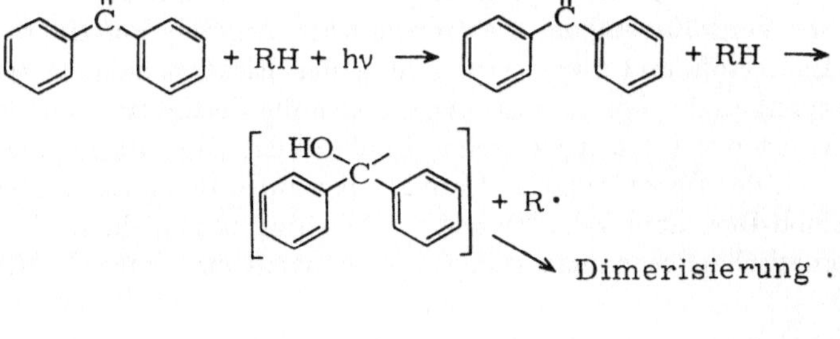

O, C + RH + hν → O*, C + RH →

[HO, C] + R·
↘ Dimerisierung .

(Das intermediäre Auftreten eines Radikals $(C_6H_5)_2\dot{C}OH$ bei Photoreaktionen in Gegenwart von Benzophenon ergibt sich auch aus Versuchen von PITTS u. a. (*458*)). Dies könnte die ausgeprägte Wirkung des Benzophenons als Photosensibilisator, z. B. bei der Autoxydation von Cyclohexen (*93*) oder bei der Vernetzung von Polyäthylen (*436*) erklären. Die Bedeutung der Wasserstoffbrückenbindung für die Wirksamkeit des Absorbers konnten neuerdings CHAUDET u. a. (*103*) unmittelbar experimentell verifizieren. Sie zeigten an Hand der kernmagnetischen Resonanzspektren, daß substituierte 2-Hydroxybenzophenone sowie Phenylsalicylat eine Hydroxyl-Protonenresonanzabsorption aufweisen, die gegenüber der des Wassers stark nach negativen Werten des Magnetfeldes verschoben ist, wobei die Konzentrationsunabhängigkeit der Verschiebung auf den innermolekularen Charakter der Wasserstoffbindung deutet. Die Größe der Verschiebung verläuft gleichsinnig mit der Wirksamkeit der untersuchten Verbindungen als Stabilisatoren bei der künstlichen Bewitterung von Celluloseacetobutyrat, wie Tabelle II.4. zeigt.

Tabelle II.4. *Zusammenhang zwischen der Verschiebung der kernmagnetischen OH-Resonanz und der Wirksamkeit von UV-Absorbern* (nach (*103*))

Absorber (1% in Celluloseacetobutyrat)	OH-Protonenresonanz-Verschiebung gegenüber Wasser Hz	Alterungsdauer im Bewitterungsgerät bis zu 25% Biegefestigkeitsverlust Stdn.
ohne Zusatz	—	200
2,6-Dihydroxybenzophenon	−160	600
Phenylsalicylat	−220	1000
2,2′-Dihydroxybenzophenon	−220	1000
2,4-Dihydroxybenzophenon	−280	2400
2-Hydroxy-4,4′-dimethoxybenzophenon	−310	>2600
3-Benzoyl-2,4-dihydroxybenzophenon	−340	>4000

Da die Größe der Verschiebung als ein Maß für die Festigkeit der Wasserstoffbindung im Chelatring angesehen werden kann, ergibt sich, daß die Wirksamkeit der Absorber eng mit der Bindungsfestigkeit der H-Brücke zusammenhängt. Eine Vergrößerung der Elektronendichte (negative Polarisierung) am Carbonylsauerstoff und eine Verringerung der Elektronendichte (positive Polarisierung) an der Hydroxylgruppe erhöhen die Festigkeit der H-Brücke. Hieraus ergeben sich die strukturellen Einflüsse der Konstitution (geringere Wirksamkeit der Phenylsalicylat-Derivate gegenüber den meisten Hydroxybenzophenon-Derivaten, vgl. (*22*)) und der Substituenten auf die Wirksamkeit. Kernmagnetische Resonanzmessungen geben somit ein einfaches Mittel an die Hand, um die Wirksamkeit von UV-Absorbern im Voraus abzuschätzen. Vielfach erweisen sich jedoch weitere Eigenschaften des Stabilisators, vor allem seine Verträglichkeit mit dem Polymeren, als entscheidender Faktor, so daß dieser Charakterisierungsmethode Grenzen gesetzt sind.

3. *Innermolekulare Umlagerung.* Diese Art des Folgeprozesses führt uns zu gewissen Azofarbstoffen, die infolge ihrer Eigenfärbung nur begrenztes Interesse als UV-Absorber besitzen, jedoch bei Bewitterungsversuchen an Celluloseacetobutyrat (*132*, *103*) eine bemerkenswerte Stabilisatorwirkung zeigten. Bei Bestrahlung mit UV- oder sichtbarem Licht lagern sie sich unter Energieaufnahme (in der Hauptsache wohl durch cis-trans-Isomerisierung (*247*)) um und bilden in der Dunkelheit die ursprüngliche Konfiguration in langsamer exothermer Reaktion zurück. Beispiele für solche Verbindungen sind z. B. 4-(4′-Dimethylaminophenylazo)-acetanilid (I) oder 4-Phenylazo-diphenylamin (II):

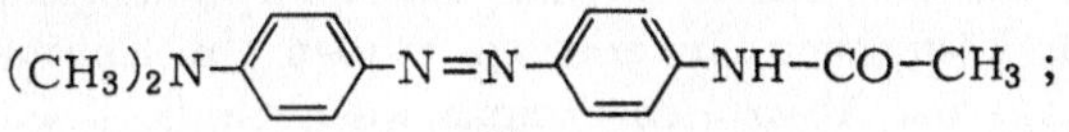

$$(CH_3)_2N-C_6H_4-N{=}N-C_6H_4-NH-CO-CH_3\;;$$

(I)

$$C_6H_5-N{=}N-C_6H_4-NH-C_6H_5\;.$$

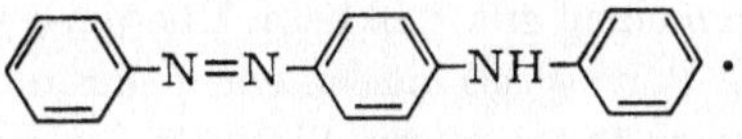

(II)

Derartige „phototrope“ Stabilisatoren finden sich auch in der Klasse der Arylamidine und Arylimidoäther, z. B. das Phenyl-N-phenylbenzimidat (III) oder das N,N′-Diphenylacetamidin (IV) (*103*):

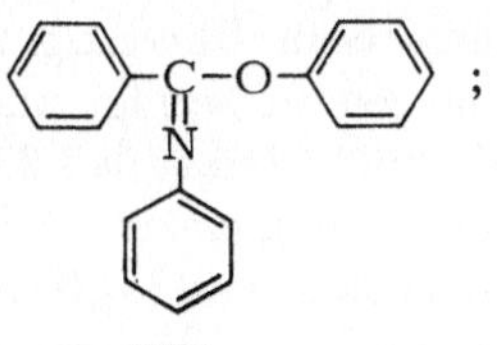

$$C_6H_5-C(=N-C_6H_5)-O-C_6H_5\;;\qquad CH_3-C(=N-C_6H_5)-NH-C_6H_5\;.$$

(III) 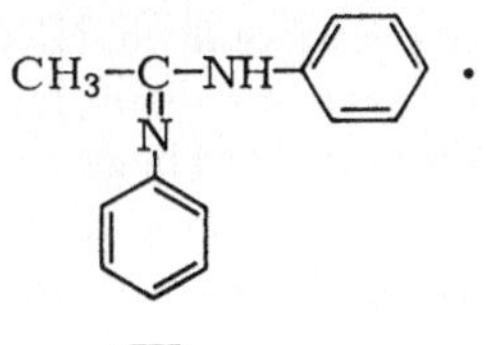 (IV)

II.2.6.3. Wirksamkeit von UV-Absorbern

Die Brauchbarkeit einer Lichtabsorbersubstanz unter gegebenen Bedingungen wird durch zahlreiche Faktoren beeinflußt: (a) Photochemische Eigenschaften (Absorptionsvermögen, Eigenfärbung, Art der Energiezerstreuung, Beständigkeit gegen photochemische Zersetzung), (b) Verträglichkeit mit dem Polymeren, (c) Flüchtigkeit, (d) Wärmestabilität, (e) chemische Beständigkeit. Von diesen Faktoren hängt es ab, ob der Stabilisator dem Polymeren einverleibt werden kann und ob und wie lange er diesem einen hinreichenden Schutz gegen UV-Strahlung bietet. Die Zusammenhänge zwischen der Struktur der Absorber und ihrer Wirksamkeit sind auf Grund der vielen, z. T. gar nicht einzeln erkennbaren Einflüsse mithin recht kompliziert und nur auf empirischem Wege zu klären. Hierüber existiert eine umfangreiche Literatur, welche teils experimentelle Vergleichsuntersuchungen, teils zusammenfassende Überblicke über die UV-Stabilisierung der einzelnen Kunststoffklassen zum Gegenstand hat (vgl. z. B. (*216, 113, 648, 629, 570, 571, 630*)). Im folgenden sollen die wichtigsten Gesichtspunkte im Zusammenhang mit den obengenannten Faktoren kurz besprochen werden.

Das Absorptionsvermögen wird durch die Beschaffenheit des Absorptionsspektrums, die Konzentration des Absorbers im Substrat und die Schichtdicke bestimmt. Bei Kenntnis der Absorptionsspektren (z. B. Fig. 25) läßt sich nach dem LAMBERT-BEER'schen Gesetz die spektrale Verteilung der Lichtdurchlässigkeit für eine gegebene Konzentration des Absorbers und Schichtdicke des Materials ausrechnen (Gl. (36a), Abschnitt I.2.4.), wobei allerdings zu berücksichtigen ist, daß die Absorptionsspektren meist aus Messungen in Lösungsmitteln erhalten werden. In Kunststoffen können sowohl die Lage der Absorptionsmaxima wie auch die Beträge des spezifischen Extinktionskoeffizienten K gegenüber den Werten in Lösungsmitteln verändert sein. Im allgemeinen gilt, daß beim Übergang von einem unpolaren Medium (z. B. Toluol, Polystyrol) zu einem polaren Medium (Methanol, Celluloseacetat) infolge einer stärkeren Bindung des einsamen Elektronenpaares an der chromophoren Gruppe der $n \rightarrow \pi^*$-Übergang eine höhere Energie erfordert und dabei eine Verschiebung der langwelligen Bande nach kürzeren Wellenlängen eintritt. Bei den meisten Absorbern beträgt die Verschiebung im Falle des genannten Beispiels nur 5—10 mμ; eine bemerkenswerte Ausnahme machen jedoch die 2,2'-Dihydroxybenzophenone, wo die Verschiebung des langwelligen Maximums beim Übergang von Toluol zu Methanol 25 mμ nach kürzeren Wellenlängen zu beträgt und der K-Wert um etwa 40 % absinkt. Dies liegt wahrscheinlich daran, daß die in unpolaren Medien vorliegende coplanare Konfiguration mit einem höheren Konjugationsgrad in polaren Medien zum Teil aufgehoben wird (*571*). Im allgemeinen geben die in Lösungsmitteln gewonnenen Durchlässigkeitskurven einen ungefähren Einblick in das Absorptionsverhalten im Kunststoff. Inwieweit das Produkt aus Schichtdicke und Konzentration die Durchlässigkeit eines den Absorber enthaltenden lichtdurchlässigen Materials beeinflußt, zeigt Fig. 27, wo die Durchlässigkeit von 2-(2'-Hydroxy-5'-methylphenyl)-benzotriazol in Isopropanol bei verschiedenen Werten des Produktes $c \times d$ in gcm/l (=„Flächenbelegung" in mg/cm²) dargestellt ist (*239*). Mit zunehmender Konzentration wird bei gegebener Schichtdicke die Absorptionsgrenze mehr und mehr in Richtung des sichtbaren Gebietes verschoben. Die in der Praxis zu wählende Konzentration ist hinsichtlich ihrer unteren Grenze durch das Erfordernis eines ausreichenden Lichtschutzes, hinsichtlich ihrer oberen Grenze durch die Vergilbung des Kunststoffes infolge der Eigenfarbe des

Absorbers sowie durch wirtschaftliche Gesichtspunkte gegeben. Bei dünnen Schichten (transparente Folien) ist allgemein eine höhere Absorberkonzentration erforderlich, da in der geringen Eindringtiefe der Abfall der Lichtdurchlässigkeit kleiner ist als in dickeren Schichten und Alterungseffekte unmittelbar an der Oberfläche des Materials um so mehr ins Gewicht fallen, je dünner der Kunststoffartikel ist. Wir wollen an Hand einer überschlägigen Berechnung ein Bild über den Zusammenhang zwischen den log K-Werten aus Fig. 25 und der Erniedrigung der Lichtdurchlässigkeit zu gewinnen suchen. Dabei sei vorausgesetzt, daß die spezifischen Extinktionskoeffizienten der UV-Absorber sich beim Übergang von der Lösung zum Kunststoffgemisch

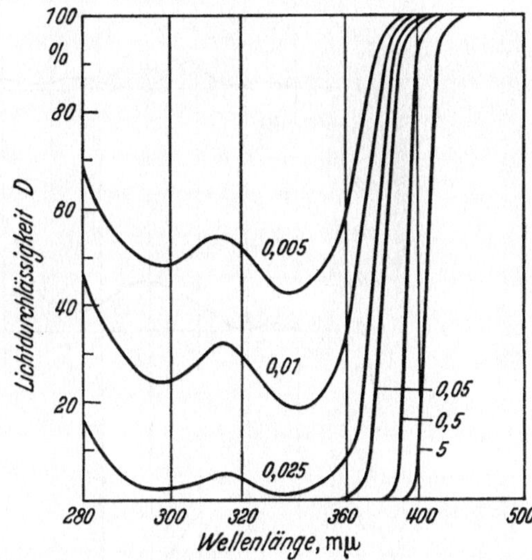

Fig. 27. Lichtdurchlässigkeit von 2-(2'-Hydroxy-5'-methylphenyl)-benzotriazol-Lösungen bei verschiedenen Werten des Produktes $d \times c$ (in gcm/l). Nach GYSLING u. a. (*239*).

nicht merklich ändern und daß das LAMBERT-BEER'sche Gesetz ohne große Abweichungen Gültigkeit hat. Aus Fig. 26 entnimmt man, daß ein stabilisiertes Gemisch mit 5 g/l UV-Absorber (etwa 0.5 Gewichtsprozent) in einer Eindringtiefe von 0.1 mm noch 90 % der eintretenden Lichtenergie ausgesetzt ist, wenn log $K = 0$ ist, und etwa 30 % der ursprünglichen Intensität bei log $K = 1$. Erst oberhalb dieses letzteren Wertes kann von einem wirksamen Lichtschutz gesprochen werden. Daraus ergibt sich, daß die Benzophenon-Derivate nur gegen Strahlung mit $\lambda < 360$—380 mμ wirksam schützen. Die α-Cyanacrylsäure-Derivate sind bei noch kürzeren Wellenlängen wirksam als die klassischen Benzophenon-Typen. Sehr wenig Schutz bieten auffallenderweise die Salicylsäure- und Benzoesäureester. Die Salicylsäureester lassen das UV-Gebiet bis hinab zu 330 mμ weitgehend offen; Resorcinmonobenzoat erreicht erst unterhalb 280 mμ eine wirksame Absorption.

Bereits im vorangehenden Abschnitt war erwähnt worden, daß die Lichtschutzwirkung der letztgenannten Substanz auf einer bei Bestrahlung stattfindenden schnellen photochemischen Umlagerung in 2,4-Dihydroxybenzophenon beruht. Die Benzotriazol-Derivate decken das UV-Gebiet bis etwa 380 mμ und wenig darüber ab. Das 2-(2'-Hydroxy-5'-methylphenyl)-benzotriazol zeigt wegen seiner hohen Absorption bis in die Nähe des sichtbaren

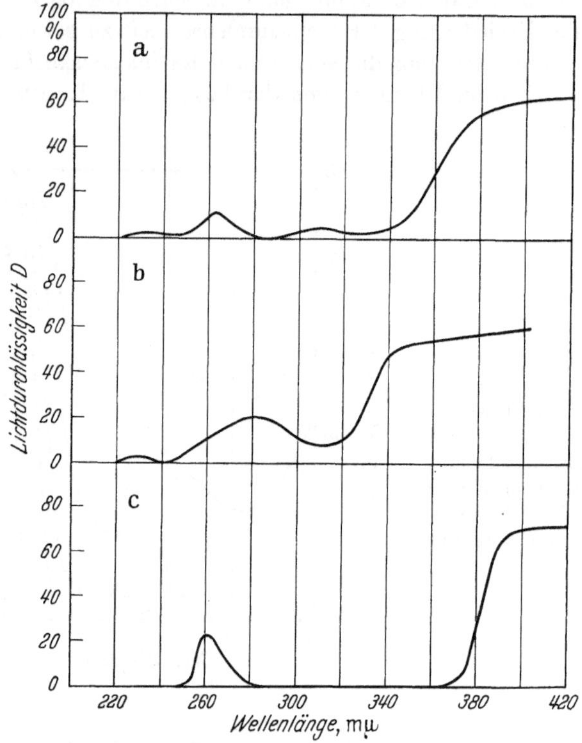

Fig. 28. Lichtdurchlässigkeit von Folien aus isotaktischem Polypropylen (d = 0.012 cm) mit 0.5% UV-Absorber. a: 2-Hydroxy-4-n-octyloxybenzophenon; b: 4-Octylphenylsalicylat; c: 2-(2'-Hydroxy-5'-methylphenyl)-benzotriazol.

Gebiets und wegen des steilen Abfalls gegen die Grenze des Sichtbaren den Idealfall der Absorptionscharakteristik eines UV-Absorbers. Zur Beurteilung der Lichtschutzwirkung aus dem Absorptionsspektrum ist jedoch nicht nur die Lage der langwelligen Absorptionskante von Bedeutung, sondern auch die Bandenstruktur innerhalb des UV-Gebietes. Fig. 28 zeigt den Lichtdurchlässigkeitsverlauf dreier Polypropylen-Folien von etwa 120 μ Dicke, denen jeweils 0.5 % 2-Hydroxy-4-n-octyloxybenzophenon, 4-Octylphenylsalicylat bzw. 2-(2'-Hydroxy-5'-methylphenyl)-benzotriazol zugesetzt war. Bei dieser Konzentration und Schichtdicke ist die Aufhellung durch die charakteristischen Absorptionsminima deutlich zu erkennen. Diese Aufhellung kann zu einer Beeinträchtigung der Wirkung führen, wenn die Absorptionsminima in einen Bereich selektiver photochemischer Wirksamkeit der Lichtstrahlen gegenüber dem Kunststoff fallen. Der Absorber sollte nach Möglichkeit immer so gewählt werden, daß die selektiven photolytischen Wellenlängenbereiche (die sich z. B. aus den Aktivierungsspektren, vgl. I.2.4., ergeben) von einer Absorptionsbande des UV-Absorbers überdeckt werden.

Bei farblosen Kunststoffartikeln spielt die Eigenfärbung des Stabilisators eine gewisse Rolle. Zahlreiche UV-Absorber aus den in II.2.6.1. angeführten Klassen sind nicht vollkommen farblos, sondern besitzen eine schwach gelbe Eigenfarbe, die bei Zusätzen zum Kunststoff in höheren Konzentrationen eine leichte Vergilbung erzeugen kann. Auch über das Ausmaß dieses Effektes vermag das Absorptionsspektrum einen gewissen Aufschluß zu geben. Erfahrungsgemäß gilt in etwa, daß eine Vergilbung durch den Stabilisator dann mit dem Auge erkennbar ist, wenn die Lichtdurchlässigkeit des Stabilisators bei 400 mμ kleiner als 70 % (gemessen gegen reinen Kunststoff bzw. reines Lösungsmittel) ist. Bei einer Stabilisatorkonzentration von 5 g/l wird in einer 1 mm starken Platte demnach bereits eine Vergilbung sichtbar, wenn der log K-Wert des UV-Absorbers bei 400 mμ größer als —0.5 ist, in einer 0.1 mm starken Folie, wenn er größer als +0.5 ist. Allgemein ist zu sagen, daß UV-Absorber mit $\log K < 0$ bei 400 mμ unter normalen Einsatzbedingungen völlig unbedenklich hinsichtlich ihrer Eigenfärbung sind. Die wichtigsten Beispiele von Substanzen, bei denen dies nicht der Fall ist, sind die Tetrahydroxybenzophenon-Derivate, Dibenzoylresorcin sowie einige Benzotriazol-Derivate.

Die Art der Energiezerstreuung sowie die Beständigkeit des Absorbers gegen seine eigene photochemische Zersetzung hängen weitgehend von der strukturbedingten Fähigkeit des Absorbermoleküls ab, die aufgenommene Energie über das gesamte Molekül zu verteilen. Inwieweit die vom Absorber aufgenommene Lichtenergie in harmloser Weise zerstreut wird, läßt sich nach einer von Chaudet u. a. (*103*) angegebenen Näherungsbeziehung aus dem Absorptionsverhalten des stabilisierten und des unstabilisierten Kunststoffes sowie dem Verhältnis des Abbaues im unstabilisierten Polymeren zu dem im stabilisierten Polymeren (dem „protective index" p) bestimmen. Unter der Voraussetzung, daß die Lichtstrahlung monochromatisch ist und daß eine sowohl im unstabilisierten wie im stabilisierten Polymeren gleichermaßen gültige lineare Beziehung zwischen der absorbierten Lichtenergie und der Abbaugröße (z. B. Vergilbung) besteht, folgt aus der Definition

$$p = \frac{\text{Abbau (unstabilisiert)}}{\text{Abbau (stabilisiert)}} = \frac{\text{absorbierte Lichtenergie (unstabilisiert)}}{\text{absorbierte Lichtenergie (stabilisiert)}}$$

und der Erwägung, daß die vom stabilisierten Polymeren absorbierte Energie sich additiv zusammensetzt aus der von der Kunststoffmasse allein absorbierten und der vom Stabilisator auf das Polymere übertragenen Energie, mit dem LAMBERT-BEER'schen Gesetz:

$$p = \frac{I_0(1 - e^{-k_u d})}{I_0(1 - e^{-k_s d})(1 - F_a) + I_0(1 - e^{-k_s d}) F_a (1 - F_d)}$$

$$= \frac{1 - e^{-k_u d}}{(1 - e^{-k_s d})(1 - F_a F_d)} \,. \tag{41}$$

Darin ist I_0 die Intensität des einfallenden monochromatischen Lichtes, k_u und k_s sind die Absorptionskoeffizienten der unstabilisierten und der stabilisierten Kunststoffmasse, F_a ist der Anteil der vom Absorber aufgenommenen Lichtintensität und F_d ist der Bruchteil der letzteren, der auf unschädliche Weise zerstreut wird. Beim idealen Lichtstabilisator sollten F_a und F_d möglichst nahe bei 1 liegen. F_a läßt sich aus dem Absorptionsspektrum des Stabilisators entnehmen, während p, k_u und k_s ebenfalls direkt bestimmbar sind. Somit ist eine Berechnung des Anteiles F_d aus experimentellen Daten möglich. Über derart gewonnene Werte von F_d ist allerdings noch nicht berichtet worden.

Die photochemische Wirksamkeit von UV-Absorbern hängt in merklichem Maße von dem Wellenlängenbereich ab, dem das Substrat ausgesetzt ist. So können gebräuchliche Absorber, die unter den energetischen Bedingungen des irdischen Sonnenlichtes oder diesem Licht angenäherter künstlicher Strahlung eine gute Stabilisierung ergeben, im Bereich kürzerer Wellenlängen weit weniger wirksam sein. Nach den Untersuchungen von SCHMITT u. a. (*517*) gilt dies für UV-Absorber vom Benzophenon- und Benzotriazol-Typ unter den Bedingungen einer außerirdischen Umgebung. Außerhalb der Erdatmosphäre erstreckt sich die kurzwellige Grenze der Sonnenstrahlung bis in die Nähe von 200 mμ. Versuche zeigten, daß unter dem Einfluß einer solchen Strahlung die Schutzwirkung der genannten Absorbertypen auf eine größere Anzahl verschiedener Lackharze bedeutend abgeschwächt ist. Hingegen erweisen sich gewisse benzoylsubstituierte Derivate von Ferrocen (Dicyclopentadienyleisen, $(C_5H_5)_2Fe$) als äußerst wirksam gegenüber dieser kurzwelligen Strahlung. Eine optimale Lichtschutzwirkung wird mit 2-Hydroxybenzoylferrocen (I) in Melamin-Alkydharz erzielt.

Fe CO HO

(I)

Aus Tabelle II.4. ist ersichtlich, daß Substituenten am Grundgerüst des UV-Absorbers eine Verbesserung der Stabilisatorwirkung durch Beeinflussung der innermolekularen Bindungsverhältnisse hervorrufen können. Darüber hinaus wirken sich Substituenten jedoch vor allem durch eine Beeinflussung der Verträglichkeit zwischen Stabilisator und Kunststoff aus. Man kann die allgemeine Regel aufstellen, daß mit zunehmender Annäherung der Struktur und der Polarität zwischen Kunststoff und UV-Absorber eine Verbesserung der Wirksamkeit des Stabilisators erzielt wird. Dafür sprechen zahlreiche empirische Ergebnisse. Absorber vom Typ der Phenylsalicylate und -benzoate erweisen sich als wirkungsvolle Lichtstabilisatoren für Celluloseester (*399*). In unpolaren Polymeren wie Polyäthylen wird ein optimaler Lichtschutz durch langkettige Kohlenwasserstoffsubstituenten an den herkömmlichen Grundtypen von Absorbern erzielt. Dies geht aus den Daten der Tabelle II.5. hervor, welche als Beispiel den Einfluß des Kohlenwasserstoffrestes in 2,2'-Dihydroxy-4-alkoxybenzophenonen als UV-Absorber in Polyäthylen auf die Alterung des Polymeren bei künstlicher und natürlicher Belichtung zeigt:

Tabelle II.5. *Einfluß von Substituenten am UV-Absorber auf die Alterung von lichtstabilisiertem Polyäthylen* (nach (*112*))

OH OH (Benzophenon)-CO-(Ring)-OR (Konz.: 1%)	Carbonylgehalt (%) (Fadeometer) 500 Stdn.	1000 Stdn.	(Arizona) 2 Monate	4 Monate	Verbleibende Reißdehnung (%) (Arizona) 2 Monate	4 Monate
ohne Zusatz	0.30	0.64	0.33	0.6	9	0
R = CH_3	0.22	0.54	0.41	0.6	7	0
C_2H_5	0.07	0.37	0.25	0.6	20	5
C_8H_{17}	0.04	0.19	0.08	0.6	44	4
$C_{17}H_{35}$	0.04	0.17	0.09	0.6	61	3

Die Verträglichkeit zwischen Kunststoff und Absorber beeinflußt auch die photochemische Beständigkeit des Absorbers selbst. So konnten STROBEL u. a. (*570*) zeigen, daß 2,2'-Dihydroxy-4,4'-dimethoxybenzophenon, welches in Celluloseacetat lichtbeständig ist, in Polyäthylen zerstört wird. Dagegen besitzt der entsprechende Dilauryläther, das 2,2'-Dihydroxy-4,4'-didodecyloxybenzophenon, in Polyäthylen eine wesentlich bessere Lichtbeständigkeit. Durch die Einführung der C_{12}-Kohlenwasserstoffkette anstelle der Methylgruppe ist also die Wirksamkeit des Absorbers in Polyäthylen verbessert worden. Die Ursache für diese Erscheinung ist komplexer Natur. Einer der wesentlichen Faktoren ist das Ausschwitzen der weniger verträglichen Zusatzstoffe an die Oberfläche des Kunststoffes, wo sie rasch photochemisch zersetzt werden. Dieses Ausschwitzen wurde im Falle des erwähnten 2,2'-Dihydroxy-4,4'-dimethoxybenzophenons in Polyäthylen nachgewiesen, und es konnte auch gezeigt werden, daß der Verlust an Absorber bei Bestrahlung wesentlich schneller verläuft als im Dunklen (*570*). Ein weiterer Umstand ist die schlechte Verteilung des weniger verträglichen Absorbers im Polymeren, was ja allgemein als wirkungsmindernder Faktor bei der Stabilisierung anzusehen ist. Besonders auf dem Gebiet des Lichtschutzes von Polyolefinen sind daher in jüngerer Zeit Absorbersubstanzen entwickelt worden, die entsprechende verträglichkeitserhöhende Gruppen enthalten, z. B. 2-Hydroxy-4-n-octyloxybenzophenon, 2-Hydroxy-4-dodecyloxybenzophenon oder das obenerwähnte tetrafunktionelle Benzophenonderivat.

Die Flüchtigkeit von UV-Absorbern ist, ebenso wie ihre thermische Zersetzung, nur in besonderen Fällen ein ernstes Problem, da lichtstabilisierte Produkte außer bei ihrer Verarbeitung im allgemeinen keinen hohen Temperaturen ausgesetzt werden. Wie Schmitt u. a. (*515*) gezeigt haben, kann lediglich die Verflüchtigung der monohydroxysubstituierten Benzophenone in thermoplastischen Harzen eine gewisse Rolle spielen.

Das chemische Reaktionsvermögen von UV-Absorbern wird vor allem durch die Anwesenheit phenolischer Hydroxylgruppen bedingt, die in den Substanzklassen (1) bis (5) (vgl. II.2.6.1.) enthalten sind. Sie können in gewissen Fällen als Säuren reagieren oder Metallkomplexe bilden. Eine Anzahl solcher Nebenreaktionen ist von Strobel u. a. (*570*) untersucht worden. Die saure Reaktion dieser Absorber vermag z. B. in Polyoxymethylenen eine thermische Depolymerisation auszulösen. Die Auffindung geeigneter Lichtstabilisatoren ohne phenolische Hydroxylgruppe war deshalb für manche Anwendungsgebiete ein notwendiges Erfordernis. Unter diesen haben die Substitutionsprodukte des Acrylnitrils, Klasse (6), besondere Bedeutung (*661*, *662*, *570*). Sie eignen sich gut als UV-Absorber in Polyacetalen (Polyoxymethylenen) und zeigen mit metallischen PVC-Stabilisatoren keine Verfärbung oder sonstige Reaktion. Allerdings reagieren sie mit peroxydischen Katalysatoren in ungesättigten Polyesterharzen (*570*).

UV-Absorber können auch in der Weise angewandt werden, daß sie nicht der Kunststoffmasse einverleibt, sondern in einer kunstharzhaltigen Lösung als Schutzüberzug auf die Oberfläche des Kunststoffes aufgebracht werden (vgl. z. B. (*558*)). Dieses Verfahren eignet sich besonders für voluminöse Teile, bei denen die vor Lichteinwirkung zu schützende Oberfläche nur einen geringen Anteil der gesamten Masse ausmacht, und umgeht alle Schwierigkeiten in bezug auf die Verträglichkeit oder chemische Wechselwirkung zwischen dem Absorber und dem Polymeren.

Bei dem häufig angewandten Lichtschutz durch Ruß spielen die Teilchengröße und der Verteilungsgrad des Rußes eine ganz erhebliche Rolle für die Alterungsbeständigkeit des zu schützenden Materials. Zur Erzielung optimaler Schutzwirkung ist eine möglichst niedrige Teilchengröße (< 50 mμ) und feindisperse Verteilung anzustreben, wie Wallder u. a. (*622*) am Beispiel des Polyäthylens gezeigt haben (vgl. Kapitel III., Substanzklasse *1.1.1.*).

II.2.6.4. Synergismus mit UV-Absorbern

Synergistische Verstärkungen der Stabilisatorwirkung können sowohl bei Antioxydantien wie bei PVC-Stabilisatoren durch Zusatz von UV-Absorbern erzielt werden. Der Mechanismus ist wohl bei den Antioxydantien derart, daß der Absorber durch Verhinderung der Startreaktion den Verbrauch des radikalkettenabbrechenden Agens oder Peroxydzersetzers einschränkt. Daneben kann die synergistische Verstärkung auch auf dem Zusammenwirken der oxydationsinhibierenden Funktionen von Antioxydans und UV-Absorber beruhen; daß typische UV-Absorber nämlich auch eine Antioxydanswirkung besitzen können, entspricht der Erfahrung. Melchore (*392*) fand z. B. eine stabilisierende Wirkung von 2-Hydroxy-4-n-octyloxybenzophenon auf Polypropylen beim Erhitzen im Wärmeschrank bei 90 °C. Typische Beispiele von synergistischen Gemischen aus Antioxydantien und UV-Absorbern, deren Wirkung sich bei der Stabilisierung von Polyäthylen gegen künstliche und natürliche Bewitterung mehr als additiv verstärkt, sind in Tabelle II.6. zusammengestellt.

Tabelle II.6. *Synergistische Verstärkung von Antioxydantien und UV-Absorbern in Polyäthylen* (nach (*521*))

Stabilisator		Zeit bis zum Abfall der Reißdehnung auf 50% (Weather-Ometer-Stdn.)		Verbleibende Reißdehnung nach 14 Mon. Freibewitterung (%)	
ohne Zusatz		120		9	
0.5%	DLTDP			11	Gemisch: 110
1.0%	2-Hydroxy-4-n-dodecyloxybenzophenon	700	Gemisch: 1500	80	
0.5%	Zn-dibutyldithiocarbamat	400			
0.5%	2,2′-Methylenbis-(4-methyl-6-tert.-butylphenol)			10	Gemisch: 100
1.0%	2-Hydroxy-4-n-octyloxybenzophenon			42	

Auch Gemische von UV-Absorbern zeigen mitunter eine synergistische Verstärkung, besonders dann, wenn die eine Komponente eine starke Tendenz zur antioxydativen Wirkung besitzt. Dies ist der Fall bei einer Mischung von 2-Hydroxy-4-n-octyloxybenzophenon und n-Butylamin-Ni-2,2′-thiobis-(4-ditert.-octylphenolat). Während das Benzophenonderivat, in einer Konzentration von 0.5% zugesetzt, die Induktionsperiode der Carbonylbildung in Polyäthylen bei Fade-Ometer-Belichtung etwa 500 Stunden aufrechterhält, der Nickelkomplex allein etwa 1100 Stunden, erzeugt ein

1 : 1-Gemisch der beiden Komponenten eine Induktionsperiode von 2500 Stunden. Auch bei der Freibewitterung ist das Gemisch den Einzelkomponenten überlegen (*392*).

In diesem Kapitel sind einige typische Gruppen von Stabilisierungsmechanismen besprochen worden, denen sich ein großer Teil der als Stabilisatoren bekannten Substanzen hinsichtlich ihrer Wirkung zuordnen läßt. Weitere, spezielle Reaktionsmechanismen werden uns bei der Besprechung der einzelnen Substanzklassen in Kapitel III. begegnen.

III. Stabilisierung durch Zusatzstoffe

III.1. Allgemeines; systematische Einteilung der Stabilisatorsubstanzen

Bei der Beschreibung der Stabilisatorsubstanzen stützen wir uns vorwiegend auf die Patentliteratur, da sämtliche praktisch erprobten Stabilisatoren patentiert sind. Die Anzahl der bislang veröffentlichten einschlägigen Patente ist erheblich, und obwohl die vorliegende Darstellung größtmögliche Vollständigkeit anstrebt, sind Auslassungen bis zu einem gewissen Grade unvermeidlich. In der Patentliste auf S. 513 ff. sind die einzelnen Patente nach den Anmeldungsländern und den Patentnummern (bei deutschen und japanischen Auslegeschriften nach den Nummern der Auslegeschriften) geordnet zusammengestellt. In den folgenden Kapiteln sind die einzelnen Patente nur mit den laufenden Nummern aus der Patentliste (in eckigen Klammern [ ]) in der Reihenfolge ihrer Anmeldungsdaten angegeben*.

Die Systematik der Stabilisatorsubstanzen, wie wir sie in unserer Darstellung zugrunde legen, geht von der chemischen Konstitution aus. Diese Art der Einteilung erweist sich gegenüber einer Gliederung nach der Wirkungsweise (Lichtstabilisatoren, Wärmestabilisatoren usw.) oder nach dem Substrat (PVC-Stabilisatoren, Polyolefin-Stabilisatoren usw.) als wesentlich zweckmäßiger, da ein Großteil der Substanzen verschiedene Wirkungsweisen hat und in mehreren verschiedenen Kunststofftypen anwendbar ist. Es werden die folgenden *Hauptklassen* von Stabilisatorsubstanzen unterschieden:

1. Anorganische Substanzen

2. Organische Hydroxyverbindungen und deren Metallsalze; Äther, O-heterocyclische Verbindungen

---

* Die Nummern identischer Patente bzw. Auslegeschriften verschiedener Anmeldungsländer sind dabei durch ein Komma getrennt, die Nummern von Patenten bzw. Auslegeschriften verschiedenen Inhalts oder verschiedener Inhaber durch ein Semikolon.

3. Carbonsäuren, deren Anhydride, Ester und Salze
4. Oxo-Verbindungen
5. Stickstoffhaltige organische Verbindungen
6. Phosphorhaltige organische Verbindungen
7. Schwefelhaltige organische Verbindungen
8. Metallorganische Verbindungen
9. Bor- und siliciumhaltige organische Verbindungen
10. Sonstige organische Substanzen.

Diese Hauptklassen sind dann weiterhin in *Unterklassen* eingeteilt. In der folgenden Darstellung sind einzelne Stabilisatorsubstanzen, falls ihre chemische Konstitution verschiedenen Substanzklassen entsprechen kann, bei derjenigen mit der höchsten Klassen-Nummer aufgeführt. Z. B. werden also Thiobisphenole bei den schwefelhaltigen organischen Verbindungen, nicht bei den organischen Hydroxyverbindungen besprochen. Sind synergistische Gemische von Stabilisatoren der Gegenstand eines Patentes, so wird das betreffende Stabilisatorsystem in der Regel bei der Komponente mit der höchsten Klassen-Nummer besprochen, z. B. ein Gemisch aus Bisphenol, organischem Phosphit und Thiodipropionsäuredilaurylester bei den Thiodicarbonsäureestern. Häufig wird jedoch im Zusammenhang mit der Besprechung der anderen Komponenten auf das synergistische Gemisch verwiesen.

Die zahlreichen im Abschnitt III.2. genannten Stabilisatorsubstanzen und Stabilisierungssysteme sind von sehr unterschiedlicher Bedeutung für die Praxis. Man darf sagen, daß der größte Teil der einschlägigen Patentveröffentlichungen nie zu einer technischen Nutzung im größeren Maßstab geführt hat und somit lediglich ein wissenschaftliches oder prioritätsrechtliches Interesse besitzt. Auf diejenigen Stabilisierungsverfahren, die in der Kunststofftechnologie größere Bedeutung erlangt haben, ist von Fall zu Fall besonders hingewiesen worden. Technisch wichtige PVC-Stabilisatoren, Antioxydantien und Lichtstabilisatoren werden industriell produziert und (meist unter Schutzmarken) in den Handel gebracht. Falls die Zusammensetzung derartiger Handelsprodukte soweit bekannt ist, daß sie bestimmten Substanzklassen zugeordnet werden können, sind sie im folgenden im Anschluß an die Besprechung der einzelnen Substanzklassen aufgeführt (im übrigen vgl. die Liste der Handelsprodukte im Anhang).

III.2. Stabilisatorsubstanzen

1. Anorganische Substanzen

1.1. Elemente

1.1.1. Ruß. Ruß entsteht bei der unvollständigen Verbrennung organischer Materialien und wird großtechnisch als Verbrennungsprodukt von Erdgas, Erdöl- oder Steinkohlenteer-Bestandteilen oder Acetylen gewonnen. Über Herkunft und Eigenschaften einzelner Rußtypen unterrichtet Tabelle III.1.

Die Verwendung von Ruß als Füllstoff für Kautschukvulkanisate ist seit langem gebräuchlich, wobei die Bedeutung des Füllstoffes vorwiegend in der Erzielung guter mechanischer Eigenschaften des Vulkanisats liegt. Der Einfluß des Rußes auf die Alterungsprozesse des Kautschuks wirkt sich je nach dem gemessenen Effekt in verschiedener Weise aus. Wie an rußgefüllten SBR-Vulkanisaten gezeigt wurde (*639*), vermag Ruß die Oxydation von Kautschuken durch Erhöhung der Sauerstoffabsorption zu beschleunigen. Andererseits werden Kettenspaltungs- und Vernetzungsreaktionen infolge Adsorption und Desaktivierung der Zwischenprodukte der Autoxydation zurückgedrängt (*576*). Bei thermoplastischen Kunststoffen, insbesondere Polyolefinen und Polyamiden, spielt der Ruß eine wichtige Rolle als Alterungsschutzmittel. WALLDER u. a. (*622*) zeigten zuerst in der Literatur, daß Rußzusatz das Freibewitterungsverhalten von Polyäthylenmassen erheblich verbessert, wobei die Witterungsbeständigkeit mit zunehmendem Rußgehalt zunimmt, aber bei ~2 % eine Grenze erreicht, oberhalb deren weiterer Zusatz keine merkliche Verbesserung mehr bewirkt. Die erzielte Witterungsbeständigkeit nimmt ferner mit zunehmendem Dispersionsgrad und abnehmender Partikelgröße des Rußes zu.

Tabelle III.1. *Die wichtigsten industriell gewonnenen Rußtypen* (nach (*601*))

Bezeichnung	Ausgangsmaterial	Teilchengröße Å	p_H-Wert
Channel Blacks	Erdgas	bis 300	2.7–5.5
Furnace Blacks	Erdgas, Erdölprodukte	bis 800	7.0–9.8
Deutsche Gas-Ruße	Steinkohlenteerprodukte	bis etwa 300	3.0–5.0
Thermal Blacks	Erdgas	bis 5000	7.0–9.0
Acetylenruße	Acetylen	410–430	4.8–6.0
Flammruße	Steinkohlenteerprodukte	500–1200	3.0–4.0

So zeigen Channel Black-Sorten, welche durchweg eine geringere Teilchengröße aufweisen, gegenüber Furnace Black-Sorten eine merklich bessere Schutzwirkung. Die Rolle des Rußes beschränkt sich nicht auf die Absorption der schädlichen Lichtstrahlung, vielmehr wirkt er darüber hinaus als Antioxydans. So erniedrigt ein Zusatz von Ruß zu Polyäthylen den Abbau des Kunststoffes beim Heißwalzen (*621*). BIGGS (*62*) fand, daß die Geschwindigkeit der Sauerstoffabsorption des Polyäthylens durch Ruß verzögert wird, wobei der Ruß ähnlich wie chemische Antioxydantien eine Verlängerung der Induktionsperiode bewirkt. Auch hier ist der mit Channel Black erzielte Effekt größer als die durch Furnace Black hervorgerufene Oxydationsverzögerung. Da eine Kalzinierung des sauren Channel Black die Wirksamkeit herabsetzt, spielt offenbar nicht nur die geringere Teilchengröße, sondern auch die Acidität des Rußes bei der antioxydativen Reaktion eine Rolle. Die Ursachen für die Inhibitorwirkung des Rußes sind in großen Zügen bekannt. Einmal befinden sich an der Oberfläche der Kohlenstoffteilchen sauerstoffhaltige funktionelle Gruppen (vgl. (*573*, *241*, *211*)), von denen insbesondere Phenol-, Chinon-, Lacton- und Carboxylgruppierungen nachgewiesen worden sind. Entfernung dieser sauerstoffhaltigen Gruppen durch Pyrolyse des Rußes beseitigt die Inhibitorwirkung. Ebenso wird durch Methylierung mit Diazomethan die Wirksamkeit des Rußes als Antioxydans stark herabgesetzt. Dies unterstützt die naheliegende Annahme, daß phenolische Hydroxylgruppen als Inhibierungszentren wirken, schließt allerdings die Beteiligung anderer funktioneller Gruppen, die ebenfalls mit Diazomethan reagieren, nicht aus (*268*). Wie Gruver u. a. (*237*) neuerdings durch Oxydationsversuche an rußgefülltem cis-Polybutadien zeigten, beseitigt Methylierung der Rußoberfläche die peroxydzersetzende Wirkung, während eine gewisse antioxydative Wirksamkeit zurückbleibt, die auf Chinon-Gruppen zurückgeführt wird. Diese Annahme wird durch die Befunde von Hawkins u. a. (*266*) unterstützt, wonach Chinon-Verbindungen (vgl. *4.5*) durch die gleichen schwefelhaltigen Synergisten in ihrer Antioxydanswirkung verstärkt werden, die auch zusammen mit Ruß wirksam sind. Über SiO_2-Pigmente, die durch chemische Bindung von mehrwertigen Phenolen an der Oberfläche eine dem Ruß sehr ähnliche Inhibitorwirkung erhalten, vgl. *9.2*. Die an der Oberfläche befindlichen Gruppen reagieren mit den beim Abbau des Polymeren auftretenden freien Radikalen und bringen auf diese Weise die Radikalketten zum Abbruch. Daneben existieren jedoch weitere Reaktionsmöglichkeiten des Rußes mit Polymerradikalen. Es ist aus paramagnetischen Resonanzmessungen bekannt, daß Ruß freie Radikalstellen besitzt (*291*), die an den Rändern und Kanten der Graphitstruktur auftreten. Diese aktiven Zentren können mit den freien Radikalenden der Polymeren unter Ausbildung von Covalenzen reagieren. Auf diese Weise kommt es zur Entstehung stabiler Bindungen zwischen dem Polymeren und dem Füllstoff, ein Effekt, der auch die beobachtete Verfestigung der Bindung von Kautschuk an Ruß beim Erwärmen von Gemischen beider erklärt (*54*). Als Reaktionsstellen an der Rußoberfläche kommen aber nicht nur freie Radikalzentren in Frage. Wie Szwarc (*579*) gezeigt hat, sind ganz allgemein aromatische Ringsysteme zur Addition von Radikalen befähigt, und auch die Graphitstrukturen des Rußes, die aus kondensierten aromatischen Ringen bestehen, sollten diese Eigenschaft besitzen (*580*). Nach Moynihan (*409*) können sowohl die an den Rändern der kondensiert-aromatischen Graphitstruktur befindlichen π- und σ-Elektronen, wie auch die π-Elektronen im Innern der aromatischen Struktur mit freien Radikalen reagieren.

Beide Stabilisierungswirkungen des Rußes, Lichtabsorption und Inhibierung von Radikalprozessen, machen Ruß zu einem vorzüglichen Alterungsschutzmittel gegen Freibewitterungseinflüsse, von dem vor allem auf dem Gebiet thermoplastischer Kunststoffe umfangreicher Gebrauch gemacht wird. Besonders eingehende Untersuchungen über seine Wirksamkeit liegen für das Polyäthylen vor (vgl. (*519*, *259*, *382*, *254*)). Vergleiche mit anderen lichtabsorbierenden Pigmenten zeigen, daß Ruß den weitaus besten Lichtschutz bietet (*224*, *223*, *382*). Seine Wirksamkeit wird jedoch von drei Faktoren entscheidend beeinflußt: dem prozentualen Anteil des Rußes in der Kunststoffmischung (die normalen Zumischungen liegen zwischen 2 und 5 %), der Teilchengröße des Rußes und dem Dispersionsgrad, d. h. dem Grad, mit dem sekundäre Aggregate der Rußpartikel zerteilt sind (*1*). Andererseits kann Ruß in Gegenwart weiterer Antioxydantien deren Wirksamkeit merklich beeinflussen. Diese besonders von Hawkins und Mitarbeitern am Polyäthylen untersuchte Erscheinung (*256*, *258*, *268*, *265*) ist bereits in Abschnitt II.2.3.4. besprochen worden. Außer der Beeinflussung der chemischen Wirksamkeit von Antioxydantien durch Ruß ist unter Umständen eine Verringerung der Verflüchtigung und Extrahierbarkeit von niedermolekularen Inhibitoren infolge Adsorption an die Rußpartikel festzustellen. Nach Untersuchungen von Hawkins u. a. (*267*) ist der Effekt der Zurückhaltung des Inhibitors in rußgefülltem Polyäthylen jedoch nur bei Verwendung von 4,4′-Thiobis-(3-methyl-6-tert.-butylphenol) (Santonox) erheblich. Auch bei der Beeinflussung der Wirkung niedermolekularer Antioxydantien scheint die Teilchengröße des Rußes von Wichtigkeit zu sein. Crompton (*121*, *122*) beobachtet, daß N,N′-Di-2-naphthyl-p-phenylendiamin, ebenso wie sein Oxydationsprodukt, beim Walzen von Polyäthylen wesentlich stärker an den Füllstoff adsorbiert wird, wenn Channel Blacks mit kleiner Teilchengröße ($<$300 Å) anstelle von Furnace Blacks mit größeren Partikeln ($>$400 Å) verwendet werden.

Zusammenfassend läßt sich somit sagen, daß die Rußtypen mit Teilchengrößen unterhalb 300 Å (Channel Blacks und Deutsche Gasruße; von letzteren ist das deutsche Standardprodukt der Degussa-Ruß CK 3) sich bevorzugt als Füllstoffe mit Alterungsschutzwirkung für Polymere eignen, aber andererseits gegenüber gröberdispersen Rußsorten auch eine stärkere Beeinflussung der Wirksamkeit zugemischter Antioxydantien zeigen. Durch Auswahl geeigneter Typen von Antioxydantien (vgl. II.2.3.4.) gelingt es jedoch, Beeinträchtigungen der Antioxydanswirkung zu vermeiden und sogar synergistische Verstärkungen zu erzielen. Eine direkte Verminderung der thermischen Beständigkeit eines Polymeren durch Ruß ist in neuerer Zeit bei den Acetal-Copolymeren festgestellt und untersucht worden (*575*). Die Depolymerisationsgeschwindigkeit dieser Materialien bei 230 °C in Gegenwart von Ruß wird mit abnehmendem p_H-Wert und Partikel-Durchmesser und mit zunehmender Oberfläche und Beladung mit flüchtigen Bestandteilen erhöht. Es wird vermutet, daß aus dem Polymeren abgespaltener Formaldehyd an der Oberfläche der Rußpartikel durch die dort anwesenden polaren Gruppen adsorbiert und bei der thermischen Behandlung zu Ameisensäure oxydiert wird, welche den thermischen Abbau katalysiert.

Die Besetzung der Rußoberfläche mit aktiven Gruppen oder Atomen erhöht die Antioxydanswirkung. In besonderen Behandlungsverfahren wird daher der Ruß entweder in Gegenwart von O_2 oder zusammen mit S bzw. Se erhitzt, um aktive Gruppen an der Oberfläche zu erzeugen. Entsprechende Patente betreffen oxydierten Gasruß mit 5—10% O_2 als Zusatz zu Polyäthylen [2279] sowie mit O_2, S oder Se aktivierten Ruß als Zusatz zu Polyolefinen [884, 2499].

Ein Gemisch von einem Channel Black mit Partikelgröße <20 mμ und einem Furnace Black mit >25 mμ soll, zu 0.2—5 Gew.-% Ziegler-Polyolefinen (besonders Polyäthylen) zugesetzt, die Lichtstabilität um mindestens das Dreifache gegenüber gewöhnlichen Polymer-Ruß-Gemischen verbessern [2020].

1.1.2. Elemente der VI. Hauptgruppe. Elementarer Schwefel ist vielfach als stabilisierender Zusatz zu verschiedensten Kunststofftypen vorgeschlagen worden. Seine Wirkung ist im wesentlichen die eines Oxydationsinhibitors (wahrscheinlich durch Peroxydzersetzung, vgl. (*262*)). Darüber hinaus vermag er auch nicht-oxydative Radikalreaktionen zu inhibieren, was seine Verwendung als reiner Wärmestabilisator für PVC oder Polyoxymethylene begründet. Selen und Tellur sind gelegentlich anstelle von Schwefel in der Patentliteratur aufgeführt, allerdings wohl ohne praktische Bedeutung. Die einzelnen Entwicklungen betreffen:

Schwefel als Wärmestabilisator für Polyisobutylen [74]; als Wärme-, Licht- und Oxydationsstabilisator für Polyvinyläther [142].

Wärme-, Licht- und Oxydationsstabilisierung von Niederdruck-Polyolefinen durch Schwefel, Selen oder Tellur entweder in elementarer Form oder in Verbindungen, die, wie z. B. Ammoniumpolysulfid, das Element bei der Verarbeitungstemperatur freisetzen [3274, 3193, 1089, 1785, 2632].

Kombination von Schwefel mit organischen Antioxydantien wie 4-(Lauroylamino)-phenol oder Santonox als Antioxydans für Polypyroylen [766], von Schwefel mit Ruß als Antioxydans für Polyäthylen oder -propylen [1182].

Schwefel zur Wärme- und Lichtstabilisierung von PVC und Vinylchlorid/Vinylacetat-Mischpolymerisaten [3280, 1122, 2684], in Kombination mit üblichen PVC-Stabilisatoren wie Cd-stearat zur Wärmestabilisierung von PVC [3142].

Schwefel zur Wärmestabilisierung von Polyoxymethylenen [2488, 1307], anstelle von Schwefel evtl. auch Selen, wobei Schwefel oder Selen entweder durch Zumischen oder durch Einwirkung der Dämpfe dem feinverteilten Polyoxymethylen zugeführt werden [3150].

Inhibierung der Weiterpolymerisation (Lagerungsstabilisierung) bei Polysulfonharzen durch Zugabe von Schwefel oder Sulfiden wie $(NH_4)_2S$, BaS, Na_2S oder SnS zum Latex [264, 2081].

1.1.3. Sonstige Elemente; Metalle. Unter den nichtmetallischen Elementen sind Halogene gelegentlich als Stabilisatoren genannt worden. Einwirkung von gelöstem oder gasförmigem Halogen (z. B. 1-proz. wäßrige Br_2-Lösung oder feuchtes Cl_2-Gas) verbessert die Wärmebeständigkeit von Formkörpern aus (nachchloriertem) PVC [1483]. Jod in elementarer Form [1313] oder evtl. auch in Form von Verbindungen wie Amin-Hydrojodiden bzw. quaternären Ammoniumjodiden [1995] ist in Kombination mit metallischem Kupfer oder Kupferverbindungen ein sehr spezifisches und charakteristisches System zur Oxydations- und Wärmestabilisierung von Polyamiden (vgl. *1.3.1.*). Elementares Jod oder an seiner Stelle organische bzw. anorganische Jodide können zur Wärmestabilisierung von Polyalkylenoxyden dienen [2470, 2876].

Elementare Metalle haben neben den z. T. bereits erwähnten Anwendungen des metallischen Kupfers in Stabilisatorgemischen für Polyamide [2528b, 1313, 1995, 2015] in der modernen Stabilisierungstechnik nur eine sehr geringe Bedeutung. Sehr frühe Arbeiten hatten auf die Verwendung von Metallen wie Al, Cd, Mg, Cu [14, 15, 1472] oder sogar von Na oder Ca [43] als HCl-bindende Stabilisatoren für Überzugsmassen auf Basis von Vinylchlorid/Vinylester-Copolymerisaten hingewiesen. Dekorative Zusätze von Metallen können u. U. infolge ihres Lichtreflexionsvermögens gleichzeitig als Licht- und gegebenenfalls auch als Wärmestabilisatoren dienen. Der Stabilisierungseffekt bei Zusatz von Metallpulvern zu thermoplastischen Kunststoffen reicht jedoch, wie zahlreiche Untersuchungen gezeigt haben, nicht an die Wirkung des Rußes heran. Verschiedenste Thermoplaste, besonders Celluloseacetat und -butyrat, aber auch Polyolefine, PVC u. a. sollen sich gegen Wärme und Licht stabilisieren lassen, indem man darin Metalle bzw. Legierungen mit Schmelzpunkten <177 °C (z. B. Ga, Hg, In, Wood'sche Legierung, eutektische Legierung aus 50% Sn, 32% Pb und 18% Cd) kolloidal dispergiert [976].

1.2. Salze und Säuren mit spezifischen Anionen

1.2.1. Säuren des Bors und deren Salze. Die stabilisierende Wirkung von Borsäuren und ihren Salzen beruht vorwiegend auf ihrer Eigenschaft, mit metallischen Verunreinigungen wenig dissoziierende Verbindungen zu bilden und dadurch die katalytisch wirkenden Spurenbestandteile zu „maskieren". Der Einfluß von Bor-Sauerstoff-Verbindungen auf die Stabilität von Hochpolymeren ist seit längerer Zeit bekannt und wurde zuerst in einem Patent der Monsanto Chemical Co. beschrieben [281]. Danach läßt sich die Verfärbung von Polyacrylnitril oder Acrylnitril-Mischpolymerisaten in der Wärme, wie sie bei der Heißverarbeitung solcher Produkte oder beim Erhitzen von Fertigartikeln wie Fasern oder Geweben auftritt, durch Zusatz von Säuren oder Estern des Bors einschränken; geeignet ist z. B. Orthoborsäure H_3BO_3, Metaborsäure HBO_2, Borsäureanhydrid B_2O_3 oder Tributylborat. Die Zumischung erfolgt entweder durch Vermengen des feinverteilten Polymeren mit der Stabilisatorsubstanz oder durch Behandlung des ersteren mit einer Lösung bzw. Dispersion des Stabilisators, oder aber durch Zugabe des Stabilisators zu einer Lösung des Polymeren, z. B. in Dimethylformamid. Zur Verbesserung der Wärmebeständigkeit von Acrylnitril-Polymeren eignet sich auch die Behandlung mit einer wäßrigen Lösung der Borfluorwasserstoffsäure HBF_4 oder ihrer wasserlöslichen Salze bei 50—115 °C [2162, 535, 1675, 2612]. Borsäure ist ferner als Hilfsstabilisator für PVC geeignet. So kann durch Zusatz von Orthoborsäure (aber auch von Kieselsäure) bei der Vinylchlorid-Suspensionspolymerisation ein PVC erhalten werden, welches nach zusätzlicher Stabilisierung mit zweibasischem Pb-stearat und Weichmachung mit DOP (Dioctylphthalat) bei 175 °C ohne Verfärbung zu Walzfellen verarbeitet werden kann, während in Abwesenheit der Borsäure hergestellte Polymere unter gleichen Bedingungen eine gelbe bis braune Farbe annehmen [2257, 1156, 2722, 345]. Für asbestgefüllte Vinylchlorid-Polymerisate, bei welchen die Verfärbung durch Gegenwart von Eisen immer ein besonders kritisches Problem ist, wird z. B. die folgende Dreierkombination empfohlen [1849]:

Borsäure (ggf. in Mischung mit ebenfalls komplexbildenden mehrwertigen Alkoholen, z. B. Pentaerythrit)
+ Zn-Salz, z. B. $ZnCl_2$, -acetat, -stearat, als Lichtstabilisator
+ phenolisches Antioxydans.

Bei der Herstellung von PVC-Asbestplatten (aber auch in anderen halogenhaltigen Polymeren wie Polyvinylfluorid, Chlorkautschuk, nachchloriertem PVC) bewährt sich ferner ein synergistisches Stabilisatorgemisch aus 3—10 % Borsäure und 1—3 % BaOH [906]. In Polyamiden schließlich läßt sich durch Zusatz von Sauerstoff- oder Halogenverbindungen des Bors, vorzugsweise Natriumtetraborat $Na_2B_4O_7$ oder Bortrichlorid BCl_3 in Mengen von 0.2—1 % eine erhöhte Lichtbeständigkeit erzielen; ein Vorteil dieser Stabilisatoren ist, daß sie im Gegensatz zu anderen Lichtschutzmitteln keine Eigenfärbung zeigen [2946].

Über eine neue Klasse von PVC-Stabilisatoren auf Basis von Borverbindungen des Bleis bzw. Calciums (es handelt sich wahrscheinlich um Borate) vgl. (*610*).

1.2.2. Kieselsäure und Silicate. Kieselsäure und gewisse Metallsilicate üben einen stabilisierenden Einfluß auf PVC aus. Frühe Patente beanspruchen die Verwendung von Alkalisilicaten (Wasserglas) [27] wie auch von Erdalkali-, Blei- oder Silbersilicaten [28] zur Verarbeitungsstabilisierung von PVC und Mischpolymerisaten mit Vinylestern. Kieselsaure Salze von Erdalkalimetallen, Pb, Cd oder Sn eignen sich ebenso wie die entsprechenden Metallseifen der Stearin-, Öl,- Ricinol- oder Laurinsäure in Kombination mit organischen Phosphiten, Sulfiden oder Phenolen (als „anti clouding agents“ zur Verhinderung der Abscheidung trübender Metallchloride beim Erwärmen) zur Erzielung klarbleibender PVC-Massen [223]. Aber auch in anderen Hochpolymeren zeigen Silicate Stabilisierungseffekte. So werden gegen oxydativen Abbau stabile Polyamid-Formkörper erhalten, indem Polyamidpulver mit 10—40 % Alkalisilicat, z. B. Na-metasilicat, und Wasser angeteigt und das Gemisch nach Trocknen zu Rohlingen verpreßt und bei Temperaturen wenig unterhalb des Schmelzpunktes des Polyamids gesintert wird [856]. Neuere Patente sehen die Verwendung von Silicaten gewisser Metalle der II.—IV. Gruppe, z. B. Mg-, Al- oder Pb-silicat, zur Wärme-, Licht und Oxydationsstabilisierung von Polyamiden vor [2021, 1310]. Durch eine Reihe von Patenten des holländischen Onderzoekingsinstituut „Research“ ist schließlich die Eignung von Metallsilicaten zur Wärmestabilisierung von Polycarbonaten bekannt geworden [2985; 2986; 2987; 885, 1947, 2373]. Hier werden kristallines Pb- oder Zn-silicat, sowie Alkali- oder Erdalkalisilicate als geeignete Zusätze genannt.

Über Pb-silicate als PVC-Stabilisatoren vgl. ferner *1.3.5.*

Handelsprodukte:

Bariumsilicat (verhindert als zusätzlicher Stabilisator neben Metallseifen in PVC-Mischungen das Auftreten klebriger oder flüchtiger Ausscheidungen) Bar—O—Sil (*NL*)*

1.2.3. Säuren des Stickstoffs und deren Salze. Nitrate, Nitrite und auch die entsprechenden freien Säuren sind gelegentlich zur Wärmestabilisierung von Polyvinylhalogeniden (im wesentlichen PVC) und ihren Mischpolymerisaten vorgeschlagen worden, ohne jedoch eine praktische Bedeutung erlangt zu haben. Ältere Patente nennen u. a. Na-nitrat und -nitrit sowie K-nitrat und organische Nitrate wie Anilin- und Morpholinnitrat [1504, 164], ferner Ammoniumnitrat, Harnstoffnitrat oder Methylguanidinnitrat [163]. Diese Zusätze verringern die Verfärbung beim Erhitzen der Vinylhalogenid-(Co-)-Polymerisate, vermutlich durch Oxydation der chromophoren Zentren. Ein neueres Stabilisierungsverfahren sieht die Zumischung von Nitraten wie KNO_3 oder $Ca(NO_3)_2$ zur Polymerisatemulsion und anschließende Zugabe von Salpetersäure bis zur Erreichung eines pH-Wertes zwischen 4 und 6.5 mit nachfolgender Sprühtrocknung vor [2332, 2711, 1159]. Die Zumischung in der wäßrigen Emulsion gewährleistet eine innige Vermischung mit dem Polymeren und damit eine befriedigende Wirkung dieses völlig ungiftigen Stabilisierungssystems. Auch freie Salpetersäure oder Verbindungen, die solche abspalten, wie Al-nitrat, erhöhen die thermische Stabilität von chlorhaltigen Polymeren [3318].

Anorganische Nitrate und Nitrite eignen sich weiterhin als Wärmestabilisatoren für Polytrifluorchloräthylen. Dieses Polymere, welches bei der thermoplastischen Verarbeitung zur Verfärbung und Verringerung der Schmelzviskosität neigt, läßt sich mit Alkali- und Erdalkalinitriten [457, 2150], Alkali- und Erdalkalinitraten [575] sowie verschiedensten anderen Metallnitraten und -nitriten, z. B. von Mg, Ca, Cd, Zn, Pb, Bi u. a., evtl. in Kombination miteinander [1639] stabilisieren.

Auch zur Lichtstabilisierung von Polyolefinen (insbesondere hochdichtem Polyäthylen) sind anorganische Nitrate in Betracht gezogen worden [2941].

Wasserlösliche Nitrite wie $NaNO_2$, evtl. in Kombination mit (Erd-)Alkalijodiden oder Ammoniumjodid lassen sich ferner zur Lagerungsstabilisierung wasserlöslicher (Co-)Polymerer des Acrylamids verwenden [2052, 1322].

Alkaliazide sind als Stabilisatoren für Latices von chlorhaltigen Polymeren, z. B. von PVC sowie Polyvinylidenchlorid und deren Mischpolymerisaten geeignet [966]. In Zusätzen bis zu 1 %, bezogen auf das Gewicht des Polymeren, verhindern sie Verfärbung. in der Hitze.

1.2.4. Säuren des Phosphors und deren Salze. Die Säuren des 3- oder 5-wertigen Phosphors bzw. deren Salze erweisen sich für zahlreiche Stabilisierungszwecke als brauchbar. Verbindungen des 3-wertigen Phosphors haben ein-

* Wegen der abgekürzten Bezeichnungen der Herstellerfirmen vgl. die Liste der Handelsprodukte, S. 592.

mal reduzierende Eigenschaften und wirken als peroxydzersetzende Komponenten, zum anderen muß auch eine gewisse Neigung zur Komplexbildung mit abbaukatalysierenden Metallverbindungen angenommen werden. Phosphorsäuren und Phosphate mit 5-wertigem Phosphor wirken wohl durchweg als komplexbildende Metalldesaktivatoren.

In der Technologie der Vinylchlorid- und Vinylidenchlorid-(Misch-)Polymerisate ist die Verwendung von Phosphat-Stabilisatoren seit langem untersucht worden. In älteren Patenten werden zur Stabilisierung von Vinylharz-Überzugsmassen saure Phosphate oder Sulfide vorgeschlagen [20], sowie als Wärme- und Lichtstabilisatoren für Weich-PVC Alkaliphosphate [34]. Das in den Polymeren enthaltene Eisen kann durch Behandlung mit Phosphatlösungen in angesäuerter wäßriger Dispersion herausgelöst und auf diese Weise entfernt werden [156, 269, 2147]. Licht- und wärmebeständige Vinylidenchlorid/Vinylchlorid-Mischpolymerisate werden durch Zusatz von Ba-orthophosphat oder Na-pyrophosphat in Kombination mit Methyl- oder Äthylphthalyläthylglykolat als Weichmacher erhalten [149], solche, die sich besonders zur Herstellung von Folien eignen, enthalten neben einem Weichmacher eine Stabilisatorkombination von Na-pyrophosphat und 4-tert.-Butylphenylsalicylat [147, 1537] oder von Na-pyrophosphat und Phenylsalicylat [344]. Eine besonders gute Vermischung von PVC, Polyvinylidenchlorid oder Mischpolymerisaten mit Stabilisatoren wie Na-pyrophosphat, Di-Na-orthophosphat oder Na-phosphit wird erzielt, indem eine wäßrige Latex-Dispersion des Polymeren mit einer Lösung des Stabilisators gleichzeitig verdüst und getrocknet wird. Dabei kann ein mit Stabilisator stark angereichertes Pulver (bis 40 Gew.-%) erhalten werden, das sich reinem Polymerisatpulver leicht zumischen läßt, so daß ein Gemisch mit 0,1—2% Stabilisatorgehalt entsteht, welches sich durch Licht- und Wärmebeständigkeit auszeichnet [236, 1569]. Die Kombination von anorganischen Phosphorstabilisatoren mit fettsauren Komponenten ist Gegenstand zahlreicher Patente (z. B. [317; 1568; 234, 2069]). Weiterhin wird die Verwendung von Metallsalzen der Mono- bzw. Difluorphosphorsäure H_2FPO_3 und HF_2PO_2 als Stabilisator gegen die Verfärbung von Vinylidenchlorid-Polymerisaten bei Bewitterung und Erhitzen vorgeschlagen [534].

In Polyamiden erweisen sich die unterphosphorige Säure H_3PO_2 oder ihre Salze (z. B. Na-, Mg-, Ba-, Ammoniumhypophosphit), ebenso wie organische Phosphorverbindungen (vgl. *6.1.*) als Wärmestabilisatoren [1529]. Bei verzweigten Polyamiden wird die Wärmebeständigkeit durch Ortho-, Meta- oder Pyrophosphorsäure verbessert [1703].

In Niederdruck-Polyolefinen wirken Alkali- oder Ammoniumsalze der Ortho-, Meta- oder Pyrophosphorsäure, z. B. $K_4P_2O_7$, gegebenenfalls im Gemisch mit phenolischen oder aminischen Antioxydantien, stabilisierend gegen thermooxydative Versprödung und Verfärbung [2346, 1780, 2707, 737]. Die

Phosphatkomponente bindet dabei Katalysator-Restprodukte, wie chlorhaltige Aluminium- und Titanverbindungen, und ferner eventuell vorhandene Eisen-Verunreinigungen.

Anorganische Phosphorverbindungen werden schließlich für die folgenden weiteren Polymeren als Stabilisatoren empfohlen:
Poly-2,3-dichlorbutadien-(1,3) (Kombination von Alkalihypophosphit und phenolischen oder aminischen Antioxydantien [633, 1728]);
Polychloropren-Kautschuk (saures Ammoniumphosphat [3310]);
Celluloseester (phosphorige Säure zum Schutz gegen Verfärbung bei der thermoplastischen Verarbeitung [3165]).

Es wird auch auf die allgemeinen antioxydativen Eigenschaften der Trimetaphosphimsäure $(HO—PO—NH)_3$ hingewiesen [854].

Handelsprodukte:

Gemisch aus Dinatriumphosphat und Natriumsilicat	Vanstay L (*VA*)*

1.2.5. Säuren des Schwefels und deren Salze. Als Wärmestabilisatoren für chlorhaltige Polymere sind Alkalisulfide [1505, 151], Alkali- oder Magnesiumthiosulfat [2554, 1540] sowie allgemein Salze mit reduzierenden schwefelhaltigen Anionen $(S_2O_4)''$ oder $(SXO_3)''$, worin X = S oder Se ist [225], genannt worden. Für die Stabilisierung chlorhaltiger Polymerer, die als Beschichtungs- oder Verstärkungsmaterial für Papier bzw. Pappe dienen, werden in einem neueren Patent [1395] SO_2-abspaltende Substanzen in Form von Alkali-, Erdalkali- oder Ammoniumsalzen empfohlen, wobei sich besonders sie sauren oder neutralen Sulfite, Pyrosulfite, Hyposulfite, Hypodisulfite, Hypodisulfate oder Thiosulfate eignen, die auch miteinander bzw. mit andersartigen Stabilisatoren (z. B. Harnstoffverbindungen) kombiniert werden können.

Reduzierende schwefelhaltige Verbindungen wie Sulfite, Thiosulfate, Sulfide u. a. können zur Lagerungsstabilisierung von Phenol-Formaldehyd-Harzen dienen. Sie werden dem System im Resolstadium vor Beendigung der Kondensation zugefügt [1020].

Eine gewisse Rolle als Stabilisatoren spielen sulfidische Pigmente. Sie wirken nicht nur als Lichtfilter, sondern vor allem als Antioxydantien. Die Anwendung von Sulfiden der Gruppen II b, IV b, V b und VI a als Oxydationsinhibitoren für lineare Polyolefine ist in den Patenten [2234, 3198, 2693] beschrieben worden. Sie werden zusammen mit den üblichen organischen Antioxydantien eingesetzt. Das praktisch wichtigste Beispiel ist Zinksulfid, das etwa mit N-Stearoyl-4-aminophenol kombiniert werden kann.

1.2.6. Salze von Säuren der Halogene. Zur Wärmestabilisierung von chlorhaltigen Polymeren sind Chlorite und Hypochlorite empfohlen worden, wobei offenbar von der Eigenschaft dieser Verbindungen Gebrauch gemacht wird, aktives Chlor abzuspalten und damit Doppelbindungen zu chlorieren [66; 2110; 988]. Alkali- oder Erdalkalimetalle von Sauerstoffsäuren des Chlors eignen sich ähnlich wie Nitrite oder Nitrate (vgl. *1.2.3*) zur Wärmestabilisierung von Polytrifluorchloräthylen [311].

---

* Abgekürzte Bezeichnungen der Herstellerfirmen sind auf S. 592 erklärt.

Anorganische Halogenide wirken allein oder zusammen mit synergistischen Komponenten in verschiedensten hochpolymeren Systemen stabilisierend. So ist von der Ferro Chemical Co. auf die Verwendung von Metallhalogeniden im Gemisch mit anderen Komponenten als Stabilisatoren für chlorhaltige Polymere hingewiesen worden; eine solche gegen den Einfluß von Wärme und Licht schützende Kombination besteht z. B. aus

Epoxyverbindung, z. B. 2-Äthylhexylepoxystearat
+ Zn-chlorid
+ Ba-chlorid
+ Pentaerythrit [1735].

Weitere Kombinationen von Metallchloriden dieser Art mit mehrwertigen Alkoholen [547, 3085; 1755] sind unter *2.3.* beschrieben.

Natriumfluorid wirkt in den hochtemperaturbeständigen Mischpolymerisaten aus Vinylidenfluorid und Hexafluorpropylen oder Trifluorchloräthylen als Wärmestabilisator, indem es das Auftreten freier Fluorwasserstoffsäure beim Erhitzen über 200 °C verhindert [668, 1821].

Zur Wärmestabilisierung von Polyamiden eignet sich ein Gemisch von anorganischen Säuren des Phosphors oder ihren Salzen mit anorganischen Halogeniden, so etwa eine Kombination H_3PO_3 + KBr [307].

Schließlich sei noch die Verwendung von Ammoniumhalogeniden (Chloriden, Bromiden, Jodiden) zur Wärme- und Lichtstabilisierung von organischen Polysiloxanen [917, 1881], sowie von Ammoniumjodid oder Metalljodiden wie SbI_3, ZnI_2, SnI_4, BiI_3 oder KI zur Wärmestabilisierung von Polyalkylenoxyden [2470, 2876] genannt.

Im allgemeinen ist der Mechanismus der Wirkung von Metallhalogeniden schlecht zu verstehen, da sie sich keiner der in Abschnitt II.1. postulierten Stabilisierungsarten zwanglos zuordnen läßt.

1.2.7. Salze der Chromsäure. Chromate und Bichromate sind mehrfach im Hinblick auf ihre stabilisierende Wirkung in PVC untersucht worden. In der Hauptsache wird dabei von der passivierenden Wirkung dieser Salze auf Eisen Gebrauch gemacht; Chromate, Bichromate oder andersartige passivierende Salze (z. B. Borate) verhindern damit die Aufnahme von Eisen durch das Polymere und erhöhen seine Beständigkeit bei der Heißverarbeitung und gegenüber nachfolgender Alterung; gleichzeitig soll eine Korrosion der Verarbeitungsmaschinen verhütet werden [2548]. Li-, Na- oder K-(bi)-chromat sind auch als Wärme- und Lichtstabilisatoren für PVC-Fasern vorgeschlagen worden [2552, 191].

Weichmacherhaltiges Celluloseacetat wird durch gemeinsamen Zusatz von Titandioxyd, einem Metallchromat (z. B. Ba-chromat) und einem Metallchelate bildenden polycyclischen Farbstoff, z. B. Cu-Phthalocyanin, gegen Rißbildung unter Bewitterungseinflüssen stabilisiert [512].

1.2.8. (Thio-)Cyanate und Rhodanide. Cyanate oder Rhodanide, vor allem Alkali- oder Ammoniumcyanat, haben begrenztes Interesse zur Stabilisierung von Reaktionsprodukten zwischen Kautschuk und Schwefeldioxyd gefunden [233, 1542, 2547]. Alkali- oder Ammoniumthiocyanate dienen in Kombination mit halogenhaltigen 1,3,5-Triazin-Derivaten (vgl. *5.13.6.*) zur Verbesserung der Hitzestabilität von Polyamidfasern [1919].

1.3. Salze, Hydroxyde und Oxyde von spezifischen Metallen

1.3.1. Alkalimetalle und Kupfer. Die spezielle Verwendung von Alkalisalzen als Stabilisatoren ist auf das besonders in Deutschland gebräuchliche Verfahren der Vorstabilisierung von Emulsions-PVC beschränkt. Hierbei wird die anfallende wäßrige Dispersion des Polymeren mit Sodalösung gemischt und nach Sprühtrocknung ein PVC-Pulver erhalten, welches außer Emulgatoren und Beschleunigern etwa 0.2 Gew.- % Soda enthält. Die Soda stabilisiert das Polymere infolge ihrer HCl-Akzeptorwirkung in gewissem Maße gegen thermischen Abbau. Im allgemeinen ist jedoch auch bei vorstabilisierten PVC-Sorten stets eine weitere Stabilisierung erforderlich. Anstelle von Natriumcarbonat können der Emulsion auch andere wasserlösliche Alkalisalze wie Natriumbicarbonat, -phosphat oder -nitrat zugesetzt werden [210].

Kupfersalze finden weitestgehende Anwendung zur Stabilisierung von Polyamiden, besonders in Kombination mit Halogen- und anderen Verbindungen. Hierüber liegt eine verhältnismäßig umfangreiche Patentliteratur vor, welche ihren Anfang mit der von der I.G. Farbenindustrie veröffentlichten Entdeckung nahm, daß das Brüchigwerden von Polyamiden und Polyharnstoffen unter dem Einfluß von Wärme, Licht und Bewitterung durch Zusatz von feinverteiltem Kupferpulver, Cu-oxyd oder Cu-Salzen wie Cu-I-fluorid, Cu-I-bromid, Cu-II-bromid, Cu-II-sulfat, Kupferhexamminchlorid u. a. verhindert werden kann [2528b]. Besonders wirksam bei der Stabilisierung von Polyamiden gegen Wärme und evtl. thermische Oxydation sind Kombinationen mit Halogeniden, wie z. B. das folgende System:

lösliche Kupfersalze
\+ Halogenverbindungen, z. B. KI
\+ Phosphorverbindungen, z. B. Phosphorsäure
evtl. + phenolisches Antioxydans [367].

Bei den Kupfersalzen kann es sich sowohl um anorganische (z. B. $CuCl_2$) wie um organische Salze (z. B. Cu-acetat) handeln, sofern sie in Polyamiden löslich sind. Die Halogenide können auch Salze von schwerflüchtigen organischen Basen sein, z. B. Morpholiniumjodid, Tetra-n-butylammoniumjodid oder Hydrobromid bzw. -jodid von Hexamethylendiamin [2225, 1795, 2703; 1850, 2755]. Die Einbringung des Stabilisators ist außer durch mechanische Zumischung der festen Substanz auch durch Behandeln von Polyamid-Pulver bzw. -Fasern mit einer wäßrigen Lösung desselben möglich. So wird die Behandlung von Polyamiden mit einer wäßrigen Lösung von $CuCl_2 + CdCl_2$ zur Erhöhung der Wärmestabilität vorgeschlagen [3293]. Die Stabilisierung kann schließlich durch Herstellung des Polyamids (z. B. Lactampolymerisation in wäßrigem Medium) in Gegenwart der Stabilisatorsubstanzen erfolgen. Entsprechende Verfahren sehen die Polymerisation bei Anwesenheit eines anorganischen Cu-I-Salzes und eines Alkalicyanids [3135] oder von Cu-metaborat, $Cu(BO_2)_2$, [1969] vor. Weitere Stabilisierungssysteme für Polyamide enthalten außer dem Kupfersalz eine Säure, z. B. 4-Toluolsulfonsäure, und ein Antioxydans, vorzugsweise ein Diarylamin-Keton-Kondensationsprodukt, [2457] oder 2-Mercaptobenzimidazol, evtl. durch eine Phosphorverbindung wie phosphorige Säure ergänzt [1279, 2491]. Die Rolle der

Schwefelverbindung beruht unter anderem darauf, eine durch das Kupfersalz hervorgerufene Verfärbung beim Erhitzen des Polyamids oder bei Einwirkung einer Schwefelkohlenstoff-Atmosphäre zu vermindern. Dies geht aus einem Patent hervor, welches eigens zu diesem Zwecke eine Kombination des als Wärmestabilisator wirksamen Kupfersalzes mit schwefelhaltigen Verbindungen, deren Siedepunkt oberhalb 250 °C liegt, vorsieht. Als solche kommen außer dem bereits erwähnten 2-Mercaptobenzimidazol z. B. Na-bisulfid, Na-rhodanid oder Sulfosalicylsäure in Frage [3166]. Eine der jüngsten Entwicklungen in der Wärmestabilisierung von Polyamiden ist die Kombination

Kupfersalze, vor allem Cu-I- und Cu-II-Halogenide
+ Hexachlorbenzol [3171].

1.3.2. Erdalkalimetalle; Zink, Cadmium und Quecksilber. Nachdem bereits vor rund 20 Jahren ein Zusatz von Calciumcarbonat zu Polyäthylen mit dem Zweck einer Erhöhung der Zähigkeit und des Erweichungspunktes der Masse empfohlen worden war [1502], erwies sich in späteren Untersuchungen der Farbwerke Hoechst, daß allgemein verschiedenste Arten von Metallsalzen, z. B. Carbonate, basische Sulfate, aber auch organische Salze (vgl *3.7.1.*) von Ba, Cd, Ca, Sr, Sn und Pb während oder nach dem Herstellungsprozeß als Lösung oder Suspension zu Niederdruck-Polyäthylen zugesetzt, die Herstellung von Formkörpern aus diesem Material erleichtern, indem sie die bei der Verarbeitung auftretende Verfärbung und Geruchsbildung verhindern [2193, 3261, 1087, 1766, 2624, 2983]. Ebenso ist Zinkoxyd in Kombination mit Schwefel als Stabilisator für Niederdruck-Polyolefine brauchbar, wobei noch weitere Komponenten mit typischem Antioxydanscharakter wie 2-Mercaptobenzimidazol oder N,N'-Dinaphthyl-p-phenylendiamin zugesetzt werden können [2277, 1023, 2633, 1864].

Bei der Stabilisierung von PVC und seinen Mischpolymerisaten sind Erdalkalisalze organischer Säuren von größter Wichtigkeit. Daneben haben anorganische Erdalkalisalze und -oxyde bzw. -hydroxyde nur eine begrenzte Bedeutung gewonnen. Beispiele für ihre Anwendung sind: Zumischung von Oxyden, Hydroxyden oder Salzen des Ba, Cd oder Pb zur wäßrigen Dispersion des Polymerisationssystems [158]; Polymerisation in wäßriger Suspension in Gegenwart von Oxyden oder Hydroxyden von Metallen der II. Hauptgruppe, z. B. MgO, speziell zur Herstellung elektrischer Isoliermassen [1244]; Zusatz von Oxyden oder fettsauren Salzen von Metallen der II. Gruppe, z. B. ZnO, speziell für Chlorparaffin enthaltende Vinylchlorid-Polymerisate [2963].

Für Äthylen/Vinylacetat-Copolymere wird Calciumoxyd als säurebindender Wärmestabilisator [2864], sowie Pigmentierung mit Zinkoxyd oder -sulfid, ferner auch mit Titandioxyd oder Lithopone, zur Licht- und Witterungsstabilisierung [2030] vorgeschlagen.

Anorganische Verbindungen dieser Klasse können weiterhin als Wärmestabilisatoren für fluorhaltige Polymere dienen; so werden zur Stabilisierung von Trifluorchloräthylen-Polymeren und -Copolymeren einmal Oxyde oder Acetate von Erdalkalien (wobei letztere bei hohen thermischen Beanspruchungen ebenfalls in Oxyde übergehen) [569], zum anderen Oxyde oder Sulfide von Zn, Cd oder Hg [779] genannt. Polyvinylidenfluorid läßt sich mit wasserlöslichen Ba- oder Sr-Verbindungen, wie Ba-hydroxyd, Ba-perchlorat oder Sr-nitrat gegen Hitze stabilisieren [1264].

Acrylnitril-Polymere, einschließlich der Mischpolymerisate mit Methylmethacrylat, Vinylacetat, Styrol, Vinylchlorid u. a., werden gegen Verfärbung in der Wärme durch Ca-, Sr- oder Mg-Salze geschützt, welche vorzugsweise der Lösung des Polymeren in Dimethylformamid zugegeben werden. Geeignete Verbindungen sind Ca-chlorid, -nitrat oder -hydroxyd [321], Sr-chlorid, -nitrat, -maleat oder -acetylacetonat [322], bzw. Mg-chlorid, -sulfat oder -nitrat [494].

Silicate von Metallen der II. Gruppe, z. B. Ca-silicat, werden zur Stabilisierung von Isoolefin/Olefin-Mischpolymerisaten empfohlen [351, 1609, 2200, 2568]. Halogenierter Butyl-Kautschuk läßt sich mit Hilfe von Mg-oxyd in seiner Wärmebeständigkeit verbessern [715]. Partiell dehydratisierte amphotere Metallhydroxyde, darunter vor allem das des Zinks, aber auch die von Fe, Al oder Be, eignen sich zur Stabilisierung von Polysiloxanen gegen Einwirkung von Temperaturen über 200 °C und eventuelle thermooxydative Einflüsse [2822, 2449].

1.3.3. Erdmetalle und Seltene Erden; Thorium. Aluminiumsalze dienen ebenso wie die entsprechenden Erdalkalisalze (s. o.) zur Verhinderung der thermischen Verfärbung von Acrylnitril-Polymerisaten und werden (bevorzugt zur Lösung des Polymeren) entweder allein [320] oder im Gemisch mit Maleinsäureestern oder -salzen [282] zugesetzt.

Salze von Seltenen Erdmetallen der Lanthaniden-Gruppe und des Thoriums haben sich in einigen Fällen als Wärmestabilisatoren erwiesen, und zwar bei Vinylhalogenid-Polymeren [1503, 2529], Polyamiden [2310, 3228, 1949, 2847, 1019] und elastomeren Polysiloxanen [2760, 2305; 2032, 2480, 2856], ohne daß jedoch auf diese praktisch kaum bedeutsamen Stabilisierungssysteme hier näher eingegangen werden soll.

1.3.4. Titan, Zirkon, Silicium, Zinn; Antimon und andere Elemente der V. Gruppe. Unter den Verbindungen des Titans spielt das Titandioxyd TiO_2 eine hervorragende Rolle als Weißpigment für verschiedenste Typen von Kunststoffen. Es tritt in zwei Modifikationen auf, Rutil und Anatas, und beide kommen als Pigmentstoffe sowohl für Formkörper wie für Folien und Fasern in Betracht. Eine häufige Anwendung ist z. B. die Mattierung von Kunstfasern durch Zusatz von TiO_2, besonders in der Anatas-Form. Die lichtabsorbierende Wirkung des Füllstoffes bewirkt, daß derartige pigmentierte Kunststoffe einen gewissen Licht- und Witterungsschutz erhalten und daß die UV-Durchlässigkeit von Folien herabgesetzt wird. Der Zusatz von TiO_2 zum Zweck der Absorption von UV-Strahlung ist z. B. für Polyolefin-

Folien patentiert [1899]. Allerdings ist die Wirkung des Titandioxyds auf das Kunststoffträgermaterial bei Lichteinstrahlung nicht eindeutig von Vorteil. Nach De Croes u. a. (*132*) erweist sich TiO_2 als ein Sensibilisator für Photooxydationen, so daß der Kunststoff einer zusätzlichen Oxydationsinhibierung bedarf. Der Mechanismus der durch TiO_2 bewirkten Oxydationskatalyse beruht wahrscheinlich auf einer fortgesetzten cyclischen Reduktion der Verbindung zu Ti_2O_3 und Reoxydation durch Luftsauerstoff (*292*). Mattierte Fasern erleiden z. B. bei Belichtung unter dem Einfluß dieser katalytischen Wirkung eine Verringerung ihrer mechanischen Festigkeit, bei gefärbten Fasern tritt zudem ein Ausbleichen der Farbe ein. Als geeignetes Mittel zur Desaktivierung des Titandioxyds in mattierten Polyamidfasern erweist sich der Zusatz von Manganverbindungen (*146*) (vgl. *1.3.6.*). Auch die Behandlung des Titandioxyds mit geringen Mengen Aluminium, Silicium und Zink schränkt die nachteilige Wirkung des Pigments ein. Durch Verwendung von derartig vorbehandeltem Rutil in bleistabilisiertem Weich-PVC konnte eine günstige Schutzwirkung bei Freibewitterung erzielt werden, die ähnlich der von Ruß war (*131*). Es wird auch die Vorbehandlung des Titandioxyds mit Oxyden oder Oxalaten von Metallen der V. Gruppe (V, Nb, Ta, Sb, Bi) in der jeweils höchsten Wertigkeitsstufe beschrieben [1724a]. Bei geeigneter chemischer Desaktivierung der Oberfläche der TiO_2-Teilchen überwiegt die Lichtschutzwirkung ganz merklich den Effekt der Oxydationskatalyse. Eine Mischung von feinteiligen Dioxyden von Ti und Si, die durch Reaktion von flüchtigen Verbindungen der betreffenden Metalle in der Gasphase und gemeinsame Abscheidung der entstehenden Oxyd-Aerosole erhalten wird, dient als Füllstoff mit wärmestabilisierender Wirkung für Silikonkautschuke [2451]. Wasserlösliche Ti-III-Salze sind in Kombination mit Phosphorverbindungen wie Unterphosphorsäure $H_4P_2O_6$ oder Hypophosphaten [2310, 3228, 1949, 2847, 1019] oder phosphoriger Säure [2400] zur Licht- und Wärmestabilisierung von Polyamiden brauchbar; eine geeignete Titansalz-Komponente ist z. B. das Titanhexaaquotriacetat.

Zirkondioxyd ist besonders als wärmestabilisierender Zusatz zu PVC und seinen Mischpolymerisaten genannt worden [127], ohne daß es jedoch (ebenso wie andere Stabilisierungssysteme mit selteneren Elementen) jemals eine praktische Bedeutung erlangt hätte. Metallzirkonate und -fluorzirkonate sowie Zirkonsilicat können kautschukelastischen Polysiloxanen mit Silicatfüllstoff zur Stabilisierung zugesetzt werden [318, 1615, 2149, 2584].

Ein „Siliciummonoxyd"-Pigment der Formel $(SiO_2)_xSi_y$, worin x und y ganze Zahlen bedeuten („Monox"), ist von der B. F. Goodrich Co. als Zusatz für Polyolefine, besonders Polyäthylen, vorgeschlagen worden [704, 1836, 2363, 2668]. Das dunkelgraue Pigment wirkt als Lichtabsorber und erhöht die Wetterfestigkeit des Polymeren. In einem Gewichtsanteil von 0.3 – 10 % zugesetzt, ist es vor allem als Ersatz für Ruß bei elektrischen Anwendungen gedacht. Derartige Polyäthylenmassen besitzen einen erheblich niedrigeren Anfangswert des dielektrischen Verlustfaktors als rußgefüllte Polyäthylene und verändern ihn bei anhaltender Bewitterung nur sehr wenig.

Kationische Zinnsalze wie Sn-II-chlorid oder -phosphat (evtl. kombiniert mit K-jodid) eignen sich zur Wärme- und Lichtstabilisierung von Polyamiden [941]. Salze des Zinns, Antimons oder Berylliums, z. B. Nitrate, Chloride, Acetate, verhindern in elastomeren Produkten aus Polyester- oder Polyätherurethanen unerwünschte Verfärbungen bei Alterung [1423].

Schließlich sei noch das häufig als flammwidrige Komponente verwendete Antimon-III-oxyd erwähnt, das als Weißpigment in Vinylchlorid/Vinylacetat-Mischpolymerisaten nach sehr frühen Untersuchungen sowohl eine lichtstabilisierende Wirkung zeigt [24], wie auch infolge seiner HCl-Akzeptorwirkung einen Schutz gegen thermischen Abbau vermittelt [15].

1.3.5. Blei. Anorganische wie organische Bleiverbindungen gehören zu den wichtigsten Stabilisatoren für Polyvinylchlorid und seine Mischpolymerisate. Es ist geschätzt worden, daß sie zur Zeit noch die mengenmäßig am meisten eingesetzte Gruppe von PVC-Stabilisatoren bilden (*512*). Von praktischer Bedeutung sind ausschließlich die Verbindungen des zweiwertigen Bleis. Ihr besonderer Vorzug liegt darin, daß sie den PVC-Massen gute elektrische Eigenschaften verleihen, weshalb sie vor allem für die Herstellung von Isoliermaterialien und anderen elektrotechnischen PVC-Artikeln eingesetzt werden. Ihre Nachteile bestehen darin, daß sie sich nicht in PVC lösen und deshalb im allgemeinen keine glasklar-transparenten Gemische ergeben, daß sie zu Verfärbungen neigen, besonders bei Einwirkung schwefelhaltiger Substanzen, und schließlich, daß sie toxisch sind. Infolge ihrer hohen Wirtschaftlichkeit werden sie jedoch bei Anwendungen, wo diese Gesichtspunkte keine Rolle spielen, häufig bevorzugt. Chemisch handelt es sich bei den Bleistabilisatoren um Bleioxyd, basische Bleisalze von verschiedenen Säuren oder um neutrale Bleisalze von schwachen Säuren. Alle diese Verbindungen reagieren mit HCl, was zweifellos eine Ursache für ihre Stabilisierungswirkung ist, aber nicht die Hauptursache zu sein braucht (vgl. Kapitel II.). Unter Bezug auf diese Reaktion unterscheidet man bei Bleistabilisatoren neben dem Gesamt-Bleioxydgehalt den „reaktionsfähigen Bleioxydgehalt“ als denjenigen Blei-Anteil (prozentual als PbO berechnet), der mit HCl zu reagieren vermag, und den „sicheren Bleioxydgehalt“ als den Blei-Anteil, bei dessen Reaktion keine unerwünschten Nebenprodukte, z. B. Gase, auftreten (vgl. (*631*)).

Beispiele: $2PbCO_3 \cdot Pb(OH)_2 + 6HCl \longrightarrow 3PbCl_2 + 4H_2O + 2CO_2$
(bas. Bleicarbonat)
Gesamtes PbO = reaktionsfähiges PbO = 85%; sicheres PbO = 30%

$3PbO \cdot PbSO_4 \cdot H_2O + 6HCl \longrightarrow 3PbCl_2 + PbSO_4 + 4H_2O$
(3-bas. Bleisulfat)
Gesamtes PbO = 90%; reaktionsfähiges PbO = sicheres PbO = 67%.

Die Angaben des „reaktionsfähigen“ und „sicheren“ Bleioxydgehaltes werden natürlich rein stöchiometrisch unter der (praktisch nicht allgemein erfüllten) Annahme einer vollständigen Umsetzung mit HCl errechnet. Von den Bleistabilisatoren ist eine große Anzahl chemisch verschiedener Substanzen verfügbar, so daß die Auswahl weitgehend nach den speziellen Erfordernissen getroffen werden kann. Anorganische Bleisalze z. B. neigen im allgemeinen weniger zum Ausschwitzen als organische Bleiseifen. Das Ausschwitzen kann durch Erhöhung des basischen Anteiles im Salz zurückgedrängt werden. Weiterhin ist der Möglichkeit einer Reaktion des Weichmachers mit basischen Bleistabilisatoren und, bei elektrotechnischen PVC-Massen, der Erzielung optimaler dielektrischer Eigenschaften durch einen möglichst niedrigen wasserlöslichen Elektrolytanteil Rechnung zu tragen (*631*). Die wichtigsten anorganischen Bleisalze für die PVC-Stabilisierung sind das dreibasische Bleisulfat (s. o.), das zweibasische Bleiphosphit $2\,PbO \cdot PbHPO_3 \cdot {}^1/_2 H_2O$, sowie auf Kieselgel niedergeschlagenes Bleisilicat $PbSiO_3$. Zweibasisches Bleiphosphit ist besonders zur Lichtstabilisierung von PVC-Außenteilen geeignet (*512*) und erweist sich in der Stabilisierung von Chlorparaffine enthaltenden PVC-Massen anderen Stabilisatoren häufig als überlegen (*272*). Bleisilicat-Kieselgel-Stabilisatoren verhindern die durch basische Bleisalze häufig ausgelöste Weichmacher-Oxydation sowie infolge ihres Adsorptionsvermögens die Neigung zum Ausschwitzen von Weichmachern und Gleitmitteln (*631*).

Nachdem vor mehr als 30 Jahren von der Union Carbide & Carbon Corp. auf zahlreiche anorganische Verbindungen und Metalle mit HCl-Akzeptoreigenschaft, darunter Pb-oxyd, -hydroxyd, -chromat und -phosphat neben Sb-III-oxyd, Bi-III-oxyd und anderen als Wärmestabilisatoren für Vinylharz-Einbrennlacke [15] hingewiesen worden war, haben Bleistabilisatoren infolge ihres großen praktischen Interesses eine umfangreiche Behandlung in der Patentliteratur gefunden. Einige wichtige Entwicklungen sind im folgenden in angenähert chronologischer Reihenfolge zusammengestellt: Kombination von HCl-bindender und reduzierender Funktion bei der Wärmestabilisierung durch synergistische Gemische wie basisches Bleisulfat + Bleisulfit + Bleisulfid [23]; Bleititanat als Stabilisator für PVC-Grammophonplatten [33]; aus wäßriger Dispersion durch Zusatz wasserlöslicher Blei- oder Bariumsalze koaguliertes Bleisilicat $PbSiO_3$ (besonders geeignet zur Erhöhung der dielektrischen Festigkeit von Weich-PVC und Mischpolymerisaten gegenüber Alterung) [77]; Überziehen der Oberfläche von Bleisilicat [3046] oder dreibasischem Bleisulfat [3047] mit fettsauren Bleisalzen durch gemeinsames Ausfällen aus wäßriger Phase zur Erhöhung der Verträglichkeit des Stabilisators mit dem Kunstharz; Bleisilicat-Doppelsalze, z. B. der Bleichlorid-Bleisilicat-Komplex [567, 1733, 2214, 2659] als Wärme-, Licht- und Witterungsstabilisatoren für PVC. Spezielle Untersuchungen über basische Bleisalze betreffen: dreibasisches Bleisulfat $3\,PbO \cdot PbSO_4$ [289] bzw. seine wasserhaltige Form $3\,PbO \cdot PbSO_4 \cdot H_2O$ [2133]; zweibasisches und vierbasisches Bleisulfat $2\,PbO \cdot PbSO_4$ bzw. $4\,PbO \cdot PbSO_4$ [2173]; basisches Bleisulfit $3\,PbO \cdot PbSO_3 \cdot {}^1/_2 H_2O$ [3095]. In [2185] wird kristallisiertes Bleioxyd als

PVC-Stabilisator beansprucht. Die Kombination basischer Bleisalze mit Bariumsalzen von Fettsäuren [1014] ist eine der zahlreichen synergistischen Mischungen von Bleisalzen mit andersartigen Komponenten. — Die Zumischung von Bleisalzen zu den Polymeren kann, ebenso wie bei anderen Stabilisatoren, durch Zugabe zur wäßrigen Dispersion nach der Polymerisation [158] wie auch durch Polymerisation in Gegenwart des Stabilisators [2515] erfolgen, was den Verteilungsgrad wesentlich erhöht.

Anorganische Bleiverbindungen spielen eine beschränkte Rolle bei der Stabilisierung weiterer Polymerer. Zur Farbstabilisierung von Niederdruck-Polyolefinen werden z. B. nach einem Verfahren der Montecatini Bleisalze schwacher Säuren wie basisches Bleiphosphit zugesetzt, welche die bei höherer Temperatur aus Metallhalogenid-Katalysatoren entstehende Salzsäure binden [1876, 2713, 1120, 3104, 3190]; zur Lichtstabilisierung von Polyolefinen ist von der Eastman Kodak Co. eine synergistische Kombination aus Blei-II-chromat und Antioxidant 2246 aufgefunden worden [721, 2788].

Die Wärmestabilisierung von Polytrifluorchloräthylen durch Bleidioxyd [566] ist die einzige aus der Patentliteratur bekannte Anwendung von anorganischen Verbindungen des vierwertigen Bleis für Stabilisierungszwecke.

Handelsprodukte:

Die Zahl der im Handel befindlichen Bleistabilisatoren ist erheblich. Hier sei deshalb auf die Liste der Handelsprodukte, Abschnitt „PVC-Stabilisatoren“ im Anhang verwiesen.

1.3.6. Chrom, Mangan, Eisen, Kobalt, Nickel. Chrom-III-Salze sind als Lichtstabilisatoren für Polyamide wirksam. In Textilmaterialien können sie nach einem Verfahren der I. C. I. derart eingebracht werden, daß das Textilgut bei 50—100 °C mit einer angesäuerten Bichromatlösung und anschließend mit einem Reduktionsmittel wie Na-thiosulfat behandelt wird, wodurch das Chromat zur Cr-III-Verbindung reduziert wird [1530a]. Weiterhin dienen Zusätze von Cr-III-fluorid oder -acetat [412] sowie Kombinationen von Cr-III-Salzen mit Ruß [3267] zur Lichtstabilisierung.

Cr_2O_3 ist ein Wärmestabilisator für Polytrifluorchloräthylen [409] und eignet sich auch, ebenso wie MnO_2, NiO, Nb_2O_5, Cu_2O und CuO zur Wärmestabilisierung von elastomeren Polysiloxanen [2308].

Manganverbindungen zeigen in zahlreichen Polymeren Stabilisierungswirkungen. Für PVC und seine Mischpolymerisate sind Oxyde, Hydroxyde und Oxydhydrate des Mangans als Wärmestabilisatoren [2247, 3174, 1663, 2613, 1082], Mn-II-pyrophosphat als Wärme- und Lichtstabilisator [554] genannt worden. Polyacrylnitril und seine Mischpolymerisate werden durch Zusatz von Mn-II-Salzen, wie Chlorid oder Borat, gegen Verfärbung in der Wärme stabilisiert [323].

Eine besonders spezifische Stabilisierungswirkung üben Mn-II-Salze in Polyamiden aus. Wie bereits in *1.3.4.* erwähnt, dienen sie hier dazu, dem bei Lichteinwirkung sich bemerkbar machenden abbaufördernden Effekt von Titandioxyd, das als Mattierungsmittel in Fasern enthalten ist, entgegenzuwirken und deren mechanische Festigkeit aufrechtzuerhalten (vgl. (*146*)). Nach den ersten Untersuchungen der I.G. Farbenindustrie [2093a] und der Soc. Rhodiacéta [2538a] kamen Zusätze von 0.01—1 % Mn-II-chlorid, -acetat, -formiat, -lactat u. a. zur Anwendung; weiterhin ergab sich, daß so geringe Mengen wie 0.001—0.04 % Mn-Ionen zusammen mit 0.001—0.01 % Cu-Ionen (besonders Mn-lactat und Cu-acetat) dem mattierten Polyamid zugefügt, die Lichtempfindlichkeit deutlich herabsetzen [2593a]. Später wurde gezeigt, daß ein Zusatz von Mangansalzen mit reduzierenden Anionen, z.B. Mn-II-sulfit, -phosphit oder -oxalat zu einer weiteren Verbesserung der Wirksamkeit führt [1701a]. Ein Zusatz von 0.002—0.005 % Mangansalz erweist sich dabei als besonders zweckmäßig, da bei höheren Zusätzen eine Verfärbung der Faser auftritt. Auch die Einwirkung einer Schwefelverbindungen enthaltenden Atmosphäre führt zu einer grauen Verfärbung. Diese Erscheinung läßt sich durch Verwendung komplexer Polyphosphate von Mangan oder Kobalt, z. B. von Mn- oder Co-hexametaphosphaten $Me_3^{II}P_6O_{18}$ (Me = Mn, Co), umgehen [2229, 3203, 1149, 2086, 1847, 2715, 780]. Auf diese Weise kann durch höhere Stabilisatorzusätze ohne Gefahr einer Verfärbung die Lichtbeständigkeit noch weiter verbessert werden. Aber auch nicht-komplexe Mn-II-phosphate, z. B. Mn-II-orthophosphat, Mn-Ammonium-orthophosphat, Mn-pyrophosphat oder Mn-K-pyrophosphat sind dafür geeignet [1843, 2300]. Neuere Entwicklungen auf dem Gebiet der Mangan-Stabilisierung pigmentierter Polyamide sehen die Kombination von Mangansalzen mit anorganischen Phosphorsäuren bzw. deren Salzen vor, z. B. $MnCl_2$ + unterphosphorige Säure zur Lichtstabilisierung mattierten Materials [2960]; als dritte Komponente werden nach einem Verfahren zur Wärme- und Oxydationsstabilisierung von Polyamiden außer Mn- oder Co-Salzen und phosphorsauren Verbindungen noch wasserlösliche einwertige Halogenide, z. B. Alkalichloride oder Pyrrolidiniumchlorid, zugegeben [2507]. Weiterhin ist Mn-II-borat als Stabilisator für pigmentierte Polyamide gegen Wärme, Licht, Luft- und Wassereinwirkung angegeben worden [1427].

Polyvinylalkohol kann durch Behandlung mit wasserlöslichen Manganverbindungen, evtl. auch in Kombination mit wasserlöslichen Antimonverbindungen oder mit letzteren allein, wärmestabilisiert werden [2459a].

Eisenverbindungen sind, obwohl gemeinhin als Katalysatoren des Abbaues von PVC bekannt, als Wärme- und Lichtstabilisatoren für dieses Polymere vorgeschlagen worden. So soll die Verfärbung halogenhaltiger Polymerer wie PVC, Polyvinylidenchlorid oder Chlorkautschuk durch Wärme oder Licht mit Hilfe von Eisen-II- oder Eisen-III-Salzen unterdrückt werden, wobei z. B. die Chloride, Sulfate, Arseniate, Acetate, Formiate oder Tartrate als Stabilisatoren genannt werden [220]. Es wurde auch gefunden, daß Eisenoxyde wie Fe_2O_3 PVC-Massen gegen Wärme und Licht stabilisieren [613, 1739, 2619]. Dieser an sich erstaunliche Stabilisierungseffekt hängt vielleicht mit der in Abschnitt I.2.3.2. erwähnten Beobachtung eines zersetzungshemmenden Einflusses von Eisen-III-Salz auf die PVC-Dehydrochlorierung bei sehr niedrigen Konzentrationen des Salzes zusammen.

Kobaltverbindungen können, wie weiter oben beschrieben, in Form von komplexen Polyphosphaten bei der Stabilisierung von Polyamiden an Stelle der entsprechenden Manganverbindungen Verwendung finden. Kobaltoxyd oder -sulfid oder eine Mischung beider dienen zur Wärmestabilisierung von Polytrifluorchloräthylen [621].

Handelsprodukte:

Manganoxydhydrat	Stabilisator MOH (*HÜ*)*

1.3.7. Verschiedenartige kationische Metallverbindungen. Salze oder Oxyde mit Metallkationen aus verschiedenen Gruppen des periodischen Systems dienen zur Wärmestabilisierung von fluorhaltigen Polymeren. Bereits in den vorhergegangenen Abschnitten waren verschiedentlich Metallverbindungen mit spezifischen Kationen als Stabilisatoren für derartige Kunststoffe, insbesondere Polytrifluorchloräthylen, genannt worden. Die stabilisierende Wirkung ist offensichtlich aber nicht an bestimmte Kationen gebunden. So sind zur Aufrechterhaltung der Schmelzviskosität von Hexafluorpropylen/Tetrafluoräthylen-Mischpolymerisaten beim Erhitzen auf 380 °C in Gegenwart von Luft allgemein anorganische Salze mit Alkali-, Erdalkali- oder Erdmetallen sowie mit Metallen der VI. Nebengruppe geeignet [695, 1109, 1764, 3219, 2679]. Zur Stabilisierung von Polytetrafluoräthylen gegenüber Erhitzung auf hohe Temperaturen wird der Zusatz von Metallverbindungen, die bis über 400 °C wärmestabil sind, in kleinsten Mengen (0.01 – 200 p.p.m.) empfohlen. Als solche erweisen sich Na_2SO_4, $KClO_4$ oder $AgNO_3$ besonders geeignet, aber der Bereich der verwendbaren Substanzen ist weit größer, und es werden außerdem Produkte wie $Ba(OH)_2$, $BaCl_2$, $CdCl_2$, $CrCl_3$, KCN, $MnCl_2$, NaBr, $Na_4P_2O_7$, Sb_2O_3, Sb_2S_3, $ZnBr_2$ und $PbCl_2$ genannt. Die Zugabe zum Polymeren erfolgt durch Suspendieren des letzteren in einer wäßrigen oder alkoholischen Lösung der Stabilisatoren und Entfernung des Lösungsmittels [1999, 2874].

1.4. Peroxyverbindungen

In einigen älteren Patenten ist die Verwendung von Peroxyden oder Salzen von Persäuren zur Stabilisierung chlorhaltiger Polymerer niedergelegt. Im einzelnen werden als Wärme- und Lichtstabilisatoren für (Co-)Polymere von Vinyl- und Vinylidenchlorid die folgenden Zusätze genannt: kristallwasserhaltige Alkaliperborate, z. B. $NaBO_2 \cdot H_2O_2 \cdot 3H_2O$ [161]; binäre Kombinationen anorganischer Peroxyde oder Salze von Persäuren wie Perborsäure oder Perphosphorsäure entweder mit Phosphorsäureestern, z. B. Trimethylphosphat [166], Metallphosphaten, z. B. Tricalciumphosphat [170, 1532] oder Metallstearaten, z. B. Cadmiumstearat [171]. Bevorzugte peroxydische Komponente ist das Natriumperborat (s. o.). Die Wirkung derartiger Stabilisatoren ist wohl rein symptomatisch, indem sie farberzeugende Dien-Strukturen oxydativ zerstören. Eine neuere Entwicklung auf dem Gebiet der PVC-Stabilisierung bedient sich peroxydischer Verbindungen, z. B. Kaliumpersulfat, Natriumpercarbonat, ferner organischer Peroxyde wie Cumyl- oder Benzoylperoxyd zur Geruchsunterdrückung bei Anwesenheit von Organozinn-Schwefel-Verbindungen [878].

Bariumperoxyd ist ein Wärmestabilisator für Polytrifluorchloräthylen [564].

* Abgekürzte Bezeichnungen der Herstellerfirmen sind auf S. 592 erklärt.

1.5. Sonstige anorganische Verbindungen

1.5.1. Ammoniak und Amide. Die Verwendung von Ammoniak als Stabilisatorsubstanz hat lediglich historisches Interesse. Nach dem Aufkommen des ersten synthetischen Kautschuks zu Beginn dieses Jahrhunderts wurden von den Farbenfabriken Bayer Ammoniak oder aliphatische Amine als Zusatzstoffe für Polyisopren zur Verhinderung des „Klebrigwerdens und Verharzens" bei der Lagerung von Walzfellen vorgeschlagen [2088]. Offenbar beeinflußt die basische Reaktion der Zusatzstoffe hierbei die Autoxydation. Auch im Frühstadium der PVC-Stabilisierung ist Ammoniak, ebenso wie organische Amine, auf Grund seines basischen Charakters zur Stabilisierung herangezogen worden [8].

Eine gewisse Bedeutung als Stabilisatorsubstanzen haben die Cyan-Substitutionsprodukte des Ammoniaks, Cyanamid $H_2N{-}CN$, Dicyanamid $NC{-}NH{-}CN$ und Dicyandiamid $H_2N{-}\underset{\underset{NH}{\|}}{C}{-}NH{-}CN$, erlangt. Unter ihnen hat besonders das Dicyandiamid technische Verbreitung in der Stabilisierung von PVC gefunden (vgl. (*513*)). Es wurde zuerst von der Wingfoot Corp. als Stabilisator für Vinylchlorid/Vinylidenchlorid-Mischpolymerisate erkannt [76] und später erneut als Wärme- und Lichtstabilisator für Vinylchlorid-Polymerisate beschrieben [2511], insbesondere zur Unterdrückung der durch Eisenverbindungen hervorgerufenen thermischen Verfärbung [1341]. Sein Wirkungsmechanismus bei der PVC-Stabilisierung besteht, wie sich aus experimentellen Untersuchungen ergibt (*513*), in einer mit dem Abbauprozeß fortschreitenden Anlagerung an die PVC-Masse unter Reaktion der $C{\equiv}N$-Bindung, wobei wahrscheinlich die aktiven Zentren des Polymeren blockiert werden. Neuerdings hat sich eine weitere, praktisch interessante Anwendung des Dicyandiamids als Wärmestabilisator für Polyacetale, insbesondere Oxymethylen-Polymerisate mit einem kleinen Gehalt an Oxyäthylen-Einheiten, ergeben [3238, 1245]. Der Stabilisator wird dabei im allgemeinen stets in Kombinationen mit phenolischen Antioxydantien wie Antioxidant 2246 angewandt [1320]. Cyanamid oder Dicyanamid erhöhen die Wärmebeständigkeit von Polyvinylacetalen [1491]; Dicyanamid eignet sich auch zur Wärmestabilisierung von N-alkoxymethylierten Polyamiden [436]. Die genannten Cyanamide vermögen Metallverbindungen zu bilden, von denen das Bleicyanamid $PbCN_2$ als Wärmestabilisator für Pasten-PVC wirkt, indem es gleichzeitig die Haftfestigkeit von PVC-Überzügen auf metallischen und nichtmetallischen Oberflächen verbessert [2230], während Alkali- oder Erdalkalidicyanamide, z. B. $NaN(CN)_2$, Polyesterurethan-Schaumstoffe gegen die Einwirkung von Licht und Feuchtigkeit stabilisieren [572, 1745, 2217, 2672].

1.5.2. Hydride. Natrium-, Calcium-, Titan- oder Zirkonhydrid: NaH, CaH_2, TiH_2, ZrH_2, erwiesen sich als Alterungsschutz für Kautschuk-Vulkanisate, denen sie in Vaseline, Paraffinöl oder Mineralöl dispergiert vor der Vulkanisation zugemischt wurden. Sie erhöhen die Hitze-, Licht-, Ozon- und Biegerißbeständigkeit und führen nicht zu Verfärbungen [802]. Natriumborhydrid, $NaBH_4$, ist als Lichtstabilisator in Polycaprolactam wirksam [1388].

2. Organische Hydroxyverbindungen und deren metallhaltige Derivate; Äther; heterocyclische Verbindungen mit ausschließlich O als Heteroatom

2.1. Einwertige Phenole

2.1.1. Einwertige Phenole mit verschiedenen Kohlenwasserstoff-Substituenten. Phenolische Verbindungen bilden die wichtigste Klasse von Antioxydantien. Ihr Einsatz in organischen Hochpolymeren geht auf die Kautschuktechnologie zurück; bereits vor nahezu einem Jahrhundert wurde von MURPHY (*414*) die inhibierende Wirkung verschiedener Phenole auf die Kautschukoxydation entdeckt. Während in der folgenden Entwicklung des Alterungsschutzes von Naturkautschuk durch synthetische Antioxydantien, dessen Behandlung außerhalb des Rahmens unserer Darstellung liegt (vgl. dazu (*56*)), die aminischen Antioxydantien für gewöhnliche Gummirezepturen eine weit größere Bedeutung erlangten als die Phenole, erwiesen sich letztere für helle, nichtverfärbende Gummimischungen als wichtig (*311*). Mit dem Aufkommen von synthetischen Kautschuken wurden die für Naturkautschuk gebräuchlichen Typen von Antioxydantien übernommen und später auch in nicht-kautschukartigen Polymeren eingesetzt. Sämtliche als Antioxydantien gebräuchlichen Phenole tragen Kohlenwasserstoff-Substituenten am Ring, und zwar meist Alkylreste, aber auch Aralkyl-, Cycloalkyl- oder Arylreste. Über die Bedeutung der Substituenten für die Wirkungsweise der Antioxydantien vgl. Abschnitt II.2.3.4. Die strukturelle Vielfalt der bisher untersuchten und in der Literatur beschriebenen phenolischen Antioxydantien ist sehr groß. Unter den Monophenolen besitzt jedoch das 2,6-Di-tert.-butyl-4-methylphenol (DBPC, Ionol), ein kristallines, farb- und geruchloses Pulver vom Fp. 70 °C, besondere praktische Bedeutung. Es entsteht durch Reaktion von p-Kresol mit Isobutylen, wie überhaupt die Alkylierung von Phenolen durch Umsetzung mit Olefinen erfolgen kann, wobei letztere an den Ring addiert werden. Nach neueren Verfahren läßt sich das DBPC, ebenso wie andere 2,4,6-Trialkylphenole, auch durch Umsetzung von 2,6-Dialkylphenolen mit aliphatischen Aldehyden und Alkoholen gewinnen. Die in alkalischem Milieu unter gleichzeitiger Reduktion ablaufende Reaktion erfolgt entweder in einem Schritt oder zunächst unter Isolierung der Umsetzungsprodukte von 2,6-Dialkylphenolen mit Aldehyden, nämlich der 4,4′-Alkylidenbis-(2,6-dialkylphenole) (vgl. *2.2.2.*) oder 2,6-Dialkyl-4-alkoxyphenole, und nachfolgende reduzierende Umsetzung mit Alkoholen [528, 529, 530, 1128, 1129, 1757, 1754, 2699, 2700, 2329, 2336, 2318] (weitere Verfahren: [47; 1863]). Weiterhin sollen die als Kautschukantioxydantien verbreiteten „styrolisierten Phenole“ hervorgehoben werden, α-phenyläthylsubstituierte Phenole, die durch Reaktion zwischen Phenol und Styrol erhalten werden.

Die ersten phenolischen Stabilisatoren für Kunstkautschuke wurden in Deutschland untersucht; als Zusatzstoffe für Butadien-Kautschuk wurden u. a. Benzylphenole [2088a], Hydroxydiphenyl-Derivate [1470a] und Umsetzungsprodukte von Phenol mit Inden [6] oder Styrol [1475a] genannt. Im folgenden sind einige von den zahlreichen Verbindungstypen zusammengestellt, die in der Folgezeit für kautschukartige synthetische Dien-Polymere als Antioxydantien vorgeschlagen wurden: tert.-Butylphenole [2152]; Alkylphenole mit $C_{>5}$-Alkylen, z. B. Dodecylphenol [2121]; 2,4,6-Trialkylphenole [238]; 2-Alkyl-4-methylphenole, z. B. 2-tert.-Octyl-4-methylphenol [214]; alkylcycloalkylsubstituierte Dimethylphenole, z. B. 2-(α-Äthylcyclohexyl)-4,6-dimethylphenol [1601, 2585]; trisubstituierte Phenole mit tert.-Butyl-, α-Phenyläthyl- oder α-Toluyläthyl-Resten, z. B. 2,6-Di-tert.-butyl-4-(α-phenyläthyl)-phenol [625]; 2-Alkyl-4,5-dimethylphenole, z. B. 2-tert.-Butyl-4,5-dimethylphenol [789]; 2,6-disubstituierte 3-Methylphenole, z. B. 2,6-Di-tert.-butyl-3-methylphenol [895, 1981, 2725]; substituierte Naphthole, z. B. 1-tert.-Octyl-2-naphthol [180, 192]; Reaktionsprodukte von Phenolen oder Naphtholen mit Gemischen ungesättigter Verbindungen wie Styrol + Isobutylen [2260, 2704]. Für halogenierte Isopren/Isobutylen-Kautschuke wird z. B. 4-Phenylphenol oder DBPC verwendet [767; 768], wobei die Stabilisatoren in gelöstem Zustand unmittelbar nach der Halogenierung und dem Auswaschen zu dem noch in der Halogenierungslösung befindlichen Polymeren zugegeben werden können [1819]. Phenolische Kautschukantioxydantien werden vielfach in synergistischen Mischungen zugesetzt. Darunter werden auch solche von verschiedenen Typen von Phenolen vorgeschlagen, wie etwa

Aralkylphenole, z. B. Mono-, Bis- oder Tris-(α-phenyläthyl)-phenol + tert.-Alkylphenole [677, 2402, 1807, 1108].

Das Ziel der Verwendung von phenolischen Antioxydantien in Kautschukmischungen ist, wie bereits oben erwähnt, in den meisten Fällen die Gewinnung nicht-verfärbender Vulkanisate.

Die antioxydative Wirkung der substituierten Phenole auf nicht-kautschukartige Polymere wurde zunächst in Polyisobutylen ausgenützt, wofür z. B. tert.-Amylphenol als Stabilisator gegen den thermooxydativen Abbau genannt wurde, daneben aber auch verschiedenste andere Typen von phenolischen oder aminischen Antioxydantien [21, 1481, 39; 1478].

Bei der Oxydationsstabilisierung von Polyäthylen und Polypropylen ist die Verwendung phenolischer Antioxydantien die Regel; allerdings werden Bisphenole und höherwertige Phenole infolge ihrer geringeren Flüchtigkeit und gesteigerten Wirkung meist gegenüber Monophenolen bevorzugt. Die Zugabe von Antioxydantien wie DBPC zu Polyäthylen kann aus Gründen der besseren Verteilung bereits bei der Polymerisation erfolgen [1057]. Ein besonderes Zugabeverfahren für Trialkylphenole sieht die Zufuhr des geschmolzenen Antioxydans mittels einer Pumpe in den Extruder vor, in dem sich die Kunststoffmasse befindet. Die zugeführte Menge wird mit Hilfe eines UV-Absorptions-Steuergerätes dosiert, wobei die Absorptionsbande der Phenole bei 280 mμ als Konzentrationsmaß dient [812]. Antioxydantien wie

2,4,6-Trimethylphenol oder andere wirken, dem ausreagierten Polymerisationssystem des Polypropylens vor der Abtrennung des Polymeren, zweckmäßig noch vor der Druckverminderung zugesetzt, als Polymerisationsdesaktivatoren, welche eine nachträgliche Vernetzung oder Verzweigung, wie auch eine Oxydation des Polymeren verhindern [1931]. Außer Trialkylphenolen sind noch verschiedene weitere Typen von Monophenolen zur Stabilisierung der Polyolefine angegeben worden, wie 2-(α-Alkylcycloalkyl)-4,6-dimethylphenole [1680] oder Reaktionsprodukte von Phenol mit Styrol [3294]. Phenole werden häufig in Kombination mit synergistischen Komponenten in Polyolefinen eingesetzt. So ergibt DBPC in Verbindung mit Alkylidenbisphenolen (s. *2.2.2.*) ein synergistisches Gemisch [1012, 1275]. Von größerer praktischer Bedeutung ist die Kombination von Phenolen mit organischen Sulfiden, insbesondere β,β'-Thiodipropionsäureestern (vgl. (*426*)). Ein solches synergistisches System besteht z. B. aus

2-Methyl-4,6-dicyclohexylphenol
+ β,β'-Thiodipropionsäureestern, Dialkyl- oder Diaryl(poly)sulfiden [1971, 1252].

Auf diese synergistischen Systeme wird im Zusammenhang mit der Besprechung der Schwefelverbindungen näher eingegangen werden.

Für die PVC-Stabilisierung spielen phenolische Verbindungen nur zusammen mit eigentlichen PVC-Stabilisatoren eine Rolle. Vor längerer Zeit wurden alkyl- oder chlorsubstituierte Phenole, z. B. Thymol, 4-Chlorphenol und andere als Stabilisatoren und Weichmacher für Vinylchloridpolymere, speziell Copolymere mit Acrylnitril, genannt [165]. Gegenwärtig werden aber Phenole meist nur in Kombination mit Metallsalz-Stabilisatoren verwendet. Ein solches System enthält z. B.

PVC-Stabilisatoren, z. B. primäres Pb-silicat
+ 2,4,6-Trialkylphenole, z. B. 2,4,6-Tri-tert.-butylphenol [1592, 501].

Auch für andere Vinylpolymere sind gelegentlich monophenolische Stabilisatoren empfohlen worden, z. B. für Polyvinyläther (neben cyclischen Aminen oder organischen Sulfiden) [1477] oder Polyvinylpyrrolidon [671]. Für Polyformaldehyd werden phenolische Verbindungen neben Hydrazinen, aromatischen Aminen und Harnstoff-Derivaten als Wärmestabilisatoren (offenbar infolge ihrer radikalabbrechenden Wirkung auf die Depolymerisationsreaktion) genannt [1635, 2339, 1106]. Styrol/Acrylnitril-Copolymere können gegen thermooxydative Verfärbung stabilisiert werden, indem die Monomeren bei Gegenwart einer phenolischen Verbindung wie DBPC oder Hydrochinon radikalisch polymerisiert werden [775]. Wärmestabile, schlagfeste Styrol/Acrylnitril-Copolymerisate, besonders Terpolymere, die noch 5—35 % α-Methylstyrol enthalten, werden durch Zusatz von DBPC [1381] oder allgemein 2,4,6-Trialk(ar)ylphenolen [1379] oder einer Kombination von letzteren mit Epoxyverbindungen und organischen Phosphiten [1378] erhalten; die so stabilisierten Massen sollen sich leicht zu klaren und wenig verfärbten Formkörpern heißverarbeiten lassen. Über die Verwendung von Phenolen zur Lichtstabilisierung von Polyamiden vgl. V. 5. In o-Stellung substituierte („gehinderte") Phenole eignen sich ferner zur Wärme- und Oxydationsstabilisierung für Polysiloxane [352] und für Polyätherurethane [634, 1871, 2250, 2702, 3127]. Im letzteren Fall wird die Reaktion des aktiven H-Atoms im Inhibitormolekül mit Isocyanat (die Stabilisatoren müssen ja dem Polyadditionsgemisch bereits vor der Reaktion zwischen Diisocyanat und Polyätherglykol zugesetzt werden) durch die o-Substituenten mit einer C-Zahl > 3 gehindert. In neueren Patenten werden zur Stabilisierung von Polyätherurethanen gegen oxydative Verfärbung eine Kombination von Phosphorsäure mit phenolischen Verbindungen, z. B. DBPC, genannt [960, 2490], sowie als Hitze- und Witterungsstabilisator Umsetzungsprodukte zwischen Phenol und (kernalkyliertem) Styrol von der Struktur (I), wobei mindestens ein Aralkylrest in o-Stellung befindlich ist [2954]. Beispiele für die Eignung phenolischer Inhibitoren zum Alterungsschutz in weiteren Hochpolymeren sind 2,6-Di-tert.-alkylphenole, evtl. noch 4-alkylsubstituiert wie DBPC, für wärmehärtbare Harze, z. B. Diolefin-Polymerisate, ungesättigte Polyester, Melamin-Harze, Silicon-Harze oder vernetztes Polystyrol [2807] und 4-Cyclohexylphenyl für Celluloseester [280].

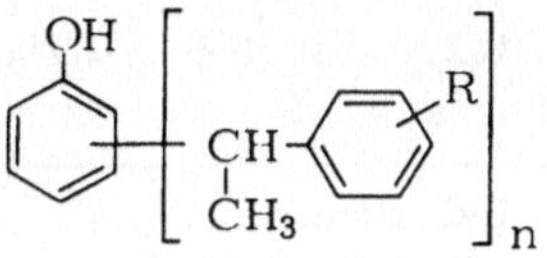

R = H, C_{1-9}-Alkyl

(I) (II) 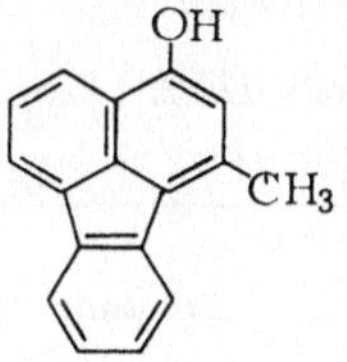 (III)

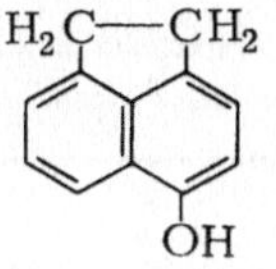

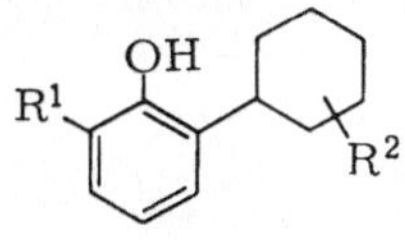

$R^1 = C_{1-18}$-Kohlenwasserstoff

$R^2 = H, C_{1-9}$-Alkyl

(IV)

Während in den bisher genannten Stabilisierungsverfahren meist immer grundsätzlich der gleiche Typ von Alkylphenolen als Inhibitor auftritt, haben andere Untersuchungen zu neuartigen phenolischen Verbindungen mit antioxydativen Eigenschaften geführt. Hierzu gehört das 5-Hydroxyacenaphthen (II) [479, 2227, 1740] und das 4-Hydroxyfluoranthen mit seinen Derivaten, z. B. 2-Methyl-4-hydroxyfluoranthen (III) [2323, 1234]. Beide sind allgemein für verschiedenste organische Materialien, einschließlich polymere Kohlenwasserstoffe, brauchbare Oxydationsschutzmittel. Als eine weitere Klasse von universell anwendbaren Antioxydantien für organische Substanzen ergeben sich schließlich 6-substituierte 2-Cyclohexylphenole der Struktur (IV) [990].

Von großem praktischen Interesse ist die Frage nach einem *objektiven* Vergleich der Wirksamkeiten der zahlreichen Stabilisatorsubstanzen. In den verschiedenen Patentveröffentlichungen besteht die größte Vielfalt in bezug auf die Charakterisierung der Wirksamkeit. Die Ergebnisse von Vergleichsuntersuchungen sind in ihrem Aussagewert außer auf das jeweilige Substrat streng genommen auch auf die Bestimmungsmethode der Wirksamkeit (z. B. O_2-Absorptionsgeschwindigkeit, Induktionsperiode der O_2-Absorption oder Carbonylbildung, Farbentwicklung) beschränkt. Die aus solchen Messungen zu ziehenden Schlüsse über den Substituenteneinfluß auf die antioxydative Wirkung von Phenolen sind bereits in Abschnitt II.2.3.4. zusammengestellt. Allgemein ergibt sich, daß zunehmende Alkylsubstitution die Wirksamkeit verbessert. KITCHEN u. a. (*311*) zeigen an Hand von Ofenalterungstests an Butadien/Styrol- und Butadien/Acrylnitril-Kautschuken mit einer großen Anzahl strukturell variierter Antioxydantien, daß die Wirksamkeit bei Monoalkylphenolen nur mäßig ist und über 2,4-Dialkylphenole bis zu den 2,4,6-Trialkylphenolen hin zunimmt, wobei letztere mit 4-Methyl-Substitution das Optimum unter den phenolischen Antioxydantien erreichen. Unter gewissen Bedingungen sind andererseits Einflüsse der Art der Alkylsubstitution auf die Wirksamkeit nicht ohne weiteres zu erkennen, z. B. bei IR-spektroskopischen Messungen der Induktionsperiode der Carbonylbildung in

Tabelle III.2. *Vergleich der antioxydativen Wirksamkeiten von Monophenolen in Hochdruck-Polyäthylen* (nach (*37*))

Substanz (0.01 Gew.-%)	Induktionsperiode der Carbonylbildung (Tage) 110 °C	170 °C
ohne Zusatz	0.5	0.25
Phenol	0.5	0.25
2,6-Di-tert.-butyl-4-methylphenol	0.5 – 1.0	0.5
4-Methylphenol	1.5	0.5
2,4,6-Tri-tert.-butylphenol	1	0.5
4-tert.-Butylphenol	0.5 – 1.0	0.5

Hochdruck-Polyäthylen durch Ofenalterung bei 110° und 170 °C (Tabelle III.2.). Die „Hinderung“ der phenolischen Hydroxylgruppe durch o-ständige voluminöse Substituenten, welche im allgemeinen als ein die antioxydative Wirkung fördernder Einfluß angesehen wird, da sie die „verbotenen“ Nebenreaktionen unterdrückt (vgl. II.2.3.4.), kann, wie experimentelle Beobachtungen ergeben, zu einer „Über-Hinderung“ (engl. over-hindrance) führen, welche die Wirksamkeit umgekehrt wieder einschränkt. Deshalb verbessert die Vergrößerung der o-Substituenten nicht unbedingt die Inhibitorwirkung, dann nämlich nicht, wenn diese außer der Nebenreaktion

(23g) auch die eigentliche Inhibierungsreaktion (23f) aus dem Reaktionsschema in Abschnitt II.2.3.3. sterisch behindern. Einen solchen Effekt finden SPACHT u. a. (*561*) an den folgenden o-substituierten p-Kresolen:

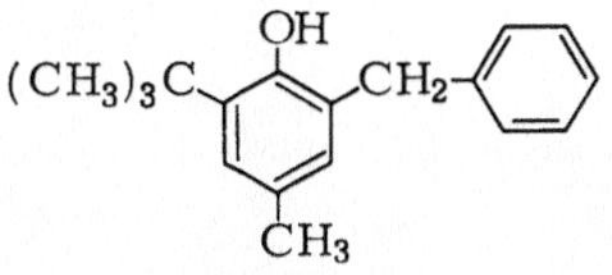

OH
$(CH_3)_3C$ — CH_2 —
CH_3
(382)

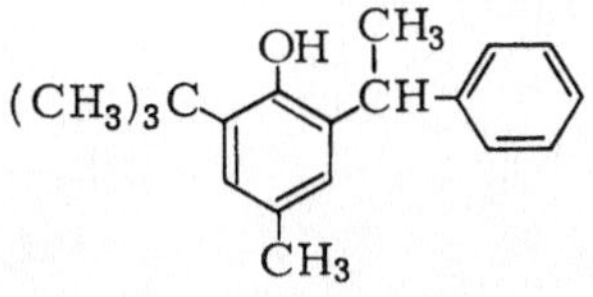

OH CH_3
$(CH_3)_3C$ — CH —
CH_3
(252)

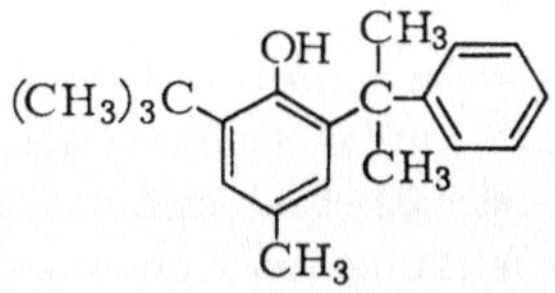

OH CH_3
$(CH_3)_3C$ — C —
CH_3
CH_3
(72)

Die in Klammern stehenden Zahlen geben die Zeit in Stunden bis zur Aufnahme von 1% Sauerstoff durch Polyisopren, in dem die Antioxydantien zu 1% enthalten sind, bei 90 °C an. Weitere vergleichende Zusammenstellungen, welche die Wirksamkeiten von verschieden substituierten p-Kresolen und Phenol-Styrol-Reaktionsprodukten in Polyäthylen behandeln, siehe bei (*330a*). — Über den Einfluß der Substitution auf die Verfärbungsneigung von Phenolen vgl. Abschnitt II.2.3.4.

Handelsprodukte:

2,6-Di-tert.-butyl-4-methylphenol	Advastab 401 und 402 (*DA*)*
	Amoco 533 (*AM*)
	BHT (*MO*)
	CAO-1 und -3 (*CA*)
	Ionol (*SH*)
	Tenamene 3 (*EA*)
	Tenox BHT (*EA*)
	Topanol O (*IC*)
2,4-Dimethyl-6-tert.-butylphenol	Topanol A (*IC*)

Weitere Produkte von nicht näher bezeichneter Zusammensetzung siehe in der Liste der Handelsprodukte im Anhang.

2.1.2. Terpensubstituierte Phenole. Unter den zahlreichen kohlenwasserstoffsubstituierten Phenolen haben die Verbindungen, welche Terpenkohlenwasserstoff-Reste enthalten, in den letzten Jahren besondere Bedeutung gewonnen; in den einschlägigen Patentveröffentlichungen wird besonders auf

* Abgekürzte Bezeichnungen der Herstellerfirmen sind auf S. 592 erklärt.

die wesentliche Erhöhung der Wirksamkeit und die geringere Neigung zur Verfärbung bei der Heißverarbeitung und unter Lichteinwirkung hingewiesen, die sich hiermit gegenüber den alkylsubstituierten Phenolen erzielen läßt. Als Substituent tritt meist der Isobornyl-Rest

```
           CH3
            |
CH2 ——— C ———— CH-
|           |           |
|   CH3-C-CH3   |
|           |           |
CH2 ——— CH ——— CH2
```

auf, der sich durch katalytische Umsetzung von Phenolen mit Camphen einführen läßt. Diese Produkte wurden zunächst als Alterungsschutzmittel für Kautschuke entwickelt. Erstmals ergab sich aus Arbeiten der I.G. Farbenindustrie die inhibierende Wirkung von Kondensationsprodukten aus Terpenen und Phenolen, z. B. Camphen/Kresol, Dipenten/Kresol oder Camphen/Xylenol, auf die Vernetzung von synthetischen Butadien-Kautschuken bei Sauerstoff- und Wärmeeinwirkung [2096]. Später wurden definierte Verbindungen wie z. B. 2,4-Dimethyl-6-isobornylphenol oder 2,6-Diisobornyl-4-methylphenol als Antioxydantien für Naturkautschuk sowie Butadien/Styrol- und Butadien/Acrylnitril-Kautschuke genannt [193]. Antioxydativ wirksame Produkte von nicht definierter Zusammensetzung entstehen nach einem Verfahren der Hercules Powder Co. durch BF_3-katalysierte Umsetzung von Phenolen mit einem Terpengemisch, das z. B. aus α-Pinen, Dipenten, α-Terpinen, p-Menthan, Terpinolen und p-Cimen besteht [273]. Durch Arbeiten in den Farbwerken Hoechst wurde diese Verbindungsklasse in das Polyolefin-Gebiet eingeführt. Einkernige Monophenole, die durch mindestens einen cyclischen Terpenrest substituiert sind, z. B. Diisobornyl-p-kresole oder Isobornyl-1,2,4-xylenole sowie partielle Hydrierungsprodukte dieser Verbindungen [2190, 3177, 1783, 2638, 2981], ferner auch die durch Kondensation mit Aldehyden gebildeten entsprechenden Bisphenole wie 2,2'-Methylenbis-(4-methyl-6-isobornylphenol) [2198, 913] erwiesen sich dabei als Alterungs- und Lichtschutzmittel für Polyäthylen, insbesondere für nach dem Niederdruck-Verfahren gewonnenes. Produkte dieser Art, so vor allem das 2,6-Diisobornyl-p-kresol, welches wohl in präparativer Hinsicht als wichtigste Verbindung dieser Klasse anzusehen ist, wurden dann auch als nichtverfärbende Antioxydantien für stereoreguläre Poly-α-olefine, insbesondere zum Schutz von Polypropylen gegen Versprödung, übernommen [3020; 3309]. Das Umsetzungsprodukt von Kresol und Camphen zeigt in Polyolefinen eine synergistische Verstärkung seiner Wirkung mit schwefelhaltigen Antioxydantien wie DLTDP [3022; 1175, 1855]. Auch substituierte Phenole, die anstelle von Terpenresten das den Terpenen ähnliche Zweiringsystem des Bicyclo-[2.2.1]-heptylrestes tragen, eignen sich (wiederum vorzugsweise durch

Schwefelverbindungen verstärkt) als Polyolefinstabilisatoren. Solche Verbindungen sind das 2,6-Dinorbornyl-p-kresol oder das 2,4,6-Trinorbornylphenol [2024, 1253].

Außer in Kautschuken und Polyolefinen zeigen terpensubstituierte Phenole eine Wirksamkeit als Lichtstabilisatoren für Styrol/Isobutylen-Copolymere [431], als Wärme- und Lichtstabilisatoren für Polyvinylacetale (wobei sich neben phenolischen Verbindungen auch terpensubstituierte Cyclohexanole, z. B. 2,6-Diisobornyl-4-methylcyclohexanol, eignen) [2341], sowie als wärmestabilisierende Antioxydantien für Trioxan-Mischpolymere [1339].

2.2. *Mehrwertige Phenole; Phenol-Kondensationsprodukte*

2.2.1. Einkernige mehrwertige Phenole. Hierunter sollen speziell Phenole mit mehreren Hydroxylgruppen und nur einem aromatischen Kern, der jedoch aus mehreren kondensierten Ringen bestehen kann, besprochen werden. Verbindungen dieser Art haben sich allein und in Kombination mit anderen Stabilisatoren in verschiedensten Typen von Hochpolymeren als wirksam erwiesen.

Auf dem Gebiet der nicht-kautschukartigen Polymeren wurde bereits vor rund 25 Jahren auf die Verwendung mehrwertiger Phenole, z. B. von 4-tert.-Butylbrenzkatechin, zur Oxydations- und Lichtstabilisierung von Polystyrol hingewiesen [56]. Für Äthylen-(Misch-)Polymere wurde eine Kombination:

1,5-Dihydroxynaphthalin oder sekundäre Amine
+ Diphenyl-p-phenylendiamin

angegeben, die, evtl. noch durch Polyisobutylen und Paraffinwachs ergänzt, besonders als Oxydationsschutz für Kabelmassen vorgesehen war [1511, 2534]. In jüngerer Zeit sind Brenzkatechin-Derivate, wie das Phenyläthylbrenzkatechin [3299] oder 3,5-Dialkylbrenzkatechine mit C_{1-4}-Alkyl [888], als Antioxydantien für Polyolefine genannt worden. Allerdings besitzt die Stabilisierung von Polyolefinen mit einkernigen Polyhydroxyverbindungen nur wenig technisches Interesse.

Für PVC und seine Copolymeren sind mehrwertige Phenole mehrfach, meist in Kombination mit anderen Stabilisatoren, vorgesehen worden, z. B. zusammen mit Polyglycidyläthern von mehrwertigen Alkoholen [213] oder Natriumpyrophosphat [268]. Hydrochinon wirkt auf Grund seines antioxydativen Charakters ebenso wie andere typische Antioxydantien (Diphenylamin, Citronensäure, Salicylsäure) stabilisierend auf PVC [2562]; es erweist sich auch allein oder in Kombination mit Benzochinon, Naphthochinon oder anderen Verbindungen als Wärmestabilisator [3036]. Basische Cadmiumsalze organischer Säuren, z. B. basisches Cd-caprylat, wirken in Kombination mit aliphatischen oder aromatischen Polyhydroxyverbindungen, darunter Resorcin oder 1,2-Dihydroxynaphthalin, als synergistischer Wärmestabilisator [1712, 2618]. Alkyl- oder alkylensubstituierte Resorcinderivate schließlich sind als Licht- und Wärmestabilisatoren für PVC vorgeschlagen worden [3297]. Die stabilisierende Wirkung dieser ausgesprochenen Antioxydantien auf das PVC ergibt sich aus der Mitwirkung oxydativer Prozesse bei der Dehydrochlorierungsreaktion (vgl. I.2.3.1.) oder aus einer Inhibierung nichtoxydativer Radikalreaktionen.

Weiterhin sind mehrwertige Phenole noch für die folgenden Kunststofftypen beschrieben worden:

Polyvinylalkyläther und Mischpolymerisate: Hydrochinone als Inhibitoren für den Wärme- und Lichtabbau [647, 1801, 1952].

Polyoxymethylene: z. B. Di-2-naphthol, Resorcin [561] oder Brenzkatechinderivate bzw. deren Gemische [3139] als Wärmestabilisatoren.

Polyamide: z. B. Hydrochinon, Pyrogallol, 2-Butylhydrochinon, 3-Amyl-4-hydroxyanisol [3106], 4-Benzylbrenzkatechin [3097] oder 2-phenylpropylsubstituierte zweiwertige Phenole, z. B. 4-(2'-Phenylpropyl)-brenzkatechin [2417, 1368] als thermische Antioxydantien; eine Kombination:

phenolische Verbindungen, z. B. 2,5-Di-tert.-butylhydrochinon
+ Salze oder Ester anorganischer Phosphorsäuren
+ Magnesiumsalze
+ Dicarbonsäuren oder ihre Anhydride

als Wärme -und Lichtstabilisator [1407]; cycloalkylsubstituierte mehrwertige Phenole wie Cyclohexylbrenzkatechine, Cyclohexylresorcine oder Dicyclohexylpyrogallol als Antioxydantien [2161 a].

Polytrifluorchloräthylen: z. B. Brenzkatechin, Hydrochinon, Pyrogallol oder 4,4'-Dihydroxydiphenyl zur Wärmestabilisierung [2167, 624, 1758].

Lineare Polyester: Reaktionsprodukt aus Hydrochinon und Allylalkohol als Wärmestabilisator [570].

Polyurethanschäume: alkylierte oder acylierte mehrwertige Phenole, z. B. tert.-Butyl- oder Cyclohexyl-brenzkatechin, Di-tert.-butylhydrochinon, Bisphenole als Alterungs- und Lichtschutzmittel [2207].

Äthylcellulose: p-substituierte Brenzkatechine, z. B. p-tert.-Butylbrenzkatechin, Vanillin, Eugenol zur Wärme- und Witterungsstabilisierung [1499].

Kautschuke: 3,5-Dialkylbrenzkatechine mit C_{4-10}-Alkyl, z. B. 3,5-Di-tert.-butylbrenzkatechin [888] oder 4-tert.-Alkylbrenzkatechine, vorzugsweise 4-tert.-Butylbrenzkatechin [832] als Antioxydantien.

Eine neue Klasse von kondensiert-aromatischen Dihydroxyverbindungen, für die eine stabilisierende Wirkung auf Butadien/Styrol-Kautschuk gefunden wurde, erhielten PERROTTI u. a. (*448*) durch Diels-Alder-Kondensation von Dien-Verbin-

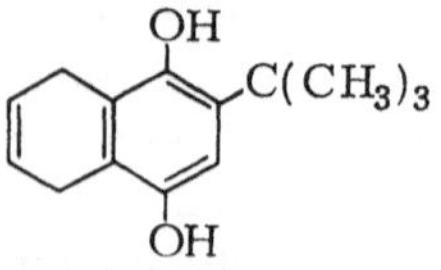

(I)

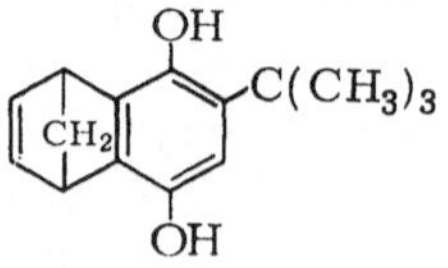

(II)

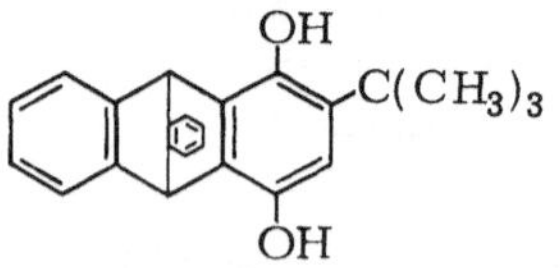

(III)

dungen mit p-Benzochinon-Derivaten und Umlagerung zu Hydrochinon-Abkömmlingen. Die dabei entstehenden Produkte haben die Konstitution von 1,4-Dihydroxy-5,8-dihydronaphthalinen (z. B. I), 5,8-Methylen-1,4-dihydroxy-5,8-dihydronaphthalinen (z. B. II) oder von 9,10-o-Phenylen-1,4-dihydroxy-9,10-dihydroanthracenen (z. B. III). Ein besonderer technischer Vorteil scheint allerdings durch die Verwendung dieser Substanztypen nicht gegeben zu sein.

Eine Zusammenstellung relativer Wirksamkeiten von einkernigen mehrwertigen Phenolen findet sich in Tabelle III.3. (Induktionsperiode der Carbonylbildung bei Ofenalterung von Hochdruck-Polyäthylen). Man erkennt, daß mit zunehmender Anzahl der Hydroxylgruppen die Inhibitorwirkung steigt, insbesondere durch Vergleich der Induktionsperioden für Phenol (Tabelle III.2.), Brenzkatechin und Pyrogallol. Dies ist einleuchtend, da

Tabelle III.3. *Vergleich der antioxydativen Wirksamkeiten von einkernigen mehrwertigen Phenolen in Hochdruck-Polyäthylen* (nach (*37*))

Substanz (0.01 Gew.- %)	Induktionsperiode der Carbonylbildung (Tage) 110 °C	170 °C
ohne Zusatz	0.5	0.25
Brenzkatechin	1.5	0.5
Hydrochinon	1	0.25
2,5-Di-tert.-butylhydrochinon	1	0.5
1,2,3-Trihydroxybenzol (Pyrrogallol)	2.5	0.5
1,3,5-Trihydroxybenzol (Phloroglucin)	1.5	0.25
1,4-Naphthalindiol	1	0.5
1,5-Naphthalindiol	2.5	0.5
1,8-Naphthalindiol	5	1

hierdurch mehr reaktionsfähige H-Atome zum Kettenabbruch verfügbar werden. Andererseits spielt auch die Stellung der Hydroxylgruppen zueinander eine Rolle; Verbindungen mit benachbarten Hydroxylgruppen zeigen gegenüber den Isomeren mit räumlich getrennten Gruppen eine gesteigerte Wirksamkeit. Die wahrscheinlichste Erklärung dafür ist die Möglichkeit zur Stabilisierung des nach Abspaltung des ersten H-Atoms entstehenden Inhibitorradikals durch Wasserstoffbrückenbindung unter Ausbildung eines Chelatringes:

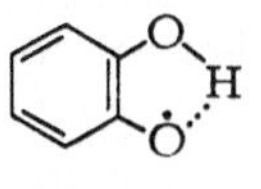

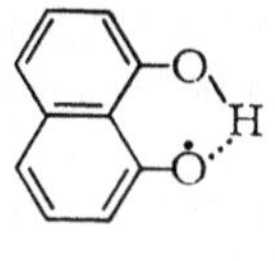

Diese Chelatbildung ist aus sterischen Gründen nur bei Verbindungen mit benachbarten Hydroxylgruppen möglich. Sie hat eine ähnliche Wirkung wie die „Hinderung" des Aryloxy-Radikals durch voluminöse Substituenten, nämlich die Unterdrückung „verbotener" Nebenreaktionen. Das durch Abspaltung zweier H-Atome entstehende Biradikal kann sich möglicherweise durch Bildung eines cylischen Peroxyds stabilisieren (vgl. (*37*)).

Handelsprodukte:

Hydrochinon	Tecquinol (*EA*)*
Mono-tert.-butylhydrochinon	ohne Handelsnamen (*EA*)
2,5-Di-tert.-butylhydrohinon	ohne Handelsnamen (*EA*) Santovar O (*MO*)
2,5-Di-tert.-amylhydrochinon	Santovar A (*MO*)

2.2.2. (Schwefelfreie) Bisphenole und niedermolekulare Polyphenole. Bisphenole bilden die zur Zeit wichtigste Klasse von phenolischen Antioxydantien, insbesondere für Polyolefine. Sie sind präparativ durch Kondensation von Phenolen mit Aldehyden oder Ketonen verhältnismäßig leicht zugänglich. Strukturell unterscheidet man je nach der Stellung der Brückenbindung relativ zur OH-Gruppe 2,2'-Bisphenole und 4,4'-Bisphenole. Ein bekanntes Antioxydans, das zur ersten Gruppe gehört, ist das 2,2'-Methylenbis-(4-methyl-6-tert.-butylphenol) (Antioxidant 2246); zur zweiten Gruppe gehört

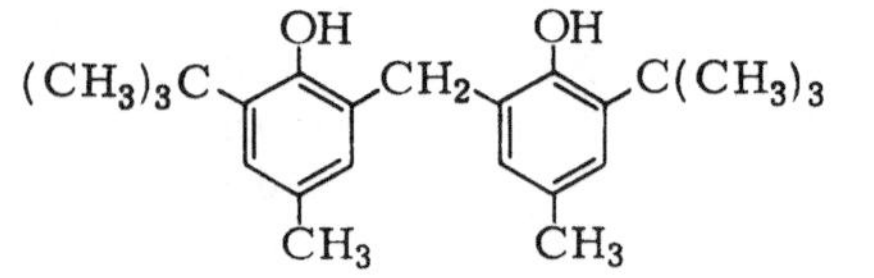

$(CH_3)_3C$, OH, CH_2, OH, $C(CH_3)_3$, CH_3, CH_3

Antioxidant 2246

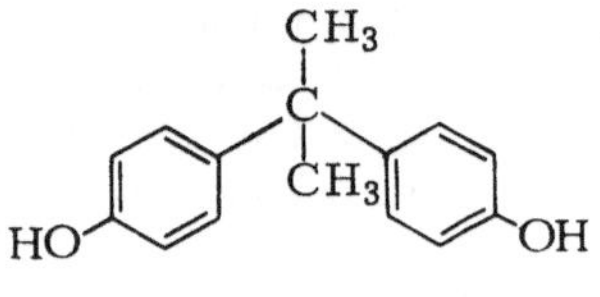

CH_3, C, CH_3, HO, OH

Bisphenol A

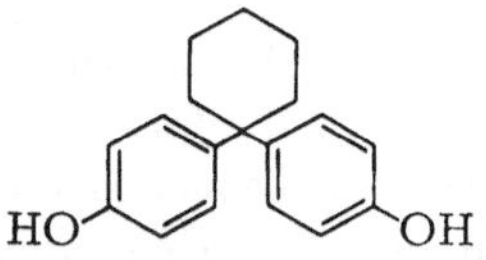

HO, OH

1,1-Bis-(4-hydroxyphenyl)-cyclohexan

das 2,2-Bis-(4'-hydroxyphenyl)-propan (Bisphenol A). Nach der Art des Brückengliedes gehört ersteres zu den Methylenbisphenolen, letzteres zu den Alkylidenbisphenolen; das Brücken-C-Atom kann auch Glied eines Ringsystems sein, wie bei den häufig benutzten Cyclohexylidenbisphenolen, von denen die Formel des 1,1-Bis-(4'-hydroxyphenyl)-cyclohexans aufgeführt ist.

Die strukturelle Vielfalt der als Polyolefin-Antioxydantien beschriebenen Bisphenole ist sehr groß. Die Arbeiten nahmen ihren Ausgang von der Stabilisierung des Hochdruck-Polyäthylens (wobei die Zugabe von Antioxydantien

* Abgekürzte Bezeichnungen der Herstellerfirmen sind auf S. 592 erklärt.

bereits während der Hochdruckpolymerisation erfolgen kann [1715]). Folgende Substanzen sind dafür in der Literatur aufgeführt: Bis-(hydroxyphenyl)-propane, z. B. Bisphenol A oder 2,2-Bis-(3'-methyl-4'-hydroxyphenyl)-propan [1496, 2099; 101]; Kondensationsprodukte einwertiger Phenole mit Cyclohexanon, z. B. ein Gemisch von 1,1-Bis-(4'-hydroxyphenyl)-cyclohexan und 4-Hydroxyphenylcyclohexan [2060]; Substitutionsprodukte des Bisphenols A mit je zwei C_{4-22}-Alkylsubstituenten und evtl. Verätherung einer OH-Gruppe mit C_{1-5}-Alkyl, z. B. 2,2-Bis-(4'-hydroxy-3',5'-di-tert.-butylphenyl)-propan [421]; Alkylenbis-(4,6-dialkylphenole), z. B. Antioxidant 2246 [336, 2070]; Verbindungen der gleichen Art, wobei in beiden Ringen je 1 Alkyl durch Cycloalkyl ersetzt sein kann oder die (basischen) Al-, Ba-, Ca-, Mg-, Sr- bzw. Zn-Salze davon [1632]; 2,2'-Methylenbis-(4-äthyl-6-α-alkylcycloalkylphenole) der allgemeinen Formel (I), besonders das α-Methylcyclohexyl-Derivat [1689, 615, 2208, 2622]; Alkylenbis-(4-alkyl-6-cycloalkyl- oder

R–HC, CH, $(H_2C)_n$, OH, CH_2, OH, CH–R, CH, $(CH_2)_n$, C_2H_5, C_2H_5

R = Alkyl (I)

OH, OH, $(CH_3)_3C$, CH_2, $C(CH_3)_3$, HO, OH, $C(CH_3)_3$, $C(CH_3)_3$

(II)

-alkylcycloalkylphenole) [2079]; 4,4'-Methylenbis-(2,6-dialkylphenole) mit C_{1-8}-Alkylen, z. B. das 2,6-Di-tert.-butyl-Derivat [502]; 4,4'-(Cyclo-)Alkylidenbis-(alkylphenole), z. B. 4,4'-Cyclohexylidenbis-(2-isopropylphenol), an deren Stelle auch Nordihydroguajaretsäure (= hydrierte Norguajakharzsäure, 2,3-Dimethyl-1,4-bis-(3',4'-dihydroxyphenyl)-butan) oder Propylgallat (s. *3.1.3.*) oder ein Gemisch von mehreren dieser Verbindungen, evtl. noch durch Phosphorsäure, Citronensäure, DBPC oder Butylhydroxyanisol verstärkt (für physologisch unbedenkliche Anwendungen des Polyäthylens) [1062, 1704, 2992, 2640, 1094, 3050, 2388, 3277]; 1,1-Bis-(3'-methyl-4'-hydroxyphenyl)-äthan [552]. Mit dem Aufkommen von Niederdruck-Polyäthylen und Polypropylen wurden derartige Produkte auch für diese Polymeren erprobt. Als Antioxydantien und Wärmestabilisatoren erwiesen sich dabei z. B.: Gehinderte Phenole wie Antioxidant 2246 für Polypropylen [701, 2029], desgleichen 2,2'-Methylenbis-(4,6-di-tert.-butylresorcin) (Formel II), ein vierwertiges Bisphenol [912]; terpensubstituierte Bisphenole (vgl. *2.1.2.*) für

Niederdruck-Polyäthylen (auch als Lichtschutzmittel wirksam) [2198, 913], sowie evtl. in Kombination mit DLTDP, Zn-Salzen von Fettsäuren und anderen Substanzen für Poly-(C_{2-8}-α-olefine) [1336]; Benzyliden-, Cyclohexyliden- oder Cyclopentylidenbisphenole, z. B. 4,4'-Benzylidenbis-(2-tert.-butylphenol), als nicht-toxische thermische Antioxydantien für Polyolefine [978]; 4,4'-Methylenbis-(2,6-dialkylphenole) [890], insbesondere das 2-Methyl-6-tert.-butyl-Derivat für Polyolefine und Kunstkautschuke [1904, 2739]. Bisphenole mit Ätherbrücken von der allgemeinen Struktur der α,ω-Bis-(4-hydroxyphenoxy)-alkane, z. B. das 4,4'-Tetramethylendioxybis-(2-tert.-butylphenol), sind weiterhin als Antioxydantien für Polyäthylen und Polypropylen geeignet [730]. Bei der Herstellung von Bisphenolen entstehen u. U. Nebenprodukte anderer Struktur, die im Gemisch mit dem Bisphenol zu der stabilisierenden Wirkung beitragen. Ein derartiges von der Herstellung her gemischtes Stabilisatorsystem entsteht durch Reaktion von Nonylphenol mit Aldehyden oder Ketonen wie Formaldehyd, Acetaldehyd, Aceton, Cyclohexanon, Methyläthylketon oder Benzaldehyd in Gegenwart dehydratisierender Mineralsäuren. Das Reaktionsprodukt ist ein Antioxydans für Polyolefine, besonders Polypropylen, bei welchem es die thermooxydative Versprödung verhindert [2228, 860, 1135, 1893, 2776]. Von technischer Bedeutung ist dabei das Umsetzungsprodukt zwischen Nonylphenol und Aceton. Dieses enthält außer der bisphenolischen Komponente (III), welche durch Reaktion von 2 Mol Phenol und 1 Mol Aceton entsteht, weitere Komponenten von der Konstitution benzolringnonylierter Chroman-Derivate (IV und V),

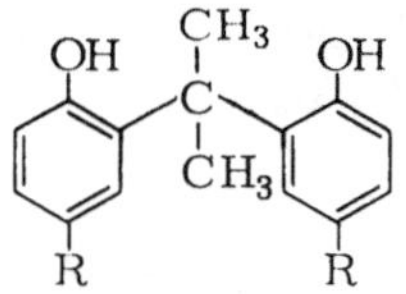

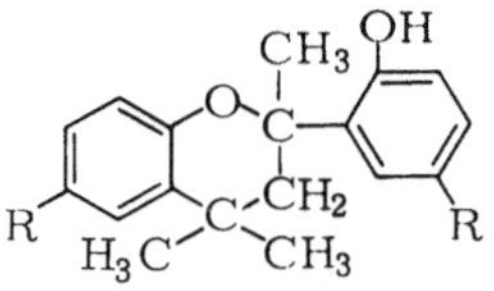

(III) (R = Nonyl) (IV)

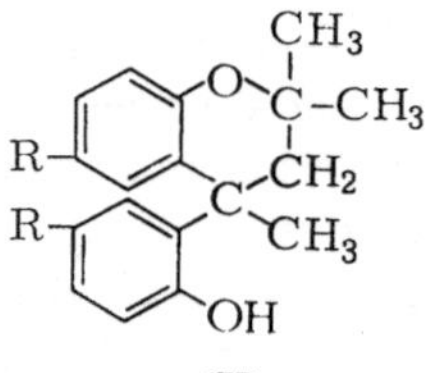

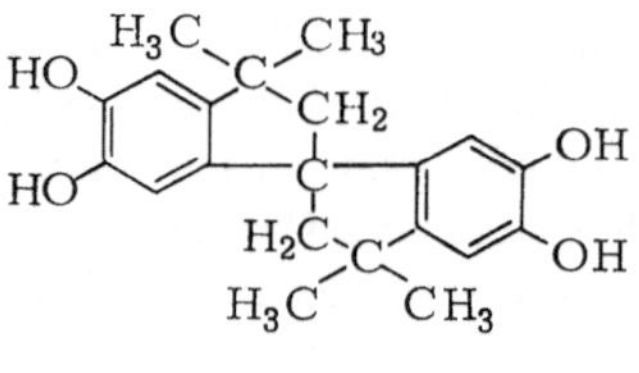

(V) (VI)

die aus 2 Mol Phenol und 2 Mol Aceton entstehen. Daneben werden auch noch höhere Kondensationsprodukte gebildet, wahrscheinlich u. a. Spirobiindane durch Reaktion zwischen 2 Mol Phenol und 3 Mol Aceton. Solche hydroxylierten Alkylspirobiindane, die bereits sehr viel früher als Lichtstabilisatoren für Cumaron-Inden-Harze genannt worden waren [133], werden auch als selbständige Polyolefin-Antioxydantien angegeben [2271], z. B. das 5,5′,6,6′-Tetrahydroxy-3,3,3′,3′-tetramethyl-1,1′-spirobiindan (VI).

Polyphenole mit mehr als zwei Phenolkernen im Molekül bilden den Gegenstand einer breiten Entwicklung auf dem Gebiet der Polyolefin-Antioxydantien. Die geringere Flüchtigkeit und Auswanderungstendenz, welche Bisphenole infolge ihres höheren Molekulargewichtes gegenüber den Monophenolen zeigen, hofft man durch weitere Vergrößerung des Moleküls noch stärker zur Geltung bringen zu können. Höhermolekulare Strukturen erhält man einmal durch Weiterkondensation von Alkylenbisphenolen mit Ketonen, wie die Verbindung (VII), deren Struktur einer Klasse von Antioxydantien für Polyolefine, Kautschuke und PVC entspricht [291], wie auch durch Weiterkondensation mit Di-(chlormethyl)-alkylbenzolen, wobei als Polyäthylen-Antioxydantien geeignete Verbindungen mit Xylylenbrücken nach Art der Struktur (VIII) entstehen [2269]. Zum größten Teil besitzen die im Patentschrifttum

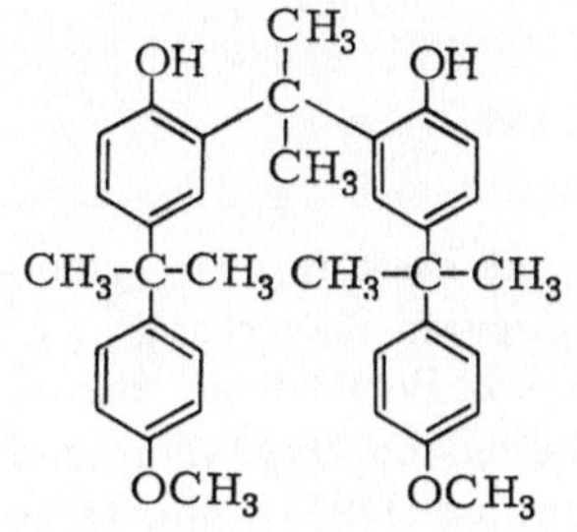

(VII) 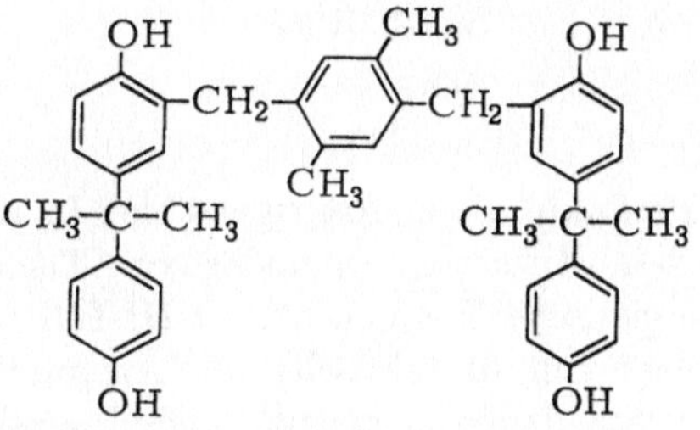 (VIII)

beschriebenen Polyphenole die Konstitution von Di- oder Polybenzyl-substituierten Aromaten. Solche Produkte sind: 2,6-Di-(2′-hydroxy-3′,5′-dialkylbenzyl)-4-methylphenole (z. B. das 3′-tert.-Butyl-5′-methyl-Derivat) als Oxydationsstabilisatoren für Polyäthylen [1647, 1078]; 4-Alkyl-2,6-di-(2′-hydroxy-5′-alkylbenzyl)-phenole (z. B. das 4-tert.-Amyl-2,6-di-(2′-hydroxy-5′-tert.-amylbenzyl)-phenol) [970] und das 2,6-Di-(2′-hydroxy-3′-tert.-butyl-5′-methylbenzyl)-p-kresol („Trisphenol") [1866, 2817, 2436] als Polypropylen-Antioxydantien. Unter einer größeren Anzahl von weiteren Hydroxybenzyl substituierten Aromaten, die von der Shell Oil Co. entwickelt wurden [894, 1265; 1266; 1267; 1205], hat besonders das 1,3,5-Trimethyl-2,4,6-tri-(3′,5′-di-tert.-butyl-4′-hydroxybenzyl)-benzol [1267] als Handelsprodukt (Ionox 330) Verbreitung in der Praxis gefunden. Eventuell mit organischen Schwefelverbindungen (z. B. DLTDP) kombiniert, dient es als Antioxydans für Polyolefine und synthetische Kautschuke. Neben der Verknüpfung von Bisphenolen und der Benzyl- bzw. Phenylsubstitution von Aromaten tritt als drittes Strukturprinzip für Polyphenole schließlich die mehrfache

Phenylsubstitution von Aliphaten auf. Eine praktisch wichtige Gruppe von Verbindungen der Struktur (IX) ist von der I. C. I. entwickelt worden; sie entstehen durch Kondensation von Phenolen mit freier o- und p-Stellung mit α,β-ungesättigten Aldehyden. So erhält man aus 3 Mol 3-Methyl-6-tert.-butylphenol und einem Mol Crotonaldehyd ein 1-Methyl-1 (od. 2),3,3-tris-(2′-methyl-4′-hydroxy-5′-tert.-butyphenyl)-propan (das Handelsprodukt Topanol CA). Diese Verbindungsklasse gehört zu den von der I. C. I. beanspruchten Bisphenolen, in denen allgemein das Methylen-Brückenglied durch Kohlenwasserstoffreste mit insgesamt mehr als 6 C und weiteren Hydroxylgruppen substituiert oder Teil eines cycloaliphatischen Ringes ist.

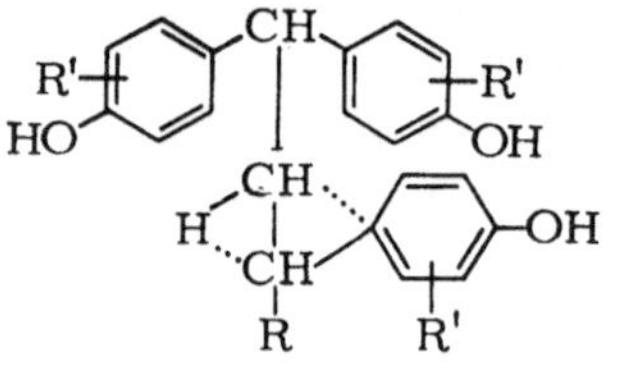

(IX) 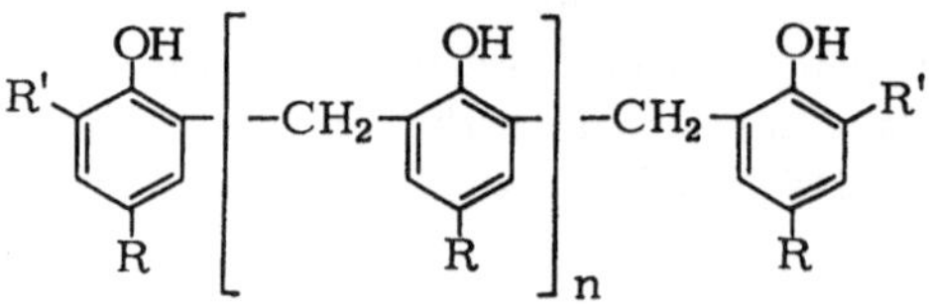 (X)

Produkte dieser Art eignen sich in Kombination mit Diestern oder symm. N-substituierten Diamiden von Thiodialkancarbonsäuren (bevorzugte synergistische Komponente ist DLTDP) zum Schutz von Polyolefinen, besonders von (isotaktischem) Polypropylen gegen thermische Oxydation und zeigen dabei auch eine kupferdesaktivierende Wirkung [1197, 3243]. Ohne synergistischen Zusatz werden die Verbindungen ferner als Antioxydantien für Polyäthylenterephthalat [1196] und für PVC [2878] beschrieben. Strukturell ähnliche vierkernige Phenole mit antioxydativer Wirkung sind z. B. das 1,1,5,5-Tetrakis-(2′-hydroxy-3′,5′-dimethylphenyl)-pentan [1897] und das p-Di-[di-(4-hydroxy-2-methyl-5-tert.-butylphenyl)-methyl]-benzol [1351].

Synergistische Stabilisatorkombinationen mit Bis- und Polyphenolen sind in neuerer Zeit vielfach beschrieben worden. Von besonderer Wichtigkeit sind Stabilisatorgemische, die schwefelhaltige Verbindungen und Phenole enthalten. Der Systematik unserer Darstellung folgend, werden wir diese im Zusammenhang mit den Schwefelverbindungen besprechen. Speziell für die Kombination mit Thiodipropion- oder Thiodibuttersäuredialkylestern (C_{10-20}-Alkyl) in einem synergistischen Antioxydans-System für (isotaktisches) Polypropylen vorgesehen sind Kondensationsprodukte aus einem Alkyl- oder Alkoxyphenol, das eine freie p-Stellung besitzt, mit SCl_2 oder C_{4-6}-Aldehyden bzw. Ketonen. Systeme dieser Art, z. B. ein Gemisch aus DLTDP und einem 3-Methyl-6-tert.-butylphenol/Butyraldehyd-Kondensationsprodukt sind besonders als Kupferinhibitoren wirksam [1916]. Verbindungen vom Typ (X), worin $n = 1$—4, R und R′ gleiche oder verschiedene C_{1-12}-Alkyle, R′ bevorzugt tert.-Butyl bedeuten, z. B. 4-Methyl-2,6-di-(2'-hydroxy-3'-tert.-butyl-5'-methylbenzyl)-phenol, sind in Kombination mit Thiodipropionsäuredialkylestern, z. B. DLTDP, als wärme- und lichtstabilisierende Antioxydantien für Poly-α-olefine geeignet [2093, 2481, 2838]. Von der Eastman Kodak Co. stammen einige synergistische Kombinationen mit einfachen Bisphenolen, insbesondere Antioxidant 2246, als Polyolefin-Stabilisatoren. So soll die Lichtbeständigkeit durch gemeinsamen Einsatz mit Eisen-III-oxyd [720] oder mit Bleichromat [721, 2788], die Beständigkeit gegen Wärme und Oxydation durch Kombination mit DBPC [1012, 1275] verbessert werden.

Nächst den Polyolefinen sind kautschukartige Polymersubstrate ein weiteres bevorzugtes Anwendungsgebiet für Bis- und Polyphenole. Unter anderen sind die folgenden Alkylidenbisphenole als Stabilisatoren für synthetische Dien-Elastomere und Naturkautschuk in der Patentliteratur aufgeführt: 2,2-Bis-(2'-hydroxy-3'-tert.-butyl-5'-methylphenyl)-propan, besonders als Alterungsschutzmittel für Butyl-Kautschuk [295]; 2,2'-Alkylidenbis-(4-methyl-6-isobornyl)-phenole [298, 1564]; 4,4'-Alkylidenbis-(2-alkyl-5-methylphenole) [503]; 2,2'-Äthylidenbis-(6-tert.-butyl-p-kresol) [476]; 2,2'-Methylenbis-(4,6-dialkylphenole), besonders als Stabilisatoren für rohe Butadien-Mischpolymerisate [521]; Kondensationsprodukte von einem bei der fraktionierten Teerdestillation anfallenden Gemisch von Xylenolen (2,4- und 2,5-Dimethylphenol) mit Butyr- und Formaldehyd [1693, 608, 2620, 2224]; Kondensationsprodukte von 2-tert.-Alkyl-5-isopropylphenolen mit Aldehyden, z. B. 4,4'-Methylenbis-(2-tert.-butyl-5-isopropylphenol) [2410, 684]; 2,2'-Methylenbis-(4-methyl-6-cyclohexylphenol) und andere [2265, 2690, 1908]; wäßrige Dispersion von 2,2'-Methylenbis-(4-alkyl-6-tert.-alkylphenolen) wie Antioxidant 2246, die außerdem ein Dispergiermittel wie z. B. Polyvinylpyrrolidon enthält und ein leichtes Zumischen des Stabilisators zum Latex gestattet [1143]; verschiedene 1,1-Alkylenbisphenole, die nach Verfahren der Pennsalt Chemical Corp. erhalten werden [1180, 947, 1335]. Weitere bisphenolische Kautschuk-Antioxydantien sind alkylierte Cycloalkylidenbisphenole, z. B. 1,1-Bis-(2',6'-di-α-phenyläthyl-4'-hydroxyphenyl)-cyclohexan [582, 2628] oder 1,1-Bis-(3'-methyl-4'-hydroxy-5'-α-phenyläthylphenyl)-cyclohexan [1748]; kernhydroxylierte 1-Phenylindane, z. B. 1-Methyl-1-(3'-hydroxy-4'-methylphenyl)-3,3-dimethyl-5-hydroxy-6-methylindan (XI) [499, 2630]. Von PERROTTI u. a. (*447*) wurden Bisnaphthole mit dem Grundgerüst von 1,1'-Methylenbis-(6-alkyl-2-naphtholen) dargestellt, für die eine Alterungsschutzwirkung auf Butadien/Styrol-Kautschuk gefunden wurde. Das gleiche gilt für die entsprechenden Thiobisnaphthole. Eine wirksame Verbindung ist beispielsweise das 1,1'-Benzylidenbis-(6-tert.-butyl-2-naphthol).

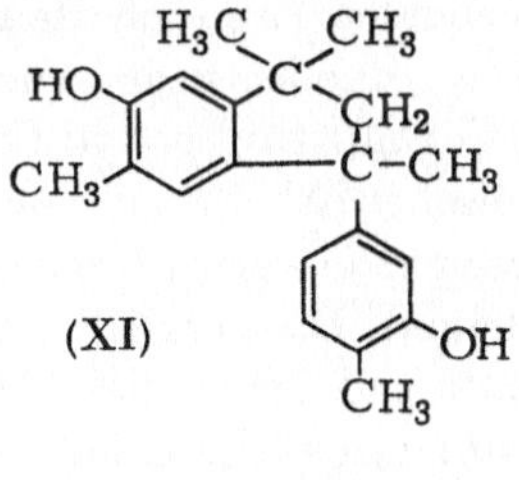

(XI)

Für chlorhaltige Polymere sind Bisphenole wiederholt als Stabilisatoren vorgesehen worden, meist allerdings in Kombination mit den üblichen PVC-Stabilisatoren. So wurden Alkylidenbisphenole wie Bisphenol A oder bisphenolische Sulfide und Sulfoxyde in Kombination mit Metallsalz-Stabilisatoren wie zweibasischem Bleistearat als Wärmestabilisator und Antioxydans für PVC und dessen Copolymerisate mit Vinylacetat, für Polyvinylidenchlorid und chloriertes Polyäthylen angegeben [288, 1576]. Weiterhin wurden zum Oxydations- und Wärmeschutz für chlorhaltige Polymere 2,2-Alkylidenbisphenole mit C_{3-6}-Alkyliden oder 3,3-Alkylidenbisphenole mit C_{4-7}-Alkyliden, worunter wiederum das Bisphenol A besonders hervorgehoben wird, genannt [577]. Zur Stabilisierung sowohl des Kunstharzes wie des Weichmachers in Weich-PVC und Mischpolymerisaten werden von der Union Carbide Corp. in den 3- und 5-Stellungen eventuell alkylierte oder chlorierte 4,4'-Bisphenole mit verschiedenen Brückengliedern beansprucht, die zusammen mit bekannten HCl-Akzeptoren angewandt werden [967].

Bei Polyoxymethylenen sind Bisphenole seit dem Aufkommen dieser Kunststoffklasse als Antioxydantien und Wärmestabilisatoren erprobt und eingesetzt worden. Die ersten Untersuchungen der Du Pont Co. ließen 2,2'- und 4,4'-Bisphenole mit Äthyliden-, 1,1-Propyliden und 1,1-Butylidenbrükken als geeignete Stabilisatoren in Betracht kommen, z. B. 4,4'-Butylidenbis-(3-methyl-6-tert.-butylphenol) oder 2,2'-Äthylidenbis-(4-methyl-6-tert.-butylphenol) [728, 2251, 2670, 3278, 3071, 1164, 3207]. Die Bisphenole müssen jedoch im allgemeinen stets durch andere Substanzen mit wärmestabilisierenden Eigenschaften, z. B. hochmolekulare Polyamide, ergänzt werden. Die Stabilisierung von Oxymethylen-Mischpolymerisaten, vorzugsweise Trioxan/Äthylenoxyd-Copolymeren, mit Alkylidenbisphenolen gegen thermischen Abbau ist von der Celanese Corp. untersucht worden [3242]; als geeignete wärmestabilisierende Komponente erwies sich dabei das Dicyandiamid. Die speziell vorgeschlagene Kombination besteht aus Antioxidant 2246 und Dicyandiamid [1320]. Eine wesentlich erhöhte Wärmebeständigkeit wird durch eine Kombination von Trisphenolen, z. B. 2,6-Di-(2'-hydroxy-3'-tert.-butyl-5'-methylbenzyl)-p-kresol mit Wärmestabilisatoren wie Polyamiden, Polyurethanen, Polyvinylpyrrolidon u. a. erzielt [2947]. Weitere Verfahren zur Stabilisierung von Polyacetalen mit phenolischen Antioxydantien sind bei den entsprechenden synergistischen Komponenten besprochen.

Lineare Polyester wie Polyäthylenterephthalat können durch Hydrochinon-Derivate, unter denen das Bisphenol 5,5'-Bitoluhydrochinon genannt wird, wärmestabilisiert werden [495]. Als Antioxydantien für Polyäthylenterephthalat eignen sich die früher beschriebenen trisphenolischen Kondensationsprodukte (IX) [1196].

Für Polyamide können halogenierte Methylenbisphenole als Antioxydantien dienen, z. B. Kondensationsprodukte aus Phenol und Chloral oder aus 2,4-Dichlorphenol und Formaldehyd im Molverhältnis 2:1 [2161].

In Tabelle III.4. sind die Reaktionsfähigkeiten einiger Bis- und Polyphenole an Hand der von BAUM u. a. (*37*) gemessenen Induktionsperioden der Carbonylbildung bei der thermischen Alterung von Hochdruck-Polyäthylen aufgeführt (zum Vergleich mit einkernigen Phenolen siehe Tabellen III.2. und III.3.). Es zeigt sich, daß durch die Vergrößerung der Anzahl phenolischer Hydroxylgruppen im Molekül die Wirksamkeit gegenüber den Monophenolen wesentlich erhöht wird. Andererseits ist zur Erzielung guter

Tabelle III.4. *Vergleich der antioxydativen Wirksamkeiten von Bis- und Polyphenolen in Hochdruck-Polyäthylen* (nach (*37*))

Substanz (0.01 Gew.-%)	Induktionsperiode der Carbonylbildung (Tage) 110 °C	170 °C
ohne Zusatz	0.5	0.25
2,2'-Methylenbisphenole:		
2,2'-Methylenbis-(4-methylphenol)	7	1.5
-(4-methyl-6-tert.-butylphenol)	10	1.5
-(4-äthyl-6-tert.-butylphenol)	18	1.5
-(4,6-di-tert.-butylphenol)	3.5	1
4,4'-Alkylenbisphenole:		
2,2-Bis-(4'-hydroxyphenyl)-propan	1	0.5
4,4'-Methylenbis-phenol	1.5–2	1
-(2,6-dimethylphenol)	4	1
-(2-methyl-6-tert.-butylphenol)	10.5	1.5
Trisphenole:		
2,6-Di-(2-hydroxybenzyl)-phenol	0.5–1	0.5
4-tert.-Amyl-2,6-di-(2'-hydroxy-5'-tert.-amylbenzyl)-phenol	6	1

antioxydativer Wirkung eine geeignete Alkylsubstitution erforderlich, wobei die in Abschnitt II.2.3.4. dargelegten Grundsätze hier wiederum deutlich zutage treten. Substitution durch tert.-Alkyl in o-Stellung oder durch Methyl in p-Stellung zur Hydroxylgruppe erhöht die Wirksamkeit, während eine tert.-Alkylsubstitution in p-Stellung die Wirksamkeit erniedrigt. Die Abwesenheit jeglicher Alkylsubstituenten verringert die Wirksamkeit ganz erheblich. Dies hängt wohl außer vom elektronenlockernden Einfluß derselben auch noch von der Erhöhung der Löslichkeit im Polymeren durch die aliphatischen Kohlenwasserstoffreste ab. Allgemein bedingt eine größere Löslichkeit des Inhibitors eine verstärkte Wirksamkeit. So ist z. B. die verbesserte Wirkung des 2,2'-Methylenbis-(4-äthyl-6-tert.-butylphenols) gegenüber dem 4-Methyl-Derivat, die wegen der Beteiligung der p-Methylgruppen am Wasserstoffaustauschprozeß nicht zu erwarten sein sollte, möglicherweise durch die verstärkte Löslichkeit in Polyäthylen zu erklären (*37*). Die Art der Brücke spielt offensichtlich eine gewisse, allerdings geringere Rolle. Die größere Wirksamkeit von 4,4'-Methylenbisphenol gegenüber Bisphenol A läßt auf eine Teilnahme der Methylengruppe am Wasserstoffübertragungsprozeß vermittels der beweglichen sekundären H-Atome schließen. Demgegenüber wirkt sich die Stellung der Hydroxylgruppe relativ zur Brücke nicht merklich aus, wie der Vergleich zwischen 2,2'-Methylenbis-(4-methyl-6-tert.-butylphenol) und 4,4'-Methylenbis-(2-methyl-6-tert.-butylphenol) ergibt. Dieser Vergleich gilt allerdings nur unter der hier vorliegenden Voraussetzung, daß die Hydroxylgruppen hinreichend abgeschirmt sind und die Methylenbrücke durch eine Methylgruppe ersetzt wird. Bei unsubstituierten Bisphenolen ist dagegen der Übergang von der 4,4'- zur 2,2'-Brückenstruktur infolge der Zunahme der sterischen Hinderung und damit der Stabilisierung des Inhibitorradikals mit einer merklichen Erhöhung der Wirksamkeit verbunden. Dies ist auch beim Übergang von der 4,4'-Methylenbis- zur 4,4'-Cyclohexylidenbis-Brückenbindung der Fall. Das geht aus einer Zusammenstellung von Clark u. a. (*109*) über die Wirkung verschiedener Bisphenole auf die thermische und photochemische Alterung von Niederdruck-Polyäthylen-Proben hervor, die in Tabelle III.5. wiedergegeben ist. Darin sind die Induktionsperioden der Sauerstoffaufnahme bei 150 °C und die Zugfestigkeit nach 7-tägiger Bestrahlung mit der RS-1 Sunlamp angegeben.

Tabelle III.5. *Einfluß der Struktur von Bisphenolen auf ihre antioxydative Wirksamkeit in Niederdruck-Polyäthylen* (nach (*109*))

Substanz (5 Gew.-%)	Induktionsperiode der Sauerstoffaufnahme bei 150° (Stdn.)	Zugfestigkeit (ungealtert = 100)
2,2'-Methylenbisphenole:		
2,2'-Methylenbis-phenol	6.1	<25
-(4,6-di-tert.-butylphenol)	9.8	34
-(4-methyl-6-tert.-butylphenol)	23.8	37
4,4'-Alkylenbisphenole:		
4,4'-Methylenbis-phenol	2.3	<25
-(2,6-di-cyclohexylphenol)	23.2	35
-(2,6-di-tert.-butylphenol)	44.6	40
2,2-Bis-(3'-methyl-4'-hydroxy)-propan	16.9	36
-(3'-isopropyl-4'-hydroxy)-propan	20.8	40
-(3'-tert.-butyl-4'-hydroxy)-propan	29.4	
4,4'-Cyclohexylidenbisphenole:		
4,4'-Cyclohexylidenbis-phenol	7.2	
-(2-methylphenol)	19.2	36
-(2-isopropylphenol)	30.6	37

Handelsprodukte:

Verbindung	Handelsprodukte
2,2'-Methylenbis-(4-methyl-6-tert.-butylphenol)	Advastab 405 (*DA*)* Alterungsschutzmittel BKF (*BA*) Antioxidant 2246 (*CY*) CAO-5 und -14 (*CA*)
2,2'-Methylenbis-(4-äthyl-6-tert.-butylphenol)	Antioxidant 425 (*CY*)
4,4'-Methylenbis-(2-methyl-6-tert.-butylphenol)	Ethyl Antioxidant 720 (*ET*)
4,4'-Methylenbis-(2,6-di-tert.-butylphenol)	Binox M (*SH*) Ethyl Antioxidant 702 (*ET*)
4,4'-Butylidenbis-(3-methyl-6-tert.-butylphenol)	Santowhite Powder (*MO*) Santowhite Powder Refined (*MO*)

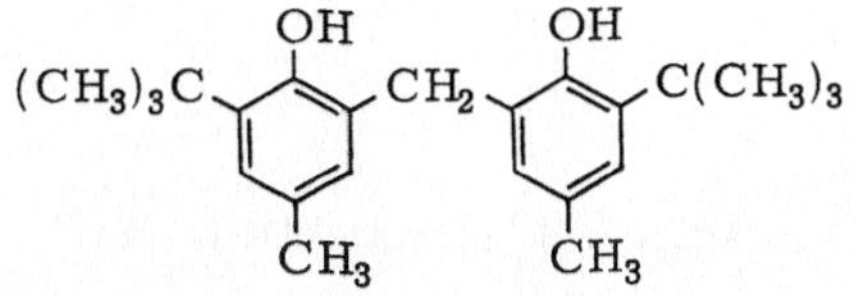

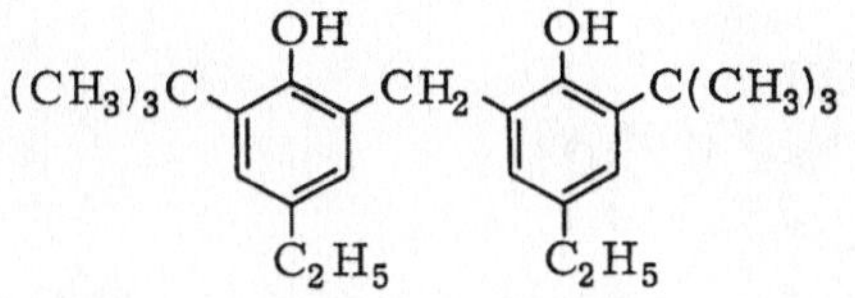

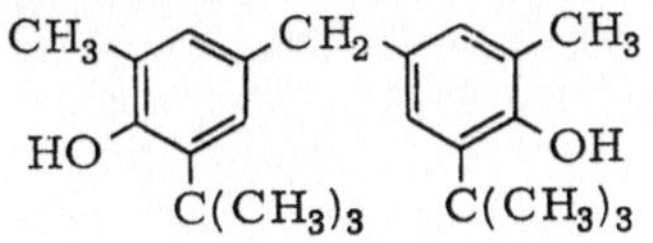

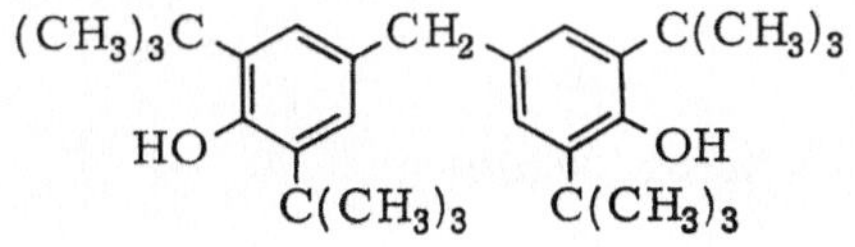

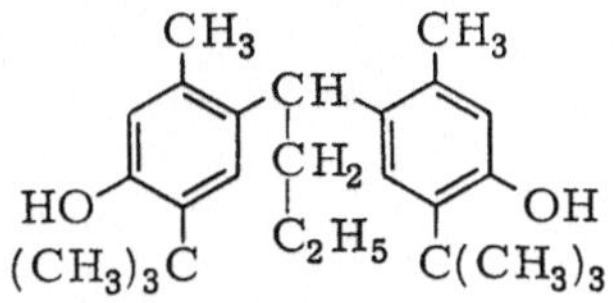

* Abgekürzte Bezeichnungen der Herstellerfirmen sind auf S. 592 erklärt.

2,2'-Methylenbis-[4-methyl-6-(α-methylcyclohexyl)-phenol] — Nonox WSP (*IC*)

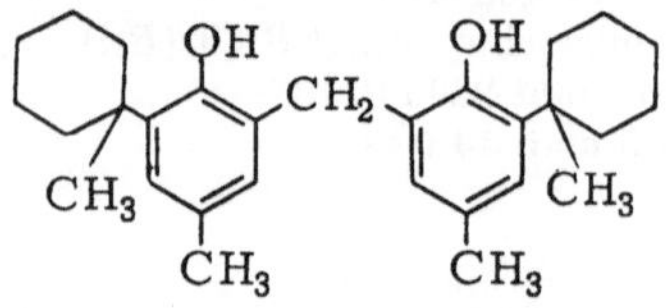

OH, CH_2, OH, CH_3, CH_3, CH_3, CH_3

4,4'-Dihydroxydiphenyl — Alterungsschutzmittel DOD (*BA*)

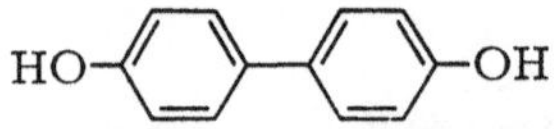

HO–⟨⟩–⟨⟩–OH

2,6-Di-(2'-hydroxy-3'-tert.-butyl-5'-methylbenzyl)-4-methylphenol (Trisphenol) — Antioxidant 80 (*CY*)

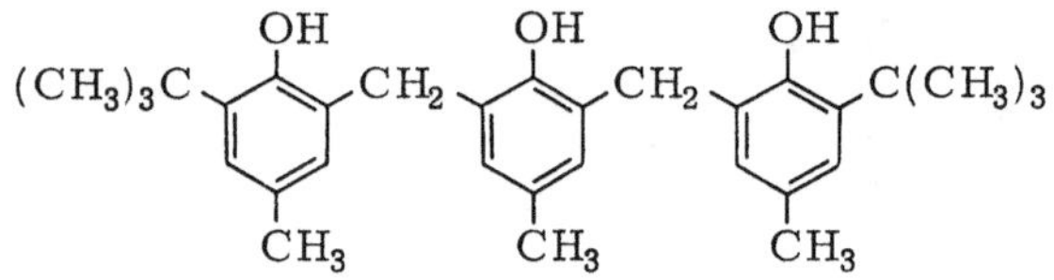

OH, OH, OH, $(CH_3)_3C$, CH_2, CH_2, $C(CH_3)_3$, CH_3, CH_3, CH_3

Kondensationsprodukt aus 3 Mol 3-Methyl-6-tert.-butylphenol und 1 Mol Crotonaldehyd — Topanol CA (*IC*)

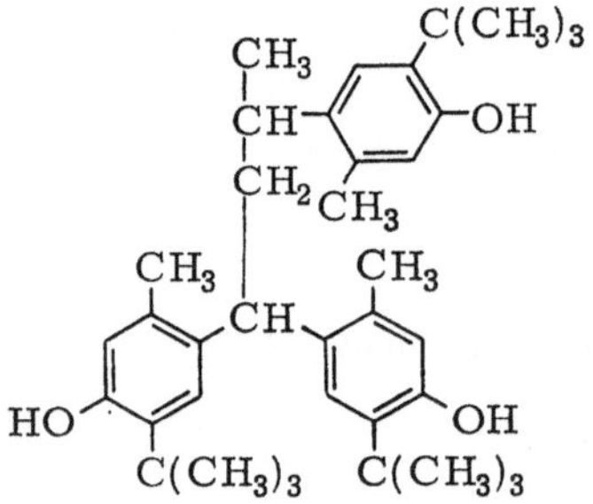

$C(CH_3)_3$, CH_3, CH, OH, CH_2, CH_3, CH_3, CH, CH_3, HO, OH, $C(CH_3)_3$, $C(CH_3)_3$

1,3,5-Trimethyl-2,4,6-tri-(3',5'-di-tert.-butyl-4'-hydroxybenzyl)-benzol — Ionox 330 (*SH*)

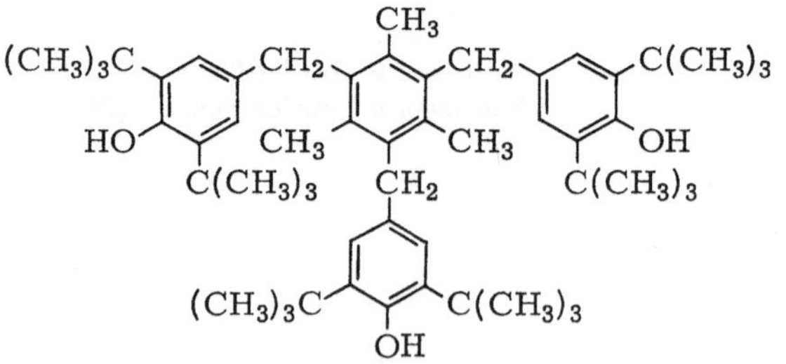

CH_3, $(CH_3)_3C$, CH_2, CH_2, $C(CH_3)_3$, HO, CH_3, CH_3, OH, $C(CH_3)_3$, CH_2, $C(CH_3)_3$, $(CH_3)_3C$, $C(CH_3)_3$, OH

Weitere Produkte von nicht näher bezeichneter Zusammensetzung siehe in der Liste der Handelsprodukte im Anhang.

2.2.3. Harzartige Phenol-Kondensationsprodukte. Die fortschreitende Kondensation von Phenolen mit Aldehyden oder Ketonen führt über das Stadium der Bisphenole hinaus zu höhermolekularen Kondensationsprodukten, die bis zu einem gewissen Umsetzungsgrad noch mit anderen Kunststoffen mischbar sind und darin eine stabilisierende Wirkung zeigen. Ihre Verwendung als Stabilisatorsubstanzen dürfte vor allem durch ihre geringe Flüchtigkeit und schwache Neigung zum Ausschwitzen Vorteile bieten.

Phenolharze wurden zuerst als Lichtabsorptionsmittel für durchsichtige Kunststoffe wie PVC, Polymethylmethacrylat oder Celluloseacetat vorgeschlagen, aus denen gegen UV-Strahlung schützende Folien oder Platten hergestellt werden. Insbesondere wurden neben anderen, in der modernen Kunststofftechnik nicht mehr gebräuchlichen Lichtabsorbern Gemische von Phenol-Formaldehyd- oder Kresol-Formaldehyd-Harz mit Anthracen genannt [2574, 2575].

Die größte Bedeutung als Stabilisatoren besitzen Phenol-Formaldehyd-Harze derzeit für das Polypropylen. Auf Grund von Arbeiten der Union Carbide Corp. wurden zunächst Kondensate aus 4-tert.-Alkylphenolen mit C_{4-20}-Alkyl, z. B. 4-tert.-Amylphenol, und Formaldehyd im löslichen A-Stadium als Antioxydantien und Wärmestabilisatoren für Polypropylen beschrieben [739, 2314, 1813] und später auch Kombinationen derartiger Harze mit organischen Phosphor- und Schwefelverbindungen als synergistische Komponenten. Nach einem Verfahren der Toyo Rayon Co. können Polypropylenfasern zur Licht- und Oxydationsstabilisierung mit Lösungen von solchen Kondensationsprodukten (Phenol-Formaldehyd- oder 4-Alkylphenol-Formaldehyd-Harzen) in organischen Lösungsmitteln bzw. wäßrigen Dispersionen, die gegebenenfalls noch weitere Stabilisatoren enthalten, behandelt werden [3167]. Weiterhin sind Kondensationsprodukte von 2,6-Dimethylol-p-kresol oder dessen Ca-, Mg-, Zn-, Ba- oder Cd-Salzen mit p-Kresol als Antioxydantien für Polypropylen und synthetische Kautschuke angegeben worden; evtl. wird nur der aus den Harzen mit Benzol extrahierbare, zwischen 50 und 80 °C schmelzende Anteil zur Stabilisierung verwendet [3025, 3321, 1929, 1217].

Phenolische Kondensationsprodukte eignen sich ferner als nicht-verfärbende oder -ausblühende Antioxydantien für Dien-Kautschuke [581, 2627; 926] und zur Stabilisierung von Polyamiden gegen Oxydation unter Licht- und Wärmeeinflüssen. So wird z. B. Polycaprolactam durch ein Kondensationsprodukt aus 4-tert.-Butylphenol und Formaldehyd stabilisiert [2403, 1394].

In Hochdruck-Polyäthylen zeigen Phenolharze eine auffallend gute Inhibitorwirkung gegen thermische Oxydation, wie die Werte für die Induktionsperiode der Carbonylbildung in Tabelle III.6. erkennen lassen (vgl. mit Tabellen III.2., 3. und 4.).

Tabelle III.6. *Vergleich der antioxydativen Wirksamkeiten von Phenol-Formaldehyd-Harzen in Hochdruck-Polyäthylen* (nach (*37*))

Substanz (0.01 Gew.-%)	Induktionsperiode der Carbonylbildung (Tage) 110 °C	170 °C
ohne Zusatz	0.5	0.25
4-tert.-Butylphenol-Formaldehyd-Harz	14	1
4-tert.-Amylphenol-	15	1
4-tert.-Nonylphenol-	8	1
4-Phenylphenol-	12	2

2.3. Alkohole

Die alkoholische Hydroxylgruppe ist in weit geringerem Maße als das phenolische Hydroxyl zum Abbruch von autoxydativen Kettenreaktionen befähigt, da für das durch H-Übertragung entstehende Alkoxyradikal im allgemeinen keine Resonanzstabilisierung möglich ist. Mehrwertige Alkohole vermögen jedoch neben der schwachen radikalinhibierenden Wirkung Metallkomplexe zu bilden und desaktivieren auf diese Weise den Abbau katalysierende metallische Spurenbestandteile der Kunststoffmischung. Deshalb besitzen vor allem aliphatische Polyhydroxyverbindungen wie Pentaerythrit (I) oder Sorbit (II) eine gewisse Bedeutung als Stabilisatoren, besonders als Hilfsstabilisatoren für PVC im Gemisch mit Metallverbindungen.

$$C(CH_2-OH)_4 \quad \text{(I)}$$

$$HO-CH_2-[CH(OH)]_4-CH_2OH \quad \text{(II)}$$

Zunächst sei die Stabilisierung von PVC und anderen chlorhaltigen Polymeren mit alkoholischen Hydroxyverbindungen betrachtet. Die Verschiedenartigkeit der hierfür beanspruchten Substanzen ist groß.

Nach frühen Untersuchungen der BASF kann die bekannte (Erd-)Alkalicarbonat-Stabilisierung von PVC (vgl. *1.3.1.*) durch Zusatz von aliphatischen, cycloaliphatischen oder araliphatischen Alkoholen ergänzt werden, z. B. Dodecanol, Decahydronaphthol oder Phenyläthanol, die zusammen mit Soda od. dgl. der Mischung zugefügt werden [2125, 80]. Eine weitere ältere Arbeit bezeichnet tertiär substituierte Carbinole wie Trifuryl- oder Trinaphthylmethylalkohol als Wärme- und Lichtstabilisatoren für PVC, chloriertes Polyäthylen oder Kautschukhydrochlorid [2532]; tertiäre Alkohole mit bis zu 12 C-Atomen sollen ferner, vor der Suspensionspolymerisation der wäßrigen Phase zugesetzt, zur Wärme- und Lichtstabilisierung von PVC oder Polyvinylidenchlorid dienen [752]. Ungesättigte Alkohole mit Kohlenstoff-Dreifachbindungen sind mehrfach genannt worden, z. B. Propargylalkohol oder 1,4-Butindiol bzw. deren Oxyalkylierungsprodukte als Zusatzstoffe bei der thermoplastischen Verarbeitung von Polyvinylidenchlorid und anderen Kunstharzen zur Verhütung der Metallkorrosion an den Verarbeitungsmaschinen [2098,

2556, 267, 1551, 2066], weiterhin, speziell zur Stabilisierung chlorhaltiger Polymerer, kohlenwasserstoffsubstituierte Alkin(di)ole wie 3-Methylpentin-(1)-ol-(3) [1655] und synergistische Gemische von Metallseifen mit Alkindiolen [2235]. Auch äthylenisch ungesättigte C_{10-18}-Alkohole sind als PVC-Stabilisatoren genannt worden [341].

Zur Stabilisierung chlorhaltiger Polymerer mit *mehrwertigen* Alkoholen wurden zunächst von der Firestone Tire & Rubber Co. Substanzen wie Pentaerythrit, Sorbit, Mannit, Tetraäthylenglykol oder Glycerin angeführt, und zwar zum Schutz von Vinylidenchlorid-Polymeren gegen thermischen Abbau in Gegenwart von Eisenverbindungen [128]. In der Folgezeit wurde eine erhebliche Anzahl von synergistischen Gemischen solcher mehrwertiger Alkohole meist mit typischen PVC-Stabilisatoren untersucht, und zwar mit Epoxyverbindungen wie z. B. Epichlorhydrin [402] oder epoxydierten Fettsäureglyceriden [672, 1834, 1136], Metallsalzen höherer aliphatischer Carbonsäuren wie z. B. Cd-2-äthylhexanoat oder Ba-ricinoleat (wobei auch die partiellen Ester oder Äther mehrwertiger Alkohole, z. B. von Pentaerythrit verwendet werden können) [370], mit Ca-stearat oder Na-carbonat [2708], mit Ca- oder Zn-Salzen von Benzoesäure bzw. von einem Fettsäuregemisch aus eßbaren Fetten und Ölen (Kokosnußöl) für physiologisch einwandfreie Stabilisierungen [823; 824; 825; 1234]. Mehrwertige aliphatische primäre Alkohole wie Pentaerythrit, Trimethylolpropan oder deren partielle Ester bzw. Äther sind weiterhin mit Metallhalogeniden, besonders den Chloriden von Al, Sb, Zn, Sn, Ti, Zr, Be, Cd oder Bi oder anderen Metallverbindungen, die mit HCl solche Chloride bilden (z. B. Al-oxyd, Sb-naphthenat), kombiniert worden. Dabei ist beabsichtigt, daß die als Friedel-Crafts-Katalysatoren wirksamen Metallhalogenide eine eventuelle Reaktion des mehrwertigen Alkohols mit den beim Abbau des PVC auftretenden freien Radikalen fördern sollen. Als dritte Komponente können solche Systeme gegebenenfalls noch HCl-Akzeptoren, z. B. geeignete Blei- oder Erdalkaliverbindungen enthalten [547, 3085; 1735; 1755, 637]. Eine Dreierkombination mit phenolischen Verbindungen besteht z. B. aus

Polyhydroxyverbindungen mit der Gruppe $(HO{-}CH_2)_3C{-}CH_2{-}$, z. B. Trimethylolpropan, Dipentaerythrit

\+ Metallsalzen von C_{6-18}-Monocarbonsäuren, z. B. Ba/Cd-laurat

\+ Alkylphenolen, z. B. 4-Nonylphenol [1263, 2016, 3248].

Kombinationen von mehrwertigen Alkoholen, besonders Pentaerythrit, mit Metallseifen und eventuell weiteren Komponenten wie phenolischen Antioxydantien und Epoxyverbindungen sind gegenwärtig für die Praxis der PVC-Stabilisierung von unmittelbarer Bedeutung. Ihr Hauptanwendungsgebiet liegt in der Stabilisierung von Massen, die mit eisenhaltigem Asbest gefüllt sind (Wand- und Fußbodenbeläge; vgl. z. B. [986]). — Speziell zur Stabilisierung von halogenierten Polyolefinen dient eine Kombination von mehrwertigen Alkoholen mit Alkylphenolen oder Alkylidenbisphenolen, z. B. DBPC oder 4,4'-Methylenbis-(2,6-di-tert.-butylphenol) [1468].

Auch für die Stabilisierung von Polyolefinen spielen mehrwertige Alkohole seit dem Aufkommen von Ziegler-Polyäthylen und -Polypropylen, in denen Reste von Metallkatalysatoren enthalten sind, als komplexbildende Inhibitoren eine Rolle. Meist werden dabei die Alkohole mit phenolischen Antioxydantien kombiniert, wie in dem System:

mehrwertige aliphatische Alkohole mit mindestens 3 OH-Gruppen, z. B Glycerin, Sorbit, Mannit

\+ phenolische Antioxydantien, z. B. DBPC, 4,4'-Butylidenbis-(2-tert.-butyl-5-methylphenol),

das zur Wärme- und Oxydationsstabilisierung von Polypropylen oder Äthylen/Propylen-Mischpolymerisaten angegeben wird [3122, 1896, 2454, 2797, 1223], und anderen Kombinationen, die der Verhinderung einer thermischen Verfärbung von Niederdruck-Polyolefinen unter dem Einfluß von Metallkatalysatorresten dienen [1248; 1363]. Zur Stabilisierung von linearem Polyäthylen gegen Wärme und Oxydation erweisen sich auch ungesättigte Alkohole mit Dreifachbindungen, z. B. 2-Äthinyl-4-tert.-butylcyclohexanol als geeignet [596]. Eine von der Hercules Powder Co. angegebene Mischung von flammfestem Polyäthylen enthält neben Antimontrioxyd und chloriertem Paraffinwachs als flammwidrige Zusätze noch Pentaerythrit als Stabilisator [714].

Auch zur Verhinderung der Verfärbung von Polystyrol bei der Heißverformung eignen sich Verbindungen mit alkoholischem Charakter. Als brauchbare Zusätze kommen gesättigte aliphatische ein- oder zweiwertige Alkohole oder Ätheralkohole in Betracht, wie Pentanol-(2) oder Poly-1,2-propylenglykolmonoisobutyläther in Mengen von 0.1—2 % [287, 1602, 2169, 2577]. Zur Wärmestabilisierung von flammwidrigen, bromierten Styrolpolymeren können tertiäre Alkin(di)ole wie z. B. 3-Phenylbutin-(1)-ol-(3) dienen [999].

Kombinationen von phenolischen Antioxydantien mit mehrwertigen Alkoholen sind, ebenso wie als Polyolefin-Stabilisatoren, auch als Alterungsschutzmittel für Natur- und Synthesekautschuk brauchbar, wobei sie die Verfärbung der Kautschukmasse verhindern. So wird z. B. Sorbit vorzugsweise mit DBPC (letzteres im mindestens 4fachen Überschuß gegenüber dem Alkohol) [807] oder mit Bis-(2-hydroxy-5-alkylphenyl)-alkanen [2849] kombiniert. Als Kautschuk-(sowie Polyolefin-)Antioxydantien sind ferner auch araliphatische Alkohole vom Typ der 3,5-Dialkyl-4-hydroxybenzylalkohole geeignet, die phenolische und alkoholische Funktionen in einem Molekül vereinigen. Die Verbindungen, z. B. das 3,5-Di-tert.-butyl-Derivat, werden gegebenenfalls noch mit einer schwefelhaltigen Komponente: einem Thioäther (DLTDP), einem Thiuramdisulfid- oder Dithiocarbamidsäure-Derivat, einem Trialkyltrithiophosphit oder einem Polysulfid kombiniert [1910, 1198].

Lineare, evtl. ungesättigte Polyester (Alkyd- und Polyesterharz-Systeme) werden durch höherwertige Alkohole, ebenso wie durch mehrbasische Carbonsäuren, gegen Alterung stabilisiert. Die Wirkung beruht auf einer Veresterung freier Carboxyl- bzw. Hydroxylgruppen [105].

Cyclohexanol-Derivate sind als Licht- und Witterungsstabilisatoren für Celluloseester (z. B. 2-(α-Phenyläthyl)-cyclohexanol) [308], sowie als Wärme- und Lichtstabilisatoren für Polyvinylacetale (z. B. 4-Methyl-2,6-diisobornyl-cyclohexanol) [2341] angeführt worden.

2.4. *Metallphenolate und -alkoholate*

Diese Verbindungsklasse wurde durch die grundlegenden Arbeiten in der Carbide & Carbon Chemicals Corp. über die Stabilisierung von PVC und anderen chlorhaltigen Polymeren schon frühzeitig hierfür erschlossen. Die ersten Patente nennen Erdalkalialkoholate und -phenolate wie Ca-methylat, -2-äthylhexylat, -phenolat oder -naphtholat als Wärmestabilisatoren für PVC und seine Mischpolymerisate [41, 1485, 2527]. Wesentlich später rücken dann synergistische Kombinationen mit Metallphenolaten in das Interesse der Stabilisatorproduzenten, während Metallalkoholate kaum noch als PVC-Stabilisatoren in der Literatur auftreten. Als Wärmestabilisatoren für Vinylchlorid-(Misch-)Polymerisate sind z. B. Zirkontetraalkoholate wie Zr-tetradodecylat beschrieben worden [656]. Bei den ausgiebig untersuchten Kombinationen mit Metallphenolaten treten durchweg Metallsalze von Carbonsäuren und gegebenenfalls organische Phosphite als synergistische Komponenten auf; solche Kombinationen werden zur PVC-Stabilisierung vielfach praktisch angewandt, besonders in den im Handel befindlichen „flüssigen Metallseifen". Charakteristisch ist das von der Argus Chemical Co. angegebene flüssige System:

Alkylphenolate von mehrwertigen Metallen, z. B. Ba-octylphenolat
\+ Salze von Cd, Ca, Sr, Zn, Pb oder Sn mit C_{6-18}-Fettsäuren, z. B. Cd-2-äthylhexanoat
evtl. + organische Phosphite, z. B. Triphenylphosphit

zur Wärmestabilisierung von PVC [377, 2160, 1641, 3056, 1081]. Die Auswahl der Komponenten in derartigen Systemen ist wesentlich erweitert worden durch Kombination der Phenolate mit Salzen von Cl-substituierten Fettsäuren wie Chlorcapronaten, von aromatischen, cycloaliphatischen oder O-heterocyclischen Monocarbonsäuren wie Salicylaten, Hexahydrobenzoaten oder Methylfuranoaten [1900] oder speziell mit (alkyl- oder halogensubstituierten) Benzoaten, z. B. Cd-4-tert.-butylbenzoat [661, 1743, 2683, 2487]; ferner sind Mono-, Di- oder Trichlorphenole bzw. ihre Ba- und/oder Cd-Salze als phenolische Komponente solcher Gemische vorgesehen worden [2853].

Zinn- und Antimonylsalze von mehrwertigen Phenolen sind als verfärbungsfreie Kautschuk-Alterungsschutzmittel bekannt. Unvulkanisierte und vulkanisierte Mischpolymerisate von Dienen mit Vinylverbindungen lassen sich durch folgende Zusätze stabilisieren: Zinn-II-Salze von (Alkyl-)Brenzkatechin, z. B. Sn-II-4-tert.-butylbrenzkatechinat (4-tert.-C_4H_9—$C_6H_3O_2$)Sn

[176], Zinn-II-Salze von Phenylbrenzkatechinen, z. B. Sn-II-4-phenylbrenzkatechinat [181], Antimonyl-III-brenzkatechinat $(C_6H_4O_2)SbOH$ [240], Antimonyl-III-4-phenylbrenzkatechinat [241] und Antimonyl-III-pyrogallolat $(HO{-}C_6H_3O_2)SbOH$ [242]. Über Kondensationsprodukte von Metallphenolaten vgl. *2.2.3.*

Als Stabilisatoren für Polyolefine besitzen schwefelfreie Metallphenolate eine recht geringe Bedeutung; es ist lediglich eine ältere Entwicklung bekannt, die sich der Phenolate von Zn, Pb oder Ni als Depolymerisationsinhibitoren für Polybutene bediente [70].

Anwendungen von Metallalkoholaten und -phenolaten in weiteren Kunststoffen sind die folgenden: Eine Kombination von Methylsalicylat und Al-triisopropylat (wahrscheinlich als Umesterungskatalysator) zur Stabilisierung von Polyformaldehyd [3315]; eine Kombination der neutralen oder basischen Al-, Ba-, Ca-, Mg- oder Zn-Salze von 2-α-Alkylcycloalkyl-4,6-dimethylphenolen und von 2,2′-Methylenbis-(4-methyl-6-α-alkylcycloalkylphenolen) als Antioxydans für Hydroxypolyäther, die als Vorstufe für Polyätherurethane dienen [1859, 2743, 787, 2337, 3114]; Kupferphenolate als Wärme- und Lichtstabilisatoren für Polyamidfasern [2959] und zur Licht- und Witterungsstabilisierung von Celluloseestern [500].

2.5. Äther

2.5.1. Phenoläther. Äther mehrwertiger Phenole, insbesondere partielle Äther, finden in zahlreichen Kunststoffen Anwendung als Antioxydantien.

Zur Stabilisierung von Polyolefinen kommen folgende Substanzklassen in Betracht: tert.-Alkyl-4-alkoxyphenole, z. B. 2-tert.-Butyl-4-hydroxyanisol (für Polyäthylen) [712, 1651] oder 2-tert.-Butyl-4-dodecyloxyphenol (für Poly-α-olefine) [772, 2752]; vollständig verätherte Hydrochinon-Derivate wie p-Diphenoxybenzol oder 4,4′-Diphenoxydiphenyläther [872] oder p-Didodecyloxybenzol [2943] (sämtlich für Polypropylen); partiell verätherte mehrkernige Phenole vom Typ der 2,2′-Bis-(4-alkyl-6-alkoxyphenole) oder der 4,4′-Bis-(2-alkyl-6-alkoxyphenole), wie das 2,2′-Methylenbis-(4-methyl-6-methoxyphenol) oder entsprechende Trisphenole, die mindestens eine C_{1-9}-Alkoxygruppe enthalten [1808, 2710], sowie insbesondere der 2,6-Di-(2′-hydroxy-3′-tert.-butyl-5′-methylbenzyl)-4-methylphenyl-methyläther, gegebenenfalls in synergistischer Kombination mit DLTDP [1021]. Für Anwendungen auf dem Lebensmittelsektor ist tert.-Butylhydroxyanisol (das Handelsprodukt ist ein Gemisch verschieden substituierter Isomerer), dessen physiologische Unbedenklichkeit nachgewiesen ist, von gewissem Interesse.

Zusatzstoffe für Kautschuke aus der Klasse der Phenoläther sind verschiedentlich wegen ihres nicht-verfärbenden Charakters empfohlen worden. Hier seien genannt: Aralkylierte Alkoxyphenole wie das 2-(α-Phenyl-α-methyläthyl)-4-methoxyphenol [393] oder Kombinationen von 2,4,6-Trialkylphenolen wie DBPC mit Brenzkatechinmonoäthern [1580, 2579, 470, 2151] als Antioxydantien; chlorierte partielle Äther von Alkylbrenzkatechinen oder -pyrogallolen wie 2-Methoxy-4-methyl-5,6-dichlorphenol als Antiozonantien für schwefelvulkanisierte Kautschuke [776]; 2,6-Di-sek.-alkyl-(oder -cycloalkyl-)4-alkoxyphenole wie das 2,6-Diisopropyl-4-methoxyphenol als Antioxydans und Ermüdungsschutzmittel [2472].

Auf dem PVC-Gebiet war Brenzkatechinmonomethyläther (Guajacol) einer der ersten bekannten Lichtstabilisatoren für Vinylharze [12, 2522, 1069, 2092, 3250, 1474]; späterhin wurden Phenylglycerinäther, wie der Monoglycerinäther von Bisphenol A oder Methylsalicylat als PVC-Stabilisatoren (besonders in Kombination mit anderen) geeignet befunden [2611].

Polyamide, Polyurethane und Polyharnstoffe werden durch Stilbene oder Distyrylbenzole, die phenolische oder verätherte Hydroxylgruppen tragen, gegen Wärme und Oxydation stabilisiert. Eine dieser Verbindungen, die sich durch geringe Wanderungstendenz und Auswaschbarkeit auszeichnen, ist das 1,4-Bis-(3',4'-methylendioxystyryl)-benzol [2441, 1288, 2891].

Alkylierte Hydrochinonmonoäther, wie das 2-Methyl-4-hydroxyanisol, dienen schließlich als Polymerisationsinhibitoren zur Erhöhung des „pot life" von ungesättigten Polyesterharzen [3111].

Handelsprodukte:

Hydrochinonmonomethyläther	ohne Handelsnamen (*EA*)*
Hydrochinonmonobenzyläther	Age Rite Alba (*VA*)
tert.-Butylhydroxyanisol (Isomerengemisch)	Tenox BHA (*EA*)

2.5.2. (Ar-)Aliphatische Äther und Polyäther; nichtcyclische Acetale. Aralkyläther sind seit langem als Stabilisatoren für chlorhaltige Polymere bekannt. Einige von ihnen haben die Eigenschaft, in solchen Polymeren gleichzeitig als Weichmacher zu wirken. Hierzu gehören z. B. Di-(α-phenyläthyl)-äther, ein Wärmestabilisator und Weichmacher für PVC und Vinylidenchlorid-Polymerisate [38], und Dimethylxylylenglykoldialkyläther, Weichmacher und Lichtstabilisatoren für Vinylidenchlorid-Harze [3042]. Andere zu dieser Klasse gehörige Stabilisatoren für chlorhaltige Polymere sind die Äther des dreifach mit aromatischen oder heterocyclischen Resten substituierten Methanols wie Triphenylmethyl-äthyläther [2532], ferner Dibenzhydryläther (I) und Di-9-fluorenyläther (II) sowie deren Halogenierungs- und Alkylierungsprodukte, z. B. der Di-(4-brom-α-phenylbenzyl)-äther [619, 2682, 1731, 3068].

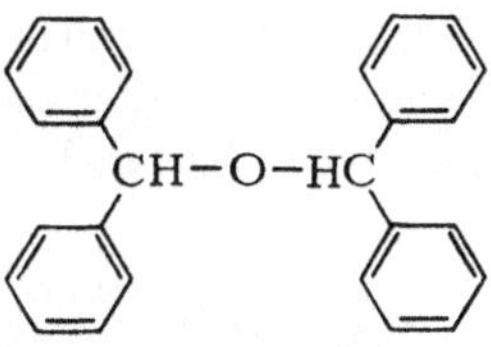

CH–O–HC (I)

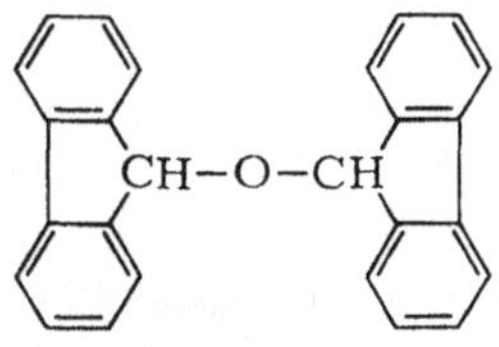

CH–O–CH (II)

* Abgekürzte Bezeichnungen der Herstellerfirmen sind auf S. 592 erklärt.

Aliphatische Ätheralkohole vom Typ des 1,2-Propylenglykolmonoisobutyläthers und Diäthylenglykolmonobutyläthers sind als Stabilisatoren für Polystyrol geeignet. Sie verhindern die Verfärbung bei der Heißverarbeitung [287, 1602, 2169] und verbessern die Lichtbeständigkeit [2140, 3017, 2589], besonders in Kombination mit Zn-stearat [2145, 2590].

Glykoläther erweisen sich auch als Wärme- und Lichtstabilisatoren für Acrylnitril-(Co-)Polymere; dafür werden einmal Mono- oder Dialkyläther des Diäthylenglykols oder Di-(1,2-propylenglykols) [376, 2075], zum anderen Mal (chlorierte) Acetale wie z. B. das Äthylenglykolmonomethylätherformal $CH_2(OCH_2CH_2OCH_3)_2$ [378, 2071] genannt.

Zur Wärme- und Oxydationsstabilisierung von Polyacetalen eignen sich der Diallyläther [2413] oder Äther des Triphenylmethylalkohols [1417] in Kombination mit den üblichen Antioxydantien.

Als Antioxydantien für synthetische Kautschuke und Naturkautschuk sind substituierte 4-Hydroxybenzyläther beschrieben worden, wie z. B. der 3,5-Di-tert.-butyl-4-hydroxybenzyl-methyläther [2237, 2240, 1750, 2694].

Handelsprodukte:

3,5-Di-tert.-butyl-4-hydroxybenzyl-methyläther	Ethyl Antioxidant 762 (*ET*)*

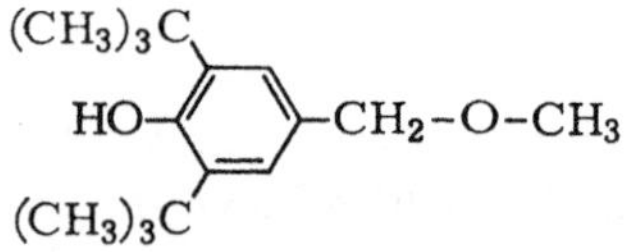

$(CH_3)_3C$

$HO-C_6H_2-CH_2-O-CH_3$

$(CH_3)_3C$

2.6. Epoxyverbindungen: Epoxydierte (Halogen-)Kohlenwasserstoffe, Epoxyäther, Epoxydharze

Epoxyverbindungen tragen den dreigliedrigen heterocyclischen Oxiran-Ring $>\underset{O}{C-C}<$. Sie sind seit langem als PVC-Stabilisatoren bekannt. Die stabilisierende Wirkung hängt zweifellos mit ihrer Fähigkeit zusammen, unter HCl-Anlagerung den Dreiring aufzuspalten und Chlorhydrine zu bilden, ihr gesamter Wirkungsmechanismus ist jedoch komplizierter und noch weitgehend ungeklärt. Neuere Untersuchungen haben zudem gezeigt, daß sie nicht nur in halogenhaltigen Polymeren als Stabilisatoren wirksam sind. Die als stabilisierende Kunststoff-Zusätze in Betracht kommenden Epoxyverbindungen gehören den verschiedensten strukturellen Klassen an, deren einziges gemeinsames Merkmal die Anwesenheit des Oxiran-Ringes ist. Die wichtigsten Strukturtypen sind die folgenden:

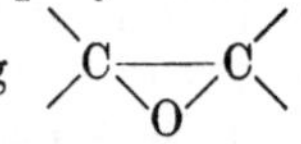

(1) Epoxydierte Kohlenwasserstoffe z. B. 1,4-Di-(epoxyäthyl)-benzol: $\underset{\text{(O)}}{CH_2-CH}-C_6H_4-\underset{\text{(O)}}{CH-CH_2}$

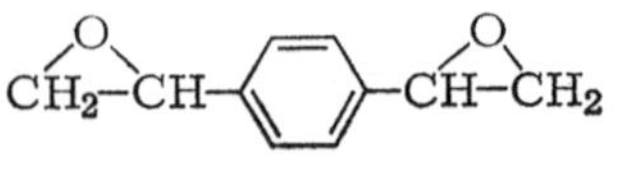

* Abgekürzte Bezeichnungen der Herstellerfirmen sind auf S. 592 erklärt.

(2) Epoxydierte Halogenkohlenwasserstoffe
z. B. Epichlorhydrin: $\overset{O}{\overline{CH_2-CH}}-CH_2-Cl$

(3) Epoxyäther
z. B. 1-Phenoxypropylen-2,3-oxyd
(Phenyl-glycidyläther): $\overset{O}{\overline{CH_2-CH}}-CH_2-O-C_6H_5$

(4) Epoxydharze (höhermolekulare Epoxyäther)
z. B. polymerer Allyl-glycidyläther;
Polykondensationsprodukt aus Epichlorhydrin und Bisphenol A:

$$\sim -O-C_6H_4-C(CH_3)_2-C_6H_4-O-CH_2-CH(OH)-CH_2- \cdots -\overset{O}{\overline{CH-CH_2}}$$

(5) Epoxyester
z. B. Triglycerid von Epoxystearinsäure, epoxydierte natürliche Öle, Glycidylester

(6) Metallsalze von Epoxycarbonsäuren, z. B. Ba-9,10-epoxystearat.

Während am Anfang der Entwicklung von Epoxy-Stabilisatoren vorwiegend niedermolekulare, einfache Verbindungen der Typen (1) bis (3) in Betracht gezogen wurden, gelangten etwa im Laufe der letzten 15 Jahre langkettige Epoxyester und -äther sowie Epoxydharze in zunehmendem Maße zu Bedeutung, da diese Substanzen in den Polymeren zugleich als Weichmacher wirken können. In Weich-PVC kann z. B. ein Teil (10—20 %) des normalen Weichmachers wie Dioctylphthalat durch einen Epoxy-Weichmacher ersetzt werden, der für sich allein bereits eine gewisse stabilisierende Wirkung zeigt. Der Schwerpunkt der Anwendung von derartigen Weichmacher-Stabilisatoren in PVC-Gemischen liegt jedoch in ihrer Kombination mit Metallseifen. Sie erhöhen durch synergistische Verstärkung deren Wirkung derart, daß bei Gegenwart einer Epoxyverbindung als Hilfsstabilisator ein Teil der Metallseife eingespart werden kann (vgl. (*231*, *394*)).

Aus Gründen der hier gewählten systematischen Einteilung der Stabilisatorsubstanzen nach ihrer chemischen Struktur sollen im folgenden nur Verbindungen der Typen (1) bis (4) besprochen werden; Epoxyester und Metallsalze werden in der Klasse *3.8.* gesondert aufgeführt.

In den ersten Versuchen zur Stabilisierung chlorhaltiger Hochpolymerer mit Epoxyverbindungen, die vor mehr als 30 Jahren von der I.G. Farbenindustrie veröffentlicht wurden, dienten Substanzen wie Epichlorhydrin, Phenyl-glycidyläther, Dimethylglycid oder Phenylmethylglycidsäureäthylester sowie andere Monoepoxyverbindungen zur Verhinderung der HCl-Abspaltung aus PVC oder Chlorkautschuk [2089, 3249, 25, 1471, 2521; 2090]. Hiervon fand insbesondere der Phenyl-glycidyläther eine gewisse Verbreitung bei der Stabilisierung von Vinylchlorid- und Vinylidenchlorid-Polymerisaten [22; 40; 1494]. Die Tendenz zu höhermolekularen Zusatzstoffen, welche nicht flüchtig sind, nicht auswandern und keinen fettigen Belag auf dem

Kunststoff bilden, führte sodann zur Entwicklung von Produkten mit mehreren Epoxygruppen. Das präparativ nächstliegende Strukturprinzip, die Verätherung von Hydroxyverbindungen mit Epoxyresten, insbesondere der Glycidyl-Gruppe $\overset{\frown O \frown}{CH_2{-}CH}{-}CH_2{-}$, führte zu folgenden Verbindungen: Substitutionsprodukte des Benzols, Naphthalins oder Cyclohexans mit zwei Glycidyloxy-Resten, wobei der Siedepunkt der Produkte oberhalb 300 °C liegt [1521, 2537]; mehrfache Epoxyäther von mehrwertigen Alkoholen, die gegebenenfalls noch Chlor enthalten [237, 1555, 2541, 2109]; Di-(epoxyäther) von Dihydroxydiarylalkanen wie Bisphenol A [2538]; Resorcindiglycidyläther, Äthergemische aus Glycerin und Epichlorhydrin [1534, 222]; Diglycidyläther von Di- und Polyalkylenglykolen, wie Tetraäthylenglykoldiglycidyläther [207, 1554]; Epoxyalkyläther mehrwertiger Phenole, z. B. 1,3,5-Tri-(γ,δ-epoxybutoxy)-benzol [221]. Sämtliche genannten Verbindungen wirken als Wärme- und Lichtstabilisatoren für PVC. Diepoxydiäther von Bisphenolen wie Bisphenol A oder 4,4′-Dihydroxydiphenyl werden speziell als Wärmestabilisatoren für Polyvinylidenchlorid genannt [188]. Diglycidyläther sterisch gehinderter (alkylsubstituierter) zweiwertiger Phenole, wie der 2-tert.-Butylhydrochinonglycidyläther [413] und alkylierte Hydrochinonmonoglycidyläther [434] sind als Antioxydantien wirksam. Als Ergebnis der Entwicklung nicht-ätherartiger Polyepoxyverbindungen wurden folgende Stabilisatoren für PVC und andere chlorhaltige Polymere beschrieben: 1,2,5,6-Diepoxycyclooctan [1702, 1092, 2197, 3175]; weitere epoxydierte Cycloalkane und Cycloolefine wie 1,2,5,6-Diepoxycyclodecan oder -cyclodecen-(9), daneben auch Monoepoxyverbindungen wie 1,2-Epoxycyclododecan oder -cyclododecadien-(5,9) [2820, 1960, 1246]; 1,3- und 1,4-Di-(epoxyäthyl)-benzol und 1,3,5-Tri-(epoxyäthyl)-benzol [3275, 585, 1878, 2496, 2685]. Die vorgenannten epoxydierten Cycloalkane und Cycloolefine sind in besonderem Maße als Weichmacher und Stabilisatoren geeignet; wird nur der Stabilisierungseffekt angestrebt, so werden sie zu 1 bis 10 Gewichtsteilen (vorzugsweise 1—3 Teile) dem Harz zugemischt, sollen sie gleichzeitig als Weichmacher wirken, so beträgt der Zusatz $>$10 Gewichtsteile auf 100 Teile Harz. Zur Gewinnung höhermolekularer Epoxyverbindungen eignet sich die Polymerisation von Allyl-glycidyläther $CH_2{=}CH{-}CH_2{-}O{-}\underset{\smile O \smile}{CH_2{-}CH{-}CH_2}$.
Die Struktur der entstehenden Produkte ist nicht ohne weiteres angebbar, da sowohl eine Polymerisation der olefinischen Doppelbindungen wie auch der Epoxydgruppen stattfinden kann. Die Stabilisierung halogenhaltiger Polymerer mit flüssigen Allyl-glycidyläther-Polymerisaten ist bereits vor längerer Zeit von der Shell Development Co. beschrieben worden [248]. Der Allylglycidyläther ist durch Umsetzung mit zweiwertigen Phenolen und Epichlorhydrin zu weiterer Verätherung unter Kettenverlängerung befähigt [553, 1658, 2605], so daß man wohl auch auf diesem Wege zu höhermolekularen

Stabilisatoren gelangen dürfte. Die Umsetzung zwischen Bisphenolen und Epichlorhydrin führt zu den als Basis für Epoxydharz-Kunststoffe wichtigen harzartigen Produkten (siehe obige Zusammenstellung), die auch als PVC-Stabilisatoren eine ausgezeichnete Wirksamkeit besitzen (vgl. (*637*)). Das Umsetzungsprodukt aus Bisphenol A und Epichlorhydrin ist besonders als Stabilisator für hochgefüllte chlorierte Polymere wie Polychloropren-Zement empfohlen worden [2087]. — Weitere, bisher noch nicht erwähnte Entwicklungen von Epoxystabilisatoren schließen ein: chlorierte Epoxyverbindungen wie das 1,4,5,6,7,7-Hexachlor-2-(epoxyäthyl)-bicyclo-[2.2.1.]-hepten-(5) für PVC und Polyvinylidenchlorid [279] und Pentachlorphenyl-glycidyläther für Polyvinylidenchlorid [328, 2156]; (substituierte) Benzyl-glycidyläther für die Copolymerisate beider [705]; Epoxydierungsprodukte der Äther oder Ester längerkettiger Alkohole wie (2-Äthyl-2,3-epoxyhexyl)-2-äthylhexyläther, welche wiederum Stabilisatorwirkung mit ausgesprochenen Weichmachereigenschaften verknüpfen [2272, 1751]. Durch Zusatz von Epoxyverbindungen bereits während der Suspensionspolymerisation von PVC (0.1—5 %, bezogen auf das Monomere) soll sich die Wärmebeständigkeit des Harzes auf der Walze bei 155 °C gegenüber nachträglich stabilisierten Polymeren um ein Mehrfaches verbessern lassen [2232]. — Die Verwendung von Epoxyverbindungen als synergistische Komponenten für die PVC-Stabilisierung ist eine charakteristische Form ihres Einsatzes. Besondere Wichtigkeit für die Praxis besitzen Kombinationen von Metallseifen und Epoxyverbindungen. Ein Verfahren zur Stabilisierung von PVC- und Mischpolymerisat-Folien sieht die Verwendung von Epoxyverbindungen mit einem Siedepunkt $\leqq$ 190 °C, wie Glycid, Glycidacetat oder Glycidsäureäthylester, in Kombination mit Metallseifen vor; nach der Heißverformung wird die Folie erhitzt und dadurch die Epoxyverbindung, welche unerwünschte Auswanderungserscheinungen beim Gebrauch der Folie zeigen könnte, durch Verdampfen entfernt [2479, 1187, 901]. Auch mit anderen Arten von PVC-Stabilisatoren werden Epoxyverbindungen kombiniert, sowie auch mit Lichtabsorbern und sonstigen Verbindungen. Hier seien die folgenden Systeme genannt: Polymere Epoxyverbindungen, z. B. Poly-(allyl-glycidyläther) oder Bisphenol-Epoxydharze in Kombination mit ungesättigten Polycarbonsäureestern wie Diallylmaleat zur Lichtstabilisierung [276, 1561], Polyglycidyläther von mehrwertigen Alkoholen, z. B. Glycerintriglycidyläther, mit mehrwertigen Phenolen zur Wärme- und Lichtstabilisierung [213] und Epoxyverbindungen wie Epichlorhydrin mit mehrwertigen Alkoholen wie Glycerin zur Wärmestabilisierung [402] von PVC und seinen Copolymerisaten. Zur Licht- und Wärmestabilisierung von chlorsulfonierten Polymeren wird Phenyl-glycidyläther, der evtl. mit α-Pinen kombiniert sein kann, genannt [319].

Seit längerer Zeit ist auch die stabilisierende Wirkung von Epoxyverbindungen auf weichmacherhaltige Celluloseester bekannt. Als Wärmestabilisatoren sind verschiedene Typen von Glycidyläthern empfohlen worden [382; 1581, 441; 483].

Die salzsäurebindenden Eigenschaften machen diese Produkte ferner zum Schutz von Niederdruck-Polyolefinen geeignet, welche Reste von halogenhaltigen Katalysatoren enthalten, die bei der Heißverarbeitung zum Auftreten freier Salzsäure und zur Verfärbung des Polymeren führen. Um dies zu unterbinden, werden Epoxydharze, insbesondere das Bisphenol A/Epichlorhydrin-Polykondensat zugesetzt [2713, 1120, 3104, 3190], oder ein Epoxydharz in Kombination mit einem phenolischen oder schwefelhaltigen Antioxydans wie DLTDP [2795, 1978]. Weiterhin werden Kombinationen aus einem Thiodipropionsäureester und dem Monoglycidyläther eines tert.-Alkylhydrochinons, z. B. DLTDP und 3-tert.-Butyl-4-hydroxyphenyl-glycidyläther, beschrieben [852, 2446].

Für Polyacetale, und zwar speziell endgruppenverschlossenes Polyoxymethylen, sind Epoxydharze, die zum Teil mit aminischen Härtern umgesetzt sind, als Wärmestabilisatoren geeignet, so z. B. ein Bisphenol A/Epichlorhydrin-Polykondensat, dessen endständige Epoxygruppen zu 5 bis 50 % mit Äthylendiamin reagiert haben [1933, 2867]. Polyoxymethylene mit einpolymerisierten Oxyäthylen-Einheiten werden durch 0.1 – 2 % einer mindestens 2 Epoxygruppen enthaltenden Verbindung wie Diepoxydicyclopentan oder Resorcindiglycidyläther gegen Wärmeeinwirkung stabilisiert [2961].

Weitere Polymere, für welche Wärmestabilisierungen mit Epoxyverbindungen beschrieben wurden, sind: Polymethacrylnitril [493], schlagfestes Polystyrol (Styrol/α-Methylstyrol/Acrylnitril-Mischpolymerisat) [1380; 1378], polymere ungesättigte Aldehyde wie Polyacrolein [1270]. Schließlich können auch Aminoplasten wie Harnstoff- und Melamin-Formaldehyd-Harzen als Schutz gegen Alterung Glycidyläther zugegeben werden [446, 1645].

Handelsprodukte:

Epoxydharze (im allgemeinen Bisphenol A/Epichlorhydrin-Kondensationsprodukte)	Cleroxide 4 und 8 (*PU*)*
	Epikote 828 und 834 (*SH*)
	Estabex 3001 und 3002 (*OX*)
	Ferro(clere) 900 und 909 (*FE, PU*)
	Mellite 808 (*AL*)
	Naftovin EP 4 (*KG*)
Glyceringlycidyläther	Epon 562 (*SH*)

2.7. Verbindungen mit sauerstoffhaltigen heterocyclischen Ringen

Zur Stabilisierung halogenhaltiger Polymerer sind verschiedene Typen cyclischer Acetale oder Ketale von mehrwertigen Alkoholen beschrieben worden. Als Wärme- und Lichtstabilisatoren, insbesondere für PVC, eignen sich Acetale aus zwei- oder dreiwertigen Alkoholen und Aldehyden; bei Verwendung dreiwertiger Alkohole kann die nicht acetalisierte Hydroxylgruppe noch weiter verestert oder veräthert sein, vorzugsweise mit einem langkettigen Rest, da die Verbindungen gleichzeitig als Weichmacher dienen. Beispiele sind der Laurinsäureester des Glycerinformals (I) oder der Myristinsäureester des Glycerin-Benzaldehydacetals [3258, 2615, 1692, 2979, 645]. Als Wärmestabilisatoren (in Kombination mit geringen Mengen alkalischer Verbindungen wie Soda) eignen sich Acetale oder Ketale von Pentaerythrit oder 1,1,1-Tri-(hydroxymethyl)-propan, z. B. das 2-Isopropyl-5-äthyl-5-hydroxymethyl-1,3-dioxan [2218]. Eine Gruppe von komplexbildenden Zusatzstoffen zu Vinylchlorid-(Misch-)Polymerisaten mit eisenhaltigem Asbest als Füllstoff stellen polyhydroxylierte Tetrahydropyran-Derivate dar, wie z. B. 3,3,5,5-

* Abgekürzte Bezeichnungen der Herstellerfirmen sind auf S. 592 erklärt.

Tetra-(hydroxymethyl)-4-hydroxytetrahydropyran (Anhydroenneaheptit, AEH), das in Formel (II) wiedergegeben ist, oder 2-Hydroxymethyl-3,4,5-trihydroxy-6-methoxytetrahydropyran. Die Hydroxylgruppen können noch verestert oder veräthert sein, wie beim AEH-Tristearat oder -Monobutyläther [2049, 2887]. Praktisch kommen Kombinationen solcher Verbindungen mit den üblichen PVC-Stabilisatoren in Betracht, insbesondere organischen Metallsalzen [2050, 2872].

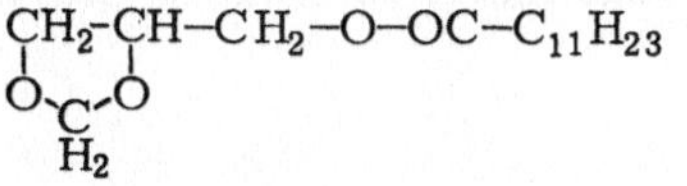

CH_2–CH–CH_2–O–OC–$C_{11}H_{23}$ (O–CH_2–O ring)

(I)

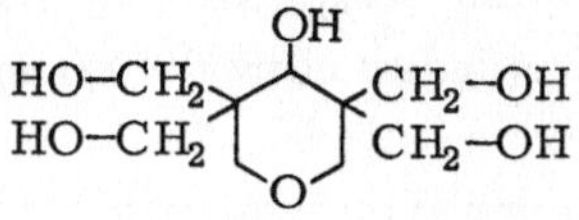

OH; HO–CH_2, HO–CH_2, CH_2–OH, CH_2–OH; O

(II)

HO, CH_3, CH_3, CH_3, O, CH_3; $(CH_2)_3$–CH(CH_3)–$(CH_2)_3$–CH(CH_3)–$(CH_2)_3CH(CH_3)_2$

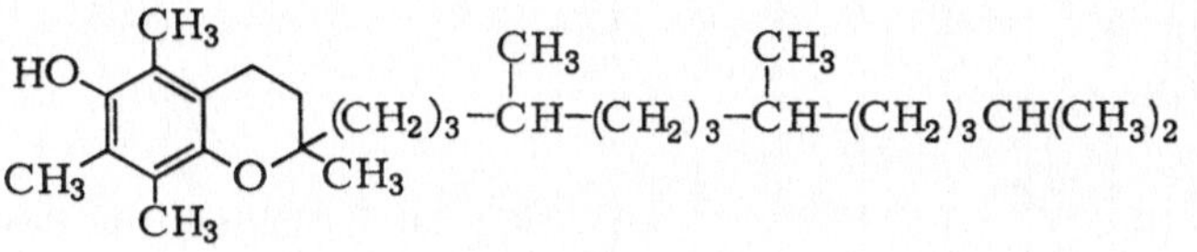

(III)

Als Antioxydantien für Polyolefine, besonders Polypropylen, mit wärme- und lichtstabilisierender Wirkung dienen Sorbid und dessen Ester oder Äther. („Sorbid" ist die Sammelbezeichnung für bicyclische Äther der allgemeinen Formel $C_6H_8O_2(OH)_2$, die durch Wasserentzug aus Sorbit entstehen) [729, 2368]. Als Wärmestabilisatoren für Polyolefine erweisen sich weiterhin gewisse Chromanderivate: Tocopherol (III) in Kombination entweder mit natürlichen Hydroxycarbonsäuren (z. B. Citronensäure) bzw. Reduktonen [2316] oder mit N,N-Di-(carboxymethyl)-aminoalkyl-Derivaten (z. B. Na-nitrilotriacetat) [2364], ferner andere 5,7,8-Trimethyl-6-hydroxychromane, wie das 2-Isobutyl-2-methyl- und das 2,2-Pentamethylen-Derivat, die mit typischen Polyolefin-Antioxydantien wie Antioxidant 2246 oder DLTDP kombiniert werden können [2406] und schließlich 2-(2'-Hydroxyphenyl)-2,4,4- bzw. 4-(2'-Hydroxyphenyl)-2,2,4-trimethylchromane mit Alkylsubstituenten im Benzolkern, die in Kombination mit Alkylphenylsalicylaten zur Lichtstabilisierung von Polypropylen (besonders Fasern) geeignet sind [3241, 2933].

3. Carbonsäuren und deren Anhydride, Ester und Salze

3.1. Aromatische Monocarbonsäuren und deren Ester

3.1.1. Derivate der Benzoesäure. Das Resorcinmonobenzoat ist auf Grund der Arbeiten der Eastman Kodak Co. vielfach als Lichtstabilisator mit UV-Absorberwirkung empfohlen worden, besonders für Celluloseester (vgl. (*399*)) [104], ferner für Polystyrol [254], PVC [255] und Polyolefine, für letztere in synergistischer Kombination mit Antioxidant 2246 [771, 2805]. Untersuchungen von Meyer u. a. (*399*) über die beschleunigte Bewitterung von Celluloseacetobutyrat haben ergeben, daß das Resorcinmonobenzoat als

Stabilisator sowohl seinen Isomeren, Salol, Brenzkatechin- und Hydrochinonmonobenzoat, wie auch den Methyläthern der isomeren Hydroxyphenylbenzoate in der Wirksamkeit deutlich überlegen ist. Sein UV-Absorptionsspektrum (siehe Fig. 25b) zeigt zwar nur eine verhältnismäßig schwache Extinktion im ultravioletten Bereich, bei Bestrahlung (und zwar sowohl von Lösungen des Resorcinmonobenzoats, vgl. Fig. 29, wie auch von transparenten Kunststoffproben, welche diese Substanz enthalten) verstärkt sich jedoch die Absorption, indem oberhalb 300 mμ eine kräftige Bande ausgebildet wird. Das

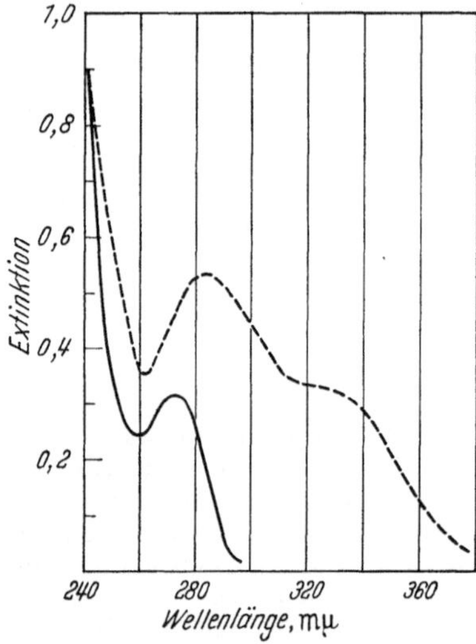

Fig. 29. Extinktion von Resorcinmonobenzoat-Lösung vor (——) und nach (– – –) der Bestrahlung mit einer S-1 Sunlamp. Nach MEYER u. a. (*399*).

Absorptionsspektrum nach der Bestrahlung entspricht dem des 2,4-Dihydroxybenzophenons, so daß eine Umlagerung des Resorcinmonobenzoats in diese isomere Verbindung, welche dann die eigentliche Lichtschutzwirkung ausüben soll, angenommen wird (vgl. Abschnitt II.2.6.2.). Eine ähnliche Erscheinung wird auch beim Phenylbenzoat und verschiedenen anderen Substitutionsprodukten desselben beobachtet.

Weitere, hinter dem Resorcinmonobenzoat an praktischer Bedeutung zurückstehende Lichtstabilisatoren aus der Klasse der substituierten Phenylbenzoate sind: Resorcindibenzoat, ebenso wie Resorcindisalicylat zur Stabilisierung von Vinylhalogenid-Polymerisaten [17, 1480, 2525] oder von Polystyrol [365, 1597] geeignet; 4-Alkylphenylbenzoate wie z. B. 4-tert.-Butylphenylbenzoat oder 4-tert.-Octylphenyl-4'-chlorbenzoat für halogenhaltige Polymere [627]; 2,4-Dimethylphenylbenzoat und andere substituierte Phenylbenzoate für Polyoxymethylene [1984]. Als Stabilisatoren für Polyvinylidenchlorid sind angeführt worden: α-Methylbenzylbenzoat zur Wärmestabilisierung [195]; chlorierte Phenylbenzoate wie Pentachlorphenylbenzoat zur Wärme- und Lichtstabilisierung weichgemachter Polymerisate [327, 1626]. Für Polyamide kommen zur Wärmestabilisierung isomere Jodbenzoesäuren in

Betracht, die bereits im Stadium der Polykondensation zugesetzt und als Endgruppen in das Polymere eingebaut werden [2287, 1173, 3212, 1991, 2779]. Zur Stabilisierung von Terephthalsäure-Polyestern gegen thermischen Molekulargewichtsabbau werden bei der Polykondensation Benzoesäure, Äthylbenzoat, Äthylenglykoldibenzoat od. and. zugegeben [1515a]. Monoalkyl- oder monoaminosubstituierte Benzoesäure, z. B. die isomeren Tolylsäuren oder 4-Aminobenzoesäure, wirken in Polyolefinen (insbesondere Polyäthylen) als geruchsverhindernder Zusatz, indem sie den bei der Heißverarbeitung in Gegenwart von phenolischen oder aminischen Antioxydantien, insbesondere Santonox, auftretenden Geruch binden [870].

Handelsprodukte:

Resorcinmonobenzoat — Eastman Inhibitor RMB (*EA*)*

C_6H_5–CO–O–C_6H_4–OH

3.1.2. Hydroxybenzoesäureester, insbesondere Salicylate. Die Salicylsäureester, wie das Phenylsalicylat (Salol) oder das 4-n-Octylphenylsalicylat, wirken als UV-absorbierende Lichtstabilisatoren, deren Extinktion im ultravioletten Spektralbereich bei Bestrahlung verstärkt wird. Die Verhältnisse

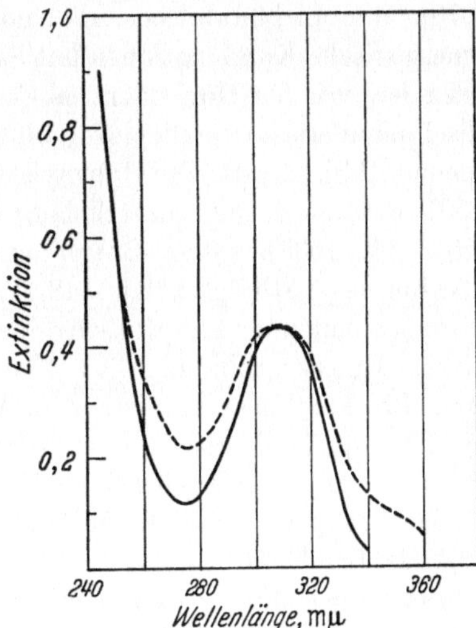

Fig. 30. Extinktion von Phenylsalicylat-Lösung vor (——) und nach (– – –) der Bestrahlung mit einer S-1 Sunlamp. Nach MEYER u. a. (*399*).

sind hier qualitativ ähnlich wie bei dem zum Salol isomeren Resorcinmonobenzoat, jedoch weniger ausgeprägt. Während die charakteristische Absorptionsbande bei 310 mμ (siehe Fig. 25a) ihre Lage beibehält, nimmt die Extinktion bei höheren Wellenlängen zu (Fig. 30) (*399*, *428*). Neben der

* Abgekürzte Bezeichnungen der Herstellerfirmen sind auf S. 592 erklärt.

UV-Absorberwirkung dürften die Salicylate auf Grund der Anwesenheit der phenolischen Hydroxylgruppe auch noch eine Inhibitorwirkung für autoxydative Prozesse ausüben.

Alkylsalicylate wie Methylsalicylat [12, 2522, 1069, 2092, 3250, 1474] und Arylsalicylate wie Salol oder Resorcindisalicylat [17, 1480, 2525] wurden zuerst von der Union Carbide & Carbon Corp. als Zusätze zu Vinylharzen (d. h. PVC und Vinylchlorid/Vinylacetat-Copolymerisate) genannt, welche die Verfärbung dieser Polymeren bei Lichteinwirkung verhindern. Zur Lichtstabilisierung chlorhaltiger Polymerer, insbesondere von Polyvinylidenchlorid und seinen Mischpolymerisaten, sind seitdem mannigfaltige strukturelle Variationen dieser Verbindungsklasse angegeben worden, die im folgenden durch Beispiele von entsprechenden Substanzen charakterisiert seien: 4-tert.-Butylphenylsalicylat, 2-Biphenylylsalicylat [136, 1535]; Mono- und Disalicylat von Bisphenol A [358]; Hydrochinondisalicylat [3053]; Resorcin- oder Hydrochinondi-(2-hydroxy-5-chlorbenzoat) [3065]; Brenzkatechin-, Resorcin- oder Hydrochinonmonosalicylat [3077]; Phenyl-2-hydroxy-3,5-dichlorbenzoat [3073]; Methylsalicylatglyceryläther [2611]; Diester der β-Resorcylsäure, wie Phenyl-[2-hydroxy-4-(2′-hydroxybenzoyloxy)]-benzoat [544]. Salicylsäurealkyl- oder -arylester sind besonders für die Herstellung lichtbeständiger Massen aus halogeniertem Polyäthylen brauchbar [1486, 2528, 1070]. Zur Lichtstabilisierung halogenhaltiger Polymerer sind zahlreiche synergistische Kombinationen mit Salicylsäureestern angegeben worden, insbesondere von der Dow Chemical Co. für das Polyvinylidenchlorid und seine Mischpolymerisate: Salicylsäurebiphenylylester mit 2,2′-Dihydroxybenzophenon [95], 4-tert.-Butylphenylsalicylat mit 2-Biphenylyl-glycidyläther [150], evtl. noch mit zusätzlichen Weichmacherkomponenten [144, 1538; 145; 146, 1536], 4-tert.-Butylphenylsalicylat mit Na-pyrophosphat und Alkylphthalyl-äthylglykolat [148, 1537] oder von Phenylsalicylat mit Na-pyrophosphat und Acetyltriäthylcitrat [344]. In diesen Kombinationen bewirken Epoxyverbindung bzw. Phosphat zusätzlich eine Wärmestabilisierung. Ein kombiniertes System für Vinylidenchlorid-Polymerisate ist ferner das Dreiergemisch aus Resorcindisalicylat, 2-Hydroxy-5-chlorbenzophenon und Di-(α-phenyläthyl)-äther [3067]. Zur Lichtstabilisierung von PVC und seinen Mischpolymerisaten eignet sich ein Gemisch von Salol mit Bisphenolen, z. B. Bisphenol A [505].

Die Verwendung von Salicylsäureestern in Polyolefinen wird erst seit verhältnismäßig kurzer Zeit in Betracht gezogen. Infolge der mangelnden Verträglichkeit zwischen esterartigen Verbindungen und Olefinpolymerisaten kommen, falls überhaupt, nur solche Produkte für die Praxis in Frage, welche hinreichend mit verträglichkeitssteigernden Kohlenwasserstoffresten substituiert sind. Von der Eastman Kodak Co. sind 4′-Biphenylylsalicylat oder 4′-Biphenylyl-5-phenylsalicylat [761, 2764], Alkylphenylsalicylate mit $C_{\geqq 8}$-Alkylsubstitution, z. B. 4-ditert.-Octyl-(= α,α,γ,γ-Tetramethylbutyl)-phenylsalicylat oder 2-n-Dodecylphenylsalicylat [891, 2376, 2770], von der Dow Chemical Co. Salicylsäure- oder Hydroxynaphthoesäureester bzw. -amide mit C_{4-32}-Alkylresten in der alkoholischen oder aminischen Komponente, wie Octadecylsalicylat, Octadecyl-2-hydroxy-3-naphthoat oder N,N'-Disalicyloyl-1,6-diaminohexan, evtl. in Kombination mit phenolischen Antioxydantien [2737, 1160] genannt worden. Ferner werden Verbindungen der β-Resorcylsäure als Polyolefin-Stabilisatoren angeführt [628; 722]; deren Alkylester dienen als Wärmestabilisatoren [3140]. Kombinierte Lichtstabilisierungssysteme bestehen aus Alkylphenylsalicylaten, z. B. 4-n-Octylphenylsalicylat, und phenolischen Antioxydantien [3241, 2933]. Ferner wird speziell zur Stabilisierung von Polypropylen-Fasern die Kombination von UV-Absorbern vom Salicylat- oder Hydroxybenzophenon-Typ mit basischen Substanzen oder Anionenaustauschern wie Hydroxyapatit zur Erleichterung der Anfärbbarkeit empfohlen [1354]. — Derivate der 3,5-Dialkyl-4-hydroxybenzoesäure, z.B. das 2',4'-Di-tert.-butylphenyl-(3,5-di-tert.-butyl-4-hydroxybenzoat), werden ebenfalls zur Stabilisierung gegen UV-Licht, und zwar von Polyolefinen wie Polypropylen und von Polystyrol vorgesehen [1316].

Stabilisierungssysteme für weitere Polymere sind: Zur Lichtstabilisierung von Polystyrol oder Mischpolymerisaten mit α-Methylstyrol eine Kombination von Salicylsäurealkylestern mit Alkanolaminen, z. B. Diisopropanolamin [400, 1659, 3004, 2617, 2222, 1079]; zur Stabilisierung von Polyformaldehyd eine Kombination von Methylsalicylat und Al-isopropylat (vgl. *2.4.*) [3315]; zur Verhinderung der Verfärbung linearer ungesättigter Polyesterharze unter Lichteinfluß Salicylsäurealkyl- oder -arylester [450], evtl. in Kombination mit Benzophenon-Derivaten [506]; zur Lichtstabilisierung weichmacherhaltiger Celluloseester 3-Methoxyphenyl-4'-hydroxybenzoat [491], Hydrochinonmonosalicylat [526] oder Resorcinmono-(3-hydroxybenzoat) [492], ferner auch polykondensierte 4-Acetyl-β-resorcylsäure [541]; zur Lichtstabilisierung von Dichlorbutadien-Polymerisaten 4-Alkylphenylsalicylate [179], Mono- oder Disalicylate von Bisphenol A [194]. Synthetische Kautschuke und andere Polymere können durch Zumischung eines Polymerisats von Vinyl- oder Allylsalicylat, das evtl. noch mit (Meth-)Acrylaten copolymerisiert ist, gegen Lichtabbau stabilisiert werden. Die Wirkung dieser hochmolekularen Stabilisatoren wird erhöht, wenn sie als Metallchelate (I) vorliegen, wobei das zentrale Metallatom Me = Cu, Be, Mg, Zn, Al, Zr, Mn, Fe, Co oder Ni sein kann [579, 2673, 1815].

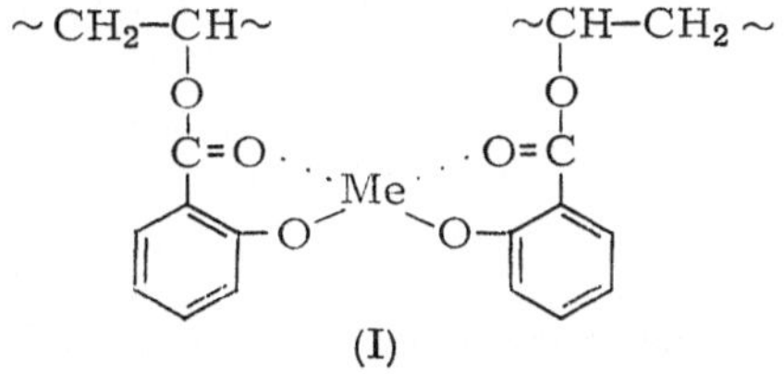

~CH_2–CH~ ~CH–CH_2~ O O C=O · · Me · · O=C O O

(I)

Handelsprodukte:

Phenylsalicylat (Salol) — ohne Handelsnamen (*DO, RP*)*

$C_6H_4(OH)$–CO–O–C_6H_5

4-tert.-Butylphenylsalicylat — Dow Light Absorber TBS (*DO*)

$C_6H_4(OH)$–CO–O–C_6H_4–$C(CH_3)_3$

4-Octylphenylsalicylat — Eastman Inhibitor OPS (*EA*)

$C_6H_4(OH)$–CO–O–C_6H_4–C_8H_{17}

3.1.3. Gallussäureester. Diese Verbindungen wirken auf Grund der Häufung phenolischer Hydroxylgruppen als kräftige Antioxydantien. Die in der praktischen Anwendung verbreitetste unter ihnen ist das n-Propylgallat. Es eignet sich zur Stabilisierung von Hochdruck-Polyäthylen [1520], besonders in Kombination mit 4,4'-Bisphenolen, einkernigen Phenolen wie DBPC, Phosphorsäure oder Citronensäure, wobei sein Vorteil in der Ungiftigkeit liegt, so daß derartige Stabilisierungen besonders für Lebensmittel-Verpackungsfolien von Interesse sind [1062, 1704, 2992, 2640, 1094, 3050, 2388, 3277]. Auch für Celluloseacetobutyrat-Formmassen mit Anatas-Pigmentierung [403] und für Polyäther [660, 2252, 2666, 3180, 1104, 1861] ist Propylgallat als Stabilisator angegeben worden. Gallussäureester von langkettigen Alkanolen wie Dodecyl- oder Octadecylgallat eignen sich speziell als Polyolefin-Antioxydantien [651, 2753, 2264] oder zur Hitzestabilisierung von linearen Polyestern, z. B. Terephthalaten [676]; zur Stabilisierung von Polypropylen wird eine Kombination von Gallaten mit Thiodipropionsäureestern (DLTDP) genannt [2023]. Die starke antioxydative Wirkung von Gallaten auf Polyolefine wird besonders deutlich demonstriert durch Messungen von Baum u. a. (*37*). Danach ergibt sich mit Laurylgallat eine Induktionsperiode von 12, mit Propylgallat von 8 Tagen für die Bildung von IR-Carbonylbanden in Hochdruck-Polyäthylen bei 110 °C (vgl. dazu Tabelle III.2.).

Handelsprodukte:

Propylgallat — Tenox PG (*EA*)*

$(HO)_3C_6H_2$–CO–O–C_3H_7

* Abgekürzte Bezeichnungen der Herstellerfirmen sind auf S. 592 erklärt.

3.1.4. Derivate phenylsubstituierter Alkancarbonsäuren. In dieser Klasse begegnen uns zwei neuere Entwicklungen auf dem Gebiet der Polyolefin-Stabilisatoren. Von den Farbwerken Hoechst sind Ester oder Säureamide von Bis-(4-hydroxyphenyl)-alkancarbonsäuren, in denen die beiden in Alkyliden-Stellung gebundenen Phenylreste noch mit verschiedenartigen Gruppen (z. B. C_{1-18}-Alkyl) substituiert sein können, angegeben worden. Beispiele für solche Verbindungen sind der γ,γ-Bis-(4-hydroxyphenyl)-pentansäuredodecylester (I) oder das entsprechende Dodecylamid. Verbindungen dieser Art sind besonders als Antioxydantien für Polypropylen und höhere Polyolefine mit tertiären C-Atomen geeignet [2474, 1291], evtl. in Kombination mit schwefelhaltigen organischen Phosphorig- oder Phosphonigsäureestern [1467]. Besonders beschrieben werden als Licht- und Wärmestabilisatoren für Niederdruck-Polyolefine mehrfache Ester mehrwertiger Alkohole, von denen die

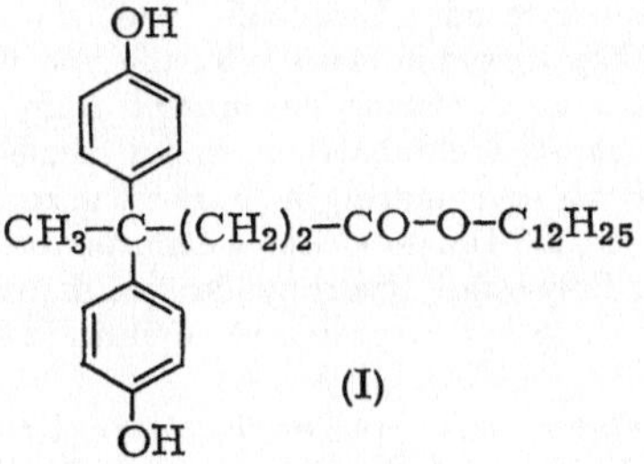

OH

$CH_3-C-(CH_2)_2-CO-O-C_{12}H_{25}$

OH

(I)

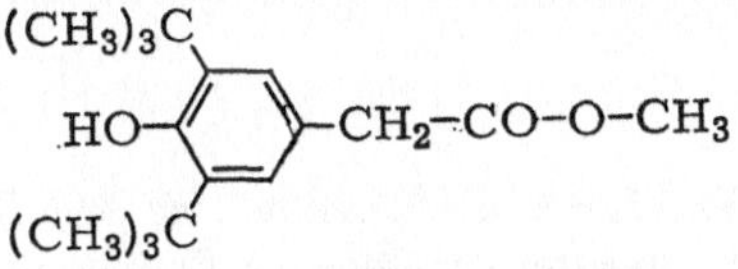

$(CH_3)_3C$

HO- -$CH_2-CO-O-CH_3$

$(CH_3)_3C$

(II)

eine Säurekomponente eine Bisphenolcarbonsäure (oder allgemein eine phenolische Carbonsäure, z. B. auch Gallussäure) ist, die andere eine C_{4-20}-Carbonsäure, die evtl. Schwefel, Phosphor oder einen Thiobenzimidazolrest aufweisen kann, z. B. der gemischte Ester des Glykols von γ,γ-Bis-(4-hydroxyphenyl)-pentancarbonsäure und β-Laurylthiopropionsäure [2508, 1469]. — Von der Geigy AG. sind Alkancarbonsäureester entwickelt worden, die nur mit einem Phenolrest substituiert sind, wie z. B. der 3,5-Di-tert.-butyl-4-hydroxyphenylessigsäuremethylester (II). Diese Verbindungen dienen, evtl. in synergistischer Kombination mit DLTDP, als Oxydations-, Wärme- und Lichtstabilisatoren für Polyolefine und schlagfestes Polystyrol [1397]. Für sie sind zahlreiche spezielle Kombinationen mit stickstoffhaltigen Verbindungen [1461; 1462; 1463; 1464] sowie mit Phosphiten und Thiodicarbonsäureestern [1466] angegeben worden.

Handelsprodukte:

β-(3,5-Di-tert.-butyl-4-hydroxy-phenyl)-propionsäure-n-octadecylester	Irganox 1076 (*GE*)*

$(CH_3)_3C$

$HO-C_6H_2-CH_2-CH_2-CO-O-C_{18}H_{37}$

$(CH_3)_3C$

3.1.5. Derivate phenylsubstituierter Olefincarbonsäuren. Hierzu gehört in erster Linie die Zimtsäure mit ihren Derivaten. Zur Wärme- und Lichtstabilisierung von Vinylidenchlorid-Polymerisaten sind u. a. Aryloxyalkylester der Zimtsäure genannt worden, so z. B. das β-Phenoxyäthylcinnamat [54]. Als Wärmestabilisatoren erwiesen sich: für PVC ein Gemisch aus basischem Bleisilicat und Zimtsäure [201], für Acrylnitril-Copolymere Zimtsäure oder Erdalkali- bzw. Aluminiumsalze derselben [452], für Polyolefine 3,4-Dihydroxyzimtsäure oder die von ihr abgeleiteten Ester oder Ketone [2303]. Derivate des Cumarins, des inneren Anhydrids der 2-Hydroxyphenylacrylsäure, eignen sich als Lichtabsorber, wobei speziell Verbindungen vom Typ des Umbelliferons (7-Hydroxycumarin) in Betracht gezogen wurden, und zwar für Vinylidenchloridharze die 2,4-Dichlor- oder 4-Chlorbenzoesäureester des 4-Methylumbelliferons [357], für Polyamide Hydroxyalkoxy-substituierte Cumarin-Derivate, wie z. B. das 4-Methyl-7-(β-hydroxyäthoxy)-cumarin [2416].

3.1.6. Ester von Carbonsäuren mit sauerstoffhaltigen heterocyclischen Ringen. UV-Absorber und Lichtstabilisatoren sind: Furancarbonsäureester, z. B. der p-Toluylester, für Polyvinylidenchlorid [3039]; Monopiperonylsäureester von Resorcin für Celluloseester [369].

3.2. Aromatische Dicarbonsäuren, deren Anhydride und Ester

Die (substituierten) Phenylester der isomeren Phthalsäuren sind mehrfach als UV-absorbierende Lichtstabilisatoren beschrieben worden: für Vinylidenchlorid-(Co-)Polymere Dihydroxyterephthalsäurediphenylester, z. B. das 2,5-Dihydroxy-Derivat [691] und Iso- oder Terephthalsäureester von halogenierten oder mit Kohlenwasserstoff- oder Äthergruppen substituiertem Phenol, z. B. der Terephthalsäure-di-(4-tert.-octylphenyl)-ester [973]. Verbindungen der letztgenannten Struktur eignen sich allgemein als UV-Absorber für eine große Anzahl natürlicher oder synthetischer Polymerer [2918]. Für Polypropylen kommt u. a. Phthalsäurediphenylester oder ein Alkylsubstitutionsprodukt davon in Frage [872]. Phthalsäureanhydrid eignet sich als Wärme- und Lichtstabilisator für Polyolefine, besonders isotaktisches Polypropylen [3026, 1936, 2866, 3247, 3322, 2500, 3232, 1247]. Ein Benzaldehyd-Kondensationsprodukt des Phthalsäureanhydrids, das Benzalphthalid (I), ist als synergistische Komponente für Metallseifen in PVC wirksam (*492*) [2136]; es bildet auch zusammen mit 2-Phenylindol und einer Mineralölkomponente ein gegen die Verfärbung durch Licht wirksames Stabilisatorsystem für PVC [1096, 3265, 2648].

C_6H_4–C=CH–C_6H_5 (O=C–O Lactonring) (I)

* Abgekürzte Bezeichnungen der Herstellerfirmen sind auf S. 592 erklärt.

3.3. Metallsalze und Chelate von aromatischen Carbonsäuren

Derartige Salze sind typische PVC-Stabilisatoren. Diese Wirkung wurde bereits vor längerer Zeit in Untersuchungen der Wingfoot Corp. an Metallsalzen der Phthalsäure und Salicylsäure, z. B. Zn-phthalat [1501] oder Salicylaten von Mg, Ca, Ba und Sr [106] festgestellt. Von technischer Bedeutung ist das neutrale Pb-salicylat als Zusatzstabilisator zur Verbesserung der Lichtbeständigkeit und Inhibierung von Eisenverfärbungen. Auch Metallsalze substituierter Salicylsäuren, wie das Ca-3,5-diisopropylsalicylat oder das Pb-3,5,6-tributylsalicylat üben eine wärme- und lichtstabilisierende Wirkung auf verschiedenste Arten von halogenhaltigen Polymeren aus, die in Abhängigkeit vom salz- bzw. chelatartig gebundenen Metallatom in der Reihenfolge Mg<Ba<Sr<Ca<Cd<Ni<Pb zunimmt [1519, 155, 2971, 2536]. Diese Wirkung zeigen ferner auch Sn-II-salicylat [1548], basische Bleiphthalate, $C_6H_4(COO)_2Pb \cdot PbO$ bzw. $C_6H_4(COO)_2Pb \cdot 2PbO$ [274, 1563, 2558], Salze zweiwertiger Metalle mit alkylierten Benzoesäuren, wie das Ba-4-dodecylbenzoat [263], gemischte Zn- und Ca-Salze von Benzoe-, Phthal-, Salicyl- oder Phenylessigsäure [455], Salze von Metallen der II. oder IV. Gruppe mit sauren Phthalsäurealkylestern, welche infolge ihrer langkettigen Alkylreste gleichzeitig Weichmacherwirkung besitzen und eine bessere Vermischung mit dem Polymeren erlauben [2650], sowie basische Pb-Salze aromatischer Carbonsäuren mit 3—6 Carboxylgruppen, wie das einbasische Pb-trimellitat $[C_6H_3(COO)_3]_2Pb_3 \cdot 3PbO$ [1326]. Praktisch werden solche Metallsalze meist mit anderen PVC-Stabilisatoren kombiniert. So enthalten wärmestabilisierende Gemische als weitere Komponenten entweder Metallphenolate, wie in der unter *2.4.* aufgeführten Kombination [661, 1743, 2683, 2487] oder in dem sehr ähnlichen System:

Salze mehrwertiger Metalle mit aromatischen C_{7-14}-Carbonsäuren, z. B. Cd-4-tert.-butylbenzoat

\+ Metallphenolate von C_{6-30}-Phenolen, z. B. Ba-nonylphenolat [1334],

oder sie enthalten Metallseifen und Komplexbildner, wie in den bereits in *2.3.* erwähnten Gemischen aus

Ca- oder Zn-benzoaten

\+ Ca- oder Zn-Salzen gemischter Fettsäuren aus eßbaren Fetten und Ölen

\+ mehrwertigen Alkoholen, z. B. Sorbit oder Pentaerythrit

für physiologisch einwandfreie Stabilisierungen [823; 825; 1234].

Als Stabilisatoren für andere als chlorhaltige Polymere eignen sich: Phthalate von Metallen der II., III. und IV. Gruppe zur Verhinderung der Verfärbung und Geruchsbildung bei der Heißverarbeitung von Niederdruck-Polyolefinen [2193, 1086, 1760, 2626, 2995]; Cu-2,5-dihydroxyterephthalat [500] und Mn-II-salicylat [1005] zum Schutz von Celluloseestern gegen UV-Strahlung.

Handelsprodukte:

Vgl. die Liste der Handelsprodukte im Anhang, Abschnitt „PVC-Stabilisatoren".

3.4. Aliphatische Monocarbonsäuren, deren Ester und Lactone

(Die Formeln für die wichtigsten in Betracht kommenden Säuren siehe bei *3.7.*).

Verbindungen dieser Art besitzen vorwiegend Interesse für die PVC-Stabilisierung, ohne jedoch von größerer praktischer Bedeutung zu sein. Langkettige Derivate vereinigen häufig Stabilisator- und Weichmacherwirkung miteinander. – Olefinisch-ungesättigte Carbonsäuren und ihre Ester sind aus älteren Untersuchungen als Wärme- und Lichtstabilisatoren für PVC bekannt. Z. B. wird Vinylchlorid in Gegenwart ungesättigter Carbonsäuren (oder Carbonsäureamide) wie Acrylsäure, α-Chloracrylsäure oder Maleinsäure polymerisiert und das Polymerisat anschließend alkalisch behandelt [2091, 1476, 2524, 16]. Weitere, ebenfalls ältere Patente gelten dem Zusatz langkettiger Ester zu chlorhaltigen Polymeren [52; 62, 1522; 160; 227; 329; 54; 31], worauf hier nicht näher eingegangen werden soll. Nach neueren

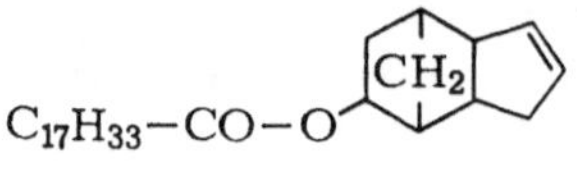

$C_{17}H_{33}$–CO–O– [CH_2] (I)

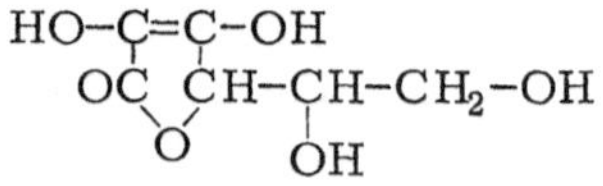

HO–C=C–OH
OC CH–CH–CH_2–OH
O OH (II)

Ergebnissen wirken die Biphenylylester von langkettigen Fettsäuren, wie das 2-Biphenylylstearat, als Wärme- und Lichtstabilisatoren [2168], die Polycyclopentenylester von Fettsäuren, z. B. das Dicyclopentenyloleat (I), als Lichtstabilisatoren [931]. Eine gleichzeitige Wärmestabilisierung wird bei letzteren durch Zusatz von Synergisten wie Metallsalzen oder organischen Phosphiten erzielt. Eine besondere Art der Kombination von Fettsäureestern mit Metallsalzen besteht darin, daß basische Bleisalze für die Wärmestabilisierung von PVC mit Fettsäureglyceriden oberflächlich überzogen werden; dieses Verfahren soll wohl in erster Linie die Verträglichkeit des Salzes mit dem Harz erhöhen (vgl. auch *1.3.5.*) [3086]. Als Wärmestabilisatoren für Polyvinylidenchlorid haben schließlich die Ester ein- und mehrbasischer aliphatischer Oxysäuren und die Lactone solcher Säuren, z. B. 9,10,12-Trihydroxystearinsäureäthylester oder Gluconsäurelacton Interesse gefunden [1528, 260, 2083].

Im Bereich anderer Kunststoffe treten folgende einschlägige Verbindungen als Stabilisatoren auf: für Polyvinylfluorid und seine Mischpolymerisate Glycerinmonolaurat als Wärmestabilisator [139, 1516]; für Polyäthylen Ester mehrwertiger Alkohole mit einbasischen Fettsäuren, z. B. Propylenglykolmonostearat, zur Wärmestabilisierung [130, 1508]; für Polypropylen und Polyisopren Hydroxybenzylester mit hindernden Substituenten, z. B. 3,5-Di-tert.-butyl-4-hydroxybenzylacetat, als Antioxydans [904]; für Polystyrol monomeres Methylmethacrylat als Wärme- und Lichtstabilisator [886]; für Methacrylnitril-Polymere halogenierte Fettsäuren und deren Ester, z. B. α-Brombuttersäure, als Wärmestabilisator [445]; für Polyamide Ascorbinsäure (II), evtl. kombiniert mit Kupfersalzen oder phosphorhaltigen Salzen, als Wärme-, Licht- und Oxydationsstabilisator [2389]. Ascorbinsäure oder Fettsäureester derselben eignen sich im Gemisch mit phenolischen Antioxydantien oder Phenothiazin auch als Oxydationsstabilisator für Dicarbonsäureester, die als Weichmacher für Polymere Verwendung finden, also z. B. Dibutylsebacinat oder Dioctylphthalat [603]. Zur Wärmestabilisierung von Celluloseacetobutyrat dient 3-Methoxybutylmyristat [442]. Butyl-Kautschuk läßt sich gegen Oxydation bei erhöhter Temperatur durch Erhitzen mit 1–12 Gew.-% 2,6-Di-(acyloxyalkyl)-phenolen oder 2,6-Di-(acyloxyalkyl)-phenylestern, z. B. 2,6-Di-(acetoxymethyl)-4-

dodecylphenylacetat, in Gegenwart eines Schwermetallhalogenids schützen [2476, 2483]. – Als Stabilisator für Polyolefine und PVC befindet sich ein Gemisch aus DBPC und einem langkettigen Fettsäureester im Handel, das antioxydative, lichtstabilisierende und weichmachende Eigenschaften besitzen soll und physiologisch unbedenklich ist *(667a)*.

3.5. Aliphatische Polycarbonsäuren, deren Anhydride und Ester

Als Stabilisatorsubstanzen besitzen insbesondere Derivate der Maleinsäure, Fumarsäure, Aconitsäure, Itaconsäure, Citronensäure, Adipinsäure und Sebacinsäure praktisches Interesse. Ester dieser Säuren sind Stabilisatoren für halogenhaltige Polymere und wirken, in entsprechender Menge zugesetzt, evtl. als Weichmacher. Beispielsweise haben sich die folgenden Verbindungen als Stabilisatoren für Vinylidenchlorid-Polymerisate erwiesen: Triäthylaconitat [51], Diallylmaleat, Diäthylitaconat, Diallylsebacinat [61], Acetylcitronensäuretriäthylester [96] bzw. dessen Kombination mit Na-pyrophosphat und Phenylsalicylat [344] oder Citronensäure in Kombination mit Pyrophosphaten und phenolischen Verbindungen [432] sowie strukturell verwandte Derivate. In PVC und seinen Mischpolymerisaten können einige typische Weichmacher wie das Diisobutyladipat [93] eine stabilisierende Wirkung zeigen, vor allem aber sind zweibasische ungesättigte Säuren und ihre Derivate in Betracht gezogen worden: Maleinsäure oder ihre Alkylester als Wärme- und Lichtstabilisatoren [3037], Kombinationen von Monoalkylfumaraten mit basischen Bleisalzen [126] oder Mono-(alkoxyäthyl)-maleaten mit basischen Bleisalzen [199] als Wärmestabilisatoren oder, in einer neueren Entwicklung, Dialkylester einer Dimethylitaconsäure als weichmachende PVC-Stabilisatoren zur Erzielung besonders günstiger Tieftemperatureigenschaften [3168]. Derivate von mehr als zweibasischen Carbonsäuren, die für die PVC-Stabilisierung von Interesse sind, sind der Orthoameisensäureäthylester, der in Kombination mit Dibutyl-Sn-dilaurat oder Bleiverbindungen als Wärmestabilisator wirkt [463, 1622], und Ester von Alkanpolycarbonsäuren wie Pentan-1,1,3,3,5,5-hexacarbonsäurehexaäthylester als ausgesprochen lichtstabilisierende Komponente, besonders für Folienmaterial aus Vinylchlorid- und Vinylidenchlorid-(Misch-)Polymerisaten, die zur Wärmestabilisierung noch weitere Komponenten enthalten [946].

Auch zur Stabilisierung von Polyolefinen erweisen sich Maleinsäureester als brauchbar; Mono- und Dialkylester mit $C_{\geqq 3}$-Alkyl, z. B. Dioctylmaleat, wirken als Wärme- und Lichtstabilisatoren für kristalline Polyolefine, besonders Polypropylen [3031, 2448, 1298]. Ferner besitzen das Tetrapropenylbernsteinsäureanhydrid [1954, 3225, 2434, 2870, 1258] sowie Citronensäuretriester, die an der OH-Gruppe evtl. veräthert oder verestert sein können [1371], eine stabilisierende Wirkung in Polyolefinen, letztere besonders im synergistischen Gemisch mit DLTDP, phenolischen Antioxydantien, Epoxyverbindungen und Metallseifen.

Zur Verhinderung der thermisch ausgelösten Verfärbung von Polyacrylnitril und seinen Mischpolymerisaten können ebenfalls Maleinsäure oder ihr Anhydrid allein [324], oder Maleinsäurederivate (Ester, Salze) in Kombination mit Aluminiumsalzen, z. B. $Al_2(SO_4)_3$ [282], dienen.

Mehrbasische Carbonsäuren wie Maleinsäure, Citronensäure, Nitrilotriessigsäure [982] oder Weinsäure [983] kommen zur Wärmestabilisierung von Polyätherurethan-Schaumstoffen in Betracht (wobei sie den reaktionsfähigen Komponenten vor der Verschäumung zugesetzt werden), Maleinsäure oder Phthalsäure bzw. deren Anhydride zum Schutz von Celluloseestern gegen Verfärbung bei der Heißverformung [3165]. Mehrbasische Säuren wie Weinsäure, Citronensäure, Malonsäure u. a. verbessern ferner die Wirkung von phenolischen und aminischen Antioxydantien in synthetischen Kautschuken [1869, 1068].

3.6. *Cycloaliphatische Carbonsäuren, deren Anhydride und Ester*

Zur Licht- und Wärmestabilisierung chlorhaltiger Polymerer sind Derivate der 3,6-Endomethylen-1,2,3,6-tetrahydrophthalsäure (I) mehrfach in Betracht gezogen worden: Ester von (I) als stabilisierender und weichmachender Zusatz zu Vinylidenchlorid-Polymeren [1500, 115; 196], das Anhydrid von (I) in Kombination mit einer Metallseife und einem Thiobisphenol für PVC [557], polyesterartige Kondensationsprodukte von (I) mit Glykolen wie Äthylenglykol oder 1,4-Butandiol für PVC und seine Mischpolymerisate, ferner für Polystyrol und Celluloseester (wobei

```
        CH
      /  |  \
   HC    |   CH—COOH
   ||   CH2  |
   HC    |   CH—COOH
      \  |  /
        CH
              (I)
```

der besondere Vorteil dieser hochmolekularen Stabilisatoren in ihrer geringen Auswanderungstendenz liegt) [686, 943], sowie schließlich Ester der (I) entsprechenden Säure mit einer O-Brücke, z. B. der 7-Oxa-bicyclo-[2.2.1.]-hepten-(5)-2,3-dicarbonsäuredipropylester für Polyvinylidenchlorid, PVC oder die Mischpolymerisate beider [211, 2569, 1565]. Als Wärmestabilisatoren für verschiedenste halogenhaltige Polymere können ferner Diels-Alder-Kondensationsprodukte aus 1,2,4-Trimethylencyclohexan und Methylmethacrylat, Methylacrylat oder Maleinsäureanhydrid, z. B. Mono- oder Dicarbonsäureester des 6-Methylenoctahydronaphthalins, dienen [804].

3.7. *Metallsalze von aliphatischen und cycloaliphatischen Carbonsäuren*

3.7.1. Metallsalze von höheren ($C_{\geq 6}$) einbasischen Carbonsäuren. Zu dieser Gruppe gehören die in der Praxis am meisten verbreiteten PVC-Stabilisatoren, die Metallseifen. Hierunter versteht man üblicherweise die Metallsalze von gesättigten, ungesättigten und evtl. mit Hydroxylgruppen substituierten Carbonsäuren mindestens als 6 C-Atomen. Die wichtigsten von diesen Säuren sind: Hexansäure (Capronsäure) $CH_3—(CH_2)_4—COOH$, Heptansäure $CH_3—(CH_2)_5—COOH$, Octansäure (Caprylsäure) $CH_3—(CH_2)_6—COOH$, 2-Äthylhexansäure (α-Äthylhexansäure) CH_3—$(CH_2)_3$—$CH(C_2H_5)$—COOH, Undecylsäure CH_3—$(CH_2)_9$—COOH, Laurinsäure CH_3—$(CH_2)_{10}$—COOH, Myristinsäure CH_3—$(CH_2)_{12}$—COOH, Palmitinsäure CH_3—$(CH_2)_{14}$—COOH, Stearinsäure CH_3—$(CH_2)_{16}$—COOH, 12-Oxystearinsäure CH_3—$(CH_2)_5$—CH(OH)—$(CH_2)_{10}$—COOH, Ölsäure CH_3—$(CH_2)_7$—CH=CH—$(CH_2)_7$—COOH, Linolsäure CH_3—$(CH_2)_4$—CH=CH—CH_2—CH=CH—$(CH_2)_7$—COOH, Ricinolsäure CH_3—$(CH_2)_5$—CH(OH)—CH_2—CH=CH—$(CH_2)_7$—COOH, Naphthensäuren (Gemische von meist einbasischen cycloaliphatischen Carbonsäuren, in denen Cyclopentancarbonsäure und deren Homologe vorherrschen). Die Kationen der als PVC-Stabilisatoren benutzten Metallseifen sind vorwiegend Pb, Ba, Cd, Zn, Ca, Mg, Sr, Sn oder Li. Die Anwendbarkeit der Metallseifen ist jedoch nicht auf die Stabilisierung von PVC beschränkt; neuere Untersuchungen haben in zunehmendem Maße auch eine Wirksamkeit in zahlreichen anderen Polymeren ergeben.

Die Stabilisierung von chlorhaltigen Polymeren, insbesondere PVC und seinen Mischpolymerisaten, mit Metallseifen gehört zu den frühesten Stabilisierungsverfahren für diese Klasse von Polymeren und hat bis zum heutigen Tag ihre vorrangige Stellung behalten. Sie basiert auf mehr als 30 Jahre zurückliegenden Arbeiten der Carbide & Carbon Chemicals Corp., die Metallsalze schwacher organischer Säuren, wie Palmitate, Stearate, Oleate, Ricinoleate oder Abietate von (Erd-)Alkalimetallen, Cd, Pb, Mn oder Sb, gegebenenfalls in Kombination mit anderen Verbindungen wie Harnstoff, Salicylsäureestern oder alkalisch reagierenden Metalloxyden und -hydroxyden zur Wärme- und Lichtstabilisierung von PVC und Vinylchlorid/Vinylacetat-Copolymeren als geeignet ergaben [10, 1473, 2523]. Im Prinzip hat die moderne PVC-Stabilisierungstechnik an diesen Verbindungen festgehalten, welche präparativ relativ einfach durch Umsetzung der Alkalisalze der betreffenden Säure mit einem wasserlöslichen Salz des Kations der gewünschten Metallseife, oder durch Zusammenschmelzen der Fettsäure mit dem betreffenden Metalloxyd erhalten werden (*493*). In neueren Entwicklungen wurde vielfach die Art der Säurekomponente variiert; so werden u. a. genannt: Salze von Diencarbonsäuren, z. B. Na-sorbat [205], Salze von Äthercarbonsäuren, z. B. Cd-2-äthylbutoxyacetat [532, 3078, 1734, 2475], Salze von chlorierten Fettsäuren, z. B. Cd-tetrachlorstearat [3100] oder Salze von α-tert.-Carbonsäuren, wie Ba/Cd-2-methyl-2-äthylhexanoat [2858]. Metallseifen von gewissen verzweigten Fettsäuren, z. B. 2-Äthylhexansäure, sind flüssig und bieten gegenüber den festen Metallseifen der geradkettigen Säuren verarbeitungstechnische Vorteile. Das Kation hat einen entscheidenden Einfluß auf die Wirksamkeit des Stabilisators. Deshalb beanspruchen zahlreiche Entwicklungen die Verwendung eines bestimmten Metalls oder einer bestimmten Klasse von Metallen: Erdalkalisalze von α- oder β-alkylierten oder -oxyalkylierten C_{4-16}-Carbonsäuren, z. B. Ba-2-äthylhexanoat [173, 1560], Erdalkaliricinoleate, besonders Ba-ricinoleat, zur Stabilisierung entweder von weichmacherhaltigem

PVC [182; 258; 286] oder von Polyvinylidenchlorid [272], Erdalkali- (besonders Mg-)Salze von Ölsäure, Linolsäure, Acetylricinolsäure oder Naphthensäuren [2551], Cd-Salze von α-Hydroxyfettsäuren wie Cd-α-hydroxylaurat [1682, 2078, 2603], basische Cd-Seifen von C_{5-13}-Carbonsäuren [1652, 2595, 2148, 1088] (evtl. in Kombination mit Polyhydroxyverbindungen wie Pentaerythrit [1712, 2618]), Cd-Seifen von Monohydroxystearinsäuren [2473, 1767, 1052] oder Zinkseifen [2533] und andere zur Wärmestabilisierung chlorhaltiger Polymerer. Auch Aluminiumsalze sind in der Patentliteratur genannt worden [3119, 3320], besitzen jedoch keine praktische Bedeutung. Zinn-II-Salze, wie das Stearat, Naphthenat [1548, 299], Ricinoleat (*207*) oder 2-Äthylhexanoat [2913] zeigen in PVC-Massen eine gute Lichtschutzwirkung im Verein mit wärmestabilisierenden Eigenschaften. Von besonderer Bedeutung sind die Bleiseifen (allgemeines über Blei-Stabilisatoren vgl. *1.3.5*). Von diesen werden vorzugsweise die basischen Salze, wie zweibasisches Pb-stearat $(C_{17}H_{35}COO)_2Pb \cdot 2PbO$ eingesetzt, da hierbei die Neigung zum Ausschwitzen der freigesetzten Fettsäure geringer ist als bei den neutralen Salzen (*631*). Zur besseren Vermischung mit dem Polymeren können Bleistabilisatoren bereits während des Polymerisationsprozesses zugegeben werden, wodurch eine Einsparung an der eingesetzten Menge des Stabilisators möglich ist [1512]. Bleisalze langkettiger Fettsäuren zeigen neben ihren stabilisierenden Eigenschaften Gleitmittelwirkung; dies gilt insbesondere für das neutrale Pb-stearat, aber auch für andere, z. B. basische Bleiseifen von einem C_{14-18}-Fettsäuregemisch [2153]. Eine Art von Doppelsalzen erhält man durch Umsetzen eines basischen Pb-Salzes, z. B. basischem Pb-sulfat mit (höchstens 5 Gew.-%) einer Fettsäure wie Stearinsäure. Das Pb-Salz liegt dabei in wäßriger Suspension, die Säure in einer Weichmacher-Flüssigkeit wie DOP gelöst vor. Nach der Reaktion wird die wäßrige Phase abgetrennt, und das restliche Produkt dient als PVC-Stabilisator [1716, 1446]. Eine weitere Art von Doppelsalzen des Bleis bilden die bereits vor längerer Zeit als Wärme- und Lichtstabilisatoren vorgeschlagenen Mischsalze von Phenolen und Fettsäuren, z. B. das Phenoxy-Pb-stearat [69, 73, 1507]. Auch Sb-III- [482] sowie Bi-Seifen [1527, 217, 3252] eignen sich als Stabilisatoren chlorhaltiger Polymerisate, sind jedoch nie in das Stadium eines nennenswerten praktischen Einsatzes gelangt. — Von jeher sind synergistische Kombinationen von Metallseifen sowohl untereinander wie auch mit andersartigen Stabilisatoren als besonders wirkungsvoll bekannt gewesen. Wichtig ist in der Praxis der Synergismus von Ba- und Cd-Seifen, die häufig im Gemisch miteinander, als „copräzipitierte“ Produkte der Umsetzung zwischen einer Ba/Cd-Salzmischung und einer Fettsäure, in den Handel kommen. Weitere für die Praxis wichtige Kombinationen verschiedener Kationen sind solche von Ca- und Zn-Seifen (z. B. [824, 1234]) für physiologisch einwandfreie Stabilisierungen, von Ba- und Zn-Seifen für PVC-Massen mit Resistenz gegen Schwefelverfärbung und andere (vgl. Liste der Handelsprodukte, Abschnitt „PVC-

Stabilisatoren"). In der Patentliteratur finden sich ferner die folgenden Metallseifen-Systeme mit gemischten Kationen angegeben: Pb oder Ca/Alkali [45], (Erd-)Alkali/Zn [113, 2057], K/Zn [2898, 1303, 2035], Cd/Pb [618], Erdalkali, Zn, Cd und/oder Pb [3120]. Die Kombinationen von Metallseifen mit andersartigen Komponenten sind mannigfaltig. Am wichtigsten sind Stabilisatorsysteme, die außer der Metallseife Epoxyverbindungen, Phosphorigsäureester, mehrwertige Alkohole und/oder phenolische Verbindungen enthalten. Systeme mit Epoxyverbindungen können neben den Metallseifen beispielsweise Glycidyläther [252, 1549] oder epoxydierte Fettsäureester [333] enthalten (vgl. ferner *2.6.* und *3.8.*). Organische Phosphite werden in Kombination mit Metallseifen zur Verhinderung des Ausfällens von Metallchloriden aus dem Stabilisator beim Erwärmen der PVC-Masse sowie auf Grund ihres antioxydativen Charakters zugesetzt (vgl. *6.1.*). Auf die Verwendung von mehrwertigen Alkoholen im Gemisch mit Metallseifen war bereits in *2.3.* hingewiesen worden. Phenolische Komponenten unterstützen die Wirkung von Metallseifen vermutlich ebenfalls durch ihre antioxydativen Eigenschaften. Eine solche Kombination liegt z. B. in dem System:

basische Bleisalze, z. B. basisches Pb-stearat

\+ 4-tert.-Octyphenol

vor [1301]. Über synergistische Gemische mit Polyhydroxyverbindungen und Alkylphenolen vgl. *2.3.*, mit Alkylphenolaten *2.4.* Weitere gemischte Stabilisierungssysteme für PVC mit Metallseifen sind, soweit nicht an anderer Stelle erwähnt, im folgenden zusammengestellt: Metallseifen mit Metallsalzen niederer organischer Säuren, z. B. Pb-stearat + Na-acetat [29]; Metallseifen mit anorganischen Verbindungen wie Alkaliphosphiten [234, 2069] oder Pb- bzw. Erdalkalioxyden [674]; Metallseifen mit partiellen Estern aus mehrwertigen Alkoholen und ungesättigten langkettigen Fettsäuren, z. B. eine Kombination von Li-stearat und Glycerinmono-(acetylricinoleat) [2320]; öllösliche Bleisalze, z. B. Pb-oleat, mit einer aus Mineralöl gewonnenen Kohlenwasserstoff-Fraktion und TiO_2 als Lichtstabilisator [1515]; Metallseifen mit typischen Vulkanisationsbeschleunigern wie Zn-dimethyldithiocarbamat oder Tetramethylthiuramdisulfid (zur Verhinderung der Verfärbung bei Kombination dieser Schwefelverbindungen mit Bleisalzen werden die Teilchen der ersteren durch Copräzipitation mit nicht-bleihaltigen Metallseifen überzogen) [1227]. — Schließlich sei auf Metallsalze von natürlichen Roh-Fettsäuren hingeweisen, die gelegentlich als PVC-Stabilisatoren vorgeschlagen worden sind. Dies sind Pb-, Ag- oder Hg-Seifen von Wollfettsäuren [2970, 1513, 2535, 198] (eine ausführliche Darstellung darüber siehe bei (*163*)), Ca- und Zn-Seifen von Fettsäuren aus Kokosnuß- oder hydriertem Baumwollsaatöl, die sich durch physiologische Unbedenklichkeit auszeichnen [823; 824; 825; 1234] oder ein Reaktionsprodukt aus Ba-oxyd, Walratöl, Heptylphenol und Mineralöl [740]. Aber auch die Fettsäurekomponenten von Metallseifen, die unter definierten chemischen Bezeichnungen gehandelt werden (Laurate, Stearate), sind häufig keine einheitlichen Verbindungen, sondern Säuregemische aus der Spaltung natürlicher Fette und Öle. — Angesichts der Fülle von verschiedenen Metallseifen, die zur Stabilisierung von PVC angegeben wurden, erhebt sich die Frage nach einem Vergleich ihrer charakteristischen Merkmale und Anwendungsmöglichkeiten. Darüber finden sich in der Literatur einige umfassende Darstellungen (*550, 612*). Allgemein gilt folgendes: Bleiseifen sind ausgezeichnete Wärmestabilisatoren, bieten jedoch wenig Schutz gegen UV-Strahlung, sind toxisch, neigen zu Schwefelverfärbung und beeinträchtigen im allgemeinen die Transparenz der PVC-Massen. Flüssige Bleiseifen-Stabilisatoren haben gegenüber den pulverförmigen, staubenden Produkten den Vorteil einer geringeren toxischen Gefährdung beim Einarbeiten. Im Laufe der Jahre sind Bleiverbindungen, wegen ihrer Wirtschaftlichkeit noch verhältnismäßig beliebt, mehr und mehr von Ba/Cd-Seifen verdrängt worden (*493*). Diese erlauben, in geeigneter Weise mit Epoxyverbindungen, Phosphorigsäureestern und evtl. noch Antioxydantien und UV-Absorbern kombiniert, einen hohen Grad an Wärme- und Lichtbeständigkeit zu erreichen. Am verbreitetsten dürfte Ba/Cd-laurat sein (*450*). Auch diese Verbindungen zeigen jedoch wegen der Anwesenheit des Cd eine gewisse Schwefelverfärbung und sind nicht toxikologisch einwandfrei. Zinkseifen werden für sich allein kaum eingesetzt, da sie ohne weitere Metallkomponenten eher eine abbaufördernde Wirkung zeigen. Sie zeichnen sich aber durch Resistenz gegen Schwefelverfärbung und, unterhalb gewisser Konzentrationsgrenzen, durch physiologische Unbedenklichkeit aus (vgl. VII.2.) und werden häufig mit anderen Metallseifen zur Verringerung der Schwefelverfärbung und Verbesserung des Farbtones bei kurzzeitiger thermischer Belastung kombiniert. Ähnliches gilt für Calciumseifen, die nur in Kombination mit anderen Metallseifen eine befriedigende Stabilisierungswirkung besitzen und eine wichtige Komponente für ungiftige Stabilisatorsysteme (besonders in Ca/Zn-Seifen) bilden. Ricinoleate sind allgemein gute Wärme- und Lichtstabilisatoren, bilden aber mit Epoxykomponenten bei Lichteinwirkung Reaktionsprodukte, die sich an der Oberfläche als Belag abscheiden (*450*). Naphthenate sind bevorzugt Lichtstabilisatoren und eignen sich, ebenso wie die Ricinoleate, besonders für transparente Massen, besitzen jedoch den Nachteil eines starken Eigengeruchs. Stearate haben eine gute Gleitmittelwirkung und vermitteln sowohl befriedigende Wärme- wie Lichtstabilität und Transparenz. Besonders das Li-, Cd- und Pb-stearat vereinigen diese Eigenschaften, letzteres allerdings erst in höheren Konzentrationen (*611, 282*). Über weitere Einzelheiten der anwendungstechnischen Eigenschaften von Metallseifen-Stabilisatoren vgl. V.2.1.

Metallseifen eignen sich nicht nur zur Stabilisierung von PVC. Ein weiteres, praktisch allerdings weniger bedeutendes Anwendungsgebiet ist die Stabilisierung von Polyolefinen. Hierauf ist erstmals von der Bakelite Corp. hingewiesen worden [130, 1508]. Spätere Arbeiten der Farbwerke Hoechst zeigen, daß sich der Geruch und die Verfärbung bei der Heißverarbeitung von Niederdruck-Polyäthylen durch Zusatz von fettsauren Salzen, z. B. Stearaten, Oleaten oder Ricinoleaten von Pb, Ba, Cd, Ca, Sr oder Sn verhindern läßt [2193, 1086, 1760, 2626, 2995]. Andere Stabilisierungssysteme für Polyolefine enthalten: eine Kombination von phenolischen Antioxydantien, Trialkylphosphiten und Metallseifen, z. B. DBPC + Triisooctylphosphit + Zn-stearat [948], Cu-Seifen [2756] oder Alkaliseifen [2506, 1304]. Wahrscheinlich beruht die Wirkung dieser Stabilisatoren auf einer Verhinderung der Korrosion von Maschinenteilen durch halogenhaltige Katalysatorreste bei der Verarbeitung. Von praktischer Bedeutung dürfte vor allem die Verwendung von Ca-stearat als Zusatzstoff für die Heißverarbeitung von Polyolefinen sein.

Erdalkaliseifen eignen sich ferner zur Stabilisierung aller Kunstharzmischungen, die Chlorparaffine enthalten [2963], speziell die Stearate zur Wärmestabilisierung von Styrol/α-Methylstyrol/Acrylnitril-Mischpolymerisaten [1390] und als Alterungsschutzmittel für ABS-Polymere (Polyblends von Styrol/Acrylnitril- und Butadien/Acrylnitril-Mischpolymerisaten) neben phenolischen Antioxydantien [2967]. Eine spezielle Bedeutung besitzen Cu-II-Seifen, z. B. Cu-stearat, zur Wärmestabilisierung von Polyamiden [2540, 1513; 3160]. Die durch solche Stabilisatoren bewirkte Verfärbung des Polyamids bei Einwirkung von schwefelhaltigen Dämpfen läßt sich durch Kombination des Cu-Salzes mit gewissen Schwefelverbindungen (vgl. *1.3.1.*) vermindern [3166]. Eine lactamlösliche Kombination von Cu-II-Salzen (z. B. dem Oleat, Naphthenat, Acetat oder Propionat) mit Phosphortrihalogenid oder -oxyhalogenid erlaubt die Stabilisierung von Polyamiden gegen Wärme, Licht, Sauerstoff und Feuchtigkeit [2429]. Als Wärme- und Lichtstabilisator für Polyamide wirken auch Co- oder Mn-Salze, wie Co-oleat oder Mn-acetat, in Kombination mit K-jodid und Na-phosphat [1290]; Mn-stearat und -naphthenat erhöhen die Lichtbeständigkeit von TiO_2-mattierten Faserstoffen aus Polyamiden [2093a]. Mn- oder Cu-Salze organischer Säuren sind, ebenso wie die Bromide und Jodide dieser Metalle, auch als Wärmestabilisatoren für endgruppenacylierten Polyformaldehyd wirksam [2282].

Ungesättigte Polyesterharze verbessern ihre Farbstabilität bei höheren Temperaturen durch Cd-2-äthylhexanoat [2377]. Styrol/Butadien-Kautschuk im unvulkanisierten wie vulkanisierten Zustand wird gegen Alterung durch eine Kombination von Trialkylphenol, wie DBPC, mit Sn-Seifen, wie Sn-II-naphthenat, geschützt [141], Kautschukmischungen mit Ölweichmachern gegen metallkatalysierten oxydativen Abbau durch Mg-Seifen, z. B. Mg-stearat [2494].

Handelsprodukte:

Metallseifen für die speziellen Erfordernisse der PVC-Stabilisierung sind in großer Auswahl im Handel; vgl. dazu die Liste der Handelsprodukte im Anhang, Abschnitt „PVC-Stabilisatoren". Vielfach wird von den Herstellern nur die Art des

Kations, aber nicht die vollständige chemische Natur des Produktes enthüllt. In den meisten Fällen liegen keine einheitlichen, chemisch reinen Produkte vor, da als Ausgangsmaterial technische Fettsäuren dienen, die noch homologe oder chemisch ähnliche Begleitsubstanzen enthalten, und da die Herstellungsprozesse häufig nicht zu stöchiometrischen Endprodukten führen. Viele Handelstypen enthalten zudem noch synergistische Komponenten (besonders Komplexbildner). Die neuerdings eingeführten „One package"-Stabilisatoren enthalten bereits das gesamte Stabilisierungssystem im fertigen Mengenverhältnis der Komponenten.

3.7.2. Metallsalze von niederen ($C_{<6}$) einbasischen Carbonsäuren. Im Vergleich zu den Metallsalzen langkettiger Fettsäuren ist die Bedeutung der Salze niederer Carbonsäuren für die PVC-Stabilisierung gering. Alkalisalze der Acryl- oder Methacrylsäure sind vor längerer Zeit als Wärmestabilisatoren für PVC, Chlorkautschuk oder Polyvinylacetale beschrieben worden [2118], Alkaliformiate oder -oxalate eignen sich zur Wärme- und Lichtstabilisierung besonders für Plastisole auf Basis von Vinylchlorid/Vinylacetat-Copolymeren [710]. Alkaliformiate können auch zur Wärme- und Witterungsstabilisierung von Polyvinylfluorid dienen [795, 1846]. Zur Stabilisierung von Acrylnitril(misch)polymerisaten gegen Verfärbung in der Wärme werden Ca-, Mg-, Al- oder Sr-acrylate [459], zur Lichtstabilisierung faserbildender Mischpolymerisate Zn-acetat, Cr-III-acetat oder Zn-oxalat vorgeschlagen, die den Spinnlösungen oder dem Koagulierbad zugesetzt werden [984]. Als Stabilisatoren für Polyamide kommen auch aus dieser Substanzklasse im Kunstharz lösliche Cu- und Mn-Salze in Betracht; vgl. dazu *1.3.1.* und *1.3.6.* Ferner werden als Wärme- und Lichtstabilisatoren für solche Polymere Cu-Salze halogenhaltiger organischer Säuren wie Cu-II-jodacetat genannt, die auch durch Cu-halogenid-Äthylendiamin-Komplexe ersetzt und gegebenenfalls noch mit Alkali- oder Amin-Salzen von Säuren des Phosphors kombiniert sein können [1986].

3.7.3. Metallsalze von mehrbasischen Carbonsäuren. In dieser Klasse findet sich eine ganze Reihe von PVC-Stabilisatoren, besonders in Form der Maleate. Von technischer Bedeutung sind vor allem die Bleimaleate. Einbasisches Pb-maleat $C_4H_2O_4Pb \cdot PbO$ sowie andere einbasische Bleisalze gesättigter und ungesättigter Dicarbonsäuren, wie das einbasische Pb-adipat [1598, 2144] und höherbasische Bleisalze solcher Säuren, z. B. dreibasisches Pb-maleat oder zweibasisches Pb-adipat [420] sind als Wärme- und Lichtstabilisatoren beschrieben worden, ebenso wie Bleisalze von Halbestern, z. B. Pb-monodecylmaleat [2587, 1638, 477; 1634], Pb- bzw. Pb/Cd-mono-(2-äthylhexyl)-maleat [2404] oder Pb-monomethyl-(n-decylsuccinat) [121, 1524]. Aber auch Salze mit anderen Kationen erweisen sich als PVC-Stabilisatoren: Alkalisalze, z. B. Na-maleat [2120] oder Ammoniummaleat, evtl. im Gemisch mit Na_3PO_4 [2550]; Ca-maleat, das sowohl im Mengenverhältnis eines Füllstoffes (15—20 Gew.-%) [2757; 2741] wie auch in typischen Stabilisatorkonzentrationen (0.15—0.2 Gew.-%) [2758] die Wärme- und Witterungsbeständigkeit von Vinylchloridpolymerisaten erhöht; verschiedene weitere Metallsalze von Halbestern oder Halbamiden der 1,2-Äthylendicarbonsäuren, so das Ca-monocetylmaleat [2587, 1638, 477; 1634] sowie Salze partieller Ester von gesättigten Säuren wie Cd-monobutyladipat [2115] oder Ca- und Mg-Salze von acylierten Citronensäuremono- oder -dialkylestern, die durch ihre Ungiftigkeit gekennzeichnet sind [2453]. Zur Wärmestabilisierung von Vinylidenhalogenid-Polymeren sind speziell das Cd-monocyclohexylmaleat oder dessen ringalkylierte Derivate angeführt worden [352, 3013, 2165, 1604, 2582]. K- oder Na-antimonyltartrat eignen sich zur Verhinderung der Verfärbung bei der Heißverformung von Folien aus Vinylhalogenid-Harzen [1497, 129]. Ein besonderes Verfahren zur Wärme- und Lichtstabilisierung von Vinyliden- und Vinylchlorid-Plastisolen besteht im Überziehen der Polymerisatpartikel von höchstens 5 μ Durchmesser mit Alkali-, Zn-, Pb- oder Sn-polyacrylat oder den Alkalisalzen anderer mehrbasischer Carbonsäuren wie Bernstein-, Itacon- oder Citronensäure in Kombination mit Phosphorsäure oder Phosphaten. Hierdurch wird besonders die Viskositätskonstanz der Plastisole verbessert [1791, 2677, 3081].

Gemischte Zn- und Erdalkalisalze von partiellen Estern der obengenannten Art, z. B. Zn/Ca-monolaurylmaleat, erwiesen sich auch als Wärmestabilisatoren zur Verhinderung der Verfärbung von Niederdruck-Polyolefinen [2371].

Maleate und Fumarate dienen als Wärmestabilisatoren für Acrylnitril-Polymere: Sr-maleat [322], Mg-alkylmaleate wie Mg-monooctylmaleat [383] oder Ca- bzw. Mg-fumarat [475].

Die Resistenz von Polyamidfasern gegen Lichteinwirkung wird durch Polymerisation in Gegenwart einer Kombination von Mn-Salzen von Dicarbonsäuren wie Mn-II-adipat mit N-Acetyl-ε-aminocapronsäure verbessert [2027, 1262].

Handelsprodukte:

Vgl. die Liste der Handelsprodukte im Anhang, Abschnitt „PVC-Stabilisatoren".

3.8. Epoxydierte Carbonsäureester; Salze von Epoxycarbonsäuren

(Vgl. dazu die Vorbemerkungen über Epoxy-Stabilisatoren bei *2.6.*)

Die Bedeutung epoxydierter Carbonsäureester als PVC-Stabilisatoren ist wegen des Umfanges ihres Einsatzes noch größer als die von epoxydierten Äthern und den anderen in *2.6.* aufgeführten Verbindungstypen. Epoxyester zeigen in besonderem Maße die bereits in *2.6.* erwähnte Kombination von Weichmacher- und Stabilisatoreigenschaften. Die ersten esterartigen Epoxy-Stabilisatoren der I.G. Farbenindustrie waren Ester der Glycidsäure $H_2C\underset{O}{\diagdown\!\!-\!\!\diagup}CH—COOH$ oder ihrer Derivate, z. B. Phenylmethylglycidsäureäthylester [2089, 3249, 25, 1471, 2521; 2090], die auch in späteren Entwicklungen mitunter noch benutzt worden sind, wie der β-p-Toluylglycidsäureäthylester [636] und Alkylester der α-Alkyl-β-(epoxyalkoxyphenyl)-glycidsäure [846, 938, 2890] für Vinylchlorid/Vinylidenchlorid-Polymerisate. Eine technische Bedeutung erlangten jedoch erst die Ester von langkettigen Epoxycarbonsäuren. Diese werden durch Epoxydierung langkettiger ungesättigter Carbonsäureester, z. B. von Oleaten oder Linoleaten, aber auch von natürlichen Ölen hergestellt. Auf solche Produkte und ihre Brauchbarkeit als Weichmacher und HCl-Akzeptoren für chlorhaltige Polymere wurde zuerst von der Rohm & Haas Co. hingewiesen, wobei die Herstellung und Verwendung beispielsweise von epoxydiertem Methyloleat, Propylenglykoldioleat, Sojaöl, Erdnußöl oder Rapsöl beschrieben wurde [159, 208]. Die Epoxydierung erfolgt durch Einwirkung von peroxydischen Verbindungen auf die ungesättigten Fettsäureester. Am wichtigsten sind die von GREENSPAN und GALL (*232*, *233*, *208*) beschriebenen Verfahren der Umsetzung mit Peressigsäure, die gegebenenfalls „in situ" aus Essigsäure, H_2O_2 und Schwefelsäure gebildet wird (vgl. auch [3303]). Da die Epoxydierung natürlicher Öle häufig einen Eigengeruch der entstehenden Produkte bewirkt, wird zur Behebung desselben und zur Erhöhung der Oxydationsstabilität der epoxydierten Öle eine anschließende Hydrierung empfohlen [1646]. Durch Peressigsäure-Epoxydierung der Diacetoglyceride von Soja-, Oliven- und Fischöl, Stearin, Talg oder Schweineschmalz werden Weichmacher und Stabilisatoren für chlorhaltige Polymere und Celluloseester erhalten [605, 1673, 1674], wobei sich relativ billige Rohprodukte zu wertvollen Hilfsstoffen der Kunststoffindustrie verarbeiten lassen. Ein weiteres Beispiel ist das Jojobaöl, das nach Epoxydierung einen brauchbaren PVC-Stabilisator liefert (*186*). Eine Verbesserung der Weichmachereigenschaften epoxydierter natürlicher Fettsäureglyceride läßt sich durch Umsetzung mit sauren Estern von Dicarbonsäuren, z. B. Monobutylphthalat, erreichen [745]. Das Hauptprodukt der Epoxydierung pflanzlicher Öle ist in den meisten Fällen Epoxystearinsäureglycerid, das aus Ölsäureglycerid gebildet wird. Eine große Anzahl von synthetisch gewonnenen Epoxystearaten sowie von epoxydiertem Sojaöl und epoxydierten Monoglyceriddiacetaten natürlicher Fette und Öle sind von WITNAUER u. a. (*641*) auf ihre Wirksamkeit als Weichmacher und Stabilisatoren im Gemisch mit PVC, dem sie zu 35 % zugemischt waren, untersucht worden. Dabei ergab sich, daß der Stabilisierungseffekt auf Farbe und mechanische Eigenschaften bei Licht- und Wärmeeinwirkung offenbar mit dem Molekulargewicht der Epoxyverbindung zunimmt, da ein Ansteigen der Wirksamkeit in der Reihenfolge Butylepoxystearat < Epoxystearinsäuremonoglyceriddiacetat < epoxydiertes Sojaöl beobachtet wird. LITTLE u. a. (*347*) weisen darauf hin, daß bei Verwendung von Epoxyweichmachern in Gewichtsverhältnissen, die oberhalb des Stabilisatorkonzentrationsbereiches (2—8 %) liegen, durch die Alterung ein Ausschwitzen klebriger Produkte auftreten kann. Die IR-spektroskopische Untersuchung der bei Bewitterung von Weich-PVC, das neben DOP noch epoxydiertes Soja- oder Tallöl enthielt, ausgeschiedenen Substanz ergab, daß es sich dabei um das Reaktionsprodukt der Epoxyverbindung mit HCl handelt, welches Chlorhydrin-Strukturen $—\underset{\text{Cl}}{\text{CH}}—\underset{\text{OH}}{\text{CH}}—$ enthält. Dieses Produkt ist unverträglich mit dem PVC-DOP-System, und oberhalb einer Konzentration von etwa 8 % tritt merkliche

Entmischung ein. Im synergistischen Zusammenwirken von Epoxyverbindungen mit Metallstabilisatoren erfolgt hingegen, falls beide Komponenten in einem aliquoten Mengenverhältnis vorliegen, eine ständige Regenerierung der Epoxy-Struktur durch die metallische Komponente, so daß die Chlorhydrine nur intermediär entstehen und nicht als Reaktionsprodukt in Erscheinung treten (*449*). Silbert u. a. (*540*) stellten Vinylchlorid-Polymerisate mit „innerer Weichmachung" her, indem sie das Monomere mit Vinylepoxystearat copolymerisierten; allerdings zeigte das Copolymere eine schlechtere Wärme- und Lichtbeständigkeit als Mischungen mit Epoxyverbindungen. Der Effekt des Synergismus zwischen Metallverbindungen und Epoxysäureestern läßt es naheliegend erscheinen, Metallsalze von epoxydierten Fettsäuren auf ihre Stabilisatorwirkung zu untersuchen. Der wärme- und lichtstabilisierende Einfluß von (Erd-)Alkali- und Pb-Salzen der Äthylenoxydcarbonsäuren war bereits in den früheren Untersuchungen der I.G. Farbenindustrie festgestellt worden [2095]. Neuere Ergebnisse zeigen die stabilisierende Wirkung von Cd-, Sr-, Ba- oder Pb-Salzen der Epoxystearinsäure oder der epoxydierten Sojaöl-Säure [354] und von einer Kombination aus Methylpentachlorstearat + Ba/Cd-9,10-epoxystearat [3043]. Für die Chemische Fabrik Hoesch sind flüssige Stabilisatorgemische patentiert, die Metallseifen von epoxydierten Fettsäuren wie Ölsäure, Ricinolsäure oder Linolsäure, evtl. in Kombination mit Metallseifen verzweigter Fettsäuren oder Metall-(alkylphenolaten) in Lösung von Phosphorigsäureestern oder Alkylphenolen enthalten. Die flüssige Komponente kann auch mehrwertige Alkohole, Polyhydroxyalkanolamine, deren partielle Ester oder Äther, oder Mineralöle einbegreifen. Durch die Epoxydierung (Ölsäure zu Epoxystearinsäure, Ricinolsäure zu Hydroxy-epoxystearinsäure, Linolsäure zu Diepoxystearinsäure) wird die Löslichkeit der Metallseifen in dem flüssigen Gemisch wesentlich erhöht. Als Kationen kommen in erster Linie Ba, Cd, Zn und/oder Pb in Betracht [1294, 3236], aber auch andere (Erd-)Alkalimetalle sowie Ni, Mn, Sn, Ce, Bi oder Co [1439]. Von Riser u. a. (*487*) ist die Stabilisatorwirksamkeit freier epoxydierter Fettsäuren und ihrer Ba-, Ca-, Cd- und Zn-Salze in Weich-PVC, das 35 % DOP und 1—3 % Stabilisator enthielt, untersucht worden. Die Wärme- und Lichtstabilität wurde durch freie Stearin- und Oleinsäure verringert, durch Epoxystearin- und Epoxyölsäure hingegen erhöht. Die Metallsalze der vier Säuren erhöhten sämtlich die Stabilität stark, wobei die Wärmestabilisierung allgemein in der Reihenfolge Ba $<$ Ca/Zn (5:1) $<$ Cd $<$ Ba/Cd (1:1) zunimmt. Die epoxydierten Salze zeigten in den meisten Fällen jeweils eine bessere Stabilisierung als die entsprechenden fettsauren Salze, jedoch nicht durchweg. So war die Lichtstabilisierung durch das Ba-Salz der Epoxyölsäure geringer als durch das Salz der Ölsäure, während die Wärmestabilisierung durch das Ba-epoxystearat eindeutig der des Bastearats unterlegen war. Die Epoxydierung von Metallseifen bedeutet also keineswegs eine notwendige Steigerung der Stabilisatorwirksamkeit.

Eine weitere wichtige Gruppe von Wärme- und Lichtstabilisatoren für PVC bilden die Ester von Epoxycyclohexancarbonsäuren: Epoxydierungsprodukte von Butyl-, Isooctyl- oder 1,4-Butandiolestern der Δ3-Tetrahydrophthalsäure, der Δ3-Tetrahydrobenzoesäure oder der 3,6-Endomethylen-Δ4-tetrahydrophthalsäure, die als Weichmacher und Stabilisatoren für filmbildende Polymere den Vorteil besitzen sollen, daß ihre Chlorhydrine (s. o.) mit den Polymeren gut verträglich sind [2199, 2606, 1683]; Epoxycyclohexancarbonsäureester ein- oder mehrwertiger Alkohole, z. B. Diäthylenglykolbis-(3,4-epoxycyclohexancarboxylat) [425, 551, 1724]; 3,4-Epoxy-6-methylcyclohexylmethylester der 3,4-Epoxy-6-methylcyclohexancarbonsäure [1705]; 4,5-Epoxyhexahydrophthalate (I), z. B. der Di-n-butylester

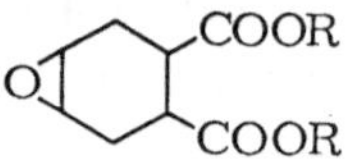

COOR, COOR (R=Alkyl) (I)

$(C_nH_{2n-1}O)-CH-COOR'$, CH_2-COOR'' (R', R''= Alkyl) (II)

[699; 1711], deren vorzügliche Weichmacherwirkung mit der von DOP vergleichbar ist (*234*); gehärtete Epoxydharze auf der Basis von Estern der 2,3-Epoxycylohexancarbonsäure mit mehrwertigen Alkoholen [1027]. Eine Zusammenstellung der Ergebnisse von Stabilitätsprüfungen an Weich-PVC mit 54 % DOP-Epoxyweichmachergemisch, die VAN CLEVE u. a. (*605*) durchgeführt haben, ergibt, daß die Ester der 3,4-Epoxycyclohexanmono- und -dicarbonsäure hinsichtlich ihrer Wärmestabilisierung epoxydiertem Sojaöl oder Isooctyl-9,10-epoxystearat ähnlich, bezüglich der Lichtstabilisierung deutlich überlegen sind. — Andere epoxydierte Carbonsäurederivate leiten sich von der Bernsteinsäure ab, wie Epoxyalkylsuccinate der Formel (II), z. B. Di-(2-äthylhexyl)-epoxypentylsuccinat, [1721; 1091, 1717] oder (Erd-)Alkaliepoxysuccinate [614, 1800]. — Bei einer weiteren Klasse von Epoxyestern befindet sich die Epoxygruppe am alkoholischen Rest; dies sind: Glycidylester von C_{6-20}-Fettsäuren [200], Epoxyalkylester von (cyclo-)aliphatischen Polycarbonsäuren [2538], welche gegebenenfalls über die Epoxydgruppe polymerisiert oder (bei Anwesenheit olefinischer Doppelbindungen) mit Styrol od. dgl. copolymerisiert sein können, um zu höheren Molekulargewichten zu gelangen [1661], Phthalsäuredi-(epoxyalkylester) bzw. deren Polymerisationsprodukte [1656, 2588], 5-Chlorsaliyclsäure- oder 2-Hydroxy-6-chlornaphthoesäure-(epoxyalkylester) [3055], Ester von (Methyl-)3,4-Epoxycyclohexylmethanol mit zweibasischen Säuren wie Malein- oder Oxalsäure [1723], mit 9,10,12,13-Diepoxystearinsäure [1722] oder mit Monoepoxyfettsäuren [1762], weiterhin Diester des 3,4-Epoxycyclohexan-1,1-dimethanols mit Monoepoxyfettsäuren [648] oder höher epoxydierten Fettsäuren wie 9,10,12,13,15,16-Triepoxystearinsäure [649], Epoxydierungsprodukte von Estern ungesättigter Alkohole mit Carbonsäuren oder Phosphorsäure, z. B. 2-Äthyl-2,3-epoxyhexylacetat [2272, 1751], Epoxyalkylester von (substituierten) Cyclopentan- oder -butan-1,3,4-tricarbonsäuren [1045] und schließlich Epoxyalkylester der Mono- oder Dichloressigsäure [3121].

Epoxyester eignen sich auch zur Stabilisierung nicht-chlorhaltiger Polymerer. So können Ester epoxydierter höherer Fettsäuren mit C_{6-16}-Alkoholen, z. B. 2-Äthylhexylepoxystearat, als Oxydations- und Lichtschutz für Polyäthylen dienen [2191, 3176, 1090, 1782, 2635], während Verbindungen mit mindestens zwei Epoxygruppen, z. B. Dicyclopentadiendiepoxyd oder der bereits oben erwähnte 3,4-Epoxy-6-methylcyclohexylmethylester der 3,4-Epoxy-6-methylcyclohexancarbonsäure, evtl. mit einem Bisphenol kombiniert, als wärmestabilisierender Zusatz für Oxymethylen(misch)polymere angegeben werden [2961].

Handelsprodukte:

Epoxydiertes Sojaöl:	Advaplast 39 (*DA*)*
	Drapex 6.8 (*AR*)
	Estabex 2307 (*NO*)
	Estabex 2349 (*NO*) (modifiziert)
	Hoesch Ep 3553 (*HO*)
	LSA (*BÄ*)
	Paraplex G-60 und G-62 (*RO*)
	Sicostab E 20 (*SI*)
Epoxydiertes Ölsäurealkylester:	Advaplast 42 (*DA*) (Butylester)
	Drapex 3.2 und 4.4 (*AR*) (Octylester)
	Estabex 2375 (*NO*)
	Hoesch Ep 3544 (*HO*) (Octylester)
	LSO (*BÄ*) (Butylester)
Diisodecyl-4,5-epoxyhexahydrophthalat:	Flexol PEP (*UN*)

Weitere Produkte nicht näher bezeichneter Zusammensetzung siehe in der Liste der Handelsprodukte im Anhang, Abschnitt „PVC-Stabilisatoren".

4. Oxo-Verbindungen und Chinone

4.1. Aromatische Ketoverbindungen

4.1.1. Araliphatische und aliphatisch-aromatische Ketone. Verbindungen dieser Art dienen, wie die meisten Oxo-Verbindungen, als UV-Absorber. Als einer der ersten, UV-Strahlung wirksam absorbierenden Stabilisatoren überhaupt wurde das Benzalacetophenon (Phenyl-styrylketon) von der I.C.I. zur Herstellung lichtbeständiger halogenierter Polyäthylene vorgeschlagen [1486, 2528, 1070]. Strukturell ähnliche Verbindungen sind bis zu den jüngsten Entwicklungen wiederholt als lichtstabilisierende Zusatzstoffe für

* Abgekürzte Bezeichnungen der Herstellerfirmen sind auf S. 592 erklärt.

verschiedenste Typen von Polymeren angegeben worden, wenngleich auch ihre praktische Bedeutung gering geblieben ist: das Dypnon (Phenyl-β-methylstyrylketon, Formel (I)) für Weich-PVC [172]; weitere Keton-Kondensationsprodukte wie das Benzalaceton (Methyl-styrylketon, Formel (II)) für Vinyl-

$C_6H_5-CO-CH=C(CH_3)-C_6H_5$ (I)

$CH_3-CO-CH=CH-C_6H_5$ (II)

OH, OH, CO–CH_3 (III)

OH, HO, CO–CH_2–CH_2–CO, Cl, Cl (IV)

halogenid(co)polymere [2135, 1583, 2571] bzw. allgemein C_{1-8}-Alkyl-styrylketone für Kunststoffe und Lacke auf Basis von PVC, Polyestern oder Celluloseestern [1362]; Di-(α-methylstyryl)-keton [2114], Phenyl-α-methylstyrylketon, Phenyl-4-chlorstyrylketon [3044] oder 2-Hydroxyphenyl-styrylketon und Derivate davon [3048] für Vinylidenchlorid(misch)polymerisate. (Cyclo-) Alkyl- oder Aryl-3,4-dihydroxystyrylketone eignen sich als Wärmestabilisatoren für Polyolefine [2303]. — Neben den Styrylketonen bilden die mit niederen aliphatischen Säureresten acylierten Benzolderivate eine weitere Gruppe von Ketoverbindungen, welche nach Einführen von Hydroxylgruppen ebenfalls befriedigendes UV-Absorptionsvermögen zeigen. Im folgenden seien nur einige Beispiele für einzelne Substanzen dieses Typs genannt: das Resacetophenon (2,4-Dihydroxyacetophenon, Formel (III)) als lange bekannter Lichtstabilisator für Celluloseester [82]; 2-Hydroxy-3,5-dichloracetophenon [185], 4,6-Diacetyl-1,3-resorcin [3040] oder 2,4,6-Triacetyl-1,3,5-phloroglucin [3057] für Vinylidenchloridpolymere; die isomeren Diacetylresorcine für PVC und seine Mischpolymerisate [504]. Eine wichtigere Entwicklung stellen die von der Eastman Kodak Co. angegebenen acylierten 1,2,4-Trihydroxybenzole als Antioxydantien für Polyäthylen [531] bzw. lineare Polyester [543] dar; von diesen Verbindungen, in denen der Acylrest C_{1-20}-(Cyclo-)Alkyl, C_{2-20}-Alkenyl oder Aryl enthalten kann, ist das 2,4,5-Trihydroxybutyrophenon als Polyolefin-Antioxydans im Handel. — Hydroxylierte Ketone wie das Benzoin C_6H_5—CH(OH)—CO—C_6H_5 oder das Acetoin CH_3—CH(OH)—CO—CH_3 können die Geruchsbildung und Verfärbung bei der Heißverarbeitung von Polyolefinen in Gegenwart phenolischer Antioxydantien verhindern [826]. — Als Wärme- und Lichtstabilisatoren für chlorhaltige Polymere sind epoxydierte Alkyl-arylketone, z. B. das 1,3-Diphenyl-1,2-epoxypropan-3-on, vorgeschlagen worden [594]. Dem gleichen Zweck dienen auch verschiedenste Diketone vom Typ der Diaroylalkane, die besonders als Lichtstabilisatoren wirken. Charakteristische Beispiele für diesen Verbindungstyp sind: 2-Hydroxydibenzoylmethan [2238, 1691, 818, 2631], 1,4-Di-(2'-hydroxy-5'-chlorphenyl)-butan-1,4-dion (IV) [485], 1,9-Di-(2'-hydroxy-5'-chlorphenyl)-nonan-1,9-dion [486] und α,ω-Di-(2,4-dihydroxybenzoyl)-alkane [3298].

Handelsprodukte:

2,4,5-Trihydroxybutyrophenon — Eastman Inhibitor THBP (*EA*)*

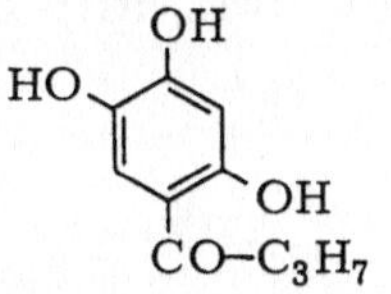

OH
HO
OH
CO–C_3H_7

4.1.2. Diarylketone. Die gegenwärtig wichtigsten UV-Absorbersubstanzen bilden die Derivate des 2-Hydroxybenzophenons, welche wohl erstmals durch die etwa 25 Jahre zurückliegenden Arbeiten der Dow Chemical Co. für das Kunststoffgebiet nutzbar gemacht worden sind. Von dem (als solchen nicht brauchbaren) Verbindungs-Grundtyp des 2-Hydroxybenzophenons leitet sich eine Fülle von Substitutionsprodukten ab, von denen in dieser Substanzklasse die hydroxylierten, halogenierten, alkylierten, alkoxylierten oder arylierten Derivate aufgeführt werden sollen. Die einzelnen Typen von Derivaten sind in tabellarischer Übersicht geordnet:

Verbindungstyp	Kunststoff	Patent-literatur
Dihydroxybenzophenone:		
2,2'- oder 2,4'-Dihydroxy-benzophenon	Vinylidenchlorid-Polymere	[46]
2,4-Dihydroxybenzophenon	filmbildende Polymere	[2545, 226]
Polyhydroxybenzophenone:		
2,2',4,4'-Tetrahydroxybenzo-phenon	PVC, Celluloseester, Polystyrol u. a. filmbildende Polymere	[451]
2,2',4-Trihydroxybenzophenon	(allgem.)	[540, 1732]
2,4,4'-Trihydroxybenzophenon	Polyäthylen	[652]
Alkyl- und Alkenylhydroxybenzo-phenone:		
(Subst.) 2-Hydroxy-allyl-benzo-phenone, z. B. 2-Hydroxy-3-allylbenzophenon	Vinylidenchlorid-Polymere	[616]

* Abgekürzte Bezeichnungen der Herstellerfirmen sind auf S. 592 erklärt.

Verbindungstyp	Kunststoff	Patent-literatur
Alkyl- und Alkenylhydroxybenzophenone:		
(Subst.) 2,4-Dihydroxy-3-allylbenzophenon	Chlorhaltige Polymere	[683]
2-Hydroxy-5-octylbenzophenon	Polyäthylen	[586]
2(2′,4)-Hydroxy(-4-alkoxy)-5-tert.-alkylbenzophenone, z. B. 2,4-Dihydroxy-5-tert.-butylbenzophenon	polare Elastomere, z. B. Polyurethane, und andere Kunststoffe	[837, 1031]
2,2′,4,4′-Tetrahydroxy-3,5,5′-tri-tert.-alkylbenzophenone, z. B. 2,2′,4,4′-Tetrahydroxy-3,5,5′-tri-tert.-butylbenzophenon	polare Elastomere und andere Kunststoffe	[2718]
2-Hydroxy-4-pentadecylbenzophenon	Polyolefine	[809]
2,2′-Dihydroxy-5-alkylbenzophenone, z. B. -5-butyl-	Polypropylen	[3143]
2-Hydroxy-2′,4,5-trimethylbenzophenon	Polyolefine, Polystyrol; Lacke	[989, 2948, 1369]
2(4)-Hydroxy-2′-methyl(-4-alkoxy)-benzophenon, z. B. 2,4-Dihydroxy-2′-methylbenzophenon	Polystyrol	[2043]
Arylhydroxybenzophenone:		
Subst. 2-Hydroxyphenyl-4′-biphenylylketone, z. B. 2,4-Dihydroxy-4′-phenylbenzophenon	(allgem.)	[3273, 3192, 2273, 1857, 2696, 1124, 3189]
Alkoxy- und Alkenyloxyhydroxybenzophenone:		
2,2′-Dihydroxy-4,4′-dialkoxybenzophenone, z. B. -4,4′-dimethoxy-	(allgem.)	[361, 1577]
desgl.	synthetische Kautschuke	[571, 1687]
2,2′,4-Trihydroxy-4′-alkoxybenzophenone, z. B. -4′-methoxy-	(allgem.)	[359]
2-Hydroxy-4-alkoxybenzophenone z. B. -4-methoxy-	Celluloseester, Polyamide u. a.	[1603]
(Subst.) 2-Hydroxy-4-alkoxybenzophenone, z. B. 2,2′-Dihydroxy-4,4′-dimethoxybenzophenon	ungesätt. Polyesterharze	[454, 1695, 2593]

Verbindungstyp	Kunststoff	Patent-literatur
Alkoxy- und Alkenyloxyhydroxybenzophenone:		
(Subst.) 2 (2′,4,4′)-Hydroxy-(2,2′,4,4′)-alkoxybenzophenone, z. B. 2-Hydroxy-2′,4,4′-trimethoxybenzophenon	(allgem.)	[471]
2-Hydroxy-4-alkoxy-4′-alkylbenzophenone, z. B. -4-methoxy-4′-methyl-	Polymethylmethacrylat, Cellulosederivate u. a.	[1752]
2,2′-Dihydroxy-4-alkoxybenzophenone, z. B. -4-methoxy-	(allgem.)	[540, 1732, 755]
2-Hydroxy-allyloxybenzophenone, z. B. 2-Hydroxy-4-allyloxybenzophenon	Vinylidenchlorid-Polymere	[664]
2-Hydroxy-4-(C_{12-14}-alkoxy)-benzophenone, z. B. -4-n-dodecyloxy-	Polyolefine	[548]
2(2′)-Hydroxy-4-alkenyloxy-(-4′-alkyl, -alkenyloxy)-benzophenone, z. B. 2-Hydroxy-4-allyloxybenzophenon	copolymerisierbar mit Styrol und anderen Monomeren	[717, 1922, 2721]
(Subst.) 2-Hydroxy-4-methoxybenzophenone, z. B. 2,2′-Dihydroxy-4,4′-dimethoxybenzophenon	Polyoxymethylene	[1779, 2695, 1126, 2266, 3079, 3202, 899]
2(2′)-Hydroxy-4(4′)-(C_{8-23}-alkoxy)-benzophenone, z. B. 2,2′-Dihydroxy-4,4′-dioctadecyloxybenzophenon	Polyolefine	[833, 1166, 2750, 1979, 2425]
2,2′-Dihydroxy-4-n-octyloxybenzophenon	Polyolefine	[1915]
2-Hydroxy-4-octadecyloxybenzophenon	Polyäthylen	[1907, 1206]
2-Hydroxy-4,4′-di-n-dodecyloxybenzophenon	Polypropylen	[996]
(Subst.) 2-Hydroxy-4-benzyloxybenzophenon	Polyolefine, Polyvinylhalogenide	[1392]
(Epoxyalkoxy)-hydroxybenzophenone:		
2-Hydroxy-glycidyloxybenzophenone, z. B. 2-Hydroxy-4-glycidyloxybenzophenon	halogenhaltige Polymere	[646]
(Subst.) 2-Hydroxy-glycidyloxybenzophenone	halogenhaltige Polymere	[992]

Verbindungstyp	Kunststoff	Patent-literatur
Halogenhaltige 2-Hydroxybenzophenone:		
Chlorierte 2-Hydroxybenzophenone, z. B. 2-Hydroxy-2',5-dichlorbenzophenon	Vinylidenchlorid- und Vinylchlorid-Polymere	[100]
2-Hydroxy-5-brombenzophenon	Vinylidenchlorid-Polymere	[3045]
Chlorierte 2,2'-Dihydroxybenzophenone, z. B. 2,2'-Dihydroxy-5,5'-dichlorbenzophenon	halogenhaltige Polymere	[811]
Halogenierte 2(4)-Hydroxy-(-4-alkoxy)-benzophenone, z. B. 2,4-Dihydroxy-5-chlorbenzophenon	Polyesterharze, PVC, Polyvinylacetat u. a.	[1912]

Nur wenige als UV-Absorber vorgeschlagene Diarylketone entsprechen nicht der Grundstruktur des 2-Hydroxybenzophenons, so 2-Alkenyloxybenzophenone [2937] und o-hydroxylierte Phenyl-naphthyl- bzw. Dinaphthylketone [1391]. Erstere dienen als allgemeine UV-Absorber für Kunstharze, letztere speziell als Lichtstabilisatoren für stereoreguläre Polyolefine.

Alle genannten UV-Absorber sind mit weiteren Stabilisatoren, entweder Absorbern von anderem Strukturtyp oder chemisch wirksamen Inhibitoren kombinierbar, um die Lichtstabilisierung synergistisch zu verstärken. Für Polyolefine sind, entsprechend ihrer Oxydationsanfälligkeit, naturgemäß vor allem Kombinationen mit Antioxydantien beschrieben worden, und zwar mit Alkylidenbisphenolen [756, 2774; 814, 2790], DBPC [815], Thiobisphenolen [2011, 1348], aromatischen Aminen [682], DLTDP [751], Zn-N,N'-dialkyldithiocarbamaten [750, 2773; 758] oder mit dem (nicht UV-absorbierenden) Lichtstabilisator Hexamethylphosphorsäuretriamid [822, 2806]. Als Benzophenon-Komponenten bedient man sich für Polyolefine vorzugsweise solcher, die einen langkettigen Paraffinrest tragen, wie z. B. 2-Hydroxy-4-n-dodecyloxybenzophenon. Bei PVC und anderen halogenhaltigen Polymeren wird die Lichtstabilität durch Kombination mit Antioxydantien, z. B. Antioxidant 2246 [638] oder Phosphorigsäureestern (s. *6.1.*), jeweils zusätzlich zu den üblichen Wärmestabilisatoren, verbessert. Aber auch mit den typischen PVC-Stabilisatoren werden synergistische Effekte erzielt; Graham u. a. (*226*) zeigen die starke Verbesserung der lichtstabilisierenden Wirkung der wichtigsten Metallstabilisator-Systeme durch Kombination mit 2-Hydroxy-4-methoxybenzophenon in Weich-PVC. In einer wärme- und lichtstabilisierenden Kombination werden 2-Hydroxybenzophenone zusammen mit basischen Phosphiten von Pb, Cd oder Erdalkalien eingesetzt [1972, 2719]. Zur Stabilisierung von Polyvinylidenchlorid werden Kombinationen mit Biphenylylsalicylaten [95] oder Hydrochinondisalicylat [3090] angegeben; Vinylchlorid/Vinylidenchlorid-Mischpolymerisate können, ebenso wie PVC, Polyäthylen oder Polystyrol, durch Kombination von 2-Hydroxy-4-alkoxybenzophenonen mit Di-(α-phenyläthyl)-äther gegen Lichteinwirkung beständig gemacht werden [3101]. Für ungesättigte Polyesterharze kommen Kombinationen mit Phenylsalicylat [506] bzw. Resorcinmonobenzoat [524, 1842, 2243], für Polyester- oder Polyätherurethane solche mit phenolischen oder aminischen Antioxydantien [773, 1831, 2298, 2324] in Betracht. Weitere Kombinationen mit 2-Hydroxybenzophenon-Derivaten sind bei der Besprechung der jeweiligen Begleitkomponenten erwähnt.

Beim Vergleich der UV-Absorptionswirkung verschiedener 2-Hydroxybenzophenon-Derivate ergibt sich, daß die Extinktion an der langwelligen Grenze des UV-Bereiches durch eine Häufung auxochromer Hydroxyl- oder Alkoxylgruppen erhöht wird, indem der Abfall der $n \rightarrow \pi^*$-Bande nach höheren Wellenlängen verschoben wird; vgl. dazu in Fig. 31 die Absorptionsspektren a, b und c. Demgegenüber verändert die Einführung eines Alkylrestes oder die Verlängerung des Kohlenwasserstoffrestes einer Alkoxygruppe die Extinktion nur wenig; vgl. dazu das Spektrum in Fig. 31a mit den Spektren in Fig. 31d und 25c. Durch die Zunahme auxochromer Substituenten wird die Eigenfärbung des Absorbers verstärkt, so daß Produkte mit insgesamt 4 Hydroxyl- oder Alkoxyl-Gruppen bereits deutlich gelbgefärbt sind (vgl. dazu II.2.6.3.). Derivate mit nur einer o-ständigen Hydroxylgruppe sind demgegenüber praktisch vollständig farblos. Neben der Absorptionscharakteristik sind, wie in Abschnitt II.2.6.3. dargelegt, die Verträglichkeit mit dem Polymeren sowie die eigene Lichtbeständigkeit wichtige Kriterien für die Brauchbarkeit eines UV-Absorbers. Vor allem das Erfordernis der Verträglichkeit verlangt eine Anpassung der Struktur des Absorbers an das Substrat (langkettige Kohlenwasserstoffsubstituenten bei Verwendung in Polyolefinen; evtl. Halogenierung bei Verwendung in PVC), so daß sich eine gewisse Substratspezifität der einzelnen Benzophenon-Derivate ergibt (vgl. z. B. (*113*, *648*, *604*, *630*)). Das UV-Absorptionsspektrum allein liefert, außer der Aussage, daß ein Stoff überhaupt ein UV-Absorber ist, im allgemeinen keinen Hinweis auf seine Wirksamkeit als Stabilisator unter Alterungsbedingungen. Eine erstaunlich weitgehende Parallelität zur Wirksamkeit bei künstlicher Bewitterung von Celluloseacetobutyrat hat hingegen die Größe der Verschiebung des protonenmagnetischen Resonanzsignals der OH-Gruppe von 2-Hydroxybenzophenonen ergeben, was mit der Festigkeit der Chelatbindung zwischen der OH- und der CO-Gruppe zusammenhängt (*104*) (vgl. dazu Abschnitt II.2.6.2.). Die NMR-Messungen zeigen, daß bei Einführung einer Alkyl- und besonders einer Alkoxy-Gruppe in die 4-Stellung von 2-Hydroxybenzophenon die Wasserstoffbrückenbindung verfestigt wird. Demgegenüber wird die Bindungsfestigkeit durch 5-Alkoxy-Substitution verringert, ebenso wie durch Einführung einer zweiten Hydroxylgruppe in 2'-Stellung. Substitution im nicht OH-tragenden Benzolring verändert die Festigkeit im allgemeinen nicht.

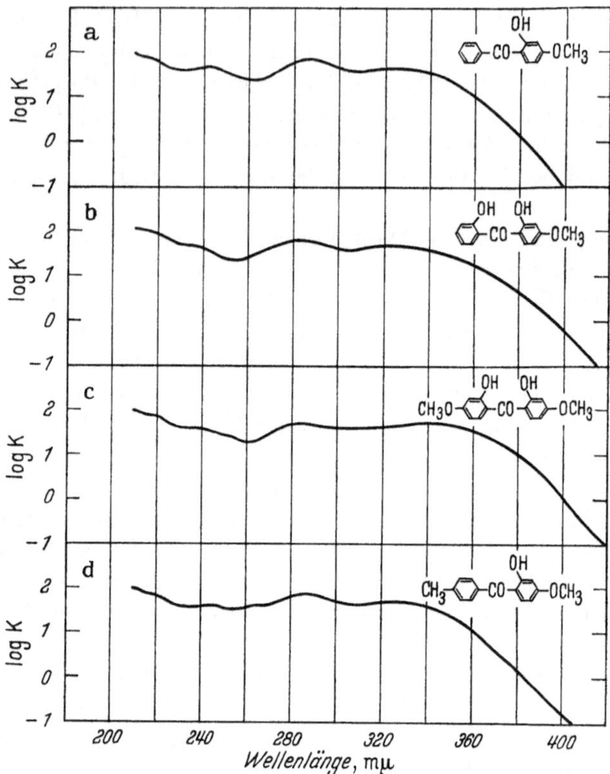

Fig. 31. UV-Absorptionsspektren von 2-Hydroxybenzophenon-Derivaten. a: 2-Hydroxy-4-methoxy-, b: 2,2'-Dihydroxy-4-methoxy-, c: 2,2'-Dihydroxy-4,4'-dimethoxy-, d: 2-Hydroxy-4-methoxy-4'-methyl-benzophenon. Lösgm.: Methanol.

Eine gelegentlich aufgetretene Frage ist die nach der Antioxydanswirkung von 2-Hydroxybenzophenon-Derivaten. CLARK u. a. (*109*) konnten keine oder höchstens eine geringfügige Verzögerung der thermischen Oxydation von linearem Polyäthylen bei 150 °C feststellen, wenn dieses Dibenzoylresorcin enthielt. CHAUDET u. a. (*104*) zeigten hingegen, daß die oxydative Rißbildung in Polypropylen bei 110 °C durch 2-Hydroxybenzophenon-Derivate erheblich verzögert wird (bei 160 °C sind die Verbindungen wirkungslos). Im gleichen Sinne mit der antioxydativen Wirkung der Derivate verläuft ihre Fähigkeit, die Intensität des EPR-Signals (vgl. II.2.3.3.), das von Polyäthylen nach einstündiger Röntgenbestrahlung ausgebildet wird, zu unterdrücken, d. h. die dabei gebildeten freien Radikale zu desaktivieren. Dies ergibt sich aus Tabelle III.7. Man muß deshalb annehmen, daß diese Verbindungen bei der Inhibierung photooxydativer Reaktionen ihre Lichtabsorberwirkung noch durch eine chemische Nebenwirkung ergänzen, indem Radikalketten zum Abbruch gebracht werden. POPOVA u. a. (*465*) haben die Wirkung zahlreicher Hydroxybenzophenone, Hydroxyacetophenone, α,ω-Dihydroxybenzoylalkane und phenolischer Verbindungen auf den nichtoxydativen Wärme- sowie kombinierten Wärme- und Lichtabbau von PVC

Tabelle III.7. *Wirkung von 2-Hydroxybenzophenon-Derivaten als Antioxydantien und Radikalfänger* (nach (*104*))

Verbindung (1 Gew.-%)	Zeit bis zur Bildung von Spannungsrissen in Polypropylen bei 110 °C, Stdn.	EPR-Signal in bestrahltem Polyäthylen, Intensitätseinheiten
(ohne Zusatz)	15	107
2,2′-Dihydroxybenzophenon	22	76
2-Hydroxy-4,4′-dimethoxybenzophenon	22	82
2-Hydroxy-5-methoxybenzophenon	120	63
2-Hydroxy-4-dodecyloxybenzophenon	387	29
2-Hydroxy-4,4′-didodecyloxybenzophenon	>4100	27

untersucht. Sie finden, daß die thermische Reaktion am stärksten von solchen Verbindungen inhibiert wird, bei denen der Hydroxyl-Wasserstoff am wenigsten durch Chelatbindung mit einer benachbarten Carbonylgruppe in seiner Beweglichkeit eingeschränkt ist. Diese Fähigkeit steht im Gegensatz zum Lichtfiltereffekt, der durch die Verfestigung der Chelatbindung gefördert wird. Inwieweit dieser Befund auf andere Radikalketten-Abbruchsreaktionen der phenolischen Hydroxylgruppe von 2-Hydroxyphenylketonen übertragen werden darf, ist zwar noch völlig ungeklärt, aber möglicherweise könnte hiermit die Tatsache zusammenhängen, daß die Inhibitorwirkung guter UV-Absorber auf thermooxydative Reaktionen weniger ausgeprägt und deshalb in der Praxis kaum bekannt ist.

Handelsprodukte:

2-Hydroxy-5-chlorbenzophenon — Dow Light Absorber HCB (*DO*)*

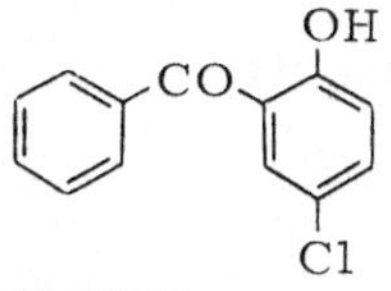

OH

CO

Cl

* Abgekürzte Bezeichnungen der Herstellerfirmen sind auf S. 592 erklärt.

Verbindung	Handelsname
2,4-Dihydroxybenzophenon	Advastab 48 (*DA*) Eastman Inhibitor DHBP (*EA*) Uvinul 400 (*AN*) Uvistat 12 (*WA*)
2-Hydroxy-4-methoxybenzophenon	Advastab 45 (*DA*) Cyasorb UV 9 (*CY*) UV-Absorber „Merck“ (*ME*) Uvinul M-40 (*AN*) Uvistat 24 (*WA*)
2-Hydroxy-4-n-dodecyloxybenzophenon	Eastman Inhibitor DOBP (*EA*)
2-Hydroxy-4-n-octyloxybenzophenon	Cyasorb UV 531 (*CY*)
2-Hydroxy-4-methoxy-4′-methylbenzophenon	Uvistat 2211 (*WA*)
2,2′-Dihydroxy-4-methoxybenzophenon	Advastab 47 (*DA*) Cyasorb UV 24 (*CY*)
2,2′-Dihydroxy-4-butoxybenzophenon	Cyasorb UV 287 (*CY*)
2,2′-Dihydroxy-4-n-octyloxybenzophenon	Cyasorb UV 314 (*CY*)

2,2'-Dihydroxy-4-n-dodecyloxybenzophenon — Cyasorb UV 313 (*CY*)

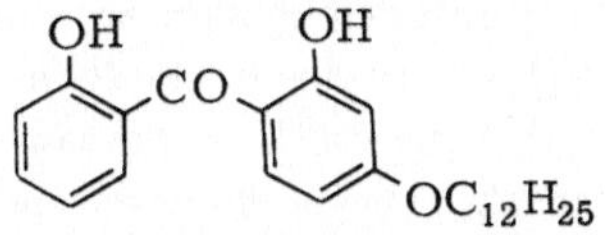

2-Hydroxy-4,4'-dimethoxybenzophenon — Cyasorb UV 1 (*CY*)

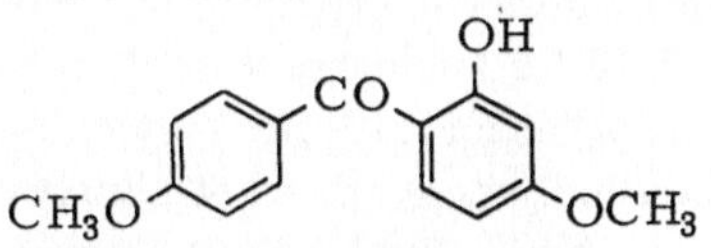

2,2',4,4'-Tetrahydroxybenzophenon — Uvinul D-50 (*AN*)

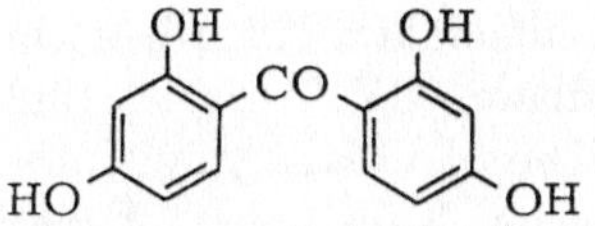

2,2'-Dihydroxy-4,4'-dimethoxybenzophenon — Cyasorb UV 12 (*CY*), Uvinul D-49 (*AN*)

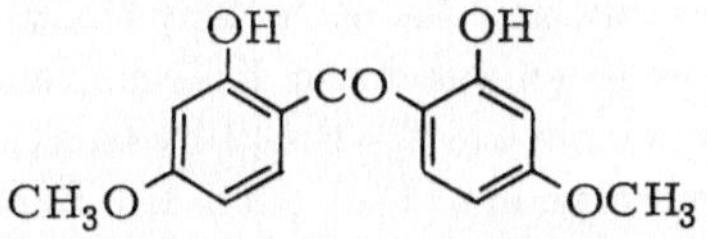

Weitere Produkte (insbesondere Gemische verschiedener Verbindungen) siehe in der Liste der Handelsprodukte im Anhang, Abschnitt „UV-Absorber und Lichtstabilisatoren".

4.1.3. Aromatische Di- und Polyketone. Die bekanntesten und zuerst entwickelten Produkte dieser erst seit wenigen Jahren untersuchten Substanzklasse sind die auf Arbeiten der Dow Chemical Co. zurückgehenden Di- und Tribenzoylresorcine, von denen das praktisch wichtigste das 2,4-Dibenzoylresorcin ist, dessen Formel unten unter „Handelsprodukte" angegeben ist. Das zugrunde liegende Patent schließt alle isomeren Substitutionsmöglichkeiten der beiden Benzoylreste und ggf. eines dritten (außer der vic.-Stellung) sowie die eventuelle Anwesenheit von Halogen-, Alkyl- oder Carboxylat-Substituenten in sämtlichen drei Kernen ein [610, 1685]. Die Körper können zur Lichtstabilisierung thermoplastischer Formmassen wie PVC oder Polystyrol dienen, ferner auch für Celluloseester [965]; speziell zur Licht- und Wärmestabilisierung von Polyolefinen werden 2,4-Dibenzoylresorcin oder 2,4,6-Tribenzoylresorcin mit phenolischen oder aminischen Antioxydantien kombiniert (vgl. (*109*)) [538, 1061, 1709, 3006, 3066, 1095, 2641, 2299]. Von den Substitutionsprodukten des Dibenzoylresorcins sind das 2-Allyl-4,6-dibenzoylresorcin [450] und der 3,5-Dibenzoyl-β-resorcylsäurephenylester [847] für Vinylidenchlorid-Polymere vorgeschlagen worden. Eine weitere Gruppe von Verbindungen sind die Dibenzoyl-alkylphenole, speziell

2,6-Dibenzoyl-4-alkylphenole, deren Verwendung als UV-Absorber für Polyesterharze [593] und Vinylchlorid-Polymerisate [595] untersucht worden ist. Für das gleiche Anwendungsgebiet kommt das 2-Hydroxy-5-salicyloylbenzophenon in Betracht [497; 498; 2653]. Eine gegenüber diesem Produkt verschiedene Verteilung der Hydroxylgruppen weisen die Disalicyloylbenzole auf. Aus dieser Gruppe werden chlorierte Derivate wie o- [576], m- oder p-Di-(monochlorsalicyloyl)-benzole [511] oder höher chlorierte Produkte wie das o-Di-(3,4,6-trichlorsalicyloyl)-tetrachlorbenzol [510] für Vinylchlorid-Copolymere, m-Di-(4-alkoxy- oder -hydroxysalicyloyl)-benzole für ungesättigte Polyesterharze [1029] aufgeführt. Als allgemein anwendbare UV-Absorber sind von der Ciba AG. (substituiertes) Disalicyloylbenzol, Disalicyloyldiphenyl oder Disalicyloyl-substituierte Heterocyclen für Kunstfasern, Folien oder Lacke [3270, 2712, 1140, 2304, 3003, 3199, 1920] beschrieben worden, etwa gleichzeitig von den Farbwerken Hoechst speziell das p-Di-(4-hydroxysalicyloyl)-benzol (I) [2286]. An weiteren Substanzen aus dieser Klasse seien schließlich noch aufgeführt: Benzoylierte Bisphenole wie das Bis-(2-hydroxy-3-benzoylphenyl)-methan für halogenhaltige Polymere [461] oder das Bis-(2,4-dihydroxy-5-benzoylphenyl)-methan für Celluloseacetat-Fasern [2478]; aliphatisch-aromatische Polyketone wie das 2,4-Dihydroxy-3,5-diacetylbenzophenon, ebenfalls für halogenhaltige Polymere [598, 813, 1811]; aromatische α,β-Diketone wie das 2,2'-Dihydroxy-4,4'-dimethoxybenzil für Vinylpolymere, Polyester und Celluloseester [678].

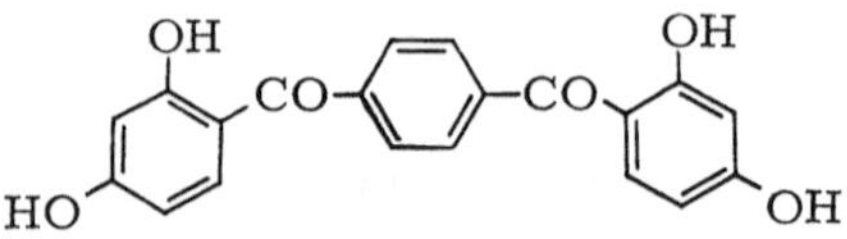

(I)

Handelsprodukte:

2,4-Dibenzoylresorcin — Dow Light Absorber DBR (*DO*)*

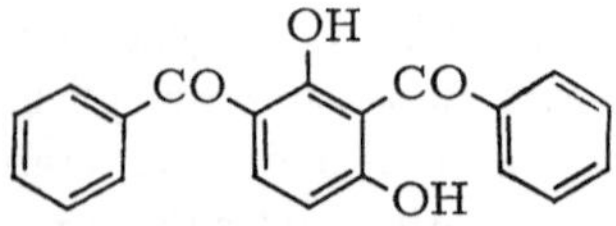

4.1.4. *Ester von aromatischen Hydroxyketonen.*

Hierbei handelt es sich durchweg um Hydroxybenzophenon-Derivate, die über die Hydroxylgruppen mit Carbonsäuren verestert sind. Zur Lichtstabilisierung von halogenhaltigen Polymeren sind insbesondere in 4-Stellung veresterte 2,4-Dihydroxybenzophenone angegeben worden, und zwar das Salicylat [607], Diester von aliphatischen Dicarbonsäuren, z. B. das Adipat [600; 673], das Acrylat oder Methacrylat [670], gesättigte Fettsäureester, z. B. das 2-Äthylhexanoat,

* Abgekürzte Bezeichnungen der Herstellerfirmen sind auf S. 592 erklärt.

oder das Benzoat [1818, 957], Ester von Epoxycarbonsäuren, z. B. das 9,10,12,13-Diepoxydecanoat [944], oder Ester von ungesättigten Fettsäuren, z. B. das Linoleat [974]. Die letztgenannten drei Verbindungstypen können auch zur Stabilisierung von Polyamiden, Polyestern und anderen Polymeren dienen. Für Vinylchlorid/Vinylidenchlorid-Copolymerisate sind in 4-Stellung mit Fettsäuren veresterte 2,4-Dihydroxy-, 2,2',4-Trihydroxy- und 2,2',4,4'-Tetrahydroxybenzophenone [3102], für Polyolefine 4-Monoester von 2,4-Dihydroxybenzophenon [760, 2761] und 4,4'-Diester von 2,4,4'-Trihydroxybenzophenon [853], jeweils mit langkettigen Fettsäuren wie Laurinsäure als UV-Absorber geeignet. Die Veresterung von Hydroxybenzophenonen mit reaktionsfähigen Säureesten erlaubt gegebenenfalls einen Einbau des UV-Absorbers in die Polymerkette; vgl. dazu Abschnitt IV.1.2. Ester von Hydroxybenzophenonen mit ungesättigten Säuren, z. B. Acrylsäure, können auch als Homopolymerisate verschiedensten Kunststoffen zugesetzt werden [1434].

4.1.5. Aromatische Ketocarbonsäuren und deren Derivate. Mit Carboxyl- oder Carboxyalkylgruppen substituierte Benzophenone und die Ester dieser Carbonsäuren sind gelegentlich als UV-Absorber, besonders für polare Polymere, empfohlen worden. Von der Dow Chemical Co. wurden der Benzophenon-2-carbonsäureäthylester [148] und die 2-Hydroxy-5-chlorbenzophenon-2'-carbonsäure [120] als Lichtstabilisatoren für Vinylidenchlorid/Vinylchlorid-Copolymere angegeben. Benzophenon-2-carbonsäure(ester) und deren Alkyl-, Alkoxy- oder Halogenderivate verbessern ferner die Lichtbeständigkeit von Polyäthylenterephthalat, wenn sie dem Polykondensationsansatz mit 0.05—1 Mol.-% vor Beendigung der Reaktion zugesetzt werden; dabei findet offensichtlich ein Einbau des lichtabsorbierenden Säurerestes als Endgruppe statt [3161]. Verschieden substituierte 2-Hydroxybenzophenon-2'-carbonsäuren, z. B. das 4-Methoxy-Derivat, eignen sich als UV-Absorber für zahlreiche Typen von Polymeren wie Polyamide, Nitrocellulose, Epoxydharze u. a. [1898, 2766; 2767]; ebenso sind auch die 1-Hydroxy-4-benzoylnaphthalin-2-carbonsäure und ihre Ester bzw. Amide allgemein anwendbare UV-Absorber [2395, 3231, 3282, 1201, 2823]. Die C_{6-18}-Alkylester der 3-Hydroxy-4-benzoylphenoxyessigsäure sind wegen des langkettigen Alkylrestes speziell für Polyäthylen geeignet [759, 2787], aber prinzipiell, ebenso wie die Ester dieser Säure mit mehrwertigen Alkoholen [770], auch zum Lichtschutz für verschiedenste andere Polymere verwendbar.

Handelsprodukte:

2-Hydroxy-4-methoxybenzophenon-2'-carbonsäure Cyasorb UV 207 (*CY*)*

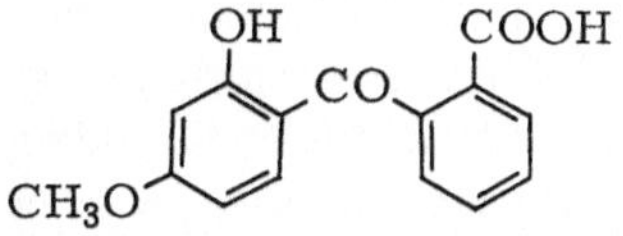

OH COOH
CO
CH_3O

* Abgekürzte Bezeichnungen der Herstellerfirmen sind auf S. 592 erklärt.

4.1.6. Ketone mit sauerstoffhaltigen heterocyclischen Ringen. Verschiedene aromatische Ketone mit 2-Furyl-Gruppen haben sich erwartungsgemäß als UV-Absorber erwiesen: Furyl-phenylketone mit geeigneten Substituenten, wie das 2-Hydroxy-5-chlorphenyl-furylketon [3039] und substituierte Phenyl-β-furylvinylketone, wie das 2-Hydroxy-5-chlorphenyl-β-furylvinylketon [3052] in Vinylidenchloridpolymeren, ferner das 2-(2′,4′-Dihydroxybenzoyl)-furan [725], das sich besonders für stickstoffhaltige Laminierharze (Aminoplaste) eignen soll [1873, 2245, 3191, 1130].

4.2. Aromatische Aldehyde

Benzaldehyd dient, neben zahlreichen andersartigen Substanzen, zum Schutz von Acrylnitril(co)polymeren und deren Lösungen gegen Verfärbung beim Lagern und bei der Heißverarbeitung [1102]. Hydroxybenzaldehyde, wie z. B. der Salicylaldehyd, sind zur Licht- und Wärmestabilisierung von Isobutylen/Styrol- und anderen Isoolefin-Copolymerisaten mit Vinylaromaten angegeben worden [533, 1718].

4.3. Nicht-aromatische Oxo-Verbindungen

Unter den gesättigten aliphatischen Ketonen ist das 3-Methyl-3-hydroxybutanon-(2) als UV-Absorber für Lacke erwähnt worden, was allerdings nur eine Nebenwirkung seiner Rolle als antikorrosiver Lösungsmittelzusatz sein dürfte (*312*). — Ungesättigte Ketone, die durch Kondensation von gesättigten Ketonen entstehen, sind als Licht- und Wärmestabilisatoren für chlorhaltige Polymere angeführt worden, und zwar Kondensationsprodukte des Acetons, wie das Phoron $[(CH_3)_2CH{=}CH]_2CO$ oder das Di-(cyclohexylidenmethyl)-keton [2114] und Autokondensationsprodukte des Cyclohexanons [3286]. Die letztgenannten Verbindungen können sowohl den Charakter von Ketonen besitzen, wie das unter den Reaktionsprodukten befindliche 2-[2′-Cyclohexen-(1)-yl-cyclohexyliden]-cyclohexanon (I), wie auch von Kohlenwasserstoffen, wie das Dodecahydrotriphenylen (II). Sie bewirken nach einem noch unbekannten Mechanismus eine erhebliche Verbesserung der Licht- und Wärmestabilität von Weich-PVC und zeigen einen synergistischen Effekt mit Pb-silicat und Ca-stearat (*461*). — Von den aliphatischen Aldehyden soll das Acrolein $CH_2{=}CH{-}CHO$ erwähnt werden, das als UV-Absorber für transparente UV-Filterfolien und -platten, z. B. aus PVC, Polymethylmethacrylat oder Celluloseacetat, vor längerer Zeit angegeben worden war [2574] und, ebenso wie Formaldehyd und Benzaldehyd, zur Stabilisierung von Acrylnitril-Polymerisaten (besonders von Lösungen) dienen kann (vgl. *4.2.*) [1102].

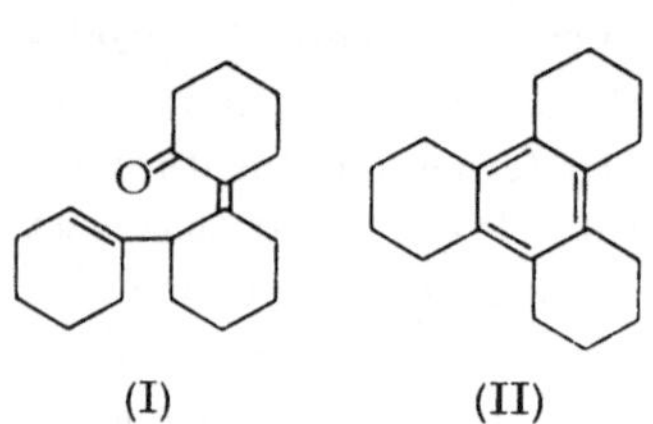

4.4. Metallkomplexe von Oxo-Verbindungen

Eine seit langem bekannte Klasse von Wärmestabilisatoren für halogenhaltige Polymere sind die Metallchelate von 1,3-Dicarbonylverbindungen, die zur Keto-Enol-Tautomerie befähigt sind, wie von Acetylaceton oder Acetessigsäureäthylester. Für den praktischen Einsatz wichtig ist besonders das Ca-äthylacetoacetat (I). Nach den ursprünglichen Patenten werden solche Verbindungen zur Wärmestabilisierung von Vinylchlorid-Polymerisaten evtl. in Kombination mit Organozinn-Salzen eingesetzt [57, 1488]; weiterhin werden Kombinationen von Ca-Chelaten wie der Verbindung (I) mit Zn-Salzen, z. B. Zn-stearat [330], evtl. noch durch Epoxyverbindungen, z. B. Cyclohexyl-9,10-epoxystearat ergänzt [331], beansprucht, die keine Schwefelverfärbung geben und physiologisch unbedenklich sind. Für den gleichen Stabilisierungszweck ist auch das Al-acetoacetat genannt worden [2226]. Weiterhin eignet sich Sr-acetylacetonat zur Wärmestabilisierung von Acrylnitrilpolymeren [322], Ni-acetylacetonat (II) zur Lichtstabilisierung von Polyolefinen, namentlich Polypropylen (wobei es evtl. mit einem phenolischen Antioxydans wie DBPC kombiniert wird) [3030, 1284] und Mn-II-äthylacetoacetat, ebenso wie -acetylacetonat oder -benzoylbenzoat, zur Lichtstabilisierung mattierter Polyamidfasern [2093a]. — Metallphenolate

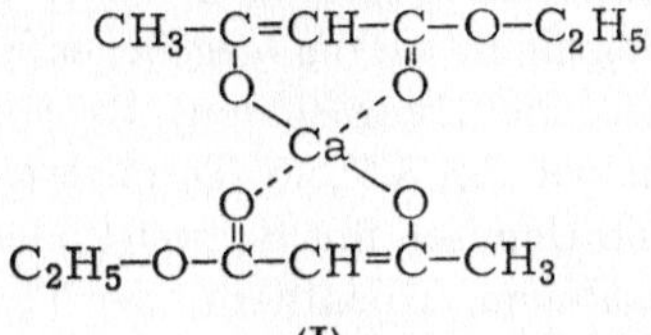

$CH_3-C=CH-C-O-C_2H_5$ / O O / Ca / O O / $C_2H_5-O-C-CH=C-CH_3$

(I)

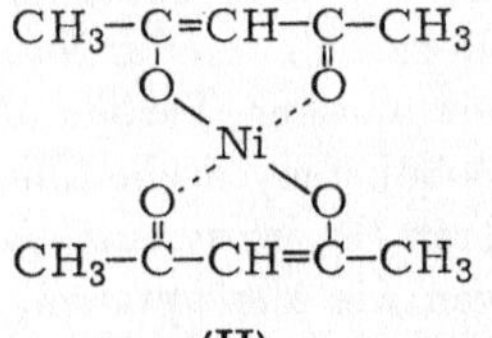

$CH_3-C=CH-C-CH_3$ / O O / Ni / O O / $CH_3-C-CH=C-CH_3$

(II)

HC, HC, C–H (Cyclopentadienyl) CH·Fe·HC (Cyclopentadienyl) C–CO–(2-Hydroxyphenyl, HO)

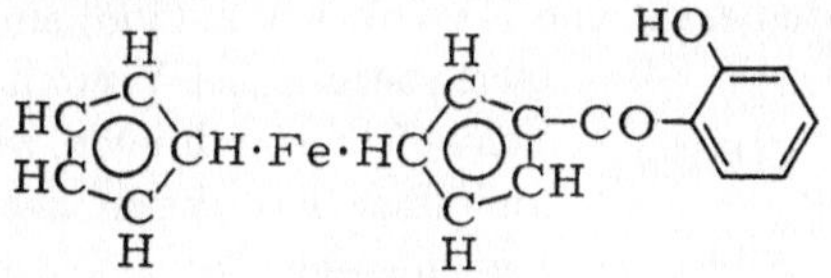

(III)

von 2-Hydroxybenzophenonen, die ja wegen der Nebenvalenzbindung zwischen Metall und Carbonylsauerstoff ebenfalls als Chelate vorliegen, sind weitere typische Lichtstabilisatoren; im einzelnen werden Erdalkalisalze, z. B. das Ba-Salz von 2-Hydroxy-5-chlorbenzophenon, für halogenhaltige Polymere [204, 1557, 2131], Mn-Salze von Mono-, Di-, Tri- und Tetrahydroxybenzophenonen für Celluloseester [1004] und Ni-Salze, z. B. von 2,2'-Dihydroxy-4-n-octyloxybenzophenon, für Polyolefine [1421] genannt. Cu-Salze von Benzophenoncarbonsäuren werden zur Licht- und Wärmestabilisierung von Polyamiden vorgeschlagen [2959].

Eine erst neuerdings untersuchte Gruppe von Verbindungen bilden die benzoylierten Derivate des Ferrocens (Dicyclopentadienyleisen). Sie kommen weitgehend den Erfordernissen entgegen, die sich bei Anwendung von UV-Absorbern unter Weltraumbedingungen ergeben: geringe Flüchtigkeit des Absorbers aus der Oberfläche des Kunststoffes und hohe photochemische Resistenz gegenüber kürzeren Lichtwellenlängen ($\lambda < 300$ mμ), die unter diesen Bedingungen nicht durch die Atmosphäre absorbiert werden. Für die herkömmlichen UV-Absorber, insbesondere solche vom Benzophenon-Typ, treffen diese Erfordernisse nur bedingt zu (*515, 516*). Dagegen erweisen sich die Ferrocen-Derivate, insbesondere das 2-Hydroxybenzoylferrocen (III), ferner Benzoyl-, Dibenzoyl-, 2-Hydroxy-4-methoxybenzoyl- und 2-Methoxybenzoylferrocen auch unter außerirdischen Bedingungen in verschiedenen Kunstharz-Überzugsmassen als ausgezeichnete Lichtstabilisatoren (*517*) (vgl. II.2.6.3.).

Handelsprodukte:

Ca-äthylacetoacetat Thermolite 124 (*MT*)*

4.5. Verbindungen mit ringständigen Carbonylgruppen; Chinone

Die wärmestabilisierende und antioxydative Wirksamkeit von Chinonen beruht wohl auf ihrer Fähigkeit, mit freien Radikalen zu reagieren (vgl. II.2.3.3.). Benzochinon oder Naphthochinon wirken (gegebenenfalls in Kombination mit anderen Verbindungen, wie Hydrochinon) als Stabilisatoren für PVC [3036]. Bicyclische Chinone wie das 3,3′,5,5′-Tetra-tert.-butyl-4,4′-diphenochinon (I), im synergistischen Gemisch mit Schwefel oder Schwefelverbindungen wie Mercaptanen, Disulfiden, Thioäthern oder Thiuramdisulfid-Derivaten, sind Antioxydantien für Polyolefine [1982]. Die synergistische Wirkung dieser Systeme, die von HAWKINS u. a. (*266*) eingehend beschrieben sind, beruht bei Verwendung reduzierender Schwefelverbindungen, wie von Mercaptanen, auf einer Reduktion des Chinons zum entsprechenden Diphenol, welches ein starkes Antioxydans ist. Die schwefelhaltigen Synergisten sind die gleichen, die auch in Kombination mit Ruß wirksam sind. Zur Wärmestabilisierung von Polyoxymethylenen eignen sich Naphthochinon oder (substituierte) Benzochinone [1404]. Substitutionsprodukte des Anthrachinons dienen zur Stabilisierung von Polytrifluorchloräthylen [3096], Polyformaldehyd [2270] und Polyolefinen [2356], wobei die Stabilisierungswirkung jedoch wenigstens zum Teil auf den Lichtfiltereffekt des gefärbten Stabilisators zurückzuführen ist. Als ausgesprochene UV-Absorber wirken auch Derivate des Chromons, wie z. B. 2-Phenylchromon (Flavon), die als Wärme- und Lichtstabilisatoren für PVC geeignet sind [3289], des 1-Hydroxyxanthons [1990, 2824] und des 2-Phenyl-7,8-benzochromanons-(4) [3159], die als Lichtfilter für verschiedene Polymere dienen können, letztere besonders für Polyester. — Die antioxydative Wirkung von Chinonen ist verhältnismäßig gering, wenn sie nicht durch Synergisten verstärkt werden oder ihr Lichtfiltereffekt zur Stabilisierungswirkung beiträgt. Dies zeigt sich aus Versuchen von BAUM u. a. (*37*) über die thermische Oxydation von Polyäthylen.

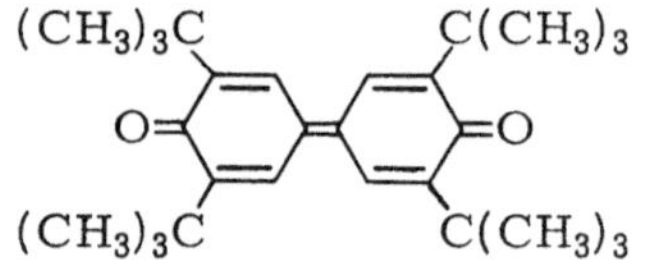

$(CH_3)_3C$ $C(CH_3)_3$

O= =O

$(CH_3)_3C$ $C(CH_3)_3$

(I)

* Abgekürzte Bezeichnungen der Herstellerfirmen sind auf S. 592 erklärt.

Handelsprodukte:

2,5-Di-tert.-butyl-p-benzochinon ohne Handelsnamen (*EA*)*

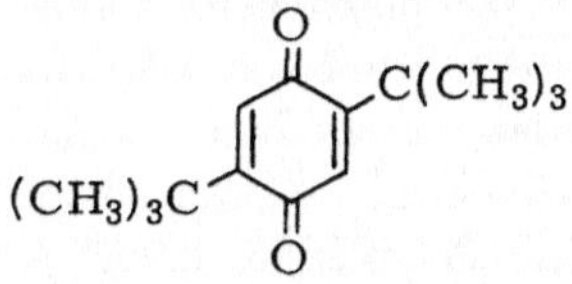

$$(CH_3)_3C\text{-}C_6H_2O_2\text{-}C(CH_3)_3$$

5. *Stickstoffhaltige organische Verbindungen*

5.1. *Aromatische Amine*

Verbindungen dieser Klasse, die „aminischen Antioxydantien“, bilden seit jeher die wichtigsten und in größtem Umfang eingesetzten Oxydations- und Ozonschutzmittel für Kautschukvulkanisate (vgl. V. 10.). Die strukturelle Vielfalt dieser Antioxydantien ist nicht so groß wie bei den phenolischen Verbindungen. Das am häufigsten gebräuchliche Produkt ist das Phenyl-2-naphthylamin (PBN). Andere für die Praxis wichtige Verbindungen sind das Phenyl-1-naphthylamin (PAN) und Diamine vom Typ des N,N'-Diphenyl-p-phenylendiamins (DPPD). Die Verwendung primärer und tertiärer Amine ist gegenüber der von sekundären Aminen von untergeordneter Bedeutung. Der Einsatz von aminischen Antioxydantien für Kunstkautschuke geht zurück bis auf die ersten Anfänge der technischen Gewinnung der letzteren kurz nach der Jahrhundertwende. F. Hofmann von den Farbenfabriken Bayer schlug im Jahre 1911 zur Verhinderung des Klebrigwerdens und der Verharzung von Butadien-Kautschuken wie Poly-(butadien-1,3) eine Anzahl von alkalischen Verbindungen, darunter Amine [1], vor, von denen besonders aromatische Amine wie Anilin spezifiziert wurden [2]. Die spätere Entwicklung führte dann zur Verwendung von sekundären Aminen als Alterungsschutzmittel, wobei z. B. von der Du Pont Co. Diphenylamin, Dixylylamin, Phenyl-1-naphthylamin [1470], Toluylnaphthylamin [4], von der Goodyear Tire & Rubber Co. Phenyl-2-naphthylamin [3] vorgeschlagen wurden, mit denen die Rohkautschuke compoundiert und in deren Gegenwart sie vulkanisiert werden. Eine Übersicht über die derzeit in der Kautschuktechnologie gebräuchlichsten Produkte und die Möglichkeiten ihres Einsatzes in Standardmischungen von Dien-Elastomeren als Stabilisatoren für Rohpolymere oder als Antioxydantien, Ermüdungsschutzmittel bzw. Antiozonantien für Vulkanisate findet sich in Tabelle V.11. Neben diesen sind zahlreiche weitere Verbindungen für spezielle Stabilisierungszwecke oder zur Steigerung der Wirksamkeit oder sonstigen Eigenschaftsverbesserung in der Patentliteratur beschrieben worden, auf die hier jedoch nicht im einzelnen eingegangen werden soll. Zum größten Teil handelt es sich auch hierbei um sekundäre Amine aus der Klasse der Diarylamine bzw. Aryl-alkylamine (z. B. [1737, 1115;

* Abgekürzte Bezeichnungen der Herstellerfirmen sind auf S. 592 erklärt.

1980, 2800]) oder aus der Klasse der N-substituierten p-Phenylendiamine (z. B. [858; 769; 774; 850; 827; 1964, 1207; 2828; 3312; 2969]); daneben werden auch o-Phenylendiamin-Derivate [949], Sn-II-Komplexe von aromatischen Aminen [304] und Polyamine, die durch Kondensation von Alkylendihalogeniden mit Phenylendiaminen gebildet werden, [2430] beschrieben. Hochmolekulare Antioxydantien, die sich als nicht-flüchtige, -extrahierbare oder -auswandernde Stabilisatoren für Kautschuke, Polyolefine, halogenhaltige Polymere und Polyurethane eignen, entstehen durch Umsetzung von Dien-Polymerisaten und (Alkyl-)Diphenylamin, z. B. 4-Octyldiphenylamin, in Gegenwart saurer Katalysatoren [2037]. Primäre und tertiäre Amine sind nur relativ selten benutzt worden, so z. B. kernalkylierte p-Phenylendiamine [437, 1700, 2629] oder N,N,N',N'-tetrasubstituierte Diamine [1001]. — Sowohl in der Rolle als Antioxydantien wie als Ozonschutzmittel kann die Wirkung von aminischen Stabilisatoren in synthetischen Elastomeren durch synergistische Kombinationen verbessert werden. Für helle, nicht-verfärbende Kautschukmischungen eignet sich z. B. der Zusatz eines Gemisches von Diphenylamin-Substitutionsprodukten mit Reduktionsmitteln wie Mercaptanen, anorganischen Sulfiden, Glucose, Ti-III- oder Sn-II-Salzen. Danach wird beispielsweise dem Latex eines Butadien-Acrylnitril-Kautschuks ein α-Phenylmethyldiphenylamin zusammen mit Na-polysulfid zur Farbstabilisierung zugesetzt [2157, 1611, 2581]. Auch zur Verhinderung der Gelbildung von Styrol/Butadien-Kautschuk durch Scherbeanspruchung bei hohen Temperaturen ist eine Kombination von Diphenylamin-Derivaten mit Reduktionsmitteln angegeben worden [806]. Speziell als Antiozonantien eignen sich synergistische Systeme von N,N'-disubstituierten p-Phenylendiaminen entweder mit weiteren aminischen oder sonstigen Antioxydantien, wie PBN, Triphenylphosphit, Thioacetanilid [1803], 6-Alkoxy-1,2-dihydrochinolinen [2018], oder mit Metallsalzen wie Sn-II-, Fe-III-, Co- und Ni-Seifen [1803] bzw. Zn-Salzen aliphatischer Monocarbonsäuren [1454] sowie mit Wachsen [1803]. Eine weitere Antiozonans-Kombination besteht aus einem Gemisch von N,N'-Di-sek.-alkyl- und N-Aryl-N'-sek.-alkyl-p-phenylendiaminen, z. B. dem N,N'-Di-sek.-octyl-Derivat und dem N-Phenyl-N'-isopropyl-Derivat [2885]. — Vergleichende Untersuchungen über die Wirksamkeiten von verschiedenen aromatischen Aminen als Antiozonantien sind beispielsweise in (*82*) beschrieben, als Antioxydantien in (*351*). Vgl. auch die Ausführungen über strukturelle Einflüsse in Abschnitt II.2.3.4. und V.10.

Eine weitere verbreitete Anwendung haben aminische Antioxydantien in Polyolefinen gefunden, wobei sich jedoch in besonderem Maße die nachteilige Tendenz der aminischen Verbindungen zur Verfärbung bemerkbar macht, die bei Kautschukvulkanisaten wegen der häufig verwendeten Rußfüllung nicht so sehr ins Gewicht fällt. Dies ist der hauptsächliche Grund, warum der Einsatz solcher Verbindungen in den meist hellfarbigen Polyolefin-Formmassen derzeit fast völlig durch die Verwendung phenolischer und anderer nicht-verfärbender Antioxydantien verdrängt ist. Ihre Einführung als Antioxydans und Wärmestabilisator in Polyäthylen fanden aromatische Amine, besonders N,N'-Di-2-naphthyl-p-phenylendiamin, PBN, PAN, DPPD und Diphenylamin vor rund 20 Jahren [1496, 2099; 2064; 202; 114; 2061, 1514]. Neuere Arbeiten ergaben als weitere geeignete Stabilisatoren aliphatisch-aromatische sekundäre Amine wie Octylphenylamin oder Dodecyl-1-naphthylamin [712, 1651] und N-substituierte Benzidine wie N,N'-Dimethyl-N,N'-diäthylbenzidin [3137]. Besondere Bedeutung haben aminische Antioxydantien wie Di-2-naphthyl-p-phenylendiamin in Kombination mit einer nachfolgenden Vernetzung des Polyäthylens durch Elektronenbestrahlung [783, 1765, 2636, 2195] oder chemische Vernetzungsmittel, z. B. Dicumylperoxyd [1195, 2814], zur Erhöhung der Alterungsbeständigkeit gefunden. Eine hitzebeständige Kabelisolierungsmasse wird z. B. aus je 50 Teilen Polyäthylen und Butyl-Kautschuk mit Zusatz von je 25 Teilen chloriertem Wachs und Antimontrioxyd, 2 Teilen Ruß und 0.75 Teilen Akroflex C und anschließende Vernetzung durch ionisierende Bestrahlung erhalten [1840]. — Für Polypropylen werden substituierte p-Phenylendiamine wie DPPD oder N,N'-Di-sek.-butyl-p-phenylendiamin als Wärme-, Licht- und Oxydationsstabilisatoren beansprucht [1749, 1064, 2681, 1119], ferner alkylsubstituierte Diarylamine [1794, 2709], N,N'-Di-sek.-octyl-p-phenylendiamin [2092] und N,N'-Di-2-naphthyl-p-phenylendiamin. Letzteres wirkt besonders als Kupferdesaktivator, indem es (isotaktisches) Polypropylen gegen Versprödung bei Kontakt mit metallischem Kupfer stabilisiert (die Wirkung wird noch durch Ca- und Zn-Seifen erhöht) [1913], wie auch als Wärme- und Lichtstabilisator [2054]. Ein besonders wirksames Verfahren zur Oxydationsstabilisierung von Polypropylen besteht in der Zugabe von Antioxydantien wie Octylphenylamin, 4,4'-Diaminodiphenylmethan oder N,N'-Di-2-naphthyläthylendiamin zum Polymerisationssystem [1931]. — Synergistische Verstärkung der Wirkung von aminischen Antioxydantien in Polyolefinen wird erzielt durch Gemische derselben, z. B. PAN + DPPD [1511, 2534], oder durch Kombination mit andersartigen Antioxydantien bzw. sonstigen Verbindungen. So werden Gemische von aminischen Antioxydantien mit gehinderten Phenolen, z. B. N,N,N',N'-Tetramethyldiaminodiphenylmethan und Di-tert.-butylphenol, in organischen Lösungsmitteln zur Imprägnierung von Polypropylen-Fasern vorgeschlagen, um deren Wetterbeständigkeit zu erhöhen [3148]. Weiterhin sind schwefelhaltige Antioxydantien als Costabilisatoren zu aromatischen Aminen geeignet, z. B. DLTDP [2468; 2484; 2485; 1281]. Als Antioxydans für Polypropylen wird ferner eine Kombination von PBN mit Zinkoxyd angeführt [3314]. Speziell zum Schutz gegen Photooxydation kommt ein gemeinsamer Einsatz mit UV-Absorbern in Frage. Dafür wird beispielsweise ein Stabilisatorgemisch aus DPPD und 2-Hydroxy-4-alkoxybenzophenonen verwendet [682]. In Kombination mit Ruß wird die Wirkung von aminischen Antioxydantien in Polyäthylen erheblich verschlechtert, wie Hawkins u. a.

(*256*) gezeigt haben. Deshalb sind Kombinationen von herkömmlichen aminischen (aber auch phenolischen) Antioxydantien mit Ruß keine günstigen Stabilisierungssysteme für Polyolefine. Vgl. dazu II.2.3.4.

Aminische Antioxydantien werden auch für zahlreiche weitere Kunststofftypen empfohlen. Ältere Untersuchungen haben die Brauchbarkeit von PBN und anderen aromatischen Aminen als Alterungsschutzmittel für Polyvinyläther [1477] und Polyisobutylen [1478] ergeben. Ferner hatten sich organische Basen, darunter aromatische Amine, als Wärmestabilisatoren für PVC erwiesen [11], evtl. in Kombination mit anorganischen basischen Substanzen, z. B. Soda [2094, 3011]. Neuere Ergebnisse haben die folgenden Anwendungsmöglichkeiten erschlossen: N,N'-Di-2-naphthyl-p-phenylendiamin zur Wärme- und Oxydationsstabilisierung von Polystyrol [438, 2068]; sekundäre oder tertiäre aromatische Amine wie Diphenylamin [1635, 2339, 1106, 639; 1426] und vierfach o-kernalkylierte aromatische Diamine, z. B. 2,3,5,6-Tetraäthyl-p-phenylendiamin [2426] zur Wärmestabilisierung von Polyoxymethylenen; PBN zur Wärmestabilisierung von Polyäthylenoxyd [641, 2236, 3179]; DPPD oder N,N'-Di-2-naphthyl-p-phenylendiamin zur Stabilisierung von Polyestern auf der Basis von Terephthalsäure und 1,4-Di-(hydroxymethyl)-cyclohexan gegen thermischen Abbau, wobei die Stabilisatoren bemerkenswerterweise in Polyäthylenterephthalat wirkungslos sind [794, 3122, 2826, 2412]. Polyamide werden durch N,N'-Diaryl-p-phenylendiamine (z. B. DPPD) gegen Wärme, Licht und Oxydation stabilisiert [2528a, 2283]. Die Antioxydantien können, evtl. gemeinsam mit Säuren und Metallsalzen, bereits bei der Lactampolymerisation zugegeben werden [1386]. Ferner werden für Polyamide besonders aminische Antioxydantien vorgeschlagen, die mit Jodwasserstoff behandelt worden sind [3164]. Für Polyätherurethane kommen N,N'-Dialkyl-p-phenylendiamine, z. B. das Di-sek.-octyl-Derivat, zur Stabilisierung gegen Wärme und Alterung in Betracht [634, 1871, 2250, 2702, 3127; 2285, 3128], zur Lichtstabilisierung eine Kombination von PBN oder N,N'-Di-2-naphthyl-p-phenylendiamin mit 2,2'-Dihydroxybenzophenon-Derivaten [773].

In Tabelle III.8. sind die Wirksamkeiten verschiedener aminischer Antioxydantien in Hochdruck-Polyäthylen nach den Messungen von Baum u. a. (*37*) miteinander verglichen. Die Zahlenwerte geben die Induktionsperiode der Carbonylbildung bei Lagerung im Luftofen an. Bei den sekundären p-Phenylendiamin-Derivaten erfolgt ein Anstieg der Wirksamkeit in der nachstehenden Reihenfolge der N-Substitution: Alkyl $<$ Phenyl $<$ Naphthyl, entsprechend der Fähigkeit der Substituenten zur Resonanzstabilisierung des N-Radikals (vgl. II.2.3.4.). Die aus dieser Reihenfolge herausfallende gute Wirksamkeit des N,N'-Di-2-octyl-p-phenylendiamins beruht wahrscheinlich auf seiner Verträglichkeit mit dem Polyäthylen. Das auch in der Patentliteratur bevorzugt auftretende N,N'-Di-2-naphthyl-p-phenylendiamin erweist sich bei diesen Versuchen neben dem letztgenannten Produkt

Tabelle III.8. *Vergleich der antioxydativen Wirksamkeiten von aromatischen Aminen in Polyäthylen* (nach (*37*))

Substanz (0.01 Gew.- %)	Induktionsperiode der Carbonylbildung (Tage) 110 °C	170 °C
ohne Zusatz	0.5	0.25
p-Phenylendiamin	1.5	0.5
N,N'-Di-sek.-butyl-p-phenylendiamin	1.5	1
N,N'-Di-2-octyl-p-phenylendiamin	12	1.5
N-Phenyl-N'-cyclohexyl-p-phenylendiamin	7	2.5
N,N'-Diphenyl-p-phenylendiamin	14	3
N,N'-Di-2-naphthyl-p-phenylendiamin	$\gg$12	>5
N,N,N',N'-Tetramethyl-p-phenylendiamin	2	0.5
Phenyl-2-naphthylamin	3.5	1
Triphenylamin	2	0.25

als ein äußerst wirksamer Polyäthylen-Stabilisator. Man erkennt, daß auch tertiäre Amine eine gewisse antioxydative Wirkung ausüben, die jedoch ebenso wie die des unsubstituierten, primären p-Phenylendiamins merklich hinter der der sekundären Amine zurückbleibt.

Handelsprodukte:

Phenyl-1-naphthylamin (PAN)

NH

Alterungsschutzmittel PAN (*BA*)*
Neozone A (*DU*)
Nonox AN (*IC*)

Phenyl-2-naphthylamin (PBN)

NH

Age Rite Powder (*VA*)
Alterungsschutzmittel PBN (*BA*)
Neozone D (*DU*)
Nonox D (*IC*)
PBN (*MO*)

Octyliertes Diphenylamin

Octamine (*NA*)

N,N'-Diphenyl-p-phenylendiamin (DPPD)

NH NH

Age Rite DPPD (*VA*)
DPPD (*MO*)
J-Z-F (*NA*)
Nonox DPPD (*IC*)
Permanax 18 (*RP*)

N,N'-Di-2-naphthyl-p-phenylendiamin

NH NH

Age Rite White (*VA*)
Alterungsschutzmittel DNP (*BA*)
Nonox CI (*IC*)
Santowhite CI (*MO*)

* Abgekürzte Bezeichnungen der Herstellerfirmen sind auf S. 592 erklärt.

N-Phenyl-N′-cyclohexyl-p-phenylendiamin

$C_6H_5-NH-C_6H_4-NH-C_6H_{11}$

Alterungsschutzmittel 4010 (*BA*)
Flexzone 6-H (*NA*)
Santoflex CP (*MO*)

N-Phenyl-N′-isopropyl-p-phenylendiamin

$C_6H_5-NH-C_6H_4-NH-CH(CH_3)_2$

Alterungsschutzm. 4010 NA(*BA*)
Eastozone 34 (*EA*)
Flexzone 3-C (*NA*)
Nonox ZA (*IC*)
Permanax 115 (*RP*)
Santoflex IP (*MO*)

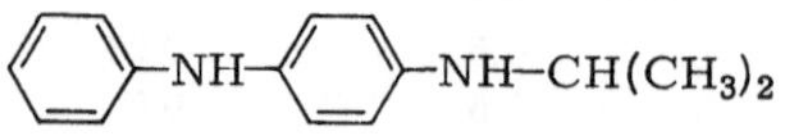

N,N′-Di-sek.-butyl-p-phenylendiamin

$(CH_3)(C_2H_5)CH-NH-C_6H_4-NH-CH(CH_3)(C_2H_5)$

Tenamene 2 (*EA*)
Topanol M (*IC*)

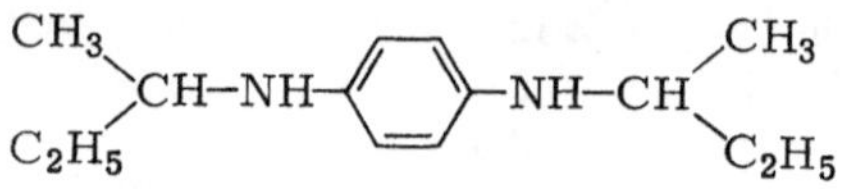

N,N′-Di-(1,4-dimethylpentyl)-p-phenylendiamin

$(CH_3)_2CH-(CH_2)_2-CH(CH_3)-NH-C_6H_4-NH-CH(CH_3)-(CH_2)_2-CH(CH_3)_2$

Eastozone 33, Tenamene 4 (*EA*)

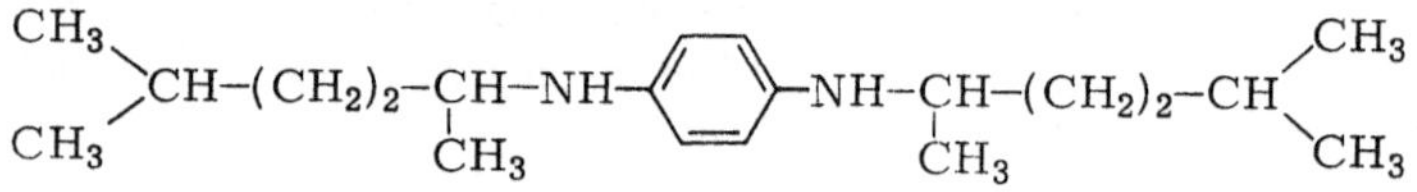

N,N′-Di-(1-methylheptyl)-p-phenylendiamin

$CH_3-(CH_2)_5-CH(CH_3)-NH-C_6H_4-NH-CH(CH_3)-(CH_2)_5-CH_3$

Eastozone 30, Tenamene 30 (*EA*)

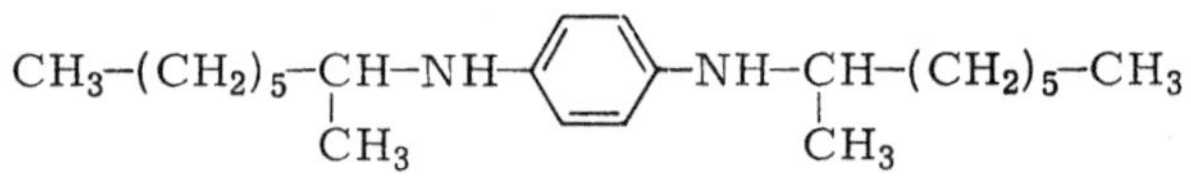

N,N′-Di-(1-äthyl-3-methylpentyl)-p-phenylendiamin

$(CH_3)(C_2H_5)CH-CH_2-CH(C_2H_5)-NH-C_6H_4-NH-CH(C_2H_5)-CH_2-CH(CH_3)(C_2H_5)$

Eastozone 31, Tenamene 31 (*EA*)
UOP (*UO*)

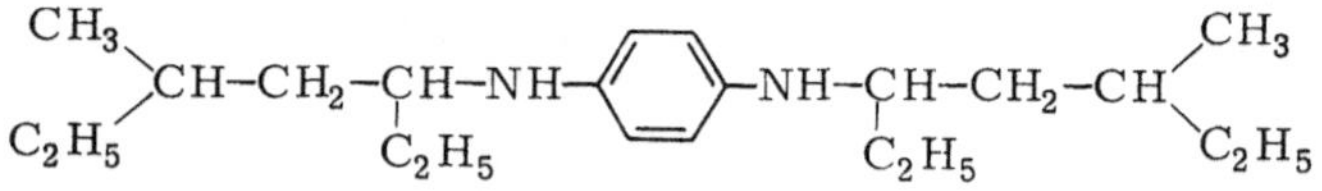

N,N′-Dimethyl-N,N′-di-sek.-butyl-p-phenylendiamin

$(CH_3)(C_2H_5-CH(CH_3))N-C_6H_4-N(CH_3)(CH(CH_3)-C_2H_5)$

Eastozone 32 (*EA*)

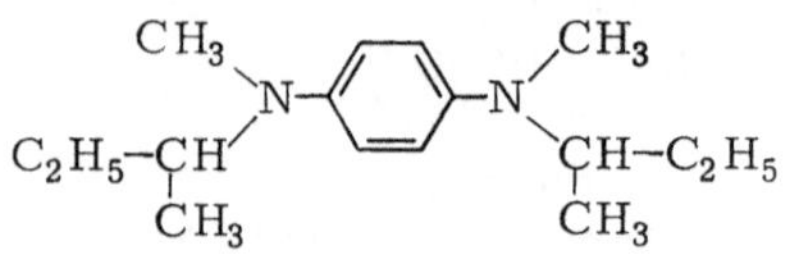

4,4′-Diaminodiphenylmethan

$NH_2-C_6H_4-CH_2-C_6H_4-NH_2$

Tonox (*NA*)

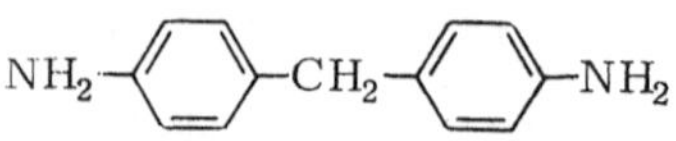

N,N'-Diphenyläthylendiamin — Stabilite (*HL*)

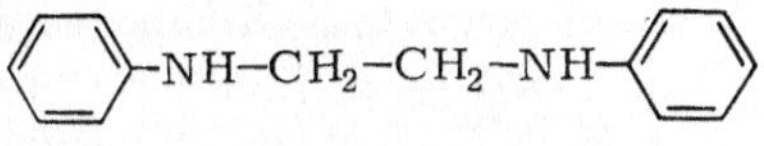

C_6H_5–NH–CH_2–CH_2–NH–C_6H_5

N,N'-Di-(o-toluyl)-äthylendiamin — Stabilite Alba (*HL*)

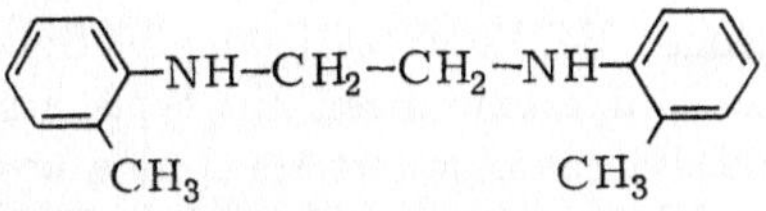

$CH_3C_6H_4$–NH–CH_2–CH_2–NH–$C_6H_4CH_3$

Weitere aminische Antioxydantien, insbesondere auch Gemische verschiedener Verbindungen und Produkte von nicht näher bezeichneter Zusammensetzung, siehe in der Liste der Handelsprodukte im Anhang.

5.2 (Cyclo-)Aliphatische Amine

Nicht-aromatische Amine wirken nur in sehr schwachem Maße als radikalkettenabbrechende Antioxydantien. Auf Grund ihrer alkalischen Reaktion haben sie jedoch, ebenso wie andere alkalische Verbindungen, bereits frühzeitig Verwendung als Zusatzstoffe zu synthetischen Kautschuken zum Zweck der Verhinderung des Klebrigwerdens und der Verharzung der unvulkanisierten Polymerisate gefunden [1]. Für Polyisopren wird z. B. ein Zusatz von Ammoniak oder aliphatischen Aminen angegeben [2088]. Als selbständige Kautschuk-Alterungsschutzmittel besitzen sie zur Zeit keine Bedeutung mehr. Aliphatische oder aromatisch-aliphatische Amine wie Dicyclohexylamin, Äthylenpolyamine, N-Cyclohexylanilin oder die Stearate bzw. Acetate solcher Amine verbessern jedoch den Wirkungsgrad von typischen aminischen [696] oder phenolischen [515] Antioxydantien im Gemisch mit denselben und verringern die Verfärbung bei Lichteinwirkung. Hexamethylentetramin (I) dient infolge seiner Fähigkeit zur NH_3-Abspaltung und Neutralisierung von HCl als Wärmestabilisator für chlorierten Butyl-Kautschuk [718]. N,N'-Di-sek.-alkyl-substituierte 1,3-Cyclohexylendiamine wirken als Antiozonantien für Natur- und Synthesekautschuk [2772]. — Als Polyolefin-Stabilisatoren sind N,N,N',N'-Tetraalkyl-alkylendiamine beschrieben worden, die gleichzeitig antistatische Wirkung besitzen, wie z. B. das Produkt der katalytischen Reduktion vom Tetra-(2-äthylhexyl)-diamid der dimeren Linolsäure [1425]. — Zur Licht- und Witterungsstabilisierung von Polystyrol dienten nach einem älteren Verfahren hochsiedende Amine oder Aminoalkohole mit Dissoziationskonstanten $>10^{-9}$, wie Dioctylamin [53], nach einem neueren N,N'-Dimethylalkylendiamine, z. B. -äthylendiamin [563]; butadienmodifizierte Styrol/Acrylnitril-Mischpolymerisate werden gegen Witterungseinflüsse mit diprimären aliphatischen Polyaminen wie Äthylendiamin oder Diäthylentriamin bzw. deren Salzen stabilisiert [2312]. — Für Vinylhalogenid-Polymere sind aliphatische Amine ebenfalls frühzeitig in Betracht

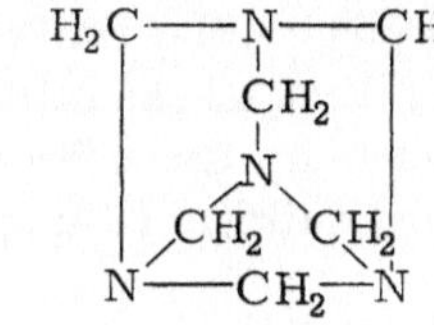

(I) Hexamethylentetramin: H_2C–N–CH_2, CH_2, N, CH_2, CH_2, N–CH_2–N

gezogen worden, z. B. Hexamethylentetramin zur Wärme- und Lichtstabilisierung [8, 2055]. Langkettige aliphatische Amine dienen evtl. als Komponente für flüssige Stabilisatorgemische auf Alkylphenolat-Basis [1753]. — In Polyvinylacetalen können Alkylendiamine, z. B. N,N'-Diphenyläthylendiamin [89, 1492] sowie Hexamethylentetramin oder dessen Salze [1489] zum Schutz gegen thermische Verfärbung dienen. — Bei Polyacetalen ist die Stabilisierung mit Amino- und anderen Stickstoffverbindungen ein typisches Verfahren. Zu der vorliegenden Substanzklasse gehörige tertiäre Amine wie Dimethyl-stearylamin sind von den Farbenfabriken Bayer neben einer Vielzahl anderer Typen von Aminoverbindungen zur zusätzlichen Wärmestabilisierung von endgruppenverschlossenen Polyoxymethylenen genannt worden [2438], während von den Farbwerken Hoechst als Wärme- und Oxydationsstabilisatoren für Trioxan-Copolymerisate (z. B. mit Äthylenoxyd) sekundäre Amine wie Dioctadecylamin, Di-octadecen-(9)-ylamin, N,N'-Dioctadecyläthylendiamin u. a. [2379, 1340] sowie Äthylenimin-Derivate [1417] aufgeführt werden. — Elastomere Polyäther- und Polyesterurethane, die durch Reaktion mit kettenverlängernden Diaminen oder Hydrazin außer Urethan- auch Harnstoff-Gruppen enthalten, werden gegen Licht, Wärme und chemische Einflüsse mit aliphatischen monomeren oder polymeren Aminen vom Molekulargewicht >280, evtl. in Kombination mit TiO_2, stabilisiert. Als Stabilisator kommt z. B. Polyäthylenimin, aber auch Harnstoff-Formaldehyd-Harz u. a. in Betracht, wobei ein Teil desselben durch seine Aminogruppen in das Polymere eingebaut sein kann [805, 1144, 2732, 3126]. — Alkylenpolyamine, z. B. Äthylendiamin, dienen ferner zur Lagerungsstabilisierung (Verhinderung der Gelierung) wäßriger Lösungen von Phenol-Formaldehyd-Klebharzen [1730, 665].

5.3. Aminoverbindungen mit weiteren funktionellen Gruppen; Aminoxyde

5.3.1. Aminophenole, Aminophenoläther, halogenierte Arylamine. Aminophenole sind als Ozonschutzmittel für Natur- und Kunstkautschuke vorgeschlagen worden; ihr Vorteil gegenüber den gewöhnlichen Arylaminen besteht meist in einer geringeren Verfärbungsneigung. Insbesondere sind N-sek.-Alkyl-4-aminophenole mit C_{7-12}-Alkyl [708] und Di-tert.-alkyl-substituierte o-Aminophenole [2330; 2294, 2357, 1973, 2799], z. B. 2,4-Di-tert.-butyl-6-sek.-butylaminophenol, geeignet, ferner Aminoderivate des (p-Dihydroxybenzo)-cyclobutans [1438]. In gleicher Weise wirken Aminophenoläther vom Typ der alkoxylierten Aniline, wie 4-Äthoxy-N-(2-butyl)-anilin und andere [654; 1826, 2729; 1835, 2730; 1939; 1955, 2731]. — In Polyolefinen dienen o-, m- oder p-Aminophenol zur Geruchsbindung bei Gegenwart von Thiobisphenolen [859] und verschiedene Typen von Aminophenoläthern, von denen der 4,4'-Di-(cyclohexylamino)-diphenyläther [929] und das N,N'-Dimethyl-3,3'-dimethoxybenzidin [3153] genannt seien, als Stabilisatoren. — Halogenhaltige aromatische Amine wie Chloraniline [2129] oder 3-Aminobenzotrifluorid [2130] sind auf Grund älterer Untersuchungen als Wärmestabilisatoren für PVC bekannt.

Handelsprodukte:

2,6-Di-tert.-butyl-α-dimethylamino-p-kresol — Ethyl Antioxidant 703 (*ET*)*

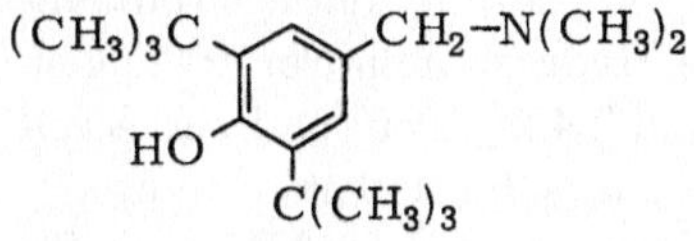

$(CH_3)_3C$, $CH_2{-}N(CH_3)_2$, HO, $C(CH_3)_3$

4-Isopropoxydiphenylamin — Age Rite Iso (*VA*)

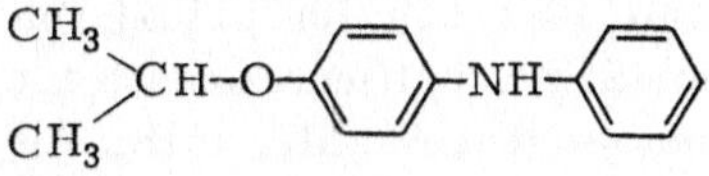

$(CH_3)_2CH{-}O{-}C_6H_4{-}NH{-}C_6H_5$

5.3.2. Aminoalkohole und Aminoalkyläther. Alkanolamine wirken stabilisierend auf PVC und seine Mischpolymerisate. Folgende Substanzen kommen dafür in Betracht: Triäthanolamin (eine der ersten als Wärmestabilisatoren für PVC vorgeschlagenen Verbindungen überhaupt) [8; 11], Polyester solcher mehrwertiger Alkohole mit Di- oder Polycarbonsäuren [85; 99], das 4-Aminobenzylaminoäthanol [2510] sowie N-substituierte Äthylenimine, z. B. das N-(2-Hydroxypropyl)-äthylenimin [3287] (über letztere vgl. die eingehende Beschreibung von Popova u. a. (*462*)). Hydroxyalkylamine werden gegebenenfalls der PVC-Emulsion vor der Trocknung zugesetzt [3034]. Für den praktischen Einsatz werden sie im allgemeinen mit Primärstabilisatoren kombiniert, z. B. mit basischen Cd-Salzen wie in dem System Cd-octanoat + Triäthanolamin [1712, 2618].

Polyhydroxyverbindungen dieser Klasse wirken als Metalldesaktivatoren. Diese Wirkung ist besonders ausgeprägt bei den N,N,N',N'-Tetra-(hydroxyalkyl)-alkylendiaminen, z. B. dem N,N,N',N'-Tetra-(2-hydroxypropyl)-äthylendiamin (I). Solche Verbindungen werden deshalb als chelatbildende

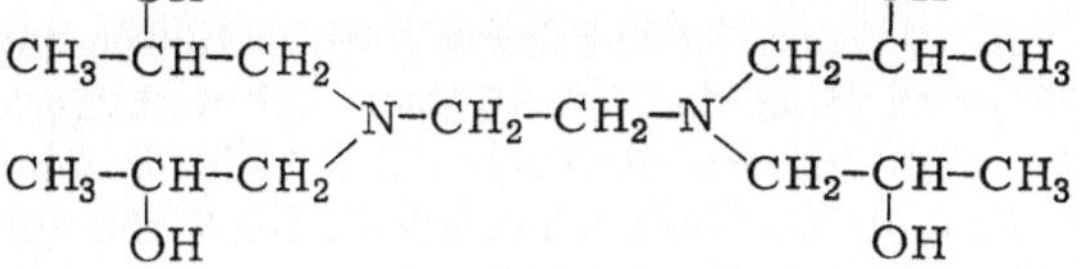

$$[CH_3{-}CH(OH){-}CH_2]_2N{-}CH_2{-}CH_2{-}N[CH_2{-}CH(OH){-}CH_3]_2 \qquad \text{(I)}$$

Stabilisatoren zur Verhinderung des Abbaues durch Korrosion der Verarbeitungsmaschinen oder durch sonstige Metallspuren für Polyolefine benutzt [706; 1199] und zeigen fernerhin eine oxydations- bzw. wärmestabilisierende Wirkung in Polyäthylenoxyd [606, 1860, 3181], Polystyrol und seinen Mischpolymerisaten [574, 1742; 1736, 3054, 2661, 1100, 1059; 933] und Polyoxymethylen [662]. Für Polyolefine kommen auch höher als vierfach hydroxyalkylierte

* Abgekürzte Bezeichnungen der Herstellerfirmen sind auf S. 592 erklärt.

Alkylenpolyamine, wie das N,N,N',N',N''-Penta-(2-hydroxypropyl)-diäthylentriamin [2375] (in Kombination mit anderen Polyolefin-Stabilisatoren) in Betracht; durch Kondensation von Aminen mit Epoxyverbindungen entstehen gegebenenfalls hochmolekulare Hydroxyaminoverbindungen, die als Polyolefin-Antioxydantien wirksam sind [2422, 1989] und zur Erhöhung der Lichtbeständigkeit von Textilfasern aus isotaktischem Polypropylen mit Hydroxyphenylbenzotriazolen kombiniert werden [1428]. Auch für Styrol-Polymere sind zahlreiche weitere Hydroxyalkylamine als Wärme- und Lichtstabilisatoren geeignet [487, 1644, 2607, 1077; 669; 1997, 1164], von denen hier nur das 1-Dimethylaminopropanol-(2) genannt sei, das auch zur Lichtstabilisierung von Acrylnitril-Polymeren geeignet ist [348, 1618]. Als Lichtschutz für Styrol-Polymere ist besonders eine Kombination von Alkanolaminen mit Salicylsäureestern, z. B. Diisopropanolamin + Methylsalicylat, brauchbar [400, 1659, 3004, 2617, 2222, 1079]. — Auf weitere Anwendungen von Verbindungen aus dieser Klasse sei lediglich hingewiesen: tertiäre Hydroxyalkylmethylamine als Antioxydantien für Methylmethacrylat-Copolymere [2014]; Monoäthanolamin und andere Amine als Wärmestabilisatoren für Polymere aus cyclischen Polyolacetalen, z. B. Polydiglykolformal [2518]; p-Phenylendiamino-alkohole [1958] oder -äther [1283] als Kautschuk-Antiozonantien; Äther und Ester von Alkanolaminen als Wärmestabilisatoren für endgruppenverschlossene Polyoxymethylene [2438; 2002, 1193]; Alkydharze von Äthanolaminen und Äthylendicarbonsäuren, deren freie Carboxylgruppen evtl. noch an Pb oder Mg gebunden sind, als Wärmestabilisatoren für PVC [2555, 1544].

5.3.3. Aminosäuren, deren Ester und Salze. Die primären Aminoalkancarbonsäuren vom Typ des Glycins, Alanins oder höherer Homologen bzw. Substitutionsprodukte sind zwar früh als Stabilisatoren für PVC und Vinylidenchlorid-Polymerisate erkannt worden [2093, 1475; 187], in dieser Rolle aber nie zu nennenswerter Bedeutung gelangt. Solche Verbindungen, wie Leucin oder α-Aminobuttersäure, sind auch zur Wärmestabilisierung von Polytrifluormonochloräthylen brauchbar [3096]. Technisch wichtige Wärmestabilisatoren für PVC sind hingegen die Ester der β-Aminocrotonsäure (die Enamin-Form der als tautomere Gemische vorliegenden Verbindungen ist unten unter „Handelsprodukte“ angegeben). Die Anwendung dieser physiologisch unbedenklichen Stabilisatoren erstreckt sich vorwiegend auf vorstabilisierte Emulsionspolymerisate, obwohl auch in Suspensionspolymerisaten gute Wirkungen zu beobachten sind (*190*). Mit schwachen Alkalien sowie (Thio-)Harnstoff oder deren N-Alkylderivaten wird die wärmestabilisierende Wirkung verstärkt [1318]. — Metallchelate von Aminosäuren zeigen lichtstabilisierende Wirkung, und zwar die Ni-Salze von Glycin und anderen α-Aminocarbonsäuren in stereoregulären Polyolefinen [1008; 2903], das Cu-Salz von N-Phenylglycin in Celluloseestern [500]. — Aminobenzoesäureester, wie der

4-Aminobenzoesäuredodecylester wirken in Kombination mit typischen Antioxydantien und Ca-stearat als Stabilisatoren für Niederdruck-Polyolefine [1948]. Aminoverbindungen des Cumarins, des inneren Anhydrids der β-(2-Hydroxyphenyl)-acrylsäure, schützen Polyamide gleichzeitig gegen Licht-, Wärme-, Sauerstoff- und Feuchtigkeitseinflüsse; genannt sei das 7-Diäthylamino-4-methylcumarin [2013, 2901, 1311].

Besonderes Interesse als Stabilisatoren besitzen die Aminopolycarbonsäuren oder ihre Salze. Die bekannteste dieser Verbindungen ist die Äthylendiamintetraessigsäure; sie wirkt, ebenso wie ihre (Erd-)Alkalisalze, als Wärmestabilisator für halogenhaltige Polymere [212, 1552, 2563, 2132], ihre chelatartigen gemischten Salze aus (Erd-)Alkali- und Schwermetallen, wie z. B. die Verbindung (I), sind Wärme- und Lichtstabilisatoren [386]. Wärmestabilisatoren für PVC sind auch die β,β'-Hydroxyiminodipropionsäure oder ihre

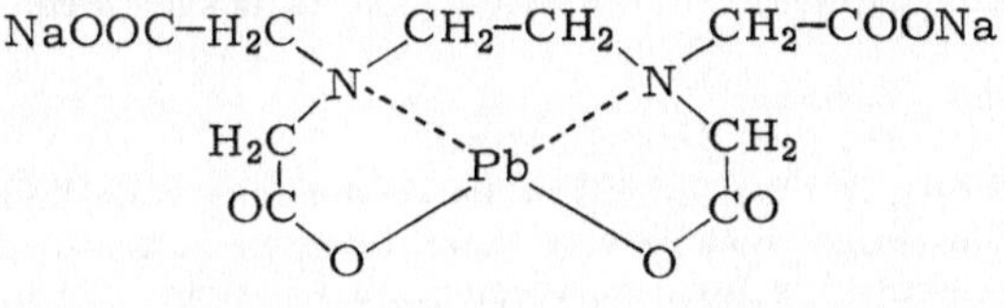

$NaOOC{-}H_2C \quad CH_2{-}CH_2 \quad CH_2{-}COONa$

$N \cdots Pb \cdots N$

$H_2C \quad\quad CH_2$

$OC \quad\quad CO$

$O \quad\quad O$

(I)

Alkalisalze, evtl. mit Soda oder anderen Substanzen kombiniert [2455]. Durch Arbeiten der Geigy AG. ist in neuerer Zeit die Aufmerksamkeit auf eine Reihe von Aminopolycarbonsäure-Derivaten gelenkt worden, die in Polyolefinen wärme-, licht- und oxydationsstabilisierende Wirkung besitzen: Äthylendiamin-N,N'-di-[α-(2-hydroxyphenyl)-essigsäure] oder ihre Salze [1461], N-Carboxyalkyl- und/oder N-Hydroxyalkyl-substituiertes Glycin, wie das N,N-Di-(carboxymethyl)-glycin oder dessen Alkali- bzw. Ammoniumsalze [1462], in gleicher Weise tetrasubstituierte Alkylendiamine oder Diamine von Alkyl(poly)äthern, wie Äthylendiamintetraessigsäure [1463] sowie Polyalkylenpolyamine, deren Stickstoffatome vollständig mit Carboxymethylgruppen substituiert sind, wie z. B. Triäthylentetraminhexaessigsäure oder deren Salze [1464]. Die genannten Polyolefin-Stabilisatoren werden vorzugsweise mit Triazin-Derivaten (vgl. *5.13.6.*), organischen Phosphonaten (vgl. *6.2.*), (3,5-Di-tert.-butyl-4-hydroxyphenyl)-alkancarbonsäureestern (vgl. *3.1.4.*) oder DLTDP kombiniert.

Handelsprodukte:

β-Aminocrotonsäureäthylester — Stabilisator A (*WR*)*

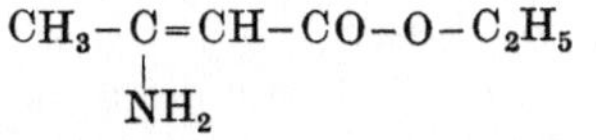

$CH_3{-}C(NH_2){=}CH{-}CO{-}O{-}C_2H_5$

Gemisch von Aminocrotonsäureestern — Stabilisator G 1 (*WR*)

* Abgekürzte Bezeichnungen der Herstellerfirmen sind auf S. 592 erklärt.

5.3.4. Aminoketone und -aldehyde; Aminochinone. In diese Klasse fallen Verbindungen von sehr unterschiedlicher chemischer Struktur und Anwendbarkeit, auf die wegen ihrer mangelnden praktischen Bedeutung nur kurz hingewiesen sei: Aroylierte aromatische Amine als PVC-Stabilisatoren [2117]; 4-Acyl-4′-aminodiphenyl-Derivate als UV-Filter für transparente Kunststoffe [587, 1738, 2187]; 2-Hydroxy-4′-aminobenzophenone als allgemein anwendbare UV-Stabilisatoren [918]; verschiedene Aminobenzophenon-Derivate zur Wärme- und Lichtstabilisierung von Polyolefinen [3136]; Aldehyde von tertiären aromatischen Aminen oder deren Hydrazone, Oxime usw. zur Wärmestabilisierung endgruppenverschlossener Polyoxymethylene [2427]; N-Alkylglucosamine in Kombination mit aromatischen Aminoverbindungen zur Wärmestabilisierung von SBR [806]; 1,4-Diaminoanthrachinon und seine Leukoverbindung als Inhibitoren von Radikalkettenprozessen wie der thermischen Depolymerisation von Polymethylmethacrylat (*230*).

5.3.5. Aminoxyde. Ältere Entwicklungen haben auf Aminoxyde wie Triäthylaminoxyd als Lichtstabilisatoren für Polystyrol [296, 1055] und Diarylchinondiimindioxyde als Antioxydantien, z. B. für Nylon, [353] zurückgegriffen.

5.4. Salze von Aminen und Ammoniumsalze

Zur Stabilisierung von Weich-PVC ist die Verwendung von Alkylaminstearaten, z. B. Dodecylaminstearat, anstelle von Metallstearaten vorgeschlagen worden, da sie ein besseres elektrisches Isolationsvermögen als letztere ergeben [3035]. — Die Salze (besonders die Hydrojodide) schwerflüchtiger organischer Basen bilden in Kombination mit Cu-Salzen Wärmestabilisatoren für Polyamide [2225, 1795, 2703; 1995, 1328; 1850, 2755] (vgl. dazu *1.3.1.*). Anstelle der Cu-Salze können auch Mn- oder Co-Salze Verwendung finden [2507] (vgl. *1.3.6.*). Salze von Aminen sind ferner zur Wärmestabilisierung von Polyvinylacetalen [88] oder Acrylnitril-Polymeren [522], als Kautschuk-Antioxydantien [305], zur Erhöhung des „Pot life“ von ungehärteten ungesättigten Polyesterharzen [1376] und (in Form von quaternären organischen Ammoniumhalogeniden, wie z. B. Tetrabutylammoniumjodid) als Stabilisatoren für Siliconkautschuk gegen thermischen und hydrolytischen Abbau [1013] vorgeschlagen worden.

Ammoniumsalze von polymeren Polycarbonsäuren, z. B. von einem Styrol/Maleinsäureanhydrid-Copolymerisat, erhöhen die Lichtbeständigkeit von Vinylidenchlorid-Polymeren [335].

5.5. Kondensationsprodukte von Aminen mit Ketonen oder Aldehyden

5.5.1. Schiff'sche Basen. Verbindungen dieser Art entstehen durch Kondensation von primären Aminen mit Oxo-Verbindungen und tragen die Azomethin-Gruppe $—N{=}C\langle$. Seit langem ist das Kondensationsprodukt von 1-Naphthylamin und Acetaldol, das Aldol-1-naphthylamin, als Alterungsschutzmittel für Kautschuke bekannt (vgl. [5]). Das Produkt kann die Struktur eines N-(γ-Hydroxybutyliden)-1-naphthylamins (I) besitzen, ist jedoch chemisch nicht immer definiert und bildet harzartige Massen.

In neuerer Zeit sind besonders Salicylidenamine als Lichtstabilisatoren und Metalldesaktivatoren für verschiedenste Kunststoffe bekannt geworden. Erstmals ergab sich aus den Arbeiten von A. R. Burgess [1553, 278, 2557, 2107, 3172] die lichtstabilisierende Wirkung von Metallchelaten Schiff'scher

Basen aus Salicylaldehyd und aliphatischen oder aromatischen Aminen auf Polyäthylen, Polystyrol, PVC, Polyamide oder Celluloseester; als Metalle kommen Ni, Cu, UO_2, Pb, Zn oder Co in Frage. Ein Beispiel ist das Ni-Chelat von Disalicylidenäthylendiamin (II). Speziell für Polyolefine sind später Cu-Komplexe von N-Salicyliden-alkylaminen, z. B. N-Dodecylsalicylaldimin, [2843] und Ni-Komplexe verschiedener Arten von Schiff'schen Basen [2401] sowie der strukturverwandten β-Ketoimine in der Enol-Form [2903] beansprucht worden. — Das Chelatbildungsvermögen der nicht-komplexierten Schiff'schen Basen macht sie als Metalldesaktivatoren geeignet. Sie sind deshalb mehrfach als Antioxydantien und Wärmestabilisatoren besonders für

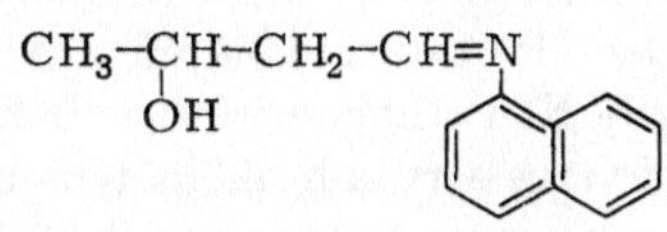

$CH_3-CH(OH)-CH_2-CH=N-$(1-Naphthyl)

(I)

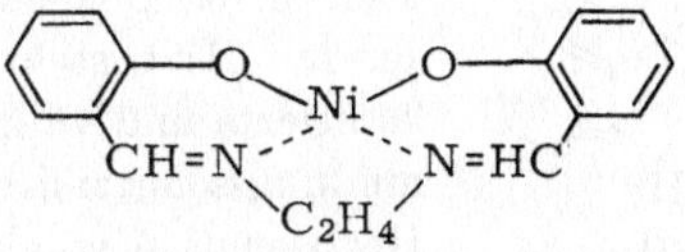

Ni-Chelat: O–Ni–O, CH=N, N=HC, C_2H_4

(II)

$[(HO-C_6H_4-CH=N-CH_2-CH_2)_2N-CH_2]_2$

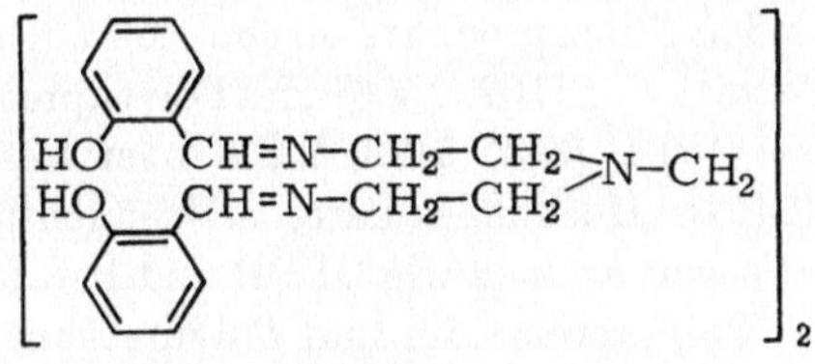

(III)

Kunststoffe, die im Kontakt mit Kupfer befindlich sind, angegeben worden: Salicyliden-Derivate von Alkylenpolyaminen, wie das N,N,N',N'-Tetra-(salicyliden-2-aminoäthyl)-äthylendiamin (III), als Cu-Inhibitoren für Kunststoffe und Kautschuke [655], evtl. nitrierte oder halogenierte Schiff'sche Basen, z. B. 1,2-Di-(5'-nitro-salicylidenamino)-4-nitrobenzol zur Cu-Inhibierung von vernetztem Polyäthylen [1874, 911, 2748], ferner Azomethin-Verbindungen aus 2-Aminophenolen und aliphatischen α,β-Diketonen, wie das Diacetyldi-(2-hydroxyanil), zur Wärme-, Licht- und Oxydationsstabilisierung von Polyäthylen und Butadien-Kautschuken [2192, 1759, 2651], sowie Azomethin-Verbindungen aus Benzaldehyd und Anilin, die mit OH-, NH_2- und $N(CH_3)_2$-Gruppen substituiert sein können, zur Wärmestabilisierung von Äthylen/Propylen-Mischpolymerisaten [3292]. Unter den letztgenannten Verbindungen zeigt z. B. das N-Salicyliden-2-hydroxyanilin beim Walzen der Polymeren bei 160 °C einen günstigen Stabilisierungseffekt (*388*). Weiterhin wurden Azomethine aus 3,5-Di-tert.-butyl-4-hydroxybenzaldehyd und verschiedenen Aminen auf diese Wirkung hin untersucht (*468a*). Auch für zahlreiche andere Polymere sind Schiff'sche Basen, evtl. in Kombination mit weiteren Stabilisatoren angegeben worden, so für Weich-PVC [1848, 786, 1161], Polyacetale [2392, 1392], Polyamide [1364] sowie Polysiloxane [835].

Handelsprodukte:

Aldol-1-naphthylamin	Age Rite Resin (*VA*)* Alterungsschutzmittel AH und AP (*BA*)

5.5.2. Sonstige Kondensationsprodukte. Die Kondensation von sekundären Aminen mit Oxo-Verbindungen liefert, anders als bei den primären Aminen, keine einheitlichen Reaktionsprodukte. Es entstehen primär Aminoalkohole, die in verschiedenster Weise weiterreagieren können. Unter diesen als Kautschuk-Antioxydantien gebräuchlichen Reaktionsgemischen ist das Kondensationsprodukt aus Diphenylamin und Aceton besonders wichtig, das zu einem wesentlichen Teil aus 5,5-Dimethylacridan (I) besteht. Außer als Antioxydans für unvulkanisierte und vulkanisierte Kautschuke wirkt es als Ermüdungsschutzmittel und verbessert in Kombination mit Hexosen, N-Alkylglucosaminen oder Ammoniumnitrat die Beständigkeit von SBR gegen thermische Vernetzung [806]. Derartige Kondensationsprodukte eignen sich auch als antioxydative Stabilisatoren für Polyäthylen [102, 1506] und Polycaprolactam, für letzteres in Kombination mit DPPD [821, 2423, 2829] oder mit Cu-Salzen und p-Toluolsulfonsäure [2457]. Hochmolekulare, nicht-flüchtige Kondensationsprodukte aus aromatischen Aminen wie DPPD und Paraformaldehyd dienen als Stabilisatoren für Polycaprolactam und Polyurethane [2335], solche aus Phenolen, Formaldehyd und Aminen für Polyolefine [797], sowie, nach älteren Untersuchungen, für PVC [30].

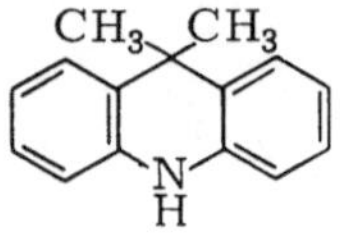

CH_3 CH_3
N
H
(I)

Handelsprodukte:

Diphenylamin-Aceton-Kondensationsprodukte	Age Rite Superflex (*VA*)* Aminox (*NA*) B-L-E 25 (*NA*) Permanax 47 (*RP*) Santoflex DPA (*MO*)
Phenyl-2-naphthylamin-Aceton-Kondensationsprodukt	Betanox Special (*NA*)

Weitere siehe in der Liste der Handelsprodukte im Anhang.

5.6. Carbonsäureamide

5.6.1. Niedermolekulare Säureamide. Säureamide wirken in erster Linie als Antioxydantien und sind als solche seit langem für die verschiedensten organischen Substrate, darunter vor allem Kautschuke, bekannt. Als allgemein anwendbare Antioxydantien werden u. a. N-Stearoyl-4-aminophenol, N-Lauroyl-4-aminophenol [371] (vgl. (*660*)), N-Phenoxyacetyl-4-aminophenol-Derivate [962], N-Alkyl-4-hydroxybenzamide [703] und andere

* Abgekürzte Bezeichnungen der Herstellerfirmen sind auf S. 592 erklärt.

Hydroxyaroylamide wie das 2-Hydroxynaphthoyl-4-chloranilid [3019] genannt. Speziell für Kunstkautschuke kommen u. a. verschiedene Acetamidophenole wie N-Acetyl-4-aminophenol [612], 2,2'-Dihydroxybenzanilid und seine Derivate [955] sowie Disalicyloylpolyalkylenpolyamine wie das N^I,N^V-Disalicyloyltetraäthylenpentamin [876] (die als Metalldesaktivatoren wirken) und das erst neuerdings untersuchte N-(4-Anilinophenyl)-maleinimid [1437] in Betracht. Neben den hier erwähnten aromatischen Säureamiden finden auch aliphatische Derivate Anwendung; eine vielfach eingesetzte Verbindung ist etwa das Adipamid, das u. a. zur Stabilisierung von Silikonkautschuk vorgeschlagen wird [679].

Besonders eingehend ist in den letzten Jahren die Wirkung von Amid-Stabilisatoren in Polyäthylen und Polypropylen untersucht worden, und die strukturelle Vielfalt der als geeignet befundenen Verbindungen ist relativ groß. Sie umfassen einmal rein aliphatische Amide wie Äthylendistearoylamid [1642] und N,N'-Dioleoylpolyäthylenpolyamine, die zugleich als Antioxydantien und Antistatika wirken [642], zum anderen aromatische Amine. Von letzteren wurden außer N-Acylaminophenolen, wie dem als Antioxydans für isotaktisches Polypropylen geeigneten N-Stearoyl-4-aminophenol [863, 2736] und anderen [2899] verschiedenste Verbindungstypen beschrieben, die teils als Antioxydantien, teils als Wärmestabilisatoren, teils als Lichtstabilisatoren für Polyolefine geeignet sind und häufig mehrere dieser Wirkungen zugleich ausüben. Sie gehören den folgenden Strukturtypen an: (substituierte) Benzamidophenole [3028, 1967, 2873, 3226, 2442, 1259], β-Resorcylanilid [3140], N-Alkyl-4'-hydroxybenzanilide [719, 2768], N,O-diacylierte Aminophenole [2036, 2939, 2461], Salicyloyl- oder Hydroxynaphthoyl-amine (die als reine UV-Absorber evtl. mit phenolischen oder schwefelhaltigen Antioxydantien kombiniert werden) [2737, 1160] sowie (Alkyl-4-hydroxyphenyl)-alkancarbonsäureamide, z. B. N,N-Di-n-dodecyl-α-(3,5-di-tert.-butyl-4-hydroxyphenyl)-acetamid [1398, 2958] (vgl. die analogen Ester in *3.1.4.*). Synergistische Verstärkungen dieser Polyolefin-Stabilisatoren werden fast stets durch gemeinsame Anwendung mit phenolischen oder sulfidischen Antioxydantien erzielt. Eine besondere Bedeutung für die Inhibierung der kupferkatalysierten Oxydation von Polypropylen und höheren Polyolefinen besitzen Oxalamide in Kombination mit herkömmlichen Antioxydantien

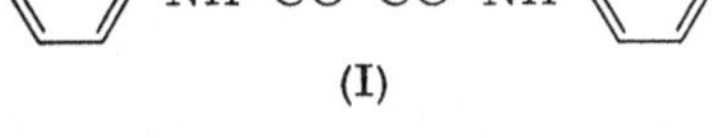

$$C_6H_5\text{–NH–CO–CO–NH–}C_6H_5 \quad (I); \qquad [\text{–NH–CO–CO–NH–}(CH_2)_6\text{–}]_n \quad (II)$$

[1297]. Von derartigen Oxalamiden, die HANSEN u. a. (*244*) ausführlich beschrieben haben, zeigen besonders N,N'-Diphenyloxalamid (I) und Polyhexamethylenoxalamid (II) gute Wirksamkeit auf die Stabilität von kupferhaltigem Polypropylen gegenüber thermischer Oxydation bei 140 °C in Verbindung mit Santonox als Costabilisator. Der Wirkungsmechanismus beruht wahrscheinlich auf einer Komplexbildung mit Kupfer, wobei dessen Oxydationspotential so verändert wird, daß es die zur Abbaukatalyse erforderliche Umladung nicht einzugehen vermag.

Säureamide sind auch für PVC und dessen Copolymere in älteren Patenten mehrfach als Stabilisatoren angeführt worden, worauf hier nur hingewiesen sei [2091, 1476, 2524, 16; 2120; 63; 103; 231]; nach einer neueren Entwicklung dient N-Stearoyläthylenimin als Wärmestabilisator [3287] (vgl. dazu (*462*)). Zur Licht- und Wärmestabilisierung von Acrylnitrilpolymeren haben sich folgende Verbindungstypen als geeignet erwiesen: N-Alkylglykolsäureamide [349, 1616], N-(2-Hydroxyäthyl)-N-alkylformamid oder -acetamid [350, 1617, 2209] sowie N,N-Dialkylalkoxyacetamide, z. B. das N,N-Dimethyläthoxy-Derivat [546]. — Besonders geeignet sind Carbonsäureamide zur Wärme- und Oxydationsstabilisierung von Polyacetalen, gegebenenfalls als Ergänzung zum Endgruppenverschluß. Auch hierfür ist eine größere Anzahl von Verbindungen genannt worden: Oxalamid und/oder andere Polycarbonsäureamide, z. B. Succinamid [2296, 3112], Methylenbisamide von α,β-ungesättigten Säuren, besonders Acrylsäure, in Kombination mit 6-Isobornyl-2,4-xylenol [2414, 1269], N-[(Alkylhydroxyphenyl)-methyl]-2-hydroxybenzamide [1402], Fumarsäureamid [1417], Acetamid, N-Methylformamid, Propionamid [2894], Amide von ungesättigten höheren Fettsäuren [1445] und andere [2459; 1422]. Zweckmäßig ist die Kombination von Säureamiden mit Antioxydantien wie Alkylidenbisphenolen [1038] oder Phenylhydrazonen [2353]. — Weiterhin können Carbonsäureamide in Polyamiden stabilisierend wirken: gegen Wärmeeinflüsse Kombinationen derselben mit (Erd-)-Alkaliverbindungen, z. B. N,N-Diacetylmethylamin + NaOH [1867], gegen Lichteinflüsse ε-Aminocapronsäure-N-acetylamid zusammen mit einer geringen Menge des Mn-II-Salzes dieser Säure [1261]. — Als UV-Absorber für Celluloseester eignen sich N-Benzoyl-4-aminophenol [516] sowie (alkyliertes) N,N'-Di-(2-hydroxyphenyl)-oxalamid [2950, 1357].

Handelsprodukte:

N-Lauroyl-4-aminophenol — Suconox-12 (*SU*)*

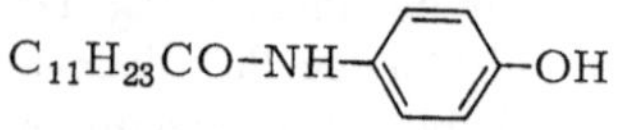

$C_{11}H_{23}CO{-}NH{-}C_6H_4{-}OH$

N-Stearoyl-4-aminophenol — Suconox-18 (*SU*)

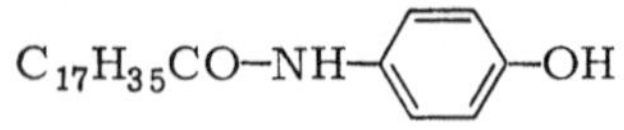

$C_{17}H_{35}CO{-}NH{-}C_6H_4{-}OH$

5.6.2. Hochmolekulare Säureamide. Wir unterscheiden hierbei zwei Gruppen von Verbindungen: Polyamide mit der kettenständigen ~CO—N~-Gruppierung und polymeranaloge Säureamide. Beide Arten von Verbindungen

* Abgekürzte Bezeichnungen der Herstellerfirmen sind auf S. 592 erklärt.

dienen hauptsächlich zur Wärmestabilisierung von Polyacetalen, d. h. (evtl. endgruppenverschlossenem) Polyoxymethylen (Polyformaldehyd) und Oxymethylen-Mischpolymerisaten. Die Verwendung von Polyamiden geht auf die Untersuchungen der Du Pont Co. an Polyformaldehyd zurück; speziell werden z. B. N-(Methoxymethyl)-polyhexamethylenadipamid oder ein ternäres Polykondensat aus 38 % Caprolactam, 35 % Hexamethylenadipamid und 27 % Hexamethylensebacinsäureamid vorgeschlagen, wobei noch Antioxydantien wie 4,4'-Butylidenbis-(3-methyl-6-tert.-butylphenol) zugefügt werden können [3007, 1841, 2233, 2669, 3279, 3072, 3206, 790, 1145]. Alishoev u. a. (*5*) zeigten, daß Polyamide zusammen mit Antioxydantien bei der Inhibierung der thermischen Oxydation des Polyformaldehyds (gemessen an der Sauerstoffabsorption) einen starken synergistischen Effekt ergeben. Erwartungsgemäß zeigen Polyamide die gleiche wärmestabilisierende Wirkung auch in Trioxan-(Misch-)Polymerisaten [2896]. Zur Wärmestabilisierung von Polyacetaldehyd werden Polyamide mit Aminen wie 2-Naphthylamin synergistisch kombiniert [2349]. Mischpolyamide sollen auch wärmestabilisierend auf Polypropylen wirken [1300]. — Polymeranaloge Säureamide sind die von den Farbwerken Hoechst beschriebenen Polymeren von N-Vinyllactamen, wie Poly-(N-vinylcaprolactam) oder Poly-(N-vinylpyrrolidon) (I) [2344, 1274], sowie N-Vinyl-Säureamiden wie Poly-(N-vinyl-N-methylacetamid) (II) [2418, 1314], ferner Polyacrylsäureamid, Polymethacrylsäureamid oder Mischpolymerisate beider [2342; 2896]. Zur Stabilisierung von Oxymethylen-(Misch-)Polymerisaten werden diese Verbindungen im allgemeinen stets mit Antioxydantien sowie evtl. noch UV-Absorbern und weiteren Wärmestabilisatoren kombiniert, wobei sich der Zusatz nach der durch Endgruppenverschluß bzw. Mischpolymerisation erzielten Eigenstabilität des Polymeren richtet.

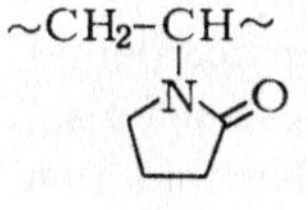

$\sim CH_2-CH\sim$ with N-pyrrolidon-ring (I)

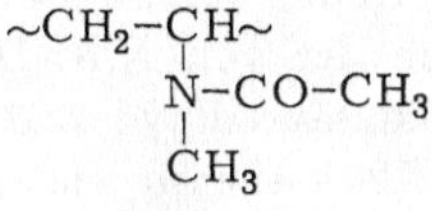

$\sim CH_2-CH\sim$, $N(CH_3)-CO-CH_3$ (II)

5.7. *Hydrazinverbindungen; Oxime*

Zur Kunststoffstabilisierung sind verschiedenste Arten von Hydrazin-Derivaten vorgesehen worden: Hydrazin und seine Kohlenwasserstoff-Substitutionsprodukte, Salze des Hydrazins, Säurehydrazide (acylierte Hydrazin-Derivate), Hydrazone und Azine von Oxo-Verbindungen.

Das Hydrazin selbst sowie seine Kohlenwasserstoff-Substitutionsprodukte und Säurehydrazide dienen zur Wärmestabilisierung von Polyformaldehyd [489, 1635, 2339, 1106]. Hydrazin, Methyl-, Phenylhydrazin und andere wirken auch als Metalldesaktivatoren in Polyolefinen [1202]. 4-Hydroxy-3,5-dialkylbenzyl-substituierte Hydrazine sind Antioxydantien für Kautschuke und

Polyolefine [2022, 2928, 1352], Alkylendihydrazine wie das 1,1'-Dimethylen-di-(2,2'-dimethylhydrazin) nicht-verfärbende Ozonschutzmittel für Kautschuke [1444].

Salze des Hydrazins mit höheren Fettsäuren wie Stearin- oder Ricinolsäure sind verfärbungsverhindernde Stabilisatoren für Niederdruck-Polyolefine; sie verknüpfen metalldesaktivierende Antioxydanswirkung mit Gleitmitteleigenschaften [792].

Von den Carbonsäurehydraziden sind besonders das Oxalsäuredihydrazid und seine Substitutionsprodukte (R—NH—NH—CO—)$_2$ mit R = C_{1-16}-Alkyl, Aryl oder C_{5-12}-Cycloalkyl zu erwähnen, welche die metallkatalysierte thermische Oxydation von Polyolefinen, besonders unter dem Einfluß von Kupfer, inhibieren [1039]. Nach Untersuchungen von THOLSTRUP (*592*) ist die Wirkung von Oxalsäuredihydrazid und -di-(2-phenylhydrazid) in Polypropylen der von N,N'-Diphenyloxalamid (vgl. *5.6.1.*) deutlich überlegen. Das Oxalsäuredihydrazid wirkt auch als Wärme- und Lichtstabilisator für PVC [2126], ebenso wie eine Kombination von Halogenaroylhydrazinen, wie 4-Chlorbenzoylhydrazin, mit Dicyandiamid [2383]; die wärmestabilisierende Wirkung von Mono- und Dihydraziden der Adipin-, Sebacin-, Thiodipropion-, Laurin- oder Phthalsäure auf halogenhaltige Polymere ist aus älteren Untersuchungen bekannt [2097, 2542, 1071]. Hydrazide verschiedener ein- oder zweibasischer Säuren sind ferner zur Wärmestabilisierung linearer Polyester [523], zur Verhinderung der photooxydativen Verfärbung von Polyester- und Polyätherurethanen [2450, 1435] und (evtl. in Kombination mit Wachsen) als nicht-verfärbende Antiozonantien und Antioxydantien für Kautschuke [1959] geeignet.

Die Hydrazin-Derivate von Aldehyden und Ketonen, Hydrazone und Azine, sind in erster Linie als UV-Absorber bekannt. Solche Verbindungen, die in verschiedenen Typen von Polymeren anwendbar sind, sind insbesondere: das Azin des Benzaldehyds (Benzalazin, Formel (I)), des Zimtaldehyds

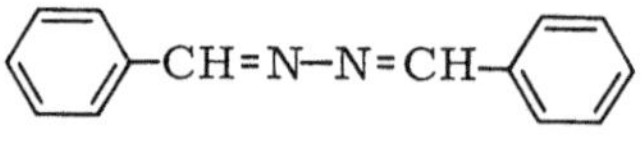

C_6H_5–CH=N–N=CH–C_6H_5 (I)

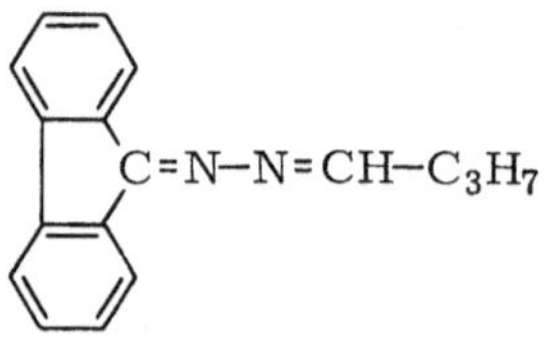

C=N–N=CH–C_3H_7 (II)

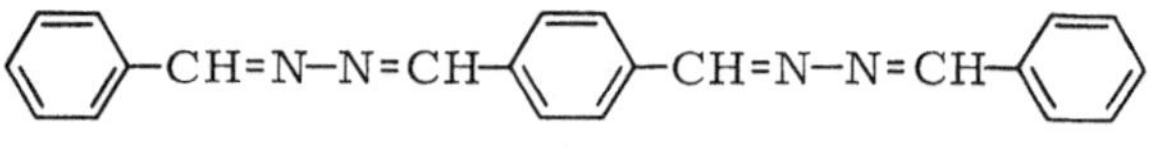

C_6H_5–CH=N–N=CH–C_6H_4–CH=N–N=CH–C_6H_5 (III)

(Cinnamalazin) oder des Furfurols (Furfuralazin) [108; 189] (über die Lichtabsorptionseigenschaften des Cinnamalazins vgl. (*216*)); Derivate des Fluorenonazins wie das Butyralfluorenonazin (II) [1575, 360, 2572, 2155];

aromatische Hydrazone wie das Benzaldehyd-N-methyl-N-phenylhydrazon [460, 2082], Salicylalazin (Wärme- und Lichtstabilisator für chlorsulfoniertes Polyäthylen) [433]; p-Di-(4-phenyl-2,3-diazabuta-1,3-dienyl)-benzol („Terazine“, Formel (III)) [1741, 592, 1063]; Hydrazone von β-ungesättigten Aldehyden oder Ketonen mit Oxalimiddihydrazid [1996]; Ni-Chelate von Hydrazonen aromatischer 2-Hydroxyaldehyde, besonders Ni-Salicylaldehydhydrazon (Lichtstabilisator für Polyolefine) [2401]. Neben der allgemeinen UV-Absorberwirkung wird bei dieser Verbindungsklasse auch von der wärmestabilisierenden Wirkung auf Polyoxymethylene, die z. B. 4-Diäthylaminobenzaldehydphenylhydrazon [2427] und andere Hydrazone [2297, 1927, 2845; 2345; 1426] zeigen, sowie von der antioxydativen Wirkung auf Polyolefine und Kautschuke Gebrauch gemacht. Letztere beruht wohl zum wesentlichen Teil auf Metalldesaktivierung. Für Polyolefine werden Hydrazinderivate von Hydroxyaldehyden [2456] (*468a*), N-Salicyliden-N'-salicyloylhydrazin (das sich in Kombination mit herkömmlichen Wärme- und Oxydationsstabilisatoren besonders als Kupferdesaktivator für Drahtisolationsmaterialien eignet) [1022] und andere [3301] genannt. In Kautschuken sind verschiedene Typen von Hydrazonen als Antiozonantien wirksam [1278], als Stabilisatoren gegen Photooxydation eignen sich Osazone, z. B. das Diacetylphenylosazon [2904, 1400].

Von geringerer Bedeutung für die Stabilisierung sind die Oxime, Reaktionsprodukte von Aldehyden oder Ketonen mit Hydroxylamin. Derartige Verbindungen, wie das Butyraldoxim u. a., sind als Witterungsstabilisatoren für Styrol-Polymere beschrieben worden [629]. Isonitrosoketone, die strukturell als Monooxime von α,β-Diketonen aufzufassen sind, wirken als Lichtstabilisatoren. Für chlorhaltige

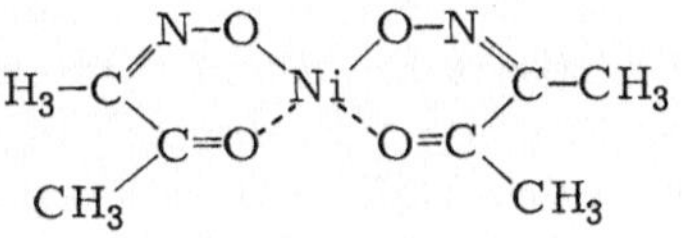

$$\begin{array}{c} \quad N{-}O \quad\quad O{-}N \quad \\ CH_3{-}C \quad\quad Ni \quad\quad C{-}CH_3 \\ \quad C{=}O \quad\quad O{=}C \quad \\ CH_3 \quad\quad\quad\quad\quad CH_3 \end{array}$$

(IV)

Polymere sind solche Verbindungen, z. B. das 2-Oximinocyclohexanon, schon vor längerer Zeit angegeben worden [140], für Polyproyplen wurde eine Kombination ihrer Ni-Chelate mit phenolischen Antioxydantien neuerdings beschrieben. Ein solches lichtstabilisierendes Gemisch besteht z. B. aus dem Ni-Komplex des Diacetylmonooxims (IV) und dem Kondensationsprodukt von Nonylphenol und Aceton [1016; 2903].

5.8. Cyanide und sonstige stickstoffhaltige Carbonsäurederivate

5.8.1. Acrylnitril-Substitutionsprodukte. Substanzen, welche eine zur Cyangruppe konjugierte Äthylen-Doppelbindung, $>C{=}C<^{}_{CN}$, tragen, sind in neuerer Zeit als universell anwendbare UV-Absorber bekannt geworden und bilden die wichtigste Gruppe von Cyanverbindungen in der Stabilisatorchemie. Solche Verbindungen sind zuerst von den Farbenfabriken Bayer als UV-Absorber beschrieben worden. Es handelt sich dabei um Kondensationsprodukte von (Hydroxy- oder Alkoxy-)Benzaldehyd mit Cyanessigester, Malonitril, Benzoylcyanid oder anderen, wie z. B. die Verbindung (I), die durch Kondensation von 4-Hydroxybenzaldehyd und Cyanessigester entsteht [2261]; durch Verwendung von anderen Benzoylverbindungen anstelle von Benzaldehyden können auch Substanzen gewonnen werden, in denen das äthylenische H-Atom durch Kohlenwasserstoffreste, die NH_2-Gruppe oder andere Substituenten ersetzt ist [2291] (vgl. die nachstehend aufgeführten Handelsprodukte). Eine verwandte Absorbersubstanz mit größerer Konjugationslänge des Chromophors ist der α-Cyan-β-styrylacrylsäureäthylester [1184]. Von der General Aniline & Film Corp. sind speziell α-Cyanacrylsäure-Derivate später erneut und in zahlreichen strukturellen Abwandlungen angegeben worden, z. B. die Verbindung (I) [902], Verbindungen vom Typ (II),

$$HO-C_6H_4-CH{=}C(COOC_2H_5)(CN)$$

(I)

$$(Ar^1)(Ar^2)C{=}C(CN)(COZ)$$

(II)

$$(Cl-C_6H_4)_2C{=}C(CN)_2$$

(III)

worin Ar^1 und Ar^2 aromatische Reste und COZ eine Carboxylester- oder Säureamidgruppe darstellen, wie z. B. der α-Cyan-β,β-diphenylacrylsäureäthylester [1233; 2889; 1356, 2957], α-Cyan-β,β-diarylacrylnitril-Derivate, wie z. B. die Verbindung (III) [1235; 2915; 2962], α-Cyan-β-(2-hydroxy-1-naphthyl)-acrylsäureester [2886; 2919], α-Cyan-β-(2-hydroxy-1-naphthyl)-acrylamide [2860] oder β-Arylaminoacrylsäure-Derivate, wie z. B. das α-Cyan-β-(4-methoxyanilino)-acrylnitril [971, 1353]. β-Alkoxyphenyl-substituierte α-Cyanacrylsäurederivate, wie der α-Cyan-β-methyl-β-(4-methoxyphenyl)-acrylsäureäthylester, eignen sich besonders zur Stabilisierung von Formaldehydpolymeren [1361]. Im übrigen sind die hier genannten Substanzen für verschiedenste filmbildende transparente Materialien wie Nitrocellulose, Celluloseester, Polyäthylen, PVC, Polyesterharze, Polymethylmethacrylat, aber auch für opake Stoffe wie Schaumstoffe, Folien, Fasern u. dgl. geeignet. Die weiteren strukturellen Variationsmöglichkeiten dieser Substanzklasse sind sehr groß. So können anstelle von Phenylresten heterocyclische Reste eingehen, wie beim α-Cyan-β-phenyl-β-(2-thienyl)-acrylnitril [1455]. — Die genannten α-Cyanacrylsäurederivate besitzen gegenüber den anderen typischen UV-Absorbern, wie Benzophenonen, ein schwächeres Absorptionsvermögen im UV-Gebiet, da ihr Absorptionsmaximum unterhalb 320 mμ liegt (vgl. Abb. 25f). Ihr Vorzug besteht vor allem in der Abwesenheit von phenolischem Hydroxyl, wodurch Nebenreaktionen mit dem Substrat vermieden werden. Dies ist z. B. der Fall bei Cellulosenitrat, wo substituierte Acrylnitrile den phenolischen UV-Absorbern überlegen sind (*570*), und trifft auch für Polyoxymethylene zu, deren thermischer Abbau durch Phenole katalysiert wird. Nach einem Verfahren der Du Pont Co. werden freie oder endgruppenverschlossene Polyoxymethylene mit α-Cyan-β,β-diphenylacrylsäure-Derivaten als Lichtstabilisatoren versehen [1966, 2466]. Die Kombination mit Antioxydantien, z. B. Santonox, ermöglicht eine Wärme- und Lichtstabilisierung für Polyoxymethylene [975]. Auch bei anderen Substraten kommen synergistische Kombinationen in Betracht, wie z. B. mit Trialkylphenolen zur Lichtstabilisierung von Polystyrol [1406].

Verbindungen dieser Art dienen auch als Antioxydantien und Wärmestabilisatoren. Zur Metalldesaktivierung in oxydierbaren organischen Materialien, besonders Dien-Elastomeren, werden 2-Hydroxyaryl-substituierte α-Cyanacrylamide genannt [841, 2808]. Zur Wärmestabilisierung von PVC und anderen halogenhaltigen Polymeren werden übliche Metallstabilisatoren wie Pb-stearat z. B. mit α-Phenyl-β-styrylacrylnitril [2134] oder α-Cyanbenzalphthalid (vgl. *3.2.*, Formel (I)) [2136] kombiniert.

Handelsprodukte:

α-Cyan-β-methyl-4-methoxyzimtsäuremethylester — UV-Absorber Bayer 318 (*BA*)*

$CH_3O-C_6H_4-C(CH_3)=C(CN)-COOCH_3$

α-Cyan-β,β-diphenylacrylsäureäthylester — Uvinul N-35 (*AN*)

$(C_6H_5)_2C=C(CN)-COOC_2H_5$

Weitere Produkte von nicht näher bezeichneter Zusammensetzung siehe in der Liste der Handelsprodukte im Anhang, Abschnitt „UV-Absorber und Lichtstabilisatoren".

5.8.2. Sonstige Cyanide (Nitrile); Amidine und Hydroxamsäuren. Weitere Verbindungen mit Cyangruppen dienen zur Stabilisierung verschiedenster Polymerer, ohne jedoch von größerer praktischer Bedeutung zu sein. Polyolefine werden gegen oxydative Wärme- und Lichtalterung durch Cyanäthyl-Verbindungen, z. B. 9,9-Di-(2-cyanäthyl)-fluoren, 2,2,5,5-Tetra-(2-cyanäthyl)-cyclopentanon oder Tri-(2-cyanäthyl)-acetophenon [1902, 3319, 2832, 1213, 3218], gegebenenfalls in Kombination mit schwefelhaltigen Synergisten, besonders Thiodipropionsäureestern

* Abgekürzte Bezeichnungen der Herstellerfirmen sind auf S. 592 erklärt.

[1998, 1289] stabilisiert. Zur Verarbeitungsstabilisierung von Polypropylen dient Tetraphenylbernsteinsäuredinitril [985]. Diese Verbindung (s. II.2.3.1.) zerfällt unter Spaltung der sterisch belasteten zentralen C—C-Bindung in zwei Diphenylcyanmethyl-Radikale, die inhibierend auf den Abbau wirken. Sie wird auch von COWLEY u. a. (*117*) als Stabilisator gegen die photochemische Depolymerisation von Polymethylmethacrylat beschrieben. — Wegen weiterer Anwendung von Cyanverbindungen sei hier lediglich auf die Originalliteratur verwiesen: Zur Wärmestabilisierung von Vinylchlorid(misch)polymerisaten [2142; 2649]; zur Wärme- und Lichtstabilisierung von Acrylnitril-Polymeren [440, 1701, 2076, 2223; 406, 1669, 2210]; zur Wärmestabilisierung von Methacrylnitril-Polymeren [445]; zur Wärme- und Oxydationsstabilisierung von Polyoxymethylenen [2372; 1459]; als Antiozonantien für Butadien/Styrol-Kautschuk [836]. — Über Cyanamid, Dicyanamid und Dicyandiamid vgl. *1.5.1.* Organische Cyanamid-Derivate sind in Form der Metallverbindungen von Monoacylcyanamiden als Wärmestabilisatoren für chlorhaltige Vinylpolymere wirksam, so z. B. das Ba-benzoylcyanamid $(C_6H_5CO-\overset{|}{N}-CN)_2Ba$ [2467].

Unter den Amidinen ist das Benzamidincarbonat als PVC-Stabilisator [2113] und das N,N′-Diphenylacetamidin als UV-Absorber für Celluloseester [84] zu nennen. Beide sind ohne Bedeutung.

Dihydroxamsäuren sind einer älteren Entwicklung zufolge in Kombination mit aromatischen Aminen als Wärme- und Oxydationsstabilisatoren für Polyamide verwendbar, besonders für Drahtisolationen, die im verarbeiteten Zustand durch Eintauchen z. B. in eine Lösung von PAN und Adipindihydroxamsäure $HON{=}\underset{OH}{\underset{|}{C}}-(CH_2)_4-\underset{OH}{\underset{|}{C}}{=}NOH$ stabilisiert werden können [2444, 1487 a].

5.9. Harnstoff, Guanidin und deren Derivate

5.9.1. Niedermolekulare Harnstoff-Verbindungen, Carbamate. Harnstoff, NH_2—CO—NH_2, spielt besonders in Form seiner Derivate eine beträchtliche Rolle in der PVC-Stabilisierung. Verbindungen dieser Art, z. B. Harnstoff und Diäthylthioharnstoff, wurden zuerst vor mehr als 30 Jahren als Wärmestabilisatoren für PVC-Polyvinylacetat-Überzugslacke vorgeschlagen, wobei die gute stabilisierende Wirkung auf Eisenoberflächen durch einen metalldesaktivierenden Effekt erklärt wurde [11]. Nach H. FIKENTSCHER [2094, 3011] wird eine Kombination mit Alkaliverbindungen verwendet, z. B. das System Natriumcarbonat + Aryl(thio)harnstoff. Praktisch wird bei der Verwendung von Harnstoff-Stabilisatoren bis jetzt fast nur von solchen Kombinationen Gebrauch gemacht, da Harnstoff-Verbindungen für sich allein eingesetzt so gut wie wirkungslos sind. In Emulsions-PVC, das bereits mit Soda vorstabilisiert ist, erzielt man durch einen verhältnismäßig geringen Zusatz ($<0.5\%$) von Harnstoff-Derivaten eine gute Wärmestabilisierung (dagegen keine Lichtschutzwirkung). Vorzugsweise wird dazu Diphenylthioharnstoff (vgl. *7.5*) verwendet, da Harnstoff selbst oder Diphenylharnstoff mit der PVC-Masse zu wenig verträglich sind (*552*). Die Verträglichkeit wird durch Einführung polarer Substituenten erhöht; hierauf beruht wohl zum größten Teil die verbesserte Wirksamkeit der im Laufe der Zeit beschriebenen modifizierten Harnstoffderivate. So sind die folgenden Verbindungstypen (außer schwefelhaltigen Produkten) angegeben worden: Salze von gesättigten C_{12-18}-Fettsäuren mit tert.-Alkylharnstoffen [65]; Harnstoffnitrat [163]; Semicarbazid NH_2—NH—CO—NH_2 [1546], das evtl. mit Na-carbonat oder -bicarbonat dem PVC-Latex zugefügt wird [1547]; Arylharnstoffe, die mindestens einen polaren Substituenten in der Arylgruppe tragen, wie Mono- oder N,N'-Di-(4-äthoxyphenyl)-harnstoff, und stets mit alkalischen Substanzen wie Alkali(bi)carbonaten, -hydroxyden, basischen Phosphaten oder Aminen und anderen kombiniert werden [1545, 3253, 206, 2067, 2549]. Die Wärme- und Lichtschutzwirkung der letztgenannten Kombinationen kann durch Zugabe von Antioxydantien als dritter Bestandteil des Stabilisierungssystems, z. B. 4-Octylphenol oder DBPC, noch gesteigert werden [2973, 2101, 251, 2559, 1558]. Weiterhin wurden als Wärmestabilisatoren angeführt: 4-Glycidyloxyphenylharnstoff [2137, 1587, 2566]; N,N'-Dialkylharnstoffe mit C_{1-5}-Alkyl, speziell für asbestgefüllte Vinylchlorid/Vinylacetat-Copolymerisate, wahrscheinlich zur Eisen-Komplexbildung [609]; N-Phenyl-N,N'-äthylenharnstoff, speziell für Vinylidenchlorid(co)polymerisate [2122]; N-Vinyl-N'-alkylharnstoffe (*588b*). — Kombinationen von Harnstoff-Verbindungen mit anderen als den genannten alkalischen Costabilisatoren sind mehrfach beschrieben worden, z. B. mit Epoxyverbindungen (Glycidyläthern) und/oder organischen Metallsalzen [2972, 259, 2543, 1541] oder mit β-Aminocrotonsäurealkylester [1318]. Speziell zur Wärme- und Lichtstabilisierung von PVC-Schäumen wird eine Kombination:

Harnstoff, Thioharnstoff oder Biuret NH_2—CO—NH—CO—NH_2
\+ Sn-II-Salze von Carbonsäuren, z. B. Sn-dilaurat, oder Organozinn-Salze, z. B. Dibutylzinndilaurat

beschrieben, wobei die aus Methanol fällbaren Addukte der beiden Verbindungstypen verwendet werden können [2445, 1776]. — Von den Verbindungen der Carbamidsäure NH_2—CO—OH ist das N,N'-Di-(4-salicyloylphenyl)-p-phenylendicarbamat als Lichtstabilisator für chlorhaltige Polymere genannt worden [539], während N-Vinylcarbamate, z. B. Butandiol-(1,3)-di-(N-vinylcarbamat), sich als gute Wärmestabilisatoren für Hart- und Weich-PVC-Folien erweisen (*588c*).

Harnstoff und seine Derivate sind auch für eine Reihe anderer Kunststoffe brauchbar, vor allem wohl wegen ihrer Eigenschaft, beim Abbau entstehende Reaktionsprodukte zu binden. Umfangreichere Arbeiten sind der wärmestabilisierenden Wirkung von Harnstoff- und Thioharnstoff-Derivaten in Polyacetalen gewidmet worden. Auf die Verwendung solcher Produkte in Polyformaldehyd hatte zuerst die Du Pont Co. hingewiesen [1635, 2339, 1106]. Im einzelnen sind folgende Arten von Stabilisatoren dafür angegeben worden: n-Butyl-, N,N-Diäthyl- oder N,N'-Dicyclohexylharnstoff bzw. analog substituierte Thioharnstoffe [599], Poly(thio)harnstoffe, z. B. Nonamethylenpolyharnstoff [1285], kohlenwasserstoffsubstituierte Harnstoff- und

Semicarbazid-Derivate sowie Semicarbazone mit der Struktureinheit $>C=N-NH-CO-N<$ [1426], Ester der Allophansäure, $NH_2-CO-NH-COOH$, z. B. Butylallophanat, 4-Hydroxyphenylallophanat und besonders Bisphenolallophanate in Kombination mit Antioxydantien [1450], sowie Biuret, Thiobiuret, Polyuret, Polythiouret oder ihre N-substituierten Derivate [1414]. Für die Wärmestabilisierung von Trioxan-Copolymeren sind von den Farbwerken Hoechst Ureidosäureester und Ureidosäurelactame [1417] sowie mit aminischen Gruppen substituierter Harnstoff [1448] angegeben worden, z. B. α-Amino-α-ureidobuttersäureäthylester (I) oder Di-(ureidomethyl)-amin.

Ferner sind Anwendungen von Harnstoff(-Derivaten) als Wärmestabilisatoren für Polyvinylfluorid [90], Polyvinylacetale [1495, 2530] oder Siliconkautschuk [679], sowie als Licht- und Wärmestabilisatoren für Styrol-Polymere [602] beschrieben worden. 4-Hydroxyphenyl- oder 4-Alkoxyphenyl-substituierte (Thio-)Harnstoffe besitzen eine allgemeine UV-Absorberwirkung, so z. B. der N,N'-Di-(4-methoxyphenyl)-harnstoff [709]. Schließlich eignen sich Harnstoff-Verbindungen, ebenso wie gewisse Amine, als Antioxydantien

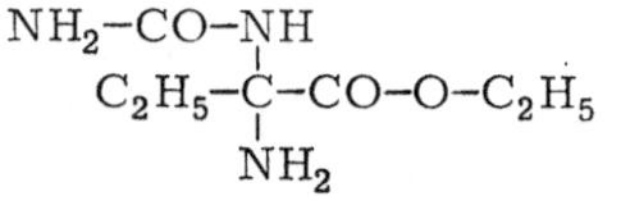

$$\begin{array}{c} NH_2-CO-NH \\ | \\ C_2H_5-C-CO-O-C_2H_5 \\ | \\ NH_2 \end{array} \qquad (I)$$

$$C_6H_{11}-NH-CO-\underset{\underset{CH_3}{|}}{\underset{C_2H_5-CH}{|}}{N}-C_6H_4-\underset{\underset{CH_3}{|}}{\underset{CH-C_2H_5}{|}}{N}-CO-NH-C_6H_{11} \qquad (II)$$

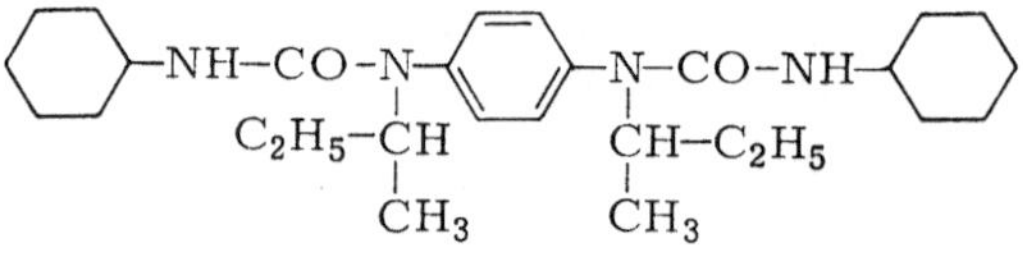

und können als solche wie auch als Antiozonantien Natur- und Synthesekautschuken zugesetzt werden. Geeignete Verbindungstypen sind Hydroxyphenyl- oder Aminophenyl-substituierte (Thio-)Harnstoffe, z. B. N,N'-Di-(4-hydroxyphenyl)-harnstoff [313—316] oder p-Phenylendiureide [1239; 2895, 2007], wie z. B. die Verbindung (II). Alkylsubstituierte Harnstoffe, z. B. N,N'-Di-tert.-octylharnstoff, dienen zur Verhütung von Verfärbungen in Kautschukvulkanisaten, denen sie neben den üblichen Antioxydantien und Beschleunigern zugesetzt werden [1885].

Handelsprodukte:

Monophenylharnstoff — Stabilisator VH (*HÜ*)*

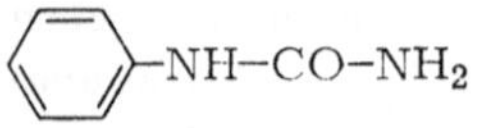

$$C_6H_5-NH-CO-NH_2$$

---

* Abgekürzte Bezeichnungen der Herstellerfirmen sind auf S. 592 erklärt.

5.9.2. Harnstoff- oder Melamin-Formaldehyd-Kondensationsprodukte. Das niedermolekulare Kondensationsprodukt Dimethylolharnstoff wurde zur Wärmestabilisierung von Polyvinylacetalen vorgesehen [219]. Harnstoff- und Melamin-Formaldehyd-Harze im Resol-(A-) oder Resitol-(B-)Stadium können in PVC und seinen Mischpolymerisaten als Costabilisatoren für Cd-mercaptide (vgl. *7.1.8.*) verwendet werden [239, 1573].

5.9.3. Guanidin-Verbindungen. Guanidin, NH_2—C(NH)—NH_2, und seine Derivate sind in ähnlicher Weise in verschiedensten Typen von Polymeren wirksam wie die Verbindungen der Harnstoff-Klasse. Ältere Entwicklungen ergaben Triphenylguanidin als UV-Absorber [7], Guanidin sowie gewisse Substitutionsprodukte und Salze als Wärmestabilisatoren für Polyvinylacetale [98, 1490], sowie Aminoguanidin, NH_2—NH—C(NH)—NH_2, und dessen Salze, z. B. das Bicarbonat, als PVC-Stabilisatoren [1498, 92; 2113]. In neuerer Zeit sind Guanidin-Verbindungen als Inhibitoren der eisenkatalysierten Verfärbung von Vinylchlorid(co)polymerisaten (vgl. *5.13.6.*) [1341] herangezogen worden, N,N'-Diphenylguanidin als Wärmestabilisator für Polyolefine [1097] und (neben anderen substituierten Guanidinen bzw. Guanidinsalzen) in einer Dreierkombination (vgl. *7.7.1.*) für chlorierten Butylkautschuk [718]. Aromatisch substituierte Guanidine vermögen in Kautschuken eine antioxydative Wirkung ausüben. Darauf beruht die Verwendung von Kondensationsprodukten des Dicyandiamids, NH_2—C(NH)—NH—CN, mit (N-alkylierten) Phenylendiaminen, Aminophenolen oder Aminophenyl-alkyläthern als Alterungsschutzmittel für Kautschuke [392]. Derartige Kondensationsprodukte besitzen die Konstitution von Guanidin-Derivaten. — Technische Bedeutung für die Stabilisierung (so wie etwa das Diphenylguanidin als Vulkanisationsbeschleuniger) besitzt keine der Verbindungen dieser Klasse.

5.10. Nitro- und Nitrosoverbindungen

Organische Nitroverbindungen fanden ihren Eingang in die Stabilisatorchemie als Lichtstabilisatoren: das 2-Nitrophenol für Vinylchlorid-Harze [12, 2522, 1069, 2092, 3250, 1474] und Dihalogen-2-nitrophenole für Vinylidenchlorid-Harze [72]. Im übrigen wird die Nitrogruppe vorwiegend wegen ihres polaren Charakters in Stabilisatorsubstanzen eingeführt. (Erd-)Alkalisalze von C_{2-4}-Nitroalkanen erwiesen sich als Wärmestabilisatoren [135], Nitroharnstoff, Nitroguanidin oder ihre Substitutionsprodukte als Wärme- und Lichtstabilisatoren für Vinylchlorid(misch)-polymerisate [2514]. Verschiedene Anwendung haben aromatische Nitroverbindungen gefunden, und zwar zur Wärmestabilisierung von Polytrifluorchloräthylen, wofür u. a. Di- und Trinitrobenzole bzw. -naphthaline geeignet sind [2241, 2658, 1809], als Polyolefin-Antioxydantien, wofür Nitrobenzole mit weiteren Substituenten, wie z. B. 1,3-Dinitro-4,6-dichlorbenzol oder 3,4,6-Trimethylnitrobenzol genannt werden [2267], sowie als Wärmestabilisatoren für (evtl. endgruppenverschlossene) Polyoxymethylene, wobei sich Nitrobenzol, m- oder p-Dinitrobenzol, Methoxynitrobenzole oder 4-Nitromethylbenzoat als geeignet erweisen [2372, 1268]. Die Wirksamkeit solcher Substanzen in radikalartigen Abbaureaktionen legt eine

Aktivierung von Kern-Wasserstoffatomen durch die benachbarten stark polaren Gruppen nahe. Weitere Nitroverbindungen mit Stabilisierungswirkung sind: 2,4-Dinitrophenylhydrazin, ein Wärme- und Lichtstabilisator für Polystyrol [364], die davon abgeleiteten Phenylhydrazone verschiedener Aldehyde und Ketone, wie das Octanon-(2)- oder Benzophenon-2,4-dinitrophenylhydrazon, die sich als Alterungsschutzmittel für verschiedenste Polymere wie Polyester- und Polyätherurethane, PVC, Polyolefine u. a. erweisen [842], 2,4-Dinitrodiphenylamin und andere nitrierte Aminoverbindungen als Antioxydantien und Lichtstabilisatoren für hellfarbige Butyl-Kautschukvulkanisate [490] und das 2-(4'-Nitrophenyl)-hydrochinon, ein Wärmestabilisator für lineare Polyester [495].

Zur Wärmestabilisierung von Polyäthylenoxyd und seinen Mischpolymerisaten dient N-Nitrosodiphenylamin [641, 2236, 3179], zur Stabilisierung gegen Molekulargewichtsverringerung durch Sauerstoff, Licht und Metallkatalysatoren das 1,1-Diphenyl-2-pikrylhydrazin. Diese Substanz bildet ein sehr beständiges freies Radikal, das Diphenylpikrylhydrazyl (I), das auch als solches zugegeben werden

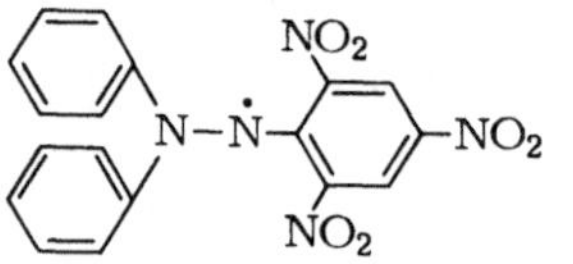

NO_2 NO_2 NO_2 N–N· (I)

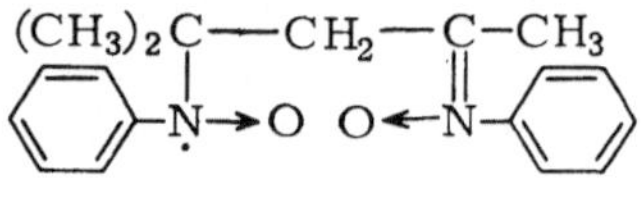

$(CH_3)_2C—CH_2—C—CH_3$ N→O O←N (II)

kann [993]. Die stabilisierende Rolle von beständigen freien Radikalen in verschiedensten Polymeren, neben (I) z. B. des 1,1-Dimethyl-3-(N-phenyloximino)-butylphenylnitroxyds (II) oder des N-Äthylphenazyl-Radikals in Polyamiden, Polyäthylen u. a., ist bereits länger bekannt [284].

5.11. Azo- und Diazoverbindungen

Unter diesen Verbindungen sind besonders die Derivate des 2-Hydroxyazobenzols als Lichtstabilisatoren wichtig. Ihre wesentliches Merkmal ist, daß sie selbst gefärbt und daher nicht für farblose Substrate geeignet sind.

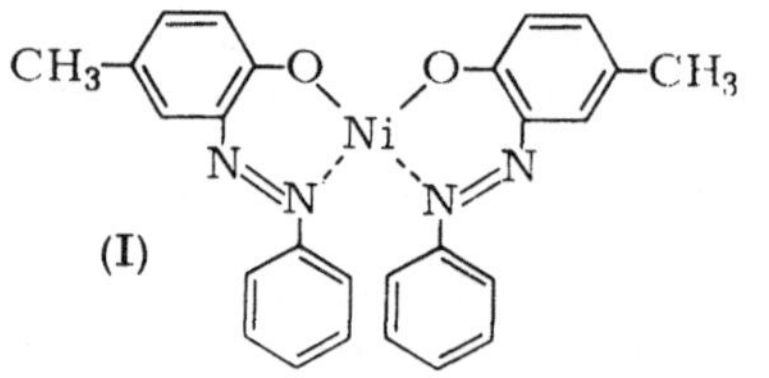

CH_3 O O CH_3 Ni N N N N (I)

Die ersten als Lichtstabilisatoren für Polyäthylen, Polystyrol, PVC oder Polyamide vorgeschlagenen Verbindungen dieser Art waren die von BURGESS beschriebenen Cu- oder Ni-Chelate von 2-Hydroxyazobenzol und seinen Alkyl-, Aryl-, Hydroxy- und Amino-Substitutionsprodukten sowie Äthern und Carbonsäureestern, ferner entsprechende Verbindungen des Phenylazo-2-naphthols. Ein Beispiel ist das Ni-Chelat von Phenylazo-p-kresol (I) [1572, 325, 2567, 3173]. Freie 2-Hydroxyazobenzol-Derivate sind von den Farbwerken Hoechst in neuerer Zeit als Lichtstabilisatoren für Polyolefine beschrieben worden, wozu z. B. 2-Hydroxy-4-methyl- oder 2-Hydroxy-4,5'-dimethylazobenzol gehören. Außer Methyl- können sie andersartige Alkyl-, Hydroxyalkyl- oder Halogen-Substituenten tragen und werden evtl. noch mit (Erd-)-Alkaliseifen kombiniert [3230, 1203, 1994, 2831]. — Derivate des Azobenzols sowie Azonaphthaline dienen auch als Lichtstabilisatoren für hellfarbige Butyl-Kautschukvulkanisate [490] sowie als Wärmestabilisatoren für lineare Polyester [542] und, in Kombination mit organischen Sn-IV-Verbindungen [604] oder Epoxyverbindungen [785], zur Wärmestabilisierung von PVC. Geeignete Kombinationen für die letztgenannte Anwendung sind z. B. Dibutyl-Sn-dilaurat + Azobenzol oder Bisphenol-Epoxydharz + 2-Hydroxy-1,1'-azonaphthalin. Die wärmestabilisierende Wirkung von Azoverbindungen beruht wohl zum wesentlichen Teil auf ihrem Komplexbildungsvermögen gegenüber metallischen Abbaukatalysatoren. — Universell anwendbare UV-Absorber für Kunststoffe sind aromatisch-aliphatische Azoverbindungen mit polaren Substituenten, z. B. 2,5-Dichlorphenylazocyanessigsäureäthylester [1708, 2634, 568, 2274, 3049, 2084, 1058], sowie Diazoverbindungen, z. B. Diazoacetylessigsäureäthylester speziell für transparente UV-Filter [2574]. — Über Wärmestabilisierung von PVC, Polyamiden oder ihren Mischungen mit radikalbildenden Azoverbindungen, z. B. Azodiisobutyronitril, vgl. [3323], über Reaktionsprodukte von Azodicarbonsäureestern und Olefinen mit antioxydativer Wirkung vgl. [2309].

5.12. Isocyanate; Polyurethane; Carbodiimide

Isocyanate bzw. Isothiocyanate, wie das Hexamethylendiisocyanat $O=C=N-(CH_2)_6-N=C=O$ oder die Toluylen- bzw. Naphthylendiisocyanate sind, ebenso wie ihre Umsetzungsprodukte mit Äther- oder Ester-Weichmachern, z. B. mit Di-(2-äthylhexyl)-phthalat, als Wärme- und Lichtstabilisatoren für PVC vorgeschlagen worden [2513; 2517]. 4-Toluylisocyanat bewirkt, bei der Caprolactam-Polymerisation zugesetzt, eine Wärme- und Witterungsstabilisierung des Polymeren [934].

Hochmolekulare Polyurethane, die durch Polyaddition von Diisocyanaten und Polyhydroxylverbindungen entstehen, können, wie zuerst von den Farbenfabriken Bayer gezeigt wurde [2440], zur Wärmestabilisierung von endgruppenverschlossenen Oxymethylen-Polymeren dienen. Von japanischen Bearbeitern werden speziell das Polyurethan aus m-Toluylendiisocyanat und Hexamethylenglykol [3163] sowie eine Kombination von Polyurethanen mit phenolischen Antioxydantien, wie 2,6-Di-tert.-butyl-α-dimethylamino-p-kresol oder Santonox, als synergistischer Wärmestabilisator empfohlen [3169,1349]. Über schwefelhaltige Polyurethane vgl. *7.1.2.*

Carbodiimide sind Verbindungen mit der Gruppe $-N=C=N-$. Sie eignen sich besonders zur Stabilisierung von Polymeren, die unter dem Einfluß von Wärme und Bewitterung zur Hydrolyse neigen, vor allem von Polyestern und Polyesterurethanen. Die Arbeiten auf diesem Gebiet stammen sämtlich von den Farbenfabriken Bayer. Geeignete Stabilisatorsubstanzen für Polyester, Polyesterurethane oder Polyacrylsäureester sind substituierte aromatische oder cycloaliphatische Monocarbodiimide, z. B. 2,2′,6,6′-Tetraisopropyldiphenylcarbodiimid (I) oder 2,2′,6,6′-Tetraäthyl-3,3′-dichlordiphenylcarbodiimid [1299], die (speziell für lineare Polyester und Polyesterurethane) mit Organopolysiloxanen kombiniert werden können [2927]. Für Polyesterurethan-Schaumstoffe kommen zur Stabilisierung gegen Wärme und Feuchtigkeit speziell Carbodiimide mit tertiären Aminogruppen oder mit aktivem Wasserstoff, der zur Reaktion mit Isocyanatgruppen befähigt ist, in Betracht, z. B. 4-(2-Hydroxyäthoxy)-phenyl-tert.-butyl-carbodiimid oder N,N-Dimethylaminopropyl-tert.-butylcarbodiimid, wobei die Substanzen entweder einer der Ausgangskomponenten des Schaumstoffes zugemischt oder auf den fertigen Schaumstoff zur Einwirkung gebracht werden [2163]. Carbodiimide dienen ferner zur Licht- und Wärmestabilisierung von Celluloseestern [1416]. Zur Herstellung vgl. [1403].

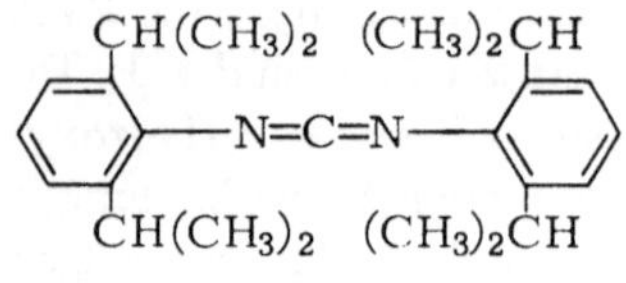

$CH(CH_3)_2$ $(CH_3)_2CH$ —N=C=N— $CH(CH_3)_2$ $(CH_3)_2CH$

(I)

5.13. *Stickstoff-Heterocyclen*

5.13.1. Fünfring-Heterocyclen mit einem Heteroatom. Aus dieser Klasse sind Verbindungen des Carbazols und des Indols als Stabilisatoren für halogenhaltige Polymere bekannt. Gegenstand älterer Patente der I.G. Farbenindustrie sind polymerisationsfähige Carbazol-Derivate, wie das N-Vinylcarbazol [2118], weiterhin Indol und dessen Derivate, wie das 2-Methylindol, das 2-Phenylindol oder das Tetrahydrocarbazol [2112, 1072] als Wärmestabilisatoren für PVC, Chlorkautschuk und andere. Insbesondere das 2-Phenylindol besitzt unter diesen Verbindungen eine anhaltende technische Bedeutung als physiologisch einwandfreier Wärmestabilisator, der in kleinen Mengen ($<0.5\,\%$) in vorstabilisiertem Emulsions-PVC wirksam ist. Zur Lichtstabilisierung von PVC eignet sich ein Gemisch von 2-Phenylindol, Benzalphthalid (vgl. *3.2.*) und schwerflüchtigen Mineralölen [1096, 3265, 2648]. — Weiterhin seien allgemein anwendbare Antioxydantien mit der Konstitution von 3-Azabicyclo-[3.2.0]-heptan bzw. dessen N-Alkyl-Substitutionsprodukten [753] erwähnt.

Handelsprodukte:

2-Phenylindol — Stabilisator I (*BA*)*

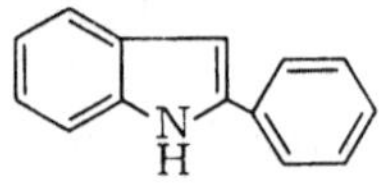

N
H

* Abgekürzte Bezeichnungen der Herstellerfirmen sind auf S. 592 erklärt.

5.13.2. Fünfring-Heterocyclen mit zwei Heteroatomen. Als Stabilisatoren für halogenhaltige Polymere sind bereits vor längerer Zeit Derivate des Imidazols, Imidazolins, Oxazols, Oxazolins, sowie des Thiazols oder Thiazolins (vgl. *7.7.1.*) neben anderen Verbindungen mit dem Strukturelement $-\mathrm{C}\begin{smallmatrix}\nearrow \mathrm{N}- \\ \searrow \mathrm{X}-\end{smallmatrix}$ ($X = NR$, O, S) genannt worden [2116]. Neuere Untersuchungen ergaben: Di- oder trisubstituierte Pyrazole, z. B. das 3,5-Diphenylpyrazol (I) oder andere Halogen-, Alkyl-, Aralkyl- oder Aryl-Substitutionsprodukte als physiologisch einwandfreie Wärme- und Lichtstabilisatoren für Polyvinylhalogenide, besonders Weich-PVC [2204, 681, 2688, 1856]; Imidazol-Derivate mit olefinischen Seitenketten in 2-Stellung, z. B. das 2-(4′-Methoxystyryl)-imidazol (II), als Stabilisatoren mit metalldesaktivierender und UV-absorbierender Wirkung für Vinylidenchlorid(misch)polymerisate und Polyolefine [900]; Reaktionsprodukte von Imidazolin-Verbindungen mit epoxydierten Fettsäureestern, evtl. unter Zusatz von Metallverbindungen, als Weichmacher und Stabilisatoren für PVC, welche Wärmebeständigkeit und Haftvermögen

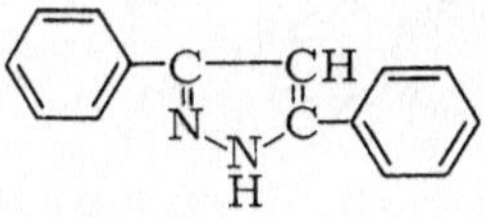

(I) 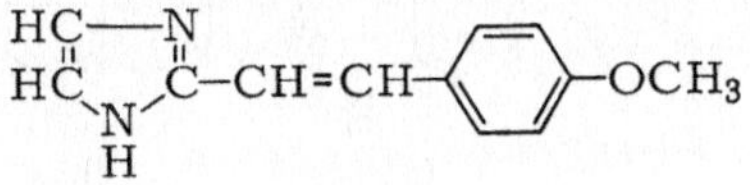 (II)

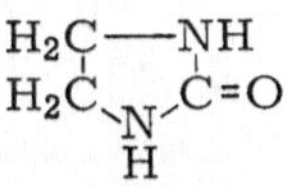

(III) 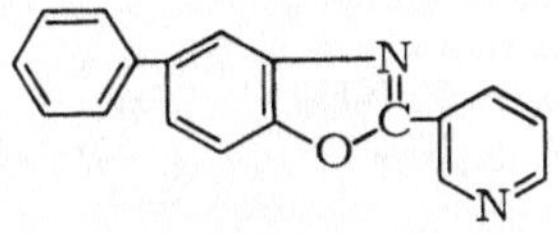 (IV)

erhöhen [1286]. — Wärmestabilisierende Wirkung in Polyoxymethylenen zeigen Oxazol-, Thiazol-, (gegebenenfalls 1-alkylierte oder -arylierte) Imidazol-Derivate sowie Benzoxazol-, Benzothiazol- oder Benzimidazol-Derivate, wobei sowohl die unsubstituierten Verbindungen wie auch solche, die mit Mercapto-, Amino- und anderen polaren Gruppen substituiert sind, in Betracht kommen [1457]. Für Trioxan/Alkylenoxyd-Copolymere werden Imidazolidon-(2) (III) und dessen Derivate, z. B. das 1-(4′-Dodecylphenyl)-3-hydroxymethylimidazolidon-(2), gegebenenfalls mit Phenolen und aromatischen Aminen kombiniert, als Wärmestabilisatoren angegeben [1449]. — Ein gewisses Interesse haben Derivate von benzolkondensierten Heterocyclen dieser Reihe als UV-Absorber gefunden. Nachdem die Absorberwirkung gewisser Benzoxazol-Derivate bereits früher zur Herstellung transparenter UV-Filter ausgenutzt worden war [2576], ist von der Ciba AG. die Verwendbarkeit verschiedenster Derivate des Benzoxazols, Benzimidazols und Benzothiazols als

UV-Absorber für Kunststoffe in Form von Folien, Fasern oder Harzüberzügen untersucht worden. Speziell wird die Verwendung von 2-substituierten 2'-Hydroxyphenyl-Derivaten, z. B. 2-(2'-Hydroxyphenyl)-benzimidazol, [3272, 1170] und Pyridyl-Derivaten, z. B. 2-(3'-Pyridyl)-5-phenylbenzoxazol (IV) [1157, 1940] beschrieben, z. B. zum UV-Schutz von Polyamid-Fasern. Polyhydroxybenzoxazole können (ebenso wie -benzophenone oder -benzotriazole) auch in der Art eines Farbstoffes reaktiv auf Polyamid-Fasern aufgezogen werden [2321]. Eine weitere spezielle Verwendung dieser Substanzen ist die in UV-Schutzfilmen aus transparenten Kunststoffen [896]. — Erwähnt seien schließlich chlorierte Derivate des Hydantoins (Ureidoessigsäurelactam; z. B. 1,3-Dichlorhydantoin) [109] als PVC-Stabilisatoren.

5.13.3. Fünfring-Heterocyclen mit drei oder vier Heteroatomen. Auch Verbindungen dieser Klasse sind früh als Stabilisatoren für PVC beschrieben worden, und zwar das Benzotriazol und Abkömmlinge desselben, z. B. 2,3-Naphthotriazol [2512]. Die Formeln des Benzotriazols sind nachstehend wiedergegeben. Von den drei möglichen tautomeren Strukturen entfällt bei

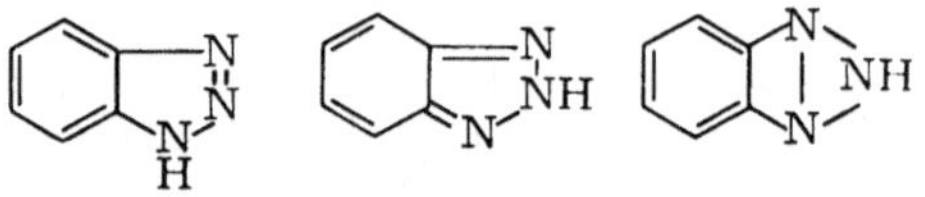

(a) (b) (c)

Benzotriazol

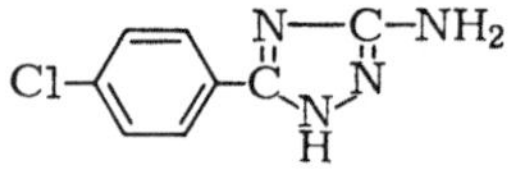

(I) 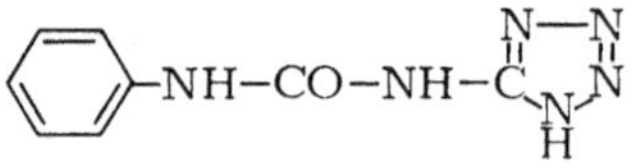 (II) 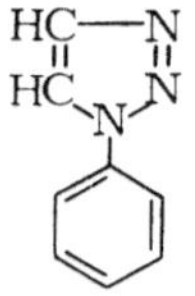 (III)

2-substituierten Produkten die Struktur (a). Wir haben in unseren Darstellungen von 2-substituierten Benzotriazol-Derivaten der Struktur (c) den Vorzug gegeben; obwohl das aus drei Ringen bestehende Molekül ein durchaus hypothetisches Gebilde ist, erscheint diese Konstitution plausibler als die chinoide Struktur (b). Weitere, in neuerer Zeit beschriebene Wärme- und Lichtstabilisatoren für chlorhaltige Polymere sind 1,2,4-Triazol- und Tetrazol-Verbindungen. Erstere sind in 3-Stellung mit Amino- oder Ureido-Gruppen, in 5-Stellung evtl. mit Alkyl oder Aryl substituiert, z. B. 3-Amino-5-(4'-chlorphenyl)-1,2,4-triazol (I) [2394, 778, 1851, 1139, 2706]; letztere sind in 5-Stellung mit (Acyl-)Amino oder Ureido-Gruppen substituiert, wie das 5-Phenylureidotetrazol (II), und können auch in Form gewisser Metallsalze, z. B. von Sn, verwendet werden [2360, 834, 1163, 1976, 2746, 3116]. Andere Triazol-Verbindungen, wie das 1-Phenyl-1,2,3-triazol (III), sind als Wärmestabilisatoren für Polyolefine brauchbar [3024]. Von den Abkömmlingen der Oxdiazole sind 2,5-Diphenyl-substituierte 1,3,4-Oxdiazole, z. B. das 2,5-Di-(2'-methoxyphenyl)- oder das 2-(4'-tert.-Butylphenyl)-5-phenyl-1,3,4-oxdiazol (IV), als allgemein anwendbare UV-Absorber, besonders für Fasern und Folien, [3266, 2621; 2724; 1188], diarylsubstituierte Furoxane, z. B. das Di-(2-furyl)-furoxan (V), als Kautschuk-Antioxydantien [754] angegeben worden.

Die praktisch wichtigsten Verbindungen dieser Klasse sind die von der Geigy AG. als universell anwendbare UV-Absorber entwickelten 2-Aryl-4,5-arylo-1,2,3-triazole, von denen die Substitutionsprodukte des 2-(2'-Hydroxyphenyl)-benzotriazols gegenwärtig eine erhebliche Rolle in der Stabilisierungstechnik spielen. Die ursprüngliche Erfindung umfaßt vorwiegend im Phenylrest alkylierte und in 4-Stellung des Benzotriazolmoleküls gegebenenfalls mit Halogen, Alkyl, Carboxylester- oder Alkylsulfongruppen substituierte Derivate, z. B. 2-(2'-Hydroxy-5'-methylphenyl)-benzotriazol, 2-(2'-Hydroxy-5'-tert.-butylphenyl)-4-chlorbenzotriazol (VI) oder 2-(2'-Hydroxy-5'-methylphenyl)-benzotriazol-4-carbonsäureäthylester [1121, 2689, 3197]. Die Produkte eignen sich zum UV-Schutz von Polyesterharzen, Polystyrol, Polyterephthalaten, Polyamiden, PVC, Cellulosederivaten und anderen lichtempfindlichen Polymeren. Sie zeichnen sich durch eine bemerkenswerte UV-Absorptionscharakteristik aus, indem der Extinktionskoeffizient beim Übergang zu höheren Wellenlängen in der Umgebung von 400 mμ steiler als bei anderen Absorbertypen abfällt (vgl. Abschnitt II.2.6.2. und Fig. 25e). Dies bedingt, daß die Produkte eine weitgehende Farblosigkeit mit optimaler UV-Absorptionswirkung vereinigen. Einige Eigenschaften dieser Absorber haben Gysling u. a. (*239*) beschrieben. In der Patentliteratur sind zahlreiche strukturelle Abwandlungen dieses Verbindungstyps und Anwendungen auf verschiedene Arten von Hochpolymeren beschrieben worden. Die Anwendung der ursprünglich beschriebenen Derivate (s. o.) wird speziell für PVC und Polyester [3132] sowie vollsynthetische Fasern z. B. aus Polyamiden oder Polyterephthalaten [1889, 1178, 3205] beansprucht. Zur Stabilisierung von Polyolefinen werden vorgeschlagen: 2-(2'-Hydroxy-5'-alkylphenyl)-benzotriazole mit C_{6-24}-Alkylgruppen [3317]; Kombinationen von alkylierten, arylierten und gegebenenfalls noch in 5-Stellung halogenierten bzw. mit einer weiteren Hydroxylgruppe versehenen Derivaten, z. B. des 2-(2'-Hydroxy-3'-tert.-butyl-5'-methylphenyl)-5-chlorbenzotriazols mit aminischen Kondensationsprodukten (z. B. aus Dichloräthan + Hexamethylendiamin) [1428], aliphatischen Thioestern (z. B. DLTDP) [1429] oder mit aliphatischen Thioestern und Phenolen, z. B. Santonox oder Nonylphenol-Aceton-Kondensationsprodukten [1430]; komplexe Ni-phenolate von 2-Hydroxyphenylbenzotriazolen, z. B. die Verbindung (VII), eventuell in Kombination mit phenolischen Verbindungen [963, 2903] oder zusammen mit Thiobisphenol-Ni-Chelaten und Phenolen [964]. Ferner eignen sich zur Lichtstabilisierung von Polystyrol eine Kombination von 2-(2'-Hydroxy-5'-alkylphenyl)-benzotriazolen mit Trialkylphenolen, z. B. DBPC [1406], von Polyvinylfluoriden Verbindungen der gleichen Art mit C_{8-16}-Alkyl, das mindestens zwei tertiäre C-Atome enthält, z. B. das 2-[2'-Hydroxy-5'-(α,α,γ,γ-tetramethylbutyl)-phenyl]-benzotriazol [855, 1271]. Modifizierte Produkte, die anstelle der Hydroxylgruppe in 2'-Stellung eine (Acyl-)Aminogruppe tragen, z. B. 2-(2'-Stearamidophenyl)-benzotriazol, sind ebenso wie die letztgenannten Verbindungen von der Du

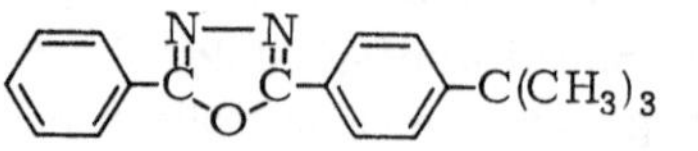

(IV) 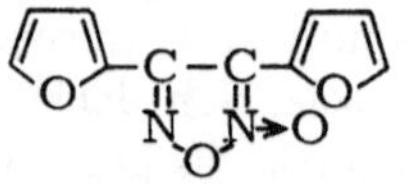 (V)

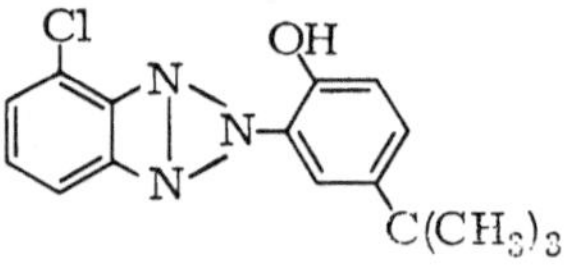

(VI) 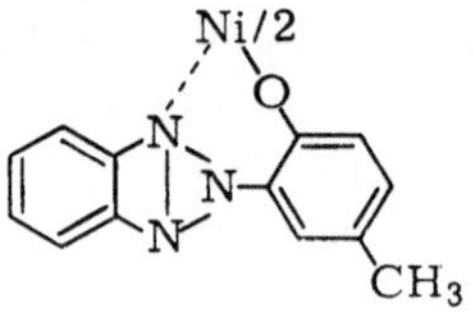 (VII)

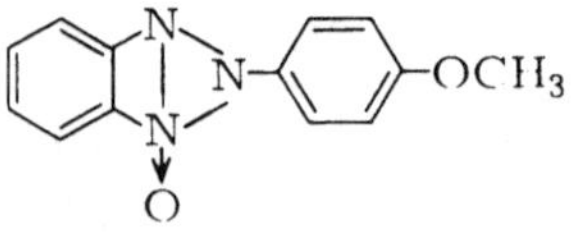

(VIII)

Pont Co. entwickelt worden und schützen in eingefärbten Polymeren sowohl den Farbstoff wie den Kunststoff gegen UV-Schädigung [1987, 2851]. Hinsichtlich der weiteren strukturellen Varianten der 2-(2'-Hydroxyphenyl)-benzotriazole vgl. die Originalpatente der Geigy AG. (3'-Acylamino-Derivate [2929], 4'-Acylamino-Derivate [2930], 5'-Acylamino-Derivate [2944], Aminomethyl-substituierte Produkte [2931], Produkte mit Thioäther-Seitenketten [2932], Produkte mit olefinischen Substituenten [2935], Produkte mit Carbonsäureester- oder Carbonsäureamid-Seitenketten [2945]).

Von den Farbwerken Hoechst wurden die strukturell sehr nahe verwandten 2-Phenylbenzotriazol-1-oxyde als UV-Absorber für Kunstharze und Lacke entwickelt, die jedoch im Gegensatz zu den Geigy-Produkten keine technische Nutzung gefunden haben. Eines dieser Produkte ist das 2-(4'-Methoxyphenyl)-benzotriazol-1-oxyd (VIII). Die Absorber können in 4'-Stellung auch andere Alkoxy-, ferner Hydroxy-, Acyloxy-, Amino- oder andere Gruppen, sowie weitere Substituenten in 3'-Stellung und am Benzotriazol-Ringsystem, schließlich Aminogruppen in 2'-Stellung tragen [2307, 969, 3235, 3281, 1169, 2010, 2763; 2262, 3215, 2802, 1186].

Handelsprodukte:

2-(2'-Hydroxy-5'-methylphenyl)-benzotriazol Tinuvin P (*GE*)*

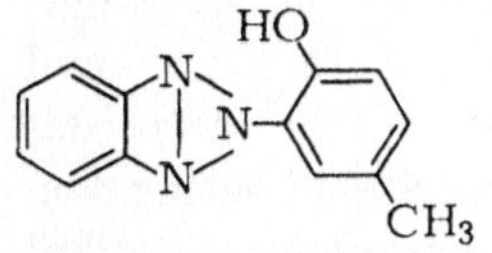

Weitere Tinuvin-Produkte mit unterschiedlicher Art der Substituenten siehe in der Liste der Handelsprodukte im Anhang, Abschnitt „UV-Absorber und Lichtstabilisatoren".

5.13.4. Sechs- und Siebenring-Heterocyclen mit einem Heteroatom. Zu dieser Verbindungsklasse gehören Pyridin und Chinolin mit ihren Hydrierungsprodukten sowie die zahlreichen Substitutions- und höher anellierten Kondensationsprodukte derselben. Pyridin, Chinolin und ihre Homologen bilden die sog. Teerbasen, die vor längerer Zeit als Wärmestabilisatoren für halogenhaltige Überzugsharze angegeben worden waren [13; 36; 44; 55], ebenso wie Alkaloidbasen [26] und Verbindungen mit ungesättigten Seitenketten wie Isopyrophthalon, Stilbazol, Chinicin und andere [32, 1487]. Vielfache Anwendung haben Hydroxychinoline gefunden: Alkali-, Pb- oder Zn-Salze von 2,4-Dihydroxychinolin zur Wärmestabilisierung von PVC [68]; Hydroxychinoline sowie Hydroxyverbindungen der Chinolin-Homologen Chinaldin (2-Methylchinolin) oder Lepidin (4-Methylchinolin), z. B. 8-Hydroxychinolin (I), 8-Hydroxychinaldin oder 2-Hydroxylepidin zur Wärmestabilisierung von Polyvinylacetalen, besonders Polyvinylbutyral [87, 1493, 2531]; Ni-Chelate von 8-Hydroxychinolin, die pro Ni-Atom in koordinativer Bindung noch entweder 1 Molekül 4,4'-Isopropylidenbis-(phenyl-glycidyläther), 3 Moleküle Pyridin oder 2 Moleküle eines Alkylamins enthalten, als Lichtstabilisatoren für stereoreguläre Polyolefine [2903]; Hydroxychinoline als Wärmestabilisatoren für Polyalkylenoxyde, z. B. Polyäthylenoxyd [641, 2236, 3179; 3134].

Das wichtigste Anwendungsgebiet der Chinolinderivate ist das der Alterungsschutzmittel für Natur- und Synthesekautschuke. Die Substanzen wirken hier als aminische Antioxydantien. Bei der Compoundierung von Kautschuken häufig benutzte Zusatzstoffe, die allerdings im Licht eine Braunfärbung hervorrufen, sind das Polymere des 2,2,4-Trimethyl-1,2-dihydrochinolins als Antioxydans und das 6-Äthoxy-2,2,4-trimethyl-1,2-dihydrochinolin als Antioxydans, Ermüdungsschutzmittel und Antiozonans. Die erstgenannte Verbindung ist durch Kondensation von Anilin und Aceton leicht zugänglich. Hydrierte Polymere von 2,2,4-Trimethyl-1,2-dihydrochinolin sind verfärbungsfrei [169]. Über andere Chinolin- (meist 1,2-Dihydrochinolin-) Derivate, die sich als Kautschuk-Alterungsschutzmittel eignen, vgl. die Originalpatente [292, 1550; 549; 1714, 2639; 897]. Vielfach bewährt sich eine

* Abgekürzte Bezeichnungen der Herstellerfirmen sind auf S. 592 erklärt.

synergistische Kombination von p-Phenylendiamin- mit Chinolin-Derivaten. Solche Kombinationen, z. B. N-Phenyl-N'-cyclohexyl-p-phenylendiamin + 6-Äthoxy-2,2,4-trimethyl-1,2-dihydrochinolin, sind sowohl als Alterungsschutz für Naturkautschuk [2420] wie speziell als Ozonschutz für Natur- und Synthesekautschuk-Vulkanisate [2018] angegeben worden. — Die antioxydativen Eigenschaften machen Chinolinderivate auch zur Stabilisierung von Polyolefinen geeignet. So eignet sich das 6-Äthoxy-2,2,4-trimethyl-1,2-dihydrochinolin, neben anderen 6-Alkoxy-Derivaten, zur Licht- und Witterungsstabilisierung von Polyolefinen, besonders Polyäthylen [923]. Die Alterungsbeständigkeit von Polyäthylen bei Bewitterung kann ferner durch Stabilisierung mit polymerem 2,2,4-Trimethyl-1,2-dihydrochinolin und anschließende thermisch ausgelöste Vernetzung durch ein außerdem zugesetztes Vernetzungsmittel wie Dicumylperoxyd, evtl. auch noch durch Zusatz von Ruß, verbessert werden [1195, 2814]. Das polymere 2,2,4-Trimethyl-1,2-dihydrochinolin erweist sich bei den vergleichenden Untersuchungen von BAUM u. a. (*37*) in der Inhibierung der thermischen Oxydation von Polyäthylen den übrigen aminischen Antioxydantien überlegen. Es ergibt bei der 110 °C-Ofenalterung eine Induktionsperiode der Carbonylbildung von 25 Tagen (vgl. dazu die Werte in Tabelle III.8., S. 283).

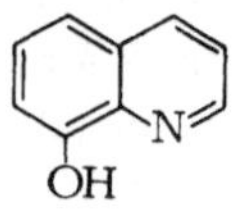

(I) 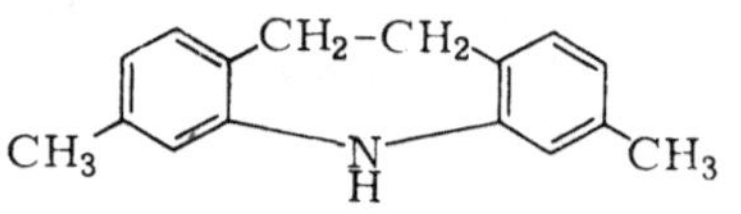 (II) 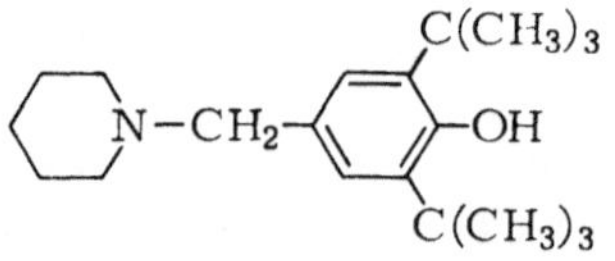 (III)

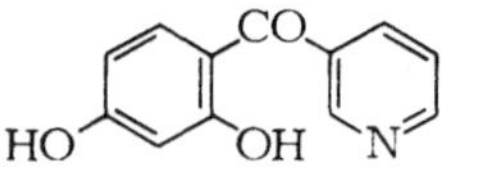

(IV)

Antioxydantien mit breiter Anwendbarkeit für verschiedenste oxydierbare organische Materialien sind die von der Geigy AG. entwickelten 5,6-Arylo-3-hydroxy-1,2,3,4-tetrahydropyridine. Ein Beispiel ist das 3-Hydroxy-1,2,3,4-tetrahydrochinolin; der Tetrahydropyridin-Ring kann jedoch anstatt mit einem Benzolkern auch mit einem Naphthalin- oder Acenaphthenkern kondensiert sein [3283, 784, 1155, 2289, 2734, 3200]. Weitere Antioxydantien, besonders für Kautschuke, sind Iminodibenzyl-Derivate mit einem 7-gliedrigen Heteroring, z. B. das 3,7-Dimethyl-iminodibenzyl (II) [2897] und 1-Arylmethyl-substituierte Piperidine oder Tetrahydrochinoline, z. B. das 1-(4'-Hydroxy-3',5'-di-tert.-butylphenylmethyl)-piperidin (III) [2949].

Durch Substitution des Pyridinkernes mit Aroylresten lassen sich UV-Absorber gewinnen. Derivate des Salicyloylpyridins, z. B. das 3-(2',4'-Dihydroxybenzoyl)-pyridin (IV), sind von der Ciba AG. [3271, 2738] und später von der American Cyanamid Co. [1040] beschrieben worden, von ersterer außerdem Salicyloylchinoline. Die Produkte können noch Alkyl- oder Halogensubstituenten enthalten, nach der Beschreibung der Ciba AG. ferner Sulfon-(amid)- oder Aminomethylgruppen. Vom Piperidin abgeleitete freie Radikale mit der Gruppe $>$N—O•, und zwar das 2,2,6,6-Tetramethylpiperidon-(4)-oxyd und das 2,2,6,6-Tetramethyl-4-äthyl-4-hydroxypiperidinoxyd inhibieren die thermische Oxydation von Polyamid bei 160 °C (*338a*). Sie sind auch, ebenso wie andere stabile Stickstoff-Sauerstoff-Radikale, gute Inhibitoren des thermooxydativen Abbaues von Polyformaldehyd (*316a*).

Weitere Anwendungen der hier betrachteten heterocyclischen Verbindungen, auf die jedoch nicht näher eingegangen sei, beziehen sich auf die Lichtstabilisierung von Polyacrylnitril [1319], die Verlängerung des „Shelf life" von ungesättigten Polyestern im Gemisch mit copolymerisierbaren Monomeren [2215, 1747] und die Kupferdesaktivierung bei der Härtung von Harzen in Gegenwart des Metalles [643, 2313, 1824, 1141, 2720].

Handelsprodukte:

Polymerisiertes 2,2,4-Trimethyl-1,2-dihydrochinolin	Age Rite Resin D (*VA*)* Flectol H (*MO*) Permanax 45 (*RP*) Santoflex R (*MO*)
6-Äthoxy-2,2,4-trimethyl-1,2-dihydrochinolin	Santoflex AW (*MO*)

C_2H_5O, CH_3, CH_3, CH_3, N, H

6-Dodecyl-2,2,4-trimethyl-1,2-dihydrochinolin	Santoflex DD (*MO*)

$C_{12}H_{25}$, CH_3, CH_3, CH_3, N, H

5.13.5. Sechsring-Heterocyclen mit zwei Heteroatomen. Die Grundkörper dieser Verbindungen, soweit für die Stabilisierung von Interesse, sind das Morpholin, das Piperazin, das Pyrimidin, das Chinazolin und das Phenoxazin. Ältere Untersuchungen hatten die Eignung von Derivaten des Morpholins als Stabilisatoren für PVC und Polyvinylacetat [9] sowie für Isobutylen-(Co-)Polymere [78], von Pyrimidin-Derivaten als Licht- und Wärmestabilisatoren für verschiedene chlorhaltige Polymere [2128] und von N,N'-disubstituierten Piperazinen als Wärmestabilisatoren für Polyvinylacetale [89, 1492] ergeben. Ebenso wie diese haben auch neuere Entwicklungen im Bereich dieser Substanzklasse keinen nennenswerten Eingang in die Praxis gefunden. Zur Wärme-, Licht- und Oxydationsstabilisierung von Polyolefinen sind substituierte Pyrimidine, z. B. das 2,4-Dihydroxypyrimidin (Uracil;

---

* Abgekürzte Bezeichnungen der Herstellerfirmen sind auf S. 592 erklärt.

Formel (I)), das 5-Aminouracil oder das 2-Thiouracil, evtl. in Kombination mit Metallstearaten, [3240, 2498] angegeben worden, ferner als Wärme- und Oxydationsstabilisator für solche Polymere das Phenoxazin (II), gegebenenfalls kombiniert mit Phenothiazin [2293]. Als Lichtstabilisatoren für Polyolefine können farbige organische Pigmente auf der Basis von höher kondensierten Phenoxazinen dienen, und zwar von Triphenodioxazinen, Isophenoxazonen, Triphenoxathiazinen, und ferner auch p-Benzochinon-Derivate. Als Beispiel sei hier nur das 6,13-Dichlor-2,9-diphenyltriphenodioxazin (III) angeführt [2966]. Das analoge, anstelle von 2,9- in

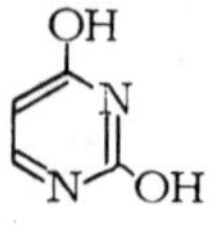

(I) 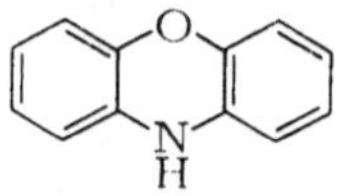 (II) 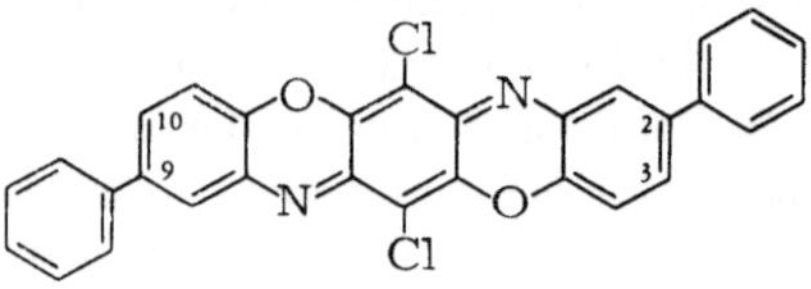 (III)

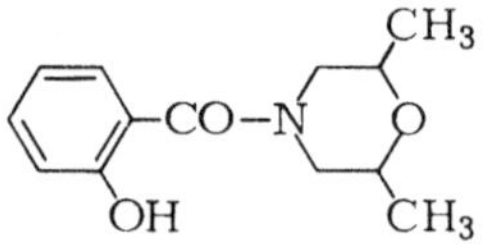

(IV)

3,10-Stellung substituierte Diphenyl-Derivat, ein rötlichbraunes Pigment, eignet sich als Lichtstabilisator für Celluloseester, z. B. Celluloseacetat oder -acetobutyrat. In Mengen von 0.1 – 10 % dem Kunststoff zugesetzt, soll es etwa die gleiche Wirkung wie Ruß besitzen [874]. Als Lichtstabilisatoren für vinylaromatische Polymere, z. B. Polystyrol, sind Salicyloylmorpholine wie das 4-Salicyloyl-2,6-dimethylmorpholin (IV) brauchbar [620]. Die Verfärbung von Acrylnitril(misch)polymerisaten beim Lagern und durch Erhitzen (auch in Lösungen beim Spinnprozeß) wird u. a. durch N-Formylmorpholin oder N,N'-Diformylpiperazin (V) verhindert [1102]. Polyoxymethylene können durch Pyrimidin-Derivate gegen Wärmeabbau stabilisiert werden. Von der Montecatini sind dafür Derivate der Barbitursäure, die als 2,4,6-Trihydroxypyrimidin aufgefaßt werden kann, vorgeschlagen worden, so die bekannten Schlafmittel 5,5-Diäthylbarbitursäure und 5-Phenyl-5-äthylbarbitursäure, ferner Purinbasen wie Theophyllin, Theobromin oder Coffein [1456]. Als weitere Purinverbindung ist das Guanin zur Stabilisierung für Polytrifluorchloräthylen-Produkte

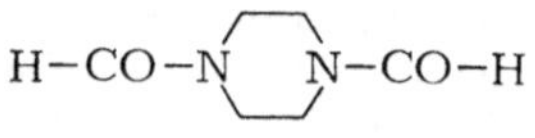

(V) 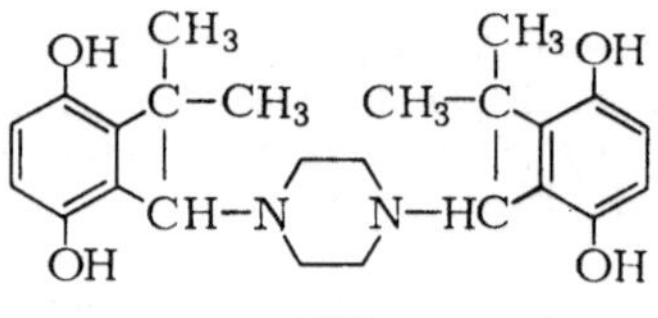 (VI)

benutzt worden [3096]. Schließlich sei noch auf zwei Typen von Kautschuk-Antioxydantien bzw. -Antiozonantien hingewiesen: 2-Guanidinochinazoline [1943] sowie aminische Derivate des Benzocyclobutans (die sich durch Resistenz gegen Lichtverfärbung auszeichnen), z. B. die den Piperazin-Ring enthaltende Verbindung (VI) [1438].

5.13.6. Sechsring-Heterocyclen mit drei Heteroatomen. Die Stabilisatoren aus dieser Verbindungsklasse sind praktisch ausschließlich Derivate des 1,3,5- oder s-Triazins. Häufig treten das 2,4,6-Triamino-s-triazin oder Melamin (I), das 2,4-Diamino-s-triazin oder Guanamin (II) sowie Derivate des 2,4,6-Trihydroxy-s-triazins, der Cyanursäure (III), auf.

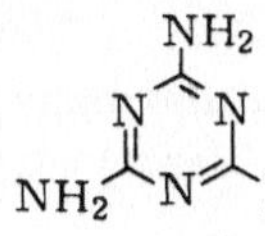

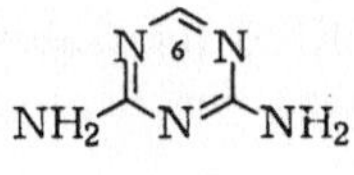

Melamin eignet sich, ebenso wie Triphenylmelamin, 6-Phenylguanamin („Benzoguanamin"), ferner auch die verwandten Verbindungen Guanidin, Dicyandiamid und weitere Derivate zur Wärmestabilisierung von PVC und seinen Mischpolymerisaten mit Vinylacetat, Vinylidenchlorid oder Styrol, sowie von Polyvinylfluorid gegen die durch Eisenbestandteile in der Kunststoffmasse hervorgerufenen Verfärbungen. Von der metalldesaktivierenden Wirkung dieser Verbindungen kann besonders bei asbestgefüllten Polymeren Gebrauch gemacht werden. Im Vergleich zu den Polyalkoholen (s. *2.3.*), welche für den gleichen Zweck Verwendung finden, verleihen sie Fußbodenplatten aus Vinylasbest eine weit bessere Wasserfestigkeit (*522a*) (vgl. V.2.1.). Gegebenenfalls sind zusätzlich noch die üblichen PVC-Stabilisatoren, z. B. Metallseifen und Phosphite, zuzufügen [980, 1988; 1341]. Zur Wärme- und Lichtstabilisierung von PVC sind ferner Anilinotriazine, z. B. das 6-Chlor-N,N'-di-(2',4'-dichlorphenyl)-guanamin beschrieben worden (*464*) [3300].

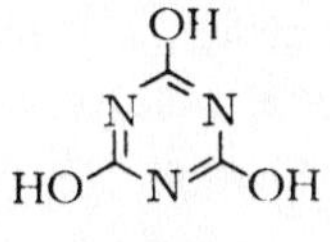

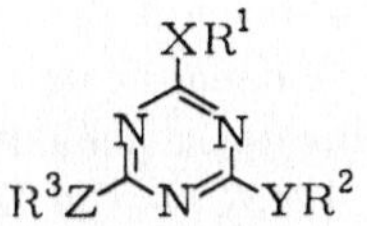

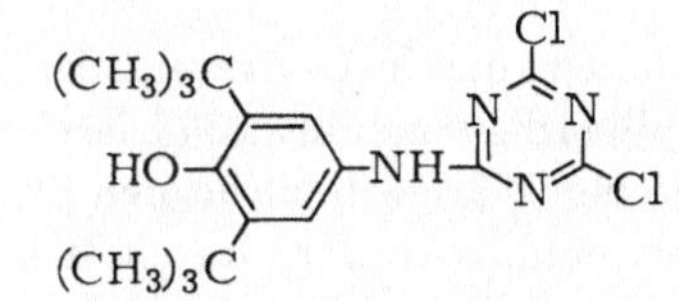

Eine wichtige neue Klasse von wirksamen Antioxydantien, welche von der Geigy AG. entwickelt wurden, sind s-Triazin-Derivate, die in 2,4,6-Stellung polare Substituenten tragen. Die allgemeine Formel dieser Verbindungen (IV) läßt eine große strukturelle Vielfalt der Verbindungsklasse zu; X, Y, Z bedeuten S, O, NH, Alkylimino oder Benzylimino, R^1, R^2, R^3 sind Kohlenwasserstoff-Substituenten, von denen R^1 und R^2 Hydroxy-, Mercapto-, Ester- und Canygruppen, R^3 Hydroxy- oder Äthergruppen enthalten können. Bis zu zwei der Substituenten können auch Cl sein. Eine entsprechende Verbindung ist z. B. das 6-(4'-Hydroxy-3',5'-di-tert.-butylanilino)-2,4-dichlor-s-triazin (V). Von besonderer Wichtigkeit sind offenbar die Verbindungen mit Thioäthergruppen; vgl. dazu *7.1.5.* Die Produkte dienen als Antioxydantien (und Wärmestabilisatoren) für Polypropylen, Polyäthylen oder Polystyrol [1241] und synthetische Kautschuke, z. B. SBR [1985, 1240]. Sie eignen sich speziell zur Stabilisierung von Polyolefinen gegenüber thermisch oder photochemisch induziertem oxydativen Abbau, wenn sie in synergistischen Kombinationen angewandt werden. Geeignete Costabilisatoren sind: Mercaptosuccinate [1447] (vgl. *7.1.7.*), organische (Thio-)Phosphite und Thiodicarbonsäureester [1466] (vgl. *6.1.*, *7.6.1.* und *7.1.7.*), gewisse Aminosäuren [1461, 1462, 1464] bzw. N,N,N',N'-tetrasubstituierte Alkylendiamine [1463] (vgl. *5.3.3.*) oder UV-Absorber vom Benzophenon- bzw. Benzotriazol-Typ [1460].

Polyacetale werden gegen thermischen Abbau durch Triallylcyanurat und andere Allylverbindungen [2413, 1269] sowie durch Melamin, N,N'-Diallylmelamin oder Guanamin-Derivate, z. B. Benzoguanamin und N,N,N',N'-Tetracyanoäthylbenzoguanamin stabilisiert, vorzugsweise noch unter Hinzufügung phenolischer Wärmestabilisatoren [3238, 1245]. — Die Hitzebeständigkeit von Polyamidfasern wird durch Behandeln derselben mit wäßrigen Lösungen oder Suspensionen, die eine Halogenverbindung des s-Triazins wie z. B. 2'-(4,6-Dichlor-1,3,5-triazinyl-2)-aminonaphthalin-6'-sulfonsäure im Gemisch mit Alkali- oder Ammoniumthiocyanat enthalten, erhöht [1919].

Antioxydantien für natürlichen und synthetischen Kautschuk auf Triazin-Basis leiten sich vom 2,4,6-Tri-(2'-hydroxyphenyl)-s-triazin ab. In den wirksamen Verbindungen sind die Hydroxylgruppen entweder ganz oder teilweise veräthert [1033; 1035] oder verestert [1034] oder durch Phenoxy-Gruppen ergänzt [1036]. Beispiele sind: 2,4-Di-(2'-hydroxyphenyl)-6-(2'-methoxyphenyl)- oder 2,4,6-Tri-(2'-acetoxyphenyl)- oder 2,4,6-Tri-(2'-hydroxy-3',5'-diphenoxyphenyl)-s-triazin. Die Verbindungen sind auch PVC-Weichmacher. UV-Absorber sind 2,4-Diamino-6-(4'-alkoxystyryl)-s-triazine, z. B. das Methoxy-Derivat [675], Triaryltriazin-Derivate, z. B. das 2,4,6-Tri-(2'-hydroxyphenyl)-s-triazin [1327] und Triazinyl-phenyl-substituierte Benzimidazole oder Benzoxazole, z. B. die Verbindung (VI) [1485]. Über Triazinylamino-substituierte Benzophenon- und Benzotriazol-Derivate vgl. Abschnitt IV.2.4.

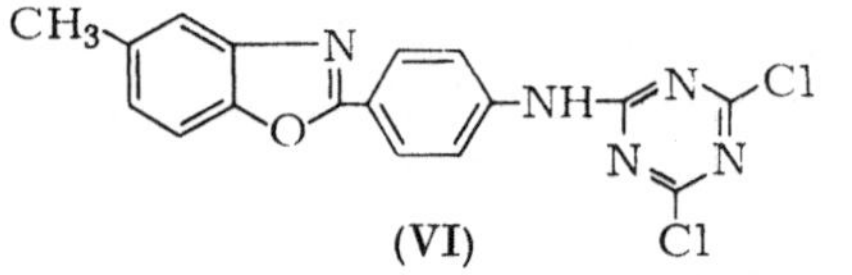

(VI)

6. Phosphorhaltige organische Verbindungen

6.1. Phosphorigsäureester und Ester von weiteren Säuren des dreiwertigen Phosphors

Die Ester der phosphorigen Säure sind in der Stabilisierung von Kunststoffen gleichermaßen als komplexbildende Costabilisatoren für chlorhaltige Polymere wie als Antioxydantien, besonders für Kautschuke und Polyolefine, von Bedeutung. Es finden fast ausschließlich die tertiären Phosphorigsäureester der Formel $P\begin{smallmatrix} \diagup O—R^1 \\ —O—R^2 \\ \diagdown O—R^3 \end{smallmatrix}$ Anwendung; darin bedeuten R^1, R^2 und R^3 gleiche oder verschiedene Alkyl-, Alkenyl-, Aryl- oder Aralkyl-Reste, die gegebenenfalls noch durch Halogen oder funktionelle Gruppen substituiert sein können.

Der erste zur Verwendung in Kunststoffen vorgeschlagene Phosphorigsäureester war das Triphenylphosphit $P(O—C_6H_5)_3$, und zwar sollte er als UV-Absorber für Nitrocellulose-Lacke brauchbar sein [7]. Weiteste Verbreitung erfuhren die organischen Phosphite seit ihrer Einführung in das PVC-Gebiet. Anfänglich wurden hierfür Tri-(2-alkenyl)-phosphite, z. B. Triallylphosphit oder Tri-(2-methyl-2-propenyl)-phosphit vorgeschlagen [124], die sich zur Wärme- und Lichtstabilisierung von PVC besonders in Kombination mit Epoxyverbindungen wie Phenyl-glycidyläther und evtl. noch (Erd-)Alkaliseifen wie Mg-laurat als wirksam erwiesen [123], sowie Triarylphosphite wie Triphenyl-, Tritoluyl- oder Trinaphthylsulfid als Primärstabilisatoren [229]. Von der Argus Chemical Co. wurde vor 15 Jahren erstmals die komplexbildende Wirkung der Phosphite ausgenutzt, indem Alkyl- oder Arylphosphite als „anti-clouding agents" in Verbindung mit Metallseifen oder -silicaten, z. B. Cd-äthyladipat oder Dibutyl-Sn-maleat angewandt wurden, um das Ausfällen von Metallchloriden und damit die Trübung bei transparenten PVC- und Copolymerisat-Massen zu verhindern [223]. In derartigen Kombinationen mit Metallverbindungen als Primärstabilisatoren besteht zur Zeit die ausschließliche Anwendungsweise von organischen Phosphiten bei der PVC-Stabilisierung. So bilden sie einen Bestandteil der flüssigen Dreierkombinationen auf Basis von Metallphenolaten + Metallcarboxylaten + Phosphiten. Die Bestandteile einiger derartiger in der Patentliteratur beschriebener Mischungen sind in *2.4.* angegeben. Nach einem neueren Verfahren der Heyden Newport Chem. Corp. werden solche Gemische z. B. hergestellt, indem die Komponenten wie Ba-nonylphenolat + Cd-4-tert.-butylbenzoat + Diphenyl-n-decylphosphit mit Kohlenwasserstoffen und/oder Glykol als Lösungsmittel gemischt und nach Zusatz von 0.1—5 % Wasser erhitzt werden [1372]. Diesen Dreierkombinationen kann nach Angaben der Argus Chemical Co. als vierte Komponente evtl. noch eine saure Phosphorverbindung wie phosphorige Säure oder Monodecylphosphit und gegebenenfalls noch eine Epoxyverbindung zugesetzt werden [796, 1204]. Die gebräuchliche Standardkombination von Metallseifen mit Hilfsstabilisatoren besteht aus dem Metall-Grundstabilisator, einer Epoxy-Komponente und einem Phosphit. In einem entsprechenden Patent der Argus Chemical Co. ist vorgesehen, daß, falls das Phosphit rein aliphatisch ist, als vierte Komponente ein phenolisches Antioxydans hinzugefügt wird. Praktisch sieht ein solches PVC-Stabilisatorsystem dann z. B. wie folgt aus: Cd-2-äthylhexanoat +

epoxydiertes Sojaöl + Tridodecylphosphit + DBPC [1804, 2405, 1101 2663, 3208, 3284, 2978]. Als antioxydative Hilfsstabilisatoren zur gemeinsamen Verwendung mit Phosphiten werden auch gehinderte Bisphenole, z. B. Antioxidant 2246, empfohlen [1331]; zur Erzielung von Lichtstabilität in PVC-Mischungen, die als Wärmestabilisatoren z. B. Metallseifen enthalten, eignet sich die Zugabe einer Kombination von Trialkylphosphiten und 2-Hydroxybenzophenon-Derivaten [1763, 2637; 687, 1993] oder von tertiären Phosphiten und Arylestern von Hydroxybenzoesäuren [589]. Speziell werden ferner Kombinationen von Triphenylphosphit mit Pb-silicat und -stearat [429] sowie von Phosphiten mit Ca- und Zn-Salzen (z. B. -naphthenaten) in emulgatorhaltigem Weich-PVC und Plastisolen [1950] beansprucht. — Zur Verbesserung der stabilisierenden Wirksamkeit in PVC-Gemischen ist außer der Zusammensetzung der synergistischen Systeme auch die chemische Konstitution der Phosphitkomponenten vielfach modifiziert worden, wobei jedoch die (noch immer in großem Umfang verwendete) Standardverbindung Triphenylphosphit nur wenig an Bedeutung verloren hat. Im einzelnen werden angeführt: Halogenierte Phosphite, z. B. Tri-(2-chlorpropyl)-phosphit, in der Standard-Dreierkombination [667, 2085, 1726, 3080]; aliphatisch-aromatische Phosphite, und zwar Alkenyl-arylphosphite wie Dioleyl-phenylphosphit [2610, 1725], 2-Äthylhexyl-arylphosphite wie 2-Äthylhexyl-diphenylphosphit [555, 1770] und andere Alkyl-arylphosphite wie Dibutylphenylphosphit [1870] oder Diphenyl-isooctylphosphit [1941]; Alkarylphosphite, z. B. Tri-(nonylphenyl)-phosphit [2665]; Tetrahydrofurfurylphosphite, z. B. Diphenyl-tetrahydrofurfurylphosphit [2893]. Neuerdings ist Phosphorigsäureestern von mehrwertigen Alkoholen und Phenolen eine erhebliche Beachtung geschenkt worden; diese werden allgemein durch Umesterung von Trialkyl- oder -arylphosphiten mit Polyhydroxyverbindungen gewonnen. Zuerst wurden solche Produkte, z. B. Phenyl-glycerylphosphit, von den Carlisle Chemical Works beschrieben [979]. Die Umsetzung führt evtl. zur Bildung von Polyestern (vgl. [2952]). Monomere und polymere Phosphite mit freien Hydroxylgruppen lassen sich durch einen Überschuß der Polyhydroxyverbindung erhalten. Entsprechende Verbindungen auf Basis von Bisphenol A werden beispielsweise durch Umesterung von Triphenylphosphit mit Bisphenol A und Alkoholen dargestellt [1415], während die Herstellung des Bis-(diphenylphosphits) von Bisphenol A (I) durch Reaktion des Bisphenols mit Phosphortrichlorid und nachfolgende Umsetzung mit Phenol gelingt [1396]. Höhermolekulare Phosphite entstehen auch durch Umesterung von tertiären Phosphiten mit Hydroxyalkylgruppen von Phenolharzen (Novolaken) [1054]. Durch Veresterung mehrwertiger Hydroxyverbindungen mit dem gleichen Phosphorigsäuremolekül entstehen cyclische Produkte, die verschiedenen strukturellen Typen zugehören können. Als Vertreter der einzelnen Typen seien hier genannt: das 2-(2′-Hydroxyäthoxy)-1,3,2-dioxaphospholan (II), das ebenso wie das 2-Methoxy-4-propyl-5-

äthyl-1,3,2-dioxaphosphorinan (III) und andere Verbindungen des dreiwertigen Phosphors als Wärme- und Lichtstabilisator für Acrylnitril-Mischpolymerisate mit Vinylchlorid oder Vinylidenchlorid angeführt wird [2728, 1829]; das dem Strukturtyp (III) entsprechende 5,5-Dimethyl-1,3,2-dioxaphosphorinan [916]; Spirobi-1,3,2-dioxaphosphorinane (die durch Umesterung mit Pentaerythrit gewonnen werden), wie die Verbindung (IV) mit R = (Octyl-)Phenyl [1957, 1148]; bicyclische Verbindungen, die durch Umesterung

$(RO)_2P{-}O{-}C_6H_4{-}C(CH_3)_2{-}C_6H_4{-}O{-}P(OR)_2$ R = Phenyl

(I)

$HO{-}CH_2{-}CH_2{-}O{-}P\langle(O{-}CH_2)(O{-}CH_2)\rangle$

(II)

$CH_3O{-}P\langle(O{-}CH_2)(O{-}CH(C_3H_7))\rangle CH{-}C_2H_5$

(III)

$RO{-}P\langle(O{-}CH_2)_2\rangle C\langle(CH_2{-}O)_2\rangle P{-}OR$

(IV)

$P(O{-}CH_2)_3C{-}CH_2{-}CH_3$

(V)

$[H_2C{-}CH{-}CH_2{-}O{-}$ (O, O, C, CH_3, C_2H_5)$]_2P{-}O{-}C_6H_5$

(VI)

mit Trimethylol-Derivaten entstehen, wie die Verbindung (V) [810]; Ester zweiwertiger Alkohole von der 1,3,2-Dioxaphosphorinan-Struktur (III), wobei zwei derartige Ringe über eine (Thio-)Äther-, Polyäther- oder Sulfon-Brücke verbunden sind [2888]. Eine weitere Art von cyclischen Phosphorigsäureestern trägt O-heterocyclische Alkoholkomponenten; es sind dies die von den Carlisle Chemical Works beschriebenen Verbindungen mit Oxacyclobutan-Ringen, wie das Tri-(2,2-dimethylenoxydbutyl)-phosphit [1377, 2965] und Phosphite mit Acetal- bzw. Ketalgruppen, wie das Phenyl-di-[(3-methyl-3-äthyl-2,4-dioxacyclopentyl)-methyl]-phosphit (VI), die durch Hydrolyse der Ketal- bzw. Acetalringe in die entsprechenden Polyhydroxy-Ester verwandelt werden können [997]. — Gegenüber den tertiären Phosphiten ist die Bedeutung von anderen Typen von Estern des dreiwertigen Phosphors in der PVC-Stabilisierung gering. Die Zugabe der (Erd-)Alkalisalze von sauren Phosphorigsäurealkylestern mit $C_{\geq 8}$-Alkyl zur Emulsionspolymerisation des PVC ist von den Farbwerken Hoechst zum Zweck der Erzielung wärmebeständiger Polymerisate empfohlen worden; geeignet ist z. B. das Na-2-äthylhexylphosphit [2171, 2654, 1098]. Ferner sind Phosphonig- und

Phosphinigsäureester genannt worden, die sowohl zusammen mit Metallstabilisatoren wie auch ohne diese eine wärmestabilisierende Wirkung in Plastisolen ergeben sollen, so z. B. das Dibutyl-phenylphosphonit $\mathrm{P}\!\begin{array}{l} \diagup C_6H_5 \\ -O-C_4H_9, \\ \diagdown O-C_4H_9 \end{array}$ [680] und weitere derartige Verbindungen, wie das Diphenyl-phenylphosphonit $\mathrm{P}\!\begin{array}{l} \diagup C_6H_5 \\ -O-C_6H_5 \\ \diagdown O-C_6H_5 \end{array}$ oder das Phenyl-diphenylphosphinit $\mathrm{P}\!\begin{array}{l} \diagup C_6H_5 \\ -C_6H_5, \\ \diagdown O-C_6H_5 \end{array}$ [898], die zur Wärme- und Lichtstabilisierung mit Metallseifen und gegebenenfalls noch mit Phenolen kombiniert werden [1825]. Ein Wärmestabilisator für PVC-Plastisole ist auch das 2-Chloräthyl-diphenylphosphinit [827a]. Ältere Angaben über die Stabilisierungswirkung der phenylphosphonigen Säure C_6H_5—P(OH)$_2$ und ihres Diphenylesters in (partiell) verseiften Vinylacetat-Polymerisaten und chlorhaltigen Copolymerisaten siehe bei [184]. Alkyl- oder Aryloxymethylphosphinsäuren (die mit den entsprechenden phosphonigen Säuren isomer sind, siehe unten), z. B. Butyloxymethylphosphinsäure oder Phenyloxymethylphosphinsäure C_6H_5—O—CH_2—P(OH)$_2$, bilden eine erst kürzlich bekanntgewordene Gruppe von PVC-Stabilisatoren und Antioxydantien [2968a]. Weiterhin sind Ester von Chloralkylphosphonsäuren und Dichloralkylphosphinsäuren [743, 1833, 1153, 2716] sowie Ester

Tabelle III.9. *Vergleich der Wirksamkeiten verschiedener Phosphorigsäureester bei der Wärmestabilisierung von PVC* (nach (*523*))

Zusammensetzung der PVC-Mischung: 100 Tle. PVC, 50 Tle. DOP, 2 Tle. copräz. Ba/Cd-laurat, 1 Tl. nachstehendes Phosphit:	Anfangsfarbe nach 5 min Walzen bei 166 °C	Ofenalterung bei 177 °C: Zeit bis zum Farbumschlag min	Farbe nach 120 min
(ohne Phosphit)	hellgelb	30	dunkelbraun
Triphenyl-phosphit	hellgelb	>120	gelb
Tri-(octylphenyl)-	hellgelb	120	beige
Tri-(2-äthylhexyl)-	fast weiß	60	schwarz
Triallyl-	fast weiß	45	braun
Tricyclohexyl-	fast weiß	30	schwarz
Tribenzyl-	weiß	120	gelb
Phenyl-äthylen- (cycl.)	hellgelb	60	braun
2-Hydroxyäthyl-äthylen- (cycl.)	hellgelb	60	dunkelbraun
Diphenyl-n-butyl-	weiß	>120	fast weiß
Diphenyl-isooctyl-	weiß	>120	fast weiß
Dipropyl-nonylphenyl-	weiß	>120	fast weiß
Diallyl-nonylphenyl-	weiß	>120	fast weiß
Diphenyl-	dunkelgelb	< 15	dunkelbraun

von partiellen Chloriden der phosphorigen Säuren, z. B. das Di-(nonylphenoxy)-monochlorphosphin, beschrieben worden [744, 1830, 1154, 2717]. — Einen Vergleich der Wirksamkeiten verschiedener Phosphorigsäureester als Hilfsstabilisatoren in Kombination mit Metallseifen in Weich-PVC erlaubt Tabelle III.9., die nach Ergebnissen von SCULLIN u. a. (*523*) zusammengestellt ist. Man erkennt eine stärkere Wirksamkeit von Triarylphosphit gegenüber Trialkyl-, Trialkenyl-, Tricycloalkyl- und teilweise cyclischen Phosphiten vom Typ (II) bei der Wärmealterung, während die Anfangsfarbe bei den Trialkyl-, Trialkenyl- und Tricycloalkylestern besser ist. Tribenzylphosphit ergibt einen guten Kompromiß zwischen Anfangsfarbe und Alterungsbeständigkeit. Die durchweg beste Wirkung in beiderlei Hinsicht zeigen jedoch gemischte aliphatisch-aromatische Ester. Sie verhindern die Ausbildung jeglicher Anfangsfarbe und verleihen ausgezeichnete Wärmestabilität. Das saure Diphenylphosphit besitzt keinerlei stabilitätsverbessernde Wirkung, sondern beschleunigt im Gegenteil den Abbau. Es ergibt sich ferner, daß eine Variation in der Art der Substituenten innerhalb der Reihe der aliphatisch-aromatischen Phosphite kaum eine Wirkung ausübt. Über den Wirkungsmechanismus vgl. II.2.1.3. und II.2.5.

Eine praktische Anwendung als Antioxydantien fanden die Phosphorigsäureester zuerst auf dem Kautschukgebiet. Hier eignen sie sich besonders als verfärbungsfreie Alterungsschutzmittel für hellfarbige Vulkanisate gegenüber thermischer oder photoinduzierter Oxydation. Die von der U. S. Rubber Co. zur Stabilisierung von synthetischem Kautschuk, besonders SBR, zuerst vorgeschlagenen Phosphite waren wiederum Triarylphosphite, z. B. Triphenyl- oder Tri-p-toluylphosphit [94]. Später wurden dann zahlreiche andere Strukturtypen für zweckmäßig befunden: Tri-alkarylphosphite mit $C_{\geq 8}$-Alkyl (von denen das Phosphitgemisch nonylierter Phenole bis jetzt der praktisch am häufigsten eingesetzte Typ von Phosphit-Antioxydantien ist) [401, 1591, 2141, 2573]; saure Alkarylphosphite [399, 1608, 3014, 2202, 2583]; Dialkyl-monoalkylphenylphosphite [573, 2259]; gemischte Alk(en)yl-alkarylphosphite [368]; Phosphite mit Äther- oder Aminogruppen, z. B. Tri-(N-phenyl-N-methyl-2-aminoäthyl)-phosphit oder Tri-[2-(2′,5′-dimethylphenoxy)-äthyl]-phosphit als Stabilisatoren für 1,4-cis-Polyisopren, Polychloropren oder PVC [2396, 2854]; Tri-(benzylaryl)-phosphite [2912]; (gemischte) Phosphite von Bisphenol A [1384]. Zur Steigerung ihrer Wirksamkeit können die Phosphite mit andersartigen Antioxydantien und sonstigen Substanzen kombiniert werden. Speziell werden Kombinationen von Alkyl- oder Alkarylphosphiten mit phenolischen Antioxydantien [972, 1983, 2871] und von Trialkylphosphiten mit aminischen Antioxydantien [2840] für synthetische Dien-Elastomere, sowie von Triphenyl(alkyl)phosphiten mit C_{12-22}-Fettsäuren, deren Alkylestern oder Triglyceriden (natürlichen Ölen) [1951, 2865] und von Trialk(ar)ylphosphiten mit Phenothiazin [558] für Polychloropren beschrieben. Poly-(2,3-dichlorbutadien) wird durch eine Kombination von Na-phenylphosphinat, das mit primärem Na-phenylphosphonit isomer ist (siehe unten) und phenolischen oder aminischen Antioxydantien stabilisiert [633, 1728].

Eine umfangreiche und augenblicklich noch im Zunehmen begriffene Erweiterung ihres Einsatzes als Antioxydantien haben die Phosphite durch das Polyolefingebiet erfahren. Ein Zusatz von organischen Phosphiten und Phosphaten zur Erhöhung der Transparenz von Niederdruck-Polyolefinen ist erstmals von den Chemischen Werken Hüls vorgeschlagen worden, wobei tertiäre wie saure Ester, wie auch Alkali- und Ammoniumsalze der letzteren eingeschlossen wurden [2183 a]. Als Wärmestabilisatoren und Antioxydantien für Polyolefine sind jedoch in überwiegendem Maße tertiäre Phosphite, evtl. in Kombination mit anderen Stabilisatoren bzw. Antioxydantien, gebräuchlich, z. B. das Trilaurylphosphit (Tri-n-dodecylphosphit) $(C_{12}H_{25}O)_3P$ oder das Tri-(nonylphenyl)-phosphit [1717, 2231, 2652, 1099] sowie die auch in der PVC-Stabilisierung üblichen Produkte, wie Triphenylphosphit oder Tri-(2-äthylhexyl)-phosphit [1116, 1805]. Gelegentlich angegebene sekundäre Phosphite, wie Di-(2-äthylhexyl)-phosphit [2751] dürften kaum praktische Bedeutung besitzen. Als spezielle Entwicklungen seien hier Phosphite von α-Phenyläthylphenolen (Umsetzungsprodukte von Styrol, Phenol und PCl_3) [3305] (*168a*) sowie cyclische Phosphite genannt. Zu den letzteren gehören die von der Pure Chemicals Ltd. als Stabilisatoren für Polyolefine, Polyamide und andere Polymere (neben nicht-cyclischen Verbindungen mit (Poly-)Äthergruppen) beschriebenen Phosphite vom Dioxaphosphorinan-Typ [2902] und Polyphosphite, die aus Spirobi-1,3,2-dioxaphosphorinan-Verbindungen durch Umesterung mit Dihydroxyverbindungen gewonnen werden, wie das aus 3,9-Diphenoxy-2,4,8,10-tetraoxa-3,9-diphosphaspiro-[5.5]-undecan und Bisphenol A erhaltene Produkt (VII) [2953]. Cyclische Ester bilden ferner die

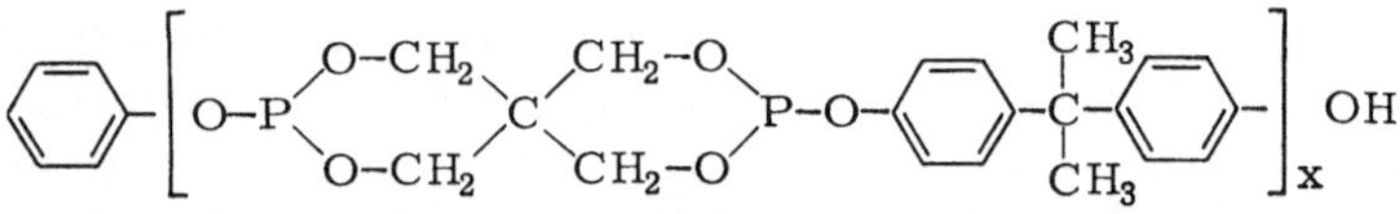

(VII)

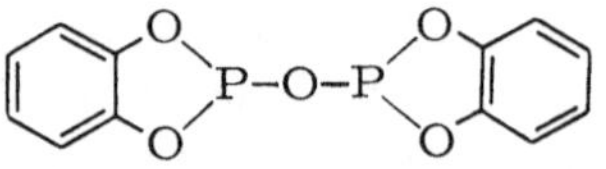

(VIII)

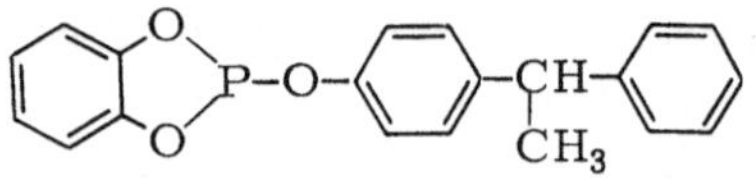

(XI)

zuerst von der BASF als Polyolefin-Stabilisatoren angegebenen Brenzkatechinphosphite, deren einfachster Vertreter das Dibrenzkatechinpyrophosphit (VIII) ist [2408] und die auch von russischen Bearbeitern als Wärme- und Lichtstabilisatoren für Polypropylen [3304] (evtl. in wirkungsverstärkender Kombination mit Thiobisphenolen [3307]) sowie für Hochdruck- und

Niederdruck-Polyäthylen und Äthylen/Propylen-Mischpolymerisate (*387*) beschrieben werden. Ein geeigneter Wärmestabilisator für die letztgenannten Polymeren ist z. B. die Verbindung (IX). Wie LEVIN u. a. (*342*) zeigen, erweist sich bei der thermischen Oxydation von Polypropylen das (2,6-Di-tert.-butyl-4-methylphenyl)-brenzkatechinphosphit verschiedenen Tri-(alkaryl)-phosphiten, z. B. dem verbreiteten Tri-(nonylphenyl)-phosphit, sowohl als Einzelstabilisator wie auch in synergistischen Mischungen mit 2,2′-Thiobis-(4-methyl-6-tert.-butylphenol) hinsichtlich der Länge der Induktionsperiode überlegen. Deutlicher Synergismus wird dabei auch mit Gemischen aus letztgenanntem Thiobisphenol und dem Phenyl-, (4-Methylphenyl)-, (4-tert.-Butylphenyl)- oder (2,4,6-Tri-tert.-butylphenyl)-brenzkatechinphosphit beobachtet, sowie mit einem Gemisch aus 4,4′-Thiobis-(3-methyl-6-tert.-butylphenol) und (2,4,6-Tri-tert.-butylphenyl)-brenzkatechinphosphit (*341a*). (2,6-Di-tert.-butyl-4-methylphenyl)-brenzkatechinphosphit wirkt, ebenso wie seine 1 : 1-Gemische mit 2,2′-Methylenbis-(4-methyl-6-tert.-butylphenol) oder 2,6-Diisobornyl-4-methylphenol, ferner ganz spezifisch als Inhibitor der thermischen Oxydation von Polypropylen-Fasern, wie MIKHAILOV u. a. (*400a*) zeigen. Über weitere Phosphite von Dihydroxyaromaten vgl. die Darstellung von MUKMENEVA u. a. (*411*). Schließlich sei noch auf die (ebenfalls ringförmigen) Phosphite von Bis- oder Trisphenolen hingewiesen, die in Kombination mit Thioäthern und evtl. Erdalkaliseifen angewandt werden [2926]. — Die synergistische Kombination mit anderen Antioxydantien bzw. Stabilisatoren ist die bevorzugte Anwendungsform von Phosphiten in Polyolefinen. Als Costabilisatoren kommen in Betracht: Alkylidenbisphenole oder einfache Phenole, z. B. in dem System 3,9-Distearyloxy-2,4,8,10-tetraoxa-3,9-diphosphaspiro-[5.5]-undecan + Antioxidant 2246 [881; 2017, 2879]; Thiobisphenole, z. B. in dem System Trilaurylphosphit + Santonox [977; 1812]; phenolische Antioxydantien mit einer Metallseife, z. B. Ca-stearat, als dritte Komponente [1854, 1185], wobei Kombinationen aus gehinderten Phenolen, Trialkylphosphiten und Zn-, Cd- oder Hg-Salzen von Fettsäuren, die evtl. noch durch Erdalkali-, Na- oder Al-Salze ergänzt sind, besonders beansprucht werden [948, 1883]; N-Stearoyl- oder N-Lauroyl-4-aminophenol [1812, 1185]; stickstoffhaltige organische Basen mit Kp > 180 °C [2967, 1162]; Thiodipropionate, z. B. DLTDP [2023]; phenolische Antioxydantien und Thiodipropionate, evtl. noch durch eine Erdalkaliseife ergänzt [1250, 2042]; Thiodialkancarbonsäureester und als dritte Komponente ein Hydroxyphenylalkancarbonsäureester (vgl. *3.1.4.*) oder ein phenolsubstituiertes Triazin-Derivat (vgl. *5.13.6.*) [1466]; organische Polysulfide, z. B. Di-n-dodecyldisulfid oder Tetramethylthiuramdisulfid, wobei noch ein phenolisches Antioxydans als dritte Komponente zugegen sein kann [2053, 1208]; 4-tert.-Alkylphenol-Formaldehyd-Harze im löslichen A-Stadium [1042; 1050; 1053]; Oxyde oder Salze schwacher Säuren von Metallen der I. oder II. Gruppe, die mit Tri-(alkaryl)-phosphiten kombiniert werden, z. B. in dem System

Tri-(nonylphenyl)-phosphit + Zn-oxyd [2697, 1162]; 2-Hydroxybenzophenone oder Salicylate speziell zum synergistisch verstärkten UV-Schutz [1317]. Die genannten Kombinationen haben zum großen Teil die Oxydations-, Wärme- und Lichtstabilisierung von Polypropylen zur Aufgabe. Von besonderer praktischer Bedeutung sind dabei Kombinationen von Phosphiten mit sulfidischen Antioxydantien und gegebenenfalls Phenolen als zusätzliche Komponente. Der hauptsächliche Vorteil der Verwendung von Phosphiten für Polyolefine liegt in der guten Farbstabilität der Kunststoffmasse bei Verarbeitung und Alterung. Auch die Verfärbung, welche Begleitstabilisatoren für sich allein zeigen würden (z. B. Phenole), wird durch Kombination mit Phosphiten in vielen Fällen unterdrückt. Die strukturelle Abhängigkeit der Wirksamkeit ist hierbei erwartungsgemäß verschieden von der oben für PVC beschriebenen. So sind offenbar gewisse Trialkylphosphite, z. B. das Tri-(2-äthylhexyl)-phosphit, bei der Unterdrückung der thermischen Oxydation von Polyäthylen wirksamer als aromatische oder gemischte aliphatisch-aromatische Phosphite, wie sich aus den Messungen von BAUM u. a. (*37*) schließen läßt.

Als Antioxydantien für Polyamide sind primäre, sekundäre und tertiäre Phosphite angegeben worden [167], für Nylon-Fasern speziell polymere sekundäre Phosphite von aromatischen Dihydroxyverbindungen wie Hydrochinon, Resorcin oder Bisphenol A, mit deren alkoholischer Lösung die Fasern imprägniert werden [611], sowie weitere Verbindungen des dreiwertigen Phosphors [3302]. Als Wärmestabilisatoren für Polyamide haben die Monoalkyl- oder Monoarylphosphinsäuren (X) Beachtung gefunden, welche wir

$$\text{(X)}\quad O \leftarrow P\begin{smallmatrix} R \\ H \\ OH \end{smallmatrix} \rightleftharpoons P\begin{smallmatrix} R \\ OH \\ OH \end{smallmatrix}\quad \text{(XI)}$$

(R = Alkyl, Aryl)

unter den Verbindungen des dreiwertigen Phosphors aufführen wollen, da sie mit den entsprechenden alkyl- bzw. arylphosphonigen Säuren (XI) in einem Isomeriegleichgewicht stehen. Zur Verhinderung der Verfärbung von Polyamiden bei höheren Temperaturen, besonders beim Schmelzspinnverfahren, werden entweder solche Säuren selbst, wie die Monophenylphosphinsäure oder die Monohexylphosphinsäure, ihre (Erd-)Alkali- oder Ammoniumsalze oder ihre Ester zugesetzt, z. B. das Na-phenylphosphinat [1529; 763; 1944; 1946]. Durch Kombination mit Mn-II-hypophosphit [1945] oder löslichen Cu- bzw. Sn-Salzen ($CuCl_2$, $SnCl_2$) [1411] wird eine zusätzliche Lichtstabilisierung erzielt.

Phosphite zeigen weiterhin in folgenden Kunststoffen eine Wirkung: in Acrylnitril-Polymeren als Wärmestabilisatoren [1102; 688], während für schlagfeste, acrylnitrilmodifizierte Styrol-Polymere eine Dreierkombination aus Alkylphenolen, Epoxyverbindungen und organischen Phosphiten empfohlen wird [1378]; in Polyäthern (Polyalkylenglykolen) als Oxydations- und Wärmestabilisatoren [2875]; in linearen Polyestern als Wärme- und Lichtstabilisatoren [905]; in Polycarbonaten als Wärme- und Oxydationsstabilisatoren [3110; 3138]; in ungesättigten Polyesterharzen zusammen mit phenolischen Inhibitoren (z. B. Hydrochinon) als Lagerungsstabilisatoren, die gleichzeitig die Farbbeständigkeit nach der peroxydischen Härtung, besonders in Gegenwart von Metallen, erhöhen [1744, 2281, 2655, 3276]. Triarylphosphite dienen ferner als Zusatz bei der alkalischen Phenol-Formaldehyd-Kondensation, um farblose Harze zu gewinnen [496, 1706]. Weiterhin können Phosphite die Wärme- und Oxydationsbeständigkeit von Polyätherurethan-Schäumen verbessern, wobei dem schäumfähigen Gemisch insbesondere Alkarylphosphite mit langkettigen Alkylgruppen, wie Tri-(nonylphenyl)-phosphit [634, 1871, 2250, 2702, 3127] oder chlor- bzw. fluorhaltige Phosphite, z. B. Tri-(chlorphenyl)-phosphit [2319] oder andere Typen von tertiären und sekundären Phosphiten [1312] zugesetzt werden. Das Stabilisierungsverfahren ist besonders für solche Schäume geeignet, die Organozinnverbindungen als „Kicker" enthalten, ist allerdings auch für Polyesterurethane und homogene Polyurethan-Elastomere anwendbar. In Polysiloxanen wirken Alkyl- und Arylphosphite als Wärmestabilisatoren [414, 1664, 2170, 2598].

Handelsprodukte:

Triphenylphosphit

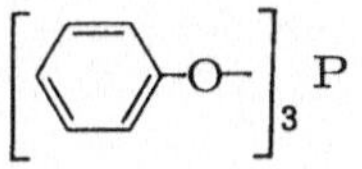

$[C_6H_5\text{–O–}]_3P$

ohne Handelsnamen (*AL*)*
Advance TPP (*DA*)
Mark XX (*AR*); Gemisch mit Weichmacher
Naftovin TP (*KG*)
Phosclere T 36 (*PU*)

Diphenylphosphit

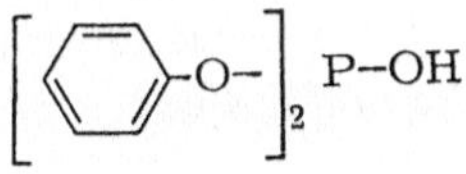

$[C_6H_5\text{–O–}]_2P\text{–OH}$

Phosclere S 26 (*PU*)

Diphenyl-isooctylphosphit

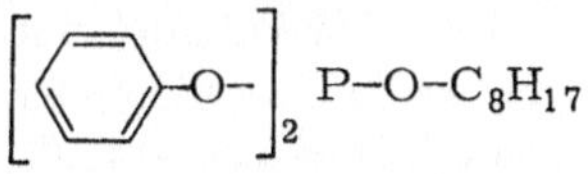

$[C_6H_5\text{–O–}]_2P\text{–O–}C_8H_{17}$

Mark C (*AR*)
Phosclere T 268 (*PU*)

Diphenyl-isodecylphosphit

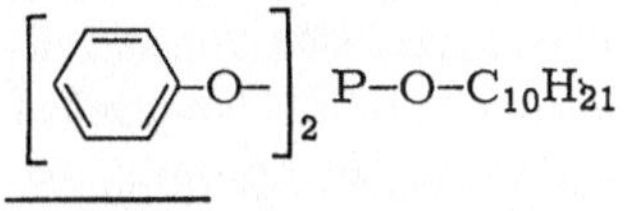

$[C_6H_5\text{–O–}]_2P\text{–O–}C_{10}H_{21}$

Phosclere T 26 (*PU*)

* Abgekürzte Bezeichnungen der Herstellerfirmen sind auf S. 592 erklärt.

Diisooctyl-phenylphosphit — ohne Handelsnamen (*PU*)

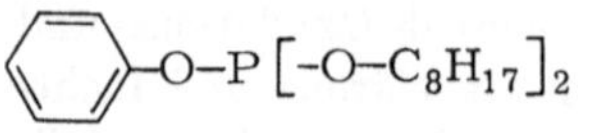

$C_6H_5-O-P[-O-C_8H_{17}]_2$

Diisodecyl-phenylphosphit — Phosclere T 210 (*PU*)

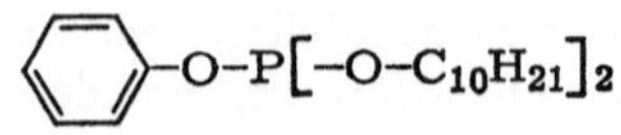

$C_6H_5-O-P[-O-C_{10}H_{21}]_2$

Di-(nonylphenyl)-phenylphosphit — Phosclere T 215 (*PU*)

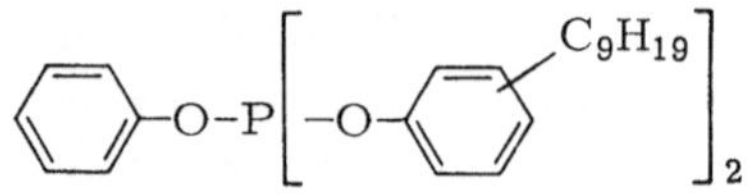

$C_6H_5-O-P[-O-C_6H_4-C_9H_{19}]_2$

Tri-(nonyliertes Phenyl)-phosphit — Polygard (*NA*)

Triisodecylphosphit — Phosclere T 310 (*PU*)

$[C_{10}H_{21}-O-]_3P$

Trilaurylphosphit — Phosclere T 312 (*PU*)

$[C_{12}H_{25}-O-]_3P$

3,9-Diisodecyloxy-2,4,8,10-tetraoxa-3,9-diphosphaspiro-[5.5]-undecan (Diisodecyl-pentaerythrityldiphosphit) — Phosclere X 10 (*PU*)

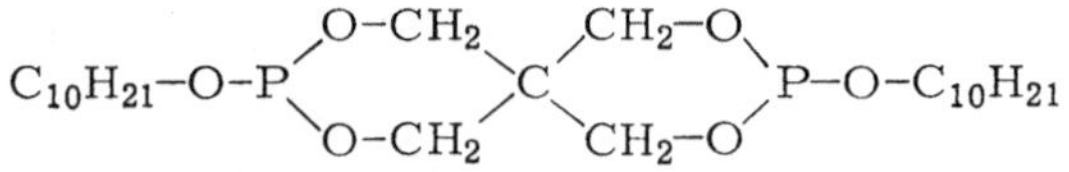

$C_{10}H_{21}-O-P(O-CH_2)_2C(CH_2-O)_2P-O-C_{10}H_{21}$

Weitere Produkte von nicht näher bezeichneter Zusammensetzung siehe in der Liste der Handelsprodukte im Anhang, Abschnitt „PVC-Stabilisatoren".

6.2. Phosphorsäureester und Ester von weiteren Säuren des fünfwertigen Phosphors

Phosphorsäureester und Metallsalze von sauren Estern sind vielfach als Stabilisatoren für halogenhaltige Polymere angeführt worden. Der Wirkungsmechanismus besteht bei sauren Phosphaten wohl in einer „Maskierung" von abbaukatalysierenden Metallionen durch Bildung von wenig dissoziierenden Salzen; inwieweit dies auch für andere Verbindungen dieser Klasse zutrifft, ist nicht geklärt. Zur Stabilisierung von Metallüberzugslacken auf Vinylchlorid-Basis sind saure Phosphate [67], zur Lichtstabilisierung von Weich-PVC gemischte aliphatisch-aromatische tertiäre Phosphate [583], von Vinylidenchlorid-Polymeren substituierte Triphenylphosphate [3074] angegeben worden, ferner Reaktionsprodukte von Monomethyl- oder Monopropylphosphat mit Harnstoff im Molverhältnis 1:2 als Lichtstabilisator für PVC [507].

Von besonderer Bedeutung sind Metallsalze saurer Phosphorsäureester. So werden wärmebeständige Vinylchloridpolymere erhalten, wenn die Emulsionspolymerisation in Gegenwart von (Erd-)Alkalisalzen saurer Alkylphosphate wie Ca-dihexadecylphosphat ausgeführt wird [2171, 2654, 1098]. Zusätze von Cd-, Zn-, Sn- oder Pb-Salzen primärer oder sekundärer Phosphorsäureester, z. B. Zn- oder Cd-di-(heptylphenyl)-phosphat, dienen zur Wärmestabilisierung von PVC [873], von (Erd-)Alkali(pyro)phosphaten, z. B. Mg-di-n-pentylpyrophosphat, zur Wärmestabilisierung von chloriertem Polyäthylen [816]. Alkalisalze von organischen Polyphosphaten der Struktur (I), nämlich Pentaalkalipentaalkyltriphosphate der bevorzugten Zusammensetzung $Na_5(C_8H_{17})_5(P_3O_{10})_2$, wobei C_8H_{17} = n-Octyl (Capryl) oder 2-Äthylhexyl ist, wurden von der U.S. Rubber Co. als Licht- und Wärmestabilisatoren für PVC und Vinylchlorid/Vinylacetat-Copolymere angegeben [168, 2062, 1525]. Dieser Verbindungstyp liegt wahrscheinlich auch in den im Handel befindlichen Na/Ba-Salzen von organischen Polyphosphaten vor, die vorwiegend als Lichtstabilisatoren wirken, als Wärmestabilisatoren indessen

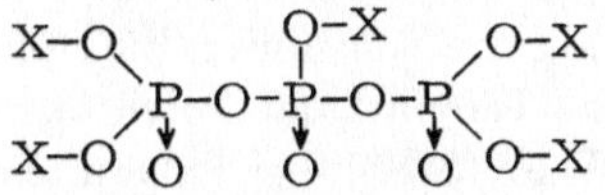

(I) X = Alkyl, Metall 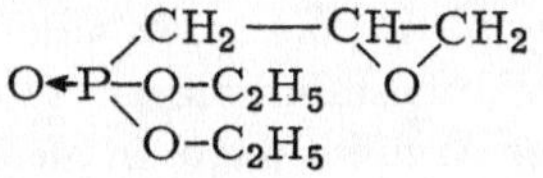 (II)

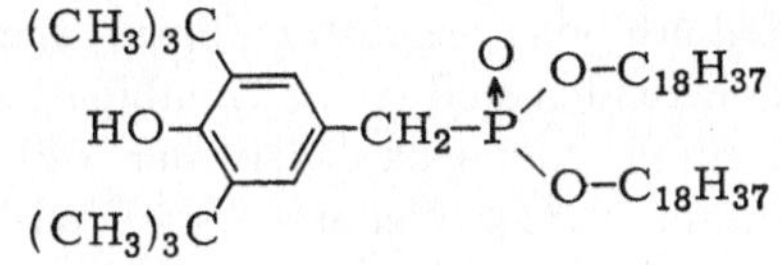

(III)

allein unzureichend sind. Auch Phosphon- und Phosphinsäureester bzw. Metallsalze der sauren Ester sind als PVC-Stabilisatoren wirksam: Ester und Salze von epoxydierten (Ar-)Alkylphosphonsäuren, wie der 2,3-Epoxypropylphosphonsäurediäthylester (II) [447] und andere epoxydierte Phosphonsäureester (vgl. (*463*)) [3306], Metallsalze von Vinylphosphonsäurealkylestern [458], von Vinylphosphonsäure-2-chloräthylester [689] oder von Phenylphosphonsäuren [707]. Als Komponenten für die synergistische Verstärkung der PVC-Stabilisierung treten insbesondere saure Phosphate wie Mono-(2-äthylhexyl)-phosphat zusammen mit organischen Metallsalzen und tertiären Phosphiten (vgl. *6.1.*) [796, 1204] und Phosphonsäureester zusammen mit Metallseifen und Epoxyverbindungen [659] auf.

Die metalldesaktivierende Wirkung saurer Phosphate ist auch eine Ursache für ihre antioxydative Wirkung. Bereits vor langem wurden Phosphonsäuren, ebenso wie phosphonige Säuren, als Inhibitoren der kupferkatalysierten Oxydation organischer Materialien erkannt; eine solche Verbindung ist die 2-Hydroxy-2-octylphosphonsäure [37]. Saure Arylphosphate, z. B. Mono- oder Dikresylphosphat, bilden zusammen mit phenolischen Antioxydantien synergistische Gemische [1220]. Aber auch neutrale Ester sind als Antioxydantien wirksam, in Polyolefinen insbesondere bromierte Alkyl- oder Arylphosphate wie Tri-(dibrompropyl)-phosphat [2660], sekundäre Phosphonate, z. B. n-Octylphosphonsäuredimethylester, [1345] sowie die von der Geigy AG. entwickelten Polypropylen-Stabilisatoren mit umfassender Schutzwirkung, welche als alkylierte (Hydroxyphenylalkyl)-phosphonsäureester phenolische Antioxydantien sind. Ein Beispiel für diese Substanzklasse ist der 3,5-Di-tert.-butyl-4-hydroxybenzylphosphonsäuredi-n-octadecylester (III); es können auch entsprechende Thiophosphonsäureester Verwendung finden [2917, 1432]. Die Produkte bilden mit zahlreichen anderen Polyolefin-Stabilisatoren synergistische Gemische, nämlich mit tertiären Phosphiten wie Trioctadecylphosphit oder Thiodicarbonsäureestern wie DLTDP [2956] sowie mit bestimmten Aminosäuren bzw. ihren Salzen (vgl. *5.3.3.*) [1461; 1462; 1463; 1464]. Außer für Polypropylen eignen sich diese Antioxydantien auch für andere Polyolefine, halogenhaltige Polymere und Kautschuke.

In Acrylnitril-Polymeren wirken Metallsalze von sauren Vinylphosphonaten als Wärmestabilisatoren [456], in Terephthalat-Polyestern tertiäre Alkyl- oder Arylphosphate in gleicher Weise [3285], bei Polyamiden Mn-II-Salze von Phosphon- oder Phosphinsäuren als Lichtstabilisatoren (besonders bei Gegenwart von TiO_2 als Mattierungsmittel), wobei u. a. das Mn-diphenylphosphinat $[(C_6H_5)_2PO_2]_2Mn$ ein geeigneter Zusatz zum Polymerisationssystem ist [1370]; in Polyamiden sind ferner Kombinationen von Phosphorsäure-estern oder -amiden mit Aminoalkoholen oder N-Hydroxyalkylamiden als Stabilisatoren wirksam [2244]. Weiterhin sind Wirkungen festgestellt worden von halogenierten Alkylphosphaten als Wärmestabilisatoren in Polyätherurethanschäumen [936], von Tri-(polypropylenglykol)-(thio)-phosphaten in Polyurethanen und Polyäthylen [925, 838], sowie von sauren Phosphaten [249, 2065] oder Brenzkatechinphosphaten [3308] als Alterungschutzmittel für Kautschuke.

Handelsprodukte:

Na/Ba-Salz von organischem Polyphosphat — Ferro(clere) 541 A (*FE, PU*)*

6.3. Stickstoffhaltige Derivate von Säuren des Phosphors

Hiervon kommen im wesentlichen drei Verbindungstypen in Betracht: Ester von Säuren des Phosphors mit stickstoffhaltigen Alkoholen, Phosphorsäureamide bzw. -hydrazide und Iminophosphorsäure-Derivate.

Alkanolaminphosphite, z. B. die Verbindung (I), sind als Lichtstabilisatoren für Vinyl- und Vinylidenchloridpolymerisate genannt worden [527]. Phosphorigsäureester von Phenylaminoalkoholen, wie das Tri-[2-(N-phenyl-N-

* Abgekürzte Bezeichnungen der Herstellerfirmen sind auf S. 525 erklärt.

methylamino)-äthyl]-phosphit, eignen sich als Stabilisatoren für synthetischen Kautschuk und chlorhaltige Polymere [2854]. Umsetzungsprodukte von Monoalkanolaminen, z. B. 2-Aminoäthanol, mit Phosphorigsäure(-Derivaten), die entweder die Struktur von primären Aminoalkylestern oder von primären Hydroxyalkylamiden der phosphorigen Säure besitzen, wirken als Antioxydantien [2034]. — Als einzige Verbindungen aus dieser Klasse sind N,N-Dialkylderivate von Phosphorsäureamiden von praktischer Bedeutung, insbesondere das Phosphorsäuretri-(N,N-dimethylamid) (Hexamethylphosphorsäuretriamid). Diese Verbindung, die erstmals durch Arbeiten der Monsanto Chemical Co. als Wärmestabilisator für Styrol-Polymere bekannt geworden ist [250], wurde später von J. W. TAMBLYN u. a. als wirksamer Lichtstabilisator für PVC und seine Mischpolymerisate erkannt, der mit Wärmestabilisatoren wie Soda oder Zinnverbindungen einen synergistischen Effekt zeigt. In gleicher Weise wirken auch andere Phosphorsäuretriamide,

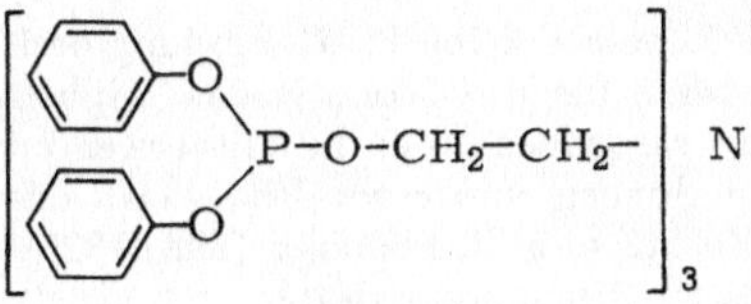

$$\left[(C_6H_5O)_2P{-}O{-}CH_2{-}CH_2{-}\right]_3 N \qquad O{\leftarrow}P(N(CH_3)_2)_2(OCH_3)$$

(I) 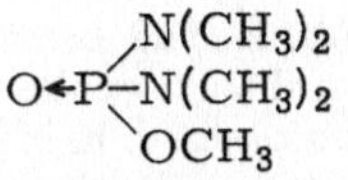 (II)

$$O{\leftarrow}P(N(CH_3)_2)_2(C_6H_5) \qquad C_6H_5{-}N{\rightarrow}P(O{-}C_4H_9)_3$$

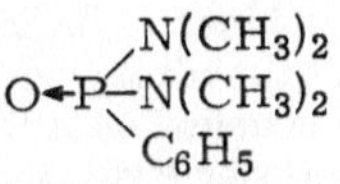

(III) 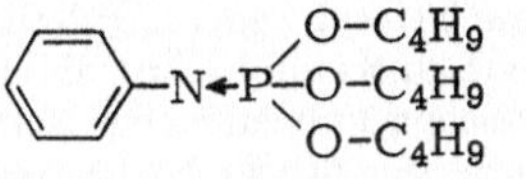 (IV)

Ester von einbasischen Diamidophosphorsäuren, z. B. N,N,N′,N′-Tetramethyldiamidophosphorsäuremethylester (II), und Phosphonsäurediamide wie Phenylphosphonsäuredi-(N,N-dimethylamid) (III) [630, 2464, 2745]. Der Wirkungsmechanismus dieser Verbindungen ist noch ungeklärt. Sie sind nur schwache UV-Absorber und filtern im Gemisch mit dem Polymeren nur einen geringen Anteil des UV-Lichtes aus. Wahrscheinlich liegt hier ein Energieübertragungsprozeß vom angeregten Polymermolekül auf den Stabilisator vor, welcher sehr spezifisch für das Substrat/Inhibitor-System ist. In Polyolefinen zeigen die Phosphorsäuretriamide zusammen mit 2-Hydroxy-4,4′-dialkoxybenzophenonen eine synergistische Verstärkung der UV-Schutzwirkung [822, 2806]. Amide von (Thio-)Säuren des Phosphors eignen sich weiterhin als synergistische Komponenten für Polyolefin-Antioxydantien, die durch Kondensation von Alkylphenolen mit Aldehyden, Ketonen oder SCl_2 gewonnen werden (vgl. *2.2.2.*). Ein entsprechendes System besteht z. B. aus dem Nonylphenol/Aceton-Kondensationsprodukt und Phosphorsäuretri-(dodecylamid) [2315, 3211, 2786]. Wärme- und Lichtstabilisatoren für chlorhaltige

Polymere sind Mono- und Dihydrazide von (Thio-)Phosphonsäuren [2382, 1212, 1942, 2833] sowie Phosphorsäure-N,N-äthylenamide [2123]. — Verbindungen der Iminophosphorsäure mit der Struktur $R—N \leftarrow P(R^1R^2R^3)$, worin R, R^1, R^2, R^3 verschiedene organische Reste bedeuten können, kommen schließlich als Wärmestabilisatoren für Polyoxymethylene in Betracht. Als Beispiel sei der Phenyliminophosphorsäuretributylester (IV) genannt (vgl. *7.3.*) [2386, 1337, 2911].

Handelsprodukte:

Hexamethylphosphorsäuretriamid Eastman Inhibitor HPT (*EA*)*

$$O \leftarrow P \begin{cases} N(CH_3)_2 \\ N(CH_3)_2 \\ N(CH_3)_2 \end{cases}$$

6.4. Phosphine und Phosphinoxyde

Phosphine der Formel $P(R^1R^2R^3)$, welche keine P—O-Bindung besitzen, eignen sich als Wärme- und Lichtstabilisatoren für PVC, so z. B. das Triphenylphosphin. Ebenso wie die Phosphite erfordern sie jedoch stets die Mitverwendung von Primärstabilisatoren, d. h. Metallverbindungen wie etwa Pb-stearat oder Ba/Cd-2-äthylhexanoat, evtl. mit weiteren Zusätzen, z. B. Phenolen [898; 1825]. Sie werden u. a. zur Stabilisierung von Acrylnitril-Mischpolymerisaten mit Vinyl(iden)chlorid beansprucht [2728, 1829]. Als energische Sauerstoffakzeptoren bilden die Phosphine für zahlreiche Kunststoffe gute Antioxydantien und Farbverhütungsmittel. Als solche wirken Triaryl- oder Aryl-alkyl-phosphine, z. B. Triphenylphosphin, in Polyolefinen, evtl. in Kombination mit (Erd-)Alkalihydroxyden oder -carbonaten [1790, 764], organischen Polysulfiden [1208] oder phenolischen Antioxydantien und, zur weiteren Reduzierung der Farbe, Ca-stearat und/oder Hydrazin [1347]. — Vinylhaltige Phosphine, und zwar Phosphinoalkyl-vinyläther wie z. B. der 2-(Phenylphosphino)-äthyl-vinyläther (I) [843] oder vinylaromatische Phosphine wie z. B. Diäthyl-4-vinylbenzylphosphin [935] sind polymerisationsfähige Antioxydantien, von denen sich erstere gegebenenfalls in den Kunststoff einpolymerisieren lassen, während letztere in Homopolymerisate verschiedener Konsistenz (flüssig, wachsartig, kristallin) verwandelt werden können. Phenyl-halogen-phosphine wie Phosphorbenzoldichlorid wirken licht- und wärmestabilisierend auf Polyamide [1355]. Ein quaternäres Phosphoniumsalz, das Tetra-(hydroxymethyl)-phosphoniumchlorid $[(HO-CH_2-)_4P]Cl$, verhindert als Zusatz zu Spinnlösungen von Acrylnitrilpolymeren die Verfärbung des Kunststoffes in der Wärme und bei Alterung [590, 1903, 1065, 1131]. Der thermische Abbau von Silikonkautschuk wird durch Phosphonium-

$$C_6H_5-PH-CH_2-CH_2-O-CH=CH_2 \qquad \text{(I)}$$

$$O \leftarrow P \begin{cases} C_4H_9 \\ C_4H_9 \\ C_4H_9 \end{cases} \qquad \text{(II)}$$

halogenide, z. B. Tetraäthylphosphoniumchlorid, [3013] sowie durch tertiäre Phosphinoxyde, z. B. Tributylphosphinoxyd (II) oder Diphenyl-methylphosphinoxyd, [525, 1671] inhibiert.

---

* Abgekürzte Bezeichnungen der Herstellerfirmen sind auf S. 525 erklärt.

7. Schwefelhaltige organische Verbindungen

7.1. Mercapto-Verbindungen, Thioäther, Di- und Polysulfide und deren Metallsalze.

7.1.1. Aliphatische und aromatische Mercaptane; Mercaptoalkohole. Mercaptane enthalten die an einen organischen Rest gebundene Gruppe —SH, deren bewegliches H-Atom Kettenreaktionen zum Abbruch bringen kann. Neben dieser primären Antioxydans-Wirkung können sie in Kombination mit phenolischen oder aminischen Antioxydantien die letzteren regenerieren, indem sie deren chinoide Oxydationsprodukte zum aktiven Ausgangszustand reduzieren, wie HAWKINS u. a. (*266*) an Hand des Synergismus von Chinonen und Mercaptanen gezeigt haben. Diese Reaktion ist allerdings nur möglich, wenn die Umwandlung des H-übertragenden Antioxydans in sein Oxydationsprodukt reversibel ist. Die Mercaptane oder ihre Oxydationsprodukte, die Disulfide mit der Gruppe —S—S—, wirken zudem als peroxydzersetzende Agenzien.

Der Einsatz von Mercaptanen als Antioxydantien in Polyolefinen besteht meist in der Verwendung von synergistischen Gemischen, da ihre Wirkung allein nur verhältnismäßig schwach ist. Zu den ersten Entwicklungen dieser Art zählen Kombinationen von aliphatischen Mercaptanen mit organischen Basen, z. B. n-Dodecylmercaptan $C_{12}H_{25}SH$ + Äthanolamin, [2189] sowie von Terpen- oder Naphthenmercaptanen und ähnlichen Verbindungen mit Metalloxyden und/oder Metallseifen, z. B. Isobornyl-2-thionaphthol + Caoxyd + Mg-oleat [2194, 2984, 692, 3178, 1789]. Von Bedeutung war die Feststellung von W. L. HAWKINS u. a., daß die Wirksamkeit von Mercaptanen (ebenso wie von anderen Schwefelverbindungen) in rußhaltigen Polyolefinen synergistisch verstärkt wird. Somit ist eine Kombination der lichtschützenden Wirkung des Rußes mit einer erhöhten Oxydations- und Wärmeschutzwirkung der schwefelhaltigen Komponente erzielbar. Den Effekt zeigen sowohl aliphatische Mono- und Dimercaptane wie Dodecylmercaptan $C_{12}H_{25}SH$ oder 1,10-Decamethylendithiol HS—$(CH_2)_{10}$—SH [734, 2687, 2328, 2998, 3061, 1117, 1774, 3188] als auch aromatische und heterocyclische Thiole wie 2-Thionaphthol (I), Mercaptotoluol, 2-Mercaptobenzoxazol u. a. [735, 2675, 2359, 2993, 1114, 3063, 1773, 3187]. Diese an Polyäthylen untersuchte Erscheinung war bereits in Abschnitt II.2.3.4. besprochen worden. Bemerkenswert ist, daß selbst solche Schwefelverbindungen, die für sich allein kaum nennenswerte Antioxydanswirkung besitzen, in Kombination mit Ruß einen merklichen Inhibitoreffekt zeigen, so z. B. das 2-Thionaphthol (*257*). Die Verhältnisse werden durch die Daten in Tabelle III.10 deutlich demonstriert. Weitere Kombinationen von Mercapto-Verbindungen mit andersartigen Stabilisatoren sind die ebenfalls von HAWKINS u. a. angegebenen synergistischen Systeme mit Bisphenolen oder aromatischen Aminen, wobei z. B. 3,3′,5,5′-Tetra-tert.-butyl-4,4′-dihydroxydiphenyl, Antioxidant

(I) HS-Naphthalin (2-Thionaphthol)

Tabelle III.10. *Wirkung von Mercapto-Verbindungen als Inhibitoren der thermischen Oxydation von Polyäthylen mit und ohne Ruß* (nach (*258*))

Verbindung (0.1 Gew.-%)	Zeit bis zur Aufnahme von 10 cc O_2/g im Verlauf der thermischen Oxydation bei 140 °C	
	ohne Ruß Stdn.	mit 3% Ruß Stdn.
ohne Zusatz	6	35
2-Mercaptotoluol	6	200
2-Thionaphthol	6	900
2-Mercaptobenzothiazol	35	380
n-Dodecylmercaptan	6	160
Dodecandithiol-(1,10)	16	200

2246 oder DPPD mit Mercaptanen, Thioäthern oder Disulfiden kombiniert werden, [2004, 2868] sowie mit Chinonen (vgl. *4.5.*) oder Polyacenen (vgl. *10.1.*) [1982]. Wie Ruß sind die letztgenannten Verbindungen farbig und besitzen eine hohe Konzentration an π-Elektronen, so daß hier eine gewisse Analogie in der Wirkungsweise der Schwefelverbindungen als Synergisten bestehen könnte. Fernerhin sind als Polyolefin-Antioxydantien synergistische Kombinationen der genannten Schwefelverbindungen mit Polyphenolen [1231, 3244] oder Pyren bzw. dessen Derivaten (vgl. *10.1.*) [3170], sowie, zur Oxydations- und Wärmestabilisierung von Polypropylen, von Mercaptanen mit harzartigen 4-tert.-Alkylphenol-Formaldehyd-Kondensationsprodukten [1044] genannt worden. Über besondere strukturelle Typen von Mercapto-Verbindungen zur Wärme- bzw. Oxydationsstabilisierung von Polyolefinen vgl. [713; 1011, 2839]. Verbindungen wie Monothioäthylenglykol oder 2-Hydroxypropylmercaptan dienen in Niederdruck-Polyäthylen oder Äthylen/Propylen-Mischpolymerisat zur komplexen Bindung der metallischen Katalysatorreste und der Überschuß zur Stabilisierung des Polymeren [2921]. Aromatische Mercapto-Verbindungen sind nach älteren Untersuchungen auch als Wärmestabilisatoren für Isobutylenpolymere geeignet [39].

Bei halogenhaltigen Polymeren sind Mercapto-Verbindungen, z. B. 2-Thionaphthol, ebenfalls zunächst als Antioxydantien für die Heißverformung zugesetzt worden [9]. Weitere Entwicklungen bedienen sich ausschließlich der Kombination solcher Verbindungen mit den bekannten PVC-Stabilisatoren, wie Metallseifen. Die praktische Bedeutung schwefelhaltiger Komponenten dieser Art (vgl [97, 1509; 368, 1627, 2580, 2154, 3015; 2968]) ist jedoch gering geblieben. Zur Wärmestabilisierung von Polyvinyl(iden)-chlorid und -fluorid dient ein Gemisch von ungesättigten Terpenen oder ihren Derivaten mit Mercaptanen oder Disulfiden, z. B. β-Pinen + 4-tert.-Butylthiophenol für Polyvinylfluorid [1934, 2813, 1194], wobei der weitere Zusatz organischer Zn-Verbindungen wie Zn-laurat zweckmäßig ist [1287].

Mercaptane, z. B. n-Dodecylmercaptan, eignen sich weiterhin zur Inhibierung der thermischen Depolymerisation von Polymethylmethacrylat während der Verarbeitung [134; 3149]. Polyacrylnitril-Spinnlösungen wird zur Erhöhung der Wärmebeständigkeit des Polymeren ein Mercaptoalkohol, z. B. 2-Mercaptoäthanol, zugesetzt [266]. Die gleiche Verbindung dient auch zur Erhöhung der Wärmestabilität von Polyätherurethanschäumen, neben anderen aliphatischen Mercaptanen wie n-Dodecylmercaptan oder Dodecandithiol-(1,10) [1047] und aromatischen Mercaptanen wie Nitrothiophenol oder 4-Thiokresol jeweils im Gemisch mit 2,5-Dimercapto-1,3,4-thiadiazol [1048].

Zum Alterungsschutz von Kautschuken können Kombinationen von phenolischen Antioxydantien mit Mercaptanen Verwendung finden. Von der Du Pont Co. sind dafür speziell Monothiopolyhydroxyverbindungen der Formel $HO—CH_2—(CH—OH)_n—CH_2—SH$ mit $n = 3—4$ vorgeschlagen worden; z. B. eignet sich ein Gemisch aus 2,6-Di-tert.-butylphenol und 1-Thiosorbit [808]. Mercaptane bewirken, ebenso wie Thioäther und freier Schwefel, eine Verhinderung der Verfärbung des Vulkanisats durch gleichzeitig zugesetzte phenolische Antioxydantien. So wird z. B. die thermisch ausgelöste Verfärbung von SBR unter dem Einfluß von Wingstay T durch Dodecylmercaptan unterdrückt [1209]. Weiterhin eignen sich zur Stabilisierung von synthetischem Kautschuk Kombinationen organischer Basen mit Mercaptanen [1935, 2834, 1216]. — Über Wärmestabilisierung von Polysulfonharzen durch Mercapto-Verbindungen vgl. [384; 428].

7.1.2. Aliphatische Thioäther, Di- und Polysulfide. Verbindungen wie beispielsweise das Di-(n-decyl)-sulfid (Di-n-decylthioäther) $C_{10}H_{21}—S—C_{10}H_{21}$, das Di-(n-octadecyl)-disulfid (Distearyldisulfid) $C_{18}H_{37}—S—S—C_{18}H_{37}$ oder das Di-(n-dodecyl)-tetrasulfid (Dilauryltetrasulfid) $C_{12}H_{25}—S_4—C_{12}H_{25}$ sind vorwiegend als peroxydzersetzende Antioxydantien wirksam. Im Falle der Disulfide muß daneben auch noch ein anderer Mechanismus angenommen werden, der wahrscheinlich in der Bildung von Inhibitorradikalen durch Spaltung der S—S-Bindung besteht, worauf das entstehende Produkt R—S· radikalische Zwischenprodukte des Kettenprozesses desaktiviert (*258*). Die Annahme wird durch die Beobachtung gestützt, daß gewisse Disulfide eine thermische Initiierung der Styrol-Polymerisation herbeiführen (*438*). Sie erklärt auch eine gelegentliche stabilitätsverringernde Wirkung von Disulfiden in Polypropylen, wobei diese wahrscheinlich den thermischen Molekulargewichtsabbau katalysieren (*466*).

In Polyolefinen sind Verbindungen dieses Typs als synergistisch wirkende Antioxydantien von Wichtigkeit. Ebenso wie Mercaptane (vgl. *7.1.1.*) zeigen aliphatische Disulfide bei rußgefüllten Polyolefinen, besonders Polyäthylen, einen ausgeprägten Inhibierungseffekt [733, 2674, 2348, 2994, 3062, 1118, 1798, 3186]. Während solche Produkte wie Didodecyldisulfid oder polymeres

Dodecandithiol-(1,10) für sich allein nur mäßig wirksame Antioxydantien sind, verzögern sie zusammen mit Ruß (*258*), wie auch mit Diphenochinon und Polyacenen (*266*) die thermische Oxydation von Polyäthylen erheblich. Speziell zur Stabilisierung von Polypropylen wird Di-(ditert.-octyl)-trisulfid oder -tetrasulfid im Gemisch mit bis zu 5 % Ruß angegeben [915]. Strukturell besondere Typen von Polyolefin-Antioxydantien sind die Di-(tetrahydropyranylmethyl)-sulfide, z. B. (I) [2726], höhermolekulare Sulfidpolymere der

(I) 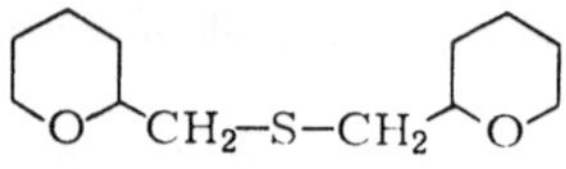 (Tetrahydropyranyl)$-CH_2-S-CH_2-$(Tetrahydropyranyl)

Strukturen $(-R'-OR'-S-)_n$, $(-R'-OR''-OR'-S-)_n$ oder $(-\underset{\displaystyle OH}{R}-S-)_n$,

worin R', R'' = C_{1-4}-Alkylen, R ein dreiwertiger Rest und $n > 4$ ist [793, 1772, 2213, 2678], ferner veresterte Thioätherdiole, z. B. Di-(lauroyloxyäthyl)-sulfid [1272]. Speziell wird die Kombination veresterter Thioätheralkohole mit phenolischen Antioxydantien beansprucht [1436]. Kombinationen von Sulfiden mit phenolischen Antioxydantien sind allgemein von großer Bedeutung für die Polyolefin-Stabilisierung. Grundlegende Untersuchungen über den Verlauf der inhibierten Oxydation von Polypropylen bei Gegenwart von Stabilisatorkombinationen aus 2,6-Di-tert.-octyl-4-methylphenol bzw. Antioxidant 2246 und Didecylsulfid haben Shlyapnikov u. a. (*537*) angestellt. Speziell werden Kombinationen von phenolischen Antioxydantien, die durch Kondensation von Alkylphenolen und Aldehyden bzw. Ketonen entstehen, mit Dialkylmono-, -di-, -tri- und -tetrasulfiden zur Oxydations-, Wärme- und Lichtstabilisierung von Ziegler-Polyolefinen beschrieben; geeignet sind z. B. das Nonylphenol-Aceton-Reaktionsprodukt (vgl. *2.2.2.*) zusammen mit Didodecylsulfid oder Dioctadecyltetrasulfid [2465; 2810; 2811]. Weitere Kombinationen von Sulfiden mit phenolischen Antioxydantien siehe bei [1928, 1226; 1208; 2922], mit Phosphiten oder Phosphinen bei [1208], mit primären oder sekundären Arylaminen bei [1281], mit UV-Absorbern bei [2923]. Die letztgenannte Entwicklung sieht z. B. ein Oxydations- und Lichtstabilisatorsystem bestehend aus 2-(2'-Hydroxy-5'-tert.-butylphenyl)-5-chlorbenzotriazol + Dioctadecyldisulfid + Topanol CA vor.

Für PVC haben sich höhermolekulare Polythioverbindungen als Stabilisatoren geeignet erwiesen: einmal Polykondensationsprodukte aus anorganischen (Poly-)Sulfiden und Di- oder Polyhalogenkohlenwasserstoffen von der allgemeinen Formel $-S_x-(-R-S_x-)_n-R-$ („Thiokole"), wie sie z. B. aus Na_2S_{4-5} und Äthylendichlorid entstehen [2124] und die in Kombination mit Organozinnverbindungen eingesetzt werden können, wobei die Thiokole gleichzeitig als Gleitmittel bei der Kalander- bzw. Extruderverarbeitung wirken [2909]; zum anderen Mal Alkydharze aus Thiodiglykol

$(HO—C_2H_4—)_2S$ und Olefindicarbonsäuren, gegebenenfalls mit weiteren gesättigten Carbonsäuren und Mg oder Pb an freie Carboxylgruppen gebunden [2555, 1544]. Die Licht- und Wärmestabilität von Polyvinylidenchlorid wird durch (substituiertes) Diallyldisulfid erhöht [42].

Polymethylmethacrylat läßt sich gegen thermischen Abbau durch Polymerisation in Gegenwart von Dialkylsulfiden mit $C_{>4}$-Alkyl stabilisieren [224, 1559]; für Methacrylat/Acrylat-Mischpolymerisate wird ein Zusatz von Di-(mercaptoäthyl)-sulfid zum Polymerisationsansatz angegeben [578].

Aliphatische oder aromatische Mono- und Polysulfide, z. B. Dioctadecyltrisulfid, dienen schließlich auch zur Oxydationsstabilisierung von Polyoxymethylenen [2325, 3233, 2846, 1225].

Polyurethane aus Thiodiglykol und Diisocyanaten wirken in synergistischer Mischung mit Polyphenolen als Polyolefin-Stabilisatoren [1236, 3245].

7.1.3. Aromatische Thioäther, Di- und Polysulfide. Aus dieser Substanzklasse sind die phenolischen Thioäther (Thiobisphenole) die weitaus verbreitetsten Verbindungen, die insbesondere als Antioxydantien für Polyolefine von Wichtigkeit sind. Da ihre Stabilisatorwirksamkeit weit größer ist als die von nicht-phenolischen Thioäthern und Disulfiden, ist ihre Funktionsweise vorwiegend in einer radikalkettenabbrechenden Reaktion der OH-Gruppen zu sehen. Die Produkte sind allgemein durch Umsetzung einkerniger Phenole mit Schwefeldichlorid, SCl_2, zugänglich. Aromatische Sulfide wurden zuerst vor rund 30 Jahren etwa gleichzeitig von der Standard Oil Development Co. [21, 2056, 1481] und der I.G. Farbenindustrie [1479] als Stabilisatoren für Polyisobutylen in das Kunststoffgebiet eingeführt; ferner war der Alterungsschutz von Polyvinyläthern [1477] eines der ersten Anwendungsgebiete. Die ersten von der Monsanto Chemical Co. zur Stabilisierung von Polyäthylen angegebenen Di-(dialkylphenol)-sulfide waren Umsetzungsprodukte von Thymol, Carvacrol, 6-tert.-Butyl-m-kresol u. a. mit SCl_2 oder S_2Cl_2 [1056, 1710]. Das aus 6-tert.-Butyl-m-kresol entstehende 4,4'-Thiobis-(3-methyl-6-tert.-butylphenol), das von der Union Carbide & Carbon Corp. speziell als Polyäthylen-Stabilisator beschrieben wurde [1667, 3005], dürfte das am häufigsten verwendete Thiobisphenol sein (Santonox; siehe bei den nachstehend aufgeführten Handelsprodukten). Ebenso wie andere, ursprünglich für das Hochdruck-Polyäthylen vorgeschlagene Thiobisphenol-Antioxydantien, z. B. das Thiobis-(di-sek.-amylphenol), wurde es späterhin auch als Wärmestabilisator für Niederdruck-Polyäthylen [1890] und weitere Poly-α-olefine sowie für Polystyrol [1891] geeignet befunden und speziell als Antioxydans für Polypropylen empfohlen [2029]. Die letztgenannte Anwendung ist jedoch in der Praxis weniger gebräuchlich als die in Polyäthylen. Weitere alkylierte oder aralkylierte Thiobisphenole, die als antioxydative Zusätze zu Polyolefinen in Betracht kommen, sind: 4,4'-(Mono-, Di-, Tri-)Thiobisphenole mit

Substituenten in den 2- und 6-Stellungen, z. B. 4,4'-Thiobis-(2-methyl-6-tert.-butylphenol), 4,4'-Trithiobis-(2,6-di-tert.-butylphenol) (I) oder 4,4'-Dithiobis-(2-methoxy-6-tert.-butylphenol) [919, 1930, 2733; 950, 1017], wobei die 6-Stellung auch mit cycloaliphatischen [1003] oder araliphatischen [922] Substituenten versehen sein kann wie beim 4,4'-Thiobis-(6-cyclohexyl-o-kresol) oder 4,4'-Thiobis-(6-α-phenyläthyl-o-kresol); ditert.-Octyl- (= α,α,γ,γ-Tetramethylbutyl-)substituierte Produkte, wie 4,4'-Thiobis-(2-ditert.-octylphenol) [1832, 723, 1151, 2714, 2358, 3088, 3220] oder 2,2'-Thiobis-(4-ditert.-octylphenol) [748, 1838]; in 6-Stellung substituierte 2,2'-Thiobis-(p-kresole), z. B. 2,2'-Thiobis-(6-benzyl-p-kresol) [1002]; (Di-)Thiobisphenole mit monosubstituierten Phenolkernen, z. B. 4,4'-Thiobis-(2-sek.-amylphenol) [2965 a];

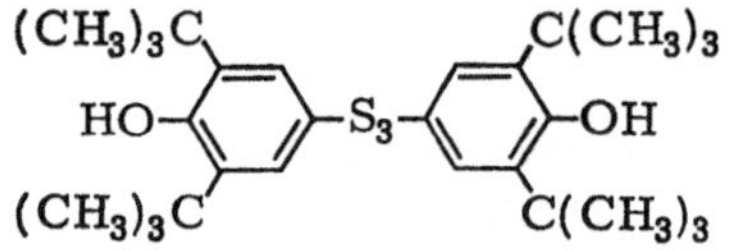

(I) 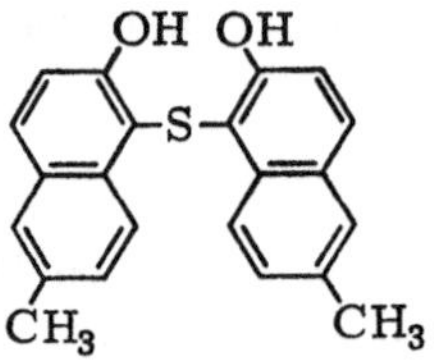 (II)

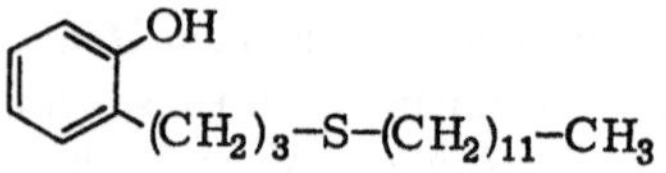

(III)

Sulfide und Disulfide von zweiwertigen Phenolen, z. B. Di-(2,3-dihydroxyphenyl)-disulfid oder Isomerengemische [2311]; 1,1'-Thiobis-(2-naphthole) mit Kohlenwasserstoff-Substituenten in 6-Stellung, wie das 1,1'-Thiobis-(6-methyl-2-naphthol) (II) als Antioxydantien für rußgefüllte Polyolefine (s. u.) [1122] und das 6-(α,α-Dimethylbenzyl)-Derivat speziell als Polypropylen-Antioxydans [991]; Di-(4-hydroxybenzyl)-sulfide mit 3,5-Kohlenwasserstoff-Substituenten, z. B. das Di-(3-methyl-5-tert.-butyl-4-hydroxybenzyl)-sulfid, die außer für Polyolefine auch als Antioxydantien für Elastomere und Polyamide brauchbar sind [1249]. Nach den Arbeiten von W. L. Hawkins u. a. ergeben aromatische Sulfide und Disulfide (in Analogie zu den Mercaptanen und aliphatischen Sulfiden) bei der Oxydations-, Wärme- und Lichtstabilisierung von Polyolefinen, besonders Polyäthylen, einen starken synergistischen Effekt mit Ruß. So wirken aliphatisch-aromatische oder araliphatische Thioäther, wie Dibenzylthioäther oder Benzyl-phenyl-thioäther [731, 2686, 2991, 2333, 1112, 3058, 3182, 1777], Diarylthioäther, wie 1,1'-Thiobis-(2-naphthol) oder 1,1'-Thiobis-(N-phenyl-2-naphthylamin) [732, 2698, 2327, 3000, 1113, 3064, 3183, 1769], Diaryldisulfide und heterocyclische Disulfide, z. B. Diphenyldisulfid, Diacetaniliddisulfid oder N,N'-Dimorpholindisulfid [736, 2692, 2996, 2347, 1111, 3060, 3185, 1784] sowie speziell Di-(hydroxy-alkylaryl)-sulfide, wie z. B. Santonox oder 4,4'-Thiobis-(6-tert.-butyl-3-isopropylphenol) [2676, 2326, 1110, 3059, 3184, 1781] in Kombination mit Ruß stark oxydationshemmend. Während im Falle der letztgenannten Verbindungsgruppe der Synergismus mit Ruß kein überraschendes Phänomen ist, da die betreffenden Substanzen selbst kräftige Antioxydantien sind, befinden sich unter den übrigen Sulfiden und Disulfiden meist Verbindungen, die in rußfreien Polymeren keine oder nur geringe Inhibitorwirkung zeigen (vgl. auch *7.1.1.* und *7.1.2.*). Dies ergibt sich aus der (an Tabelle III.10., S. 332, anschließenden) Übersicht in Tabelle III.11., welche von HAWKINS u. a. (*258*) veröffentlichte Werte wiedergibt. Somit gewinnen zahlreiche Verbindungen,

Tabelle III.11. *Wirkung von aromatischen Sulfiden und Disulfiden als Inhibitoren der thermischen Oxydation von Polyäthylen mit und ohne Ruß* (nach (*258*))

Verbindung (0.1 Gew.-%)	Zeit bis zur Aufnahme von 10 cc O_2/g im Verlauf der thermischen Oxydation bei 140 °C ohne Ruß Stdn.	mit 3% Ruß Stdn.
ohne Zusatz	6	35
Benzyl-phenylthioäther	6	180
Methyl-2-naphthylthioäther	6	55
Thiobis-(2-naphthol)	240	730
Thiobis-(N-phenyl-2-naphthylamin)	190	260
Diphenyldisulfid	6	120
Di-(2-toluyl)-disulfid	6	520
Di-(2-acetamidophenyl)-disulfid	6	480
N,N'-Dimorpholindisulfid	120	600
4,4'-Thiobis-(3-methyl-6-tert.-butylphenol)	600	750

die für sich allein kein Interesse als Stabilisatoren finden würden, durch das synergistische Zusammenwirken mit Ruß Bedeutung (vgl. (*257*)). Beim Santonox ist die Wirkungssteigerung nicht nennenswert; in rußhaltigen Polymeren zeigt es jedoch den Vorteil, daß es (im Gegensatz zu den anderen Typen von Antioxydantien) nur in sehr geringem Maße durch Verdampfung oder wäßrige Extraktion entfernt wird, also unter dem Einfluß des Rußes ein sehr charakteristisches Haftvermögen besitzt, das sonst nur bei polymeren Antioxydantien beobachtet wird, wie beim Poly-(xylylendisulfid) (*267*). — Thiobisphenole werden in Polyolefinen vielfach mit weiteren Stabilisatoren zu synergistischen Gemischen kombiniert. Hier seien z. B. Kombinationen mit DBPC [987, 1276] oder organischen Phosphiten [977; 2053] erwähnt, wobei letztere vorwiegend zur Farbverbesserung dienen; speziell zur Lichtstabilisierung sind Kombinationen mit Salicylaten, z. B. n-Octadecylsalicylat [864] oder Benzophenon-Derivaten, vorzugsweise 2,2'-Dihydroxy-4-n-octyloxy- oder 2-Hydroxy-4-dodecyloxy-benzophenon [2011] angegeben worden. Bevorzugte Thiobisphenol-Komponente ist in allen genannten Fällen das 4,4'-Thiobis-(6-tert.-butyl-m-kresol) (Santonox). — Weitere Typen von Polyolefin-Stabilisatoren sind polymere Phenol(di)sulfide, z. B. polymeres o-Kresol-mono- oder -disulfid, die zusammen mit Ruß und einem organischen Reduktionsmittel wie Thioharnstoff oder Brenzkatechin als Antioxydantien für Polyäthylen wirksam sind [953, 2824], sowie aliphatisch-araliphatische Thioäther wie das 2-(4-Thiahexadecyl)-phenol (III) [1332].

In Kautschuken sind Thiobisphenole und Polyphenolsulfide als nichtverfärbende Alterungsschutzmittel wirksam. Es eignen sich im wesentlichen Verbindungen des gleichen Typs wie bei Polyolefinen, z. B. 3,6-alkylierte 4,4'-Thiobisphenole [332, 1621], ferner alkylierte bzw. halogenierte zwei- bis fünfkernige Phenol(poly)sulfide [244], p-Phenylendiamin-Derivate mit N-ständigen Alkylthioalkyl-Substituenten, z. B. das N,N'-Di-2-butyl-N,N'-di-(methylthiomethyl)-p-phenylendiamin, welche als Oxydations- und Ozonschutzmittel wirken [1283] und Hydroxyphenyl-alkylthioäther mit C_{1-12}-Alkyl [2920].

In PVC-Produkten werden Thiobisphenole relativ selten als antioxydative Sekundärstabilisatoren verwendet (vgl. [557]). Thioäther und Disulfide sind aber zur Wärme- und Lichtstabilisierung von Polyvinylacetalen angegeben worden, z. B. das Di-(4-nitrophenyl)-sulfid [2108].

Bei Polyamiden sind alkylierte Thiobisphenole zur Verhütung des Abbaues bei Dehnung unter erhöhten Temperaturen brauchbar. Diese Anwendung bezieht sich vorwiegend auf Nyloncord für Reifen, der z. B. durch Eintauchen in eine 10%ige Aceton-Lösung von Santonox stabilisiert wird [981, 1399, 2505]. Kombinationen von Santonox mit 2,2'-Dihydroxybenzophenonen dienen ferner zur Lichtstabilisierung von Polyurethanen [773].

Handelsprodukte:

2,2'-Thiobis-(4-methyl-6-tert.-butylphenol) — **Advastab 406 (*DA*)*, CAO-4 und -6 (*CA*)**

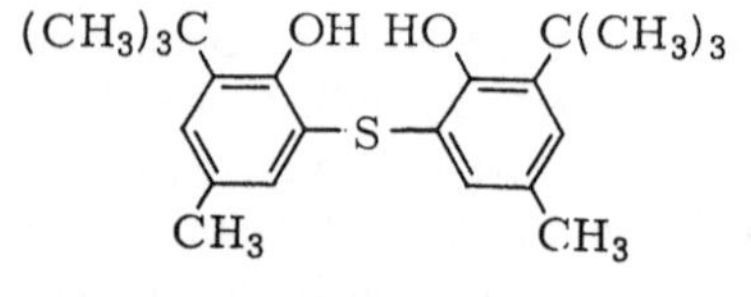

$(CH_3)_3C$, OH, HO, $C(CH_3)_3$, S, CH_3, CH_3

4,4'-Thiobis-(3-methyl-6-tert.-butylphenol) — Rütenol (*RÜ*), Santonox und Santonox R (*MO*), Santowhite Crystals (*MO*)

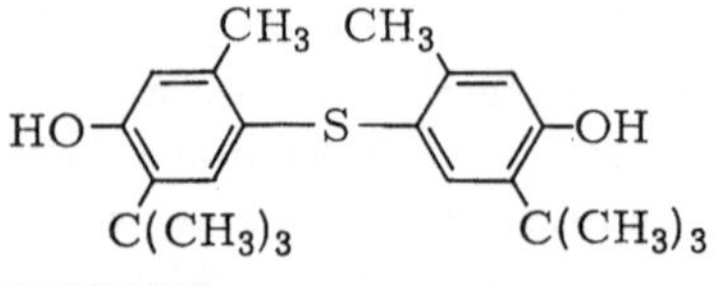

CH_3, CH_3, HO, S, OH, $C(CH_3)_3$, $C(CH_3)_3$

* Abgekürzte Bezeichnungen der Herstellerfirmen sind auf S. 592 erklärt.

4,4'-Thiobis-(2-methyl-6-tert.-butylphenol) Ethyl Antioxidant 736 (*ET*)

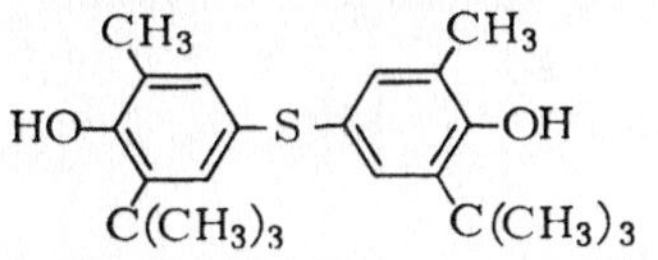

4,4'-Thiobis-(2,5-di-sek.-amylphenol) Santowhite L (*MO*)

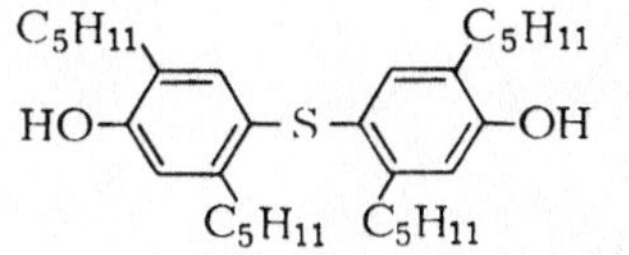

7.1.4. Metallverbindungen von Phenolsulfiden. Metallphenolate von Thiobisphenolen und Polyphenolen mit Schwefelbrücken haben mehrfach Interesse als Stabilisatoren gefunden. Zu den zuerst untersuchten Verbindungen gehören Antimon-III-phenolate von zwei- bis fünfkernigen Phenol(poly)sulfiden, z. B. die Sb-III-Salze von Diphenolsulfid, Triphenolbismonosulfid oder Di-(3-methyl-4-tert.-butylphenol)-sulfid, die als Kautschuk-Antioxydantien wirksam sind [174; 175]. Weiterhin erwiesen sich Ba- oder Ca-phenolate von 2,2'-Thiobis-(4-alkylphenolen) als Inhibitoren der thermischen Verfärbung von Acrylnitrilmischpolymerisaten, z. B. mit Styrol [481]. Von großer praktischer Bedeutung war die Entwicklung der Nickelphenolate von 2,2'-Thiobis-(4-alkylphenolen) durch die Ferro Corp. Es handelt sich hierbei besonders um die komplexen Nickelsalze von 2,2'-Thiobis-(4-n-octylphenol), -(4-nonylphenol) oder -[4-(α,α,γ,γ-tetramethylbutyl)-phenol], in denen mindestens 50 % der freien OH-Gruppen mit Nickel reagiert haben und welche die Strukturen (I), (II) oder (III) besitzen. Sie zeigen, obwohl selbst keine UV-Absorber im eigentlichen Sinne, da ihnen die Möglichkeit zur Ausbildung einer $n \rightarrow \pi^*$-Bande fehlt, eine spezifische lichtstabilisierende Wirkung auf Polypropylen [746, 1067, 1837, 2740, 1158, 3216] und Polyäthylen [747, 1970, 2754, 2385, 3125]. Ihre schwach grüne Eigenfarbe beeinträchtigt farblose Kunststoffmassen nicht. Folgende Kombinationen dieser Nickelchelate sind speziell beschrieben: mit Reaktionsprodukten aus 4-Alkylphenolen und Ketonen, besonders 4-Nonylphenol und Aceton (vgl. *2.2.2.*), zur Licht- und Wärmestabilisierung für Polypropylen [829, 1901, 2393, 2835] und für höhere (insbesondere stereoreguläre) Poly-α-olefine, wie Polybuten-(1), Poly-4-methylpenten-(1) sowie Copolymerisate derselben mit Äthylen [830], wobei zur weiteren Erhöhung der Lichtstabilität ein UV-Absorber vom Benzotriazol-Typ, z. B. Tinuvin P, zugesetzt werden kann [964, 2432], und schließlich mit Ni- [2046] oder Co-dialkyldithiocarbamaten [2047], z. B. den Di-n-butyldithiocarbamaten, zur Steigerung der Lichtschutzwirkung in isotaktischem Polypropylen.

Durch Umsetzung der Thiobisphenol-Nickelchelate mit Ammoniak oder organischen Aminen entstehen Ammin-Komplexe, wie das n-Dodecylamin-Ni-2,2'-thiobis-[4-(α,α,γ,γ-tetramethylbutyl)-phenolat] (IV), die von der American Cyanamid Co. als Lichtstabilisatoren für Polyolefine angegeben

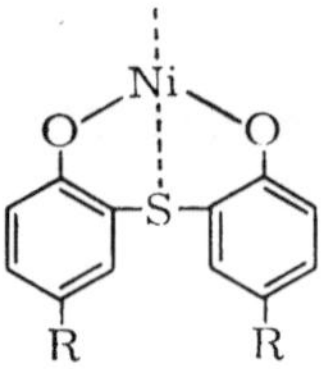

(I) 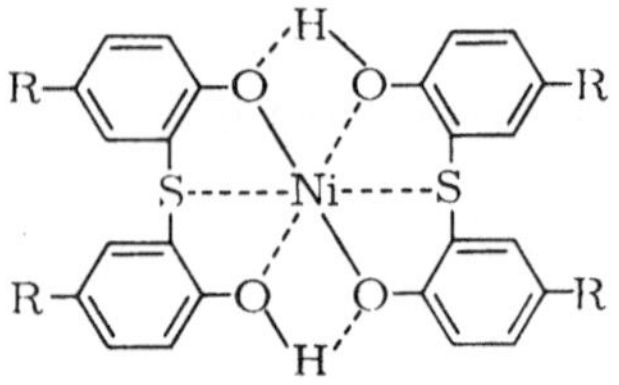 (II)

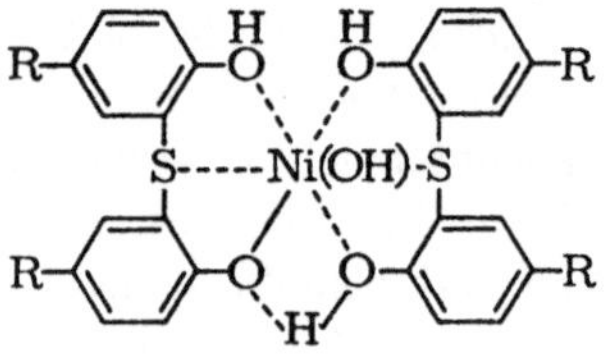

(III) 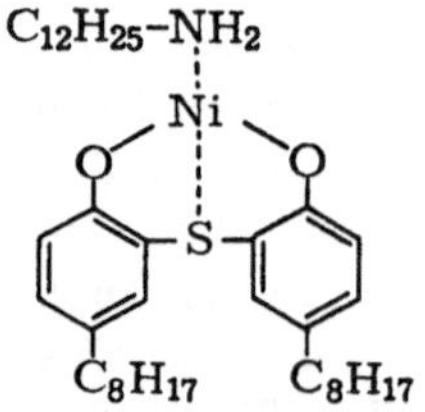 (IV)

Formel (I) – (III): R = C_{1-12}-Alkyl

worden sind [2038] und auch bereits Eingang in die Praxis gefunden haben. Weitere Ammin-Liganden können außer NH_3 noch Anilin, Butylamin, Morpholin u. a. sein. Eine japanische Entwicklung benutzt Metallchelate von Di-(2,4-dihydroxyphenyl)-sulfiden (wobei als Zentralatom außer Ni auch Co, Zn, Cu oder Pb auftreten können) in Kombination mit Thiodicarbonsäuredialkylestern, z. B. DLTDP, zur Wärme- und Lichtstabilisierung von Polyolefinen [3152].

Handelsprodukte:

Ni-2,2'-thiobis-(4-ditert.-octylphenolat) z. B.	Ferro AM-101 (*FE*)*

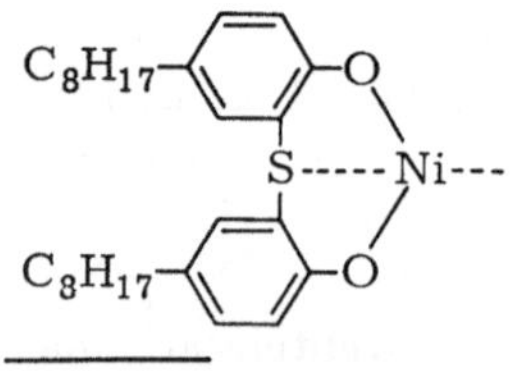

* Abgekürzte Bezeichnungen der Herstellerfirmen sind auf S. 592 erklärt.

n-Butylamin-Ni-2,2'-thiobis-(4-ditert.-octylphenolat) z. B. — Cyasorb UV 1084 (*CY*)

C_8H_{17} ... S----Ni----NH_2–C_4H_9 ... C_8H_{17}

7.1.5. Heterocyclische Mercaptoverbindungen und Thioäther. Aus Gründen der hier gewählten systematischen Einteilung der Stabilisatorsubstanzen sollen zunächst nur solche heterocyclischen Derivate betrachtet werden, die keinen Schwefel im Ring tragen. Über Schwefel-Heterocyclen vgl. *7.7.*

Die wichtigste Verbindung dieser Klasse ist das 2-Mercaptobenzimidazol (MB), das, ebenso wie sein Zn-Salz, als Alterungsschutzmittel in der Kautschuktechnologie eingesetzt wird. Über den Effekt der „Desaktivierung", den diese und andere heterocyclische Mercaptoverbindungen (z. B. 2-Mercaptoimidazol, 2-Mercaptooxazol, 2-Mercaptopyrimidin) in Kautschuk zeigen, vgl. Abschnitt II.2.4.2. Außer als nicht-verfärbendes Kautschuk-Alterungsschutzmittel findet das MB auch in zahlreichen anderen Kunststoffen Verwendung als Stabilisator: in Polyäthylen [389] oder anderen Polyolefinen [2647, 1799] zur Wärme- und Lichtstabilisierung (hier wirkt es als radikalkettenabbrechendes Antioxydans, vgl. (*254*)), in Acrylnitril-Polymeren gegen thermische oder oxydative Verfärbung (ebenso wie andere Mercapto-substituierte Heterocyclen, z. B. 2-Mercaptopyrimidin) [1360], in Polyoxymethylenen als Wärmestabilisator (ebenfalls neben weiteren heterocyclischen Mercaptoverbindungen) [1457], in Polyurethan-Schaumstoffen als Alterungsschutzmittel [2221], in Polysulfonharzen (ebenso wie sein 5-Chlor-Derivat und andere Substitutionsprodukte) als Wärmestabilisator [417]. Die antioxydative Wirkung von MB wird durch phenolische bzw. aminische Antioxydantien synergistisch verstärkt. Bei der thermischen Oxydation von Polypropylen beobachteten Levin u. a. (*343*) diesen Effekt an Gemischen mit 4-Hydroxyphenyl-2-naphthylamin und 4-(α-Phenyläthyl)-phenol, Lukovnikov u. a. (*358*) an Gemischen mit 4-Hydroxydiphenylamin, wobei auch Derivate des MB, besonders das 2,2'-Dithiobisbenzimidazol, die synergistische Verstärkung zeigen. Zur Stabilisierung von PVC und seinen Copolymerisaten sind verschiedene Kombinationen mit MB und verwandten Verbindungen zur Erzielung einer antioxydativen Wirkung vorgeschlagen worden, und zwar unter Verwendung von Ricinoleaten, z. B. Zn-ricinoleat [2975, 1085, 1697, 2623], bekannten Antioxydantien, z. B. DBPC [2645] oder Bleistabilisatoren, z. B. Tribase [3222, 2816] als Begleitkomponenten, letztere Kombination speziell zur Stabilisierung von Vinylchlorid/Acrylsäureester-Mischpolymerisaten. MB dient in Mischungen mit Metallsalzen, mit denen es unlösliche Komplexe bildet (z. B. Nitrate, Sulfate, Chloride oder Acetate von Cu, Cd, Hg, Sn, Pb oder Bi) und evtl. noch bekannten Antioxydantien als Wärmestabilisator für Polyvinylalkohol, daneben aber auch noch für weitere Polymere wie PVC, Polyolefine, Polyoxymethylene oder Polyamide [3158, 2938]. Speziell für Polyamide eignet sich eine Mischung von MB oder dessen Salzen mit Phosphor(ig)säure, deren Estern oder Salzen und evtl. noch (Erd-)Alkalihalogeniden zur Wärme- und Lichtstabilisierung [300, 1579], eine Kombination von MB mit Cu-halogeniden, besonders CuI, zur Wärmestabilisierung [1279, 2491].

Andere Mercaptane oder Thioäther von heterocyclischen Verbindungen mit Stabilisatorwirkung sind 2,5-disubstituierte 1,3,4-Oxdiazole, z. B. das 2-Mercapto-5-(3',4',5'-trihydroxyphenyl)-1,3,4-oxdiazol (I), die sich als Antioxydantien mit Wärme- und Lichtschutzwirkung für Polyolefine erweisen [2322], die bereits in *5.13.6.* erwähnten Polyolefin-Antioxydantien der Geigy AG. vom s-Triazin-Typ, die vorzugsweise Alkylthio- oder Arylthio-Gruppen als Substituenten am Triazin-Ring tragen, wie das 6-(4'-Hydroxy-3',5'-di-tert.-butylanilino)-2,4-di-n-octylthio-1,3,5-triazin [1460], und mit zahlreichen anderen Stabilisatortypen kombiniert werden können (vgl. *5.13.6.*), sowie die ebenfalls in *5.13.6.* angeführten UV-Absorber der Ciba AG. auf der Basis von Triazinyl-phenyl-substituierten Benzimidazolen oder Benzoxazolen, in denen der Triazinring evtl. über Schwefel gebunden ist [1458].

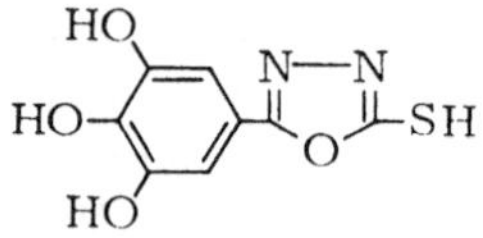

(I)

Handelsprodukte:

2-Mercaptobenzimidazol	Alterungsschutzmittel MB (*BA*)* Permanax 21 (*RP*)
2-n-Octylthio-4,6-di-(4'-hydroxy-3',5'-di-tert.-butylphenoxy)-1,3,5-triazin	Irganox 858 (*GE*)

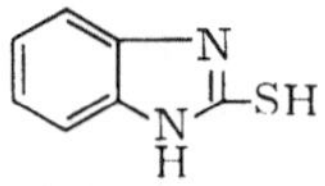

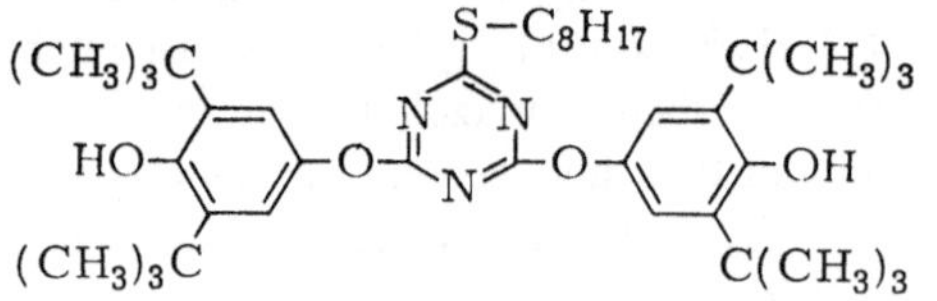

7.1.6. Mercaptocarbonsäuren, deren Ester, Salze und Derivate. Derartige Verbindungen, insbesondere Thioglykolsäure HS—CH_2—COOH und ihre Derivate, haben vorwiegend Interesse als Stabilisatoren für halogenhaltige

* Abgekürzte Bezeichnungen der Herstellerfirmen sind auf S. 592 erklärt.

Polymere gefunden. Thioglykolsäure wurde bereits sehr früh unter einer Reihe von Verbindungen genannt, welche PVC- und Polyvinylacetat-Harze auf Grund ihrer antioxydativen Wirkung bei der Heißverarbeitung schützen sollen [9]. Zur PVC-Stabilisierung sind weiterhin folgende Produkte vorgeschlagen worden: N-substituierte aliphatische Mercaptocarbonsäureamide, z. B. N-Phenyl-β-mercaptopropionsäureamid HS—CH_2—CH_2—CO—NH—C_6H_5 [277]; Ester von Mercaptosäuren, z. B. Thioglykolsäureoctadecylester oder Thioäpfelsäuredinonylester, als Zusatz zu Weich-PVC in Kombination mit Organozinnverbindungen oder Antimontrioxyd [1662; 3083]; Mercaptocarbonsäurealkylester, wie Thioglykolsäurestearylester oder β-Mercaptopropionsäurestearylester, in Kombination mit Zn- oder Sn-Salzen, z. B. Zn-2-äthylhexanoat, und evtl. organischen Phosphiten und/oder Epoxyverbindungen [939]; Mercaptoverbindungen von gesättigten aliphatischen Polycarbonsäuren, z. B. Thioäpfelsäure (Mercaptobernsteinsäure) HOOC—CH_2—CH(SH)—COOH, oder ihre Polyester mit mehrwertigen Alkoholen wie Äthylenglykol, die in Kombination mit Organozinnverbindungen oder anderen säurebindenden Primärstabilisatoren zur Wärme- und Lichtstabilisierung von PVC und Copolymerisaten mit Vinylacetat oder Octylacrylat dienen [693, 1746]; Di-(mercaptocarbonsäureester) von Alkandiolen oder Polythioglykolen in Kombination mit Organozinnverbindungen [2909].

Auch als Polyolefin-Antioxydantien können Thioglykolsäure oder ihre wasserlöslichen Salze, z. B. Na-thioglykolat, Verwendung finden [2276]. Sie stehen damit aber an Bedeutung weit hinter den Thiodialkancarbonsäure-Derivaten zurück. Alkylester der Thioglykolsäure (z. B. der Äthylester) stabilisieren ferner Acrylnitril-Polymere gegen Wärme- und Lichtverfärbung [424].

Aromatische Mercaptosäuren haben nur wenig Bedeutung als Stabilisatoren. Als UV-Absorber für Polyäthylen werden Derivate der Thiosalicylsäure oder Mercaptonaphthoesäuren erwähnt, die anstelle der entsprechenden Salicylsäure- oder Hydroxynaphthoesäureester bzw. -amide (vgl. *3.1.2.* und *5.6.1.*) eingesetzt werden können [2737, 1160], als Polypropylen-Antioxydans Kombinationen von Thiosalicylsäure mit Pyren(-Derivaten) (vgl. *10.1.*) [3170].

7.1.7. Thioäthercarbonsäuren, deren Ester, Salze und Derivate. Als Stabilisatoren kommen einmal Derivate von Thioäthermonocarbonsäuren in Betracht, welche von den Mercaptocarbonsäuren durch Verätherung mit Kohlenwasserstoffresten herzuleiten sind, zum anderen Mal die weit wichtigeren Derivate von Thiodicarbonsäuren wie Thiodiglykolsäure HOOC—CH_2—S—CH_2—COOH oder β,β'-Thiodipropionsäure HOOC—CH_2—CH_2—S—CH_2—CH_2—COOH. Die Derivate der letzteren, besonders der β,β'-Thiodipropionsäuredilaurylester (DLTDP) $C_{12}H_{25}$—O—OC—CH_2—CH_2—S—CH_2—CH_2—CO—O—$C_{12}H_{25}$, in geringerem Maße auch der Ditridecyl-, Dicetyl- und

Distearylester, zählen derzeit zu den verbreitetsten Stabilisatoren für Polyolefine, besonders Niederdruck-Polyolefine. Über ihren Wirkungsmechanismus als Peroxydzersetzer vgl. II.2.4.1. Ihr Vorzug liegt in der starken synergistischen Wirkung mit vielen anderen Antioxydans-Typen, besonders Phenolen, sowie darin, daß sie keine gefärbten Reaktionsprodukte bilden und physiologisch unbedenklich sind. Ihre Einführung als Oxydationsstabilisatoren für Polyäthylen erfolgte vor etwa 20 Jahren durch die Du Pont Co. [186, 1526, 2539], nachdem die Produkte bereits vorher als Antioxydantien für (eßbare) Öle, Fette und Wachse beschrieben worden waren. Späterhin wurden dann genannt: DLTDP als Antioxydans für Polypropylen, Polyäthylen oder ihre Gemische [2276]; Dialkyl-β,β′-thiodipropionate mit C_{12-18}-Alkyl als Bewitterungsstabilisatoren für Polyäthylen [700]; Thiodiglykolsäure oder Selenodiglykolsäure als Lichtstabilisator für Polyäthylen [3076]; Salze oder Amide von Thiodialkancarbonsäuren, z. B. Na- oder Ca-β,β′-thiodipropionat, Thiodiglykolsäureamid oder ein Gemisch von β,β′-Thiodipropionsäure und Soda, evtl. in Kombination mit phenolischen Antioxydantien, als Stabilisatoren für Polyäthylen oder Polypropylen [1786, 765]; ferner Ester von Di-, Tri- oder Tetra-thiodialkancarbonsäuren, z. B. β,β′-Trithiodipropionsäuredioctadecylester $C_{18}H_{37}—O—OC—CH_2—CH_2—S_3—CH_2—CH_2—CO—O—C_{18}H_{37}$ [2421, 3234, 2836], gegebenenfalls in Kombination mit phenolischen Antioxydantien [2503], Veresterungsprodukte von Thioäthercarbonsäuren mit (Thio-)Bisphenolen im Molverhältnis 1 : 2 [2502, 1393], sowie verschiedene Arten von Polykondensationsprodukten der Thiodialkancarbonsäuren als antioxydative Wärme- bzw. Lichtstabilisatoren für Polyolefine. Polyesterartige Kondensationsprodukte werden unter Verwendung von Glykolen, z. B. aus β,β′-Thiodipropionsäure und Thiodiglykol [1236, 3245; 2905], polyamidartige unter Verwendung von Diaminen wie Hexamethylendiamin [1236, 3245] als Kondensationskomponente dargestellt und in Kombination mit phenolischen Antioxydantien eingesetzt, nach dem Verfahren der I.C.I. [1236, 3245] vorzugsweise mit Phenol-Kondensationsprodukten vom Typ des Topanol CA (vgl. *2.2.2.*). Bei einer anderen Art von Kondensationsprodukten der I.C.I. ist die phenolische Komponente mit einkondensiert; sie entstehen z. B. aus 1 Mol Thiodipropionsäure, 2 Mol Thiodiglykol und 2 Mol einer Alkylidenbisphenolcarbonsäure aus 2 Mol 3,6-Dialkylphenol und 1 Mol Lävulinsäure [2001]. Die höhermolekularen Polykondensationsprodukte zeigen verringerte Wanderungs- und Flüchtigkeitstendenz. Die Stabilisierung von Polypropylen kann auch durch Zugabe von Thiodipropionsäureestern zum Polymerisationssystem vor der Abtrennung des Polymerisats erfolgen. Die Thioester wirken dabei als Polymerisationsdesaktivatoren und verhindern nachträgliche Verzweigung, Vernetzung oder Sauerstoffaufnahme des Polymerisats in Gegenwart der Metallkatalysatoren [1931].— Hauptsächlich werden Thioäthercarbonsäuren und ihre Derivate (praktisch in überwiegendem Maße DLTDP) in synergistischen Gemischen eingesetzt.

So zeigen sie in Polyolefinen eine synergistische Wirkung mit Ruß [1953, 1192, 2821; 2005, 2830], wobei insbesondere die Verarbeitungsstabilität verbessert werden soll. Von größter Bedeutung sind Kombinationen von Thiodipropionsäureestern mit phenolischen Antioxydantien. Über den Mechanismus der synergistischen Wirkung und die Ausnahmestellung des DLTDP unter verschiedenen Thioäther-Verbindungen vgl. (*426*). In der Patentliteratur sind solche Kombinationen in erheblicher Vielfalt beschrieben. Als synergistische Komponenten werden genannt: alkylierte Monophenole [1181; 1465]; Phenoläther oder Phenolcarbonsäureester [2837]; Bisphenole [1165, 1914, 2782; 3141; 3144; 1305; 1413; 1224; 2784; 880, 2419, 2882] und weitere Kondensationsprodukte von Alkylphenolen mit Aldehyden, Ketonen oder SCl_2 [1888, 3010; 1916], von diesen speziell das Reaktionsgemisch aus Nonylphenol und Aceton (vgl. *2.2.2.*) [1152, 1823, 2302, 2783, 3001, 3098, 3201], Kondensationsprodukte aus ungesättigten Aldehyden und Alkylphenolen vom Typ des Topanol CA (vgl. *2.2.2.*) [1197, 3243], Hydroxyspirobiindane, die aus 3 Mol Keton und 2 Mol Phenol gebildet werden [1221, 3850] und Polyphenole von der Art der in *2.2.2.* beschriebenen Trisphenole [2039, 2481, 2838]; Reaktionsprodukte aus Monophenolen und Terpenen (vgl. *2.1.2.*) [3022; 1175, 1855]; Metallchelate von Thiobisphenolen (vgl. *7.1.4.*) [3152]; alkylierte Hydrochinonglycidyläther [852, 2446]; Pyren(-Derivate) (vgl. *10.1.*) [3170]. Speziell werden Kombinationen von Bisphenolen mit Thiodicarbonsäureestern von C_{4-12}-Carbonsäuren, z. B. γ,γ'-Thiodibuttersäurediäthylester, [2861] sowie mit N-substituierten Thiodicarbonsäureamiden, z. B. β,β'-Thiodi-(propionsäuredibutylamid), [1401], beansprucht. Kombinationen von Thiodipropionsäureestern mit aminischen Antioxydantien sind ebenfalls als antioxydative Wärme- und Lichtstabilisatoren für Polyolefine wirksam. Als Amin-Komponenten werden insbesondere Phenothiazin(-Derivate) (vgl. *7.7.2.*) genannt [799; 2411, 2857], aber auch andere bekannte aminische Antioxydantien [958; 959; 2468; 2482; 2484; 2485; 2855; 2852; 1281]. Thiodipropionsäureester in Kombination mit Phenothiazin(-Derivaten) eignen sich infolge der geringen Extrahierbarkeit besonders als Stabilisierungssystem für Heißwasser- und Dampfleitungen aus Polyolefinen [799]. Weiterhin sind Kombinationen von Thiodipropionsäureestern und Estern anderer Thiopropionsäuren wie β-Äthylthiopropionsäure oder β-Benzothiazylmercaptopropionsäure mit Cyanäthylverbindungen, z. B. 1,4-Di-(cyanäthoxy)-benzol, (vgl. auch *5.8.2.*) als Stabilisatoren für kristalline Polyolefine beschrieben worden [1998, 1289]. Als Polypropylen-Stabilisatoren eignen sich ferner Kombinationen von Thiodipropionsäureestern mit tertiären organischen Phosphiten [2023], wobei als weitere Komponenten noch phenolische Antioxydantien und evtl. Salze organischer Säuren mit Metallen der II. Gruppe [1250, 2042] sowie in einer Fünferkombination zusätzlich noch saure Phosphate bzw. Phosphite [1418] eingesetzt werden können. Thiodialkancarbonsäureester und Phosphite dienen ferner gemeinsam zur synergistischen

Verstärkung der phenolischen Polyolefin-Stabilisatoren, die von der Geigy AG. angegeben worden sind: Hydroxyphenylalkylphosphonate (vgl. *6.2.*) [2956], Hydroxyphenylalkancarbonsäureester (vgl. *3.1.4.*) und Hydroxyphenyl-substituierte s-Triazine (vgl. *5.13.6.* und *7.1.5.*) [1466]. — Gebräuchlich ist ferner der gemeinsame Zusatz von Thiodipropionsäureestern mit UV-Absorbern zur Erzielung eines Wärme- und Lichtschutzes bei Polyolefinen, wobei meist noch eine phenolische Komponente zugegen ist. Derartige Systeme enthalten außer dem Thiodipropionsäureester folgende Komponenten: Phenylsalicylate und Alkylidenbisphenole [875], Benzophenon-Derivate mit $C_{>6}$-Alkyl-Substituenten wie 2-Hydroxy-4-dodecyloxybenzophenon [751] oder 2,2'-Dihydroxy-4-n-octyloxybenzophenon in Kombination mit einem Antioxydans vom Topanol CA-Typ [2924], Benzotriazol-Derivate, evtl. unter Zusatz von Ca-stearat [1429] oder in Kombination mit Antioxydantien vom s-Triazin-Typ [1292], Trisphenolen vom Topanol CA-Typ [2925] oder sonstigen Polyphenolen oder Thiobisphenolen [1430]. Alle genannten UV-Absorber-Typen sind auch zur Kombination mit den oben erwähnten Polyestern bzw. Polyamiden auf Basis von Thiodicarbonsäuren oder Polyurethanen aus Diisocyanaten und Thiodiglykol (vgl. *7.1.2.*) vorgesehen worden [2951]. — Schließlich sei die Kombination aus Thiodipropionsäureestern und 2,4,5-Trihydroxybutyrophenon als Oxydations- und Wärmestabilisator für Polyolefine erwähnt [2837]. — Etwas abweichend von der Struktur der Thiodicarbonsäureester sind die von der Geigy AG. als Polyolefin-Antioxydantien angegebenen Alkylthio- oder Arylthiobernsteinsäuredialkylester, z. B. der Dodecylthiobernsteinsäuredidodecylester (I), die mit phenolischen Begleitkomponenten, z. B. mit phenolsubstituiertem Triazin oder Bisphenol, eingesetzt werden [1447].

$$\begin{array}{l} C_{12}H_{25}\text{-}S\text{-}CH\text{-}CO\text{-}O\text{-}C_{12}H_{25} \\ \phantom{C_{12}H_{25}\text{-}S\text{-}}| \\ \phantom{C_{12}H_{25}\text{-}S\text{-}}CH_2\text{-}CO\text{-}O\text{-}C_{12}H_{25} \end{array}$$

(I)

Als PVC-Stabilisatoren sind verwendbar: Metallsalze von Thioäthermonocarbonsäuren, z. B. das Ba-Salz der α-Methyl-β-(2-äthylhexylthio)-propionsäure [385], Pb- oder Cd-Salze der (1,3,5,7-Tetramethyloctylthio)-essigsäure [3021, 2680, 1775], Ba-, Ca-, Cd- oder Zn-Salze von (α-alkylierten) β-Thiopropionsäuren oder Alkylthiosuccinate in Kombination mit den Metallsalzen epoxydierter Fettsäuren und als dritter Komponente evtl. noch epoxydierten Fettsäureestern [1410], und schließlich Cd-, Pb- oder Sn-IV-Salze der Thiodiglykolsäure, die auch als Antioxydantien für Polyäthylen und Polystyrol wirken [1787, 1133; 1788].

DLTDP ist ferner als Antioxydans für Polyoxymethylene angegeben worden [2325, 3233, 2846, 1225].

Handelsprodukte:

β,β'-Thiodipropionsäuredilaurylester (DLTDP) — Antioxidant LTDP (*CY*)* ohne Handelsnamen (*DA, DU, HA*)

$C_{12}H_{25}-O-OC-CH_2-CH_2-S-CH_2-CH_2-CO-O-C_{12}H_{25}$

β,β'-Thiodipropionsäuredistearylester (DSTDP) — Antioxidant STDP (*CY*) ohne Handelsnamen (*HA*)

$C_{18}H_{37}-O-OC-CH_2-CH_2-S-CH_2-CH_2-CO-O-C_{18}H_{37}$

β,β'-Thiodipropionsäureditridecylester — ohne Handelsnamen (*HA*)

$C_{13}H_{27}-O-OC-CH_2-CH_2-S-CH_2-CH_2-CO-O-C_{13}H_{27}$

7.1.8. Metallmercaptide. Metallsalze von Mercaptoverbindungen, die durch Austausch des reaktionsfähigen Wasserstoffatoms der SH-Gruppe gegen Metall entstehen, sind Primärstabilisatoren für PVC. Ihre Wirkung besteht wahrscheinlich in kombinierter HCl-Aufnahme und Radikalinhibierung. Von dieser technisch allerdings nur wenig bedeutsamen Substanzklasse ist insbesondere die Wirkung von Cd-mercaptiden, und zwar speziell Cd-dialkylmercaptiden mit C_{5-22}-Alkyl wie Cd-dilaurylmercaptid $(C_{12}H_{25}S)_2Cd$ [243, 1530] und anderen [374], von Sn-IV-tetramercaptiden, z. B. Sn-tetraphenylmercaptid $(C_6H_5S)_4Sn$ [387, 2166; 588; 1600] (die jedoch gegenüber den Organozinnmercaptiden keine praktische Bedeutung erlangt haben) und von Sb-III-mercaptiden verschiedener Art als Wärme- und Lichtstabilisatoren beschrieben worden. Cd-dialkylmercaptide erweisen sich besonders in Kombination mit Harnstoff- oder Melamin-Formaldehyd-Harzen im A- oder B-Stadium wirksam, wobei solche Systeme keine H_2S-Kontaktverfärbung geben, die sonst bei Cd-Stabilisierung auftreten kann [239, 1573]. Sn-IV-mercaptide wie Sn-tetramethylmercaptid oder -tetraoctylmercaptid sind auch mit Azoverbindungen kombiniert worden (vgl. *5.11.*) [604]. Sb-III-mercaptide sind sowohl als Abkömmlinge von Mercaptokohlenwasserstoffen, z. B. Sb-trioctylmercaptid $(C_8H_{17}S)_3Sb$, [355, 2073, 1619], wie auch als Mercaptide von Mercaptocarbonsäureestern, z. B. Sb-tri-(thioglykolsäure-3,5,5-trimethylhexylester) $Sb(S—CH_2—CO—O—C_9H_{19})_3$, [346, 2077, 1631, 2203, 3257, 2594] oder als gemischte Mercaptide höheren Molekulargewichts von Alkylenglykoldi-(mercaptocarbonsäureestern), wie das gemischte Sb-III-mercaptid von Laurylmercaptan und Äthylenglykoldi-(thioglykolsäureester) $[(C_{12}H_{25}S)_2Sb—S—CH_2—CO—O—CH_2—]_2$, [2317, 1127] verwendet worden. An weiteren Metallmercaptiden mit PVC-stabilisierenden Eigenschaften wurden Ba-, Ca- oder Cd-mercaptide, besonders von Alkarylmercaptanen, bekannt, z. B. Cd-di-(4-tert.-butylphenylmercaptid) [1408], sowie Zn-, Na-, Cd- und Sn-Salze von Mercaptobenzimidazol [2645].

---

* Abgekürzte Bezeichnungen der Herstellerfirmen sind auf S. 592 erklärt.

Zur Wärmestabilisierung von Polyolefinen, vor allem isotaktischem Polypropylen, haben sich Mercaptide des 2-Mercaptobenzimidazols, insbesondere die Zn-, Cu-, Cd- oder Pb-Salze als geeignet erwiesen [798]; das Zn-Salz ist, wie bereits in *7.1.5.* erwähnt, ein bekanntes nicht-verfärbendes Kautschuk-Antioxydans, das in verschiedenen Kautschuken wie SBR auch Antiozonans-Wirkung besitzen soll [927]. Zn-, Pb- oder Ni-diarylmercaptide inhibieren die thermische Depolymerisation von Polyisobutylen [70].

Handelsprodukte:

Zn-Salz von 2-Mercaptobenzimidazol	Alterungsschutzmittel ZMB (*BA*)* Permanax Z 21 (*RP*)

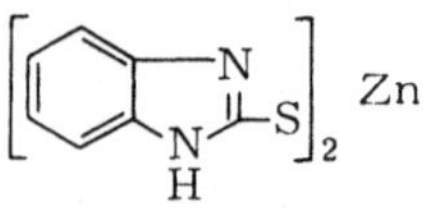

N
S
N
H
$]_2$ Zn

7.1.9. Thioacetale. Durch Acetalisierung von Aldehyden oder Ketonen mit Mercaptanen entstehen aus ersteren Mercaptale mit dem Strukturelement $-CH\langle{S-}\atop{S-}$, aus letzteren Mercaptole mit dem Strukturelement $\rangle C\langle{S-}\atop{S-}$. Verbindungen dieser Art, z. B. Benzaldehyddi-p-toluylmercaptal oder Acetondihexadecylmercaptol, wurden zuerst in Kombination mit UV-Absorbern und HCl-Akzeptoren zur Wärme-, Licht- und Oxydationsstabilisierung von 2,3-Dichlorbutadien-Polymeren verwendet [112]. Als PVC-Stabilisatoren erwiesen sich Thioacetale von Mercaptanen, Mercaptoalkanolestern und insbesondere von Mercaptocarbonsäureestern, wie z. B. das Benzaldehydmercaptal von Thioglykolsäurenonylester oder das Benzophenonmercaptol von Thioglykolsäureisooctylester [1662], die vorzugsweise zur Verwendung in Weich-PVC mit Organozinnverbindungen und/oder Antimontrioxyd kombiniert werden [1761].

Thioacetale sind weiterhin als Polyolefin-Antioxydantien verwendbar. Wir nennen hier nur als Beispiele für die betreffenden Entwicklungen das Di-tert.-dodecylthioformal $CH_2\langle{S-C_{12}H_{25}}\atop{S-C_{12}H_{25}}$ [2295, 840, 2777, 1882, 3109] oder das polymere Thioacetal aus Hexamethylendithioglykol und Nonanon-(2) [2942]; im letzteren Falle wird das Thioacetal mit einem UV-Absorber und einem phenolischen Antioxydans, vorzugsweise vom Topanol CA-Typ, kombiniert.

7.1.10. Episulfide. Die den Epoxyverbindungen entsprechenden Derivate mit der Gruppe $-CH{-}CH_2$ (über S verbrückt) sind im Gegensatz zu ersteren als Stabilisatoren nahezu bedeutungslos. Der dem Phenyl-glycidyläther analoge Phenyl-2,3-epithiopropyläther soll sich, ebenso wie seine Chlor- oder Alkyl-Substitutionsprodukte, ohne weiteren Zusatz als Wärme- und Lichtstabilisator für PVC erweisen [508; 727].

* Abgekürzte Bezeichnungen der Herstellerfirmen sind auf S. 592 erklärt.

7.2. Sulfoxyde, Sulfone, Sulfonsäuren und deren Derivate; Sulfoxylate.

Sulfoxyde $R^1—\underset{\downarrow \atop O}{S}—R^2$ treten in Form der Sn-II-Salze von (substituierten) Diphenolsulfoxyden zuerst als Stabilisatoren für synthetische Kautschuke auf [178]. Ni-phenolate von Di-(4-alkylphenol)-sulfoxyden oder -sulfonen sind in neuerer Zeit als Lichtstabilisatoren für Polyolefine, besonders stereoreguläre Poly-α-olefine, aufgeführt worden. Die Produkte ähneln strukturell den in *7.1.4.* beschriebenen Ni-phenolaten von Thiobisphenolen (vgl. die dort angegebenen Formeln) mit der Ausnahme, daß statt der Sulfidbrücken Sulfoxyd- bzw. Sulfonbrücken vorliegen [956, 2433, 1389]. Es eignen sich auch die entsprechenden basischen Ni-phenolate sowie gemischte Ni-Salze mit anderen Anionen [1420]. Die Lichtstabilisatoren werden im Polymeren mit phenolischen Antioxydantien, vorzugsweise dem Nonylphenol/Aceton-Kondensationsprodukt (vgl. *2.2.2.*) kombiniert. Im übrigen dienen Sulfone $R^1—\underset{\swarrow\ \searrow \atop O\quad O}{S}—R^2$ zur Stabilisierung verschiedenster Kunststofftypen: Di-(acylamino)-sulfone, z. B. das 4,4′-Di-(benzamidophenyl)-sulfon als Licht- und Wärmestabilisatoren für stereoreguläres Polypropylen [3029, 1961, 2884, 3227, 2435, 1260]; Epoxydharze aus Epichlorhydrin und 4,4′-Dihydroxydiphenylsulfon für den gleichen Zweck in PVC, Polyvinylacetat und Mischpolymerisaten (vorzugsweise in Kombination mit üblichen PVC-Stabilisatoren) [954, 2504]; Dialkylsulfone, z. B. Dibutylsulfon, zur Wärme- und Lichtstabilisierung für Polyacrylnitril [415]; 4,4′-Diaminodiphenylsulfon und seine Substitutionsprodukte als geruchsverhindernde Stabilisatoren für Polyoxymethylene [1007]; 5,5′-Sulfonylbis-(phenylsalicylat) und 4,4′-Sulfonylbis-(3-methoxyphenylbenzoat) als UV-Absorber für Celluloseester, besonders -acetobutyrat, wobei diese Produkte dem Phenylsalicylat überlegen sein sollen [698].

Sulfonsäuregruppen $—\underset{\swarrow\ \searrow \atop O\quad O}{S}—OH$ werden häufig in Stabilisatormoleküle eingeführt, um die Verträglichkeit mit polaren Medien zu verbessern. Ein Beispiel dafür sind Sulfonsäuren und Metallsulfonate von Benzophenon-UV-Absorbern, die für den Einsatz in Textilien, wäßrigen Anstrichmitteln oder Kosmetika wegen ihrer Wasserlöslichkeit in Betracht kommen (vgl. [3092]). Für die Kunststofftechnologie sind solche Derivate weniger von Interesse. Freie Sulfonsäuren dienen mitunter als Bestandteile von Stabilisatorsystemen, um ein gewisses Aciditätsniveau aufrechtzuerhalten, z. B. Benzol- oder Naphthalinsulfonsäuren in Acrylnitrilpolymeren (s. u.) [536, 1102]. p-Toluolsulfonsäure wird mit löslichen Cu-Salzen, z. B. $CuCl_2$, oder metallischem Kupfer kombiniert in Polycaprolactam zum Schutz gegen thermischen und photochemischen Abbau verwendet [2015, 1257]. 4,4′-Di-(3″,4″-methylendioxybenzamido)-stilben-2,2′-disulfonsäure wirkt farbstabilisierend auf weißpigmentierte Äthylcellulose bei Licht- oder Wärmeeinwirkung [394]. Gewisse Metallsulfonate (Anlagerungsprodukte von Alkalihydrogensulfit an ungesättigte Dicarbonsäuresalze wie Di-Na-maleat) sind als PVC-Stabilisatoren genannt worden [711, 1796, 1066], Na-, Ca- oder Mg-vinylsulfonate als Wärmestabilisatoren für Acrylnitril-Polymere [449, 1648], aromatische Sulfonsäureester wie Benzolsulfonsäure-3-hydroxyphenylester (evtl. im Gemisch mit Ca-stearat) als Wärme- und Lichtstabilisatoren für Poly-α-olefine, besonders Polypropylen [3027, 1963, 2460, 2881, 3223, 1018, 1255], Ester der p-Toluolsulfonsäure mit halogenierten Alkoholen, z. B. 2-Chloräthanol, als Wärmestabilisatoren für Polyätherurethanschäume, die Organozinnverbindungen als Katalysatoren enthalten [936]. Aromatische Thiosulfonsäurealkylester, wie Toluolthiosulfonsäureäthylester, sind bereits vor längerer Zeit als Wärme- und Lichtstabilisatoren für PVC angegeben worden [190].

Sulfochloride mit der Gruppe $-\underset{O\quad O}{\overset{}{\underset{\swarrow\ \searrow}{S}}}-Cl$ sind in Form von sulfochloriertem Polyäthylen mit 1—3 % Schwefel und 26—29 % Chlor von der Du Pont Co. als Antioxydans und Antiozonans für Naturkautschuk, Polychloropren und Butadien-Kautschuke beansprucht worden, wobei den Elastomeren das sulfochlorierte Polyäthylen in Mengen von mindestens 10 %, also weit über dem in der Stabilisierungstechnik üblichen Mischungsanteil, zugesetzt wird [391, 1588, 2216]. Sulfochloriertes Polyäthylen kann auch zur Wärmestabilisierung von vorwiegend gesättigten Elastomeren wie Äthylen/Propylen-Kautschuk oder Butyl-Kautschuk, und zwar neben Sb-III-oxyd oder -sulfid und evtl. Antioxydantien wie Santonox, dienen [1424].

Organische Metallsulfoxylate, die durch Reduktion der aus Aldehyden bzw. Ketonen und Sulfiten gebildeten α-Hydroxysulfonsäuren entstehen (z. B. Zn-formaldehydsulfoxylat $(\underset{OH}{\underset{|}{CH_2}}-\underset{O}{\underset{\downarrow}{S}}-O)_2Zn$), sind als Zusätze für Acrylnitril-Polymere zur Verhinderung der Farbbildung beim Lagern oder Erhitzen empfohlen worden; sie werden entweder allein oder in Kombination mit Säuren wie Phosphorsäure und weiteren Verbindungen wie Zn-hexadecyldithiophosphat (vgl. *7.6.2.*) verwendet [536, 1102].

Handelsprodukte:

2-Hydroxy-4-methoxybenzophenon-5-sulfonsäure	Uvinul MS-40 (*AN*)*

OH
CH_3O—⟨⟩—CO—⟨⟩
SO_3H

* Abgekürzte Bezeichnungen der Herstellerfirmen sind auf S. 592 erklärt.

2,2'-Dihydroxy-4,4'-dimethoxy-benzophenon-5-sulfonsaures Na — Uvinul DS-49 (*AN*)

$CH_3O-C_6H_2(OH)(SO_3Na)-CO-C_6H_3(OH)-OCH_3$

7.3. Sulfonamide und andere Verbindungstypen mit S—N-Bindungen

Sulfonamide $R^1-SO_2-NR^2R^3$ und Sulfonimide $R-SO_2-NR^2-SO_2-R^1$ (wobei die einwertigen Reste R^2 und R^3 auch H sein können und meist $R = R^1$ ist) haben sich verschiedentlich als Stabilisatoren für Hochpolymere erwiesen. Eine ältere Anwendung des Di-4-toluolsulfonimids als UV-Absorber für Celluloseesterlacke [7] ist heute bedeutungslos. Dagegen kommen Sulfonamide als Antioxydantien für Polyolefine und Kautschuke in Betracht. Ein bewährtes Kautschuk-Antioxydans (besonders für SBR und Neoprene) mit Metalldesaktivatorwirkung gegenüber Kupfer und Mangan ist das 4-(4'-Toluolsulfonamido)-diphenylamin (siehe unter Handelsprodukte), das auch in Polyäthylen ausgezeichnete Inhibierungswirkung gegen thermische Oxydation zeigt (*36, 37*). Als Antioxydantien für kristalline Polyolefine, besonders Polypropylen, mit wärme- und lichtstabilisierender Wirkung sind von der Montecatini verschiedene aromatische Sulfonamide angeführt worden, z. B. Benzolsulfonamid $C_6H_5-SO_2-NH_2$, N-(4'-Thiocyanphenyl)-4-toluolsulfonamid [2028, 3239], 3-Benzolsulfonamidobenzophenon, 2-Benzolsulfon-

$C_6H_4(CO)(SO_2)NH$ (I)

$NH_2-C_6H_4-SO_2-NH-N=C(CH_3)-C_6H_4-NH_2$ (II)

$C_6Cl_5-S-NH-C_6H_{11}$ (III)

$CH_3-C_6H_4-SO_2-N=S(CH_3)_2$ (IV)

amidobenzoesäure [1962, 3224, 2463, 2869, 1256] oder o-Benzoesäuresulfimid (Saccharin, Formel (I)) bzw. dessen N-Alkyl-, -Aryl- oder -Alkaryl-Derivate [3033, 1975, 1273, 2492]. — Sulfonamide und ihre Metallsalze wirken auch als PVC-Stabilisatoren; bereits seit langem werden geeignete Verbindungen dieser Art beschrieben: (Erd-)Alkali oder Pb-Salze von aromatischen Sulfonamiden [64], Saccharin [116] oder dessen (Erd-)Alkali- [117], Dialkylzinn-

[118] und Pb-Salze [119] evtl. im Gemisch mit basischen Pb-Verbindungen, Metallsalze von Sulfonimiden, die mindestens einen aromatischen Rest R oder R^1 enthalten sollen, z. B. Cd-di-4-toluolsulfonimid oder Pb-dodecanbenzolsulfonimid [2146] und Aminoverbindungen von Sulfonamiden, wie 4-Aminobenzolsulfonamid [2510]. Ferner ist auch N-(4-Toluolsulfonyl)-äthylenimin als Stabilisator für chlorhaltige Polymere angegeben worden [2122].— Verbindungen mit mehreren Sulfonamidgruppen, z. B. 2,4-Toluoldisulfonamid, eignen sich als Wärmestabilisatoren für Polyformaldehyd [2254, 3213].

Außer den Sulfonamiden bzw. Sulfonimiden ist eine Vielzahl von Verbindungen, die Gruppen mit S—N-Bindungen tragen, für Stabilisierungszwecke beschrieben worden. Hydrazone von Benzolsulfonhydraziden mit N-haltigen Kernsubstituenten, z. B. das 4-Aminobenzolsulfonhydrazon des 4-Aminoacetophenons (II), sind UV-Absorber [631]. Als Polyolefin-Antioxydantien erweisen sich Verbindungen aus der Klasse der Sulfenamide von der Struktur $R^1{-}S{-}N{<}^{R^2}_{R^3}$, z. B. N-Cyclohexyl-pentachlorbenzolsulfenamid (III) (vgl. auch *7.7.1.*) [2301, 3107, 1968] sowie solche aus der Klasse der Sulfinimine von der Struktur $R^1{-}\underset{O\;\;O}{S}{-}N{\leftarrow}S{<}^{R^2}_{R^3}$, wobei R^1 = Aryl ist, z. B. die Verbindung (IV) [2367, 1015, 2744, 3099].

Eine Reihe von aminischen Antioxydantien mit Sulfidbrücken zwischen N-Atomen (Thioamine) sind Alterungsschutzmittel für Kautschuke. Als Wärmestabilisatoren für halogenierten Butyl-Kautschuk sind N,N'-Thiobisheterocyclen genannt worden, z. B. N,N'-Dithiobismorpholin (V), N,N'-

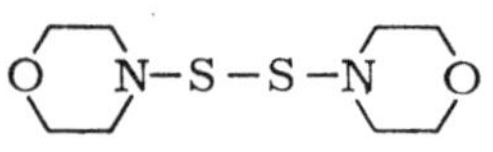

O N–S–S–N O

(V)

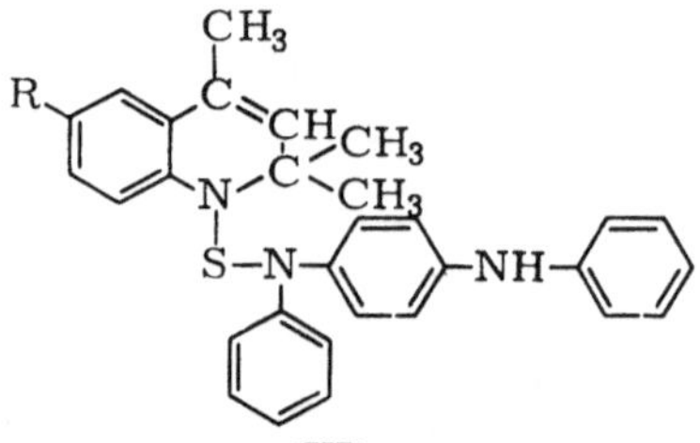

(VI)

CH_3–CO–O
CH_3–CO–N–SO_2–C_6H_5

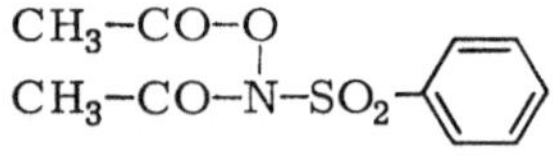

(VII)

Dithiobispiperidin u. a. [716]. Verschiedene Umsetzungsprodukte von aminischen Antioxydantien mit SCl_2 oder S_2Cl_2 wurden von der Firestone Tire & Rubber Co. als Oxydations- und Ozonschutzmittel für Natur- und synthetische Butadienkautschuke angegeben, so die Reaktionsprodukte von N,N'-Diphenyl-p-phenylendiamin und (substituiertem) 2,2,4-Trimethyl-1,2-dihydrochinolin mit SCl_2, die aus einem Gemisch von Verbindungen verschiedenen Kondensationsgrades bestehen, deren einfachste durch die Formel (VI) wiedergegeben wird [865], sowie andere derartige Produkte, wie das Di-(N,N'-di-sek.-butyl-p-phenylendiamin)-disulfid [788, 1006] oder SCl_2-Kondensate von gemischten p-Phenylendiamin-Derivaten und Dihydrochinolinen [920]. Als nicht-verfärbende Alterungsschutzmittel für Kautschukfäden und Schaumstoffe (Naturkautschuk oder SBR) werden vorzugsweise Dithiobis-(alkylamine) wie das N,N'-Dithiobis-(diäthylamin) vorgeschlagen. Die Stabilisatoren werden dem Latex zugesetzt [2900].

Diacetylbenzolsulfhydroxamsäure (VII) ist als Lichtstabilisator für Polycaprolactam geeignet [1837].

Handelsprodukte:

4-(4'-Toluolsulfonamido)-diphenylamin Aranox (*NA*)*

$$CH_3-C_6H_4-SO_2-NH-C_6H_4-NH-C_6H_5$$

7.4. Thiokohlensäure- und Thiocarbonsäure-Derivate

Alkalixanthogenate wie K-äthylxanthogenat (I) oder Na-laurylxanthogenat sind vor langem als Wärmestabilisatoren für Vinylchlorid- und Vinylacetat-Kunstharze genannt worden [9], ohne jedoch praktische Bedeutung zu besitzen. Zur

$$C_2H_5-O-\underset{\underset{S}{\|}}{C}-SK \qquad C_{12}H_{25}-NH-\underset{\underset{S}{\|}}{C}-\underset{\underset{S}{\|}}{C}-NH-C_{12}H_{25}$$

(I) (II)

Wärme- und Oxydationsstabilisierung von Poly-α-olefinen wurden neuerdings N-substituierte Dithiooxalsäureamide vorgeschlagen, wie das N,N'-Didodecyldithiooxalamid (II). Die Wirksamkeit dieser Substanzen wird durch phenolische Antioxydantien, Erdalkaliseifen, Epoxydharze u. a. verbessert [1293].

7.5. Thioharnstoff- und Thiocarbamidsäure-Verbindungen

Derivate des Thioharnstoffs, NH_2—CS—NH_2, sind ebenso wie nichtschwefelhaltige Harnstoff-Verbindungen (vgl. *5.9.1.*) als Stabilisatoren für sodahaltiges Emulsions-PVC geeignet. Sie bilden mit alkalisch wirkenden Substanzen wie Hydroxyden, Carbonaten, Salzen schwacher Säuren oder basischen Salzen von (Erd-)Alkalimetallen eine wirksame wärmestabilisierende Kombination [2094, 3011; 75]. Von den zahlreichen ursprünglich angegebenen Stabilisatoren: Diphenyl-, Dinaphthyl-, Ditoluyl-, Dichlordiphenyl-thioharnstoff u. a. hat im wesentlichen nur der N,N'-Diphenylthioharnstoff bis zur Gegenwart eine praktische Bedeutung behalten. Er zeichnet

* Abgekürzte Bezeichnungen der Herstellerfirmen sind auf S. 592 erklärt.

sich vor allem durch seine große Wirtschaftlichkeit aus; im allgemeinen ist ein Zusatz von etwa 0.3 % ausreichend. Die Kombination von Thioharnstoff-Derivaten mit Metallstabilisatoren verschiedener Art führt zu synergistischer Verstärkung, wobei jedoch Kombinationen mit Pb- oder Cd-Verbindungen häufig unerwünschte Verfärbungen hervorrufen. Im Falle einer Kombination mit Pb-Verbindungen, z. B. 3-basischem Pb-sulfat, läßt sich die Verfärbung dadurch vermeiden, daß die Teilchen des schwefelhaltigen Stabilisators vor Einbringen in die PVC-Masse mit bleifreien Metallseifen durch Ausfällen der letzteren aus einer Lösung oder Dispersion der Schwefelverbindung überzogen werden. Außer Thioharnstoff-Derivaten lassen sich auf diese Weise auch verschiedene andere typische Vulkanisationsbeschleuniger wie Metalldithiocarbamate oder Thiuramdisulfide zur Licht- und Wärmestabilisierung mit Metallseifen kombinieren [1227]. Als geeignete Costabilisatoren zu Thioharnstoff und seinen Derivaten erweisen sich auch Epoxyverbindungen, evtl. in Kombination mit Metallsalzen, [2972, 259, 2543, 1541] sowie Aminocrotonsäurealkylester (vgl. *5.3.3.*) [1318]. Zum Zweck einer besseren Verteilung werden die Harnstoff-Derivate in wäßriger Lösung dem Latex des Emulsionspolymerisats zugefügt [1547]. — Derivate des Thioharnstoffs dienen darüber hinaus noch in verschiedensten weiteren Polymertypen als Stabilisatoren: Zur Polyolefin-Stabilisierung eignen sich Derivate wie Dimethylthioharnstoff oder 1,2-Äthylendi-(ω-phenylthioharnstoff) [3117] oder eine Kombination von Ruß mit Thioharnstoff und Phenol(di)sulfiden [953, 2824]. Zur Wärme- und Lichtstabilisierung von Polyvinylacetalen, besonders Polyvinylbutyral, können Thioharnstoff, Methyl-, Allyl- oder Butylthioharnstoff sowie Kondensationsprodukte von Thioharnstoff mit Aldehyden verwendet werden [81, 2058, 1495, 2530]. Die Wärmestabilität von Polyoxymethylenen wird durch (cyclo)alkylsubstituierte Thioharnstoffe [1635, 2339, 1106, 599] oder Alkylenpolyharnstoffe [1285] verbessert. Lösungen des Polyacrylnitrils werden gegen Wärmeeinflüsse durch eine Kombination von Thiosemicarbazid NH_2—CS—NH—NH_2 oder seinen Substitutionsprodukten wie Acetylthiosemicarbazid mit Säureanhydriden wie Acetanhydrid, Phthalsäureanhydrid u. dgl. stabilisiert [2469]. Thioharnstoff und seine Derivate üben ferner eine wärmestabilisierende Wirkung in Polyäthern (Polyoxyalkylenen) [3162] wie auch in Polyätherurethan-Schaumstoffen [1046] aus. Ein wichtigeres Anwendungsgebiet ist der Einsatz von substituierten Thioharnstoffen als Kautschuk-Alterungsschutzmittel. Speziell werden dafür genannt: monosubstituierte Thioharnstoffe, z. B. Phenylthioharnstoff, als Licht- und Wärmestabilisatoren für synthetische Kautschuke wie SBR oder Butyl-Kautschuk [110], 4-Aminophenyl-substituierte Produkte wie N,N′-Di-(4-dimethylaminophenyl)-thioharnstoff [313; 314; 315; 316] und andere [1239] als Antioxydantien und Antiozonantien für verschiedenste Kautschuktypen; N,N′-Dialkyl-substituierte Thioharnstoffe, z. B. Di(iso)butylthioharnstoff als Antiozonantien [927, 866]. Thioharnstoff-Derivate mit 1—4 aliphatischen Substituenten wirken ferner als ozonschützende Vulkanisationsbeschleuniger in Schwefel-Compounds [1956, 2747]. Der Wirkungsmechanismus von Thioharnstoff und einigen seiner Derivate, ebenso wie von Dithiocarbamidsäure, in Kautschuken beruht auf einer Desaktivierung (*336*) (vgl. II.2.4.2.). — Ein allgemein wirksames Antioxydans auf Thioharnstoff-Basis ist das 4-Thioureidothymol [3105]. Hydroxy- und Alkoxyphenylthioharnstoffe, z. B. N,N'-Di-(4-hydroxyphenyl)-thioharnstoff, sind UV-Absorber [709].

Von den Derivaten der Dithiocarbamidsäure besitzen die N,N-disubstituierten Metallsalze eine gewisse Bedeutung als Antioxydantien, Wärme- und Lichtstabilisatoren für Polyolefine. Die inhibierende Wirkung derartiger Verbindungen, z. B. von Se-diäthyldithiocarbamat, auf die thermische Depolymerisation von Polyisobutylen ist seit langem bekannt [79]. Als Antioxydantien mit wärmestabilisierender Wirkung für Polyäthylen sind Ni-Verbindungen, z. B. Ni-dibutyldithiocarbamat, [1562] und Zn-Verbindungen, z. B. Zn-dimethyl- oder Zn-dibutyldithiocarbamat (I), [1676, 1060] angegeben worden, Zn-Salze mit $C_{\geq 2}$-Alkylsubstituenten auch für höhere Polyolefine

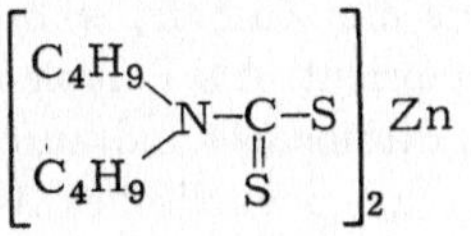

$$\left[(C_4H_9)_2N{-}C({=}S){-}S\right]_2 Zn \qquad \left[C_5H_{10}N{-}C({=}S){-}S\right]_2 Zn$$

(I) 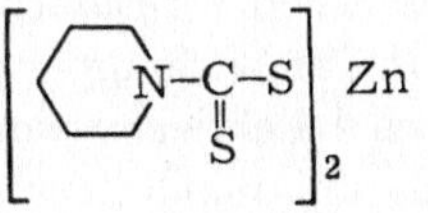 (II)

$$(C_4H_9)_2N{-}C({=}S){-}S{-}CH_2{-}C_6H_2(OH)(C(CH_3)_3)_2$$

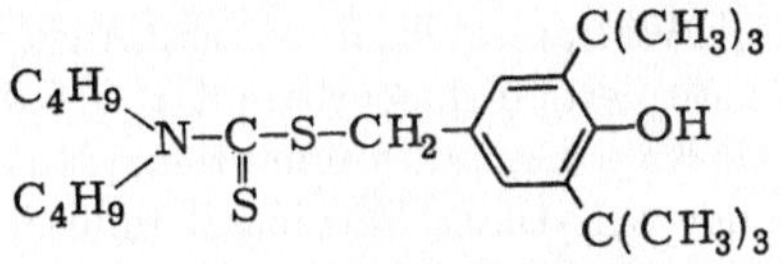

(III)

[817, 2749], insbesondere Polypropylen [1792, 3008, 1138, 3196, 2701]. Ein charakteristischer Verbindungstyp für die letztgenannte Anwendung ist das heterocyclische Zn-pentamethylendithiocarbamat (II). Die Ni-Salze haben gegenüber den Zn-Salzen den Nachteil einer intensiven grünen Eigenfarbe. Die antioxydative und wärmestabilisierende Wirkung der Zn-dialkyldithiocarbamate wird durch phenolische Antioxydantien wie Santonox [726] oder durch Ruß verstärkt [1880, 3009]. Im Gegensatz zu dem letzteren Befund kommen Newland u. a. (*427*, *428a*) bei einer Untersuchung des Einflusses von Ni- und Zn-dialkyldithiocarbamaten auf die thermische und photochemische Oxydation von Polyolefinen allerdings zu dem Ergebnis, daß ein Zusatz von Ruß in Polyäthylen die Stabilisatorwirkung von Zn-dibutyldithiocarbamat (Zeit bis zur beginnenden Peroxydbildung bei der 160°-Ofenalterung) merklich verringert. Im übrigen ist dieser Stabilisator in Polypropylen als Inhibitor der Biegerißbildung bei der 140°-Ofenalterung den bewährten

Polypropylen-Antioxydantien DLTDP und Santonox wie auch dem synergistischen Gemisch beider überlegen. Dagegen ist seine Wirkung als Lichtstabilisator gering; er bildet jedoch leistungsfähige synergistische Gemische mit Benzophenon-Absorbern, z. B. 2-Hydroxy-4,4'-dimethoxybenzophenon (vgl. [750, 2773; 758]). Das Ni-dibutyldithiocarbamat ist dem entsprechenden Zn-Salz bei der Ofenalterung unterlegen, erweist sich jedoch als guter Lichtstabilisator, der die Beständigkeit des Polypropylens im Weather-Ometer gegen Biegerißbildung weit günstiger als das Ni-2,2'-thiobis-(4-ditert.-octylphenolat) beeinflußt. Ni-, Cu-, Fe- oder Co-dithiocarbamate sind als UV-Stabilisatoren für Polyolefine beansprucht [1911, 2825], speziell die Ni- oder Co-Salze (neben Ni-dibutyldithiocarbamat z. B. Ni- oder Co-dipropyl-, -dihexyl- oder -di-(2-äthylhexyl)-Derivate) für isotaktisches Polypropylen [2045]; Ni- und Co-Salze zeigen sowohl im Gemisch miteinander [2048] wie auch einzeln in Kombination mit Thiobisphenol-Ni-Chelaten [2046; 2047] eine synergistische Verstärkung des Lichtschutzes von Polypropylen. Baum u. a. (*37*) finden, daß in der Inhibierung der thermischen Oxydation von Polyäthylen (Carbonylbildung bei 110° und 170 °C) das Pb-diäthyldithiocarbamat noch wesentlich wirksamer ist als das Zn-Salz, während das Te-Salz dem letzteren in der Wirkung etwa entspricht. Als Polyolefin-Stabilisatoren sind ferner noch beschrieben worden: dithiocarbamidsaure Salze verschiedenster Metalle mit mindestens einem als phenolisches Antioxydans wirkenden 4-Hydroxy-3,5-dialkylbenzylrest an der Aminogruppe [1412], Kombinationen von Metalldialkyldithiocarbamaten mit 4-tert.-Alkylphenol-Formaldehyd-Harzen (als Wärmestabilisatoren und Antioxydantien für Polypropylen) [1043], N-substituierte dithiocarbamidsaure Salze von organischen Stickstoffbasen (auch als Kautschukantiozonantien) [3154] sowie 4-Hydroxy-3,5-dialkylbenzylester der N,N-Dialkyldithiocarbamidsäuren, z. B. die Verbindung (III) [1041]. — Dithiocarbamate sind auch für verschiedenste andere Kunststoffe als Stabilisatoren verwendbar, wobei in den meisten Fällen wiederum Metallsalze von N,N-disubstituierten Dithiocarbamidsäuren in Betracht kommen. Hier sei lediglich hingewiesen auf Anwendungsmöglichkeiten in Vinylchlorid-Harzen als Wärmestabilisatoren [3012], in Polyvinylacetalen [2106, 2564] und Acrylnitrilmischpolymerisaten [481] zur Verhinderung der thermischen Verfärbung, in endgruppenverschlossenen Polyoxymethylenen zur Inhibierung des Wärmeabbaues [2439; 2462], in Polyäthern als Antioxydantien, welche die Farbbeständigkeit der daraus hergestellten Polyurethane verbessern [2019]. Die Licht- und Oxydationsbeständigkeit von Polyurethanschäumen wird durch Zusatz von Ni- und/oder Zn-dibutyldithiocarbamat erhöht, wobei evtl. noch phenolische Antioxydantien zugegeben werden können [2220; 2221]. Nickelsalze von Dialkyldithiocarbamidsäuren sind weiterhin Kautschuk-Alterungsschutzmittel, die insbesondere gegen Lichteinwirkung (Bildung von Lichtrissen) stabilisieren [197; 297, 2544, 2100]. Auch die Zn-, Pb-, Bi- und Te-Salze, ebenso wie Thiuramdisulfide, wirken als Alterungsschutzmittel in Kautschuken [702]. Hierzu vgl. im übrigen die Ausführungen in Abschnitt II.2.4.1. Ester von Dialkyldithiocarbamidsäuren eignen sich als Wärmestabilisatoren für Polymere des 2,3-Dichlorbutadien-(1,3) [183] und Kombinationen von Cd-, Zn- oder Pb-dialkyldithiocarbamaten mit aromatischen Äthern [444] oder sekundären Arylaminen [472, 2074] als Wärme- und Oxydationsstabilisatoren für kautschukmodifiziertes Polystyrol.

Ester der Monothiocarbamidsäure verhindern Vergilbung und Versprödung von Acrylnitril(misch)polymerisaten durch Wärme- oder Lichteinwirkung, wobei sowohl Ester der Thion-Form, z. B. O-Äthyl-N-isopropylthiocarbamat $(CH_3)_2CH—NH—CS—O—C_2H_5$, wie auch Ester der Thiol-Form, z. B. S-Methyl-N-äthylthiocarbamat $C_2H_5—NH—CO—S—CH_3$, geeignet sind [405, 1670, 2212].

Den Dialkyldithiocarbamaten strukturell eng verwandt sind die Tetraalkylthiuramdisulfide, die ebenso wie erstere aus der Kautschuktechnologie als Vulkanisationsbeschleuniger bekannt sind. Solche Verbindungen, z. B. das Tetramethylthiuramdisulfid (IV), die verbreitetste unter ihnen, wirken

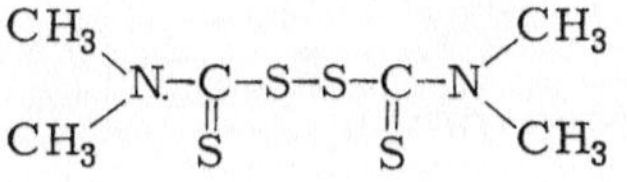

$$(CH_3)_2N-\underset{\underset{S}{\|}}{C}-S-S-\underset{\underset{S}{\|}}{C}-N(CH_3)_2 \qquad \text{(IV)}$$

$$\left[-CH_2-CH_2-NH-\underset{\underset{S}{\|}}{C}-S-S-\underset{\underset{S}{\|}}{C}-NH-\right]_n \qquad \text{(V)}$$

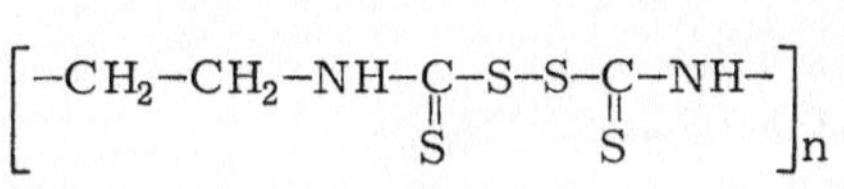

als Antioxydantien und Wärmestabilisatoren in Polyolefinen. Ursprünglich wurde ihr Einsatz zusammen mit elementarem Schwefel vorgeschlagen [245, 2063, 1533], wobei wohl an eine dem Vulkanisationsprozeß ähnliche Stabilisierungsreaktion gedacht war. Sie sind jedoch auch ohne Schwefelzusatz wirksam, speziell als Stabilisatoren für Niederdruck-Polyolefine [2188, 1707]. Mit Ruß wird ihre Wirksamkeit synergistisch verstärkt (vgl. II.2.3.4.), weshalb speziell Kombinationen von Ruß mit Tetraalkylthiuramdisulfiden zur Oxydations-, Wärme- und Lichtstabilisierung von linearen Polyolefinen vorgeschlagen werden [591, 1125, 2771, 2351, 3195, 1820]. Die wärmestabilisierende Wirkung wird auch durch Bisphenole oder sekundäre Amine [2004, 2868; 1208] sowie durch Phosphite oder Phosphine [1208] verstärkt. — Tetramethylthiuramdisulfid und die homologen Alkylverbindungen eignen sich ferner als Inhibitoren der thermischen Depolymerisation von Polyisobutylen [79] zur Licht- und Oxydationsstabilisierung von Filmen aus Butadien/Acrylnitril-modifizierten Vinylchlorid-Mischpolymerisaten [1517, 3251], sowie zur Wärmestabilisierung von Polyoxymethylenen, die in Gegenwart des Inhibitors polymerisiert werden können [1814]. Für die Stabilisierung von Polyoxymethylenen sind auch höhermolekulare Poly-(cyclo)alkylen- und -arylen-thiuramdisulfide in der Art der Verbindung (V) angegeben worden [2452, 1330].

Die ausgeprägte Wirksamkeit der Dithiocarbamate und der Thiuram-Verbindungen beruht auf einer Reaktion mit den intermediären Hydroperoxydgruppen am Substrat, sofern eine Oxydationsstabilisierung vorliegt. BAUM u. a. (*37*) nehmen an, daß die aktive Form des Inhibitors ein durch thermische Dissoziation entstehendes Sulfidion ist, das die Umlagerung von Hydroperoxyd- in Hydroxylgruppen ionisch katalysiert:

$$\left[>N-\underset{\underset{S}{\|}}{C}-\overline{\underline{S}}| \right]^{-} + \underset{\underset{R}{|}}{O}-OH \longrightarrow \underset{\underset{R}{|}}{OH} + \text{andere Produkte}\,.$$

Über die Reduktion von Hydroperoxyden durch Dialkyldithiocarbamate vgl. im übrigen in II.2.4.1.

Handelsprodukte:

Diphenylthioharnstoff — Stabilisator C (*BA*)*

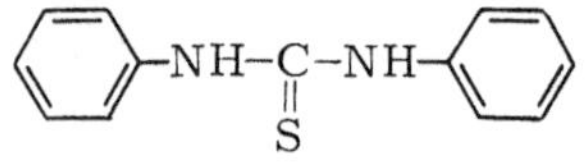

$$C_6H_5-NH-\underset{\underset{S}{\|}}{C}-NH-C_6H_5$$

Ni-Dibutyldithiocarbamat — NBC (*DU*)

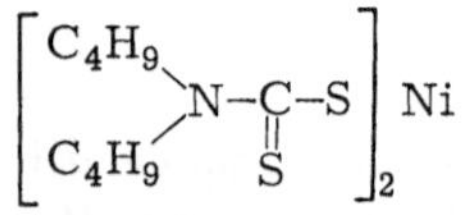

$$\left[\begin{matrix} C_4H_9 \\ C_4H_9 \end{matrix} > N-\underset{\underset{S}{\|}}{C}-S \right]_2 Ni$$

Von den in 7.5. angeführten Verbindungen ist ferner ein großer Teil als Vulkanisationsbeschleuniger im Handel, z. B. Zn-dimethyldithiocarbamat (*BA*, *VA*), Zn-diäthyldithiocarbamat (*BA*, *VA*), Zn-pentamethylendithiocarbamat (*BA*, *NA*), Tetramethylthiuramdisulfid (*BA*, *VA*), Tetraäthylthiuramdisulfid (*VA*).

7.6. Schwefel-Phosphor-Verbindungen

7.6.1. Thiophosphorigsäureester; schwefelhaltige Phosphorigsäureester und Phosphinsäuren. Mono-, Di- und Trithiophosphite entsprechen in ihrer Struktur den Phosphorigsäureestern (vgl. *6.1.*), wobei jedoch eines, zwei oder drei der an P gebundenen O-Atome durch S ersetzt sind. Die Anwendung dieser Substanzen als Stabilisatoren entspricht im allgemeinen der der Phosphorigsäureester, und zahlreiche Stabilisierungsrezepturen mit Phosphit-Stabilisatoren sehen einen eventuellen Ersatz derselben durch Thiophosphite vor.

In der PVC-Stabilisierung zeigen die Thiophosphite den gleichen synergistischen Effekt mit Metallseifen wie Phosphite. Solche Kombinationen, wie

Ba/Cd-laurat, Cd-octoat oder Cd-epoxystearat
+ Tri-(decylthio)- oder Tridecyl-di-(2-äthylhexylthio)-phosphit,

werden speziell von der Heyden Newport Chemical Co. beansprucht [509]. Eine

* Abgekürzte Bezeichnungen der Herstellerfirmen sind auf S. 592 erklärt.

größere Bedeutung besitzen Thiophosphite als Antioxydantien für Polyolefine. Auch hier erfolgt ihre Anwendung praktisch ausschließlich in synergistischen Gemischen. So dienen Kombinationen aus gehinderten Phenolen, z. B. DBPC, mit Trithiophosphiten wie Trilauryltrithiophosphit (I), Triphenyltrithiophosphit, Tricyclohexyltrithiophosphit oder Tri-(2-äthylhexyl)-trithiophosphit und evtl. noch Epoxyestern oder Metallseifen zur Stabilisierung von Polypropylen [1181]. Weiterhin wurden die folgenden Kombinationen zur Polyolefin-Stabilisierung benutzt: Ruß + Trithiophosphite + Trisphenole für isotaktisches Polypropylen [2964]; Trithiophosphite, evtl. + tertiäre Phosphite (Triphenylphosphit), Metallseifen (Ca-stearat), Epoxyverbindungen und/oder Polycarbonsäuren (Citronensäure) [1906, 2431], Thiophosphite oder -phosphate + aliphatische Amine oder basische anorganische

$$P(-S-C_{12}H_{25})_3$$

(I)

$$P\left[-O-C_6H_2(C(CH_3)_3)(CH_3)-S-C_6H_2(C(CH_3)_3)(CH_3)-OH\right]_3$$

(II)

$$P(-O-C_2H_4-S-C_8H_{17})_3$$

(III)

Salze bzw. Oxyde (Dihexylamin, CaO) [2026, 1405] sowie Mono- oder Dithiophosphite + Thiodicarbonsäuredialkylester + Hydroxyphenylalkancarbonsäureester (vgl. *3.1.4.*) oder Hydroxyphenyl-substituierte Triazin-Verbindungen (vgl. *5.13.6.*) [1466] zur Wärme-, Licht- und Oxydationsstabilisierung von Niederdruck-Polyolefinen. — Eine weitere Gruppe von Phosphor-Schwefel-Stabilisatoren für Polyolefine sind die von den Farbwerken Hoechst beschriebenen Phosphorigsäureester von Hydroxythioäthern. Hierzu gehören Kondensationsprodukte von Santonox und PCl_3 im Molverhältnis 3:1, deren Struktur im wesentlichen der Formel (II) entsprechen dürfte und die in Kombination mit DLTDP und dem Nonylphenol/Aceton-Kondensationsprodukt (vgl. *2.2.2.*) besonders als kupferdesaktivierende Polyolefin-Antioxydantien geeignet sind [2437], sowie Phosphite oder Phosphonsäuren mit Thioäthergruppen, von denen besonders das Tri-(octylthioäthyl)-phosphit (III) als Beispiel genannt wird, und die in Kombination mit phenolischen Antioxydantien [2345], besonders den in *3.1.4.* beschriebenen Di-(hydroxyphenyl)-alkancarbonsäureestern [1467], zur Wärme- und Lichtstabilisierung von Ziegler-Polyolefinen dienen.

Trithiophosphite werden auch als Kautschuk-Antioxydantien benutzt, z. B. Verbindung (I) für SBR [2292, 2792, 3113]; ferner wirken Thiophosphite als Antioxydantien und Wärmestabilisatoren für Polyalkylenglykole [2875] sowie als Farbstabilisatoren und Härtungsinhibitoren in ungesättigten Polyesterharzmischungen [1744, 2281, 2655, 3276].

Eine erst in neuerer Zeit bekanntgewordene Klasse von Verbindungen, die als Antioxydantien und Stabilisatoren für Vinylpolymere brauchbar sein sollen, sind Alkyl- oder Arylthiomethylphosphinsäuren, z. B. Laurylthiomethylphosphinsäure $C_{12}H_{25}-S-CH_2-P(OH)_2$ oder die entsprechende Phenylthiomethylphosphinsäure [2969a].

7.6.2. Schwefelhaltige Derivate von Säuren des fünfwertigen Phosphors. Die größte Bedeutung als Stabilisatoren besitzen unter diesen Verbindungen organische Derivate der Dithiophosphorsäure, besonders Dithiophosphate der Formel $S \leftarrow P\begin{cases} O—R^1 \\ O—R^2 \\ S—(Me, R^3) \end{cases}$, worin R^1, R^2, R^3 organische Reste und Me ein Metalläquivalent bedeuten. Diese Substanzen wirken peroxydzersetzend; Kennerly u. a. (*301*) postulieren als möglichen Reaktionsmechanismus die ionische Katalyse einer Umlagerung der am Substrat befindlichen Hydroperoxyd- zu Alkoholgruppen. Die wirksamen Katalysatoren sind dabei (wie für die Thiocarbamidsäurederivate in *7.5.* beschrieben) sulfidische Anionen, die durch Dissoziation der S—Me- bzw. S—R^3-Bindung in der Wärme gebildet werden (vgl. (*37*)). Verbindungen dieser Art, z. B. das Zn-dihexyldithiophosphat (I) oder andere Metalldi(cyclo)alkyldithiophosphate mit C_{1-20}-Alkyl wirken besonders zusammen mit phenolischen Antioxydantien [410; 411]. Wie andere schwefelhaltige Antioxydantien zeigen sie im Substrat keine störende Verfärbung.

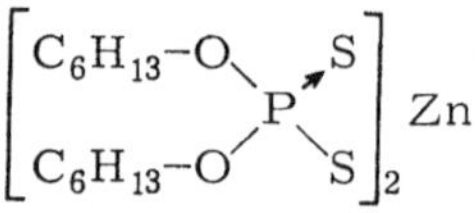

$$\left[(C_6H_{13}O)_2P(\rightarrow S)S\right]_2Zn$$

(I)

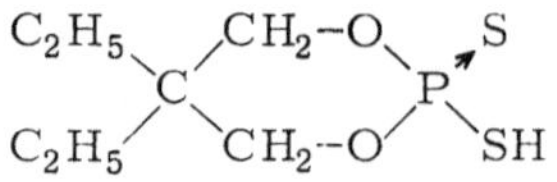

$$(C_2H_5)_2C(CH_2O)_2P(\rightarrow S)SH$$

(II)

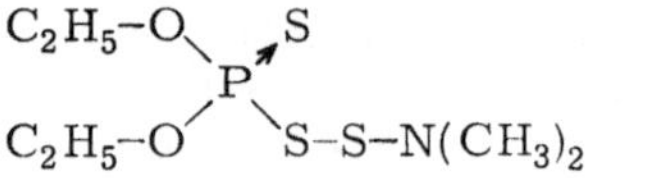

$$(C_2H_5O)_2P(\rightarrow S)S—S—N(CH_3)_2$$

(III)

$$S \leftarrow P(NH—C_6H_5)_2N(C_4H_9)_2$$

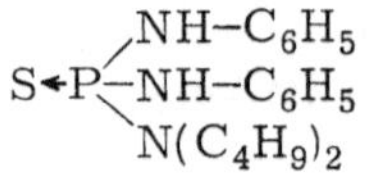

(IV)

Als Polyolefin-Stabilisatoren ist eine Vielzahl von Schwefel-Phosphor-Verbindungen geeignet. Die genannten Metallsalze von Dithiophosphorsäureestern, z. B. K-diisopropyldithiophosphat, dienen zur Verbesserung der Wärme- und Lichtstabilität von Polypropylen [882], evtl. in Kombination mit einem 4-tert.-Alkylphenol-Formaldehyd-Harz im A-Stadium [1000]. Speziell die Ni-Salze sind Lichtstabilisatoren für Poly-α-olefine, so z. B. das Ni-diisopropyldithiophosphat [2903]. Weiterhin sind verschiedene Arten von metallfreien Estern der Dithiophosphorsäure als Polyolefin-Stabilisatoren geeignet, so z. B. 2-Thiono-2-mercapto-1,3,2-dioxaphosphorinane mit verschiedenartigen Substituenten, die in Kombination mit den obengenannten Phenol-Formaldehyd-Harzen ebenfalls in Polypropylen wirksam sind (ein Beispiel ist die Verbindung (II)) [932], und andere [2006; 2908]. Zur kombinierten Licht-, Wärme- und Oxydationsstabilisierung sind Kombinationen bestehend aus Dithiophosphorsäureestern bzw. deren Metallverbindungen, UV-Absorbern und evtl. phenolischen Antioxydantien vom Topanol CA-

Typ angegeben worden [1367]. Weiterhin kommen Amide von Thiophosphorsäuren in Betracht, so speziell S-Amide oder S-Sulfenamide von Mono- oder Dithiophosphorsäuren als Licht-, Wärme-, Oxydations- und Ozonstabilisatoren für Polyolefine, für deren Strukturtyp das S-Sulfenamid (III) charakteristisch ist [2361, 892, 2009, 2780, 1177], und andere Thiophosphorsäureamide wie etwa die Verbindung (IV), die als synergistische Costabilisatoren zu kondensierten phenolischen Antioxydantien aus Alkylphenolen und Aldehyden, Ketonen oder SCl_2 eingesetzt werden können [2315, 3211, 2786]. Wie letztere sind auch die zur Inhibierung der thermischen Oxydation von Polyolefinen geeigneten Mercaptoalkylphosphonsäureester [2205] und (Di-)-Thiodialkylphosphonsäureester [2211] Entwicklungen der Farbwerke Hoechst. Beispiele für die beiden Verbindungstypen sind der 2-Mercaptoäthylphosphonsäurediäthylester und der 2,2′-Dithiobis-(äthylphosphonsäurediäthylester). Schließlich seien O,O,O-Tri-(polypropylenglykol)-monothiophosphate als Stabilisatoren für Polyäthylen oder Polyurethane [925; 838] genannt, sowie Kondensationsprodukte von P_2S_5 mit Alkoholen, Aminen oder Mercaptanen, welche, von der Du Pont Co. zur Wärmestabilisierung von Äthylen-Polymeren angegeben, die ersten Schwefel-Phosphor-Stabilisatoren dieser Art für Polyolefine darstellen [153].

Als Stabilisatoren für halogenhaltige Polymere erweisen sich Dithiophosphorsäure-Verbindungen ebenfalls als brauchbar. Zur PVC-Stabilisierung sind Ba-Salze von Di(ar)alkyldithiophosphaten, evtl. in Kombination mit herkömmlichen PVC-Stabilisatoren, [2691], sowie die Dithiophosphorsäurediester selbst bzw. verschiedene andere Salze dieser sauren Ester [3291] angegeben worden. Zur Wärme- und Lichtstabilisierung chlorhaltiger Polymerer, besonders von PVC, seinen Mischpolymerisaten und von chlorhaltigen Elastomeren, eignen sich weiterhin Thiophosphonsäuredihydrazide, so das 2-Naphthylthiophosphonsäuredihydrazid (V) [2382, 1212, 1942, 2833]. Zur

$$C_{10}H_7\text{–}P(\leftarrow S)(NH\text{–}NH_2)_2$$

(V)

$$CH_3\text{–}SO_2\text{–}N\leftarrow P(S\text{–}C_{12}H_{25})_3$$

(VI)

$$C_6H_5\text{–}SO_2\text{–}N\leftarrow P(O\text{–}CH_3)_3$$

(VII)

Lichtstabilisierung von Polychloropren wird die Zugabe von Sulfonimino-(thio)phosphaten, z. B. des Methansulfoniminotrithiophosphorsäuretri-n-dodecylesters (VI) zum Latex vor der Koagulation des Polymeren beansprucht [2366, 1974, 2818].

Zur Wärmestabilisierung von Acrylnitril(misch)polymerisaten dienen Zn-dialkyldithiophosphate [481], evtl. in Kombination mit Metallsulfoxylaten (vgl. *7.2.*) und Säuren [536], sowie andere Dithiophosphorsäure-Derivate [2509]. Metall-(besonders Zn-)Salze von Dialkyldithiophosphaten wirken ferner als Wärmestabilisatoren für Polyoxymethylene [1442]. Als solche erweisen sich auch Sulfoniminophosphorsäure-Derivate von der Art des Benzolsulfoniminophosphorsäuretrimethylesters (VII) [2386, 1337, 2911]. Über Anwendungen von Thiophosphorsäure-Verbindungen als Stabilisatoren für unvulkanisierte Kautschuke [1051, 2044; 622], zur Wärmestabilisierung von Polysiloxanen [414, 1664, 2170, 2598] sowie zur Wärmestabilisierung von Polysulfonharzen [404; 407; 408] vgl. die Originalliteratur.

7.7. Schwefel-Heterocyclen

7.7.1. Fünfring-Heterocyclen. Aus dieser Klasse werden vorwiegend Derivate von Thiazol, 2- und 3-Thiazolin, Benzothiazol, Benzothiazolin und 1,3,4-Thiadiazol als Stabilisatoren verwendet. Besonders häufig sind das als Vulkanisationsbeschleuniger für Kautschuke verfügbare 2-Mercaptobenzothiazol (I) und davon abgeleitete Verbindungen untersucht worden. In PVC bilden

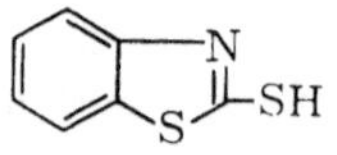

(I) 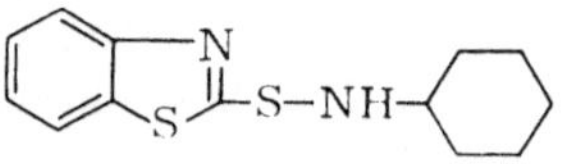 (II)

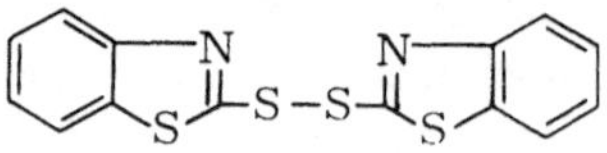

(III) 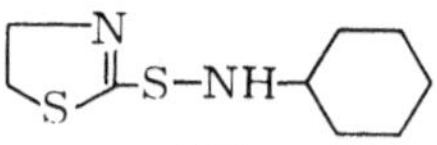 (IV)

solche Produkte wirksame Bestandteile von Stabilisierungssystemen: Kombinationen von (I) oder verwandten Verbindungen wie N,N'-Di-(2-benzothiazolylthiomethyl)-harnstoff, 2-Mercaptobenzimidazol u. a. mit Metallricinoleaten, z. B. Zn-ricinoleat (wobei die sonst von Ricinoleaten hervorgerufene Dunkelfärbung infolge der antioxydativen Wirkung der Schwefelverbindungen unterdrückt wird) [2975, 1085, 1697, 2623], oder Kombinationen von (I) oder seiner Derivate, wie z. B. des ebenfalls als Vulkanisationsbeschleuniger bekannten N-Cyclohexyl-2-benzothiazolsulfenamids (II), mit weiteren Antioxydantien, z. B. DBPC [2645].

Auch zur Stabilisierung von Polyolefinen sind 2-Mercaptobenzothiazol und seine Derivate brauchbar. Die antioxydative Wirkung von (I) sowie von Di-(2-benzothiazolyl)-disulfid (III) wird durch Rußfüllung erheblich verstärkt [735, 2675, 2359, 2993, 1114, 3063, 1773, 3187; 736, 2692, 2996, 2347, 1111, 3060, 3185, 1784]. Vgl. dazu Tabelle III.12. in *7.7.2.* Geeignete Derivate zur Licht- und Oxydationsstabilisierung sind weiterhin 2-Benzothiazolsulfenamide wie die Verbindung (II) oder ähnliche [1024] und das entsprechende N-Cyclohexyl-2-thiazolinsulfenamid (IV) [2301, 3107, 1968]. Speziell für Polypropylen werden als antioxydative Wärme- und Lichtstabilisatoren 2-Benzothiazol-Thioäther, z. B. 2-Methylthiobenzothiazol, oder die Verbindung (III), evtl. in Kombination mit Ca-stearat, genannt [3032, 2493, 2940], ferner als Polypropylen-Stabilisatoren Kombinationen von (III) mit phenolischen Antioxydantien, Phosphiten oder Phosphinen [1208], Kombinationen von (I) mit Pyren(-Derivaten) (vgl. *10.1.*) [3170], Thiazol-Derivate mit zwei entweder direkt oder über Alkylenbrücken verbundenen, in 4-Stellung mit Hydroxyphenyl-Resten substituierten Thiazol-Ringen, wie z. B. das 4,4′-Di-(3″,5″-di-tert.-butyl-4″-hydroxyphenyl)-2,2′-bithiazol (V), [1451] oder mit

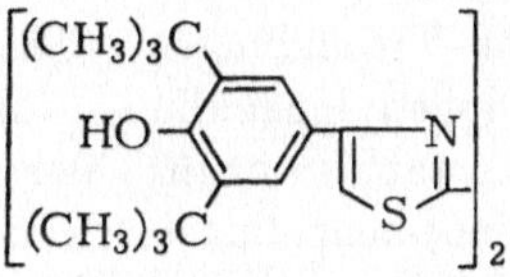

(V) 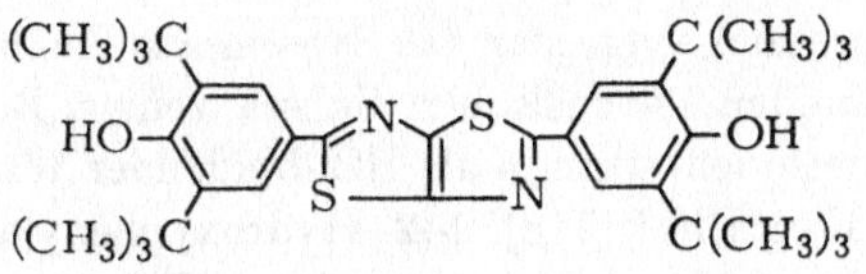 (VI)

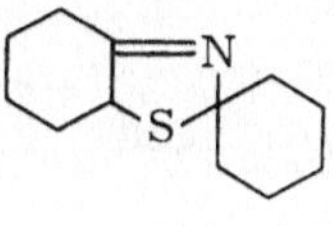

(VII) 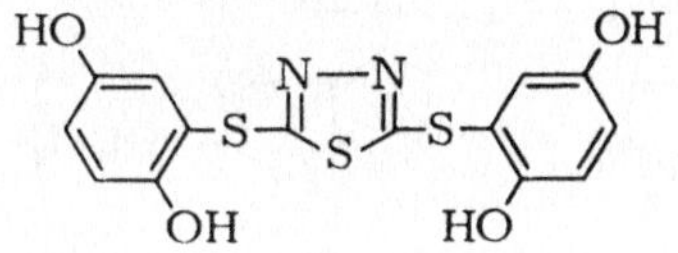 (VIII)

kondensierten Thiazol-Zweiringsystemen als zentrale Struktureinheit, wie das 2,2′-Di-(3″,5″-di-tert.-butyl-4″-hydroxyphenyl)-thiazolo-[5,4-d]-thiazol (VI) [1452]. Weitere Polyolefin-Stabilisatoren sind: Derivate des 3-Thiazolins, z. B. 2,2-Pentamethylen-4,5-tetramethylen-3-thiazolin (VII), evtl. im gemisch mit Antioxydantien wie dem Nonylphenol/Aceton-Kondensationsprodukt (vgl. *2.2.2.*) [2278], 1,3,4-Thiadiazole mit schwefelhaltigen Resten in 2,5-Stellung, wie das 2,5-Di-(3′,6′-dihydroxyphenylthio)-1,3,4-thiadiazol (VIII) oder das 2,2′-Dithiobis-(5-dodecylthio-1,3,4-thiadiazol) [2340], wobei die Wärme- und Lichtschutzwirkung der Thiadiazole durch Kombination mit Tocopherol (vgl. *2.7.*) noch verbessert wird [2350], und ferner gewisse Derivate des Pseudothiohydantoins (IX), die mit Metallseifen, phenolischen Antioxydantien, Epoxyverbindungen, DLTDP, Mercaptanen, Citraten oder Organozinnverbindungen synergistische Gemische bilden [1375]. Über gewisse aminische Verbindungen des Thiophens, welche mittelmäßig wirksame Stabilisatoren gegen die thermische Oxydation von Polypropylen bilden, vgl. (*357a*).

Anwendungen von Stabilisatoren dieser Verbindungsklasse auf weitere Polymere sind im folgenden zusammengestellt: Zur Verhinderung der thermischen Verfärbung von Polyvinylacetalen, besonders Polyvinylbutyral, dienen die Verbindungen (I), (III) [2104, 340, 1599, 2565; 3254] oder 2-Mercapto-2-thiazolin [347]. Wärmestabilisatoren für endgruppenverschlossene Polyformaldehyde sind die bereits unter den Polyolefin-Stabilisatoren genannten 2,5-Dimercapto-1,3,4-thiadiazol-Derivate [2242, 1827, 2769], weiterhin die Verbindung (II) [3316] und andere 2,5- bzw. 2-Substitutionsprodukte von Thiazol bzw. Benzothiazol [1457]. Verbindungen dieser Art, z. B. ein Gemisch von 2,5-Dimercapto-1,3,4-thiadiazol und 2-Mercaptobenzothiazol, eignen sich auch als Wärmestabilisatoren für Polyätherurethanschaumstoffe [1048]. Benzothiazol-Derivate wirken ferner als Alterungsschutzmittel in Dien-Kautschuken, wo sie wegen ihres Einsatzes als Vulkanisationsbeschleuniger ohnehin häufig zugegen sind. Vgl. dazu II.2.4.1. An speziellen stabilisierenden Zusätzen seien hier das System aus Guanidin-Verbindungen + Thiazolsulfenamiden + basischen Substanzen, z. B. Diphenylguanidin + (II) + Hexamethylentetramin als HCl-bindender Wärmestabilisator für chlorierten Butyl-Kautschuk [718], 2-(2′-Hydroxyphenylamino)-benzothiazol als metalldesaktivierendes Antioxydans für SBR [839] und 2-Benzothiazolylthioalkylsubstituierte Phenole, z. B. die Verbindung (X), als allgemeine Kautschuk-Antioxydantien [1343] genannt.

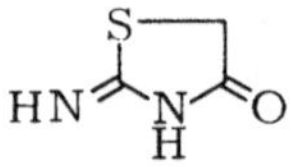

S; HN; N; H; O

(IX)

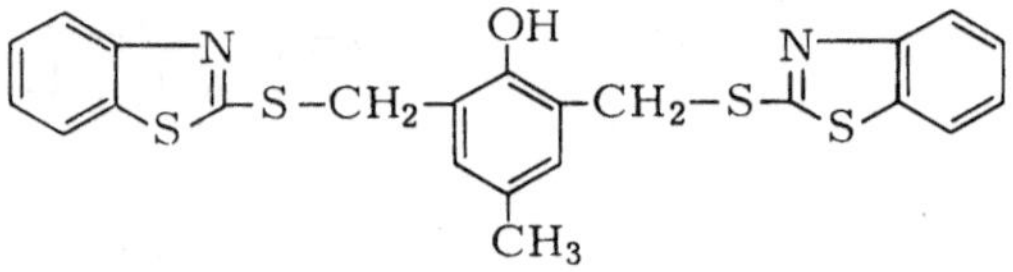

N; S; S–CH₂; OH; CH₂–S; N; S; CH₃

(X)

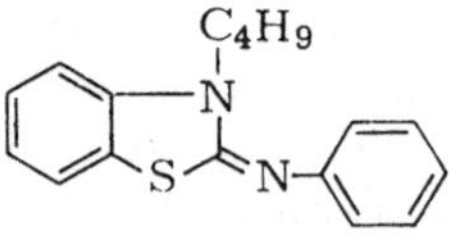

C₄H₉; N; S; N

(XI)

N; O; N; S; CH

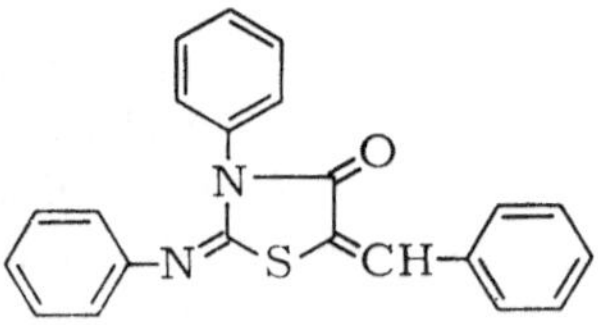

(XII)

Die antioxydative Wirkung der hier genannten Verbindungstypen mag je nach der Art der funktionellen Gruppen verschiedene Ursachen haben. Verbindungen mit Mercapto- bzw. phenolischen Hydroxylgruppen wirken wohl vorwiegend radikalabbrechend. Bei solchen mit ätherartig gebundenem Schwefel dürfte eine peroxydzersetzende Wirkung vorherrschen, wobei in gewissen Fällen, z. B. bei den Disulfiden und Sulfenamiden, eine Dissoziation unter Bildung eines sulfidischen Anions (vgl. *7.5.*) vorausgeht, während in anderen Fällen die Schwefelbrücke von den Hydroperoxyden zu einer Schwefel-Sauerstoff-Struktur oxydiert wird. Über die Reduktion von Hydroperoxyden durch das Zn-Salz von 2-Mercaptobenzothiazol vgl. II.2.4.1.

Heterocyclische Schwefelverbindungen dieser Art werden daneben auch als ausgesprochene UV-Absorber wirksam. Dementsprechend ist eine ganze Anzahl von Verbindungen zum Zweck der Stabilisierung durch Lichtabsorption entwickelt worden, die sich in verschiedensten Kunststoffen einsetzen lassen, bevorzugt jedoch in Celluloseestern verwendet werden. Wir nennen anstelle des Verbindungstyps im folgenden nur einzelne Substanzen als Beispiele: 3-Butyl-2-phenyliminobenzothiazolin (XI) [83], 2,5-Di-(2'-methoxyphenyl)-1,3,4-thiadiazol [3266, 2621], 2-(2'-Pyridyl)-benzothiazol [1157, 1940], 2-(2'-Hydroxyphenyl)-benzothiazol [896], 2-Phenylimino-3-phenyl-5-benzalthiazolidon-(4) (XII) [998] und 2-(2',4'-Dihydroxybenzoyl)-thiophen [1374].

Handelsprodukte:

2-Mercaptobenzothiazol und Derivate wie Di-(2-benzothiazolyl)-disulfid und N-Cyclohexyl-2-benzothiazolsulfenamid sind als Vulkanisationsbeschleuniger im Handel (*BA*, *VA*).

7.7.2. Sechsring-Heterocyclen. Die am häufigsten auftretenden Verbindungen dieser Klasse sind das Phenothiazin oder Thiodiphenylamin (I) und das Thianthren (II) mit ihren Derivaten, ferner Verbindungen des 1,3,5-Trithians vom Strukturtyp (III).

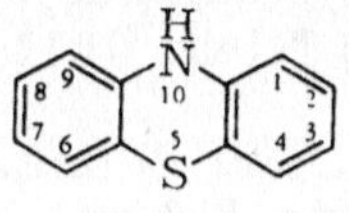

(I) 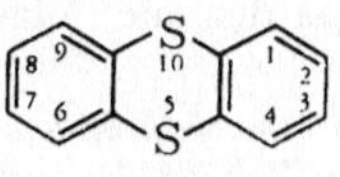 (II) 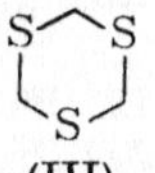 (III)

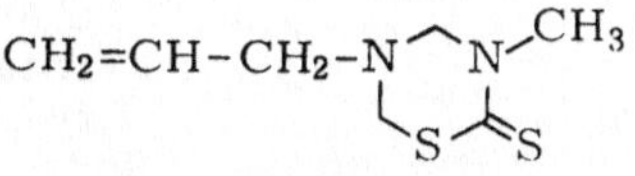

$CH_2{=}CH{-}CH_2{-}N$ … $N{-}CH_3$

(IV)

Die Substanzen wirken als peroxydzersetzende Antioxydantien. Von MURPHY u. a. (*413*) ist das Inhibitorverhalten von Phenothiazin und verwandten Verbindungen in Di-(2-äthylhexyl)-sebacinat im Hinblick auf ihren Wirkungsmechanismus untersucht worden. Die Autoren nehmen die Bildung eines infolge Resonanzstabilisierung beständigen freien Phenothiazin-Radikals D• an, das mit den Peroxyradikalen ROO• der Autoxydationskette unter Bildung peroxydischer Addukte ROOD reagiert, die durch Wasserstoffaufnahme das Substrat RH zurückbilden, während das Peroxyradikal des Inhibitors, DOO•, entweder unter O_2-Abspaltung das Radikal D• regeneriert oder in ein Oxydationsprodukt des Phenothiazins übergeht. Von den möglichen Oxydationsprodukten zeigen das 10,10'-Diphenothiazin, das Phenothiazon-(3), das 7-Hydroxyphenothiazon-(3) und das Phenothiazin-5-oxyd selbst Antioxydanswirkung, während das höher oxydierte Phenothiazin-5-dioxyd keine solche mehr besitzt.

In Polyolefinen, einschließlich Polyisobutylen, Polystyrol und Äthylen/Styrol-Mischpolymerisaten wirken Phenothiazin und seine Derivate, z. B. 1,2-Benzophenothiazin, als Antioxydans [2219; 2275]. Synergistische Verstärkung der Wirkung des Phenothiazins erfolgt mit DBPC, Komplexbildnern wie Di-Na-äthylendiamintetraacetat, Disalicylal-1,2-propylendiamin oder 8-Hydroxychinolin [2362], Phenoxazin (vgl. *5.13.5.*) [2293], Thiodipropionsäuredialkylestern [799] oder phenolischen Inhibitoren wie 2,6-Ditert.-butylphenol [3148]. Speziell aufgeführte Phenothiazin-Derivate sind z. B. 3,7-Dimethylphenothiazin, 1,2- oder 3,4-Benzo-7-methylphenothiazin [1875], N-Benzyl-, N-Methylbenzyl- oder N-Äthylbenzyl-phenothiazin [849, 1142, 2723] und weitere [799]. — Thianthren und seine Derivate, wie Dimethyl- oder Dichlorthianthrene, wirken zusammen mit Bisphenolen, wie Santonox oder Di-(3-tert.-butyl-4-hydroxyphenyl)-sulfon, und evtl. Benzophenon-Derivaten, wie 2,4,4'-Trimethoxybenzophenon, als Wärme-, Licht- und Oxydationsstabilisatoren für Polypropylen [2497, 1453]. In Polyäthylen ist das Thianthren allein nur ein verhältnismäßig mildes Antioxydans, während sich das Phenothiazin darin als ein sehr wirksamer Inhibitor der thermischen Oxydation erweist (*37*). Bei Gegenwart von Ruß wird hingegen die antioxydative Wirkung des Phenothiazins merklich herabgesetzt, während Thianthren in rußgefülltem Polyäthylen eine synergistische Verstärkung zeigt (*258*). Dies ergibt sich aus der nachfolgenden Tabelle III.12., die, nach

Tabelle III.12. *Wirkung von schwefelhaltigen Heterocyclen als Inhibitoren der thermischen Oxydation von Polyäthylen mit und ohne Ruß* (nach (*258*))

Verbindung (0.1 Gew.-%)	Zeit bis zur Aufnahme von 10 cc O_2/g im Verlauf der thermischen Oxydation bei 140 °C ohne Ruß Stdn.	mit 3% Ruß Stdn.
ohne Zusatz	6	35
2-Mercaptobenzothiazol	35	380
Di-(2-benzothiazolyl)-disulfid	8	350
Phenothiazin	430	250
Thianthren	20	230

Messungen von HAWKINS u. a., auch den synergistischen Effekt bei Benzothiazol-Derivaten ersichtlich macht (vgl. *7.7.1.*). — 2,4,6-Triphenolsubstituierte Trithiane ergeben ebenfalls einen Wärme-, Licht- und Oxydationsschutz in Niederdruck-Polyolefinen, besonders als Inhibitoren der metallkatalysierten Oxydation. Geeignete Derivate sind z. B. 2,4,6-Tri-(2'-hydroxyphenyl)- oder -(3'-methoxy-4'-hydroxyphenyl)-1,3,5-trithian, deren Wirkung durch bekannte phenolische Antioxydantien verstärkt werden kann [921, 3214, 2025, 2793]. Derartige Verbindungen, einschließlich Alkoxyphenylsubstituierter Trithiane wie z. B. des 2,4,6-Tri-(2'-methoxyphenyl)-Derivats, dienen ebenfalls zur Oxydationsstabilisierung von Polyoxymethylenen [2325, 3233, 2846, 1225], evtl. in Kombination mit Thioäthern oder Polysulfiden [2381]. Als Wärme- und Lichtstabilisatoren für Polyolefine seien schließlich noch 3,5-disubstituierte Tetrahydro-3,5-diaza-α-thio-thiapyrone, z. B. die Verbindung (IV), genannt, die besonders für Polypropylen und andere Polyolefine mit Seitenketten vorgesehen sind [1344].

Im folgenden seien noch einige Anwendungen von Verbindungen dieser Klasse auf weitere Polymere zusammengefaßt: Phenothiazin dient zur Stabilisierung von Polyamiden gegen thermische Oxydation (insbesondere von Drahtisolationen, die durch Eintauchen in eine Lösung von Phenothiazin und evtl. einer Dihydroxamsäure als zweite Komponente, vgl. *5.8.2.*, stabilisiert werden) [2444, 1487a], als Wärmestabilisator für Polyalkylenoxyde (ebenso wie gewisse Derivate, z. B. N-Methyl-, N-Acetyl-, 3-Aminophenothiazin u. a.) [3145], als Lichtstabilisator für Polyurethane (wobei es mit 2,2'-Dihydroxybenzophenonen kombiniert wird) [773], als Kautschuk-Antioxydans z. B. für SBR [3288] sowie, in Kombination mit organischen Phosphiten (wie Tri-(nonylphenyl)-phosphit), als Alterungsschutzmittel für elastomeres Polychloropren [558]. Thianthren oder dessen niedere Alkylderivate wie 2,3,6,7-Tetramethylthianthren verhindern die Vergilbung von Polyvinylbutyral in der Wärme [2104, 340, 1599, 2565; 3255]. Schließlich sei noch hingewiesen auf das Phenothioxin (V) und seine Derivate, wie z. B. 3-Chlor- oder

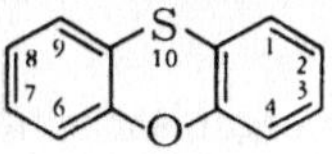

(V) 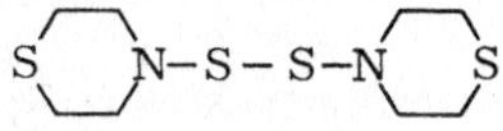 (VI)

1-Phenylphenothioxin, die nach älteren Untersuchungen als Wärmestabilisatoren für Polyvinylidenchlorid brauchbar sind [131], und das N,N'-Dithiobis-(thiomorpholin) (VI) als Wärme- und Alterungsschutz für halogenierten Butyl-Kautschuk [716].

8. Metallorganische Verbindungen

8.1. Organozinn-Verbindungen; Allgemeines

Die Organozinn-Verbindungen gehören zu den wichtigsten PVC-Stabilisatoren und bilden wohl das am intensivsten bearbeitete Gebiet der Kunststoffstabilisierung überhaupt. Die verschiedenartigen Strukturen leiten sich sämtlich auf vier Grundtypen von Sn-IV-Verbindungen (Stannanen) zurück, in denen eine bis sämtliche vier der Valenzen des Zinns eine Sn—C-Bindung bilden, während die übrigen Valenzen durch Heteroatome wie O, S oder Halogen abgesättigt sind. Der für die Stabilisierungspraxis wichtigste Verbindungstyp ist dabei der der Diorganozinn-Verbindungen mit zwei Sn—C-Bindungen. Tetraorganozinn-Verbindungen (I) waren die ersten

$$\underset{(I)}{\mathrm{C_2Sn\,C_2}} \qquad \underset{(II)}{\mathrm{C_2Sn(Hal)_2}} \qquad \underset{(III)}{\mathrm{C_2Sn{=}O}} \qquad \underset{(IV)}{\mathrm{C_2Sn[(O,S){-}R^1][(O,S){-}R^2]}}$$

Stabilisatoren dieser Reihe, besitzen aber als solche gegenwärtig kein Interesse mehr, sondern sind vorwiegend Zwischenprodukte für die Gewinnung von Stannanen mit niederer C-Substitution. Weitere wichtige Zwischenprodukte sind die Diorganozinnhalogenide (II) und die Diorganozinnoxyde (Stannoxane) (III); letztere finden, besonders in Form ihrer Polymeren mit -Si-O-Ketten (‚Polystannoxane'), mitunter selbst als Stabilisatoren Verwendung. In der Überzahl sind jedoch die eigentlichen Stabilisatoren Diorganozinn-Verbindungen vom Typ (IV), wobei die beiden über O und/oder S gebundenen organischen Reste R^1 und R^2 evtl. miteinander verbunden sein oder als polyfunktionelle Reste Polymere bilden können. Die Herstellung der Produkte kann auf verschiedene Weise erfolgen. Im allgemeinen werden die Diorganozinnhalogenide oder -oxyde durch Umsatz mit Verbindungen, die reaktionsfähige H-Atome tragen (Carbonsäuren, Alkohole, Mercaptoverbindungen u. a.), in die wirksamen Stabilisatoren übergeführt, z. B.:

$$R_2SnCl_2 \xrightarrow{\text{Alkali, } NH_3} R_2Sn{=}O\,; \qquad R_2Sn{=}O + 2\,R'XH \longrightarrow R_2Sn(XR')_2 + H_2O$$

(R = Kohlenwasserstoffrest; X = O, S; R' = organischer Rest). Über die Verwendung von Organozinn-Alkoholaten als Zwischenprodukte vgl. *8.1.5.* Zur Gewinnung der Mono- bzw. Triorganozinn-Verbindungen wird von den entsprechenden Tri- bzw. Monohalogeniden ausgegangen. — Die Wirksamkeit der Stabilisatoren wird vorwiegend von den Substituenten XR' bestimmt, deren Variation hauptsächlich Gegenstand der Entwicklungsarbeiten auf diesem Gebiet ist. Demgegenüber scheint die Natur der Kohlenwasserstoffreste R von untergeordneter Bedeutung zu sein. Bei den weitaus meisten Verbindungen ist R = n-Butyl. Diese in erster Linie durch die Wirtschaftlichkeit des Herstellungsverfahrens bedingte (*371*, *555*) empirische Gepflogenheit findet eine gewisse Rechtfertigung durch den Vergleich der Wirksamkeiten von Diorganozinnmercaptiden mit verschiedenen Resten R (*293*), wobei sich zeigt, daß Dibutylzinn-Verbindungen tatsächlich ein Wirkungsoptimum besitzen. Die Fähigkeit zur Wärmestabilisierung sinkt in der Reihenfolge n-Butyl > Phenyl > Benzyl > Vinyl deutlich ab, innerhalb der einzelnen Alkyle mit $C > 2$ sind allerdings die Unterschiede nur gering und zeigen keinen systematischen Gang mit der C-Zahl. Mit Rücksicht auf die physiologische Unbedenklichkeit werden häufig die n-Butyl- durch n-Octylreste ersetzt, da sich Di-n-octylzinn-Verbindungen als weit weniger toxisch erwiesen haben (*356*, *314*). Aus den gleichen Gründen ist auch die Einführung von (substituierten) Benzylresten vorgeschlagen worden [2789]. Die Eignung von Benzylzinn-Verbindungen als PVC-Stabilisatoren ist bereits seit längerer Zeit bekannt [3038]. — Organozinn-Verbindungen sind durchweg gute Wärme- und meist auch Lichtstabilisatoren für PVC, seine Mischpolymerisate und andere halogenhaltige Polymere. Daneben wirken sie auch als Kautschuk-Antioxydantien und finden neuerdings in zunehmendem Maße zur Stabilisierung anderer Polymerer, z. B. von Polyolefinen, Verwendung. Die Wirksamkeit der Organozinn-Verbindungen läßt sich durch geeignete Costabilisatoren synergistisch verstärken, obwohl davon in der Praxis weniger Gebrauch gemacht wird als beispielsweise bei den Metallseifen. Dies mag in erster Linie dadurch bedingt sein, daß die Leistungsfähigkeit der Organozinnstabilisatoren eine Verbesserung nicht unbedingt erforderlich macht. Im Gegensatz zu den Metallseifen mit ihren begrenzten strukturellen Variationsmöglichkeiten besteht die Tendenz bei der Weiterentwicklung von Organozinnstabilisatoren zudem eher in einer strukturellen Modifizierung als in der Kombination mit synergistischen Komponenten. Versuche mit solchen Kombinationen verfolgen vielfach den Zweck, die wirksame Konzentration der teuren Organozinnverbindungen aus wirtschaftlichen Gründen zu verringern (vgl. (*485*)).

8.1.1. Tetraorganozinn-Verbindungen. Die Entdeckung der stabilisierenden Wirkung von Organozinn-Verbindungen bei der Wärmebehandlung von Vinylharzen geht auf die Arbeiten von V. Yngve in der Union Carbide & Carbon Corp. zurück [35, 2526, 1482]. Zu den ersten von diesem Autor vor nahezu 30 Jahren vorgeschlagenen Stabilisatoren gehören Tetraaryl- und Alkyl-aryl-Derivate von vierwertigem Zinn und Blei, z. B. Tetraphenylzinn $(C_6H_5)_4Sn$ und Dipropyl-diphenylzinn $(C_3H_7)_2(C_6H_5)_2Sn$. Später wurden Tetraalkylzinn-Verbindungen, wie Tetraisobutylzinn, als Stabilisatoren für Metallüberzugsmassen vorgeschlagen [50]. Als PVC-Stabilisatoren haben Tetraorganozinn-Verbindungen keine nennenswerte praktische Bedeutung erlangt; auf spätere Entwicklungen, die sich z. T. auf die Stabilisierung niedermolekularer chlorierter Kohlenwasserstoffe beziehen, sei hier nur hingewiesen [143; 138; 232; 152; 230]. Eine besondere Gruppe von Tetraorganozinn-Verbindungen bilden die als PVC-Stabilisatoren beschriebenen Derivate mit Malonsäureester-Substituenten oder anderen Resten von Verbindungen mit reaktionsfähigen C—H-Bindungen, z. B. Dibutyl-Sn-α,α′-di-(diäthylmalonat) (I), Tributyl-Sn-acetylaceton oder Tributyl-Sn-3-inden [271, 422, 1610]. Für

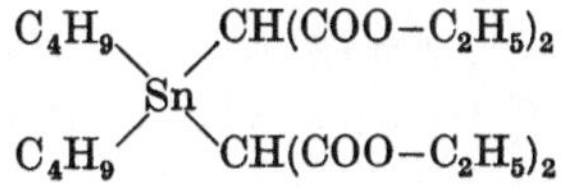

$$\begin{array}{c} C_4H_9 \diagdown \quad \diagup CH(COO-C_2H_5)_2 \\ Sn \\ C_4H_9 \diagup \quad \diagdown CH(COO-C_2H_5)_2 \end{array}$$

(I)

andere Polymere wurden angegeben: Tetraphenylzinn als Wärmestabilisator für Polytrifluorchloräthylen [565], Tetraorganozinn-Verbindungen mit mindestens einem Vinylrest, z. B. Tetravinylzinn, zur Stabilisierung von Polyolefinen [3147], Tetraaryl- oder Triaryl-mono(cyclo)alkylverbindungen, z. B. Tetraphenylzinn, Triphenyl-äthylzinn, zur Wärmestabilisierung von Polycarbonaten [2989, 2428], Tetraäthylzinn und andere zur Wärme-, Licht- und Oxydationsstabilisierung für Polyamide [2796, 1938].

Die größte praktische Bedeutung besitzen Tetraorganozinn-Verbindungen als Zwischenprodukte für Diorganozinn-Verbindungen; ihre Darstellung nach den in *8.1.2.* aufgeführten Verfahren ist verschiedentlich beschrieben worden: nach dem GRIGNARD-Prozeß [337; 338, 1571], der WURTZ-FITTIG-Synthese [484; 2424] und durch direkte Alkylierung von Zinn [1612; 1653]. Gemischte Tetraorganozinn-Verbindungen lassen sich durch Disproportionierung bei erhöhter Temperatur gewinnen, z. B. Dibutyl-diphenylzinn aus Tetrabutylzinn + Tetraphenylzinn [275].

8.1.2. Organozinn-Halogenide. Diese Substanzen sind selbst keine Stabilisatoren, jedoch wichtige Schlüsselprodukte für die Gewinnung derselben. Zu ihrer Darstellung existieren einige wenige grundlegende Verfahren (*606, 547, 357*). Das älteste ist der GRIGNARD-Prozeß, der z. B. beim Dibutyl-Sn-dichlorid wie folgt verläuft:

$$C_4H_9Cl + Mg \longrightarrow C_4H_9MgCl \qquad (1a)$$

$$4\,C_4H_9MgCl + SnCl_4 \longrightarrow (C_4H_9)_4Sn + 4\,MgCl_2 \qquad (1b)$$

$$(C_4H_9)_4Sn + SnCl_4 \longrightarrow 2\,(C_4H_9)_2SnCl_2\,. \qquad (1c)$$

Die Reaktion erfolgt in Diäthyl- oder Dibutyläther oder Tetrahydrofuran. Vgl. dazu die Patentliteratur [265; 216; 228; 1574; 334, 1582; 339, 1623; 381, 1620]. Das Verfahren läßt sich als cyclischer Prozeß der folgenden Art führen [1686]:

$$\to (C_4H_9)_2SnCl_2 + 2\,C_4H_9MgCl \longrightarrow (C_4H_9)_4Sn + 2\,MgCl_2 \qquad (2a)$$

$$(C_4H_9)_4Sn + SnCl_4 \longrightarrow (C_4H_9)_2SnCl_2 + (C_4H_9)_2SnCl_2\,. \qquad (2b)$$

Durch ein entsprechendes molares Verhältnis von $SnCl_4$ zu $(C_4H_9)_4Sn$ in der Disproportionierungsreaktion (1c) bzw. (2b) können auch Mono- bzw. Trialkylzinnchloride gewonnen werden. Diese bilden sich jedoch auch bei der Herstellung von Dialkylzinnchloriden und bei ihrer Lagerung stets in gewissem Ausmaß als Nebenprodukte. Zur Gewinnung einheitlicher Organozinnstabilisatoren werden daher die Dialkylzinndichloride vorzugsweise mit Alkalien zu den Dialkylzinnoxyden hydrolysiert, die leicht von den Mono- und Trialkylzinnverbindungen abzutrennen sind. Nach einem neueren Verfahren gelingt die Isolierung der Dialkylzinndichloride auch über die unlöslichen Komplexe $R_2SnCl_2 \cdot 2\,NH_3$, die sie bei tieferer Temperatur mit Ammoniak bilden, und die direkt mit reaktionsfähigen Komponenten R′XH zu den Stabilisatorsubstanzen umgesetzt werden können [1342]. — Ein weiteres Verfahren zur Gewinnung der Organozinnhalogenide ist die WURTZ-FITTIG-Synthese:

$$4\,C_4H_9Cl + SnCl_4 + 8\,Na \longrightarrow (C_4H_9)_4Sn + 8\,NaCl \qquad (3a)$$

$$(C_4H_9)_2SnCl_2 + 2\,C_4H_9Cl + 4\,Na \longrightarrow (C_4H_9)_4Sn + 4\,NaCl\,, \qquad (3b)$$

$$\downarrow \text{Reaktion (1c)}$$

die ebenfalls als cyclischer Prozeß geführt werden kann (*357*, *439*) [326; 484]. Eine wirtschaftliche Verbesserung scheint durch das erst neuerdings angewandte Verfahren der Alkylierung von $SnCl_4$ mit Trialkylaluminium möglich zu sein (*555*, *607*), das besonders für die Herstellung von Di-n-octyl-Sn-dichlorid, dem Ausgangsprodukt für nichttoxische Stabilisatoren, von Interesse ist (*557*):

$$4\,(C_8H_{17})_3Al + 3\,SnCl_4 \longrightarrow 3\,(C_8H_{17})_4Sn + 4\,AlCl_3\,. \qquad (4)$$

$$\downarrow \text{Reaktion (1c)}$$

Eine weitere, in verschiedenen Varianten beschriebene Methode besteht in der direkten Alkylierung von metallischem Zinn oder Zinn-Legierungen mit Alkyl- oder Aralkylhalogeniden, besonders Bromiden und Jodiden [290; 342, 1580; 343, 1585; 1586; 2331] (vgl. auch (*357*, *485*, *557*)).

Im allgemeinen gelten Organozinnhalogenide als Katalysatoren des PVC-Abbaues. Berlin u. a. (*52*) zeigten, daß Dibutyl-Sn-dichlorid die Induktionsperiode der thermischen HCl-Abspaltung gegenüber reinem PVC herabsetzt, auch wenn darüber hinaus noch wirksame Organozinnstabilisatoren anwesend sind.

8.1.3. (Polymere) Organozinn-Oxyde und -Hydroxyde. Organozinn-Oxyde und -Hydroxyde, z. B. Diphenyl-Sn-oxyd $(C_6H_5)_2SnO$ und Monobutyl-diphenyl-Sn-hydroxyd $(C_3H_7)(C_6H_5)_2SnOH$, gehörten zu den ersten, gemeinsam mit Tetraorganozinn-Verbindungen beschriebenen Organozinnstabilisatoren [2526, 1482] und wurden ebenso wie diese später zur Wärmestabilisierung von Vinylharz-Überzugsmassen beansprucht [48]. Praktisch besitzen sie als PVC-Stabilisatoren keinen Wert, sondern nur als Zwischenprodukte (vgl. *8.1.*). Wichtiger sind im Hinblick auf ihre stabilisierende Wirkung die von der Metal & Thermit Corp. beschriebenen Anlagerungskomplexe von Diorganozinnoxyden mit Aldehyden oder Ketonen, z. B. das Reaktionsprodukt aus Dibutyl-Sn-oxyd und Butyraldehyd [253, 1593; 257]. Dialkylzinnoxyde bilden auch mit Dialkylzinnhalogeniden Anlagerungsverbindungen, welche als Oxoniumkomplexe zwischen dem Halogenid und einem aus dem Oxyd entstehenden Polystannoxandiol aufzufassen sind und die vorzugsweise in verätherter Form verwendet werden (vgl. *8.1.5.*) [270]. Aus Dialkylzinnoxyden (besonders Dibutyl-Sn-oxyd) werden auch wärme- und lichtstabilisierende Anlagerungsverbindungen mit Esterweichmachern, z. B. DOP, [261, 1590, 2143] sowie Umsetzungsprodukte mit beliebigen anderen Carbonsäureestern, z. B. Butylacetat, [443, 1613] oder mit Epoxyestern, z. B. Glycidsäureäthylester, [1845] gewonnen. Außer der einfachen Struktur, die z. B. durch das Dibutyl-Sn-oxyd (I) repräsentiert wird, treten Verbindungen dieser Klasse noch in verschiedenen anderen strukturellen Formen auf, wie sie durch das Hexabutyldistannoxan (II) oder allgemeiner polymere Stannoxane vom Typ (III), sowie durch Stannonsäuren, wie z. B. Butylstannonsäure (IV) bzw. deren Polymere, dargestellt werden. Die Verbindung (II) ist, ebenso wie Hexaphenyl-, Hexacyclohexyl- oder Trimethyl-triäthyldistannoxan und andere, als Wärme- und Lichtstabilisator für halogenhaltige Polymere genannt

$$(C_4H_9)_2Sn{=}O \quad (I) \qquad (C_4H_9)_3Sn{-}O{-}Sn(C_4H_9)_3 \quad (II) \qquad R{-}\left[{-}\underset{R}{\overset{R}{Sn}}{-}O{-}\right]_n{-}\underset{R}{\overset{R}{Sn}}{-}R \quad (III) \qquad C_4H_9{-}\underset{O}{\underset{\|}{Sn}}{-}OH \quad (IV)$$

worden [2158, 1666, 2592, 448]; die Verbindungen sollen jedoch nur geringe Wirksamkeit besitzen (*485*). Polymere Stannoxane vom Typ (III), wobei R = Alkyl oder Aryl und $n \geqq 1$ ist, z. B. Verbindung (II) oder Decaoctyltetrastannoxan, werden allgemein von der Montecatini beansprucht [3018, 2977, 1690, 2159, 2614]. Polymere der Alkylstannonsäuren, vorzugsweise solche der Butylstannonsäure (IV) oder der Butylthiostannonsäure (vgl. *8.1.7.*) bzw. gemischte Polymere beider, sind von den Farbwerken Hoechst als Licht- und Wärmestabilisatoren für PVC bekanntgemacht worden [2458, 862, 3002, 3204, 2727, 3089, 1147, 1917]. — Arylzinnoxyde und -hydroxyde, z. B. Diphenyl-Sn-oxyd oder Tri-(4-toluyl)-Sn-hydroxyd, eignen sich auch zur Wärmestabilisierung von Polycarbonaten [2988, 2990, 2428], Alkylzinnoxyde und Alkylstannonsäuren zur Licht-, Wärme- und Oxydationsstabilisierung von Polyamiden [2796, 1938]. Verbindungen vom Typ (I), z. B. Diphenyl-, Dilauryl- oder Dibutyl-Sn-oxyd, wirken als nicht-verfärbende Kautschuk-Antioxydantien [468], in Kombination mit sekundären aromatischen Aminen wie DPPD (ebenso wie Hexaorganodistannoxane oder Organostannonsäuren) als Antiozonantien [520, 1694, 2080, 2258, 2646, 1084].

8.1.4. Organozinn-Salze von Carbonsäuren. Organo-Sn-carboxylate wie Dibutyl-Sn-diacetat, Dibutyl-Sn-dilaurat oder Triphenyl-Sn-laurat wurden zuerst von E. W. RUGELEY und W. M. QUATTLEBAUM für die Wärmestabilisierung von Fasern aus Vinylchlorid/Vinylacetat-Copolymeren beschrieben [71] und später allgemein zur Stabilisierung von Vinylharzen beansprucht [59]. Von den Fettsäuresalzen hat allein das Dibutyl-Sn-dilaurat (DBTL), das durch die Formel (I) wiedergegeben wird, eine größere Bedeutung erlangt

$$(C_4H_9)_2Sn(O{-}OC{-}C_{11}H_{23})_2 \quad (I) \qquad CH_3{-}CO{-}O{-}\left[{-}\underset{C_4H_9}{\overset{C_4H_9}{Sn}}{-}O{-}\right]_3{-}OC{-}CH_3 \quad (II)$$

$$(C_4H_9)_2Sn\begin{matrix}O{-}OC{-}CH\\ \|\\ O{-}OC{-}CH\end{matrix} \quad (III) \qquad \left[{-}\underset{C_4H_9}{\overset{C_4H_9}{Sn}}{-}O{-}OC{-}CH{=}CH{-}CO{-}O{-}\right]_n \quad (IV)$$

und gehört zu den verbreitetsten Zinnstabilisatoren (vgl. (*548*)). Im reinen Zustand eine halbfeste Masse vom Fp. 25—30 °C, wird es zur Verbesserung der Konsistenz, der Verträglichkeit mit dem PVC und der Löslichkeit im Weichmacher aus technischer Laurinsäure mit etwa 55 % Laurinsäuregehalt (Kokosfettsäure) und Dibutyl-Sn-oxyd hergestellt (zur Darstellung von Dialkyl-Sn-carboxylaten aus den Halogeniden vgl. [215]). Dadurch wird ein bequemer zu verarbeitendes flüssiges Produkt mit Fp. ~0 °C erhalten. Es ist ein guter Lichtstabilisator und wird bevorzugt in weichmacherhaltigen, klaren PVC-Massen, deren Verarbeitungstemperatur nicht über 165 °C liegt, sowie in Plastisolen und Organosolen eingesetzt. Seine wärmestabilisierenden Eigenschaften sind hingegen begrenzt. Die niedrigen Fettsäuresalze der Reihe haben keine praktische Bedeutung; das Dibutyl-Sn-diacetat z. B. zeigt den Nachteil einer zu großen Flüchtigkeit. Hingegen haben sich Salze von polymeren Stannoxanen, z. B. das Diacetat des Hexabutyltristannoxandiols (II) [294], besonders bei Hart-PVC, gut bewährt. Es wird übrigens (neben praktisch allen anderen Typen von PVC-Stabilisatoren) auch zur Wärmestabilisierung von katalysatorhaltigen Ziegler-Polyolefinen empfohlen [777]. Über weitere Dialkylzinn-Fettsäuresalze vgl. (*485*). — Eine verbreitete Klasse von Organozinn-Salzen bilden weiterhin die Salze von zweibasischen Carbonsäuren, vor allem die Maleate. Sie sind, ebenso wie die Fumarate und andere Salze von α,β-ungesättigten Carbonsäuren, als Wärmestabilisatoren für PVC zuerst von W. M. QUATTLEBAUM und C. A. NOFFSINGER [60] angegeben worden. Das stöchiometrische Dibutyl-Sn-maleat (III) ist ein vorzüglicher Wärmestabilisator, polymerisiert jedoch bereits bei Raumtemperatur und geht dabei im Laufe der Zeit von einer viskosen Flüssigkeit in ein klebriges Harz über, das nur schwer im Polymeren verteilt werden kann und beim Kalandrieren einen Plate-out-Effekt zeigt. Zudem gibt es schleimhautreizende Dämpfe ab. Als Wärmestabilisator ist es dem DBTL überlegen. Durch gesteuerte peroxydische Polymerisation von (III) wird ein definiertes Polymeres (IV) als freifließendes weißes Pulver vom Fp. 110 °C erhalten, das leichter zu handhaben und weniger reizerzeugend ist, dagegen ein schwächeres Stabilisierungsvermögen zeigt, in Weichmachern schwerlöslich ist und zum Ausblühen neigt. Mit DBTL kombiniert ergibt es jedoch ein sehr wirksames Stabilisierungssystem, das die lichtstabilisierenden Eigenschaften des Laurats mit der guten Wärmeschutzwirkung des Maleats vereinigt. Weitere Salze von Dicarbonsäuren leiten sich von α-(cyclo)-alkylierten Bernsteinsäuren ab, z. B. das Dibutyl-Sn-α-butylsuccinat mit einer zu (III) analogen Struktur [1872, 945]. Von praktischer Bedeutung sind gemischte Salze von Mono- und Dicarbonsäuren, z. B. das Bis-(dibutyl-Sn-monolaurat)-maleat (V) [514; 513, 1640, 3256, 2255, 2976; 1654, 2609, 1075]. Dieses Produkt ist flüssig und mit Weichmachern mischbar; es liefert bei der Wärmestabilisierung einen ebenso guten Effekt wie das Gemisch aus Laurat und Maleat, ist diesem jedoch bei der Lichtstabilisierung etwas unter-

$$\begin{array}{l} C_4H_9\diagdown\ \diagup O-OC-C_{11}H_{23} \\ \quad Sn \\ C_4H_9\diagup\ \diagdown O-OC-CH \\ \qquad\qquad\qquad\ \ \| \\ C_4H_9\diagdown\ \diagup O-OC-CH \\ \quad Sn \\ C_4H_9\diagup\ \diagdown O-OC-C_{11}H_{23} \end{array}$$

(V)

$$\begin{array}{l} \quad C_8H_{17}-O-OC-CH \\ \qquad\qquad\qquad\qquad\ \| \\ C_4H_9\diagdown\ \diagup O-OC-CH \\ \quad Sn \\ C_4H_9\diagup\ \diagdown O-OC-CH \\ \qquad\qquad\qquad\qquad\ \| \\ \quad C_8H_{17}-O-OC-CH \end{array}$$

(VI)

legen. Beim Stehen bildet es durch Polymerisation oder Isomerisierung zum Fumarsäureester eine feste Masse, die jedoch auch noch stabilisierend wirkt. Über einen gemischten Stabilisator auf Basis von Ricinolsäure, Maleinsäureanhydrid und Dibutyl-Sn-oxyd vgl. [3070]. Eine andere wichtige Klasse von Maleaten sind die Organozinn-Salze von Maleinsäurehalbestern, z. B. das Dibutyl-Sn-di-(mono-2-äthylhexylmaleat) (VI) [3313; 1688]. Solche Halbestersalze besitzen eine besonders gute Verträglichkeit mit der PVC-Masse und werden für geruchsfreie Harteinstellungen bevorzugt (*485*). Bereits früher waren von den Carlisle Chemical Works speziell Salze von Halbestern, deren Alkoholkomponente mindestens eine freie OH-Gruppe trägt, beschrieben worden, z. B. das Dibutyl-Sn-di-(mono-1,2-propylenglykolmaleat) [666, 2172, 2602, 3069; 857]. Über weitere Dibutyl-Sn-Salze von partiellen Polycarbonsäureestern vgl. [3087; 3118; 3146; 663; 3075; 3091]. — Organozinn-Salze von Epoxycarbonsäuren wurden zuerst von H. V. Smith angegeben, darunter z. B. das Dibutyl-Sn-di-(9,10-epoxystearat) und das Bis-(dibutyl-Sn-mono-9,10-epoxystearat)-maleat [1696], wobei die Konstitution des letzteren analog zu (V) ist. Später wurden auch Verbindungen auf der Basis von epoxydierter Bernsteinsäure angegeben, z. B. das saure Dibutyl-Sn-di-(epoxysuccinat) oder dessen Alkalisalze [749] und das Di-(2-äthylhexyl)-Sn-(α-epoxybutyl-succinat) [994].

Von einiger praktischer Bedeutung sind Organozinn-Salze von schwefelhaltigen Carbonsäuren, vor allem Mercaptocarbonsäuren. Unter den Salzen von Alkyl- oder Arylmercaptocarbonsäuren dürfte die praktisch wichtigste Verbindung das Dibutyl-Sn-di-(3-dodecylthio-isobutyrat) (VII) sein [345].

$$\begin{array}{l} C_4H_9\diagdown\ \diagup O-OC-CH\begin{array}{l} \diagup CH_3 \\ \diagdown CH_2-S-C_{12}H_{25} \end{array} \\ \quad Sn \\ C_4H_9\diagup\ \diagdown O-OC-CH\begin{array}{l} \diagup CH_3 \\ \diagdown CH_2-S-C_{12}H_{25} \end{array} \end{array}$$

(VII)

$$\begin{array}{l} C_4H_9\diagdown\ \diagup O-OC-CH_2-S-C_8H_{17} \\ \quad Sn \\ C_4H_9\diagup\ \diagdown O-OC-CH_2-S-C_8H_{17} \end{array}$$

(VIII)

Diese Verbindungen sind in ihren stabilisierenden Eigenschaften den entsprechenden Organozinnmercaptiden von Mercaptocarbonsäureestern ähnlich. So zeigen nach Ergebnissen von Riethmayer (*485*) das Dibutyl-Sn-di-

(isooctylthioglykolat) (VIII) und der isomere Dibutyl-Sn-S,S'-di-(thioglykolsäureisooctylester) (vgl. *8.1.8.*), der zur Zeit verbreitetste Organozinn-Schwefel-Stabilisator, gleiche wärmestabilisierende Eigenschaften. Weitere als Stabilisatoren wirksame schwefelhaltige Ester sind u. a.: Dibutyl-Sn-mercaptosuccinat [2596, 2284, 1668], Di-(tributyl-Sn)-S-benzoylmercaptosuccinat [2597, 626, 2280, 2980, 1080, 1672], Dibutyl-Sn-(β,β'-thiodipropionat) [2519, 2338], Dibutyl-Sn-di-(monoallylthiodiglykolat) [2520], das Dibutyl-Sn-Salz des einbasischen S-Maleinoylmercaptobernsteinsäuredibutylesters [1176] und Salze von Thioacetalcarbonsäuren mit der Gruppe —S—C—S—, z. B. (IX) [1338; 1441]. Letztere, die beispielsweise mit DLTDP

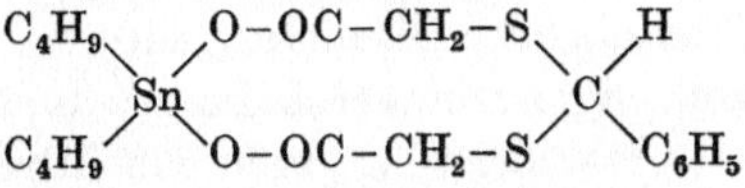

$$\begin{array}{ccccc} C_4H_9 & & O-OC-CH_2-S & & H \\ & Sn & & C & \\ C_4H_9 & & O-OC-CH_2-S & & C_6H_5 \end{array}$$

(IX)

$$\begin{array}{cc} C_4H_9 & \\ & Sn \\ C_4H_9 & \end{array} \left[O-OC-CH_2-CH_2-CO-N \begin{array}{l} CH_2-CH_2-CN \\ \\ CH_2-CH_2-CN \end{array} \right]_2$$

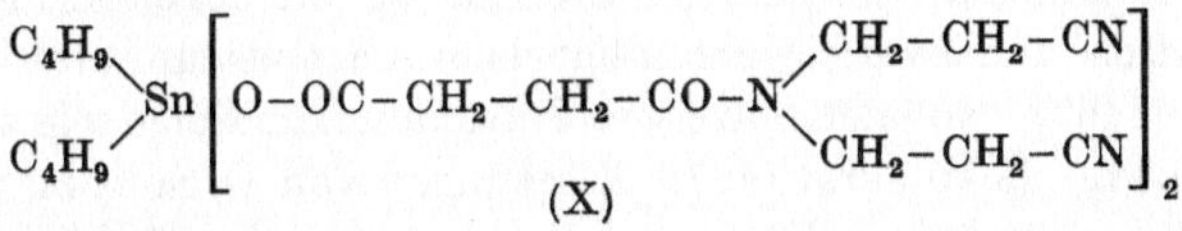

(X)

synergistische Gemische bilden, sind ebenso wie Thioätherdicarbonsäure-Derivate, z. B. Dibutyl-Sn-di-(monobutyl-β,β'-thiodipropionat) oder Dioctyl-Sn-(β,β'-thiodipropionat), auch als Polypropylen-Stabilisatoren vorgeschlagen worden [1382]. — Stickstoffhaltige Organo-Sn-Salze des Typs, wie ihn das Dibutyl-Sn-di-[N,N-di-(2-cyanäthyl)-succinamidat] (X) repräsentiert, eignen sich besonders zur Wärme- und Lichtstabilisierung von Vinylhalogenid/Vinylnitril-Copolymeren, z. B. Textilfasern aus Vinyl(iden)chlorid/Vinylidencyanid-Mischpolymerisat [907; 940].

Es hat nicht an Versuchen gefehlt, durch synergistische Kombinationen die stabilisierende Wirkung von Organozinn-Verbindungen weiter zu verbessern oder andere Stabilisatoren durch solche Verbindungen zu ergänzen. Besonderer Beliebtheit erfreut sich bei derartigen Kombinationen das DBTL. Auf seine Kombination mit Dibutyl-Sn-maleat war bereits weiter oben hingewiesen worden. Vielfach werden Organozinn-Verbindungen mit anderen typischen PVC-Stabilisatoren gemeinsam eingesetzt (vgl. aber *8.1.*). In der Patentliteratur finden sich zahlreiche Beispiele für wirksame Kombinationen. Eine solche enthält z. B. Metallricinoleate und Epoxyverbindungen als Costabilisatoren [1649, 2604, 1074; 1650, 2608], etwa ein System bestehend aus 0.5—1.5 Tln. DBTL oder Dibutyl-Sn-maleat + 2—4 Tln. Ricinoleat + 1—3 Tln. Epikote 834. Für gewöhnliche Anwendungen wird dazu Ba- oder Sr-ricinoleat im Gemisch mit Cd-ricinoleat benutzt, für Lebensmittel-Verpackungen Ca- und/oder Li-ricinoleat, evtl. unter weiterem Zusatz eines UV-Absorbers wie Salol. Als Begleitkomponenten für Organozinnverbindungen sind weiterhin genannt worden: Metallchelate von 1,3-Dicarbonylverbindungen [57, 1488], Glykol- oder Glycerinester ungesättigter Fettsäuren [160], anorganische Mg-Salze [262, 1578], Orthoameisensäure- oder Orthokieselsäureäthylester [1622], phenolische Antioxydantien [3103; 1358; 1365], Polyalkohole [1937], Harnstoff, Thioharnstoff oder Biuret (vgl. *5.9.1.*) [2445, 1776], Phosphonigsäureester [680], ferner verschiedene Arten von schwefelhaltigen Verbindungen als Synergisten zu schwefelfreien Organozinnverbindungen, wie Mercaptocarbonsäuren oder Mercaptoalkohole [930], evtl. unter weiterem Zusatz von DLTDP, Dilaurylsulfid u. a. [2982], Thioglykolsäurealkylester [2785, 3217, 1877], Thiokole oder Di-(mercaptocarbonsäureester) von (Poly-)Glykolen oder Polythioglykolen [2909, 1306] oder schließlich Thioäther, evtl. + Sulfoxyde oder Disulfide, [1440].

Die Anwendung von Organozinnverbindungen in Niederdruck-Polyolefinen dient vor allem der Stabilisierung gegen den Einfluß chlorhaltiger Katalysatorbestandteile. Auf sie ist bereits mehrfach hingewiesen worden. Weiterhin sind Organozinnverbindungen der hier beschriebenen Art Kautschuk-Antioxydantien, und zwar sowohl Dibutylzinn-Carbonsäuresalze wie DBTL, Maleate u. a. [469], wie auch Salze von Polystannoxandiolen wie z. B. Tetrabutyldistannoxandioldilaurat [467]. Mischungen von Organozinnverbindungen mit Bisphenolen sind Wärmestabilisatoren für eingefärbtes Polyvinylacetal, besonders Polyvinylbutyral für Schichtglas [2841]. Im Gemisch mit Bromalkanolestern ergeben sie einen flammwidrigen und stabilisierenden Zusatz für Polystyrol [1895]. Cordfäden aus Celluloseregenerat oder Nylon für Reifen werden durch Behandeln der Lösungen mit DBTL oder anderen Zinnverbindungen in pflanzlichen Ölen gegen Temperatureinflüsse resistent gemacht [2880]. Schließlich dient z. B. DBTL zur Stabilisierung von Silicon-Harzen [416].

Handelsprodukte:

Vgl. die Liste der Handelsprodukte im Anhang, Abschnitt „PVC-Stabilisatoren".

8.1.5. Organozinn-Alkoholate und -Phenolate. Die zuerst in Arbeiten der Distillers Co. untersuchten Produkte, wie Dibutyl-Sn-diäthylat oder Dibutyl-Sn-dibutylat (I), entstehen durch Reaktion von Dialkyl-Sn-dichlorid mit Na-alkoholat [1510, 154]. Außer Verbindungen dieser Art wurden später die Organo-Sn-Salze von ungesättigten, aromatischen, araliphatischen und heterocyclischen Hydroxyverbindungen (z. B. Dibutyl-Sn-alkoholate des Allyl-, Benzyl- oder Furfurylalkohols) dargestellt [246, 1539] und ihre Eignung als PVC-Stabilisatoren beschrieben [162, 1556], ferner auch Dialkylzinn-Verbindungen von halogenierten Phenolen, z. B. Dibutyl-Sn-di-(pentachlorphenolat) [879] sowie Triorganozinn-Monoalkoholate, wie z. B. Tributyl-Sn-tert.-butylat oder Trioctyl-Sn-methylat [423; 1566, 2111, 2561, 285; 1567, 2119, 247, 2560]. Die Dialkylzinn-Alkoholate bieten entgegen der ursprünglichen Erwartung keine nennenswerte Verbesserung der Stabilisatoreigenschaften gegenüber den Fettsäuresalzen, sind aber kommerziell hergestellt worden, nachdem von der Advance Solvents & Chemical Corp. ein bislang ungeschütztes Herstellungsverfahren belegt worden war [363]. Im Falle der

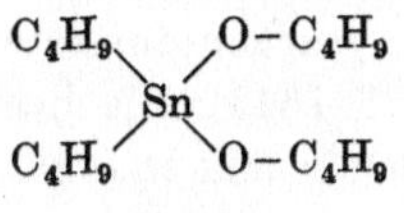

$$(C_4H_9)_2Sn(O{-}C_4H_9)_2 \quad \text{(I)} \qquad C_4H_9{-}O{-}\left[{-}Sn(C_4H_9)_2{-}O{-}\right]_n{-}C_4H_9 \quad \text{(II)}$$

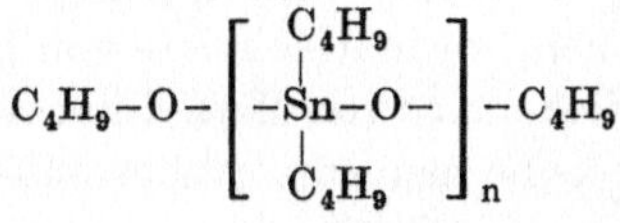

$$CH_3{-}O{-}\left[{-}Sn(C_4H_9)_2{-}O{-}\right]_n{-}CH_3 \cdot Cl{-}Sn(C_4H_9)_2{-}Cl \quad \text{(III)}$$

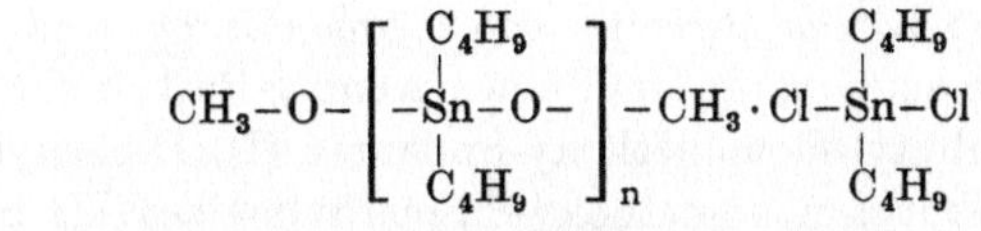

Trialkylzinn-Verbindungen ist die stabilisierende Wirkung stets schlechter als bei den entsprechenden Dialkylzinn-Verbindungen. Di- und Triorganozinn-Alkoholate, besonders Methylate, bieten aber außer ihren stabilisierenden Eigenschaften die Möglichkeit zur Umsetzung mit verschiedensten Verbindungen, die aktiven Wasserstoff enthalten:

$$R_{4-x}Sn(OCH_3)_x + x\,R'H \longrightarrow R_{4-x}SnR'_x + x\,CH_3OH$$

und sind deshalb auch als Zwischenprodukte wichtig [390, 1657].

Von größerer technischer Bedeutung als die monomeren Alkoholate dürften Alkoxy-Derivate von polymeren Dihydroxypolystannoxanen sein, wie sie von G. P. Mack u. a. dargestellt [293, 1570, 2138] und als Wärme- und Lichtstabilisatoren für PVC und andere halogenhaltige Polymere beschrieben worden sind [256, 2546, 2102]. Sie zeichnen sich durch gute Verträglichkeit mit dem Polymeren sowie geringe Flüchtigkeit und Extrahierbarkeit aus. Der Polydibutylstannoxandiol-dibutyläther (II) beispielsweise ist ein weißes Pulver, das in Weichmachern löslich ist und sich besonders für die Verwendung in Weich-PVC, Plastisolen und Organosolen eignet (vgl. (*666*)). Die Polymerisationsgrade liegen zwischen 1.4 und 11. Auch die bereits vor längerer Zeit von Harada (vgl. (*245*)) untersuchten Komplexverbindungen zwischen Stannoxanpolymeren und Dialkyl-Sn-halogeniden, die in *8.1.3.* erwähnt wurden, wie die Verbindung (III), sind Stabilisatoren [270, 2102]. Bei ihrer Herstellung entfällt die sonst notwendige sorgfältige Entfernung von Dialkyl-Sn-dichlorid, und man kann die Herstellung des Komplexes mit der alkalischen Alkoholyse von Dialkyl-Sn-dichlorid verbinden.

Flüssige Organozinn-Alkoholate können den Polymeren zweckmäßig über einen mit Stabilisator angereicherten pulverförmigen Masterbatch, der durch Erhitzen von PVC-Pulver mit 25—60 Gew.-% Stabilisator erhalten wird, zugemischt werden [644, 2501].

Weitere Typen von Organozinn-Alkoholaten sind von der Metal & Thermit Corp. beschrieben worden: Verbindungen zweiwertiger Alkohole, wie z. B. die Dibutyl-Sn-Verbindung des 1,2-Propylenglykols [474], alkoholatartige Salze von Monoestern des Glycerins [419] (wobei beide Arten von Verbindungen sowohl in cyclischer, d. h. monomerer, Form wie als Polymere vorliegen können) sowie Alkoholate von Hydroxycarbonsäureestern, wie das Dibutyl-Sn-dialkoholat von Methylricinoleat [478, 1643]. Alle diese Produkte haben jedoch keine nennenswerte praktische Bedeutung erlangt.

8.1.6. Gemischte Organozinn-Derivate von Carbonsäuren und Alkoholen. Verbindungen, die je einen Säure- und einen Alkoxy-Rest in einem Molekül tragen, sind z. B. Dibutyl-monomethoxy-Sn-laurat (I), Diphenyl-monobutoxy-Sn-oleat oder Dibutyl-monomethoxy-Sn-methylmaleat (II). Sie erweisen sich als wirksame Stabilisatoren [303, 1584, 2072, 2127; 2139; 356].

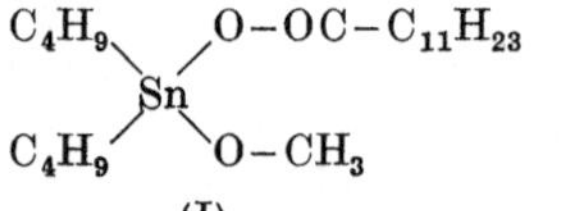

$$(C_4H_9)_2Sn(O{-}OC{-}C_{11}H_{23})(O{-}CH_3) \quad \text{(I)}$$

$$(C_4H_9)_2Sn(O{-}OC{-}CH{=}CH{-}CO{-}O{-}CH_3)(O{-}CH_3) \quad \text{(II)}$$

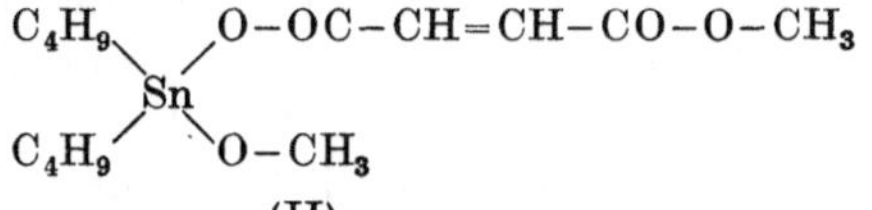

Von besonderer Bedeutung sind dabei Produkte vom Typ (II), welche die guten wärmestabilisierenden Eigenschaften des Dibutyl-Sn-maleats mit der erhöhten Verträglichkeit der Alkoxyde vereinen und nicht die Verarbeitungsschwierigkeiten des ersteren bieten. Sie gehören zu den wirksamsten und verbreitetsten schwefelfreien Organozinn-Stabilisatoren.

Weiterhin sei noch auf Organozinn-modifizierte Polyester hingewiesen, die durch Umsetzung von Polycarbonsäuren oder deren Anhydriden (z. B. Phthalsäure, Maleinsäure oder Sebacinsäure) mit mehrwertigen Alkoholen (z. B. Äthylenglykol oder Glycerinmonostearat) und Dibutyl-Sn-oxyd entstehen, wobei zur Regelung der Kettenlänge noch einwertige Alkohol- bzw. Säurekomponenten zugegeben werden [1594, 375]. Die praktische Bedeutung dieser Stoffe ist jedoch nie zutage getreten.

8.1.7. (Polymere) Organozinn-Sulfide. Dialkyl- bzw. Diaryl-Sn-sulfide, wie Dimethyl-, Dibutyl- (I) oder Didodecyl-Sn-sulfid wurden zuerst von der Metal & Thermit Corp. als PVC-Stabilisatoren angegeben [427], später von anderen Seiten speziell Di- und Trialkyl-Sn-sulfide, wobei letztere die Struktur (II) besitzen, [2599, 1083, 1698; 3084] sowie Polykondensate der Monoalkylthiostannonsäuren, z. B. der Butylthiostannonsäure mit der Zusammensetzung $(C_4H_9SnS_{1.5})_n$ (III), oder Mischpolykondensate mit der entsprechenden Alkylstannonsäure (vgl. *8.1.3.*) [2458, 862, 3002, 3204, 2727, 3089, 1147, 1917]. Die letztgenannten, von den Farbwerken Hoechst entwickelten Produkte sind nicht-toxische Wärme- und Lichtstabilisatoren und eignen sich besonders zur Herstellung von transparenten PVC-Folien für die Lebensmittel-Verpackung (vgl. (*557*)).

$$(C_4H_9)_2Sn{=}S \quad \text{(I)}$$

$$(C_4H_9)_3Sn{-}S{-}Sn(C_4H_9)_3 \quad \text{(II)}$$

$$\left[-\overset{C_4H_9}{\underset{\underset{|}{S}}{Sn}}-S-\overset{C_4H_9}{\underset{|}{Sn}}-S-\right]_{n/2} \quad \text{(III)}$$

$$(C_4H_9)_2Sn{<}^{O}_{S}\ldots \quad \text{Ring: } (C_4H_9)_2Sn{-}O{-}Sn(C_4H_9)_2{-}S{-}Sn(C_4H_9)_2{-}S{-} \quad \text{(IV)}$$

Dialkyl-Sn-sulfide vom Typ (I) sollen die Struktur von cyclischen Trimeren besitzen; von HARADA (*245*) ist dies zumindest für Dimethyl- und Diäthyl-Sn-sulfid nachgewiesen worden. Als Kautschuk-Antioxydantien werden speziell die polymeren Dialkyl-Sn-sulfide, ebenso wie die gemischten Polymeren mit Diorganozinn-Oxyden (z. B. ein Dibutyl-Sn-oxyd/sulfid, dem die cyclische trimere Struktur (IV) zugeschrieben wird) [465], sowie auch monomere oder polymere Diorganozinn-Selenide und -Telluride [545] angegeben. Als Kautschuk-Antiozonantien erweisen sich Kombinationen von sekundären aromatischen Aminen mit Organozinn-Sulfiden vom Typ (I) bzw. (II) oder mit Thiostannonsäuren R—SnS—SH [520, 1694, 2080, 2258, 2646, 1084]. — Verbindungen wie Dibutyl-Sn-sulfid dienen auch zur Wärmestabilisierung von Polyvinylacetalen und -ketalen [2196, 1681].

8.1.8. Organozinn-Mercaptide. In dieser Klasse finden sich die wirksamsten und verbreitetsten Organozinnstabilisatoren. Als erste wurden Diorganozinn-Mercaptide von Kohlenwasserstoffmercaptanen, wie Dimethyl-Sn-didodecylmercaptid oder Dibutyl-Sn-diphenylmercaptid, von C. E. BEST und E. P. STEFL von der Firestone Tire & Rubber Co. in der Patentliteratur beschrieben [398, 1606], fast zur gleichen Zeit wurden solche Verbindungen auch von W. E. LEISTNER und O. H. KNOEPKE (einschließlich Mono- und Triorganozinn-Mercaptiden und den nicht zu den Organozinn-Verbindungen zählenden Sn-tetramercaptiden) als PVC-Stabilisatoren angemeldet [387, 2166]. Von diesen Verbindungen haben allein die Diorganozinn-Mercaptide [388] praktische Bedeutung erlangt. Substanzen wie das Dibutyl-Sn-didodecylmercaptid (I) sind von größtem Interesse für die PVC-Technologie. Andere Substitutionsstufen, wie die dem Monobutyl-Sn-tributylmercaptid (II) entsprechenden Monoorganozinn-Trimercaptide (später speziell von der Firestone Tire & Rubber Co. beschrieben [373; 395, 1607, 3016; 397]) spielen demgegenüber kaum eine Rolle. Die verschiedenen Substitutionsstufen von

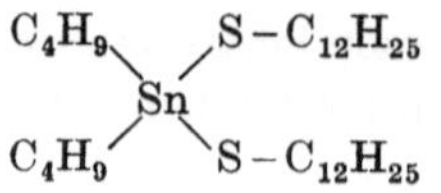

$$\begin{array}{c}C_4H_9 \quad S-C_{12}H_{25}\\ \diagdown \diagup \\ Sn \\ \diagup \diagdown \\ C_4H_9 \quad S-C_{12}H_{25}\end{array} \qquad C_4H_9-Sn\begin{array}{l}\diagup S-C_4H_9\\ -S-C_4H_9\\ \diagdown S-C_4H_9\end{array}$$

(I) 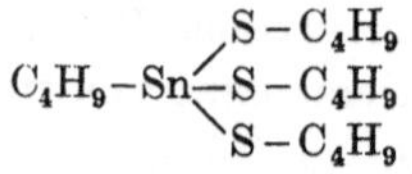 (II)

$$\begin{array}{c}C_4H_9 \quad S-CH_2-CO-O-CH_2-CH(C_2H_5)-(CH_2)_3-CH_3\\ \diagdown \diagup \\ Sn \\ \diagup \diagdown \\ C_4H_9 \quad S-CH_2-CO-O-CH_2-CH(C_2H_5)-(CH_2)_3-CH_3\end{array}$$

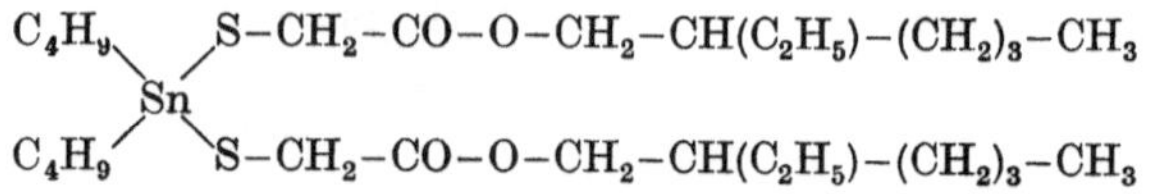

(III)

den Mono- bis zu den Tetramercaptiden sind später auch von der Goodyear Tire & Rubber Co. als Wärmestabilisatoren beansprucht worden [588]. Besondere Entwicklungen sind: Dimercaptide von 2-Mercaptobenzothiazol, z. B. Dibutyl-Sn-di-(2-benzothiazolylmercaptid), [480, 1595; 597] sowie Mercaptide von 2-Mercaptothiazol und 2-Mercaptothiazolin [372, 396], schließlich die erst neuerdings beschriebenen Alkylphenylmercaptide, vorzugsweise Dibenzylzinn-Derivate, wie das Dibenzyl-Sn-di-(4-tert.-butylphenylmercaptid) [1409].

Eine hochwirksame Variante der Organozinn-Mercaptide wurde durch die Untersuchungen der Metal & Thermit Corp. bekannt, nämlich Derivate von Mercaptocarbonsäuren bzw. deren Estern. Solche Verbindungen sind z. B. das Dibutyl-Sn-S,S'-di-(3,5,5-trimethylhexylthioglykolat), das Dibutyl-Sn-S,S'-di-(phenoxyäthylthioglykolat) oder das Dibutyl-Sn-S,S'-di-(diäthylenglykol-laurat-thioglykolat) [312, 1596]. Besonders geeignet sind Derivate von Thioglykolsäureoctylestern mit verzweigtem Octylrest, z. B. das Dibutyl-Sn-S,S'-di-(2-äthylhexylthioglykolat) (III), die von der Metal & Thermit Corp. speziell beansprucht worden sind [1713]. Produkte dieser Art bilden die zur Zeit wichtigsten Organozinnstabilisatoren. Die letztgenannte Verbindung ist eine gelbliche Flüssigkeit von der Dichte $d^{20} = 1.05$ und wirkt als vorzüglicher Hitzestabilisator mit einer gewissen Gleitwirkung. Die lichtstabilisierenden Eigenschaften sind allerdings weniger gut. Wie alle Organozinn-Mercaptide besitzt sie einen unangenehmen Geruch. Alle Dibutyl-Sn-mercaptosäureester neigen beim Lagern zur Abscheidung von kristallinen Niederschlägen aus der flüssigen Phase. Dieser Nachteil kann durch Verwendung besonders reiner Ausgangsmaterialien sowie durch Zusatz von Metallseifen, z. B. der Erdalkali-, Al-, Zn- oder Sn-Salze von 2-Äthylbuttersäure, verhindert werden [473]. Die Di-n-octyl-Sn-Verbindungen gelten als nichttoxisch und sind innerhalb gewisser Konzentrationsgrenzen für physiologisch einwandfreie PVC-Mischungen zugelassen. Weitere Entwicklungen der Metal & Thermit Corp. betreffen Triorganozinn- [517; 1073] und Monoorganozinn-Mercaptocarbonsäurederivate, z. B. Monobutyl-Sn-S,S',S''-tri-(thioglykolsäure) [518]. Organozinn-Mercaptocarbonsäurederivate der genannten Art wurden gleichzeitig und unabhängig auch von dem Argus Chemical

Laboratory dargestellt und als PVC-Stabilisatoren erprobt (dabei ist u. a. der Dibutyl-Sn-S,S'-di-(thioglykolsäurecyclohexylester) als wirksame Substanz genannt worden) [309; 310]; die entsprechende Patentanmeldung in Deutschland [2177] kam jedoch infolge Vorveröffentlichung nicht zur Wirkung. Weitere Entwicklungen der Firma Argus betreffen: Mercaptide von

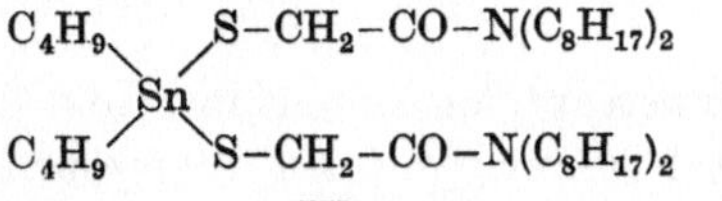

$$\begin{array}{ccc} C_4H_9 & & S-CH_2-CO-N(C_8H_{17})_2 \\ & Sn & \\ C_4H_9 & & S-CH_2-CO-N(C_8H_{17})_2 \end{array} \quad \text{(IV)} \qquad \begin{array}{ccc} C_4H_9 & & S-CH_2-CO-O-CH_2 \\ & Sn & | \\ C_4H_9 & & S-CH_2-CO-O-CH_2 \end{array} \quad \text{(V)}$$

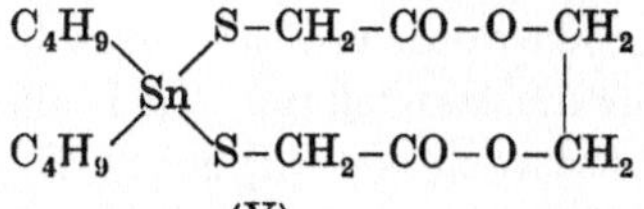

Mercaptocarbonsäureamiden, z. B. die Verbindung (IV), wobei C_8H_{17} = 2-Äthylhexyl [366, 2178, 1614]; Mercaptide von Mercaptocarbonsäureglykolestern, z. B. die Verbindung (V) oder ihre cyclischen Dimeren bzw. linearen Polykondensate [430, 2180, 1633], die besonders wirksame Stabilisatoren sein sollen, wenn ihr Molgewicht durch Zugabe zweibasischer Carbonsäuren wie Dilinolsäure bei der Herstellung niedrig gehalten wird (*486*); weiterhin Mercaptide von Diestern zweibasischer Mercaptocarbonsäuren, z. B. Dibutyl-Sn-S,S'-di-(mercaptobernsteinsäuredibutylester) [2182] (in einer Parallelentwicklung waren solche Produkte auch von der Metal & Thermit Corp. untersucht worden [519]). Neuere Entwicklungen von Metal & Thermit beinhalten Halbmercaptide von Glykoldi-(mercaptocarbonsäureestern), z. B. Dibutyl-Sn-S,S'-di-[1,4-butylenglykoldi-(thioglykolat)], [1853, 2765, 1172] und Mercaptide aus Diorganozinn-Oxyd und Pentaerythrit-mercaptocarbonsäureestern, z. B. Dibutyl-Sn-oxyd und Pentaerythrit-tetra-(thioglykolat) [1238].

Eine weitere Gruppe von Mercaptiden bilden die Derivate von Mercaptoalkoholen, die ebenfalls eine Vielzahl von strukturellen Variationen ermöglichen. Verbindungen von einfachen Mercaptoalkoholen (Metal & Thermit

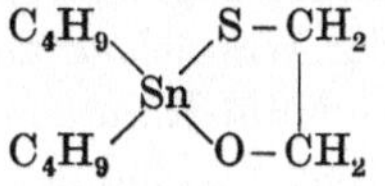

$$\begin{array}{ccc} C_4H_9 & & S-CH_2 \\ & Sn & | \\ C_4H_9 & & O-CH_2 \end{array} \quad \text{(VI)} \qquad \begin{array}{ccc} C_4H_9 & & S-CH_2-CH_2OH \\ & Sn & \\ C_4H_9 & & S-CH_2-CH_2OH \end{array} \quad \text{(VII)}$$

$$\begin{array}{ccc} C_4H_9 & & S-CH_2-CH_2-O-OC-C_{11}H_{23} \\ & Sn & \\ C_4H_9 & & S-CH_2-CH_2-O-OC-C_{11}H_{23} \end{array} \quad \text{(VIII)}$$

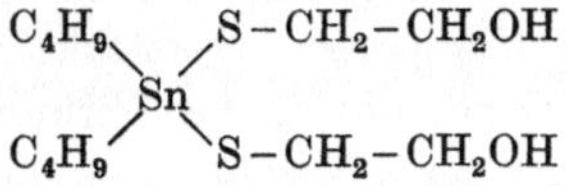

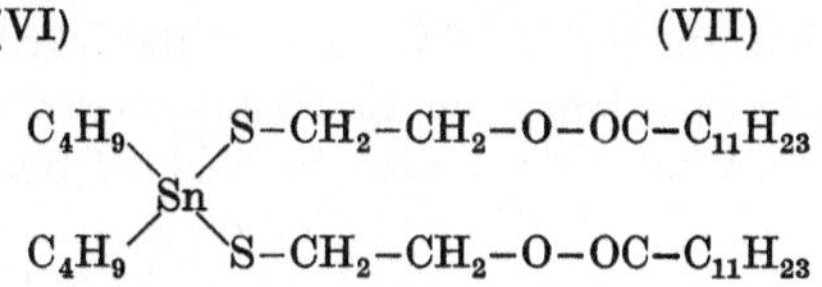

[584, 1630]) können sowohl als cyclische Derivate (VI) wie als Dimercaptide mit freien OH-Gruppen (VII) auftreten. Mercaptide von Carbonsäuremercaptoalkylestern (Argus Chem. Laboratory) wurden in Form von Monocarbonsäureestern, wie das Dibutyl-Sn-S,S'-di-(2-mercaptoäthyllaurat) (VIII), [560,

2179, 1624; 559] oder von Estern zweibasischer Carbonsäuren, wie das Dibutyl-Sn-S,S'-[di-(mercaptoäthyl)-adipat] mit cyclischer Struktur, [562, 2183, 1629; 580] dargestellt und als PVC-Stabilisatoren untersucht. Organozinn-Mercaptide von Mercaptoalkyl- oder Mercaptoarylestern einbasischer Carbonsäuren, z. B. Dibutyl-Sn-S,S'-di-(mercaptoäthylbenzoat), sind später auch von der Metal & Thermit Corp. als Wärme- und Lichtstabilisatoren angegeben worden [3260; 2591; 1648].

Für die Darstellung von Dialkylzinnmercaptiden kommt in erster Linie die Umsetzung von Oxyden, z. B. Dibutyl-Sn-oxyd, mit den entsprechenden Mercaptoverbindungen in Betracht, daneben aber auch die Reaktion zwischen Organozinn-Alkoholaten wie Dibutyl-Sn-dimethylat und Mercaptoverbindungen [2174] (vgl. dazu *8.1.5.*). — Die für die Praxis wichtigsten Verbindungen sind die Dialkyl-Sn-S,S'-di-(mercaptocarbonsäureester), wobei die Thioglykolsäure-Derivate am gebräuchlichsten sind, wenngleich ihnen auch die β-Thiopropionsäure-Derivate in ihrer hitzestabilisierenden Wirkung nicht nachstehen (*486*). — Die gleichzeitige Bearbeitung dieses Gebietes durch mehrere Firmen, welche unabhängig voneinander zu identischen oder ähnlichen Neuentwicklungen gelangt sind, hat, wie auf wenigen anderen Gebieten der chemischen Technik, zu einer außergewöhnlichen patentrechtlichen Wettbewerbssituation geführt (vgl. (*486*, *138*, *557*)).

Auch bei den Organozinn-Mercaptiden kann die Wirkung durch synergistische Gemische verstärkt und damit durch Konzentrationserniedrigung dieser Verbindungen eine Einsparung erzielt werden. So wurde z. B. die Kombination von Dialkyl-Sn-dialkylmercaptiden mit Schwermetallverbindungen beschrieben, wobei Cd-stearat und vor allem basische Pb-Verbindungen genannt werden [1679, 1105, 2667; 694, 3115, 2999, 2398]. Riethmayer (*486*) berichtet über einen ausgeprägten synergistischen Effekt zwischen Organozinn-Mercaptiden und Organozinn-Carbonsäureestern, z. B. Dibutyl-Sn-S,S'-di-(isooctylthioglykolat) + Dibutyl-Sn-di-(octanoat/decanoat). Die für sich allein im Hinblick auf die Wärmestabilisierung weniger wirksame schwefelfreie Komponente verstärkt z. B. bei der Wärmelagerung von Suspensions-PVC bei 175 °C die Wirkung der Mercaptid-Komponente derart, daß ein Ersatz der letzteren durch die schwefelfreie Verbindung bis zu etwa 50 % noch eine Verbesserung der Verfärbungszeit bewirkt.

Organozinn-Mercaptide haben auch als Stabilisatoren für andere Typen von Hochpolymeren Verwendung gefunden. Sowohl die Mercaptide von Kohlenwasserstoffmercaptanen, z. B. Dibutyl-Sn-didodecylmercaptid, [466] wie auch Derivate von Mercaptocarbonsäuren [464] sind als Antioxydantien für Naturkautschuk und synthetische Butadien-Kautschuke angegeben worden. Weiterhin sind verschiedenste Typen von Mercaptiden, bevorzugt wiederum die Verbindung (I), als Wärmestabilisatoren und thermische Antioxydantien für Polyolefine geeignet [851, 2263, 1793, 1137]. Zur Wärmestabilisierung von Polypropylen werden Organozinn-Mercaptide, z. B. (I), mit einem phenolischen Inhibitor wie Santonox und evtl. noch einem organischen Phosphit wie Trilaurylphosphit kombiniert [2008, 1168]. Dibutyl-Sn-S,S'-di-(nonylthioglykolat) [1822, 2775] und Mercaptide von chlorierten Thioglykolsäureestern, z. B. Dibutyl-Sn-S,S'-di-(2-chloräthylthioglykolat) [3133] sind ebenfalls als Stabilisatoren für (Niederdruck-)Polyolefine spezifiziert worden. — Weitere Anwendungen für Organozinn-Verbindungen verschiedener bekannter Struktur bestehen in der Verhinderung der thermischen Verfärbung von Polyvinylacetalen und -ketalen, z. B. (eingefärbtem) Polyvinylbutyral für Verbundglas (in Kombination mit Bisphenolen) [2841] und von Acrylnitril-(misch)polymerisaten, z. B. ABS-Polymeren (evtl. in Kombination mit Polyalkoholen oder deren Estern mit Mercaptocarbonsäuren) [2907].

Handelsprodukte:

Vgl. die Liste der Handelsprodukte im Anhang, Abschnitt „PVC-Stabilisatoren".

8.1.9. Organozinn-Salze von Thiocarbonsäuren; Organozinn-Xanthogenate und -Dithiocarbamate. Alkyl- oder Aralkylzinn-alkylxanthogenate, wie das Dibutyl-Sn-di-(isopropylxanthogenat) (I) oder das Benzyl-Sn-tri-(butylxanthogenat), sind Entwicklungen des Argus Chemical Laboratory [439, 1625, 2181]. Organozinn-Xanthogenate sind sämtlich durch einen penetranten Geruch gekennzeichnet. Um Xanthogenate handelt es sich möglicherweise auch bei den nicht definierten Reaktionsprodukten, die nach einem Verfahren der Deutschen Advance Produktion durch Erhitzen von Organozinn-Oxyden oder -Hydroxyden mit Schwefelkohlenstoff und Alkoholen (z. B. aus $(C_4H_9)_2SnO + CS_2 + C_4H_9OH$) entstehen und gute Stabilisierungswirkung zeigen sollen [2239]. Dithiocarbamate wurden etwa gleichzeitig von den

$$(C_4H_9)_2Sn\left[-S-\underset{\underset{S}{\|}}{C}-O-CH(CH_3)_2\right]_2 \quad \text{(I)}$$

$$(C_4H_9)_3Sn-S-\underset{\underset{S}{\|}}{C}-N(C_2H_5)_2 \quad \text{(II)}$$

$$(C_4H_9)_2Sn(S-OC-C_7H_{15})_2 \quad \text{(III)}$$

Farbwerken Hoechst [1802, 2657] und der Metal & Thermit Corp. [1720] als Stabilisatoren für halogenhaltige Polymere beschrieben, so z. B. das Tributyl-Sn-(N,N-diäthyldithiocarbamat) (II) oder das Dihexyl-Sn-di-(dithiocarbamat), von der Metal & Thermit Corp. ferner auch Organozinn-Isodithiocarbamate, die darüber hinaus als Kautschuk-Antioxydantien wirken [1719]. Salze von Thiocarbonsäuren, z. B. das Dibutyl-Sn-di-thiooctanoat (III) oder Thiocarbonsäureester von Polydialkylstannoxandiolen sind von T. Katsumura als PVC-Stabilisatoren angegeben worden [3082], von der Pure Chemicals Ltd. auch gemischte Diorganozinn-Salze von Thiocarbonsäuren und Mercaptoverbindungen, z. B. Dibutyl-Sn-dodecylmercaptid-thiobenzoat [2916]. Thiocarbonsäure-Derivate entstehen allgemein durch Umsetzung von Organozinn-Oxyden mit Thiocarbonsäuren [871; 1828, 3209, 2742].

8.1.10. Organozinn-Verbindungen mit —S—Sn—O-Bindungen. Verbindungen dieser Art entstehen entweder durch gleichzeitige Umsetzung von Organozinn-Oxyden, -Hydroxyden, -Halogeniden oder -Alkoholaten mit einer Mercaptoverbindung und einer weiteren Komponente, die ein reaktionsfähiges, an O gebundenes H-Atom trägt (Carlisle Chemical Works [801, 2175]), oder aus Dialkyl-Sn-halogeniden und einem Gemisch von Mercapto- und Säure- bzw. Alkoholkomponenten in alkalischem Milieu (BASF [1678, 1076, 2601]). Nach dem ersteren Verfahren wird z. B. aus äquimolaren Mengen Laurylmercaptan, Laurinsäure und Dibutyl-Sn-oxyd das Dibutyl-Sn-dodecylmercaptid-laurat (I) und durch entsprechende Auswahl der Ausgangskomponenten Dibutyl-Sn-dodecylmercaptid-monooleylmaleat oder Dibutyl-Sn-(S-thioglykolsäureoctylester)-octylat (II) gewonnen, die als wirksame PVC-Stabilisatoren beansprucht werden [632, 2586]. Im Zusammenhang mit dem letzteren Verfahren werden z. B. Dibutyl-Sn-dodecylmercaptid-monomethylmaleat oder Dibutyl-Sn-thioacetat-crotonat (III) beschrieben, wobei einzelne (an die

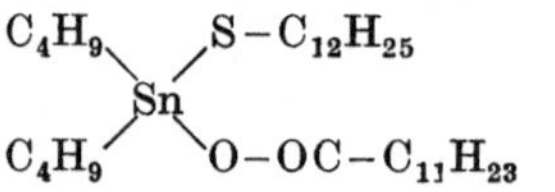

$$\begin{array}{c} C_4H_9 \diagdown \quad \diagup S-C_{12}H_{25} \\ Sn \\ C_4H_9 \diagup \quad \diagdown O-OC-C_{11}H_{23} \end{array} \qquad \begin{array}{c} C_4H_9 \diagdown \quad \diagup S-CH_2-CO-O-C_8H_{17} \\ Sn \\ C_4H_9 \diagup \quad \diagdown O-C_8H_{17} \end{array}$$

(I) 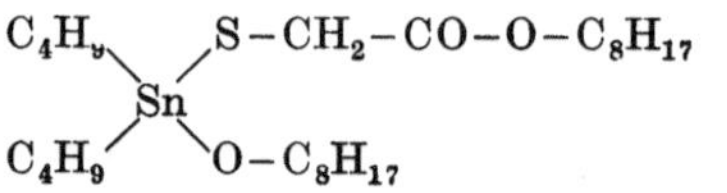 (II)

$$\begin{array}{c} C_4H_9 \diagdown \quad \diagup S-OC-CH_3 \\ Sn \\ C_4H_9 \diagup \quad \diagdown O-OC-CH{=}CH-CH_3 \end{array}$$

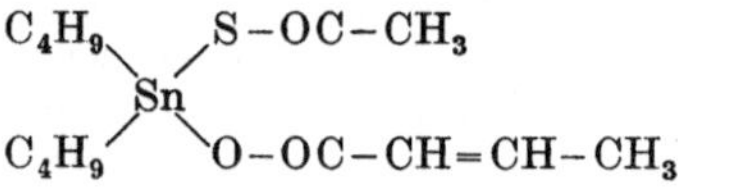

(III)

Deutsche Advance Produktion erteilte) Patente speziell die Herstellung von gemischten Alkylmercaptiden und Alkoholaten, z. B. Dibutyl-Sn-octylmercaptid-butylat [3262], gemischten Alkylmercaptiden und Carbonsäuresalzen, z. B. (I) [3263], gemischten Thiocarbonsäuresalzen und Alkoholen, z. B. Di-n-octyl-Sn-thiobenzoat-methylat [3268] und gemischten Thiocarbonsäuresalzen und Carboxylaten, z. B. (III) [3269], behandeln. Verbindungen wie letztere sind mit den Vinyl-Monomeren copolymerisierbar. Als Stabilisatoren sollen solche Substanzen gegenüber den herkömmlichen Organozinn-Verbindungen geringere Eigenzersetzlichkeit und geringeres Reaktionsvermögen mit Schwermetallen (Pb, Cd) besitzen. Über gemischte Salze von Thiocarbonsäuren und α,β-ungesättigten Säuren, z. B. Dibutyl-Sn-thiobenzoat-monooctylmaleat, berichtet ferner die Pure Chemicals Ltd. [1828, 3209, 2742], über solche von Carbonsäuren und 2-Mercaptobenzothiazol, z. B. Dibutyl-Sn-(2-benzothiazolylmercaptid)-(2-äthylhexanoat), die Cie. Rousselot [2914]. — E. L. Weinberg erhielt durch gemeinsame Reaktion von Alkoholen, zweibasischen Säuren, Diorganozinn-Oxyden und Mercaptocarbonsäureestern komplexe Verbindungen, in denen das koordinativ 6-wertige Zinn als

Zentralatom eines Anionenkomplexes (IV) fungieren soll und die ebenfalls als Stabilisatoren für chlorhaltige Polymere angegeben werden [1636]. — Weiterhin wurden Verbindungen mit Kettenstruktur als Stabilisatoren angegeben. Dies sind einmal Polydiorganostannoxane mit einer oder zwei endständigen Thioäthergruppen und Polymerisationsgraden n = 1—12, z. B. die durch Umsetzung von trimerem Dibutyl-Sn-dimethoxyd, 2-Äthylhexylthioglykolat und Laurinsäure entstehende Verbindung (V) [632; 1677, 2248, 2586, 3051, 488], zum anderen Mal ein Di-(dibutyl-Sn)-sulfid der Struktur (VI) [3094].

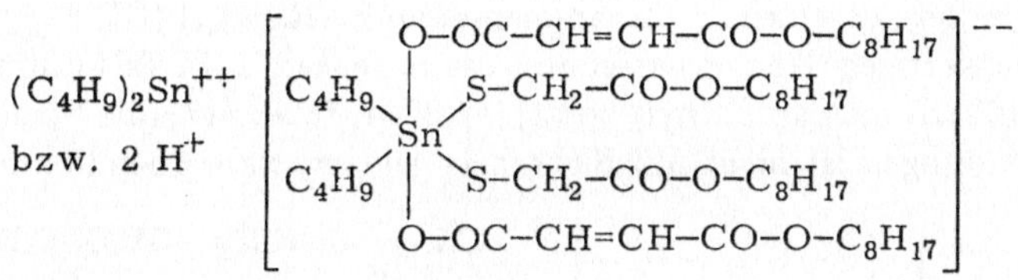

$$(C_4H_9)_2Sn^{++} \text{ bzw. } 2\,H^+ \quad \left[(C_4H_9)_2Sn(O{-}OC{-}CH{=}CH{-}CO{-}O{-}C_8H_{17})_2(S{-}CH_2{-}CO{-}O{-}C_8H_{17})_2 \right]^{--}$$

(IV)

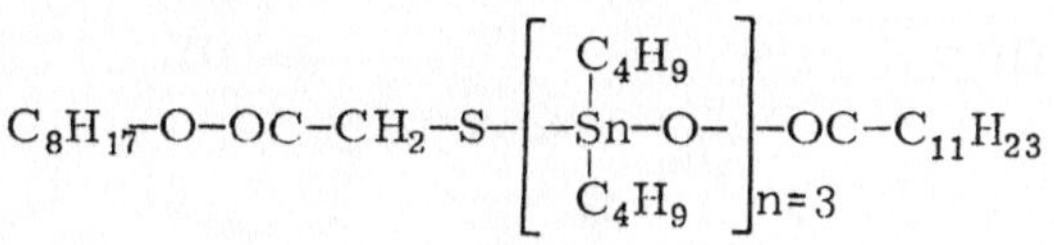

$$C_8H_{17}{-}O{-}OC{-}CH_2{-}S{-}\left[{-}Sn(C_4H_9)_2{-}O{-} \right]_{n=3}{-}OC{-}C_{11}H_{23}$$

(V)

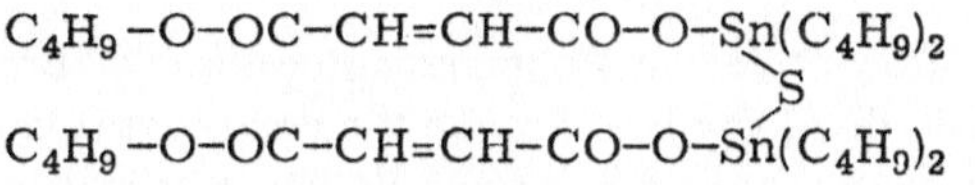

$$\begin{matrix} C_4H_9{-}O{-}OC{-}CH{=}CH{-}CO{-}O{-}Sn(C_4H_9)_2 \\ \diagdown S \diagup \\ C_4H_9{-}O{-}OC{-}CH{=}CH{-}CO{-}O{-}Sn(C_4H_9)_2 \end{matrix}$$

(VI)

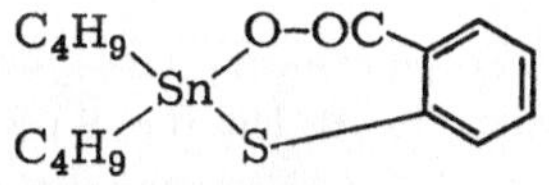

$$(C_4H_9)_2Sn\langle {-}O{-}OC{-}C_6H_4{-}S{-} \rangle$$

(VII)

$$(C_4H_9)_2Sn\langle {-}S{-}(CH_2)_2{-}CO{-}O{-}Sn(C_4H_9)_2{-}S{-}(CH_2)_2{-}CO{-}O{-} \rangle$$

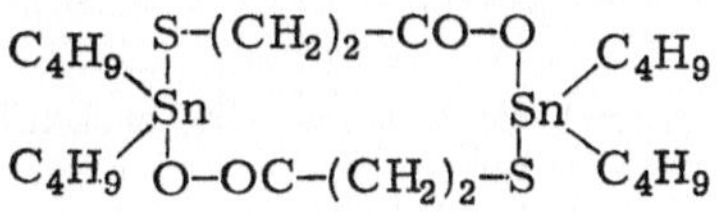

(VIII)

Cyclische Verbindungen entstehen durch Reaktion von Diorganozinn-Zwischenprodukten mit Mercaptoalkoholen, Mercaptocarbonsäuren oder Hydroxythiocarbonsäuren. Auf eine solche Verbindung war bereits in der Substanzklasse *8.1.8.* (siehe dort Formel (VI)) hingewiesen worden. Die genannten Produkte sind allgemein von den Carlisle Chemical Works als PVC-Stabilisatoren angegeben worden [869, 2176, 2051], worunter z. B. das innere Dibutyl-Sn-thiosalicylat (VII) oder das innere Dibutyl-Sn-β-mercaptopropionat fallen. Das cyclische Dimere der letztgenannten Verbindung, (VIII), ist neben anderen dimeren cyclischen Diorganozinn-Verbindungen von α-, β- oder γ-Mercaptocarbonsäuren von der Pure Chemicals Ltd. als Wärmestabilisator für chlorhaltige Polymere beansprucht worden [2910].

8.1.11. Organozinn-Verbindungen mit Bor. Eine Kombination der Borsäureester-Gruppe mit dem Organozinn-Strukturelement findet sich in einigen Verbindungstypen, die aus Arbeiten der Metal & Thermit Corp. hervorgegangen sind. Sie sind als Stabilisatoren für halogenhaltige Polymere und als Kautschuk-Antioxydantien wirksam. Es handelt sich im einzelnen um folgende Produkte: Organozinn-Mercaptide von Trimercaptoestern der Borsäure von der allgemeinen Zusammensetzung $(R_2Sn)_3[B(OR'S)_3]_2$, wo R′ einen zweiwertigen Kohlenwasserstoffrest bedeutet, z. B. Tris-(dibutyl-Sn)-bis-[S,S′,S″-tri-(mercaptoäthyl)-borat] (I) [3264, 1628, 617] (die Struktur dieser Verbindungen ist nicht mit Sicherheit geklärt, wahrscheinlich liegen sie

$$\left[(C_4H_9)_2Sn\right]_3\left[\begin{matrix}S-(CH_2)_2-O\\S-(CH_2)_2-O\\S-(CH_2)_2-O\end{matrix}\!>\!B\right]_2 \qquad (C_4H_9)_2Sn\begin{matrix}S-(CH_2)_2-OB(O-C_8H_{17})_2\\S-(CH_2)_2-OB(O-C_8H_{17})_2\end{matrix}$$

(I) (II)

$$\begin{matrix}C_4H_9\\C_4C_9\end{matrix}\!>\!Sn\begin{matrix}OB(O-C_8H_{17})_2\\OB(O-C_8H_{17})_2\end{matrix}$$

(III)

als Polymere vor); Organozinn-Mercaptide von Monomercaptoestern der Borsäure, z. B. Dibutyl-Sn-S,S′-bis-(di-2-äthylhexyl-mono-2-mercaptoäthylborat) (II) [1637] sowie schwefelfreie Organozinn-Salze von Borsäure bzw. ihren sauren Estern, z. B. Dibutyl-Sn-orthoborat $[(C_4H_9)_2Sn]_3\,(BO_3)_2$ oder Dibutyl-Sn-bis-(di-2-äthylhexylborat) (III) [556, 1665, 2164, 3259].

8.1.12. Sonstige Organozinn-Verbindungen. Organozinn-Phosphate finden sich mehrfach in der Patentliteratur beschrieben, erstmals auf Grund von Arbeiten der Metal & Thermit Corp., wobei sowohl die Gewinnung von Salzen der Phosphorsäuren wie Tributyl-Sn-orthophosphat $[(C_4H_9)_3Sn]_3PO_4$ [301], wie auch von Salzen der Partialester, z. B. des Diphenyl-Sn-dihexylpyrophosphats (I), [302] angegeben wird. Die Produkte eignen sich als stabilisierende Zusätze zu PVC-Massen [418],

$$(C_6H_5)_2Sn\begin{matrix}O-P(\to O)(O-C_6H_{13})\\O-P(\to O)(O-C_6H_{13})\end{matrix}\!>\!O \qquad (C_4H_9)_2Sn\begin{matrix}S-C_{12}H_{25}\\O-P(\to O)(OH)-O-C_4H_9\end{matrix} \qquad (C_4H_9)_2Sn\begin{matrix}O-SO_2-CH_3\\O-SO_2-CH_3\end{matrix}$$

(I) (II) (III)

haben als solche aber keine praktische Bedeutung. Diorganozinn-Phosphate und -Phosphite, z. B. Dibutyl-Sn-hydrogenphosphit, daneben aber auch verschiedenste andere Diorganozinn-Salze von anorganischen Sauerstoffsäuren, wie Nitrate, Nitrite, Sulfate, Sulfite u. a. wirken auch als nichtverfärbende Kautschuk-Antioxydantien [468]. Weiterhin sind Diorganozinn-Phosphate und -Phosphite, z. B. Dibutyl-Sn-phosphit oder Dibutyl-Sn-phosphat-dodecylmercaptid, [3157] sowie Salze von Partialestern wie Dibutyl-Sn-bis-(dibutylphosphit) oder Dibutyl-Sn-monobutylphosphat-dodecylmercaptid (II) [3156] (wobei die Verbindungen auch leicht polymerisiert als Polydialkylstannoxan-Derivate mit n vorzugsweise <2 vorliegen können) als Wärme- und Lichtstabilisatoren für Polyolefine beschrieben worden.

Organozinn-Methan(thio)sulfonate, z. B. das Dibutyl-Sn-di-(methansulfonat) (III), die von der Stauffer Chemical Co. beansprucht worden sind [995], erweisen sich möglicherweise als PVC-Stabilisatoren.

Verbindungen mit Zinn-Stickstoff-Bindung lassen sich durch Umsetzung von Sulfonamiden oder -imiden mit Organozinn-Zwischenprodukten gewinnen. Dialkyl-Sn-Salze von o-Benzoesäuresulfonimid (Saccharin; vgl. *7.3.*) wirken sowohl allein wie in Kombinationen mit basischen Pb-Verbindungen oder Maleinsäureanhydrid stabilisierend [118]. Von größerer Bedeutung sind die von der Advance Solvents & Chemical Corp. entwickelten Organozinn-Sulfonamide wie z. B. Dibutyl-Sn-N,N'-di-(p-toluolsulfonamid) (IV), Dibutyl-Sn-N,N'-di-(hexansulfonamid) oder Dibutyl-Sn-N,N'-di-(N-butyl-benzolsulfonamid) [283; 306]. Diese Verbindungen sind wirksame Wärme- und Lichtstabilisatoren für Vinylchloridharze und wirken auch als Weichmacher. Die bei der HCl-Akzeptorwirkung freiwerdenden Sulfonamide sind mit der PVC-Masse gut verträglich und begünstigen das Fließverhalten von weichmacherfreien Extrusionsmischungen bei der Verarbeitungstemperatur (*551*).

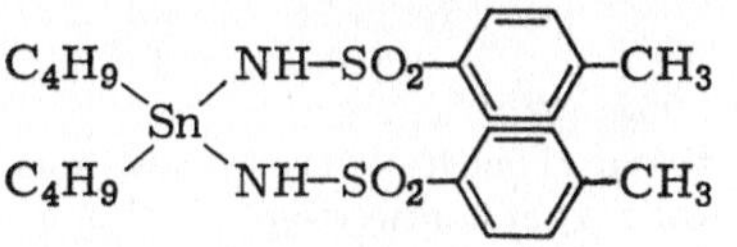

$$(C_4H_9)_2Sn(NH{-}SO_2{-}C_6H_4{-}CH_3)_2$$

(IV)

$$C_6H_5{-}CH{=}NO{-}Sn(C_2H_5)_2{-}O{-}Sn(C_2H_5)_2{-}ON{=}CH{-}C_6H_5$$

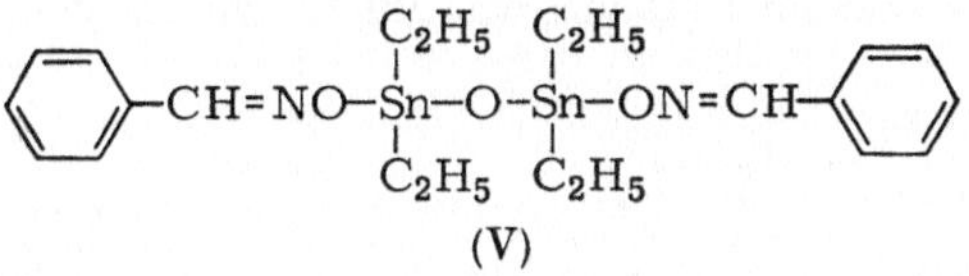

(V)

Als Wärmestabilisatoren für Vinylchlorid-Polymere und Chlorkautschuk erweisen sich ferner stickstoffhaltige Organozinn-Verbindungen, die durch Reaktion zwischen Organozinn-Oxyden und Oximen oder Amidoximen entstehen, welche die Gruppe $=N-OH$ mit reaktionsfähigem H-Atom tragen. So wird beispielsweise aus Diäthyl-Sn-oxyd und Benzaldehydoxim ein solches Produkt mit der Struktur (V) erhalten [2516, 2186, 1797, 782].

8.2. Organoblei-Verbindungen

Die Verwendung von bleiorganischen Verbindungen zur PVC-Stabilisierung hat gegenwärtig wohl nur mehr eine historische Bedeutung; es ist jedoch bemerkenswert, daß am Anfang der Entwicklung von Organozinnstabilisatoren vielfach entsprechende Bleiverbindungen als gleichwertige Alternativen angesehen worden sind. So wurden in den ersten Patenten über Organozinnstabilisatoren von V.

YNGVE auch Tetraaryl- und Alkyl-arylblei, z. B. Tetraphenylblei $(C_6H_5)_4Pb$, [35], Tetraalkylblei, z. B. Tetrapropylblei $(C_3H_7)_4Pb$, sowie Organoblei-Oxyde oder -Hydroxyde wie Diphenyl-Pb-oxyd $(C_6H_5)_2PbO$ [2526, 1482; 48] als Wärmestabilisatoren für Vinylchloridharze angegeben. Weitere ältere Entwicklungen betreffen: Organoblei-Salze von $C_{>8}$-Fettsäuren, z. B. Diphenyl-Pb-distearat (I) [49]; Organoblei-Salze von niederen Fettsäuren, z. B. Dibutyl-Pb-diacetat oder -propionat

$$(C_6H_5)_2Pb(O-OC-C_{17}H_{35})_2 \quad \text{(I)}$$

$$(C_2H_5)_3Pb-O-OC-CH{=}CH-CO-O-C_6H_{13} \quad \text{(II)}$$

$$(C_4H_9)_2Pb(O-C_8H_{17})_2 \quad \text{(III)}$$

[58]; Organoblei-Salze von α,β-ungesättigten Carbonsäuren, z. B. Triäthyl-Pb-monohexylmaleat (II) [218], die eine synergistische Wirkung mit Organozinn-Verbindungen zeigen, besonders bei Kombination der Verbindung (II) mit Dibutyl-diphenylzinn [143]; Dialkyl-Pb-dialkoholate, z. B. Dibutyl-Pb-dioctylat (III) [1510, 154]. Im Laufe der letzten 20 Jahre hat sich das praktische Interesse vollständig von Organoblei-Verbindungen abgewandt, nicht zuletzt wohl wegen ihrer starken Toxizität. Neuerlich sind sie in russischen Quellen als Wärmestabilisatoren für strahlungsvernetztes Polyäthylen angeführt worden [3296].

8.3. Organoantimon-Verbindungen

Vom dreiwertigen Antimon abgeleitete Triorganostibine, wie das Tri-(4-chlorphenyl)-stibin (I) [125], sowie vom fünfwertigen Antimon abgeleitete Triorganostibin-Salze, wie das Triphenylstibindibenzoat (II), aber auch Chloride, Fluoride, Acetate oder Octanoate [209] erweisen sich nach Angaben der Monsanto Chemical Co. als Lichtstabilisatoren für PVC und seine Mischpolymerisate.

$$Sb(-C_6H_4-Cl)_3 \quad \text{(I)}$$

$$(C_6H_5)_3Sb(O-OC-C_6H_5)_2 \quad \text{(II)}$$

8.4. Metallorganische Verbindungen mit weiteren Metallen

Organozink-Verbindungen, z. B. Di-n-dodecylzink $(C_{12}H_{25})_2Zn$, sind als Bestandteile von wärmestabilisierenden Dreierkombinationen, bestehend aus ungesättigten Terpenen + Mercaptanen oder Disulfiden + organischen Zinkverbindungen, für Polyvinyl(iden)-chlorid oder -fluorid bzw. deren Mischpolymerisate angeführt worden [1287]. Anstelle der Organozink-Verbindungen eignen sich hierbei jedoch auch andere Zn-Salze, wie das Laurat oder das Dodecylmercaptid. Vgl. dazu *7.1.1.* und *10.1.*

Auch Organoquecksilber-Verbindungen wie Diphenylquecksilber $(C_6H_5)_2Hg$, Di-2-naphthylquecksilber oder Di-(methoxyphenyl)-quecksilber, sind als Wärmestabilisatoren für PVC, besonders für transparente Produkte, geeignet, wobei sie evtl. mit Organozinn-Verbindungen kombiniert werden [2827].

Zu den metallorganischen Verbindungen gehört ferner das Ferrocen (Dicyclopentadienyleisen), das, ebenso wie gewisse Derivate, z. B. das Acetylferrocen, als Wärmestabilisator für Polysiloxane wirksam ist [757]. Über Ferrocen-Derivate vgl. ferner *4.4.*

9. Bor- und siliciumhaltige organische Verbindungen

9.1. Borsäureester und andere organische Bor-Verbindungen

(Über Organozinn-Borate siehe *8.1.11.*)

Borsäuren und ihre Derivate wirken, wie bereits in *1.2.1.* ausgeführt, wohl vorwiegend als Komplexbildner für metallische Abbaukatalysatoren. Die organischen Borsäure-Derivate teilen diese Eigenschaft mit den anorganischen Borverbindungen und erlauben den Einbau weiterer stabilisatorwirksamer Strukturelemente in das Molekül. Eine zusammenfassende Darstellung der Rolle von Borsäureestern als Antioxydantien für Polymere haben Rosantsev u. a. (*491*) gegeben. — In PVC-Kunststoffen erwiesen sich organische Borate, z. B. das Tri-(2-äthylhexyl)-, das Triphenyl- oder das Tri-(2-chlorphenyl)-borat, als geeignete Zusätze zu Plastisolen, die, neben den üblichen Primärstabilisatoren anwesend, in erster Linie zur Aufrechterhaltung einer niedrigen Viskosität und zur Beschleunigung der Entlüftung dienen, daneben aber auch eine Verbesserung der Wärme- und Lichtstabilität der Fertigprodukte bewirken. Eine entsprechende Plastisol-Mischung enthält z. B. auf 100 Tle. PVC und 60 Tle. DOP als Zusätze 2.5 Tle. Ba/Cd-laurat, 0.8 Tle. Phosphite, 5 Tle. epoxydiertes Sojaöl und 1 Tl. Borsäureester [629a]. Eigens als Stabilisatoren sind Borate von mehrwertigen Alkoholen angegeben worden, z. B. Borsäureester von Pentaerythrit, Glycerin, Sorbit u. a., die überschüssige saure H-Atome enthalten. Offensichtlich sollen hier die komplexbildenden Eigenschaften der Borsäure und der Polyalkohole kombiniert werden [685, 1771, 3093]. Auch hierbei dürfte die Anwesenheit von Metallseifen als Primärstabilisatoren erforderlich sein. Hilfsstabilisatoren zur Kombination mit Metallseifen sind auch acylierte Borsäuren, z. B. Essigsäure/Borsäure-Anhydride der Struktur CH_3—CO—O—B=O, (CH_3—CO—O)$_2$B-OH oder (CH_3—CO—O)$_3$B [741]. Weiterhin sind Dialkoxyvinylborane (Dialkylester der Vinylboronsäure) (RO)$_2$B—CH=CH_2, z. B. Dimethoxyvinylboran, als PVC-Stabilisatoren bezeichnet worden [867, 1280, 2374], ihre praktische Erprobung steht aber noch aus.

Zur Stabilisierung von Polyolefinen, insbesondere als Inhibitoren der bei der thermischen Verformung von Ziegler-Polyolefinen auftretenden Abbau- und Verfärbungseffekte, können Ester von Sauerstoffsäuren des Bors mit einer C-Zahl $\geqq$ 6 zugegeben werden. Geeignet sind Orthoborsäureester wie Tristearylborat ($C_{18}H_{37}O)_3B$ oder 2,6-Di-tert.-butyl-4-methylphenyl-di-n-butylborat (I), aber auch Ester von Boronsäuren (HO)$_2$B—R oder Borinsäuren HO—BR_2 [1865, 2819, 1200, 2409, 3229]. Brenzkatechinborate (von ähnlicher Struktur wie die auf S. 322 genannten Brenzkatechinphosphite),

z. B. 1-Naphthylbrenzkatechinborat $C_{10}H_7O—B(O_2C_6H_4)$, erweisen sich nach russischen Arbeiten (vgl. (*421a*)) als weitere Gruppe von wirksamen Inhibitoren der thermischen Oxydation von Polypropylen. Auch bei diesen Produkten ist das Fehlen eines beweglichen H-Atoms bemerkenswert. Das

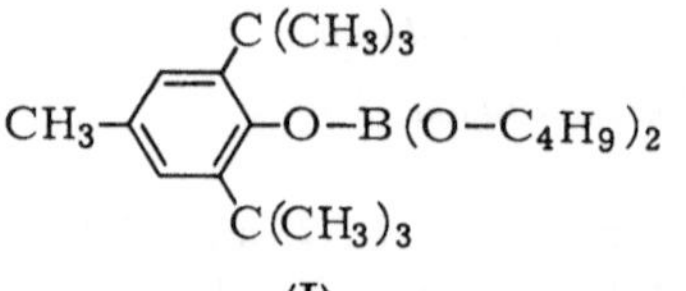

$C(CH_3)_3$ / CH_3 / $O-B(O-C_4H_9)_2$ / $C(CH_3)_3$ (I)

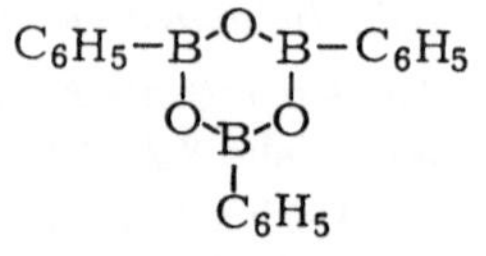

C_6H_5-B / O / $B-C_6H_5$ / O / B / O / C_6H_5 (II)

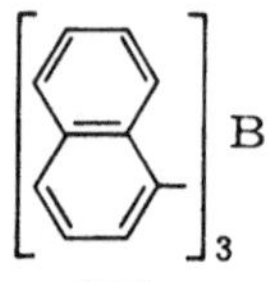

$[C_{10}H_7]_3B$ (III)

Veresterungsprodukt von 2,2′-Thiobis-4-methyl-6-tert.-butylphenol mit Borsäure soll sich herkömmlichen phenolischen Antioxydantien überlegen erweisen. Als Licht-, Wärme- und Oxydationsschutzmittel für Polyäthylen oder Polypropylen sind ferner speziell Verbindungen mit B—C-Bindungen beschrieben worden, und zwar Substitutionsprodukte des Boroxols wie Triphenylboroxol (II) oder Trimesitylboroxol, ferner Triarylborane wie Tri-(1-naphthyl)-boran (III) oder der Pyridin-Komplex von Triphenylboran, Alkyl- und Aryl-boronsäuren bzw. -borinsäuren (s. oben) oder deren Ester, Thioester, Anhydride und ähnliche Verbindungen [1295].

Zur Wärmestabilisierung von Acrylnitrilpolymeren sind, ebenso wie anorganische Borsäuren, auch Borsäureester, z. B. das Tributylborat, geeignet, indem sie die durch Verunreinigungen katalysierte Dunkelfärbung unterdrücken [281]. Die Hitzealterung von Polyätherurethan-Schaumstoffen wird durch Borsäureester von halogenhaltigen Alkoholen, z. B. 2-Chlorpropanol, eingeschränkt [936]. Additionskomplexe des Borwasserstoffs mit Aminen von der Formel $R_2R'N \rightarrow BH_3$, worin $R_2R'N$ ein sekundäres ($R' = H$) oder tertiäres Amin oder ein Stickstoff-Heterocyclus sein kann, kommen sowohl als Wärme- und Lichtstabilisatoren für Acrylnitril(co)polymere [844], wie als Wärmestabilisatoren für Polyätherurethanschaumstoffe [1049] in Betracht. Geeignet sind z. B. Komplexe wie (Di-)Methyl-n-octadecylaminboran oder Pyridin-boran. Im Falle der Acrylnitrilpolymeren werden die Stabilisatoren den Spinnlösungen, im Falle der Schaumstoffe dem schäumfähigen Polyäther-Isocyanat-System zugesetzt.

Cycloalkenylborate, z. B. das Tri-(5-norbornen-(2)-yl-methyl)-borat oder das Di-(3-cyclohexenyl)-vinylborat, sind als verschieden anwendbare Antioxydantien und Antiozonantien beschrieben worden [861].

9.2. Niedermolekulare organische Silicium-Verbindungen

Für Stabilisierungszwecke haben sowohl Kieselsäureester wie auch Silan-Derivate mit Si—C-Bindungen Verwendung gefunden. Beide Verbindungstypen sind bereits vor längerer Zeit zur PVC-Stabilisierung herangezogen worden: Bleisilanolate der Formel $R_3Si—O—Pb—O—SiR_3$ (wobei R gleiche oder verschiedene Kohlenwasserstoffreste bedeuten kann), z. B. Pb-triäthylsilanolat, -triphenylsilanolat oder -phenyl-dimethylsilanolat, zur Wärme- und Lichtstabilisierung von Vinylchlorid- und Vinylidenchlorid(co)polymeren oder Polychloropren [122, 1523, 2059], sowie Kombinationen von DBTL oder bekannten Bleiverbindungen mit Orthokieselsäureäthylester $(C_2H_5O)_4Si$ als allgemeine Stabilisatoren für Vinylchloridharze [462, 1622, 2184]. Nach neueren Untersuchungen sind besonders zur Wärmestabilisierung von tonerdegefüllten Vinylchloridpolymerisaten Reaktionsprodukte von kohlenwasserstoffsubstituierten Halogensilanen mit Alkoholen oder Epoxyverbindungen geeignet. Bei Verwendung einwertiger Alkohole haben die Stabilisatoren die Struktur von Alkyl-alkoxysilanen, z. B. 3-Cyclohexenyl-tri-(äthoxy)-silan, bei Verwendung von Epoxyverbindungen die von Alkyl-2-chloralkoxysilanen, z. B. Propyl-tri-(2-chloräthoxy)-silan [1251]. Stickstoffhaltige Silane sind durch Arbeiten von THINIUS als PVC-Stabilisatoren bekannt geworden; es handelt sich dabei im wesentlichen um Dibutyl-di-(N'-alkylureido)-silane, wie z. B. die Verbindung $(C_4H_9)_2Si(NH—CO—NH—C_3H_6—)_2$ (*588b*), und das Dibutyl-Si-N,N'-(thiodiglykoldicarbamat) von der Struktur $(C_4H_9)_2Si(NH—CO—O—C_2H_4—)_2S$ (*588c*). — Zur Wärmestabilisierung von Polyvinylacetal-Harzen ist eine Kombination aus 4-tert.-Amylphenol und Triphenylfluorsilan $(C_6H_5)_3SiF$ herangezogen worden [426].

Als Stabilisatoren für Polyolefine, besonders Polypropylen, sind die folgenden Verbindungstypen wirksam: Umsetzungsprodukte von Alkylhalogensilanen mit Mercaptocarbonsäuren oder Thiodialkancarbonsäuren bzw. deren Na-Salzen, die in ihrer Struktur Analoge zu den bekannten Organozinnstabilisatoren darstellen, z. B. Dibutyl-Si-thiodipropionat (I), Dibutyl-Si-di-(monolaurylthiodipropionat) oder Dibutyl-Si-mercaptopropionat; die als Wärmestabilisatoren wirksamen Verbindungen bilden synergistische Gemische mit Thiodipropionsäureestern, Metallseifen, phenolischen Antioxydantien, analog gebauten Organozinn-Verbindungen und anderen [1383].

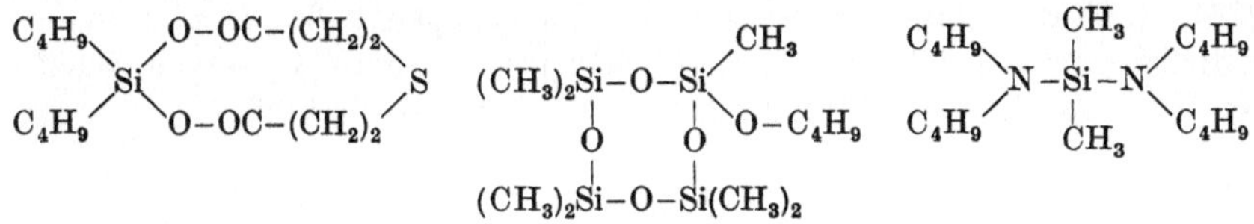

```
C4H9      O-OC-(CH2)2                        CH3        C4H9     CH3    C4H9
    \    /           \                       /              \     |     /
     Si               S    (CH3)2Si-O-Si                     N - Si - N
    /    \           /             |    |\                  /     |     \
C4H9      O-OC-(CH2)2              O    O O-C4H9        C4H9     CH3    C4H9
                                   |    |
                           (CH3)2Si-O-Si(CH3)2

       (I)                          (II)                         (III)
```

Weiterhin cyclische Trimere, Tetramere oder Pentamere von Siloxanen $(R^1R^2)Si{=}O$, z. B. die tetramere Verbindung (II); Verbindungen dieser Art eignen sich als Wärme- und Lichtstabilisatoren für Folien und Fasern aus Polypropylen [3311]. — Farblose Pigmente, welche eine dem Ruß sehr ähnliche antioxydative Wirkung in Polyäthylen zeigen, erhielten HAWKINS u. a. durch Überziehen der Oberfläche von Kieselsäurepartikeln mit chemisch gebundenen partiellen Kieselsäureestern von mehrwertigen Phenolen wie Brenzkatechin oder Pyrogallol. Die unveresterten freien phenolischen OH-Gruppen wirken wahrscheinlich in analoger Weise zu den phenolischen Gruppen an der Rußoberfläche (*260*).

Als Wärmestabilisatoren für endgruppenverschlossene Polyoxymethylene kommen mit tert.-Aminogruppen substituierte Silane in Betracht, z. B. Dimethyl-di-(dibutylamino)-silan (III), ferner auch Kieselsäuretetra-(2-N,N'-dibutylaminoäthylester) [2438].

Verschiedene Organosilicium-Verbindungen sind schließlich für allgemeine Stabilisierungszwecke bei Hochpolymeren vorgeschlagen worden: als Antioxydantien Silanoläther von organischen Phosphaten [1030], als UV-Absorber N-Silylphosphinimide, z. B. die Verbindung $(C_6H_5)_3Si—N\leftarrow P(C_6H_5)_3$, oder N-Silylarsinimide, z. B. die Verbindung $(CH_3O—C_6H_4)_2Si[N\leftarrow As(C_4H_9)_3]_2$ [1028].

9.3. *Organopolysiloxane*

Hochmolekulare Polysiloxane der Struktur (I), wobei die Kohlenwasserstoff- oder Acylreste R an einem Si-Atom gleich oder verschieden oder gegebenenfalls auch teilweise durch OH ersetzt sein können, wurden von der Montecatini als oxydations-, wärme- und lichtstabilisierende Zusätze zu kristallinen Polyolefinen, wie Polypropylen, beansprucht. Als Stabilisatoren

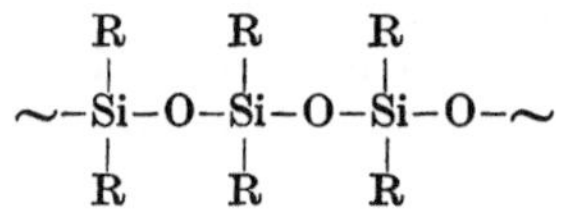

$$\sim\!-\underset{R}{\overset{R}{\underset{|}{\overset{|}{Si}}}}-O-\underset{R}{\overset{R}{\underset{|}{\overset{|}{Si}}}}-O-\underset{R}{\overset{R}{\underset{|}{\overset{|}{Si}}}}-O-\!\sim \qquad \text{(I)}$$

$$X-\left[-\underset{CH_3}{\overset{CH_3}{\underset{|}{\overset{|}{Si}}}}-O-\right]_n-\underset{CH_3}{\overset{CH_3}{\underset{|}{\overset{|}{Si}}}}-X$$

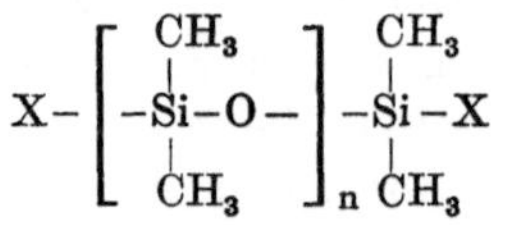

$$X = -CH_2-O-(CH_2)_3-O-(CH_2)_3-OH \qquad \text{(II)}$$

sind verschiedenste Typen von bekannten Siliconharzen geeignet, z. B. Diphenylsiloxan- oder Methyl-hydroxysiloxan-Polymere [3023, 2997, 1886, 2804, 1191]. Polysiloxane mit bestimmten Endgruppen, z. B. (II), sind bei der Stabilisierung von Polyester- und Polyätherurethanen als Begleitkomponenten für Carbodiimid-Verbindungen (vgl. *5.12.*) verwendbar [2927].

10. *Sonstige organische Verbindungen*

10.1. *Kohlenwasserstoffe*

Der Zusatz von (meist ungesättigten) Kohlenwasserstoff-Verbindungen ohne funktionelle Gruppen ist besonders für die Stabilisierung von halogenhaltigen Polymeren häufig beschrieben worden. Der Wirkungsmechanismus solcher Stabilisatoren ist vielfach nicht ohne weiteres einzusehen. In manchen Fällen ist die Annahme einer Reaktion mit labilen Zwischenprodukten des Abbaues und einer damit verbundenen Blockierung der Weiterreaktion

(z. B. durch Polymerisation mit ungesättigten Strukturen oder Einfang freier Radikale) naheliegend. Polymerisierbare ungesättigte Verbindungen, z. B. Styrol, Divinylbenzol und andere (vgl. *3.7.2.*, *5.13.1.*) sind als Wärmestabilisatoren für PVC, Chlorkautschuk und Polyvinylacetale wirksam, wie ältere Untersuchungen der Farbwerke Hoechst ergeben haben [2118]. E. J. ARLMAN empfiehlt zur Erhöhung der Wärme- und Lichtbeständigkeit, die Polymerisation von Vinylchlorid in Anwesenheit von Verbindungen wie Cumol (Isopropylbenzol), Triphenylmethan, Fluoren, Dihydroanthracen oder Benzylchlorid durchzuführen [2974, 640], wobei die stabilisierende Wirkung wohl den beweglichen sekundären bzw. tertiären H-Atomen zuzuschreiben ist. Späterhin ist auch in russischen Arbeiten auf derartige Verbindungen mit beweglichen H-Atomen, z. B. Cumol, Dicumylmethan oder Tetrahydronaphthalin, zurückgegriffen worden [3295]. Alle Versuche, im Bereich solcher Verbindungen einen möglichen Mechanismus zu konzipieren, sind aber mehr oder weniger willkürlich. Bemerkenswerterweise wird z. B. gefunden, daß auch Erdölfraktionen mit einem Kp >150 °C in Vinylchloridharzen „eine Hitzebeständigkeit, wie sie mit den bisherigen Stabilisatoren nicht erreicht werden kann“ [3041] hervorrufen! Im allgemeinen wiegen jedoch unter den kohlenwasserstoffartigen PVC-Stabilisatoren Verbindungen mit einer Häufung von ungesättigten Gruppen oder Aromaten vor. Im einzelnen werden weiterhin angegeben: o-, m- oder p-Terphenyl oder ihre Mischungen (nur zur Lichtstabilisierung; zur Wärmestabilisierung werden Metallseifen zugesetzt) [601]; Cyclopropan- oder Cyclobutan-Substitutionsprodukte, z. B. Cyclohexyl-1,3-diphenyl-1,3-dimethylcyclobutan [690]; Produkte der Cyclopolymerisation von Allen mit sich selbst oder mit Acetylen, besonders das 1,2,4- bzw. 1,3,5-Trimethylencyclohexan oder 1,3,5,7-Tetramethylencyclooctan oder Polymerisationsprodukte davon [820]; bicyclische Terpene, z. B. Camphen, β-Pinen, β-Caryophyllen, Pinocarveol oder Nopadien [1894], besonders in synergistischer Mischung mit Metallseifen oder Organozinn-Verbindungen [910] oder mit Mercaptoverbindungen bzw. Disulfiden und Organozink-Verbindungen (vgl. *7.1.1.* und *8.4.*) [1287]; mehrkernige Aromaten mit mindestens 2 kondensierten Ringsystemen wie Anthracen, Acenaphthen, Phenanthren u. a. [908]; substituierte Alkylbenzole mit 2—6 C_{1-4}-Alkylgruppen, z. B. 1,2,3-Trimethylbenzol, Hexamethylbenzol u. a. [909]. Bei diesen letztgenannten Entwicklungen handelt es sich durchweg um thermische (Verarbeitungs-)Stabilisatoren, die außer für PVC auch für die verschiedensten anderen halogenhaltigen Polymeren, z. B. Fluorkunststoffe, anwendbar sind. A. A. BERLIN u. a. (*53*) finden eine wärme- und lichtstabilisierende Wirkung von Polymeren mit konjugierten Doppelbindungen in halogenhaltigen Kunststoffen. So erweisen sich langkettige Verbindungen von der Formel ∼CR=CH—CR=CH—CR=CH∼, wie Polyalkylacetylen oder Polyarylacetylen, originellerweise aber auch die Abbauprodukte von PVC, Polyvinylalkohol oder Polyacrylnitril als Stabilisatoren [3290].

Für Polyolefine sind hydrierte Polyphenyle als Witterungsschutz-Zusatz angegeben worden; praktisch werden die Stabilisatoren durch katalytische Hydrierung hochsiedender Benzolpyrolysate gewonnen [650]. Als Wärmestabilisator, besonders für Polyäthylen, eignen sich Fulven-Verbindungen wie Pentamethylenfulven oder Dicyclopentadien [2407]. Zur Inhibierung des thermischen Abbaues von Polypropylen wird Triphenylmethan als Radikalbildner vorgeschlagen (vgl. *5.8.2*) [985]. Pyren (I) oder gewisse Substitutionsprodukte desselben wie (Di-)Hydroxypyren, Aminopyren oder Acetylpyren wirken in Kombinationen mit schwefelhaltigen Verbindungen wie Mercaptanen, Thioäthern oder Disulfiden als Polypropylen-Antioxydantien. Hier liegt insofern eine merkwürdige Form von Synergismus vor, als Pyren allein den Abbau des Polypropylens beschleunigt [3170]. Hawkins u. a. (*266*) finden

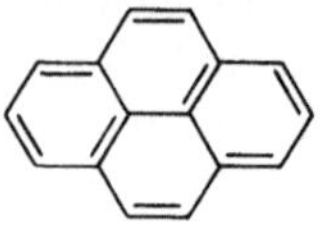

(I)

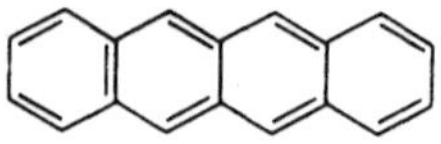

(II)
1510 (52)

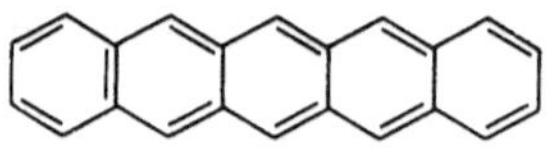

(III)
> 3000 (28)

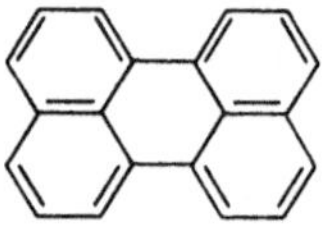

(IV)
> 3500 (14)

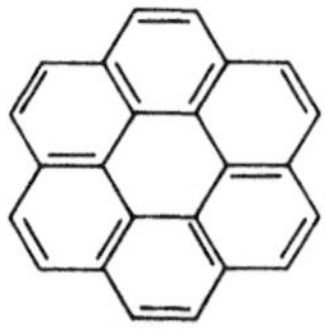

(V)
> 2000 (4)

beim Isomeren des Pyrens, dem Naphthacen (II), in stärkerem Maße aber noch beim Pentacen (III), Perylen (IV) und Coronen (V) einen sehr starken synergistischen Effekt zusammen mit 2-Thionaphthol auf die thermische Oxydation von Polyäthylen. Für sich allein sind die genannten Polyacene nur schwache Antioxydantien. Den synergistischen „Anstoß“ zur Antioxydanswirkung durch die Schwefelverbindung bekommen allerdings nur solche Verbindungen, die im Sichtbaren absorbieren; die niederen, farblosen Homologen Naphthalin und Anthracen zeigen im Gemisch mit 2-Thionaphthol nur äußerst schwache Inhibitorwirkung. Die Induktionsperioden der O_2-Aufnahme von Polyäthylen, das 0.1 % eines Gemisches von Polyacen und Thiol zu gleichen Teilen enthält, betragen bei 140 °C mit Naphthalin nur 16, mit Anthracen 20 Stunden, während die höher kondensierten Systeme die jeweils unter den Formeln (II) bis (V) angegebenen Zahlenwerte der Induktionsperiode (in Stunden) ergeben. In Klammern sind die Induktionsperioden ohne 2-Thionaphthol aufgeführt. In gleicher Weise wird auch bei Diphenylpolyacenen $C_6H_5—(CH{=}CH)_n—C_6H_5$ mit $n \geqq 3$, die für sich keine Antioxydantien sind, im Gemisch mit 2-Thionaphthol eine antioxydative Wirkung beobachtet (Induktionsperiode bei 1,8-Diphenyloctatetraen: 1400 Stunden). Zwischen der Länge der Konjugationskette und der synergistischen Wirkung besteht offenbar ein Zusammenhang. Nach Untersuchungen von BERLIN u. a. (*51a*) wird die Stabilisierungswirkung von ungesättigten hoch- oder niedermolekularen Kohlenwasserstoffen mit konjugierten Doppelbindungen beträchtlich erhöht, wenn die Substanzen durch thermische Vorbehandlung derart „aktiviert" werden, daß sie Paramagnetismus zeigen. So wird die thermische Oxydation von Polyäthylen durch aktiviertes Anthracen merklich verringert. Wie weiterhin (*338b*) gezeigt wurde, eignet sich zur Stabilisierung von Polyäthylenterephthalat-Folien gegen thermooxydative Veränderungen ein Zusatz von maximal 1% Anthracen, das 1 Stunde in inerter Atmosphäre auf 450 °C erhitzt wurde. Durch diese Behandlung kommt es zur Ausbildung höherkondensierter Moleküle, die unpaarige Elektronen enthalten. Unbehandeltes Anthracen zeigt demgegenüber nur eine schwache inhibierende Wirkung (vgl. oben).

Hexa-substituierte Benzole, besonders das Hexaphenylbenzol $C_6(C_6H_5)_6$, wirken als UV-Absorber mit lichtstabilisierender Wirkung in verschiedensten Arten von Polymeren, wie Polyolefinen, PVC, Polyvinylidenchlorid, Polyvinylacetat und deren Copolymeren [1009].

Cycloolefinische Verbindungen erhöhen in Kautschukpolymeren die Ozonrißbeständigkeit. So eignen sich Dicyclopentadien oder Di-(methylcyclopentadien) [762] sowie Cyclododecatrien-(1,5,9) [828] als Ozonschutzmittel für (halogenierten)Butylkautschuk und Polychloropren, letzteres auch für Naturkautschuk und Butadien-Mischpolymerisate. — Eine besondere Rolle spielen die Wachse als Alterungsschutzmittel für Kautschuke. Wachse haben chemisch äußerst unterschiedliche Zusammensetzung (vgl. z. B. (*310*)). Die Schutzwirkung dieser Stoffe ist ein reiner Oberflächeneffekt; sie diffundieren aus dem vulkanisierten Kautschukartikel heraus und überziehen dessen Oberfläche mit einer gegen Sauerstoff- und Ozonzutritt schützenden Schicht. Diese Eigenschaft des „Ausblühens", speziell die Geschwindigkeit der Bildung einer Schutzschicht, ihre Verteilung, Flexibilität und anhaltende Neubildung, bestimmt im wesentlichen die Eignung eines Wachses als Witterungsschutzmittel. Paraffinwachse zeigen dabei ein gegenüber anderen Wachssorten, z. B. mikrokristallinen Wachsen, günstigeres Verhalten, da sie kräftiger ausblühen. Wachse mit geradkettiger Struktur sind solchen mit verzweigter Kohlenwasserstoffkette in der Wirkung überlegen. Im Falle der mikrokristallinen Wachse wird das Witterungsverhalten des Vulkanisats um so günstiger beeinflußt, je niedriger der Schmelzpunkt des Wachses liegt, während bei Paraffinwachsen eine Zunahme der Schutzwirkung mit dem Schmelzpunkt gefunden wurde (*636*). Wachse sind allein kein hinreichender Witterungsschutz, sondern bedürfen der Ergänzung durch ein chemisch wirksames Alterungsschutzmittel. Es hat sich als zweckmäßig erwiesen, zur Verbesserung der Ozonschutzwirkung durch Wachse diese mit einem die

Einfriertemperatur erniedrigenden Zusatz in Form eines „paraflow polymer“ zu kombinieren; im Falle von Butylkautschuk ist z. B. polymeres Dilaurylfumarat dazu geeignet [1884, 2778].

10.2. Halogenwasserstoffe

Verbindungen dieses Typs wurden nur ganz vereinzelt als Stabilisatoren beschrieben: Tetrabromäthane als Lichtstabilisatoren für Vinylidenchlorid(misch)-polymerisate [132]; 1,2,3-Tribrompropan als Wärmestabilisator für Methacrylnitril-Polymere [445]; aromatische Jodverbindungen, z. B. Jodbenzole, Jodnaphthaline oder Jodbenzoesäuren [3151] oder an deren Stelle Hexachlorbenzol [3171] in Kombination mit Kupfersalz-Komponenten zur Wärmestabilisierung von Polyamiden; Halogenbenzole, z. B. die isomeren Dichlorbenzole, zur Wärme- und Oxydationsstabilisierung von (evtl. endgruppenverschlossenen) Polyoxymethylenen [2372, 1268]; jodhaltige Verbindungen wie Äthyl-, Propyl- oder Benzoyljodid zum Schutz von Polyalkylenoxyden gegen thermische Depolymerisation [2470, 2876]; chlorierte Kohlenwasserstoffe mit mindestens 25% Chlor, wie chlorierte Paraffine oder Naphthaline [936] oder halogenierte Allylverbindungen oder Aromaten, die evtl. noch durch elektrophile Substituenten aktiviert sind, wie Allylbromid, Benzylchlorid oder 1-Chlor-2,4-dinitrobenzol, [937] zur Unterdrückung der Wärmealterung von Polyätherurethan-Schaumstoffen.

10.3. Ester von weiteren anorganischen Sauerstoffsäuren

Zur Wärmestabilisierung von halogenhaltigen Polymeren sind bereits vor geraumer Zeit Nitrite oder Nitrate vorgeschlagen worden, so z. B. Anilinnitrat [1504]. Neuerdings sind niedere Alkylnitrite wiederum als Wärmestabilisatoren von Interesse [2012]. Organische Titanate, z. B. Tetrabutyltitanat $(C_4H_9O)_4Ti$, eignen sich als verstärkender Zusatz zu Metallseifen wie Cd-2-äthylhexanoat oder Ba-laurat bei der Wärmestabilisierung von Vinylchlorid(misch)polymerisaten [453]; ebenso sind Titan-Chelatverbindungen, z. B. Triäthanolamin- oder Octylenglykoltitanat brauchbar [657]. — Für Polyolefine sind als Wärmestabilisatoren Ester oder Estersalze der Thioschwefelsäure mit mindestens 6 C-Atomen vorgeschlagen worden, vorzugsweise Verbindungen wie Na-n-dodecylthiosulfat $Na(C_{12}H_{25})S_2O_3$, Zn- oder Na-cetylthiosulfat, evtl. in Kombination mit phenolischen Antioxydantien [877, 1183]. — Als Antioxydantien mit wärme- und lichtstabilisierender Wirkung für synthetische Dien-Kautschuke sind aromatische Arsenite wie Triphenylarsenit $(C_6H_5)_3AsO_3$ anwendbar [137].

10.4. Organische Peroxyde

Ähnlich wie anorganische Peroxyde (vgl. *1.4.*) sind auch organische Peroxyde zur Verhinderung der thermischen Verfärbung von Vinylhalogenid-Polymeren geeignet, indem sie die farbbildenden Dien-Strukturen oxydativ zerstören. Nach dem von der Shell Development Co. beschriebenen Verfahren, das wohl prinzipielle, aber keine praktische Bedeutung besitzt, werden Verbindungen wie Tetralinperoxyd, ferner Propyl-, tert.-Butyl- oder Cyclohexylperoxyd bei etwa 100 °C in das Polymere eingewalzt. Außerdem werden Metallstabilisatoren zugesetzt [1518, 203].

10.5. Hochpolymere

Auf die Verwendung von hochpolymeren Stabilisatoren war im Laufe der vorangehenden Darstellung wiederholt hingewiesen worden. Häufig handelt es sich dabei um spezielle Produkte mit stabilisierend wirkenden funktionellen Gruppen.

Es werden jedoch auch typische hochpolymere Kunststoffe, die für sich allein praktische Bedeutung haben, als stabilisierender Zusatz zu anderen Kunststoffen verwendet. Beispiele dafür sind Polyamide (*5.6.2.*), sulfochloriertes Polyäthylen (*7.2.*) oder Polysiloxane (*9.3.*). Zur Stabilisierung von Vinylhalogenid-Polymeren werden ferner gewisse Mischpolymerisate empfohlen, und zwar Butadien/Acrylnitril-Copolymere zur Erhöhung der Wärme- und Lichtstabilität [235], oder Mischpolymerisate aus Styrol mit Acrylnitril, Butadien oder Isobutylen, die, zu 15–30% PVC-Preßmassen zugesetzt, die gleichen Eigenschaften verleihen, wie sie ein sehr hochmolekulares Hart-PVC besitzt, also im wesentlichen die Wärmestandfestigkeit verbessern [1605, 2578]. Zur Wärmestabilisierung von Vinylidenchloridpolymeren ist unverzweigtes Niederdruck-Polyäthylen vom Molekulargewicht $>$20000 anwendbar [968]. Zum Ozonschutz von natürlichen und synthetischen Kautschuken wird die Dispergierung von 0.75–2.5% Polytetrafluoräthylen im plastifizierten Rohkautschuk vor der Schwefelvulkanisation empfohlen [819]. Ozonbeständige Kautschuke lassen sich auch durch Vermischen von Butadien/Olefin-Kautschuken (z. B. Butadien/Acrylnitril) mit Vinylchlorid(co)polymerisaten gewinnen [1228]. Derartige Praktiken liegen jedoch bereits in der Grenze des Gebietes der Stabilisierung, da hierbei die Eigenschaften des Grundmaterials von denen des Zusatzstoffes überlagert werden.

10.6. Naturstoffe

Zur Wärmestabilisierung von PVC ist der Zusatz von Kohlehydraten wie Cellulose, Stärke, Zucker oder ihren Umwandlungsprodukten angegeben worden (z. B. 5 Tle. Holzcellulose auf 100 Tle. weichmacherhaltiges PVC) [2553]. Butadien-Mischpolymerisate mit Styrol oder Acrylnitril werden durch Lignin gegen Alterung stabilisiert [2105]. Alle diese Stabilisierungsverfahren, die durchweg älteren Datums sind, besitzen jedoch keinerlei praktisches Interesse.

III.3. Die Zumischung der Stabilisatorsubstanzen

Der zur Erzielung einer optimalen Wirkung erforderliche Gewichtsanteil der Stabilisatoren liegt in den weitaus meisten Fällen zwischen 0.1 und 5 %. Im allgemeinen werden dabei Antioxydantien (z. B. bei Polyolefinen), UV-Absorber und nichtmetallische PVC-Stabilisatoren in Anteilen unter 1 %, metallische PVC-Stabilisatoren und ihre Synergisten in Anteilen über 1 % zugesetzt. Zumischungen in größeren Anteilen als 5 % sind selten; sie treten z. B. bei stabilisierenden Weichmachern auf.

Für die Einbringung der Stabilisatoren in den Kunststoff stehen verschiedene Wege zur Verfügung, deren Gangbarkeit durch die Art des Substrats bedingt ist:

1. Zusatz zu den niedermolekularen bzw. unvernetzten Vorprodukten
Dieses Verfahren findet besonders bei solchen Produkten Anwendung, die im polymeren Zustand keine homogene Verteilung eines Zusatzstoffes mehr erlauben. Das ist der Fall bei Polyester- bzw. Polyäther-Isocyanat-Additionsprodukten, z. B. Polyurethanschäumen, wo die Stabilisatoren dem flüssigen schäumfähigen Gemisch zugesetzt werden, bei härtenden Harzen, z. B.

ungesättigten Polyesterharzen, bei denen eventuell anwesende Stabilisatoren dem Gemisch aus linearem Polyester und copolymerisationsfähigem Monomeren vor der Aushärtung beigegeben werden, und in besonders charakteristischer Weise bei vulkanisierbaren Kautschuken, in welche die Alterungsschutzmittel und sonstigen Stabilisatoren vor der Vulkanisation eingewalzt werden. Bei Thermoplasten wird hingegen von der Möglichkeit einer Zugabe des Stabilisators zu den Monomeren kaum Gebrauch gemacht.

2. Zusatz zum Polymerisationssystem während der Polymerisation
Diese Methode erlaubt eine besonders gute homogene Verteilung des Stabilisators im Polymerisat. Sie wird häufig für die Polykondensation bzw. Lactampolymerisation von Polyamiden angegeben, aber auch für Vinylchlorid- und Äthylen-Polymerisationen. Der hierdurch erzielbare ideale Verteilungsgrad des Stabilisators fördert dessen Wirksamkeit erheblich.

3. Zugabe zum ausreagierten Polymerisationssystem
Auch dieses Verfahren ermöglicht eine homogene Verteilung, ist aber nur in flüssigen Polymerisationssystemen (Emulsions- und Suspensionspolymerisationen) anwendbar. Besonders verbreitet ist die Zugabe von Stabilisatoren (z. B. Soda) zur PVC-Emulsion.

4. Zugabe zum pulverförmigen Polymerisat
Dies ist die in der Praxis verbreitetste Form der Stabilisierung. Hierbei wird der pulverförmige oder flüssige Stabilisator in Mischmaschinen innig mit dem Polymerisatpulver vermengt. Harzartige Stabilisatoren werden gegebenenfalls durch Erwärmen in eine leichtflüssige Form gebracht. Mitunter wird auch der Stabilisator in einem verdampfbaren Lösungsmittel aufgelöst und in Lösung zugegeben, worauf sich das Lösungsmittel während oder nach dem Mischungsvorgang verflüchtigt. Von dem Verfahren wird beispielsweise bei der Stabilisierung von Polyolefinen, PVC oder Polyacetal Gebrauch gemacht. Es gewährleistet allerdings nicht mit Sicherheit eine völlig homogene Verteilung. Die Homogenisierung wird aber durch nachfolgendes Aufschmelzen des Polymeren bei der Granulierung oder beim Walzen vervollständigt. Eine verbesserte Verteilung wird auch durch Verwendung eines Masterbatch erreicht. Dies ist ein Polymerisatpulver, das den Stabilisator in hoher Konzentration ($>10\,\%$) zugemischt enthält und das in einem zweiten Mischvorgang dem unstabilisierten Pulver bis zur Erreichung der gewünschten Konzentration zugesetzt wird.

5. Zugabe zum geschmolzenen Polymeren
Gegebenenfalls kann der Stabilisator dem im Extruder geschmolzenen Polymeren kontinuierlich zudosiert werden (vgl. [812]), oder ein hochstabilisierter Masterbatch wird im Extruder mit dem reinen Polymeren vermischt. Von großer praktischer Bedeutung, besonders zur Herstellung von Proben für Stabilitätsprüfungen, ist das Einarbeiten des Stabilisators auf der Walze.

Dazu werden die aus der Kautschuktechnologie her gebräuchlichen Zweiwalzen-Mischwerke verwendet, wobei das Polymere auf der heißen Walzenoberfläche aufgeschmolzen wird. Bei leicht oxydierbaren Materialien, z. B. isotaktischem Polypropylen, würde das Einwalzen von Stabilisatoren unter ungehindertem Luftzutritt zu einer raschen thermischen Oxydation und zum spontanen Verbrauch des zugesetzten Antioxydans führen. Diese Schwierigkeit wird durch die Verwendung von Mischwerken umgangen, bei denen das Walzfell unter einer Inertgas-Atmosphäre (N_2, Ar) liegt.

6. Zugabe zum gelösten Polymeren

Dieses Verfahren bietet sich besonders bei Polymeren an, die aus Lösungen versponnen werden. Es wird speziell bei Acrylnitril(misch)polymerisaten häufig angewandt, die bereits in den heißen Spinnlösungen zum thermischen Abbau neigen.

7. Behandlung des festen Polymerisats mit einer Lösung des Stabilisators

Polymerisatkörper von hinreichend kleiner Schichtdicke, wie Pulver, Folien oder Fasern, können nach Aufschlämmen bzw. Eintauchen in Stabilisatorlösungen den Zusatzstoff durch Diffusion aufnehmen. Nach einer genügend langen Verweilzeit wird der Kunststoff wieder von der Lösung getrennt, bzw. das Lösungsmittel verdampft, und er enthält nunmehr den Stabilisator. Praktische Bedeutung hat dieses Verfahren bei der Einbringung von UV-Absorbern in Folien oder Fasern, aber auch in größere Formteile. In diesem Falle ist eine homogene Verteilung des Stabilisators in der gesamten Masse nicht notwendig, vielmehr genügt es, wenn die Oberfläche durch eine Schicht des Absorbers geschützt ist. Über ein solches Verfahren vgl. z. B. [2384]. Die Diffusion des Absorbers in die Oberfläche wird durch Auflösen in einem Lösungsmittel, welches das Polymere oberflächlich anquillt, erleichtert. Bei PVC-Artikeln kann dazu etwa Tetrahydrofuran oder Cyclohexanon dienen [1302]. Evtl. wird auch die Stabilisatorlösung auf die Oberfläche aufgesprüht und nach Abtrocknen des Lösungsmittels die Folie oder das Formteil bis über den Schmelzpunkt des Absorbers erhitzt, um dessen Diffusion in die Oberfläche zu erleichtern. Vgl. dazu *8*.

8. Überzug der Oberfläche von Formteilen mit dem Stabilisator

Diese ebenfalls materialsparende, aber aufwendige Methode läßt sich zum Zweck der Lichtstabilisierung anwenden. Der Absorber wird z. B. in einem auf der Kunststoffoberfläche haftenden Überzugslack gelöst bzw. dispergiert und in dieser Form aufgetragen (vgl. [831, 1852, 1107, 2249, 2671; 635]). Der Schutzüberzug kann anstelle eines transparenten UV-Absorbers auch ein lichtundurchlässiges Pigment oder ein Metallpulver enthalten (*558*). Kunststofflacke mit UV-Absorbern können selbstverständlich nicht nur zum Lichtschutz von Kunststoffen selbst, sondern auch von verschiedensten anderen Gegenständen, wie z. B. Farbphotographien [2399], dienen. Zum Oberflächenschutz von Kunststoffen gehört weiterhin das oben unter *7*.

beschriebene Verfahren des Eindiffundierens aus einer Lösung oder Dispersion. Gegebenenfalls kann der Absorber auch als Pulver aufgestreut werden. Nach einem Verfahren der Du Pont Co. wird durch anschließendes Aufheizen des Kunststoffartikels bis über den Schmelzpunkt des Absorbers (der natürlich unterhalb des Erweichungspunktes des Polymeren liegen soll) das Eindiffundieren desselben in die Kunststoffoberfläche bewirkt. Das Verfahren eignet sich besonders zur Lichtstabilisierung von Folien aus Polyäthylenterephthalat, Celluloseacetat, PVC, Polyäthylen u. a. Die absorbierende Substanz wird in einer Menge von ca. 0.4 g/m^2 angewandt und soll bis zu einer Tiefe von 20 % der Foliendicke eindringen. Die Beschichtung erfolgt zweckmäßigerweise beidseitig [889, 1868, 1132]. — Bekannt ist ferner das Verfahren, Dienkautschuk-Vulkanisate dadurch ozonbeständig zu machen, daß die Oberfläche der Formteile mit einer resistenten Schicht aus sulfochloriertem Polyäthylen überzogen wird. Damit haben wir jedoch die Grenze des hier zu behandelnden Gebietes erreicht, da es sich in diesen Fällen nicht mehr um eigentliche Zusatzstoffe handelt.

IV. Besondere Stabilisierungsverfahren

IV.1. Stabilisierung durch Copolymerisation mit inhibierenden Komponenten

Versuche, anstelle der physikalischen Zumischung von Verbindungen mit stabilisierend wirkenden Gruppen solche aktive Molekülgruppierungen auf chemischem Wege in das Polymermolekül einzubauen, verfolgen im allgemeinen zwei Absichten: (1) die Einbringung des Stabilisators in den Kunststoff verfahrensmäßig zu vereinfachen und eine der idealen molekularen Dispersion entsprechende Verteilung zu erreichen, (2) die Auswanderungs- und Flüchtigkeitstendenz gewisser Stabilisatorsubstanzen prinzipiell auszuschalten. Es sind aber auch Stabilisierungsverfahren durch Copolymerisation mit Komponenten gebräuchlich, die im monomeren Zustand keinerlei stabilisierende Wirkung zeigen, sondern erst im Verband des Makromoleküls als Inhibitoren des Abbaues wirksam werden (vgl. IV.1.4.). Die Mengenanteile der copolymerisationsfähigen Komponenten halten sich, in Analogie zur Stabilisierung durch Zusatzstoffe, im Bereich weniger Gewichtsprozente.

IV.1.1. PVC-Stabilisierung durch Copolymerisation

Bereits vor rund 30 Jahren wurde von der I.G. Farbenindustrie eine Methode zur Erhöhung der Licht- und Wärmebeständigkeit von Vinylchlorid(co)polymerisaten durch Emulsionspolymerisation in Gegenwart ungesättigter Carbonsäuren wie (Meth-)Acrylsäure, α-Chloracrylsäure, Maleinsäure oder ihrer Amide beschrieben [2091, 1476, 2524, 16]. Die Säuren werden dabei in das Polymerisat eingebaut und bilden bei nachfolgender Behandlung mit alkalischen Lösungen Alkalicarboxylat-Reste im Molekül. Neuere Verfahren sehen die Copolymerisation von Vinylchlorid mit folgenden Komponenten vor: $\geqq 2$ Mol-% Vinyl-9,10-epoxystearat (I) und evtl. noch Vinylstearat (gleichzeitig zur inneren Weichmachung) [791]; Vinylzinn-Verbindungen, und zwar Vinyl-alkylzinn wie z. B. Monovinyl-tributylzinn $CH_2{=}CH{-}Sn(C_4H_9)_3$, Vinylzinn-Carboxylate wie z. B. Monovinyl-diäthyl-Sn-laurat (II) oder Vinyl-Sn-trilaurat [2656, 2246, 1756, 1123, 848; 3129; 3130]; Alkylzinn-Carboxylate ungesättigter Säuren, z. B. Tributyl-Sn-acrylat (III) [952;

$$CH_2{=}CH{-}O{-}OC{-}(CH_2)_7{-}\overset{O}{\overbrace{CH{-}CH}}{-}(CH_2)_7{-}CH_3$$

(I)

$$(C_2H_5)_2Sn(CH{=}CH_2)(O{-}OC{-}C_{11}H_{23})$$

(II)

$$(C_4H_9)_3Sn{-}O{-}OC{-}CH{=}CH_2$$

(III)

3131]; Organozinn-Salze von α,β-ungesättigten Säuren und Vinylzinn-Verbindungen, die beide gemeinsam mit dem Vinylchlorid zu einem Terpolymeren copolymerisiert werden, wobei z. B. die Verbindung (III) sowie die folgenden Vinylzinn-Komponenten in Betracht kommen: Divinyl-Sn-S,S'-di-(thioglykolsäureisooctylester), Butyl-vinyl-Sn-di-(dodecylmercaptid), Butyl-vinyl-Sn-di-(monomethylmaleat) und andere [951]; Alkenylphosphite, insbesondere Triallylphosphit [952].

IV.1.2. Copolymerisation und Copolykondensation mit UV-Absorbern

Die grundlegenden Untersuchungen auf diesem Gebiet stammen aus der Du Pont Co. Als erste lichtabsorbierende Comonomere für Äthylen-Polymerisate (die evtl. noch weitere Copolymerisationskomponenten enthalten können) wurden Vinyl- und Allylsalicylat vorgeschlagen (vgl. dazu auch III.2./*3.1.2.*). Diese Komponenten werden in einem Anteil von 0.05—3, praktisch meist ca. 1 Mol-% in den Kunststoff einpolymerisiert; durch nachträgliche Behandlung mit anorganischen Metallsalzen, Metallalkoholaten oder Acetylacetonaten werden chelatartige vernetzte Produkte erhalten, deren lichtabsorbierende Monomereinheiten (bei Verwendung von Vinylsalicylat) die in III.2./*3.1.2.* dargestellte Formel (I) besitzen. Das zentrale Metallatom ist z. B. Al, Zr, Zn, Co, Ni, Cr oder Cd; die Zahl der Liganden (in der genannten Formel zwei) richtet sich nach Wertigkeit und Koordinationszahl des Zentralatoms. Durch die Chelatbildung wird die Wärme- und Lösungsmittelbeständigkeit der Polymeren, die sich besonders zur Herstellung von Folien, Schichtstoffen und Überzügen eignen, verbessert [658, 2290, 1729, 1817]. Weitere UV-absorbierende Monomere zur Copolymerisation mit α-Olefinen unter dem Einfluß von „Koordinationskatalysatoren" sind allylsubstituierte aromatische 2-Hydroxyketone und Salicylsäureester, z. B. 2-Hydroxy-3-allylbenzophenon, 2-Hydroxy-3-allylacetophenon oder 3-Allylmethylsalicylat [1190, 1921]. Zur Copolymerisation mit den verschiedensten Grundmonomeren, z. B. Äthylen, Propylen, Styrol, Vinyl(iden)chlorid, Vinylfluorid, Vinylacetat oder Acrylnitril sind (substituierte) Acrylsäureester von Verbindungen dieser Art angegeben worden, wie etwa 2-Hydroxy-4-methacryloyloxybenzoesäuremethylester, 2-Hydroxy-4-methacryloyloxy-acetophenon oder -benzophenon [1032, 1210, 1211, 2370, 1905]. Die (Meth-)Acrylsäureester von Hydroxybenzophenonen und -acetophenonen können auch mit ebensolchen Estern von langkettigen Alkoholen, z. B. Hexadecylacrylat oder Octadecylmethacrylat und evtl. Vinylidenchlorid als dritter Komponente zu einem Mischpolymerisat mit mindestens 20, bevorzugt über 50 Mol-% UV-Absorber vereinigt werden, das als absorbierender Überzug für Polyolefine zu verwenden ist [1433]. Einen besonderen Aspekt bietet die Verwendung von (Alkyl-)Acrylsäure-tert.-alkylphenylestern, z. B. 4-tert.-Butylphenylmethacrylat, als Copolymerisationskomponente für α-Olefine [1925, 1230, 2848, 2443]. Beim Erhitzen des Copolymerisats in wasserfreier Dispersion mit Friedel-Crafts-Katalysatoren wie $AlCl_3$, $FeBr_3$, BF_3 u. a. lagert sich die Phenylacrylat-Struktureinheit in ein stärker absorbierendes Phenon um (I). Von einer Umlagerungsreaktion des Mischpolymerisats zum Zweck der Ab-

$$\sim CH_2-\underset{\substack{|\\ C=O \\ | \\ O \\ | \\ C_6H_4 \\ | \\ C(CH_3)_3}}{\overset{CH_3}{\overset{|}{C}}}\sim \xrightarrow[\text{Nitrobenzol}]{AlCl_3} \sim CH_2-\underset{\substack{|\\ C=O \\ | \\ C_6H_3(OH)(C(CH_3)_3)}}{\overset{CH_3}{\overset{|}{C}}}\sim$$

(I)

$$\sim CH_2-\underset{\substack{|\\ C=O \\ | \\ O \\ | \\ C_6H_4-CO-CH_3}}{CH}\sim \xrightarrow[\text{Pyridin}]{KOH} \sim CH_2-\underset{\substack{|\\ C=O \\ | \\ CH_2 \\ | \\ C=O \\ | \\ C_6H_4OH}}{CH}\sim$$

(II)

sorptionsvertiefung wird auch bei Polyolefinen Gebrauch gemacht, die mit (Alkyl-)Acrylsäureestern des 2-Hydroxyacetophenons, z. B. 2-Acryloyloxyacetophenon, modifiziert sind; unter dem Einfluß alkalischer Reagenzien lagern sich die Estergruppen in β-Diketon-Strukturen um (II) [1926, 1229, 2862, 2387].

Als UV-absorbierende Comonomere für Vinylchlorid-, Vinylacetat-, Styrol-, Acryl-, Dien- und andere Polymerisate sind 2-(2'-Hydroxyphenyl)-benzotriazol-Derivate mit ungesättigten, polymerisationsfähigen Gruppen beschrieben worden, z. B. 2-(2'-Hydroxy-5'-β-allyloxycarbonyl-äthylphenyl)-, 2-(2'-Hydroxy-5'-vinyloxycarbonyl-äthylphenyl)- oder 2-(2'-Hydroxy-3'-acryloylaminomethyl-5'-tert.-butylphenyl)-benzotriazol (III) und andere. Derart stabilisiertes Polystyrol eignet sich z. B. zur Herstellung lichtstabilisierter ungesättigter Polyesterharze für die Imprägnierung von Glasfasermatten [2934]. Zur Copolymerisation mit Acrylestern, Acrylsäuren oder Acrylnitril wurden (Meth-)Acrylate von lichtabsorbierenden aromatischen

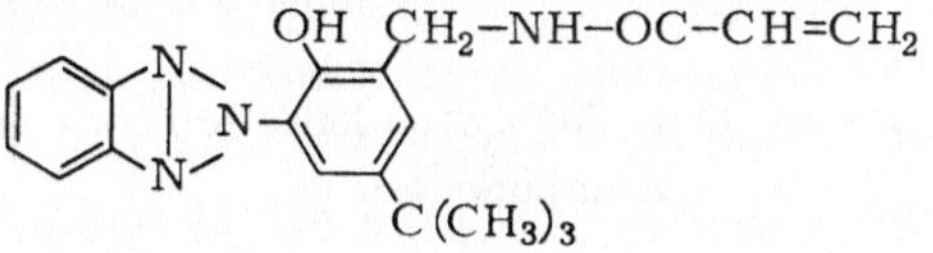

OH CH_2–NH–OC–CH=CH_2 … N … $C(CH_3)_3$

(III)

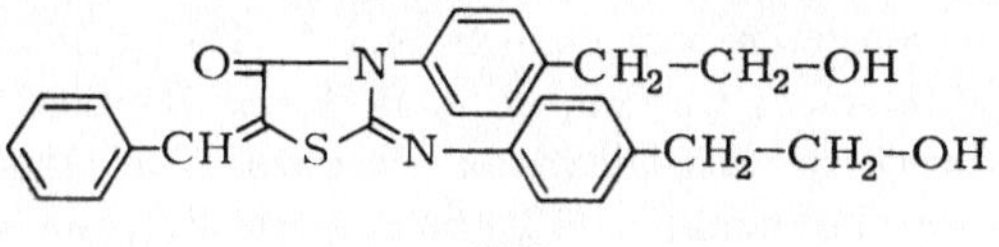

O= … N– … –CH_2–CH_2–OH … –CH … S … N– … –CH_2–CH_2–OH

(IV)

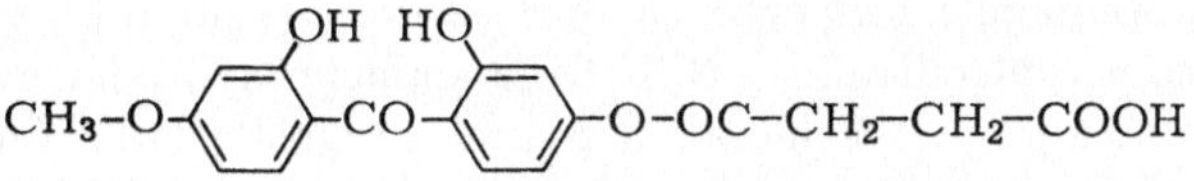

OH HO … CH_3–O– … –CO– … –O–OC–CH_2–CH_2–COOH

(V)

Aminen bzw. Phenolen angegeben, z. B. 4-Butyramidophenol, 2,4-Dihydroxybenzophenon, 2-(4'-Aminophenyl)-5-methylbenzoxazol u. a. [1150, 1932]. Lineare Polyester, z. B. aus Terephthalsäure und Äthylenglykol oder anderen C_{4-12}-Dicarbonsäuren und zweiwertigen Alkoholen, werden durch Einkondensieren von 4-Thiazolidon-Derivaten, z. B. (IV), gegen Lichteinwirkung stabilisiert [781]. Zum Einkondensieren von lichtabsorbierenden Hydroxyphenylbenzotriazol-Resten in Polyester oder Polyamide werden Benzotriazol-Derivate mit reaktionsfähigen Carboxyl-, Hydroxy- oder Aminogruppen verwendet. So wird z. B. ein lichtstabiles Polyamid durch Polykondensation von 300 Tln. Caprolactam und 2 Tln. 2-(2'-Hydroxy-5'-β-carboxyäthylphenyl)-benzotriazol erhalten [2936, 1443]. Die Lichtbeständigkeit von

Caprolactam-Polymeren wird ferner durch Einkondensieren von 2-(4'-Carboxystyryl)-benzimidazol erhöht [2477]. Zum Einbau in Alkydharze, Phenol- und Melamin-Formaldehyd-Harze, Polyamide, ungesättigte Polyesterharze u. a. sind die Partialester von 2,2',4-Trihydroxybenzophenonen mit Di- oder Polycarbonsäuren als UV-absorbierende Komponenten verwendbar; die Produkte tragen freie Carboxylgruppen, wie z. B. der Monobernsteinsäureester (V) [2955]. Ungesättigte lineare Polyester können durch Einkondensieren von 4-Äthyl- oder 4-Methylbenzoylacrylsäure im Verhältnis von 0.05—0.1 Mol pro Mol Dicarbonsäure als Vorprodukte für UV-absorbierende ungesättigte Polyesterharze dienen, die daraus durch Vernetzung mit Styrol, (Meth-)Acrylsäureester und anderen Monomeren entstehen [2041]. Zur Gewinnung von Polyurethan-Elastomeren erhöhter Lichtbeständigkeit wird die Umsetzung zwischen Polyäther und Diisocyanat in Gegenwart von Bisphenolen, z. B. Antioxidant 2246, und Hydroxyphenylbenzotriazol-Deriveten, z. B. Tinuvin P, vorgenommen, die dabei in das Polyaddukt über die phenolischen Hydroxylgruppen eingebaut werden [3155].

IV.1.3. Copolymerisation und Copolykondensation mit antioxydativen Komponenten

Lineare Polyester, insbesondere Polyäthylen- und Poly-1,4-cyclohexylendimethylenglykol-terephthalat, können gegen thermisch-oxydativen Abbau durch Einkondensieren von 0.1—2 Mol-% Hydrochinonmono- oder -dicarbonsäuren stabilisiert werden, so z. B. durch Gentisinsäure (Hydrochinon-2-carbonsäure) oder 2,5-Dihydroxyterephthalsäure [2906]. Die Oxydationsstabilität von Polyamiden läßt sich durch Polykondensation bzw. Lactampolymerisation unter Einbeziehung eines geringen Anteiles an Diaminen oder Aminophenolen erhöhen. Speziell sind hierfür z. B. N-(4-Hydroxyphenyl)-trimethylendiamin, N,N'-Di-(2-aminopropyl)-p-phenylendiamin oder N-(3'-aminopropyl)-3-chloraminophenol geeignet [2801]. Chlorhaltige, flammfeste Polyesterharze werden gegen Vergilbung bei Lichteinwirkung durch Härtung in Gegenwart copolymerisierender Phosphonsäureester, z. B. 1-Methacryloyloxyäthylphosphonsäuredimethylester oder 1-Methacryloyloxy-2,2,2-trichloräthylphosphonsäuredimethylester stabilisiert [2352, 1282].

IV.1.4. Oxymethylen-Copolymerisate

Die ausgesprochene Tendenz der Polyoxymethylene (Formaldehyd- oder Trioxan-Polymere) zur thermischen Depolymerisation unter Bildung von Formaldehyd läßt sich durch Einpolymerisieren von Struktureinheiten mit einer oder mehreren aufeinanderfolgenden C—C-Bindungen weitgehend einschränken. Nach einem Verfahren der Celanese Corp., das große technische Bedeutung besitzt, wird dazu Trioxan mit 0.1—15 (praktisch stets unter 5)

Mol-% eines cyclischen Äthers, vorzugsweise Äthylenoxyd (I) oder 1,3-Dioxolan (II), copolymerisiert. Die Polymerisation verläuft in der Schmelze oder in Lösung, z. B. von Cyclohexan, unter dem Einfluß von BF_3-Koordinationskomplexen wie dem BF_3-Diäthyläther-Komplex (Bortrifluorid-Ätherat) oder gasförmigem BF_3. Die entstehenden Polymeren besitzen in die Polymerkette

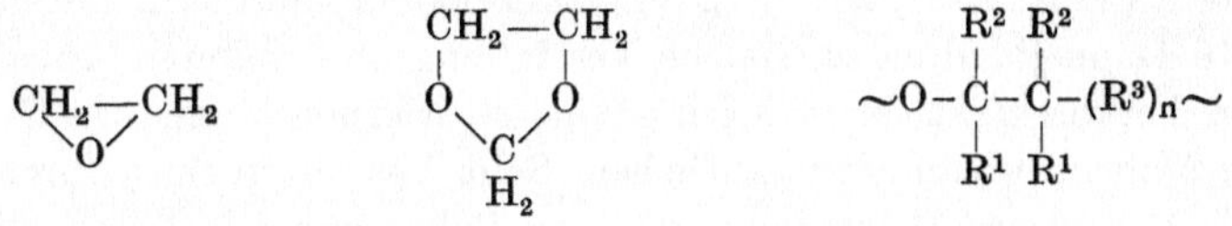

$$\underset{\text{(I)}}{\overset{CH_2-CH_2}{\underset{O}{\diagdown\ \diagup}}} \qquad \underset{\text{(II)}}{\begin{array}{c} CH_2-CH_2 \\ | \qquad | \\ O \qquad O \\ \diagdown\ \diagup \\ C \\ H_2 \end{array}} \qquad \underset{\text{(III)}}{\sim O-\overset{R^2}{\underset{R^1}{C}}-\overset{R^2}{\underset{R^1}{C}}-(R^3)_n\sim}$$

$$\underset{\text{(IV)}}{\sim O-CH_2-O-CH_2 \,\vdots\, O-CH_2-CH_2 \,\vdots\, O-CH_2\sim}$$

eingestreute Einheiten (III), wobei je nach Art des Comonomeren R^1 und R^2 = H, Alkyl oder Halogenalkyl, R^3 = (substituiertes) Methylen oder Oxymethylen und n = 0—3 bedeuten. Ein Oxymethylen/Oxyäthylen-Copolymerisat (durch Trioxan-Äthylenoxyd-Copolymerisation gewonnen) würde dann z. B. die Monomerensequenz (IV) zeigen. Kriterium für die erreichte Thermostabilität ist der Gewichtsverlust des Polymeren bei etwa 225 °C, der überschlägig weniger als 40% bei 2 stündigem Erhitzen in offenem Gefäß betragen soll [869a]. Weiterhin ist die Stabilisierung von Oxymethylen-Polymeren durch Copolymerisation mit geringen Mengen beliebiger Comonomerer, die C—C-Bindungen bilden, von den Houillères du Bassin du Nord et du Pas-de-Calais angegeben worden, wobei vor allem an olefinische Monomere wie Styrol, Isobutylen, Divinylbenzol, Acrylnitril oder Methylacrylat gedacht ist [2833a].

IV.2. Stabilisierung durch chemische Nachbehandlung des Polymeren

Stabilitätserhöhende Nachbehandlungsverfahren am fertigen Polymeren bestehen entweder in (1) Entfernung von abbaukatalysierenden Begleitsubstanzen, (2) Entfernung von labilen Bestandteilen, (3) Blockierung aktiver Zentren des Abbaues, insbesondere labiler Endgruppen, oder (4) nachträglichem Einbau von stabilisierend wirkenden Gruppierungen. Die chemischen Nachbehandlungsverfahren haben vorwiegend eine Stabilitätsverbesserung durch Modifizierung des Polymeren nach (3) oder (4) zum Ziel.

IV.2.1. Umsetzung labiler Gruppen

In Polyolefinen bilden Doppelbindungen aktive Zentren für den oxydativen und thermischen Abbau. Nach katalytischer Hydrierung von Polyäthylen mit Raney-Nickel im Autoklaven wurde eine erhebliche Verbesserung der Oxydationsstabilität festgestellt [2625]. Bequemer durchführbar ist ein Verfahren der Farbwerke Hoechst zur Beseitigung von Doppelbindungen, welches in der Anlagerung von Silicium-Verbindungen mit H—Si-Bindungen, z. B. Hexamethyltrisiloxan (I) oder verschiedener (Halogen-)Silane u. a., in Lösungsmitteln wie p-Xylol oder in der Schmelze an die ungesättigten Strukturen besteht [3221, 2031, 2877]. In Vinylchlorid-Polymerisaten lassen sich konjugierte Doppelbindungen, welche Verfärbung und weiteren Abbau des Polymeren hervorrufen, durch α,β-ungesättigte Carbonsäuren wie Crotonsäure oder Maleinsäureanhydrid aufheben. Beim Verwalzen eines durch vorhergehende thermische Belastung verfärbten Polymeren mit diesen Verbindungen tritt bedeutende Farbaufhellung ein [86]. Weiterhin wird die Stabilität von PVC durch Behandlung mit Lithium-Aluminiumhydrid in wasserfreiem Lösungsmittel unter Sauerstoffausschluß erhöht. Die Reaktion besteht im Ersatz einiger Cl-Atome (wahrscheinlich der „labilen", vgl. I.2.3.1.) durch H [379], bei kontrolliertem Sauerstoffzutritt auch teilweise durch OH [380]. Von praktischer Bedeutung ist dieses Verfahren allerdings nicht gewesen.

$$H-Si(CH_3)_2-O-Si(CH_3)_2-O-Si(CH_3)_2-H$$

(I)

Auch auf die Nachbehandlung mit starken Oxydationsmitteln (Peroxyden und Persalzen, Na-hypochlorit, Chlordioxyd, Ozon), die zur Zerstörung von ungesättigten Strukturen führt, wenn diese in wäßriger Lösung bei erhöhter Temperatur auf das Polymere einwirken, ist hingewiesen worden [2642; 2643]. Bei Polyfluorkohlenwasserstoffen werden die unter dem Einfluß peroxydischer Polymerisationskatalysatoren gebildeten labilen Carboxyl-(at)-Endgruppen nach einem Verfahren der Du Pont Co. durch Erhitzen mit Wasser und Basen bzw. Neutralsalzen wie Ammoniak, Na-hydroxyd oder Na-sulfat auf 200—400° eliminiert, wodurch stabile Endgruppen $—CF_2H$ entstehen [2803]. Bei linearen Polyestern, z. B. Polyäthylenterephthalat, wird die thermische Beständigkeit erhöht, indem durch nachträgliche Umsetzung mit Anhydriden einbasischer Carbonsäuren mit Kp $>$ 250 °C, z. B. Stearinsäureanhydrid, stabile Endgruppen eingeführt werden [1037]. Über ältere Verfahren der Nachbehandlung von Celluloseäthern zum Zweck der Erhöhung der Wärmestabilität für die thermoplastische Verarbeitung vgl. [18; 19].

IV.2.2. Umsetzung der Endgruppen in Oxymethylen(co)polymeren

Die thermische Depolymerisation von Polyoxymethylen geht von den halbacetalischen Hydroxyl-Endgruppen aus und pflanzt sich durch Kettenreaktion über das ganze Molekül fort (vgl. I.2.1.). Bereits in einem frühen Stadium der technischen Entwicklung des Polyformaldehyds wurden deshalb Verfahren ausgearbeitet, um diese Endgruppen zu „verschließen", d. h. durch chemische Reaktion mit geeigneten Agenzien in eine inerte Form überzuführen. Im Prinzip sind die Methoden zur Reaktion solcher Endgruppen schon in den ersten Arbeiten von H. STAUDINGER und Mitarb. über Polyoxymethylene angewandt worden (vgl. (*304*)), so daß die moderne Entwicklung nur die Verfahrensweise im Hinblick auf die Erfordernisse der Technik modifizieren mußte. Die umfangreiche Patentliteratur über den Endgruppenverschluß von Polyoxymethylenen kann im folgenden nur in den Grundzügen wiedergegeben werden; vgl. dazu Tabelle IV.1. Das älteste, auch heute noch gebräuchliche Verfahren ist die *Veresterung* mit Carbonsäureanhydriden, vorzugsweise Essigsäureanhydrid, das zuerst von der Du Pont Co. für die Zwecke einer industriellen Anwendung ausgearbeitet wurde. Dazu wird das Rohpolymere in gelöster oder feinverteilter Form mit 2—20 Teilen Säureanhydrid in Gegenwart basischer Katalysatoren (Pyridin) und geringer Mengen Na-acetat bei erhöhter Temperatur umgesetzt und anschließend mit Wasser oder Aceton ausgewaschen. Auf diese Weise werden Polymere erhalten, die bei 222 °C langsamer als mit 1 Gew.- % pro Minute depolymerisieren [1660, 2616, 1103; 800; 724]. Das Verfahren ist in der Folgezeit verschiedentlich modifiziert worden [2794, 1892, 2355, 1218; 2378]; erwähnt sei hier lediglich die Anwendung weiterer Zusätze bei der Reaktion, wie Isocyanate [2397, 893, 1858, 2791] oder Carbodiimide [1179], die einen Abbau des Polymeren verhindern sollen. Weiterhin ist eine Endgruppenacylierung durch Umsetzung des Polymeren mit Keten $H_2C{=}C{=}O$ [1237] oder dessen Derivaten, z. B. Dimethyl- oder Diphenylketen oder Umsetzungsprodukten von Ketenen und Ketonen (Enolacetate, z. B. Isopropenylacetat) [1167], ferner auch mit Methylenglykoldiacetat [2489, 1333] möglich. Der Nachteil der Acylierungsverfahren besteht in der Notwendigkeit, Spuren von säurebildenden Reagenzien (Säureanhydrid, Keten) nach der Reaktion sorgfältig aus dem Polymeren zu entfernen, und in einem eventuellen Abbau bei der Reaktionstemperatur. Die zweite Methode des Endgruppenverschlusses ist die *Verätherung*. Wichtigste Reagenzien hierzu sind Orthosäureester, z. B. Orthoameisensäuretrimethylester, [1171, 2762, 3210, 1862; 1174, 2781, 1887; 1323] sowie Alkylacetale, besonders Dimethylformal (Methylal) [1134]. Auch hier besteht jedoch die Gefahr eines Abbaues wegen des stark sauren Reaktionskatalysators BF_3. Diese Schwierigkeit wird in den von der BASF angegebenen Verätherungsverfahren umgangen, bei denen das Polymere entweder mit α-Chloralkyläthern, z. B. Chlormethyl-methyläther oder -cyclohexyläther in Gegenwart säurebindender Substanzen wie Amine (Reagens und Amin können dabei in einer Verbindung, nämlich als quaternäres Ammoniumsalz von α-Chloralkyläthern, eingesetzt werden) [2268, 1816, 2735], oder mit Acrylnitril in Gegenwart alkalischer Katalysatoren wie Trimethylbenzylammoniumhydroxyd oder Natrium [2369] umgesetzt wird. Außer Acrylnitril sind später von der Toyo Rayon K. K. auch weitere α-Olefine mit polaren Gruppen in größerer Auswahl zum Endgruppenverschluß vorgeschlagen worden, und zwar Nitrile, Nitroolefine (z. B. Nitroäthylen) und Olefinsulfone (z. B. Methyl-vinylsulfon) [3124]. Von den Farbwerken Hoechst

Tabelle IV. 1. *Übersicht über die Methoden zum Endgruppenverschluß von Polyoxymethylenen* (Lit. vgl. Text)

		Reagens	Katalysator	Mutmaßliches Reaktionsprodukt
Veresterung:	$\sim CH_2-OH$	Säureanhydride: $+ {}^1/_2 (CH_3CO)_2O$	org. Basen / Na-acetat →	$\sim CH_2-O-OC-CH_3$
		Ketene: $+ H_2C=C=O$	→	$\sim CH_2-O-OC-CH_3$
Verätherung:	$\sim CH_2-OH$	Orthosäureester: $+ HC(OCH_3)_3$	BF_3 →	$\sim CH_2-O-CH_3 + [HC(=O)OCH_3 + CH_3OH]$
		Acetale: $+ H_2C(OCH_3)_2$	BF_3 →	$\sim CH_2-O-CH_2-O-CH_3 + CH_3OH$
		α-Chloralkyläther: $+ Cl-CH_2-O-CH_3$	$(CH_3)_2N(cycl.\text{-}C_6H_{11})$ →	$\sim CH_2-O-CH_2-O-CH_3 + HCl$
		Acrylnitril: $+ CH_2=CH-CN$	$(CH_3)_3(C_6H_5CH_2)N\cdot OH$ →	$\sim CH_2-O-CH_2-CH_2-CN$
		Vinyläther: $+ CH_2=CH-O-CH_3$	BF_3 →	$\sim CH_2-O-CH(OCH_3)(CH_3)$
		cyclische Carbonate: $+ \begin{matrix} CH_2-O \\ \vert \\ CH_2-O \end{matrix} \rangle CO$	LiBr →	$\sim CH_2-O-CH_2-CH_2-OH + CO_2$
Andere Umsetzungen:	$\sim CH_2-OH$	Isocyanate: $+ C_6H_5-N=C=O$	$C_6H_5N(CH_3)_2$ →	$\sim CH_2-O-CO-NH-C_6H_5$
		Organische Silane: $+ (C_2H_5)_3SiCl$	$(CH_3)_2N(cycl.\text{-}C_6H_{11})$ →	$\sim CH_2-O-Si(C_2H_5)_3 + HCl$

sind die folgenden Verätherungsverfahren beschrieben worden: Behandlung mit α,β-ungesättigten (evtl. cyclischen oder mehrfachen) Äthern, z. B. Butyl-vinyläther, Dihydrofuran oder Phenoxyäthyl-vinyläther [2365, 3237, 2859; 2390], wobei sich als Katalysatoren u. a. Säurehalogenide wie Thionylchlorid oder Acetylchlorid, besonders jedoch Bortrifluorid oder dessen Komplexsalze wie $LiBF_4$ oder Fluoroborate organischer Basen eignen [2391] (die Umsetzung mit α,β-ungesättigten Vinyläthern wird auch von der Kurashiki Rayon K. K. beschrieben [1366]); weiterhin die Umsetzung mit cyclischen Kohlensäureestern von zweiwertigen Alkoholen, wie Äthylenglykolcarbonat oder 1,3-Butylenglykolcarbonat, die an sich keine Katalysatoren erfordert, zur Verbesserung der Wirkung aber vorzugsweise in Gegenwart geringer Mengen Alkalihalogenid, z. B. LiBr, durchgeführt wird [2447]. Außer der Veresterung und Verätherung sind folgende weitere Methoden zum Endgruppenverschluß in Betracht gezogen worden: Umsetzung mit Isocyanaten zu Carbamat-Endgruppen, wozu sich Diisocyanate wie Toluylen-2,4-diisocyanat [2759, 1992], wie auch Monoisocyanate, z. B. Phenylisocyanat, [1879, 2812; 1918] eignen, sowie auch mit Isothiocyanaten, z. B. 1-Naphthylisothiocyanat [1350]; schließlich die Reaktion mit organischen Halogensilanen, z. B. Triäthylmonochlorsilan oder Phenyl-dicyclohexylmonochlorsilan, bei Gegenwart basischer Verbindungen, besonders tertiärer Amine, als HCl-Akzeptoren [2343]. Nach einem Verfahren der Montecatini wird der Endgruppenverschluß nicht erst am fertigen Polyoxymethylen vorgenommen, sondern es werden bereits gegen Ende der Polymerisationsreaktion Agenzien zugegeben, die mit den noch aktiven Kettenenden der wachsenden Polymeren inerte Gruppen bilden; dies sind Verbindungen mit den Gruppen $\rangle C{=}O$ und $\rangle C{=}S$, Säureanhydride oder Phenole, speziell sind CO_2, CS_2, Essigsäureanhydrid und Hydrochinon geeignet [1277]. Die verfahrensmäßigen Vorteile dieser Methode liegen auf der Hand, außerdem werden die bei den anderen Endgruppenreaktionen unvermeidlichen Verluste an Polymerem durch Abbaureaktionen vermieden. Nach einem Verfahren der Farbenfabriken Bayer wird die Endgruppenverätherung durch Orthosäureester mit einem kontrollierten Abbau des Polymeren bis zu einem gewünschten Molekulargewicht unter dem Einfluß der als Verätherungskatalysator anwesenden Lewis-Säure BF_3 oder BF_3-Ätherat verbunden [1189]. Schließlich kann die Bildung stabiler Endgruppen auch durch γ-Bestrahlung im Vakuum erzielt werden. Mit zunehmender Strahlungsdosis wird ein Anstieg des gegen thermische Zersetzung stabilen prozentualen Anteiles des Polymeren festgestellt, wahrscheinlich indem nach primärer Kettenspaltung unter Bildung von Radikalenden durch nachfolgende Disproportionierung bzw. Radikalkombination stabile Kettenenden wie Methoxy- oder Formyloxy-Endgruppen entstehen (*599a*).

Das Alternativverfahren zur thermischen Stabilisierung durch Endgruppenverschluß stellt die Copolymerisation unter Einbau von C—C-Bindungen in die Polyoxymethylenkette dar (vgl. IV.1.4.). Bei derartigen

Mischpolymerisaten gelangt man zu stabilen Endgruppen, indem durch thermischen oder chemischen Abbau die Ketten vom Molekülende her depolymerisiert werden, bis die Reaktion an der äußersten C—C-Bindung haltmacht, welche dann die Endgruppe bildet. Auf diese Weise werden die thermolabilen Molekülenden entfernt. Nach Verfahren der Celanese Corp. wird der Abbau entweder durch Erhitzen des Kunststoffes [1010, 2000, 2798, 1254] oder durch basische Hydrolyse in Alkoholen [3246, 1242, 2863] vorgenommen. Nach einem Verfahren der Farbwerke Hoechst erfolgt der Abbau durch Erhitzen in wäßriger Suspension von $p_H = 8$ auf 100—150 °C bei Gegenwart von Formaldehyd-Akzeptoren (zur Verhinderung des autokatalytischen Reaktionsverlaufs) und von Quellungsmitteln. Erstere sind z. B. Ammoniak, Harnstoff, Alkalisulfite u. a., letztere Methanol, Äthylenglykol u. a. [1346]. Eine Abwandlung dieses Prozesses sieht den thermischen Abbau in einer Wasserdampfatmosphäre von 3—10 at Druck, die Ammoniak oder eine flüchtige organische Base als Katalysator sowie einen quellend wirkenden Lösungsmitteldampf enthält, vor. Die kondensierte Phase kann zudem einen Formaldehyd-Akzeptor wie Harnstoff enthalten [1431].

Die den Polyoxymethylenen chemisch verwandten höheren Polyaldehyde, insbesondere Polyacetaldehyd, welche ebenfalls leicht einer thermischen Depolymerisation unterliegen, lassen sich in ähnlicher Weise durch Endgruppenacylierung mit Essigsäureanhydrid oder Verätherung mit Orthocarbonsäureestern stabilisieren [1923, 2380, 2844, 1315; 2815, 1965; 2883, 1309]. — Bei fluorierten Polyacetalen, z. B. Polymeren aus β-Alkoxypolyfluoraldehyden oder Perfluorcyclobutanon, ist nach Ergebnissen der Du Pont Co. eine thermische Stabilisierung möglich, indem endständige OH-Gruppen mit Hilfe von Phosphor-, Schwefel- oder Metallhalogeniden durch Halogen ersetzt werden [942].

IV.2.3. Entfernung von abbaukatalysierenden Begleitsubstanzen auf chemischem Wege

Häufig verursachen im Polymeren verbliebene Polymerisationskatalysatoren eine Beschleunigung von Abbauprozessen, besonders bei Niederdruck-Polyolefinen. Es ist üblich, nach Beendigung der Polymerisation die Ziegler-Katalysatoren durch Zugabe von Verbindungen mit reaktionsfähigem Wasserstoff (z. B. Alkoholen) in eine inaktive Form überzuführen und (gegebenenfalls unter Zusatz oberflächenaktiver Stoffe) mit Wasser auszuwaschen [738, 1778, 2644, 1093]. Eine Verbesserung der Stabilität ist durch eine zusätzliche Behandlung des Polymeren mit Schwefelsäure, die 10—30 % Wasser und zweckmäßigerweise noch Netzmittel wie Alkohole oder Fettsäuresorbitester enthält, und anschließendes Auswaschen mit Wasser oder einem Wasser-Lösungsmittel-Gemisch möglich [2201, 2982, 697, 3194, 1844, 2662]. In Vinylchlorid- und Vinylidenchlorid-Kunststoffen spielen Eisensalze als abbaufördernde Verunreinigungen eine große Rolle. Zu ihrer Entfernung ist das Auswaschen der Polymerisate mit angesäuerten Phosphatlösungen empfohlen worden [156; 269, 2147]. Bei Polycaprolactam können gewisse alkalische Substanzen, die als Katalysatoren der Lactampolymerisation im Kunststoff verblieben sind, im Laufe der thermoplastischen Verarbeitung einen Abbau verursachen. Hier läßt sich eine merkliche Stabilitätsverbesserung durch Einwirkung von Säuredämpfen (Ameisensäure, Essigsäure, Acetylchlorid u. dgl.) auf das in Form von Pulver, Granulat oder Schnitzeln vorliegende Polymere erzielen, wobei die Dämpfe vorzugsweise im Gegenstromprinzip im Gemisch mit einem Inertgas über das Polymere hinweggeführt werden [2040]. Die alkalischen Katalysatorreste in Polysiloxanen, welche die Wärmebeständigkeit des Polymeren herabsetzen, lassen sich durch Einwirkung von Ionenaustauschern, z. B. sulfoniertem Polystyrol, auf Lösungen bzw. Dispersionen des Polymeren [1839, 2334] oder durch Zusatz von Chlorhydrinen, z. B. Äthylenchlorhydrin, zum Polymeren und Entfernung der bei der Reaktion mit Alkali freiwerdenden Verbindungen durch Erhitzen [2471] unschädlich machen. Weiterhin können die aktiven Zentren der hochpolymeren Siloxane (z. B. Silanolat-Gruppierungen Si—OK) in verschiedener Weise neutralisiert oder komplex gebunden werden, was zu erhöhter Wärmestabilität führt. Hier sei als Beispiel nur die Nachbehandlung mit CO_2 genannt; vgl. im übrigen (*320*, *321*).

IV.2.4. Einbau von Gruppen mit Stabilisatorfunktion

Die nachträgliche Anlagerung von Gruppen, die eine selbständige stabilisierende Wirkung ausüben, an das fertige Polymere ist gegenüber den verschiedenen Methoden der Einführung solcher Gruppen durch Copolymerisation noch relativ wenig praktiziert worden. Sie ist begrenzt auf solche Polymere, die reaktionsfähige Struktureinheiten tragen. Zur UV-Stabilisierung

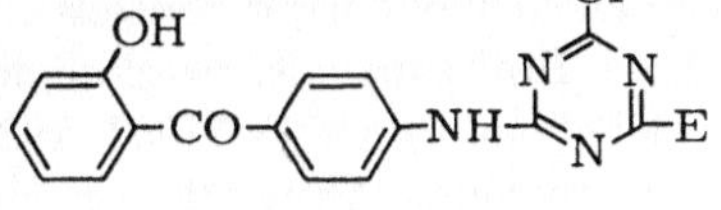

OH, CO, NH, Cl, N, N, N, E

(I)

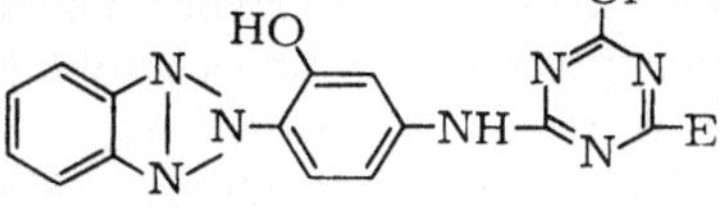

HO, N, N, N, NH, Cl, N, N, N, E

(II)

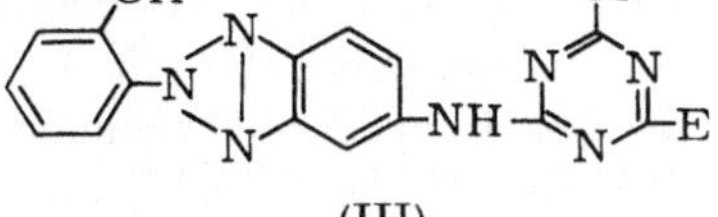

OH, N, N, N, NH, Cl, N, N, N, E

(III)

von Cellulose ist die Veresterung der freien Hydroxylgruppen mit Triazinylbenzophenon- und Triazinylbenzotriazol-Derivaten der Grundtypen (I), (II) oder (III) beschrieben worden. Darin ist E = Cl, Sulfoalkylamino, Carboxyalkylamino oder ein weiterer Benzoylphenylamino- bzw. Triazinylphenylaminorest analog zu dem symmetrisch dazu substituierten. Die Produkte können an den Benzolkernen noch weiterhin substituiert sein. Sie werden durch Reaktion in Gegenwart alkalischer Substanzen bei erhöhter Temperatur auf die Cellulosefolien oder -fäden aufgebracht, wobei Veresterung unter Austritt von HCl stattfindet. Die UV-Absorber sind außer zur Veresterung mit Cellulose auch zum einfachen Zumischen zu verschiedensten anderen Polymeren geeignet [914; 918; 1909, 2809; 883; 887].

IV.3. Stabilisierung durch physikalische Nachbehandlung des Polymeren

Mit physikalischen Nachbehandlungsverfahren läßt sich in einigen Fällen eine Entfernung katalytisch wirkender oder labiler Mischungsbestandteile erzielen. Eine vielfach anwendbare Methode besteht in der Umfällung des Polymeren. So lassen sich bei Vinylchlorid-Polymerisaten durch Ausfällen des Kunststoffes aus der angesäuerten wäßrigen Emulsion mit Hilfe von Salzen, z. B. $Al_2(SO_4)_3$, Metallsalzspuren katalytischen Charakters entfernen [157], während Bestandteile wie Emulgatoren oder Polymerisationskatalysatoren durch Auflösen des Polymeren bei erhöhtem Druck und erhöhter Temperatur in einem geeigneten Lösungsmittel wie Cyclohexanon, Abtrennung von den ungelösten Verunreinigungen, Ausfällen mit einem aliphatischen Alkohol sowie anschließendes Waschen und Trocknen des Vinylchlorid-Polymerisats beseitigt werden können [2664, 1025]. Bei leichtlöslichen Verunreinigungen gelingt die Entfernung mitunter durch Extraktion mit einem Lösungsmittel, welches das Polymere nur anquillt; beispielsweise wird eine Verbesserung der Wärmestabilität von alkalisch polymerisierten Polylactamen durch Behandlung mit Wasser, Methanol oder anderen Lösungsmitteln bzw. ihren Gemischen erzielt [1359].

Zur Entfernung niedermolekularer, vor allem monomerer, Anteile aus Hochpolymeren erweist sich evtl. kurzzeitige Erhitzung als zweckmäßig. Dies ist beispielsweise bei Polypyrrolidon (4-Polyamid) der Fall [903, 1924, 2306]. Die niedermolekularen, stabilitätsverringernden Anteile lassen sich dabei auch durch Behandlung mit wäßrigen Lösungen von Essig- oder Propionsäure bei Temperaturen >70 °C aus dem Polymeren herauslösen [961].

Die Bestrahlung von Hochpolymeren mit UV- oder ionisierenden Strahlen ist eine weitere Nachbehandlungsmethode, mit der allerdings im allgemeinen weniger die Alterungsbeständigkeit, als vielmehr gewisse Gebrauchseigenschaften, vor allem das mechanische Verhalten, modifiziert werden sollen. Ein Verfahren zur Erhöhung der Wärme-, Licht- und Oxydationsbeständigkeit von rußgefüllten Polyolefinen besteht darin, daß das Polyäthylen bzw. Polypropylen vor dem Rußzusatz durch UV- oder ionisierende Strahlung aktiviert und dann erst bis zu 2.5% mit Ruß versetzt wird [1371]. Über die Erhöhung der thermischen Stabilität von Polyoxymethylenen durch γ-Bestrahlung im Vakuum vgl. IV.2.2.

IV.4. Strukturelle Stabilisierung

Unter dieser Bezeichnung sei ein Grenzgebiet der Kunststoffstabilisierung zusammengefaßt, welches sich allgemein der strukturellen Modifikation von Kunststoffen bedient, um dadurch alterungsbeständige Produkte zu gewinnen. Es soll im folgenden nur kurz gestreift werden.

Die grundlegendste strukturelle Beeinflussung eines Kunststoffes besteht in der Wahl seiner Monomereneinheit. Erhöhte thermische Beständigkeit wird u. a. durch eine Häufung von aromatischen Kernen in der Hauptkette erzielt. Beispiel dafür sind polymere Sulfone, die durch Kondensation aromatischer Sulfonylhalogenide (z. B. Benzol- oder Diphenyl-4-sulfonylchlorid) mit Friedel-Crafts-Katalysatoren entstehen; unterhalb 350 °C zeigen derartige Substanzen keinerlei Erweichungs- oder Abbauerscheinungen [2003]. Bei Mehrkomponenten-Kondensationsharzen genügt meist die Variation von nur einer Komponente zur Verbesserung der Eigenschaften. So wird bei ungesättigten Polyesterharzen die Wärmebeständigkeit durch Härtung mit Triallylcyanurat und Maleinimid, anstatt wie üblich mit Styrol, erhöht [1768, 2256]. Epoxydharze mit Bisphenol A als Kondensationskomponente werden durch Anwesenheit von 3–20% eines Harzes, das Diphenylolmethan oder Diphenyloläthan anstelle von Bisphenol A enthält, in ihrer Lagerbeständigkeit im ungehärteten Zustand verbessert [2415, 1215]. Die Wärmebeständigkeit von Epoxydharzen kann durch Einkondensieren von 1,2,5,6,9,10-Triepoxycyclododecan als Harzkomponente [1321], ferner auch durch Härtung mit sauren Polyestern aus mehrwertigen Phenolen und mehrbasischen Säuren [1308] gesteigert werden. Über hitzebeständige Epoxydharze, bei denen sowohl Harz- wie Härterkomponente spezielle Struktur aufweisen, vgl. [803]. Über den Einfluß der Struktur von Epoxydharzen auf ihre Stabilität liegen im übrigen bereits mehrere eingehende Untersuchungen vor (*160*, *468*, *10*). Bei Polyäther- und Polyesterurethanen wird eine Erhöhung der Alterungs- und Witterungsstabilität erzielt, wenn als Diisocyanat-Komponente nicht ein aromatisches Diisocyanat, wie z. B. in den meisten Fällen Toluylendiisocyanat, verwendet wird, sondern ein araliphatisches Diisocyanat, bei dem die Isocyanat-Gruppen an einen Alkylrest gebunden sind; geeignet ist z. B. p-Phenylen-2,2′-di-(äthylisocyanat) [1810, 2705]. Die Wärmebeständigkeit von Silicon-Harzen wird durch den Einbau von Phenylendisilan-Einheiten verbessert (*84*). — Bei Polymerisationskunststoffen wird in ähnlicher Weise die Stabilität durch geeignete Copolymerisat-Komponenten häufig verbessert, so z. B. die Wärmebeständigkeit von Vinylchlorid-Polymerisaten durch Mischpolymerisation mit $\leqq$25% Fluorkohlenwasserstoffen wie Vinylfluorid [3108], die von Polyacrylnitril durch Copolymerisation mit ungesättigten, Carbonsäureamidgruppen tragenden Carbonsäuren wie ε-(ε′-Methacryloylaminocaproylamino)-capronsäure [2288]. Die Licht- und Wärmebeständigkeit halogenhaltiger Polymerer wird auch durch Vernetzung mit Umsetzungsprodukten aus phosphoriger Säure (oder Derivaten) mit Di- oder Polyaminen erhöht [1385].

V. Spezielle Praxis der Stabilisierung bei einzelnen Kunststoffsorten

Wie aus den Kapiteln III. und IV. ersichtlich, besteht für jeden Kunststofftyp eine große Fülle an praktischen Möglichkeiten, die Stabilität durch geeignete Zusätze oder Verfahren zu verbessern. Die Anzahl derjenigen, die tatsächlich Eingang in die Kunststofftechnik gefunden haben, ist jedoch beschränkt, und von diesen sollen im folgenden Kapitel die zur Zeit aktuellsten Methoden bei einigen wichtigen Kunststofftypen näher betrachtet werden. Eine Angabe geeigneter Stabilisierungssysteme für einen vorgegebenen Kunststoff und Anwendungszweck ist im allgemeinen höchstens qualitativ möglich, da sich der Stabilisierungseffekt in der Praxis meist von schwer beeinflußbaren und häufig gar nicht mit Sicherheit zu erkennenden Unterschieden in der Natur des Polymeren abhängig erweist. In allen Fällen gilt, daß über die Eignung einer Stabilisierung für den praktischen Einsatz ein den verarbeitungs- und anwendungstechnischen Erfordernissen angepaßter Stabilitätstest entscheiden muß.

V.1. Polyolefine

Im allgemeinen bedürfen alle Arten von Polyolefinen einer Stabilisierung. Ein notwendiges Erfordernis ist sie bei Polypropylen und höheren Poly-α-olefinen, deren Oxydationsbeständigkeit geringer als die von Polyäthylen ist. Polyäthylen muß im Falle eines Außeneinsatzes stabilisiert werden. Die Stabilisierung von Polyolefinmassen liegt durchweg in den Händen des Rohstoffherstellers. Im einzelnen kommen die folgenden Stabilisierungsprobleme in Betracht:

1. Erhöhung der Wärmestabilität unter Verarbeitungsbedingungen (= Viskositätskonstanz der Schmelze).

2. Erhöhung der Oxydationsbeständigkeit. Die hierfür erforderliche Stabilisierung steht in engem Zusammenhang mit der Wärmestabilisierung: Autoxydationsprozesse treten erst bei höherer Temperatur merklich in Erscheinung und bilden vielfach eine der Ursachen für mangelnde Wärmestabilität bei der Verarbeitung. Zahlreiche typische Antioxydantien wirken zudem gleichzeitig als Wärmestabilisatoren, indem sie den rein thermischen Abbau inhibieren.

3. Metalldesaktivierung. Diese Art der Stabilisierung ist bei Polyolefinen von besonderer Bedeutung, einmal im Hinblick auf Reste von Metallkatalysatoren aus der Polymerisation (vgl. (*469*)), welche den oxydativen Abbau und thermische Verfärbungen fördern, zum anderen Mal bei Kontakt mit Metallen, besonders Kupfer, was vor allem bei Kabelisolationsmaterialien eine Rolle spielt (vgl. (*500*)). Kupferkontakt erniedrigt die Oxydationsstabilität von Polypropylen merklich, die von Polyäthylen in weniger ausgeprägtem Maße.

4. Licht- und Witterungsstabilisierung. Der Einsatz von UV-Absorbern kommt vorwiegend bei Folien und Fasern in Frage, daneben auch bei farblosen oder hellfarbigen Produkten für den Außeneinsatz. Wo die Verwendung schwarzer Materialien angängig ist, bildet Ruß den besten Schutz gegen Bewitterung und Lichteinwirkung.

V.1.1. Wärme- und Oxydationsstabilisierung

Der thermische Abbau unter den Bedingungen der Extrusion und des Spritzgusses macht sich durch eine Zunahme des Schmelzindex bemerkbar. Polypropylen ist vom Abbau infolge seiner durch die Häufung tertiärer C-Atome verringerten Stabilität und durch die im allgemeinen höheren Verarbeitungstemperaturen stärker betroffen als Polyäthylen. Außer dem thermisch induzierten Zerfall trägt die Scherbeanspruchung unter den Verarbeitungsbedingungen zum Abbau bei.

Beim *Polypropylen*, das im Gegensatz zum Polyäthylen stets Antioxydantien enthalten muß, wird die Verarbeitungsstabilisierung meist mit der Oxydationsstabilisierung kombiniert, indem entweder das Antioxydans oder bei synergistischen Gemischen eine der Komponenten desselben die Rolle des Wärmestabilisators spielt. Die Beurteilungsgrundlage für die Brauchbarkeit von Stabilisatoren bilden: 1. die Abnahme der Schmelzviskosität bei der Verarbeitung (und die mit der Molekulargewichtsverringerung im Zusammenhang stehende Veränderung der mechanischen Eigenschaften, vgl. (*614*)), 2. die thermooxydative Versprödung von Probeplättchen bei Ofenlagerung („Brittle test“) und 3. die Verfärbung in der Wärme (meist durch Reaktionsprodukte des Stabilisators hervorgerufen). Die praktisch wichtigsten Polyolefin-Stabilisatoren sind in der folgenden Übersicht zusammengestellt:

(a)

Alkylierte Phenole, z. B. DBPC
Alkylenbisphenole, z. B. Antioxidant 2246
Thiobisphenole, z. B. Santonox
Polyphenole, z. B. Topanol CA oder Ionox 330
Terpensubstituierte Phenole, z. B. 2,6-Isobornyl-p-kresol
Hydroxyphenylalkancarbonsäureester
Phenolsubstituierte s-Triazine

(b)

Thiodicarbonsäureester, z. B. DLTDP
Disulfide, z. B. Dilauryldisulfid
Mercaptane, z. B. 2-Mercaptobenzimidazol
Phosphite, z. B. Trioctadecylphosphit

Die unter (a) aufgeführten phenolischen Stabilisatoren können mit den unter (b) genannten schwefel- bzw. phosphorhaltigen Produkten zu synergistischen Gemischen kombiniert werden, wovon praktisch meist Gebrauch gemacht wird. Bei Polypropylen ist die Verwendung von Phenolen ohne synergistische Zusätze selten. Die typischen Synergisten (b) werden, mit Ausnahme von

DLTDP, fast immer in Kombination mit phenolischen Komponenten eingesetzt. Während phenolartige Verbindungen vielfach zu Verfärbungen in der Wärme und bei Oxydation neigen (z. B. durch Bildung chinoider Reaktionsprodukte), sind die Produkte (b) durchweg verfärbungsfrei.

Aminische Antioxydantien haben häufig im Vergleich zu phenolischen Verbindungen eine ausgezeichnete Inhibitorwirkung, wie die folgende Gegenüberstellung der Induktionsperioden der Sauerstoffaufnahme bei 180 °C durch Polypropylen mit 0.2 Gew.-% Antioxydans zeigt (nach (*501*)):

Phenolische Antioxydantien		Aminische Antioxydantien	
Antioxidant 2246:	550 min.	Aminox:	670 min.
Antioxidant 425:	540 min.	DPPD:	540 min.
Santowhite Crystals:	250 min.	N,N'-Dibutyl-p-phenylendiamin:	395 min.
DBPC:	120 min.		

(über die Wirkung aminischer Antioxydantien in Polypropylen vgl. auch (*538*)).

Die Verwendung aminischer Stabilisatoren in Polyolefinen ist jedoch infolge der starken Verfärbung, die sie in der Kunststoffmasse erzeugen, ungebräuchlich, zumindest insoweit nicht dunkelfarbig pigmentierte Produkte vorliegen.

Einfache alkylierte Phenole, wie DBPC, finden noch vielfach Einsatz, obwohl die Entwicklung zu mehrkernigen Phenolen mit geringerer Flüchtigkeit strebt. DBPC (Ionol) ist besonders für physiologisch einwandfreie Anwendungen geeignet. Eine große Bedeutung besitzen die Bisphenole wie 4,4'-Butylidenbis-(3-methyl-6-tert.-butylphenol) (Santowhite Powder), 4,4'-Thiobis-(3-methyl-6-tert.-butylphenol) (Santonox) oder andere Kondensationsprodukte aus Alkylphenolen und Ketonen, Aldehyden oder Schwefelchloriden, wie das in der Patentliteratur häufig erwähnte Nonylphenol/Aceton-Kondensationsprodukt (vgl. *2.2.2.*). Die hauptsächliche Anwendungsform dieser alkylierten Mono- und Bisphenole besteht in der Kombination mit Thiodipropionsäureestern, vorwiegend DLTDP, welche gegenwärtig die wichtigste Art der Stabilisierung von Polypropylen bildet. Geeignete Systeme bestehen z. B. aus 0.2 Gew.-% phenolischer Komponente und 0.5% DLTDP. Der Einfluß der absoluten Menge und des Mengenverhältnisses von Phenol und DLTDP auf die Oxydierbarkeit von Polypropylen bei 150 °C ist von Neureiter u. a. (*426*) untersucht worden. Als phenolische Komponente diente dabei ein trialkyliertes Monophenol von der Art des DBPC. Es zeigt sich, daß die antioxydative Wirkung bei vorgegebener Menge an Phenol etwa linear mit der Konzentration des DLTDP ansteigt, bis letzteres in $2^1/_2$—3facher Konzentration des Phenols vorliegt; eine weitere Konzentrationserhöhung verbessert die Stabilität kaum. Umgekehrt bewirkt ein Überschuß des Phenols gegenüber dem DLTDP keine Steigerung der Oxydationsbeständigkeit. Oberhalb einer Konzentration von 0.5% scheint weiterer Phenolzusatz sogar die Stabilität geringfügig herabzusetzen, zudem macht sich die Verfärbung durch Oxydationsprodukte des Phenols bemerkbar. Die

Wirkung eines DLTDP-Zusatzes ohne phenolische Komponente ist andererseits auch gering. Besonders hinsichtlich der Verarbeitungs-(Wärme-)Stabilisierung von Polypropylen ist die Wirksamkeit von DLTDP allein unbefriedigend. Ein wesentlicher Vorteil der in jüngerer Zeit entwickelten phenolischen Antioxydantien mit drei und mehr Ringen besteht in ihrer geringen Flüchtigkeit. Ein typisches Produkt dieser Art ist das Topanol CA (vgl. *2.2.2.*). In Tabelle V.1. sind (nach Messungen der I.C.I.) die Versprödungszeiten von Polypropylen-Platten von 0.508 mm Dicke bei 150 °C im Luftumwälzofen für verschiedene Typen von phenolischen Antioxydantien allein und im synergistischen Gemisch mit DLTDP zusammengestellt. Die erhebliche Zunahme der Wirksamkeit synergistischer Gemische beim Übergang

Tabelle V.1.: *Versprödungszeiten von Polypropylen bei 150 °C* (nach *288*))

Stabilisierung	Versprödungszeit (Stdn.)
0.1% DBPC	30
desgl. + 0.25% DLTDP	100
0.1% 4,4′-Butylidenbis-(3-methyl-6-tert.-butylphenol)	100
desgl. + 0.25% DLTDP	1250
0.1% 4,4′-Thiobis-(3-methyl-6-tert.-butylphenol)	310
desgl. + 0.25% DLTDP	1400
0.1% Topanol CA	50
desgl. + 0.25% DLTDP	1920

von ein- zu dreikernigen Phenolen ist deutlich erkennbar. Zudem zeigt das dreikernige Phenol in Kombination mit DLTDP eine erhöhte Kupferresistenz, die merklich über der der Bisphenole liegt. Das ungünstige Verhalten des DLTDP bei der Verarbeitungsstabilisierung bedingt andererseits, daß synergistische Gemische einen größeren Anstieg des Schmelzindex bei der thermischen Verformung bewirken als reines Topanol CA. So nimmt der i_{10}-Wert bei 190 °C nach 20 min. Verweilzeit in der Spritzgußmaschine unter 290 °C Zylindertemperatur mit 0.1 % Topanol CA um das 1.8fache, mit 0.1 % Topanol CA + 0.25 % DLTDP um das 3.2fache, mit 0.25 % DLTDP allein um das 3.8fache zu. Der Zusatz von Topanol CA verändert demnach die schlechte Wärmestabilisierung durch DLTDP nur wenig. Zur Herstellung von Massen hoher Viskositätskonstanz unter Verarbeitungsbedingungen muß also, bei Inkaufnahme einer verringerten Oxydationsbeständigkeit und damit kürzerer Lebensdauer im Endeinsatz, auf die Mitverwendung von DLTDP verzichtet werden. In diesem Fall empfiehlt sich die Erhöhung der Konzentration des Phenols bis zu dem Maximalwert von 0.5 % (*288*). Das vierkernige Phenol Ionox 330 (vgl. *2.2.2.*) stellt einen weiteren hochwirksamen Oxydationsstabilisator von niedriger Flüchtigkeit und hoher Wärmebeständigkeit dar, der eine vollständige physiologische Indifferenz zeigt und in Konzentrationen bis maximal 0.5 % eingesetzt wird. Nach neueren Untersuchungen (*65a*) bringt die Kombination eines so wenig flüchtigen phenolischen Stabilisators wie Ionox 330 mit einem leichter flüchtigen Synergisten wie DLTDP häufig keine Verbesserung der thermooxydativen Stabilität gegenüber der Verwendung des Polyphenols allein, wenn die gesamte Stabilisatorkonzentration konstant gehalten wird. Dies wird unter solchen Alterungsbedingungen beobachtet, unter denen die Verdampfung leichter flüchtiger Stabilisatoren merkliches Ausmaß annehmen kann, d. h. beim Erhitzen im Luftofen. Der teilweise Ersatz des Phenols durch DLTDP wird unter diesen Bedingungen umso wirksamer, je leichter flüchtig das Phenol selbst ist. Andere typische Polypropylen-Stabilisatoren sind die Irganox-Typen (*667*). Die Produkte, welche phenolische Verbindungen aus verschiedenen Substanzklassen darstellen (*3.1.4.* und *5.13.6.*), werden ebenfalls in Kombination mit DLTDP eingesetzt und führen zu befriedigend langen Versprödungszeiten, wobei die Schmelzindex-Driftung trotz Anwesenheit der DLTDP-Komponente niedrig bleibt. Die Produkte sollen durch eine im Vergleich zu anderen phenolischen Antioxydantien unübertroffene Farblosigkeit im Polymeren gekennzeichnet sein. Besonders wird die Mitverwendung von tertiären organischen Phosphiten als zweite synergistische Komponente empfohlen, wobei das Stabilisierungssystem zur Erzielung günstiger Ergebnisse beispielsweise aus einem Irganox-Produkt, DLTDP und Trioctadecylphosphit im Mengenverhältnis der Komponenten von 0.1/0.25/0.25 % bestehen kann (*212*). Allgemein eignet sich ein Zusatz von organischen Phosphiten zur Unterdrückung der durch phenolische Stabilisatoren hervorgerufenen Verfärbung und daneben vielfach zur synergistischen Verstärkung der Antioxydanswirkung. Als Alleinstabilisatoren besitzen Phosphite keine praktische Bedeutung, ebensowenig wie die aliphatischen Thioäther, Disulfide und Mercaptane. Die letztgenannten Produkte haben für sich allein in rußfreien Polymeren keine nennenswerte antioxydative Wirkung, zeigen dagegen mit Ruß einen erheblichen synergistischen Effekt. Eine Ausnahme bilden die Thiodicarbonsäureester wie DLTDP, die selbständig als Antioxydantien wirken. Sie sind nicht-toxisch, was ihre fast universelle Anwendung, meist als Antioxydantien, bei der Polypropylen-Stabilisierung sehr fördert. Neuerdings gewinnt neben dem DLTDP auch der Thiodipropionsäuredistearylester infolge seiner gesteigerten synergistischen Wirkung an Bedeutung (vgl. (*488*)). — Für die meisten praktischen Anwendungen genügen einige wenige Standard-Typen von Polypropylen, deren Stabilisierung speziellen Erfordernissen angepaßt ist (*614*). Für Lebensmittel-Verpackungszwecke, wobei keine gesteigerte Lebensdauer des Kunststoffes erforderlich ist, ist eine relativ niedrig stabilisierte Masse mit physiologisch unbedenklichen Antioxydantien wie DBPC + DLTDP geeignet. Für Anwendungen allgemeiner Art kommen Kombinationen von DLTDP mit zwei- oder mehrkernigen Phenolen in den oben angegebenen Zusammensetzungen in Betracht, wobei für wärmestabile Typen höhere Konzentrationen eingesetzt werden, unter Wegfall bzw. Einschränkung des DLTDP-Anteiles, falls hohe Verarbeitungsstabilität erforderlich ist.

Die Stabilisierung des *Polyäthylens* ist gegenüber der des Polypropylens weit weniger kritisch. Einmal besitzt Polyäthylen eine größere Eigenstabilität gegenüber oxydativen Einflüssen, zum anderen liegen die Verarbeitungstemperaturen niedriger. Als Stabilisatorsubstanzen kommen die gleichen

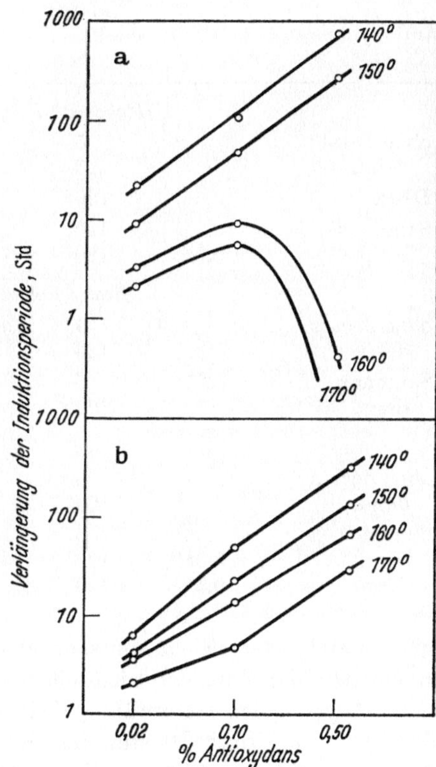

Fig. 32 a u. b. Abhängigkeit der Induktionsperiode der thermischen Oxydation von Ziegler-Polyäthylen von der Konzentration an Di-2-naphthyl-p-phenylendiamin (a) und 4,4'-Thiobis-(3-methyl-6-tert.-butylphenol) (b) bei verschiedenen Temperaturen. Nach GRIEVESON u. a. (*235*).

Produkte wie für Polypropylen in Frage, wobei Einkomponenten-Stabilisierungen vielfach ausreichend sind. Rund $^1/_{10}$ bis $^1/_5$ der in Polypropylen üblichen Stabilisatorkonzentrationen genügen meist für eine befriedigende Stabilität. Ursprünglich wurden für Polyäthylen aminische Antioxydantien wie DPPD, Di-2-naphthyl-p-phenylendiamin oder PBN angewendet. Trotz ihrer guten Wirksamkeit sind sie infolge der Verfärbungserscheinungen, die sie am

Polymeren hervorrufen, mehr und mehr durch phenolische Inhibitoren ersetzt worden. Praktisch kommen z. B. DBPC als physiologisch einwandfreies, aber nur schwach wirksames Antioxydans, sowie Bisphenole vom Typ des Santowhite Powder oder Santonox in Betracht. Besonders letzteres erweist sich als ein vorzüglicher Oxydationsstabilisator. In Niederdruck-Polyäthylen hält ein Zusatz von 0.02% Santonox bis zu etwa 900stündiger Ofenlagerung bei 120 °C (was weit oberhalb der Gebrauchstemperaturgrenze des Kunststoffes

Tabelle V.2. *Antioxydans-Einflüsse auf die mechanischen und dielektrischen Eigenschaften von thermisch oxydierten Polyäthylenen* (nach (*402*))

Antioxydans	Konz. %	Walzzeit bei 170 °C min.	Zug-festigkeit p. s. i.	Reiß-dehnung %	Dielektr. Verlustfaktor bei 60 MHz
		Hochdruck-Polyäthylen			
ohne Zusatz		5			0.0005
desgl.		120			0.001
DBPC	0.5	120			0.0018
Santonox	0.01	120			0.0007
desgl.	0.05	120			0.0005
		Ziegler-Polyäthylen			
ohne Zusatz		5	1652	198	0.00023
desgl.		120	1543	44	0.00085
Santonox	0.05	5	1650	185	
desgl.		120	1606	133	0.00035
		Phillips-Polyäthylen			
ohne Zusatz		5	1940	139	0.0008
desgl.		120	3990	12	0.0025
Santonox	0.05	5	1965	217	
desgl.	0.05	120	1825	184	
desgl.	0.5	120			0.0009

liegt) das Molekulargewicht konstant, ehe ein Abfall durch thermischen Abbau eintritt (*235*). Zum Vergleich mit der Stabilisierungswirkung des Santonox in Polypropylen sei erwähnt, daß ein Zusatz von 0.1% Santonox in Polyäthylen (niedriger Dichte) die Induktionsperiode der Sauerstoffaufnahme bei 140 °C von 4 Stunden im unstabilisierten Zustand auf etwa 1000 Stunden erhöht, daß dagegen 0.5% Santonox in isotaktischem Polypropylen die Induktionsperiode von 1—2 Stunden im unstabilisierten Zustand auf nur etwa 400 Stunden verlängern (*244*). Die Induktionsperiode der thermischen Oxydation von Niederdruck-Polyäthylen zwischen 140 und 170 °C steigt mit dem Prozentgehalt des Antioxydans zwischen 0.02 und 0.5 Gew.-% an. Dieser Befund ist im Bereiche der Stabilisierungserscheinungen durchaus nicht selbstverständlich. Dies zeigt der Vergleich mit der Induktionsperiode bei Gegenwart von Nonox CI (Di-2-naphthyl-p-phenylendiamin) (Fig. 32), wo bei Oxydationstemperaturen von 160 und 170 °C die Wirkung des Antioxydans oberhalb einer Konzentration von 0.1% scharf abfällt; bei 170 °C und Anwesenheit von 0.5% Antioxydans ist die Induktionsperiode auf Null abgesunken. Die Angabe von Induktionsperioden oder sonstigen Stabilitätskriterien als Funktion des Stabilisatorgehaltes kann nicht quantitativ auf Polymere anderer Herkunft übertragen werden. So berichten Folt u. a. (*185*), daß sechs verschiedene Polyäthylene von fünf Herstellern, die mit 0.1% DPPD stabilisiert waren, Induktionsperioden der thermischen Oxydation bei 140 °C zeigten, die im Bereich zwischen 55 und 135 Stunden streuten. Die erheblichen Stabilitätsunterschiede von Niederdruck-Polyolefinen sind wohl teils durch Katalysatorreste, vorwiegend aber durch verschiedene Verteilung der amorphen und kristallinen Phasen und die bevorzugte Oxydation der ersteren bedingt (*640*). Über die durch Stabilisierung erreichbare Verbesserung der Praxiseigenschaften (mechanisches und dielektrisches Verhalten) von Polyäthylenen unterrichtet die Tabelle V.2. Eine wichtige Rolle spielt der Ruß für die Stabilisierung des Polyäthylens, nicht nur als Lichtschutzmittel, sondern auch als thermisches Antioxydans. Auf die synergistische Wirkung von Ruß mit verschiedenen organischen Schwefelverbindungen, darunter auch Santonox, war schon ausführlich hingewiesen worden (vgl. III.2., Substanzklassen *7.1.1.*, *7.1.2.* und *7.1.3.*).

V.1.2. Metalldesaktivierung

Die Anwesenheit von Metallkatalysatorresten in Niederdruck-Polyolefinen wird im allgemeinen als abbaubeschleunigend angesehen. Erste systematische Arbeiten von Ryšavý u. a. (*504*) haben jedoch ergeben, daß der Einfluß der Katalysatorreste komplizierter ist. Der rein thermische Abbau von Polypropylen bei 200 °C unter Sauerstoffausschluß wird durch ein Katalysatorsystem bestehend aus aktivem Titantrichlorid und Triäthylaluminium beschleunigt, während durch Luft oder Methanol desaktivierte Katalysatoren den thermischen Abbau nicht beeinflussen. Die thermisch ausgelöste Sauerstoffaufnahme bei 170 °C in Gegenwart von Titantrichlorid, Triäthylaluminium und Diäthylzink in Polypropylen, das mit 0.2 Gew.-% PBN stabilisiert ist, wird durch die Anwesenheit der Zn-organischen Verbindung verzögert, durch steigenden Zusatz der Al-Verbindung bei konstanter Konzentration der Zn-Verbindung hingegen beschleunigt. Zahlreiche Polyolefin-Stabilisierungen beruhen auf der komplexen Bindung von Metallkatalysatorresten, z. B. mit mehrwertigen Alkoholen wie Sorbit. Die Stabilisierung von Polyolefinen mit Organozinn-Verbindungen (vgl. III.2./*8.1.4.*), typischen PVC-Stabilisatoren, dient ebenfalls dem Schutz vor chlorhaltigen Katalysatorresten. Die Aufnahme von Metallspuren durch die geschmolzene Kunststoffmasse infolge Korrosion der Verarbeitungsmaschinen kann durch Zusätze von Metallseifen, besonders Ca-stearat, unterdrückt werden. Die hauptsächliche Wirkung von metallhaltigen Spurenbestandteilen in stabilisierten Polyolefinen besteht in einem Verfärbungseffekt bei der thermischen Behandlung.

Sehr viel drastischer ist die Wirkung eines metallischen Oberflächenkontaktes, insbesondere von Kupfer, auf Polypropylen. Die Induktionsperiode der thermischen Oxydation wird bei Kontakt mit Kupfer auf einen Bruchteil herabgesetzt und die autokatalytische Phase der Oxydation beschleunigt. Dieser Effekt ist bei elektrischen Isoliermaterialien besonders wichtig, da hierbei nicht nur durch die Berührung mit metallischen Leitern die oxydative Zerstörung katalysiert wird, sondern da praktisch vom Beginn der Oxydation

Tabelle V.3. *Wirksamkeit von Kupferdesaktivatoren in Polypropylen** (nach (*243a*))

Kupferdesaktivator *	Induktionsperiode der O_2-Aufnahme bei 140 °C, Stdn.
ohne Desaktivator, ohne Kupfer	1040
ohne Desaktivator	175
Oxalamid	250
N,N'-Diphenyloxalamid (Oxanilid)	436
Polyhexamethylenoxalamid (Nylon-6.2)	458
Oxalsäuredihydrazid	630
4-Nitrobenzhydrazid	745
3-Nitrobenzhydrazid	927
5-Methylbenzotriazol	715
3-Amino-1,2,4-triazol	927
5-Amino-1,3,4-triazol	957
1,3-Diphenyltriazen	436
3-Anilino-1,4-diphenyl-5-phenylimino-1,2,4-triazolin	>500
5-Amino-1 H-tetrazol	774

* Polypropylen mit 0.5% 4,4'-Thiobis-(3-methyl-6-tert.-butylphenol), 0.5% Kupferdesaktivator und 1.5% elektrolyt. Kupferstaub

an die Gebrauchseigenschaften des Materials durch Bildung von Carbonyl- und Hydroxylgruppen unter gleichzeitiger Erhöhung der dielektrischen Verluste stark vermindert werden (*500*). Viele Antioxydantien, z. B. die Bisphenole in Kombination mit DLTDP, zeigen in Gegenwart von Kupfer keine befriedigende antioxydative Wirkung. Zur Inhibierung der beschleunigten thermischen Oxydation von Polypropylen bei Gegenwart von metallischem Kupfer und Kupfersalzen sind deshalb zahlreiche Kupferinhibitoren entwickelt worden, welche diesen Effekt weitgehend einschränken. Manche gebräuchliche Antioxydantien, z. B. Topanol CA, zeigen allerdings selbst eine bemerkenswerte Resistenz ihrer Wirkung bei Gegenwart von Kupfer. Eine geeignete Kupferstabilisierung dieser Art, z. B. für Kabelmassen, besteht etwa in einem Zusatz von 0.5 % Topanol CA + 0.5 % DLTDP. Bei anderen Stabilisatoren ist ein Zusatz von speziellen Kupferinhibitoren, die für sich allein und in Abwesenheit von Kupfer keine antioxydative bzw. synergistische Wirkung mit anderen Antioxydantien zeigen, erforderlich. Besondere Bedeutung unter diesen Produkten besitzen Oxalamide, vor allem N,N'-Diphenyloxalamid (Oxanilid) (*244*) und Oxalsäuredihydrazide, speziell Oxalsäuredi-(2-phenylhydrazid), welches sich dem Oxanilid in der Wirkung noch überlegen erweist (*592*). Eine Reihe weiterer Produkte verschiedener struktureller Klassen, die ebenfalls sämtlich komplexbildende Stickstoffatome enthalten, ist neuerdings beschrieben worden (*243a*) (vgl. voranstehende Tabelle). Zur Erzielung von Kupferresistenz werden den normal stabilisierten Polypropylen-Typen 0.5 % des Inhibitors zugegeben. Tabelle V.3. zeigt die Wirksamkeit einiger solcher Produkte bei der thermischen Oxydation von wärmestabilisiertem Polypropylen. Obwohl diese Werte sicher keine zu verallgemeinernde quantitative Bedeutung besitzen, erkennt man, daß die Kupferdesaktivatoren wohl den Einfluß des Kupfers mehr oder weniger abschwächen können, ihn aber keinesfalls völlig aufheben. Die Entwicklung einer zugleich wirtschaftlichen und hochwirksamen Kupferstabilisierung für Polypropylen ist ein noch immer bestehendes Problem. Ein weiterer neuerdings entwickelter Kupferdesaktivator ist der tertiäre Phosphorigsäureester von 4,4'-Thiobis-(3-methyl-6-tert.-butylphenol), über den eingehende experimentelle Erfahrungen jedoch noch nicht bekannt sind (vgl. III.2./*7.6.1.*).

V.1.3. Licht- und Witterungsstabilisierung

Die Auswertung der Lichtstabilität erfolgt mit Hilfe von Meßverfahren, die eine möglichst frühzeitige Erkennung von Alterungsprozessen erlauben. Als solche werden speziell für Stabilitätsuntersuchungen an Polyäthylen empfohlen: (a) das Auftreten von Carbonylbanden im IR-Spektrum, (b) Rißbildung an gespannten (gebogenen) Probeplatten und (c) Verlust der Reißdehnung (*584*). Ergebnisse, die an gleichen Proben nach den verschiedenen Verfahren gewonnen werden, stimmen allerdings nicht in allen Fällen gut überein, und zahlreiche Stabilisatoren wirken sich auf die einzelnen Alterungseffekte in verschiedener Weise aus. Insbesondere gibt die Berücksichtigung der Carbonylbildung allein häufig ein falsches Bild über das Bewitterungsverhalten eines Kunststoffes.

Für die Erhöhung der Lichtstabilität stehen prinzipiell drei Wege zur Verfügung:

1. Inhibierung der Photooxydation
2. Absorption der UV-Strahlung durch farblose Absorber
3. Lichtabsorption durch farbige Pigmente, einschließlich Ruß.

Die normalerweise verwendeten thermischen Antioxydantien inhibieren die Photooxydation entweder gar nicht oder nur sehr begrenzt. Mitunter können sie sogar den Abbau beschleunigen (*92*). Es wurde z. B. beobachtet, daß ein Zusatz von 0.5 % 2,2'-Thiobis-(4-methyl-6-tert.-butylphenol) bei Polypropylen bereits nach 200 Fade-Ometer-Stunden oder 25 Tagen Freibewitterung zu starker Vergilbung führte, obgleich unstabilisiertes Polypropylen bei dieser Einwirkungszeit kaum vergilbt war. Eine bemerkenswerte Ausnahme scheint DLTDP mit einer ausgesprochen lichtstabilisierenden Wirkung zu machen. Ein Zusatz von 0.5 % DLTDP ließ bei Polypropylen noch nach 4 monatiger Freibewitterung keine Vergilbung oder sichtbare Versprödung erkennen, während beim unstabilisierten Material nach 30 Tagen Versprödung eintrat (*217*). Typische Lichtstabilisatoren, welche auf dem Wege einer Inhibierung des photochemischen oder photooxydativen Kettenprozesses wirken, sind die Thiobisphenol-Nickel-Chelate Ferro AM 101 und Cyasorb UV 1084. Obwohl diese Produkte keine eigentliche UV-Absorberwirkung besitzen, wird beispielsweise durch einen Zusatz von 0.5 % UV 1084 die Photooxydation von Polypropylen (Carbonylbildung) stärker verzögert als durch 0.5 % 2-Hydroxy-4-n-octyloxybenzophenon. Beide Typen von Substanzen, die „reaktiven Lichtstabilisatoren“ mit chemischem Wirkungsmechanismus und die UV-Absorber, bilden synergistische Gemische von erheblich gesteigerter Wirksamkeit (*392*). Thiobisphenol-Nickel-Komplexe wirken auch als thermische Antioxydantien, weshalb sie sich besonders zum Schutz gegen Lichteinwirkung unter erhöhter Temperatur eignen. Cyasorb UV 1084 zeigt zudem die Eigenschaft, in Polyolefinen als Farbstoff-Akzeptor zu wirken und damit die Anfärbbarkeit der Polymeren zu verbessern.

Für die Lichtstabilisierung mit UV-Absorbern, die vorwiegend bei transparenten Produkten mit niedriger Schichtdicke und hohem Oberfläche/Volumen-Verhältnis (Platten, Folien, Fasern) in Betracht kommt, sind Benzophenon-Derivate mit langkettigen Alkylsubstituenten die gebräuchlichsten Zusätze. Als Beispiele sollen hier Cyasorb UV 531 und Eastman Inhibitor DOBP genannt werden. Im allgemeinen kommen Zusätze zwischen 0.1 und 1.0 Gew.- % zur Anwendung, mit 0.5 % als Richtwert. Es ist jedoch zu beachten, daß der Lichtabbau von der Schichtdicke abhängt und daß dünnwandige Produkte eines höheren Zusatzes an Absorber bedürfen als dickwandige. Untersuchungen von Neiman u. a. (*423*) ergeben, daß die Induktionsperiode der Photooxydation von Polypropylen-Folien bei Anwesenheit von 2-Hydroxy-4-propyloxybenzophenon zwischen 0 und 2 Gew.- % linear mit der Absorberkonzentration anwächst. Benzophenon-Absorber mit langkettigen Substituenten zeigen im Gegensatz zu anderen, wie z. B. 2,4-Dihydroxybenzophenon, infolge der höheren Verträglichkeit praktisch keine Neigung zum Ausschwitzen und bewirken eine mehrfach höhere Lebensdauer der damit stabilisierten Kunststoffe. So wird z. B. in gebogenen Polyäthylenplatten von 0.4 mm Dicke die Zeit bis zur Spannungsrißbildung unter Freibewitterung durch Zusatz von 1 % 2-Hydroxy-4-n-dodecyloxybenzophenon von 12 auf über 72 Monate erhöht, durch 2,4-Dihydroxybenzophenon dagegen nur auf

15 Monate, wobei gleichzeitig starkes Ausschwitzen des Absorbers beobachtet wird (*158*). Die Anwesenheit von Antioxydantien wie DLTDP oder Antioxydansgemischen verstärkt die Alterungsschutzwirkung der UV-Absorber beträchtlich. Neben Benzophenon-Derivaten sind auch andersartige Typen von UV-Absorbern verwendbar, vorausgesetzt, daß sie hinreichende Verträglichkeit besitzen. Unter den Cyanacrylsäure-Derivaten steht das Uvinul N-539 speziell zur Lichtstabilisierung von Polyolefinen zur Verfügung. Auch dieses

Tabelle V.4. *Lichtstabilität von hochdichtem Polyäthylen* ($d = 0.96$) *bei Zusatz verschiedener UV-Absorber* (nach (*382*))

Stabilisator (0.5%)	Weather-Ometer-Stunden bis zur Reduzierung der Reißdehnung auf <10%
2-Hydroxy-4-n-octyloxybenzophenon	>3000
2,2′-Dihydroxy-4-n-octyloxybenzophenon	>3000
4-Octylphenylsalicylat	>3000
Bisphenol A-Disalicylat	>3000
2-Hydroxy-4-n-dodecyloxybenzophenon	>2000
4-tert.-Butylphenylsalicylat	2500
2,2′-Dihydroxy-4-n-dodecyloxybenzophenon	2250
2,2′-Dihydroxy-4-n-butyloxybenzophenon	1000
Ni-2,2′-thiobis-(4-tert.-octylphenolat)	750
2-Hydroxy-4-methoxybenzophenon	750
2-(2′-Hydroxy-5′-methylphenyl)-benzotriazol	625
2,4-Dibenzoylresorcin	500
Phenylsalicylat	375
2,4-Dihydroxybenzophenon	250
2,2′-Dihydroxy-4,4′-dimethoxybenzophenon	250
2-Hydroxy-5-chlorbenzophenon	250

Produkt zeigt hohe Verträglichkeit mit der Polyolefinmasse und wird in Konzentrationen von 0.1—0.5% eingesetzt. Unter den Salicylsäureestern besitzen das 4-Octylphenylsalicylat (OPS) und das Bisphenol A-Disalicylat nahezu die gleiche Lichtschutzwirkung wie das Cyasorb UV 531, 4-tert.-Butylphenylsalicylat (TBS) etwas geringere, während Phenylsalicylat (Salol) als UV-Absorber für Polyolefine unbrauchbar ist (gemessen an der Reißdehnung und Zugfestigkeit von Äthylen/Buten-Copolymeren nach Weather-Ometer-Behandlung und Freibewitterung (*381*, *382*)). Von den Benzotriazol-Derivaten werden speziell Tinuvin 326 und 327 als UV-Absorber für Polyolefine empfohlen. So eignet sich zur Lichtstabilisierung von Polypropylen ein Zusatz von 0.5% eines dieser beiden Absorber, zusätzlich zu einem Antioxydanssystem von beispielsweise 0.2% Irganox 565, 0.25% DLTDP und 0.25% Polygard. Eine vergleichende Zusammenstellung der Wirkung verschiedener UV-Absorber siehe in Tabelle V.4. Genauere Angaben über die stabilisierende

Wirkung der beiden leistungsfähigsten UV-Absorber für Polyolefine, 2-Hydroxy-4-n-octyloxybenzophenon und 2,2'-Dihydroxy-4-n-octyloxybenzophenon, in Hoch- und Niederdruck-Polyäthylen siehe bei (*629*). Bei Hochdruck-Polyäthylen ist ein begrenzter Außeneinsatz ohne wesentlichen Verlust der mechanischen Festigkeit über etwa 2 Jahre im unstabilisierten Zustand möglich (*584*). Über die Wirkung einiger UV-Absorber im synergistischen Gemisch mit 2,2'-Methylenbis-(4-methyl-6-tert.-butylphenol) auf die Reißeigenschaften von Polypropylen-Folien vgl. (*22a*).

Von großer praktischer Bedeutung ist die Licht- und Witterungsstabilisierung durch Ruß. Sie ist das älteste und zugleich wirksamste Stabilisierungsverfahren gegen Lichteinwirkung. Der Zusatz von Ruß vermag beispielsweise die Lebensdauer von Polyäthylen unter Freibewitterung auf mehrere Jahrzehnte auszudehnen. Aber der Nachteil der Beschränkung auf schwarze Farbeinstellungen hat das Aufsuchen farbloser oder andersfarbiger Lichtabsorber erforderlich gemacht. Die in der Praxis verwendeten Rußzusätze bewegen sich zwischen 1 und 5 Gew.- %, meist liegen sie bei etwa 3 %. Höhere Rußfüllung beeinträchtigt die physikalischen Eigenschaften der Polymeren. Die Wirksamkeit hängt außer von der Menge auch von der Teilchengröße und dem Verteilungsgrad ab. Die Lichtfilterwirkung nimmt mit abnehmender Teilchengröße zu und besitzt zwischen 150 und 350 Å ein Optimum. Somit sind Channel Black-Sorten wirksamere Stabilisatoren als Furnace Black-Sorten (vgl. III.2./*1.1.1.*). Der Dispersionsgrad der Rußpartikel als weiterer entscheidender Faktor für die Stabilisierungswirkung läßt sich am zweckmäßigsten durch Messung des Extinktionskoeffizienten an Folien des rußgefüllten Polymeren von 20—50 μ Dicke (unter Korrektur hinsichtlich Streuung, Reflexion und Eigenabsorption des ungefüllten Polymeren) ermitteln. Der Extinktionskoeffizient (= korrigierte Extinktion/(Foliendicke $\times$ Rußgehalt in g/cm^3)) ist um so höher, je besser die Verteilung des Rußes ist. Schulken u. a. (*519*), welche die praktische Durchführung des Verfahrens beschreiben, finden eine ungefähre Korrelation zwischen der Witterungsbeständigkeit von Polyäthylen, das mit Rußsorten verschiedenen Verteilungsgrades gefüllt ist, und dem Extinktionskoeffizienten für weißes Licht, wie die folgenden Ergebnisse zeigen:

Extinktionskoeffizient für weißes Licht an 25 μ-Folien, g^{-1}cm^2 10^{-3}:	45	46	44	49	45	32	33	28	31	22
% der ursprünglichen Reißdehnung nach 375 Weather-Ometer-Stdn.:	88	82	69	68	64	57	55	51	41	25

Auf der gleichen Basis wird von Hamilton u. a. (*242*) eine Methode zur Voraussage der Witterungsbeständigkeit von rußgefülltem Polyäthylen durch

Lichtabsorptionsmessung an Folien beschrieben. — Bei der Kombinierung von Ruß als Lichtschutzmittel mit thermischen Antioxydantien ist zu bedenken, daß aminische und schwefelfreie phenolische Antioxydantien in ihrer Wirkung durch die Anwesenheit des Rußes stark beeinträchtigt werden können. Vgl. dazu die Ausführungen in den Abschnitten II.2.3.4. und III.2., Substanzklasse *1.1.1.* Für rußgefüllte Polyolefine sind in allen Fällen schwefelhaltige Antioxydantien, z. B. Thiobisphenole (Santonox, Thiobis-2-naphthol), Mercaptane (2-Thionaphthol zeigt in Kombination mit Ruß besonders hohe Aktivität, vgl. *7.1.1.*) oder Disulfide (Didodecyldisulfid) vorzuziehen. Zur Illustrierung der Verhältnisse sind in Fig. 33 die Induktionsperioden der

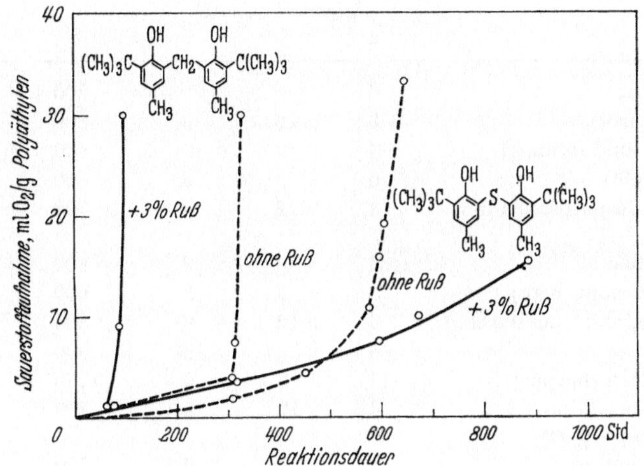

Fig. 33. Verlauf der thermischen Oxydation von Polyäthylen bei 140 °C in Gegenwart von 0.1 % 2,2′-Methylenbis-(4-methyl-6-tert.-butylphenol) bzw. 0.1 % 2,2′-Thiobis-(4-methyl-6-tert.-butylphenol) mit und ohne Rußzusatz. Nach HAWKINS u. a. (*258*).

thermischen Oxydation von rußgefülltem und rußfreiem Hochdruck-Polyäthylen mit Zusatz von Antioxidant 2246 und dem entsprechenden Thiobisphenol dargestellt. Die durch den Rußzusatz hervorgerufene Wirkungsminderung des Methylenbisphenols einerseits und die synergistische Verstärkung des Thiobisphenols andererseits wird aus diesen Messungen von HAWKINS u. a. (*258*) deutlich erkennbar. Ganz ähnliche Verhältnisse, wie sie hier an Polyäthylen beschrieben worden sind, hat LEVIN (*341*) auch beim Polypropylen gefunden: durch Rußzusatz wird die von 2,2′-Thiobis-(4-methyl-6-tert.-butylphenol) hervorgerufene Induktionsperiode der thermischen Oxydation verlängert, während die Inhibitorwirkung von N,N′-Di-2-naphthyl-p-phenylendiamin und N-Cyclohexyl-N′-phenyl-p-phenylendiamin stark verringert wird.

Bei Verwendung von verschiedenfarbigen Pigmenten sind die Stabilitätsverhältnisse weit komplexer als bei Rußfüllung und erfordern von Fall zu Fall experimentelle Überprüfung. Im Prinzip üben Pigmente infolge ihrer lichtabsorbierenden Wirkung einen stabilisierenden Einfluß aus, zahlreiche Pigmente wirken jedoch als Photosensibilisatoren und beschleunigen den Lichtabbau des Polymeren. Dieser Effekt bleibt aber in vielen Fällen bei

Tabelle V.5. *Einfluß von verschiedenen Pigmenten auf die Witterungsbeständigkeit von linearem Polyäthylen* (nach (*223, 224*))

Pigment	Zeit bis zur beginnenden Rißbildung bei Freibewitterung in Arizona (Monate)			im Weather-Ometer (Stunden)	
	a	b	c	a	d
ohne Pigment	6			800	>2900
Cd-Hg-Salz (rot)	3	>12	6	800	>2900
Cd-sulfid-selenid (orange)	3	9	6	800	>2900
Cd-sulfid (gelb)	6	6	6	800	>2900
Chloriertes Cu-phthalocyanin (grün)	3	>12	3	700	>2900
Ultramarinblau	3	3	3	600	2250
Cu-phthalocyanin (blau)	3	3	3	600	1850
Cu-phthalocyanin (pfaufarben)	9	>12	9	800	2050
Cobaltblau	6	6	>9	800	2900
Al-Alizarinlack (purpur)	3	3	6	1250	2050
Lineares Chinacridon (Monastralpurpur)	6	>12	9	800	2050
Eisenoxyd (braun)	3	3	6	700	2050
Eisenoxyd (Umbra)	3	3		800	1000
Ti-dioxyd (weiß)	9	9		700	2550
Channel Black (schwarz)	>12	>12			

a = Kunststoff mit 0.25% Pigment
b = Kunststoff mit 5.0% Pigment
c = Kunststoff mit 0.25% Pigment + 4% Ti-dioxyd
d = Kunststoff mit 0.25% Pigment + 0.25% Cyasorb UV 314

hinreichend hoher Konzentration des Pigments auf die Oberflächenschicht beschränkt, während infolge der geringen Eindringtiefe des Lichtes die darunterliegende Hauptmasse des Polymeren geschützt wird. Die Wirkung von Pigmentzusätzen hängt also von Art und Konzentration des Pigments ab. Wie kompliziert die hier zu beobachtenden Verhältnisse sind, ist aus Tabelle V. 5., welche Ergebnisse von Gottfried u. a. (*223, 224*) zeigt, ersichtlich. Man erkennt, daß bei niedriger Pigmentkonzentration (0.25 %) der größte Teil der untersuchten Zusatzstoffe die Stabilität nicht verbessert, sondern umgekehrt verschlechtert oder unbeeinflußt läßt. Bemerkenswert ist die mangelnde Übereinstimmung zwischen den Ergebnissen der Freibewitterung und des beschleunigten Tests. Die überlegene Wirkung des Rußzusatzes ist klar ersichtlich. Eine Erhöhung der Pigmentkonzentration auf das 20fache bringt in zahlreichen Fällen eine Verbesserung der Lichtschutzwirkung mit sich, ebenso eine zusätzliche hohe Füllung mit Weißpigment. In anderen Fällen wieder wirkt sich Konzentrationserhöhung oder zusätzliche Weißpigmentierung nicht aus. Interessant ist die Wirkung eines gleichzeitigen Zusatzes von Pigmenten und UV-Absorbern. Da Cyasorb UV 314 ein sehr guter UV-Stabilisator für Polyolefine ist, kann innerhalb der Beobachtungszeit keine Verstärkung der Lichtstabilisierung durch eines der Pigmente beobachtet werden (bei weniger wirksamen UV-Absorbern wie TBS oder Cyasorb UV 9 wird besonders unter dem Einfluß von Cadmiumgelb eine Erhöhung der Lichtstabilität festgestellt), hingegen bewirkt ein großer Teil der Pigmente eine Verschlechterung der Stabilität gegenüber einem ausschließlichen Zusatz von Cyasorb UV 314. In allen Fällen vermag jedoch ein guter UV-Absorber die abbaufördernde Wirkung von Pigmenten rückgängig zu machen. Auch bei der Beurteilung des Einflusses von Pigmenten ist die Art der beobachteten Eigenschaft von ausschlaggebender Bedeutung. MARTINOVICH (*382*) findet, daß bei Verfolgung der Zugfestigkeit von hochdichtem Polyäthylen im Verlaufe der Freibewitterung in Arizona ein Zusatz von 1 % Eisenoxyd eine fast ebenso gute Stabilisierung ergibt wie 1 % Ruß und im Gegensatz zu anderen Pigmenten auch nach mehr als 18monatiger Bewitterung eine Versprödung verhindert. Bemerkenswert ist die bei der Untersuchung des Zugverhaltens besonders ausgeprägte Herabsetzung der Stabilität von absorberhaltigem Polyäthylen durch Ti-dioxyd, weshalb besondere Vorsicht bei Verwendung weißer Einstellungen für den Außeneinsatz empfohlen wird.

V.2. Vinylchlorid-Polymerisate

Verarbeitung und Einsatz dieser Kunststoffe sind infolge der hohen thermischen und photochemischen Instabilität ohne Stabilisierung prinzipiell unmöglich. Die Art der jeweils wirksamsten Stabilisierung hängt in sehr spezifischer Weise von der Natur des hochpolymeren Rohstoffes, seinen von der Herstellung oder als Verunreinigung vorliegenden Begleitsubstanzen, den Mischungskomponenten (insbesondere Weichmachern) sowie den vielfältigen Arten der Verarbeitung und des Einsatzes ab; ferner sind bei der Auswahl der Stabilisatoren häufig noch gewisse Nebenwirkungen der Stabilisatorzusätze auf die Verarbeitungs- und Gebrauchseigenschaften zu berücksichtigen. Mit der Entwicklung der PVC-Technologie hat sich deshalb ein umfangreiches Erfahrungsmaterial über die Methoden der Stabilisierung angesammelt. Vinylchlorid-Polymerisate verlassen meist im unstabilisierten Zustand den Rohstoffhersteller, und die Wahl einer geeigneten Stabilisierung ist dem

Verarbeiter überlassen. Dafür steht im Handel eine große Vielzahl von Stabilisatorsubstanzen zur Verfügung, deren chemische Zusammensetzung von den Herstellern in den meisten Fällen nicht enthüllt wird, was eine Sichtung des Gebietes sehr erschwert. Im folgenden sollen einige allgemeine Erfahrungstatsachen hinsichtlich der Auswahl von Stabilisierungssystemen für bestimmte Gegebenheiten der Verarbeitung und Anwendung beschrieben werden. Detailliertere Hinweise finden sich in den zahlreichen Produktenbeschreibungen der Stabilisatorhersteller (siehe Liste der Handelsprodukte im Anhang) oder in der ausführlichen Darstellung (*106*). Die endgültige Entscheidung über die Brauchbarkeit von Stabilisierungssystemen kann jedoch immer nur ein Praxistest erbringen.

V.2.1. Überblick über die Einsatzgebiete verschiedener Typen von PVC-Stabilisatoren

1. *Bleiverbindungen:* Sie werden insbesondere für elektrische Isoliermaterialien und bei der weichmacherfreien Rohrextrusion bevorzugt, aber auch anderweitig in großem Umfange eingesetzt. Sie wirken als vorzügliche Wärmestabilisatoren; zweibasisches Pb-phosphit ist gleichzeitig ein guter Lichtstabilisator (vgl. (*270*)). Mit Ausnahme der untengenannten Silicate sind sie im allgemeinen nicht für transparente Artikel geeignet (*553*). Bei ihrer Anwendung ist zudem die Gefahr der Toxizität und der Verfärbung bei Kontakt mit Schwefelverbindungen (insbesondere mit Kautschuk, der schwefelhaltige Zusätze enthält) zu beachten. Verschiedene Bleistabilisatoren zeigen in Kombination miteinander synergistische Effekte (in Weich-PVC wurde dieser z. B. für folgende Gemische nachgewiesen: 2-bas. Pb-phthalat + Pb-silicat/stearat, 2-bas. Pb-maleat + 2-bas. Pb-stearat, 3-bas. Pb-sulfat + Pb-silicat/stearat (*565*)). Weißes basisches Pb-carbonat ist trotz seiner Neigung zur CO_2-Abgabe bei überhöhter Temperatur ein seit jeher beliebter Pb-Stabilisator. Für elektrische Isoliermaterialien werden 3-bas. Pb-sulfat, 2-bas. Pb-phthalat und Pb-chlorid/silicat mit Vorzug angewandt. Mehrbasische Pb-sulfate zeigen besonders gute wärmestabilisierende Eigenschaften und sind für Spritzgußartikel aus Hart-PVC geeignet, wobei jedoch der mangelnden Gleitwirkung durch weitere Zusätze, z. B. Pb-stearate, Rechnung getragen werden muß (*94a*). Pb-silicate und Copräzipitate von Pb-Salzen mit Kieselgel besitzen Brechungsindices nahe denen des PVC und können daher zur Stabilisierung transparenter PVC-Gemische dienen (*170*). Für Schallplattenmassen kommt ebenfalls 2-bas. Pb-phthalat, speziell für „Hi-fi"-Schallplatten 4-bas. Pb-fumarat in Betracht (*479*).

2. *Metallseifen:* Gegenwärtig besitzen copräzipitierte Ba/Cd-Seifen die weitaus größte Bedeutung. Sie werden fast ausschließlich mit Hilfsstabilisatoren, und zwar: organischen Phosphiten, Epoxyverbindungen, evtl. Antioxydantien und/oder weiteren Komplexbildnern (z. B. mehrwertigen

Alkoholen) eingesetzt und kommen in dieser Abmischung größtenteils bereits in den Handel. Mit Ba/Cd-Systemen lassen sich nach dem augenblicklichen Stand der Entwicklung die meisten PVC-Stabilisierungsprobleme lösen (*450*). In manchen Emulsionspolymerisaten zeigen sie jedoch keine befriedigende Wirkung. Gesättigte Ba/Cd-Seifen, z. B. Ba/Cd-laurat, neigen infolge ihrer geringen Verträglichkeit mit dem Polymeren zu Abscheidungen auf den Verarbeitungsmaschinen („Plate out"). Dieser Effekt wird mit flüssigen „komplexen" Ba/Cd-Stabilisatoren (*668*, *179*), z. B. einem Gemisch aus Ba-octylphenolat, Cd-2-äthylhexanoat und organischem Phosphit, für weichmacherhaltige Produkte und Plastisole vermieden. Für harte Einstellungen sind diese Stabilisatoren wenig geeignet. Die ihnen fehlende Gleitwirkung wird gegebenenfalls durch Zusätze von Stearinsäure eingestellt. Zu hohe Konzentrationen an langkettigen Metallseifen wie Ba/Cd-laurat führen zu einer übermäßigen Schmierwirkung, welche z. B. das Haftvermögen von Druckfarben und die Haltbarkeit von Schweißnähten beeinträchtigt. Durch die synergistische Kombination mit Hilfsstabilisatoren wird die Konzentration an Metallseifen niedrig gehalten (*554*, *556*). Häufig wird noch eine Zn-Komponente in kleinen Mengen zugefügt, wodurch die Wirksamkeit, besonders die „frühe" Farbstabilität während der Verarbeitung, verbessert wird. Cd- und Zn-Seifen geben eine gute Farbstabilität am Beginn der thermischen Alterung, verursachen jedoch bei längerer thermischer Belastung einen raschen Umschlag zu dunklen Färbungen, während Ba-Seifen bei leicht gelblicher Anfangsfarbe über längere Zeiten eine nur mäßige Verfärbung aufrechterhalten (vgl. II.2.1.2.). Mit synergistischen Kombinationen von Ba/Cd- oder Ba/Zn-Verbindungen wird ein guter Kompromiß erzielt, allerdings führen zu hohe Zn-Gehalte zu einer abbaubeschleunigenden Wirkung (vgl. (*645*)). Zn-Seifen sind für sich allein als Stabilisatoren unbrauchbar. Zusammen mit den allein nur schwach stabilisierenden Ca-Seifen zeigen sie einen milden synergistischen Effekt (*565*); solche Zn/Ca-Kombinationen sind für physiologisch einwandfreie Anwendungen geeignet, für welche Ba/Cd-Systeme nicht in Frage kommen, und geben keine Schwefelverfärbungen. Die (wirksameren) Ba/Zn-Seifen sind ebenfalls für schwefelresistente Anwendungen (Fußbodenbeläge) verwendbar. Auch Zusätze von Zn-Seifen zu Ba/Cd-Systemen unterdrücken die Schwefelverfärbung. — Vielfach zeigt sich, daß nicht allein das Kation für die Wirkungsweise von Metallseifen ausschlaggebend ist. So wird bei Ba/Cd-Seifen die erzielbare Wärmestabilität mit zunehmender Länge des Fettsäurerestes verbessert (Octanoat $<$ Laurat $<$ Stearat) (*143*).

3. *Organozinnverbindungen:* Diese sind universell anwendbar, haben aber den Nachteil eines hohen Preises (gegebenenfalls sind durch synergistische Kombinationen Einsparungen möglich). Sie sind in allen PVC-Typen wirksam, allerdings verleihen schwefelfreie Organozinn-Stabilisatoren wie Laurate oder Maleate bei den hohen Temperaturen der weichmacherfreien Verarbeitung nur Copolymeren eine hinreichende Wärmestabilität, während ihre

Wirkung bei den zur Hartverarbeitung von Homopolymeren erforderlichen Temperaturen begrenzt ist (*452*). Schwefelhaltige Organozinnverbindungen zeigen hingegen ausgezeichnetes Wärmestabilisierungsvermögen. Hauptanwendungsgebiete sind: transparente farblose Hart-PVC-Artikel, besonders Folien und Platten, die hohe Verarbeitungstemperaturen erfordern (vgl. (*549*)). Eine Erhöhung der Wärmestandfestigkeit und der Stabilisierungswirkung wird durch Verwendung fester Organozinn-Stabilisatoren erzielt (*668*, *179*). Schwefelfreie Organozinnverbindungen bewirken ausgezeichnete Lichtstabilität, bei schwefelhaltigen ist die Lichtstabilisierung schlecht. Nicht-toxisch sind mit Sicherheit allein die Di-n-octylzinn-Derivate, während die am häufigsten verwendeten Di-n-butylzinn-Verbindungen nicht als physiologisch unbedenklich angesehen werden. Meist werden Organozinnverbindungen nicht in synergistischen Gemischen eingesetzt, aber die Zugabe von Epoxyverbindungen kann ihre Wirksamkeit etwas steigern. Als „One package"-Stabilisatoren für klare weichmacherhaltige Compounds sind Gemische von Organozinn-, Ba/Cd- und Epoxy-Verbindungen in den Handel gekommen (*553*).

4. *Stickstoffhaltige organische Verbindungen:* Diphenylthioharnstoff, Diphenylharnstoff, Monophenylharnstoff, 2-Phenylindol (*588*, *590*), Aminocrotonsäureester (hierzu vgl. III.2./*5.3.3.*) und ähnliche Verbindungen wirken praktisch ausschließlich in (Soda-)vorstabilisierten Emulsionspolymerisaten, schützen dabei aber nur gegen Wärme, nicht gegen Lichteinwirkung. Infolge des niedrigen Preises und der geringen Einsatzmenge sind sie sehr wirtschaftlich. Die Kombination solcher Verbindungen mit den üblichen Metallstabilisatoren führt vielfach zu einer Verschlechterung ihrer Wirksamkeit (vgl. (*416*)).

5. *Hilfsstabilisatoren:*

a) Epoxyverbindungen: Diese werden vorzugsweise als Synergisten zu Metallseifen eingesetzt. Ihre Kombination mit Bleistabilisatoren ist unzweckmäßig, da letztere den Abbau von Epoxyverbindungen und das Ausschwitzen der Abbauprodukte fördern. Allgemein erhöhen Epoxyverbindungen die Lichtbeständigkeit.

b) Komplexbildner: Tertiäre organische Phosphite werden stets mit Metallseifen kombiniert. Andere Komplexbildner, z. B. Pentaerythrit, Sorbit, Glycerin, Dicyandiamid, Melamin oder Borsäure, werden bevorzugt zur Bindung von Eisenspuren, z. B. bei asbestgefüllten Massen, eingesetzt. Es ist zu beachten, daß komplexbildende Polyhydroxyverbindungen den „Plate out"-Effekt fördern und die Feuchtigkeitsresistenz erniedrigen (*373*, *522a*). Stickstoffhaltige Komplexbildner wie Dicyandiamid, Melamin und Benzoguanamin bewirken, in einem Verhältnis von 3—5 Tln. auf 100 Tle. Harz zu asbestgefüllten Vinylchlorid(co)polymerisat-Massen zugesetzt, eine weit geringere Längenausdehnung und Verwerfung der daraus hergestellten Fußbodenplatten bei Wasserlagerung als die mehrwertigen Alkohole bei entsprechendem Einsatz. Zudem ist infolge der verringerten Extrahierbarkeit der Stabilisatoren die Wärmestabilität nach Wasserlagerung gegenüber den polyolstabilisierten Platten deutlich erhöht (*522a*).

c) Antioxydantien: Phenolische Antioxydantien wie Bisphenol A wirken als Lichtstabilisatoren und verhindern ferner den oxydativen Abbau von Weichmachern (vgl. V.2.4).

d) UV-Absorber: Benzophenon-, Phenylsalicylat- sowie Benzotriazol-Absorber und andere finden bei Kunststoffmassen für den Außeneinsatz Anwendung, wo die Grundstabilisierung keine genügende Lichtbeständigkeit gewährleistet (vgl. V.2.3.).

e) Sonstige Lichtstabilisatoren: Ein spezifischer PVC-Lichtstabilisator ohne ausgeprägte UV-Absorption ist das neuerlich entwickelte Hexamethylphosphorsäuretriamid (HPT). Länger bekannt ist als nichtabsorbierender Lichtstabilisator eine Phosphorsäureverbindung vom Typ eines Na/Ba-octylpolyphosphats (vgl. III.2./*6.2.*). Alle diese Lichtstabilisatoren bedürfen einer Kombination mit wirksamen Wärmestabilisatoren.

Vergleiche über die Wirksamkeiten verschiedener Stabilisatortypen sind vielfach angestellt und in der Literatur beschrieben worden. Da in den meisten Fällen der Stabilisator in erster Linie gegenüber dem thermischen Abbau bei der Verarbeitungstemperatur schützen soll, steht bei der Bewertung von Primärstabilisatoren die Charakterisierung ihres Wärmestabilisierungsvermögens im Vordergrund. Die laboratoriumsmäßige Klassifizierung erfolgt

Tabelle V.6. *Vergleich der Wirkung von Wärmestabilisatoren in Weich-PVC* (nach (*613*))

Stabilisierung	Menge Gew.-Teile	Farbtiefe nach Minuten (vgl. Text) 15	30	45	60	75	90	105	120
Bas. Pb-carbonat	3.0	1	1	1	2	3	4	4	5
Pb-stearat	3.0	1	1	1	2	3	7	8	9
Pb-silicat	3.0	1	4	6	7	7	8	8	9
Pb-stearat + bas. Pb-carbonat	2.5 + 0.5	1	1	1	2	2	2	2	2
Ba-laurat	3.0	2	3	4	5	6	7	8	10
Cd-laurat	3.0	1	1	1	2	2	2	9	10
Ba-laurat + Cd-laurat	2.0 + 1.0	1	1	2	2	3	3	3	8
Ba-laurat, Cd-laurat + Epikote 834	1.0 + 1.0 + 0.25	0	0	1	1	2	2	9	10
Ba-ricinoleat	3.0	2	3	4	5	6	7	8	9
Cd-octanoat	3.0	1	1	2	10				
Zn-octanoat	3.0	1	10						
Ba-ricinoleat + Zn-octanoat	2.94 + 0.06	1	2	3	4	4	5	7	7
Ca-ricinoleat	3.0	2	3	4	4	5	7	7	8
Ca-ricinoleat + Zn-laurat	2.94 + 0.06	1	2	3	4	4	4	5	6
Dibutyl-Sn-dilaurat	3.0	0	0	2	3	4	5	5*	6*
Modifiz. Dibutyl-Sn-dilaurat	3.0	0	2	3	5	7	8	8	8

* = Bildung schwarzer Flecken

z. B. durch einen Dauerwalztest oder Lagerung von Walzfellen, Platten bzw. Folien im Luftofen bei Temperaturen, die der Verarbeitungstemperatur angenähert sind (170—190 °C) und Entnahme von Proben nach verschieden langer Erhitzungsdauer zum Zweck des Farbvergleichs. Dieses Verfahren führt zu Ergebnissen, die sich nur in engem Rahmen verallgemeinern lassen, da die Stabilisierungswirkung von zahlreichen wechselnden Faktoren bestimmt wird (vgl. V.2.2.). Hinsichtlich der endgültigen Leistungsfähigkeit im praktischen Einsatz können Laboratoriumsmethoden nur angenäherte Anhaltspunkte liefern. In der Tabelle V. 6. sind die Wirksamkeiten einiger Metallstabilisatoren nach den Ergebnissen eines solchen Verfärbungstests, wie er von Vennells (*613*) durchgeführt worden ist, zusammengestellt. Die untersuchten Proben enthielten jeweils 100 Tle. PVC, 60 Tle. Dibutylphthalat und 3 Tle. Stabilisator. Sie wurden in Form von Walzfell-Abschnitten im Luftumwälzofen bei 170 °C gelagert, und nach gewissen Zeiten wurde die Färbung mittels einer Zahlenskala klassifiziert; zunehmender Zahlenwert entspricht dabei zunehmender Farbtiefe: 0 bedeutet völlige Farblosigkeit, 10 tiefes Schwarz.

V.2.2. Gesichtspunkte bei der Auswahl von Stabilisatoren

Der Erfolg der Stabilisierung wird weitgehend von vier Faktoren bestimmt:

1. der Eigenstabilität des Polymeren
2. der Rezeptur
3. der Verarbeitungsweise
4. dem Einsatzgebiet.

Die Eigenstabilität ist durch den molekularen Aufbau des Polymeren (Molekulargewicht und dessen Verteilung, Verzweigung, Strukturanomalien, Endgruppen, sauerstoffhaltige Gruppen, Copolymerisationskomponenten) und die Anwesenheit von Begleitstoffen bedingt (vgl. (*588*)). Meist sind (mit Ausnahme von Mischpolymerisatkomponenten) die Besonderheiten der Molekülstruktur und die Anwesenheit von Spurenverunreinigungen nicht im einzelnen bekannt, hingegen erlaubt die Art des Herstellungsverfahrens einen Schluß auf die Eigenstabilität. Die gebräuchlichen Polymerisationsverfahren für PVC sind: die Suspensionspolymerisation, die Emulsionspolymerisation und die Blockpolymerisation. Emulsionspolymerisate enthalten, da das Polymerpulver meist durch Sprüh- bzw. Walzentrocknung aus der Emulsion gewonnen wird, noch Emulgatoren (Seifen oder Sulfonate, z. B. Na-dodecansulfonat), Katalysatoren (z. B. Ammoniumpersulfat/Natriumbisulfit) und Puffersubstanzen (z. B. Na-phosphat); Suspensionspolymerisate werden hingegen vom wäßrigen Suspensionsmittel vor der Trocknung abgetrennt und enthalten deshalb nur noch sehr geringe Mengen an Polymerisationshilfsstoffen, z. B. Schutzkolloide wie Polyvinylalkohol und Reste des

Katalysators, z. B. Lauroylperoxyd. Bei der Blockpolymerisation schließlich wird ein (bis auf Katalysatorreste) von Fremdsubstanzen freies Polymerisat gewonnen. Die Polymerisationshilfsstoffe im Emulsions-PVC bedingen, neben einem Mangel an Transparenz, Wasserfestigkeit und elektrischem Isolationsvermögen, eine merklich geringere Stabilität des Polymeren im Vergleich zum Suspensions-PVC. Im übrigen hängt die Stabilität auch noch von den Polymerisationsbedingungen und der Art der Polymerisationshilfsmittel ab, wie Bankoff u. a. (*24*) an Hand von Suspensionspolymerisaten gezeigt haben. Nach einem Verfahren der I.G. Farbenindustrie werden Emulsionspolymerisate vielfach vor der Sprühtrocknung mit Soda oder anderen Alkalisalzen wie Na-phosphat versetzt. Derartige „vorstabilisierte" Sorten lassen sich gegen Wärmeabbau mit geringen Mengen gewisser Stickstoffverbindungen hinreichend stabilisieren (vgl. V.2.1.). So ist z. B. für Weich-PVC ein Zusatz von 0.3 % Diphenylthioharnstoff, für Hart-PVC ein solcher von 0.3 % 2-Phenylindol geeignet. In diesen Mengen (<1 %) eingesetzt, sind die Substanzen in Deutschland als physiologisch unbedenkliche Stabilisatoren zugelassen. Sie verleihen hingegen keine Lichtstabilität und sind zur Stabilisierung von Suspensions-PVC und ausgewaschenem Emulsions-PVC ungeeignet. Andererseits zeigen Ba-, Cd- und Pb-Stabilisatoren in vorstabilisierten Emulsions-PVC-Sorten so große Schwankungen ihrer Wirksamkeit (*512*), daß sie für solche Polymere praktisch ausscheiden.

Unter den Einflüssen der Rezeptur ist besonders die Anwesenheit von Weichmachern wichtig. Die normalerweise verwendeten Phthalat- und Polyester-Weichmacher beeinflussen die Stabilität kaum, während Phosphat-Weichmacher und chlorierte Paraffine (*272*) die Wärme- und im letzteren Falle auch die Lichtstabilität verschlechtern. Nach Kimura (*308*) wird die Lichtbeständigkeit bei der Freibewitterung durch die Anwesenheit von DOP verbessert. Darby u. a. (*126*) stellen fest, daß ein geringer Zusatz von 2-Äthylhexyl-diphenylphosphat zu dem als Weichmacher weitverbreiteten DOP (Di-2-äthylhexylphthalat) die Witterungsstabilität von Weich-PVC (besonders bei dünnen Filmen) erheblich verbessert. Allgemein können optimale Wärme- und Lichtbeständigkeit durch Ersatz von etwa 10 % des Primärweichmachers durch einen Epoxyweichmacher erzielt werden (*508*). Andere Rezepturbestandteile, die mitunter eine besondere Stabilisierung erfordern, sind Füllstoffe und Pigmente. Unter den Füllstoffen können besonders Tonerden, die wegen ihres guten elektrischen Widerstandes häufig zur Füllung von Isolationsmaterialien verwendet werden (vgl. (*269*)), und Asbeste, die bevorzugt als Füllstoffe für Fußbodenbelagmassen dienen, auf Grund ihres Eisengehaltes abbaufördernd wirken. Bei Lichteinwirkung verursacht die Eisen-Verunreinigung im Asbest eine blaue Verfärbung des Kunststoffes. Diesem Umstand wird bei asbestgefüllten Massen durch Zusatz von komplexbildenden Hilfsstabilisatoren (vgl. V.2.1.) zur Grundstabilisierung (meist Ba-Zn-Systeme) Rechnung getragen. Gleitmittel können in verschiedener Weise auf die Stabilität einwirken. Beispielsweise verbessert Stearinsäure die Wärmebeständigkeit, wenn sie mit flüssigen Ba/Cd-Stabilisatoren eingesetzt wird, während andererseits Amid-Wachse die Wärmebeständigkeit herabsetzen. Zahlreiche Stabilisatoren, z. B. Pb-stearat, wirken selbst als gute Gleitmittel. Speziellere Bestandteile von Rezepturen, wie Blähmittel für Schaumstoffe und viskositätsstabilisierende Zusätze in Plastisolen, beeinflussen ebenfalls die Stabilität in gewissem Maße (*453*).

Die für einzelne Verarbeitungsverfahren typischen Stabilisierungen sind im folgenden wiedergegeben, wobei die aufgeführten Rezepturbeispiele in jedem Fall nur die im Durchschnitt günstigsten Möglichkeiten darstellen. Die endgültige Festlegung von Art und Menge einer PVC-Stabilisierung hängt häufig von sehr individuellen Einflüssen ab, z. B. den verwendeten Verarbeitungsmaschinen (vgl. (*171*)), der Reinheit der Materialien u. a.

Weichmacherhaltige Kalanderfolien: Bei Vorliegen von Suspensions-PVC sind Ba/Cd-Seifen in Kombination mit organischen Phosphiten geeignet. Es kommen sowohl feste (z. B. copräzipitiertes Ba/Cd-laurat) wie flüssige (z. B. Ba-octylphenolat + Cd-2-äthylhexanoat) Metallseifen in Betracht. Für Kalanderfolien und Platten guter Klarheit, die bei der Verarbeitung kein „Plate out“ auf der Walze zeigen und beständig gegenüber Schwefelverbindungen sind, eignet sich z. B. 2% flüssiger Ba/Cd-Stabilisator, der Phosphit als Komplexbildner enthält, +0.5% flüssige Zn Seife mit Komplexbildner. Die flüssigen Ba/Cd-Systeme sind besonders für die neueren Schnellkalandrierverfahren (mit Geschwindigkeiten von 60 – 100 m/min.) geeignet, wobei die Verarbeitungstemperatur gegenüber den langsamlaufenden Kalandern von etwa 170 °C auf über 200 °C gesteigert ist. Hierbei ist die Verhütung des „Plate out“ von besonderer Wichtigkeit (*554*, *556*).

Weichmacherfreie Kalanderfolien: Auch für harte und halbharte Folien sind Ba/Cd-Systeme geeignet, wobei 2 – 4% des Stabilisatorgemisches zugesetzt werden. Zur Erhöhung der Lichtstabilität kommt evtl. ein Zusatz von UV-Absorbern in Frage. Bemerkenswerterweise zeigt eine Mischung von 3% epoxydiertem Sojaöl und 0.5% 2-Hydroxy-4-methoxybenzophenon in Ba/Cd/Phosphit-stabilisierter Hartfolie eine synergistisch erhöhte Lichtstabilisierung (*140*). Qualitativ hochwertige, thermisch resistente und deshalb völlig farblose Produkte von brillanter Transparenz, die ohne jegliches „Plate out“ herstellbar sind, werden jedoch mit Zusätzen von 1 – 3% Organozinnmercaptiden, z. B. Dibutyl-Sn-S,S′-di-(2-äthylhexylthioglykolat) erhalten. Für Lebensmittelverpackungsfolien sind entsprechende Di-n-octylzinn-Verbindungen bzw. die im Handel befindlichen Gemische solcher Verbindungen mit Weichmachern, geeignet. Dialkylzinnmercaptide erfordern stets die Mitverwendung eines Gleitmittels, z. B. eines synthetischen Wachses, eines Fettsäureesters, einer Seife oder eines Mineralöls. Infolge der begrenzten Lichtstabilität schwefelhaltiger Organozinnverbindungen ist der Einsatz von UV-Absorbern für transparente, glasklare Produkte von Vorteil. Die Verwendung fester Organozinn-Schwefel-Verbindungen führt zu einer höheren Wärmestandfestigkeit der Materialien; diese Produkte gewährleisten darüber hinaus auch eine bessere Lichtbeständigkeit als flüssige Stabilisatoren. Auch schwefelfreie Organozinnverbindungen, besonders das in III.2./*8.1.4.* erwähnte Mischsalz von Dibutyl-Sn-laurat und -maleat, kommen für diese Anwendung in Betracht.

Weichmacherhaltige Extrusionsartikel: Hier gelten die gleichen Verhältnisse wie bei weichmacherhaltigen Kalanderfolien, nur daß die einzusetzenden Stabilisatormengen infolge der höheren thermischen Beanspruchung bei der Extruderverarbeitung etwas größer sind. Bei Suspensions-PVC eignen sich wiederum feste oder flüssige Ba/Cd-Stabilisatoren mit Komplexbildnern, die noch durch Epoxyverbindungen ergänzt sein können. Eine brauchbare Stabilisierung besteht z. B. aus 2% phosphithaltiger Ba/Cd-Seife und 2% Epoxyester. Flüssige Ba/Cd-Seifen bedürfen eines zusätzlichen Gleitmittels, während die festen, längerkettigen Fettsäuresalze selbst genügend Gleitwirkung besitzen. Qualitativ hochwertige Weich-Extrusionsartikel, z. B. Schläuche, werden mit Organozinnverbindungen erhalten; so ergibt z. B. ein Zusatz von 2% Dibutyl-Sn-laurat-maleat mit 0.25% eines flüssigen Cd-Stabilisators eine glasklare, lichtbeständige Masse. Die Lichtbeständigkeit kann auch durch Ersatz von 10% des Weichmachers durch einen langkettigen Epoxyester verbessert werden. Speziell für die Zwecke der Freibewitterung ist eine zusätzliche Lichtstabilisierung durch UV-Absorber günstig. Bei Emulsions-PVC schließlich (das jedoch nur im ausgewaschenen Zustand zur Herstellung transparenter Erzeugnisse dienen kann) ist allein eine Stabilisierung mit Organozinnverbindungen von Erfolg. Nicht-toxische Extrusionsartikel werden durch Zusatz von etwa 2% Ca/Zn-Seife mit 2% Epoxyester erhalten.

Weichmacherfreie Extrusionsartikel: Es gelten etwa die gleichen Bedingungen wie für harte Kalanderfolien. Wenn keine hohen Ansprüche an die Transparenz gestellt werden, sind Ba/Cd-Systeme auch hier geeignet. Die Standardrezeptur enthält an Stabilisatoren: 2–3% Ba/Cd-Seife, 0.5–1% organisches Phosphit, 1–2% Epoxyester und zur Erhöhung der Lichtstabilität evtl. 0.2–0.5% UV-Absorber. Die Auswahl eines geeigneten Gleitmittels ist hierbei wichtig, besonders wo die Fließeigenschaften kritisch sind, z. B. bei Verwendung von Breitschlitzdüsen. Diese Art der Stabilisierung eignet sich auch für Polyblends aus PVC und nachchloriertem Polyäthylen (*191*). Hochtransparente Artikel wie Platten oder Rohre bedürfen auch hier der Verwendung von Organozinn-Schwefelverbindungen in Mengen von 1–3%, wobei die Lichtbeständigkeit noch durch 2–3% Epoxyester und 0.2–0.5% UV-Absorber erhöht werden kann. Undurchsichtige Extrusionsartikel lassen sich in sehr wirtschaftlicher Weise mit Pb-Salzen stabilisieren. Geeignet ist z. B. ein Zusatz von 3-basischem Pb-sulfat mit Pb-stearat als Gleitmittel.

Blasfolien: Hierfür sind Organozinnverbindungen empfohlen worden, evtl. in Kombination mit einem Weichmacher (je 2%) (*71*).

Weichmacherhaltige Spritzgußartikel: Bei Verwendung von Suspensions-PVC bewährt sich wiederum die Ba/Cd-Stabilisierung in Zusätzen von 1–2%, unter Ersatz von 2–3% des Weichmacheranteiles durch Epoxyester. Für Emulsions-PVC und hochtransparente Artikel auf Basis von Suspensions-PVC gilt die allgemeine Regel, daß allein Organozinnverbindungen befriedigende Stabilisierung ergeben.

Weichmacherfreie Spritzgußartikel: Die erhöhten Verarbeitungstemperaturen machen in diesem Falle die Verwendung von Organozinn-Schwefelverbindungen erforderlich, die in Zusätzen von 1–2% glasklar-transparente Erzeugnisse gewährleisten. Wo die letztgenannte Eigenschaft nicht erforderlich ist, sind auch Pb-Verbindungen verwendbar, besonders mehrbasische Pb-sulfate evtl. mit Gleitzusätzen (vgl. (*94a*)).

Erzeugnisse aus PVC-Pasten (Plastisolen): Zur Stabilisierung von Plastisolen ist in allen Fällen die Anwendung flüssiger Stabilisatoren vorzuziehen, um eine gute Verteilung in der Dispersion zu erreichen und die Viskosität nicht merklich zu erhöhen. Die Verteilung des Stabilisators ist bei diesem Verfahren von besonderer Bedeutung, da hier keine Homogenisierung in der Schmelze möglich ist. Im Prinzip eignen sich flüssige Ba/Cd-Systeme mit Komplexbildnern, die zur Verhinderung von Schwefelverfärbung (besonders wichtig für die Beschichtung von Textilien und Gummi) noch eine flüssige Zn-Seife enthalten. Eine geeignete Zusammensetzung enthält z. B. 2.5% flüssige Ba/Cd-Verbindung mit Komplexbildner + 0.75% flüssige Zn-Verbindung. Weitere Zusätze, wie Glykolester oder Borsäureester, dienen als oberflächenaktive Netzmittel bzw. als Entlüftungsmittel. Die bevorzugte Anwendung von vorstabilisiertem Emulsions-PVC für die Herstellung von Pasten schließt wegen der bekannten unzulänglichen Wirkung von Ba/Cd-Stabilisatoren in diesem Material ihre Anwendung aber meist aus, so daß auch hier auf Organozinnverbindungen zurückzugreifen ist. Es werden vorzugsweise geruchsfreie, nicht-schwefelhaltige Typen eingesetzt, deren Anteil durch Kombination mit Epoxy-Weichmachern stark herabgedrückt werden kann ($<1\%$) (*139*). Auch andere Typen von Stabilisatoren sind geeignet. Todd (*598*) findet z. B. eine gute Stabilisierungswirkung mit 3 Tln. zweibasischem Pb-phosphit in einem Plastisol aus 100 Tln. Suspensions-PVC und 65 Tln. DOP. Bei Verwendung fester Stabilisatoren müssen diese vor der Zumischung mit dem Weichmacher zu einer Paste verrieben werden. Speziell für Kunstlederfolien werden mit Kieselgel copräzipitierte Metallstabilisatoren vorgeschlagen, da sie das Austreten von Weichmachern verhindern und dem Material einen trockenen Griff verleihen. Früher wurden Pb-silicate bzw. Pb-Salz/Kieselgel-Copräzipitate vielfach dafür verwandt, die jedoch wegen der Schwefelverfärbung für Kunstlederartikel gegenwärtig nicht mehr in Betracht kommen; eine geeignetere Stabilisatorsubstanz ist z. B. Ba-silicat. Ebenso wie auf dem Gebiet der Kalandrierung haben auch bei der Pastenverarbeitung die neueren Prozesse (beschleunigtes Textilbeschichtungsverfahren, Rotationsguß) zu einer Erhöhung der Arbeitstemperaturen und damit zu strengeren Maßstäben in der Auswahl geeigneter Stabilisatoren geführt (*554, 556*).

Die aus den Erfordernissen der Anwendung sich ergebenden besonderen Gesichtspunkte für die Auswahl von PVC-Stabilisatoren sind bereits in den vorausgehenden Ausführungen enthalten. Zusammenfassend sei nochmals festgestellt: *Glasklare Transparenz* erfordert die Verwendung von Suspensions-PVC mit Organozinn-Stabilisierung oder Ba/Cd-Verbindungen mit Komplexbildnern, während Pb-Verbindungen in diesem Falle unbrauchbar sind. Pb-Verbindungen, ebenso wie Cd-Verbindungen, entfallen auch, wenn *Schwefelverfärbungen* ausgeschlossen werden sollen. Hingegen werden Ba/Cd-Systeme durch Zusatz von Zn-Seifen gegen Schwefelverfärbung resistent gemacht. *Physiologische Unbedenklichkeit* besteht im Bereich der Metallseifen für Ca/Zn-Stabilisatoren, im Bereich der Organozinnverbindungen für gewisse Di-n-octylzinnmercaptid-Stabilisatoren und im übrigen für die in vorstabilisiertem Emulsionspolymerisat anwendbaren stickstoffhaltigen organischen Verbindungen, in allen Fällen jedoch nur bis zu gewissen oberen Konzentrationsgrenzen (vgl. VII.2.). *Maximale Wärmestandfestigkeit* wird durch weitgehende Vermeidung von flüssigen Stabilisatoren gewährleistet. Ein wichtiges Einsatzgebiet, welches im besonderen Maße eine Anpassung der Stabilisierung erfordert, ist das der elektrischen *Isolationsmaterialien.* Wegen ihres hohen elektrischen Widerstandes kommen dafür vorwiegend mit Pb-Verbindungen stabilisierte PVC-Gemische in Betracht. Auch hinsichtlich der für Kabelisolationen wichtigen Frage der Versprödung bei Freibewitterung zeigen Pb-Stabilisierungen befriedigende Eigenschaften (die Wirksamkeit nimmt in der Reihenfolge 3-bas. Pb-sulfat > 2-bas. Pb-phosphit > Pb-carbonat ab), die durch Zusatz von Organozinnverbindungen nicht mehr gesteigert werden können (*64*). Als Stabilisatoren eignen sich z. B. 3-bas. Pb-sulfat für niedrige Einsatztemperaturen, 2-bas. Pb-phthalat für Temperaturbelastungen über 70 °C, 2-bas. Pb-phosphit für optimale Witterungsbeständigkeit und für die Kombination mit chlorierten Paraffinen, Pb-chlorid/silicat als wirtschaftlicher Isolations-Stabilisator mit breiter Anwendbarkeit. Häufig werden zur Erhöhung des Innenwiderstandes der Masse noch weitere Zusätze eingebracht, welche eine Stabilitätsverringerung bewirken und erhöhte Anforderungen an die Stabilisierung stellen. Dies sind speziell Tonerden als Füllstoffe und chlorierte Paraffine als Weichmacher. Der Eisengehalt im Ton wird gegebenenfalls durch Komplexbildner desaktiviert. Zur Stabilisierung bei Gegenwart chlorierter Paraffine hat sich 2-bas. Pb-phosphit anderen Pb-Stabilisatoren hinsichtlich Lichtstabilität und Innenwiderstand weit überlegen gezeigt (*272*). Im folgenden drei charakteristische Rezepturbeispiele für Kabelisolationsmassen. Ungefüllte Mischung: 100 (Gewichtsteile) PVC, 50 DOP, 5 3-bas. Pb-sulfat. Hochgefüllte Mischung: 100 PVC, 40 Didecylphthalat, 15 Pentaerythritester, 10 Tonerde, 10 Ca-carbonat, 5 4-bas. Pb-fumarat (*269*). Mischung mit chloriertem Paraffin: 100 PVC, 25 DOP, 25 chloriertes Paraffin, 10 Tonerde, 7.5 2-bas. Pb-phosphit (*272*).

V.2.3. Licht- und Witterungsstabilisierung; pigmentiertes PVC

Normalerweise wirkt ein großer Teil der Wärmestabilisatoren auch lichtstabilisierend. Unter den Metallseifen werden insbesondere die Cd-Verbindungen (Cd-naphthenat, -ricinoleat, -2-äthylhexanoat oder -stearat) als gute Lichtstabilisatoren angesehen (*329*). Dementsprechend besitzen auch Cd-haltige Metallseifen-Kombinationen eine lichtstabilisierende Wirkung, z. B. das vielverwendete System von Ba/Cd-Verbindungen mit Phosphit und Epoxyverbindung. Perry (*451*) findet, daß dabei insbesondere die Epoxyweichmacher-Komponente einen entscheidenden Einfluß ausübt und die erzielbare Lichtstabilität der Ba/Cd-Stabilisierung in Weich-PVC auf das drei- bis vierfache erhöht. Dies entspricht der schon länger bekannten Erfahrungstatsache des lichtstabilitätsfördernden Einflusses von Epoxyverbindungen. Ohne die Metallseife zeigen diese jedoch keinen brauchbaren Effekt. Bemerkenswerterweise ist die flüssige Ba/Cd-Seife auf Basis von Ba-octylphenolat/Cd-2-äthylhexanoat/Triphenylphosphit den festen Ba/Cd-Seifen auf Basis von Ba/Cd-laurat in Kombination mit Triphenylphosphit in der lichtstabilisierenden Wirkung überlegen und ergibt eine bessere Witterungsbeständigkeit als das als guter Lichtstabilisator geltende Dibutyl-Sn-dilaurat. Durch Pigmentierung mit TiO_2 wird die Stabilität noch wesentlich erhöht, ebenso durch UV-Absorber wie 2-Hydroxy-4-methoxybenzophenon. Die Verhältnisse sind in Tabelle V.7. dargestellt, woraus die wesentlichen Zusammenhänge erkennbar sind. Weiterhin geht aus diesen Daten hervor, daß auch eine Pb-Stabilisierung unter Verwendung von 2-basischem Pb-phosphit (Dyphos) und 2-basischem Pb-stearat als Gleitmittelkomponente in Verbindung mit dem Epoxyweichmacher eine vorzügliche Lichtbeständigkeit ergibt. Dyphos ist allgemein ein guter Lichtstabilisator, was wohl z. T. auf seine opakisierende

Tabelle V.7. *Witterungsbeständigkeit von Weich-PVC mit verschiedenen Zusätzen* (nach (*451*))

Bestandteile der Mischung in Gew.-Teilen										
PVC	100	100	100	100	100	100	100	100	100	100
DOP	50	50	45	50	45	50	45	45	45	45
Epoxy-Weichmacher			5		5		5	5	5	5
Ba/Cd-laurat (Mark XI)	2	2	2						2	
Flüss. Ba/Cd-Vbdg. mit Phosphit (Mark M)				2	2			2		
Organ. Phosphit (Mark XX bzw. C)		1	1						1	
Dibutyl-Sn-dilaurat						2	2			
2-Hydroxy-4-methoxy-benzophenon									0.5	
Stearinsäure				0.5	0.5			0.5		
2-bas. Pb-phosphit										3
2-bas. Pb-stearat										0.5
TiO_2								2		
Lebensdauer bei Freibewitterung in Arizona (aus Verfärbung, Fleckenbildung, Erhärtung und Klebrigwerden), Monate	3	4	14	8	16	5	10	>18	>18	>18

Wirkung zurückgeht, in der Hauptsache aber auf seine antioxydative Eigenschaft. Bereits in einer Konzentration von 0.5 % soll es eine optimale lichtstabilisierende Wirkung zeigen (*71*). Die antioxydative Funktion einer Substanz spielt generell eine wichtige Rolle für die Inhibierung der photochemischen Verfärbung von PVC. Deshalb sind typische Antioxydantien (gehinderte Phenole, Salicylate, Phosphite) als Lichtstabilisatoren wirksam (*369, 370*). De Coste u. a. (*131*) finden bei einer speziellen Untersuchung der antioxydativen Wirkung von 2-basischem Pb-phosphit jedoch keinen inhibierenden Einfluß auf die thermische Oxydation von DOP oder Polyäthylen. Dies läßt allerdings noch keinen Schluß auf die Inhibierung der Photooxydation von ungesättigten Systemen zu. Das Pb-salicylat ist ebenfalls ein

Lichtstabilisator. — Ähnliche Freibewitterungsversuche wie die in Tabelle V.7. dargestellten ergeben auch für Hart-PVC eine ausgezeichnete Stabilisierbarkeit durch Ba/Cd-Systeme (*452, 454*). Einige Ergebnisse sind in Tabelle V.8. wiedergegeben und zeigen insbesondere die Überlegenheit von Ba/Cd-Stabilisierungen in Kombination mit Phosphit und Epoxyverbindung gegenüber Organozinnmercaptiden, ferner die Erhöhung ihrer Wirksamkeit durch einen geeigneten UV-Absorber. Das Verhalten des untersuchten Organozinnmercaptids ist unter diesen Bedingungen ausgesprochen unzulänglich und kann weder durch den UV-Absorber noch durch den Epoxy-Weichmacher entscheidend beeinflußt werden. Der Anwendung von Epoxyverbindungen, die mit steigendem Zusatz die Lichtbeständigkeit verbessern, sind

Tabelle V.8. *Witterungsbeständigkeit von Hart-PVC mit verschiedenen Zusätzen* (nach (*452, 454*))

Bestandteile der Mischung in Gew.-Teilen								
PVC	100	100	100	100	100	100	100	100
Ba/Cd-Seife (Mark WS)	3	3	3	3	3			
Organ. Phosphit (Mark C)	1	1	1	1	1			
Octylepoxystearat (Drapex 4.4)			3	5	3			5
Organozinnmercaptid (Mark X)						3	3	3
2-Hydroxy-4-methoxy-benzophenon		0.25			0.25		0.25	
Stearinsäure						0.5	0.5	0.5
Lebensdauer bei Freibewitterung in Arizona (aus Verfärbung und Versprödung), Monate	3	10	6	8	15	2	2	4

bei Hart-PVC Grenzen gesetzt wegen der Beeinflussung der Wärmeformbeständigkeit (als angenäherte Regel gilt, daß jeder Gewichtsteil flüssigen Epoxy-Weichmachers die „Heat Distortion Temperature“ um 3 °C erniedrigt). Schlagzähigkeitserhöhende Zusätze beeinflussen die Lichtstabilität von Hart-PVC unterschiedlich: chloriertes Polyäthylen übt keine nachteilige Wirkung aus, wohl aber ABS-Polymere und Acrylatverbindungen, die nur in pigmentierten Gemischen eingesetzt werden sollten, wenn Wert auf Lichtbeständigkeit gelegt wird (*452, 454*). — Die wichtigste Methode, die Lichtbeständigkeit und das Freibewitterungsverhalten von PVC zu erhöhen, ist der Zusatz von UV-Absorbern. Die Auswahl an verfügbaren und mit dem Material verträglichen Produkten ist relativ groß. Aus der Klasse der Benzophenon-Derivate wird 2,2′-Dihydroxy-4,4′-dimethoxybenzophenon empfohlen (*213*), es eignen sich jedoch auch 2,4-Dihydroxy-, 2-Hydroxy-4-methoxy- und 2,4-Dihydroxy-4'-methoxybenzophenone. Unter den Cyanacrylsäure-Derivaten ist das Produkt Uvinul N-35 für weichmacherfreie, Uvinul N-539 für weichmacherhaltige PVC-Produkte geeignet. Von den Salicylsäureestern sind Salol, TBS und OPS wirksam. Ein UV-Absorber mit weitreichendem spektralen Abschirmbereich, der gegebenenfalls noch zur Wärmestabilisierung beiträgt, ist das 2-(2'-Hydroxy-5'-methylphenyl)-benzotriazol. Unter den neueren Produkten der American Cyanamid Co. wird Cyasorb UV 1376 als Lichtstabilisator für Weich-PVC empfohlen. Der Einfluß von Benzophenon-Absorbern auf das Verhalten von verschieden stabilisierten Weich-PVC-Gemischen bei natürlicher und künstlicher Bewitterung ist von GRAHAM u. a. (*226*) untersucht worden. Ein Zusatz von 2-Hydroxy-4-methoxybenzophenon führt danach sowohl bei transparenten wie auch mit $CaCO_3$ und TiO_2 gefüllten Produkten mit verschiedenster Stabilisierung zu einer erheblichen Verbesserung der Stabilität; insbesondere wird bei Verwendung ungefüllter Harze mit Ba/Cd-Stabilisierung eine Vervielfachung der Stabilität, ausgedrückt durch Verfärbung, Reißfestigkeit und Reißdehnung, beobachtet. Entsprechende Rezepturen sind:

100 (Gewichtsteile) PVC, 50 DOP, 3 Paraplex G-62, 2 Mark M (Ba-octylphenolat + Cd-2-äthylhexanoat + Triphenylphosphit), 0.25 Mark PL (Zn-octanoat + Triphenylphosphit), 0.25 Stearinsäure, 1 Cyasorb UV 9 oder Uvinul M-40;

100 PVC, 50 Diisodecylphthalat, 3 Paraplex G-62, 2 Ba/Cd-laurat, 0.5 Triphenylphosphit, 0.25 Stearinsäure, 1 Cyasorb UV 9 oder Uvinul M-40.

DE COSTE u. a. (*130*) finden bei der Freibewitterung von Weich-PVC mit basischem Pb-silicat als Stabilisator (Rezeptur: 100 Gewichtsteile PVC, 65 DOP, 6.5 basisches Pb-silicat, 0.5 Stearinsäure, 2.0 Mineralöl), daß mit Zusatz von tetrasubstituierten Benzophenonen (z. B. 2,2'-Dihydroxy-4,4'-dimethoxybenzophenon) weitaus günstigere Ergebnisse hinsichtlich Aufrechterhaltung von Reißdehnung und Zugfestigkeit erzielt werden als mit niedriger substituierten, und zwar unter verschiedenen Klimaformen. In der Reihe der untersuchten Benzophenon-Absorber scheint ein Zusammenhang zwischen Absorptionsstärke (gemessen durch die Extinktion bei 350 mμ) und Stabilisierungswirkung (Anteil der verbliebenen Reißfestigkeit nach 2jähriger Freibewitterung) zu bestehen (Fig. 34). Von FREY (*192*) ist der entscheidende Einfluß von UV-Absorbern auf die Lichtbeständigkeit transparenter Kalanderfolien aus Chlorpolyäthylen-modifiziertem, schlagfestem PVC (Hostalit Z 820/60) festgestellt worden. Die Belichtungszeit bis zur beginnenden Braunfärbung mit einer Ba/Cd-Stabilisierung (einschließlich Phosphit und Epoxyester) allein beträgt 700 Fade-Ometer-Stunden, nach Zusatz von 0.2—0.3% UV-Absorber hingegen 2300 Fade-Ometer-Stunden. DARBY u. a. (*126*) gelangen zu dem erstaunlichen Ergebnis, daß Triphenylphosphit allein in Kombination mit 2-Hydroxy-4-methoxybenzophenon Weich-PVC-Filmen mit 33 % DOP eine bessere Freibewitterungsbeständigkeit vermittelt als die Anwesenheit des gesamten Ba/Cd-Systems einschließlich UV-Absorber, wobei die übrigen Komponenten natürlich zur Erzielung

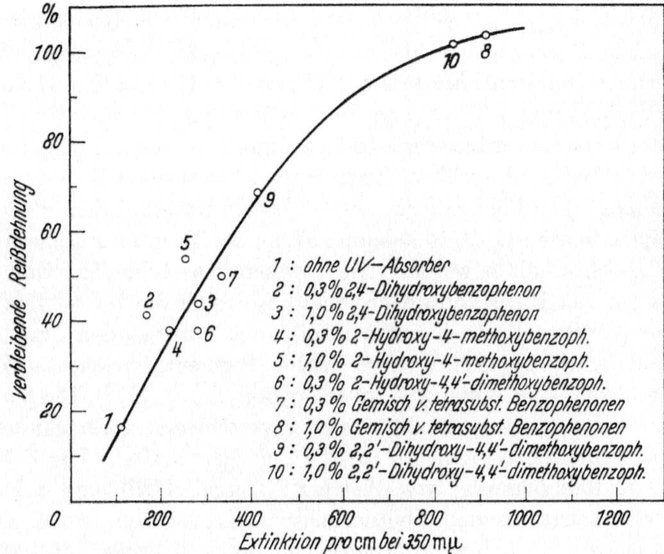

Fig. 34. Zusammenhang zwischen der Lichtabsorption von UV-stabilisiertem Weich-PVC und der verbleibenden Reißdehnung nach 2jähriger Freibewitterung. Nach De Coste u. a. (*130*).

der Wärmestabilität notwendig sind. Aus solchen Resultaten erkennt man die Problematik bei Stabilitätsuntersuchungen recht deutlich. — So gut die UV-Absorber farblose PVC-Massen gegen Lichtabbau schützen, so wenig kann jedoch die Lichtechtheit von einigen empfindlichen Pigmenten, z. B. bei Kunstleder, damit verbessert werden. Offenbar beruht dies darauf, daß die zur Verfärbung von Pigmenten führenden Einwirkungen durch den sichtbaren, nicht absorbierten Teil des Lichtspektrums ausgelöst werden (*569*).

Zu den „nicht absorbierenden“ Lichtstabilisatoren, die keine ausgeprägten Absorptionsbanden im nahen UV besitzen, gehört außer den bereits genannten Bleiverbindungen ein Na/Ba-Organophosphat (vgl. V.2.1.). Dieses, von der Ferro Chemical Corp. als Ferro 541 A in den Handel gebracht, erhöht in Mengen von 1 Teil auf 100 Teile Harz in allen PVC-Typen, einschließlich Mischpolymerisaten, die Lichtstabilität, jedoch nur bei Anwesenheit von gut wirksamen Wärmestabilisatoren. Hexamethylphosphorsäuretriamid (HPT) als weiterer Lichtstabilisator von bislang ungeklärtem

Reaktionsmechanismus übertrifft in Kombination mit geeigneten Wärmestabilisatoren die Stabilisierungssysteme mit Benzophenon-Absorbern hinsichtlich Verhinderung von Verfärbung und Rißbildung, wie COOVER u. a. (*114*) an Hand von Weich-PVC-Rezepturen gezeigt haben. Nach dem Einmischen gibt das Produkt eine etwas gelbliche Färbung, die aber im Verlaufe der Lichteinwirkung ausbleicht, so daß bei geeigneter Rezeptur die Masse nach 7jähriger Freibewitterung noch völlig farblos sein kann. Als eine derart hochlichtbeständige Rezeptur, die gleichzeitig genügende Wärmebeständigkeit besitzt, wird ein Gemisch aus 100 Tln. PVC, 30 Tln. DOP, 2 Tln. HPT, 1 Tl. Epoxyverbindung und 1 Tl. Organozinnmercaptid empfohlen.

Schließlich können farblose wie farbige Pigmente eine brauchbare lichtstabilisierende Wirkung ausüben. Auch beim PVC bewirkt Ruß unter verschiedenen möglichen Pigmentierungen den besten Schutz, indem die mechanischen Eigenschaften (z. B. Reißdehnung) bei der Bewitterung hiermit am längsten aufrechterhalten werden. Nicht wesentlich steht dem Ruß dabei Titandioxyd in der Rutil-Form nach, allerdings spielt die verwendete Sorte eine Rolle. Ausgezeichnete Schutzwirkung gibt nur Silicium-Aluminium-Zink-behandelter Rutil (*131*). Weitere farblose Pigmente, welche die Wetterfestigkeit erhöhen, sind Zinkoxyd, Antimontrioxyd u. a. (*512*). Die Untersuchung der Wirkung einer großen Anzahl verschieden gefärbter anorganischer und organischer Pigmente auf die Zugeigenschaften (Zug-E-Modul, Zugfestigkeit, Reißdehnung) von Weich-PVC ergab (*129*), daß zahlreiche Pigmente eine befriedigende Stabilisierungswirkung besitzen, wobei anorganische Pigmente eine höhere Konzentration (etwa 10 Teile auf 100 Teile Harz) als organische Pigmente (etwa 1 Teil auf 100 Teile Harz) erfordern. Pigmente mit einer ausgeprägten stabilisierenden Wirkung, die noch nach 6jähriger Freibewitterung unter verschiedenen Klimaten $> 75\,\%$ der ursprünglichen Reißdehnung des Materials aufrechterhalten und mechanische Zerstörung verhindern, sind außer Channel Black und Rutil insbesondere braunes und rotes Eisenoxyd, Molybdatorange, Bleichromatgelb und rotes Cadmiumsulfid. Von Wichtigkeit ist die Feststellung, daß sich bei Gegenwart verschiedener Pigmente deren Wirkungen additiv überlagern. Aus diesem Grunde lassen sich durch Gemische aus einem farbigen Pigment von schwächer stabilisierender Wirkung und dem gut stabilisierenden Rutil farbige Einstellungen von befriedigender Stabilität der mechanischen Eigenschaften gewinnen. Damit können gefärbte Weich-PVC-Massen mit einer Lebensdauer von mehr als 10 Jahren erhalten werden. — Ein anderes, recht vielseitiges Problem, das im Zusammenhang mit der Verwendung farbig pigmentierter Massen auftritt, ist das der Farbstabilität. Es steht nicht in unmittelbarer Beziehung zu der Stabilität des Kunststoffes, aber die Rezeptur des letzteren hat einen entscheidenden Einfluß auf die Verfärbung des Pigments. Zuerst hat CLARK (*110*) die ausgeprägte Abhängigkeit der Pigmentverfärbung in Weich-PVC bei Wärme- und Lichtalterung vom Stabilisator- und Gleitmittelzusatz untersucht. Danach muß in allen Fällen bei Variation der Stabilisatoren mit einer Beeinflussung der Farbe der PVC-Masse gerechnet werden. Zahlreiche Farbstoffe und Stabilisatoren sind in Kombination miteinander so unverträglich, daß bereits während der Verarbeitung die Farbe ausbleicht. Da die Farbeigenschaften außer von der Art des Pigments und des Stabilisators auch von allen anderen Bestandteilen der Mischung abhängen, muß die Auffindung optimaler Verhältnisse hierbei in besonderem Maße der empirischen Prüfung überlassen werden. Von WOERNLE (*642*, *643*) sind Versuche an Calciumcarbonat-gefülltem Copolymeren, das Eisenoxyd als Pigment enthielt, angestellt worden, wobei u. a. die Farbbeständigkeit des Pigments beim Erhitzen in Abhängigkeit von der Art der Stabilisierung festgestellt wurde. Es ergibt sich dabei eine deutliche Verringerung der Farbbeständigkeit beim Übergang von Bleistabilisatoren über Organozinnverbindungen zu Ba/Cd-Seifen. Da solche Ergebnisse, wie oben angedeutet, jedoch keinerlei Verallgemeinerung auf das Verhalten von Gemischen abweichender Zusammensetzung erlauben, sei auf eine eingehende Darstellung hier verzichtet. Im übrigen spielen außer Stabilisatoren auch andere Rezepturbestandteile eine entscheidende Rolle. Calciumcarbonat als Füllstoff ist für die Farbstabilisierung sehr wirksam, auch die Anwesenheit von Epoxyverbindungen ist günstig. Ferner vermitteln polymere Weichmacher bei Färbungen mit Eisenoxyd gute Wärmestabilität.

V.2.4. Oxydationsstabilisierung von weichmacherhaltigem PVC

Unter den Bedingungen der thermischen Verarbeitung wie auch der Alterungseinflüsse, denen Fertigprodukte unterliegen, können Weichmacheranteile autoxydiert werden. Dieser Prozeß führt zu einer Verringerung der weichmachenden Eigenschaften, d. h. Versprödung, und anderen Erscheinungen wie z. B. Geruchsbildung. Die Verbesserung der Oxydationsstabilität von Weich-PVC ist von FISCHER u. a. (*183*) untersucht worden. Als vorzüglich geeignete Antioxydantien, die zu keiner Eigenfarbe der Kunststoffmischung führen und hinreichend niedrige Flüchtigkeit besitzen, haben sich 4,4′-Alkylidenbisphenole erwiesen. Bisphenol A ist für diese Zwecke ein sehr wirksames Antioxydans, wie aus dem folgenden Beispiel hervorgeht:

Rezeptur:		Weichmacher	Tle. Bisphenol A	% Reißdehnung nach 0, 7 und 14 Tagen bei 100 °C
PVC	100 Tle.	Disooctylphthalat	0	320–250–195
Weichmacher	50 Tle.	desgl.	0.05	300–280–260
Cd-naphthenat	2 Tle.	Didecylphthalat	0.05	270–300–270
Ba-ricinoleat	1 Tl.			

MURFITT (*412*) zeigte, daß die thermooxydative Verfärbung von Weich-PVC bei 150 °C (die Proben enthielten 100 Tle. Suspensions-PVC, 50 Tle. Phthalat-Weichmacher mit verschiedenen C_{7-10}-Alkoholkomponenten, 1 Tl. Cd-stearat und 1 Tl. Ca-stearat) durch zahlreiche Typen von Antioxydantien eingeschränkt wird: sekundäre aromatische Amine, Alkylphenole, Amin-Aldehyd- oder Amin-Keton-Kondensationsprodukte, Phenothiazin, Phenol-Aldehyd- oder Phenol-Keton-Kondensationsprodukte oder Thiobisphenole. Allein die letztgenannten beiden Typen bewirken jedoch keine gleichzeitige Eigenfärbung des PVC-Gemisches. Die wirksamen Konzentrationen liegen bei 0.1 %, bezogen auf den Weichmacheranteil. Die Kältebruchtemperatur von Weich-PVC mit Diisooctylphthalat und Diisodecylphthalat als Weichmacher nach 1-tägiger Ofenalterung bei 100 °C (Brit. Standard 2571) wird z. B. außer durch Bisphenol A auch durch Antioxidant 2246, 4,4'-Thiobis-(2-methyl-6-tert.-butylphenol), Disalicylidenäthylendiamin oder Diphenylamin-Aceton-Kondensationsprodukt merklich stabilisiert. Gleichzeitig wird eine Herabsetzung des Weichmacherverlustes beobachtet. Besonders wirksam erweist sich dabei ein Gemisch der letztgenannten beiden Stabilisatoren, das bereits in Konzentrationen von 0.02 % anspricht. Allerdings spielt auch hierbei die Natur des Grundpolymeren eine Rolle. So ist in Emulsions-PVC das Gemisch aus Disalicylidenäthylendiamin und Diphenylamin-Aceton-Kondensationsprodukt weniger wirksam als Bisphenole. An Drahtisolationsmassen mit Ditridecylphthalat als Weichmacher fanden BARNES u. a. (*29a*), daß zahlreiche Diphenylamin-Derivate und Bisphenole dem Bisphenol A in der Stabilisierungswirkung gleichwertig oder noch überlegen sind. Als Stabilitätskriterium diente dabei die verbleibende Reißdehnung nach 7 tägiger Lagerung im Luftofen bei 105 °C Probentemperatur. Einige Ergebnisse sind im folgenden zusammengestellt:

Rezeptur:			Tle.	Hilfsstabilisator	% verbleibende Reißdehnung (bez. auf Ausgangswert)
PVC	100	Tle.	0.1	Bisphenol A	80
Ditridecylphthalat	50	Tle.	0.03	Octyliertes Diphenylamin (Age Rite Stalite S)	85
Tonerde	15	Tle.	0.05	4,4'-Dioctyldiphenylamin	88
Dythal	7	Tle.	0.05	4,4'-Methylenbis-(2-methylphenol)	91
(oder Tribase E	10	Tle.)	0.05	4,4'-Methylenbis-(2-methyl-6-tert.-butylphenol)	82
Stearinsäure	0.5	Tle.	0.05	Polyalkyliertes Bisphenol (Age Rite Superlite)	76
			ohne	Hilfsstabilisator	30

Zahlreiche im Handel befindliche PVC-Stabilisatoren enthalten Antioxydantien wie Bisphenol A zum Schutz der Weichmacherkomponente. Die Geruchsbildung bei der thermischen Oxydation von Weichmachern ist verschiedenartigen fördernden oder inhibierenden Einflüssen durch Zusatzstoffe wie Pigmente, Stabilisatoren oder andere Komponenten unterworfen. SEARS u. a. (*525*) haben darüber eine Fülle von empirischem Material gesammelt. Zahlreiche Mn, Fe- oder Cr-Pigmente verstärken die Geruchsbildung von DOP-haltigem Weich-PVC, ebenso zahlreiche PVC-Stabilisatoren wie Tribase E, Dyphos oder ein System aus Ba/Cd-laurat + Phosphit + Epoxyverbindung. Bisphenol A in einem Anteil von 0.25 Teilen auf 100 Teile PVC und 35 Teile DOP konnte die Geruchsbildung unter dem Einfluß von Tribase E weitgehend einschränken. Während Ruß allein eine geruchsinhibierende Wirkung ausübt, beeinflußt die gleichzeitige Anwesenheit von Ruß und Bisphenol A die Geruchsbildung sehr ungünstig. Eine geruchsverbessernde Wirkung zeigen auch partiell hydrierte Terphenyle in Verbindung mit Dialkylphthalaten und -adipaten.

V.2.5. Stabilisierung von Vinylchlorid-Mischpolymerisaten

Im Prinzip unterscheidet sich die Stabilisierung von Mischpolymeren nicht von der der Homopolymerisate. Zahlreiche Stabilisierungssysteme, die in Homopolymerisaten befriedigende Wirksamkeit zeigen, sind indessen in Copolymeren weniger vorteilhaft und umgekehrt. Dies ist allerdings nicht verwunderlich, denn selbst verschiedene Sorten von Homopolymerisaten können auf Stabilisierungen verschieden ansprechen. Einige Mischpolymerisate erfordern nur eine schwächere Verarbeitungsstabilisierung, da sie wegen ihres niedrigeren Erweichungspunktes bei tieferen Temperaturen verarbeitet werden oder eine Verarbeitung aus Lösungen erfolgt (z. B. Vinylchlorid/Vinylacetat-Copolymere). Bei gleichen Verarbeitungstemperaturen wie PVC sind die Mischpolymerisate jedoch weniger stabil. THINIUS u. a. (*589*) zeigten, daß die thermische Beständigkeit (gemessen an der HCl-Abspaltung) bei Vinylchlorid/Vinylacetat-Mischpolymerisaten mit zunehmendem Vinylacetat-Gehalt abnimmt und daß diese konstitutionell bedingte Verringerung der Eigenstabilität nicht durch Stabilisatorzusätze zu beeinflussen ist. Dies bedeutet, daß die Dehydrochlorierung bei Vinylacetat-Mischpolymerisaten unter entsprechend hohen Temperaturen (z. B. 190 °C) so rasch einsetzen kann, daß die für PVC-Homopolymerisate wirksamen Stabilisatoren hierbei gar nicht zur Wirkung kommen. Auch bei Vinylchlorid/Vinylidenchlorid-Copolymeren können herkömmliche PVC-Stabilisatoren versagen, während ganz andere Verbindungstypen in diesen Polymeren eine spezifische wärmestabilisierende Wirkung ausüben. Eine seit langem dafür bekannte Verbindung ist der Di-(α-phenyläthyl)-äther, der in solchen Mischpolymerisaten plastifizierend und wärmestabilisierend wirkt (*319*). Er ist einer der typischen

Stabilisatoren für Vinylidenchlorid-Polymerisate; andere sind Phenyl-glycidyläther oder geringe Mengen organischer Amine. Substanzen mit vorwiegend lichtstabilisierendem Einfluß sind neben den UV-Absorbern Ester von ungesättigten Dicarbonsäuren, z. B. Tributylaconitat oder Maleate bzw. Fumarate (*385*). In der Literatur sind von KNOWLES (*315*) einige Hinweise über die Anwendung typischer PVC-Stabilisatoren bei Mischpolymerisaten mit Vinylacetat oder Vinylidenchlorid gegeben worden. Im Falle von weichmacherhaltigen Mischungen mit 20 Teilen DOP ergeben sich die folgenden optimalen Verhältnisse: Für Vinylchlorid/Vinylacetat-Copolymere ist eine Ba/Cd-Grundstabilisierung mit einem Metallverhältnis 2 : 1 in etwa 2.5 Teilen eingesetzt günstig. Ein Zusatz von Phosphit ist für die Wärmestabilisierung wenig kritisch und kann bei $\leqq$ 0.5 Teilen gehalten werden. Auf Zink spricht das Gemisch ungünstig an. Hingegen erhöhen Epoxyverbindungen die Gesamtstabilität wesentlich, weshalb ein Zusatz von 6 Teilen epoxydiertem Sojaöl empfohlen wird. 2-Basisches Pb-phosphit und 2-basisches Pb-stearat sprechen z. T. besser an als in Homopolymerisaten, und der Einsatz (in Kombination mit epoxydiertem Sojaöl) von ersterem ist für die Erzielung einer guten Anfangsfarbe, von letzterem für eine gute Dauerwärmebeständigkeit zu empfehlen. Die weitaus günstigste Wirkung zeigen jedoch Organozinnmercaptide. Für Vinylchlorid/Vinylidenchlorid-Copolymere gelten analoge Verhältnisse, wobei speziell ein Ba/Cd-System der gleichen Zusammensetzung wie oben mit 1 Teil Phosphit, etwa 6 Teilen epoxydiertem Sojaöl und wenig oder gar keinem Zink empfohlen wird. 2-Basisches Pb-stearat + Epoxyester (für gute Langzeitstabilität) oder Organozinnmercaptide lassen sich wie bei Vinylacetat-Copolymeren anwenden, jedoch ist die Unterdrückung der Frühverfärbung mit 2-basischem Pb-phosphit hierbei merklich weniger erfolgreich.

V.3. Andere Vinylpolymerisate

Polystyrol ist unter Verarbeitungsbedingungen verhältnismäßig stabil, und zwar sowohl gegen rein thermische wie auch gegen thermooxydative Einflüsse. Voraussetzung für befriedigende Stabilität ist, daß die Polymerisation unter möglichst weitgehendem Ausschluß von Sauerstoff stattgefunden hat. Auch während seines Einsatzes ist es oxydationsbeständig und verändert seine physikalischen Eigenschaften unterhalb der Verformungstemperatur kaum. In der Regel bedarf dieses Material daher keiner Wärmestabilisierung. Hingegen zeigt das Polystyrol eine ausgesprochene Anfälligkeit gegenüber Photooxydation, die zu Vergilbung und bei fortgeschrittenem Abbau zu Versprödung führt. Sie kann durch spezielle Antioxydantien oder UV-Absorber eingeschränkt und dadurch die Gebrauchsdauer vervielfacht werden. Als lichtstabilisierende Antioxydantien sind bereits vor längerer Zeit Amine bzw. Aminoalkohole mit Dissoziationskonstanten $> 10^{-9}$ (vorzugsweise $> 10^{-8}$) und Siedepunkten > 200 °C genannt worden (*385*), die auch gegenwärtig noch Bedeutung besitzen (*488*). Solche Verbindungen sind z. B. N-Cyclohexylaminoäthanol, Diisopropanolamin, 3-Diäthylamino-1,2-propandiol oder Dioctylamin. Auch cyclische Alkohole wie 4-Cyclohexylcyclohexanol sind geeignete Polystyrol-Antioxydantien. Die Zusätze werden in Mengen von 1% mit den Polymerisatperlen vermischt oder dem monomeren Styrol zugesetzt, so daß sie schon bei der Polymerisation zugegen sind. Das letztere Verfahren bringt neben der guten Verteilung den Nachteil mit sich, daß bei Überdosierung der Stabilisatoren eine polymerisationsinhibierende Wirkung eintritt, ebenso wie bei Verwendung von Aminen mit Dissoziationskonstanten $> 10^{-5}$, wobei unter solchen Umständen im Endeffekt eine Stabilitätsverringerung bewirkt wird (*385*). Weitere Zusätze zur Verhinderung der Photooxydation sind UV-Absorber, die in Mengen von 0.2—0.5 % eingesetzt werden. Besonders geeignet sind 2,4-Dihydroxybenzophenon, 2-Hydroxy-4-methoxybenzophenon, 2-(2′-Hydroxy-5′-methylphenyl)-benzotriazol oder das zusammengesetzte Produkt Cyasorb UV 1376. Mit derartigen Stabilisatoren versehen ist Polystyrol als durchscheinendes Material für Beleuchtungskörper geeignet (vgl. (*629*)).

Modifizierte Polystyrole bedürfen gegebenenfalls einer Wärme- bzw. normalen Oxydationsstabilisierung. Schlagfestes Polystyrol (Styrol/Butadien-Mischpolymerisat) kann z. B. mit phenolischen Antioxydantien wie DBPC gegen Oxydation geschützt werden. Als Wärmestabilisatoren für Styrol/Acrylnitril-Mischpolymerisate sind von Kirillova u. a. (*309*) verschiedene Schiff'sche Basen und Alkylphenole untersucht worden. In Mengen von 1 % dem Copolymeren zugesetzt, erweisen sich besonders die folgenden Verbindungen in der Herabsetzung des thermooxydativen Abbaues bei 180 °C als wirksam (mittels Lösungsviskosität gemessen): N-Benzal-2-hydroxyanilin, N-(4-Dimethylaminobenzal)-4-hydroxyanilin, Antioxidant 2246, 2-(α-Phenylisopropyl)-resorcin und n-Butylgallat. Transparente Copolymere aus Methylmethacrylat/Styrol oder Methylmethacrylat/Styrol/Acrylnitril lassen sich durch Zusatz von 0.5 % Tri-(nonylphenyl)-phosphit gegen Abbau und Vergilbung bei der Verarbeitungstemperatur von 200—220 °C stabilisieren; auch dieser Stabilisator wird vor der Polymerisation im Monomeren gelöst (*400b*, *373*).

Polymethylmethacrylat besitzt eine vorzügliche Wärme- und Lichtbeständigkeit und bedarf daher im allgemeinen keiner Stabilisierung. Evtl. dient ein Zusatz von Schwefelverbindungen, z. B. Laurylmercaptan, in Mengen von etwa 1% zur Verhinderung der thermischen Depolymerisation und erhöht auch die Erweichungstemperatur des Materials (*250*). Bei längerer Alterung kann ein Kettenabbau unter Verschlechterung der mechanischen Eigenschaften eintreten. Ein Zusatz von UV-Absorbern zu farblosen Methacrylat-Platten wird vorgenommen, einmal, um den Kunststoff selbst zu schützen, zum anderen Mal, um dem Material eine UV-Filterwirkung zu verleihen. Besonders empfohlen werden: 2,4-Dihydroxybenzophenon, 2,2'-Dihydroxy-4,4'-dimethoxybenzophenon, 2-Hydroxy-4-methoxybenzophenon und 2-(2'-Hydroxy-5'-methylphenyl)-benzotriazol. Letzteres wird beispielsweise im Plexiglas in Konzentrationen zwischen 0.05 und 0.2 % angewandt. FITZGERALD u. a. (*184*) weisen darauf hin, daß Polymethylmethacrylat eine merkliche Eigenabsorption im nahen Ultraviolett besitzt, welche Anlaß zu photochemischem Abbau unter dem Einfluß des Sonnenlichtes geben kann. Die Absorption wird erst im Verlaufe der Polymerisation ausgebildet und beruht wahrscheinlich auf eingebauten Resten peroxydischer Katalysatoren, ungesättigten Endgruppen und sauerstoffhaltigen Gruppen, die durch Oxydation vor und während der Polymerisation gebildet werden. Die Autoren beseitigen diese Absorption, indem das Monomere und der Polymerisationsansatz vor Beginn der Polymerisation mit geschmolzenem Wood'schen Metall behandelt werden. Das erhaltene Polymerisat zeigt dann keine merkliche Lichtabsorption oberhalb 285 mμ. Der Gewichtsverlust von dünnen Filmen aus derart behandeltem Material ist gegenüber unbehandeltem erheblich herabgesetzt.

Polyacrylnitril neigt etwa oberhalb 120 °C zur Verfärbung. Diesem Effekt, der bereits beim Herstellen der Spinnlösungen von faserbildenden Acrylnitrilpolymerisaten mit 75—100 % Acrylnitrilanteil und gegebenenfalls Comonomeren wie Vinylacetat, Styrol, (Meth-)Acrylsäureester u. a., ferner bei der thermischen Behandlung von Geweben aus Polyacrylnitrilfasern oder bei der thermoplastischen Verarbeitung von Mischpolymerisaten mit 25 bis 75 % Acrylnitrilanteil auftritt, kann durch verschiedenartigste Zusätze entgegengewirkt werden, wofür sich in Kapitel III. zahlreiche Beispiele finden. Besonders häufig werden Metallverbindungen beschrieben. Der Mechanismus der Inhibierungsreaktion ist noch unbekannt; verschiedenartige Stabilisatoren wirken dabei offenbar nach unterschiedlichen Mechanismen. Die Komplexbildung mit abbaukatalysierenden Verunreinigungen dürfte dabei eine Rolle spielen, so bei der Stabilisierung mit Borsäuren und Borsäureestern. Z. B. wird nach [281] Polyacrylnitril in Dimethylformamid-Lösung durch Zugabe von 2 % Ortho- oder Metaborsäure, Bortrioxyd oder Tributylborat gegen Verfärbung bei hohen Temperaturen stabilisiert. Der stabilisierende Effekt gibt sich durch verringerte Vergilbung (Lichtdurchlässigkeit bei 410 mμ) von Filmen, die aus der Lösung gegossen werden, beim Erhitzen auf 180 °C zu erkennen. Metallhaltige Stabilisierungssysteme bestehen nach [282] z. B. aus einem Gemisch von 2 % Mg-maleat und 2 % Al-sulfat·18 H_2O, das ebenfalls über die Lösung in Dimethylformamid, Dimethylacetamid, γ-Butyrolacton oder anderen geeigneten Lösungsmitteln oder durch Behandeln des pulverförmigen Polymeren mit einer wäßrigen Lösung des Stabilisatorgemisches und Trocknen des feuchten Pulvers eingebracht werden kann. Eine andere Gruppe von Wärmestabilisatoren für Polyacrylnitril-Lösungen umfaßt schwefelhaltige organische Verbindungen, z. B. Mercaptane wie

2-Mercaptoäthanol [266], die allerdings wegen ihres starken Geruchs unzweckmäßig sind, oder nach neueren Entwicklungen Kombinationen von Thiosemicarbaziden mit Carbonsäureanhydriden, z. B. 0.5% Acetylthiosemicarbazid + 0.2 % Phthalsäureanhydrid [2469] und Dithiophosphorverbindungen, z. B. 0.5 % Dithiophosphorsäure-O,O'-diphenylester [2509].

V.4. Polyacetale (Oxymethylen-Polymerisate)

Wegen der hohen thermischen Instabilität von Oxymethylen-Homopolymerisaten werden diese Produkte bereits bei ihrer Herstellung durch chemische Modifizierung vorstabilisiert. Die beiden prinzipiell dafür in Betracht kommenden Möglichkeiten, Endgruppenverschluß und Copolymerisation, sind in den Abschnitten IV.2.2. bzw. IV.1.4. beschrieben. Zur Zeit sind die für die industrielle Praxis wichtigsten Verfahren der Vorstabilisierung:

1. die Acetylierung der Endgruppen von Homopolymerisaten (Delrin-Typen, Du Pont)

2. die Copolymerisation mit cyclischen Äthern, die mindestens eine C—C-Bindung aufweisen (Celcon-Typen, Celanese Corp.).

Durch diese Verfahren wird die thermische Eigenstabilität der Polymeren bei der Verarbeitungstemperatur wesentlich erhöht. Auch in vorstabilisierter Form unterliegt das Material jedoch noch einem gewissen Abbau, der sich aus drei Ursachen ergibt: 1. der thermischen Spaltung bei der Verarbeitungstemperatur mit Depolymerisation von den Bruchstellen ausgehend unter Bildung von Formaldehyd, 2. der Autoxydation und 3. der Acidolyse, besonders unter dem Einfluß von Ameisensäure, die beim oxydativen Abbau aus Formaldehyd gebildet wird (*303*). Außerdem unterliegen Polyacetal-Kunststoffe bei längerer Bewitterung einem Lichtabbau, der bei ungefüllten Harzen in der Bildung eines kreidigen Oberflächenbelags besteht. Alle diese Faktoren erfordern eine weitere Stabilisierung, die im allgemeinen folgende Komponenten einschließt: 1. einen Wärmestabilisator, 2. einen Oxydationsstabilisator und evtl. 3. einen Lichtstabilisator.

Als Wärmestabilisatoren eignen sich bestimmte Typen von stickstoffhaltigen organischen Verbindungen, deren Wirkungsmechanismus darin besteht, daß sie den abgespaltenen Formaldehyd sofort nach seiner Entstehung binden und die gegebenenfalls auf Grund ihres basischen Charakters auch mit gebildeter Ameisensäure oder anderen sauren Produkten reagieren und damit eine Acidolyse verhindern können. Die wichtigsten von diesen organischen Basen, die in Kapitel III. verschiedentlich genannt wurden, sind: Harnstoff(-Derivate), Hydrazin(-Derivate), Amine, Polyamide, Polyurethane, Polyvinylpyrrolidon, Melamin, Benzoguanamin, Triallylcyanurat, Dicyandiamid. Die Wirkung von Diphenylamin ist etwas fragwürdig. Von der Du Pont Co. wird es als Wärmestabilisator genannt [1635]; GONCHAROV

u. a. (*221*) finden hingegen, daß es bei 140 °C in einer Konzentration von 0.5 % den thermischen Abbau beschleunigt, mit 1.0 % ihn aber etwa um die Hälfte verlangsamt, während es bei 150 °C zumindest innerhalb der ersten 15 min. in allen Konzentrationen beschleunigend wirkt. Von technischer Bedeutung sind u. a. Polyamide, z. B. das von der Du Pont Co. beschriebene ternäre Copolykondensat mit 38 % Caprolactam-, 35 % Hexamethylendiaminadipat- und 27 % Hexamethylendiaminsebacinat-Einheiten [1841], das

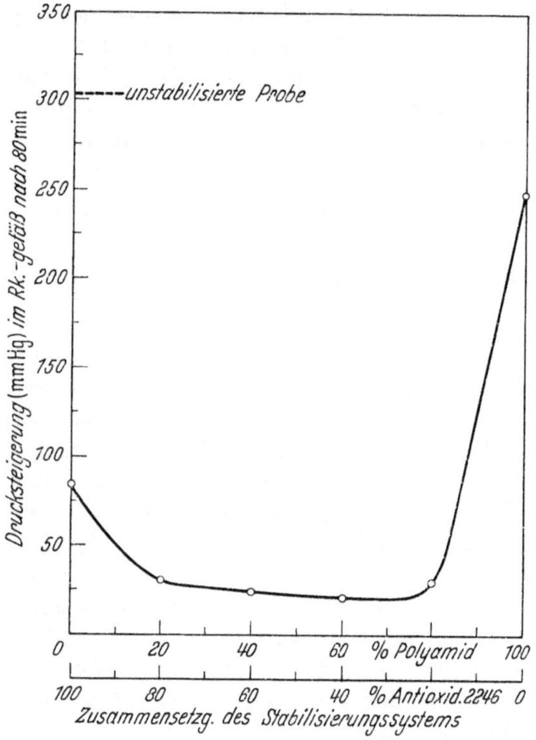

Fig. 35. Inhibitorwirkung von Gemischen aus Polyamid und Antioxidant 2246 (Gesamtkonz. 2.5 %) auf den thermooxydativen Zerfall des Polyformaldehyds. Temp. 200 °C, O_2-Druck 200 mm Hg. Nach ALISHOEV u. a. (*6*).

in endgruppenverschlossenen Polyacetalen wirksam ist. Bei Oxymethylen-Mischpolymerisaten werden hingegen niedermolekulare Stabilisatoren bevorzugt, da sie eine gute Wirksamkeit als Wärmestabilisatoren (die günstigsten damit erreichbaren Verflüchtigungsgeschwindigkeiten bei 230 °C liegen in der Nähe von $k_{230} = 1 \times 10^{-4}$ min.$^{-1}$) mit einer vorzüglichen Inhibierung der thermischen Verfärbung vereinigen. Praktisch werden stets phenolische Antioxydantien mit den Wärmestabilisatoren kombiniert. Da bei der Autoxydation saure Abbauprodukte entstehen, welche von den Wärmestabilisatoren gebunden werden, ergibt sich zwangsläufig, daß eine Inhibierung der Autoxydation die Wirksamkeit der Wärmestabilisatoren unterstützt, so daß eine synergistische Verstärkung zwischen Antioxydantien und Wärmestabilisatoren zu erwarten ist. Dieser in der Technik seit jeher implizit angenommene Effekt ist von ALISHOEV u. a. (*5*, *6*) an Hand des thermooxydativen Zerfalls von Polyformaldehyd bei 200 °C in Gegenwart von Polyamid und Antioxidant 2246 quantitativ nachgewiesen worden (Fig. 35). Es ergibt sich damit auch, daß phenolische Antioxydantien eine selbständige wärmestabilisierende Wirkung ausüben. Als oxydationsinhibierende Zusätze werden Bisphenole vielfach angewandt, z. B. 2,2′-Methylenbis-(4-methyl-6-tert.-butylphenol) (Antioxidant 2246) oder 4,4′-Butylidenbis-(3-methyl-6-tert.-butylphenol) (Santowhite Powder). Die eingesetzten Mengen liegen beispielsweise bei 0.5 %. Es wirken jedoch auch verschiedenste andere Typen von Antioxydantien (*505*, *391a*). SADOWSKA u. a. (*505*) finden beim thermooxydativen Abbau von acetyliertem Polyformaldehyd bei 210 °C eine Reduzierung der Verdampfungsgeschwindigkeiten durch zahlreiche typische Oxydationsinhibitoren; zu den wirksamsten Zusätzen zählen die folgenden: 0.5 % Antioxidant 4010 (0.11); 1.0 % Nonox WSP (0.24); 0.25 % Aldol-1-naphthylamin (0.13); 2.0 % Topanol A (0.36); 0.5 % Age Rite Resin D (0.13); 2.0 % Nonox EX (0.29 %). Die in Klammern stehenden Zahlen geben den Faktor der Verringerung der Verdampfungsgeschwindigkeiten an; durch Erhöhung der angegebenen Konzentrationen war keine Verbesserung der Wirksamkeit mehr zu erzielen. Bei aminischen Antioxydantien muß im allgemeinen mit einer Verfärbung der Kunststoffmasse im Verlaufe der Alterung gerechnet werden (s. auch (*391a*)). — Als Richtwerte für die Stabilisatormengen gelten: 0.1—1.0 % Wärmestabilisator, 0.5—1.0 % Oxydationsinhibitor.

Zur Lichtstabilisierung der Harze kommen in erster Linie UV-Absorber in Betracht. Benzophenon-Derivate wie 2-Hydroxy-4-methoxybenzophenon in Konzentrationen der Größenordnung von 1 % sind hinreichend wirksam, bevorzugt werden jedoch die nicht-phenolischen Cyanacrylsäure-Derivate. So kommt lichtstabilisiertes acetyliertes Polyformaldehyd-Harz mit einem Zusatz von etwa 2 % Uvinul N-35 und den üblichen Wärmestabilisatoren auf den Markt. Eine weitere Möglichkeit zur Licht- und Witterungsstabilisierung besteht in der Füllung mit Pigmenten bzw. Ruß. Wie SWEENEY (*575*) gezeigt hat, können jedoch Rußzusätze die Wärmestabilität von Acetal-Copolymeren ungünstig beeinflussen. Die Erhöhung der Zersetzungsgeschwindigkeit ist dabei um so größer, je kleiner der Teilchendurchmesser, je größer die spezifische Oberfläche und je niedriger der p_H-Wert des Rußes ist. Dies bedeutet, daß die als Lichtfilter besonders wirksamen feinteiligen und sauren Channel Blacks in stärkerem Maße den thermischen Abbau beschleunigen als Furnace Blacks. Andererseits ist die Wirkung des Rußes auf die Beibehaltung der mechanischen Eigenschaften unter Bewitterung äußerst günstig. Nach 1000 Weather-Ometer-Stunden fiel im ungefüllten Polymeren die Schlagzugzähigkeit von 140 ft.lbs./in.^{2} auf 0, während sie bei Füllung mit 1.5 % 17 mμ-Channel Black von 90 auf 78 ft.lbs./in.^{2}, mit 1.5 % 42 mμ-Furnace

Black von 125 auf 51 ft.lbs./in.^{2} fiel. Die gesteigerte Neigung rußgefüllter Polymerer zu thermischem Abbau wird durch erhöhte Stabilisatorzusätze unterdrückt.

V.5. Lineare Polyester (Polyterephthalate und Polycarbonate)

Die faser- und folienbildenden *Terephthalsäure-Polyester*, insbesondere Polyäthylenterephthalat, bedürfen wegen ihrer hohen Eigenstabilität gegen thermische und oxydative Einflüsse normalerweise keiner Wärme- und Oxydationsstabilisierung, wenn auch gewisse Stabilisierungen mitunter vorgeschlagen worden sind. Sie dienen zur Unterdrückung des Molekulargewichtsabfalles beim Schmelzen, sowie der Vergilbung und der Verschlechterung der mechanischen Festigkeit (besonders von Faserstoffen) bei der Hitzebehandlung. Die letztgenannte Erscheinung wird nur dann in nennenswertem Ausmaß beobachtet, wenn die Erwärmung in Gegenwart von Luftsauerstoff und bei Temperaturen oberhalb 200 °C erfolgt (*400*). Ein Zusatz von monofunktionellen Säuren bzw. Alkoholen wie Benzoesäure, Stearinsäure, Cetylalkohol, Benzylalkohol oder Estern wie Äthylterephthalat vor oder während der Polykondensationsreaktion soll die Stabilität erhöhen [1515a]. Als Stabilisatoren kommen ferner Phosphorverbindungen in Betracht. Mikhailov u. a. (*400*) haben insbesondere auf die Verwendung (substituierter) Triphenylphosphite hingewiesen, von denen sich Tri-(4-tert.-butylphenyl)-phosphit als besonders wirksam erweist, indem es das Molekulargewicht bei wiederholtem Schmelzen aufrechterhält und den Beginn der thermischen Oxydation verzögert. Nach 2stündigem Erhitzen auf 220 °C nimmt die Reißfestigkeit von Fasern ohne Stabilisator auf 50 % ihres Anfangswertes ab, mit Zusatz von 0.025 % dieser Substanz hingegen nur auf 75 %. Bei 2stündigem Erhitzen in Wasserdampf von 200 °C ist die Reißdehnung der unstabilisierten Faser infolge der hydrolytischen Zerstörung nicht mehr meßbar, während die in der genannten Weise stabilisierte Faser noch eine Reißfestigkeit von 70 % des ursprünglichen Wertes zeigt. Das Phosphit verhindert also nicht nur den thermisch-oxydativen, sondern auch den hydrolytischen Abbau. Ähnlich, aber etwas schwächer wirken 0.025 %-Zusätze von Tri-(4-dodecylphenyl)-phosphit, Tri-(4-octylphenyl)-phosphit oder Triphenylphosphit. Die Inhibitoren werden im Verlaufe der Polykondensation nach 50—70 prozentigem Umsatz zugegeben, da ein früherer Zusatz die Reaktionsgeschwindigkeit zu stark verzögert.

Zur Licht- und Witterungsstabilisierung von Fasern und Filmen aus Polyterephthalaten sind UV-Absorber im Gebrauch. Besonders geeignet sind tetrasubstituierte Benzophenon-Derivate wie 2,2′-Dihydroxy-4,4′-dimethoxybenzophenon oder dessen Gemisch mit 2,2′,4,4′-Tetrahydroxybenzophenon (*146*). Die Absorber läßt man aus Lösungen in die Oberfläche der Fasern bzw. Folien eindiffundieren. Dazu genügt es beispielsweise, daß Polyesterfasern etwa 12 Sekunden in eine 1-prozentige Lösung von 2,2'-Dihydroxy-4,4'-dimethoxybenzophenon in Diäthylenglykol bei 180 °C eingetaucht und anschließend gewaschen und gespült werden. Derartig behandelte Polyesterfasern zeigen z. B. nach 600stündiger Fade-Ometer-Bewitterung keine Festigkeitsverluste oder Verfärbung. Die Aufbringung des Absorbers kann auch aus wäßriger Lösung oder Dispersion erfolgen, bzw. gleichzeitig mit dem Färbevorgang. In Folien wird der Absorber mit erhöhter Oberflächenkonzentration eingebracht. Dies wird in der bereits in Abschnitt III. 3. beschriebenen Weise durch Eintauchen der Folie in eine Lösung des Absorbers und nachträgliche Temperung erreicht. Praktisch wird dazu z. B. eine 5prozentige Lösung von Uvinul 490 in Methyl-äthylketon als Tauchflüssigkeit verwendet und die Temperung der getauchten Folie bei 130 °C durchgeführt. Solche Polyäthylenterephthalat-Folien bleiben noch nach 1jähriger Freibewitterung klar und verlieren nur etwa 20 % ihrer Reißfestigkeit, während die unbehandelte Folie ihre Festigkeit völlig einbüßt (*146*). Auch Benzotriazol-Absorber sind zum Lichtschutz von Polyäthylenterephthalat-Erzeugnissen geeignet.

Polycarbonate können trotz ihrer hohen Temperaturbeständigkeit beim Überhitzen im Verlaufe der Verarbeitung und bei langanhaltender Einwirkung erhöhter Temperaturen nachdunkeln und ihre mechanischen Eigenschaften verschlechtern. Über geeignete Stabilisatoren für diese Produkte, welche wegen der hohen Verarbeitungstemperaturen bis etwa 300 °C beständig sein müssen und keine Reaktion mit dem Polymeren eingehen dürfen, ist bisher wenig bekannt. Es sind z. B. Metallsilicate wie kristallines Pb- oder Zn-silicat und (Erd-)Alkalisilicate (vgl. III.2./*1.2.2.*) sowie gewisse Organozinn-Verbindungen (vgl. III.2./*8.1.1.*, *8.1.3.*) genannt worden.

Die Lichtstabilität von Polycarbonatfilmen ist nicht besonders hoch, so daß ein zusätzlicher UV-Schutz wünschenswert sein kann. Da die üblichen Absorbersubstanzen bei den hohen Verformungstemperaturen nicht mit dem Polymeren verträglich sind, müssen sie auf das fertig geformte Produkt als Überzug aufgebracht werden. Dazu kann z. B. eine Lösung des Absorbers in einem geeigneten Lösungsmittel auf die Oberfläche aufgesprüht werden, vorzugsweise nach voraufgegangener Temperung der Formkörper, um innere Spannungen zu verringern. Beispielsweise eignet sich eine mindestens 3prozentige Lösung eines Benzophenon-Absorbers wie Uvinul 490 als Sprühmittel. Bei gegossenen Folien kann die Witterungsbeständigkeit durch Zusatz von mindestens 1 % des Absorbers zur Gießlösung verbessert werden. Wo keine Transparenz erforderlich ist, bietet Rußfüllung einen wirksamen Licht- und Witterungsschutz (*108*).

V.6. Polyamide

Die umfangreiche technologische Erfahrung, welche über diese relativ alte und vielseitige Klasse von Kunststoffen besteht, im Verein mit der Notwendigkeit, die mangelnde Eigenstabilität der Polymeren besonders gegen thermische Oxydation und Lichteinwirkung zu verbessern, hat zur Sammlung eines ansehnlichen empirischen Materials über geeignete Stabilisierungssysteme geführt. Ein großer Teil aller in Kapitel III. aufgeführten Stabilisatorklassen ist für die Zwecke der Polyamid-Stabilisierung herangezogen worden.

Für die Wärme- und Oxydationsstabilisierung besitzen die folgenden Typen besondere praktische Bedeutung:

1. Metallsalze, insbesondere Verbindungen des Kupfers und des Mangans. Geeignete Stabilisatorzusammensetzungen und ihre Anwendungsweise sind in III.2., Substanzklassen *1.3.1.*, *1.3.6.*, *3.7.1.* und *3.7.2.* ausführlich besprochen.

2. Anorganische oder organische Phosphor-Sauerstoff-Verbindungen; vgl. III.2./*1.2.4.* und *6.1.*

3. Aminische und phenolische Antioxydantien.

Aminische Antioxydantien sind unter den aufgeführten Stabilisatortypen besonders häufig in der Literatur beschrieben und dürften zu den verbreitetsten Inhibitoren der thermischen Oxydation zählen. Nach älteren Darstellungen sind N,N'-Diphenyl-p-phenylendiamin (DPPD) und N,N'-Di-2-naphthyl-p-phenylendiamin in Konzentrationen von 2—3 % besonders geeignet. Sie verleihen extrudierten Folien aus Polycaprolactam bei 130 °C eine mehrtägige Lebensdauer, während ohne einen solchen Zusatz innerhalb von 24 Stunden ein an der fortschreitenden Braunfärbung erkennbarer thermooxydativer Abbau stattfindet (vgl. (*278*)). Verschiedene Antioxydantien sind von Tokareva u. a. (*599*) im Hinblick auf die stabilisierende Wirkung in Polycaprolactam-Fasern beim Erhitzen untersucht worden. Dabei ergibt sich eine deutliche Überlegenheit der aminischen Antioxydantien gegenüber phenolischen Verbindungen sowie organischem Phosphit (Polygard). Einige Zahlenwerte sind in Tabelle V.9. zusammengestellt (bedauerlicherweise haben die Autoren bei diesem interessanten Vergleich auf exakte Konzentrationsangaben verzichtet). Die optimale Wirkung von N,N'-Di-2-naphthyl-p-phenylendiamin und N-Phenyl-N'-cyclohexyl-p-phenylendiamin ist deutlich erkennbar. Auch typische Luminophore, wie 2-Hydroxyphenylbenzoxazol, können als Stabilisatoren gegen thermische Oxydation wirken. Die chemische Natur des Polyamids ist selbstverständlich von Einfluß auf die Brauchbarkeit eines Stabilisators. Levantovskaya u. a. (*339*) finden z. B., daß zur Inhibierung der Sauerstoffaufnahme von Polyamidproben bei erhöhter Temperatur ein Zusatz von 0.5 % N,N'-Di-2-naphthyl-p-phenylendiamin unter zahlreichen Typen von aminischen und phenolischen Antioxydantien in Nylon-6 und einem 6.6/6.10/6-Terpolykondensat am wirksamsten ist, während in Nylon-6.10 die Wirksamkeit von PBN am größten ist. Ein Gemisch von 0.1 % Cu-naphthenat + 0.1 % KI ist in Nylon-6 und Nylon-6.10 dem jeweils besten aminischen Antioxydans, d. h. N,N'-Di-2-naphthyl-p-phenylendiamin bzw. PBN, in der Wirkung gleichwertig oder sogar etwas überlegen, während im Mischpolyamid die Wirkung dieses Systems hinter der von aminischen Antioxydantien zurückbleibt. Die beste Wirksamkeit wird erzielt, wenn die Stabilisatoren vor der Polykondensation den monomeren Säureamiden zugesetzt werden. Auch bei der Stabilisierung von Nylon-6.6 gegen thermische

Tabelle V.9. *Stabilisierung der mechanischen Eigenschaften von Polycaprolactam-Fasern bei thermooxydativer Einwirkung* (nach (*599*))

Zusatz (0.1 – 1.0 Gew.-%)	ungealtert	nach 2 std. Erwärmen in Luft auf 200 °C	
	Reißfestigkeit kg/mm² / Reißdehnung %	Reißfestigkeit kg/mm² / Reißdehnung %	verbleibende Reißfestigkeit % / verbleibende Reißdehnung %
ohne Zusatz	50.0 / 26.3	10.0 / 23.6	20 / 90
N,N′-Dinaphthyl-p-phenylendiamin	45.6 / 38.4	44.2 / 37.0	97 / 96
N-Phenyl-N′-cyclohexyl-p-phenylendiamin	48.1 / 32.1	42.2 / 30.5	88 / 95
Diphenylamin-Aceton-Kondensationsprodukt	40.0 / 34.8	31.0 / 33.5	77.5 / 96
DPPD	47.7 / 23.5	32.9 / 22.5	69 / 95.5
PBN	50.7 / 30.3	35.5 / 34.6	70 / 114
Antioxidant 2246	54.5 / 25.8	18.2 / 13.5	33 / 52
DBPC	35.6 / 24.2	14.5 / 10.5	41 / 43
Tri-(nonylphenyl)-phosphit (Polygard)	59.1 / 17.7	15.2 / 12.3	26 / 69.5
2-Hydroxyphenylbenzoxazol	43.2 / 27.9	33.8 / 24.5	78 / 88

Versprödung in Luft oder Wasser erweisen sich sekundäre aromatische Amine als äußerst wirksam. Nach Untersuchungen von HARDING u. a. (*246*) ist Diphenylamin dabei besonders geeignet. Andere Verbindungen wie Benzidin, Anilin oder 3-Nitroanilin zeigen, zumindest bei niederen Alterungstemperaturen um 70 °C, ebenso einen befriedigenden Effekt. Diphenylamin und PAN sind auch bei 150 °C wirksam, ersteres am stärksten. Während mit unbehandeltem Nylon nach 336stündiger Alterung bei 150 °C die Reißdehnung von 3 mm dicken Prüfkörpern auf das 0.08fache des Anfangswertes sank, wurde nach voraufgegangenem einstündigen Eintauchen des Prüfkörpers in

Diphenylamin bei 150 °C durch die gleiche Wärmebehandlung nur ein Absinken auf das 0.6fache beobachtet. Eine ähnliche Schutzwirkung ergab sich, nach entsprechend längeren Alterungszeiten, auch bei 70 °C sowohl in trockener wie in feuchter Atmosphäre, wie auch nach vorhergehender Behandlung des Kunststoffes mit kochendem Wasser. Im allgemeinen werden aromatische Amine durch Wasser nicht extrahiert. Die Wirksamkeit von Metallhalogeniden als Oxydationsstabilisatoren für Polyamid-Folien wurde speziell von Kochetkov u. a. (*315a*) untersucht. Zusätze von NaI, NaBr oder anderen in Mengen von etwa 0.5—1 % erhöhen danach die Beständigkeit gegen thermische und photochemische Oxydation merklich. KI zeigt im Gemisch mit gleichen Teilen Diphenylamin einen deutlichen synergistischen Effekt in der Stabilisierung von Polycaprolactam gegen den thermooxydativ bedingten Abfall der mechanischen Festigkeit (*368a*). Den Einfluß der Wärmealterung auf verschiedene Mischpolyamide in Form von Monofilamenten und die Inhibierung durch Stabilisatoren haben Epstein u. a. (*167*) beschrieben. Für die Aufrechterhaltung von Reißfestigkeit und Reißdehnung bei 8tägigem Erwärmen auf 140 °C erweisen sich danach wiederum aminische Antioxydantien, insbesondere N,N'-Di-2-naphthyl-p-phenylendiamin, als brauchbar, ferner auch ein für Polyamide spezifisches Stabilisierungssystem aus 1 % KBr, 0.25 % H_3PO_3, 1 % KI und 0.015 % Cu-acetat. Die unterschiedlichen Wirkungen der einzelnen Stabilisatoren bei verschiedenen Mischpolyamiden sprechen jedoch dafür, daß es auch auf dem Gebiet der Polyamid-Stabilisierung keine Universalrezepte gibt und daß die Bedeutung einzelner Stabilisatoren sehr substratspezifisch ist. Allgemein gilt, daß bei Übergang zu niedrigermolekularen Produkten die Alterungsstabilität, unabhängig von der Art des Zusatzes, in allen Fällen erniedrigt wird.

Die Lichtstabilisierung von Polyamiden spielt für die Anwendung als Folien, Bänder und Fasern, aber auch für andere helle Formkörper eine große Rolle und ist vom anwendungstechnischen Standpunkt noch wichtiger als die Wärmestabilisierung. Die Inhibitoren der thermischen Oxydation sind zum großen Teil auch wirksame Licht- und Witterungsstabilisatoren. Im einzelnen kommen die folgenden Stabilisierungen in erster Linie in Betracht:

1. Metallsalze, insbesondere Verbindungen von Kupfer, Chrom oder Mangan, die evtl. noch mit weiteren Verbindungen wie Alkalihalogeniden, Phosphorsäuren bzw. ihren Salzen oder anderen Verbindungen kombiniert werden. Mangansalze spielen eine besondere Rolle als Lichtstabilisatoren für Titandioxyd-mattierte Faserstoffe. Vgl. die Darstellung der Patentliteratur in III.2., z. B. bei den Substanzklassen *1.3.1.*, *1.3.6.*, *3.7.1.* und *3.7.2.*
2. Aromatische Amine und Phenole
3. UV-Absorber
4. Pigmente einschl. Ruß.

Metallsalze wirken bereits in sehr niedrigen Konzentrationen. Ein Zusatz von Mn-polymetaphosphat in einer Menge von 0.0005 % zu mattierter Polyamidfaser kann z. B. bei 265stündiger UV-Bestrahlung den Abfall der ursprünglichen Reißfestigkeit von 4.8 g/den. bei 65 % des Ausgangswertes abfangen, während ohne Zusatz die Festigkeit auf 40 % abfällt. Mit 0.02 % Mn-Verbindung fällt die Festigkeit nur bis auf 97 % des ursprünglichen Wertes (*146*). Außer der Verbesserung der mechanischen Festigkeit wird die Verfärbung der Fasern verhindert (vgl. dazu aber III.2./*1.3.6.*). Aromatische Amine, z. B. PAN, Diphenylguanidin, Phenothiazin, N,N′-disubstituierte Phenylendiamine wie DPPD, Carbazol und andere bilden eine weitere Klasse von Verbindungen, die lichtstabilisierend wirken, offenbar über einen antioxydativen Inhibierungsmechanismus. Eine gewisse technische Bedeutung für die Lichtstabilisierung von Folien haben Phenole, besonders 2-Naphthol und Dibenzylphenol, erlangt (*278*). Beispielsweise wird durch einen Zusatz von 0.5 % Dibenzylphenol zu Polycaprolactam erreicht, daß dieses sonst weniger beständige Material die gleiche Resistenz gegenüber Sonneneinstrahlung erlangt wie Polyhexamethylenadipamid. Dieser Stabilisator, der gleichzeitig als Weichmacher wirkt, kann die Lebensdauer von Polyamid-Folien unter Freibewitterung etwa verdoppeln. Auch verschiedene andere Phenole sind als Witterungsstabilisatoren geeignet. Eine Auswahl von Ergebnissen, die ANTROPOVA u. a. (*14*) mit phenolischen Verbindungen erhalten haben, zeigt

Tabelle V.10. *Stabilisierung der mechanischen Eigenschaften von Folien aus 6.6/6.10/6-Terpolyamid gegen künstliche Bewitterung* (nach (*14*))

Zusatz	ungealtert: Reißfestigkeit kg/cm² / Reißdehnung %	nach 120 Weather-Ometer-Stunden: Reißfestigkeit kg/cm² / Reißdehnung %	nach 120 Weather-Ometer-Stunden: verbleibende Reißfestigkeit % / verbleibende Reißdehnung %
ohne Zusatz	350 / 400	Versprödung	0 / 0
5% Phenol	335 / 400	404 / 354	121 / 88
5% Xylenol	350 / 346	377 / 339	108 / 98
5% Resorcin	370 / 270	370 / 260	100 / 96
5% Brenzkatechin	350 / 331	354 / 302	100 / 91
10% Phenol-Formaldehydharz	297 / 298	320 / 270	108 / 91

Tabelle V.10. Die praktische Bedeutung dieser Stabilisierungen dürfte allerdings schon wegen der hohen Stabilisatorkonzentrationen gering sein. Günstige Schutzwirkung gegen Versprödung von Filmen aus 6.6/6-Mischpolyamid unter dem Einfluß von Lichtstrahlung zeigt ein 2,6-Di-tert.-butyl-4-methylphenylester von brenzkatechinphosphoriger Säure (vgl. III.2./*6.1.*); etwa gleichwertig in der Wirkung sind ein Gemisch von Cu-naphthenat + K-jodid sowie 2,6-Di-tert.-butylhydrochinon (jeweils in einer Konzentration von 0.5 %) (*424*). — UV-Absorber spielen in der modernen Folien- und Faser-Rezeptur eine zunehmende Rolle als Lichtstabilisatoren. Hierfür kommen Benzophenon-Derivate, besonders 2-Hydroxy-4-methoxybenzophenon oder 2,2'-Dihydroxy-4-methoxybenzophenon in Betracht. Es eignen sich auch Benzotriazol-Absorber, insbesondere 2-(2'-Hydroxy-5'-methylphenyl)-benzotriazol zum Lichtschutz verschiedenster Polyamidtypen. Wichtig ist, daß diese Verbindungen in Fasern keine hinreichende Schutzwirkung ausüben, wenn sie der Polyamid-Schmelzspinnmasse zugesetzt, sondern nur, wenn sie auf die fertigen Fasern aus wäßriger Lösung aufgebracht werden. Dazu wird z. B. eine leicht alkalische 1 prozentige wäßrige Lösung des Benzotriazols, die noch 3 % Polyäthylenglykolstearat als Netzmittel enthält, mit Säure bis zur beginnenden Ausfällung des Absorbers neutralisiert, sodann werden 100 Teile des Polyamidmaterials (bezogen auf 1 Teil UV-Absorber) in die Lösung eingebracht, die eine Stunde zum Sieden erhitzt wird, und danach abgetrennt, gespült und getrocknet (*146*). Allerdings ist zu beachten, daß die Imprägnierung mit 2-(2'-Hydroxy-5'-methylphenyl)-benzotriazol bei der alkalischen Seifenwäsche von Geweben einen Farbumschlag nach Gelb bewirkt und daß der Absorber im Seifenwasser löslich ist. Waschechtheit ist also nur mit nicht-alkalischen Seifen gewährleistet. — Der Zusatz von Pigmenten ist eine weitere Möglichkeit zum Lichtschutz. Hierüber liegen allerdings weniger Erfahrungen als bei Polyolefinen oder PVC vor. Auf alle Fälle ist das häufig als Weißpigment oder Mattierungsmittel benutzte Titandioxyd nicht als Stabilisator zu betrachten. In der Form des Rutils kann es infolge seiner opakisierenden Wirkung einen gewissen Lichtschutz ausüben, als Anatas hingegen beschleunigt es die photooxydative Zersetzung. Über die Rolle des TiO_2 als Sauerstoffüberträger vgl. (*509*). Bei Polyamidfäden gilt allgemein, daß mit TiO_2 mattierte Fäden bei Lichteinwirkung wesentlich schneller ihre Festigkeit verlieren als nicht-mattierte Fäden. Zur Desaktivierung von TiO_2 in Fasermaterialien dienen im wesentlichen Zusätze von Mangansalzen (vgl. III.2./*1.3.6.*).

V.7. Ungesättigte Polyesterharze

Ein sehr wesentliches Stabilisierungsproblem tritt bei härtbaren Harzmischungen bereits vor der Verarbeitung auf: die Inhibierung einer vorzeitigen Härtung bzw. Gelbildung während der Lagerung oder bei vorübergehender

Erwärmung zur Vermischung der Komponenten. Es ist seit langem bekannt, daß die Additionspolymerisation von ungesättigten linearen Polyestern wie Polytriäthylenglykolmaleat, die durch geringe Mengen von Sauerstoff und Licht- bzw. Wärmeeinwirkung beschleunigt wird, durch Zusatz von Hydrochinon unterdrückt werden kann (*83*). Bei Mischungen linearer ungesättigter Polyester mit monomeren Härterkomponenten wie Styrol tritt das Problem der Inhibierung einer Copolymerisation vor der Formgebung des Harzes auf. Für die Wirkungsweise des Inhibitors ist wichtig, daß einerseits beim Vermischen der Komponenten unter erhöhter Temperatur und bei Lagerung keine Reaktion eintritt, daß andererseits aber die Härtung des katalysatorhaltigen Gemisches in der Form möglichst nicht beeinträchtigt wird. Die an den Inhibitor zu stellenden Bedingungen sind also:

1. Wirksame Inhibierung der nicht-katalysierten Polymerisation bei erhöhter Temperatur und (falls erforderlich) der katalysierten Polymerisation bei Raumtemperatur,

2. möglichst geringe Beeinflussung der katalysierten Polymerisation bei erhöhter Temperatur.

Geeignete Inhibitoren sind außer Hydrochinon im wesentlichen die folgenden: substituierte Brenzkatechin-Derivate, p-Benzochinon und seine Substitutionsprodukte sowie einige weitere zweiwertige Phenole. P. H. Parker (*442*) findet, daß die nicht-katalysierte Härtung von Propylenglykol/Isophthalsäure/Maleinsäure-Polyester mit Styrol bei 114 °C durch die folgenden Verbindungen (0.02 Gew.-%) in der Reihenfolge abnehmender Wirksamkeit inhibiert wird:

2,5-Diphenyl-p-benzochinon > p-Benzochinon > 2,6-Dichlor-p-benzochinon > Hydrochinon > tert.-Butylbrenzkatechin.

Die mit Benzoylperoxyd initiierte Polymerisation bei 82 °C wird hingegen in der folgenden Reihenfolge inhibiert:

p-Benzochinon > 2,6-Dichlor-p-benzochinon > Hydrochinon > tert.-Butylbrenzkatechin > 2,5-Diphenyl-p-benzochinon.

Daraus folgt, daß 2,5-Diphenyl-p-benzochinon offenbar am besten den obengenannten Forderungen entspricht. Auch bei der Kalthärtung mit Methyläthylketonperoxyd/Co-naphthenat bei 25 °C zeigt dieser Inhibitor einen relativ geringen Einfluß auf die Härtungszeit. Um den Kompromiß zwischen starker Inhibierung heißhärtender Systeme bei Umgebungstemperatur und schwacher Inhibierung bei Härtungstemperatur zu charakterisieren, benutzt E. E. Parker (*441*) den Quotienten I aus der Lagerungsdauer bis zur beginnenden Gelierung bei 38 °C und der Zeitdauer bis zur Erreichung der exothermen Temperaturspitze der Härtung bei 82 °C. Mit diesem Kriterium erweisen sich die folgenden Zusätze als besonders wirksam (Zahlen in Klammern geben die I-Werte an, ohne Zusatz ist $I = 0.8$):

(67% Harz, 33% Styrol, 1.5% Benzoylperoxyd)	0.02% Hydrochinon (7.9) 0.025% p-Benzochinon (8.3) 0.025% 4-Isopropylbrenzkatechin (8.6)
(71% Harz, 29% Styrol, 1% Benzoylperoxyd)	0.03% 3-Äthylbrenzkatechin (10.2) 0.03% 3-n-Propylbrenzkatechin (8.9) 0.04% 3-α-Phenyläthylbrenzkatechin (8.0) 0.04% 4,4'-Dihydroxydiphenyl (8.8) 0.05% 2,6-Dihydroxychinon (7.7)

Neben phenolischen und chinoiden Inhibitoren werden als Verzögerer für bereits katalysierte Ansätze auch Stoffe benutzt, die die Wirkung des Cobaltbeschleunigers für eine gewisse Zeit unterbinden. Hierfür kommen niedrigsiedende Oxime, wie Methyl-äthylketoxim oder Butyraldoxim, in Frage. Sie bilden mit der Cobaltseife einen nicht-stabilen Cobalt-Oxim-Komplex (vgl. (*218*)).

Die Stabilität von glasfaserverstärkten Polyesterharzen gegen Wärmealterung bei 260 °C, gemessen am Verlust von Biegefestigkeit und Härte, ist geringer als die von Phenol-Formaldehyd-, Melamin-Formaldehyd- und Silicon-Harzen mit Glasfaserverstärkung. Der Abbau ist vorwiegend auf oxydative Prozesse zurückzuführen. Variation der chemischen Struktur des Harzes ist von geringem Einfluß auf die thermische Stabilität (*159*). Untersuchungen über eine geeignete Stabilisierung gegen thermische Oxydation sind bisher noch nicht bekannt.

Unter dem Einfluß von Licht erleiden die Harze eine zunehmende Vergilbung, die sich durch UV-Absorber weitgehend einschränken läßt. Zuerst zeigten Dean u. a. (*128*), daß 2-Hydroxybenzophenon-Derivate dabei eine vorzügliche Wirkung besitzen. Sie werden in der Praxis meist in Konzentrationen von 0.25 bis 0.5 % eingesetzt; wenn der Absorber in Styrol hinreichend löslich ist, wird er in Form einer Masterbatch-Lösung zu dem Harz zugegeben, andernfalls kann er dem Harz trocken beigemischt werden (*629*). Geeignete Verbindungen sind 2-Hydroxy-4-methoxybenzophenon oder 2,4-Dihydroxybenzophenon. Weiterhin sind Cyanacrylsäure- und Benzotriazol-Derivate zur Verhinderung von Vergilbung und Aufrechterhaltung des Oberflächenglanzes brauchbar. Für die Produkte Uvinul N-35 und N-539 wird ein Zusatz von etwa 0.25 % bei gewöhnlichen Polyesterharzen, von 1.0 % bei chlorierten flammfesten Typen empfohlen. Für das Produkt Tinuvin P werden Zusätze von 0.1—0.25 % bei gewöhnlichen, von 0.5 % bei chlorierten Harzen als Richtwerte angegeben. Anstelle einer homogenen Vermischung des gesamten Harzes mit dem Absorber kann letzterer auch mit einem „Gel coat“ aufgebracht werden. Bei gefüllten Harzmassen ist die Frage der Licht- und Witterungsstabilisierung in den meisten Fällen bereits durch die Anwesenheit des Füllstoffes gelöst. Bei pigmentierten Produkten kann durch Wechselwirkung des Pigments mit dem Füllstoff allerdings in manchen Fällen bei Bewitterung eine Farbtonveränderung auftreten, die von Lichtstabilisatoren nicht beeinflußt wird (vgl. (*522*, *490*)).

V.8. Celluloseabkömmlinge

Celluloseester und -äther zeigen unter dem Einfluß von thermisch oder photochemisch induzierten Oxydationsprozessen Vergilbung und Veränderung der mechanischen Eigenschaften. Der Zusatz von Antioxydantien und UV-Absorbern kann zu einer merklichen Verbesserung der Stabilitätsverhältnisse führen. Einen großen Einfluß übt die Art des Weichmacherzusatzes auf das Alterungsverhalten von Celluloseestern aus; die Weichmacheroxydation vermag, wie De Croes u. a. (*132*) gezeigt haben, den oxydativen Abbau des Celluloseesters zu beschleunigen, so daß die primäre Wirkung der Stabilisatoren vielfach in einem Schutz des Weichmachers bestehen dürfte. Besonders oxydationsanfällig sollen Weichmacher mit Methylengruppen sein (*132*), weshalb Verbindungen mit langen aliphatischen Ketten sich ungünstiger auf die Erhaltung der mechanischen Eigenschaften von Cellulosederivaten auswirken als solche mit aromatischen Strukturen (vgl. auch (*591*)). Triphenylphosphat ist hochbeständig gegen oxydative Einflüsse und übt bei der thermischen Oxydation von Celluloseacetat einen stabilisierenden Einfluß aus (*635*). Eine besonders starke Beschleunigung des thermisch-oxydativen Abbaues von Celluloseacetat wurde bei Gegenwart von Esterweichmachern mit aliphatischen Ätherbindungen beobachtet, z. B. Diäthoxyäthylphthalat oder Tributoxyäthylphosphat (*635*). Als thermische Antioxydantien bewähren sich zahlreiche Amine und Phenole. De Croes u. a. (*132*) nennen DBPC, N-tert.-Butylanilin, N-Phenylglycin, Diphenylthioharnstoff, N,N'-Diphenylacetamidin, Brenzkatechinmonobenzoat, Resorcinmonobenzoat, Hydrochinonmonobenzoat, welche in Konzentrationen von 2% den Molekulargewichtsabbau von Celluloseacetobutyrat in Gegenwart von Dibutylsebacinat inhibieren, wenn die Mischung 2 Stunden unter Sauerstoff auf 150 °C erhitzt wird; leider haben die quantitativen Ergebnisse wegen der praxisfremden Bedingungen nur wenig Bedeutung. Wilson u. a. (*635*) finden, daß ein Zusatz von 1% DBPC zu weichmacherhaltigem Celluloseacetat-Film die Induktionsperiode des Molekulargewichtsabbaues während der Sauerstoff-Oxydation bei 124 °C von 5 auf 80 Stunden erhöht. Der oxydative Abbau wird durch Titandioxyd sowie durch Schwermetallspuren, besonders Eisenverbindungen, katalysiert. Der Einfluß von Titandioxyd auf den Molekulargewichtsabfall von Celluloseacetobutyrat bei thermischer Oxydation kann durch 1% phenolische Antioxydantien wie DBPC oder 4-tert.-Butylphenol unterdrückt werden, die Wirkung von Eisensalzen durch Chelatbildner wie N,N'-Disalicyliden-1,2-diaminopropan, N,N'-Diphenylthioharnstoff oder β-Isothioureidopropionsäure (*132*).

Von großer Bedeutung, besonders für das ausgedehnte Anwendungsgebiet der Folien und Fasern, ist die Lichtstabilisierung. Zu den ersten wirkungsvollen UV-Absorbern, welche für Cellulose-Kunststoffe erprobt wurden, gehörten die Salicylsäureester (vgl. III.2./*3.1.2.*). Meyer u. a. (*398*) stellten fest, daß ein Zusatz von etwa 1 % Salol zu Celluloseacetobutyrat in verschiedensten Klimaten eine befriedigende Aufrechterhaltung der mechanischen Eigenschaften über mehr als 2 Jahre hinweg gewährleistet, während unstabilisierte Proben nach 1 bis 4 Monaten in heißem Klima einen Abfall der Reißdehnung um 50 % zeigten; stabilisiertes Celluloseacetat bildete zwar nach 6—8 Monaten Oberflächenrisse, behielt jedoch ebenfalls über mehr als 2 Jahre seine Festigkeit und Reißdehnung bei, während unstabilisiertes Material bereits nach 2 Monaten in heißem Klima 50 % der Reißdehnung verlor (Triphenylphosphat als Weichmacher). Schwerwiegender Nachteil des Salols ist seine hohe Flüchtigkeit. Ein wesentlich wirksameres Lichtschutzmittel ist das dem Salol isomere Resorcinmonobenzoat, das gleichzeitig ausgeprägte antioxydative Eigenschaften besitzt (III.2./*3.1.1.*). In Celluloseacetobutyrat, Celluloseacetat und Celluloseacetopropionat dürfte es den brauchbarsten Lichtstabilisator darstellen. Von den Benzophenon-Derivaten eignet sich besonders das 2,2'-Dihydroxy-4,4'-dimethoxybenzophenon, daneben auch das 2,4-Dihydroxybenzophenon, als UV-Absorber für Celluloseester; auch 2-(2'-Hydroxy-5'-methylphenyl)-benzotriazol ist mit Erfolg anwendbar. Andere Verbindungen mit Lichtschutzwirkung sind in erheblicher Anzahl genannt worden, z. B. Azoverbindungen wie 4-(4'-Dimethylaminophenylazo)-acetanilid, 4-(2'-Chlorphenylazo)-N-methyltoluidin oder 4-Phenylazodiphenylamin (*132*), farbige heterocyclische Pigmente (vgl. III.2./*5.13.5.*), N,N'-Diphenylacetamidin (vgl *5.8.2.*), schwefelhaltige Heterocyclen wie Benzothiazolin-, 1,3,4-Thiadiazol-, Benzothiazol-, Thiazolidon- und Thiophen-Derivate (vgl. *7.7.1.*), ferner Salicyloylpyridine (vgl. *5.13.4.*), Mn-salicylat (vgl. *3.3.*), Mn-Komplexe von 2-Hydroxybenzophenonen (vgl. *4.4.*), aromatische Sulfone (vgl. *7.2.*) und andere. Die Gegenwart von Titandioxyd übt eine sensibilisierende Wirkung auf die Photooxydation aus, ebenso wie sie die thermische Oxydation beschleunigt. Auch hier vermag die Kombination mit phenolischen Antioxydantien die Wirkung des Titandioxyds zu unterdrücken. Besonders gutes Bewitterungsverhalten zeigen Celluloseacetobutyrat-Mischungen mit 12 Teilen Dibutylsebacinat und 2 Teilen TiO_2, die zusätzlich 1 % 4-Butylaminophenol, Propylgallat, N,N'-Diphenylacetamidin, 4-tert.-Butylphenol oder DBPC enthalten. UV-Absorber wie Salol, die ungefüllten Cellulose-Kunststoffen gute Schutzwirkung bieten, zeigen zusammen mit TiO_2-Pigment keine Stabilitätsverbesserung, da sie die sauerstoffübertragende Wirkung des Pigments nicht zu verhindern vermögen (*132*).

V.9. Polyurethan-Elastomere

Die elastomeren, geschäumten und ungeschäumten Reaktionsprodukte von Isocyanaten mit hydroxylgruppenhaltigen Polyestern oder Polyäthern lassen sich bereits durch den strukturellen Aufbau in ihrer Stabilität beeinflussen. Der Übergang von Polyesterurethan-Schäumen mit ihrer hohen

Instabilität gegenüber Feuchtigkeit und Wärme zu den hydrolysenbeständigeren Polyätherurethan-Schäumen ist ein wohlbekanntes Beispiel für die Verbesserung der Alterungsbeständigkeit eines Kunststoffes durch strukturelle Modifizierung. Andererseits ist die Beständigkeit der Polyätherurethane gegenüber thermischer Oxydation geringer als die der Polyesterurethane, besonders unter dem Einfluß von Metallverbindungen (Organozinn-Derivate), die als Katalysatoren bei der Verschäumung verwendet werden und im Schaumstoff verbleiben (*372*). Polyesterurethane sind wesentlich oxydationsbeständiger; es wird sogar gefunden, daß der thermische Abbau eines Polyesterurethans aus Diphenylmethan-4,4'-diisocyanat und Trimethylolpropan/Adipinsäure-Polyester oberhalb 200 °C durch die Gegenwart von Sauerstoff praktisch überhaupt nicht beeinflußt wird (*166*). Eine weitere wichtige strukturelle Modifikation, die bei Polyäther- wie Polyesterurethanen die Witterungsbeständigkeit verbessert, ist die in Abschnitt IV.4. beschriebene Einführung von araliphatischen anstelle von aromatischen Diisocyanaten. So besitzen Polyester, welche aus Diisocyanat-Komponenten der Formel $(OCN—R)_n—Ar—Z_y$ ($R = C_{2-5}$-Alkylen, $n = 2—3$, $Ar =$ aromatischer Kern, $Z = H$, Halogen, C_{1-4}-Alkyl, -Alkoxy oder -Alkylester, $y < 8$), z. B. p-Phenylen-γ,γ'-di-(propylisocyanat) oder 1,4-Naphthylen-β,β'-di-(äthylisocyanat), hergestellt sind, eine wesentlich größere Beständigkeit gegen Vergilbung bei UV-Bestrahlung als solche aus Toluylen-2,4-diisocyanat oder Diphenylmethan-4,4'-diisocyanat [1810, 2705]. Die Erklärung dieses Effektes ist noch rein spekulativ, aber wenn man annimmt, daß Amine als Zwischenprodukte des Abbaues auftreten, so deckt sich dieser Befund mit der bekannten Beobachtung, daß aromatische Amine in Kunststoffen zu Verfärbung führen, nicht dagegen aliphatische Amine. Neben der strukturellen Stabilisierung sind Zusatzstoffe in großer Auswahl zum Alterungsschutz von elastomeren Polyurethanen angegeben worden. Im folgenden sind nur einige Beispiele angeführt. Als Antioxydantien, Wärme- und Lichtstabilisatoren für Polyätherurethane kommen zunächst die allgemein anwendbaren phenolischen oder aminischen Inhibitoren und organischen Phosphite in Betracht, besonders o-alkylsubstituierte Phenole (C_{3-8}-Alkyl) wie 2,5-Di-tert.-butylhydrochinon, N,N'-Dialkyl-p-phenylendiamine wie N,N'-Di-sek.-octyl-p-phenylendiamin oder Alkarylphosphite wie Tri-(nonylphenyl)-phosphit bzw. halogenierte Phosphite wie Tri-(chlorphenyl)-phosphit [634, 1871, 2250, 2702, 3127; 2285; 2319] (vgl. III.2./*2.1.1.*, *5.1.*, *6.1.*), ferner als Stabilisatoren gegen die Photooxydation von Polyester- und Polyätherurethanen auch schwefelhaltige Antioxydantien wie Metalldialkyldithiocarbamate, z. B. Ni-dibutyldithiocarbamat und/oder Zn-dimethyldithiocarbamat [2220] oder 2-Mercaptobenzimidazol [2221] (vgl. III.2./*7.1.5.*, *7.5.*). Einen wirkungsvollen Schutz gegen Photooxydation bieten auch Kombinationen von UV-Absorbern und Antioxydantien, wie 2,2'-Dihydroxybenzophenon-Derivate + Alkylphenole (z. B. 2-Benzyl-4-methylphenol),

Alkylidenbisphenole (Antioxidant 2246), Thiobisphenole (Santonox), PBN oder Phenothiazin [773, 1831, 2298, 2324] (vgl. III.2./*4.1.2.*). Besondere Eignung als UV-Absorber besitzen die folgenden Derivate: 2,2'-Dihydroxy-4,4'-dimethoxybenzophenon und 2,2',4,4'-Tetrahydroxybenzophenon. Die Stabilisatoren werden im allgemeinen den Ausgangskomponenten vor der Polyadditionsreaktion zugesetzt; UV-Absorber können in Form von Lösungen auf fertig geformte Schaumstoffkörper aufgesprüht werden. — Weiße Polyurethan-Elastomere mit 10 Tln. TiO_2-Pigmentierung für Textilüberzüge werden in ihrer Reißfestigkeit bei Freibewitterung und Ofenalterung in vorzüglicher Weise durch Antioxidant 425, etwas weniger gut durch Age Rite Stalite S und durch Cyasorb UV 24 stabilisiert. Nach 1500stündiger Freibewitterung beträgt die Reißfestigkeit mit 1 Teil (bezogen auf 100 Teile Harz) Antioxidant 425 noch 90 %, mit 1 Teil Age Rite Stalite S 80 %, mit 3 % Cyasorb UV 24 75 % und ohne Zusatz 50 % des Ausgangswertes. Die Gelbfärbung bei Bewitterung wird durch UV-Absorber weniger erfolgreich unterdrückt als durch Acrylnitril-Kautschuk, der mit Acrylsäure modifiziert ist. So bewirkt ein Zusatz von 10 % Hycar 1072 einen weit besseren Vergilbungsschutz bei Weather-Ometer-Alterung als 2 % Tinuvin P (*507*).

V.10. Synthetische Kautschuke

Bei Kautschukmaterialien gelten im Unterschied zu den übrigen Kunststoffen besondere Gesichtspunkte für den Alterungsschutz, die in den folgenden drei Ursachen begründet sind:

a) Alterungsreaktionen finden nicht nur bei erhöhter Temperatur oder Lichteinwirkung statt; unvulkanisierte Rohkautschuke auf Dien-Basis werden vielmehr bereits unter Lagerungsbedingungen bei Raumtemperatur mit merklicher Geschwindigkeit oxydiert, wobei eine rasche Verhärtung des Materials bzw. Gelbildung durch Vernetzungs-(Cyclisierungs-)Reaktionen eintritt.

b) Der kautschukelastische Zustand der Vulkanisate bedingt bei zahlreichen Anwendungen das Auftreten periodischer Deformationen, welche zu einer mechanisch induzierten oxydativen Abbauerscheinung, der Bildung von Biegerissen (Ermüdungsrissen) führen.

c) Ozon wirkt bereits in den geringen Konzentrationen der Atmosphäre auf die Kautschukoberfläche ein und erzeugt, wenn diese mit Zugspannung belastet ist, Ozonrisse.

Dementsprechend werden die Alterungsschutzmittel üblicherweise in 4 Kategorien eingeteilt (vgl. (*9*)):

1. Stabilisatoren für unvulkanisierte Polymere, die mit 0.6—3 % nach der Polymerisation (meist zum Latex) zugefügt werden und die Oxydation während der Trocknung, Lagerung und Compoundierung des Rohkautschuks verhindern sollen.

2. Antioxydantien, die zusammen mit Füllstoffen, Vulkanisationsmitteln, Vulkanisationsbeschleunigern und anderen Zusätzen zum Compound zugegeben werden und die oxydative Alterung des Vulkanisats inhibieren sollen.

3. Ermüdungsschutzmittel, welche der Bildung von Biegerissen in periodisch deformierten Kautschukteilen entgegenwirken.

4. Antiozonantien, welche die Bildung von Ozonrissen in zugbeanspruchten Kautschukteilen verhindern.

Für die Auswahl eines geeigneten Alterungsschutzmittels ist vielfach die Frage entscheidend, ob es die Kautschukmischung verfärbt. Hellfarbige Vulkanisate bedürfen der Anwendung eines nicht- oder schwach-verfärbenden Alterungsschutzmittels, ebenfalls solche Vulkanisate, bei denen ein Auswandern des Alterungsschutzmittels in anliegende Lack- oder Kunststoffschichten und das Auftreten einer Kontaktverfärbung zu erwarten ist. In der Tabelle V.11. sind die wichtigsten Kautschuk-Alterungsschutzmittel zusammengestellt und mit Angaben über ihr Anwendungsgebiet und ihren verfärbenden Charakter versehen. Selbstverständlich zeigen die einzelnen Alterungsschutzmittel in den verschiedenen Typen von synthetischen Elastomeren Unterschiede in Verhalten und Brauchbarkeit. Die Angaben in Tabelle V.11. sind zum großen Teil einer Darstellung von Ambelang u. a. (*9*) entnommen und beziehen sich, außer auf Naturkautschuk, auf Butadien/Styrol-Kautschuk, Butadien-Kautschuk und synthetischen cis-Isopren-Kautschuk.

Zur Bestimmung der Oxydationsstabilität der unvulkanisierten Kautschukpolymeren dient die Lagerung bei Raumtemperatur bzw. die Ofenalterung, beispielsweise bei 100 °C, und Messung der Mooney-Viskosität (ASTM D 1646-63), Lösungsviskosität oder des unlöslichen Gelanteiles in Abhängigkeit von der Alterungsdauer. Wie aus Tabelle V.11. ersichtlich, stehen zur Stabilisierung des Rohkautschuks zahlreiche Typen von Antioxydantien zur Verfügung. Im Falle des Butadien/Styrol-Kautschuks (SBR) werden dem Rohpolymerisat vor der Ausfällung des Latex und der Trocknung 1.25—1.5 % eines Antioxydans wie PBN zugesetzt. Bei diesen Inhibitorkonzentrationen ist die Oxydationsgeschwindigkeit stark herabgesetzt; ein Produkt, das 1.4 % PBN enthält, benötigt bei 70 °C 800 Stunden, um 1 % Sauerstoff zu absorbieren, während der unstabilisierte Rohkautschuk die gleiche Menge Sauerstoff in weniger als 2 Stunden aufnimmt. Bereits mit 0.01 % PBN ist jedoch die Oxydationsstabilisierung erheblich (200 Stunden), und mit 0.001 % PBN wird der inhibierende Effekt schon nachweisbar (*220*). Aromatische Amine zeigen durchweg Verfärbungseffekte, weshalb in hellfarbigen Gemischen phenolische Verbindungen oder organische Phosphite als Alterungsschutzmittel vorgezogen werden. Die einzelnen Stabilisatoren unterscheiden sich beträchtlich in ihrer Wirksamkeit (vgl. *582*)); die hochwirksamen Typen schützen das Polymere nicht nur während der Trocknung und Lagerung, sondern auch während der Heißverarbeitung und behalten im Vulkanisat ihre alterungsschützende Wirkung bei. Hunter u. a. (*283*,

Tabelle V.11. *Kautschuk-Alterungsschutzmittel*

Substanz	Stabilisator für unvulkanisierte Polymere	Antioxydans für Vulkanisate	Ermüd.-Schutzmittel	Ozonschutzmittel	verfärbend	leicht verfärbend	nicht verfärbend	aufhellend
Gehinderte Phenole:								
Alkyliertes Phenol	+	+					+	
α-Phenyläthylphenol (styrolisiertes Phenol)	+	+					+	
2,6-Di-tert.-butyl-p-kresol (DBPC)	+	+					+	
2,6-Di-tert.-butyl-α-methoxy-p-kresol	+	+					+	
Einkernige mehrwertige Phenole:								
2,5-Di-tert.-butylhydrochinon	+						+	
2,5-Di-tert.-amylhydrochinon	+	+					+	
Bisphenole:								
2,2′-Methylenbis-(6-tert.-butyl-p-kresol)	+	+				+		
2,2′-Methylenbis-(6-methylcyclohexyl-p-kresol)	+	+				+		
2,2′-Methylenbis-(4-äthyl-6-tert.-butylphenol)	+	+				+		
1,1′-Benzylidenbis-(6-tert.-butyl-2-naphthol)	+				+			
1,1′-Benzylidenbis-(6-ditert.-octyl-2-naphthol)	+				+			
4,4′-Bis-(2,6-di-tert.-butylphenol)	+	+			+			
4,4′-Butylidenbis-(6-tert.-butyl-m-kresol)	+	+					+	
4,4′-Methylenbis-(6-tert.-butyl-o-kresol)	+	+				+		
4,4′-Thiobis-(6-tert.-butyl-m-kresol)	+	+					+	
4,4′-Thiobis-(6-tert.-butyl-o-kresol)	+	+				+		
4,4′-Thiobis-(di-sek.-amylphenol)	+	+					+	
Metallphenolate:								
Antimonbrenzkatechinat	+						+	
Zinnbrenzkatechinat	+						+	
Phenoläther:								
Butyliertes Hydroxyanisol		+					+	
Hydrochinonmonobenzyläther		+					+	
Diarylamine:								
Phenyl-1-naphthylamin (PAN)		+	+		+			
Phenyl-2-naphthylamin (PBN)	+	+	+		+			
Diphenylamin-Derivate:								
Octyliertes oder nonyliertes Diphenylamin	+	+	+			+		
p-Phenylendiamin-Derivate:								
Diphenyl-p-phenylendiamin (DPPD)	+	+	+		+			
N,N′-Di-2-naphthyl-p-phenylendiamin	+	+			+			
N-Phenyl-N′-cyclohexyl-p-phenylendiamin		+	+	+	+			
N-Phenyl-N′-isopropyl-p-phenylendiamin		+	+	+	+			
N-Phenyl-N′-sek.-butyl-p-phenylendiamin	+	+	+	+	+			
N,N′-Di-sek.-octyl-p-phenylendiamin		+	+	+	+			

Tabelle V.11. Fortsetzung

Substanz	Stabilisator für unvulkanisierte Polymere	Antioxydans für Vulkanisate	Ermüd.-Schutzmittel	Ozonschutzmittel	verfärbend	leicht verfärbend	nicht verfärbend	aufhellend
N-Phenyl-N'-sek.-octyl-p-phenylendiamin			+	+	+			
N,N'-Di-(1,4-dimethylpentyl)-p-phenylendiamin		+	+	+	+			
N,N'-Dimethyl-N,N'-di-(sek.-octyl)-p-phenylendiamin				+	+			
Aminophenoläther:								
2,6-Dimethyl-4-methoxyanilin				+		+		
4-Äthoxy-N-sek.-butylanilin				+		+		
Amin-Kondensationsprodukte:								
6-Äthoxy-2,2,4-trimethyl-1,2-dihydrochinolin		+	+	+	+			
Polymeres 2,2,4-Trimethyl-1,2-dihydrochinolin		+			+			
Diphenylamin-Aceton-Kondensationsprodukt	+	+	+		+			
Aldol-1-naphthylamin		+			+			
Organische Phosphite:								
Tri-(nonylphenyl)-phosphit	+						+	
Mono-(nonylphenyl)-phosphit	+						+	
Schwefelhaltige Verbindungen:								
2-Mercaptobenzimidazol		+						+
Zinksalz von 2-Mercaptobenzimidazol		+						+
Phenothiazin	+				+			
Nickeldibutyldithiocarbamat				+		+		
Nickelisopropylxanthogenat				+		+		
Harnstoff-Derivate:								
N-Cyclohexyl-N'-1-naphthylharnstoff				+			+	
N-Phenyl-N,N'-dicyclohexylharnstoff				+			+	
N-Phenyl-N'-2-naphthylharnstoff				+			+	
N-Phenylthioharnstoff	+						+	
N,N'-Dibutylthioharnstoff				+			+	
Wachse				+			+	

284) beschreiben z. B. die Überlegenheit eines Zusatzes von Tri-(nonylphenyl)-phosphit als nichtverfärbendes Antioxydans gegenüber gleichen Mengen von alkyliertem oder aralkyliertem Phenol im rohen SBR. Das dem Latex zugesetzte Phosphit bleibt nach der Vulkanisation hochwirksam, und es erhält die Reißfestigkeit und Reißdehnung bei der thermischen Oxydation von Schwefelvulkanisaten aufrecht.

Die Wirksamkeit von Alterungsschutzmitteln für Vulkanisate kommt in erster Linie in der Stabilisierung der typischen mechanischen Eigenschaften: Reißfestigkeit, Reißdehnung, Elastizität und Härte gegenüber Alterungseinflüssen zum Ausdruck. Daneben dienen auch Langzeit-Effekte wie Spannungsrelaxation (*396*) und Kriechverhalten (*345*) zur Kennzeichnung der Oxydierbarkeit. Ferner kann auch hier die Geschwindigkeit der Sauerstoffabsorption als Stabilitätskriterium benutzt werden. Für den Alterungsschutz dunkelgefärbter Vulkanisate von SBR, Butadien/Acrylnitril-Kautschuk und Polychloropren sind die aus der Technologie des Naturkautschuks her gebräuchlichen Produkte PAN und PBN von ausgezeichneter Wirksamkeit; sie werden in Mengenanteilen von 0.75—1.75% eingesetzt und können zur Erhöhung der Ermüdungsschutzwirkung mit der gleichen Menge eines p-Phenylendiamin-Derivates kombiniert werden. Für hellfarbige Artikel kommen vorzugsweise Phenole in Betracht. Zur Verwendung in SBR und Butadien/Acrylnitril-Kautschuk sind insbesondere 2,4,6-Trialkylphenole durch die Arbeiten von Kitchen u. a. (*311*) als wirksame nichtverfärbende Antioxydantien bekannt geworden. Im Falle des SBR erreichen DBPC und 2,4-Dimethyl-6-ditert.-octylphenol, bei Butadien/Acrylnitril-Kautschuk 2,4-Dimethyl-6-isobornylphenol, DBPC und 2,6-Di-(ditert.-octyl)-4-methylphenol etwa die Wirksamkeit des PBN. Das Ausmaß der Alterungsschutzwirkung hängt im übrigen von der Zusammensetzung des Compounds, insbesondere vom Vulkanisationssystem, und den Vulkanisationsbedingungen ab. Die quantitative Darstellung von Stabilisierungsergebnissen würde daher das Eingehen auf Details der Rezepturen und Vulkanisationsdaten erfordern. Mehr als bei den eigentlichen Kunststoffen ist bei Kautschukvulkanisaten das Alterungsverhalten nicht nur eine Frage des Stabilisatorzusatzes, sondern der gesamten Verarbeitungstechnik, auf die im Rahmen dieses Buches nicht näher eingegangen werden kann. Die Zahlen der Tabelle V.12. sollen daher auch nur zur Gewinnung eines ungefähren Überblicks über die mit Alterungsschutzmitteln in Kunstkautschuk-Typen erreichbaren Eigenschaftsverbesserungen dienen. Die Mischungen, auf welche sich die Zahlen beziehen, sind: I = rußgefüllter schwefelvulkanisierter Butadien/Styrol-Kautschuk (Laufflächenmischung) ohne Alterungsschutz, II = desgl. mit 1.5 Tln. Aldol-1-naphthylamin auf 170 Tle. Compound, III = wie I, mit 1.5 Tln. PAN auf 170 Tle. Compound, IV = rußgefüllter, schwefelvulkanisierter Butadien/Acrylnitril-Kautschuk ohne Alterungsschutz, V = desgl. mit 1.5 Tln. PBN auf 154.3 Tle. Compound, VI = rußgefüllter, schwefelfreier Polychloropren-Kautschuk ohne Alterungsschutz, VII = desgl. mit 1.5 Tln. PAN auf 139.5 Tle. Compound. Die Alterung erfolgte durch Heißluft-Einwirkung. — Aus dem Kriechverhalten von SBR-Vulkanisaten bei der 120 °C-Ofenalterung finden Lichty u. a. (*345*) die nachstehende Reihenfolge der Wirksamkeiten: Diphenylamin-Aceton-Kondensationsprodukt (B-L-E) > PBN > octyliertes Diphenylamin (Age Rite Stalite) > styrolisiertes Phenol (Wing Stay S)

> Tri-(nonylphenyl)-phosphit (Polygard). Die Reihenfolge ist die gleiche wie bei Vulkanisaten von extrahiertem Crêpe. Für 1,4-cis-Butadien-Kautschuk (mit 1 % DBPC vorstabilisiert) ergibt sich nach Untersuchungen von Sturrock u. a. (*574*) auf Grund der mechanischen Eigenschaftsänderungen bei Wärmealterung, daß folgende Antioxydantien in Schwefelvulkanisaten besonders günstige Wirkung zeigen: DBPC, polymeres 2,2,4-Trimethyl-1,2-dihydrochinolin, Antioxidant 2246, N-Phenyl-N'-isopropyl-p-phenylendiamin, N,N'-Di-2-octyl-p-phenylendiamin, Gemisch Flexamine G. Die letzteren drei besitzen auch Antiozonanswirkung. Bei der Wahl der Antioxydans-Konzentration ist zu berücksichtigen, daß vielfach eine gewisse optimale

Tabelle V.12. *Wirkung von Alterungsschutzmitteln in verschiedenen Kunstkautschuk-Vulkanisaten* (nach (*175*))

	I	II	III	IV	V	VI	VII
Reißfestigkeit kg/cm²							
vor der Alterung	188	185	186	236	234	212	206
nach 18 Tagen bei 100 °C	52	116	94				
nach 24 Tagen bei 100 °C				71	121		
nach 8 Tagen bei 125 °C						11	57
Reißdehnung %							
vor der Alterung	565	625	565	500	520	425	445
nach 18 Tagen bei 100 °C	90	175	135				
nach 24 Tagen bei 100 °C				95	115		
nach 8 Tagen bei 125 °C						20	80
Shore-Härte A bei 20 °C							
vor der Alterung	61	61	61	64	62	64	60
nach 18 Tagen bei 100 °C	81	79	79				
nach 24 Tagen bei 100 °C				79	77		
nach 8 Tagen bei 125 °C						87	75

Konzentration existiert, bei der die Inhibitorwirkung ein Maximum besitzt (vgl. II.2.3.3.). Der obenerwähnte Einfluß des Vulkanisationssystems auf die Stabilität äußert sich u. a. darin, daß Schwefel als Vulkanisationsmittel allgemein die Oxydationsbeständigkeit herabsetzt. So wird die Stabilität von SBR- oder Butadien/Acrylnitril-Kautschuken z. B. durch Verwendung von Tetramethylthiuramdisulfid anstelle von Schwefel wesentlich erhöht. Andererseits können Bestandteile des Vulkanisationssystems als Antioxydantien wirken, wie 2-Mercaptobenzothiazol oder N-Cyclohexyl-2-benzothiazolylsulfenamid, beides Vulkanisationsbeschleuniger. Weiterhin ist die Art der Vernetzung, die durch die verschiedenen Vulkanisationssysteme ausgebildet wird, von Einfluß auf die Oxydation (vgl. (*365*)). — Während alle genannten Kautschuk-Antioxydantien eine Beeinflussung der thermischen Oxydation bis zu Maximaltemperaturen zwischen 100 und 120 °C ermöglichen, sind bei höheren Temperaturen andersartige Stabilisierungssysteme wirksamer. So wird die Beständigkeit von Dien-Elastomeren gegen thermische Oxydation zwischen 120 und 150 °C besonders durch die folgenden drei Typen von Stabilisatoren erhöht: (1) Ba/Cd-Seifen von Fettsäuren in Kombination mit Pentaerythrit, (2) Ester des Pentaerythrits mit gesättigten Fettsäuren, (3) polymere sek.-Arylamine. Besonders geeignet erweisen sich die synergistischen Kombinationen (1), z. B. das Seifengemisch Ba/Cd-myristat/stearat + Pentaerythrit, um die Beständigkeit von SBR-Vulkanisaten gegen Luftofen-Lagerung bis zu 150 °C wesentlich zu verbessern (vgl. (*435*)). Die Wirkungsweise dieser Systeme ist noch ungeklärt. Untersuchungen von McHenry (*368*) mit Hilfe von markierten Stabilisatoren deuten darauf hin, daß die Rolle der Metallseife darin besteht, die Wanderung des antioxydativ wirksamen Pentaerythrits an die Oberfläche zu fördern. Über die Wärmestabilisierung hochtemperaturbeständiger Butyl- und Äthylen/Propylen-Kautschuke siehe (*539a*).

Bei zahlreichen Anwendungsgebieten ist die Unterdrückung der Lichtalterung von Wichtigkeit. Der Einfluß von UV-Absorbern auf hellfarbige Naturkautschuk-Vulkanisate ist von Boucher u. a. (*75*) untersucht worden, wobei keine wesentliche Verbesserung der Verfärbung und Rißbildung bei Freibewitterung gefunden werden konnte. Ein wirksames Alterungsschutzmittel gegen Lichteinwirkung ist hingegen das Ni-isopropylxanthogenat (*296*). Dunn u. a. (*156*) finden, daß ein Gemisch von Antioxidant 2246 und Tinuvin P eine gute Stabilisierungswirkung auf die Rißbildung und die Spannungsrelaxation unter UV-Bestrahlung von ungefüllten, transparenten Crêpe-Vulkanisaten, die im übrigen frei von Alterungsschutzmitteln sind, ausübt. Bei gefüllten Vulkanisaten kommt die Wirkung dieses lichtabsorbierenden Zusatzes weniger stark zur Geltung. Allgemein erweist sich die Kombination von gehinderten Phenolen mit UV-Absorbern hierbei als wirksam, während substituierte Naphthylamine und p-Phenylendiamine anfänglich den photochemischen Abbau sensibilisieren und dann in gefärbte Produkte mit Antioxydanswirkung übergehen (*155*). Die Verfärbung hellfarbiger Chloroprenkautschuk-Vulkanisate bei Belichtung wird wirksam unterdrückt, indem dem Vulkanisationsgemisch außer einem nichtverfärbenden Antioxydans das Triglycerid einer langkettigen ungesättigten Fettsäure in Mengen bis zu 15 Teilen auf 100 Teile Polychloropren zugegeben wird. Mit dem ungesättigten Charakter des Öles steigt die Wirksamkeit und ist bei Verwendung von Safloröl besonders günstig. Vorteilhaft ist dieser Zusatz für Latex-Filme, die noch stärker zur Verfärbung neigen als Vulkanisate aus trockenen Compounds (*47*). Fettsäureglyceride verbessern auch die Alterungsbeständigkeit von Polychloropren-Vulkanisaten gegen thermische Oxydation; dazu wird ein Zusatz von 15 Teilen Rapsöl empfohlen (*526*).

Gewisse Metallverbindungen wirken katalytisch auf die Kautschukoxydation, so insbesondere Verbindungen von Kupfer oder Mangan, in geringerem Maße auch solche von Eisen, Kobalt oder Nickel. Die Wirksamkeit dieser

„Kautschukgifte" hängt jedoch weitgehend von ihrer Konzentration und der chemischen Form, in der sie vorliegen, ferner auch von der Zusammensetzung der Vulkanisat-Mischung ab. Die schädliche Wirkung von Kupfer oder Mangan ist im allgemeinen an das Vorliegen höherer Konzentrationen als 0.001 % gebunden. Fettsäuresalze des Kupfers wie Cu-stearat oder -oleat üben eine stärkere Wirkung aus als anorganische Kupfersalze. Meist ist die Anfälligkeit gegen kupfer- oder mangankatalysierten Abbau bei synthetischen Kautschuken weniger ausgeprägt als bei Naturkautschuk, während die Empfindlichkeit gegenüber Eisen bei synthetischen Kautschuken etwas größer ist. Manche Bestandteile der Mischung, wie der Vulkanisationsbeschleuniger Tetramethylthiuramdisulfid, inhibieren die Wirkung von Kupfer in gewissem Maße. Zahlreiche gebräuchliche Alterungsschutzmittel wirken als Kupferdesaktivatoren, besonders die p-Phenylendiamin-Derivate, PAN oder Kombinationen von 2-Mercaptobenzimidazol mit Antioxidant 2246. Eine gute Kupferschutzwirkung findet z. B. Villain (*615*) durch Zusätze von N,N'-Di-2-naphthyl-p-phenylendiamin, Diphenylamin-Aceton-Kondensationsprodukt oder Disalicylidenäthylendiamin. Die günstigsten Effekte der Kupferinhibierung ergeben sich durch Kombinationen von Komplexbildnern mit Antioxydantien, z. B., wie von dem Autor im Falle eines Naturkautschuk-Vulkanisats gezeigt wurde, durch Zusatz von 0.5 % Disalicylidenäthylendiamin + 0.5 % PBN.

Bildung von Ermüdungsrissen und von Ozonrissen sind zwei nur in der äußeren Erscheinung miteinander verwandte Phänomene. Die Prüfung des Ermüdungsrißverhaltens erfolgt unter dynamischer Belastung, z. B. mit dem Gerät nach De Mattia (vgl. ASTM D 813-59), die der Ozonrißbildung unter statischer Durchbiegung von Vulkanisatplatten, sog. Prüfklappen, die entweder in natürlicher Atmosphäre oder in einer ozonhaltigen Prüfkammer unter Normbedingungen bewittert werden. Die Ermüdungsrisse sind offensichtlich eine oxydativ bedingte Erscheinung, denn die Ermüdungsbeständigkeit von Naturkautschuk und SBR ist im Vakuum wesentlich höher als in Luft, weiterhin sind die typischen Ermüdungsrißinhibitoren wie PBN, N-Phenyl-N'-isopropyl- und N-Phenyl-N'-cyclohexyl-p-phenylendiamin, ferner auch 2-Thionaphthol, in Vakuum weniger ausgeprägt wirksam als in Luft; in Vakuum verursachen die letzten beiden sogar eine Verkürzung anstelle einer Verlängerung der Ermüdungszeit von Naturkautschuk-Vulkanisaten. Dies ergeben Versuche von Gent (*214*), aus denen auch hervorgeht, daß Ozon keinen merklichen Einfluß auf die Bildung der Ermüdungsrisse ausübt. Nur ein kleiner Teil der Kautschuk-Antioxydantien ist, wie aus Tabelle V.11. ersichtlich, gleichzeitig auch zur Inhibierung von Ermüdungsrissen geeignet. Die wirksamsten davon sind das N-Phenyl-N'-isopropyl-p-phenylendiamin und in geringerem Maße das N-Phenyl-N'-cyclohexyl-p-phenylendiamin, die z. B. mit 1.5 Teilen auf 100 Teile der Kautschukkomponente in SBR-Vulkanisaten eingesetzt werden. Ihre Anwendung ist u. a.

bei Automobilreifen-Seitenwänden, die einer periodischen Biegebeanspruchung ausgesetzt sind, von Wichtigkeit (vgl. (*299*)). — Die Ozonrißbildung ist hingegen ein von den oxydativen Erscheinungen, also auch der Ermüdungsrißbildung, deutlich unterschiedener Effekt; wenngleich auch sämtliche Antiozonantien gleichzeitig antioxydative Wirkung besitzen, so wirkt doch umgekehrt nur ein kleiner Teil der bekannten Antioxydantien als Ozonschutzmittel. Die Anfälligkeit der synthetischen Kautschuksorten gegenüber Ozon ist durchweg geringer als die des Naturkautschuks. Im übrigen spielt aber auch hier die Zusammensetzung der Mischung eine entscheidende Rolle, insbesondere der Füllstoff. So bewirkt die Anwesenheit von Channel Black in rußgefüllten Sorten eine Verringerung der Ozonrißbeständigkeit und die Notwendigkeit eines verstärkten Einsatzes von Antiozonantien. Der Ersatz von Channel Black durch Öl-Furnace Black beseitigt diese Schwierigkeit zum Teil (*119*). Die p-Phenylendiamin-Struktur hat sich bisher als unübertroffen in ihrer Fähigkeit zur Inhibierung von Ozonrissen erwiesen, abgesehen allerdings von der Verfärbungsneigung dieser Verbindungsklasse. Im einzelnen hängt der Grad der Wirksamkeit der Derivate von gewissen strukturellen Merkmalen ab. So erweisen sich N,N'-Dialkyl-p-phenylendiamine als hochwirksame Antiozonantien, während N,N'-Diaryl-p-phenylendiamine praktisch unwirksam und N-Aryl-N'-alkyl-p-phenylendiamine nur wenig wirksam sind. Dies steht im Gegensatz zur Wirkung als Antioxydantien, von der bekannt ist, daß sie bei den beiden letztgenannten Verbindungstypen sehr ausgeprägt ist. Dieses gegensätzliche Verhalten von Alterungsschutzmitteln hinsichtlich Antioxydans- und Antiozonans-Wirkung ist von Thelin u. a. (*587*) an Naturkautschuk- und SBR-Vulkanisaten systematisch untersucht worden und wird durch die in Tabelle V.13. dargestellten Befunde deutlich zum Ausdruck gebracht. Auch hieraus folgt, daß Oxydationsschutz- und Ozonschutzwirkung völlig verschiedenen Mechanismen entsprechen. Da die wirksamsten Ozonschutzmittel sämtlich verfärben, hat es

Tabelle V.13. *Antioxydans- und Antiozonans-Wirkung verschiedener Alterungsschutzmittel* (nach (*587*))

Verbindung	als Antioxydans	als Antiozonans
p-Phenylendiamine:		
N-Phenyl-N'-2-octyl-	hochwirksam	wirksam
N-Phenyl-N'-4-äthylphenyl-	hochwirksam	wenig wirksam
N-Phenyl-N'-cyclohexyl-	hochwirksam	etwas wirksam
N,N'-Dinaphthyl-	hochwirksam	unwirksam
N,N'-Diphenyl-	hochwirksam	unwirksam
N,N'-Di-2-octyl-	wenig wirksam	hochwirksam
N,N'-Di-3-(5-methylheptyl)-	wenig wirksam	hochwirksam
N-Äthyl-N'-3-(5-methylheptyl)-	wirksam	hochwirksam
PBN	hochwirksam	unwirksam
Phenolische Verbindungen	hochwirksam	unwirksam

nicht an Versuchen gefehlt, nicht-verfärbende Ersatzprodukte für die p-Phenylendiamin-Derivate zu finden. Ein Kompromiß zwischen Aminen und Phenolen sind die Aminophenole, die gute Antiozonanswirkung mit geringer Verfärbungstendenz vereinen (s. Tabelle V.11.). Ein weiteres Verfahren zum Schutz gegen Ozonrisse besteht im Zusatz von Wachsen, die aus dem Vulkanisat ausschwitzen und einen Oberflächenfilm bilden, der den Kautschuk vor Ozonzutritt schützt. Zur Erzielung einer guten Ozonschutzwirkung ist es üblich, den Zusatz von Wachs in Anteilen von 0.7—5 % mit dem eines wirksamen Antiozonans in Anteilen von 1—3 % (bezogen auf den Kautschuk) zu kombinieren. Obgleich einige Alterungsschutzmittel, wie N-Phenyl-N'-isopropyl- und N-Phenyl-N'-cyclohexyl-p-phenylendiamin, zugleich antioxydative und ozonschützende Wirkung zeigen, ist eine Kombination von verschieden wirksamen Alterungsschutzmitteln zweckmäßig. Ein solches Gemisch besteht z. B. aus N-Phenyl-N'-isopropyl-p-phenylendiamin + 6-Äthoxy-2,2,4-trimethyl-1,2-dihydrochinolin + Wachs (nach (*406*)). Für Neoprene-Vulkanisate gelten offenbar etwas unterschiedliche Wirksamkeiten gegenüber den oben dargestellten. So erweist sich nach Untersuchungen von THOMPSON u. a. (*594*) DPPD, ebenso wie 4,4'-Dimethoxydiphenylamin, darin als wirksames Antiozonans. Eine hoch-ozonbeständige, rußgefüllte Kabelisolationsmasse auf Basis von Neoprene enthält z. B. 2.5 Tle. PBN + 1.25 Tle. 4,4'-Dimethoxydiphenylamin + 1.25 Tle. DPPD + 5 Tle. PAN + 5 Tle. Heliozone-Wachs. Auch für den Einsatz von Antiozonantien gilt im übrigen, daß deren Wirkung außer vom Kautschuktyp noch von Art und Menge des Füllstoffes, dem Vulkanisationssystem und den Alterungsbedingungen abhängt und daß die Anwendung niedrigerer Konzentrationen als der zum Ozonschutz ausreichenden eher eine die Zerstörung des Materials fördernde Wirkung ausüben kann (*119*).

VI. Alterungsverfahren für die Stabilitätsprüfung von Kunststoffen

VI.1. Wärmetests und Abbauprüfung unter Verarbeitungsbedingungen

Ofenlagerung: Wärmetests in Luftöfen sind besonders zur Stabilitätsprüfung an plattenförmigen PVC-Proben (Walzfellen) sehr verbreitet. Walzfell-Abschnitte werden dazu im Wärmeschrank einer Temperatur ausgesetzt, die entweder der Verarbeitungstemperatur entspricht oder wenig darunter liegt (150—175 °C); an einzelnen, in gewissen Zeitabständen entnommenen Proben wird dann die Verfärbung photometrisch bestimmt, oder die einzelnen

Probestücke werden zum Farbvergleich nebeneinander aufgeheftet. Die Intervalle der Probeentnahme richten sich nach der Geschwindigkeit der Verfärbung (z. B. jeweils 30 min. bis zu einer Alterungsdauer von insgesamt 180 min., vgl. (*568*)). Von grundlegender Wichtigkeit ist die genaue Temperaturkontrolle. Dies wird verständlich, wenn man (wie bereits in der Einleitung bemerkt) sich vergegenwärtigt, daß nach einer Faustregel eine Temperaturerhöhung von 10 °C die Reaktionsgeschwindigkeit verdoppelt. Vergleichende Wärmetests sollten daher, um den Einfluß von Temperaturschwankungen zu verringern, möglichst gleichzeitig in demselben Ofen durchgeführt werden (*200*). Um zu gewährleisten, daß innerhalb eines Ofens alle Proben der gleichen Temperatur ausgesetzt sind, ist die sicherste Methode eine Rotation der Proben während des Alterungsversuches. Auf diese Weise befindet sich jede Probe im zeitlichen Mittel eine gleiche Zeit an der gleichen Stelle im Ofen. Geeignete Anordnungen sind mehrfach beschrieben worden, z. B. indem die Proben an einem sich horizontal drehenden Rad aufgehängt werden (*329*) oder mittels eines vertikal rotierenden Karussells im Ofen herumgeführt werden (*133*). Bei der letztgenannten Anordnung ist zudem die Öffnung des Ofens für das Auswechseln der Proben so klein gehalten, daß dieser Vorgang nicht, wie bei den üblichen Wärmeschränken, zu einem Zusammenbruch der Innentemperatur führt. Besonders brauchbare Hinweise für das Extrusionsverhalten von PVC-Massen sollen sich durch Ofenalterung der Proben zwischen verchromten Platten gewinnen lassen (*329*). Mitunter ist es zweckmäßig, die einzelnen Proben beim Wärmetest voneinander zu isolieren, und zwar dann, wenn die Möglichkeit eines Austausches flüchtiger Bestandteile zwischen ihnen besteht (z. B. bei Verdampfung von Weichmachern oder flüchtigen Stabilisatoren). Zu diesem Zweck sind Öfen mit einzelnen meist röhrenförmigen Abteilungen für je eine Probe beschrieben worden, wobei jedes einzelne Rohr von Luft durchströmt wird (z. B. (*41*, *496*), ASTM D 1870-61 T). Die herkömmliche Ofenalterung von PVC-Proben zeigt den Nachteil, daß immer nur der Alterungszustand bei bestimmten Temperatur- und Zeitintervallen erfaßt wird, während sich Zwischenzustände (deren Kenntnis besonders bei raschen Farbänderungen häufig erwünscht ist) der Beobachtung entziehen. Aus diesem Grunde wird von Smith (*555*) eine Vorrichtung angegeben, welche im wesentlichen aus einer erhitzten Aluminiumplatte besteht, die von einem Ende zum anderen ein Temperaturgefälle von 250—150 °C aufweist und auf welche die Proben aufgewalzt werden. Damit wird das Alterungsverhalten in einem kontinuierlich veränderten Temperaturbereich erkennbar; eine kinematographische Verfolgung der Farbänderung erlaubt zudem die Beobachtung zu jeder beliebigen Zeit. — Über die Möglichkeit der Umrechnung der bei einer bestimmten Temperatur gemessenen Alterungsgeschwindigkeit auf eine andere Temperatur mit Hilfe der Arrheniusschen Gleichung vgl. (*147*). — Bei der Alterungsprüfung von Polyolefinen dient die Ofenlagerung insbesondere zur

Bestimmung der Versprödungszeit oder der Versprödungstemperatur. Auf einfache Weise wird z. B. die Versprödungszeit ermittelt, indem Probeplatten von 1 mm Dicke bei 120 °C (Polyäthylen) bzw. 150 °C (Polypropylen) im Luftofen gealtert werden und in gewissen Zeitabständen durch manuelles oder maschinelles Knicken der Platte um 180° in beiden Richtungen festgestellt wird, ob Bruch eintritt. Ein Gerät zur Biegebeanspruchung von Kunststoffproben zum Zweck der Bestimmung der Versprödungstemperatur ist in ASTM D 746-64 T beschrieben. Bei allen diesen Prüfungen gilt im allgemeinen die Versprödungszeit bzw. -temperatur als erreicht, wenn mindestens 50% der Probekörper brechen. Bei der Ofenalterung ist zu beachten, daß die gemessenen Stabilitäten sich infolge der Verflüchtigung von Stabilisatoren oder Oxydationsprodukten wesentlich von den Stabilitätsergebnissen unterscheiden können, die durch Erhitzen im geschlossenen Rohr oder in einer Apparatur zur Messung der Sauerstoffabsorption gewonnen werden. Die Verflüchtigung von Stabilisatoren setzt die Stabilität herab, während die von Oxydationsprodukten sie gegebenenfalls erhöhen kann (z. B. beim Polypropylen, vgl. (*65a*)). Weiterhin ist gegen die Stabilitätsprüfung bei hohen Temperaturen eingewandt worden, daß die Prüfbedingungen von den praktischen Einsatzbedingungen des Stabilisators unter normalen Temperaturen zu stark unterschieden sind. Im Falle der Polyolefine können z. B. die kristallinen und amorphen Anteile in der Nähe der Schmelztemperatur gegenüber niederen Temperaturen stark variieren. Es wurde deshalb vorgeschlagen, bei der Prüfung von Antioxydantien in Polyolefinen die Alterung durch Zusatz von Kupfer, entweder als Metallstaub oder als Cu-stearat, katalytisch zu beschleunigen (*243b*). Dieses Verfahren erlaubt die Verwendung niederer Prüftemperaturen. Die scheinbare Aktivierungsenergie dieser katalytischen Oxydation, ermittelt aus der Temperaturabhängigkeit der Induktionsperiode bei der Sauerstoffaufnahme, soll identisch mit der der unkatalysierten Oxydation sein, so daß direkte Vergleichsmöglichkeiten gegeben sind.

Walzen: Der Dauerwalztest von Polyäthylen dient insbesondere zur Feststellung von Veränderungen der dielektrischen Eigenschaften durch thermische Oxydation und bildet ein Prüfverfahren für elektrische Isoliermaterialien. Nach ASTM D 1248-60 T wird das Material dazu 3 Stunden bei 160 °C gewalzt und die Veränderung von dielektrischem Verlustfaktor und Dielektrizitätskonstante bestimmt (siehe auch (*393*)). Aber auch zur Verfolgung anderer Alterungskriterien von Polyäthylen (Schmelzindex, Carbonylgehalt, Zugverhalten) eignet sich der Walzversuch und liefert in der Klassifizierung verschiedener Stabilisatoren ähnliche Resultate wie die Ofenalterung bei gleicher Temperatur oder die Oxydation in der Sauerstoffbombe (*36*). — Zur Prüfung des Wärmealterungsverhaltens von PVC ist die Verfärbung auf der Walze ein ebenso wichtiger Versuch wie die Ofenlagerung. Normalerweise wird die Walzung bei 150—180 °C mit etwa 30 cm/sek. Oberflächengeschwindigkeit durchgeführt. Die Schnellkalandrierungsverfahren erfordern jedoch eine Anpassung der Prüfung an die erhöhten Kalandriergeschwindigkeiten (bis zu 165 cm/sek.), die infolge der großen Schergeschwindigkeiten zu höheren Massetemperaturen führen (vgl. (*273*, *143*)).

Weitere Alterungsverfahren für Polymerschmelzen: Häufig werden Wärmealterungen thermoplastischer Polymerer in rheologischen Meßgeräten, welche gleichzeitig eine Verfolgung des erreichten Alterungseffektes gestatten, zu Stabilitätsuntersuchungen benutzt. Besonders geeignet ist dafür die Messung im Schmelzindexgerät oder im Plastographen. Bei ersterem wird die Geschwindigkeit der Extrusion durch eine in Länge und Durchmesser genormte Düse hindurch unter bestimmten Bedingungen von Temperatur und Druck gemessen (besonders bei Polyolefinen gebräuchlich, vgl. ASTM D 1238-62 T). Zur Alterung wird das Polymere vorher eine gewisse Zeit in dem Gerät erhitzt. Plastographen (System Brabender) dienen zur Messung des Knetwiderstandes der Polymermasse bei erhöhter Temperatur. Die im Verlaufe der Erhitzung eintretenden Effekte des Abbaues oder der Vernetzung werden durch einen Abfall bzw. Anstieg des Knetwiderstandes registriert (vgl. (*561a*)). — Zur Untersuchung des Verhaltens von Polyäthylen bei Temperaturen bis zu 400 °C ist von Tabar (*581*) ein Extruder benutzt worden, hinter dessen Austrittsdüse ein elektrisch beheizbares Rohr mit eingesetztem Strömungskörper angebracht war; die Heizzone wurde kontinuierlich von 250 auf 400 °C erwärmt und von dem austretenden Kunststoff Dichte, Schmelzindex und IR-Spektrum verfolgt.

VI.2. Freibewitterung im Sonnenlicht

Eine sichere qualitative Beurteilung der Gebrauchseigenschaften von Kunststoffen im Freien ermöglichen allein Alterungsversuche unter natürlichen atmosphärischen Bedingungen. Letztere setzen sich aus zahlreichen Komponenten zusammen: Sonneneinstrahlung (direkt und reflektiert), Umgebungstemperatur, Luftfeuchtigkeit, Niederschläge, chemische Zusammensetzung der Atmosphäre (z. B. Ozongehalt). Intensität und Alternierung dieser Faktoren bestimmen die Art des Klimas; über die Charakterisierung der wichtigsten Klimaformen: Wüstenklima, tropisches, gemäßigtes, subarktisches und arktisches Klima im Hinblick auf die Verschiedenartigkeit der atmosphärischen Komponenten vgl. (*646*). Der Alterungsort bestimmt dementsprechend Geschwindigkeit und Verlauf der Alterung entscheidend. Aber auch innerhalb einzelner Orte können von Jahr zu Jahr erhebliche Schwankungen in der Sonnenlichtintensität und den anderen atmosphärischen Komponenten auftreten (vgl. (*477*)). Die für den Abbau der Kunststoffe wichtigste Komponente ist die Sonneneinstrahlung. Neben der Angabe einer Bewitterungszeit in Jahren, Monaten usw. ist es vielfach üblich, die insgesamt eingestrahlte Sonnenenergie als Maß für die Alterungsdauer zu benutzen. Wegen der Abhängigkeit der photochemischen Wirksamkeit des Lichtes von seiner spektralen Zusammensetzung ist jedoch auch dieses

Energieintegral nur bedingt als ein Maß für den Alterungseinfluß anzusehen, nämlich dann, wenn man eine etwa konstante spektrale Zusammensetzung des Lichtes voraussetzt. Als Einheit für die Energie der Strahlung pro Flächeneinheit der bestrahlten Probe dient das Langley, wobei 1 Langley = 1 Grammkalorie/cm^2 = 3.69 BTU/sq. ft. Die Messung der Gesamtenergie des eingestrahlten Sonnenlichtes, d. h. der Langley-Wert, erfolgt mit Hilfe von Pyrheliometern, z. B. dem Eppley-Gerät (vgl. (*99*)). Auf diese Weise kann der Einfluß der Schwankungen der Sonnenenergie auf das Bewitterungsergebnis weitgehend ausgeschaltet werden. Vielfach findet sich auch in der Literatur als Bewitterungseinheit die „Sonnenstunde" angegeben; als eine Sonnenstunde ist jede Stunde der Freibewitterung definiert, in welcher die Strahlungsintensität den Wert von 0.823 (Grammkalorien/cm^2)/min. übersteigt. Sie ist allerdings eine weit ungenauere integrale Einheit für die Sonneneinstrahlung, bei deren Verwendung nach einer Feststellung von Caryl (*99*) rund $^1/_8$ der gesamten Strahlungsenergie unberücksichtigt bleibt. An einem wolkigen Tag kann die eingestrahlte Energie weniger als 100 Langley betragen, während sie an einem sonnigen Tag 600 Langley übersteigen kann; der Wert innerhalb einer Stunde kann zwischen 1 und 100 Langley schwanken (*99*). In sonnenreichem Klima, z. B. in Florida oder Arizona, erreicht die Energieeinstrahlung im Verlaufe eines Jahres einen Wert von etwa 200000 Langley, in gemäßigten Zonen (mittleres Europa, New York) von etwa 120000 Langley (vgl. (*105*)). Hierbei ist die Anordnung der Proben so gewählt, daß die Normale auf die bestrahlte Fläche, unter 45° gegen die Horizontale geneigt, nach Süden zeigt. Dies entspricht der in der amerikanischen Norm ASTM D 1435-58 empfohlenen Praxis der Freibewitterung von Kunststoffen. Neigungswinkel und Richtung haben einen erheblichen Einfluß auf den Bewitterungseffekt. Dies zeigen insbesondere systematische Untersuchungen von Darby u. a. (*126*) an Weich-PVC. Danach ergibt sich die beste Witterungsbeständigkeit, wenn die Probefolien vertikal (90° Neigungswinkel) angeordnet werden, und die rascheste Zerstörung bei horizontaler Lage (0° Neigungswinkel). Der 45°-Neigungswinkel bewirkt ein mittleres Ausmaß des Bewitterungseffektes. Die maximale Wirksamkeit bei horizontaler Bewitterung ist durch die Sonnenstrahlung allein nicht zu erklären; sie beruht wohl auf der Möglichkeit einer längeren Einwirkung von Wasser aus Niederschlägen, welches Stabilisatoren bzw. Weichmacher extrahiert. Die Gegenwart von Feuchtigkeit ist der wichtigste zusätzliche Faktor bei der Freibewitterung. Bjorksten u. a. (*65*) finden z. B. erhebliche Unterschiede in der mechanischen Alterungsbeständigkeit von PVC-Folien, wenn diese einmal trocken ausgesetzt, zum anderen an ihrer Rückseite während der Freibewitterung ständig befeuchtet wurden.

Die in Meereshöhe auf die Erdoberfläche auftreffende Lichtenergie besteht nur zu etwa 5 % aus den für Kunststoffe hochwirksamen ultravioletten Strahlen mit $\lambda < 400$ mμ; das sichtbare Licht umfaßt einen Energieanteil von etwa 50 %, die Infrarotstrahlung von etwa 45 %. Die kurzwellige Grenze des natürlichen UV-Lichtes liegt wegen der Absorption durch die Atmosphäre bei 290 mμ, wobei der Anteil zwischen 290 und 300 mμ meist äußerst geringfügig ist. Im einzelnen hängt das Spektrum des auf die Erde auftreffenden Sonnenlichts von Jahreszeit, geographischer Lage und Beschaffenheit der Atmosphäre ab (über genauere Messungen im Bereich von 299—535 mμ vgl. (*563*)). Eine Darstellung der spektralen Energieverteilung der Sonnenstrahlung findet sich in Fig. 36. Außerhalb der Erdatmosphäre erstreckt sich das Sonnenspektrum bis etwa 200 mμ, wobei etwa 8 % der Strahlungsenergie auf das Nah-UV (300—400 mμ), 2 % auf das mittlere UV (200 bis 300 mμ) und <0.01 % auf das ferne UV (<200 mμ) entfallen (*516*).

Zur Ermittlung der selektiven Wirksamkeit einzelner Wellenlängen ist von Hirt, Searle u. a. (*276, 524*) ein Verfahren beschrieben worden, welches auf Bewitterung mit spektral zerlegtem Sonnenlicht beruht. Dazu wird das in einem heliostatischen (dem Lauf der Sonne folgenden) Konkavspiegel konzentrierte Sonnenlicht durch ein Spektrometer zerlegt und das dispergierte Lichtbündel auf die Probe gestrahlt. Die in den verschiedenen Bereichen der Probe feststellbare photochemische Wirkung (gemessen durch die lokale Extinktionserhöhung) ergibt, in Abhängigkeit von der Wellenlänge des eingestrahlten Lichtes aufgetragen, das „Aktivierungsspektrum“. Da das eingestrahlte Licht in den einzelnen Wellenlängenbereichen unterschiedliche Intensität besitzt, sind die „Aktivierungsspektren“ in ihrer Form von der jeweiligen spektralen Zusammensetzung des Lichtes und den Dispersionseigenschaften des Spektralapparates abhängig.

Merkmal aller Freibewitterungsversuche ist ihre lange Dauer und die schlechte Reproduzierbarkeit der Alterungseinflüsse. Dadurch sind Ergebnisse, die innerhalb verschiedener Bewitterungszeiträume gewonnen wurden, nur bedingt miteinander vergleichbar.

VI.3. Beschleunigte Bewitterung und künstliche Strahlungsquellen

Die zuletzt genannten Schwierigkeiten der Freibewitterung lassen sich meist durch künstliche Bewitterungsverfahren umgehen. Hierbei werden insbesondere die Einflüsse der Lichtstrahlung durch künstliche Strahlungsquellen nachgeahmt, bei zahlreichen Geräten auch noch weitere Witterungskomponenten wie Temperatur, Feuchtigkeit und Regen. Infolge der größeren Intensität der Einwirkung, welche einerseits durch die Möglichkeit einer ununterbrochenen Belichtung während der gesamten Bewitterungsdauer, andererseits durch die größere UV-Intensität zahlreicher Strahlungsquellen bedingt ist, verlaufen künstliche Bewitterungen beschleunigt, und die Einflüsse sind konstant und reproduzierbar. Inwieweit auch die an den Proben beobachtbaren Alterungseffekte reproduzierbar sind und einen brauchbaren Vergleich des Bewitterungsverhaltens verschiedener Substanzen gestatten, hängt in starkem Maße von der Konstanz der Temperatur, der Feuchtigkeit und der Beschaffenheit des Strahlungsspektrums bei dem betreffenden

Bewitterungsverfahren ab. Von den zahlreichen Bewitterungsgeräten, die im Handel befindlich sind, sollen hier nur drei häufig gebrauchte erwähnt werden:

Fade-Ometer und *Weather-Ometer* (Hersteller: Atlas Electric Devices Co., Chicago 13, Ill.): Belichtungsgeräte mit einer zentral angeordneten Lichtquelle, um die die Proben rotieren. Als Lichtquellen finden wahlweise Verwendung: Kohlebogenlampe, die durch eine Pyrex-Glasglocke mit Filterwirkung für kurzwelliges UV von der Atmosphäre abgeschlossen ist („Enclosed Carbon Arc"); offene Kohlebogenlampe mit kupferimprägnierten Elektroden („Sunshine Carbon Arc") und evtl. Corex D-Filtern; Xenonbogenlampe. Während die offene Kohlebogenlampe nur im Weather-Ometer verwendet wird, können die anderen Lichtquellen in beiden Arten von Geräten benutzt werden. In Fade-Ometern wird fast ausschließlich der abgeschlossene Kohlebogen als Lichtquelle gebraucht; hierauf beziehen sich auch die zahlreichen Angaben über „Fade-Ometer-Stunden" in der Literatur. Die Oberflächentemperatur der Proben wird näherungsweise bestimmt durch die Temperatur einer in gleicher Weise wie die Proben im Bewitterungsraum angebrachten schwarzen Platte und kann im Bereich zwischen etwa 50 und 90 °C geregelt werden. Normalerweise liegt die Temperatur im Gerät zwischen 50 und 60 °C. Der Unterschied zwischen beiden Geräten besteht in der Wasserzufuhr. Beim Weather-Ometer kann eine periodische Besprühung der Proben mit Wasser programmiert werden, um den Einfluß von Niederschlägen zu erzeugen. In diesem Falle ist die Temperatur im Gerät ohne zusätzliche Regelung etwas niedriger als im Fade-Ometer. Bei den Fade-Ometern älterer Bauart ist nur eine Befeuchtung der eingeblasenen Luft bis zu 50% rel. Luftfeuchtigkeit möglich; die Geräte neuerer Bauart beiden Typs erlauben eine automatische Feuchtigkeitskontrolle.

Xenotest (Hersteller: Quarzlampen Gesellschaft m. b. H., Hanau): Belichtungsgeräte mit Xenonbogenlampe, um die die Proben im Wendelauf rotieren. Temperaturmessung ähnlich wie oben; Temperatur und Luftfeuchtigkeit sind regelbar und werden automatisch kontrolliert. Benässung der Proben erfolgt durch Besprühen, evtl. auch wahlweise durch Berieselung oder Taubildung.

In Fig. 36 ist die spektrale Energieverteilung der in den genannten Geräten verwendeten Lichtquellen im Vergleich zum Sonnenspektrum dargestellt (relative Einheiten der Lichtintensität). In Fade-Ometern werden meist geschlossene Kohlebogen unter Pyrex-Glas verwandt, so daß in solchen Geräten das Spektrum b vorliegt; in Weather-Ometern mit offenem Sunshine-Kohlebogen ist das (spektral sehr ähnliche) Licht von der Wellenlängenverteilung c wirksam. Es zeigt sich somit, daß von den hier genannten Strahlungsquellen der Xenonbogen die engste Annäherung an das Sonnenlicht ergibt. Die Energiespitzen der Kohlebogen-Lichtquellen im UV-Bereich ermöglichen zwar in vielen Fällen eine größere Beschleunigung der Alterungsprüfung gegenüber der natürlichen Bewitterung, so daß meist die Wirksamkeit von Fade-Ometer- bzw. Weather-Ometer-Bewitterungen mit Kohlebogen größer ist als die bei Verwendung eines Xenonbogens gleicher Gesamtenergie erzielte Wirkung (vgl. (*40*)). Der hohe UV-Anteil kann jedoch gegenüber der natürlichen Belichtung vielfach zu völlig andersartigen, schlecht reproduzierbaren Alterungsreaktionen führen, so daß beim Vergleich des Verhaltens verschiedener Substanzen ein falsches Bild über die relative Lichtbeständigkeit erhalten wird. Für die Gewinnung reproduzierbarer, möglichst praxisnaher Ergebnisse über relative Lichtbeständigkeiten ist daher dem Xenonbogen der Vorzug zu geben. Die Annäherung der Lichtquellen an das Sonnenspektrum wird auch durch sog. Mischlicht erreicht, wobei Wolframfaden- und Quecksilberdampflampen (evtl. mit geeigneten Filtern) in einer Apparatur

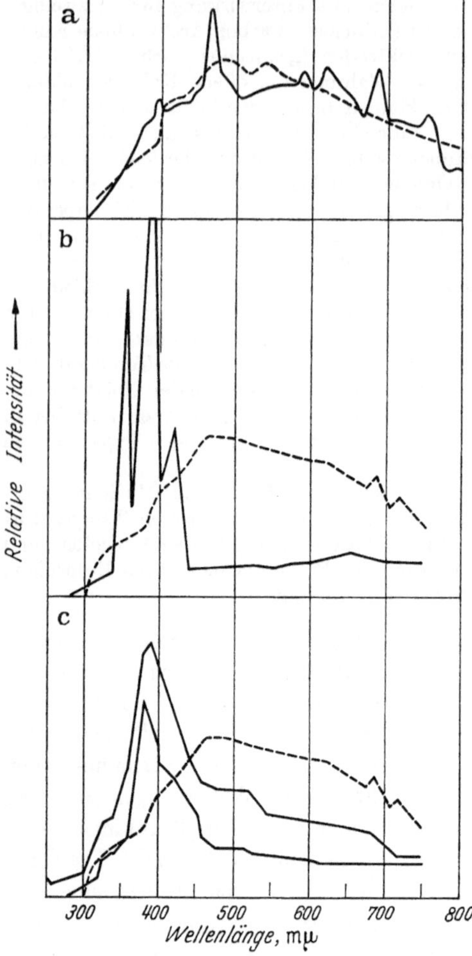

Fig. 36. Spektrale Energieverteilung verschiedener Lichtquellen zur künstlichen Bewitterung. a: Xenonstrahler Xe 500 im Xenotest-Gerät; b: abgeschlossener Kohlebogen (Enclosed Carbon Arc) für Fade-Ometer bzw. Weather-Ometer; c: offener Kohlebogen (Sunshine Carbon Arc) mit und ohne Corex D-Filter für Weather-Ometer. Nach Angaben der Hersteller. Dazu ist jeweils zum Vergleich die Energieverteilung des Sonnenspektrums (— — —) angegeben.

kombiniert sind. Geräte dieser Art (z. B. das nach K. Hoffmann, Hersteller: Spindler & Hoyer, Göttingen) liefern ähnlich gute Ergebnisse wie solche mit Xenonbogen, besitzen jedoch eine geringere Lichtausbeute als letztere. Das Prinzip der Kombination eines Wolframfadens mit einem Quecksilberbogen ist auch in den Sunlamps der General Electric Co. verwirklicht. Außer diesen hier genannten Bewitterungsgeräten existieren Alterungsprüfvorrichtungen, in denen Lichtstrahlung mit anderen physikalischen Einflüssen kombiniert wird, in großer Anzahl (vgl. z. B. (*624*)). Tabelle VI.1. bringt eine Zusammenstellung der Strahlungsleistung einiger Lichtquellen. Zur Reproduzierung der spektralen Energieverteilung der Sonne sind für verschiedene Lichtquellen Filteranordnungen entwickelt worden (vgl. (*165*)). — In den ASTM-Spezifikationen wird die Arbeitsweise mit verschiedenen künstlichen Bewitterungsgeräten unter standardisierten Bedingungen empfohlen, so die beschleunigte

Tabelle VI.1. *Gebräuchliche Lichtquellen zur beschleunigten Alterung* (nach (*275*))

Bezeichnung	Hersteller	Leist.-aufn. W	Strahlungsintensität µW/cm² <350 mµ	<400 mµ	Entfernung inch
Xenonbogen (Xenotest)	Quarzlampen-Gesellschaft	1500	1340	5474	2.5
S-1 Sunlamp	Gen. Electric	400	328	666	8.5
RS Sunlamp	Gen. Electric	275	1109	2300	8.5
Hg-Bogen AH 6	Gen. Electric	1000	1009	2289	10
Fluorescent Blacklight	Gen. Electric	15	310	635	3
Fluorescent Daylight	Gen. Electric	15	9	36	3
Fluorescent Sunlamp	Westinghouse	20	354	382	3
(Sonnenlicht, Juni)			1177	4243	

Bewitterung mit dem Licht eines geschlossenen Kohlebogens (E 188-63 T), mit dem Licht eines geschlossenen oder eines offenen (Sunshine-)Kohlebogens unter Wasserbesprühung (E 42-64; speziell für Kunststoffe: D 1499-64), mit einer S-1 Sunlamp (einer Kombination Wolframfaden-Quecksilberbogen in Corex D-Glas) unter Nebelbesprühung (D 795-57 T) und schließlich mit einer Fluorescent Sunlamp unter Nebelbesprühung (D 1501-57 T).

Die Aufstellung von Beziehungen zwischen der Dauer der künstlichen Bewitterung und der Freibewitterungsdauer ist äußerst problematisch. So fanden Baxmann u. a. (*40*), daß PVC-Platten in harter oder schlagzäher Einstellung bei künstlicher Bewitterung keine befriedigende Übereinstimmung der relativen Farbstabilität mit der bei Freibewitterung ergeben. Andere Autoren hingegen halten eine Relation zwischen künstlicher Bewitterung und Freibewitterung innerhalb einer bestimmten Kunststoffsorte für möglich, falls die Bedingungen der künstlichen Alterung hinreichend kontrolliert werden. Dies gilt in erster Linie für das Spektrum der verwendeten Lichtquelle, welches die Alterungswirkung entscheidend beeinflußt, ferner aber auch für die Probentemperatur und die Feuchtigkeit. Frey (*192*) stellte fest, daß bei Fade-Ometer-Prüfungen an PVC-Produkten eine „Black Panel"-Temperatur von 55 °C besonders gut differenzierte Resultate mit verschieden stabilisierten Proben und eine brauchbare Beziehung zur Freibewitterung liefert. Für die Verfärbung von Weich-PVC und schlagzähem PVC (Hostalit Z) konnte eine angenäherte Beziehung von 1 Jahr Freibewitterung (gemäßigtes Klima) entsprechend rund 400 Fade-Ometer-Stunden und rund 800 Xenotest-Stunden festgestellt werden. Die einzelnen Bewitterungsgeräte stehen dabei in ihrer Wirksamkeit in folgendem Verhältnis: 1 Fade-Ometer-Stunde (geschlossener Kohlebogen, 55 °C) entspricht 1.5 bis 2 Xenotest-Stunden (mit Wendelauf) und 1.2 Weather-Ometer-Stunden (offener Kohlebogen, 55 °C mit Berieselung). Im allgemeinen gelten derartige Beziehungen jedoch immer nur für eine begrenzte Klasse von Produkten und innerhalb eines bestimmten Bewitterungszeitraumes. In den meisten Fällen ist eine Beziehung zwischen beschleunigten Alterungstests und Freibewitterung nicht angebbar. Häufig ändert sich sogar die Reihenfolge der an verschiedenen Proben gemessenen relativen Stabilitäten bei Übergang zu einer anderen Bewitterungsart. Besonders bei Kautschuk-Proben ist die Gewinnung von solchen Beziehungen pessimistisch zu beurteilen; allerdings sind die Verhältnisse je nach der Art der untersuchten Alterungserscheinung etwas unterschiedlich (vgl. (*90*)). Eine relativ gute Annäherung an die Freibewitterungsverhältnisse ergibt sich bei der Untersuchung der Verfärbung, Rißbildung und Reißfestigkeit von Kautschukvulkanisaten durch die Xenotest-Alterung (*74*). — Häufig werden Lichtquellen verwandt, deren Spektrum keinerlei Ähnlichkeit mit dem Sonnenspektrum besitzt und die dennoch eine für manche Zwecke befriedigende Charakterisierung der Lichtstabilität erlauben, wie die „Germicidal Lamp“ (Hersteller: General Electric Co.), die eine scharf ausgeprägte Emissionsbande bei 253.7 mμ, also weit außerhalb des Sonnenspektrums, aufweist und somit eine wirksame Energiequelle für schnelle Alterungsversuche darstellt. Nach Messungen von Nisbet u. a. (*430*) an Hart-PVC werden mit einem Alterungsgerät, das eine solche Lichtquelle besitzt, innerhalb von 20 Bewitterungsstunden stärkere Verfärbungseffekte erzielt als mit 500 Weather-Ometer-Stunden. Der Vorteil einer so wirksamen Anordnung für die Gewinnung rascher orientierender Informationen bei Entwicklungsarbeiten ist jedoch fraglich; er ist mit dem Risiko von möglicherweise völlig falschen Aussagen über die relative Lichtbeständigkeit verbunden.

Vielfach dienen Belichtungsversuche der Untersuchung des Verhaltens von Kunststoffen gegenüber künstlichem Licht, dem sie während ihrer Verwendung ausgesetzt sind. Dies gilt besonders für transparentes Polystyrol, das in großem Umfang zur Herstellung von Beleuchtungskörpern mit Leuchtstoffröhren benutzt wird. Über Lichtstabilitätsuntersuchungen an solchem Material vgl. (*364*). Als besonders gut geeignete Lichtquelle für die Stabilitätsprüfung erweist sich hierbei die Fluorescent Sunlamp (vgl. Tabelle VI.1.) (*460*).

VII. Stabilisierte Kunststoffe im Lebensmittelgebiet

VII.1. Toxizität der Stabilisatorsubstanzen

Die Verwendung von Kunststoffen als Verpackungsmaterial für Lebensmittel sowie der Gebrauch von Kunststoffrohren und -behältern für Trinkwasser und Genußmittel macht eine Kenntnis der toxikologischen Eigenschaften solcher Kunststoffe, einschließlich ihrer Zusatzstoffe, erforderlich. Strenggenommen ist nur die Toxizität der vom Lebensmittel extrahierbaren Anteile von Wichtigkeit; ein in geringfügigen Mengen im Kunststoff enthaltener, an sich toxischer Bestandteil, der aber nicht extrahiert wird, ist ohne Einfluß auf das Lebensmittel, während umgekehrt ein leicht extrahierbarer Anteil selbst bei niedriger Toxizität zu einer erheblichen Beeinträchtigung führen kann. Somit ist für eine vernünftige Beurteilung der physiologischen Wirkung eines Stabilisators beim Kontakt des zugehörigen Substrats mit Lebensmitteln sowohl die Toxizität des reinen Stabilisators wie auch seine Extrahierbarkeit unter den vorgegebenen Bedingungen in Betracht zu ziehen.

Prüfungen der Toxizität erfolgen durch den Tierversuch, wobei die LD_{50} (letale Dosis für 50 % der Versuchstiere) in mg/kg bestimmt wird und auch spezielle Organbefunde eingeschlossen werden (vgl. (*338*, *26*)). Bei zahlreichen Substanzen, die seit längerem in Gebrauch sind, ist jedoch die Toxizität bzw. physiologische Unbedenklichkeit erfahrungsmäßig bekannt.

Auf dem Gebiet der PVC-Stabilisatoren ist das Bild recht vielfältig (vgl. dazu auch die ausführlichere Zusammenstellung von Thinius (*588a*)). Von den Metallsalzen und -seifen sind Pb-, Ba- und Cd-Verbindungen (also die technisch wichtigsten) als toxisch anzusehen und sind daher für lebensmitteltechnologische Anwendungen nicht geeignet. Allerdings sind bleistabilisierte PVC-Rohre für Trinkwasserleitungen verwendbar, wenn der Gehalt an Pb unter 1 % liegt. Wie Niklas u. a. (*429*) zeigten, erfolgt in solchen Rohren nur innerhalb der ersten 2—3 Tage ein rascheres Auswaschen von Bleisalz durch stehendes Wasser; anschließend geht die Bleiauswanderung stark zurück. Es wird deshalb vermutet, daß eine an der Rohrinnenwand vorhandene bleihaltige Oberflächenschicht in der Hauptsache für die Abgabe von Blei in Betracht kommt, nach deren Auswaschen das übrige Blei verhältnismäßig langsam abgegeben wird. Bei Verwendung von bleiarmem PVC werden pro Tag nur noch 1—4 γ Pb aus 500 cm^2 Rohrinnenfläche herausgelöst. Die Bleistabilisierung von Trinkwasserrohren ist in Deutschland im Rahmen bestimmter Höchstgrenzen des Stabilisatorgehaltes zugelassen (vgl. VII.2.), nicht aber in den U. S. A. — Ba- und Cd-Verbindungen gelten durchweg als toxisch. Die LD_{50} einer üblichen Stabilisatorkombination Ba-2-äthylhexanoat/Cd-4-tert.-butylbenzoat ist zu 1130 mg/kg für Mäuse bestimmt worden (*456*). Die Extrahierbarkeit der einzelnen Typen von Ba/Cd-Stabilisatoren ist recht verschieden und kann sich bei verschiedenen Handelsprodukten ein und desselben chemischen Grundtyps um ein Mehrfaches unterscheiden, wie Extraktionsversuche von PHILLIPS u. a. (*456*) an Ba/Cd-Stabilisatoren zeigen. Bei Extraktion von Ba/Cd-hexanoat aus Hart-PVC mit Wasser, mit wäßrigen Lösungen von 6 % HCl, 5 % Na_2CO_3 oder 50 % Äthanol und mit Olivenöl finden FERNLEY u. a. (*180*) so niedrige Extraktionswerte, daß die verwendete Stabilisierung (2 Tle. Ba/Cd-hexanoat auf 100 Tle. Harz) noch außerhalb der von der B. P. F. angesetzten Bedenklichkeitsgrenze liegt (vgl. VII.2.). Bei Ba/Cd-laurat, -stearat und -ricinoleat ist die Extrahierbarkeit größenordnungsmäßig ähnlich, dagegen zeigt Ba/Cd-phthalat in Wasser, HCl und verdünntem Äthanol eine um mehr als eine Größenordnung höhere Extrahierbarkeit und liegt damit bereits im Bereich der physiologischen Bedenklichkeit. Ca-, Zn- und Mg-Verbindungen sind als PVC-Stabilisatoren ungiftig, weshalb sie in Deutschland für Lebensmittelverpackungen bis zu bestimmten Höchstgrenzen zugelassen sind. Von den Dialkylzinnverbindungen gelten Dibutylzinn-Derivate als toxisch, Di-n-octylzinn-Derivate unterhalb bestimmter Konzentrationsgrenzen als nichttoxisch. Der Einfluß des Alkylrestes auf die Toxizität von Dialkylzinnverbindungen ist von BARNES u. a. (*29*) in Tierversuchen eingehend studiert worden. Die Ergebnisse, welche vorwiegend auf Beobachtungen von Gallen- und Leberschäden an Ratten, denen Dialkylzinndichloride perkutan und oral verabreicht worden waren, beruhen, legen einen Anstieg der Toxizität beim Übergang von C_1 bis C_4 und einen Abfall der Toxizität beim weiteren Übergang von C_4 bis C_8 nahe. Das Maximum der physiologischen Wirksamkeit liegt bei den Dibutylzinndichloriden. Allerdings reagieren verschiedene Versuchstiere etwas unterschiedlich (z. B. zeigen Meerschweinchen keine Gallenschäden), und es ist fraglich, ob die pathologischen Befunde auf den Menschen übertragbar sind. Immerhin ist die völlige Ungiftigkeit des Dioctylzinndichlorids bemerkenswert. Trialkylzinnsalze sind übrigens ausgeprägt toxisch und wirken auf das Zentralnervensystem der Versuchstiere. Zu einem qualitativ gleichen Ergebnis hinsichtlich der Wirksamkeit von verschiedenen Organozinnverbindungen gelangen KLIMMER u. a. (*314*); sie finden im Rattenversuch die folgenden LD_{50}-Werte in mg/kg: Di-n-butylzinndichlorid (rein) 100, Di-n-butylzinndilaurat 175, technische Dibutylzinnverbindung 800—900, technische Dibutylzinnverbindung (schwefelhaltig) 500—600, Di-n-octylzinndilaurat > 6000, technische Dioctylzinnverbindung 5000—6000, technische Dioctylzinnverbindung (schwefelhaltig) 1900—2000. Etwas weniger ausgeprägt sind die Unterschiede in Daten von PHILLIPS u. a. (*456*), die sich auf Mäuseversuche beziehen: Dibutylzinndinonylmaleat 3200, Dibutylzinndinonylthioglykolat 1660, Dibutylzinndilaurylmercaptid 4750, Dioctylzinndimaleat 4600. Die Dioctylzinnverbindung zeigt aber nach den Messungen dieser Autoren eine wesentlich niedrigere Extrahierbarkeit aus Weich-PVC in Wasser, Sodalösung, verdünnter Salzsäure und wäßrigem

Alkohol als die Dibutylzinnverbindungen. Allgemein ist die Extrahierbarkeit von Organozinn-Stabilisatoren aus PVC relativ hoch, und zwar merklich höher als die von anderen Stabilisatoren, besonders bei Vorliegen von Öl als Extraktionsmedium (vgl. die Messungen von KLIMMER u. a. (*314*) und von HOUŠKA (*280*)). — Als nicht-toxische PVC-Stabilisatoren, die deshalb bis zu einer bestimmten Höchstkonzentration für physiologisch unbedenklich gelten, finden die organischen Stickstoffbasen: 2-Phenylindol, Diphenylthioharnstoff und Aminocrotonsäureester Verwendung. Sie sind jedoch im allgemeinen nur in Soda-vorstabilisiertem Emulsions-PVC von Nutzen (außer Aminocrotonsäureester). Der LD_{50}-Wert von 2-Phenylindol im Rattenversuch beträgt >6000, allerdings ist die Toxizität etwas höher als bei Di-n-octylzinndilaurat (*314*). Als ungiftig sind wohl auch epoxydierte pflanzliche Öle anzusehen, die bis zu einem gewissen Maximalgehalt an Oxiran-Sauerstoff für Kunststoffe im Lebensmittelsektor freigegeben sind. — Für die wichtigsten Klassen von PVC-Stabilisatoren gilt nach den Ergebnissen von KLIMMER u. a. (*314*), daß aus Hart-PVC die fettfreien Extraktionsmittel nur sehr geringe, toxikologisch unbedenkliche Spuren des Stabilisators herauslösen, daß die extrahierten Mengen aber mit Zunahme der fettlösenden Eigenschaften und bei Abnahme des p_H-Wertes der Extraktionsmittel größer werden. Aus Weich-PVC werden ganz erheblich höhere Stabilisatormengen herausgelöst. — Die weiteren Untersuchungen auf diesem Gebiet werden insbesondere die Frage zu berücksichtigen haben, inwieweit bei der thermischen Verarbeitung aus den Stabilisatoren andersartige Reaktionsprodukte entstehen können und wie es sich mit deren physiologischer Wirkung verhält. Das Auftreten unbekannter und natürlich auch physiologisch undefinierter Reaktionsprodukte von Diphenylthioharnstoff wurde z. B. bei Extraktion von Folienmaterial aus Emulsions-PVC nachgewiesen. Dagegen sollen Di-n-octylzinn-Verbindungen keine aus Folien extrahierbaren Zersetzungsprodukte bilden (*190*).

Im Bereich der Antioxydantien, wie sie für Polyolefine und andere Kunststoffe verwendet werden, ist die Frage der Toxizität weniger kritisch als beim PVC. Einmal sind die hier verwendeten Produkte meist physiologisch unbedenklich, zum anderen Mal ist ihre Konzentration im Kunststoff niedrig. Die LD_{50}-Werte liegen für verschiedenste Typen von Antioxydantien hoch: DBPC >5000, Di-2-naphthyl-p-phenylendiamin >5000, Tri-(nonylphenyl)-phosphit 14 000 (aus Mäuseversuchen nach PHILLIPS u. a. (*457*)). Die bekanntesten phenolischen Inhibitoren, DBPC, 4,4'-Butylidenbis-(6-tert.-butyl-m-kresol), 4,4'-Thiobis-(6-tert.-butyl-m-kresol) und andere sind als physiologisch unbedenklich anerkannt, bei weiteren ist die Unbedenklichkeit in Tierversuchen nachgewiesen. β,β'-Thiodipropionsäuredilaurylester und -stearylester, ebenso wie Tri-(nonyliertes Phenyl)-phosphit (Polygard) gehören ebenfalls zu den für lebensmitteltechnologische Anwendungen freigegebenen Antioxydantien.

VII.2. Lebensmittelrechtliche Gesichtspunkte bei der Verwendung stabilisierter Kunststoffe

Die Rechtspraxis zur Verhütung gesundheitlicher Risiken bei der Verwendung von Kunststoffen auf dem Lebensmittelsektor ist in den einzelnen Ländern sehr verschieden. Vgl. dazu den zusammenfassenden Überblick von PHILLIPS u. a. (*456*).

In *Deutschland* gelten für die Verwendbarkeit bestimmter Kunststoffsorten mit bestimmten Zusätzen die erstmals im Jahre 1958 im Bundesgesundheitsblatt veröffentlichten (*649*) und später laufend ergänzten und revidierten Empfehlungen der Kunststoffkommission des Bundesgesundheitsamtes über die „Gesundheitliche Beurteilung von Kunststoffen im Rahmen des Lebensmittelgesetzes". Allein bei den hierin beschriebenen Kunststoffen und Zusammensetzungen ist ein unbedenklicher Einsatz in Übereinstimmung mit den Anforderungen des Lebensmittelgesetzes in der Fassung vom 21. 12. 58 (*650*) gewährleistet. Im Rahmen dieser Empfehlungen werden nur diejenigen Stabilisierungen als unbedenklich angesehen, die entweder ausdrücklich darin genannt sind, oder deren physiologische Unbedenklichkeit dem Bundesgesundheitsamt nachgewiesen wurde und von diesem anerkannt ist. Hinsichtlich der Stabilisierung einzelner Kunststofftypen gelten derzeit folgende Empfehlungen:

Polyäthylen (*649*), Polypropylen (*651*):
Im Rohstoff und Fertigerzeugnis können Antioxydantien enthalten sein, soweit sie dem Bundesgesundheitsamt als unbedenklich nachgewiesen sind.

(Anmerkung: Diese Produkte sind bislang nicht öffentlich bekanntgegeben worden. Es ist jedoch anzunehmen, daß die Liste der als unbedenklich anerkannten Antioxydantien im wesentlichen die folgenden Substanzen umfaßt, welche auf Grund einer internationalen Koordinierung im Rahmen der Europäischen Wirtschaftsgemeinschaft vom Bureau International Technique des Matières Plastiques zusammengestellt worden sind: 2,6-Di-tert.-butyl-4-methylphenol (DBPC), 3,5-Di-tert.-butyl-4-hydroxyanisol (BHA), 4-Phenylphenol, 2,2′-Methylenbis-(4-methyl-6-tert.-butylphenol), 2,2′-Methylenbis-(4-äthyl-6-tert.-butylphenol), 2,2′-Methylenbis-(4-methyl-6-α-methylcyclohexylphenol), 4,4′-Methylenbis-(2,6-di-tert.-butylphenol), 4,4′-Butylidenbis-(3-methyl-6-tert.-butylphenol), 4,4′-Thiobis-(3-methyl-6-tert.-butylphenol), Thiobis-(2-methyl-5-tert.-butylphenol), Thiobis-(di-sek.-amylphenol), N,N′-Di-2-naphthyl-p-phenylendiamin, Thiodipropionsäure, Thiodipropionsäuredilaurylester, Thiodipropionsäuredistearylester, Thiodipropionsäuredicetylester, Propylgallat, Octylgallat, Dodecylgallat, 2,4,5-Trihydroxybutyrophenon, techn. Tri-(nonylphenyl)-phosphit, 1,1,3-Tri-(2′-methyl-4′-hydroxy-5′-tert.-butylphenyl)-butan, 1,3,5-Trimethyl-2,4,6-tri-(3′,5′-di-tert.-butyl-4′-hydroxybenzyl)-benzol, β-(3,5-Di-tert.-butyl-4-hydroxyphenyl)-propionsäure-n-octadecylester, 2-n-Octylthio-4,6-di-(4′-hydroxy-3′,5′-di-tert.-butylphenoxy)-1,3,5-triazin. Diese Verbindungen eignen sich bis zu einem Maximalgehalt von insgesamt 1% als Antioxydantien für Polyäthylen und schlagfestes Polystyrol mit Lebensmittelkontakt (*91*)).

Bei der Verarbeitung zu Rohren bestehen keine Bedenken gegen den Zusatz von Ruß als Stabilisator in einer Menge bis zu 2 %. Die Rohre dürfen jedoch keine fluoreszierenden Stoffe an organische Lösungsmittel abgeben.

Polyisobutylen und Mischpolymerisate (*655*):
Als Antioxydantien bzw. Stabilisatoren dürfen verwendet werden

a) Zn-stearat, höchstens 0.3 %

b) sonstige vom Bundesgesundheitsamt anerkannte Stoffe, höchstens 0.2 %.

Polystyrol (*653*):
Im Rohstoff und Fertigerzeugnis können enthalten sein

a) Stabilisatoren wie Na-phosphat und/oder chemisch artverwandte physiologisch unbedenkliche Substanzen

b) Antioxydantien, soweit vom Bundesgesundheitsamt anerkannt.

Polystyrol-Misch- und Pfropfpolymerisate, Mischungen mit Polystyrol (*658*):
Im Rohstoff und Fertigerzeugnis können enthalten sein

a) Stabilisatoren wie Na-phosphat und/oder chemische artverwandte physiologisch unbedenkliche Substanzen; Zn-sulfid, höchstens 0.5 %

b) Antioxydantien, soweit vom Bundesgesundheitsamt anerkannt.

Weichmacherfreies PVC, dessen Mischpolymerisate und Mischungen mit überwiegendem Gehalt an Vinylchlorid (*659*):
Von der Herstellung und Aufarbeitung dürfen im Rohstoff und Fertigerzeugnis Stabilisatoren wie Na-phosphat, Na-carbonat, Ca-stearat und/oder chemisch artverwandte gesundheitlich unbedenkliche Stoffe enthalten sein. Sofern bei der Weiterverarbeitung zu Fertigerzeugnissen dem Rohmaterial Stabilisatoren und Gleitmittel zugesetzt werden, dürfen nur folgende Stoffe verwendet werden:

a) Ca- und/oder Mg-stearat
b) Ca-octanoat, höchstens 3.0 %
c) Zn-stearat und/oder Zn-octanoat, insgesamt höchstens 1.0 %
d) Diphenylthioharnstoff, höchstens 1.0 %
e) Mn-oxydhydrat
f) 2-Phenylindol, höchstens 1.0 %
g) Tri-(nonylphenyl)-phosphit, höchstens 1.0 %
h) Polyvinyläther (Viskosität der 1proz. Benzol-Lösung $\geqq$ 0.5 cP bei 20 °C)
i) Sorbit
k) Höhere Fettalkohole (C-Zahl $\geqq$ 12), höchstens 3.0 %
l) Di-stearoyl- und/oder -palmitoyläthylendiamin, höchstens 1.0 %
m) Ester der Montansäuren mit Äthandiol bzw. 1,3-Butandiol
n) Mischpolymerisate aus Butylacrylat und Vinylpyrrolidon (95:5)

o) Polyäthylen, soweit es den Empfehlungen entspricht

p) Siliconöl (Viskosität $\geqq$ 100 cSt bei 20 °C)

q) Aminocrotonsäureester ein- oder mehrwertiger aliphatischer Alkohole, höchstens 3.0 %

r) Glycerinester natürlich vorkommender gesättigter und ungesättigter Fettsäuren, höchstens 3.0 %

s) Ester von aliphatischen gesättigten Säuren (C_{12-24}) mit einwertigen aliphatischen gesättigten Alkoholen (C_{12-20}), auch in Form von gehärtetem Spermöl, höchstens 3.0 %

t) Epoxydierte Soja- oder Ricinusöle mit Epoxydsauerstoffgehalt <0.8 %, höchstens 3.0 %

u) Di-n-octylzinnverbindungen, soweit ihre Konstitution dem Bundesgesundheitsamt mitgeteilt ist und von diesem keine gesundheitlichen Bedenken erhoben werden, weniger als 1.5 %, jedoch nicht in Verbindung mit den Positionen q—t, wenn deren Anteil an der Gesamtmischung mehr als insgesamt 0,5 % beträgt.

v) Butylthiostannonsäure, jedoch unter dem gleichen Vorbehalt hinsichtlich der Positionen q—t wie vorstehend, höchstens 0.5 %

w) Sonstige Stabilisatoren und Gleitmittel, deren Zusammensetzung dem Bundesgesundheitsamt mitgeteilt und deren gesundheitliche Unbedenklichkeit von diesem anerkannt ist.

Von sämtlichen genannten Zusatzstoffen dürfen im Kunststoffanteil des fertigen Bedarfsgegenstandes nicht mehr als 8.0 % enthalten sein. Für Trinkwasserleitungsrohre aus weichmacherfreiem PVC bzw. Mischpolymerisaten oder Mischungen mit chlorierten Polyolefinen gilt gesondert (*654*), daß außer den empfohlenen Stabilisatoren auch folgende verwendet werden dürfen:

<table>
<tr><td>Pb-II-stearat
2-basisches Pb-II-stearat
2-basisches Pb-II-sulfat
2-basisches Pb-II-phosphit</td><td>in Mengen von insgesamt höchstens 2 %, berechnet auf Blei.</td></tr>
</table>

Der Bleigehalt des Trinkwassers an den Zapfstellen darf 0.1 mg Pb/l nicht übersteigen.

Polymethacrylate, deren Mischpolymerisate und Mischungen (*657*):
Im Rohstoff und Fertigerzeugnis dürfen enthalten sein

a) Stabilisatoren wie Na-phosphat und/oder chemisch artverwandte physiologisch unbedenkliche Stoffe

b) Antioxydantien, soweit vom Bundesgesundheitsamt anerkannt.

Polycarbonat (*652*):
Im Rohstoff und Fertigerzeugnis darf als Stabilisator Tri-(cyclohexylphenyl)-phosphit zu höchstens 0.05 % enthalten sein.

Ungesättigte Polyesterharze (*652*):
Im Rohstoff und Fertigerzeugnis dürfen als Inhibitoren zweiwertige, auch substituierte Phenole zu höchstens 0.05 % enthalten sein.

Bedarfsgegenstände auf Basis von Natur- und Synthesekautschuk (*656*):
Die Fertigerzeugnisse dürfen als Stabilisatoren für die Ausgangsstoffe und als Alterungsschutzmittel enthalten

Styrolisiertes Diphenylamin, jedoch nicht bei Kautschukerzeugnissen, die mit fettreichen oder öligen Medien in Berührung kommen

2,2'-Methylenbis-(4-methyl-6-cyclohexylphenol) und dessen α-Methylderivat

2,2'-Methylenbis-(4-methyl-6-tert.-butylphenol)

Styrolisiertes und/oder methylstyrolisiertes o-Kresol oder Phenol

2,6-Di-tert.-butyl-4-methylphenol

2,6-Di-tert.-butyl-4-methoxymethylphenol

Dihydroxydiphenyl

sonstige Alterungsschutzmittel, soweit vom Bundesgesundheitsamt anerkannt,

allein oder in Kombination mit höchstens 3 % Paraffinen oder mikrokristallinen Wachsen.
Neben den in diesen Empfehlungen speziell genannten Stabilisatoren sind in der letzten Zeit verschiedene weitere Substanzen vom Bundesgesundheitsamt als physiologisch unbedenklich anerkannt worden; die Zahl dieser Produkte erweitert sich ständig.

In den *USA* gelten diejenigen Substanzen als physiologisch unbedenklich, die von der Food and Drug Administration (F.D.A.) des U.S. Department of Health, Education and Welfare auf Grund des Food Additives Amendment (*665*) in laufenden Ergänzungen veröffentlicht werden. Substanzen, die noch vor der Herausgabe des Food Additives Amendment als Zusatzstoffe bei der Herstellung von Lebensmittelverpackungen anerkannt waren, sind die folgenden (*663*):
Antioxydantien: Butyliertes Hydroxyanisol, butyliertes Hydroxytoluol (DBPC), Dilaurylthiodipropionat, Distearylthiodipropionat, Guajakharz, Nordihydroguajaretsäure, Propylgallat, Thiodipropionsäure, 2,4,5-Trihydroxybutyrophenon;
Stabilisatoren: Al-mono-, -di- und -tristearat, Ammoniumcitrat, K-Ammoniumhydrogenphosphat, Ca-acetat, Ca-carbonat, Ca-glycerinphosphat, Ca-phosphat, Ca-hydrogenphosphat, Ca-oleat, Ca-ricinoleat, Ca-stearat, Di-Na-hydrogenphosphat, Mg-glycerinphosphat, Mg-stearat, Mg-phosphat, Mg-hydrogenphosphat, Mono-, Di- und Tri-Na-citrat, Mono-, Di- und Tri-K-citrat, K-oleat, K-stearat, Na-pyrophosphat, Na-stearat, Na-tetrapyrophosphat, Sn-stearat, Zn-orthophosphat, harzsaures Zn;

ferner epoxydiertes Sojaöl mit Jodzahl $\leqq 6$ und $\leqq 6.0\,\%$ Oxiransauerstoff sowie andere Weichmachersubstanzen.

Ein großer Teil dieser Produkte ist für die Kunststoff-Stabilisierung bedeutungslos. Folgende weiteren Antioxydantien bzw. Stabilisatoren für Polymere sind in den Ergänzungen zum Food Additives Amendment inzwischen noch als sichere Zusatzstoffe anerkannt worden (*664*):

2,6-Di-(α-methylheptyl)-4-methylphenol, höchstens 0.3 %

2,2'-Methylenbis-(4-methyl-6-α-methylcyclohexylphenol), höchstens 0.2 % in Polyäthylen

4,4'-Methylenbis-(2,6-di-tert.-butylphenol), höchstens 0.25 % in Kohlenwasserstoffharzen

4,4'-Butylidenbis-(3-methyl-6-tert.-butylphenol), höchstens 0.5 % in Polypropylen und 0.3 % in Polyäthylen

4,4'-Thiobis-(3-methyl-6-tert.-butylphenol), höchstens 0.25 % in Polyäthylen mit Dichten $\geqq 0.926$

1,3,5-Trimethyl-2,4,6-tri-(3',5'-di-tert.-butyl-4'-hydroxybenzyl)-benzol, höchstens 0.5 %

Tri-(mono- und dinonylphenyl)-phosphit (mit $\leqq 1\,\%$ Triisopropanolamin)

Ca-benzoat

Diphenylthioharnstoff, höchstens 0.5 % in PVC oder Vinylchlorid/Vinylacetat-Mischpolymerisat

Mg-salicylat, nur in Hart-PVC, höchstens 0.3 % Gesamt-Salicylat

Pentaerythrit und dessen Stearate, nur in Hart-PVC, höchstens 0.4 % Gesamt-Pentaerythrit

Sorbitmonostearat

Zn-salicylat, nur in Hart-PVC, höchstens 0.3 % Gesamt-Salicylat

Zn-stearat.

In *Großbritannien* unterliegt die Beschaffenheit des Lebensmittelverpackungsmaterials keiner gesetzlichen Regelung, sondern lediglich die Anwesenheit von Fremdstoffen im Nahrungsmittel selbst. Von der British Plastics Federation (B. P. F.) sind Richtlinien zur Beurteilung der toxischen Wirkung von Zusatzstoffen (*87*) aufgestellt worden, welche von der Erwägung ausgehen, daß zur Beurteilung der Wirkung eines Zusatzstoffes sowohl die Toxizität wie die Extrahierbarkeit in Betracht gezogen werden müssen. Es wird dabei ein Toxizitätsquotient Q definiert:

$$Q = \frac{E}{T}\,1000\,; \tag{1}$$

hierbei ist E die unter Standardbedingungen aus dem Kunststoff extrahierte Substanzmenge und T eine in ähnlicher Weise wie die LD_{50} aus Tierversuchen ermittelte Toxizitätsgröße.

Für die Extraktionsversuche werden die folgenden Flüssigkeiten empfohlen: destilliertes Wasser, 5 proz. wäßrige Sodalösung, 5 proz. wäßrige Citronensäurelösung, 50 proz. wäßrige Äthanol-Lösung, Olivenöl mit 2% freier Ölsäure. Die Extraktionsbedingungen richten sich nach den Bedingungen, unter denen der Kunststoff mit Lebensmitteln in Berührung kommt, wobei 4 Kategorien unterschieden werden: (A) bei Kunststoffen für Verpackungszwecke und längere Lagerung 10tägige Extraktion bei 60 °C, (B) bei Kunststoffen für kurzzeitigen Kontakt mit heißen Lebensmitteln 2stündige Extraktion bei 80 °C und anschließend weitere 16stündige Einwirkung des Extraktionsmittels bei Raumtemperatur, (C) bei Kunststoffen für kurzzeitigen Kontakt mit kalten Lebensmitteln 24 stündige Extraktion bei 45 °C und (D) bei Kunststoffen für die Lebensmittelverarbeitung Extraktion unter den jeweiligen praktischen Bedingungen. Der Extrakt wird analysiert und E als Menge in g des extrahierten Zusatzstoffes pro 100 cc Ausgangsprobe, bzw., bei dickwandigen Proben, in g extrahierten Materials pro 4000 cm^2 Oberfläche der Probe angegeben.

Der Toxizitätsfaktor T wird aus den derzeit verfügbaren Kenntnissen über die physiologische Wirkung des reinen Zusatzstoffes festgelegt und entspricht etwa der täglichen Maximaldosis in mg/kg, die 90 Tage lang von Versuchstieren ohne erkennbare Schädigung ertragen wird. Für nur relativ wenige Zusatzstoffe sind allerdings die T-Werte bisher in Tierversuchen exakt ermittelt worden. Man hilft sich hierbei durch die Annahme von Extremwerten. In den meisten Fällen werden für bekanntermaßen ungiftige Stoffe T-Werte von 1000 zugeordnet, für definitiv toxische Materialien solche von 2. Beispielsweise beträgt $T = 1000$ bei DBPC, Ca-Seifen, Mg-Seifen, Zn-Seifen, Ruß, substituierten 2-Hydroxybenzophenonen, 2-(2'-Hydroxy-5'-methylphenyl)-benzotriazol, DLTDP, N,N'-Di-2-naphthyl-p-phenylendiamin, Diphenylthioharnstoff, epoxydiertem Sojaöl, Antioxidant 2246, 2-Phenylindol, Phenylsalicylat, Soda, Tri-(nonylphenyl)-phosphit. Der Mindestwert $T = 2$ für extreme Toxizität ist Ba-Seifen, Cd-Seifen, Pb-Verbindungen, Dibutylzinndilaurat und Dibutylzinndimaleat zugeordnet worden. Für weitere Stabilisatoren gelten folgende T-Werte: Di-(2-äthylhexyl)-phenylphosphit 10, Di-(octylphenyl)-2-äthylhexylphosphit 10, Tri-(2-äthylhexyl)-phosphit 10, Triphenylphosphit 10, Pentaerythrit 10, Mn-oxydhydrat 10, Di-n-octylzinndilaurat 50, Di-n-octylzinn-S,S'-di-(isooctylthioglykolat) 50, Diphenylharnstoff 500.

Der aus E und T nach Gl. (1) berechenbare Toxizitätsquotient Q bildet ein Kriterium für die physiologische Unbedenklichkeit. Ein Kunststoffmaterial wird dann als sicher im Kontakt mit Lebensmitteln angesehen, wenn die Summe der Toxizitätsquotienten aller extrahierten Zusatzstoffe kleiner als 10 ist. Beispielsweise wird nach Messungen von PHILLIPS u. a. (*457*) aus Polyäthylen mit 0.5% DBPC durch Alkohol 0.11% des Antioxydans extrahiert. Damit ergibt sich ein Toxizitätsquotient von 0.11.

Literaturverzeichnis und Autorenregister *

(*1*) ACHESON, H. A., JR.: Rubber Plastics Age **44**, 263 (1963); *S. 190.*

(*2*) ACHHAMMER, B. G., M. J. REINEY u. F. W. REINHART: J. Res. Nat. Bur. Stand. **47**, 116 (1951); *S. 18, 42, 46.*

(*3*) – –, L. A. WALL u. F. W. REINHART: J. Polymer Sci. **8**, 555 (1952); *S. 46.*

(*4*) –, M. TRYON u. G. M. KLINE: Kunststoffe **49**, 600 (1959); Mod. Plastics **37**, Nr. 4, 131 (1959); *S. 33, 71.*

(*5*) ALISHOEV, V. R., V. V. GURYANOVA, B. M. KOVARSKAYA u. M. B. NEIMAN: Vysokomolekul. Soedin. **4**, 1887 (1962); *S. 295, 453.*

(*6*) –, M. B. NEIMAN, B. M. KOVARSKAYA u. V. V. GURYANOVA: Vysokomolekul. Soedin. **5**, 644 (1963); *S. 453.*

(*7*) ALLISON, A. R. u. I. J. STANLEY: Anal. Chem. **24**, 630 (1952); *S. 74.*

(*8*) ALT, B.: Kunststoffe **53**, 164 (1963); *S. 25.*

(*9*) AMBELANG, J. C., R. H. KLINE, O. M. LORENZ, C. R. PARKS, C. WADELIN u. J. R. SHELTON: Rubber Chem. and Technol. **36**, 1497 (1963); *S. 163, 466.*

(*10*) ANDERSON, H. C.: J. Appl. Polymer Sci. **6**, 484 (1962); *S. 413.*

(*11*) ANDREWS, E. H. u. M. BRADEN: J. Appl. Polymer Sci. **7**, 1003 (1963); *S. 160.*

(*12*) ANGERT, L. G. u. A. S. KUZMINSKII: J. Polymer Sci. **32**, 1 (1958); *S. 126, 137.*

(*13*) – – J. Polymer Sci. **55**, 489 (1961); *S. 118.*

(*14*) ANTROPOVA, N. I., K. N. VLASOVA u. M. L. DOBROKHOTOVA: Plasticheskie Massy **1963**, Nr. 8, 16; *S. 459.*

(*15*) ARBUSOV, A. E.: J. Russ. Phys. Chem. Soc. **38**, 161, 293, 687 (1906); *S. 167.*

(*16*) – Usp. Khim. **20**, 521 (1951); *S. 167.*

(*17*) ARLMAN, E. J.: J. Polymer Sci. **12**, 543 (1954); *S. 61, 66.*

(*18*) – J. Polymer Sci. **12**, 547 (1954); *S. 58, 63.*

(*19*) BÄCKSTRÖM, H. J. L.: J. Am. Chem. Soc. **49**, 1460 (1927); *S. 111.*

(*20*) BACON, R. G. R. u. E. H. FARMER: Rubber Chem. and Technol. **12**, 200 (1939); *S. 101.*

(*21*) BAGDASARYAN, KH. S.: „Teoriya radikalnoi polimerizatsii", Izd. Akad. Nauk SSSR, Moskau **1959**; *S. 103.*

(*21a*) – u. R. I. MILYUTINSKAYA: Vysokomolekul. Soedin. **6**, 1098 (1964); *S. 123.*

(*22*) BALABÁN, L.: Chem. Prumysl **13**, 45 (1963); *S. 176.*

(*22a*) – Chem. Prumysl **14**, 366 (1964); *S. 72, 426.*

(*23*) – u. Z. KUČEROVSKÝ: Chem. Prumysl **13**, 74 (1963); *S. 123.*

(*24*) BANKOFF, S. G. u. R. N. SHREVE: Ind. Eng. Chem. **45**, 270 (1953); *S. 435.*

(*25*) BANKS, R. E., J. M. BIRCHALL u. R. N. HASZELDINE: Soc. Chem. Ind. (London), Monograph 13, 270 (1961); *S. 19.*

(*26*) BÄR, F.: Bundesgesundheitsblatt **5**, 73 (1962); *S. 485.*

(*27*) BARNARD, D., L. BATEMAN, M. E. CAIN, T. COLCLOUGH u. J. I. CUNNEEN: J. Chem. Soc. **1961**, 5339; *S. 149.*

(*28*) – –, E. R. COLE u. J. I. CUNNEEN: J. Chem. Soc. **1958**, 918; *S. 149, 150.*

(*29*) BARNES, J. M. u. H. B. STONER: Brit. J. Ind. Med. **15**, 15 (1958); *S. 486.*

(*29a*) BARNES, W. A. u. N. W. FRANKE: SPE Trans. **5**, 7 (1965); *S. 446.*

(*30*) BARTON, D. H. R. u. K. E. HOWLETT: J. Chem. Soc. **1949**, 155; *S. 64.*

(*31*) BATEMAN, L., M. E. CAIN, T. COLCLOUGH u. J. I. CUNNEEN: J. Chem. Soc. **1962**, 3570; *S. 150.*

(*32*) –, G. GEE, J. L. BOLLAND, A. L. MORRIS u. W. F. WATSON: zitiert in (*227*); *S. 48.*

(*33*) – u. H. HUGHES: J. Chem. Soc. **1952**, 4594; *S. 40.*

---

* Die kursiven Zahlen am Ende der Literaturzitate bezeichnen die Seiten des vorliegenden Werkes, auf denen auf die betr. Literaturstellen verwiesen wird.

(*34*) Baum, B.: J. Appl. Polymer Sci. **2**, 281 (1959); *S. 42, 45.*
(*35*) – SPE J. **17**, 71 (1961); *S. 57, 60, 62, 66, 88.*
(*36*) – u. A. L. Perun: Plastics Technol. **7**, Nr. **4**, 29 (1961); *S. 351, 477.*
(*37*) – – SPE Trans. **2**, 250 (1962); *S. 136, 137, 212, 217, 218, 225, 230, 246, 278, 282, 312, 324, 351, 356, 358, 360, 366.*
(*38*) – u. L. H. Wartman: J. Polymer Sci. **28**, 537 (1958); *S. 57, 98.*
(*39*) Bauman, R. G. u. S. H. Maron: J. Polymer Sci. **22**, 1 (1956); *S. 50.*
(*40*) Baxmann, F. u. K. Kopetz: Kunststoffe **52**, 465 (1962); *S. 481, 483.*
(*41*) Baxter, S. u. H. A. Vodden: Chem. Ind. (London) **1950**, 655; *S. 476.*
(*42*) Beachell, H. C. u. S. P. Nemphos: J. Polymer Sci. **21**, 113 (1956); *S. 44.*
(*43*) – – J. Polymer Sci. **25**, 173 (1957); *S. 46.*
(*44*) – u. G. W. Tarbet: J. Polymer Sci. **45**, 451 (1960); *S. 44.*
(*45*) Becconsall, J. K., S. Clough u. G. Scott: Proc. Chem. Soc. **1959**, 308; *S. 123.*
(*46*) – – – Trans. Faraday Soc. **56**, 459 (1960); *S. 123.*
(*47*) Becker, R. O. u. K. L. Seligman: Rubber Chem. and Technol. **34**, 856 (1961); *S. 472.*
(*48*) Bell, G. W., jr. u. C. E. Heyd: SPE Tech. Papers **9**, XVII/2 (1963); *S. 144.*
(*49*) Beneš, J.: Collection Czech. Chem. Comm. **29**, **363** (1964); *S. 116, 117, 122.*
(*50*) Bengough, W. I. u. R. G. W. Norrish: Proc. Roy. Soc. (London) **A 200**, 301 (1950); *S. 57.*
(*51*) Benton, J. L. u. M. M. Wirth: Nature **171**, 269 (1953); *S. 40.*
(*51a*) Berlin, A. A. u. S. I. Bass: Izv. Akad. Nauk SSSR, Otd. Khim. Nauk **1962**, 1494; *S. 395.*
(*52*) –, Z. V. Popova u. D. M. Yanovskii: Zh. Prikl. Khim. **33**, 871 (1960); *S. 371.*
(*53*) – – – Vysokomolekul. Soedin. **4**, 1172 (1962); *S. 393.*
(*54*) Berry, J. P. u. P. J. Cayré: J. Appl. Polymer Sci. **3**, 213 (1960); *S. 189.*
(*55*) Bersch, C. F., M. R. Harvey u. B. G. Achhammer: J. Res. Nat. Bur. Stand. **60**, 481 (1958); *S. 59, 60.*
(*56*) Bevilacqua, E. M.: in (*360*) S. 857–918; *S. 208.*
(*57*) Bickel, A. F. u. E. C. Kooyman: J. Chem. Soc. **1953**, 3211; *S. 126, 128.*
(*58*) – – J. Chem. Soc. **1956**, 2215; *S. 115.*
(*59*) – – J. Chem. Soc. **1957**, 2217; *S. 115.*
(*60*) – – J. Chem. Soc. **1957**, 2415; *S. 114.*
(*61*) Biggs, B. S.: Bell System Tech. J. **30**, 1078 (1951); *S. 42, 116.*
(*62*) – Nat. Bur. Stand., Circ. 525, 137 (1953); *S. 11, 188.*
(*63*) – u. W. L. Hawkins: Mod. Plastics **31**, Nr. 1, 121 (1953); *S. 110.*
(*64*) Birnthaler, W. u. G. Falk: Kunststoffe **49**, 439 (1959); *S. 439.*
(*65*) Bjorksten, J. u. R. P. Lappala: Plastics Technol. **3**, 25 (1957); *S. 479.*
(*65a*) Blumberg, M., C. R. Boss u. J. C. W. Chien: J. Appl. Polymer Sci. **9**, 3837 (1965); *S. 140, 418, 477.*
(*66*) Bobalek, E. G., J. N. Henderson, T. T. Serafini u. J. R. Shelton: J. Appl. Polymer Sci. **2**, 210 (1959); *S. 12.*
(*67*) Bolland, J. L. u. G. Gee: Trans. Faraday Soc. **42**, 236 (1946); *S. 37, 39, 40, 49, 111, 116.*
(*68*) – – Trans. Faraday Soc. **42**, 244 (1946); *S. 40, 41, 44, 49.*
(*69*) – u. P. ten Have: Trans. Faraday Soc. **43**, 201 (1947); *S. 111, 112, 116, 128.*
(*70*) – – Discussions Faraday Soc. **2**, 252 (1947); *S. 112, 116, 129, 131, 134.*
(*71*) Bonfiglio, G.: Materie Plastiche **24**, 365 (1958); *S. 437, 440.*
(*72*) Boozer, C. E. u. G. S. Hammond: J. Am. Chem. Soc. **76**, 3861 (1954); *S. 114.*

(*73*) — —, C. E. HAMILTON u. J. N. SEN: J. Am. Chem. Soc. **77**, 3233 (1955); *S. 114, 126, 128.*
(*74*) BOUCHER, M. u. J. DE MERLIER: Rev. Gen. Caoutchouc **38**, 225 (1961); *S. 484.*
(*75*) — — Rev. Gen. Caoutchouc **40**, 429 (1963); *S. 472.*
(*76*) BOWEN, E. J.: Quart. Rev. (London) **4**, 236 (1950); *S. 68.*
(*77*) BOYER, N. E.: Plastics Technol. **8**, Nr. 11, 33 (1962); *S. 76.*
(*78*) BOYER, R. F.: J. Phys. & Colloid Chem. **51**, 80 (1947); *S. 53, 56.*
(*79*) BRADEN, M.: J. Appl. Polymer Sci. **6**, Nr. 19, S 6 (1962); *S. 159.*
(*80*) — u. A. N. GENT: J. Appl. Polymer Sci. **3**, 90 (1960); *S. 30, 73.*
(*81*) — — J. Appl. Polymer Sci. **3**, 100 (1960); *S. 30, 73.*
(*82*) — — J. Appl. Polymer Sci. **6**, 449 (1962); *S. 30, 159, 161, 162, 280.*
(*83*) BRADLEY, T. F., E. L. KROPA u. W. B. JOHNSTON: Ind. Eng. Chem. **29**, 1270 (1937); *S. 461.*
(*83a*) BRAGAW, C. G.: Mod. Plastics **33**, Nr. 10, 199 (1956); *S. 12.*
(*84*) BREED, L. W.: SPE J. **17**, 1206 (1961); *S. 413.*
(*85*) BRESLER, S. E., A. T. OSMINSKAYA u. A. G. POPOV: Vysokomolekul. Soedin. **2**, 130 (1960); *S. 151.*
(*86*) BRIGHTON, C. A.: Brit. Plastics **31**, 468 (1958); *S. 16.*
(*87*) British Plastics Federation: "Second Report of the Toxicity Sub-Committee of the Main Technical Committee", London, 1962; *S. 492.*
(*88*) BROOKS, L. A.: Rubber Chem. and Technol. **36**, 887 (1963); *S. 152.*
(*89*) BUCHACHENKO, A. L., M. S. KHLOPLYANKINA u. M. B. NEIMAN: Dokl. Akad. Nauk SSSR **143**, 146 (1962); *S. 125, 129.*
(*90*) BUIST, J. M. u. G. N. WELDING: Rubber Chem. and Technol. **19**, 444 (1946); *S. 484.*
(*91*) Bureau International Technique des Matières Plastiques: Sitzg. der Technischen Kommission Polyäthylen, Brüssel, 4. 11. 1964; *S. 488.*
(*92*) BURGESS, A. R.: Chem. Ind. (London) **1952**, 78; *S. 29, 424.*
(*93*) — Nat. Bur. Stand., Circ. 525, 149 (1953); *S. 119, 174, 175, 176.*
(*94*) BURNETT, J. D., R. G. J. MILLER u. H. A. WILLIS: J. Polymer Sci. **15**, 592 (1955); *S. 44.*
(*94a*) BURSIAN, W.: Plastverarbeiter **14**, 581 (1963); *S. 430, 437.*
(*95*) CADOGAN, J. I. G. u. W. R. FOSTER: J. Chem. Soc. **1961**, 3071; *S. 154.*
(*96*) CAIN, M. E. u. J. I. CUNNEEN: J. Chem. Soc. **1962**, 2959; *S. 150.*
(*97*) CALDWELL, R. G.: Ph. D. Thesis, University of Hawaii, 1960; *S. 132.*
(*98*) CAMPBELL, T. W. u. G. M. COPPINGER: J. Am. Chem. Soc. **74**, 1469 (1952); *S. 127.*
(*99*) CARYL, C. R.: ASTM Bull. **243**, 55 (1960); *S. 479.*
(*100*) Catalin Corp. of America: Mod. Plastics Encycl. Issue **1962**, 464; *S. 109.*
(*101*) ČERMÁKOVÁ, D. u. B. DOLEŽEL: Korose Ochrana Mater. **1962**, 73; *S. 24.*
(*102*) CHALK, A. J. u. J. F. SMITH: Trans. Faraday Soc. **53**, 1214, 1235 (1957); *S. 165.*
(*103*) CHAUDET, J. H., G. C. NEWLAND, H. W. PATTON u. J. W. TAMBLYN: SPE Trans. **1**, 26 (1961); *S. 172, 174, 176, 177, 181.*
(*104*) — u. J. W. TAMBLYN: SPE Trans. **1**, 57 (1961); *S. 125, 269, 270.*
(*105*) CHEVASSUS, F.: Ind. Plastiques Mod. (Paris) **9**, Nr. 7, 38 (1957); *S. 479.*
(*106*) — u. R. DE BROUTELLES: "The Stabilization of Polyvinyl Chloride", Edward Arnold Publ., London, 1963; *S. 66, 101, 430.*
(*107*) CHRISTOPHER, W. F.: SPE J. **14**, Nr. 6, 31 (1958); *S. 23.*
(*108*) — u. D. W. FOX: "Polycarbonates", Reinhold Publ. Corp., New York, 1962; *S. 23, 455.*

(*109*) Clark, G. A. u. C. B. Havens: Plastics Technol. **5**, Nr. 12, 41 (1959); *S. 226, 270, 273.*
(*110*) Clark, W. C.: Mod. Plastics **26**, Nr. 11, 97 (1949); *S. 444.*
Cleve, R. Van u. a.: siehe (*605*).
(*111*) Cole, J. O. u. J. E. Field: Ind. Eng. Chem. **39**, 174 (1947); *S. 47, 127.*
(*112*) Coleman, R. A.: Am. Chem. Soc. Div. Paint Plastics Printing Ink Chem., Preprints **19**, Nr. 1, 45 (1959); *S. 183.*
(*113*) – u. J. A. Weicksel: Mod. Plastics **36**, Nr. 12, 117 (1959); *S. 178, 269.*
(*114*) Coover, H. W., jr., R. L. McConnell, G. C. Newland u. J. W. Tamblyn: Plastics Technol. **6**, Nr. 8, 45 (1960); *S. 444.*
(*115*) Cosgrove, S. L. u. W. A. Waters: J. Chem. Soc. **1951**, 388; *S. 127.*
(*116*) Cotman, J. D., jr.: Ann. N. Y. Acad. Sci. **57**, 417 (1953); *S. 57.*
(*117*) Cowley, P. R. E. J. u. H. W. Melville: Nat. Bur. Stand., Circ. 525, 59 (1953); *S. 108, 300.*
(*118*) Cox, W. L.: ASTM Spec. Tech. Publ. 229, 57 (1958); *S. 159.*
(*119*) – Rubber Plastics Age **44**, 272 (1963); *S. 474, 475.*
(*120*) Criegee, R.: "Peroxide Reaction Mechanisms", Interscience Publ., New York, 1962; *S. 74.*
(*121*) Crompton, T. R.: J. Appl. Polymer Sci. **6**, 558 (1962); *S. 190.*
(*122*) – J. Appl. Polymer Sci. **7**, Nr. 3, S 22 (1963); *S. 190.*
(*123*) Cross, L., R. Richards u. H. Willis: Discussions Faraday Soc. **9**, 235 (1950); *S. 44, 47.*
(*124*) Dabald, A. R.: Rubber Age (New York) **71**, 621 (1952); *S. 51.*
(*125*) Danyushevskii, A. S.: Plasticheskie Massy **1961**, Nr. 3, 35; *S. 91.*
(*126*) Darby, J. R. u. P. R. Graham: SPE Tech. Papers **7**, 24/1 (1961); *S. 435, 442, 479.*
(*127*) Davies, D. S., H. L. Goldsmith, A. K. Gupta u. G. R. Lester: J. Chem. Soc. **1956**, 4926; *S. 112, 132.*
(*128*) Dean, R. T. u. J. P. Manasia: Mod. Plastics **32**, Nr. 6, 131 (1955); *S. 25, 462.*
(*129*) De Coste, J. B. u. R. H. Hansen: SPE J. 18, 431 (1962); *S. 444.*
(*130*) –, J. B. Howard u. V. T. Wallder: Chem. Eng. Data Ser. **3**, 131 (1958); *S. 442.*
(*131*) – u. V. T. Wallder: Ind. Eng. Chem. **47**, 314 (1955); *S. 201, 440, 444.*
(*132*) De Croes, G. C. u. J. W. Tamblyn: Mod. Plastics **29**, Nr. 8, 127 (1952); *S. 177, 201, 463, 464.*
(*133*) Dées de Sterio, A.: Kunststoffe-Plastics **6**, 171 (1959); *S. 476.*
(*134*) Delman, A. D., B. B. Simms u. A. E. Ruff; J. Polymer Sci. **45**, 415 (1960); *S. 74.*
(*135*) Denison, G. H., jr.: Ind. Eng. Chem. **36**, 477 (1944); *S. 148.*
(*136*) – u. P. C. Condit: Ind. Eng. Chem. **37**, 1102 (1945); *S. 148.*
(*137*) – – Ind. Eng. Chem. **41**, 944 (1949); *S. 148.*
(*138*) Deutsche Advance Produktion GmbH: Kunststoff-Rundschau **10**, 513 (1963); *S. 382.*
(*139*) – „Advastab PVC-Stabilisatoren", Techn. Informationsschrift; *S. 438.*
(*140*) – „Advaplast Epoxy-Weichmacher", Techn. Informationsschrift; *S. 436.*
(*141*) Dimroth, O.: Angew. Chem. **46**, 571 (1933); *S. 133, 134.*
(*142*) Dodgson, D. P.: J. Oil Color Chemists' Assoc. **43**, 576 (1960); *S. 16.*
(*143*) – u. M. Pike: Plastteknik 1960, Sektion TIF:II; *S. 79, 431, 478.*
(*144*) Doede, C. M.: Rubber Chem. and Technol. **12**, 287 (1939); *S. 134.*
(*145*) Dolgoplosk, B., E. Tinyakova u. V. Reikh: „Trudy konferentsii po vulkanizatsii rezin", Goskhimizdat, Moskau, 1954; *S. 52.*

(*146*) Dorset, B. M. C.: Textile Manufacturer **88**, 254 (1962); *S. 201, 205, 454, 455, 459, 460.*
(*147*) Doyle, C. D.: Mod. Plastics **34**, Nr. 11, 141 (1957); *S. 476.*
(*148*) Druesedow, D. u. C. F. Gibbs: Mod. Plastics **30**, Nr. 10, 123 (1953); Nat. Bur. Stand., Circ. 525, 69 (1953); *S. 15, 55, 58, 59, 60, 61, 62, 80, 81, 83, 88.*
(*149*) Dubois, P. u. J. Hennicker: Plastics (London) **25**, 428 (1960); *S. 6.*
(*150*) — — Plastics (London) **25**, 474 (1960); *S. 6.*
(*151*) — — Plastics (London) **25**, 517 (1960); *S. 6.*
(*152*) — — Plastics (London) **26**, Nr. 279, 115 (1961); *S. 6.*
(*153*) Dudina, L. A., L. A. Agayants, L. V. Karmilova u. N. S. Enikolopyan: Vysokomolekul. Soedin. **5**, 1245 (1963); *S. 46.*
(*153a*) —, L. V. Karmilova u. N. S. Enikolopyan: Vysokomolekul. Soedin. **5**, 1160 (1963); *S. 47* (Fig. 7).
(*154*) Dulog, L., E. Radlmann u. W. Kern: Makromol. Chem. **60**, 1 (1963); *S. 39, 45.*
(*155*) Dunn, J. R.: J. Appl. Polymer Sci. **4**, 151 (1960); *S. 472.*
(*156*) — u. S. G. Fogg: Rubber Chem. and Technol. **34**, 919 (1961); J. Appl. Polymer Sci. **2**, 367 (1959); *S. 472.*
(*157*) Dyson, G. M., J. A. Horrocks u. A. M. Fernley: Plastteknik 1960, Sektion TIF:I; Plastics (London) **26**, 124 (1961); *S. 54, 85, 92, 96, 101.*
(*158*) Eastman Chemical Co.: "Eastman Inhibitor DOBP", Techn. Informationsschrift; *S. 425.*
(*159*) Ebers, E. S., W. F. Brucksch, P. M. Elliott, R. S. Holdsworth u. H. W. Robinson: Ind. Eng. Chem. **42**, 114 (1960); *S. 462.*
Egmond, J. C. van u. a.: siehe (*607*).
(*160*) Ehlers, G. F. L.: Polymer **1**, 304 (1960); *S. 413.*
(*161*) Eichenberger, W.: Kunststoffe-Plastics **7**, 5, 148 (1960); *S. 4, 26.*
(*162*) Eirich, F. R. u. H. F. Mark: Soc. Chem. Ind. (London), Monograph 13, 43 (1961); *S. 76.*
(*163*) Eisner, A., W. R. Noble, J. T. Scanlan u. W. E. Palm: J. Am. Oil Chemists' Soc. **39**, 181 (1962); *S. 255.*
(*164*) Elley, H. W.: J. Electrochem. Soc. **69**, 195 (1936); *S. 134.*
(*165*) Elliott, J. F., R. E. Hysell u. V. Meikleham: J. Opt. Soc. Am. **50**, 713 (1960); *S. 483.*
(*166*) Engel, J. H., S. L. Reegen u. P. Weiss: J. Appl. Polymer Sci. **7**, 1679 (1963); *S. 465.*
(*167*) Epstein, M. M. u. C. W. Hamilton: Mod. Plastics **37**, Nr. 11, 142 (1960); *S. 458.*
(*168*) Erickson, E. R., R. A. Berntsen, E. L. Hill u. P. Kusy: ASTM Spec. Tech. Publ. 229, 11 (1958); *S. 159.*
(*168a*) Ermilova, G. A., A. E. Kornev, P. I. Levin, L. N. Lebedeva, A. E. Grinberg u. T. A. Frishman: Plasticheskie Massy **1965**, Nr. 5, 46; *S. 322.*
(*169*) Errede, L. A.: J. Org. Chem. **27**, 3425 (1962); *S. 35.*
(*170*) Escales, E.: Kunststoffe **41**, 327 (1951); *S. 430.*
(*171*) — Kunststoffe **41**, 396 (1951); *S. 436.*
(*172*) Evans, E. F. u. L. F. McBurney: Ind. Eng. Chem. **41**, 1256 (1949); *S. 27.*
(*173*) — — Ind. Eng. Chem. **41**, 1260 (1949); *S. 28.*
(*174*) Farbenfabriken Bayer AG.: „Bayer-Kunststoffe", Leverkusen, 1959; *S. 25, 31.*
(*175*) — „Bayer-Alterungsschutzmittel für die Gummi-Industrie", Techn. Informationsschrift; *S. 471.*
(*176*) Farmer, E. H.: Trans. Faraday Soc. **38**, 341, 348, 356 (1940); *S. 39.*

(177) – Trans. Faraday Soc. **42**, 228 (1946); *S. 39, 40, 42.*
(178) FEDOSEEV, B. I., Z. V. POPOVA u. D. M. YANOVSKII: Vysokomolekul. Soedin. **5**, 659 (1963); *S. 103.*
(179) FERNLEY, A. M.: Plastics (London) **29**, Nr. 320, 66 (1964); *S. 431, 432.*
(180) – u. J. A. HORROCKS: Plastteknik 1960, Sektion TIF:IV; *S. 486.*
(181) FIEDLER, E. F., W. F. CHRISTOPHER u. T. R. CALKINS: Mod. Plastics **36**, Nr. 8, 115 (1959); *S. 22.*
(182) FIESER, L. F.: J. Am. Chem. Soc. **52**, 5204 (1930); *S. 134.*
(183) FISCHER, W. F. u. B. M. VANDERBILT: Mod. Plastics **33**, Nr. 9, 164 (1956); *S. 445.*
(184) FITZGERALD, E. B. u. P. F. STEHLE: Ind. Eng. Chem. Prod. Res. Develop. **1**, 254 (1962); *S. 450.*
(185) FOLT, V. L. u. R. J. ETTINGER: SPE Tech. Papers **7**, 1/4 (1961); *S. 421.*
(186) FORE, S. P., F. C. MAGNE u. W. G. BICKFORD: J. Am. Oil Chemists' Soc. **35**, 469 (1958); *S. 260.*
(187) FOX, R. B. u. L. B. LOCKHART: "The Chemistry of Organo-Phosphorus Compounds", Naval Res. Lab., Washington, D. C., 1948, NRL Report C-3323; *S. 167.*
(188) FOX, V. W., J. G. HENDRICKS u. H. J. RATTI: Ind. Eng. Chem. **41**, 1774 (1949); *S. 54, 56, 59, 88.*
(189) FRANCK, J. u. E. RABINOWITSCH: Trans. Faraday Soc. **30**, 120 (1934); *S. 71.*
(190) FRANZEN, V.: Vortrag 11. Deutsche Kunststofftagung, Travemünde, 1965 bzw. Kunststoffe **55**, 327 (1965); *S. 288, 487.*
(191) FREY, H.-H.: Kunststoffe **52**, 667 (1962); *S. 437.*
(192) – Kunststoffe **53**, 103 (1963); *S. 442, 483.*
(193) FRYE, A. H. u. R. W. HORST: J. Polymer Sci. **40**, 419 (1959); *S. 88, 98.*
(194) – – J. Polymer Sci. **45**, 1 (1960); *S. 88, 91, 96, 98, 167.*
(195) – – SPE Tech. Papers **6**, Paper No. 40 (1960); *S. 88, 98.*
(196) – – u. M. A. PALIOBAGIS: J. Polymer Sci. Part A **2**, 1765 (1964), *S. 87, 99, 107, 155.*
(197) – – – J. Polymer Sci. Part A **2**, 1785 (1964); *S. 87, 99, 102, 155.*
(198) – – – J. Polymer Sci. Part A **2**, 1801 (1964); *S. 87, 99, 155.*
(199) FUCHS, V. W. u. D. LOUIS: Makromol. Chem. **22**, 1 (1957); *S. 64.*
(200) FUCHSMAN, C. H.: SPE J. **15**, 214 (1959); *S. 476.*
(201) – SPE J. **15**, 787 (1959); *S. 92.*
(202) – SPE Tech. Papers **5**, Paper No. 30 (1959); *S. 55, 65, 92.*
(203) – SPE J. **17**, 590 (1961); SPE Tech. Papers **7**, 5/1 (1961); *S. 93.*
(204) FUJIWARA, Y. u. K. HARADA: J. Appl. Polymer Sci. **6**, 480 (1962); *S. 12.*
(205) FUOSS, R. M.: Trans. Electrochem. Soc. **74**, 110 (1938); *S. 53.*
(206) – J. Am. Chem. Soc. **61**, 2329 (1939); *S. 81.*
(207) FURTER, F.: Kunststoffe **43**, 189 (1953); *S. 254.*
(208) GALL, R. J. u. F. P. GREENSPAN: Ind. Eng. Chem. **47**, 147 (1955); J. Am. Oil Chemists' Soc. **34**, 161 (1957); *S. 260.*
(209) GARCIA-BORRAS, T. u. J. V. CAVENDER: J. Polymer Sci. **24**, 138 (1957); *S. 12.*
(210) GARDNER, D. G. u. L. M. EPSTEIN: J. Chem. Phys. **34**, 1653 (1961); *S. 71, 173, 174.*
(211) GARTEN, V. A. u. D. E. WEISS: Austral. J. Chem. 8, 68 (1955); *S. 189.*
(212) Geigy, J. R., AG.: „Irganox", Techn. Informationsschrift; *S. 418.*
(213) General Aniline & Film Corp.: "Uvinul Ultraviolet Stabilizers for PVC", Techn. Informationsschrift; *S. 441.*
(214) GENT, A. N.: J. Appl. Polymer Sci. **6**, 497 (1962); *S. 473.*
(215) GEORGE, P. u. A. D. WALSH: Trans. Faraday Soc. **42**, 94 (1946); *S. 42.*

(*216*) GIESEN, M.: Fette, Seifen, Anstrichmittel **61**, 1245 (1959); *S. 178, 296.*
(*217*) – Kautschuk Gummi **16**, 481 (1963); *S. 424.*
(*218*) – u. P. GRIMM: Chemische Industrie **16**, 690 (1964); *S. 462.*
(*219*) GIGER, G. u. J. LE BRAS: Kautschuk Gummi **8**, WT 203 (1955); *S. 156.*
(*220*) GLAZER, E. J., C. R. PARKS, J. O. COLE u. J. D. D'IANNI: Rubber Chem. and Technol. **23**, 905 (1950); *S. 467.*
(*221*) GONCHAROV, G. S., A. N. LEVIN u. G. A. RYVKIN: Plasticheskie Massy **1963**, Nr. 2, 62; *S. 452.*
(*222*) GOODINGS, E. P.: Soc. Chem. Ind. (London), Monograph 13, 211 (1961); *S. 22.*
(*223*) GOTTFRIED, C. u. M. J. DUTZER: J. Appl. Polymer Sci. **5**, 612 (1961); *S. 190, 428.*
(*224*) – – SPE Tech. Papers **7**, 24/4 (1961); *S. 190, 428.*
(*225*) GOUZA, J. J. u. W. F. BARTOE: Mod. Plastics **33**, Nr. 9, 157 (1956); *S. 20.*
(*226*) GRAHAM, P. R., J. R. DARBY u. B. KATLAFSKY: J. Chem. Eng. Data **4**, 372 (1959); *S. 268, 442.*
(*227*) GRASSIE, N.: "Chemistry of High Polymer Degradation Processes", Interscience Publ., New York u. London, 1956; *S. 11, 31, 39, 42.*
(*228*) – Trans. Inst. Rubber Ind. **39**, 200 (1963); *S. 76.*
(*229*) – u. J. N. HAY: Soc. Chem. Ind. (London), Monograph 13, 184 (1961); *S. 20.*
(*230*) – u. H. W. MELVILLE: Discussions Faraday Soc. **2**, 378 (1947); *S. 290.*
(*231*) GREENSPAN, F. P.: Ind. Eng. Chem. **50**, 861 (1958); *S. 237.*
(*232*) – u. R. J. GALL: Ind. Eng. Chem. **45**, 2722 (1953); *S. 260.*
(*233*) – – J. Am. Oil Chemists' Soc. **33**, 391 (1956); *S. 260.*
(*234*) – – Ind. Eng. Chem. **50**, 865 (1958); *S. 262.*
(*235*) GRIEVESON, B. M., R. N. HAWARD u. B. WRIGHT: Soc. Chem. Ind. (London), Monograph 13, 413 (1961); *S. 420.*
(*236*) GROMOV, B. A., V. B. MILLER, M. B. NEIMAN u. Y. A. SHLYAPNIKOV: Vysokomolekul. Soedin. **3**, 1231 (1961); *S. 139.*
(*236a*) – – –, E. S. TORSUEVA u. Y. A. SHLYAPNIKOV: Vysokomolekul. Soedin. **6**, 1895 (1964); *S. 122.*
(*237*) GRUVER, J. T. u. K. W. ROLLMANN: J. Appl. Polymer Sci. 8, 1169 (1964); *S. 189.*
(*238*) GUYOT, A., J.-P. BENEVISE u. Y. TRAMBOUZE: J. Appl. Polymer Sci. **6**, 103 (1962); *S. 61, 63, 65.*
(*239*) GYSLING, H. u. H. J. HELLER: Kunststoffe **51**, 13 (1961); *S. 178, 309.*
(*240*) HALDENWANGER, H. u. S. PURUCKER-NENS: Kunststoffe **46**, 407 (1956); *S. 70.*
(*241*) HALLUM, J. V. u. H. V. DRUSHEL: J. Phys. Chem. **62**, 110 (1958); *S. 189.*
(*242*) HAMILTON, C. W., A. P. METZGER u. M. L. LESLIE: Rubber Age (New York) **90**, 102 (1961); *S. 426.*
(*243*) HAMMOND, G. S., C. E. BOOZER, C. E. HAMILTON u. J. N. SEN: J. Am. Chem. Soc. **77**, 3238 (1955); *S. 114, 115.*
(*243a*) HANSEN, R. H., T. DE BENEDICTIS u. W. M. MARTIN: Polymer Eng. Sci. **5**, 223 (1965); *S. 139, 422.*
(*243b*) –, W. M. MARTIN u. T. DE BENEDICTIS: Mod. Plastics **42**, Nr. 10, 137 (1965); *S. 477.*
(*244*) –, C. A. RUSSELL, T. DE BENEDICTIS, W. M. MARTIN u. J. V. PASCALE: J. Polymer Sci. Part A **2**, 587 (1964); *S. 293, 420, 423.*
(*245*) HARADA, T.: Bull. Chem. Soc. Japan **17**, 283 (1942); *S. 377, 379.*
(*246*) HARDING, G. W. u. B. J. McNULTY: Soc. Chem. Ind. (London), Monograph 13, 392 (1961); *S. 24, 457.*
(*247*) HARTLEY, G. S.: J. Chem. Soc. **1938**, 633; *S. 177.*

(*248*) Hartmann, A.: Kolloid-Z. **139**, 146 (1954); *S. 81.*
(*249*) – Kolloid-Z. **149**, 67 (1956); *S. 62, 65, 66, 67, 81.*
(*250*) Haslam, J., S. Grossman, D. C. M. Squirrell u. S. F. Loveday: Analyst **78**, 92 (1953); *S. 449.*
(*251*) Hauck, J. E.: Mater. Design Eng. **57**, 100 (1963); *S. 76.*
(*252*) Hausser, K. W., R. Kuhn u. A. Smakula: Z. physik. Chem. **B 29**, 384 (1935); *S. 54.*
(*253*) Havens, C. B.: Nat. Bur. Stand., Circ. 525, 107 (1953); *S. 16, 17.*
(*254*) Haward, R. N., W. H. Skoroszewski u. G. R. Williamson: Brit. Plastics **36**, 692 (1963); *S. 190, 341.*
(*255*) Hawkins, W. L.: Proceedings Battelle Symp. on Thermal Stability of Polymers, Columbus, Ohio, 1963; *S. 144, 150, 151.*
(*256*) –, R. H. Hansen, W. Matreyek u. F. H. Winslow: J. Appl. Polymer Sci. **1**, 37 (1959); *S. 140, 190, 282.*
(*257*) –, V. L. Lanza, B. B. Loeffler, W. Matreyek u. F. H. Winslow: J. Polymer Sci. **28**, 439 (1958); *S. 140, 144, 331, 337.*
(*258*) – – – – – J. Appl. Polymer Sci. **1**, 43 (1959); *S. 140, 144, 190, 332, 333, 334, 337, 366. 427.*
(*259*) –, W. Matreyek u. F. H. Winslow: J. Polymer Sci. **41**, 1 (1959); *S. 45, 190.*
(*260*) – – – J. Appl. Polymer Sci. **5**, Nr. 16, S 15 (1961); *S. 392.*
(*261*) – u. H. Sautter: Chem. Ind. (London) **1962**, 1825; *S. 145, 150.*
(*262*) – – J. Polymer Sci. Part A **1**, 3499 (1963); *S. 150, 191.*
(*263*) – – u. F. H. Winslow: Am. Chem. Soc. Div. Polymer Chem., Preprints **4**, 331 (1963); *S. 150.*
(*264*) – u. F. H. Winslow; Plastics Inst. (London) Trans. J. **29**, 82 (1961); *S. 144.*
(*265*) – u. M. A. Worthington: J. Polymer Sci. **62**, Nr. 174, S 106 (1962); *S. 140, 190.*
(*266*) – – J. Polymer Sci. Part A **1**, 3489 (1963); *S. 189, 278, 331, 334, 394.*
(*267*) – – u. W. Matreyek: J. Appl. Polymer Sci. **3**, 277 (1960); *S. 190, 337.*
(*268*) – – u. F. H. Winslow: Rubber Age (New York) 88, 279 (1960); *S. 140, 144, 189, 190.*
(*269*) Hendricks, J. G. u. N. L. Cooperman: Plastics Technol. **4**, 127 (1958); *S. 435, 439.*
(*270*) – u. E. L. White: Ind. Eng. Chem. **43**, 2335 (1951); *S. 430.*
(*271*) – – Wire Wire Prod. **27**, 1053, 1126 (1952); *S. 17.*
(*272*) – – u. D. S. Bolley: Ind. Eng. Chem. **42**, 899 (1950); *S. 203, 435, 439.*
(*273*) Himmler, G. G. u. F. R. Nissel: Plastics Technol. **3**, 280 (1957); *S. 478.*
(*274*) Hintzenstern, G. v.: Plaste Kautschuk **10**, 16 (1963); *S. 16.*
(*275*) Hirt, R. C., R. G. Schmitt, N. Z. Searle u. A. P. Sullivan: J. Opt. Soc. Am. **50**, 706 (1960); *S. 483.*
(*276*) –, N. Z. Searle u. R. G. Schmitt: SPE Trans. **1**, 21 (1961); *S. 70, 480.*
(*276a*) Holdsworth, J. D., G. Scott u. D. Williams: J. Chem. Soc. **1964**, 4692; *S. 150, 154.*
(*277*) Hopf, P. P.: Internat. Symp. f. Makromol. Chemie, Moskau, 1960, Berichte u. Referate Sekt. **3**, 455; *S. 96, 102.*
(*278*) Hopff, H., A. Müller u. F. Wenger: „Die Polyamide“, Springer-Verlag, Berlin, Göttingen, Heidelberg, 1954; *S. 24, 25, 456, 459.*
(*279*) Horn, M. B.: “Acrylic Resins”, Reinhold Publ. Corp., New York, 1960; *S. 19.*
(*280*) Houška, M.: Z. Lebensm. Untersuch. Forsch. **114**, 373 (1961); *S. 487.*
(*281*) Houtz, R. C.: Textile Research J. **20**, 786 (1950); *S. 20.*
(*282*) Hulín de Sánchez, G. S.: Ion **13**, 518 (1953); *S. 256.*

(*283*) Hunter, B. A., R. R. Barnhart u. R. L. Provost: Ind. Eng. Chem. **46**, 1524 (1954); *S. 467.*

(*284*) —, A. C. Nawakowski, R. R. Barnhart, E. M. Campbell u. E. B. Hansen: J. Chem. Eng. Data **4**, 355 (1959); *S. 469.*

(*285*) Imig, C. S.: SPE Tech. Papers **4**, 934 (1958); *S. 12.*

(*286*) — Plastics Technol. **5**, Nr. 5, 35 (1959); *S. 12.*

(*287*) Imoto, M. u. T. Otsu, J. Inst. Polytech. Osaka City Univ. **4**, C 124 (1953); *S. 63.*

(*288*) Imperial Chemical Industries, Ltd.: „Topanol CA", Techn. Informationsschrift; *S. 417.*

(*289*) Ingold, K. U.: Chem. Rev. **61**, 563 (1961); *S. 39, 112, 115, 127, 129, 130, 132, 146, 147, 155.*

(*290*) — u. J. A. Howard: Can. J. Chem. **40**, 1851 (1962); Nature **195**, 280 (1962); *S. 114.*

(*291*) Ingram, D. J. E. u. J. G. Tapley: Chem. Ind. (London) **1955**, 568; *S. 141, 189.*

(*292*) Jacobson, A. E.: Ind. Eng. Chem. **41**, 523 (1949); *S. 201.*

(*293*) Jasching, W.: Kunststoffe **52**, 458 (1962); *S. 66, 100, 101, 106, 368.*

(*294*) Jellinek, H. H. G.: "Degradation of Vinyl Polymers", Academic Press, New York, 1955; *S. 31.*

(*295*) — J. Polymer Sci. **4**, 1 (1949); *S. 42, 46.*

(*296*) Karmitz, P.: Rev. Gen. Caoutchouc **35**, 913 (1958); *S. 472.*

(*297*) Kasha, M.: Discussions Faraday Soc. **9**, 14 (1950); *S. 173, 174.*

(*298*) Kavafian, G.: J. Polymer Sci. **24**, 499 (1957); *S. 12, 14.*

(*299*) Kempermann, T.: Rev. Gen. Caoutchouc **40**, 406 (1963); *S. 477.*

(*300*) Kendall, F. H. u. J. Mann: J. Polymer Sci. **19**, 503 (1956); *S. 159.*

(*301*) Kennerly, G. W. u. W. L. Patterson, jr.: Ind. Eng. Chem. **48**, 1917 (1956); *S. 116, 117, 143, 149, 154, 360.*

(*302*) Kenyon, A. S.: Nat. Bur. Stand., Circ. 525, 81 (1953); *S. 87, 100, 106.*

Kerk, G. J. M. van der u. a.: siehe (*606*)

(*303*) Kern, W. u. H. Cherdron: Makromol. Chem. **40**, 101 (1960); *S. 36, 46, 451.*

(*304*) — —, V. Jaacks, H. Baader, H. Deibig, A. Giefer, L. Höhr u. A. Wildenau: Angew. Chem. **73**, 177 (1961); *S. 407.*

(*305*) — u. H. Willersinn: Angew. Chem. **67**, 573 (1955); *S. 51, 52.*

(*306*) Kharasch, M. S. u. G. Buchi: J. Am. Chem. Soc. **73**, 632 (1951); *S. 103.*

(*307*) —, A. Fono u. W. Nudenberg: J. Org. Chem. **15**, 748 (1950); *S. 149.*

(*308*) Kimura, T.: Kobunshi Kagaku **20**, 257 (1963); *S. 435.*

(*309*) Kirillova, E. I., E. N. Matveeva, L. D. Zavitaeva, G. P. Fratkina u. N. A. Obolyaninova: Plasticheskie Massy **1962**, Nr. 8, 3; *S. 449.*

(*310*) Kirk, R. E. u. D. F. Othmer (Hrsg.): "Encyclopedia of Chemical Technology", Interscience Publ., New York, 1956, Vol. 15, S. 1—17; *S. 395.*

(*311*) Kitchen, L. J., H. E. Albert u. G. E. P. Smith, jr.: Ind. Eng. Chem. **42**, 675 (1950); *S. 208, 212, 470.*

(*312*) Kittel, H.: Deut. Farben-Z. **12**, 343 (1958); *S. 276.*

(*313*) Kleine-Albers, A.: Kunststoffe **51**, 205 (1961); *S. 16.*

(*314*) Klimmer, O. R. u. I. U. Nebel: Arzneimittel-Forsch. **10**, **44** (1960); *S. 369, 486, 487.*

(*315*) Knowles, D. G.: Plastics Technol. **6**, Nr. 4, 35 (1960); *S. 448.*

(*315a*) Kochetkov, V. N., V. M. Rogov, N. V. Morozova u. V. A. Ponomareva: Plasticheskie Massy **1965**, Nr. 3, 12; *S. 458.*

(*316*) Koessler, I. u. L. Švob: J. Polymer Sci. **54**, 17 (1961); *S. 29.*

(*316a*) Kovarskaya, B. M., M. B. Neiman, V. V. Guryanova, E. G. Rosantsev u. O. N. Nitche: Vysokomolekul. Soedin. **6**, 1737 (1964); *S. 97, 313.*
(*317*) Kozmina, O. P.: Izv. Akad. Nauk SSSR, Otd. Khim. Nauk, **1961**, 2226: *S. 130, 155.*
(*318*) – u. M. K. Aleksandrovich: Vysokomolekul. Soedin. **4**, 549 (1962); *S. 130.*
(*319*) Kränzlein, P.: Kunststoffe **41**, 421 (1951); *S. 447.*
(*320*) Kučera, M. u. J. Láníková: J. Polymer Sci. **54**, 375 (1961); *S. 411.*
(*321*) – – J. Polymer Sci. **59**, 79 (1962); *S. 411.*
(*322*) Kuhn, W.: Ber. **63**, 1503 (1930); *S. 32.*
(*323*) Kuzminskii, A. S.: Usp. Khim. **24**, 842 (1955); *S. 6.*
(*324*) – u. L. G. Angert: zitiert in (*289*); *S. 115.*
(*325*) – u. N. N. Lezhnev: Dokl. Akad. Nauk SSSR **69**, 557 (1949); *S. 127.*
(*326*) –, L. L. Shanin u. N. N. Lezhnev; Rubber Chem. and Technol. **25**, 230 (1952); *S. 140.*
(*327*) –, V. D. Zaitseva u. N. N. Lezhnev: Dokl. Akad. Nauk SSSR **125**, 1057 (1959); *S. 166.*
(*328*) – – – Vysokomolekul. Soedin. **4**, 1682 (1962); *S. 165.*
(*329*) Lally, R. E. u. F. R. Hansen; Mod. Plastics **27**, Nr. 4, 111 (1949); *S. 96, 103, 439, 476.*
(*330*) Lawton, T. S., jr. u. K. H. Nason: Ind Eng. Chem. **36**, 1128 (1944); *S. 27.*
(*330a*) Lazareva, N. P., N. A. Obolyaninova u. G. S. Popova: Plasticheskie Massy **1963**, Nr. 4, 44; *S. 213.*
(*331*) Le Bras, J.: Compt. rend. **217**, 297 (1943); Rubber Chem. and Technol. **18**, 22 (1945); *S. 156.*
(*332*) – Rev. Gen. Caoutchouc **21**, 3 (1944); Rubber Chem. and Technol. **20**, 949 (1947); *S. 156.*
(*333*) –, J.-C. Danjard u. M. Boucher: J. Polymer Sci. **27**, 529 (1958); *S. 156, 157.*
(*334*) – u. R. Hildenbrand: Compt. rend. **223**, 724 (1946); Rubber Chem. and Technol. **20**, 427 (1947); *S. 156.*
(*335*) – u. J. Le Foll: Compt. rend. **231**, 145 (1950); Rubber Chem. and Technol. **24**, 638 (1951); *S. 156.*
(*336*) Le Foll, J.: Rev. Gen. Caoutchouc **29**, 114 (1952); Rubber Chem. and Technol. **25**, 549 (1952); *S. 156, 355.*
(*337*) – Rev. Gen. Caoutchouc **30**, 559 (1953); Rubber Chem. and Technol. **27**, 157 (1954); *S. 156.*
(*338*) Lehman, A. J.: "Appraisal of the Safety of Chemicals in Foods, Drugs, and Cosmetics", Association of Food & Drug Officials of the United States, Baltimore, Md., 1959; *S. 485.*
(*338a*) Levantovskaya, I. I., B. M. Kovarskaya, M. B. Neiman, E. G. Rosantsev u. M. P. Yazvikova: Plasticheskie Massy **1964**, Nr. 3, 14; *S. 313.*
(*338b*) – –, I. A. Novoselova, A. A. Berlin, S. I. Bass, O. A. Klapovskaya, B. S. Gracheva u. N. V. Andrianova: Plasticheskie Massy **1965**, Nr. 2, 15; *S. 395.*
(*339*) –, M. P. Yazvikova, M. K. Dobrokhotova, B. M. Kovarskaya u. K. N. Vlasova: Plasticheskie Massy **1963**, Nr. 3, 19; *S. 456.*
(*340*) Levin, P. I.: Plasticheskie Massy **1960**, Nr. 7, 9; *S. 130, 175.*
(*341*) – Plasticheskie Massy **1962**, Nr. 11, 43; *S. 427.*
(*341a*) – u. T. A. Bulgakova: Vysokomolekul. Soedin. **6**, 700 (1964); *S. 154, 323.*
(*342*) –, P. A. Kirpichnikov, A. F. Lukovnikov u. M. S. Khloplyankina: Vysokomolekul. Soedin. **5**, 1152 (1963); *S. 323.*
(*343*) –, A. F. Lukovnikov, M. B. Neiman u. M. S. Khloplyankina: Vysokomolekul. Soedin. **3**, 1243 (1961); *S. 143, 343.*

(*344*) Lewis, F. M.: Rubber Chem. and Technol. **35**, 1222 (1962); *S. 29, 30.*
(*345*) Lichty, J. G., R. B. Spacht u. W. S. Hollingshead: Ind. Eng. Chem. **47**, 165 (1955); *S. 470.*
(*346*) Likhtenshtein, G. I. u. Y. G. Urman: Vysokomolekul. Soedin. **5**, 1016 (1963); *S. 116, 117, 146.*
(*347*) Little, J. W. u. J. D. Farr: SPE Tech. Papers **9**, II/1 (1963); *S. 260.*
(*348*) Livingston, R.: in (*359*) S. 249–298; *S. 73, 174.*
(*349*) Lloyd, W. G.: J. Chem. Eng. Data **6**, 541 (1961); *S. 117.*
(*350*) Long, J. K.: Mod. Plastics **27**, Nr. 3, 107 (1949); *S. 28.*
(*351*) Lorenz, O. u. C. R. Parks: Rubber Chem. and Technol. **34**, 816 (1961); *S. 127, 129, 280.*
(*352*) – – Rubber Chem. and Technol. **36**, 194 (1963); *S. 161.*
(*353*) – – Rubber Chem. and Technol. **36**, 201 (1963); *S. 161, 163.*
(*354*) Lo Scalzo, E.: Materie Plastiche **28**, 682 (1962); *S. 93, 102.*
(*355*) Lowry, C. D., jun., G. Egloff, J. C. Morrell u. C. G. Dryer: Ind. Eng. Chem. **25**, 804 (1933); *S. 134.*
(*356*) Luijten, J. G. A. u. S. Pezzarro: Brit. Plastics **30**, 183 (1957); *S. 369.*
(*357*) – u. G. J. M. van der Kerk: "Investigations in the Field of Organotin Chemistry", Tin Research Institute, Greenford, Middlesex, 1955; *S. 370, 371.*
(*357a*) Lukovnikov, A. F., B. P. Fedorov, F. M. Stoyanovich, T. A. Bulgakova u. P. I. Levin: Vysokomolekul. Soedin. **6**, 201 (1964); *S. 363.*
(*358*) – –, A. G. Vasileva, E. A. Krasnyanskaya, P. I. Levin u. Y. L. Goldfarb: Vysokomolekul. Soedin. **5**, 1785 (1963); *S. 341.*
(*359*) Lundberg, W. O. (Hrsg.): "Autoxidation and Antioxidants", Bd. I, Interscience Publ., New York u. London, 1961; *S. 31.*
(*360*) – "Autoxidation and Antioxidants", Bd. II, Interscience Publ., New York u. London, 1962; *S. 31.*
(*361*) Luongo, J. P.: J. Appl. Polymer Sci. **3**, 302 (1960); *S. 45.*
(*362*) – J. Polymer Sci. **42**, 139 (1960); *S. 44, 47.*
(*363*) McBurney, L. F.: Ind. Eng. Chem. **41**, 1251 (1949); *S. 28.*
(*364*) McCarthy, R. A. u. D. A. Popielski: SPE Tech. Papers **5**, Paper No. 57 (1959); *S. 484.*
(*365*) McDonel, E. T. u. J. R. Shelton: J. Chem. Eng. Data **4**, 360 (1959); *S. 471.*
(*366*) McGowan, J. C. u. T. Powell: J. Appl. Chem. (London) **12**, 1 (1962); *S. 132, 133, 142.*
(*367*) – – u. R. Raw: J. Chem. Soc. **1959**, 3103; *S. 137.*
(*368*) McHenry, W. D.: Rubber Chem. and Technol. **35**, 692 (1962); *S. 472.*
(*368a*) Machiulis, A. N. u. M. I. Pugina: Lietuvos TSR Mokslu Akad. Darbai Ser. B **2** (**41**), 255 (1965); *S. 458.*
(*369*) Mack, G. P.: Kunststoffe **43**, 94 (1953); *S. 16, 79, 87, 102, 106, 440.*
(*370*) – Mod. Plastics **31**, Nr. 3, 150 (1953); *S. 102, 106, 440.*
(*371*) – Mod. Plastics Encycl. Issue 1959, 383; *S. 368.*
(*372*) – Mod. Plastics Encycl. Issue 1962, 466; *S. 465.*
(*373*) – Mod. Plastics Encycl. Issue 1965, 382; *S. 432, 449.*
(*374*) McMahon, W., H. A. Birdsall, G. R. Johnson u. C. T. Camilli: J. Chem. Eng. Data **4**, 57 (1959); *S. 22.*
(*375*) Madorsky, S. L.: "Thermal Degradation of Organic Polymers", Interscience Publ., John Wiley & Sons, New York, London, Sydney, 1964; *S. 32.*
(*376*) – SPE J. **17**, 665 (1961); *S. 36.*
(*377*) – u. S. Straus: J. Res. Nat. Bur. Stand. **53**, 361 (1954); *S. 35.*
(*378*) – – J. Res. Nat. Bur. Stand. **63 A**, 261 (1959); *S. 36.*
(*379*) Maltese, P.: Materie Plastiche **24**, 1081 (1958); *S. 39, 42, 111.*

(*380*) MANNICH, C. u. H. DAVIDSEN: Ber. **69**, 2106 (1936); *S. 162.*

(*381*) MARTINOVICH, R. J.: Plastics Technol. **9**, Nr. 11, 45 (1963); *S. 425.*

(*382*) – SPE Tech. Papers **9**, I/1 (1963); *S. 190, 425, 429.*

(*383*) MARVEL, C. S. u. E. C. HORNING: in "Organic Chemistry. An Advanced Treatise", hrsg. v. H. GILMAN u. a., John Wiley & Sons, New York, 1943, S. 754; *S. 53.*

(*384*) –, J. H. SAMPLE u. M. F. ROY: J. Am. Chem. Soc. **61**, 3241 (1939); *S. 53.*

(*385*) MATHESON, L. A. u. R. F. BOYER: Ind. Eng. Chem. **44**, 867 (1952); *S. 17, 18, 448, 449.*

(*386*) MATVEEVA, E. N., S. S. KHINKIS, A. S. TSVETKOVA u. V. A. BALANDINA: Plasticheskie Massy **1963**, Nr. 1, 2; *S. 45.*

(*387*) –, P. A. KIRPICHNIKOV, M. Z. KREMEN, N. A. OBOLYANINOVA, N. P. LAZAREVA u. L. M. POPOVA: Plasticheskie Massy **1964**, Nr. 2, 37; *S. 323.*

(*388*) –, F. Y. RACHINSKII, M. Z. KREMEN u. T. G. POTAPENKO: Plasticheskie Massy **1961**, Nr. 2, 12; *S. 291.*

(*389*) MAYO, L. R., R. S. GRIFFIN u. W. N. KEEN: Ind. Eng. Chem. **40**, 1977 (1948); *S. 51.*

(*390*) MEDVEDEV, S. u. P. ZEITLIN: Acta Physicochim. URSS **20**, 3 (1945); *S. 43.*

(*391*) MEHTA, A. C. u. T. R. SHESHADRI: J. Sci. Ind. Res. (India) **18 B**, 24 (1959); *S. 166.*

(*391a*) MEJZLÍK, J., J. PÁC u. L. JANEČKOVÁ: Chem. Prumysl **13**, 658 (1963); *S. 453.*

(*392*) MELCHORE, J. A.: Ind. Eng. Chem. Prod. Res. Develop. **1**, 232 (1962); *S. 14, 185, 186, 424.*

(*393*) MELTZER, T. H. u. R. N. GOLDEY: SPE Trans. **2**, 11 (1962); *S. 477.*

(*394*) MERZ, A.: Kunststoffe-Plastics **6**, 169 (1959); *S. 237.*

(*395*) MESROBIAN, R. B. u. A. V. TOBOLSKY: J. Polymer Sci. **2**, 463 (1947); *S. 38, 43, 44, 47.*

(*396*) – – Rubber Chem. and Technol. **23**, 205 (1950); *S. 470.*

(*397*) – – in (*359*) S. 107–131; *S. 52.*

(*398*) MEYER, L. W. A. u. W. M. GEARHART: Ind. Eng. Chem. **37**, 232 (1945); *S. 463.*

(*399*) – – Ind. Eng. Chem. **43**, 1585 (1951); *S. 172, 183, 241, 243.*

(*400*) MIKHAILOV, N. V., L. G. TOKAREVA, K. K. BURAVCHENKO, G. M. TEREKHOVA u. P. A. KIRPICHNIKOV: Vysokomolekul. Soedin. **4**, 1186 (1962); *S. 454.*

(*400a*) – – u. A. G. POPOV: Vysokomolekul. Soedin. **5**, 188 (1963); *S. 323.*

(*400b*) MILIZKOVA, E. A.: Plasticheskie Massy **1963**, Nr. 5, 63; *S. 449.*

(*401*) MOISEEV, V. D., M. B. NEIMAN u. A. I. KRYUKOVA: Vysokomolekul. Soedin. **1**, 1552 (1959); *S. 33, 108.*

(*402*) Monsanto Chemical Co.: "Santonox and Santonox R", Techn. Informationsschrift; *S. 420.*

(*403*) MOORE, R. F. u. W. A. WATERS: J. Chem. Soc. **1954**, 243; *S. 126.*

(*404*) MORAWETZ, H.: Ind. Eng. Chem. **41**, 1442 (1949); *S. 110.*

(*405*) MORGAN, G. T. u. H. D. K. DREW: J. Chem. Soc. **117**, 1456 (1920); *S. 163.*

(*406*) MORGAN, W. Mc G.: Rubber Plastics Age **45**, 289 (1964); *S. 475.*

(*407*) MOROKUMA, K., H. KATO u. K. FUKUI: Bull. Chem. Soc. Japan **36**, 541 (1963); *S. 114.*

(*408*) MOUREU, C. u. C. DUFRAISSE: Compt. rend. **174**, 258 (1922); *S. 109.*

(*409*) MOYNIHAN, J. T.: SPE J. **13**, Nr. 2, 23 (1957); *S. 189.*

(*410*) MÜCKE, H.: Monatsber. Deut. Akad. Wiss. Berlin **3**, 668 (1961); *S. 59, 60, 61, 65, 66, 67.*

(*411*) MUKMENEVA, N. A., P. A. KIRPICHNIKOV u. A. N. PUDOVIK: Zh. Obshch. Khim. **33**, 3192 (1963); *S. 323.*

(*412*) MURFITT, H. C.: Brit. Plastics **33**, 578 (1960); *S. 446.*

(*413*) MURPHY, C. M., H. RAVNER u. N. L. SMITH: Ind. Eng. Chem. **42**, 2479 (1950); *S. 365.*

(*414*) MURPHY, J.: Am. Pat. 99 935 v. 15. 2. 1870; *S. 208.*

(*415*) MURRAY, R. W. u. P. R. STORY: ACS Polymer Div. Meeting, St. Louis, Mo., 1961; *S. 159.*

(*416*) MUSSO, P.: Materie Plastiche **17**, 8 (1951); *S. 432.*

(*417*) NAGATOMI, R. u. Y. SAEKI: J. Polymer Sci. **61**, Nr. 172, *S* 60. (1962); *S. 95, 96.*

(*418*) — — Kogyo Kagaku Zasshi **65**, 393 (1962); *S. 89, 91, 94.*

(*419*) — — Kogyo Kagaku Zasshi **65**, 396 (1962); *S. 88.*

(*420*) — — Kogyo Kagaku Zasshi **65**, 999 (1962); *S. 95, 96.*

(*421*) NATTA, G. (Montecatini): Belg. Pat. 546 151, ang. 16. 3. 1956; *S. 61.*

(*421a*) NEIMAN, M. B.: Usp. Khim. **33**, 28 (1964); *S. 122, 130, 390.*

(*422*) — u. A. L. BUCHACHENKO: Izv. Akad. Nauk SSSR, Otd. Khim. Nauk **1961**, 1742; *S. 105, 123, 125.*

(*423*) —, V. Y. EFREMOV, B. V. ROZYNOV u. Y. E. VILENZ: Plasticheskie Massy **1962**, Nr. 9, 4; *S. 424.*

(*424*) —, B. M. KOVARSKAYA, I. I. LEVANTOVSKAYA, G. V. DRALYUK, M. P. YAZVIKOVA, V. A. SIDOROV, V. N. KOCHETKOV, G. M. TROSSMAN, G. O. TATEVOSYAN u. I. B. KUZNETSOVA: Plasticheskie Massy **1962**, Nr. 10, 6; *S. 460.*

(*425*) —, B. V. MILLER, Y. A. SHLYAPNIKOV u. E. S. TORSUEVA: Dokl. Akad. Nauk SSSR **136**, 647 (1961); *S. 121.*

(*426*) NEUREITER, N. P. u. D. E. BOWN: Ind. Eng. Chem. Prod. Res. Develop. **1**, 236 (1962); *S. 145, 150, 151, 210, 345, 416.*

(*427*) NEWLAND, G. C. u. J. W. TAMBLYN: Proceedings Battelle Symp. on Thermal Stability of Polymers, Columbus, Ohio, 1963; *S. 166, 355.*

(*428*) — — J. Appl. Polymer Sci. **8**, 1949 (1964); *S. 172, 243.*

(*428a*) — — J. Appl. Polymer Sci. **9**, 1947 (1965); *S. 355.*

(*429*) NIKLAS, H. u. W. MEYER: Kunststoffe **51**, 2 (1961); *S. 485.*

(*430*) NISBET, G. A. u. R. J. MEYER: SPE Tech. Papers **9**, I/2 (1963); *S. 484.*

(*431*) NOVÁK, J.: Kunststoffe **50**, 291 (1960); *S. 54, 90.*

(*432*) — Kunststoffe **52**, 269 (1962); *S. 57, 61.*

(*433*) NOWAK, P. u. E. STEINBACHER: Kunststoffe **48**, 558 (1958); *S. 25.*

(*434*) OAKES, W. G. u. R. B. RICHARDS: J. Chem. Soc. **1949**, 2929; *S. 35.*

(*435*) OSSEFORT, Z. T. u. F. B. TESTROET: Rubber Age (New York) **93**, 266 (1963); *S. 472.*

(*436*) OSTER, G.: J. Polymer Sci. **22**, 185 (1956); *S. 176.*

(*437*) OSTER, G. K. u. G. OSTER: J. Polymer Sci. **48**, 321 (1960); *S. 73.*

(*438*) OTSU, T.: J. Polymer Sci. **22**, 559 (1956); *S. 333.*

(*439*) PANAITESCU, M. u. E. PALTIN: Rev. Chim. (Bukarest) **13**, 724 (1962); *S. 371.*

(*440*) PARKER, E.: Kunststoffe **47**, 443 (1957); *S. 101.*

(*441*) PARKER, E. E.: Ind. Eng. Chem. Prod. Res. Develop. **2**, 102 (1963); *S. 461.*

(*442*) PARKER, P. H., JR.: J. Appl. Polymer Sci. **6**, S 25 (1962); *S. 461.*

(*443*) PARKYN, B.: Brit. Plastics **29**, 452 (1956); *S. 25, 26.*

(*444*) PEDERSEN, C. J.: Ind. Eng. Chem. **41**, 924 (1949); *S. 164, 165.*

(*445*) — Ind. Eng. Chem. **48**, 1881 (1956); *S. 114.*

(*446*) PENKETH, G. E.: J. Appl. Chem. (London) **7**, 512 (1957); *S. 134, 135.*

(*447*) PERROTTI, E. u. G. CASTELFRANCHI: Chim. Ind. (Mailand) **42**, 854 (1960); *S. 223.*

(*448*) — — Chim. Ind. (Mailand) **42**, 1333 (1960); *S. 216.*

(*449*) Perry, N. L.: Ind. Eng. Chem. **50**, 862 (1958); *S. 96, 261.*
(*450*) – Rubber Age (New York) **85**, 449 (1959); *S. 256, 431.*
(*451*) – SPE J. **15**, 550 (1959); *S. 439.*
(*452*) – SPE Tech. Papers 8, 22–3 (1962); *S. 432, 441.*
(*453*) – Mod. Plastics Encycl. Issue 1963, 502; *S. 436.*
(*454*) – Mod. Plastics **40**, Nr. 9, 156 (1963); *S. 441.*
(*455*) Phelps, R. C. u. R. F. Kowal: Plastics Technol. **6**, Nr. 3, 31 (1960); *S. 11.*
(*456*) Phillips, I. u. G. C. Marks: Brit. Plastics **34**, 319 (1961); *S. 485, 486, 488.*
(*457*) – – Brit. Plastics **34**, 385 (1961); *S. 487, 493.*
(*458*) Pitts, J. N., jr., R. L. Letsinger, R. P. Taylor, J. M. Patterson, G. Recktenwald u. R. B. Martin: J. Am. Chem. Soc. **81**, 1068 (1959); *S. 176.*
(*459*) Platzek, P.: Plastica **5**, 206 (1952); *S. 79.*
(*460*) Pokigo, F. J. u. J. C. White: SPE Tech. Papers **9**, I/3 (1963); *S. 484.*
(*461*) Popova, Z. V. u. D. M. Yanovskii: Vysokomolekul. Soedin. **2**, 210 (1960); *S. 276.*
(*462*) – – Zh. Prikl. Khim. **33**, 186 (1960); *S. 287, 294.*
(*462a*) – – Vysokomolekul. Soedin. **3**, 1782 (1961); *S. 94.*
(*463*) – –, P. A. Kirpichnikov, A. S. Kapustina u. M. V. Davydova: Zh. Prikl. Khim. **36**, 187 (1963); *S. 327.*
(*464*) – –, N. V. Kozlova u. A. I. Krymova: Zh. Prikl. Khim. **35**, 164 (1962); *S. 315.*
(*465*) – –, E. N. Zilberman, N. A. Rybakova u. B. I. Ganina: Zh. Prikl. Khim. **34**, 874 (1961); *S. 271.*
(*466*) Prinz, E.: Privatmitteilung; *S. 333.*
(*467*) Prosen, S. R.: SPE J. **13**, Nr. 12, 28 (1957); *S. 23, 24.*
(*468*) Pschorr, F. E. u. A. N. Cianciarulo: SPE Tech. Papers **7**, 24/2 (1961); *S. 413.*
(*468a*) Rachinskii, F. Y., N. M. Slavachevskaya, T. G. Potapenko, M. Z. Kremen u. E. N. Matveeva: Plasticheskie Massy **1963**, Nr. 7, 48; *S. 291, 297.*
(*469*) Raff, R. A. V. u. K. W. Doak (Hrsg.): "Crystalline Olefin Polymers", Bd. I, Interscience Publ., New York, London, Sydney, 1964; *S. 414.*
(*470*) Raley, J. H., F. F. Rust u. W. E. Vaughan: J. Am. Chem. Soc. **70**, 2767 (1948); *S. 62.*
(*471*) Rao, N. V. C., H. Winn u. J. R. Shelton: Ind. Eng. Chem. **44**, 576 (1952); *S. 51.*
(*472*) Razuvaev, G. A. u. V. Fetyukova: Zh. Obshch. Khim. **21**, 1010 (1951); *S. 106.*
(*473*) Rehner, J.: J. Appl. Polymer Sci. **1**, 256 (1959); *S. 127.*
(*474*) Reichherzer, R.: Kunststoffe-Plastics **6**, 165 (1959); *S. 90.*
(*475*) – u. O. Zartl: Mitt. Chem. Forschungsinst. Wirtsch. Oesterr. **12**, 71 (1958); *S. 90.*
(*476*) Reiney, M. J., M. Tryon u. B. G. Achhammer: J. Res. Nat. Bur. Stand. **51**, 155 (1953); *S. 46.*
(*477*) Reinhart, F. W.: SPE News **4**, 3 (1948); *S. 478.*
(*478*) Rembaum, A. u. M. Szwarc: J. Am. Chem. Soc. **77**, 4468 (1955); *S. 115.*
(*479*) Rhys, J. A.: Rubber Plastics Age **44**, 261 (1963); *S. 430.*
(*480*) Rieche, A.: Angew. Chem. **50**, 520 (1937); **51**, 707 (1938); *S. 40.*
(*481*) – Wiss. Ann. **2**, 721 (1953); *S. 40.*
(*482*) – Kunststoffe **54**, 428 (1964); *S. 44, 46.*
(*483*) –, A. Grimm u. H. Mücke: Kunststoffe **52**, 265 (1962); *S. 59, 61, 62, 65.*
(*484*) – – – Kunststoffe **52**, 398 (1962); *S. 66, 67, 85, 87, 90, 91, 102, 106, 107.*

(*485*) RIETHMAYER, S. A.: Kunststoff-Rundschau **10**, 277 (1963); *S. 369, 371, 372, 373, 374.*
(*486*) – Kunststoff-Rundschau **10**, 345 (1963); *S. 381, 382.*
(*487*) RISER, G. R., J. J. HUNTER, J. S. ARD u. L. P. WITNAUER: SPE J. **19**, 729 (1963); *S. 261.*
(*488*) ROBIN, M.: Mod. Plastics Encycl. Issue 1965, **390**; *S. 418, 449.*
(*489*) ROEDEL, M. J. (E. I. du Pont de Nemours & Co.): Am. Pat. 2 484 529, ang. 27. 9. **44**; *S. 14.*
(*490*) ROHAN, G. A.: Brit. Plastics **32**, 219 (1959); *S. 462.*
(*491*) ROSANTSEV, E. I., L. A. KRINITSKAYA u. L. S. TROITSKAYA: Khim. Prom. **1964**, 180; *S. 389.*
(*492*) ROSENBERG, A.: Kunststoffe **42**, 41 (1952); *S. 248.*
(*493*) ROSENTHAL, C.: Kunststoff-Rundschau **4**, 133 (1957); *S. 253, 256.*
(*494*) ROSENWALD, R. H. u. J. R. HOATSON: Ind. Eng. Chem. **41**, 914 (1949); *S. 120.*
(*495*) – – u. J. A. CHENICEK: Ind. Eng. Chem. **42**, 162 (1950); *S. 120, 132.*
(*496*) ROYEN, M.: ASTM Bull. **243**, 43 (1960); *S. 476.*
(*497*) RUDIN, A. u. J. S. MACKIE: J. Polymer Sci. Part A **1**, 2075 (1963); *S. 12.*
(*498*) RUDNER, M. A.: "Fluorocarbons", Reinhold Publ. Corp., New York, 1958; *S. 18.*
(*499*) RUGG, F. M., J. J. SMITH u. R. C. BACON: J. Polymer Sci. **13**, 535 (1954); *S. 44, 47.*
(*500*) RUSSELL, C. A. u. J. V. PASCALE: J. Appl. Polymer Sci. **7**, 959 (1963); *S. 414, 422.*
(*501*) RYŠAVÝ, D.: Chem. Prumysl **11**, 553 (1961); *S. 416.*
(*502*) – Chem. Prumysl **11**, 663 (1961); *S. 120.*
(*503*) – Vysokomolekul. Soedin. **3**, 464 (1961); *S. 120, 121.*
(*504*) – u. L. BALABÁN: SPE Trans. **2**, 25 (1962); *S. 421.*
(*505*) SADOWSKA, W., L. ZAKRZEWSKI u. J. FEJGIN: Przemysl Chem. **41**, 40 (1962); *S. 453.*
(*506*) SALOMON, G. u. F. VAN BLOOIS: J. Appl. Polymer Sci. **7**, 1117 (1963); *S. 73.*
(*507*) SATAS, D.: Rubber Age (New York) **93**, 758 (1963); *S. 466.*
(*508*) SAVARESE, F. B.: Mod. Plastics Encycl. Issue 1961, **397**; *S. 435.*
(*509*) SBROLLI, W. u. T. CAPACCIOLI: Ann. Chim. (Rom) **53**, 1184 (1963); *S. 460.*
(*510*) SCARBROUGH, A. L., W. L. KELLNER u. P. W. RIZZO: Mod. Plastics **29**, Nr. 9, 111 (1952); Nat. Bur. Stand., Circ. 525, 95 (1953); *S. 61.*
(*511*) SCHLÄPPI, F.: Textil-Rundschau **5**, 135 (1950); *S. 24.*
(*512*) SCHLEGEL, H.: Kunststoffe-Plastics **11**, 1 (1964); *S. 202, 203, 435, 444.*
(*513*) SCHLIMPER, R.: Plaste Kautschuk **10**, 19 (1963); *S. 207.*
(*514*) SCHMITT, B. u. F. HECK: Kunststoffe **46**, 555 (1956); *S. 16.*
(*515*) SCHMITT, R. G. u. R. C. HIRT: J. Polymer Sci. **45**, 35 (1960); *S. 184, 278.*
(*516*) – – J. Polymer Sci. **61**, 361 (1962); *S. 278, 480.*
(*517*) – – J. Appl. Polymer Sci. **7**, 1565 (1963); *S. 182, 278.*
SCHOOTEN, J. VAN: siehe (*608*).
(*518*) SCHREIBER, J. u. G. v. HINTZENSTERN: Plaste Kautschuk **10**, 408 (1963); *S. 18.*
(*519*) SCHULKEN, R. M., JR., G. C. NEWLAND u. J. W. TAMBLYN: Mod. Plastics **35**, Nr. 12, 125 (1958); *S. 190, 426.*
(*520*) SCHULZ, G.: „Kunststoffe – eine Einführung in ihre Chemie und Technologie", C. Hanser Verlag, München, 1964; *S. 1.*
(*521*) SCOTT, G.: Chem. Ind. (London) **1963**, 271; *S. 75, 125, 133, 135, 185.*
(*521a*) – "Atmospheric Oxidation and Antioxidants", Elsevier Publ. Comp., Amsterdam, London, New York, 1965; *S. 31, 130.*
(*522*) SCOTT, K. A.: Brit. Plastics **32**, 112 (1959); *S. 462.*

(*522a*) Scullin, J. P. u. A. F. Fletcher: Mod. Plastics **43**, Nr. 3, 143 (1965); *S. 315, 432, 433.*
(*523*) —, M. Rosen u. T. A. Girard: SPE Trans. **2**, 28 (1962); *S. 320.*
(*524*) Searle, N. Z. u. R. C. Hirt: Am. Chem. Soc. Div. Org. Coatings Plastics Chem., Preprints **22**, Nr. 2, 56* (1962); *S. 70, 480.*
(*525*) Sears, K. u. J. R. Darby: SPE Tech. Papers 8, 22—2 (1962); *S. 17, 447.*
(*526*) Seligman, K. L. u. P. A. Roussel: Rubber Chem. and Technol. **34**, 869 (1961); *S. 472.*
(*527*) Semenov, N.: "Chemical Kinetics and Chain Reactions", Clarendon Press, Oxford, 1935; *S. 37, 40.*
(*528*) — „O nekotorykh problemakh khimicheskoi kinetiki i reaktsionnoi sposobnosti", Izd. Akad. Nauk SSSR, Moskau, 1958; *S. 121.*
(*529*) Shelton, J. R.: Rubber Chem. and Technol. **30**, 1251 (1957); *S. 130.*
(*530*) — J. Appl. Polymer Sci. **2**, 345 (1959); *S. 113, 116, 117, 152.*
(*531*) — Proceedings Battelle Symp. on Thermal Stability of Polymers, Columbus, Ohio, 1963; *S. 113, 147, 150.*
(*532*) — u. W. L. Cox: Ind. Eng. Chem. **45**, 392 (1953); *S. 116, 117.*
(*533*) — — Ind. Eng. Chem. **46**, 816 (1954); *S. 121.*
(*534*) — u. E. T. McDonel: J. Polymer Sci. **32**, 75 (1958); *S. 113, 114.*
(*535*) — — u. J. C. Crane: J. Polymer Sci. **42**, 289 (1960); *S. 121.*
(*536*) Shlyapnikov, Y. A., V. B. Miller, M. B. Neiman u. E. S. Torsueva: Vysokomolekul. Soedin. **4**, 1228 (1962); *S. 122.*
(*537*) — — — — Vysokomolekul. Soedin. **5**, 1507 (1963); *S. 143, 334.*
(*538*) — — — — u. B. A. Gromov: Vysokomolekul. Soedin. **2**, 1409 (1960); *S. 416.*
(*539*) — — u. E. S. Torsueva: Izv. Akad. Nauk SSSR, Otd. Khim. Nauk **1961**, 1966; *S. 122.*
(*539a*) Sieron, J. K.: Rubber World **149**, Nr. 1, 58 (1963); *S. 472.*
(*540*) Silbert, L. S., Z. B. Jacobs, W. E. Palm, L. P. Witnauer, W. S. Port u. D. Swern: J. Polymer Sci. **21**, 161 (1956); *S. 261.*
(*541*) Simha, R.: Nat. Bur. Stand., Circ. 525, 39 (1953); *S. 32.*
(*542*) — u. L. A. Wall: J. Polymer Sci. **6**, 39 (1951); *S. 32.*
(*543*) — — u. P. J. Blatz: J. Polymer Sci. **5**, 615 (1950); *S. 32.*
(*544*) Sippel, A.: Kunststoffe **49**, 626 (1959); *S. 24.*
(*545*) Sittig, M.: "Polyacetal Resins", Gulf Publ. Co., Houston, Texas, 1963; *S. 21.*
(*546*) Skrabal, A.: „Homogenkinetik", Th. Steinkopff, Dresden u. Leipzig, 1941, S. 41; *S. 114.*
(*547*) Smith, H. V.: "The Development of the Organotin Stabilizers", Tin Research Institute, Greenford, Middlesex, 1959; *S. 370.*
(*548*) — Plastics (London) **17**, 264 (1952); *S. 373.*
(*549*) — Rubber Age and Synthetics **34**, 206 (1953); *S. 432.*
(*550*) — Brit. Plastics **27**, 176 (1954); *S. 256.*
(*551*) — Brit. Plastics **27**, 213 (1954); *S. 387.*
(*552*) — Brit. Plastics **27**, 307 (1954); *S. 300.*
(*553*) — Brit. Plastics **29**, 373 (1956); *S. 430, 432.*
(*554*) — Kunststoffe-Plastics **7**, 321 (1960); *S. 431, 436, 438.*
(*555*) — Plastteknik 1960, Sektion TIF:III; *S. 368, 371, 476.*
(*556*) — Rubber J. Intern. Plastics **138**, 966 (1960); *S. 431, 436, 438.*
(*557*) — Brit. Plastics **37**, 445 (1964); *S. 371, 379, 382.*
(*558*) Snyder, J. A., C. F. Martino, J. R. Wilkinson u. E. H. Wood: Mod. Plastics **33**, Nr. 10, 252 (1956); *S. 184, 399.*

(*559*) SÖNNERSKOG, S.: Acta Chem. Scand. **13**, 1634 (1959); *S. 59.*
(*560*) SOUMELIS, K. u. H. WILSKI: Kunststoffe **52**, 471 (1962); *S. 14.*
(*561*) SPACHT, R. B., C. W. WADELIN, W. S. HOLLINGSHEAD u. D. C. WILLS: Ind. Eng. Chem. Prod. Res. Develop. **1**, 202 (1962); *S. 213.*
(*561a*) SPEITMANN, M.: Chemiker Ztg. **61**, 415 (1937); *S. 478.*
(*562*) STÄGER, H.: Kunststoffe **49**, 589 (1959); *S. 1, 6.*
(*563*) STAIR, R., R. G. JOHNSTON u. T. C. BAGG: J. Res. Nat. Bur. Stand. **53**, 113 (1954); *S. 480.*
(*564*) STAUDINGER, H., M. BRUNNER u. W. FEISST: Helv. Chim. Acta **13**, 805 (1930); *S. 53.*
(*565*) ŠTĚPEK, J., I. FRANTA u. B. DOLEŽEL: Mod. Plastics **40**, Nr. 12, 145 (1963); *S. 430, 431.*
(*566*) — u. Z. VYMAZAL: Mod. Plastics **41**, Nr. 7, 166 (1964); *S. 90.*
(*567*) STILLINGS, R. A. u. R. J. VAN NOSTRAND: J. Am. Chem. Soc. **66**, 753 (1944); *S. 27.*
(*568*) STOECKHERT, K.: Kunststoffe **42**, P 45 (1952); *S. 476.*
(*569*) STRELLER, H.: Plaste Kautschuk **9**, 520 (1962); *S. 443.*
(*570*) STROBEL, A. F. u. S. C. CATINO: Ind. Eng. Chem. Prod. Res. Develop. **1**, 241 (1962); *S. 178, 183, 184, 299.*
(*571*) — u. M. R. LEIBOWITZ: Mod. Plastics Encycl. Issue 1963, 497; *S. 14, 16, 19, 28, 178.*
(*572*) STROMBERG, R. R., S. STRAUS u. B. G. ACHHAMMER: J. Polymer Sci. **35**, 355 (1959); *S. 65.*
(*573*) STUDEBAKER, M. L., E. W. D. HUFFMAN, A. C. WOLFE u. L. G. NABORS: Ind. Eng. Chem. **48**, 162 (1956); *S. 189.*
(*574*) STURROCK, A. T. u. D. V. SARBACH: Rubber Age (New York) **92**, 723 (1963); *S. 471.*
(*575*) SWEENEY, J. J.: SPE Tech. Papers **9**, XVII/4 (1963); *S. 190, 453.*
(*576*) SWEITZER, C. W. u. F. LYON: Rubber Chem. and Technol. **25**, 557 (1952); *S. 188.*
(*577*) SWERN, D.: J. Am. Chem. Soc. **69**, 1692 (1947); *S. 74.*
(*578*) — in (*359*) S. 1—54; *S. 39, 47.*
(*579*) SZWARC, M.: J. Polymer Sci. **16**, 367 (1955); *S. 189.*
(*580*) — J. Polymer Sci. **19**, 589 (1956); *S. 189.*
(*581*) TABAR, W. J.: Proceedings Battelle Symp. on Thermal Stability of Polymers, Columbus, Ohio, 1963; *S. 478.*
(*582*) TAFT, W. K., J. DUKE u. D. PREM: Ind. Eng. Chem. **49**, 1293 (1957); *S. 467.*
(*583*) TALAMINI, G. u. G. PEZZIN: Makromol. Chem. **39**, 26 (1960); *S. 62, 63, 65.*
(*584*) TAMBLYN, J. W., G. C. NEWLAND u. M. T. WATSON: Plastics Technol. **4**, 427 (1958); SPE Tech. Papers **4**, 969 (1958); *S. 423, 426.*
(*585*) TAYLOR, D. K.: Plastics Inst. (London) Trans. J. **28**, 170 (1960); *S. 104, 107.*
(*586*) TAYLOR, J. R. u. C. H. ADAMS: Mech. Eng. **76**, 803 (1954); *S. 18, 27.*
(*587*) THELIN, J. H. u. A. R. DAVIS: Rubber Age (New York) **86**, 81 (1959); *S. 474.*
(*588*) THINIUS, K.: Kunststoffe **40**, 191 (1950); *S. 432, 434.*
(*588a*) — Plaste Kautschuk **11**, 324 (1964); *S. 485.*
(*588b*) — Plaste Kautschuk **12**, 389 (1965); *S. 301, 391.*
(*588c*) — Plaste Kautschuk **12**, 714 (1965); *S. 301, 391.*
(*589*) — u. R. SCHLIMPER: Plaste Kautschuk **9**, 165 (1962); *S. 447.*
(*590*) — — u. D. WEICHERT: Plaste Kautschuk **9**, 516 (1962); *S. 432.*
(*591*) — u. J. SCHREIBER: Plaste Kautschuk **6**, 169 (1959); *S. 17, 463.*
(*592*) THOLSTRUP, C. E.: Proceedings Battelle Symp. on Thermal Stability of Polymers, Columbus, Ohio, 1963; *S. 166, 296, 423.*

(*593*) Thomas, J. R.: J. Am. Chem. Soc. **82**, 5955 (1960); *S. 129.*
(*594*) Thompson, D. C., R. H. Baker u. R. W. Brownlow: Rubber Chem. and Technol. **25**, 928 (1952); *S. 475.*
(*595*) Tobolsky, A. V.: Discussions Faraday Soc. **2**, 384 (1947); *S. 37, 38, 43.*
(*596*) –, D. J. Metz u. R. B. Mesrobian: J. Am. Chem. Soc. **72**, 1942 (1950); *S. 50.*
(*597*) –, I. B. Prettyman u. J. H. Dillon: J. Appl. Phys. **15**, 380 (1944); *S. 157.*
(*598*) Todd, W. D.: Mod. Plastics **27**, Nr. 3, 111 (1949); *S. 438.*
(*599*) Tokareva, L. G., N. V. Mikhailov, S. I. Potemkina u. M. V. Kovaleva: Vysokomolekul. Soedin. **2**, 1728 (1960); *S. 456.*
(*599a*) Torikai, S.: J. Polymer Sci. Part A **2**, 239 (1964); *S. 409.*
(*600*) Tucker, H.: Rubber Chem. and Technol. **32**, 269 (1959); *S. 73.*
(*601*) „Ullmanns Encyclopädie der technischen Chemie", hrsg. v. W. Foerst, Verlag Urban & Schwarzenberg, München u. Berlin, 1963, 14. Bd. S. 793–810; *S. 188.*
(*602*) Uri, N.: in (*359*) S. 55–106; *S. 40, 51.*
(*603*) – in (*359*) S. 133–169; *S. 115, 130, 131, 132, 146.*
(*604*) Vale, C. P. u. W. G. K. Taylor: Chem. Ind. (London) **1961**, 268; *S. 269.*
(*605*) Van Cleve, R. u. D. H. Mullins: Ind. Eng. Chem. **50**, 873 (1958); *S. 262.*
(*606*) van der Kerk, G. J. M., J. G. A. Luijten u. J. G. Noltes: Angew. Chem. **70**, 298 (1958); *S. 370.*
(*607*) van Egmond, J. C., M. J. Janssen, J. G. A. Luijten, G. J. M. van der Kerk u. G. M. van der Want: J. Appl. Chem. (London) **12**, 17 (1962); *S. 371.*
(*608*) Van Schooten, J.: J. Appl. Polymer Sci. **4**, 122 (1960); *S. 14.*
(*609*) Van Wazer, J. R.: "Phosphorus and Its Compounds", Interscience Publ., New York u. London, 1958; *S. 96.*
(*610*) Velea, I., T. Wexler u. D. Cornilescu; Rev. Chim. (Bukarest) **14**, 13 (1963); *S. 193.*
(*611*) Vennells, W. G.: Plastics Inst. (London) Trans. J. **19**, Nr. 38, 47 (1951); *S. 256.*
(*612*) – Plastics (London) **20**, 93 (1955); *S. 256.*
(*613*) – Plastics Inst. (London) Trans. J. **23**, 44 (1955); *S. 96, 434.*
(*614*) Verschoore, K. T. M.: Plastics Inst. (London) Trans. J. **32**, 170 (1964); *S. 415, 418.*
(*615*) Villain, H.: Rubber Chem. and Technol. **23**, 352 (1950); *S. 51, 473.*
(*616*) Vincent, H. L.: Ind. Eng. Chem. **29**, 1267 (1937); *S. 25.*
(*617*) Voigt, J.: Makromol. Chem. **27**, 80 (1958); *S. 25, 71.*
(*617a*) Vollmert, B.: „Grundriß der makromolekularen Chemie", Springer-Verlag, Berlin, Göttingen, Heidelberg, 1962; *S. 1.*
(*618*) Wall, L. A.: SPE J. **16**, 1031 (1960); *S. 34.*
(*619*) – u. J. H. Flynn: Rubber Chem. and Technol. **35**, 1157 (1962); *S. 33.*
(*620*) – u. S. Straus: J. Polymer Sci. **44**, 313 (1960); *S. 33.*
(*621*) Wallder, V. T.: zitiert in (*62*); *S. 188.*
(*622*) –, W. J. Clarke, J. B. De Coste u. J. B. Howard: Ind. Eng. Chem. **42**, 2320 (1950); *S. 140, 184, 188.*
(*623*) Walling, C. u. R. Rabinowitz: J. Am. Chem. Soc. 81, 1243 (1959); *S. 154.*
(*624*) Walter, P.: Rev. Gen. Caoutchouc **19**, 265 (1942); *S. 483.*
(*625*) Walters, E. L. u. C. J. Busso: Ind. Eng. Chem. **41**, 907 (1949); *S. 120.*
(*626*) Wartman, L. H.: Ind. Eng. Chem. **47**, 1013 (1955); *S. 82, 89.*
(*627*) Waters, W. A. u. C. Wickman-Jones: J. Chem. Soc. **1952**, 2420; *S. 126.*
(*628*) Watson, R. W. u. T. B. Tom: Ind. Eng. Chem. **41**, 918 (1949); *S. 164.*
Wazer, J. R. Van: siehe (*609*).

(*629*) Weicksel, J. A.: Mod. Plastics Encycl. Issue 1962, 458; *S. 178, 426, 449, 462.*
(*630*) – u. J. F. Hosler: Mod. Plastics Encycl. Issue 1964, 410; *S. 178, 269.*
(*631*) Weider, C. F.: Kunststoffe **43**, 102 (1953); *S. 202, 254.*
(*632*) Wieland, H. u. J. Maier: Ber. **64**, 1205 (1931); *S. 42.*
(*633*) Wilski, H.: Kolloid-Z. 188, 4 (1963); *S. 14, 73.*
(*634*) Wilson, J. E.: Ind. Eng. Chem. **47**, 2201 (1955); *S. 110, 112, 120.*
(*635*) Wilson, W. K. u. B. W. Forshee: SPE J. **15**, 146 (1959); *S. 28, 463.*
(*636*) Winkelmann, H. A.: Rubber Chem. and Technol. **25**, 885 (1952); *S. 163, 395.*
(*637*) Winkler, D. E.: Ind. Eng. Chem. **50**, 863 (1958); *S. 96, 239.*
(*638*) – J. Polymer Sci. **35**, 3 (1959); *S. 63, 64, 65, 88, 107.*
(*639*) Winn, H., J. R. Shelton u. D. Turnbull: Ind. Eng. Chem. **38**, 1052 (1946); *S. 140, 188.*
(*640*) Winslow, F. H., C. J. Aloisio, W. L. Hawkins, W. Matreyek u. S. Matsuoka: Chem. Ind. (London) **1963**, 533; *S. 421.*
(*641*) Witnauer, L. P., H. B. Knight, W. E. Palm, R. E. Koos, W. C. Ault u. D. Swern: Ind. Eng. Chem. **47**, 2304 (1955); *S. 260.*
(*642*) Woernle, A. K.: SPE J. **16**, 535 (1960); *S. 445.*
(*643*) – SPE Tech. Papers **6**, Paper No. 41 (1960); *S. 445.*
(*644*) Wolkóber, Z.: Soc. Chem. Ind. (London), Monograph 13, 200 (1961); *S. 67.*
(*645*) Yanovskii, D. M., A. A. Berlin, E. N. Zilberman u. N. A. Rybakova: Zh. Prikl. Khim. **32**, 1575 (1959); *S. 431.*
(*645a*) Yushkevichute, S. S. u. Y. A. Shlyapnikov: Vysokomolekul. Soedin. **7**, 2094 (1955); *S. 139.*
(*646*) Yustein, S. E., R. R. Winans u. H. J. Stark: ASTM Bull. **196**, 29 (1954); *S. 26, 28, 478.*
(*647*) Zilberman, E. N.: Usp. Khim. i. Tekhnol. Polimerov Sb. **1960**, Nr. **3**, 83; *S. 66.*
(*648*) Zussman, H. W.: Mod. Plastics Encycl. Issue 1960, 372; *S. 178, 269.*

(*649*) Bundesgesundheitsblatt **1**, 235 (1958); *S. 488.*
(*650*) Bundesgesundheitsblatt **2**, 24 (1959); *S. 488.*
(*651*) Bundesgesundheitsblatt **2**, 264 (1959); *S. 488.*
(*652*) Bundesgesundheitsblatt **3**, 415 (1960); *S. 490.*
(*653*) Bundesgesundheitsblatt **4**, 311 (1961); *S. 489.*
(*654*) Bundesgesundheitsblatt **5**, 242 (1962); *S. 490.*
(*655*) Bundesgesundheitsblatt **5**, 352 (1962); *S. 489.*
(*656*) Bundesgesundheitsblatt **5**, 403 (1962); *S. 491.*
(*657*) Bundesgesundheitsblatt **6**, 239 (1963); *S. 490.*
(*658*) Bundesgesundheitsblatt **6**, 404 (1963); *S. 489.*
(*659*) Bundesgesundheitsblatt **7**, 361 (1964); *S. 489.*
(*660*) Chem. Eng. News **33**, 4228 (1955); *S. 292.*
(*661*) Europäischer Wirtschaftsdienst, Kunststoff-Dienst Nr. 47 v. 21. 11. 1962; *S. 184.*
(*662*) European Chemical News, 16. 11. 1962; *S. 184.*
(*663*) Federal Register **25**, 966 (1960); *S. 491.*
(*664*) Federal Register **29**, 17090 (1964); *S. 492.*
(*665*) Food Additives Amendment of 1958, Public Law 85-929, 6. 9. 1958; *S. 491.*
(*666*) Mod. Plastics **26**, Nr. 6, 142 (1949); *S. 377.*
(*667*) Plastics Technol. **9**, Nr. 4, 17 (1963); *S. 418.*
(*667a*) Plastics World **20**, Nr. 2, 66 (1962); *S. 251.*
(*668*) Rubber Plastics Age **45**, 291 (1964); *S. 431, 432.*

Patente über stabilisierte Kunststoffe, Stabilisierungsverfahren und Stabilisatorsubstanzen

Lfde. Nr.	Patent-Nr.	Inhaber*	Anmeldungs-datum
Amerikanische Patente			
[1]	1 039 741	Farbenfabr. Bayer	29. 12. 11
[2]	1 081 614	Farbenfabr. Bayer	5. 4. 12
[3]	1 746 371	Goodyear	9. 3. 29
[4]	1 763 615	H. W. Elley	29. 5. 29
[5]	1 814 420	I. G. Farben	19. 8. 29
[6]	1 842 989	I. G. Farben	14. 8. 29
[7]	1 976 359	Eastman Kodak	16. 1. 32
[8]	2 013 941	Carbide & Carbon	28. 3. 31
[9]	2 050 843	Coe Laboratories	6. 4. 33
[10]	2 075 543	Carbide & Carbon	10. 7. 34
[11]	2 103 581	Hazel-Atlas Glass Co.	25. 4. 34
[12]	2 126 179	Union Carbide	31. 7. 34
[13]	2 130 924	Stoner-Mudge	5. 2. 37
[14]	2 140 518	Union Carbide	15. 3. 34
[15]	2 141 126	Union Carbide	15. 3. 34
[16]	2 147 154	I. G. Farben	15. 10. 36
[17]	2 157 068	Carbide & Carbon	16. 10. 36
[18]	2 159 367	Dow	9. 12. 37
[19]	2 159 399	Dow	9. 12. 37
[20]	2 160 061	Carbide & Carbon	12. 12. 36
[21]	2 160 172	Standard Oil Devel. Co.	25. 7. 36
[22]	2 160 948	Dow	23. 10. 37
[23]	2 161 024	Carbide & Carbon	27. 6. 36
[24]	2 161 026	Carbide & Carbon	23. 7. 37
[25]	2 166 604	I. G. Farben	17. 4. 33
[26]	2 169 717	Stoner-Mudge	7. 3. 38
[27]	2 174 545	B. F. Goodrich	1. 4. 38
[28]	2 179 973	B. F. Goodrich	16. 7. 38
[29]	2 181 478	Carbide & Carbon	22. 12. 36
[30]	2 190 776	Du Pont	27. 1. 37
[31]	2 193 662	B. F. Goodrich	2. 8. 38
[32]	2 208 216	Stoner-Mudge	28. 7. 38
[33]	2 217 170	Radio Corp. of America	30. 9. 37
[34]	2 218 645	B. F. Goodrich	15. 4. 38
[35]	2 219 463	Union Carbide	31. 12. 36
[36]	2 224 944	Stoner-Mudge	19. 1. 39
[37]	2 230 371	Du Pont	4.11. 39
[38]	2 232 933	Dow	10. 4. 39
[39]	2 244 021	Standard Oil Devel. Co.	25. 11. 38
[40]	2 255 487	General Electric	12. 4. 38
[41]	2 256 625	Carbide & Carbon	13. 12. 38
[42]	2 258 188	Dow	19. 9. 40

* Firmennamen sind allgemein durch einschlägig bekannte Kurzformen wiedergegeben.

Lfde. Nr.	Patent-Nr.	Inhaber	Anmeldungs-datum
[43]	2 258 243	Carbide & Carbon	12. 12. 36
[44]	2 260 420	Stoner-Mudge	15. 10. 38
[45]	2 261 611	Carbide & Carbon	23. 2. 39
[46]	2 264 291	Dow	17. 9. 40
[47]	2 265 582	Gulf Oil Corp.	12. 4. 37
[48]	2 267 777	Carbide & Carbon	23. 6. 38
[49]	2 267 778	Carbide & Carbon	23. 6. 38
[50]	2 267 779	Carbide & Carbon	19. 9. 40
[51]	2 273 262	Dow	19. 9. 40
[52]	2 274 555	B. F. Goodrich	4. 12. 37
[53]	2 287 188	Dow	6. 5. 40
[54]	2 287 189	Dow	19. 9. 40
[55]	2 288 765	Stoner-Mudge	22. 5. 41
[56]	2 304 466	Dow	20. 3. 40
[57]	2 307 075	Carbide & Carbon	2. 8. 40
[58]	2 307 090	Carbide & Carbon	16. 12. 39
[59]	2 307 092	Carbide & Carbon	9. 11. 40
[60]	2 307 157	Carbide & Carbon	1. 7. 42
[61]	2 313 757	Dow	19. 9. 40
[62]	2 316 169	B. F. Goodrich	1. 3. 41
[63]	2 319 953	Wingfoot	1. 4. 41
[64]	2 319 954	Wingfoot	1. 4. 41
[65]	2 330 087	Harvel Res. Corp.	31. 5. 41
[66]	2 333 280	B. F. Goodrich	17. 1. 41
[67]	2 337 424	Stoner-Mudge	23. 3. 43
[68]	2 338 187	I. C. I.	30. 6. 41
[69]	2 340 151	General Electric	21. 3. 42
[70]	2 340 938	Standard Oil Devel. Co.	30. 11. 40
[71]	2 344 002	Carbide & Carbon	18. 8. 39
[72]	2 344 489	Dow	6. 11. 40
[73]	2 350 199	General Electric	21. 3. 42
[74]	2 356 955	Jasco Inc.	21. 12. 39
[75]	2 365 400	Alien Property Custodian	19. 4. 41
[76]	2 367 483	Wingfoot	25. 11. 42
[77]	2 378 739	B. F. Goodrich	15. 10. 41
[78]	2 387 499	Jasco Inc.	19. 6. 43
[79]	2 387 518	Jasco Inc.	30. 11. 40
[80]	2 387 571	Alien Property Custodian	2. 5. 41
[81]	2 392 041	Carbide & Carbon	2. 7. 41
[82]	2 393 794	Eastman Kodak	28. 2. 45
[83]	2 393 801	Eastman Kodak	9. 3. 45
[84]	2 393 802	Eastman Kodak	9. 3. 45
[85]	2 394 010	Carbide & Carbon	29. 9. 42
[86]	2 394 418	Carbide & Carbon	29. 6. 43
[87]	2 396 555	Wingfoot	29. 12. 42
[88]	2 396 556	Wingfoot	29. 12. 42
[89]	2 396 557	Wingfoot	29. 12. 42
[90]	2 406 837	Du Pont	19. 11. 43
[91]	2 408 377	Resistoflex Corp.	1. 5. 42

Lfde. Nr.	Patent-Nr.	Inhaber	Anmeldungs-datum
[92]	2 410 775	Wingfoot	22..6. 45
[93]	2 414 399	G. L. Martin Co.	26. 7. 43
[94]	2 419 354	U. S. Rubber	25. 11. 44
[95]	2 429 155	Dow	4. 5. 45
[96]	2 429 165	Dow	4. 5. 45
[97]	2 432 296	Du Pont	25. 2. 44
[98]	2 432 471	Wingfoot	29. 12. 42
[99]	2 432 586	Carbide & Carbon	17. 1. 46
[100]	2 434 496	Dow	2. 3. 45
[101]	2 434 662	Du Pont	3. 2. 44
[102]	2 435 245	Du Pont	5. 2. 44
[103]	2 435 769	Wingfoot	25. 11. 42
[104]	2 436 116	Eastman Kodak	4. 5. 45
[105]	2 437 046	Resinous Products Inc.	15. 10. 43
[106]	2 438 102	Wingfoot	25. 6. 45
[107]	2 439 677	Lynnwood Labor.	31. 7. 42
[108]	2 440 070	Polaroid Corp.	28. 10. 44
[109]	2 441 360	Du Pont	18. 10. 44
[110]	2 444 881	U. S. Rubber	1. 12. 44
[111]	2 445 567	General Electric	27. 8. 46
[112]	2 445 739	Firestone	16. 8. 47
[113]	2 446 976	Wingfoot	28. 8. 44
[114]	2 448 799	Du Pont	3. 11. 45
[115]	2 449 959	Distillers Co., Ltd.	2. 1. 45
[116]	2 455 611	Monsanto	19. 7. 47
[117]	2 455 612	Monsanto	19. 7. 47
[118]	2 455 613	Monsanto	19. 7. 47
[119]	2 455 614	Monsanto	19. 7. 47
[120]	2 455 674	Dow	8. 12. 47
[121]	2 455 879	General Electric	13. 5. 46
[122]	2 455 880	General Electric	13. 5. 46
[123]	2 456 216	Du Pont	4. 2. 48
[124]	2 456 231	Du Pont	4. 2. 48
[125]	2 456 565	Monsanto	25. 4. 47
[126]	2 457 035	Monsanto	11. 8. 47
[127]	2 459 127	Wingfoot	18. 9. 45
[128]	2 459 746	Firestone	9. 4. 45
[129]	2 461 531	Wingfoot	15. 6. 45
[130]	2 462 331	Bakelite Corp.	13. 4. 44
[131]	2 462 352	Dow	28. 5. 45
[132]	2 462 412	Dow	28. 5. 45
[133]	2 462 608	Pennsylvania Ind. Chem. Corp.	18. 1. 45
[134]	2 462 895	Du Pont	30. 1. 45
[135]	2 464 177	Monsanto	15. 4. 48
[136]	2 464 250	Dow	10. 4. 42
[137]	2 466 810	U. S. Rubber	26. 3. 46
[138]	2 476 422	Monsanto	26. 1. 46
[139]	2 476 606	Du Pont	4. 7. 45
[140]	2 476 829	Firestone	18. 10. 46

Lfde. Nr.	Patent-Nr.	Inhaber	Anmeldungs-datum
[141]	2 476 833	Firestone	9. 12. 47
[142]	2 477 225	General Aniline	27. 12. 44
[143]	2 477 349	Monsanto	29. 12. 45
[144]	2 477 608	Dow	30. 1. 47
[145]	2 477 609	Dow	30. 1. 47
[146]	2 477 610	Dow	30. 1. 47
[147]	2 477 656	Dow	30. 1. 47
[148]	2 477 657	Dow	30. 1. 47
[149]	2 477 658	Dow	30. 1. 47
[150]	2 477 659	Dow	30. 1. 47
[151]	2 478 862	Wingfoot	27. 6. 45
[152]	2 479 918	Monsanto	15. 4. 48
[153]	2 480 296	Du Pont	18. 2. 47
[154]	2 481 086	Distillers Co., Ltd.	29. 1. 46
[155]	2 481 307	Shell Devel. Co.	11. 4. 47
[156]	2 482 038	Du Pont	11. 3. 47
[157]	2 482 048	Du Pont	11. 3. 47
[158]	2 483 959	Monsanto	26. 2. 48
[159]	2 485 160	Rohm & Haas	23. 10. 48
[160]	2 486 182	Monsanto	5. 4. 47
[161]	2 487 099	Stabelan Chem. Co.	11. 6. 45
[162]	2 489 518	Bakelite Corp.	15. 12. 48
[163]	2 491 443	Wingfoot	18. 9. 45
[164]	2 491 444	Wingfoot	18. 9. 45
[165]	2 492 419	Amer. Viscose Corp.	12. 7. 45
[166]	2 493 390	Stabelan Chem. Co.	29. 5. 47
[167]	2 493 597	Rohm & Haas	5. 3. 46
[168]	2 499 503	U. S. Rubber	29. 10. 46
[169]	2 500 229	Dow	28. 9. 46
[170]	2 507 142	Stabelan Chem. Co.	10. 7. 47
[171]	2 507 143	Stabelan Chem. Co.	17. 6. 49
[172]	2 510 009	Socony-Vacuum	30. 12. 48
[173]	2 510 035	Advance Solvents	12. 4. 46
[174]	2 514 186	Firestone	22. 10. 45
[175]	2 514 193	Firestone	6. 1. 47
[176]	2 514 198	Firestone	6. 8. 47
[177]	2 514 199	Firestone	6. 8. 47
[178]	2 514 210	Firestone	15. 11. 47
[179]	2 514 216	Firestone	8. 4. 49
[180]	2 514 220	Firestone	17. 10. 47
[181]	2 514 221	Firestone	10. 1. 48
[182]	2 514 424	Baker Castor Oil	28. 1. 48
[183]	2 516 945	Du Pont	31. 3. 48
[184]	2 516 980	Du Pont	18. 4. 47
[185]	2 519 189	Du Pont	30. 10. 46
[186]	2 519 755	Du Pont	25. 9. 46
[187]	2 525 643	Dow	2. 8. 48
[188]	2 530 353	Dow	7. 5. 49
[189]	2 534 654	Polaroid Corp.	11. 1. 46

Lfde. Nr.	Patent-Nr.	Inhaber	Anmeldungs-datum
[190]	2 534 936	Monsanto	10. 8. 48
[191]	2 535 649	Soc. Rhodiacéta	8. 8. 46
[192]	2 537 635	Firestone	17. 1. 50
[193]	2 537 636	Firestone	9. 3. 46
[194]	2 537 639	Firestone	19. 7. 49
[195]	2 537 713	Dow	20. 5. 49
[196]	2 537 845	Shell Devel. Co.	30. 9. 44
[197]	2 538 047	Du Pont	27. 7. 48
[198]	2 538 297	Shell Devel. Co.	14. 7. 47
[199]	2 539 362	Monsanto	3. 11. 48
[200]	2 541 492	Du Pont	1. 7. 46
[201]	2 542 179	Monsanto	31. 10. 47
[202]	2 543 329	Union Carbide	17. 3. 45
[203]	2 546 631	Shell Devel. Co.	5. 8. 46
[204]	2 552 551	Dow	29. 10. 49
[205]	2 554 142	Sherwin-Williams Co.	25. 2. 50
[206]	2 555 167	Shell Devel. Co.	30. 7. 49
[207]	2 555 169	Shell Devel. Co.	7. 2. 50
[208]	2 556 145	Rohm & Haas	23. 11. 48
[209]	2 556 420	Monsanto	15. 4. 48
[210]	2 557 474	I. C. I.	10. 2. 48
[211]	2 558 701	Dow	29. 3. 50
[212]	2 558 728	Dow	25. 4. 49
[213]	2 559 333	Shell Devel. Co.	14. 10. 49
[214]	2 560 028	Firestone	6. 8. 47
[215]	2 560 034	Firestone	17. 3. 49
[216]	2 560 042	Firestone	8. 6. 49
[217]	2 560 160	British Resin Prod.	12. 4. 48
[218]	2 561 044	Monsanto	5. 1. 46
[219]	2 561 183	Shawinigan Resins	8. 1. 47
[220]	2 563 772	Shell Devel. Co.	22. 3. 49
[221]	2 564 194	Shell Devel. Co.	2. 3. 51
[222]	2 564 195	Shell Devel. Co.	2. 3. 51
[223]	2 564 646	Argus	8. 2. 50
[224]	2 565 141	Du Pont	26. 8. 49
[225]	2 566 791	Stabelan Chem. Co.	13. 12. 49
[226]	2 568 894	General Aniline	15. 9. 49
[227]	2 568 989	Monsanto	27. 4. 49
[228]	2 569 492	M. W. Kellogg Co.	20. 12. 49
[229]	2 572 571	Monsanto	29. 7. 48
[230]	2 573 894	Monsanto	10. 8. 49
[231]	2 574 987	B. F. Goodrich	10. 3.50
[232]	2 578 359	Monsanto	19. 8. 46
[233]	2 578 653	Shell Devel. Co.	26. 4. 49
[234]	2 579 572	National Lead Co.	27. 6. 50
[235]	2 580 460	Baker Castor Oil	24. 5. 50
[236]	2 581 360	Dow	11. 3. 50
[237]	2 581 464	Devoe & Raynolds	16. 9. 47
[238]	2 581 907	Firestone	9. 3. 46

Lfde. Nr.	Patent-Nr.	Inhaber	Anmeldungs-datum
[239]	2 581 908	Firestone	18. 2. 50
[240]	2 581 909	Firestone	30. 3. 49
[241]	2 581 910	Firestone	30. 3. 49
[242]	2 581 911	Firestone	30. 3. 49
[243]	2 581 915	Firestone	17. 10. 47
[244]	2 581 930	Firestone	25. 1. 50
[245]	2 582 510	Bell Telephone	5. 12. 47
[246]	2 583 084	Union Carbide	15. 12. 48
[247]	2 583 419	Distillers Co., Ltd.	5. 9. 50
[248]	2 585 506	Shell Devel. Co.	21. 6. 48
[249]	2 587 477	U. S. Rubber	17. 3. 48
[250]	2 587 549	Monsanto	19. 2. 49
[251]	2 588 899	Shell Devel. Co.	23. 8. 50
[252]	2 590 059	Shell Devel. Co.	26. 3. 49
[253]	2 591 675	Metal & Thermit	31. 3. 49
[254]	2 592 310	Eastman Kodak	12. 2. 49
[255]	2 592 311	Eastman Kodak	12. 2. 49
[256]	2 592 926	Advance Solvents	29. 10. 48
[257]	2 593 267	Metal & Thermit	3. 5. 51
[258]	2 595 310	Baker Castor Oil	8. 7. 50
[259]	2 595 619	Shell Devel. Co.	23. 2. 49
[260]	2 595 636	Distillers Co., Ltd.	4. 1. 49
[261]	2 597 920	B. F. Goodrich	29. 6. 51
[262]	2 597 987	Union Carbide	24. 3. 50
[263]	2 598 496	Shell Devel. Co.	21. 1. 50
[264]	2 599 544	Phillips Petroleum	31. 1. 51
[265]	2 599 557	Metal & Thermit	24. 3. 48
[266]	2 601 253	Industrial Rayon Corp.	13. 6. 49
[267]	2 603 622	BASF	28. 9. 49
[268]	2 604 458	Dow	2. 6. 50
[269]	2 604 459	Dow	4. 2. 50
[270]	2 604 460	Advance Solvents	19. 8. 49
[271]	2 604 483	Advance Solvents	9. 1. 50
[272]	2 605 244	Firestone	16. 6. 51
[273]	2 606 886	Hercules Powder	16. 10. 48
[274]	2 608 547	National Lead Co.	10. 6. 49
[275]	2 608 567	Metal & Thermit	12. 10. 49
[276]	2 609 355	Shell Devel. Co.	19. 7. 49
[277]	2 614 095	B. F. Goodrich	15. 6. 51
[278]	2 615 860	I. C. I.	3. 6. 50
[279]	2 616 899	U. S. Rubber	26. 3. 51
[280]	2 617 739	Celanese	10. 11. 49
[281]	2 617 783	Monsanto	26. 10. 50
[282]	2 617 784	Monsanto	26. 10. 50
[283]	2 618 625	Advance Solvents	9. 8. 49
[284]	2 619 479	Du Pont	28. 12. 50
[285]	2 623 892	Distillers Co., Ltd.	19. 4. 51
[286]	2 624 716	Baker Castor Oil	8. 7. 50
[287]	2 624 719	Dow	31. 3. 50

Lfde. Nr.	Patent-Nr.	Inhaber	Anmeldungs-datum
[288]	2 625 521	Standard Oil Devel. Co.	15. 6. 50
[289]	2 625 533	National Lead Co.	2. 3. 48
[290]	2 625 559	Union Carbide	4. 2. 49
[291]	2 625 568	Standard Oil Devel. Co.	27. 3. 51
[292]	2 626 253	Monsanto	24. 11. 48
[293]	2 626 953	Advance Solvents	28. 5. 48
[294]	2 628 211	Advance Solvents	10. 12. 49
[295]	2 628 212	Standard Oil Devel. Co.	10. 12. 49
[296]	2 628 951	Monsanto	28. 3. 51
[297]	2 628 952	Du Pont	27. 7. 48
[298]	2 628 953	U. S. Rubber	30. 11. 50
[299]	2 629 700	Chertoff	5. 9. 51
[300]	2 630 421	Du Pont	24. 1. 51
[301]	2 630 436	Metal & Thermit	21. 5. 49
[302]	2 630 442	Metal & Thermit	21. 5. 49
[303]	2 631 990	Advance Solvents	23. 3. 50
[304]	2 632 754	Firestone	5. 12. 47
[305]	2 632 770	U. S. Rubber	18. 1. 49
[306]	2 634 281	Advance Solvents	9. 8. 49
[307]	2 640 044	Du Pont	24. 5. 51
[308]	2 640 785	Monsanto	20. 10. 49
[309]	2 641 588	Argus	7. 2. 52
[310]	2 641 596	Argus	7. 2. 52
[311]	2 643 988	Union Carbide	12. 10. 51
[312]	2 648 650	Metal & Thermit	21. 6. 51
[313]	2 651 620	Ethyl Corp.	9. 12. 50
[314]	2 651 621	Ethyl Corp.	9. 12. 50
[315]	2 651 622	Ethyl Corp.	9. 12. 50
[316]	2 651 623	Ethyl Corp.	9. 12. 50
[317]	2 654 718	Sherwin-Williams Co.	27. 11. 50
[318]	2 658 882	Dow Corning Corp.	3. 10. 52
[319]	2 658 883	Du Pont	1. 5. 50
[320]	2 661 343	Monsanto	26. 10. 50
[321]	2 661 344	Monsanto	26. 10. 50
[322]	2 661 345	Monsanto	26. 10. 50
[323]	2 661 346	Monsanto	26. 10. 50
[324]	2 661 347	Monsanto	26. 10. 50
[325]	2 665 265	I. C. I.	27. 8. 51
[326]	2 665 286	Metal & Thermit	20. 12. 49
[327]	2 666 039	Firestone	22. 12. 52
[328]	2 666 040	Firestone	20. 2. 53
[329]	2 666 752	Sherwin-Williams Co.	17. 1. 50
[330]	2 669 548	Monsanto	2. 1. 51
[331]	2 669 549	Monsanto	21. 12. 51
[332]	2 670 382	Monsanto	10. 6. 50
[333]	2 671 064	Monsanto	10. 5. 50
[334]	2 672 471	Metal & Thermit	28. 11. 51
[335]	2 673 191	B. F. Goodrich	3. 5. 51
[336]	2 675 366	Amer. Cyanamid	24. 5. 51

Lfde. Nr.	Patent-Nr.	Inhaber	Anmeldungs-datum
[337]	2 675 397	Metal & Thermit	23. 9. 50
[338]	2 675 398	Metal & Thermit	29. 9. 50
[339]	2 675 399	Metal & Thermit	20. 11. 52
[340]	2 676 939	Farbw. Hoechst	8. 5. 51
[341]	2 676 940	Monsanto	25. 2. 52
[342]	2 679 505	Metal & Thermit	24. 4. 51
[343]	2 679 506	Metal & Thermit	17. 5. 51
[344]	2 680 106	Dow	1. 2. 52
[345]	2 680 107	Argus	20. 5. 52
[346]	2 680 726	Metal & Thermit	17. 11. 51
[347]	2 680 727	Du Pont	17. 4. 53
[348]	2 681 328	Dow	4. 9. 52
[349]	2 681 329	Dow	4. 9. 52
[350]	2 681 330	Dow	4. 9. 52
[351]	2 681 899	B. F. Goodrich	5. 9. 52
[352]	2 681 900	Monsanto	13. 8. 52
[353]	2 681 918	Du Pont	27. 9. 51
[354]	2 684 353	Buffalo Electrochem. Co.	31. 5. 51
[355]	2 684 956	Metal & Thermit	25. 2. 52
[356]	2 684 973	Advance Solvents	8. 10. 52
[357]	2 686 170	Firestone	13. 8. 52
[358]	2 686 199	Firestone	19. 7. 49
[359]	2 686 812	General Aniline	7. 9. 51
[360]	2 691 642	Distillers Co., Ltd.	28. 4. 52
[361]	2 693 492	General Aniline	9. 3. 51
[362]	2 697 114	Universal Oil Prod. Co.	18. 2. 50
[363]	2 700 675	Advance Solvents	12. 7. 50
[364]	2 701 241	Union Carbide	19. 5. 53
[365]	2 704 749	Union Carbide	1. 7. 52
[366]	2 704 756	Argus	14. 5. 52
[367]	2 705 227	Du Pont	15. 3. 54
[368]	2 707 178	Union Carbide	21. 6. 52
[369]	2 708 638	Eastman Kodak	14. 4. 54
[370]	2 711 401	Ferro	23. 11. 51
[371]	2 711 415	Esso Research	22. 3. 52
[372]	2 713 580	Firestone	6. 9. 51
[373]	2 713 585	C. E. Best	5. 10. 50
[374]	2 713 589	Firestone	5. 1. 52
[375]	2 715 111	Metal & Thermit	21. 12. 53
[376]	2 715 112	Dow	4. 9. 52
[377]	2 716 092	W. E. Leistner u. a.	4. 2. 53
[378]	2 716 095	Dow	4. 9. 52
[379]	2 716 642	Monsanto	12. 9. 52
[380]	2 716 643	Monsanto	12. 9. 52
[381]	2 718 522	Metal & Thermit	10. 6. 53
[382]	2 719 089	Union Carbide	11. 1. 50
[383]	2 719 140	Monsanto	20. 5. 53
[384]	2 721 851	Phillips Petroleum	10. 11. 52
[385]	2 723 965	W. E. Leistner u. a.	19. 11. 52

Lfde. Nr.	Patent-Nr.	Inhaber	Anmeldungs-datum
[386]	2 724 706	Dow	16. 5. 52
[387]	2 726 227	W. E. Leistner u. a.	30. 6. 50
[388]	2 726 254	W. E. Leistner u. a.	30. 6. 50
[389]	2 726 879	Du Pont	11. 12. 51
[390]	2 727 917	Advance Solvents	5. 8. 50
[391]	2 729 608	Du Pont	10. 5. 51
[392]	2 729 614	Ethyl Corp.	1. 4. 53
[393]	2 730 436	Esso Research	8. 1. 52
[394]	2 731 357	Dow	15. 7. 54
[395]	2 731 440	Firestone	5. 10. 50
[396]	2 731 441	Firestone	6. 9. 51
[397]	2 731 482	Firestone	5. 10. 50
[398]	2 731 484	Firestone	27. 6. 50
[399]	2 732 365	U. S. Rubber	4. 9. 52
[400]	2 732 366	Dow	30. 7. 54
[401]	2 733 226	U. S. Rubber	12. 10. 51
[402]	2 734 881	Ferro	18. 9. 51
[403]	2 735 782	Eastman Kodak	15. 9. 52
[404]	2 735 832	Phillips Petroleum	7. 3. 52
[405]	2 735 833	Dow	4. 9. 52
[406]	2 735 834	Dow	2. 6. 54
[407]	2 735 835	Phillips Petroleum	7. 3. 52
[408]	2 735 836	Phillips Petroleum	19. 1. 53
[409]	2 737 505	General Electric	3. 3. 53
[410]	2 739 122	Amer. Cyanamid	29. 7. 53
[411]	2 739 123	Amer. Cyanamid	29. 7. 53
[412]	2 739 139	Inventa AG.	31. 7. 52
[413]	2 739 160	Eastman Kodak	1. 10. 52
[414]	2 739 952	General Electric	24. 6. 53
[415]	2 740 766	Dow	4. 9. 52
[416]	2 742 368	Dow Corning Corp.	2. 8. 51
[417]	2 742 447	Phillips Petroleum	20. 11. 52
[418]	2 743 257	Metal & Thermit	21. 5. 49
[419]	2 744 876	Metal & Thermit	11. 7. 52
[420]	2 744 881	National Lead Co.	27. 2. 53
[421]	2 745 726	Esso Research	17. 2. 51
[422]	2 745 819	Carlisle Chem. Works	1. 4. 52
[423]	2 745 820	Carlisle Chem. Works	30. 6. 49
[424]	2 745 821	Dow	4. 9. 52
[425]	2 745 847	Union Carbide	8. 10. 53
[426]	2 746 945	Monsanto	14. 8. 52
[427]	2 746 946	Metal & Thermit	11. 1. 52
[428]	2 750 352	Phillips Petroleum	9. 12. 52
[429]	2 752 319	Dow	3. 9. 54
[430]	2 752 325	Argus	23. 5. 52
[431]	2 752 326	Esso Research	29. 3. 52
[432]	2 753 321	Dow	15. 5. 52
[433]	2 757 163	Du Pont	4. 6. 53
[434]	2 758 119	Eastman Kodak	27. 2. 53

Lfde. Nr.	Patent-Nr.	Inhaber	Anmeldungs-datum
[435]	2 758 982	Phillips Petroleum	11. 7. 51
[436]	2 758 985	Du Pont	26. 6. 53
[437]	2 759 904	Dow Corning Corp.	25. 2. 55
[438]	2 759 905	Union Carbide	19. 5. 53
[439]	2 759 906	Argus	20. 5. 52
[440]	2 760 950	Dow	2. 6. 54
[441]	2 761 788	British Celanese	19. 11. 51
[442]	2 763 562	Eastman Kodak	18. 11. 53
[443]	2 763 632	Metal & Thermit	25. 5. 52
[444]	2 765 292	Union Carbide	15. 4. 53
[445]	2 768 151	Eastman Kodak	23. 2. 54
[446]	2 769 798	Rütgerswerke	26. 6. 53
[447]	2 770 610	Monsanto	30. 10. 52
[448]	2 770 611	Wacker-Chemie	9. 3. 54
[449]	2 772 250	Monsanto	14. 6. 54
[450]	2 773 049	Pittsburgh Plate Glass	7. 12. 53
[451]	2 773 778	General Aniline	7. 9. 51
[452]	2 775 574	Monsanto	27. 4. 53
[453]	2 777 826	Harshaw	30. 6. 53
[454]	2 777 828	Amer. Cyanamid	3. 4. 53
[455]	2 782 176	Monsanto	14. 5. 51
[456]	2 784 169	Monsanto	14. 6. 54
[457]	2 784 170	Union Carbide	23. 4. 53
[458]	2 784 171	Monsanto	17. 6. 55
[459]	2 784 172	Monsanto	27. 4. 53
[460]	2 786 044	General Tire & Rubber	14. 4. 53
[461]	2 787 607	Dow	3. 11. 55
[462]	2 789 100	Union Carbide	24. 2. 53
[463]	2 789 101	Union Carbide	24. 2. 53
[464]	2 789 102	Metal & Thermit	2. 6. 53
[465]	2 789 103	Metal & Thermit	29. 1. 54
[466]	2 789 104	Metal & Thermit	29. 1. 54
[467]	2 789 105	Metal & Thermit	29. 1. 54
[468]	2 789 106	Metal & Thermit	29. 1. 54
[469]	2 789 107	Metal & Thermit	29. 1. 54
[470]	2 789 108	Monsanto	24. 2. 53
[471]	2 789 140	General Aniline	29. 12. 55
[472]	2 789 962	Union Carbide	15. 4. 53
[473]	2 789 963	Argus	28. 9. 53
[474]	2 789 994	Metal & Thermit	11. 7. 52
[475]	2 792 380	Monsanto	14. 6. 54
[476]	2 792 428	Du Pont	17. 4. 53
[477]	2 795 570	Dynamit-AG.	30. 12. 53
[478]	2 796 412	Metal & Thermit	2. 7. 52
[479]	2 801 179	Eastman Kodak	10. 8. 54
[480]	2 801 258	Metal & Thermit	7. 7. 51
[481]	2 801 987	Amer. Cyanamid	18. 5. 53
[482]	2 801 988	Heyden Newport	31. 8. 54
[483]	2 805 170	Eastman Kodak	2. 11. 53

Lfde. Nr.	Patent-Nr.	Inhaber	Anmeldungs-datum
[484]	2 805 234	Metal & Thermit	12. 5. 54
[485]	2 807 604	Dow	3. 11. 55
[486]	2 807 605	Dow	3. 11. 55
[487]	2 809 955	Dow	27. 1. 54
[488]	2 809 956	Carlisle Chem. Works	5. 10. 53
[489]	2 810 708	Du Pont	23. 12. 52
[490]	2 810 709	Esso Research	25. 6. 54
[491]	2 811 460	Eastman Kodak	24. 11. 53
[492]	2 811 461	Eastman Kodak	14. 4. 54
[493]	2 811 505	Eastman Kodak	8. 4. 54
[494]	2 813 845	Monsanto	12. 6. 53
[495]	2 816 088	Eastman Kodak	21. 9. 56
[496]	2 816 876	Monsanto	20. 5. 55
[497]	2 818 400	Amer. Cyanamid	2. 8. 55
[498]	2 818 401	Amer. Cyanamid	2. 8. 55
[499]	2 819 249	Amer. Cyanamid	25. 3. 55
[500]	2 819 978	Eastman Kodak	13. 9. 55
[501]	2 820 774	Union Carbide	17. 3. 54
[502]	2 820 775	Dow	10. 11. 55
[503]	2 822 404	Firestone	10. 9. 52
[504]	2 823 196	Dow	3. 11. 55
[505]	2 824 079	Esso Research	8. 6. 54
[506]	2 824 080	Pittsburgh Plate Glass	1. 3. 54
[507]	2 824 081	Eastman Kodak	17. 11. 55
[508]	2 824 845	Monsanto	26. 2. 54
[509]	2 824 847	Heyden Newport	25. 8. 54
[510]	2 824 853	Dow	1. 12. 55
[511]	2 824 854	Dow	1. 12. 55
[512]	2 825 656	British Celanese	23. 7. 54
[513]	2 826 561	Metal & Thermit	9. 11. 53
[514]	2 826 597	Metal & Thermit	22. 1. 53
[515]	2 829 121	Monsanto	14. 7. 55
[516]	2 831 777	Eastman Kodak	9. 3. 55
[517]	2 832 750	Metal & Thermit	5. 5. 52
[518]	2 832 751	Metal & Thermit	5. 5. 52
[519]	2 832 752	Metal & Thermit	7. 8. 53
[520]	2 832 753	Metal & Thermit	11. 3. 55
[521]	2 834 752	Amer. Cyanamid	27. 1. 54
[522]	2 835 647	Eastman Kodak	9. 7. 53
[523]	2 835 648	Eastman Kodak	21. 9. 56
[524]	2 835 649	Ferro	15. 3. 57
[525]	2 837 494	General Electric	28. 12. 54
[526]	2 839 418	Eastman Kodak	13. 4. 54
[527]	2 841 607	Shea Chem. Corp.	21. 5. 56
[528]	2 841 622	Shell Devel. Co.	8. 5. 57
[529]	2 841 623	Shell Devel. Co.	8. 5. 57
[530]	2 841 624	Shell Devel. Co.	8. 5. 57
[531]	2 843 563	Eastman Kodak	27. 1. 55
[532]	2 844 572	Ferro	6. 7. 54

Lfde. Nr.	Patent-Nr.	Inhaber	Anmeldungs-datum
[533]	2 845 399	Esso Research	29. 12. 55
[534]	2 846 412	Dow	22. 10. 56
[535]	2 846 423	Farbw. Hoechst	15. 8. 55
[536]	2 849 413	Chemstrand Corp.	23. 5. 56
[537]	2 851 438	B. F. Goodrich	6. 4. 55
[538]	2 852 488	Dow	27. 9. 55
[539]	2 853 466	Dow	2. 8. 56
[540]	2 853 521	Amer. Cyanamid	20. 6. 56
[541]	2 856 305	Eastman Kodak	18. 2. 57
[542]	2 856 382	Eastman Kodak	21. 9. 56
[543]	2 856 383	Eastman Kodak	24. 9. 56
[544]	2 858 293	Dow	2. 8. 56
[545]	2 858 325	Metal & Thermit	29. 1. 54
[546]	2 860 121	Dow	19. 12. 55
[547]	2 861 052	Ferro	4. 1. 54
[548]	2 861 053	Eastman Kodak	7. 11. 57
[549]	2 861 975	Universal Oil Prod.	10. 10. 55
[550]	2 861 976	Dow	8. 11. 56
[551]	2 862 904	Union Carbide	20. 10. 55
[552]	2 862 909	Consolidation Coal Co.	12. 3. 57
[553]	2 864 804	Shell Devel. Co.	17. 12. 53
[554]	2 865 883	Du Pont	29. 6. 55
[555]	2 867 594	Ferro	21. 3. 57
[556]	2 867 641	Metal & Thermit	2. 7. 54
[557]	2 868 745	Harshaw	16. 1. 57
[558]	2 868 764	Du Pont	14. 11. 56
[559]	2 870 119	Argus	21. 7. 54
[560]	2 870 182	Argus	14. 5. 52
[561]	2 871 220	Du Pont	21. 11. 56
[562]	2 872 468	Argus	16. 10. 52
[563]	2 873 264	Dow	2. 7. 56
[564]	2 874 142	Minnesota Mining	20. 4. 55
[565]	2 874 143	Minnesota Mining	26. 5. 54
[566]	2 874 144	Minnesota Mining	20. 4. 55
[567]	2 874 145	National Lead Co.	23. 3. 56
[568]	2 874 146	I. C. I.	26. 6. 56
[569]	2 874 198	Minnesota Mining	26. 5. 54
[570]	2 875 176	Eastman Kodak	21. 9. 56
[571]	2 876 210	General Aniline	10. 2. 54
[572]	2 877 192	U. S. Rubber	26. 11. 56
[573]	2 877 259	U. S. Rubber	10. 9. 54
[574]	2 878 232	Dow	2. 7. 56
[575]	2 879 257	Union Carbide	24. 3. 53
[576]	2 879 258	Dow	1. 12. 55
[577]	2 881 151	Esso Research	15. 7. 55
[578]	2 882 261	Du Pont	21. 7. 54
[579]	2 883 361	Du Pont	28. 9. 56
[580]	2 883 363	Argus	10. 11. 53
[581]	2 883 364	B. F. Goodrich	1. 3. 55

Lfde. Nr.	Patent-Nr.	Inhaber	Anmeldungs-datum
[582]	2 883 365	B. F. Goodrich	1. 3. 55
[583]	2 885 377	Monsanto	28. 6. 54
[584]	2 885 415	Metal & Thermit	22. 1. 53
[585]	2 887 465	J. R. Geigy	10. 2. 58
[586]	2 887 466	Eastman Kodak	14. 2. 58
[587]	2 888 346	General Aniline	22. 8. 55
[588]	2 888 435	Goodyear	27. 8. 52
[589]	2 889 295	Monsanto	16. 7. 56
[590]	2 889 303	Chemstrand Corp.	19. 12. 56
[591]	2 889 306	Bell Telephone	15. 7. 57
[592]	2 889 310	I. C. I.	28. 5. 57
[593]	2 890 193	Amer. Cyanamid	22. 4. 55
[594]	2 890 200	Dow	8. 10. 56
[595]	2 890 201	Amer. Cyanamid	22. 4. 55
[596]	2 891 036	Dow	9. 4. 56
[597]	2 891 922	Metal & Thermit	29. 6. 55
[598]	2 891 996	Dow	23. 4. 56
[599]	2 893 972	Du Pont	23. 11. 56
[600]	2 894 022	Dow	2. 8. 56
[601]	2 894 923	Monsanto	17. 6. 55
[602]	2 894 933	Dow	2. 7. 56
[603]	2 894 979	Chas. Pfizer & Co.	21. 8. 57
[604]	2 895 941	Ethyl Corp.	10. 10. 56
[605]	2 895 966	U. S. Dep. of Agriculture	12. 4. 54
[606]	2 897 178	Union Carbide	29. 5. 56
[607]	2 898 323	Dow	23. 4. 56
[608]	2 899 394	I. C. I.	28. 11. 55
[609]	2 899 398	A. E. Pflaumer	19. 12. 57
[610]	2 900 361	Dow	6. 4. 55
[611]	2 900 365	Du Pont	25. 10. 55
[612]	2 901 502	Esso Research	25. 6. 54
[613]	2 902 460	B. F. Goodrich	2. 9. 54
[614]	2 902 465	Chas. Pfizer & Co.	22. 8. 57
[615]	2 903 493	I. C. I.	19. 12. 55
[616]	2 904 529	Dow	7. 11. 56
[617]	2 904 570	Metal & Thermit	27. 3. 56
[618]	2 906 719	Dow	10. 2. 56
[619]	2 906 727	Dow	11. 5. 56
[620]	2 906 728	Dow	11. 8. 58
[621]	2 906 730	Minnesota Mining	16. 8. 56
[622]	2 906 731	Monsanto	3. 4. 57
[623]	2 906 733	Nat. Petro-Chemicals	16. 1. 57
[624]	2 907 742	Farbw. Hoechst	12. 3. 56
[625]	2 909 504	Goodyear	26. 3. 57
[626]	2 910 452	S. A. de Saint-Gobain	23. 6. 55
[627]	2 910 453	Dow	12. 1. 56
[628]	2 910 454	Dow	2. 8. 56
[629]	2 911 385	Dow	2. 7. 56
[629a]	2 912 400	H. M. Olson	4. 4. 47

Lfde. Nr.	Patent-Nr.	Inhaber	Anmeldungs-datum
[630]	2 912 411	Eastman Kodak	27. 11. 57
[631]	2 912 445	Chattanooga Med. Co.	1. 7. 58
[632]	2 914 506	Carlisle Chem. Works	2. 1. 53
[633]	2 915 495	Du Pont	23. 4. 56
[634]	2 915 496	General Tire & Rubber	20. 5. 57
[635]	2 917 402	Du Pont	23. 7. 58
[636]	2 918 450	Dow	30. 4. 56
[637]	2 918 451	Ferro	25. 9. 57
[638]	2 919 259	R. A. Naylor u. a.	22. 8. 56
[639]	2 920 059	Du Pont	8. 4. 57
[640]	2 921 046	Shell Devel. Co.	28. 9. 53
[641]	2 921 047	Union Carbide	20. 6. 56
[642]	2 921 048	Eastman Kodak	20. 9. 57
[643]	2 921 873	Westinghouse	20. 12. 57
[644]	2 921 917	Carlisle Chem. Works	18. 1. 57
[645]	2 922 776	Dehydag	17. 5. 55
[646]	2 922 777	Dow	2. 8. 56
[647]	2 922 778	Union Carbide	3. 12. 56
[648]	2 924 582	Union Carbide	31. 12. 57
[649]	2 924 583	Union Carbide	31. 12. 57
[650]	2 925 398	Monsanto	11. 2. 57
[651]	2 925 400	Eastman Kodak	18. 10. 57
[652]	2 925 401	Eastman Kodak	17. 1. 58
[653]	2 926 152	Dow	17. 12. 56
[654]	2 926 155	Monsanto	17. 4. 56
[655]	2 928 876	Geigy Chem. Corp.	12. 3. 58
[656]	2 932 624	Harshaw	27. 9. 57
[657]	2 933 465	Harshaw	17. 5. 56
[658]	2 933 474	Du Pont	2. 10. 58
[659]	2 934 507	Monsanto	18. 6. 54
[660]	2 934 518	Union Carbide	20. 6. 56
[661]	2 935 491	Metal & Thermit	13. 12. 56
[662]	2 936 298	Celanese	21. 10. 57
[663]	2 936 299	Chas. Pfizer & Co.	17. 12. 57
[664]	2 937 157	Dow	7. 11. 56
[665]	2 937 159	Monsanto Canada	23. 12. 57
[666]	2 938 013	Carlisle Chem. Works	9. 8. 54
[667]	2 938 877	Carlisle Chem. Works	17. 6. 54
[668]	2 938 881	Du Pont	6. 2. 59
[669]	2 938 882	Dow	2. 7. 56
[670]	2 938 883	Dow	19. 11. 56
[671]	2 941 980	General Aniline	8. 11. 56
[672]	2 943 070	Argus	11. 10. 57
[673]	2 943 076	Dow	2. 8. 56
[674]	2 944 045	Harshaw	9. 3. 59
[675]	2 944 999	Amer. Cyanamid	26. 9. 58
[676]	2 945 000	Eastman Kodak	21. 9. 56
[677]	2 945 001	Goodyear	27. 8. 56
[678]	2 945 002	Eastman Kodak	31. 5. 57

Lfde. Nr.	Patent-Nr.	Inhaber	Anmeldungs-datum
[679]	2 945 838	General Electric	27. 10. 55
[680]	2 946 764	Victor Chem. Works	24. 5. 57
[681]	2 946 765	Farbenfabr. Bayer	25. 3. 58
[682]	2 947 721	Eastman Kodak	28. 11. 58
[683]	2 947 723	Dow	7. 11. 56
[684]	2 947 724	Firestone	20. 12. 57
[685]	2 949 439	Ferro	20. 9. 57
[686]	2 950 265	Eastman Kodak	6. 2. 57
[687]	2 951 052	Monsanto	31. 3. 58
[688]	2 951 055	Amer. Cyanamid	30. 1. 59
[689]	2 951 086	Monsanto	19. 1. 59
[690]	2 952 660	Dow	24. 12. 58
[691]	2 952 661	Dow	2. 8. 56
[692]	2 953 542	Farbw. Hoechst	11. 12. 56
[693]	2 954 362	Union Carbide	11. 6. 56
[694]	2 954 363	Deutsche Advance	18. 6. 57
[695]	2 955 099	Du Pont	29. 3. 57
[696]	2 955 100	Monsanto	13. 7. 55
[697]	2 955 105	Farbw. Hoechst	18. 3. 57
[698]	2 956 896	Eastman Kodak	14. 8. 59
[699]	2 956 975	Food Machinery & Chem. Corp.	8. 12. 54
[700]	2 956 982	Eastman Kodak	24. 1. 57
[701]	2 957 849	Sun Oil Co.	27. 3. 57
[702]	2 958 675	Esso Research	14. 2. 57
[703]	2 959 550	Esso Research	10. 12. 57
[704]	2 959 563	B. F. Goodrich	20. 7. 56
[705]	2 959 566	Dow	26. 7. 56
[706]	2 959 567	Dow	26. 1. 56
[707]	2 959 568	Dow	22. 10. 56
[708]	2 960 487	Universal Oil Prod.	9. 10. 57
[709]	2 960 488	Eastman Kodak	25. 4. 58
[710]	2 960 490	Victor Chem. Works	15. 6. 55
[711]	2 960 491	W. R. Grace	23. 12. 57
[712]	2 960 496	Du Pont	19. 8. 53
[713]	2 960 538	American Oil Co.	30. 3. 59
[714]	2 962 464	Hercules Powder	30. 12. 58
[715]	2 962 473	Esso Research	5. 3. 57
[716]	2 962 474	Esso Research	5. 3. 57
[717]	2 962 533	Amer. Cyanamid	20. 1. 58
[718]	2 964 493	Esso Research	26. 2. 57
[719]	2 964 494	Eastman Kodak	8. 5. 58
[720]	2 964 495	Eastman Kodak	20. 5. 59
[721]	2 964 496	Eastman Kodak	15. 6. 59
[722]	2 964 497	Eastman Kodak	24. 3. 58
[723]	2 964 498	I. C. I.	11. 3. 59
[724]	2 964 500	Du Pont	29. 9. 58
[725]	2 965 578	Farbenfabr. Bayer	20. 3. 57
[726]	2 965 606	Esso Research	24. 4. 59
[727]	2 965 651	Monsanto	20. 9. 57

Lfde. Nr.	Patent-Nr.	Inhaber	Anmeldungs-datum
[728]	2 966 476	Du Pont	26. 7. 56
[729]	2 967 169	Sun Oil Co.	2. 7. 58
[730]	2 967 774	Eastman Kodak	16. 12. 57
[731]	2 967 845	Bell Telephone	29. 11. 56
[732]	2 967 846	Bell Telephone	29. 11. 56
[733]	2 967 847	Bell Telephone	29. 11. 56
[734]	2 967 848	Bell Telephone	29. 11. 56
[735]	2 967 849	Bell Telephone	29. 11. 56
[736]	2 967 850	Bell Telephone	29. 11. 56
[737]	2 967 852	Chem. Werke Hüls	13. 5. 58
[738]	2 967 857	Dow	10. 10. 55
[739]	2 968 641	Union Carbide	14. 5. 58
[740]	2 968 642	Lubrizol Corp.	17. 1. 57
[741]	2 969 342	National Lead Co.	6. 5. 58
[742]	2 970 973	Dow Corning Corp.	29. 5. 58
[743]	2 970 980	Metal & Thermit	10. 4. 58
[744]	2 970 981	Metal & Thermit	10. 4. 58
[745]	2 971 012	Staley Mfg. Co.	24. 6. 58
[746]	2 971 940	Ferro	20. 3. 59
[747]	2 971 941	Ferro	15. 5. 59
[748]	2 971 968	Ferro	29. 1. 59
[749]	2 972 595	Chas. Pfizer & Co.	17. 12. 57
[750]	2 972 596	Eastman Kodak	28. 11. 58
[751]	2 972 597	Eastman Kodak	13. 11. 58
[752]	2 973 347	Dow	24. 12. 56
[753]	2 973 368	Geschickter Fund for Medical Research	28. 1. 57
[754]	2 974 120	Monsanto	23. 12. 57
[755]	2 976 259	Amer. Cyanamid	5. 9. 56
[756]	2 976 260	Eastman Kodak	28. 11. 58
[757]	2 979 482	Dow Corning Corp.	15. 10. 56
[758]	2 980 645	Eastman Kodak	20. 5. 59
[759]	2 980 646	Eastman Kodak	16. 12. 57
[760]	2 980 647	Eastman Kodak	16. 12. 57
[761]	2 980 648	Eastman Kodak	31. 3. 58
[762]	2 981 714	Esso Research	9. 7. 58
[763]	2 981 715	Du Pont	2. 10. 58
[764]	2 981 716	Shell Oil Co.	18. 6. 59
[765]	2 981 717	Shell Oil Co.	16. 1. 59
[766]	2 982 756	Esso Research	18. 9. 58
[767]	2 983 705	Esso Research	29. 10. 56
[768]	2 983 706	Esso Research	20. 6. 57
[769]	2 983 707	Esso Research	22. 10. 57
[770]	2 983 708	Eastman Kodak	7. 7. 58
[771]	2 983 709	Eastman Kodak	20. 5. 59
[772]	2 983 710	Eastman Kodak	19. 9. 57
[773]	2 984 645	Du Pont	20. 10. 58
[774]	2 984 646	Goodyear	1. 4. 58
[775]	2 984 648	Monsanto	5. 3. 56

Lfde. Nr.	Patent-Nr.	Inhaber	Anmeldungs-datum
[776]	2 984 694	Universal Oil Prod.	1. 5. 58
[777]	2 985 617	Monsanto	2. 9. 55
[778]	2 985 619	Farbenfabr. Bayer	24. 11. 58
[779]	2 985 620	Minnesota Mining	16. 8. 56
[780]	2 985 621	Vereinigte Glanzstoff	22. 4. 59
[781]	2 987 503	Eastman Kodak	4. 1. 57
[782]	2 988 534	A. Eckelmann u. a.	6. 12. 56
[783]	2 989 451	General Electric	16. 6. 55
[784]	2 989 486	J. R. Geigy	23. 3. 59
[785]	2 989 497	Continental Can Co.	25. 11. 57
[786]	2 990 394	I. C. I.	6. 7. 59
[787]	2 990 395	I. C. I.	12. 8. 59
[788]	2 991 271	Firestone	16. 9. 59
[789]	2 991 272	B. F. Goodrich	12. 6. 57
[790]	2 993 025	Du Pont	2. 6. 58
[791]	2 993 034	U. S. Secr. of Agriculture	2. 6. 55
[792]	2 994 675	Shell Oil Co.	26. 10. 56
[793]	2 995 539	Du Pont	24. 4. 58 (1. 3. 56)
[794]	2 996 477	Eastman Kodak	18. 6. 59
[795]	2 996 478	Du Pont	7. 2. 58
[796]	2 997 454	Argus	18. 5. 59
[797]	2 997 455	Chem. Werke Hüls	25. 10. 57
[798]	2 997 456	Phillips Petroleum	11. 5. 59
[799]	2 998 405	Hercules Powder	25. 8. 59
[800]	2 998 409	Du Pont	30. 8. 57
[801]	2 998 441	Carlisle Chem. Works	2. 1. 53
[802]	2 998 831	Stewart Devel. Co.	26. 6. 57
[803]	2 999 836	Du Pont	16. 4. 59
[804]	2 999 838	Du Pont	4. 3. 59
[805]	2 999 839	Du Pont	17. 1. 58
[806]	2 999 840	Du Pont	9. 6. 59
[807]	2 999 841	Du Pont	24. 12. 58
[808]	2 999 842	Du Pont	24. 12. 58
[809]	2 999 843	Du Pont	12. 10. 59
[810]	3 000 850	Celanese	10. 8. 59
[811]	3 000 853	Dow	24. 12. 56
[812]	3 000 854	Phillips Petroleum	20. 2. 57
[813]	3 000 855	Dow	24. 9. 58
[814]	3 000 856	Eastman Kodak	15. 6. 59
[815]	3 000 857	Esso Research	26. 10. 59
[816]	3 001 968	Phillips Petroleum	27. 9. 57
[817]	3 001 969	Eastman Kodak	8. 7. 57
[818]	3 001 970	BASF	20. 4. 56
[819]	3 002 938	Davol Rubber Co.	25. 8. 58
[820]	3 003 994	Du Pont	4. 3. 59
[821]	3 003 995	Allied Chemical Corp.	18. 7. 60
[822]	3 003 996	Eastman Kodak	20. 5. 59
[823]	3 003 998	Argus	15. 3. 60

Lfde. Nr.	Patent-Nr.	Inhaber	Anmeldungs-datum
[824]	3 003 999	Argus	15. 3. 60
[825]	3 004 000	Argus	15. 3. 60
[826]	3 004 001	Phillips Petroleum	28. 8. 59
[827]	3 004 039	Universal Oil Prod.	29. 10. 58
[827 a]	3 005 000	Stauffer Chem. Co.	7. 7. 60
[828]	3 005 805	Esso Research	29. 5. 59
[829]	3 006 885	Hercules Powder	24. 8. 59
[830]	3 006 886	Hercules Powder	24. 8. 59
[831]	3 006 887	Hooker Electrochem. Co.	27. 8. 56
[832]	3 006 888	Shell Oil Co.	3. 2. 58
[833]	3 006 959	Du Pont	22. 9. 58
[834]	3 007 895	Farbenfabr. Bayer	14. 8. 59
[835]	3 008 901	U. S. Secretary of Navy	1. 7. 60
[836]	3 008 921	Goodyear	28. 3. 58
[837]	3 008 995	Du Pont	19. 12. 58
[838]	3 009 939	Weston Chem. Corp.	15. 5. 61
[839]	3 010 912	Goodyear	10. 6. 59
[840]	3 010 937	Farbenfabr. Bayer	15. 12. 59
[841]	3 010 938	Goodyear	8. 6. 59
[842]	3 010 939	B. F. Goodrich	25. 11. 59
[843]	3 011 000	Monsanto	15. 5. 59
[844]	3 011 992	Union Carbide	12. 2. 60
[845]	3 012 005	Wacker-Chemie	11. 5. 59
[846]	3 012 044	Dow	17. 7. 57
[847]	3 012 063	Dow	19. 9. 58
[848]	3 012 999	Rhône-Poulenc	10. 2. 58
[849]	3 014 888	Shell Oil Co.	11. 12. 58
[850]	3 014 889	Shell Oil Co.	23. 6. 58
[851]	3 015 644	Argus	31. 1. 58
[852]	3 016 363	Eastman Kodak	15. 2. 60
[853]	3 017 383	Eastman Kodak	3. 12. 59
[854]	3 018 167	Monsanto	17. 10. 57
[855]	3 018 269	Du Pont	29. 7. 60
[856]	3 019 210	Polymer Corp.	5. 8. 58
[857]	3 019 247	Carlisle Chem. Works	29. 1. 57
[858]	3 019 262	Firestone	9. 1. 56
[859]	3 020 258	Phillips Petroleum	31. 8. 59
[860]	3 020 259	Farbw. Hoechst	3. 9. 58
[861]	3 020 307	Universal Oil Prod.	23. 12. 59
[862]	3 021 302	Farbw. Hoechst	28. 1. 59
[863]	3 022 267	Sinclair Refining Co.	14. 5. 58
[864]	3 022 268	Du Pont	17. 7. 58
[865]	3 024 217	Firestone	25. 6. 59
[866]	3 024 218	Firestone	15. 6. 55
[867]	3 024 265	U. S. Borax Corp.	4. 11. 60
[868]	3 027 348	Virginia-Carolina Chem. Corp.	14. 8. 58
[869]	3 027 350	Carlisle Chem. Works	2. 1. 53
[869 a]	3 027 352	Celanese	19. 10. 60

Lfde. Nr.	Patent-Nr.	Inhaber	Anmeldungs-datum
[870]	3 028 363	Phillips Petroleum	31. 8. 59
[871]	3 029 267	Thiokol Chem. Corp.	21. 1. 58
[872]	3 030 333	Shell Oil Co.	12. 8. 58
[873]	3 030 334	Ferro	21. 9. 59
[874]	3 031 321	Eastman Kodak	24. 7. 59
[875]	3 033 814	Eastman Kodak	25. 1. 60
[876]	3 034 879	Goodyear	8. 6. 59
[877]	3 036 034	Shell Oil Co.	29. 1. 60
[878]	3 037 961	Argus	11. 8. 59
[879]	3 038 877	Eastman Kodak	18. 2. 60
[880]	3 038 878	Eastman Kodak	29. 7. 60
[881]	3 039 993	Weston Chem. Corp.	10. 5. 60
[882]	3 041 311	Union Carbide	3. 12. 58
[883]	3 041 330	Amer. Cyanamid	29. 6. 60
[884]	3 042 649	Bell Telephone	2. 5. 58
[885]	3 042 653	Onderz.-Inst. Research	23. 3. 60
[886]	3 042 654	Dow	31. 8. 59
[887]	3 042 669	Amer. Cyanamid	28. 6. 60
[888]	3 043 672	Ethyl Corp.	22. 8. 56
[889]	3 043 709	Du Pont	18. 7. 58
[890]	3 043 775	T. H. Coffield u. a.	24. 7. 59
[891]	3 043 797	Eastman Kodak	21. 11. 58
[892]	3 044 981	Farbenfabr. Bayer	29. 12. 59
[893]	3 046 251	Farbenfabr. Bayer	9. 3. 60
[894]	3 047 503	Shell Oil Co.	11. 7. 60
[895]	3 048 563	Farbenfabr. Bayer	5. 5. 59
[896]	3 049 509	Amer. Cyanamid	11. 8. 59
[897]	3 049 510	J. O. Harris	26. 5. 60
[898]	3 050 499	National Lead Co.	24. 3. 58
[899]	3 050 500	Du Pont	2. 5. 60
[900]	3 050 520	Air Products & Chem. Co.	31. 3. 60
[901]	3 050 783	J. P. Bemberg	21. 3. 60
[902]	3 052 636	General Aniline	26. 5. 59
[903]	3 052 654	Minnesota Mining	8. 11. 57
[904]	3 052 715	Shell Oil Co.	24. 10. 60
[905]	3 053 795	Eastman Kodak	7. 9. 55
[906]	3 053 802	Congoleum-Nairn	29. 2. 60
[907]	3 053 870	Union Carbide	1. 5. 58
[908]	3 054 767	Du Pont	21. 10. 58
[909]	3 054 768	Du Pont	21. 10. 58
[910]	3 054 771	Du Pont	12. 8. 59
[911]	3 055 815	British Insulated Callender's Cables	5. 6. 59
[912]	3 055 862	Jefferson Chem. Co.	14. 11. 60
[913]	3 055 863	Farbw. Hoechst	26. 6. 56
[914]	3 055 896	Amer. Cyanamid	11. 6. 59
[915]	3 056 759	Esso Research	21. 8. 58
[916]	3 056 824	Argus	13. 7. 56
[917]	3 057 821	General Electric	26. 8. 58

Lfde. Nr.	Patent-Nr.	Inhaber	Anmeldungs-datum
[918]	3 057 921	Amer. Cyanamid	11. 6. 59
[919]	3 057 926	Ethyl Corp.	12. 3. 58
[920]	3 057 934	Firestone	15. 1. 60
[921]	3 058 952	Hercules Powder	12. 1. 60
[922]	3 060 121	Ethyl Corp.	4. 4. 60
[923]	3 060 149	Monsanto	30. 12. 57
[924]	3 061 584	Dow	31. 5. 60
[925]	3 061 625	Weston Chem. Corp.	15. 6. 61
[926]	3 062 761	Goodyear	30. 9. 57
[927]	3 062 779	Pennsalt Chem. Corp.	21. 4. 54
[928]	3 063 960	Union Carbide	3. 10. 58
[929]	3 063 962	Universal Oil Prod.	6. 6. 60
[930]	3 063 963	Eastman Kodak	13. 10. 58
[931]	3 065 192	Esso Research	18. 2. 59
[932]	3 065 197	Union Carbide	5. 1. 60
[933]	3 065 200	Dow	9. 7. 58
[934]	3 065 208	Allied Chemical Corp.	10. 11. 58
[935]	3 065 210	Monsanto	6. 4. 60
[936]	3 067 149	Nopco Chem. Co.	4. 5. 60
[937]	3 067 150	Nopco Chem. Co.	4. 5. 60
[938]	3 067 165	Dow	29. 3. 61
[939]	3 067 166	Ferro	17. 9. 59
[940]	3 067 167	Union Carbide	21. 1. 60
[941]	3 067 168	Du Pont	13. 5. 60
[942]	3 067 173	Du Pont	24. 12. 58
[943]	3 068 112	Eastman Kodak	27. 4. 60
[944]	3 068 193	Dow	19. 1. 60
[945]	3 068 195	Union Carbide	16. 11. 59
[946]	3 068 196	Dow	20. 4. 60
[947]	3 068 198	Pennsalt Chem. Corp.	29. 12. 60
[948]	3 069 369	Monsanto	14. 11. 57
[949]	3 069 383	Monsanto	8. 6. 55
[950]	3 069 384	Ethyl Corp.	9. 12. 58
[951]	3 069 394	Metal & Thermit	16. 10. 59
[952]	3 069 400	Borden Co.	13. 5. 59
[953]	3 070 569	Thiokol Chem. Corp.	8. 10. 59
[954]	3 071 560	Nopco Chem. Co.	17. 2. 59
[955]	3 072 573	Goodyear	13. 5. 59
[956]	3 072 601	Hercules Powder	11. 8. 60
[957]	3 072 602	Dow	2. 7. 59
[958]	3 072 603	Eastman Kodak	23. 3. 60
[959]	3 072 604	Eastman Kodak	23. 3. 60
[960]	3 072 605	Dow	29. 8. 60
[961]	3 072 615	Minnesota Mining	3. 2. 58
[962]	3 073 863	Miles Laboratories	5. 5. 58
[963]	3 074 909	Hercules Powder	5. 10. 60
[964]	3 074 910	Hercules Powder	17. 11. 60
[965]	3 075 850	Eastman Kodak	8. 8. 60
[966]	3 075 937	Dow	9. 5. 60

Lfde. Nr.	Patent-Nr.	Inhaber	Anmeldungs-datum
[967]	3 075 940	Union Carbide	17. 1. 58
[968]	3 075 946	Dow	21. 9. 59
[969]	3 076 782	Farbw. Hoechst	29. 9. 59
[970]	3 076 783	Union Carbide	12. 2. 59
[971]	3 079 366	Amer. Cyanamid	26. 6. 61
[972]	3 080 338	Texas-U. S. Chem. Co.	15. 6. 60
[973]	3 080 339	Dow	7. 7. 58
[974]	3 080 340	Dow	19. 1. 60
[975]	3 081 280	Du Pont	31. 8. 60
[976]	3 082 109	Eastman Kodak	30. 9. 58
[977]	3 082 187	Ferro	21. 3. 58
[978]	3 082 188	Dow	24. 2. 59
[979]	3 082 189	Carlisle Chem. Works	3. 7. 59
[980]	3 084 135	Heyden Newport	8. 6. 60
[981]	3 086 960	Goodyear	22. 4. 60
[982]	3 087 900	Union Carbide	26. 4. 60
[983]	3 087 901	Union Carbide	26. 4. 60
[984]	3 088 932	Monsanto	2. 12. 60
[985]	3 089 860	Union Carbide	3. 12. 58
[986]	3 091 597	Union Carbide	1. 12. 58
[987]	3 091 598	Eastman Kodak	11. 8. 60
[988]	3 092 598	Dow	14. 8. 58
[989]	3 092 663	General Aniline	24. 8. 61
[990]	3 093 587	Ethyl Corp.	17. 5. 60
[991]	3 093 616	Amer. Cyanamid	28. 8. 61
[992]	3 094 506	Hooker Chem. Corp.	27. 7. 59
[993]	3 095 394	Union Carbide	3. 5. 60
[994]	3 095 427	Union Carbide	3. 12. 58
[995]	3 095 434	Stauffer Chem. Co.	27. 6. 61
[996]	3 096 302	Eastman Kodak	13. 9. 61
[997]	3 096 345	Carlisle Chem. Works	3. 8. 62
[998]	3 097 100	Eastman Kodak	25. 1. 60
[999]	3 097 188	Koppers Co.	12. 9. 61
[1000]	3 098 057	Union Carbide	5. 1. 60
[1001]	3 098 841	Shell Oil Co.	11. 7. 60
[1002]	3 099 639	Phillips Petroleum	21. 4. 60
[1003]	3 100 229	Ethyl Corp.	1. 4. 60
[1004]	3 100 716	Eastman Kodak	1. 8. 61
[1005]	3 100 717	Eastman Kodak	1. 8. 61
[1006]	3 100 765	Firestone	13. 8. 63
[1007]	3 102 106	Du Pont	8. 12. 60
[1008]	3 102 107	Hercules Powder	10. 10. 60
[1009]	3 102 870	Phillips Petroleum	2. 10. 59
[1010]	3 103 499	Celanese	2. 4. 59
[1011]	3 103 500	Eastman Kodak	5. 2. 60
[1012]	3 103 501	Eastman Kodak	11. 8. 60
[1013]	3 103 502	General Electric	26. 8. 58
[1014]	3 106 539	National Lead Co.	2. 12. 59
[1015]	3 107 229	Farbenfabr. Bayer	3. 8. 59

Lfde. Nr.	Patent-Nr.	Inhaber	Anmeldungs-datum
[1016]	3 107 232	Hercules Powder	13. 10. 60
[1017]	3 107 233	Ethyl Corp.	27. 11. 61
[1018]	3 108 090	Montecatini	9. 6. 61
[1019]	3 108 091	BASF	30. 1. 61
[1020]	3 108 990	Weyerhaeuser Co.	22. 5. 58
[1021]	3 109 829	Esso Research	4. 4. 61
[1022]	3 110 696	Geigy Chem. Corp.	28. 2. 62
[1023]	3 111 499	Farbw. Hoechst	5. 2. 58
[1024]	3 111 502	Monsanto	30. 12. 57
[1025]	3 111 506	Péchiney	7. 7. 58
[1026]	3 112 291	Phillips Petroleum	14. 12. 59
[1027]	3 112 294	Shell Oil Co.	30. 4. 56
[1028]	3 112 331	Amer. Potash & Chem. Co.	3. 11. 61
[1029]	3 113 121	Hooker Chem. Corp.	8. 5. 59
[1030]	3 113 139	Monsanto	18. 11. 59
[1031]	3 113 880	Du Pont	4. 1. 61
[1032]	3 113 907	Du Pont	9. 9. 60
[1033]	3 113 940	Monsanto	13. 7. 61
[1034]	3 113 941	Monsanto	13. 7. 61
[1035]	3 113 942	Monsanto	13. 7. 61
[1036]	3 113 943	Monsanto	13. 7. 61
[1037]	3 115 475	Inventa AG.	4. 2. 59
[1038]	3 116 267	Celanese	17. 8. 59
[1039]	3 117 104	Esso Research	29. 6. 61
[1040]	3 117 129	Amer. Cyanamid	18. 2. 59
[1041]	3 117 947	Canadian Ind. Ltd.	2. 10. 61
[1042]	3 119 783	Union Carbide	30. 10. 59
[1043]	3 119 784	Union Carbide	5. 1. 60
[1044]	3 122 519	Union Carbide	23. 2. 60
[1045]	3 122 568	Union Carbide	22. 5. 59
[1046]	3 124 543	Union Carbide	26. 4. 60
[1047]	3 124 544	Union Carbide	26. 4. 60
[1048]	3 124 545	Union Carbide	26. 4. 60
[1049]	3 124 546	Union Carbide	26. 4. 60
[1050]	3 124 551	Union Carbide	28. 4. 60
[1051]	3 124 556	Monsanto	10. 9. 59
[1052]	3 127 366	Ferro	26. 10. 59
[1053]	3 127 369	Union Carbide	28. 4. 60
[1054]	3 127 373	Union Carbide	17. 10. 61

Australische Patente

Lfde. Nr.	Patent-Nr.	Inhaber	Anmeldungs-datum
[1055]	162 346	Monsanto	26. 3. 52
[1056]	201 160	Monsanto	25. 10. 54
[1057]	207 728	I. C. I.	4. 4. 55
[1058]	208 038	I. C. I.	29. 6. 56
[1059]	211 731	Dow	7. 2. 57
[1060]	213 233	Monsanto	21. 10. 55
[1061]	214 955	Dow	25. 7. 56
[1062]	215 245	Dow	24. 7. 56

Lfde. Nr.	Patent-Nr.	Inhaber	Anmeldungs-datum
[1063]	216 512	I. C. I.	30. 5. 57
[1064]	225 531	I. C. I.	12. 11. 57
[1065]	227 524	Chemstrand Corp.	16. 5. 58
[1066]	228 506	W. R. Grace	12. 12. 58
[1067]	230 817	Ferro	25. 5. 59
[1068]	237 919	Goodyear	7. 5. 59
Belgische Patente			
[1069]	409 735	Union Carbide	31. 5. 35
[1070]	440 847	I. C. I.	12. 3. 41
[1071]	445 338	I. G. Farben	25. 4. 42
[1072]	452 241	I. G. Farben	9. 9. 43
[1073]	524 914	Metal & Thermit	8. 12. 53
[1074]	533 507	Pure Chemicals Ltd.	20. 11. 54
[1075]	533 509	Pure Chemicals Ltd.	20. 11. 54
[1076]	533 988	BASF	9. 12. 54
[1077]	535 147	Dow	25. 1. 55
[1078]	538 264	I. C. I.	18. 5. 55
[1079]	538 307	Dow	20. 5. 55
[1080]	539 325	S. A. de Saint-Gobain	25. 6. 55
[1081]	539 563	Argus	5. 7. 55
[1082]	541 235	Chem. Werke Hüls	12. 9. 55
[1083]	541 331	S. A. de Saint-Gobain	15. 9. 55
[1084]	545 989	Metal & Thermit	12. 3. 56
[1085]	546 211	Nederl. Castoroliefabr.	17. 3. 56
[1086]	546 741	Farbw. Hoechst	4. 4. 56
[1087]	546 742	Farbw. Hoechst	4. 4. 56
[1088]	547 735	National Lead Co.	11. 5. 56
[1089]	548 766	Farbw. Hoechst	18. 6. 56
[1090]	548 948	Farbw. Hoechst	23. 6. 56
[1091]	549 574	Union Carbide	16. 7. 56
[1092]	549 916	Union Carbide	28. 7. 56
[1093]	550 277	Dow	11. 8. 56
[1094]	550 337	Dow	14. 8. 56
[1095]	550 407	Dow	17. 8. 56
[1096]	551 254	Chem. Werke Hüls	24. 9. 56
[1097]	551 883	BASF	18. 10. 56
[1098]	552 971	Farbw. Hoechst	27. 11. 56
[1099]	554 304	Petrochemicals Ltd.	19. 1. 57
[1100]	555 012	Dow	14. 2. 57
[1101]	557 489	Argus	14. 5. 57
[1102]	557 745	Chemstrand Corp.	23. 5. 57
[1103]	557 796	Du Pont	24. 5. 57
[1104]	558 528	Union Carbide	19. 6. 57
[1105]	558 572	BASF	21. 6. 57
[1106]	558 777	Du Pont	27. 6. 57
[1107]	559 457	Hooker Electrochem. Co.	23. 7. 57
[1108]	560 285	Goodyear	24. 8. 57
[1109]	560 454	Du Pont	30. 8. 57

Lfde. Nr.	Patent-Nr.	Inhaber	Anmeldungs-datum
[1110]	561 883	Western Electric Co.	24. 10. 57
[1111]	561 944	Western Electric Co.	26. 10. 57
[1112]	561 970	Western Electric Co.	28. 10. 57
[1113]	561 998	Western Electric Co.	29. 10. 57
[1114]	562 107	Western Electric Co.	4. 11. 57
[1115]	562 314	I. C. I.	12. 11. 57
[1116]	562 417	Argus	16. 11. 57
[1117]	562 481	Western Electric Co.	19. 11. 57
[1118]	562 623	Western Electric Co.	23. 11. 57
[1119]	562 763	I. C. I.	28. 11. 57
[1120]	563 070	Montecatini	9. 12. 57
[1121]	563 210	J. R. Geigy	13. 12. 57
[1122]	563 495	J. P. Bemberg	24. 12. 57
[1123]	564 652	Rhône Poulenc	8. 2. 58
[1124]	565 446	Ciba	6. 3. 58
[1125]	565 519	Western Electric Co.	8. 3. 58
[1126]	565 564	Du Pont	10. 3. 58
[1127]	566 528	Deutsche Advance	5. 4. 58
[1128]	567 485	N. V. de Bataafsche	8. 5. 58
[1129]	567 486	N. V. de Bataafsche	8. 5. 58
[1130]	567 735	Ciba Ltd.	16. 5. 58
[1131]	567 989	Chemstrand Corp.	23. 5. 58
[1132]	570 013	Du Pont	1. 8. 58
[1133]	570 109	UCLAF	5. 8. 58
[1134]	570 884	Du Pont	2. 9. 58
[1135]	571 035	Farbw. Hoechst	8. 9. 58
[1136]	571 838	Argus	8. 10. 58
[1137]	571 923	Argus	10. 10. 58
[1138]	572 713	I. C. I.	5. 11. 58
[1139]	573 362	Farbenfabr. Bayer	27. 11. 58
[1140]	573 629	Ciba	5. 12. 58
[1141]	573 943	Westinghouse	16. 12. 58
[1142]	573 997	Shell Research Ltd.	18. 12. 58
[1143]	574 210	Amer. Cyanamid	24. 12. 58
[1144]	574 685	Du Pont	13. 1. 59
[1145]	575 081	Du Pont	24. 1. 59
[1146]	575 082	Du Pont	24. 1. 59
[1147]	575 378	Farbw. Hoechst	4. 2. 59
[1148]	575 878	Heyden Newport	19. 2. 59
[1149]	576 180	Vereinigte Glanzstoff	27. 2. 59
[1150]	576 615	Ciba	12. 3. 59
[1151]	576 972	I. C. I.	21. 3. 59
[1152]	577 252	Hercules Powder	31. 3. 59
[1153]	577 492	Metal & Thermit	8. 4. 59
[1154]	577 493	Metal & Thermit	8. 4. 59
[1155]	577 905	J. R. Geigy	20. 4. 59
[1156]	578 138	Wacker-Chemie	25. 4. 59
[1157]	578 935	Ciba	22. 5. 59
[1158]	579 636	Ferro	12. 6. 59

Lfde. Nr.	Patent-Nr.	Inhaber	Anmeldungs-datum
[1159]	580 776	Chem. Werke Hüls	16. 7. 59
[1160]	581 104	Du Pont	27. 7. 59
[1161]	581 269	I. C. I.	31. 7. 59
[1162]	581 460	Péchiney	7. 8. 59
[1163]	581 810	Farbenfabr. Bayer	19. 8. 59
[1164]	582 052	Péchiney	27. 8. 59
[1165]	582 162	Du Pont	29. 8. 59
[1166]	582 206	Du Pont	31. 8. 59
[1167]	582 454	BASF	8. 9. 59
[1168]	582 888	Argus	21. 9. 59
[1169]	583 316	Farbw. Hoechst	5. 10. 59
[1170]	583 552	Ciba	13. 10. 59
[1171]	583 593	Farbenfabr. Bayer	14. 10. 59
[1172]	583 726	Metal & Thermit	16. 10. 59
[1173]	584 511	Vereinigte Glanzstoff	10. 11. 59
[1174]	584 924	Du Pont	23. 11. 59
[1175]	585 048	Shell Int. Res. Mij.	26. 11. 59
[1176]	585 242	Ets. Metalorgana	2. 12. 59
[1177]	586 349	Farbenfabr. Bayer	8. 1. 60
[1178]	586 570	Ciba	14. 1. 60
[1179]	586 592	Farbenfabr. Bayer	15. 1. 60
[1180]	586 815	Pennsalt Chem. Corp.	22. 1. 60
[1181]	587 296	Sun Oil Co.	4. 2. 60
[1182]	587 602	Ruhrchemie	15. 2. 60
[1183]	588 030	Shell Intern. Res. Mij.	25. 2. 60
[1184]	588 539	Agfa	11. 3. 60
[1185]	588 566	Petrochemicals Ltd.	11. 3. 60
[1186]	588 610	Farbw. Hoechst	14. 3. 60
[1187]	588 681	J. P. Bemberg	16. 3. 60
[1188]	588 975	Ciba	24. 3. 60
[1189]	589 143	Farbenfabr. Bayer	29. 3. 60
[1190]	589 372	Du Pont	4. 4. 60
[1191]	590 746	Montecatini	12. 5. 60
[1192]	591 281	Farbw. Hoechst	27. 5. 60
[1193]	591 578	Farbenfabr. Bayer	3. 6. 60
[1194]	592 694	Du Pont	6. 7. 60
[1195]	592 705	R. T. Vanderbilt	7. 7. 60
[1196]	593 476	I. C. I.	27. 7. 60
[1197]	593 583	I. C. I.	29. 7. 60
[1198]	593 656	Shell Intern. Res. Mij.	1. 8. 60
[1199]	593 933	BASF	9. 8. 60
[1200]	594 114	Shell Intern. Res. Mij.	16. 8. 60
[1201]	594 450	Farbw. Hoechst	26. 8. 60
[1202]	595 098	Polymer Corp.	15. 9. 60
[1203]	595 368	Farbw. Hoechst	23. 9. 60
[1204]	595 409	Argus	26. 9. 60
[1205]	595 512	Shell Intern. Res. Mij.	28. 9. 60
[1206]	595 550	Phillips Petroleum	29. 9. 60
[1207]	595 636	Goodyear	30. 9. 60

Lfde. Nr.	Patent-Nr.	Inhaber	Anmeldungs-datum
[1208]	595 794	Argus	6. 10. 60
[1209]	596 180	Goodyear	19. 10. 60
[1210]	596 222	Du Pont	20. 10. 60
[1211]	596 223	Du Pont	20. 10. 60
[1212]	596 252	Farbenfabr. Bayer	21. 10. 60
[1213]	596 389	Montecatini	26. 10. 60
[1214]	596 638	National Lead Co.	31. 10. 60
[1215]	597 244	Shell Intern. Res. Mij.	18. 11. 60
[1216]	597 836	U. S. Rubber	6. 12. 60
[1217]	597 932	Az. Colori Nazionali	8. 12. 60
[1218]	598 423	Du Pont	21. 12. 60
[1219]	598 507	Ciba	23. 12. 60
[1220]	598 644	Shell Intern. Res. Mij.	29. 12. 60
[1221]	598 660	I. C. I.	29. 12. 60
[1222]	598 732	Amer. Cyanamid	30. 12. 60
[1223]	598 806	Du Pont	4. 1. 61
[1224]	599 358	Eastman Kodak	20. 1. 61
[1225]	599 409	Farbw. Hoechst	23. 1. 61
[1226]	599 785	Shell Intern. Res. Mij.	2. 2. 61
[1227]	600 052	Metallgesellschaft	9. 2. 61
[1228]	600 213	U. S. Rubber	15. 2. 61
[1229]	600 674	Du Pont	27. 2. 61
[1230]	600 675	Du Pont	27. 2. 61
[1231]	600 884	I. C. I.	3. 3. 61
[1232]	601 018	Ciba	7. 3. 61
[1233]	601 113	General Aniline	9. 3. 61
[1234]	601 133	Argus	9. 3. 61
[1235]	601 418	General Aniline	16. 3. 61
[1236]	601 434	I. C. I.	16. 3. 61
[1237]	601 891	S. A. de Saint-Gobain	28. 3. 61
[1238]	602 042	Metal & Thermit	30. 3. 61
[1239]	602 135	Pennsalt Chem. Corp.	4. 4. 61
[1240]	602 449	J. R. Geigy	11. 4. 61
[1241]	602 450	J. R. Geigy	11. 4. 61
[1242]	602 869	Celanese	21. 4. 61
[1243]	603 206	Farbw. Hoechst	28. 4. 61
[1244]	603 746	Wacker-Chemie	12. 5. 61
[1245]	603 786	Celanese	15. 5. 61
[1246]	603 811	Rhône-Poulenc	15. 5. 61
[1247]	603 902	Az. Colori Nazionali	17. 5. 61
[1248]	603 980	Stamicarbon	18. 5. 61
[1249]	604 078	U. S. Rubber	23. 5. 51
[1250]	604 245	Argus	26. 5. 61
[1251]	604 651	U. S. Rubber	6. 6. 61
[1252]	604 775	Shell Intern. Res. Mij.	8. 6. 61
[1253]	604 779	Shell Intern. Res. Mij.	8. 6. 61
[1254]	604 881	Celanese	12. 6. 61
[1255]	604 885	Montecatini	12. 6. 61
[1256]	604 918	Montecatini	13. 6. 61

Lfde. Nr.	Patent-Nr.	Inhaber	Anmeldungs-datum
[1257]	604 932	Allied Chem. Corp.	13. 6. 61
[1258]	605 005	Montecatini	14. 6. 61
[1259]	605 210	Montecatini	21. 6. 61
[1260]	605 430	Montecatini	26. 6. 61
[1261]	605 633	S. N. I. A. Viscosa	30. 6. 61
[1262]	605 634	S. N. I. A. Viscosa	30. 6. 61
[1263]	605 765	Argus	5. 7. 61
[1264]	605 914	Pennsalt Chem. Corp.	10. 7. 61
[1265]	605 948	Shell Intern. Res. Mij.	10. 7. 61
[1266]	605 949	Shell Intern. Res. Mij.	10. 7. 61
[1267]	605 950	Shell Intern. Res. Mij.	10. 7. 61
[1268]	606 014	Degussa	11. 7. 61
[1269]	606 031	Farbw. Hoechst	12. 7. 61
[1270]	606 211	Shell Intern. Res. Mij.	17. 7. 61
[1271]	606 676	Du Pont	28. 7. 61
[1272]	606 732	Montecatini	31. 7. 61
[1273]	606 788	Montecatini	1. 8. 61
[1274]	606 874	Farbw. Hoechst	3. 8. 61
[1275]	606 985	Eastman Kodak	7. 8. 61
[1276]	606 986	Eastman Kodak	7. 8. 61
[1277]	607 118	Montecatini	10. 8. 61
[1278]	607 196	U. S. Rubber	14. 8. 61
[1279]	607 392	N. V. Ond.-Inst. Research	22. 8. 61
[1280]	607 597	U. S. Borax Corp.	28. 8. 61
[1281]	608 269	Shell Intern. Res. Mij.	18. 9. 61
[1282]	608 300	Farbenfabr. Bayer	19. 9. 61
[1283]	608 340	Pennsalt Chem. Corp.	20. 9. 61
[1284]	608 408	Montecatini	21. 9. 61
[1285]	608 917	Kurashiki Rayon Co.	6. 10. 61
[1286]	608 993	W. R. Grace	10. 10. 61
[1287]	609 474	Du Pont	23. 10. 61
[1288]	609 585	BASF	25. 10. 61
[1289]	610 152	Montecatini	9. 11.61
[1290]	610 649	I. C. I./Brit. Nylon Spinners	22. 11. 61
[1291]	610 814	Farbw. Hoechst	27. 11. 61
[1292]	610 994	J. R. Geigy	30. 11. 61
[1293]	611 139	Montecatini	5. 12. 61
[1294]	611 161	Chem. Fabr. Hoesch	5. 12. 61
[1295]	611 520	Deutsche Advance	14. 12. 61
[1297]	611 554	Western Electric Co.	14. 12. 61
[1298]	611 777	Montecatini	20. 12. 61
[1299]	612 040	Farbenfabr. Bayer	28. 12. 61
[1300]	612 159	Soc. Rhodiacéta	29. 12. 61
[1301]	612 203	Chem. Fabr. Hoesch	2. 1. 62
[1302]	612 206	Solvay	2. 1. 62
[1303]	612 218	Deutsche Advance	3. 1. 62
[1304]	612 416	Scholven-Chemie	8. 1. 62
[1305]	612 681	Montecatini	16. 1. 62
[1306]	613 012	Deutsche Advance	24. 1. 62

Lfde. Nr.	Patent-Nr.	Inhaber	Anmeldungs-datum
[1307]	613 216	Montecatini	29. 1. 62
[1308]	613 247	Soc. Gén. de Constructions Electr. et Mécan.	29. 1. 62
[1309]	613 408	Charbonnages de France	2. 2. 62
[1310]	613 438	Chemstrand Corp.	2. 2. 62
[1311]	613 439	Chemstrand Corp.	2. 2. 62
[1312]	613 463	U. S. Rubber	5. 2. 62
[1313]	613 679	British Nylon Spinners	8. 2. 62
[1314]	613 744	Farbw. Hoechst	9. 2. 62
[1315]	613 821	Du Pont	12. 2. 62
[1316]	613 829	Shell Intern. Res. Mij.	12. 2. 62
[1317]	613 863	Shell Intern. Res. Mij.	13. 2. 62
[1318]	613 941	Montecatini	14. 2. 62
[1319]	614 030	Chemstrand Corp.	16. 2. 62
[1320]	614 138	Celanese	20. 2. 62
[1321]	614 215	BASF	20. 2. 62
[1322]	614 349	Dow	23. 2. 62
[1323]	614 378	Dynamit AG.	26. 2. 62
[1326]	614 643	National Lead Co.	2. 3. 62
[1327]	614 726	Amer. Cyanamid	6. 3. 62
[1328]	614 936	British Nylon Spinners	9. 3. 62
[1329]	614 985	Farbw. Hoechst	12. 3. 62
[1330]	615 066	Degussa	13. 3. 62
[1331]	615 535	National Lead Co.	23. 3. 62
[1332]	615 700	Shell Intern. Res. Mij.	28. 3. 62
[1333]	615 777	Montecatini	29. 3. 62
[1334]	615 846	E. G. Gordon	30. 3. 62
[1335]	615 883	Pennsalt Chem. Corp.	2. 4. 62
[1336]	615 987	Esso Research	4. 4. 62
[1337]	616 097	Farbenfabr. Bayer	6. 4. 62
[1338]	616 326	Deutsche Advance	12. 4. 62
[1339]	616 422	Farbw. Hoechst	13. 4. 62
[1340]	616 423	Farbw. Hoechst	13. 4. 62
[1341]	616 462	Argus	16. 4. 62
[1342]	616 663	Noury & van der Lande	19. 4. 62
[1343]	616 816	I. C. I.	24. 4. 62
[1344]	617 190	BASF	3. 5. 62
[1345]	617 194	BASF	3. 5. 62
[1346]	617 897	Farbw. Hoechst	21. 5. 62
[1347]	617 902	Solvay	21. 5. 62
[1348]	618 292	Shell Intern. Res. Mij.	29. 5. 62
[1349]	618 359	Kurashiki Rayon Co.	30. 5. 62
[1350]	618 838	Soc. Italiana Resine	12. 6. 62
[1351]	618 841	I. C. I.	12. 6. 62
[1352]	618 993	U. S. Rubber	15. 6. 62
[1353]	619 390	Amer. Cyanamid	26. 6. 62
[1354]	619 493	I. C. I.	28. 6. 62
[1355]	619 596	Monsanto	29. 6. 62
[1356]	619 809	General Aniline	5. 7. 62

Lfde. Nr.	Patent-Nr.	Inhaber	Anmeldungs-datum
[1357]	619 816	Ciba	5. 7. 62
[1358]	619 822	Argus	5. 7. 62
[1359]	619 905	BASF	6. 7. 62
[1360]	620 066	Farbenfabr. Bayer	11. 7. 62
[1361]	620 070	General Aniline	11. 7. 62
[1362]	620 075	Deutsche Advance	11. 7. 62
[1363]	620 180	Phillips Petroleum	12. 7. 62
[1364]	620 256	BASF	13. 7. 62
[1365]	620 371	Argus	18. 7. 62
[1366]	620 513	Kurashiki Rayon Co.	20. 7. 62
[1367]	620 608	I. C. I.	24. 7. 62
[1368]	621 123	BASF	6. 8. 62
[1369]	621 298	General Aniline	10. 8. 62
[1370]	621 316	BASF	10. 8. 62
[1371]	621 727	Dow	24. 8. 62
[1372]	621 848	Heyden Newport	28. 8. 62
[1373]	622 031	Deutsche Advance	3. 9. 62
[1374]	622 243	Ciba	7. 9. 62
[1375]	622 292	Deutsche Advance	10. 9. 62
[1376]	622 356	General Mills	11. 9. 62
[1377]	622 418	Deutsche Advance	13. 9. 62
[1378]	622 500	Foster Grant Co.	14. 9. 62
[1379]	622 501	Foster Grant Co.	14. 9. 62
[1380]	622 502	Foster Grant Co.	14. 9. 62
[1381]	622 503	Foster Grant Co.	14. 9. 62
[1382]	622 648	Deutsche Advance	20. 9. 62
[1383]	622 649	Deutsche Advance	20. 9. 62
[1384]	622 653	B. F. Goodrich	20. 9. 62
[1385]	622 690	Degussa	20. 9. 62
[1386]	622 698	Vereinigte Glanzstoff	21. 9. 62
[1387]	622 700	Vereinigte Glanzstoff	21. 9. 62
[1388]	622 701	Vereinigte Glanzstoff	21. 9. 62
[1389]	622 739	Hercules Powder	21. 9. 62
[1390]	622 945	Foster Grant Co.	27. 9. 62
[1391]	622 969	I. C. I.	27. 9. 62
[1392]	622 997	Argus	28. 9. 62
[1393]	623 355	Farbw. Hoechst	8. 10. 62
[1394]	623 664	BASF	16. 10. 62
[1395]	623 832	Zellstoff Waldhof	19. 10. 62
[1396]	623 965	Hooker Chem. Corp.	23. 10. 62
[1397]	624 206	J. R. Geigy	29. 10. 62
[1398]	624 207	J. R. Geigy	29. 10. 62
[1399]	624 214	Goodyear	29. 10. 62
[1400]	624 461	Chuji Ashizawa	6. 11. 62
[1401]	624 468	BASF	6. 11. 62
[1402]	624 698	Farbw. Hoechst	12. 11. 62
[1403]	624 746	Farbenfabr. Bayer	13. 11. 62
[1404]	624 776	I. C. I.	13. 11. 62
[1405]	624 907	Shell Intern. Res. Mij.	16. 11. 62

Lfde. Nr.	Patent-Nr.	Inhaber	Anmeldungs-datum
[1406]	625 007	Amer. Cyanamid	19. 11. 62
[1407]	625 217	Soc. Viscose Suisse	23. 11. 62
[1408]	625 280	J. R. Geigy	26. 11. 62
[1409]	625 281	J. R. Geigy	26. 11. 62
[1410]	625 282	J. R. Geigy	26. 11. 62
[1411]	625 367	Du Pont	27. 11. 62
[1412]	625 612	U. S. Rubber	3. 12. 62
[1413]	625 896	Montecatini	10. 12. 62
[1414]	626 051	Montecatini	13. 12. 62
[1415]	626 102	Argus	14. 12. 62
[1416]	626 176	Farbenfabr. Bayer	17. 12. 62
[1417]	626 284	Farbw. Hoechst	19. 12. 62
[1418]	626 323	Argus	20. 12. 62
[1419]	626 690	Hercules Powder	28. 12. 62
[1420]	626 767	Hercules Powder	2. 1. 63
[1421]	626 773	Shell Intern. Res. Mij.	2. 1. 63
[1422]	626 989	BASF	10. 1. 63
[1423]	627 095	Farbenfabr. Bayer	14. 1. 63
[1424]	627 113	U. S. Rubber	14. 1. 63
[1425]	627 200	General Mills	16. 1. 63
[1426]	627 777	I. C. I.	30. 1. 63
[1427]	628 005	BASF	5. 2. 63
[1428]	628 131	Montecatini	7. 2. 63
[1429]	628 132	Montecatini	7. 2. 63
[1430]	628 303	Montecatini	12. 2. 62
[1431]	628 412	Farbw. Hoechst	14. 2. 63
[1432]	628 693	J. R. Geigy	20. 2. 63
[1433]	629 109	Du Pont	1. 3. 63
[1434]	629 480	Du Pont	12. 3. 63
[1435]	629 689	Farbenfabr. Bayer	17. 3. 63
[1436]	630 035	Shell Intern. Res. Mij.	25. 3. 63
[1437]	630 094	U. S. Rubber	26. 3. 63
[1438]	630 171	Farbenfabr. Bayer	27. 3. 63
[1439]	630 201	Chem. Fabr. Hoesch	27. 3. 63
[1440]	630 458	Deutsche Advance	2. 4. 63
[1441]	630 459	Carlisle Chem. Works	2. 4. 63
[1442]	630 483	I. C. I.	2. 4. 63
[1443]	630 550	J. R. Geigy	3. 4. 63
[1444]	630 725	U. S. Rubber	8. 4. 63
[1445]	630 795	Stamicarbon	9. 4. 63
[1446]	630 809	Assoc. Lead Manufrs.	9. 4. 63
[1447]	631 163	J. R. Geigy	17. 4. 63
[1448]	631 683	Farbw. Hoechst	29. 4. 63
[1449]	631 684	Farbw. Hoechst	29. 4. 63
[1450]	631 864	Montecatini	3. 5. 63
[1451]	632 032	J. R. Geigy	8. 5. 63
[1452]	632 033	J. R. Geigy	8. 5. 63
[1453]	632 080	BASF	9. 5. 63
[1454]	632 760	Farbenfabr. Bayer	24. 5. 63

Lfde. Nr.	Patent-Nr.	Inhaber	Anmeldungs-datum
[1455]	633 103	General Aniline	31. 5. 63
[1456]	633 388	Montecatini	7. 6. 63
[1457]	633 389	Montecatini	7. 6. 63
[1458]	634 193	Ciba	27. 6. 63
[1459]	634 203	Farbw. Hoechst	27. 6. 63
[1460]	634 490	J. R. Geigy	4. 7. 63
[1461]	634 637	J. R. Geigy	8. 7. 63
[1462]	634 638	J. R. Geigy	8. 7. 63
[1463]	634 639	J. R. Geigy	8. 7. 63
[1464]	634 640	J. R. Geigy	8. 7. 63
[1465]	635 538	U. S. Rubber	29. 7. 63
[1466]	636 254	J. R. Geigy	16. 8. 63
[1467]	637 312	Farbw. Hoechst	12. 9. 63
[1468]	637 731	Heyden Newport	23. 9. 63
[1469]	637 963	Farbw. Hoechst	27. 9. 63
Britische Patente			
[1470]	276 968	Du Pont	26. 7. 27
[1470 a]	350 563	I. G. Farben	14. 3. 30
[1471]	418 230	I. G. Farben	21. 4. 33
[1472]	450 856	Carbide & Carbon	24. 1. 35
[1473]	451 723	Carbide & Carbon	25. 6. 35
[1474]	451 725	Carbide & Carbon	18. 7. 35
[1475]	454 232	Deutsche Celluloidfabr.	25. 3. 35
[1475 a]	463 194	I. G. Farben	23. 9. 35
[1476]	467 167	I. G. Farben	11. 11. 35
[1477]	482 512	I. G. Farben	28. 9. 36
[1478]	482 547	I. G. Farben	28. 9. 36
[1479]	482 573	I. G. Farben	28. 9. 36
[1480]	492 558	Carbide & Carbon	16. 9. 37
[1481]	496 966	Standard Oil Devel. Co.	10. 6. 37
[1482]	497 879	Carbide & Carbon	2. 12. 37
[1483]	517 689	I. G. Farben	4. 8. 38
[1484]	518 099	Kodak Ltd.	15. 8. 38
[1485]	536 297	Carbide & Carbon	8. 11. 39
[1486]	538 871	I. C. I.	16. 1. 40
[1487]	540 127	Stoner-Mudge	6. 7. 39
[1487 a]	549 370	Du Pont	16. 5. 41
[1488]	559 043	Carbide & Carbon	6. 9. 41
[1489]	567 130	Wingfoot	11. 5. 43
[1490]	569 383	Wingfoot	11. 5. 43
[1491]	569 384	Wingfoot	13. 5. 43
[1492]	570 104	Wingfoot	11. 5. 43
[1493]	570 176	Wingfoot	11. 5. 43
[1494]	570 348	Du Pont	20. 10. 43
[1495]	571 662	Wingfoot	11. 5. 43
[1496]	571 943	I. C. I.	2. 4. 43
[1497]	575 649	Wingfoot	13. 3. 44
[1498]	576 293	Wingfoot	13. 3. 44

Lfde. Nr.	Patent-Nr.	Inhaber	Anmeldungs-datum
[1499]	577 875	Hercules Powder	11. 3. 43
[1500]	582 721	Distillers Co., Ltd.	8. 12. 43
[1501]	584 434	Wingfoot	24. 1. 44
[1502]	584 620	I. C. I.	11. 1. 45
[1503]	584 674	Wingfoot	13. 3. 44
[1504]	585 033	Wingfoot	18. 3. 44
[1505]	585 215	Wingfoot	13. 3. 44
[1506]	585 504	Du Pont	5. 2. 45
[1507]	587 444	Brit. Thomson-Houston	15. 3. 43
[1508]	590 042	Bakelite Ltd.	10. 4. 45
[1509]	590 286	Du Pont	19. 3. 45
[1510]	590 734	Distillers Co., Ltd.	23. 1. 45
[1511]	594 891	Western Electric Co.	29. 12. 44
[1512]	599 429	Distillers Co., Ltd.	21. 5. 43
[1513]	606 702	N. V. de Bataafsche	23. 1. 46
[1514]	609 177	Bakelite Corp.	8. 3. 46
[1515]	610 037	Anglo-Iran. Oil Co.	28. 6. 45
[1515a]	610 138	I. C. I.	28. 3. 46
[1516]	613 977	Du Pont	28. 6. 46
[1517]	616 282	Firestone	16. 1. 46
[1518]	617 508	N. V. de Bataafsche	27. 12. 45
[1519]	617 620	N. V. de Bataafsche	2. 5. 46
[1520]	618 839	Du Pont	15. 11. 46
[1521]	628 622	N. V. de Bataafsche	9. 1. 47
[1522]	629 142	B. F. Goodrich	17. 7. 47
[1523]	629 332	Brit. Thomson-Houston	13. 5. 47
[1524]	631 006	Brit. Thomson-Houston	13. 5. 47
[1525]	631 909	U. S. Rubber	18. 8. 47
[1526]	632 270	Du Pont	22. 9. 47
[1527]	634 669	British Resin Products	23. 4. 47
[1528]	634 762	Distillers Co., Ltd.	13. 1. 48
[1529]	639 893	I. C. I.	30. 12. 47
[1530]	647 970	Firestone	18. 12. 47
[1530a]	649 481	I. C. I.	8. 9. 48
[1531]	652 947	I. C. I.	4. 8. 48
[1532]	653 822	Stabelan Chem. Co.	7. 2. 48
[1533]	655 533	Western Electric Co.	2. 12. 48
[1534]	655 590	N. V. de Bataafsche	15. 9. 48
[1535]	656 038	Dow	22. 12. 48
[1536]	660 165	Dow	18. 5. 49
[1537]	660 166	Dow	18. 5. 49
[1538]	660 167	Dow	18. 5. 49
[1539]	664 133	Bakelite Corp.	1. 12. 49
[1540]	664 142	S. A. de Saint-Gobain	14. 4. 48
[1541]	665 640	N. V. de Bataafsche	3. 3. 49
[1542]	666 650	N. V. de Bataafsche	3. 5. 49
[1543]	666 652	N. V. de Bataafsche	3. 5. 49
[1544]	666 970	S. A. de Saint-Gobain	14. 4. 48
[1545]	667 041	N. V. de Bataafsche	28. 7. 49

Lfde. Nr.	Patent-Nr.	Inhaber	Anmeldungs-datum
[1546]	671 647	I. C. I.	20. 10. 48
[1547]	671 648	I. C. I.	20. 10. 48
[1548]	674 164	G. J. Chertoff	26. 1. 49
[1549]	675 405	N. V. de Bataafsche	24. 3. 50
[1550]	675 585	Monsanto	17. 8. 49
[1551]	676 447	BASF	30. 9. 49
[1552]	677 505	Dow	2. 3. 51
[1553]	677 733	I. C. I.	9. 6. 49
[1554]	679 146	N. V. de Bataafsche	21. 6. 50
[1555]	679 536	Devoe & Raynolds	21. 5. 48
[1556]	679 655	Union Carbide	1. 12. 49
[1557]	680 409	Dow	16. 2. 51
[1558]	681 944	N. V. de Bataafsche	1. 9. 50
[1559]	683 303	Du Pont	6. 4. 50
[1560]	684 499	Advance Solvents	17. 3. 50
[1561]	684 515	N. V. de Bataafsche	19. 7. 50
[1562]	684 976	I. C. I.	24. 5. 50
[1563]	687 425	Titan Co.	9. 6. 50
[1564]	687 833	U. S. Rubber	31. 8. 51
[1565]	688 513	Dow	20. 3. 51
[1566]	692 554	Distillers Co., Ltd.	14. 9. 49
[1567]	692 556	Distillers Co., Ltd.	4. 10. 49
[1568]	692 967	Titan Co.	25. 6. 51
[1569]	694 474	Dow	18. 10. 51
[1570]	694 944	Advance Solvents	16. 5. 49
[1571]	695 610	Metal & Thermit	5. 9. 51
[1572]	695 810	I. C. I.	24. 8. 51
[1573]	699 193	Firestone	13. 2. 51
[1574]	701 714	Metal & Thermit	5. 9. 51
[1575]	701 996	Distillers Co., Ltd.	15. 5. 51
[1576]	702 848	Standard Oil Devel. Co.	4. 5. 51
[1577]	706 151	General Aniline	4. 2. 52
[1578]	707 338	Union Carbide	28. 3. 52
[1579]	708 029	Du Pont	23. 11. 51
[1580]	709 594	Metal & Thermit	31. 3. 52
[1581]	710 090	British Celanese	29. 11. 50
[1582]	710 224	Metal & Thermit	5. 6. 52
[1583]	710 964	Chem. Werke Hüls	21. 9. 51
[1584]	711 145	Advance Solvents	14. 3. 51
[1585]	713 130	Metal & Thermit	21. 4. 52
[1586]	713 727	J. Ireland	18. 11. 52
[1587]	715 202	Chem. Werke Hüls	24. 8. 51
[1588]	716 916	Du Pont	9. 5. 52
[1589]	717 863	Monsanto	27. 2. 52
[1590]	717 973	B. F. Goodrich	18. 3. 52
[1591]	718 217	U. S. Rubber	11. 7. 52
[1592]	718 245	Union Carbide	12. 11. 52
[1593]	718 393	Metal & Thermit	1. 2. 52
[1594]	718 741	Metal & Thermit	19. 6. 52

Lfde. Nr.	Patent-Nr.	Inhaber	Anmeldungs-datum
[1595]	719 421	Metal & Thermit	18. 6. 52
[1596]	719 733	Metal & Thermit	12. 6. 52
[1597]	720 971	Union Carbide	26. 5. 53
[1598]	721 268	Titan Co.	28. 7. 50
[1599]	722 317	Farbw. Hoechst	15. 5. 51
[1600]	723 296	Wingfoot	29. 12. 52
[1601]	723 838	I. C. I.	16. 10. 52
[1602]	723 947	Dow	1. 10. 52
[1603]	726 792	I. C. I.	11. 7. 52
[1604]	728 029	Monsanto	12. 8. 53
[1605]	728 695	U. S. Rubber	10. 12. 52
[1606]	728 953	Firestone	25. 6. 51
[1607]	728 954	Firestone	25. 6. 51
[1608]	729 400	U. S. Rubber	21. 7. 53
[1609]	734 737	B. F. Goodrich	26. 8. 53
[1610]	735 030	Advance Solvents	6. 5. 52
[1611]	735 489	Farbenfabr. Bayer	28. 5. 53
[1612]	736 822	Albright & Wilson	24. 12. 52
[1613]	737 033	Metal & Thermit	20. 4. 53
[1614]	737 508	Argus	13. 5. 53
[1615]	739 116	Midland Silicones	17. 8. 53
[1616]	739 644	Dow	22. 2. 54
[1617]	739 646	Dow	23. 2. 54
[1618]	739 650	Dow	24. 2. 54
[1619]	739 766	Metal & Thermit	21. 4. 54
[1620]	739 883	Metal & Thermit	7. 5. 54
[1621]	740 155	Monsanto	23. 5. 51
[1622]	740 203	Union Carbide	29. 1. 54
[1623]	740 274	Metal & Thermit	16. 11. 53
[1624]	740 392	Argus	13. 5. 53
[1625]	740 397	Argus	19. 5. 53
[1626]	741 219	Firestone	25. 11. 53
[1627]	742 493	Union Carbide	28. 4. 53
[1628]	742 975	Metal & Thermit	26. 11. 53
[1629]	743 304	Argus	15. 10. 53
[1630]	743 313	Metal & Thermit	18. 11. 53
[1631]	744 224	Metal & Thermit	26. 11. 53
[1632]	744 875	I. C. I.	23. 10. 53
[1633]	748 228	Argus	20. 5. 53
[1634]	748 351	Boake, Roberts & Co.	29. 4. 54
[1635]	748 856	Du Pont	15. 12. 53
[1636]	749 722	Metal & Thermit	9. 11. 53
[1637]	750 106	Metal & Thermit	26. 11. 53
[1638]	750 939	Dynamit AG.	17. 12. 53
[1639]	751 265	Union Carbide	8. 4. 54
[1640]	751 499	Metal & Thermit	18. 1. 54
[1641]	752 053	Argus	21. 9. 54
[1642]	752 821	Du Pont	9. 3. 54
[1643]	753 998	Metal & Thermit	1. 3. 54

Lfde. Nr	Patent-Nr.	Inhaber	Anmeldungs-datum
[1644]	756 138	Dow	1. 12. 54
[1645]	756 351	Rütgerswerke	29. 6. 53
[1646]	757 407	Boake, Roberts & Co.	12. 11. 53
[1647]	758 973	I. C. I.	21. 5. 54
[1648]	759 382	Metal & Thermit	19. 11. 53
[1649]	759 775	Pure Chemicals Ltd.	20. 11. 53
[1650]	759 776	Pure Chemicals Ltd.	20. 11. 53
[1651]	760 178	Du Pont	29. 7. 54
[1652]	760 636	National Lead Co.	16. 6. 54
[1653]	761 357	Albright & Wilson	6. 5. 53
[1654]	761 568	Pure Chemicals Ltd.	20. 11. 53
[1655]	764 233	Air Reduction Co.	24. 1. 55
[1656]	766 771	Henkel & Cie.	24. 8. 53
[1657]	766 875	Carlisle Chem. Works	13. 3. 53
[1658]	768 748	N. V. de Bataafsche	15. 12. 54
[1659]	768 808	Dow	26. 4. 55
[1660]	770 717	Du Pont	15. 4. 55
[1661]	771 813	N. V. de Bataafsche	11. 2. 55
[1662]	771 857	Metal & Thermit	18. 7. 55
[1663]	771 863	Chem. Werke Hüls	5. 8. 55
[1664]	772 088	General Electric	10. 6. 54
[1665]	772 646	Metal & Thermit	16. 6. 55
[1666]	772 663	Wacker-Chemie	21. 1. 54
[1667]	772 938	Union Carbide	19. 10. 55
[1668]	773 434	S. A. de Saint-Gobain	2. 6. 55
[1669]	774 768	Dow	28. 10. 55
[1670]	774 769	Dow	28. 10. 55
[1671]	774 869	General Electric	7. 12. 55
[1672]	775 242	S. A. de Saint-Gobain	27. 6. 55
[1673]	775 326	W. C. Ault u. a.	12. 4. 55
[1674]	775 714	D. Swern	12. 4. 55
[1675]	777 304	Farbw. Hoechst	19. 8. 55
[1676]	779 807	Monsanto	21. 10. 55
[1677]	781 452	Carlisle Chem. Works	9. 2. 53
[1678]	781 905	BASF	7. 12. 54
[1679]	781 906	BASF	7. 12. 54
[1680]	782 204	I. C. I.	4. 3. 55
[1681]	782 483	Wacker-Chemie	21. 12. 55
[1682]	782 894	Carlisle Chem. Works	12. 2. 54
[1683]	783 300	Dehydag	21. 2. 55
[1684]	783 724	Monsanto	14. 6. 55
[1685]	786 144	Dow	26. 3. 56
[1686]	786 545	Assoc. Lead Manufactrs.	31. 10. 55
[1687]	786 762	General Aniline	24. 3. 55
[1688]	787 930	Noury & v. d. Lande	17. 10. 55
[1689]	788 168	I. C. I.	24. 12. 54
[1690]	788 325	Montecatini	12. 5. 55
[1691]	788 428	BASF	16. 4. 56
[1692]	788 743	Dehydag	29. 4. 55

Lfde. Nr.	Patent-Nr.	Inhaber	Anmeldungs-datum
[1693]	788 794	I. C. I.	14. 11. 55
[1694]	788 834	Metal & Thermit	5. 3. 56
[1695]	789 070	Amer. Cyanamid	31. 3. 54
[1696]	791 119	Pure Chemicals Ltd.	8. 9. 54
[1697]	791 184	Nederl. Castoroliefabr.	23. 3. 56
[1698]	792 308	S. A. de Saint-Gobain	16. 9. 55
[1699]	792 309	S. A. de Saint-Gobain	16. 9. 55
[1700]	792 535	B. F. Goodrich	5. 4. 56
[1701]	792 855	Dow	29. 5. 56
[1701a]	793 132	Du Pont	20. 1. 56
[1702]	793 150	Union Carbide	24. 7. 56
[1703]	793 196	Beck, Koller & Co.	4. 3. 55
[1704]	793 430	Dow	30. 7. 56
[1705]	793 595	Union Carbide	16. 7. 56
[1706]	794 634	Monsanto	18. 5. 56
[1707]	794 878	Chem. Werke Hüls	17. 9. 56
[1708]	795 250	I. C. I.	29. 6. 55
[1709]	796 003	Dow	31. 7. 56
[1710]	796 285	Monsanto	27. 10. 54
[1711]	796 391	Union Carbide	29. 8. 56
[1712]	797 054	National Lead Co.	20. 10. 55
[1713]	797 113	Metal & Thermit	31. 1. 56
[1714]	797 138	Monsanto	21. 6. 56
[1715]	797 344	I. C. I.	9. 4. 54
[1716]	798 444	National Lead Co.	13. 7. 56
[1717]	799 383	Union Carbide	18. 7. 56
[1718]	799 475	Esso Research	18. 12. 56
[1719]	800 168	Metal & Thermit	19. 10. 56
[1720]	800 295	Metal & Thermit	31. 10. 56
[1721]	800 309	Union Carbide	30. 8. 55
[1722]	801 700	Union Carbide	28. 9. 56
[1723]	801 701	Union Carbide	2. 10. 56
[1724]	801 702	Union Carbide	10. 10. 56
[1724a]	802 085	British Nylon Spinners	6. 12. 55
[1725]	803 081	Carlisle Chem. Works	10. 1. 55
[1726]	803 082	Carlisle Chem. Works	10. 1. 55
[1727]	803 557	Petrochemicals Ltd.	20. 1. 56
[1728]	805 519	Du Pont	17. 4. 57
[1729]	807 198	Du Pont	24. 5. 56
[1730]	807 622	Monsanto	24. 4. 56
[1731]	808 255	Dow	3. 4. 57
[1732]	810 570	Amer. Cyanamid	12. 7. 56
[1733]	810 578	National Lead Co.	21. 3. 57
[1734]	810 885	Ferro	28. 11. 56
[1735]	811 532	Ferro	28. 11. 56
[1736]	811 683	Dow	28. 1. 57
[1737]	812 467	I. C. I.	12. 11. 56
[1738]	812 726	General Aniline	21. 8. 56
[1739]	813 447	B. F. Goodrich	17. 8. 55

Lfde. Nr.	Patent-Nr.	Inhaber	Anmeldungs-datum
[1740]	813 538	Eastman Kodak	9. 8. 55
[1741]	814 548	I. C. I.	15. 6. 56
[1742]	815 201	Dow	28. 6. 57
[1743]	815 875	Metal & Thermit	11. 6. 57
[1744]	818 039	Brit. Industr. Plastics	15. 12. 55
[1745]	818 123	U. S. Rubber	13. 7. 57
[1746]	818 738	Union Carbide	7. 6. 57
[1747]	819 113	Chem. Werke Hüls	6. 11. 57
[1748]	820 170	B. F. Goodrich	28. 3. 56
[1749]	820 967	I. C. I.	29. 11. 56
[1750]	822 693	Farbenfabr. Bayer	11. 3. 58
[1751]	823 180	Chem. Werke Hüls	14. 11. 57
[1752]	823 544	Ward, Blenkinsop & Co.	24. 2. 56
[1753]	824 381	Lubrizol Corp.	31. 12. 56
[1754]	824 836	N. V. de Bataafsche	6. 5. 58
[1755]	824 865	Ferro	28. 11. 56
[1756]	824 897	Rhône-Poulenc	5. 2. 58
[1757]	825 599	N. V. de Bataafsche	6. 5. 58
[1758]	825 853	Farbw. Hoechst	13. 4. 56
[1759]	826 262	Chem. Werke Hüls	7. 11. 56
[1760]	826 748	Farbw. Hoechst	4. 4. 56
[1761]	827 393	Metal & Thermit	6. 11. 56
[1762]	827 986	Union Carbide	1. 10. 56
[1763]	828 712	Monsanto	19. 6. 56
[1764]	829 600	Du Pont	30. 8. 57
[1765]	830 899	General Electric	6. 6. 56
[1766]	830 924	Farbw. Hoechst	4. 4. 56
[1767]	831 033	Ferro	22. 4. 58
[1768]	831 246	U. S. Rubber	19. 6. 58
[1769]	832 024	Western Electric Co.	26. 11. 57
[1770]	833 618	Ferro	25. 2. 58
[1771]	833 853	Ferro	22. 4. 58
[1772]	834 291	Du Pont	13. 2. 57
[1773]	834 355	Western Electric Co.	26. 11. 57
[1774]	834 356	Western Electric Co.	26. 11. 57
[1775]	834 774	UCLAF	14. 11. 58
[1776]	835 518	Chem. Werke Hüls	21. 4. 58
[1777]	835 640	Western Electric Co.	26. 11. 57
[1778]	835 704	Dow	25. 7. 56
[1779]	835 841	Du Pont	6. 3. 58
[1780]	835 843	Chem. Werke Hüls	10. 3. 58
[1781]	836 664	Western Electric Co.	26. 11. 57
[1782]	836 803	Farbw. Hoechst	25. 6. 56
[1783]	836 807	Farbw. Hoechst	29. 6. 56
[1784]	836 937	Western Electric Co.	26. 11. 57
[1785]	836 996	Farbw. Hoechst	18. 6. 56
[1786]	837 164	Petrochemicals Ltd.	31. 1. 58
[1787]	837 466	UCLAF	21. 2. 58
[1788]	837 467	UCLAF	21. 2. 58

Lfde. Nr.	Patent-Nr.	Inhaber	Anmeldungs-datum
[1789]	837 619	Farbw. Hoechst	17. 12. 56
[1790]	838 042	Petrochemicals Ltd.	1. 7. 58
[1791]	838 239	B. F. Goodrich	7. 10. 57
[1792]	838 325	I. C. I.	8. 11. 57
[1793]	838 502	Argus	23. 6. 58
[1794]	838 732	I. C. I.	11. 9. 57
[1795]	839 067	Inventa AG.	31. 3. 58
[1796]	839 074	W. R. Grace	9. 12. 58
[1797]	839 852	Kombinat Bitterfeld	14. 6. 56
[1798]	840 460	Western Electric Co.	26. 11. 57
[1799]	840 726	Farbw. Hoechst	13. 8. 56
[1800]	840 836	Chas. Pfizer & Co.	19. 6. 58
[1801]	841 088	Union Carbide	2. 12. 57
[1802]	841 151	Farbw. Hoechst	19. 9. 56
[1803]	841 281	O. W. Burke	1. 6. 56
[1804]	841 890	Argus	29. 4. 57
[1805]	842 761	Argus	21. 11. 57
[1806]	842 872	Monsanto	3. 9. 56
[1807]	843 853	Goodyear	27. 5. 57
[1808]	845 608	Distillers Co., Ltd.	26. 11. 58
[1809]	846 120	Farbw. Hoechst	10. 12. 56
[1810]	846 176	General Tire & Rubber	13. 5. 58
[1811]	846 668	Dow	6. 3. 59
[1812]	846 684	Petrochemicals Ltd.	13. 3. 59
[1813]	846 695	Union Carbide	11. 5. 59
[1814]	848 061	Degussa	28. 5. 59
[1815]	848 354	Du Pont	27. 9. 57
[1816]	848 660	BASF	9. 6. 59
[1817]	849 590	Du Pont	22. 6. 59
[1818]	849 874	Dow	11. 3. 59
[1819]	850 429	Esso Research	6. 11. 58
[1820]	850 499	Western Electric Co.	8. 7. 58
[1821]	850 579	Du Pont	21. 4. 59
[1822]	851 138	Petrochemicals Ltd.	16. 9. 58
[1823]	851 670	Hercules Powder	3. 4. 59
[1824]	851 779	Westinghouse	9. 12. 58
[1825]	851 974	Hoyt Metal Co.	12. 8. 58
[1826]	852 932	Monsanto	17. 2. 58
[1827]	854 278	BASF	28. 8. 59
[1828]	855 214	Pure Chemicals Ltd.	7. 8. 58
[1829]	855 484	Union Carbide	18. 2. 59
[1830]	855 740	Metal & Thermit	14. 8. 58
[1831]	856 318	Du Pont	13. 1. 59
[1832]	856 447	I. C. I.	24. 3. 58
[1833]	857 358	Metal & Thermit	14. 8. 58
[1834]	857 382	Argus	15. 9. 58
[1835]	857 628	Monsanto	17. 2. 58
[1836]	858 130	B. F. Goodrich	10. 7. 57
[1837]	858 889	Ferro	3. 6. 59

Lfde. Nr.	Patent-Nr.	Inhaber	Anmeldungs-datum
[1838]	858 890	Ferro	3. 6. 59
[1839]	859 295	Midland Silicones Ltd.	16. 3. 59
[1840]	860 344	Minnesota Mining	20. 2. 57
[1841]	860 410	Du Pont	12. 7. 57
[1842]	860 939	Ferro	17. 1. 58
[1843]	861 354	British Nylon Spinners	14. 6. 58
[1844]	861 446	Farbw. Hoechst	22. 3. 57
[1845]	862 430	Metal & Thermit	19. 7. 57
[1846]	862 572	Du Pont	6. 2. 59
[1847]	862 577	Vereinigte Glanzstoff	25. 3. 59
[1848]	863 225	I. C. I.	1. 8. 58
[1849]	864 103	Ferro	10. 8. 59
[1850]	864 701	I. C. I.	18. 7. 58
[1851]	865 326	Farbenfabr. Bayer	26. 11. 58
[1852]	865 408	Hooker Chem. Corp.	15. 7. 57
[1853]	866 484	Metal & Thermit	14. 9. 59
[1854]	866 883	Petrochemicals Ltd.	13. 10. 59
[1855]	866 891	Shell Intern. Res. Mij.	26. 11. 59
[1856]	866 936	Farbenfabr. Bayer	26. 3. 58
[1857]	868 333	Ciba	5. 3. 58
[1858]	868 356	Farbenfabr. Bayer	9. 3. 60
[1859]	869 096	I. C. I.	21. 8. 58
[1860]	869 111	Union Carbide	24. 5. 57
[1861]	869 117	Union Carbide	19. 6. 57
[1862]	869 323	Farbenfabr. Bayer	24. 11. 59
[1863]	870 192	Wingfoot	21. 11. 58
[1864]	870 676	Farbw. Hoechst	10. 2. 58
[1865]	871 639	Petrochemicals Ltd.	18. 8. 59
[1866]	872 131	Amer. Cyanamid	29. 4. 60
[1867]	872 328	Monsanto	12. 12. 57
[1868]	872 421	Du Pont	31. 7. 58
[1869]	873 060	Goodyear	4. 5. 59
[1870]	873 495	Hooker Chem. Corp.	10. 2. 58
[1871]	873 697	General Tire & Rubber	10. 4. 58
[1872]	873 865	Union Carbide	20. 5. 59
[1873]	874 179	Ciba Ltd.	1. 5. 58
[1874]	874 330	Brit. Insul. Call. Cables	20. 6. 58
[1875]	874 331	Brit. Insul. Call. Cables	23. 10. 58
[1876]	874 549	Montecatini	4. 12. 57
[1877]	874 574	Metallgesellschaft	16. 3. 60
[1878]	875 017	J. R. Geigy	13. 2. 58
[1879]	875 560	BASF	13. 6. 60
[1880]	875 601	I. C. I.	5. 6. 59
[1881]	875 728	General Electric	5. 8. 59
[1882]	875 970	Farbenfabr. Bayer	18. 12. 59
[1883]	876 443	Monsanto	14. 11. 58
[1884]	876 509	Esso Research	7. 9. 59
[1885]	876 710	I. C. I.	29. 5. 59
[1886]	876 762	Montecatini	5. 5. 60

Lfde. Nr.	Patent-Nr.	Inhaber	Anmeldungs-datum
[1887]	877 256	Du Pont	1. 1. 60
[1888]	878 868	I. C. I.	29. 7. 59
[1889]	879 144	Ciba Ltd.	12. 1. 60
[1890]	879 691	Monsanto	8. 4. 58
[1891]	879 695	Monsanto	20. 11. 58
[1892]	880 737	Du Pont	8. 3. 60
[1893]	880 931	Farbw. Hoechst	8. 9. 58
[1894]	881 534	Du Pont	19. 1. 59
[1895]	881 578	Shell Res. Ltd.	24. 8. 60
[1896]	882 037	Du Pont	31. 3. 60
[1897]	883 033	Distillers Co., Ltd.	28. 1. 60
[1898]	883 370	Amer. Cyanamid	14. 10. 59
[1899]	883 583	Du Pont	22. 9. 60
[1900]	884 145	Argus	21. 7. 58
[1901]	884 888	Hercules Powder	19. 7. 60
[1902]	885 113	Montecatini u. K. Ziegler	12. 10. 60
[1903]	885 200	Chemstrand Corp.	9. 4. 58
[1904]	885 787	Ethyl Corp.	19. 5. 59
[1905]	885 986	Du Pont	21. 10. 60
[1906]	888 673	Sun Oil Co.	22. 6. 60
[1907]	889 090	Phillips Petroleum	31. 8. 60
[1908]	889 116	Farbenfabr. Bayer	3. 6. 58
[1909]	889 292	Amer. Cyanamid	1. 6. 60
[1910]	889 321	Shell Intern. Res. Mij.	28. 7. 60
[1911]	889 680	Du Pont	27. 9. 60
[1912]	889 777	Allied Chem. Corp.	4. 5. 59
[1913]	890 366	I. C. I.	1. 1. 60
[1914]	890 468	Du Pont	7. 9. 59
[1915]	890 476	Amer. Cyanamid	6. 5. 60
[1916]	890 761	I. C. I.	31. 12. 59
[1917]	892 146	Farbw. Hoechst	4. 2. 59
[1918]	892 178	Soc. Italiana Resine	11. 1. 61
[1919]	892 379	I. C. I.	2. 5. 58
[1920]	893 236	Ciba	8. 12. 58
[1921]	893 507	Du Pont	6. 4. 60
[1922]	894 154	Amer. Cyanamid	13. 1. 59
[1923]	894 399	Du Pont	20. 7. 60
[1924]	894 433	Minnesota Mining	5. 11. 58
[1925]	894 702	Du Pont	13. 2. 61
[1926]	894 703	Du Pont	13. 2. 61
[1927]	895 115	BASF	6. 12. 60
[1928]	896 250	Shell Intern. Res. Mij.	2. 2. 61
[1929]	896 327	Az. Colori Nazionali	7. 12. 60
[1930]	898 028	Ethyl Corp.	5. 3. 59
[1931]	898 053	Du Pont	1. 10. 59
[1932]	898 065	Ciba Ltd.	13. 3. 59
[1933]	898 120	Teikoku Jinzo Kenshi	27. 3. 61
[1934]	898 182	Du Pont	5. 7. 60
[1935]	898 319	U. S. Rubber	25. 10. 60

Lfde. Nr.	Patent-Nr.	Inhaber	Anmeldungs-datum
[1936]	898 695	Az. Colori Nazionali	27. 3. 61
[1937]	899 577	Pure Chemicals Ltd.	24. 10. 58
[1938]	899 896	Union Carbide	21. 4. 60
[1939]	899 930	Monsanto	28. 8. 59
[1940]	901 648	Ciba	25. 5. 59
[1941]	901 703	Argus	5. 8. 58
[1942]	902 386	Farbenfabr. Bayer	21. 10. 60
[1943]	902 804	Monsanto	18. 11. 59
[1944]	902 905	Du Pont	28. 8. 59
[1945]	902 906	Du Pont	28. 8. 59
[1946]	902 907	Du Pont	28. 8. 59
[1947]	902 951	Onderz.-Inst. Research	5. 4. 60
[1948]	903 015	Shell Res. Ltd.	10. 6. 60
[1949]	904 972	BASF	1. 2. 61
[1950]	905 074	Ferro	17. 10. 60
[1951]	905 824	Du Pont	28. 4. 61
[1952]	906 230	General Aniline	14. 3. 61
[1953]	906 893	Farbw. Hoechst	26. 5. 60
[1954]	906 978	Montecatini	12. 6. 61
[1955]	907 403	Monsanto	22. 4. 60
[1956]	907 831	Dunlop	19. 8. 58
[1957]	907 877	Heyden Newport	20. 1. 59
[1958]	909 103	Pennsalt Chem. Corp.	13. 9. 60
[1959]	909 753	I. C. I.	29. 8. 60
[1960]	910 369	Rhône-Poulenc	25. 4. 61
[1961]	910 766	Montecatini	22. 6. 61
[1962]	910 880	Montecatini	9. 6. 61
[1963]	911 065	Montecatini	8. 6. 61
[1964]	911 931	Goodyear	1. 9. 60
[1965]	911 959	Charbonnages de France	6. 4. 61
[1966]	912 033	Du Pont	31. 8. 61
[1967]	912 564	Montecatini	19. 6. 61
[1968]	913 409	Farbenfabr. Bayer	23. 9. 59
[1969]	913 782	British Nylon Spinners	28. 9. 60
[1970]	914 336	Ferro	3. 6. 59
[1971]	914 416	Shell Intern. Res. Mij.	8. 6. 61
[1972]	915 265	Monsanto	21. 4. 59
[1973]	915 638	Farbenfabr. Bayer	14. 4. 60
[1974]	916 118	Farbenfabr. Bayer	28. 7. 60
[1975]	916 184	Montecatini	28. 7. 61
[1976]	916 645	Farbenfabr. Bayer	19. 8. 59
[1977]	917 082	National Lead Co.	27. 10. 60
[1978]	917 100	Du Pont	30. 3. 60
[1979]	918 464	Du Pont	18. 9. 59
[1980]	919 711	J. R. Geigy	19. 4. 60
[1981]	921 154	Farbenfabr. Bayer	11. 5. 59
[1982]	921 306	Western Electric	1. 5. 61
[1983]	921 509	Texas-U. S. Chem. Co.	31. 5. 61
[1984]	921 808	Du Pont	8. 12. 61

Lfde. Nr.	Patent-Nr.	Inhaber	Anmeldungs-datum
[1985]	922 040	J. R. Geigy	29. 3. 61
[1986]	922 706	I. C. I.	25. 11. 60
[1987]	922 943	Du Pont	7. 3. 61
[1988]	923 319	Heyden Newport	19. 1. 61
[1989]	923 407	Montecatini	7. 12. 61
[1990]	924 019	J. R. Geigy	17. 1. 61
[1991]	924 085	Vereinigte Glanzstoff	2. 12. 59
[1992]	924 295	Celanese	21. 9. 59
[1993]	924 318	Monsanto	3. 7. 59
[1994]	924 763	Farbw. Hoechst	23. 9. 60
[1995]	925 242	British Nylon Spinners	11. 5. 61
[1996]	925 554	Amer. Cyanamid	4. 1. 60
[1997]	925 612	Péchiney	26. 8. 59
[1998]	926 255	Montecatini	29. 9. 61
[1999]	926 374	I. C. I.	22. 6. 60
[2000]	926 903	Celanese	1. 4. 60
[2001]	927 049	I. C. I.	16. 5. 60
[2002]	927 610	Farbenfabr. Bayer	2. 6. 60
[2003]	927 822	I. C. I.	4. 5. 60
[2004]	927 886	Western Electric Co.	1. 5. 61
[2005]	928 650	Eastman Kodak	20. 9. 60
[2006]	928 768	I. C. I.	28. 3. 61
[2007]	930 918	Farbenfabr. Bayer	8. 5. 61
[2008]	931 492	Argus	4. 9. 59
[2009]	931 564	Farbenfabr. Bayer	6. 1. 60
[2010]	932 154	Farbw. Hoechst	5. 10. 59
[2011]	932 516	Shell Intern. Res. Mij.	29. 5. 61
[2012]	932 992	Distillers Co., Ltd.	26. 1. 60
[2013]	933 597	Monsanto	1. 2. 62
[2014]	934 053	Dow	2. 5. 60
[2015]	934 513	Allied Chem. Corp.	24. 5. 61
[2016]	934 644	Argus	26. 9. 61
[2017]	934 988	Pure Chemicals Ltd.	10. 5. 61
[2018]	935 361	Monsanto	10. 3. 59
[2019]	935 393	I. C. I.	6. 3. 61
[2020]	935 625	Shell Res. Ltd.	21. 7. 60
[2021]	935 796	Monsanto	1. 2. 62
[2022]	935 806	U. S. Rubber	26. 4. 62
[2023]	936 494	Sun Oil Co.	25. 8. 60
[2024]	936 760	Shell Intern. Res. Mij.	8. 6. 61
[2025]	937 133	Farbw. Hoechst	18. 1. 60
[2026]	937 630	Shell Intern. Res. Mij.	17. 11. 61
[2027]	938 764	S. N. I. A. Viscosa	30. 6. 61
[2028]	938 789	Montecatini	8. 6. 62
[2029]	939 229	Sun Oil Co.	28. 6. 60
[2030]	940 028	Monsanto	15. 6. 60
[2031]	940 190	Farbw. Hoechst	12. 6. 61
[2032]	940 545	General Electric	13. 3. 61
[2033]	940 665	Montecatini	22. 3. 62

Lfde. Nr.	Patent-Nr.	Inhaber	Anmeldungs-datum
[2034]	940 967	Albright & Wilson	26. 5. 61
[2035]	942 104	Carlisle Chem. Works	5. 1. 62
[2036]	942 644	Montecatini	11. 5. 62
[2037]	943 060	B. F. Goodrich	26. 1. 62
[2038]	943 081	Amer. Cyanamid	18. 10. 62
[2039]	943 771	Eastman Kodak	5. 1. 61
[2040]	944 308	I. C. I.	7. 1. 61
[2041]	944 499	Rütgerswerke	16. 8. 62
[2042]	945 441	Argus	9. 6. 61
[2043]	947 686	Amer. Cyanamid	19. 10. 62
[2044]	948 497	Monsanto	9. 9. 60
[2045]	948 501	Amer. Viscose Corp. u. Sun Oil Co.	13. 10. 60
[2046]	948 502	Amer. Viscose Corp. u. Sun Oil Co.	22. 11. 61
[2047]	948 503	Amer. Viscose Corp. u. Sun Oil Co.	22. 11. 61
[2048]	948 504	Amer. Viscose Corp. u. Sun Oil Co.	29. 11. 61
[2049]	948 505	Nopco Chem. Co.	13. 4. 61
[2050]	948 506	Nopco Chem. Co.	13. 4. 61
[2051]	949 497	Carlisle Chem. Works	15. 3. 60
[2052]	950 022	Dow	19. 2. 62
[2053]	953 112	Argus	1. 9. 60
[2054]	955 611	F. M. C. Corp.	6. 3. 61
Canadische Patente			
[2055]	374 550	Carbide & Carbon	15. 1. 36
[2056]	394 467	Standard Oil Devel. Co.	27. 5. 37
[2057]	455 087	Wingfoot	8. 12. 44
[2058]	463 080	Wingfoot	3. 4. 43
[2059]	467 158	Canad. General Electric	20. 5. 47
[2060]	470 325	Bakelite (Canada)	7. 12. 45
[2061]	472 103	Bakelite (Canada)	7. 12. 45
[2062]	482 146	Dominion Rubber	30. 4. 47
[2063]	498 511	Bell Telephone	8. 7. 48
[2064]	498 915	Western Electric Co.	7. 12. 44
[2065]	500 014	Dominion Rubber	9. 7. 48
[2066]	503 330	H. Berger u. a.	13. 12. 49
[2067]	540 961	Shell Devel. Co.	2. 8. 49
[2068]	552 449	Union Carbide	25. 3. 54
[2069]	553 206	National Lead Co.	25. 6. 51
[2070]	555 197	Amer. Cyanamid	26. 11. 51
[2071]	556 270	Dow	4. 7. 55
[2072]	556 545	Carlisle Chem. Works	21. 3. 51
[2073]	556 671	Metal & Thermit	14. 4. 54
[2074]	557 134	Union Carbide	8. 1. 54
[2075]	557 292	Dow	20. 6. 55
[2076]	557 294	Dow	19. 6. 56

Lfde. Nr.	Patent-Nr.	Inhaber	Anmeldungs-datum
[2077]	558 663	Metal & Thermit	12. 9. 53
[2078]	560 609	Carlisle Chem. Works	18. 2. 54
[2079]	568 547	I. C. I.	17. 2. 55
[2080]	569 022	Metal & Thermit	9. 3. 56
[2081]	569 154	Phillips Petroleum	29. 1. 52
[2082]	569 953	General Tire & Rubber	8. 4. 54
[2083]	570 282	Distillers Co., Ltd.	4. 1. 49
[2084]	570 535	I. C. I.	29. 6. 56
[2085]	571 202	Carlisle Chem. Works	5. 1. 55
[2086]	634 785	Vereinigte Glanzstoff	20. 3. 59
[2087]	652 787	Lepage's Ltd.	22. 8. 61
Deutsche Patente und Auslegeschriften			
[2088]	257 813	Farbenfabr. Bayer	24. 3. 11
[2088a]	565 090	I. G. Farben	23. 10. 29
[2089]	611 380	I. G. Farben	22. 4. 32
[2090]	656 133	I. G. Farben	7. 12. 33
[2091]	663 220	I. G. Farben	18. 10. 35
[2092]	701 837	Union Carbide	4. 6. 35
[2093]	734 524	Deutsche Celluloidfabr.	23. 2. 35
[2093a]	737 943	I. G. Farben	3. 2. 41
[2094]	746 081	I. G. Farben	3. 1. 40
[2095]	750 173	I. G. Farben	26. 3. 39
[2096]	756 873	Farbw. Hoechst	13. 3. 39
[2097]	764 918	I. G. Farben	13. 12. 40
[2098]	802 893	BASF	1. 10. 48
[2099]	818 421	I. C. I.	19. 10. 48
[2100]	829 058	Du Pont	2. 4. 49
[2101]	829 798	N. V. de Bataafsche	1. 8. 50
[2102]	838 212	Advance Solvents	27. 2. 50
[2103]	840 001	General Electric	26. 9. 50
[2104]	840 155	Farbw. Hoechst	15. 5. 50
[2105]	842 120	Polymer. Corp.	4. 11. 49
[2106]	845 393	Farbw. Hoechst	15. 5. 50
[2107]	847 491	I. C. I.	7. 6. 50
[2108]	849 484	Farbw. Hoechst	20. 5. 50
[2109]	857 808	Devoe & Raynolds	2. 10. 50
[2110]	859 524	BASF	19. 8. 44
[2111]	862 511	Distillers Co., Ltd.	31. 8. 50
[2112]	862 512	Farbenfabr. Bayer	25. 8. 42
[2113]	865 059	Lech-Chemie	7. 8. 44
[2114]	865 654	BASF	24. 12. 43
[2115]	867 913	Chem. Werke Hüls	24. 11. 50
[2116]	869 864	Lech-Chemie	5. 8. 44
[2117]	871 834	Cassella	26. 1. 44
[2118]	874 661	Farbw. Hoechst	3. 11. 41
[2119]	874 905	Distillers Co., Ltd.	31. 8. 50
[2120]	875 865	Farbw. Hoechst	29. 2. 40
[2121]	878 710	Farbenfabr. Bayer	21. 7. 43

Lfde. Nr.	Patent-Nr.	Inhaber	Anmeldungs-datum
[2122]	879 312	BASF	13. 5. 50
[2123]	879 314	Farbw. Hoechst	12. 6. 50
[2124]	881 582	Chem. Werke Albert	28. 2. 45
[2125]	883 499	BASF	2. 1. 40
[2126]	886 528	I. G. Farben	19. 6. 44
[2127]	886 962	Advance Solvents	20. 3. 51
[2128]	888 167	Cassella	22. 2. 44
[2129]	888 460	BASF	17. 4. 41
[2130]	893 407	Cassella	7. 2. 44
[2131]	894 770	Dow	15. 3. 51
[2132]	896 852	Dow	6. 4. 51
[2133]	904 466	National Lead Co.	30. 3. 51
[2134]	906 997	Chem. Werke Hüls	26. 7. 51
[2135]	907 457	Chem. Werke Hüls	28. 7. 51
[2136]	907 597	Chem. Werke Hüls	26. 7. 51
[2137]	911 434	Chem. Werke Hüls	18. 6. 51
[2138]	915 939	Advance Solvents	27. 2. 50
[2139]	919 410	Advance Solvents	20. 3. 51
[2140]	923 508	BASF	13. 11. 52
[2141]	924 532	U. S. Rubber	31. 7. 52
[2142]	927 536	BASF	2. 6. 53
[2142a]	932 203	BASF	20. 11. 51
[2143]	935 792	B. F. Goodrich	27. 3. 52
[2144]	940 065	Titan Co.	30. 1. 51
[2145]	940 609	BASF	17. 7. 54
[2146]	946 480	Henkel & Cie.	20. 9. 52
[2147]	950 152	Dow	12. 4. 52
[2148]	950 326	National Lead Co.	30. 6. 54
[2149]	951 890	Dow Corning Corp.	25. 9. 53
[2150]	952 131	Union Carbide	23. 4. 54
[2151]	952 303	Monsanto	25. 2. 53
[2152]	952 938	Farbenfabr. Bayer	27. 2. 43
[2153]	955 269	Imhausen & Co.	1. 12. 51
[2154]	960 677	Union Carbide	6. 5. 53
[2155]	962 831	Distillers Co., Ltd.	15. 5. 52
[2156]	962 833	Firestone	24. 3. 54
[2157]	968 384	Farbenfabr. Bayer	26. 6. 52
[2158]	968 827	Deutsche Advance	14. 3. 53
[2159]	970 731	Montecatini	12. 5. 55
[2160]	976 091	Argus	27. 7. 54
[2161]	1 001 819	Farbenfabr. Bayer	2. 11. 54
[2161a]	1 002 524	Farbenfabr. Bayer	27. 11. 54
[2162]	1 004 339	Farbw. Hoechst	19. 8. 54
[2163]	1 005 726	Farbenfabr. Bayer	26. 10. 55
[2164]	1 007 329	Metal & Thermit	25. 6. 55
[2165]	1 008 486	Monsanto	11. 8. 53
[2166]	1 008 908	Argus	22. 4. 55
[2167]	1 010 733	Farbw. Hoechst	13. 4. 55
[2168]	1 013 069	Dow	30. 5. 52

Lfde. Nr.	Patent- od. D.A.S.-Nr.	Inhaber	Anmeldungs-datum
[2169]	1 015 598	Dow	18. 10. 52
[2170]	1 018 221	General Electric	22. 6. 54
[2171]	1 018 224	Farbw. Hoechst	22. 10. 55
[2172]	1 019 458	Deutsche Advance	14. 10. 54
[2173]	1 019 818	Chem. Fabrik Hoesch	15. 2. 55
[2174]	1 020 331a	Deutsche Advance	2. 5. 53
[2175]	1 020 331b	Deutsche Advance	2. 5. 53
[2176]	1 020 331c	Deutsche Advance	2. 5. 53
[2177]	1 020 332	Argus	9. 5. 53
[2178]	1 020 333	Argus	9. 5. 53
[2179]	1 020 334	Argus	9. 5. 53
[2180]	1 020 335	Argus	19. 5. 53
[2181]	1 020 336	Argus	19. 5. 53
[2182]	1 020 337	Argus	24. 8. 53
[2183]	1 020 338	Argus	6. 10. 53
[2183a]	1 021 571	Chem. Werke Hüls	19. 11. 55
[2184]	1 022 003	Union Carbide	18. 2. 54
[2185]	1 023 220	Siemens-Schuckert	3. 12. 54
[2186]	1 023 222	Kombinat Bitterfeld	2. 5. 56
[2187]	1 023 859	General Aniline	22. 8. 56
[2188]	1 025 138	Chem. Werke Hüls	6. 12. 55
[2189]	1 025 139	Farbw. Hoechst	18. 11. 55
[2190]	1 026 070	Farbw. Hoechst	29. 6. 55
[2191]	1 026 953	Farbw. Hoechst	24. 6. 55
[2192]	1 028 330	Chem. Werke Hüls	10. 7. 56
[2193]	1 028 332	Farbw. Hoechst	4. 4. 55
[2194]	1 028 774	Farbw. Hoechst	15. 2. 55
[2195]	1 028 775	General Electric	14. 6. 56
[2196]	1 028 776	Wacker-Chemie	26. 12. 54
[2197]	1 029 823	Union Carbide	30. 7. 56
[2198]	1 030 019	Farbw. Hoechst	2. 7. 55
[2199]	1 031 786	Dehydag	22. 2. 54
[2200]	1 034 847	B. F. Goodrich	3. 9. 53
[2201]	1 034 852	Farbw. Hoechst	22. 3. 56
[2202]	1 038 271	U. S. Rubber	19. 8. 53
[2203]	1 038 276	Metal & Thermit	10. 3. 54
[2204]	1 039 743	Farbenfabr. Bayer	27. 3. 57
[2205]	1 041 243	Farbw. Hoechst	3. 3. 56
[2206]	1 041 686	Ges. f. Teerverwertung	4. 4. 57
[2207]	1 042 889	Farbenfabr. Bayer	9. 8. 56
[2208]	1 044 808	I. C. I.	23. 12. 55
[2209]	1 045 645	Dow	2. 4. 54
[2210]	1 045 646	Dow	8. 12. 55
[2211]	1 046 306	Farbw. Hoechst	25. 8. 56
[2212]	1 047 421	Dow	8. 12. 55
[2213]	1 048 022	Du Pont	22. 2. 57
[2214]	1 051 000	National Lead Co.	21. 3. 57
[2215]	1 051 494	Chem. Werke Hüls	23. 7. 57
[2216]	1 052 676	Du Pont	9. 1. 53

Lfde. Nr.	Patent- od. D.A.S.-Nr.	Inhaber	Anmeldungs-datum
[2217]	1 053 777	U. S. Rubber	16. 9. 57
[2218]	1 053 778	BASF	6. 7. 56
[2219]	1 053 780	Gelsenberg Benzin	18. 5. 57
[2220]	1 056 366	Farbenfabr. Bayer	5. 6. 57
[2221]	1 056 368	Farbenfabr. Bayer	9. 8. 56
[2222]	1 057 329	Dow	20. 5. 55
[2223]	1 057 330	Dow	16. 7. 56
[2224]	1 057 605	I. C. I.	2. 12. 55
[2225]	1 060 135	Inventa AG.	17. 3. 58
[2226]	1 060 588	Farbenfabr. Bayer	29. 5. 53
[2227]	1 062 857	Eastman Kodak	3. 8. 55
[2228]	1 062 926	Farbw. Hoechst	7. 9. 57
[2229]	1 063 378	Vereinigte Glanzstoff	25. 4. 58
[2230]	1 064 236	Südd. Kalkstickstoffwerke	3. 7. 52
[2231]	1 065 170	Petrochemicals Ltd.	18. 1. 57
[2232]	1 065 610	BASF	25. 8. 56
[2233]	1 066 739	Du Pont	23. 7. 57
[2234]	1 068 007	Farbw. Hoechst	8. 8. 57
[2235]	1 068 887	Farbw. Hoechst	20. 10. 56
[2236]	1 069 873	Union Carbide	15. 6. 57
[2237]	1 071 092	Farbenfabr. Bayer	11. 3. 57
[2238]	1 073 201	BASF	27. 4. 55
[2239]	1 073 496	Deutsche Advance	12. 3. 59
[2240]	1 075 313	Farbenfabr. Bayer	29. 4. 57
[2241]	1 075 827	Farbw. Hoechst	9. 12. 55
[2242]	1 076 363	BASF	14. 11. 58
[2243]	1 076 942	Ferro	22. 2. 58
[2244]	1 078 323	Phrix-Werke	11. 8. 58
[2245]	1 079 830	Ciba	6. 5. 58
[2246]	1 079 837	Rhône-Poulenc	17. 1. 58
[2247]	1 080 300	Chem. Werke Hüls	14. 9. 54
[2248]	1 080 555	Deutsche Advance	2. 5. 53
[2249]	1 080 716	Hooker Chem. Corp.	5. 8. 57
[2250]	1 081 219	General Tire & Rubber	13. 5. 58
[2251]	1 082 404	Du Pont	23. 7. 57
[2252]	1 082 733	Union Carbide	15. 6. 57
[2253]	1 083 044	Nat. Petro-Chemicals	15. 1. 58
[2254]	1 083 048	Farbw. Hoechst	28. 11. 58
[2255]	1 083 541	Metal & Thermit	22. 1. 54
[2256]	1 083 543	U. S. Rubber	8. 8. 58
[2257]	1 083 550	Wacker-Chemie	28. 4. 58
[2258]	1 084 910	Metal & Thermit	9. 3. 56
[2259]	1 086 428	U. S. Rubber	22. 8. 55
[2260]	1 086 887	Farbenfabr. Bayer	24. 6. 57
[2261]	1 087 902	Farbenfabr. Bayer	19. 6. 56
[2262]	1 088 060	Farbw. Hoechst	12. 3. 59
[2263]	1 088 709	Argus	20. 3. 58
[2264]	1 089 165	BASF	18. 9. 58
[2265]	1 089 168	Farbenfabr. Bayer	3. 6. 57

Lfde. Nr.	Patent- od. D.A.S.-Nr.	Inhaber	Anmeldungs-datum
[2266]	1 089 968	Du Pont	11. 3. 58
[2267]	1 091 325	Farbw. Hoechst	28. 11. 56
[2268]	1 091 750	BASF	14. 6. 58
[2269]	1 092 026	BASF	10. 2. 58
[2270]	1 092 193	Farbw. Hoechst	28. 11. 58
[2271]	1 092 648	Riedel-de Haën	11. 12. 58
[2272]	1 093 363	Chem. Werke Hüls	10. 4. 57
[2273]	1 093 373	Ciba	27. 2. 58
[2274]	1 093 550	I. C. I.	27. 6. 56
[2275]	1 093 987	Gelsenberg Benzin	27. 11. 58
[2276]	1 096 597	Farbw. Hoechst	25. 8. 56
[2277]	1 096 598	Farbw. Hoechst	9. 2. 57
[2278]	1 096 599	Farbw. Hoechst	19. 6. 58
[2279]	1 097 672	Degussa	16. 8. 57
[2280]	1 097 673	S. A. de Saint-Gobain	23. 6. 55
[2281]	1 098 712	Brit. Industr. Plastics	12. 12. 56
[2282]	1 098 713	BASF	9. 4. 59
[2283]	1 099 725	BASF	28. 11. 59
[2284]	1 099 728	S. A. de Saint-Gobain	24. 5. 55
[2285]	1 100 946	General Tire & Rubber	13. 5. 58
[2286]	1 101 437	Farbw. Hoechst	21. 6. 58
[2287]	1 101 757	Vereinigte Glanzstoff	14. 1. 59
[2288]	1 102 405	Farbenfabr. Bayer	15. 4. 59
[2289]	1 102 738	J. R. Geigy	20. 4. 59
[2290]	1 103 028	Du Pont	11. 4. 56
[2291]	1 103 136	Farbenfabr. Bayer	6. 12. 56
[2292]	1 103 571	Farbenfabr. Bayer	27. 12. 58
[2293]	1 103 577	Gelsenberg Benzin	6. 12. 58
[2294]	1 104 522	Farbenfabr. Bayer	15. 4. 59
[2295]	1 104 692	Farbenfabr. Bayer	19. 12. 58
[2296]	1 104 695	Farbw. Hoechst	3. 11. 58
[2297]	1 105 161	BASF	9. 9. 59
[2298]	1 106 490	Du Pont	16. 1. 59
[2299]	1 106 954	Dow	21. 8. 56
[2300]	1 107 398	British Nylon Spinners	11. 6. 59
[2301]	1 108 426	Farbenfabr. Bayer	24. 9. 58
[2302]	1 108 427	Hercules Powder	3. 4. 59
[2303]	1 108 905	BASF	2. 5. 59
[2304]	1 109 172	Ciba	5. 12. 58
[2305]	1 109 368	Dow Corning Corp.	24. 11. 59
[2306]	1 109 879	Minnesota Mining	7. 11. 58
[2307]	1 110 163	Farbw. Hoechst	4. 10. 58
[2308]	1 110 410	Dow Corning Corp.	10. 2. 60
[2309]	1 111 374	Phönix Gummiwerke	28. 12. 53
[2310]	1 111 376	BASF	3. 2. 60
[2311]	1 111 382	BASF	2. 5. 59
[2312]	1 112 288	U. S. Rubber	1. 8. 55
[2313]	1 112 299	Westinghouse	6. 11. 58
[2314]	1 113 084	Union Carbide	8. 5. 59

Lfde. Nr.	Patent- od. D.A.S.-Nr.	Inhaber	Anmeldungs-datum
[2315]	1 113 811	Farbw. Hoechst	20. 12. 58
[2316]	1 114 319	BASF	2. 5. 59
[2317]	1 114 808	Deutsche Advance	2. 4. 58
[2318]	1 115 264	Bataafse Petroleum Mij.	6. 5. 58
[2319]	1 115 448	General Tire & Rubber	29. 3. 60
[2320]	1 115 450	WAVIN	14. 4. 56
[2321]	1 116 393	Deutsche Rhodiaceta	14. 11. 59
[2322]	1 116 897	BASF	3. 3. 60
[2323]	1 117 569	Farbw. Hoechst	28. 4. 60
[2324]	1 117 865	Du Pont	16. 1. 59
[2325]	1 117 868	Farbw. Hoechst	21. 1. 60
[2326]	1 118 449	Western Electric Co.	14. 10. 57
[2327]	1 118 450	Western Electric Co.	14. 10. 57
[2328]	1 118 451	Western Electric Co.	14. 10. 57
[2329]	1 119 293	Bataafse Petroleum Mij.	6. 5. 58
[2330]	1 119 297	Farbenfabr. Bayer	29. 9. 59
[2331]	1 119 863	Deutsche Advance	25. 3. 60
[2332]	1 122 247	Chem. Werke Hüls	19. 7. 58
[2333]	1 122 701	Western Electric Co.	14. 10. 57
[2334]	1 122 709	Dow Corning AG.	26. 3. 59
[2335]	1 123 103	BASF	30. 9. 60
[2336]	1 123 336	Bataafse Petroleum Mij.	6. 5. 58
[2337]	1 126 134	I. C. I.	21. 8. 59
[2338]	1 126 604	Inst. f. Chemie und Technologie d. Plaste	19. 3. 58
[2339]	1 127 080	Du Pont	19. 12. 53
[2340]	1 128 134	BASF	28. 4. 59
[2341]	1 128 648	Farbw. Hoechst	24. 2. 56
[2342]	1 128 654	Röhm & Haas	20. 8. 60
[2343]	1 129 286	BASF	18. 2. 59
[2344]	1 129 689	Farbw. Hoechst	3. 8. 60
[2345]	1 130 162	Farbw. Hoechst	3. 9. 60
[2346]	1 131 004	Chem. Werke Hüls	14. 11. 57
[2347]	1 131 007	Western Electric Co.	14. 10. 57
[2348]	1 131 008	Western Electric Co.	14. 10. 57
[2349]	1 131 401	Farbw. Hoechst	1. 3. 60
[2350]	1 131 879	BASF	6. 10. 60
[2351]	1 133 122	Bell Telephone	23. 6. 58
[2352]	1 133 123	Farbenfabr. Bayer	23. 9. 60
[2353]	1 133 546	BASF	6. 5. 60
[2354]	1 133 547	BASF	7. 7. 60
[2355]	1 133 552	Du Pont	9. 3. 60
[2356]	1 133 696	BASF	9. 5. 61
[2357]	1 133 883	Farbenfabr. Bayer	21. 11. 59
[2358]	1 133 884	I. C. I.	24. 3. 59
[2359]	1 133 885	Western Electric Co.	14. 10. 57
[2360]	1 134 197	Farbenfabr. Bayer	19. 8. 58
[2361]	1 134 511	Farbenfabr. Bayer	9. 1. 59
[2362]	1 135 166	Gelsenberg Benzin	27. 11. 58

Lfde. Nr.	Patent- od. D.A.S.-Nr.	Inhaber	Anmeldungs-datum
[2363]	1 135 655	B. F. Goodrich	17. 7. 57
[2364]	1 136 102	BASF	10. 6. 59
[2365]	1 136 109	Farbw. Hoechst	4. 3. 60
[2366]	1 136 482	Farbenfabr. Bayer	30. 7. 59
[2367]	1 137 206	Farbenfabr. Bayer	9. 1. 59
[2368]	1 137 207	Sun Oil Co.	24. 6. 60
[2369]	1 137 214	BASF	19. 12. 58
[2370]	1 137 219	Du Pont	20. 10. 60
[2371]	1 138 215	Chem. Werke Hüls	24. 12. 60
[2372]	1 138 218	Degussa	16. 7. 60
[2373]	1 138 541	Onderz.-Inst. Research	6. 4. 60
[2374]	1 138 774	U. S. Borax Corp.	15. 9. 61
[2375]	1 138 920	BASF	5. 8. 59
[2376]	1 138 924	Eastman Kodak	30. 9. 59
[2377]	1 138 930	Reichhold Chemie	20. 7. 60
[2378]	1 138 937	BASF	21. 2. 59
[2379]	1 139 638	Farbw. Hoechst	13. 4. 61
[2380]	1 139 644	Du Pont	3. 8. 60
[2381]	1 140 343	Farbw. Hoechst	11. 1. 61
[2382]	1 140 703	Farbenfabr. Bayer	23. 10. 59
[2383]	1 140 705	Farbenfabr. Bayer	9. 2. 57
[2384]	1 141 781	Chem. Werk Berlin-Grünau	22. 3. 60
[2385]	1 141 785	Ferro	18. 6. 59
[2386]	1 141 787	Farbenfabr. Bayer	8. 4. 61
[2387]	1 141 791	Du Pont	28. 2. 61
[2388]	1 142 439	Dow	21. 8. 56
[2389]	1 142 697	BASF	28. 11. 61
[2390]	1 143 025	Farbw. Hoechst	22. 12. 60
[2391]	1 143 329	Farbw. Hoechst	22. 12. 60
[2392]	1 143 637	Farbw. Hoechst	11. 3. 61
[2393]	1 144 004	Hercules Powder	5. 8. 60
[2394]	1 144 477	Farbenfabr. Bayer	28. 11. 57
[2395]	1 144 726	Farbw. Hoechst	26. 8. 59
[2396]	1 144 914	Farbenfabr. Bayer	26. 2. 60
[2397]	1 145 356	Farbenfabr. Bayer	11. 3. 59
[2398]	1 146 250	Deutsche Advance	26. 6. 57
[2399]	1 146 752	Agfa	16. 11. 60
[2400]	1 147 381	BASF	31. 3. 60
[2401]	1 147 753	Farbw. Hoechst	6. 5. 61
[2402]	1 148 069	Goodyear	20. 5. 57
[2403]	1 148 739	BASF	20. 10. 61
[2404]	1 148 741	Dynamit AG.	10. 3. 59
[2405]	1 149 164	Argus	7. 5. 57
[2406]	1 149 165	BASF	7. 9. 61
[2407]	1 149 166	Siemens-Schuckert	15. 2. 58
[2408]	1 149 525	BASF	30. 9. 60
[2409]	1 149 527	Shell Intern. Res. Mij.	16. 8. 60
[2410]	1 149 889	Firestone	22. 1. 57
[2411]	1 149 892	Eastman Kodak	31. 1. 63

Lfde. Nr.	Patent- od. D.A.S.-Nr.	Inhaber	Anmeldungs-datum
[2412]	1 149 894	Eastman Kodak	20. 10. 60
[2413]	1 149 896	Farbw. Hoechst	12. 7. 60
[2414]	1 149 897	Farbw. Hoechst	12. 7. 60
[2415]	1 149 898	Shell Intern. Res. Mij.	18. 11. 60
[2416]	1 150 514	BASF	27. 7. 61
[2417]	1 150 515	BASF	9. 8. 61
[2418]	1 150 806	Farbw. Hoechst	9. 2. 61
[2419]	1 151 114	Eastman Kodak	9. 6. 61
[2420]	1 151 372	Farbenfabr. Bayer	8. 2. 56
[2421]	1 151 373	Farbw. Hoechst	5. 12. 59
[2422]	1 151 659	Siemens & Halske	26. 3. 59
[2423]	1 152 252	Allied Chem. Corp.	21. 7. 60
[2424]	1 152 413	Deutsche Advance	13. 2. 61
[2425]	1 152 540	Du Pont	22. 9. 59
[2426]	1 152 541	Farbenfabr. Bayer	4. 6. 59
[2427]	1 152 542	Farbenfabr. Bayer	4. 6. 59
[2428]	1 152 544	Onderz.-Inst. Research	6. 4. 60
[2429]	1 152 816	BASF	27. 1. 62
[2430]	1 153 158	Firestone	30. 10. 57
[2431]	1 153 164	Sun Oil Co.	2. 8. 60
[2432]	1 153 519	Farbw. Hoechst	17. 11. 61
[2433]	1 153 520	Farbw. Hoechst	8. 8. 61
[2434]	1 153 521	Montecatini	13. 6. 61
[2435]	1 153 522	Montecatini	24. 6. 61
[2436]	1 153 893	Amer. Cyanamid	4. 5. 60
[2437]	1 153 894	Farbw. Hoechst	27. 8. 60
[2438]	1 153 896	Farbenfabr. Bayer	4. 6. 59
[2439]	1 153 898	Farbenfabr. Bayer	4. 6. 59
[2440]	1 153 899	Farbenfabr. Bayer	4. 6. 59
[2441]	1 154 617	BASF	26. 10. 60
[2442]	1 154 622	Montecatini	20. 6. 61
[2443]	1 154 633	Du Pont	28. 2. 61
[2444]	1 154 938	Du Pont	6. 5. 41
[2445]	1 155 236	Chem. Werke Hüls	15. 11. 57
[2446]	1 155 591	Eastman Kodak	17. 1. 61
[2447]	1 155 596	Farbw. Hoechst	7. 1. 61
[2448]	1 155 904	Montecatini	18. 12. 61
[2449]	1 156 231	J. Láníková u. a.	10. 7. 60
[2450]	1 156 552	Farbenfabr. Bayer	17. 3. 62
[2451]	1 156 918	Degussa	28. 10. 58
[2452]	1 157 389	Degussa	14. 3. 61
[2453]	1 158 248	Benckiser GmbH	12. 2. 58
[2454]	1 158 250	Du Pont	5. 4. 60
[2455]	1 159 634	BASF	22. 8. 61
[2456]	1 159 635	BASF	6. 4. 62
[2457]	1 160 170	Allied Chem. Corp.	13. 6. 61
[2458]	1 160 177	Farbw. Hoechst	4. 2. 58
[2459]	1 160 180	Farbenfabr. Bayer	4. 6. 59
[2459 a]	1 160 609	Farbw. Hoechst	29. 5. 59

Lfde. Nr.	Patent- od. D.A.S.-Nr.	Inhaber	Anmeldungs-datum
[2460]	1 161 011	Montecatini	8. 6. 61
[2461]	1 161 012	Montecatini	14. 5. 62
[2462]	1 161 016	Degussa	22. 7. 61
[2463]	1 161 418	Montecatini	12. 6. 61
[2464]	1 161 687	Eastman Kodak	8. 8. 59
[2465]	1 161 688	Farbw. Hoechst	6. 8. 59
[2466]	1 161 689	Du Pont	31. 8. 61
[2467]	1 162 073	Südd. Kalkstickstoffwerke	29. 12. 60
[2468]	1 162 556	Eastman Kodak	20. 1. 61
[2469]	1 162 557	Farbenfabr. Bayer	22. 7. 61
[2470]	1 162 561	Takeda Chem. Ind.	29. 6. 61
[2471]	1 162 569	Dow Corning Corp.	9. 1. 61
[2472]	1 163 013	Farbenfabr. Bayer	12. 10. 61
[2473]	1 163 016	Ferro	13. 5. 58
[2474]	1 163 017	Farbw. Hoechst	25. 11. 60
[2475]	1 163 536	Ferro	1. 3. 58
[2476]	1 163 538	U. S. Rubber	20. 9. 56
[2477]	1 163 542	Vereinigte Glanzstoff	3. 2. 59
[2478]	1 164 076	Deutsche Rhodiaceta	13. 4. 62
[2479]	1 164 081	J. P. Bemberg	20. 3 59
[2480]	1 164 087	General Electric	22. 3. 61
[2481]	1 164 656	Eastman Kodak	13. 1. 61
[2482]	1 164 657	Eastman Kodak	20. 1. 61
[2483]	1 164 658	U. S. Rubber	18. 9. 56
[2484]	1 165 256	Eastman Kodak	20. 1. 61
[2485]	1 165 257	Eastman Kodak	20. 1. 61
[2486]	1 165 258	General Aniline	29. 12. 56
[2487]	1 165 260	Metal & Thermit	13. 12. 57
[2488]	1 165 263	Montecatini	27. 1. 62
[2489]	1 165 267	Montecatini	26. 3. 62
[2490]	1 165 845	Dow	23. 8. 61
[2491]	1 165 846	Onderz.-Inst. Research	5. 9. 61
[2492]	1 165 848	Montecatini	1. 8. 61
[2493]	1 165 849	Montecatini	15. 5. 62
[2494]	1 166 463	Bataafse Petroleum Mij.	26. 6. 57
[2495]	1 166 472	Wacker-Chemie	26. 3. 62
[2496]	1 168 071	J. R. Geigy	13. 2. 58
[2497]	1 169 124	BASF	9. 5. 62
[2498]	1 169 661	Montecatini	26. 6. 62
[2499]	1 169 664	Western Electric Co.	29. 4. 59
[2500]	1 170 630	Az. Colori Nazionali	16. 5. 61
[2501]	1 170 631	Deutsche Advance	11. 1. 58
[2502]	1 170 633	Farbw. Hoechst	7. 10. 61
[2503]	1 170 634	Farbw. Hoechst	11. 11. 60
[2504]	1 170 635	Nopco Chem. Co.	17. 2. 60
[2505]	1 171 151	Goodyear	26. 11. 62
[2506]	1 171 611	Scholven-Chemie	9. 1. 61
[2507]	1 172 040	I. C. I. u. British Nylon Spinners	24. 11. 61

Lfde. Nr.	Patent-Nr.	Inhaber	Anmeldungs-datum
[2508]	1 172 042	Farbw. Hoechst	27. 9. 62
[2509]	1 173 645	Farbenfabr. Bayer	19. 2. 62
Deutsche Patente (D. D. R.)			
[2510]	652	K. Thinius	28. 11. 50
[2511]	653	K. Thinius	14. 11. 51
[2512]	4 575	Kombinat Bitterfeld	17. 10. 44
[2513]	7 407	K. Thinius u. a.	18. 8. 53
[2514]	7 536	K. Thinius u. a.	18. 8. 53
[2515]	13 593	A. Eckelmann u. a.	17. 4. 55
[2516]	14 024	A. Eckelmann u. a.	22. 10. 55
[2517]	14 073	K. Thinius u. a.	10. 7. 53
[2518]	16 209	H. Frommelt u. a.	9. 1. 57
[2519]	16 800	K. Thinius u. a.	16. 5. 57
[2520]	21 727	K. Thinius u. a.	11. 5. 59
Französische Patente			
[2521]	755 486	I. G. Farben	21. 4. 33
[2522]	790 669	Union Carbide	29. 5. 35
[2523]	791 914	Carbide & Carbon	29. 6. 35
[2524]	810 459	I. G. Farben	5. 9. 36
[2525]	826 855	Carbide & Carbon	17. 9. 37
[2526]	829 713	Carbide & Carbon	22. 11. 37
[2527]	861 916	Carbide & Carbon	27. 11. 39
[2528]	885 120	I. C. I.	13. 1. 41
[2528 a]	906 892	I. G. Farben	4. 9. 44
[2528 b]	906 893	I. G. Farben	4. 9. 44
[2529]	914 054	Wingfoot	4. 9. 45
[2530]	915 756	Wingfoot	11. 10. 45
[2531]	915 757	Wingfoot	11. 10. 45
[2532]	917 529	I. C. I.	19. 11. 45
[2533]	917 830	Wingfoot	14. 11. 45
[2534]	938 612	Western Electric Co.	4. 9. 46
[2535]	942 990	N. V. de Bataafsche	10. 3. 47
[2536]	946 039	N. V. de Bataafsche	2. 5. 47
[2537]	952 879	N. V. de Bataafsche	11. 9. 47
[2538]	952 879/ 58 730	N. V. de Bataafsche	17. 9. 48
[2538 a]	955 259	Soc. Rhodiacéta	21. 3. 41
[2539]	956 489	Du Pont	2. 12. 47
[2540]	965 244	Soc. Rhodiacéta	23. 4. 48
[2541]	967 470	Devoe & Raynolds	9. 6. 48
[2542]	976 560	I. G. Farben	22. 4. 42
[2543]	981 843	N. V. de Bataafsche	28. 2. 49
[2544]	983 697	Du Pont	25. 3. 49
[2545]	983 783	General Aniline	29. 3. 49
[2546]	986 245	G. P. Mack u. a.	16. 5. 49
[2547]	986 267	N. V. de Bataafsche	17. 5. 49
[2548]	988 888	S. A. de Saint-Gobain	26. 1. 44

Lfde. Nr.	Patent-Nr.	Inhaber	Anmeldungs-datum
[2549]	992 056	N. V. de Bataafsche	9. 8. 49
[2550]	992 988	S. A. de Saint-Gobain	23. 10. 44
[2551]	993 704	M. Erlenbach u. a.	23. 8. 49
[2552]	996 616	Soc. Rhodiacéta	3. 5. 45
[2553]	999 788	S. A. de Saint-Gobain	4. 1. 46
[2554]	1 004 543	S. A. de Saint-Gobain	8. 5. 47
[2555]	1 005 132	S. A. de Saint-Gobain	7. 6. 47
[2556]	1 010 733	BASF	14. 10. 48
[2557]	1 019 759	I. C. I.	5. 6. 50
[2558]	1 020 020	Titan Co.	10. 6. 50
[2559]	1 024 161	N. V. de Bataafsche	31. 8. 50
[2560]	1 024 576	Distillers Co., Ltd.	14. 9. 50
[2561]	1 028 028	Distillers Co., Ltd.	13. 9. 50
[2562]	1 031 083	F. Chevassus	17. 1. 51
[2563]	1 034 274	Dow	21. 3. 51
[2564]	1 037 097	Farbw. Hoechst	15. 5. 51
[2565]	1 037 098	Farbw. Hoechst	15. 5. 51
[2566]	1 042 148	Chem. Werke Hüls	13. 9. 51
[2567]	1 042 357	I. C. I.	21. 9. 51
[2568]	1 047 694/ 65 758	B. F. Goodrich	4. 9. 53
[2569]	1 050 269	Dow	16. 3. 51
[2571]	1 059 678	Chem. Werke Hüls	11. 7. 52
[2572]	1 061 920	Distillers Co., Ltd.	9. 5. 52
[2573]	1 063 960	U. S. Rubber	6. 8. 52
[2574]	1 064 251	C. G. M. Tarlost	9. 10. 52
[2575]	1 064 251/ 64 073	C. G. M. Tarlost	14. 9. 53
[2576]	1 064 251/ 66 625	Ets. Tarlost & Cie.	9. 9. 54
[2577]	1 071 155	Dow	22. 10. 52
[2578]	1 074 828	U. S. Rubber	5. 2. 53
[2579]	1 076 246	Monsanto	23. 2. 53
[2580]	1 076 688	Union Carbide	5. 5. 53
[2581]	1 078 828	Farbenfabr. Bayer	16. 6. 53
[2582]	1 082 256	Monsanto	12. 8. 53
[2583]	1 082 432	U. S. Rubber	26. 8. 53
[2584]	1 084 132	Dow	30. 9. 53
[2585]	1 084 866	I. C. I.	10. 10. 53
[2586]	1 085 807	Carlisle Chem. Works	5. 5. 53
[2587]	1 086 182	Dynamit AG.	2. 11. 53
[2588]	1 086 930	Henkel & Cie.	24. 8. 53
[2589]	1 087 127	BASF	13. 11. 53
[2590]	1 087 127/ 68 156	BASF	9. 4. 54
[2591]	1 091 704	Metal & Thermit	27. 7. 53
[2592]	1 094 232	Wacker-Chemie	3. 3. 54
[2593]	1 098 344	Amer. Cyanamid	1. 4. 54
[2593a]	1 099 407	Soc. Rhodiacéta	11. 4. 51

Lfde. Nr.	Patent-Nr.	Inhaber	Anmeldungs-datum
[2594]	1 100 437	Metal & Thermit	27. 3. 54
[2595]	1 102 887	National Lead Co.	24. 6. 54
[2596]	1 105 652	S. A. de Saint-Gobain	2. 6. 54
[2597]	1 107 726	S. A. de Saint-Gobain	26. 6. 54
[2598]	1 108 764	Cie. Fr. Thomson-Houston	23. 6. 54
[2599]	1 111 320	S. A. de Saint-Gobain	16. 9. 54
[2600]	1 111 551	NYCO	5. 8. 54
[2601]	1 115 359	BASF	10. 12. 54
[2602]	1 116 475	Carlisle Chem. Works	18. 11. 54
[2603]	1 117 126	Advance Solvents	19. 2. 54
[2604]	1 117 201	Pure Chemicals Ltd.	19. 11. 54
[2605]	1 117 535	N. V. de Bataafsche	15. 12. 54
[2606]	1 117 985	Dehydag	19. 1. 55
[2607]	1 118 026	Dow	20. 1. 55
[2608]	1 118 081	Pure Chemicals Ltd.	19. 11. 54
[2609]	1 118 082	Pure Chemicals Ltd.	19. 11. 54
[2610]	1 119 752	Advance Solvents	5. 1. 55
[2611]	1 124 457	Advance Solvents	1. 2. 55
[2612]	1 130 288	Farbw. Hoechst	19. 8. 55
[2613]	1 130 296	Chem. Werke Hüls	23. 8. 55
[2614]	1 131 532	Montecatini	16. 5. 55
[2615]	1 131 896	Dehydag	25. 3. 55
[2616]	1 131 939	Du Pont	15. 4. 55
[2617]	1 132 014	Dow	17. 5. 55
[2618]	1 134 627	National Lead Co.	3. 11. 55
[2619]	1 135 479	B. F. Goodrich	30. 8. 55
[2620]	1 136 635	I. C. I.	30. 11. 55
[2621]	1 137 739	Ciba	28. 10. 55
[2622]	1 143 307	I. C. I.	23. 12. 55
[2623]	1 144 496	Nederl. Castoroliefabr.	23. 3. 56
[2624]	1 145 034	Farbw. Hoechst	4. 4. 56
[2625]	1 146 393	Ets. Kuhlmann	3. 4. 56
[2626]	1 146 425	Farbw. Hoechst	4. 4. 56
[2627]	1 147 527	B. F. Goodrich	29. 2. 56
[2628]	1 147 528	B. F. Goodrich	29. 2. 56
[2629]	1 148 991	B. F. Goodrich	5. 4. 56
[2630]	1 149 260	Amer. Cyanamid	23. 3. 56
[2631]	1 150 843	BASF	24. 4. 56
[2632]	1 151 690	Farbw. Hoechst	18. 6. 56
[2633]	1 151 690/ 72 892	Farbw. Hoechst	7. 2. 58
[2634]	1 151 798	I. C. I.	22. 6. 56
[2635]	1 152 803	Farbw. Hoechst	25. 6. 56
[2636]	1 153 798	Cie. Fr. Thomson-Houston	13. 6. 56
[2637]	1 154 013	Monsanto	19. 6. 56
[2638]	1 154 748	Farbw. Hoechst	29. 6. 56
[2639]	1 154 986	Monsanto	18. 7. 56
[2640]	1 155 679	Dow	7. 8. 56
[2641]	1 157 854	Dow	17. 8. 56

Lfde. Nr.	Patent-Nr.	Inhaber	Anmeldungs-datum
[2642]	1 158 642	Péchiney	25. 9. 56
[2643]	1 158 642/ 74 602	Péchiney	15. 7. 57
[2644]	1 158 804	Dow	10. 8. 56
[2645]	1 159 299	F. Chevassus	11. 10. 56
[2646]	1 159 582	Metal & Thermit	9. 3. 56
[2647]	1 159 958	Farbw. Hoechst	10. 8. 56
[2648]	1 160 141	Chem. Werke Hüls	5. 11. 56
[2649]	1 162 816	Degussa	15. 12. 56
[2650]	1 163 296	SADIC	14. 12. 56
[2651]	1 164 421	Chem. Werke Hüls	14. 1. 57
[2652]	1 164 850	Petrochemicals Ltd.	18. 1. 57
[2653]	1 165 515	Amer. Cyanamid	16. 11. 56
[2654]	1 165 929	Farbw. Hoechst	21. 11. 56
[2655]	1 165 976	Brit. Industr. Plastics	14. 12. 56
[2656]	1 166 281	Rhône-Poulenc	12. 2. 57
[2657]	1 167 741	Farbw. Hoechst	21. 9. 56
[2658]	1 169 582	Farbw. Hoechst	7. 12. 56
[2659]	1 169 961	National Lead Co.	22. 3. 57
[2660]	1 170 599	Ets. Kuhlmann	3. 4. 57
[2661]	1 172 326	Dow	13. 2. 57
[2662]	1 173 302	Farbw. Hoechst	22. 3. 57
[2663]	1 175 086	Argus	14. 5. 57
[2664]	1 175 089/ 71 856	Péchiney	15. 7. 57
[2665]	1 176 735	F. Chevassus	14. 6. 57
[2666]	1 177 309	Union Carbide	17. 6. 57
[2667]	1 177 558	BASF	26. 6. 57
[2668]	1 179 613	B. F. Goodrich	19. 7. 57
[2669]	1 179 857	Du Pont	25. 7. 57
[2670]	1 179 858	Du Pont	25. 7. 57
[2671]	1 181 392	Hooker Electrochem. Co.	21. 8. 57
[2672]	1 182 890	U. S. Rubber	17. 9. 57
[2673]	1 183 245	Du Pont	23. 9. 57
[2674]	1 183 969	Western Electric Co.	5. 10. 57
[2675]	1 184 008	Western Electric Co.	7. 10. 57
[2676]	1 184 009	Western Electric Co.	7. 10. 57
[2677]	1 184 249	B. F. Goodrich	11. 10. 57
[2678]	1 186 191	Du Pont	22. 2. 57
[2679]	1 186 343	Du Pont	24. 9. 57
[2680]	1 186 606	UCLAF	20. 11. 57
[2681]	1 186 692	I. C. I.	22. 11. 57
[2682]	1 186 914	Dow	2. 4. 57
[2683]	1 188 695	Metal & Thermit	12. 12. 57
[2684]	1 190 432	J. P. Bemberg	24. 1. 58
[2685]	1 191 507	J. R. Geigy	13. 2. 58
[2686]	1 192 952	Western Electric Co.	18. 9. 57
[2687]	1 192 953	Western Electric Co.	18. 9. 57
[2688]	1 193 569	Farbenfabr. Bayer	25. 3. 58

Lfde. Nr.	Patent-Nr.	Inhaber	Anmeldungs-datum
[2689]	1 195 307	J. R. Geigy	13. 12. 57
[2690]	1 196 525	Farbenfabr. Bayer	31. 5. 58
[2691]	1 198 168	Soc. Prod. Chim. Bezons	5. 6. 58
[2692]	1 199 240	Western Electric Co.	9. 10. 57
[2693]	1 201 217	Farbw. Hoechst	8. 8. 58
[2694]	1 201 533	Farbenfabr. Bayer	11. 3. 58
[2695]	1 202 250	Du Pont	7. 3. 58
[2696]	1 205 197	Ciba	5. 3. 58
[2697]	1 205 729	Péchiney	11. 8. 58
[2698]	1 205 839	Western Electric Co.	29. 8. 57
[2699]	1 206 084	N. V. de Bataafsche	7. 5. 58
[2700]	1 206 085	N. V. de Bataafsche	7. 5. 58
[2701]	1 206 574	I. C. I.	7. 11. 58
[2702]	1 206 876	General Tire & Rubber	19. 5. 58
[2703]	1 207 438	Inventa AG.	10. 4. 58
[2704]	1 207 516	Farbenfabr. Bayer	24. 6. 58
[2705]	1 208 412	General Tire & Rubber	10. 6. 58
[2706]	1 208 910	Farbenfabr. Bayer	27. 11. 58
[2707]	1 209 108	Chem. Werke Hüls	7. 5. 58
[2708]	1 211 814	Péchiney	10. 10. 58
[2709]	1 213 606	I. C. I.	11. 9. 59
[2710]	1 217 309	Distillers Co., Ltd.	17. 12. 58
[2711]	1 217 476	Chem. Werke Hüls	24. 2. 59
[2712]	1 217 745	Ciba	4. 12. 58
[2713]	1 218 418	Montecatini	6. 12. 57
[2714]	1 219 446	I. C. I	23. 3. 59
[2715]	1 219 594	Vereinigte Glanzstoff	1. 4. 59
[2716]	1 219 833	Metal & Thermit	9. 4. 59
[2717]	1 219 834	Metal & Thermit	9. 4. 59
[2718]	1 220 656	Du Pont	17. 4. 59
[2719]	1 220 727	Monsanto	21. 4. 59
[2720]	1 220 861	Westinghouse	19. 12. 58
[2721]	1 221 088	Amer. Cyanamid	17. 1. 59
[2722]	1 222 348	Wacker-Chemie	27. 4. 59
[2723]	1 223 377	Shell Res. Ltd.	18. 12. 58
[2724]	1 223 540	Ciba	29. 1. 59
[2725]	1 223 988	Farbenfabr. Bayer	13. 5. 59
[2726]	1 224 114	L'Air liquide	9. 1. 59
[2727]	1 224 906	Farbw. Hoechst	3. 2. 59
[2728]	1 225 039	Union Carbide	12. 2. 59
[2729]	1 225 727	Monsanto	13. 2. 59
[2730]	1 225 727/ 75 077	Monsanto	16. 2. 59
[2731]	1 225 727/ 80 102	Monsanto	21. 4. 61
[2732]	1 225 758	Du Pont	16. 6. 59
[2733]	1 225 899	Ethyl Corp.	12. 3. 59
[2734]	1 227 514	J. R. Geigy	20. 4. 59
[2735]	1 227 617	BASF	12. 6. 59

Lfde. Nr.	Patent-Nr.	Inhaber	Anmeldungs-datum
[2736]	1 228 539	Sinclair Refining Co.	14. 5. 59
[2737]	1 229 088	Du Pont	26. 5. 59
[2738]	1 229 759	Ciba	3. 2. 59
[2739]	1 230 080	Ethyl Corp.	25. 5. 59
[2740]	1 231 277	Ferro	11. 6. 59
[2741]	1 231 987	G. Appaix	28. 7. 59
[2742]	1 232 032	Pure Chemicals Ltd.	4. 8. 59
[2743]	1 232 665	I. C. I.	31. 7. 59
[2744]	1 232 711	Farbenfabr. Bayer	7. 8. 59
[2745]	1 233 861	Eastman Kodak	14. 8. 59
[2746]	1 233 878	Farbenfabr. Bayer	19. 8. 59
[2747]	1 233 884	Dunlop	19. 8. 59
[2748]	1 234 328	Brit. Ins. Callend. Cables	16. 6. 59
[2749]	1 235 021	Eastman Kodak	9. 9. 59
[2750]	1 235 032	Du Pont	10. 9. 59
[2751]	1 235 047	Eastman Kodak	10. 9. 59
[2752]	1 235 134	Eastman Kodak	12. 9. 59
[2753]	1 235 149	Eastman Kodak	14. 9. 59
[2754]	1 235 590	Ferro	11. 6. 59
[2755]	1 235 656	I. C. I.	16. 7. 59
[2756]	1 235 861	Eastman Kodak	16. 9. 59
[2757]	1 236 658	G. Appaix	12. 6. 59
[2758]	1 236 658/ 76 724	G. Appaix	10. 12. 59
[2759]	1 236 739	Celanese	18. 9. 59
[2760]	1 237 632	Dow Corning Corp.	16. 10. 59
[2761]	1 238 053	Eastman Kodak	8. 10. 59
[2762]	1 238 071	Farbenfabr. Bayer	15. 10. 59
[2763]	1 238 582	Farbw. Hoechst	5. 10. 59
[2764]	1 238 610	Eastman Kodak	9. 10. 59
[2765]	1 238 644	Metal & Thermit	12. 10. 59
[2766]	1 239 049	Amer. Cyanamid	17. 10. 59
[2767]	1 239 049/ 81 768	Amer. Cyanamid	7. 6. 62
[2768]	1 239 575	Eastman Kodak	27. 10. 59
[2769]	1 240 264	BASF	6. 11. 59
[2770]	1 240 500	Eastman Kodak	19. 11. 59
[2771]	1 240 512	Western Electric Co.	16. 6. 58
[2772]	1 240 921	Witco Chem. Co.	18. 11. 59
[2773]	1 241 465	Eastman Kodak	21. 11. 59
[2774]	1 241 466	Eastman Kodak	21. 11. 59
[2775]	1 241 887	Petrochemicals Ltd.	14. 9. 59
[2776]	1 242 844	Farbw. Hoechst	8. 9. 58
[2777]	1 243 203	Farbenfabr. Bayer	17. 12. 59
[2778]	1 244 556	Esso Research	28. 10. 59
[2779]	1 244 647	Vereinigte Glanzstoff	22. 12. 59
[2780]	1 244 729	Farbenfabr. Bayer	7. 1. 60
[2781]	1 245 131	Du Pont	15. 12. 59
[2782]	1 245 606	Du Pont	14. 9. 59

Lfde. Nr.	Patent-Nr.	Inhaber	Anmeldungs-datum
[2783]	1 246 198	Hercules Powder	4. 4. 59
[2784]	1 247 236	Eastman Kodak	5. 2. 60
[2785]	1 247 260	Metallgesellschaft	8. 2. 60
[2786]	1 247 547	Farbw. Hoechst	21. 12. 59
[2787]	1 248 554	Eastman Kodak	30. 9. 59
[2788]	1 249 056	Eastman Kodak	23. 2. 60
[2789]	1 249 172	Deutsche Advance	25. 2. 60
[2790]	1 249 175	Eastman Kodak	25. 2. 60
[2791]	1 250 392	Farbenfabr. Bayer	10. 3. 60
[2792]	1 250 724	Farbenfabr. Bayer	23. 12. 59
[2793]	1 250 768	Farbw. Hoechst	18. 1. 60
[2794]	1 250 927	Du Pont	4. 3. 60
[2795]	1 252 429	Du Pont	28. 3. 60
[2796]	1 253 028	Union Carbide	31. 3. 60
[2797]	1 253 083	Du Pont	5. 4. 60
[2798]	1 253 553	Celanese	30. 3. 60
[2799]	1 254 322	Farbenfabr. Bayer	15. 4. 60
[2800]	1 254 725	J. R. Geigy	21. 4. 60
[2801]	1 254 725/ 79 494	J. R. Geigy	6. 4. 61
[2802]	1 255 581	Farbw. Hoechst	12. 3. 60
[2803]	1 256 319	Du Pont	4. 5. 60
[2804]	1 256 816	Montecatini	11. 5. 60
[2805]	1 256 963	Eastman Kodak	16. 5. 60
[2806]	1 256 965	Eastman Kodak	16. 5. 60
[2807]	1 257 597	Esso Research	27. 5. 60
[2808]	1 258 718	Goodyear	3. 6. 60
[2809]	1 258 787	Amer. Cyanamid	9. 6. 60
[2810]	1 259 294	Farbw. Hoechst	10. 6. 60
[2811]	1 259 294/ 78 236	Farbw. Hoechst	6. 8. 60
[2812]	1 259 321	BASF	13. 6. 60
[2813]	1 261 737	Du Pont	5. 7. 60
[2814]	1 261 819/ 79 960	R. T. Vanderbilt	3. 6. 61
[2815]	1 262 700	Charbonnages de France	6. 4. 61
[2816]	1 263 863	Farbw. Hoechst	22. 4. 60
[2817]	1 263 891	Amer. Cyanamid	29. 4. 60
[2818]	1 264 278	Farbenfabr. Bayer	28. 7. 60
[2819]	1 265 018	Shell Intern. Res. Mij.	12. 8. 60
[2820]	1 265 248	Rhône-Poulenc	17. 5. 60
[2821]	1 265 410	Farbw. Hoechst	27. 5. 60
[2822]	1 265 438	M. Kučera u. a.	10. 6. 60
[2823]	1 266 782	Farbw. Hoechst	26. 8. 60
[2824]	1 267 091	Thiokol Chem. Corp.	12. 9. 60
[2825]	1 268 337	Du Pont	27. 9. 60
[2826]	1 268 992	Eastman Kodak	5. 10. 60
[2827]	1 269 236	S. A. de Saint-Gobain	29. 6. 60
[2828]	1 270 196	Goodyear	10. 10. 60

Lfde. Nr.	Patent-Nr.	Inhaber	Anmeldungs-datum
[2829]	1 270 709	Allied Chem. Corp.	22. 7. 60
[2830]	1 270 962	Eastman Kodak	9. 10. 60
[2831]	1 271 813	Farbw. Hoechst	23. 9. 60
[2832]	1 271 914	Montecatini u. K. Ziegler	24. 10. 60
[2833]	1 272 709	Farbenfabr. Bayer	21. 10. 60
[2833a]	1 272 971	Houillères du Bassin du Nord et du Pas-de-Calais	22. 8. 60
[2834]	1 274 294	U. S. Rubber	29. 11. 60
[2835]	1 274 503	Hercules Powder	19. 8. 60
[2836]	1 275 650	Farbw. Hoechst	5. 12. 60
[2837]	1 277 190	Eastman Kodak	1. 1. 61
[2838]	1 278 473	Eastman Kodak	26. 1. 61
[2839]	1 278 577	Eastman Kodak	2. 2. 61
[2840]	1 278 583	Dunlop	2. 2. 61
[2841]	1 278 814	Wacker-Chemie	8. 12. 60
[2842]	1 279 690	J. R. Geigy	17. 1. 61
[2843]	1 280 530	Eastman Kodak	24. 2. 61
[2844]	1 281 257	Du Pont	26. 8. 60
[2845]	1 281 481	BASF	9. 12. 60
[2846]	1 281 557	Farbw. Hoechst	20. 1. 61
[2847]	1 281 589	BASF	3. 2. 61
[2848]	1 282 434	Du Pont	27. 2. 61
[2849]	1 282 782	I. C. I.	21. 1. 61
[2850]	1 283 971	I. C. I.	29. 12. 60
[2851]	1 284 205	Du Pont	7. 3. 61
[2852]	1 284 479	Eastman Kodak	22. 3. 61
[2853]	1 284 740	Pure Chemicals Ltd.	15. 2. 61
[2854]	1 284 754	Farbenfabr. Bayer	23. 2. 61
[2855]	1 284 817	Eastman Kodak	20. 3. 61
[2856]	1 284 864	Cie. Fr. Thomson-Houston	23. 3. 61
[2857]	1 285 093	Eastman Kodak	29. 3. 61
[2858]	1 285 403	L. Lang	13. 1. 61
[2859]	1 286 118	Farbw. Hoechst	4. 3. 61
[2860]	1 286 185	General Aniline	6. 4. 61
[2861]	1 286 703	BASF	9. 1. 61
[2862]	1 286 961	Du Pont	27. 2. 61
[2863]	1 287 151	Celanese	21. 4. 61
[2864]	1 288 592	Du Pont	5. 5. 61
[2865]	1 289 754	Du Pont	29. 4. 61
[2866]	1 289 848	Az. Colori Nazionali	15. 5. 61
[2867]	1 291 803	Teikoku Jinzo Kenshi	31. 3. 61
[2868]	1 291 897	Western Electric Co.	12. 5. 61
[2869]	1 292 005	Montecatini	12. 6. 61
[2870]	1 292 058	Montecatini	13. 6. 61
[2871]	1 292 194	Texas-U. S. Chem. Co.	15. 6. 61
[2872]	1 292 464	Nopco Chem. Co.	24. 5. 61
[2873]	1 292 603	Montecatini	19. 6. 61
[2874]	1 292 770	I. C. I.	22. 6. 61
[2875]	1 292 479	Pure Chemicals Ltd.	28. 6. 61

Lfde. Nr.	Patent-Nr.	Inhaber	Anmeldungs-datum
[2876]	1 293 929	Takeda Chem. Ind.	30. 6. 61
[2877]	1 294 410	Farbw. Hoechst	12. 6. 61
[2878]	1 294 552	I. C. I.	8. 7. 61
[2879]	1 295 668	Pure Chemicals Ltd.	28. 6. 61
[2880]	1 295 861	Yokohama Rubber Co.	24. 7. 61
[2881]	1 296 147	Montecatini	8. 6. 61
[2882]	1 296 343	Eastman Kodak	28. 7. 61
[2883]	1 297 928	Charbonnages de France	27. 5. 61
[2884]	1 298 551	Montecatini	22. 6. 61
[2885]	1 298 888	Universal Oil Prod.	31. 8. 61
[2886]	1 299 527	General Aniline	9. 3. 61
[2887]	1 299 561	Nopco Chem. Co.	23. 5. 61
[2888]	1 300 501	Rosett Chemicals Inc.	14. 9. 61
[2889]	1 301 814	General Aniline	9. 3. 61
[2890]	1 302 304	Dow	4. 10. 61
[2891]	1 304 494	BASF	25. 10. 61
[2892]	1 304 800	Eastman Kodak	30. 10. 61
[2893]	1 306 018	Rosett Chemicals Inc.	5. 8. 61
[2894]	1 306 658	Degussa	19. 8. 61
[2895]	1 307 266	Farbenfabr. Bayer	8. 5. 61
[2896]	1 307 355	Brit. Industr. Plastics	14. 9. 61
[2897]	1 307 709	J. R. Geigy	8. 12. 61
[2898]	1 309 032	Carlisle Chem. Works	29. 12. 61
[2899]	1 309 355	National Distillers	3. 10. 61
[2900]	1 309 500	Dunlop	9. 11. 61
[2901]	1 313 486	Chemstrand Corp.	1. 2. 62
[2902]	1 313 780	Pure Chemicals Ltd.	25. 9. 61
[2903]	1 314 410	Hercules Powder	5. 10. 61
[2904]	1 315 250	Chuji Ashizawa	19. 12. 61
[2905]	1 315 978	Eastman Kodak	22. 12. 61
[2906]	1 316 925	Eastman Kodak	6. 3. 62
[2907]	1 316 998	Pure Chemicals Ltd.	7. 3. 62
[2908]	1 318 476	I. C. I.	28. 3. 62
[2909]	1 318 826	Carlisle Chem. Works	16. 1. 62
[2910]	1 319 129	Pure Chemicals Ltd.	4. 4. 62
[2911]	1 319 197	Farbenfabr. Bayer	6. 4. 62
[2912]	1 319 836	Goodyear	16. 4. 62
[2913]	1 319 969	Farbenfabr. Bayer	20. 4. 62
[2914]	1 320 051	Cie. Rousselot	3. 1. 62
[2915]	1 320 280	General Aniline	8. 3. 62
[2916]	1 320 343	Pure Chemicals Ltd.	5. 4. 62
[2917]	1 320 375	J. R. Geigy	13. 4. 62
[2918]	1 321 450	Monsanto	9. 1. 62
[2919]	1 321 641	General Aniline	8. 3. 62
[2920]	1 323 437	Dunlop	30. 5. 62
[2921]	1 323 490	Farbenfabr. Bayer	5. 6. 62
[2922]	1 323 807	Esso Research	31. 3. 62
[2923]	1 324 086	I. C. I.	30. 5. 62
[2924]	1 324 087	I. C. I.	30. 5. 62

Lfde. Nr.	Patent-Nr.	Inhaber	Anmeldungs-datum
[2925]	1 324 088	I. C. I.	30. 5. 62
[2926]	1 324 451	Esso Research	4. 4. 62
[2927]	1 324 494	Farbenfabr. Bayer	24. 4. 62
[2928]	1 324 649	U. S. Rubber	6. 6. 62
[2929]	1 324 897	J. R. Geigy	15. 6. 62
[2930]	1 324 898	J. R. Geigy	15. 6. 62
[2931]	1 324 899	J. R. Geigy	15. 6. 62
[2932]	1 324 900	J. R. Geigy	15. 6. 62
[2933]	1 325 197	Hercules Powder	2. 5. 62
[2934]	1 325 403	J. R. Geigy	15. 6. 62
[2935]	1 325 404	J. R. Geigy	15. 6. 62
[2936]	1 325 405	J. R. Geigy	15. 6. 62
[2937]	1 325 406	J. R. Geigy	15. 6. 62
[2938]	1 325 508	Kurashiki Rayon Co.	19. 6. 62
[2939]	1 326 730	Montecatini	14. 5. 62
[2940]	1 326 735	Montecatini	15. 5. 62
[2941]	1 328 062	W. R. Grace	14. 6. 62
[2942]	1 329 115	I. C. I.	30. 5. 62
[2943]	1 329 232	Montecatini	18. 7. 62
[2944]	1 330 378	J. R. Geigy	15. 6. 62
[2945]	1 330 379	J. R. Geigy	15. 6. 62
[2946]	1 330 478	Soc. Rhodiacéta	2. 8. 62
[2947]	1 330 587	Celanese	6. 8. 62
[2948]	1 330 608	General Aniline	7. 8. 62
[2949]	1 331 449	Shell-Saint Gobain	21. 5. 62
[2950]	1 332 227	Ciba	29. 6. 62
[2951]	1 332 616	I. C. I.	30. 5. 62
[2952]	1 332 901	Farbenfabr. Bayer	30. 8. 62
[2953]	1 333 118	Pure Chemicals Ltd.	23. 5. 62
[2954]	1 333 497	Goodyear	13. 9. 62
[2955]	1 334 971	General Aniline	20. 4. 62
[2956]	1 335 224	J. R. Geigy	30. 7. 62
[2957]	1 335 559	General Aniline	5. 7. 62
[2958]	1 337 164	J. R. Geigy	29. 10. 62
[2959]	1 337 938	Zimmer Verfahrens-technik	27. 8. 62
[2960]	1 338 034	Allied Chem. Corp.	19. 10. 62
[2961]	1 338 054	Celanese	23. 10. 62
[2962]	1 338 915	General Aniline	31. 7. 62
[2963]	1 339 827	Semtex	15. 11. 62
[2964]	1 342 461	Sun Oil Co.	4. 12. 62
[2965]	1 343 590	Carlisle Chem. Works	12. 9. 62
[2965a]	1 343 968	Stauffer Chem. Co.	26. 12. 62
[2966]	1 343 973	Eastman Kodak	27. 12. 62
[2967]	1 345 035	Farbenfabr. Bayer	23. 10. 62
[2968]	1 346 906	I. C. I.	13. 2. 63
[2968a]	1 346 938	Stauffer Chem. Co.	14. 2. 63
[2969]	1 349 193	B. F. Goodrich	30. 8. 62
[2969a]	1 356 435	Stauffer Chem. Co.	14. 2. 63

Lfde. Nr.	Patent-Nr.	Inhaber	Anmeldungs-datum
Holländische Patente			
[2970]	61 749	N. V. de Bataafsche	12. 7. 44
[2971]	64 136	N. V. de Bataafsche	30. 4. 47
[2972]	67 913	N. V. de Bataafsche	4. 3. 48
[2973]	70 853	N. V. de Bataafsche	2. 9. 49
[2974]	78 614	N. V. de Bataafsche	20. 10. 52
[2975]	88 298	Nederl. Castoroliefabr.	25. 3. 55
[2976]	88 419	Metal & Thermit	22. 1. 54
[2977]	91 242	Montecatini	9. 5. 55
[2978]	91 341	Argus	10. 7. 57
[2979]	92 095	Dehydag	14. 5. 55
[2980]	92 923	S. A. de Saint-Gobain	24. 6. 55
[2981]	95 673	Farbw. Hoechst	29. 6. 56
[2982]	97 007	Farbw. Hoechst	13. 3. 57
[2983]	97 136	Farbw. Hoechst	4. 4. 56
[2984]	97 325	Farbw. Hoechst	8. 12. 56
[2985]	98 322	Onderz.-Inst. Research	10. 4. 59
[2986]	98 323	Onderz.-Inst. Research	10. 4. 59
[2987]	98 324	Onderz.-Inst. Research	10. 4. 59
[2988]	98 325	Onderz.-Inst. Research	10. 4. 59
[2989]	98 326	Onderz.-Inst. Research	10. 4. 59
[2990]	98 327	Onderz.-Inst. Research	10. 4. 59
[2991]	98 552	Western Electric Co.	11. 10. 57
[2992]	98 793	Dow	2. 8. 56
[2993]	98 871	Western Electric Co.	17. 10. 57
[2994]	98 872	Western Electric Co.	22. 10. 57
[2995]	99 178	Farbw. Hoechst	4. 4. 56
[2996]	99 393	Western Electric Co.	11. 10. 57
[2997]	100 345	Montecatini	2. 5. 60
[2998]	100 724	Western Electric Co.	17. 10. 57
[2999]	100 991	Deutsche Advance	22. 6. 57
[3000]	101 012	Western Electric Co.	17. 10. 57
[3001]	101 953	Hercules Powder	4. 4. 59
[3002]	104 828	Farbw. Hoechst	30. 1. 59
[3003]	105 088	Ciba	5. 12. 58
Indische Patente			
[3004]	54 537	Dow	27. 4. 55
[3005]	55 724	Union Carbide	1. 11. 55
[3006]	58 020	Dow	31. 7. 56
[3007]	61 064	Du Pont	11. 7. 57
[3008]	65 617	I. C. I.	29. 10. 58
[3009]	72 014	I. C. I.	31. 5. 60
[3010]	72 730	I. C. I.	26. 7. 60
Italienische Patente			
[3011]	386 750	I. G. Farben	31. 12. 40
[3012]	487 734	Montecatini	25. 1. 52
[3013]	502 879	Monsanto	10. 8. 53

Lfde. Nr.	Patent- od. D.A.S.-Nr.	Inhaber	Anmeldungs-datum
[3014]	504 079	U. S. Rubber	31. 7. 53
[3015]	506 389	Union Carbide	9. 5. 53
[3016]	507 653	Firestone	26. 6. 51
[3017]	510 810	BASF	30. 10. 53
[3018]	519 728	Montecatini	17. 5. 54
[3019]	594 954	Az. Colori Nazionali	31. 7. 58
[3020]	595 088	Montecatini	27. 6. 58
[3021]	598 877	UCLAF	22. 10. 58
[3022]	610 573	Montecatini	20. 5. 59
[3023]	610 757	Montecatini	13. 5. 59
[3024]	612 489	Montecatini	17. 4. 59
[3025]	623 440	Az. Colori Nazionali	9. 12. 59
[3026]	630 662	Az. Colori Nazionali	18. 5. 60
[3027]	631 719	Montecatini	13. 6. 60
[3028]	631 876	Montecatini	22. 6. 60
[3029]	636 182	Montecatini	26. 6. 60
[3030]	636 380	Montecatini	22. 9. 60
[3031]	642 042	Montecatini	12. 12. 60
[3032]	649 630	Montecatini	17. 5. 61
[3033]	652 828	Montecatini	2. 8. 60
Japanische Auslegeschriften			
[3034]	*1952*: 1439	New Nippon Nitrogeneous Fertilizers Co.	13. 11. 50
[3035]	2133	Chuetsu Electr. Ind.	21. 10. 50
[3036]	*1954*: 6040	Universität Kyoto	26. 3. 51
[3037]	7343	Nippon Telegram & Telephone Corp.	22. 10. 52
[3038]	7889	Yoshitomi Drug Mfg. Co.	1. 2. 52
[3039]	*1955*: 2997	Kureha Chem. Ind.	14. 8. 52
[3040]	2998	Kureha Chem. Ind.	14. 8. 52
[3041]	6139	New Nippon Nitrogeneous Fertilizers Co.	20. 5. 53
[3042]	7744	Kureha Chem. Ind.	28. 8. 53
[3043]	*1956*: 293	Asahi Chem. Ind.	3. 10. 53
[3044]	294	Asahi Chem. Ind.	8. 1. 54
[3045]	1 697	Asahi Chem. Ind.	9. 6. 54
[3046]	6 840	T. Kurita u. a.	16. 6. 54
[3047]	7 537	T. Kurita u. a.	18. 6. 54
[3048]	*1957*: 4 884	Kureha Chem. Ind.	16. 6. 55
[3049]	*1958*: 1 135	I. C. I.	27. 6. 56
[3050]	2 040	Dow	14. 8. 56
[3051]	4 991	Carlisle Chem. Works	19. 5. 53
[3052]	5 438	Asahi Chem. Ind.	23. 12. 55
[3053]	5 992	Asahi Chem. Ind.	23. 12. 55
[3054]	7 393	Dow	12. 2. 57
[3055]	7 645	Asahi Dow Ltd.	26. 12. 55
[3056]	7 835	Argus	7. 10. 54
[3057]	8 297	Asahi Chem. Ind.	18. 2. 56

Lfde. Nr.	Ausl.-Nr.	Inhaber	Anmeldungs-datum
[3058]	*1959*: 2 135	Western Electric Co.	9. 11. 57
[3059]	2 136	Western Electric Co.	9. 11. 57
[3060]	2 137	Western Electric Co.	9. 11. 57
[3061]	2 138	Western Electric Co.	9. 11. 57
[3062]	2 139	Western Electric Co.	9. 11. 57
[3063]	2 140	Western Electric Co.	9. 11. 57
[3064]	2 141	Western Electric Co.	9. 11. 57
[3065]	2 190	Asahi Chem. Ind.	14. 4. 56
[3066]	2 295	Dow	10. 8. 56
[3067]	2 487	Asahi Chem. Ind.	3. 3. 56
[3068]	2 640	Dow	8. 4. 57
[3069]	3 388	Carlisle Chem. Works	13. 1. 56
[3070]	5 143	K. Yano	22. 3. 56
[3071]	5 439	Du Pont	26. 7. 57
[3072]	5 440	Du Pont	26. 7. 57
[3073]	5 686	Asahi Chem. Ind.	4. 10. 56
[3074]	5 891	Asahi Chem. Ind.	18. 7. 56
[3075]	9 147	T. Katsumura	14. 12. 56
[3076]	9 887	Mitsui Chem. Ind.	29. 6. 57
[3077]	10 490	Kureha Chem. Ind.	13. 6. 56
[3078]	10 785	Ferro	19. 11. 56
[3079]	*1960*: 35	Du Pont	12. 3. 58
[3080]	37	Carlisle Chem. Works	13. 1. 56
[3081]	2 189	B. F. Goodrich	7. 10. 57
[3082]	2 190	T. Katsumura	11. 10. 57
[3083]	2 286	Kyodo Yakuhin K. K.	7. 5. 57
[3084]	2 796	Kyodo Yakuhin K. K.	31. 8. 57
[3085]	3 246	Ferro	20. 11. 56
[3086]	5 090	Shinagawa Kako Co.	26. 12. 57
[3087]	5 983	Yoshitomi Drug Mfg. Co.	23. 10. 57
[3088]	6 133	I. C. I.	24. 3. 59
[3089]	6 137	Farbw. Hoechst	3. 2. 59
[3090]	6 232	K. Mayumi u. a.	4. 12. 57
[3091]	7 686	Kyodo Drugs Co.	10. 2. 58
[3092]	8 218	T. Hongu u. a.	31. 5. 58
[3093]	8 244	Ferro	10. 5. 58
[3094]	8 337	Kyodo Yakuhin K. K.	10. 2. 58
[3095]	9 432	Sakai Chem. Ind.	15. 11. 56
[3096]	11 531	Osaka Metal Ind.	12. 7. 57
[3097]	13 938	S. Matsuda	4. 3. 58
[3098]	14 542	Hercules Powder	4. 4. 59
[3099]	16 693	Farbenfabr. Bayer	7. 8. 59
[3100]	17 589	T. Katsumura	15. 7. 58
[3101]	17 687	Kureha Chem. Ind.	21. 7. 58
[3102]	17 688	Kureha Chem. Ind.	21. 7. 58
[3103]	*1961*: 284	Kyodo Yakuhin K. K.	17. 7. 58
[3104]	437	Montecatini	9. 12. 57
[3105]	1 482	Tanabe Seiyaku Co.	28. 8. 58
[3106]	2 187	Toyo Rayon Co.	5. 7. 54

Lfde. Nr.	Ausl.-Nr.	Inhaber	Anmeldungs-datum
[3107]	2 588	Farbenfabr. Bayer	18. 9. 59
[3108]	3 390	Osaka Metal Ind.	9. 12. 58
[3109]	3 491	Farbenfabr. Bayer	18. 12. 59
[3110]	3 596	Kunoshima Chem. Ind.	7. 8. 58
[3111]	3 835	Riken Synth. Resin Co.	5. 12. 58
[3112]	3 886	Farbw. Hoechst	4. 11. 59
[3113]	4 238	Farbenfabr. Bayer	28. 12. 59
[3114]	4 988	I. C. I.	21. 8. 59
[3115]	6 791	Deutsche Advance	19. 6. 57
[3116]	8 192	Farbenfabr. Bayer	19. 8. 59
[3117]	12 789	Mitsui Chem. Ind.	13. 3. 59
[3118]	14 488	Fujimura & Kawakami	9. 6. 59
[3119]	14 489	Takeda Chem. Ind.	2. 7. 59
[3120]	14 942	Sekizui Kagaku Kogyo	29. 6. 59
[3121]	14 943	Sekizui Kagaku Kogyo	31. 7. 59
[3122]	15 383	Eastman Kodak	21. 1. 60
[3123]	15 790	Du Pont	29. 3. 60
[3124]	17 635	Toyo Rayon Co.	14. 3. 60
[3125]	18 345	Ferro	18. 6. 59
[3126]	19 941	Du Pont	16. 1. 59
[3127]	20 041	General Tire & Rubber	20. 5. 58
[3128]	20 043	General Tire & Rubber	20. 5. 58
[3129]	*1962*: 694	Zaidan-Hojin Noguchi Inst.	31. 3. 60
[3130]	695	Zaidan-Hojin Noguchi Inst.	31. 3. 60
[3131]	696	Zaidan-Hojin Noguchi Inst.	31. 3. 60
[3132]	2 476	Osaka Seika Ind. Co.	22. 12. 59
[3133]	8 178	Asahi Chem. Ind.	23. 8. 60
[3134]	9 325	Takeda Chem. Ind.	18. 6. 60
[3135]	10 097	Toyo Rayon Co.	6. 9. 60
[3136]	11 523	Mitsubishi Rayon Co.	31. 8. 60
[3137]	11 524	Mitsubishi Rayon Co.	30. 9. 60
[3138]	13 775	Mitsui Chem. Ind.	12. 6. 59
[3139]	13 869	Teikoku Rayon Co.	31. 3. 60
[3140]	*1963*: 629	Mitsubishi Rayon Co.	26. 8. 60
[3141]	1 473	Mitsubishi Rayon Co.	5. 4. 61
[3142]	1 474	Shinagawa Kako Co.	27. 1. 63
[3143]	5 579	Kureha Chem. Ind.	27. 3. 61
[3144]	10 035	Mitsubishi Rayon Co.	20. 5. 61
[3145]	11 271	Nippon Kagaku Seni Kenkyusho	21. 2. 61
[3146]	13 368	Tokyo Fine Chem. Co.	22. 7. 60
[3147]	13 772	T. Ito	10. 8. 61
[3148]	13 946	Toa Fuel Ind. Co.	27. 7. 60
[3149]	14 491	Fudo Chem. Ind. Co.	14. 6. 61
[3150]	16 329	Toyo Rayon Co.	22. 2. 61
[3151]	16 770	Toyo Rayon Co.	18. 10. 61
[3152]	18 511	Mitsubishi Rayon Co.	3. 7. 61
[3153]	20 716	Mitsubishi Rayon Co.	16. 12. 60
[3154]	20 963	Sumitomo Chem. Ind.	12. 9. 61
[3155]	20 976	Toyo Spinning Co.	18. 8. 61

Lfde. Nr.	Patent- bzw. Ausl.-Nr.	Inhaber	Anmeldungs-datum
[3156]	22 483	T. Katsumura	10. 8. 61
[3157]	22 484	T. Ito	10. 8. 61
[3158]	22 720	Kurashiki Rayon Co.	22. 6. 61
[3159]	22 724	T. Motomiya	4. 3. 61
[3160]	23 023	Nippon Rayon Co.	19. 10. 61
[3161]	23 049	Teijin Ltd.	17. 10. 61
[3162]	24 582	Takeda Chem. Ind.	11. 7. 60
[3163]	24 583	Toyo Rayon Co.	31. 8. 60
[3164]	24 725	Toyo Rayon Co.	30. 11. 61
[3165]	24 726	Teijin Ltd.	6. 12. 61
[3166]	26 571	Nippon Rayon Co.	19. 10. 61
[3167]	*1964*: 950	Toyo Rayon Co.	25. 6. 62
[3168]	1 517	Nippon Nitrogeneous Fertilizers Co.	26. 7. 61
[3169]	1 522	Kurashiki Rayon Co.	28. 6. 61
[3170]	1 813	Toyo Spinning Co.	25. 12. 61
[3171]	4 313	Toyo Rayon Co.	24. 2. 62
Österreichische Patente			
[3172]	171 728	I. C. I.	9. 6. 50
[3173]	173 557	I. C. I.	21. 9. 51
[3174]	190 277	Chem. Werke Hüls	20. 7. 55
[3175]	192 907	Union Carbide	7. 8. 56
[3176]	195 113	Farbw. Hoechst	22. 6. 56
[3177]	197 078	Farbw. Hoechst	27. 6. 56
[3178]	198 018	Farbw. Hoechst	13. 12. 56
[3179]	199 878	Union Carbide	17. 6. 57
[3180]	199 879	Union Carbide	17. 6. 57
[3181]	199 881	Union Carbide	28. 5. 57
[3182]	202 773	Western Electric Co.	20. 11. 57
[3183]	202 774	Western Electric Co.	21. 11. 57
[3184]	203 209	Western Electric Co.	20. 11. 57
[3185]	203 210	Western Electric Co.	20. 11. 57
[3186]	203 211	Western Electric Co.	26. 11. 57
[3187]	203 212	Western Electric Co.	26. 11. 57
[3188]	203 213	Western Electric Co.	26. 11. 57
[3189]	203 488	Ciba	5. 3. 58
[3190]	204 265	Montecatini	9. 12. 57
[3191]	204 275	Ciba	14. 5. 58
[3192]	204 547	Ciba	5. 3. 58
[3193]	205 226	Farbw. Hoechst	16. 6. 56
[3194]	207 112	Farbw. Hoechst	20. 3. 57
[3195]	207 116	Western Electric Co.	27. 6. 58
[3196]	207 117	I. C. I.	6. 11. 58
[3197]	207 121	J. R. Geigy	13. 12. 57
[3198]	208 073	Farbw. Hoechst	6. 8. 58
[3199]	208 821	Ciba	5. 12. 58
[3200]	208 986	J. R. Geigy	20. 4. 59
[3201]	210 625	Hercules Powder	6. 4. 59

Lfde. Nr.	Patent-Nr.	Inhaber	Anmeldungs-datum
[3202]	211 552	Du Pont	12. 3. 58
[3203]	212 019	Vereinigte Glanzstoff	6. 2. 59
[3204]	212 023	Farbw. Hoechst	2. 2. 59
[3205]	212 789	Ciba	14. 1. 60
[3206]	213 057	Du Pont	5. 5. 58
[3207]	213 058	Du Pont	5. 5. 58
[3208]	214 151	Argus	6. 6. 57
[3209]	214 453	Pure Chemicals Ltd.	23. 7. 59
[3210]	214 650	Farbenfabr. Bayer	20. 10. 59
[3211]	215 148	Farbw. Hoechst	18. 12. 59
[3212]	215 156	Vereinigte Glanzstoff	12. 11. 59
[3213]	215 668	Farbw. Hoechst	26. 11. 59
[3214]	216 214	Farbw. Hoechst	15. 1. 60
[3215]	216 506	Farbw. Hoechst	10. 3. 60
[3216]	216 760	Ferro	13. 8. 59
[3217]	220 372	Metallgesellschaft	11. 2. 60
[3218]	220 814	Montecatini u. K. Ziegler	26. 10. 60
[3219]	220 815	Du Pont	10. 9. 57
[3220]	221 273	I. C. I.	24. 3. 59
[3221]	221 808	Farbw. Hoechst	9. 6. 61
[3222]	221 817	Farbw. Hoechst	20. 4. 60
[3223]	222 358	Montecatini	8. 6. 61
[3224]	222 359	Montecatini	9. 6. 61
[3225]	222 360	Montecatini	12. 6. 61
[3226]	222 361	Montecatini	19. 6. 61
[3227]	222 363	Montecatini	22. 6. 61
[3228]	222 369	BASF	26. 1. 61
[3229]	222 877	Shell Intern. Res. Mij.	16. 8. 60
[3230]	222 878	Farbw. Hoechst	21. 9. 60
[3231]	222 885	Farbw. Hoechst	24. 8. 60
[3232]	223 818	Az. Colori Nazionali	16. 5. 61
[3233]	223 822	Farbw. Hoechst	19. 1. 61
[3234]	224 339	Farbw. Hoechst	3. 12. 60
[3235]	224 914	Farbw. Hoechst	2. 10. 59
[3236]	225 945	Chem. Fabrik Hoesch	2. 4. 62
[3237]	226 437	Farbw. Hoechst	2. 3. 61
[3238]	226 438	Celanese	4. 5. 61
[3239]	229 026	Montecatini	8. 6. 62
[3240]	229 027	Montecatini	25. 6. 62
[3241]	229 572	Hercules Powder	27. 4. 62
[3242]	231 714	Celanese	14. 6. 61
Portugiesische Patente			
[3243]	37 934	I. C. I.	29. 12. 60
[3244]	38 146	I. C. I.	4. 3. 61
[3245]	38 170	I. C. I.	16. 3. 61
[3246]	38 272	Celanese	19. 4. 61
[3247]	38 351	Az. Colori Nazionali	15. 5. 61
[3248]	38 602	Argus	29. 7. 61

Lfde. Nr.	Patent-Nr.	Inhaber	Anmeldungs-datum
Schweizer Patente			
[3249]	169 714	I. G. Farben	15. 4. 33
[3250]	188 031	Carbide & Carbon	14. 6. 35
[3251]	259 824	Firestone	24. 1. 46
[3252]	275 161	British Resin Products	20. 4. 48
[3253]	277 994	N. V. de Bataafsche	29. 7. 49
[3254]	301 829	Farbw. Hoechst	7. 5. 51
[3255]	306 066	Farbw. Hoechst	7. 5. 51
[3256]	328 072	Metal & Thermit	21. 1. 54
[3257]	332 802	Metal & Thermit	17. 3. 54
[3258]	334 651	Dehydag	8. 3. 55
[3259]	337 842	Metal & Thermit	30. 6. 55
[3260]	341 992	Metal & Thermit	24. 7. 53
[3261]	342 371	Farbw. Hoechst	3. 4. 56
[3262]	344 408	Deutsche Advance	30. 11. 54
[3263]	344 722	Deutsche Advance	30. 11. 54
[3264]	345 883	Metal & Thermit	24. 7. 53
[3265]	346 696	Chem. Werke Hüls	28. 9. 56
[3266]	347 977	Ciba	12. 11. 54
[3267]	347 979	Soc. Viscose Suisse	14. 9. 57
[3268]	350 289	Deutsche Advance	30. 11. 54
[3269]	350 290	Deutsche Advance	30. 11. 54
[3270]	350 461	Ciba	6. 12. 57
[3271]	350 462	Ciba	13. 2. 58
[3272]	350 763	Ciba	14. 10. 58
[3273]	351 100	Ciba	6. 3. 57
[3274]	351 402	Farbw. Hoechst	16. 6. 56
[3275]	351 749	J. R. Geigy	14. 2. 57
[3276]	355 612	British Industr. Plastics	14. 12. 56
[3277]	356 276	Dow	11. 9. 56
[3278]	361 129	Du Pont	25. 7. 57
[3279]	361 399	Du Pont	25. 7. 57
[3280]	363 155	J. P. Bemberg	11. 12. 57
[3281]	366 261	Farbw. Hoechst	2. 10. 59
[3282]	366 262	Farbw. Hoechst	24. 8. 60
[3283]	367 834	J. R. Geigy	21. 4. 58
[3284]	369 896	Argus	15. 6. 57
Sowjetrussische Patente			
[3285]	118 062	N. I. Wolynkin	15. 3. 58
[3286]	124 113	E. N. Zilberman u. a.	2. 4. 59
[3287]	125 037	Z. V. Popova u. a.	20. 4. 59
[3288]	128 604	I. I. Eyington u. a.	25. 9. 59
[3289]	130 671	A. S. Danyushevskii	28. 7. 59
[3290]	131 085	A. A. Berlin u. a.	22. 10. 59
[3291]	131 505	E. N. Zilberman u. a.	21. 12. 59
[3292]	132 640	F. Y. Rachinskii u. a.	11. 3. 60
[3293]	138 025	V. A. Berestenev u. a.	22. 12. 59
[3294]	138 026	E. N. Matveeva u. a.	11. 3. 60

Lfde. Nr.	Patent-Nr.	Inhaber	Anmeldungsdatum
[3295]	138 042	Z. V. Popova u. a.	24. 5. 60
[3296]	138 043	S. S. Leshchenko u. a.	21. 6. 60
[3297]	138 369	Z. V. Popova u. a.	2. 7. 60
[3298]	140 200	Z. V. Popova u. a.	20. 12. 60
[3299]	140 987	E. N. Matveeva u. a.	26. 12. 60
[3300]	141 625	Z. V. Popova u. a.	13. 2. 61
[3301]	142 026	M. Z. Kremen u. a.	4. 2. 61
[3302]	142 423	L. G. Tokareva u. a.	29. 4. 61
[3303]	143 790	B. I. Yudkin u. a.	3. 5. 61
[3304]	145 747	L. G. Tokareva u. a.	29. 4. 61
[3305]	149 218	E. N. Matveeva u. a.	11. 3. 60
[3306]	149 877	Z. V. Popova u. a.	30. 9. 61
[3307]	151 026	P. I. Levin u. a.	13. 9. 61
[3308]	151 688	L. G. Angert u. a.	28. 7. 59
[3309]	151 769	L. G. Tokareva u. a.	29. 4. 61
[3310]	154 386	N. V. Vasileva u. a.	5. 7. 62
[3311]	154 389	A. G. Popov	23. 3. 62
[3312]	156 674	A. F. Grinberg u. a.	28. 10. 61
Tschechoslowakische Patente			
[3313]	100 677	O. Dánek u. a.	7. 9. 55
[3314]	103 655	D. Ryšavý	23. 1. 61
[3315]	104 495	J. Mejzlík u. a.	4. 4. 61
[3316]	106 708	J. Pác	4. 4. 61
[3317]	108 792	L. Balabán u. a.	5. 3. 62
Ungarische Patente			
[3318]	148 671	Müanyagipari Kut. Intez.	9. 6. 60
[3319]	149 625	Montecatini u. K. Ziegler	22. 10. 60
[3320]	150 271	Müanyagipari Kut. Intez.	18. 7. 61
[3321]	150 364	Az. Colori Nazionali	6. 12. 60
[3322]	150 365	Az. Colori Nazionali	15. 5. 61
[3323]	151 060	Müanyagipari Kut. Intez.	30. 10. 62

Sachverzeichnis

Anhang: Handelsprodukte

In der nachfolgenden Tabelle sind die wichtigsten zur Zeit kommerziell hergestellten Stabilisatorsubstanzen mit Schutzmarkenbezeichnungen zusammengestellt. Die Tabelle ist in drei Abschnitte eingeteilt:

Antioxydantien und Antiozonantien
UV-Absorber und Lichtstabilisatoren
PVC-Stabilisatoren,

wobei innerhalb dieser drei Gruppen die Produkte in der alphabetischen Reihenfolge ihrer Handelsnamen aufgeführt sind. Bei der Zuordnung zu den Gruppen war das hauptsächliche Anwendungsgebiet des jeweiligen Produktes ausschlaggebend. Die Herstellerfirmen sind mit den nachstehend erklärten Abkürzungen bezeichnet. Die Angaben über chemische Zusammensetzung und die physikalischen Daten beruhen größtenteils auf den Spezifikationen der Hersteller, nur in einigen Fällen auf eigenen Untersuchungen. Die Abkürzungen der Zustandsform bedeuten: Fl. = Flüssigkeit, P. = Pulver, Krist. = Kristalle, Gran. = Granulat bzw. Körner, Tabl. = Tabletten. Dichteangaben (d) ohne Temperatur bezeichnen mittlere Dichten bei Raumtemperatur. Hinweise zur Verwendung sind nur in den Fällen aufgeführt, wo ein spezieller Verwendungszweck über die Zuordnung zu einer der obengenannten drei Gruppen hinaus bezeichnet werden soll. Sie sind durchweg den Herstellerangaben entnommen. Bei chemisch definierten Antioxydantien und UV-Absorbern übereinstimmender Konstitution wird jedoch meist auf die Angaben bei nur einem charakteristischen Handelsprodukt der betreffenden Zusammensetzung verwiesen. Produkte, deren physiologische Unbedenklichkeit so weit bekannt ist, daß sie zur Stabilisierung von Kunststoffen für den Lebensmittelsektor, insbesondere Verpackungsmaterialien, zugelassen sind (vgl. dazu Abschnitt VII.2.), sind durch * gekennzeichnet.

Die Angaben sind ohne Gewähr. Insbesondere besteht keine Gewähr, daß die hier aufgeführten Stabilisatorsortimente dem neuesten Stand entsprechend vollständig wiedergegeben sind, noch, daß die erwähnten Produkte sämtlich noch auf dem Markt befindlich sind.

Herstellerfirmen

(AL) Albright & Wilson (Mfg.) Ltd., London SW 1

(AM) Amoco Chemicals Corp., Chicago 80, Ill.

(AN) Antara Chemicals, Division of General Aniline & Film Corp., New York 14, N. Y.

(AO) Armour Industrial Chemical Co., Chicago 6, Ill.

(AR) S. A. Argus Chemical N. V., Drogenbos (Belgien)

(BA) Farbenfabriken Bayer AG., Leverkusen

(BÄ) Chemische Werke München Otto Bärlocher GmbH, München

(CA) Catalin Corporation of America, New York 16, N. Y.

(CR) Cardinal Chemicals Co., Columbia, S. C.

(CY) Cyanamid International, Wayne, N. J.

(DA) Deutsche Advance Produktion GmbH, Marienberg Post Bensheim an der Bergstraße

(DO) Dow Chemical Co., Midland, Mich.

(DU) E. I. du Pont de Nemours & Co., Inc., Wilmington, Del.

(EA) Eastman Chemical Products, Inc., Kingsport, Tenn.

(EM) Unilever Emery, Gouda (Holland)

(ET) Ethyl Corp., New York 17, N. Y.

(FE) Ferro Chemical Corp., Bedford, O.
in Deutschland: Chemische Werke München O. Bärlocher GmbH, München

(GE) J. R. Geigy AG., Basel

(GU) Guardian Chemical Corp., Long Island City, N. Y.

(GY) Goodyear Tire & Rubber Co., Akron 16, O.

(HA) Halby Products Co., Wilmington, Del.

(HE) Herron Bros. & Meyer, Inc., New York 1, N. Y.

(HL) C. P. Hall Co., Akron 8, O.

(HO) Chemische Fabrik Hoesch KG., Düren/Rhld.

(HÜ) Chemische Werke Hüls AG., Marl Kr. Recklinghausen

(IC) Imperial Chemical Industries Ltd., Billingham, Durham

(KG) Kautschuk-Gesellschaft mbH, Frankfurt/M.

(ME) E. Merck AG., Darmstadt

(MM) Minnesota Mining & Manufacturing Co., St. Paul, Minn.

(MO) Monsanto Chemical Co., St. Louis 66, Mo. und ausländische Tochtergesellschaften

(MR) Meister AG., Basel

(MT) Metal & Thermit Chemicals Inc., Rahway, N. J.

(NA) Naugatuck Chemical, Division of United States Rubber Co., Naugatuck, Conn.

(NL) National Lead Co., New York 6, N. Y.
in Deutschland: Kautschuk-Gesellschaft mbH, Frankfurt/M.

(NO) Noury & van der Lande N. V., Deventer (Holland)
in Deutschland: Oxydo Gesellschaft f. chem. Prod. mbH, Emmerich/Rh.

(NU) Nuodex Products Div., Heyden Newport Chemical Corp., Elizabeth, N. J.
in Deutschland: G. Siegle & Co. GmbH, Stuttgart-Feuerbach

(NY) Ets. NYCO, Paris

(OX) Oxydo Gesellschaft für chemische Produkte mbH, Emmerich/Rh.

(PE) Prod. Chim. Péchiney – Saint-Gobain, Paris 8^{e}
(PN) Pennsalt Chemicals Corp., Philadelphia 2, Pa.
(PU) Pure Chemicals Limited, Kirkby Industrial Estate, Liverpool
(RH) Rhein-Chemie GmbH, Mannheim-Rheinau
(RO) Rohm & Haas Co., Philadelphia 5, Pa.
(RP) Société des Usines Chimiques Rhône-Poulenc, Paris 8^{e}
(RÜ) Rütgerswerke AG., Frankfurt/M.
(SH) Shell Chemical Co., New York 20, N. Y.
(SI) G. Siegle & Co. GmbH, Stuttgart-Feuerbach
(ST) Stauffer Chemical Co., Chauncey, N. Y.
(SU) Sumner Chemicals Inc., Zeeland, Mich.
(UN) Union Carbide Corp., New York 17, N. Y.
(UO) Universal Oil Products Co., Des Plaines, Ill.
(VA) R. T. Vanderbilt Co., Inc., New York 17, N. Y.
(WA) Ward, Blenkinsop & Co., Ltd., Wembley, Middlesex
(WI) Witco Chemical Co., New York 16, N. Y.
(WR) Wacker-Chemie GmbH, München

Handelsname	Herst.	Chemische Zusammensetzung	Physikal. Beschaffenheit	Hinweise zur Verwendung
Antioxydantien und Antiozonantien				
Advastab 401	(DA)	2,6-Di-tert.-butyl-p-kresol	Gran., Fp 69°, Kp_{760} 257 bis 265°, d_4^{80} 0.899	(vgl. Ionol)
Advastab 402	(DA)	2,6-Di-tert.-butyl-p-kresol	P., sonst wie Advastab 401	(vgl. Ionol)
Advastab 405	(DA)	2,2′-Methylenbis-(4-methyl-6-tert.-butylphenol)	P.	(vgl. Antioxidant 2246)
Advastab 406	(DA)	2,2′-Thiobis-(4-methyl-6-tert.-butylphenol)	P., Fp 82–88°	Antioxyd.
Age Rite Alba	(VA)	Hydrochinonmonobenzyläther	P., Fp 108–115°, d 1.26	nicht-verfärb. Antioxyd. f. Kaut.
Age Rite DPPD	(VA)	N,N′-Diphenyl-p-phenylendiamin	P., Fp 145–152°, d 1.28	Antioxyd. u. Ermüdungsschutzm. f. Kaut.
Age Rite GEL	(VA)	Gemisch v. Mono- u. Dioctyldiphenylamin m. Paraffinwachs	Wachs, Fp 40–50°, d∼0.94	Antioxyd. u. Lichtschutzm. f. Kaut.
Age Rite HIPAR	(VA)	Gemisch v. 2 Tln. PBN, 1 Tl. Isopropoxydiphenylamin u. 1 Tl. DPPD	P., Fp 65–75°, d∼1.16	Antioxyd. u. Ermüdungsschutzm. f. Kaut.
Age Rite HP	(VA)	Gemisch v. 2 Tln. PBN u. 1 Tl. DPPD	P., Fp 89–96°, d 1.21	Antioxyd. u. Ermüdungsschutzm. f. Kaut.
Age Rite Iso	(VA)	4-Isopropoxydiphenylamin	Flocken, Fp 80–86°, d 1.15	Antioxyd. u. Ermüdungsschutzm. f. Kaut.
Age Rite Powder	(VA)	N-Phenyl-2-naphthylamin	P., Fp 106–107°, d 1.21	(vgl. Alterungsschutzm. PBN)
Age Rite Resin	(VA)	Aldol-1-naphthylamin	Harz, Fp 80–100°, d 1.16	Antioxyd. f. Kaut.
Age Rite Resin D	(VA)	Polymeres 2,2,4-Trimethyl-1,2-dihydrochinolin	Harz, Fp 100–120°	Antioxyd. f. Kaut.

Handelsname	Herst.	Chemische Zusammensetzung	Physikal. Beschaffenheit	Hinweise zur Verwendung
Age Rite SPAR	(VA)	Styrolisiertes Phenol	Fl., d^{25} 1.08	nicht-verfärb. Antioxyd. f. Kaut.*
Age Rite SPAR Emulcon 95%	(VA)	95proz. wäßr. Emulsion v. Age Rite SPAR	Fl.	Antioxyd. f. Latices u. Latexschaum
Age Rite Stalite	(VA)	Gemisch v. Mono- u. Dioctyl-diphenylamin	Fl., d ~0.97	Antioxyd. f. Kaut.
Age Rite Stalite Emulcon 95%	(VA)	95proz. wäßr. Emulsion v. Age Rite Stalite	Fl.	Antioxyd. f. Latices u. Latexschaum
Age Rite Stalite S	(VA)	Gemisch verschiedener Octyldiphenylamine	P., Fp 89–103°, d ~1.02	Antioxyd. f. Kaut
Age Rite Superflex	(VA)	Diphenylamin-Aceton-Kondensationsprodukt	Fl., d 1.1	Antioxyd. u. Ermüdungs-schutzm. f. Kaut.
Age Rite Superlite	(VA)	Alkyliertes Polyphenol	Fl., d 0.94–0.96	nicht-verfärb. Antioxyd. f. Kaut.
Age Rite Superlite Emulcon 95%	(VA)	95proz. wäßr. Emulsion v. Age Rite Superlite	Fl.	Antioxyd. f. Latices u. Latexschaum
Age Rite White	(VA)	N,N′-Di-2-naphthyl-p-phenylen-diamin	P., Fp 230–235°, d 1.20	(vgl. Alterungsschutzm. DNP)
Age Rite White D	(VA)	N,N′-Di-2-naphthyl-p-phenylendiamin mit 5% 2,5-Di-tert.-butylhydrochinon	P., Fp 230–235°, d 1.20	wie Age Rite White
Akroflex C Pellets	(DU)	Gemisch v. 65% Neozone A u. 35% DPPD	Gran., Fp 75°, d 1.23	Antioxyd. u. Ermüdungs-schutzm. f. Kaut.
Akroflex CD Pellets	(DU)	Gemisch v. 65% Neozone D u. 35% DPPD	Gran., Fp 82°, d 1.22	Antioxyd. u. Ermüdungs-schutzm. f. Kaut.

Handelsname	Herst.	Chemische Zusammensetzung	Physikal. Beschaffenheit	Hinweise zur Verwendung
Alterungsschutz-mittel 4010	(BA)	N-Phenyl-N'-cyclohexyl-p-phenylendiamin	P., Fp 110°, d 1.29	Antioxyd., Antiozon., Cu-Inhibitor u. Ermüdungs-schutzm. f. Kaut.
Alterungsschutz-mittel 4010 NA	(BA)	N-Phenyl-N'-isopropyl-p-phenylendiamin	P., Fp 75°, d 1.14	Antioxyd., Antiozon., Cu-Inhibitor u. Ermüdungs-schutzm. f. Kaut.
Alterungsschutz-mittel AH	(BA)	Aldol-1-naphthylamin	Harz, Fp 60°, d 1.15	Antioxyd. f. Kaut.
Alterungsschutz-mittel AP	(BA)	Aldol-1-naphthylamin	P., Fp 145°, d 0.98	Antioxyd. f. Kaut.
Alterungsschutz-mittel BKF	(BA)	2,2'-Methylenbis-(4-methyl-6-tert.-butylphenol)	P., Fp 124°, d 1.04	(vgl. Antioxidant 2246)
Alterungsschutz-mittel BKL	(BA)	Gemisch v. 70% alkyl. Poly-phenolen u. 30% Lösungsm.	Fl., d 1.04	Antioxyd. f. Kaut.
Alterungsschutz-mittel DDA	(BA)	Diphenylamin-Derivat	Fl., Kp >300°, d 1.08	Antioxyd. u. Ermüdungs-schutzm. f. Kaut.
Alterungsschutz-mittel DOD	(BA)	4,4'-Dihydroxydiphenyl	P., Fp 260°, d 1.22	Antioxyd.*
Alterungsschutz-mittel DNP	(BA)	N,N'-Di-2-naphthyl-p-pheny-lendiamin	P., Fp 220°, d 1.20	Antioxyd. u. Cu-Inhibitor f. Kaut.
Alterungsschutz-mittel KSM	(BA)	Gemisch aralkylierter Phenole	Fl., d 1.06	Antioxyd.
Alterungsschutz-mittel MB	(BA)	2-Mercaptobenzimidazol	P., Fp >290°, d 1.42	nicht-verfärb. Antioxyd., Cu- u. Mn-Inhibitor f. Kaut.
Alterungsschutz-mittel PAN	(BA)	N-Phenyl-1-naphthylamin	Krist., Fp 50°, d 1.16	Antioxyd., Cu-Inhibitor u. Ermüdungsschutzm. f. Kaut.

Handelsname	Herst.	Chemische Zusammensetzung	Physikal. Beschaffenheit	Hinweise zur Verwendung
Alterungsschutzmittel PBN	(BA)	N-Phenyl-2-naphthylamin	P., Fp 105°, d 1.19	Antioxyd. u. Ermüdungsschutzm. f. Kaut.
Alterungsschutzmittel RR 10 N	(BA)	Gemisch alkylierter Phenole	Fl., Kp $>220°$, d 1.09	Antioxyd.
Alterungsschutzmittel TSP	(BA)	Gemisch alkylierter u. aralkylierter Phenole	Fl., d 0.99	Antioxyd.
Alterungsschutzmittel ZKF	(BA)	Dihydroxydiphenylmethan-Derivat	P., Fp 118°, d 1.08	Antioxyd.
Alterungsschutzmittel ZMB	(BA)	Zn-Salz v. 2-Mercaptobenzimidazol	P., Fp $>300°$, d 1.75	nicht-verfärb. Antioxyd. f. Kaut.
Aminox	(NA)	Diphenylamin-Aceton-Kondensationsprodukt	P., Fp 85–95°, d 1.13	(vgl. Age Rite Superflex)
Amoco 533 Antioxidant	(AM)	2,6-Di-tert.-butyl-p-kresol	P.	(vgl. Ionol)
Antilux	(RH)	Kohlenwasserstoff-Wachs	Fp 53°, d 0.84	Ozon- u. Lichtschutzm. f. Kaut.
Antioxidant 80	(CY)	Trisphenol (Formel siehe III.2./*2.2.2.*)	P., Fp 171–172°	Antioxyd.
Antioxidant 425	(CY)	2,2′-Methylenbis-(4-äthyl-6-tert.-butylphenol)	P., Fp 119–125°, d 1.10	Antioxyd.*
Antioxidant 2246	(CY)	2,2′-Methylenbis-(4-methyl-6-tert.-butylphenol)	P., Fp 125–130°, d 1.08	Antioxyd.*
Antioxidant LTDP	(CY)	= DLTDP (s. d.)		
Antioxidant STDP	(CY)	= DSTDP (s. d.)		
Antisol	(HE)	Kohlenwasserstoff-Wachs	Fp 72°, d 0.92	Ozon- und Lichtschutzm. f. Kaut.

Handelsname	Herst.	Chemische Zusammensetzung	Physikal. Beschaffenheit	Hinweise zur Verwendung
Antisol B	(HE)	Kohlenwasserstoff-Wachs	Fp 71–75°, d 0.88–0.92	wie Antisol
Antox	(DU)	Butyraldehyd-Anilin-Kondensationsprodukt	Fl., d 1.04	wenig verfärbendes Antioxyd. f. Kaut.
Aranox	(NA)	4-(p-Toluolsulfonamido)-diphenylamin	P., Fp $>$135°, d 1.32	Antioxyd., Cu- u. Mn-Inhibitor f. Kaut.
Betanox Special	(NA)	Reaktionsprodukt v. PBN u. Aceton	P., Fp $>$120°, d 1.16	nicht-wanderndes Antioxyd. f. Kaut.
BHT	(MO)	2,6-Di-tert.-butyl-p-kresol	Krist., Fp 69.5°, d^{25} 1.04	(vgl. Ionol)
Binox-M	(SH)	4,4′-Methylenbis-(2,6-di-tert.-butylphenol)	P., Fp 154°, d^{20} 0.990	Antioxyd. f. Kaut. u. Latices*
Bisphenol, Bisphenol A	(BA, DO)	2,2-Bis-(4′-hydroxyphenyl)-propan	Krist., Fp 153–156°	Antioxyd.
B-L-E 25	(NA)	Diphenylamin-Aceton-Kondensationsprodukt	Fl., d 1.09	(vgl. Age Rite Superflex)
CAO-1	(CA)	2,6-Di-tert.-butyl-p-kresol	Krist., Fp 69.1°, Kp_{760} 265°, d^{20} 1.048, Industrial Grade	(vgl. Ionol)
CAO-3	(CA)	2,6-Di-tert.-butyl-p-kresol	Krist., Fp 69.5°, sonst wie CAO-1, Food Grade	(vgl. Ionol)
CAO-4	(CA)	2,2′-Thiobis-(4-methyl-6-tert.-butylphenol)	P., Fp$>$70°, d 1.01	nicht-verfärb. Antioxyd. f. Kaut. u. and. Hochpolymere
CAO-5	(CA)	2,2′-Methylenbis-(4-methyl-6-tert.-butylphenol)	P., Fp 125–131, d 1.04	(vgl. Antioxidant 2246)
CAO-6	(CA)	2,2′-Thiobis-(4-methyl-6-tert.-butylphenol)	P., Fp 83–85.5°, d 1.01	wie CAO-4

Handelsname	Herst.	Chemische Zusammensetzung	Physikal. Beschaffenheit	Hinweise zur Verwendung
CAO-14	(CA)	2,2′-Methylenbis-(4-methyl-6-tert.-butylphenol)	P., Fp 129.5—132.5°, d 1.04	wie CAO-5
CAO 33 A	(CA)	32—35 proz. Lösung v. CAO-1 in Toluol	Fl., d^{25} 0.88—0.89	Antioxyd.
Copper Inhibitor 50	(DU)	Lösung v. N,N′-Disalicyliden-1,2-diaminopropan	Fl., d 1.03	Cu-Inhibitor f. Kaut. u. Latices
DLTDP	(CY, DA, DU, HA)	β,β′-Thiodipropionsäure-dilaurylester	Krist., Fp 41.5°	Antioxyd. f. Polyolefine u. a., Synergist f. phenol. Antioxyd.*
DSTDP	(CY, HA)	β,β′-Thiodipropionsäure-distearylester	Krist., Fp 65°	Antioxyd. f. Polyolefine u. a., Synergist f. phenol. Antioxyd.*
Eastman Inhibitor THBP	(EA)	2,4,5-Trihydroxybutyrophenon	Gelbl. P., Fp 149—153°	Antioxyd. f. Polyolefine u. Wachse*
Eastozone 30 (Tenamene 30)	(EA)	N,N′-Di-(1-methylheptyl)-p-phenylendiamin	Fl., d^{26} 0.900, n_D^{26} 1.5082	Antiozonans f. Kaut.
Eastozone 31 (Tenamene 31)	(EA)	N,N′-Di-(1-äthyl-3-methylpentyl)-p-phenylendiamin	Fl., d^{26} 0.905, n_D^{26} 1.5008	Antiozonans f. Kaut.
Eastozone 32	(EA)	N,N′-Dimethyl-N,N′-di-(1-methylpropyl)-p-phenylendiamin	Fl., d^{26} 0.934, n_D^{26} 1.5320	Antiozonans f. Kaut.
Eastozone 33 (Tenamene 4)	(EA)	N,N′-Di-(1,4-dimethylpentyl)-p-phenylendiamin	Fl., d^{26} 0.900	
Eastozone 34	(EA)	N-Phenyl-N′-isopropyl-p-phenylendiamin	Flocken	(vgl. Alterungsschutzm. 4010 NA)
Ethyl Antioxidant 702	(ET)	4,4′-Methylenbis-(2,6-di-tert.-butylphenol)	P., Fp 154°, d 0.990	(vgl. Binox-M)

Handelsname	Herst.	Chemische Zusammensetzung	Physikal. Beschaffenheit	Hinweise zur Verwendung
Ethyl Antioxidant 703	(ET)	2,6-Di-tert.-butyl-α-dimethyl-amino-p-kresol	P., Fp 94°, d 0.970	nicht-verfärb. Antioxyd. f. Kaut.
Ethyl Antioxidant 720	(ET)	4,4′-Methylenbis-(6-tert.-butyl-o-kresol)	P., Fp 102°, d 1.087	nicht-verfärb. Antioxyd. f. Kaut.
Ethyl Antioxidant 736	(ET)	4,4′-Thiobis-(6-tert.-butyl-o-kresol)	P., Fp 124°, d 1.084	nicht-verfärb. Antioxyd. f. Kaut.
Ethyl Antioxidant 762	(ET)	2,6-Di-tert.-butyl-α-methoxy-p-kresol	P., Fp 101°, d 1.073	nicht-verfärb. Antioxyd. f. Kaut.
Flectol B	(MO)	Polymeres 2,2,4-Trimethyl-1,2-dihydrochinolin	Visk. Fl., d^{25} 1.05	Antioxyd. f. Kaut.
Flectol H	(MO)	Polymeres 2,2,4-Trimethyl-1,2-dihydrochinolin	P., Fp 120°, d^{25} 1.08	Antioxyd. f. Kaut. u. Latices
Flexamine G	(NA)	Gemisch v. 35% J-Z-F u. 65% Diarylamin-Keton-Kondensationsprodukt	Gran., Fp 95–115°, d 1.13	Antioxyd., Ermüdungs-schutzm., Cu- u. Mn-Inhibitor f. Kaut.
Flexzone 3-C	(NA)	N-Phenyl-N′-isopropyl-p-phenylendiamin	P., Fp $\geqq$70°, d 1.14	(vgl. Alterungsschutzm. 4010 NA)
Flexzone 6-H	(NA)	N-Phenyl-N′-cyclohexyl-p-phenylendiamin	P., d 1.29	(vgl. Alterungsschutzm. 4010)
Fura-Tone NC-1006	(MM)	Furfuralharz	Fl., d 1.15	Antiozonans f. Kaut.
Fura-Tone NC-1012	(MM)	Furfural-Derivat	Fl., Kp 210°, d 1.110	Antiozonans f. Kaut.
Heliozone	(DU)	Kohlenwasserstoff-Wachs	Fp $\geqq$73 °C, d 0.90	Ozon- u. Lichtschutzm. f. Kaut.
Ionol	(SH)	2,6-Di-tert.-butyl-p-kresol	P., Fp 70°, Kp_{760} 265°, d^{20} 1.048	Antioxyd., bes. für Polyole-fine, Gummi, Wachse; nicht-verfärbend*

Handelsname	Herst.	Chemische Zusammensetzung	Physikal. Beschaffenheit	Hinweise zur Verwendung
Ionox 330	(SH)	Polyphenol (Formel siehe III.2./*2.2.2.*)	Krist., Fp 244°	wenig flüchtiges Antioxyd. f. Hochpolymere*
Irganox 565	(GE)	Phenolische Verbindung	P., Fp 91–96°	Antioxyd. f. Polyolefine, bes. Polypropylen
Irganox 858	(GE)	2-n-Octylthio-4,6-di-(4′-hydroxy-3′,5′-di-tert.-butyl-phenoxy)-1,3,5-triazin	P., Fp 130–132°	Antioxyd. f. Polyolefine, bes. Polypropylen*
Irganox 1010	(GE)	β-(3,5-Di-tert.-butyl-4-hydroxy-phenyl)-propionsäureester von Pentaerythrit	P., Fp 120–123°	Antioxyd. f. Polyolefine u. and. Kunststoffe; geringe Extrahierbarkeit
Irganox 1076	(GE)	β-(3,5-Di-tert.-butyl-4-hydroxy-phenyl)-propionsäure-n-octadecylester	P., Fp 50°	Antioxyd. f. Polyolefine, bes. Polypropylen*
Irganox 1093	(GE)	Phenolische Verbindung	P., Fp 52–57°	Antioxyd. f. Polyolefine, bes. Polypropylen
J-Z-F	(NA)	N,N′-Diphenyl-p-phenylen-diamin	P.	Antioxyd., Cu-Inhibitor u. Ermüdungsschutzm. f. Kaut.; Antioxyd. f. Polyäthylen
Mark 328	(AR)	Gemisch v. Phenol-Kondensationsprod. u. Thiodipropionsäuredialkylester	P., Fp 53–58°	Antioxyd. f. Polypropylen*
Montaclere	(MO)	Styrolisiertes Phenol	Fl., Kp_{760} >250°	nicht-verfärb. Antioxyd. f. Kaut., bes. Schaumlatex*
Naugawhite Powder	(NA)	Alkyliertes Bisphenol	P.	nicht-verfärb. Antioxyd. f. Kaut.
NBC	(DU)	Aktiver Bestandteil: Ni-dibutyldithiocarbamat	P., Fp 187°	Antiozonans f. Kaut.

Handelsname	Herst.	Chemische Zusammensetzung	Physikal. Beschaffenheit	Hinweise zur Verwendung
N-Coco Morpholine	(AO)	Hochmol. Aminoverbindg. mit ~88% tert. aliph. Amin	Fl., d^{60} 0.845	nicht-verfärb. Lichtschutzm. f. Kaut.
Neozone A	(DU)	N-Phenyl-1-naphthylamin	P., Fp 50°, d 1.22	(vgl. Alterungsschutzm. PAN)
Neozone C	(DU)	Gemisch v. 92.5% Neozone A u. 7.5% 2,4-Toluylendiamin	P., Fp 46°, d 1.22	Antioxyd., Cu-Inhibitor u. Ermüdungsschutzm. f. Kaut.
Neozone D	(DU)	Aktiver Bestandteil: N-Phenyl-2-naphthylamin	P., Fp 106°, d 1.24	Antioxyd. u. Ermüdungsschutzm. f. Kaut.
Nonox AN	(IC)	N-Phenyl-1-naphthylamin	P., Fp 50°	(vgl. Alterungsschutzm. PAN)
Nonox B	(IC)	Amin-Keton-Kondensationsprod.		Antioxyd. f. Kaut.
Nonox BL	(IC)	Diphenylamin-Aceton-Kondensationsprodukt	Visk. Fl., d 1.10	Antioxyd., Wärmestab. u. Ermüdungsschutzm. f. Kaut.
Nonox CC	(IC)	Thiobisphenol	P., Fp 114–116°	Antioxyd. f. Chlorschwefel-Vulkanisate
Nonox CGP und CNS	(IC)			Metallinhibitoren f. Kaut.
Nonox CI	(IC)	N,N′-Di-2-naphthyl-p-phenylendiamin	P., Fp 230–235°	Antioxyd. u. Cu-Inhibitor f. Kaut.
Nonox CNS	(IC)	N-haltige phenolische Verbindg.	P., Fp >100°, d 1.25	nicht-verfärb. Antioxyd. u. Metallinhibitor f. Kaut. u. Polyolefine
Nonox D	(IC)	N-Phenyl-2-naphthylamin	P., Fp 106–107°	(vgl. Alterungsschutzm. PBN)
Nonox DPPD	(IC)	N,N′-Diphenyl-p-phenylendiamin	P., Fp >134°	(vgl. J-Z-F)
Nonox EX	(IC)	Phenol-Kondensationsprodukt	Harz, Fp ~45°, d 1.07	nicht-verfärbendes Antioxyd. f. Kaut.
Nonox EXN	(IC)	Phenol-Kondensationsprodukt	P., Fp ~75°, d 1.17	nicht-verfärbendes Antioxyd. f. Kaut.

Handelsname	Herst.	Chemische Zusammensetzung	Physikal. Beschaffenheit	Hinweise zur Verwendung
Nonox EXP	(IC)	Phenol-Kondensationsprodukt	Harz, Fp 69–70°, d 1.12	nicht-verfärbendes Antioxyd. f. Kaut.
Nonox HFN	(IC)	Gemisch v. aromat. Aminen		Antioxyd. u. Ermüdungsschutzm. f. Kaut.
Nonox NS	(IC)	Phenol-Aldehyd-Amin-Kondensationsprodukt	P., Fp 57°	nicht-verfärbendes Antioxyd. f. Kaut.
Nonox NSN	(IC)	Phenol-Aldehyd-Amin-Kondensationsprodukt	Harz	nicht-verfärbendes Antioxyd. f. Kaut.
Nonox OD	(IC)	Octyliertes Diphenylamin		Antioxyd. f. Kaut.
Nonox SP	(IC)	Styrolisiertes Phenol	Visk. Fl., d 1.08, n_D^{20} 1.601	nicht-verfärbendes Antioxyd. f. Kaut.*
Nonox TBC	(IC)	2,6-Di-tert.-butyl-p-kresol		(vgl. Ionol)
Nonox WSL	(IC)	Alkyliertes Phenol	Fl., d 1.00	nicht-verfärbendes Antioxyd. f. Kaut. u. Latices
Nonox WSP	(IC)	2,2′-Methylenbis-(4-methyl-6-α-methylcyclohexylphenol)	P., Fp ~130°, d 1.17	nicht-verfärb. Antioxyd. u. Cu-Inhibitor f. Kaut., Latices u. Polyolefine*
Nonox ZA	(IC)	N-Phenyl-N′-isopropyl-p-phenylendiamin	P., Fp ~70°, d 1.17	(vgl. Alterungsschutzm. 4010 NA)
Octamine	(NA)	Octyliertes Diphenylamin	P., Fp 75–85°, d 0.99	Antioxyd. f. Kaut.
PBN	(MO)	N-Phenyl-2-naphthylamin	P., Fp >107°, d^{25} 1.23	(vgl. Alterungsschutzm. PBN)
Pennox A	(PN)	Alkyliertes Diphenylamin	Fl., d 0.98	Antioxyd. f. Kaut.
Pennox B	(PN)	Bisphenol	Fl.. d 0.98	nicht-verfärbendes Antioxyd. f. Kaut.
Pennox C	(PN)	Bisphenol	Fl., d 0.93	nicht-verfärbendes Antioxyd. f. Kaut. u. Latices

Handelsname	Herst.	Chemische Zusammensetzung	Physikal. Beschaffenheit	Hinweise zur Verwendung
Pennox D	(PN)	Bisphenol	Fl., d 0.92	nicht-verfärbendes Antioxyd. f. Kaut. u. Latices
Permanax 18	(RP)	N,N'-Diphenyl-p-phenylendiamin		(vgl. J-Z-F)
Permanax 21	(RP)	2-Mercaptobenzimidazol	P.	(vgl. Alterungsschutzm. MB)
Permanax 24	(RP)	Gemisch aralkylierter Phenole		Antioxyd. f. Kaut.
Permanax 45	(RP)	Polymeres 2,2,4-Trimethyl-1,2-dihydrochinolin		Antioxyd. f. Kaut.
Permanax 47	(RP)	Diphenylamin-Aceton-Kondensationsprodukt		(vgl. Age Rite Superflex)
Permanax 115	(RP)	N-Phenyl-N'-isopropyl-p-phenylendiamin		(vgl. Alterungsschutzm. 4010 NA)
Permanax Z 21	(RP)	Zn-Salz v. 2-Mercaptobenzimidazol	P.	(vgl. Alterungsschutzm. ZMB)
Phosclere T 215	(PU)	Di-(nonylphenyl)-phenylphosphit	Fl., d^{20} 1.025, n_D^{20} 1.5390	nicht-verfärbendes Antioxyd. f. Kaut.
Phosclere T 312	(PU)	Tri-n-dodecylphosphit	Fl.	synergistischer Stabilisator f. Polyolefine
Polygard	(NA)	Tri-(nonyliertes Phenyl)-phosphit	Visk. Fl., d 0.99	nicht-verfärb. Antioxyd. f. Kaut. u. andere Polymere*
Rio Resin	(VA)		Harz, Erweichgs.-pkt. 54°, d 1.13	Wärmestabilis. u. Antiozon., bes. f. Neoprene u. SBR
Rütenol	(RÜ)	4,4'-Thiobis-(3-methyl-6-tert.-butylphenol)	P.	(vgl. Santonox R)

Handelsname	Herst.	Chemische Zusammensetzung	Physikal. Beschaffenheit	Hinweise zur Verwendung
Santoflex 75	(MO)	Gemisch v. 3 Tln. DPPD u. 1 Tl. 6-Dodecyl-2,2,4-trimethyl-1,2-dihydrochinolin	Festkörper, d^{25} 1.105	Antioxyd. f. Kaut.
Santoflex 9010	(MO)	Gemisch v. PBN u. DPPD	P., d^{25} 1.24	Antioxyd. u. Ermüdungsschutzm. f. Kaut.
Santoflex AW	(MO)	6-Äthoxy-2,2,4-trimethyl-1,2-dihydrochinolin	Visk. Fl., d^{45} 1.04	Antioxyd. u. Antiozon. f. Kaut., bes. SBR
Santoflex CP	(MO)	N-Phenyl-N′-cyclohexyl-p-phenylendiamin	Flocken, Fp $>114°$, d^{25} 1.14	Antioxyd., Antiozon. u. Depolymerisationsinhibitor f. Kaut.
Santoflex DD	(MO)	6-Dodecyl-2,2,4-trimethyl-1,2-dihydrochinolin	Visk. Fl., d^{45} 0.927	Ermüdungsschutzm. f. Kaut.
Santoflex DPA	(MO)	Diphenylamin-Aceton-Kondensationsprodukt	Fl., d^{25} 1.13	(vgl. Age Rite Superflex)
Santoflex HP	(MO)	Gemisch v. PBN u. DPPD	P., Fp $>88°$, d^{25} 1.23	wie Santoflex 9010
Santoflex IP	(MO)	N-Phenyl-N′-isopropyl-p-phenylendiamin	Flocken, d^{25} 1.14	(vgl. Alterungsschutzm. 4010 NA)
Santoflex R	(MO)	Polymeres 2,2,4-Trimethyl-1,2-dihydrochinolin	Harzart. P., d^{25} 1.12	Antioxyd. f. Kaut.
Santonox	(MO)	4,4′-Thiobis-(3-methyl-6-tert.-butylphenol)	P., Fp 150°	wie Santonox R
Santonox R	(MO)	4,4′-Thiobis-(3-methyl-6-tert.-butylphenol)	Krist., Fp 161° (umkrist.)	Antioxyd. f. Polyolefine*
Santovar A	(MO)	2,5-Di-tert.-amylhydrochinon	Gelbes P., Fp $>172°$, d^{25} 1.04	nicht-verfärb. Antioxyd., bes. f. unvulkan. Kaut.
Santowhite CI	(MO)	N,N′-Di-2-naphthyl-p-phenylendiamin	P., Fp $>235°$, d^{25} 1.25	(vgl. Alterungsschutzm. DNP)

Handelsname	Herst.	Chemische Zusammensetzung	Physikal. Beschaffenheit	Hinweise zur Verwendung
Santowhite Crystals	(MO)	4,4'-Thiobis-(3-methyl-6-tert.-butylphenol)	Krist., Fp > 145°, d^{25} 1.097	nicht-verfärbendes Antioxyd. f. Kaut.*
Santowhite L	(MO)	4,4'-Thiobis-(2,5-di-sek.-amylphenol)	Visk. Fl., d^{25} 0.99	nicht-verfärbendes Antioxyd. f. Latex-Schaum
Santowhite Powder	(MO)	4,4'-Butylidenbis-(3-methyl-6-tert.-butylphenol)	P., Fp 209°, d^{25} 1.03	wie Santowhite Powder Refined
Santowhite Powder Refined	(MO)	4,4'-Butylidenbis-(3-methyl-6-tert.-butylphenol)	P., Fp 209–215°, d^{25} 1.025–1.035	Antioxyd. f. Polyolefine*
Stabilite	(HL)	N,N'-Diphenyläthylendiamin	P., d 1.14	Antioxyd. f. Kaut.
Stabilite Alba	(HL)	N,N'-Di-(o-toluyl)-äthylendiamin	P., d 1.12	Antioxyd. f. Kaut.
Stabilite FLX	(HL)	Gemisch v. N,N'-Diphenyläthylendiamin u. DPPD	P., Fp 60°, d 1.12	Antioxyd. f. Kaut.
Stabilite White	(HL)	Polyalkylphenol	Fl., d 0.91	nicht-verfärbendes Antioxyd. f. Kaut.
Stauffer Stabilizer A-922	(ST)	Thiobisphenol	Hochvisk. Fl.	Antioxyd. f. Polyolefine
Stauffer Stabilizer A-1176	(ST)	Komplexer Thioester	Fl., d 0.972	Antioxyd., Synergist f. phenol. Antioxydantien
Styphen I	(DO)	Styrolisiertes Phenol, enthält u. a. 2,4,6-Tri-(α-phenyläthyl)-phenol	Fl.	(vgl. Montaclere)
Suconox-12	(SU)	N-Lauroyl-4-aminophenol	P., Fp 123–126°	Antioxyd.
Suconox-18	(SU)	N-Stearoyl-4-aminophenol	P., Fp 131–132°	Antioxyd.
Sunolite 100, 127, 154, 240	(WI)	Kohlenwasserstoff-Wachse	Fp je nach Typ 64–69°, d 0.90–0.91	Ozon- u. Lichtschutzm. f. Kaut.
Sunproof 713	(NA)	Kohlenwasserstoff-Wachs	Fp 67–70°, d 0.92	Ozon- u. Lichtschutzm. f. Kaut.

Handelsname	Herst.	Chemische Zusammensetzung	Physikal. Beschaffenheit	Hinweise zur Verwendung
Sunproof Improved	(NA)	Kohlenwasserstoff-Wachs	Fp 62–65°, d 0.92	wie Sunproof 713
Sunproof Junior	(NA)	Kohlenwasserstoff-Wachs	Fp 63–66°, d 0.91	wie Sunproof 713
Sunproof Regular	(NA)	Kohlenwasserstoff-Wachs	Fp 65–70°, d 0.92	wie Sunproof 713
Sunproof Super	(NA)	Kohlenwasserstoff-Wachs	Fp 71–75°, d 0.93	wie Sunproof 713
Tecquinol	(EA)	Hydrochinon	P.	Antioxyd.
Tenamene 2	(EA)	N,N′-Di-sek.-butyl-p-phenylendiamin	Fl.	Antioxyd.
Tenamene 3	(EA)	2,6-Di-tert.-butyl-p-kresol	P., Fp 69°	(vgl. Ionol)
Tenox BHA	(EA)	tert.-Butylhydroxyanisol-Isomerengemisch	Tabl., Fp 54–58°	Antioxyd.*
Tenox BHT	(EA)	2,6-Di-tert.-butyl-p-kresol	Krist., Fp 69–70°, d^{20} 1.048	(vgl. Ionol)
Tenox PG	(EA)	n-Propylgallat	P., Fp 146–148°	Antioxyd.*
Tonox	(NA)	4,4′-Diaminodiphenylmethan	Wachsart. Masse, Fp $\geqq$73°, d 1.12	Antioxyd. f. Kaut.
Thermoflex A Pellets	(UO)	Gemisch v. 2 Tln. Neozone D, 1 Tl. 4,4′-Dimethoxydiphenylamin u. 1 Tl. DPPD	P., Fp $\geqq$ 67°, d 1.21	Antioxyd. f. Kaut.
Topanol A	(IC)	2,4-Dimethyl-6-tert.-butylphenol		Antioxyd.
Topanol CA	(IC)	Trisphenol (Formel siehe III.2./*2.2.2.*)	P., Fp 185–188°	Antioxyd. f. Polyolefine*
Topanol M	(IC)	N,N′-Di-sek.-butyl-p-phenylendiamin	Fl.	(vgl. Tenamene 2)
Topanol O	(IC)	2,6-Di-tert.-butyl-p-kresol	P.	(vgl. Ionol)

Handelsname	Herst.	Chemische Zusammensetzung	Physikal. Beschaffenheit	Hinweise zur Verwendung
UOP	(UO)	N,N'-Di-(1-äthyl-3-methyl-pentyl)-p-phenylendiamin	Fl., n_D^{20} 1.5129	Antiozon. f. Kaut.
Voidox 100%	(GU)	Gemisch v. 2,6-Di-tert.-butyl-p-kresol u. hydroxylhalt. Fettsäureestern	Flocken, Fp 50–75°	Antioxyd. u. Lichtstab. f. Polyolefine u. and. Kunststoffe*
Wing-Stay 100	(GY)	Gemisch v. Diaryl-p-phenylendiaminen	Flocken, Fp 90–105°, d 1.20	Antioxyd. u. Antiozon. f. Kaut.
Wing-Stay 200 und 400	(GY)	Gemisch v. Diaryl-p-phenylendiaminen	Halbfeste Masse	Antioxyd. u. Antiozon. f. Kaut.
Wing-Stay 300	(GY)	Gemisch v. Wing-Stay 100 u. Alterungsschutzmittel 4010 NA	P.	Antioxyd. u. Antiozon. f. Kaut.
Wing-Stay S	(GY)	Styrolisiertes Phenol	Fl., d 1.08	(vgl. Montaclere)
Wing-Stay T	(GY)	Alkyliertes Phenol	Fl., d^{20} 0.9, n_D^{25} 1.496	nicht-verfärbendes Antioxyd. f. Kaut. u. Latices
Wing-Stay V	(GY)	Styrolisiertes Alkylphenol	Fl.	wie Wing-Stay T, *
Zalba	(DU)	Phenolische Verbindung	Fl., d 0.94	nicht-verfärb. Antioxyd. f. Kaut.
Zalba Special	(DU)	Phenolische Verbindung	P., d 1.27	Antioxyd. f. Kaut.
UV-Absorber und Lichtstabilisatoren				
Advastab 44	(DA)	Gemisch; enthält 2,4-Dihydroxybenzophenon	P., Fp 67–88°	
Advastab 45	(DA)	2-Hydroxy-4-methoxybenzophenon	P., Fp 63°, d^{20} 1.3	(vgl. Cyasorb UV 9)
Advastab 47	(DA)	2,2'-Dihydroxy-4-methoxybenzophenon	Gelbl. P., Fp 68–70°, d^{20} 1.385–1.390	(vgl. Cyasorb UV 24)

Handelsname	Herst.	Chemische Zusammensetzung	Physikal. Beschaffenheit	Hinweise zur Verwendung
Advastab 48	(DA)	2,4-Dihydroxybenzophenon	P., Fp 145°, d^{20} 1.33 – 1.35	(vgl. Uvinul 400)
Cyasorb UV 1	(CY)	2-Hydroxy-4,4′-dimethoxy-benzophenon	P., Fp 111 – 112°	
Cyasorb UV 9	(CY)	2-Hydroxy-4-methoxybenzo-phenon	P., Fp $\geqq$ 62°, d^{25} 1.324	UV-Abs. f. Celluloseester, Polyester, PVC, Polystyrol, Polymethacrylate u. a.
Cyasorb UV 12	(CY)	2,2′-Dihydroxy-4,4′-di-methoxybenzophenon		
Cyasorb UV 24	(CY)	2,2′-Dihydroxy-4-methoxy-benzophenon	Gelbl. P., Fp 68°, d^{25} 1.382	UV-Abs. f. Celluloseester, Polyester, PVC, Lackharze u.a
Cyasorb UV 207	(CY)	2-Hydroxy-4-methoxy-2′-carboxybenzophenon	P., Fp 166 – 168°	UV-Abs. f. Epoxydharz-Überzugsmassen, Nitrocelluloselacke, Fasermaterialien
Cyasorb UV 287	(CY)	2,2′-Dihydroxy-4-butoxy-benzophenon		
Cyasorb UV 313	(CY)	2,2′-Dihydroxy-4-dodecyl-oxybenzophenon		
Cyasorb UV 314	(CY)	2,2′-Dihydroxy-4-n-octyloxy-benzophenon	Gelbl. P., Fp 90 – 91°	
Cyasorb UV 531	(CY)	2-Hydroxy-4-n-octyloxy-benzophenon	P., Fp 48 – 49°, d^{25} 1.160	UV-Abs. f. Polyäthylen, Polypropylen u. a.
Cyasorb UV 1084	(CY)	Thiobisphenol-Ni-Chelat (Formel siehe III. 2./*7.1.4.*)	Grünl. P., Fp 258 – 261°, d^{25} 1.367	Lichtstab. u. Antioxyd. f. Polypropylen u. Polyäthylen
Cyasorb UV 1376	(CY)	Gemisch; Hauptbestandteil: 2-Hydroxy-4-methoxy-benzo-phenon	P., Fp 61 – 63°, d^{25} 1.190	UV-Abs. u. Antioxyd. f. Polystyrol u. a.

Handelsname	Herst.	Chemische Zusammensetzung	Physikal. Beschaffenheit	Hinweise zur Verwendung
Cyasorb UV 2000	(CY)	Gemisch	P., Fp 54–58° (Schmelzbeginn)	UV-Abs. u. Antioxyd. f. Polystyrol
Dow Light Absorber DBR	(DO)	Gemisch v. 80% 2,4- u. 20% 4,6-Dibenzoylresorcin	Krist., Fp 125–128°	UV-Abs. f. Vinylidenchlorid-Polymerisate, Celluloseester, Polyesterharze u. a.
Dow Light Absorber HCB	(DO)	2-Hydroxy-5-chlorbenzophenon	Gelbe Krist., Fp 93–95°	UV-Abs. f. halogenhalt. Polymere u. a.
Dow Light Absorber Salol	(DO)	Salol (Phenylsalicylat)	Krist., Fp 41–43°	UV-Abs. f. Vinylidenchlorid-Polymerisate, Celluloseester, Polyesterharze u. a.
Dow Light Absorber TBS	(DO)	4-tert.-Butylphenylsalicylat	Krist., Fp 62–64°	UV-Abs. f. Vinylidenchlorid-Polymerisate u. a.*
Eastman Inhibitor DHBP	(EA)	2,4-Dihydroxybenzophenon	P., Fp 142°	(vgl. Uvinul 400)
Eastman Inhibitor DOBP	(EA)	2-Hydroxy-4-dodecyloxy-benzophenon	Krist., Fp 43°	UV-Abs. f. Polyäthylen, Polypropylen u. a.
Eastman Inhibitor HPT	(EA)	Hexamethylphosphorsäure-triamid	Fl., $d^{15.6}$ 1.021, n_D^{20} 1.4586–1.4590	Lichtstab. f. PVC
Eastman Inhibitor OPS	(EA)	4-Octylphenylsalicylat	P., Fp 72–74°	UV-Abs. f. Polyäthylen, Polypropylen u. a.
Eastman Inhibitor RMB	(EA)	Resorcinmonobenzoat	P., Fp 132–135°	UV-Abs. f. Celluloseester
Ferro AM-101	(FE)	Thiobisphenol-Ni-Chelat (Formel siehe III.2./*7.1.4.*)	Grünl. P., Fp 113–117°	Lichtstab. u. Antioxyd. f. Polyolefine
Permyl B 100	(FE)	Gemisch v. Resorcinmonobenzoat u. 2,4-Dihydroxybenzophenon	P., Fp 108–110°	UV-Abs. f. Polyesterharze, Polystyrol, Lackharze u. a.

Handelsname	Herst.	Chemische Zusammensetzung	Physikal. Beschaffenheit	Hinweise zur Verwendung
Stauffer Stabilizer UV-928	(ST)	Org. Phosphor-Schwefel-Verbindung (vgl. III.2./*7.6.1.*)	P., Fp 140–145°	Lichtstab. u. Synergist f. gewöhnl. UV-Absorber in Polyolefinen, Polystyrol u. a.
Stauffer Stabilizer UV-1261	(ST)	Aromat. Ester	Krist., Fp 34°	UV-Abs. f. Polypropylen, Polyäthylen, Polystyrol, PVC u. a.
Tinuvin 320	(GE)	2-(2′-Hydroxy-3′,5′-di-tert.-butylphenyl)-benzotriazol	P., Fp 152–154°	UV-Abs. f. Polyesterharze, Hart-PVC u. a.
Tinuvin 326	(GE)	2-(2′-Hydroxy-3′-tert.-butyl-5′-methylphenyl)-5-chlorbenzotriazol	P., Fp 140–141°	UV-Abs. f. Polyolefine, Polyesterharze u. a.
Tinuvin 327	(GE)	2-(2′-Hydroxy-3′,5′-di-tert.-butylphenyl)-5-chlorbenzotriazol	P., Fp 153.5–155°	UV-Abs. f. Polyolefine u. a.
Tinuvin P	(GE)	2-(2′-Hydroxy-5′-methylphenyl)-benzotriazol	P., Fp 129°	UV-Abs. f. Polyesterharze, Celluloseacetat, PVC, Polystyrol, Polymethacrylate u.a.
Tinuvin PS	(GE)	2-(2′-Hydroxyphenyl)-benzotriazol-Derivat	P.	wasserlösl. UV-Abs.
UV-Absorber Bayer 318	(BA)	α-Cyan-β-methyl-4-methoxyzimtsäuremethylester	P., Fp 65–85°, d^{20} 1.25	UV-Abs. f. Celluloseester, PVC, Polystyrol, Polyester, Polymethacrylate, Polycarbonat, Polyamide, Lackharze
UV-Absorber „Merck"	(ME)	2-Hydroxy-4-methoxybenzophenon	P., Fp 63–64°	(vgl. Cyasorb UV 9)
U.V. Absorber NL/1	(NO)	Salol (Phenylsalicylat)	Krist., Fp ~42°	(vgl. Dow Light Abs. Salol)
U.V. Absorber NL/3	(NO)	4-tert.-Butylphenylsalicylat	Krist., Fp ~63°	(vgl. Dow Light Abs. TBS)
U.V. Absorber NL/5	(NO)	2-Hydroxy-5-chlorbenzophenon	Gelbe Krist., Fp ~94°	(vgl. Dow Light Abs. HCB)

Handelsname	Herst.	Chemische Zusammensetzung	Physikal. Beschaffenheit	Hinweise zur Verwendung
U.V. Absorber NL/7	(NO)	Dibenzoylresorcin	Krist., Fp ~127°	(vgl. Dow Light Abs. DBR)
Uvinul 400	(AN)	2,4-Dihydroxybenzophenon	P., Fp 140°, d^{25} 1.2743	UV-Abs. f. Polystyrol, PVC, Polyesterharze, Polymethacrylate u. a.
Uvinul 490	(AN)	Gemisch v. 2,2′-Dihydroxy-4,4′-dimethoxybenzophenon u. anderen 4-fach substituierten Benzophenonen	Gelbl. P., Fp 80°, d^{25} 1.3843	UV-Abs. f. Lackharze
Uvinul D-49	(AN)	2,2′-Dihydroxy-4,4′-dimethoxybenzophenon	Gelbl. P., Fp 130°, d^{25} 1.3448	UV-Abs. f. chlorhalt. Polyesterharze, Celluloseacetat, Lackharze u. a.
Uvinul D-50	(AN)	2,2′,4,4′-Tetrahydroxybenzophenon	Gelbl. P., Fp 195°, d^{25} 1.2162	UV-Abs. f. Lackharze u. a.
Uvinul DS-49	(AN)	2,2′-Dihydroxy-4,4′-dimethoxybenzophenon-5-sulfonsaures Na	Gelbl. P., Fp 350°	wasserlösl. UV-Abs.
Uvinul M-40	(AN)	2-Hydroxy-4-methoxybenzophenon	P., Fp 60°, d^{25} 1.3397	(vgl. Cyasorb UV 9)
Uvinul MS-40	(AN)	2-Hydroxy-4-methoxybenzophenon-5-sulfonsäure	Gelbl. P., Fp 109°	wasserlösl. UV-Abs.
Uvinul N-35	(AN)	α-Cyan-β,β-diphenylacrylsäureäthylester	P., Fp 98°, d^{25} 1.1642	UV-Abs. f. (Hart-)PVC, Polyesterharze, Polyacetale, Polymethacrylate u. a.
Uvinul N-38	(AN)	Substituiertes Acrylnitril (vgl. III.2./*5.8.1.*)	P., Fp 140–144°	
Uvinul N-539	(AN)	Substituiertes Acrylnitril (vgl. III.2./*5.8.1.*)	Fl., Fp −10°, d^{25} 1.0478	UV-Abs. f. (Weich-)PVC, Polyolefine, Polyesterharze, Polyacetale u. a.

Handelsname	Herst.	Chemische Zusammensetzung	Physikal. Beschaffenheit	Hinweise zur Verwendung
Uvistat 12	(WA)	2,4-Dihydroxybenzophenon	P., Fp 144–147°	(vgl. Uvinul 400)
Uvistat 24	(WA)	2-Hydroxy-4-methoxybenzophenon	P., Fp 62.5–65°	(vgl. Cyasorb UV 9)
Uvistat 2211	(WA)	2-Hydroxy-4-methoxy-4′-methylbenzophenon	P., Fp 100–101°	
PVC-Stabilisatoren				
Advance TPP	(DA)	Triphenylphosphit	Fl. bzw. Krist., Fp 23.5–24°, d^{20} 1.18, n_D^{20} 1.5890–1.5910	Hilfsstab., Antioxyd.
Advaplast 39	(DA)	Epoxyd. Sojaöl, 6.0–6.5% Epoxy-Sauerstoff	Fl., d^{20} 0.99, n_D^{20} 1.4730	Hilfsstab. u. Weichmacher
Advaplast 42	(DA)	Epoxyd. Butyloleat, 3.7–4.0% Epoxy-Sauerstoff	Fl., d^{20} 0.91, n_D^{20} 1.4515	Hilfsstab. u. Weichmacher
Advastab 15 M	(DA)	Schwefelhalt. Organo-Sn-Vbdg.	Fl.	Wärmestab., bes. f. transp. Hart-PVC
Advastab 15 MS	(DA)	Schwefelhalt. Organo-Sn-Vbdg.	Fl.	wie Advastab 15 M
Advastab 17 M	(DA)	Hauptbestandteil: Dibutyl-Sn-S,S′-di-(isooctylthioglykolat)	Fl., d^{20} 1.09, n_D^{20} 1.499	wie Advastab 15 M
Advastab 17 MO	(DA)	Gemisch v. 1.5 Tln. Di-n-octyl-Sn-S,S′-di-(2-äthylhexylthioglykolat) u. 0.5 Tln. epoxydiertem Sojaöl	Fl., d^{20} 1.050, n_D^{20} 1.4905	Wärmestab. f. transp. Hart-PVC*
Advastab 17 MOL	(DA)	wie Advastab 17 MO, mit Fettsäuremonoglycerid anstelle v. epoxydiertem Sojaöl	Fl.	wie Advastab 17 MO

Handelsname	Herst.	Chemische Zusammensetzung	Physikal. Beschaffenheit	Hinweise zur Verwendung
Advastab 52	(DA)	Modifiz. Organo-Sn-maleat	Fl., d^{20} 1.065, n_D^{20} 1.4840	Licht- u. Wärmestab. f. Weich-PVC
Advastab 182 A	(DA)	Schwefelhalt. Organo-Sn-Vbdg.	P.,	Lichtstab. f. Hart-PVC in Komb. m. 182 B
Advastab 182 B	(DA)	Schwefelhalt. Organo-Sn-Vbdg.	Fl.	Lichtstab. f. Hart-PVC in Komb. m. 182 A
Advastab 5216	(DA)	Schwefelfreie Organo-Sn-Vbdg.	Fl., d^{20} 1.11, n_D^{20} 1.480	Stab. f. Plastisole
Advastab BC 10	(DA)	Ba/Cd-Stab.	P.	Stab. f. transp. Hart-PVC
Advastab BC 12	(DA)	Copräzip. Ba/Cd-laurat	P.	Stab. f. Weich-PVC z. Komb. mit Hilfsstabilisatoren
Advastab BC 13	(DA)	Ba/Cd-Stab.	P.	Stab. f. Weich-PVC
Advastab BC 26	(DA)	Ba/Cd-Stab.	P.	
Advastab BC 30	(DA)	Ba/Cd-Stab.	Fl., d^{20} 1.03	Stab. f. Weich-PVC
Advastab BC 96	(DA)	Ba/Cd-Stab.	P.	Stab. f. Plastisole u. a.
Advastab BC 100	(DA)	Ba/Cd-Stab.	Fl., d^{20} 0.98	Stab. f. Weich-PVC
Advastab BC 105	(DA)	Ba/Cd-Stab.	Fl., d^{20} 1.13	Stab. f. Plastisole, Organosole, Schaumstoffe u. a.
Advastab BC 206	(DA)	Ba/Cd-Stab.	Fl.	Stab. f. Weich-PVC
Advastab BC 207	(DA)	Ba/Cd-Stab.	Fl.	Stab. f. Weich-PVC
Advastab C 77	(DA)	Cd-Stab.	Fl., d^{20} 1.06	Sekundärstab. f. Plastisole
Advastab C 89	(DA)	Cd-Stab.	Fl.	Sekundärstab.
Advastab CH 14	(DA)	Organ. Phosphit	Fl., d^{20} 1.14, n_D^{20} 1.559	Hilfsstab. (Komplexbildner)
Advastab CH 20	(DA)	Gemisch v. organ. Phosphit u. Epoxyvbdg.	Fl., d^{20} 1.08, n_D^{20} 1.527	wie Advastab CH 14
Advastab CH 300	(DA)	Organ. Phosphit	Fl., n_D^{20} 1.4830	wie Advastab CH 14

Handelsname	Herst.	Chemische Zusammensetzung	Physikal. Beschaffenheit	Hinweise zur Verwendung
Advastab CZ 11	(DA)	Ca/Zn-Stab.	Paste	*
Advastab CZ 40 M und CZ 45 M	(DA)	Ca/Zn-Stab.	P.	Stabilisatoren f. asbesthalt. Massen
Advastab D 671	(DA)	Schwefelhalt. Organo-Sn-Vbdg.	Fl.	Wärmestab., bes. f. transp. Massen
Advastab DBTL	(DA)	Dibutyl-Sn-dilaurat	Fl.	
Advastab DBTM	(DA)	Dibutyl-Sn-maleat	P.	
Advastab E 49	(DA)	Gemisch v. organ. Phosphit u. Epoxyvbdgn.	Fl., d^{20} 1.04, n_D^{20} 1.499	Hilfsstab.
Advastab OM 18	(DA)	Schwefelfreie Organo-Sn-Vbdg.	Fl., d^{20} 1.17, n_D^{20} 1.487	
Advastab T 2	(DA)	Dibutyl-Sn-mercaptid	Halbfeste Masse, >40° flüssig	Wärme- u. Lichtstab. f. Hart-PVC
Advastab T 270	(DA)	Di-n-octyl-Sn-mercaptid	P., Fp 80°	Wärmestab. f. Hart-PVC
Alaixol 10	(PE)	Gemisch v. organ. Erdalkali- u. Cd-Salzen	P.	Wärme- u. Lichtstab. f. Weich-PVC
Alaixol 11	(PE)	Cd-stearat	P.	Wärme- u. Lichtstab. m. Gleitwirkg.
Alaixol 12	(PE)	Gemisch v. organ. Erdalkali- u. Cd-Salzen	P.	Stab. f. Weich-PVC
Alaixol 13	(PE)	Cd-heptanoat	P., Fp 120°	Wärme- u. Lichtstab.
Alaixol 20	(PE)	2-bas. Pb-stearat	P.	Wärme- u. Lichtstab. m. Gleitwirkg.
Alaixol 21	(PE)	2-bas. Pb-phthalat	P.	Licht- u. Wärmestab.
Alaixol 22	(PE)	3-bas. Pb-sulfat	P.	Wärmestab.

Handelsname	Herst.	Chemische Zusammensetzung	Physikal. Beschaffenheit	Hinweise zur Verwendung
Alaixol 23	(PE)	Copräzip. Pb-orthosilicat u. Kieselgel, 49% SiO_2	P.	Wärme- u. Lichtstab., vermindert Weichmacherwanderg. u. Belagsbildg.
Alaixol 24	(PE)	Copräzip. Pb-orthosilicat u. Kieselgel, 39% SiO_2	P.	wie Alaixol 23
Bar-O-Sil	(NL)	Ba-silicat-Komplex, 40.8% Ba, 37.8% Si	P., d 2.67	Zusatzstab., vermindert Weichmacherwanderg. u. Belagsbildg.
Cardinal Clear 1	(CR)	Schwefelfreie Organo-Sn-Vbdg.	Fl., d^{25} 1.025–1.045	Wärme- u. Lichtstab. f. Vinylchlorid/-acetat-Copolym. u.a.
Cardinal Clear 2	(CR)	Schwefelfreie Organo-Sn-Vbdg.	P., d^{50} 1.131–1.161	Wärme- u. Lichtstab.
Cardinal Clear 7	(CR)	Schwefelhalt. Organo-Sn-Vbdg.	Fl.	Wärmestab. f. ABS-modifiz. PVC
Cardinal Clear 200	(CR)	Schwefelfreie Organo-Sn-Vbdg.	Fl., d^{25} 1.065–1.085	Wärme- u. Lichtstab .f. Vinylchlorid/-acetat-Copolym. u. a.
Clarite A	(NL)	Ba/Cd-Stab.	P., d 1.34	Stab. f. Weich-PVC
Clarite B	(NL)	Ba/Cd-Stab.	Fl., d 0.93	Stab. f. Weich-PVC, Zusatz zu Clarite A
Cleroxide 4	(PU)	Epoxydharz, 7,4% Epoxy-Sauerstoff	Visk. Fl., d^{20} 1.165, Visk. 1000 P bei 20°	Hilfsstab.
Cleroxide 8	(PU)	Epoxydharz, 5.7% Epoxy-Sauerstoff	Fl., d^{20} 1.168, Visk. 1.264 P bei 20°	Hilfsstab.
Cleroxide 10	(PU)	Epoxydiertes Öl, 6.0–6.5% Epoxy-Sauerstoff	Fl., d^{20} 0.987–0.993, n_D^{20} 1.474	Hilfsstab. u. Weichmacher
Cleroxide 46	(PU)	Epoxyharzester, 3.75% Epoxy-Sauerstoff	Fl., d^{20} 0.908, n_D^{20} 1.45	Hilfsstab. u. Weichmacher

Handelsname	Herst.	Chemische Zusammensetzung	Physikal. Beschaffenheit	Hinweise zur Verwendung
Drapex 3.2	(AR)	Octylepoxystearat, $\geqq 3.2\%$ Epoxy-Sauerstoff	Fl., d^{25} 0.899, n_D^{25} 1.4537	Hilfsstab. u. Weichmacher
Drapex 4.4	(AR)	Octylepoxystearat, $\geqq 4.1\%$ Epoxy-Sauerstoff	Fl., d^{25} 0.922, n_D^{25} 1.4584	Hilfsstab. u. Weichmacher
Drapex 6.8	(AR)	Epoxydiertes Sojaöl, 6–6.5% Epoxy-Sauerstoff	Fl., d^{20} 0.99, n_D^{20} 1.473	Hilfsstab. u. Weichmacher
Dutch Boy DS 207	(NL)	2-bas. Pb-stearat, 55.3% PbO	P., d 2.02	Wärme- u. Lichtstab. m. Gleitwirkg.
Dyphos	(NL)	2-bas. Pb-phosphit, 90.2% PbO	Krist., d 6.94	Wärme- u. Lichtstab.
Dythal	(NL)	2-bas. Pb-phthalat	P.	Stab. f. hochtemperaturbest. Kabel
Eastman Inhibitor HPT	(EA)	Hexamethylphosphorsäure-triamid	Fl., $d^{15.6}$ 1.021, n_D^{20} 1.4586–1.4590	Lichtstab.
Emery 3051-D Epoxy	(EM)	Epoxyverbindung	Fl.	Hilfsstab. u. Weichmacher
Epikote 828	(SH)	Epoxydharz auf Basis Epichlorhydrin/Bisphenol A	Fl., d^{20} 1.167, Visk. 100–150 P bei 25°	Hilfsstab.
Epikote 834	(SH)	Epoxydharz auf Basis Epichlorhydrin/Bisphenol A	Fl., d^{20} 1.165, Visk. 4–6 P bei 25°	Hilfsstab.
Estabex 401 u. 402	(OX)	Organ. Komplexbildner	Fl.	Hilfsstab. z. Kombin. m. Metallverbindungen
Estabex 2307	(NO)	Epoxydiertes Sojaöl, 6.2–6.4% Epoxy-Sauerstoff	Fl., d^{20} 0.991, n_D^{20} 1.4725–1.4735	Hilfsstab. u. Weichmacher
Estabex 2310	(NO)	Gemisch v. Estabex 2307 m. Komplexbildner	Fl.	Hilfsstab.
Estabex 2311	(NO)	Gemisch v. Estabex 2307 m. Komplexbildner	Fl.	Hilfsstab.

Handelsname	Herst.	Chemische Zusammensetzung	Physikal. Beschaffenheit	Hinweise zur Verwendung
Estabex 2349	(NO)	Modifiz. epoxydiertes Sojaöl, 6.2–6.4% Epoxy-Sauerstoff	Fl., wie Estabex 2307	Hilfsstab. u. Weichmacher
Estabex 2375	(NO)	Alkylepoxystearat, 4.3–4.5% Epoxy-Sauerstoff	Fl., d^{20} 0.919, n_D^{20} 1.4575–1.4585	Hilfsstab. u. Weichmacher
Estabex 2749	(OX)	Organ. Inhibitor in DOP gelöst	Fl.	Hilfsstab. z. Kombin. m. Metallverbindungen
Estabex 3001	(OX)	Epoxydharz	Visk. Fl., d^{20} 1.18, n_D^{20} 1.582	Hilfsstab.
Estabex 3002	(OX)	Epoxydharz	Fl., d^{20} 1.18, n_D^{20} 1.573	Hilfsstab.
Estabex 3009	(OX)	Gemisch v. 2 Tln. Epoxydharz u. 1 Tl. Weichmacher	Fl., d^{20} 1.13–1.14, n_D^{20} 1.550	Hilfsstab.
Estabex BC-19	(NO)	Ba/Cd-Stab.	Fl.	Stab. f. Weich-PVC u. Plastisole
Estabex BC 158	(OX)	Ba/Cd-laurat	P.	Wärme- u. Lichtstab. f. Weich-PVC, z. Kombin. m. Hilfsstab.
Estabex BCL	(OX)	Ba/Cd-Stab.	Fl.	Wärme- u. Lichtstab. f. Weich-PVC
Estabex BCP-19	(NO)	Ba/Cd-Stab.	Fl.	Stab. f. Weich-PVC u. Plastisole aus vorstabil. Emuls.-polymerisat
Estabex DO	(OX)	Dibutyl-Sn-di-(epoxystearat)	Fl.	Wärme- u. Lichtstab. f. Weich-PVC
Estabex E	(NO)	Dibutyl-Sn-di-(mono-n-butylmaleat), 20–22% Sn	Fl., d^{20} 1.26, n_D^{20} 1.493	Wärme- u. Lichtstab., bes. f. Weich-PVC
Estabex EN	(NO)	Modifiz. Dibutyl-Sn-maleat, 20–22% Sn	Fl., d^{20} 1.26, n_D^{20} 1.494	Wärme- u. Lichtstab., bes. f. Hart-PVC

Handelsname	Herst.	Chemische Zusammensetzung	Physikal. Beschaffenheit	Hinweise zur Verwendung
Estabex L	(NO)	Dibutyl-Sn-dilaurat, 18–20% Sn	Fl., d^{20} 1.05–1.06, n_D^{20} 1.470	Licht- u. Wärmestab., bes. f. Weich-PVC
Estabex S	(NO)	Dibutyl-Sn-mercaptid, 17.5–18.5% Sn	Fl., d^{20} 1.13, n_D^{20} 1.508	Wärmestab., bes. f. transp. Massen
Estabex SU	(OX)	Dioctyl-Sn-mercaptid	Fl.	Wärme- u. Lichtstab.*
Estabex U-18	(NO)	Dioctyl-Sn-maleat, 17% Sn	Fl., d^{20} 1.15, n_D^{20} 1.485	Licht- u. Wärmestab., bes. f. Hart-PVC*
Estabex Z-5	(NO)	Zn-Stab.	Fl.	Sekundärstab. f. Weich-PVC u. Plastisole
Estabex Z-20	(NO)	Gemisch v. Zn-octanoat u. DOP, 19–20% Zn, 15–16% DOP	Fl., d^{20} 1.166	Sekundärstab.
Estabex ZP-5	(NO)	Zn-Stab.	Fl.	Sekundärstab. f. Weich-PVC u. Plastisole aus vorstabil. Emuls.-polymerisat
Ferroclere 190	(PU)	Ba/Cd-Stab.	Fl., d^{20} 1.144, n_D^{20} 1.490	Wärmestab. f. Streichverarb.
Ferro(clere) 203	(FE, PU)	Cd-Stab.	Fl., d^{20} 1.131, n_D^{20} 1.537	Stab. f. transp. Weich-PVC
Ferro(clere) 541 A	(FE, PU)	Na/Ba-polyalkylpolyphosphat (wahrsch. -pentaoctyltri-phosphat)	Krist., d^{20} 2.14	Lichtstab.
Ferro(clere) 703	(FE, PU)	Zn-Stab.	Fl., d^{20} 0.982, n_D^{20} 1.502	Sekundärstab.
Ferroclere 707	(PU)	Zn-Seife m. Epoxyverbindg. u. organ. Inhibitor	Paste, d^{20} 1.051	Sekundärstab.*
Ferro 707 X	(FE)	Zn-Stab. m. Epoxyverbindg.	Visk. Fl., d 0.99	Sekundärstab.*
Ferroclere 760	(PU)	Ca/Zn-Seife m. Epoxyverbindg. u. organ. Inhibitor	Paste, d^{20} 1.050	*
Ferro 760 X	(FE)	Ca/Zn-Vbdg. m. Epoxyvbdg. u. organ. Inhibitor	Paste, d^{20} 1.00	*

Handelsname	Herst.	Chemische Zusammensetzung	Physikal. Beschaffenheit	Hinweise zur Verwendung
Ferro(clere) 763	(FE, PU)	Ca/Zn-Vbdg. m. Epoxyvbdg. u. organ. Inhibitor	Paste, d^{20} 1.065	Stab. f. Weich-PVC*
Ferro 765 A, 765 B, 765 C	(FE)	Ca/Zn-Stabilisatoren	P.	Stab. bes. f. Hart-PVC*
Ferro 768	(FE)	Ca/Mg/Zn-Stab.	P.	*
Ferro(clere) 900	(FE, PU)	Epoxydharz, 5.5% Epoxy-Sauerstoff	Fl., d^{20} 1.048, n_D^{20} 1.512	Hilfsstab.
Ferro 903	(FE)	Organ. Komplexbildner	Fl., d 1.06	Hilfsstab. z. Kombin. m. Metallverbindungen
Ferro 904	(FE)	Organ. Phosphit	Fl., d 1.05, n_D^{20} 1.4850	Hilfsstab. z. Kombin. m. Metallverbindungen
Ferro 909	(FE)	Epoxyverbindung	Visk. Fl., d 1.16	Hilfsstab.
Ferroclere 1203	(PU)	Ba/Cd-Stab.	Fl., d^{20} 1.077, n_D^{20} 1.485	Wärmestab. f. Plastisol-Verarbeitung
Ferro(clere) 1212 A	(FE, PU)	Ba/Cd-Stab.	Fl., d^{20} 0.991, n_D^{20} 1.475	Wärme- u. Lichtstab. f. Weich-PVC
Ferro(clere) 1234	(FE, PU)	Ba/Cd/Zn-Stab.	Fl., d^{20} 0.987, n_D^{20} 1.474	Wärme- u. Lichtstab. f. Weich-PVC u. Plastisole; ohne „Plate out“
Ferro 1234 D	(FE)	Ba/Cd/Zn-Stab.	Fl., d 1.05	
Ferroclere 1237	(PU)	Ba/Cd/Zn-Stab.	Fl., d^{20} 0.987, n_D^{20} 1.473	wie Ferro(clere) 1234
Ferro 1237 D	(FE)	Ba/Cd/Zn-Stab.	Fl.	Stab. f. Weich-PVC ohne „Plate out“
Ferro 1720	(FE)	Ba/Cd/Zn-Stab.	Fl., d 1.02	Stab. f. Plastisole
Ferro 1772	(FE)	Cd/Zn-Stab.	Fl., d 1.01	Stab. f. Plastisole u. Organosole ohne „Plate out“

Handelsname	Herst.	Chemische Zusammensetzung	Physikal. Beschaffenheit	Hinweise zur Verwendung
Ferro(clere) 1776	(FE, PU)	Ca/Cd/Zn-Stab.	Fl., d^{20} 0.980, n_D^{20} 1.487	Stab. f. Plastisole u. Organosole
Ferro 1777	(FE)	Cd/Zn-Stab.	Fl., d 0.95	wie Ferro(clere) 1776
Ferro(clere) 1820	(FE, PU)	Copräzip. Ba/Cd-laurat m. Zusätzen	P., d 1.23	
Ferroclere 1820 X	(PU)	Ba/Cd-Stab.	Fl., d^{20} 1.099, n_D^{20} 1.514	
Ferro 1825	(FE)	Ba/Cd-Stab.	P., d 1.212	Wärme- u. Lichtstab. ohne „Plate out“
Ferro(clere) 1827	(FE, PU)	Ba/Cd-Stab.	P., d 1.22	Wärme- u. Lichtstab.
Ferro 1840	(FE)	Ba/Cd-laurat m. Zusätzen	P., d 1.18	
Ferro 1847	(FE)	Ba/Cd/Zn-Stab.	P., d 1.2	Wärme- u. Lichtstab. f. Weich-PVC
Ferro 1976	(FE)	Ba/Zn-Stab.	P.	Stab. f. Fußbodenmassen (keine Schwefelverfärbg.)
Ferro 2020	(FE)	Ba/Cd-Stab.	P., d 1.20	Wärmestab. ohne „Plate out“
Ferro(clere) 2035	(FE, PU)	Ba/Cd-Stab.	P., d 1.19	Wärme- u. Lichtstab. ohne „Plate out“
Ferro 5011	(FE)	Ba/Cd-Stab.	Fl., d 1.02	
Ferro AX 4	(FE)		P.	Bleifreier Stab. f. Kabelisolierungen
Ferro BJ 2	(FE)	enthält ~4.8% Cd	P.	Stab. f. Schallplattenmassen
Ferro BW 21	(FE)	Ba/Cd-Stab.	Fl., d 1.02	
Ferroperm A	(PU)	Ba/Zn-Stab.	P.	Stab. f. asbestgefüllte Fußbodenmassen
Ferroperm C und D	(PU)		P., d 1.9	wie Ferroperm A

Handelsname	Herst.	Chemische Zusammensetzung	Physikal. Beschaffenheit	Hinweise zur Verwendung
Ferroperm E	(PU)	Koll. Dispersion v. Ferroperm A in Epoxy-Weichmacher	Paste	Stab. f. Plastisole
Flexol PEP	(UN)	Diisodecyl-4,5-epoxyhexahydrophthalat	Fl.	Weichmacher u. Stabilisator
Flomax 25	(NL)	Ba/Cd-Stab.	Fl., d^{25} 1.01	Wärme- u. Lichtstab.
Flomax 300	(NL)	Ba/Cd-Stab.	Fl.	
FX. 57 N	(PU)	Ba/Cd-Stab.	Fl., d^{20} 0.986, n_D^{20} 1.473	Wärme- u. Lichtstab. f. Mischungen m. chlorierten Zusatzstoffen
Hoesch Ba 1270	(HO)	Ba-Stab.	Fl., Stockp. 30°, d 1.1, n_D^{20} 1.5004	
Hoesch Ba 1273	(HO)	Ba-Stab.	Fl., Stockp. 7°, d 1.1, n_D^{20} 1.5052	
Hoesch Ba 1306	(HO)	Ba-Stab.	Paste, d 1.0, n_D^{20} 1.5014	
Hoesch Ba 1307	(HO)	Ba-Stab.	Paste, d 1.2, n_D^{20} 1.5123	
Hoesch Ba-Cd 1461	(HO)	Ba/Cd-Stab.	P., d 1.4	Stab. f. transp. Hart- u. Weich-PVC
Hoesch Ba-Cd 1462, 3180, 3183, La 32 s, S 82 s	(HO)	Ba/Cd-Stab.	P., d 1.3	
Hoesch BC 1463	(HO)	Ba/Cd-Stab.	Fl., d 1.1, n_D^{20} 1.5050	Stab. f. transp. Weich-PVC
Hoesch BCZ 1369	(HO)	Ba/Cd/Zn-Stab.	Fl., d 1.1, n_D^{20} 1.5026	Stab. f. transp. Weich-PVC
Hoesch BCZ 1397 u. 1459	(HO)	Ba/Cd/Zn-Stab.	Fl., d 1.1, n_D^{20} 1.4993	Stab. f. Weich-PVC u. Plastisole
Hoesch BZ 1460	(HO)	Ba/Zn-Stab.	Fl., d 1.1, n_D^{20} 1.4986, Stockp. 5°	Stab. f. Weich-PVC u. Plastisole (keine Schwefelverfärbg.)

Handelsname	Herst.	Chemische Zusammensetzung	Physikal. Beschaffenheit	Hinweise zur Verwendung
Hoesch Ca 1364	(HO)	Ca-Stab.	Fl., d 1.0, n_D^{20} 1.4953	
Hoesch Ca 1365	(HO)	Ca-Stab.	Fl., d 1.0, n_D^{20} 1.4855	
Hoesch Cd 1268	(HO)	Cd-Stab.	Fl., d 1.1, n_D^{20} 1.4983	Wärme- u. Lichtstab.
Hoesch Cd 1272	(HO)	Cd-Stab.	Fl., Stockp. 15°, d 1.1, n_D^{20} 1.5038	wie Hoesch Cd 1268
Hoesch Cd La 32 s	(HO)	Cd-Stab.	P., d 1.4	Sekundärstab., in vorstabil. Emuls.-PVC allein wirksam
Hoesch Cd S 82 s	(HO)	Cd-Stab.	P., d 1.2	Sekundärstab.
Hoesch CMZ 3120 u. 3121	(HO)	Ca/Mg/Zn-Stab.	P., d 1.1	*
Hoesch CZ 1391	(HO)	Ca/Zn-Stab.	P., d 1.0	Stab. m. Gleitwirkg.*
Hoesch Ep 3544	(HO)	Octylepoxystearat, 3.2–3.5% Epoxy-Sauerstoff	Fl., d^{20} 0.9032, n_D^{20} 1.4553	Hilfsstab. u. Weichmacher
Hoesch Ep 3553	(HO)	Epoxydiertes Sojaöl, ~6% Epoxy-Sauerstoff	Fl., d^{20} 0.981, n_D^{20} 1.473	Hilfsstab. u. Weichmacher
Hoesch KB 3017	(HO)	Organ. Komplexbildner	Fl., d 0.998, n_D^{20} 1.5052	Hilfsstab. z. Kombin. m. Metallverbindungen
Hoesch KB 3055	(HO)	Organ. Komplexbildner	Fl., d 0.979, n_D^{20} 1.4870	wie Hoesch KB 3017
Hoesch KB 3072	(HO)	Organ. Komplexbildner	Fl., d 0.980, n_D^{20} 1.5259	wie Hoesch KB 3017
Hoesch KB 3087	(HO)	Organ. Komplexbildner	Fl., d 1.0. n_D^{20} 1.5260	wie Hoesch KB 3017
Hoesch Li 1368	(HO)	Li-Stab.	Fl., d 0.9, n_D^{20} 1.4806	Sekundärstab.
Hoesch Mg 1366	(HO)	Mg-Stab.	Fl., d 1.0, n_D^{20} 1.4923	Sekundärstab.
Hoesch Mg 1367	(HO)	Mg-Stab.	Fl., d 1.0, n_D^{20} 1.4738	Sekundärstab.
Hoesch Pb 1275	(HO)	Pb-Stab.	Fl., d^{20} 1.0, n_D^{20} 1.5031	
Hoesch Pb 1277	(HO)	Pb-Stab.	Fl., d^{20} 1.1, n_D^{20} 1.5039	

Handelsname	Herst.	Chemische Zusammensetzung	Physikal. Beschaffenheit	Hinweise zur Verwendung
Hoesch Pb 1454	(HO)	Pb-Stab.	Fl., Stockp. 16°, d^{20} 1.2, n_D^{20} 1.5020	
Hoesch Pb 1455	(HO)	Pb-Stab.	Fl., Stockp. 15°, d^{20} 1.2, n_D^{20} 1.4991	
Hoesch Pb 3117	(HO)	Copräzip. Pb-Seifen(-stearat) u. Pb-sulfat, 75% Pb	P., d 3.5	Wärmestab. f. Hart-PVC m. Gleitwirkg.
Hoesch Pb 3118	(HO)	wie Hoesch Pb 3117, 63% Pb	P., d 2.3	wie Hoesch Pb 3117
Hoesch Pb Ca 3101	(HO)	Copräzip. Pb- u. Ca-Seifen (-stearate), 43% Pb	P., d 1.7	Wärmestab. m. Gleitwirkg.
Hoesch Pb Ca 3103	(HO)	wie Hoesch Pb Ca 3101, 38% Pb	P., d 1.4	wie Hoesch Pb Ca 3101
Hoesch Pb Ca 3105	(HO)	Copräzip. Pb- u. Ca-Seifen (-stearate) u. bas. Pb-phosphit, 59% Pb	P., d 2.2	Wärme- u. Lichtstab. m. Gleitwirkg.
Hoesch Pb Ca 3107	(HO)	wie Hoesch Pb Ca 3105, 60% Pb	P., d 2.5	wie Hoesch Pb Ca 3105
Hoesch Pb Ca 3114	(HO)	Copräzip. Pb- u. Ca-Seifen (-stearate) m. bas. Pb-sulfat, 67% Pb	P., d 2.8	Wärmestab. f. Hart-PVC m. Gleitwirkg.; bes. f. Trinkwasserrohre
Hoesch Pb Ca 3116	(HO)	wie Hoesch Pb Ca 3114, 57% Pb	P., d 2.3	wie Hoesch Pb Ca 3114
Hoesch Pb lev 113, 120, 122, 131, 141, 143, 182, 184, 193	(HO)	Pb-sulfat/stearat-Komplexe, je nach Typ 42–82% Pb	P., d je nach Typ 1.6–4.6	Stab. f. Weich-PVC m. Gleitwirkg.
Hoesch Pb lev 200, 217, 238, 240	(HO)	Pb-phosphit, z. T. m. -stearat, je nach Typ 61–80% Pb	P., d je nach Typ 2.6–6.7	Wärme- u. Lichtstab., 200 u. 217 m. Gleitwirkg.
Hoesch Pb lev 237	(HO)	Pb-Stab. 78.8% PbO	P., d 3.6	Stab. m. Gleitwirkg.
Hoesch Pb lev 2141	(HO)	Pb-Stab., 77.2% PbO	P., d 3.1	Stab. m. Gleitwirkg.

Handelsname	Herst.	Chemische Zusammensetzung	Physikal. Beschaffenheit	Hinweise zur Verwendung
Hoesch Pb S 80 s u. S 80 s—e	(HO)	Pb-stearat, 51—52% Pb	P., Fp>200°, d 2.0	Stab. m. Gleitwirkg.
Hoesch Pb S 81 s	(HO)	Pb-stearat, 41—42% Pb	P., Fp >200°, d 1.8	Stab. m. Gleitwirkg.
Hoesch Pb S 82 s—e und S 182 t	(HO)	Pb-stearat, 27—28% Pb	P., Fp ~ 100°, d 1.5	Stab. m. Gleitwirkg.
Hoesch Pb Su 104	(HO)	4-bas. Pb-sulfat, 91.5—92.0% Pb	P., d 6.8	
Hoesch S 3180	(HO)	Ba/Cd-Stab.	P.	
Hoesch S 3183	(HO)	Ba/Cd-Stab.	P.	
Hoesch Zn 1269	(HO)	Zn-Stab.	Fl., d 1.0, n_D^{20} 1.4912	
Hoesch Zn 1271	(HO)	Zn-Stab.	Fl., Stockp. 6°, d 1.0, n_D^{20} 1.4969	
Invin 85	(NL)	Ba/Cd/Zn-Stab.	Fl., d 1.03	Stab. f. Plastisole u. Organosole
Invin 91	(NL)	Ba/Cd-Stab.	Fl., d 0.957, n_D^{20} 1.47	Wärme- u. Lichtstab. f. transp. Massen
Invin 205	(NL)	Ba/Cd/Zn-Stab.	Fl., d 1.02	
Invin 210	(NL)	Ba/Cd/Zn-Stab.	Fl., d 1.01	
Leadstar	(NL)	Pb-stearat	P., d 1.40—1.42	Sekundärstab. m. Gleitwirkg.
Lectro 60	(NL)	Pb-silicat/chlorid, 47.5% PbO	P., d 4.0	Wärmestab. f. elektr. Isolierungen
Lectro 77	(NL)	Pb-chlorid/phthalat/silicat, 55.6% PbO	P., d 4.15	wie Lectro 60
Lectro 78	(NL)	4-bas. Pb-fumarat, 90% PbO	P., d 6.54	wie Lectro 60
Listab 16	(KG)	Cd-stearat	P.	

Handelsname	Herst.	Chemische Zusammensetzung	Physikal. Beschaffenheit	Hinweise zur Verwendung
Listab 28	(KG)	Pb-stearat, 27–28% Pb	P.	Sekundärstab. m. Gleitwirkg.
Listab 41	(KG)	bas. Pb-stearat, 41–42% Pb	P.	Stab. m. Gleitwirkg.
Listab 51	(KG)	2-bas. Pb-stearat, 51–52% Pb	P.	Stab. m. Gleitwirkg.
Listab Ca	(KG)	Ca-stearat	P.	
LSA	(BÄ)	Epoxydiertes Pflanzenöl, 5.8–6% Epoxy-Sauerstoff	Fl., d^{20} 0.99	Hilfsstab. u. Weichmacher
LSO	(BÄ)	Epoxydiertes Butyloleat, 3.7–4.0% Epoxy-Sauerstoff	Fl., d^{20} 0.91	Hilfsstab. u. Weichmacher
Mark 33	(AR)	Ca/Zn-Stab.	P.	*
Mark 34	(AR)	Ca/Zn-Stab.	Paste	*
Mark 35	(AR)	Ca/Zn-Stab.	P.	*
Mark 99	(AR)	Ba/Cd-Stab.	P.	Stab. f. transp. Hart-PVC
Mark 140	(AR)		P.	Stab. f. asbestgefüllte Fußbodenmassen
Mark 180	(AR)	Ba/Cd-Stab.	Fl.	Wärme- u. Lichtstab. ohne „Plate out"
Mark 329	(AR)	Tri-(nonylphenyl)-phosphit	Visk. Fl., d_D^{20} 0.970, n^{20} 1.518	Hilfsstab. z. Kombin. m. Metallverbdgn., bes. f. ABS-modifiz. Hart-PVC; synerg. Stab. f. Polyolefine*
Mark A	(AR)	Schwefelhalt. Organo-Sn-Verbindg.	Fl., d^{20} 1.065	Stab. f. transp. Hart-PVC
Mark AMP	(AR)	Ba/Cd-Stab.	P.	Stab. f. Kabelisolierungen
Mark BB	(AR)	Ba/Cd/Zn-Stab.	Fl.	Stab. f. Plastisole u. Organosole

Handelsname	Herst.	Chemische Zusammensetzung	Physikal. Beschaffenheit	Hinweise zur Verwendung
Mark C	(AR)	Diphenyl-isooctylphosphit	Fl., d^{20} 1.053, n_D^{20} 1.5205	Hilfsstab. z. Kombin. m. Metallverbindungen
Mark DMY	(AR)	Organ. Komplexbildner	Fl.	Hilfsstab. f. langdauernde therm. Belastung
Mark E	(AR)	Copräzip. Sr/Zn-laurat	P., Fp (Zers.) 240°	verhindert Schwefelverfärbung
Mark HH	(AR)		P.	wie Mark 140
Mark KCB	(AR)	Ba/Cd/Zn-Stab.	Fl.	wie Mark BB
Mark LL	(AR)	Ba/Cd-Stab.	Fl.	
Mark M	(AR)	Gemisch v. Ba-octylphenolat, Cd-2-äthylhexanoat u. Triphenylphosphit	Fl., d^{20} 1.005	
Mark PL	(AR)	Zn-Stab.	Fl., d^{20} 0.950	Sekundärstab.
Mark QED	(AR)	Ca/Mg/Zn-Stab.	P., d 1.26	*
Mark QT	(AR)	Ca/Zn-Komplex	Paste, d 1.005	Stab. f. transp. Weich-PVC u. Plastisole*
Mark RFD	(AR)	Ba/Zn-Stab.	Fl.	Stab. f. Plastisole u. Organosole
Mark SIT	(AR)	Cd/Zn-Stab.	Fl.	Stab. f. Plastisole, Organosole u. vorstab. Em.-PVC
Mark SIT/F	(AR)	Cd/Zn-Stab.	Fl.	wie Mark SIT
Mark TM	(AR)		P.	wie Mark 140
Mark TT	(AR)	Ba/Cd-Stab.	P.	Wärme- u. Lichtstab., m. Hilfsstab. zu verwenden
Mark V	(AR)	Copräzip. Ba/Cd-ricinoleat, 2 : 1	P., Fp 85°	

Handelsname	Herst.	Chemische Zusammensetzung	Physikal. Beschaffenheit	Hinweise zur Verwendung
Mark WS	(AR)	Copräzip. Ba/Cd-laurat m. weiteren Zusätzen	P.	
Mark WSX	(AR)	ähnlich Mark WS, mit veränderten Zusätzen	P.	
Mark X	(AR)	Schwefelhalt. Organo-Sn-Verbindg.	Fl., d^{20} 1.084	Stab. f. transp. Hart-PVC
Mark XI	(AR)	Copräzip. Ba/Cd-laurat, 3 : 2	P., Fp (Zers.) 240°	
Mark XV	(AR)	Cd-Verbindg. m. organ. Phosphit	Fl., d^{20} 1.082	Lichtstab. f. transp. Massen; Sekundärstab.
Mark XX	(AR)	Gemisch v. Triphenylphosphit u. Weichmacher	Fl., d 1.082	Hilfsstab. z. Kombin. m. Metallverbindungen
Mellite 103	(AL)	Zn-2-äthylhexanoat, 18.4% Zn	Fl., d^{15} 1. 11	Sekundärstab.
Mellite 112	(AL, KG)	Ba/Cd-Stab.	Fl.	
Mellite 125	(AL, KG)	Schwefelfreie Organo-Sn-Verbindg., 15.8–16.8% Sn	Fl., d 1.13	
Mellite 131	(AL, KG)	Dibutyl-Sn-S,S′-di-(isooctylthioglykolat), ~15% Sn	Fl., d 1.1	
Mellite 133	(AL, KG)	Dibutyl-Sn-dilaurat, >17.5% Sn	Fl., Fp 15–25°	Licht- u. Wärmestab. f. Weich-PVC
Mellite 135	(AL, KG)	Dibutyl-Sn-maleat, 33.5% Sn	P., Fp 95–110°	Wärme- u. Lichtstab. f. Hart-PVC
Mellite 139	(AL, KG)	Dibutyl-Sn-dilaurylmercaptid, 16.3–17.5% Sn	Fl., d 0.995	
Mellite 145	(AL, KG)	Modifiz. Dibutyl-Sn-maleat, 11.5–12.5% Sn	Fl., d 1.08	

Handelsname	Herst.	Chemische Zusammensetzung	Physikal. Beschaffenheit	Hinweise zur Verwendung
Mellite 166	(AL, KG)	Zn-Stab.	Fl.	Sekundärstab. z. Kombin. m. Ba/Cd-Verbindungen
Mellite 803	(AL, KG)	Gemisch v. Mellite 103, Mellite 808 u. Weichm., 1 : 20 : 21	Fl.	Sekundärstab. f. Weich-PVC*
Mellite 808	(AL, KG)	Epoxydharz auf Basis Epichlorhydrin/Bisphenol A	Fl., Fp 9°, d 1.168	Hilfsstab.
Naftovin Baco	(KG)	Ba/Cd-Seife m. Komplexbildner, 7.05% CdO, 18.7% BaO	P., d 2.0	
Naftovin BM 12	(KG)	Ba/Cd-Stab.	P.	
Naftovin D 61	(KG)	2-bas. Pb-phosphit, modifiz.	P.	Licht- u. Wärmestab.
Naftovin EP 4	(KG)	Epoxydharz	Fl.	Hilfsstab.
Naftovin KX 137	(KG)	Organ. Phosphit	Fl.	Hilfsstab. z. Kombin. m. Metallverbindungen
Naftovin SN 8/22	(KG)	Organo-Sn-Verbindg. m. teilw. schwefelhalt. Zusätzen	Fl., d^{20} 1.14, n_D^{20} 1.499	
Naftovin SN 8/43	(KG)	Schwefelhalt. Dioctyl-Sn-Verbindg.	Fl.	Wärmestab. f. Hart-PVC*
Naftovin SN 8/69	(KG)	Schwefelhalt. Dibutyl-Sn-Verbindg.	Fl.	Wärmestab. f. transp. Hart-PVC
Naftovin SN 8/89	(KG)	Schwefelhalt. Dibutyl-Sn-Verbindg.	Fl.	Wärmestab. f. Hart-PVC
Naftovin SN 8/104 und 8/108	(KG)	Schwefelhalt. Dioctyl-Sn-Verbindungen	Fl.	
Naftovin SN 8/124 und 8/125	(KG)	Schwefelhalt. Dibutyl-Sn-Verbindungen	Fl.	

Handelsname	Herst.	Chemische Zusammensetzung	Physikal. Beschaffenheit	Hinweise zur Verwendung
Naftovin SN/L	(KG)	Dibutyl-Sn-dilaurat	Fl.	Lichtstab. f. transp. Massen
Naftovin SN/M	(KG)	Dibutyl-Sn-maleat	P.	Wärme- u. Lichtstab. f. Hart-PVC
Naftovin SN/ML	(KG)	Modifiz. Dibutyl-Sn-maleat	Fl.	Lichtstab.
Naftovin SN/U	(KG)	Dibutyl-Sn-Verbindg.	Fl.	Lichtstab. f. Kunstleder
Naftovin T 33	(KG)	3-bas. Pb-sulfat, modifiz.	P.	Wärmestab.
Naftovin T 96	(KG)	3-bas. Pb-sulfat, modifiz.	P.	Wärmestab. f. elektr. Isolierungen
Naftovin TL 16	(KG)	Pb-Stab.	Fl.	Stab. f. transp. Massen
Naftovin TP	(KG)	Triphenylphosphit	Fl.	Hilfsstab. z. Kombin. m. Metallverbindungen
Naftovin TV	(KG)	Mehrbas. Pb-sulfat	P.	Wärmestab.
Nalzin	(NL)	Zn-Stab.	Fl., d 0.959	Sekundärstab. z. Verhind. d. Schwefelverfärbung
Normasal	(NL)	Pb-salicylat	P.	Lichtstab. u. Antioxyd.
Nuostab D-3018	(NU)	Cd/Zn-Stab.	Fl., d^{20} 1.05, n_D^{20} 1.4540	Stab. f. Weich-Schäume
Nuostab G-1004	(NU)	Metallverbdgn. m. Komplexbildner	Fl., d^{20} 0.946, n_D^{20} 1.445	Stab. f. Plastisole u. Organosole
Nuostab V-131	(NU)	Ba/Cd-Stab.	P., d^{20} 1.30	Wärme- u. Lichtstab.
Nuostab V-133	(NU)	Ba/Cd-Stab.	P., d^{20} 1.27	wie Nuostab V-131
Nuostab V-134	(NU)	Ba/Cd-Stab.	Fl., d^{20} 1.00, n_D^{20} 1.490	Wärme- u. Lichtstab.
Nuostab V-142	(NU)	Organ. Phosphit	Fl., d^{20} 1.03, n_D^{20} 1.517	Hilfsstab. z. Kombin. m. Metallverbindungen
Nuostab V-152	(NU)	Zn-Stab.	Fl., d^{20} 0.98, n_D^{20} 1.494	Sekundärstab. z. Verhind. d. Schwefelverfärbung

Handelsname	Herst.	Chemische Zusammensetzung	Physikal. Beschaffenheit	Hinweise zur Verwendung
Nuostab V-979	(NU)	Ba/Cd/Zn-Stab.	Fl., d^{20} 1.01, n_D^{20} 1.488	Wärme- u. Lichtstab. ohne „Plate out"
Nuostab V-983	(NU)	Metallverbdgn. m. Komplexbildner	Fl., d^{20} 0.93, n_D^{20} 1.472	Stab. f. Plastisole u. Organosole
Nuostab V-1000 A	(NU)		P., d^{20} 1.5	Stab. f. asbestgefüllte Massen
Nuostab V-1008	(NU)	Ba/Cd-Stab.	Fl., d^{20} 1.05, n_D^{20} 1.516	Wärme- u. Lichtstab.
Nuostab V-1036	(NU)	Ba/Cd/Zn-Stab.	Fl., d^{20} 1.05, n_D^{20} 1.514	wie Nuostab V-979
Nuostab V-1072	(NU)	Ca/Zn-Stab.	P., d^{20} 1.13	Stab. f. Hart- u. Weich-PVC*
Nuostab V-1082	(NU)		P.	Stab. f. asbestgefüllte Massen
Nuostab V-1204	(NU)	Ba/Cd-Stab.	Fl., d^{25} 1.06, n_D^{20} 1.503	Stab. f. transp. Hart- u. Weich-PVC
Nuostab V-1277	(NU)	Ba/Cd/Zn-Stab.	Fl., d^{20} 1.03, n_D^{20} 1.492	Stab. f. Weich-PVC, Plastisole u. Organosole
Nuostab V-1284	(NU)	Ba/Cd-Stab.	P.	Wärme- u. Lichtstab. f. Hart- u. Weich-PVC
Nuostab V-1300	(NU)	Ba/Cd/Zn-Stab.	Fl., d^{20} 1.04, n_D^{20} 1.523	Stab. f. Weich-PVC, Plastisole u. Organosole
Paraplex G-62	(RO)	Epoxydiertes Sojaöl	Fl.	Hilfsstab.
Phosclere C 55	(PU)	Phosphorigsäureester v. Tris-methoxy-Carbowax 550	Fl.	
Phosclere S 26	(PU)	Diphenylphosphit	Fl.	
Phosclere T 26	(PU)	Diphenyl-isodecylphosphit	Fl., d^{20} 1.031, n_D^{20} 1.518	Hilfsstab. z. Kombin. m. Metallverbdgn.; synergist. Stab. f. Polyolefine u. a.

Handelsname	Herst.	Chemische Zusammensetzung	Physikal. Beschaffenheit	Hinweise zur Verwendung
Phosclere T 36	(PU)	Triphenylphosphit	Fl., d^{20} 1.185, n_D^{20} 1.589	Hilfsstab. z. Kombin. m. Metallverbdgn.; Antioxyd. u. Stab. f. andere Polymere
Phosclere T 210	(PU)	Diisodecyl-phenylphosphit	Fl., d^{20} 0.950, n_D^{20} 1.4831	wie Phosclere T 26
Phosclere T 268	(PU)	Diphenyl-isooctylphosphit	Fl.	
Phosclere T 310	(PU)	Triisodecylphosphit	Fl., d^{20} 0.9, n_D^{20} 1.4610	wie Phosclere T 26
Phosclere X 10	(PU)	3,9-Diisodecyloxy-2,4,8,10-tetraoxa-3,9-diphosphaspiro-[5.5]-undecan	Fl., d^{20} 1.030, n_D^{20} 1.4750	(synergist.) Stab. f. PVC, Polyolefine, Polyesterharze, Polyurethanschäume
Plastolein 9213 Epoxy	(EM)	Epoxydierter Fettsäureester	Fl., d_{25}^{25} 0.903, n_D^{25} 1.450	Hilfsstab. u. Weichmacher
Plastolein 9232 Epoxy	(EM)	Epoxyverbindung	Fl., d_{25}^{25} 0.99, n_D^{25} 1.47	Hilfsstab. u. Weichmacher
Plumb-O-Sil B	(NL)	Copräzip. Pb-orthosilicat u. Kieselgel, 51.0% PbO, 42.5% SiO_2	P., d 3.3	Wärme- u. Lichtstab., vermindert Weichmacherwanderg. u. Belagsbildg.
Plumb-O-Sil C	(NL)	wie Plumb-O-Sil B, 47.3% PbO, 38.3% SiO_2	P., d 2.96	wie Plumb-O-Sil B
Provinite A	(NL)	Ba/Cd-Stab.	P., d 1.31	Wärme- u. Lichtstab. f. Weich-PVC
Provinite B	(NL)	Ba/Cd-Stab.	Fl., d 0.997	Zusatz zu Provinite A
Q-153	(AR)	Ba/Cd-Stab.	P.	speziell. z. Hartverarbeitg. v. schlagzähem PVC (m. chloriertem Polyolefin)
Q-275	(AR)	Schwefelfreie Organo-Sn-Vbdg.	Fl., d^{25} 1.130, n_D^{25} 1.4828	Licht- u. Wärmestab. f. transp. Hart-PVC

Handelsname	Herst.	Chemische Zusammensetzung	Physikal. Beschaffenheit	Hinweise zur Verwendung
Sicostab D 11	(SI)	Pb-Stab.	Fl., d^{20} 1.20, n_D^{20} 1.488	
Sicostab D 13	(SI)	Pb-Stab.	Fl., d^{20} 1.194, n_D^{20} 1.483	
Sicostab E 20	(SI)	Epoxydiertes Sojaöl, 6% Epoxy-Sauerstoff	Fl., d^{20} 0.99, n_D^{20} 1.473	Hilfsstab.
Sicostab F 30	(SI)	Ca/Zn-Stab.	Fl., d^{20} 0.992, n_D^{20} 1.4680	Stab. f. Hart- u. Weich-PVC*
Stabilisator 800	(NY)	Ba/Cd-Stab.	Fl.	
Stabilisator 812	(NY)	Cd-2-äthylhexanoat, 8–8.7% Cd	Fl., d^{20} 1.015–1.025	
Stabilisator 821	(NY)	Ba/Cd-Stab.	Fl.	
Stabilisator 1120	(NY)	Copräzip. Ba/Cd-laurat, 17% Ba, 7% Cd	P.	Wärme- u. Lichtstab., m. Hilfsstab. zu verwenden
Stabilisator A	(WR)	β-Aminocrotonsäureäthylester	Fl., Fp 18°, d 1.02	Stab. bes. f. Weich-PVC*
Stabilisator AD 13	(NY)	Phenolische Verbindung		Hilfsstab. z. Kombin. m. Ba/Cd- od. Cd-Seifen
Stabilisator BC-12 SL und BC-14 SL	(BÄ)	Ba/Cd-laurat	P.	
Stabilisator BCO	(BÄ)	Ba/Cd-Stab.	Fl.	
Stabilisator BCPS	(NY)		Fl.	Hilfsstab. z. Kombin. m. Metallverbindungen
Stabilisator BCR	(BÄ)	Ba/Cd-Stab.	Fl.	
Stabilisator BK-12	(BÄ)	Ba/Cd-Stab.	P.	
Stabilisator C	(BA)	Diphenylthioharnstoff	P.	Wärmestab. f. vorstabil. Emuls.-polymerisat*
Stabilisator C 8 C	(BÄ)	Cd-Vbdg. m. organ. Zusätzen	Fl.	Licht- u. Wärmestab.

Handelsname	Herst.	Chemische Zusammensetzung	Physikal. Beschaffenheit	Hinweise zur Verwendung
Stabilisator CS-137	(NL)	Organ. Na/Ba-Salz in DOP	Paste, d 2.10	Lichtstab. u. Antioxyd.
Stabilisator DBL 19	(NY)	Dibutyl-Sn-dilaurat, 17.5–18.5% Sn	Fl., Fp 8–12°	
Stabilisator DBLM 19	(NY)	Dibutyl-Sn-laurat/maleat, 23–24% Sn	Fl.	
Stabilisator DBM 19	(NY)	Dibutyl-Sn-maleat, 33–34.3% Sn	P., Fp 140–150°	
Stabilisator DP	(NY)	Pb-phosphat	P.	Lichtstab., bes. f. Produkte mit chloriert. Weichm.
Stabilisator DP 12	(NY)	Gemisch v. Pb-phosphat u. Pb-phosphit	P.	wie Stabilisator DP
Stabilisator ED 11, ED 23, ED 64	(NY)	Epoxyverbindungen	Fl.	Hilfsstab.
Stabilisator EP 1	(NY)		Fl.	
Stabilisator G 1	(WR)	Gemisch v. Aminocrotonsäureestern	Pastenart. Masse, Fp ~120°	Wärmestab., bes. f. Hart-PVC u. vorstabil. Emuls.-polymerisate*
Stabilisator H 112	(NY)	Cd-heptanoat, 29–30.3% Cd	P., Fp 115–125°	Licht- u. Wärmestab.
Stabilisator I	(BA)	2-Phenylindol	P.	Wärmestab. f. vorstabil. Emuls.-polymerisat *
Stabilisator LBCM 32	(NY)	Copräzip. Ba/Cd-laurat, 15.7% Ba, 8.5% Cd	P.	wie Stabilisator 1120
Stabilisator MC-1, MC-2, MC-3, MC-4	(BÄ)	Gemisch v. bas. Pb-Salzen m. bas. Pb-Seifen u. Gleitmittel	P.	Stab. f. Hart-PVC
Stabilisator MC-1P, MC-2P, MC-3P, MC-4P	(BÄ)	Gemisch v. bas. Pb-Salzen m. bas. Pb-Seifen, Gleitmittel u. Lichtstab.	P.	Stab. f. Hart-PVC

Handelsname	Herst.	Chemische Zusammensetzung	Physikal. Beschaffenheit	Hinweise zur Verwendung
Stabilisator Meister C 507	(MR)	Ca/Zn-Stab.	P. bzw. Paste	*
Stabilisator Meister DBTM	(MR)	Dibutyl-Sn-maleat	P.	Lichtstab. f. Hart-PVC
Stabilisator Meister M 2	(MR)	Ca/Zn-Stab.	Paste	Stab. f. Weich-PVC *
Stabilisator Meister M 65	(MR)	Ba/Cd/Zn-Stab.	Fl.	Stab. f. Weich-PVC
Stabilisator Meister OZ 4 N	(MR)	Schwefelhalt. Dioctyl-Sn-Vbdg.	Fl.	*
Stabilisator Meister OZ 6	(MR)	Di-n-octyl-Sn-di-(mono-2-äthylhexylmaleat)	Fl.	*
Stabilisator Meister OZ 8 N	(MR)	Schwefelhalt. Dioctyl-Sn-Vbdg.	Fl.	Wärme- u. Lichtstab. f. Hart-PVC *
Stabilisator Meister P 8	(MR)	Pb-Stab.	Fl.	
Stabilisator Meister Z 1	(MR)	Modifiz. Dibutyl-Sn-dilaurat	Fl.	Lichtstab. f. Weich-PVC
Stabilisator Meister Z 2	(MR)	Dibutyl-Sn-dioleat	Fl.	Lichtstab. f. Plastisole u. Organosole
Stabilisator Meister Z 10	(MR)	Schwefelfreie Dibutyl-Sn-Vbdg.	Fl.	
Stabilisator Meister Z 24 N	(MR)	Schwefelhalt. Dibutyl-Sn-Vbdg.	Fl.	

Handelsname	Herst.	Chemische Zusammensetzung	Physikal. Beschaffenheit	Hinweise zur Verwendung
Stabilisator Meister Z 25 N	(MR)	Schwefelhalt. Dibutyl-Sn-Vbdg.	Fl.	
Stabilisator MK-1, MK-2, MK-3, MK-4	(BÄ)	Gemisch v. bas. Pb-Salzen m. bas. Pb-Seifen u. Gleitmittel	P.	Stab. f. Weich-PVC
Stabilisator MK-1P, MK-2P, MK-3P, MK-4P	(BÄ)	Gemisch v. bas. Pb-Salzen m. bas. Pb-Seifen, Gleitmittel u. Lichtstab.	P.	Stab. f. Weich-PVC
Stabilisator MOH	(HÜ)	Mn-oxydhydrat	Braunes P., d 2.5	*
Stabilisator MS 3	(KG)	Pb-Stab.	P.	Wärmestab. m. Gleitwirkg.
Stabilisator MS 12	(KG)	Pb-Stab.	P.	Wärme- u. Lichtstab. m. Gleitwirkg.
Stabilisator N 740	(NY)	Ca-heptanoat, 13–13.5% Ca	P.	*
Stabilisator Pb 28 A/SL, 28 f, 28 ND	(BÄ)	Neutrale Pb-Seifen, ~28% Pb.	P.	Stab. f. Hart-PVC u. Kabelmassen
Stabilisator Pb 41 A/SL	(BÄ)	Pb-Stab., ~41% Pb	P.	
Stabilisator Pb 51 A/SL, 51 ND, 51 S	(BÄ)	Bas. Pb-Seifen, ~51% Pb	P.	wie Pb 28 A/SL
Stabilisator PV 31	(BÄ)	Komplexe Pb-Vbdg., ~27% akt. Pb	Fl., d 1.23	Wärmestab. f. Weich-PVC
Stabilisator RBA	(NY)	Ba-ricinoleat, 16–19% Ba	P., Fp 135–145°	Sekundärstab. m. Gleitwirkg.
Stabilisator RCB	(NY)	Ba/Cd-ricinoleat, 18.5–19.5% Ba + Cd	P., Fp 110–113°	Wärme- u. Lichtstab. f. transp. Folien
Stabilisator SCD	(NY)	Cd-stearat, 15–17% Cd	P., Fp 102–105°	Licht- u. Wärmestab.

Handelsname	Herst.	Chemische Zusammensetzung	Physikal. Beschaffenheit	Hinweise zur Verwendung
Stabilisator SEP 39	(NY)	Copräzip. Pb-orthosilicat u. Kieselgel, 45–48% Pb, 50–55% SiO_2	P.	Wärme- u. Lichtstab., vermindert Weichmacherwanderg. u. Belagsbildg.
Stabilisator SEP 49	(NY)	wie SEP 39, 41–43% Pb, 46–50% SiO_2	P.	wie SEP 39
Stabilisator SN 7/78	(KG)	Organo-Sn-Vbdg. m. teilweise schwefelhalt. Zusätzen	Fl., d^{20} 1.13, n_D^{20} 1.482	
Stabilisator V 220	(BÄ)	2-bas. Pb-sulfat m. Zusätzen, ~86% Pb	P.	Wärmestab. f. Hart-PVC, bes. f. Trinkwasserrohre
Stabilisator V 220 G	(BÄ)	2-bas. Pb-sulfat m. Zusätzen	P.	Wärmestab. f. Hart-PVC
Stabilisator V 220 M	(BÄ)			Stab. f. Spritzguß v. Weich-PVC
Stabilisator V 270	(BÄ)	>4-bas. Pb-sulfat, ~88% Pb	P.	Wärmestab. f. Weich-PVC, z. B. f. Kabelisolierungen
Stabilisator VH	(HÜ)	Monophenylharnstoff	P., Fp 174°, d 1.302	Wärmestab. f. vorstabil. Emuls.-polymerisat
Stabilizer 161 M	(CR)	Schwefelhalt. Organo-Sn-Vbdg.	Fl., d^{25} 1.310–1.330	
Stabilizer 4696	(CR)	Organo-Sn-Verbindung	Fl., d^{25} 1.100–1.120	Zusatz zu 161 M
Stabilizer X	(CR)	Organo-Sn-Verbindung	P.	Licht- u. Wärmestab.
Stabilizer X-200	(CR)	Organo-Sn-Verbindung		
Stabilizer Y	(CR)	Organo-Sn-Verbindung	P.	Licht- u. Wärmestab.
Stabilizer Y-200	(CR)	Organo-Sn-Verbindung		

Handelsname	Herst.	Chemische Zusammensetzung	Physikal. Beschaffenheit	Hinweise zur Verwendung
Stanclere 10	(PU)	„One package"-Stab. aus Dibutyl-Sn-dilaurat + Epoxydharz + Ba/Cd-Seife v. ungesätt. Fettsren. + UV-Absorber + Phthalat-Weichmacher	Fl., d^{20} 1.082, n_D^{16} 1.5070	Wärme- u. Lichtstab., bes. f. transp. Massen
Stanclere 40	(PU)	Gemisch v. schwefelfreier Dibutyl-Sn-Vbdg. u. Epoxyvbdg.	Fl., d^{20} 1.048, n_D^{18} 1.475	Wärme- u. Lichtstab. f. Weich-PVC
Stanclere 70	(PU)	Schwefelfreie Dibutyl-Sn-Vbdg.	Fl., d^{20} 1.049, n_D^{20} 1.485	Wärme- u. Lichtstab. f. Weich-PVC
Stanclere 70 A	(PU)	Schwefelfreie Organo-Sn-Vbdg.	Fl. d^{20} 1.089, n_D^{20} 1.476	wie Stanclere 70
Stanclere 80	(PU)	Schwefelfreie Di-n-octyl-Sn-Vbdg.	Fl., d^{20} 1.113, n_D^{20} 1.484	Licht- u. Wärmestab.*
Stanclere 173	(PU)	Schwefelhalt. Dibutyl-Sn-Vbdg.	Fl., d^{20} 1.14, n_D^{20} 1.515	
Stanclere 176	(PU)	Schwefelhalt. Di-n-octyl-Sn-Vbdg.	Fl., d^{20} 1.136, n_D^{20} 1.527	Wärmestab.*
Stanclere 186	(PU)	Schwefelhalt. Dibutyl-Sn-Vbdg.	P.	Wärmestab. f. Hart-PVC
Stanclere 284	(PU)	Schwefelhalt. Dibutyl-Sn-Vbdg.	P.	Wärme- u. Lichtstab. f. Hart-PVC
Stanclere 302	(PU)	Gemisch v. 3 Organo-Sn-Vbdgn. u. einem organ. nichtmetall. Stab.	Fl., d^{20} 1.375, n_D^{17} 1.4962	Stab. f. Organosole
Stanclere 386	(PU)	Schwefelhalt. Di-n-octyl-Sn-Vbdg.	P.	Wärmestab. f. Hart-PVC
Stanclere 414 und 415	(PU)	Schwefelhalt. Dibutyl-Sn-Vbdgn.	P.	
Stanclere 416	(PU)	Schwefelhalt. Di-n-octyl-Sn-Vbdg.	P.	Wärmestab. f. Hart-PVC

Handelsname	Herst.	Chemische Zusammensetzung	Physikal. Beschaffenheit	Hinweise zur Verwendung
Stanclere DBTL	(PU)	Dibutyl-Sn-Salz v. Laurinsäure u. anderen Fettsäuren	Fl., d^{20} 1.04, n_D^{20} 1.471	
Stanclere DBTM	(PU)	Dibutyl-Sn-maleat	P., Fp 108–113°	Wärme- u. Lichtstab. f. Hart-PVC
Stavinor 10	(RP)	Neutr. Pb-stearat, 26.5–27.5% Pb	P.	Wärmestab. m. Gleitwirkg.
Stavinor 20	(RP)	2-bas. Pb-stearat, 50–52% Pb	P.	wie Stavinor 10
Stavinor 30	(RP)	Ca-stearat, 9.5–10.5% CaO	P., Fp 150–160°	*
Stavinor 40	(RP)	Ba-stearat, 22–23% BaO	P., Fp 230–255°	Sekundärstab. m. Gleitwirkg.
Stavinor 50	(RP)	Cd-stearat, 19–20% CdO	P., Fp 107–112°	wie Stavinor 40
Stavinor 60	(RP)	Li-stearat, 13–13.5% Li_2CO_3	P., Fp 212–217°	Sekundärstab., bes. f. Mischgn. mit Phosphat-Weichm.
Stavinor 110	(RP)	Neutr. Pb-orthosilicat, 80–82% Pb, 11.5–12% SiO_2	P.	Wärmestab. f. elektr. Isolierungen u. a.
Stavinor 120	(RP)	2-bas. Pb-orthosilicat 86–88% Pb, 6.1–6.3% SiO_2	P.	wie Stavinor 110
Stavinor 330	(RP)	Ca-laurat, 12.2–12.7% CaO	P., Fp 180–185°, d 1.010	
Stavinor 340	(RP)	Ba-laurat, 35.6–36.6% $BaCO_3$	P., Fp 250–260°, d 1.010	
Stavinor 345	(RP)	Copräzip. Ba/Cd-laurat, 16.5–17% Ba, 7–7.5% Cd	P., Fp 145–160°, d 1.010	
Stavinor 1200 SN	(RP)	Dibutyl-Sn-dilaurat, 18–19.2% Sn	Fl., Fp 16–22°, d^{25} 1.005	Licht- u. Wärmestab.
Stavinor 1300 SN	(RP)	Dibutyl-Sn-maleat, 32.7–35% Sn	P.	Wärme- u. Lichtstab. f. Hart-PVC

Handelsname	Herst.	Chemische Zusammensetzung	Physikal. Beschaffenheit	Hinweise zur Verwendung
Stavinor 1700 SN	(RP)	Schwefelfreie Dibutyl-Sn-Vbdg., 22.4–25% Sn	Fl., Fp 9–10°, d^{25} 1.05	Licht- u. Wärmestab. f. Plastisole
Stavinor 2000 SN	(RP)	Schwefelhalt. Dibutyl-Sn-Vbdg., 16.7–18% Sn	Fl., d^{20} 0.990	Wärmestab. f. Hart-PVC
Stavinor 2600 SN	(RP)	Schwefelfreie Dibutyl-Sn-Vbdg., 10.3–10.6% Sn	Fl., d^{20} 1.040	
Stavinor 3100 SN	(RP)	Schwefelhalt. Dibutyl-Sn-Vbdg., 17.5–18.6% Sn	Fl., d^{25} 1.1	Wärmestab. f. transp. Hart-PVC
Temex 3	(NL)	Ba/Zn-Stab.	P., d 1.15	Wärme- u. Lichtstab. f. asbesthaltige Massen
Temex 3 A	(NL)	Ba/Zn-Stab.	P., d 1.37	wie Temex 3
Temex 4	(NL)	Ba/Zn-Stab.	P., d 1.17	wie Temex 3
Temex 5	(NL)	Ba/Zn-Stab.	P., d 1.50	wie Temex 3
Thermolite 12	(MT)	Schwefelfreie Organo-Sn-Vbdg., 18.0–19.5% Sn	Fl., Fp $\leqq$17.0°, d^{25} 1.05, n_D^{25} 1.470	
Thermolite 13	(MT)	Dibutyl-Sn-maleat, 32.5–35% Sn	P.	
Thermolite 17	(MT)	Bis-(dibutyl-Sn-monolaurat)-maleat, 22.2–25% Sn	Fl., d^{25} 1.15	
Thermolite 20	(MT)	Dibutyl-Sn-dilaurylmercaptid, 16.5–18.0% Sn	Fl., d^{25} 0.995, n_D^{25} 1.496	Wärme- u. Lichtstab. f. Hart-PVC
Thermolite 24	(MT)	Schwefelfreie Organo-Sn-Vdbg., 17% Sn	P., Fp 67°	Licht- u. Wärmestab. f. Hart-PVC
Thermolite 25	(MT)	Schwefelfreie Organo-Sn-Vbdg., 16.5–17.5% Sn	Fl., d^{25} 1.15	
Thermolite 26	(MT)	Schwefelfreie Organo-Sn-Vbdg.	Fl., d^{25} 1.035	

Handelsname	Herst.	Chemische Zusammensetzung	Physikal. Beschaffenheit	Hinweise zur Verwendung
Thermolite 31	(MT)	Dibutyl-Sn-mercaptocarbonsäureester, 17.3–18,7% Sn	Fl., d^{25} 1.11, n_D^{25} 1.504	
Thermolite 32	(MT)	Schwefelfreie Organo-Sn-Vbdg., 31% Sn	P., Fp 105°	Wärmestab. f. Hart-PVC
Thermolite 35	(MT)	Dibutyl-Sn-mercaptocarbonsäureester	Krist.	Wärmestab. f. transp. Hart-PVC
Thermolite 39	(MT)	Schwefelfreie Organo-Sn-Vbdg., 21% Sn	Fl., Fp. 17°, d^{25} 1.13	Wärmestab. m. Gleitwirkg. f. Hart-PVC
Thermolite 42	(MT)	Schwefelfreie Organo-Sn-Vbdg., 16% Sn	Fl., Fp 0°, d^{25} 1.14	
Thermolite 45	(MT)	Schwefelhalt. Organo-Sn-Vbdg., 16.5–18.0% Sn	Fl., d^{25} 0.995, n_D^{25} 1.496	
Thermolite 112	(MT)	Ba/Cd-Stab.	Fl., d^{25} 1.05	Wärme- u. Lichtstab.
Thermolite 119	(MT)	Ba/Cd/Zn-Stab.	Fl., d^{25} 1.08	Wärme- u. Lichtstab.
Thermolite 124	(MT)	Ca-äthylacetoacetat (vgl. III.2./*4.4.*)	P.	Sekundärstab.*
Thermolite 180	(MT)	Komplexbildner u. Antioxyd.	Fl., d^{25} 0.992	Hilfsstab. z. Kombin. m. Metallverbindungen
Thermolite 187	(MT)	Organ. Phosphit	Fl.	(Hilfs-)Stab. f. PVC u. synthet. Kaut.
Thermolite 824	(MT)	Organo-Sn-Verbindung	Paste, d^{25} 1.04	Sekundärstab. m. Gleitwirkg.
Thermolite 828	(MT)	Schwefelfreie Dioctyl-Sn-Vbdg.	Fl., d^{25} 1.20	
Thermolite 831	(MT)	Schwefelhalt. Organo-Sn-Vbdg.	Fl., d^{25} 1.06	Wärmestab. bes. f. Hart-PVC
Thermolite 835	(MT)	Schwefelhalt. Organo-Sn-Vbdg.	P.	wie Thermolite 831

Handelsname	Herst.	Chemische Zusammensetzung	Physikal. Beschaffenheit	Hinweise zur Verwendung
Tribase	(NL)	3-bas. Pb-sulfat, 89% PbO	P., d 7.1	Wärmestab. f. elektr. Isolierungen u. a.
Tribase E	(NL)	Bas. Pb-silicat/sulfat, 69% PbO, 23.9% SiO_2	P., d 5.55	Wärmestab. f. elektr. Isolierungen
Trimal	(NL)	3-bas. Pb-maleat, ~ 89% PbO	P., d 6.0	Wärme- u. Lichtstab.
Vanstay AC	(VA)	Ba/Zn-Stab.	P.	Wärme- u. Lichtstab. f. asbesthaltige Massen
Vanstay CE	(VA)	Ba/Zn-Stab.	P.	Wärmestab. f. mineral-gefüllte Massen
Vanstay HT	(VA)	Ba/Cd-Stab.	P.	Wärme- u. Lichtstab.
Vanstay HTA	(VA)	Ba/Cd-Stab.	P.	
Vanstay HTE	(VA)	Ba/Cd/Zn-Stab.	P.	
Vanstay IR	(VA)	Ba/Cd/Zn-Stab.	P.	Stab. f. elektr. Isolierungen
Vanstay L	(VA)	Gemisch v. Na-phosphat u. -silicat	P.	Zusatzstab. z. Erhöhung d. Lichtbeständigkeit
Vanstay RR	(VA)	Ba/Cd-Stab.	Fl.	Wärme- u. Lichtstab.
Vanstay RRZ	(VA)	Ba/Cd/Zn-Stab.	Fl.	Wärme- u. Lichtstab. f. Plastisole
Vanstay SA	(VA)	Komplexbildner	Fl.	Hilfsstab. z. Kombin. m. Metallverbindungen
Vanstay SC	(VA)	Trialkylphosphit	Fl.	wie Vanstay SA
Vanstay Z	(VA)	Zn-Vbdgn. m. Phosphit, Borat u. Phenol in organ. Lösungsm.	Fl.	Sekundärstab.
X-53	(AR)	Ba/Cd-Stab.	Fl.	

Errata

S. 309, Zeile 13: „5-Stellung“ statt „4-Stellung“

Zeile 15/16: „2-(2'-Hydroxy-5'-tert.-butylphenyl)-5-chlorbenzotriazol“ statt „2-(2'-Hydroxy-5'-tert.-butylphenyl)-4-chlorbenzotriazol“

Zeile 16/17: „2-(2'-Hydroxy-5'-methylphenyl)-benzotriazol-5-carbonsäurebutylester“ statt „2-(2'-Hydroxy-5'-methylphenyl)-benzotriazol-4-carbonsäureäthylester“

S. 310, Formel (VI): Cl in 5-Stellung statt in 4-Stellung.

Die jeweils erstgenannten Formulierungen sind die richtigen.